CHRONOLOGIE DE PTOLÉMÉE.

ΚΛΑΥΔΙΟΥ ΠΤΟΛΕΜΑΙΟΥ

ΘΕΩΝΟΣ Κ. Τ. Λ.

ΚΑΝΩΝ ΒΑΣΙΛΕΙΩΝ, ΚΑΙ ΦΑΣΕΙΣ ΑΠΛΑΝΩΝ,

ΚΑΙ ΓΕΜΙΝΟΥ ΕΙΣΑΓΩΓΗ ΕΙΣ ΤΑ ΦΑΙΝΟΜΕΝΑ.

TABLE CHRONOLOGIQUE

DES RÈGNES,

PROLONGÉE JUSQU'A LA PRISE DE CONSTANTINOPLE PAR LES TURCS;

APPARITIONS DES FIXES, DE C. PTOLÉMÉE, THÉON, etc., ET INTRODUCTION DE GÉMINUS AUX PHÉNOMÈNES CÉLESTES, TRADUITES POUR LA PREMIÈRE FOIS, DU GREC EN FRANÇAIS, SUR LES MANUSCRITS DE LA BIBLIOTHÈQUE DU ROI;

SUIVIES DES RECHERCHES HISTORIQUES SUR LES OBSERVATIONS ASTRONOMIQUES DES ANCIENS, TRADUITES DE L'ALLEMAND DE M. *IDELER*, MEMBRE DE L'ACADÉMIE ROYALE DE PRUSSE;

ET PRÉCÉDÉES D'UN DISCOURS PRÉLIMINAIRE ET DE DEUX DISSERTATIONS SUR LA RÉDUCTION DES ANNÉES ET DES MOIS DES ANCIENS, A LA FORME ACTUELLE DES NÔTRES,

PAR M. L'ABBÉ HALMA,

POUR SERVIR A L'INTELLIGENCE DE SON ÉDITION GRECQUE ET FRANÇAISE DE L'*ALMAGESTE*.

Supponendo rationem annorum Julianorum tunc in usu fuisse.
GULDIN. Ref. elench. Calvis.

Northern face of the Birs Nemroud

PARIS,

DE L'IMPRIMERIE DE A. BOBÉE.

1819.

. . . Cœlestia dona
Exequar... hanc etiam adspice partem.
Virgil. G. IV.

A MONSIEUR.

MONSEIGNEUR,

Callisthène envoyant de Babylone au philosophe Aristote, les observations célestes des Chaldéens, c'étoit Alexandre-le-Grand qui les destinoit à faire de la ville qu'il fondoit sous son nom à l'une des bouches du Nil, le centre du commerce du levant et du couchant.

Les astronomes de l'école fameuse, que les Lagides ses successeurs établirent à Alexandrie, appliquèrent ces observations à l'art nautique, et bientôt cette reine des mers vit affluer dans son port les richesses de l'Inde et du midi.

Ptolémée fut celui de tous qui c. ntribua le plus à cet heureux emploi de la science astronomique, par ses tables des mouvements des astres qui sont encore le modèle de celles de l'astronomie moderne.

Sa Table des Rois surtout, en liant aux années de leurs règnes les phénomènes célestes contemporains, communique aux événements de l'histoire le haut degré de certitude qui semble être le partage exclusif des sciences exactes, de l'astronomie mathématique particulièrement, dont les Rois vos ayeux ont constamment favorisé l'étude.

Le lys, qui chez toutes les nations commerçantes de l'Europe, termine l'aiguille aimantée toujours tournée vers le nord; les lys qui couronnent le navire emblème de la capitale de la France; et plus encore cette Académie des Sciences si supérieure à celle d'Alexandrie, cet observatoire émule de celui de Babylone, sont autant de témoins de la protection que vos glorieux ancêtres, à l'exemple du conquérant de l'Asie, ont accordée à la navigation et à la science qui l'éclaire.

MONSEIGNEUR,

DE VOTRE ALTESSE ROYALE

Le très-respectueux serviteur

L'Abbé HALMA.

TABLE

DU CONTENU DE CE VOLUME.

PREMIERE PARTIE.

SECONDE PARTIE.

TROISIÈME PARTIE,

TRADUITE DE L'ALLEMAND DE M. IDELER.

CHRONOLOGIE
DE PTOLÉMÉE.
PREMIÈRE PARTIE,

CONTENANT

Un Discours préliminaire sur la Chronologie, et particulièrement sur celle de Ptolémée;

Une Dissertation sur la réduction des dates égyptiennes des observations astronomiques rapportées par Ptolémée à leurs dates correspondantes dans la forme des années du calendrier Grégorien étendu aux temps qui ont précédé l'ère chrétienne;

Et une seconde Dissertation sur les mois des anciens comparés aux nôtres.

PAR M. L'ABBÉ HALMA.

Planche(s) en 2 prises de vue

COMPARAISON

Des années égyptiennes (comptées de Nabonassar et converties en années juliennes et grégoriennes) aux années alexandrines correspondantes.

ANNÉES ÉGYPTIENNES comptées de la 1re de NABONASSAR.	ANNÉES JULIENNES COMPTÉES				ANNÉES DE LA PÉRIODE JULIENNE.	ANNÉES ALEXANDRINES comptées de la première.	ANNÉES JULIENNES où elles commencent.	ANNÉES JULIENNES où elles finissent.	ANNÉES DE ROME.	REMARQUES.
		DE LA 1re = − 1 avant l'ère chrétienne.	DE LA 1re = 0 avant l'ère chrétienne.	EN DESCENDANT DE LA 1re JULIENNE.						
1 thoth 704	30 août	− 46	− 45	− 1	4668 D	− 21	30 août − 1		708	Le premier jour de l'an 708 de Rome a été le 1 janvier de l'an 1 julien qui a commencé entre le 30 août de l'an − 1, et le 28 août de l'an + 1 julien. De même, le 1er jour de l'an 709 de Rome, est le 1 janvier qui est tombé entre le 29 août de l'an 1 julien et le 28 août de l'an 2, et ainsi de suite.
fin.	28 août	− 45	− 44	+ 1	4669 CB	− 21		28 août + 1	709	
705	29 août	− 45	− 44	1		− 20	29 août + 1			
fin.	28 août	− 44	− 43	2	4670 A	− 20		28 août 2	710	
706	29 août	− 44	− 43	2		− 19	29 août 2			
fin.	28 août	− 43	− 42	3	4671 G	− 19		28 août 3	711	
Intercal. 707	29 août	− 43	− 42	3		− 18	29 août 3			
fin.	29 août	− 42	− 41	4	4672 F	− 18		29 août 4	712	
708	30 août	− 42	− 41	4		− 17	30 août 4			
fin.	28 août	− 41	− 40	5	4673 ED	− 17		28 août 5	713	
709	29 août	− 41	− 40	5		− 16	29 août 5			
fin.	28 août	− 40	− 39	6	4674 C	− 16		28 août 6	714	
710	29 août	− 40	− 39	6		− 15	29 août 6			
fin.	28 août	− 39	− 38	7	4675 B	− 15		28 août 7	715	
Intercal. 711	29 août	− 39	− 38	7		− 14	29 août 7			
fin.	29 août	− 38	− 37	8	4676 A	− 14		29 août 8	716	
712	30 août	− 38	− 37	8		− 13	30 août 8			
fin.	28 août	− 37	− 36	9	4677 GF	− 13		28 août 9	717	
713	29 août	− 37	− 36	9		− 12	29 août 9			
fin.	28 août	− 36	− 35	10	4678 E	− 12		28 août 10	718	
714	29 août	− 36	− 35	10		− 11	29 août 10			
fin.	28 août	− 35	− 34	11	4679 D	− 11		28 août 11	719	
Intercal. 715	29 août	− 35	− 34	11		− 10	29 août 11			
fin.	29 août	− 34	− 33	12	4680 C	− 10		29 août 12	720	
716	30 août	− 34	− 33	12		− 9	30 août 12			
fin.	28 août	− 33	− 32	13	4681 BA	− 9		28 août 13	721	
717	29 août	− 33	− 32	13		− 8	29 août 13			
fin.	28 août	− 32	− 31	14	4682 G	− 8		28 août 14	722	
718	29 août	− 32	− 31	14		− 7	29 août 14			
fin.	28 août	− 31	− 30	15	4683 F	− 7		28 août 15	723	
Intercal. 719	29 août	− 31	− 30	15		− 6	29 août 15			
fin.	29 août	− 30	− 29	16	4684 E	− 6		29 août 16	724	1re année actiaque commencée le 1 thoth, 30 août de l'an − 30 avant l'ère chrétienne, ou 16e année julienne.
720	30 août	− 30	− 29	16		− 5	30 août 16			
fin.	28 août	− 29	− 28	17	4685 DC	− 5		28 août 17	725	
721	29 août	− 29	− 28	17		− 4	29 août 17			
fin.	28 août	− 28	− 27	18	4686 B	− 4		28 août 18	726	
722	29 août	− 28	− 27	18		− 3	29 août 18			
fin.	28 août	− 27	− 26	19	4687 A	− 3		28 août 19	727	
Intercal. 723	29 août	− 27	− 26	19		− 2	29 août 19			
fin.	29 août	− 26	− 25	20	4688 G	− 2		29 août 20	728	
724	30 août	− 26	− 25	20		− 1	30 août 20			
fin.	28 août	− 25	− 24	21	4689 FE	− 1		28 août 21	729	1re année alexandrine, [illegible]
725	29 août	− 25	− 24	21		+ 1	29 août 21			

fin.	[illegible]	[illegible]	[illegible]	[illegible]
Intercal. 723	29 août	— 27	— 26	19
fin.	29 août	— 26	— 25	20
724	30 août	— 26	— 25	20
fin.	28 août	— 25	— 24	21
725	29 août	— 25	— 24	21
fin.	28 août	— 24	— 23	22
726	29 août	— 24	— 23	22
fin.	28 août	— 23	— 22	23
Intercal. 727	29 août	— 23	— 22	23
fin.	29 août	— 22	— 21	24
728	30 août	— 22	— 21	24
fin.	28 août	— 21	— 20	25
729	29 août	— 21	— 20	25
fin.	28 août	— 20	— 19	26
730	29 août	— 20	— 19	26
fin.	28 août	— 19	— 18	27
Intercal. 731	29 août	— 19	— 18	27
fin.	29 août	— 18	— 17	28
732	30 août	— 18	— 17	28
fin.	28 août	— 17	— 16	29
733	29 août	— 17	— 16	29
fin.	28 août	— 16	— 15	30
734	29 août	— 16	— 15	30
fin.	28 août	— 15	— 14	31
Intercal. 735	29 août	— 15	— 14	31
fin.	29 août	— 14	— 13	32
736	30 août	— 14	— 13	32
fin.	28 août	— 13	— 12	33
737	29 août	— 13	— 12	33
fin.	28 août	— 12	— 11	34
738	29 août	— 12	— 11	34
fin.	28 août	— 11	— 10	35
Intercal. 739	29 août	— 11	— 10	35
fin.	29 août	— 10	— 9	36
740	30 août	— 10	— 9	36
fin.	28 août	— 9	— 8	37
741	29 août	— 9	— 8	37
fin.	28 août	— 8	— 7	38
742	29 août	— 8	— 7	38
fin.	28 août	— 7	— 6	39
Intercal. 743	29 août	— 7	— 6	39
fin.	29 août	— 6	— 5	40
744	30 août	— 6	— 5	40
fin.	28 août	— 5	— 4	41
745	29 août	— 5	— 4	41
fin.	28 août	— 4	— 3	42
746	29 août	— 4	— 3	42
fin.	28 août	— 3	— 2	43
Intercal. 747	29 août	— 3	— 2	43
fin.	28 août	— 2	— 1	44
748	30 août	— 2	— 1	44
fin.	28 août	— 1	0	45
749	29 août	— 1	0	45
fin.	28 août	+ 1	+ 1	46

				[illegible]	19		
	— 2	29 août	19			727	
4688 G	— 2			29 août	20		
	— 1	30 août	20			728	
4689 FE	— 1			28 août	21		
	+ 1	29 août	21			729	1re année alexandrine, dont le 1 thoth concourt avec le 29 août de l'an 21 julien et l'an 25 avant l'ère chrétienne.
4690 D	1			28 août	22		
	2	29 août	22			730	
4691 C	2			28 août	23		
	3	29 août	23			731	
4692 B	3			29 août	24		
	4	30 août	24			732	
4693 AG	4			28 août	25		
	5	29 août	25			733	
4694 F	5			28 août	26		
	6	29 août	26			734	
4695 E	6			28 août	27		
	7	29 août	27			735	
4696 D	7			29 août	28		
	8	30 août	28			736	
4697 CB	8			28 août	29		
	9	29 août	29			737	
4698 A	9			28 août	30		
	10	29 août	30			738	
4699 G	10			28 août	31		
	11	29 août	31			739	
4700 F				29 août	32		
	12	30 août	32			740	
4701 ED	12			28 août	33		
	13	29 août	33			741	
4702 C	13			28 août	34		
	14	29 août	34			742	
4703 B	14			28 août	35		
	15	29 août	35			743	
4704 A	15			29 août	36		
	16	30 août	36			744	
4705 GF	16			28 août	37		
	17	29 août	37			745	
4706 E	17			28 août	38		
	18	29 août	38			746	
4707 D	18			28 août	39		
	19	29 août	39			747	
4708 C	19			29 août	40		
	20	30 août	40			748	
4709 BA	20			28 août	41		
	21	29 août	41			749	
4710 G	21			28 août	42		
	22	29 août	42			750	
4711 F	22			28 août	43		
	23	29 août	43			751	
4712 E	23			29 août	44		
	24	30 août	44			752	
4713 DC	24			28 août	45		
	25	29 août	45			753	
4714 B	25			28 août	46	754	1re année de l'ère chrétienne.

« L'ère de Nabonassar répondoit au 26 février julien proleptique de l'an 749 avant Jésus-Christ.... » *Delanauze, Mémoires de l'Académie royale des inscriptions et belles lettres. Tom. XVI.*

CHRONOLOGIE
DE PTOLÉMÉE.

DISCOURS PRÉLIMINAIRE
SUR LA CHRONOLOGIE,
ET PARTICULIÈREMENT SUR CELLE DE PTOLEMÉE.

PAR M. L'ABBÉ HALMA.

SI Hérodote (1) en parlant de l'éclipse de soleil prédite par Thalès, et qui termina la bataille que se livroient Alyatte et Cyaxare, dans la sixième année de la guerre qu'ils se faisoient, nous eût fait connoître la nature de cette année, l'ère à laquelle elle se r'attachoit, et la manière de la supputer, nous n'aurions pas un aussi grand nombre de solutions différentes du problème, jusqu'à présent indécis, sur le jour, le mois et l'année de cette éclipse, relativement à

(1) Clio. L. 1.

notre ère. C'étoit sans doute en années olympiques qu'Hérodote comptoit, puisqu'il lisoit publiquement son histoire en présence des députés de la Grèce, dans l'année 442 avant notre ère, 5e de la 84e olympiade. Mais il ne marque ni l'olympiade ni l'année de l'événement qu'il raconte; et même on n'est pas d'accord sur le jour précis où chaque olympiade commençait. Le savant Gibert, de l'Académie royale des inscriptions, a prouvé que le premier jour de l'année grecque varioit sans cesse entre de certaines limites. Et plusieurs années, avant et après cette époque, se trouvant également signalées par des éclipses de soleil, on ne peut découvrir celle à laquelle convient l'éclipse en question, à moins qu'on ne connoisse par une relation certaine avec un point fixe et connu dans le temps, l'intervalle entre ce point et la sixième année marquée par Hérodote. Mais dans l'incertitude où l'on sera toujours à cet égard, on disputera encore long-temps sur la véritable date de cette bataille, et sur celle du phénomène céleste dont elle fut accompagnée.

On peut en effet calculer des époques d'éclipses pour des temps même antérieurs à l'éxistence du monde, qui ne seront par conséquent accompagnées d'aucun fait terrestre. Et de toutes celles qui sont postérieures à la création, aucune ne peut être prise pour date d'un événement politique contemporain, à moins qu'elle ne soit déterminée par sa distance connue à un point fixe dans la succession des temps, dont on ait le rapport exact avec celui où nous vivons.

Ptolémée a senti cette vérité, quand il a choisi pour terme de comparaison dans la série des temps, le commencement du règne de Nabonassar à Babylone; et pour année, celle des Egyptiens en usage dans le lieu où il écrivoit, et commencée avec ce règne même.

Pour nous rendre cette comparaison plus facile, il nous a transmis la suite des successeurs de ce premier roi, dans un tableau qui est devenu l'unique et le plus précieux monument de la chronologie ancienne. Et en liant ainsi à une ère invariable, l'année égyptienne dont la forme est bien connue, il a rendu à l'histoire, non moins qu'à l'astronomie, un service d'autant plus grand, que sans la certitude des dates, l'histoire n'a rien que de vague et d'incertain.

Il nous en donne une preuve, et tout à la fois un exemple, dans l'éclipse totale de lune qu'il observa l'an 17e année d'Adrien, à $\frac{3}{4}$ heure avant minuit du 20 au 21 payni, à Alexandrie. Cette éclipse se trouve répondre par les calculs de l'astronomie moderne, au 6 mai de l'an 133 de l'ère chrétienne à 9 heures $\frac{1}{4}$ du soir, ou 2 heures $\frac{3}{4}$ avant minuit à Paris, ce qui est juste pour Ptolémée. Car la différence des méridiens de ces deux villes est de 2 heure 50' 27" en temps (1); et suivant Ptolémée, de 2 h. ¼ environ. La différence entre ces deux temps est environ 40 minutes, qui à raison de 15 degrés par heure, font près des trois quarts d'heure avant minuit à Alexandrie (2), marqués par Ptolémée pour le milieu de cette éclipse. Ce phénomène fixe par conséquent la première année du règne d'Adrien à l'an 117 de notre ère, comme je l'ai indiqué par un double chiffre final dans ma Table des Rois, quoiqu'on la mette ordinairement à l'an 116. Cette année ainsi fixée sert à déterminer toutes celles qui suivent et qui précédent.

Par exemple encore, et pour les temps antérieurs à notre ère, prenons l'éclipse de lune vue à Babylone suivant Ptolémée (3), à une heure avant minuit du 17 au 18 phamenoth de l'an 225 de Nabonassar, septième du règne de Cambyse. Les calculs modernes donnent cette éclipse pour Paris à 9 ½ heures du soir du 16 juillet de l'an 522 julien astronomique, ou 523 chronologique avant l'ère chrétienne La différence des méridiens de Babylone et de Paris est de 47 ½ degrés de longitude, selon Ptolémée. La différence en temps pour ces deux lieux, seroit donc de 3 h. 12'. Mais la différence en longitude entre Paris et Babylone n'est pas aussi grande, puisque d'après les dernières mesures de Beauchamp, elle ne va guères qu'à 44 degrés, ce qui fait juste les trois heures de différence en temps de Babylone et de Paris, et 1 ½ h. entre Paris et Alexandrie. Cette éclipse une fois bien vérifiée nous conduit par la certitude de l'année où elle est arrivée, à celle où Cambyse a commencé son règne, qui fut l'an 528 avant notre ère chrétienne. Larcher, dans sa traduction d'Hérodote, met la première année de ce règne à l'an 529 avant J.-Ch.; mais Ptolémée, conformément à la disposition de sa table qui donne à chaque roi l'année entière où il est mort, ne commence le règne de Cambyse qu'à l'an 528, qui répond à l'an 225 de Nabonassar, comme Ptolémée l'énonce au Livre v. Cette année détermine la première du règne de Cyrus à l'an 538 avant notre ère. Et ce prince ayant règné neuf ans à Babylone, et renvoyé les juifs à Babylone dans la première année de son règne, sous la conduite de Zorobabel, comme nous l'apprenons par nos livres saints, 70 ans après la captivité des Juifs emmenés à Babylone par Nabucodonozor, l'époque de cette éclipse sert ainsi autant à fixer les dates des événemens de l'histoire sainte, que celles de l'histoire profane. En effet la première de ces 70 années terminées en 528 avant notre ère, fut l'an 598

(1) Connoiss. des temps pour 1820.

(2) Alm. l. IV. p. 254. v. 1.

(3) Alm. l. V. p. 341. v. 1.

du Nabocollassar de Ptolémée, appelé Nebucadnezar ou Nabucodonozor dans les livres des Hébreux, suivant le Syncelle. Or Ptolémée commence le règne de ce dernier à l'an 604 avant notre ère. Et puisque ce fut dans la 6me année du règne de Nabucodonozor, que Jérusalem fut prise par les Babyloniens, ce fut donc dans l'année 599 avant notre ère.

Mais si la table des rois dressée par Ptolémée, nous sert à déterminer les dates des événemens politiques antérieurs à notre ère, les phénomènes célestes qu'il rapporte, servent également à vérifier cette table. Telle est, par exemple, l'éclipse de lune qu'il marque à l'an 7e du règne de Cambyse 225 de Nabonassar. Cette année étant l'an 523 chronologique avant celle que nous appelons la première année de J.-Ch., et la même que l'année astronomique 522, où Pingré a trouvé par ses calculs cette éclipse au 16 juillet, il s'ensuit que Cyrus est mort sept ans auparavant, c'est-à-dire en — 529, c'est-à-dire 218, année où la table marque la mort de Cyrus. Elle porte encore qu'il a règné 9 ans à Babylone; Ce fut donc 538 ans avant notre ère chrétienne, qu'il s'empara de cette ville sur Nabonad, que la Bible appelle Balthazar, comme les Arabes ont nommé Nabonassar, Bochtenasr; et c'est ainsi que la science astronomique sert à la vérification des livres saints eux-mêmes.

Cette table chronologique, plus connue sous le titre de Canon des Rois ou plutôt des Règnes, et que Ptolémée a terminée au règne d'Antonin le bon sous qui il vivoit, se trouve dans ses tables manuelles de mouvemens célestes continuée par Théon, l'un de ses successeurs dans la chaire astronomique d'Alexandrie, et par d'autres écrivains encore. Deux manuscrits grecs de la Bibliothèque du Roi, sous les nos 2364 et 2399, la montrent prolongée jusques dans le quinzième siècle, mais avec quelques différences, que j'ai eu soin de corriger. Le premier de ces manuscrits termine cette série de règnes, à celui de Manuel fils d'Andronic Paléologue, empereur de Constantinople : et il ajoute qu'à ce prince finit l'empire et la prospérité des Romains. Dans le second de ces deux manuscrits, la suite des rois va d'abord jusqu'à Nicéphore Botoniate inclusivement, mais une autre main l'a continuée jusqu'à Murzufle, après lequel vient un calcul chronologique de Théodore Métochite qui remplissoit à la cour d'Andronic II Paléologue, la charge de grand logothète ou référendaire du palais. Cet homme eut en son temps une si grande influence sur les affaires publiques, il jouissoit d'une si grande réputation, qu'on ne trouvera pas déplacé ici, le portrait que le savant Ameilhon, de l'Académie des Inscriptions et Belles-Lettres, en a extrait des auteurs de l'histoire Byzantine.

« Nicéphore Grégoras parle de Métochite avec beaucoup d'emphase, et en style de rhéteur. A l'entendre, Métochite étoit un prodige en tout genre.

Il se distinguoit par la grandeur de sa taille, et par une force de corps extraordinaire. Un air riant et gracieux, des yeux pleins de gaîté fixoient tous les regards sur sa personne, et lui concilioient tous les cœurs. Ces dons de la nature étoient accompagnés d'autres encore plus précieux. Métochite avoit parcouru le cercle de toutes les connoissances humaines. Une mémoire riche et fidèle lui rendoit sur le champ tout ce qu'il lui avoit confié; en un mot, c'étoit, suivant le langage même de son panégyriste, une bibliothèque vivante. Cependant Nicéphore ne peut s'empêcher de reconnoître qu'il négligeoit un peu trop sa plume, que sa diction étoit dure et âpre, qu'il ne daignoit pas assez revêtir ses idées des graces de l'élocution. Au reste ce jugement n'est que trop justifié par quelques productions qui nous restent encore de Métochite, et surtout par des poésies dont la rudesse et la barbarie effraient le lecteur le plus intrépide. Mais soit prévention, amitié ou flatterie, Nicéphore trouve le moyen de faire au grand Logothète un mérite de ce défaut. Les pensées de Métochite, dit-il, sont comme des roses entourées d'épines, qui réjouissent l'esprit lors même qu'elles blessent la délicatesse de l'oreille. Le grand Logothète, continue cette écrivain, étoit infatigable; il portoit presque seul le poids des affaires, et cependant il trouvoit encore le temps de composer un grand nombre d'écrits sur toutes sortes de sujets. Au reste, si Métochite a fait de bons ouvrages, on ne mettra pas de ce nombre ses plans d'administration; car personne ne prouva mieux que lui, qu'avec des lettres, du savoir et de l'esprit, on pouvoit être un fort mauvais ministre. Il fit beaucoup de fautes; ce qui ne l'empêcha cependant pas de jouir de la plus haute faveur auprès de son vieux maître, et de la conserver jusqu'à la fin. Andronic voulant lui donner une preuve signalée de sa bienfaisance lui destina et lui donna pour gendre, le prince Jean Paléologue, fils unique de Constantin Porphyrogénète, et propre neveu d'Andronic II ». (1)

Une chose bien remarquable dans les deux manuscrits d'où j'ai tiré cette table, c'est que ni l'un ni l'autre ne fait mention des cinq empereurs français qui ont règné à Constantinople depuis Murzufle jusqu'à Michel Paléologue, ni même des princes Grecs qui ont règné à Nicée et à Trébizonde. Le manuscrit 2364 passe immédiatement d'Alexis l'Ange à Théodore et à Jean Lascaris, détrôné par Michel Paléologue.

Cette table, toute étendue qu'elle est, ne leveroit pas les difficultés que nous opposeroit la réduction des differentes ères usitées chez les anciens, si une méthode générale ne les soumettoit toutes à une mesure uniforme du temps. Les énormes volumes des Scaliger et des Pétau, des Usserius et des

(1) Ameilhon, hist. du Bas-Emp. v. 24.

Calvisius, abondamment corrigés par Neuton et Marsham, rectifiés eux-mêmes par les Fréret, les Lanauze, les Noris et les Corsini, offrent trop de contradictions entr'eux, pour qu'on ne puisse pas craindre de s'égarer à leur suite.

Les recherches historiques sur les observations astronomiques des anciens, composées en langue allemande par M. Ideler, le Delambre de l'Allemagne, sont un résumé si parfait, une analyse si exacte, une critique si juste, des ouvrages de tous ces auteurs, que M. le Baron de Zach, cet astronome si avantageusement connu dans toute l'europe par ses écrits, en a rendu le compte suivant (1) dans le journal allemand de Gottingue (février et mars 1809).

« La fortune modeste et trop souvent insuffisante d'un savant, ne lui permettant pas de hazarder des travaux aussi considérables que ceux d'une traduction et d'une édition de l'Almageste, dont il n'auroit aucun retour à espérer, M. Ideler s'est borné à publier une des parties les plus importantes et les plus utiles de ce grand ouvrage. Son travail consiste dans les recherches qu'il a faites sur les différentes supputations des temps, qui nous sont étrangères et peu connues, et qui pourtant se rencontrent à chaque page dans Ptolémée; il les a comparées entr'elles et avec l'année julienne qui nous est plus familière. En un mot, il a éclairci la chronologie de Ptolémée, autant qu'il est possible de le faire, par le calcul astronomique et par l'application des passages d'anciens auteurs qui s'y rapportent ».

M. Ideler embrasse dans ses recherches, outre les ères égyptienne et grecque, les ères alexandrine, chaldéenne et dionysiaque, et celles même des Perses et des Arabes. Son ouvrage est le résultat des calculs auxquels il a soumis les systèmes des chronologistes qui l'ont précédé. L'exemplaire allemand m'en a été envoyé par M. Ideler lui-même. Je me suis conformé suivant son desir, aux notes et aux corrections manuscrites qu'il a jugé à propos d'y ajouter. On peut donc regarder ma traduction comme faite sur une seconde édition du texte allemand imprimé à Berlin en 1806, en caractères romains, mais corrigé et augmenté par l'auteur en 1811.

(1) Da eigene mittel und kræfte eines einzelnen gelehrten und privatmannes nicht hinreichen dergleichen ihren unternehmern einen so ærmlichen lohn verheissende arbeiten in's grosse zu wagen, so konnte herr Ideler sich nur zum zweck machen einen der wichtigsten und nützlichsten zweigen zubearbeiten, und uber die verschiedenen uns fremden zeitrechnungen, die wir im almagest ant treffen, untersuchungen anzustellen, ihren Ursprung und ihre beschaffenheit zu erforschen, sie unter einander und mit der uns geläufigern julianischen zeitrechnung zu vergleichen, mit einem worte, die chronologie des Ptolémæus, auf's reine zu bringen, so weit es durch astronomischen calcul und genaue prüfung aller dahin gehœrigen stellen der alten autoren geschehen konnte.

Je n'y ai pas inséré les nombreuses citations grecques, arabes, persanes, qui se trouvent dans l'édition allemande. Ce grand appareil d'érudition, qui étoit de mode dans le seizième siècle, n'est plus usité dans le dix-neuvième. Je me suis contenté d'indiquer les sources d'où elles sont tirées, afin que les lecteurs puissent y recourir, s'il leur plaît de les vérifier.

Les recherches de M. Idoler sont fondées en grande partie sur les calendriers anciens. Ceux qu'il compare le plus fréquemment, sont les annonces ou pronostics qui terminent l'introduction de Géminus aux phénomènes, et l'hémérologe de Ptolémée.

M. Ideler assure que l'introduction de Géminus est pleine de choses nécessaires à savoir pour l'intelligence de l'astronomie ancienne, et que la doctrine en est saine et vraie. Cet opuscule mérite donc d'être lu, et j'en donne le texte traduit pour servir d'introduction au grand traité de Ptolémée. Celui-ci, en effet, ne s'étend pas assez sur les principes de la science astronomique. Géminus, au contraire, en a fait son objet principal, et il s'étend particulièrement sur les jours et les nuits, sur les mois et les intercalations, qui sont proprement le sujet du présent volume.

Géminus naquit à Rhodes dans le siècle qui a précédé notre ère, et par conséquent, après Eratosthène, dont il cite un commentaire sur l'octaëtéride. Mais il précéda Posidonius, s'il ne fut pas son contemporain. Car Simplicius, dans son commentaire sur le ciel, d'Aristote, fait parler Posidonius d'après Géminus. Et puisque Cicéron et Pompée ont suivi les leçons de Posidonius à Rhodes, Géminus qui vécut à Rome, dût y être, suivant Montucla, dans la deuxième moitié du second siècle avant notre ère; et suivant Bailly, vers le temps de Sylla.

Le nom latin de Géminus paroit avoir été donné à cet astronome grec, par quelque famille romaine qui l'aura peut-être adopté en qualité de client, ou qu'il aura servie comme esclave. Car souvent les malheurs de la guerre réduisoient en esclavage, sous les romains, les hommes du premier mérite dans les nations vaincues. Polybe et Phèdre en sont des exemples. Et la famille des Servilius, à Rome, dont le surnom étoit Geminus, en aura gratifié cet astronome, devenu citoyen romain par l'affranchissement.

Géminus débute brusquement par le zodiaque, mais l'ordre des idées demande quelques instructions préliminaires sur le ciel qui est l'objet de ses élémens. Il falloit donc commencer par des prolégomènes sur la sphéricité du ciel et sur celle des astres, et de leurs mouvemens : je les ai tirés de Cléomède et d'Aristote. Euclide jugeoit si fondamentale la connoissance préliminaire du mouvement circulaire des astres, qu'il commence par cet article son traité des phénomènes célestes.

Cléomède, bon astronome pour son temps, vint après Posidonius, dont il expose la mesure de la grandeur de la terre. Il parle du ciel comme Aristote, sans y mêler de géométrie ; et les exemples qu'il prend de la latitude de Rhodes, montrent qu'il a professé dans cette ville, à laquelle sa marine rendoit une école d'astronomie absolument indispensable.

L'interprête latin de Géminus, Edon Hildéric, né dans la Frise en 1533, et ensuite professeur de mathématiques en Saxe et dans le Palatinat, a publié sa version avec le grec en 1590. Le P. Pétau l'a revue et l'a insérée avec des notes, dans son uranologion. Les remarques de M. Delambre sur Géminus (hist. de l'astr anc. v. 1.) se suivront mieux dans une traduction française fidèlement calquée sur le texte grec, que sur une version latine dont le style dur se ressent de l'ignorance de l'interprête. J'ai traduit le grec sur le manuscrit 2385 de la Bibliothèque du Roi, autant qu'il m'a fourni de texte: Car Géminus n'y est pas entier. Il s'y termine au milieu du chapitre VI qui traite des mois. Et cependant ce manuscrit, le seul de Géminus dans cette bibliothèque, contient divers opuscules de Cléomède, d'Antolycus et de Jean Pediasimus.

J'ai donc été obligé de me règler sur l'édition donnée par Pétau. Harles témoigne que ce savant en avoit corrigé le texte pris de Hildéric d'après les notes que Briggs avoit extraites d'un excellent manuscrit d'Oxford. J'ai moi-même comparé pour cette dernière partie, l'édition de Pétau à celle d'Hilderic publiée à Altorf en 1590. Il paroit, à en juger par la ponctuation et les autres circonstances absolument les mêmes dans l'Uranologion et dans Hildéric, que l'édition de celui-ci a été le type que Pétau a suivi pour la sienne, ne trouvant pas plus que moi, dans la Bibliothèque du Roi, la dernière partie du manuscrit de Géminus. Il eût été néanmoins d'autant plus satisfaisant de pouvoir la consulter manuscrite, que Géminus l'a terminée par un calendrier zodiacal, qui mis en parallèle avec celui qui est imprimé, auroit beaucoup servi pour sa comparaison avec l'hémérologe de Ptolémée.

Celui-ci, que son auteur a intitulé *apparitions des fixes et annonces*, se trouve dans le manuscrit grec 2390 de la Bibliothèque du Roi. Il est postérieur à l'ère actiaque, puisqu'il commence par le mois thoth dont il place les trois premiers jours au trois derniers du mois d'août julien. Ces trois premiers de thoth et le quatrième qui répond au premier jour de septembre, sont dans ce manuscrit écrits en rouge, ainsi que le titre général de ce calendrier, et les titres particuliers des mois. Les caractères de ces titres en rubrique, sont byzantins, du XIVe siècle, en majuscules entremêlées de voyelles minuscules. L'écriture du texte est en caractères courants, mais liés entr'eux par des crochets et surchargés d'accents qui la rendent très peu lisible.

Le P. Pétau se demande si cet opuscule est véritablement de Ptolémée? On ne sauroit en douter, répond-il, après le témoignage de Suidas qui assure que cet astronome a composé un traité des apparitions et dès annonces des étoiles fixes. Pétau néanmoins se fait deux objections : la première, tirée de ce que le 28 thoth actiaque (25 septembre julien) auquel l'équinoxe d'automne est placé dans l'hémérologe, ne s'accorde pas avec le 26 septembre, 9 athyr, date de l'équinoxe d'automne observé par Ptolémée en l'an 139 de notre ère, 3e d'Antonin. Pétau ne répond pas directement à cette difficulté ; il ne fait que lui opposer l'équinoxe vernal du 7 pachon ou 22 mars, 140e année de notre ère, 4e d'Antonin, comme dans la 139e.

Mais de ce que cet équinoxe d'automne est marqué un jour plus tôt dans l'hémérologe que dans l'Almageste, il ne s'ensuit pas que Ptolémée ne soit point l'auteur de l'hémérologe. On doit en conclure seulement qu'il l'a composé pour l'année fixe, au lieu que l'Almageste est pour les années vagues: c'est ce que démontre le calcul suivant :

Equinoxe vernal 7 pachon........	139	....	22 mars
		94 ½	92 ½
Solstice d'été 11 mésor..........	139	....	22 juin
Plus un jour embolime............		1	
		92 ½	96 ½
Equinoxe d'automne 9 athyr.......	140	....	26 septembre
		178 ¼	177 ¼
Equinoxe vernal 7 pachon........	140	....	22 mars
Longueur de l'année intercalaire.......		366 ¼	= 366 ¼ jours.

On voit ici les intervalles des saisons, tels qu'ils sont donnés par Ptolémée dans son livre 3, ch. 4. (Alm. v. 1, p. 185. Or, puisque l'année embolime 139 fait commencer l'année 140 au 30 août, au lieu du 29 pour les années communes, il s'ensuit que le 26 septembre de l'an fixe 139 est le 25 septembre de l'an vague 130. (Voyez ma dissertation I suivante). Pour le 22 mars, il a dû être le 26 phamenoth vague et le 7 pachon fixe, puisque 140 ne commençoit qu'en août, après mars.

La seconde objection n'a pas plus de solidité. Elle consiste dans le titre des mois romains donné aux mois alexandrins entiers, quoique ceux-ci répondent à deux mois romains à la fois : mais Ptolémée ou ses copistes ont pu appeler les mois égyptiens du nom des mois romains, dont ils occupoient la plus grande partie. C'est la réponse de Pétau, et elle est raisonnable.

On peut sans hésiter recevoir cette espèce d'almanach comme venant de Ptolémée. Il l'a dressé d'après les observations de plusieurs autres astronomes qu'il nomme dans cette note finale, que Pétau, à cause de quelques étoiles mentionnées dans l'hémérologe, et non dans cet appendice, soupçonne n'être pas de Ptolémée. Mais M. Ideler le regarde comme servant de conclusion à cet opuscule, parce que Ptolémée y nomme les auteurs des anciens calendriers, sur lesquels il a composé le sien, et les parallèles pour lesquels il est dressé.

Un préambule qu'on ne lit pas dans le m[it]. 2390 du roi, mais qui est imprimé dans le 3e volume de la bibliothèque grecque de Fabricius, d'après un manuscrit de Savill, précède ici l'hémérologe de Ptolémée. Winkler qui l'avoit copié à Oxford, le fit connoître à Fabricius qui le publia en Grèce pour la première fois, avec les variantes du manuscrit d'Angleterre, comparées à l'édition de Pétau. L'hémérologe avoit déjà paru, mais en latin seulement, de Leonicenus, par les soins de Bonaventure d'Urbin, qui l'avoit inséré dans son livre intitulé: *apologia pro Theophrasto atque Alexandro aphrodisiensi*, où il marque les levers et les couchers d'orion, et généralement des étoiles de Ptolémée, et même d'Homère, d'Hésiode, d'Hippocrate, et d'autres anciens tant poëtes que prosateurs.

Ce préambule, quoiqu'infecté d'astrologie, et quel qu'en soit l'auteur, aura son utilité, en ce qu'il définit les apparitions et leurs différences, les aspects et les diverses sortes de levers et de couchers des astres. Quant aux influences, on les méprisera. Je ne les ai pas omises, parce qu'elles sont peu nombreuses, et que je n'ai pas voulu tronquer ce prélude.

Ce n'est pas, comme le remarque judicieusement Bailly dans son astronomie ancienne, que les astres n'exercent véritablement une action physique dans le système général du monde. Et si des médecins astronomes aussi habiles observateurs, que bons juges des causes par les effets, nous eussent transmis une longue suite d'observations métaorologiques bien faites, on pourroit tirer pour les maladies périodiques, pour la santé, pour les retours de température à certaines époques, quelques conséquences de ce qu'on trouveroit de constant et de bien avéré dans leurs notes. Mais il s'en faut bien que nous ayons la moindre donnée sur une pareille connoissance qui seroit aussi curieuse qu'elle seroit utile. Tout se borne en ce genre à de ridicules inductions du cours régulier des astres, indépendant de toute volonté humaine pour les événemens arbitraires ou contingens de la vie, qui ne sont nullement du ressort de l'astronomie. Celle-ci consiste dans le calcul des mouvemens célestes pour assigner les lieux relatifs des astres, en quelque temps que ce soit; et si l'hémérologe de Ptolémée y a joint des annonces de température, elles ne peuvent être que locales, et venir des astronomes auxquels il les attribue.

Fabricius témoigne que le manuscrit d'où ce calendrier a été transcrit, présente les mots suivans, au premier jour du mois thoth : καθ' ἡμᾶς δὲ αυγούςου κθ, *chez nous*, *le* 29 *d'août*. Ils prouvent que le 1 thoth égyptien répondoit dans ce calendrier au 29 août julien. Quoique ces mots ne se trouvent point dans le mit 2390 d'où j'ai extrait cet hémérologe, il n'en est pas moins certain que le 1 thoth y répond au 29 août, puisque comme je l'ai déjà dit, les 3 premiers jours de thoth sont en rouge dans ce manuscrit, pour montrer qu'ils n'appartiennent pas au mois de septembre, mais aux trois derniers jours d'août.

On a faussement attribué à Ptolémée d'autres calendriers tels que celui qu'on trouve dans l'*uranologion* de Pétau sous le nom de Nicolas Leonicenus qui s'en dit l'interprête, mais sans en produire le texte original. La vérité est que cette pièce est supposée. On a pareillement attribué à Eratosthène un autre calendrier examiné dans les monumens d'Egypte, mais qui n'est pas plus d'Ératosthène, que celui de Léonicenus n'est de Ptolémée. Car ni Suidas ni Photius ne les leur donnent (1). et Weidler déclare positivement que Pétau n'a aucune raison de faire d'Eratosthène l'auteur du calendrier qu'il met sous son nom, tout en reconnoissant que cet opuscule n'est pas de lui. Le médecin Leonicenus, plus littérateur qu'astronome, n'a pu que ramasser divers morceaux de différens temps et de différens auteurs, pour en composer un calendrier erroné dans tous ses points. Il dit dans une de ses lettres à Ange Politien, cet élégant interprête latin des classiques grecs, si intimement lié avec Laurent de Médicis (2), qu'il n'est pas étonné de son habileté dans les belles-lettres, après les grands frais de ce prince pour faire venir des livres du levant. Et l'on voit par le recueil de ses œuvres, que son calendrier n'est que le fruit de ses lectures des anciens appliqué à l'exercice de sa profession, suivant l'usage des médecins de ce temps, tels que Fracastor et autres qui faisoient entrer l'étude de l'astronomie, ou plutôt de l'astrologie, dans celle de l'art de guérir.

Écoutons ce que dit M. Delambre, de ce prétendu calendrier d'Eratosthène, dans le discours préliminaire de son histoire de l'astronomie du moyen âge, en parlant des écrits et des planches de MM. Jollois et Devilliers sur les zodiaques d'Esné et de Denderah : « Les auteurs s'aident avec sagacité, mais avec circonspection, des idées paranatellontiques. On appelle *paranatellons* les constellations qui se lèvent, ou plus généralement, qui paroissent à l'horizon, à côté les unes des autres, soit à l'orient, soit à l'occident, et à toute sorte d'azimuts. Il est

(1) Hist. astr. c. VI.

(2) W. Roscoë, the Life of Lorenzo de Medici.

incontestable que les Egyptiens ont observé des levers héliaques ; ils ont pu les observer pendant une longue suite de siècles... Ils ont donc pu s'appercevoir que ces apparences changent progressivement, ils ont pu avoir quelqu'idée confuse du déplacement des points solsticiaux et équinoxiaux, ou si l'on veut, du mouvement progressif des étoiles en longitude. Le lever héliaque de Sirius, en différens siècles, s'était observé à des distances différentes du jour équinoxial ou solsticial. Les amplitudes ortives qui ont servi à orienter les pyramides, donnoient à peu près les jours des équinoxes et des solstices. Ils ne se trompaient guère plus sur le lever héliaque de l'étoile... De ce qu'ils ont pu faire tout ce que nous avons exposé ci-dessus, il ne s'ensuit nullement qu'ils l'aient fait... Quand on dit que l'écrévisse est à l'horizon, pour vérifier les paranatellons, faut-il mettre à l'horizon le milieu de la constellation, c'est-à-dire la nébuleuse du cancer ou l'âne austral? faut-il que la constellation paroisse toute entière? l'incertitude est encore bien plus grande pour le lion. Si c'est ce signe qui se lève, faut-il entendre Régulus ou le milieu du quadrilatère? faut-il que tout soit visible depuis l'étoile ξ de la patte ; jusqu'à l'étoile β de la queue? les auteurs eux-mêmes ont remarqué que pour la vierge, les indications seraient mieux satisfaites, si l'on mettait la tête à l'horizon, au lieu d'y mettre l'épi; mais la tête est peu visible. L'étoile β de l'aile, qui en est peu éloignée, est d'autant plus remarquable, qu'elle est la première d'une équerre très-aisée à distinguer, et qui est formée des étoiles β, η, γ, δ, ε, toutes de troisième grandeur, et dont la dernière ε est connue sous le nom de προτρύγητηρ ou *vindemiatrix, vendangeuse*. Ces levers sont-ils instantanés, et ne doit-on pas chercher à l'horizon toutes les constellations qui s'y montrent successivement, pendant tout le temps que le signe principal emploie à se lever, depuis la première jusqu'à la dernière étoile? c'est ce que le faux Eratosthène n'a pas distingué, c'est enfin ce qu'on ne trouve que dans le commentaire seul d'Hipparque. »

Pétau est tombé, au sujet de ce calendrier, dans la même contradiction, qu'au sujet du fragment qu'il nie être de l'évêque Pierre, après l'avoir pourtant intitulé du nom de ce martyr, dans son uranologion. « Pierre, ordonné evêque d'Alexandrie vers l'an 300, eut la tête tranchée pour la foi, par le commandement de l'empereur Maximin, la neuvième année de l'ère des martyrs, c'est-à-dire l'an 311 de la naissance de J.-Ch. Quoique S. Jérôme et les autres écrivains qui ont parlé des auteurs ecclésiastiques ne mettent point cet évêque de leur nombre, il avoit pourtant composé quelques écrits. Dupin, dans le compte qu'il rend de ces écrits, ne fait aucune mention du fragment dont il s'agit ici, et qui traite du jour où la fête de Pâques se célébroit chez les juifs. Ainsi, comme en inscrivant ce fragment, du nom de l'évêque Pierre d'Alexan-

Dupin. n. Biblioth. des auteurs ecclésiast. 2 vol.

drie, Pétau assure qu'il n'est pas de lui, il ne croit pas non plus que le calendrier qu'il intitule du nom d'Eratosthène, soit de ce bibliothécaire d'Alexandrie.

Nous connoissons encore un troisième calendrier apocryphe, composé en 1545 par Jean Eschenden, mais qui n'a pas plus d'authenticité, que ceux de Léonicenus et du faux Eratosthène, étant formé des Fastes d'Ovide et des Ephémérides de Columelle. Enfin, un quatrième inséré par le juif Abraham de Balmes, grammairien hébraïque (1), à la fin de la version latine d'une introduction astrologique arabe à l'astronomie de Ptolémée, n'est que l'éphéméride céleste qui termine l'introduction de Géminus aux phénomènes.

Le manuscrit grec 2394 de la Bibliothèque du Roi, contient un autre calendrier encore qui est composé des mois romains, grecs et alexandrins comparés, où le 1 thoth est marqué au 4 avant les calendes de septembre, au 29 loüs grec, et au 29 août romain. Ce calendrier se rapporte si bien à l'hémérologe de Ptolémée, qu'il n'y a aucun doute qu'il n'ait été dressé sur les mêmes bases, et il a donné lieu aux deux dissertations suivantes que j'ai composées sur la manière de réduire les dates anciennes à notre ère actuelle.

Le manuscrit 2390 contient, immédiatement avant l'hémérologe de Ptolémée, des notes chronologiques qui commencent par le nombre des années comptées de la première de Nabonasssar, jusqu'à celle où ces notes ont été écrites. Elles ne seront pas déplacées à la suite de la Table des Rois dont elles confirment les nombres. L'écriture en est menue, ronde, et différente de celle de l'hémérologe qui les suit, et de celle de l'almageste qui les précède, ainsi qu'une dissertation de Ptolémée sur les hypothèses.

De pareilles notes, mais plus courtes, se lisent dans le manuscrit 2364, qui est un in-folio en papier de chiffes. Sa reliure en peau de mouton rouge, ornée des simples armoiries de France, en or, au milieu de chaque côté de la couverture, est moderne. Ce manuscrit ne sort donc point, comme les autres sur lesquels j'ai travaillé, de la Bibliothèque de Florence. Il est un de ceux que Vansleb acheta dans l'Orient par l'ordre de Colbert sous le règne de Louis XIV, à moins qu'il ne provienne de l'acquisition d'une partie des manuscrits de Peiresc, ou qu'il ne soit un de ceux que les Français dispersèrent de la Bibliothèque Laurentine, pendant leurs ravages en Italie, sous Louis XII (2). L'écriture en est belle en apparence, mais difficile à lire, à cause de sa forme byzantine, maigre, inégale et chargée de ligatures. Les notes chronologiques qu'il renferme, quoique mêlées d'astrologie, s'accordent avec celles du manuscrit 2390, dont je viens de parler.

Ce manuscrit contient un catalogue des époques des principales étoiles de

(1) R. Simon, hist. crit. du v. test.

(2) Roscoe, the life of Lorenzo de Medici.

Ptolémée, qui peut servir à en constater l'âge. Car il nous avertit qu'il a été dressé 1177 ans après la mort d'Alexandre. Ce fut donc dans l'année 853 de notre ère. Il est aisé de le vérifier par la comparaison des longitudes d'une ou deux de ces étoiles, dans Ptolémée et dans notre manuscrit. Prenons d'abord le cœur du lion. (1)

Ptolémée marque Régulus en $2\frac{1}{2}$ degrés du lion. Le manuscrit dont je parle actuellement, met cette étoile en $9\frac{2}{3}$ degrés du même signe. La différence est 7 degrés 10 minutes, qui multipliés par 100, suivant l'avertissement de l'auteur de ce catalogue, que la précession y est calculée sur le pied de celle de Ptolémée, à raison d'un degré par siècle, donne pour produit 702 ans. A quoi ajoutant les 149 ans de Ptolémée, la somme se trouve être de 851 ans, et donne ainsi l'an de notre ère, qui a précédé immédiatement celui de la confection de ce catalogue : car $852 + 324 = 1176$.

Prenons actuellement l'épi. Il est marqué dans ce catalogue, en 3^{d} 50 ♎. Ptolémée le met dans le sien, en $26\frac{1}{2}^{d}$ de la vierge. Or de 16^{d} 30' ♍, à 3^{d} 50' ♎, la différence est 7^{d} 20' presqu'égale à celle que nous venons de trouver dans les lieux de Regulus, aux mêmes époques de temps.

Hamelius dans ses notes sur la sphère de Sacro-bosco, et le roi Alphonse dans ses tables, ont aussi fait la précession comme Ptolémée de 1^{d} en 100 ans, à-peu-près; mais Tycho l'a corrigée un peu. Car les tables Alfonsines marquent l'épi en 13^{d} 48' ♎ pour l'an 1251, et en 16^{d} 20' de ce signe pour l'an 1500, ce qui donne à-peu-près 1 degré par siècle. Tycho n'a pas suivi cette raison, puisque pour 100 ans de plus, il ne devroit avoir que 17^{d} 20', et puisqu'il en a trouvé 18^{d} 16', il faut en conclure qu'il a fait la précession plus rapide que ne l'ont faite Ptolémée et les auteurs de notre catalogue.

Ces calculs nous donnent bien le temps où ce catalogue a été dressé, mais ils ne nous apprennent pas l'âge de ce manuscrit. Pour le savoir, nous n'avons qu'à nous rappeler ce que j'ai déjà dit du dernier prince qu'il nomme. C'est Manuel Paléologue dont il ne donne pas les années; mais il dit qu'à cet empereur se terminèrent l'empire et la prospérité des Romains. Ce prince étant mort en 1435, on ne peut pas faire remonter plus haut l'âge de ce manuscrit, qui par conséquent n'est pas bien vieux.

Comme j'aurai occasion d'y revenir dans les tables manuelles, je le laisse jusques-là, pour passer actuellement au manuscrit 1650. C'est un livre auquel

(1) Pétau, p. 354 du l. 4, vol. 1, du doctrina tempor., après avoir dit qu'Hipparque a vu Régulus à l'extrémité du cancer, ajoute que Ptolémée le vit en $2\frac{1}{3}$ degrés de la balance (*libræ*), et qu'ensuite, Albatani le vit en 14 d. du lion; il est clair que Pétau a voulu dire *leonis* au lieu de Libræ. C'est une inadvertance.

il seroit bien difficile de donner un titre. Car il y a de tout, de la philosophie, de la théologie, de la géométrie, de l'astrologie, des vers, de la prose, et des sermons. Ce ramas est intitulé *συλλογαι ποικιλων* *recueils de divers*. Il commence par une théorie *de l'ame*. Il annonce avant tout une liste des patriarches de Constantinople, par Xantopule. Ce qu'il y a de plus précieux dans ce composé d'extraits de Platon, de Philostrate, d'Hérodote, d'Empédocle, de Caton, de Phocylide et d'autres auteurs, c'est le calendrier des mois hébraïques grecs et romains, que j'en ai tiré (1). Ce recueil est postérieur à la prise de Constantinople, car il termine à Constantin VIII Paléologue, le catalogue des empereurs de Constantinople, qu'il commence à Constantin le grand, mais qui ne mérite aucune attention, parce qu'il n'est pas accompagné des années des règnes dont il ne donne que les noms et la série. Toutefois on y lit, après Alexis Ange Murzufle, ce qu'on ne voit pas dans les autres catalogues: que ce fut sous ces princes, que la ville tomba au pouvoir des Latins, mais sans nommer les empereurs français, il passe aux Lascaris et aux Ducas qui régnèrent dans Nicée, après lesquels il marque l'expulsion des Latins par Michel Paléologue. Et à la fin, on lit au nom de Constantin, que, sous lui, *la ville fut prise par une race impie d'Ismaélites*, désignant ainsi les Turcs, de la religion de Mahomet, Arabe de nation et descendant d'Ismaël.

Au revers du 8e feuillet sont ces mots, d'une écriture mal formée, petite, et différente de celle du reste de ce livre: *Κτῆμα ἀντωνίου τοῦ ϊπαρχοῦ ὁ δέδωκε τῷ κρατίςῳ βασιλεῖ κελτῶν*. *Propriété du gouverneur Antoine, qui l'a donnée au très puissant roi des Français*. Qui étoit cet Antoine? peu importe de le savoir; mais ce n'étoit certainement ni le vieux Andronic II mort depuis long-temps, moine à Didymoticon; ni Manuel Paléologue, que l'histoire universelle traduite de l'anglais dit avoir fait la même fin sous le même nom.

Il n'est guères plus aisé de dire quel est le roi de France à qui cet Antoine inconnu a fait ce présent. Comme ce livre porte des caractères qui prouvent qu'il a été écrit après la prise de Constantinople, et que les rois français de la fin du quinzième siècle ont été Charles VII et Louis XII, au premier desquels les Paléologues réfugiés en Italie avoient cédé leurs droits à l'empire d'Orient, c'est probablement à lui que fut donné ce petit et gros volume de format in-12 en papier de chiffes. Ce ne fut pourtant pas sous Charles VIII, mais sous Henri II, qu'il fut apporté à Paris. Car sa couverture en bois revêtu de cuir noir, est des deux côtés décorée des armes du roi en or entourées du

(1) Ce calendrier se trouve à la suite d'un écrit sur le mouvement des astres, attribué à l'empereur Héraclius, qui régnoit à Constantinople dans le VIIe siècle. La date est la même que celle du calendrier. Car nous y voyons janvier et les autres mois répondre aux mêmes mois grecs et romains.

seul collier de l'ordre de Saint-Michel, avec les lettres initiales H et C, et le triple croissant, qui se voient sur les dehors du château des Tuileries construit par Catherine de Médicis, épouse de ce roi. On sait que cette reine avoit à elle seule à Paris, beaucoup de livres précieux de la Bibliothèque des Médicis ses ayeux, et qu'à sa mort, sa bibliothèque fut mise en vente par ses créanciers. Mais Auguste de Thou, bibliothécaire du Roi, en acheta tous les livres qui furent transportés dans la bibliothèque royale; et voilà comment ce manuscrit s'y trouve.

L'exécution manuelle des manuscrits me conduit naturellement à parler de celle du présent volume, qui en met le contenu au jour. J'entends déjà les cris de ceux qui me condamnent pour n'avoir pas pris de soin des accents. C'est une faute volontaire que je me pardonne d'autant plus volontiers, qu'en m'abstenant de la commettre, je n'aurais pas donné plus de mérite aux auteurs que je traduis, ni à l'interprétation que j'en présente. Le grammairien Aristophane de Byzance introduisit les accents dans les m[its]. grecs, et l'usage des ponctuations diverses, pour distinguer les phrases, les périodes, et leurs parties, dans le 2e siècle avant J.-Ch. Les raisons d'Aristophane étoient aussi bonnes pour les accents que pour les points, dans son temps et pour la Grèce, où l'on parloit la langue grecque. Mais pour nous autres étrangers et postérieurs de deux mille ans, qui ne faisons que lire cette langue, nous n'avons besoin que des points, et les accens nous sont très inutiles.

« Les accents ne sont autre chose que de petites notes qui ont été introduites dans le discours pour en arrêter la prononciation et la faciliter aux étrangers. C'est pourquoi les anciens Grecs à qui elle étoit toute naturelle, n'en avoient point, comme il paroit par Aristote, par les vieilles inscriptions et par les médailles anciennes. Mais il n'est pas aisé de dire quand ces accents ont été introduits dans cette langue, quoiqu'il y ait apparence que ce fut lorsque les Romains ont commencé à se rendre plus curieux de s'en instruire, et à envoyer leurs enfans étudier à Athènes, c'est-à-dire environ ou un peu devant le temps de Cicéron. (1)

Suivant le P. Labbe, jésuite qui a composé un traité latin des accents de la langue grecque, imprimé plusieurs fois, et même traduit en français, « le mot *accent* signifie le ton de la voix en prononçant un mot, ou la note qui marque ce ton.... » Ils n'intéressent donc nullement la signification des mots.

Quand des gens aussi opposés qu'un homme de Port-Royal et un jésuite, s'accordent sur une chose, il faut les en croire, et tenir pour certain que l'exactitude dans les accents est une perfection oiseuse et chimérique.

J'ai donc fait peu d'attention à ces notes euphoniques. Quelquefois je les

(1) Gramm. gr. de Port-Royal.

ai observées, d'autres fois je les ai négligées avec la même liberté qu'on les a omises dans les anciennes inscriptions lapidaires; telles que celles qui sont incrustées sur l'intérieur des murailles du muséum royal du Louvre, le grec s'y lit très bien sans aucun accent. Pétau lui-même y manque assez souvent, sans que ni le sens ni la lettre en souffrent. On en trouvera peu ici dans les prolégomènes et les notes, mais beaucoup plus dans le texte de Ptolémée, de Géminus et des autres auteurs dont j'ai composé la seconde partie de ce volume.

La première contient mon travail propre. Ce sont des dissertations chronologiques. Elles commencent par un discours qui démontre la possibilité d'étendre aux années qui ont précédé la réforme grégorienne et l'ère chrétienne, les avantages de cette réforme. Un tableau préliminaire des 45 premières années juliennes ramenées à cette réforme prouve que cette méthode embrassant tous les siècles, délivre de la peine de faire des calculs inséparables de la diversité des ères, en les soumettant toutes à cette mesure uniforme du temps fondée sur la marche du ciel.

La citation, apposée au bas de ce tableau, d'un passage de Delanauze qui prétend que le 1er jour de la 1. année de Nabonassar fut le 26 février de l'an 749 proleptique, tend moins à confirmer cette assertion, qu'à montrer que je ne suis pas le premier qui ait fait remonter l'ère de Nabonassar à l'an 749. Car ce n'est pas au 26 février, mais au 29 août — 749, qu'elle commence. J'applique cette méthode à l'ère de Nabonassar, dans un autre tableau chronologique qui termine mes deux dissertations sur la réduction des années et des mois des anciens à notre style julien et grégorien actuel.

La grande diversité qui règne entre les textes hébreu, samaritain et grec de la Bible, sur le années du monde, entre les dates assignées aux mêmes événemens par Eusèbe, Joseph, S. Jérôme, Clément d'Alexandrie, et autres, ne nous permet, pour supputer les époques, qu'une simple comparaison de leurs temps respectifs, à une date invariable, telle que la première année de notre ère vulgaire moderne. Ce tableau contient en conséquence les relations des différentes ères anciennes à cette ère qui est notre terme de comparaison le plus certain comme le plus universel chez les chrétiens.

Ce tableau est en deux parties, la première comprenant les années écoulées depuis la première du règne de Nabonassar à Babylone, jusqu'à la première de notre ère chrétienne et vulgaire; la seconde colonne contenant les années de cette ère depuis son commencement jusqu'à l'an 632, époque de l'ère persane d'Iezdegird.

La première de ces deux parties est divisée en treize colonnes, chacune sous un titre qui en désigne le sujet. La seconde contient les années de Nabonassar vagues égyptiennes, dont la première expose les intervalles. Dans la troisième, ces mêmes années réduites sont en années juliennes alexandrines fixes, suivant les principes de réduction, dont le tableau préliminaire offre le modèle pour les 45 années qui ont immédiatement précédé notre ère. La quatrième colonne montre ces mêmes années moindres chacune d'une unité que leurs correspondantes dans la seconde colonne, parce que celles-ci sont comptées de la première dite — 1 avant J.-Ch. par les chronologistes ; et celles là, de cette première faite = *o* par les astronomes, dans la cinquième colonne. Dans la sixième, les années de la période julienne correspondent aux années comptées de la première — 1 avant notre ère chrétienne, elles sont exprimées par les nombres que Pingré leur a donnés pour les années comptées astronomiquement de la première o avant cette même ère. Ainsi, l'an 3966 donné par Pingré à l'an — 747 astronomique, premier de Nabonassar, appartient à l'an o égyptien vague de Nabonassar — 748 chronologique, marqué dans la colonne 3 de ce tableau, et à l'an — 749 proleptique de la colonne 4. Ainsi encore, le nombre 4431 per. jul. marqué par Pingré pour l'an — 282 astronomique, répond à l'an — 283 et 284 proleptique. La somme des nombres correspondans comparés dans les colonnes 2 et 3, est toujours 748 ; dans les colonnes 1 et 4, 749 ; et dans les colonnes 2 et 5, 747. Ainsi, les nombres correspondans de la période julienne appartiennent chacun à la supputation chronologique moyenne entre l'année astronomique et l'année proleptique fixe.

Depuis la première année de l'ère chrétienne, la cinquième colonne des chiffres et supprimée, parce qu'il n'y a plus de différence entre les deux supputations astronomique et chronologique qui deviennent identiques dès cette année même qu'on intitule abusivement de la naissance de J.-Ch. Cette suppression de la cinquième colonne n'apporte aucun changement à la disposition des nombres marqués dans la colonne des années de la période julienne qui continuent de répondre aux années égyptiennes vagues de la colonne 1, aux années juliennes de la colonne 3, et aux années fixes alexandrines de la colonne 4.

La sixième colonne est en plusieurs sections qui indiquent chacune une ère particulière, aux années de laquelle, ainsi qu'aux années des règnes dans la septième colonne, se rapportent les observations astronomiques exprimées dans les sections des huitième et neuvième colonnes.

Ces ères anciennes ne servant que pour les années antérieures à notre ère sont supprimées dans la seconde partie du tableau. Celle-ci ne conserve que les deux colonnes 11 et 12 des années de la période calippique et de la fondation de Rome, auxquelles sont ajoutées l'ère des arabes ou de l'hégire et celle des persans dite d'Iezdegird, pour les observations faites par les astronomes orientaux modernes, d'après le traité d'astronomie de Ptolémée qu'ils ont appelé *almageste*, c'est-à-dire, le très-grand par excellence.

La colonne des phénomènes célestes est aussi partagée en plusieurs sections verticales, chacune sous son titre particulier. A ces phénomènes rapportés par Ptolémée, j'en ai ajouté quelques-uns, tels que la fameuse éclipse du soleil prédite par Thalès, et les deux comètes dont Aristote a fait mention dans le premier livre de ses Météorologiques. Ptolémée n'en a point parlé. Mais M. Ideler donne dans ce volume la date de cette éclipse; et on trouvera dans une dissertation que je publierai ailleurs sur les mois macédoniens, les dates de ces deux comètes, dont Pingré, dans sa cométographie, n'a pas assigné les temps.

Il parut, au rapport d'Aristote dans le même livre, une autre comète encore sous l'archontat de Nicomaque. Et pendant cette apparition, ajoute ce grand philosophe, il tomba du haut des airs une pierre qu'on montroit auprès d'Ægos-Potomos. Or, Nicomaque fut archonte dans la 4e année de la CIXe olympiade, suivant les fastes attiques rédigés par Prideaux d'après les marbres d'Arondel. Et cette année étant la 341e avant la première de notre ère chrétienne, on a ainsi l'année de l'apparition de cette comète (1).

Ces phénomènes se trouvant joints par des circonstauces historiques à des faits dont les dates sont connues, ils ont pu être classés dans leurs années respectives. Mais j'ai omis ceux qu'Aristote a simplement rapportés sans les lier à des faits historiques dont les époques seroient connues. Telles sont l'occultation de mars par la lune dichotome, dont il parle dans le deuxième chapitre de son second livre *du ciel*, et l'appulse de la lune à Jupiter, dans des météores; ces faits astronomiques n'étant accompagnés d'aucun caractère chronologique, ne peuvent servir pour l'histoire, à moins qu'on ne veuille prendre la peine d'en déterminer les époques par le calcul des mouvemens de ces astres. Mais ce seroit une peine assez inutile pour la chronologie historique, puisqu'Aristote ne les a liés à aucun événement remarquable.

Enfin, la dernière colonne de ce tableau contient quelques événemens politiques contemporains aux années de Nabonassar, marquées dans la seconde colonne. Sa chronologie étant moins historique qu'astronomique, ne présente que les phénomènes principaux sur lesquels l'histoire de la science est établie. S'il s'y trouve des faits politiques, ils n'y sont qu'accessoires. Mais ils servent aussi de points d'appui pour ranger autour d'eux, soit avant, soit après, dans leurs années respectives, les événemens qui constituent le corps de l'histoire politique.

Cette table chronologique poussée ici comme dans le manuscrit, jusquà Constantin Dracozes, qui s'ensevelit courageusement sous les ruines de son empire, est suivie des sept observations célestes que j'ai copiées du manuscrit grec 2390, et que Bouillaud avoit déjà rapportées dans son astronomie philo-

(1) Au moment où j'écris ceci, le 1er juillet 1819, à 7 heures du matin, après l'apparition d'une comète dans la nuit, la grêle qui tombe, semble accréditer dans le vulgaire l'idée qu'il attache à ces phénomènes extraordinaires.

laïque. Je dois prévenir que Bouillaud rend par Ἡλίου δύντος (au soleil couchant), une abréviation du manuscrit (de Florence), p. 526, astr. phil.), en place de laquelle on lit dans celui de Venise le mot Ἡλιοδώρος, bien entier; de sorte qu'en suivant cette leçon, les deux premières observations sont distinguées dans les deux manuscrits, de celles de Thius.

La seconde partie de ce volume est composée des textes grecs et français de la table des rois. Nous sommes redevables de cette série de princes, au soin qu'a pris Ptolémée de nous montrer par ce beau monument de l'ancienne chronologie, que le calcul des dates ne peut être établi sur une base plus certaine que celle des lieux des astres aux mêmes époques de temps. Vient ensuite Géminus dont l'introduction, en déterminant les jours des mois dans l'année fixe, fournit un moyen de les comparer à ceux qui leur correspondent dans l'année vague; ainsi que l'hémérologe de Ptolémée dont j'ai déjà parlé sous le titre d'Apparitions des fixes, et qui termine cette seconde partie.

La troisième partie consiste dans les mémoires traduits de l'allemand, de M. Ideler, tous relatifs à la chronologie ancienne. D'abord ses recherches sur les observations astronomiques rapportées par Ptolémée, et ensuite ses mémoires sur l'ère des arabes, et sur les formes de l'année julienne usitées chez les orientaux, puis enfin une explication du rusname ou almanach des Turcs, à laquelle j'ai ajouté un exposé du plan de ce calendrier.

Il est fondé sur celui de Ptolémée même, auquel les nations orientales sont demeurées fidèles, quoique l'occident ait renoncé à son système; car depuis les bouches du Borysthène, jusqu'aux rives de l'Euphrate et de l'Indus, et depuis la mer Caspienne jusqu'à l'océan Atlantique, Ptolémée exerce toujours le même empire qu'il s'étoit acquis autrefois sur la Grèce et sur Rome (1).

A cet exposé du contenu de ce volume, ajoutons celui des accessoires qu'y verront avec plaisir les personnes à qui l'amour de la science inspire les hommages que la reconnoissance paye volontiers aux princes qui l'ont protégée, et aux savans qui l'ont cultivée. Ceux-ci vivent encore dans leurs écrits, et c'est les louer de la manière la plus digne de leurs travaux, que de ressusciter ces productions de leur génie. Mais si la science doit tout ce qu'elle est à ces hommes laborieux, ne doit-elle pas beaucoup aussi aux grands princes qui l'ont protégée? Qu'est-ce qu'eût été l'astronomie à Babylone, sans cette fameuse tour d'où les Chaldéens observoient? que seroit-elle en France, sans l'observatoire que Louis XIV lui a consacré? sans le grand Cassini que ce grand roi appela dans son royaume? Parler de ces princes et de ces édifices, c'est assez dire que sans leurs secours

(1) M. Lenoir, ingénieur-mécanicien, distingué dans la confection des instrumens d'astronomie, vient de me dire qu'il a construit depuis peu un astrolabe arabe imité de Ptolémée, pour le roi de Maroc.

les travaux des astronomes eussent été bien infructueux. Les dons généreux d'Antonin le bon ont pu seuls produire l'astronomie de Ptolémée, et la royale munificence de Louis XVIII a seule pu en faire éclore l'interprétation française encore unique au milieu de toutes les autres langues modernes de l'Europe.

Nabonassar fut, selon le Syncelle, le premier des rois Chaldéens qui ait régné à Babylone, après la révolution qui priva Sardanapale du trône et de la vie, et partagea son empire en trois royaumes. Le Syncelle met Nabonassar au nombre des onze premiers rois nommés dans la table chronologique de Ptolémée, dans le même ordre que Théon nous les a transmis. A la vérité, Nabonassar ne se trouve pas dans l'énumération des rois de Babylone, par Josephe. Mais cet historien ne nomme aussi que les cinq derniers rois de Babylone, tels qu'on les voit dans la table de Ptolémée. Et son Mérodac, ou Merodoc-Baladan qui envoya des présens à Ezechias roi de Jérusalem, a tant d'analogie avec le Mardocempad de Ptolémée, et convient si bien pour le temps où ils vécurent, 710 ans avant notre ère, que Mérodac ne peut être que Mardocempad, le quatrième successeur de Nabonassar.

Ce Nabonassar paroît aux auteurs de l'histoire universelle avoir été le Niuus de Ctesias. C'est beaucoup hazarder que d'affirmer quelque chose sur la foi d'un historien dont on a généralement révoqué la fidélité ou l'exactitude en doute. Les rois qui forment la première partie de la table de Ptolémée étant surnommés *Assyriens*, dans le titre de cette table, et le nom de Nabon-assar étant composé des deux mots *nabon* et *assar*, ce dernier n'est pas autre qu'*assur* qui signifie *assyrien*. Car on sait que dans les langues orientales (1) les voyelles varient d'un dialecte à l'autre, et qu'ainsi Nabon-assar signifie *roi assyrien*, comme étant le premier de sa nation, qui ait régné à Babylone. (2) En effet, les Babyloniens ayant secoué le joug des Mèdes, reçurent pour roi Nabon-assar, frère de Theglat-Phal-Assar roi d'Assyrie, qui alla au secours d'Achaz roi de Juda, et fit lever le siège de Jérusalem, par la pirse de Damas sur Razin roi de Syrie, allié de Phacée roi d'Israël. Car tous ces

(1) Je ne veux en donner pour preuve que la première lettre de l'alphabet, appelée en hébreu, *aleph*; en syriaque, *olaph*; en arabe, *eliph*; et *alpha*, chez les grecs, qui l'ont reçûe des phéniciens limitrophes des Palæstins ou Philistins voisins des Hébreux; nous en avons d'ailleurs un exemple dans le nom d'une province asiatique, appelée par la plupart des historiens arabes, traduits en français, *mawaralnar*, mais par le savant major Rennell *maver-el-nere*. (Mem. of Hindous.au). Et nous verrons ci-après, que les noms des mois turcs varient dans leurs voyelles; tels sont *Safar* et *moharrem*, écrits aussi tantôt *Safer* ou *Sefer*, tantôt *Muharrem*, *Moharram* et *Muharram*.

(2) Il est si vrai qu'*Assar* signifie *Assyrien*, que nous voyons ce mot répété dans les noms de plusieurs des rois de cette dynastie, tels qu'*Assaraddon*, *Assuérus*; en Hébreu, *Assur-osch*, Nabopol assar, Néricassol-assar, etc.

faits sont du même temps. Le mot *Nabonassar* est Nabo-adon-assur, et signifie le roi Adon d'Assyrie. *Nebo* se trouve dans *Nebucadnezar*, *Nabopolassar* *Nabonide*, *Nebus*, *Necte-nabo*, noms communs chez les anciens peuples de l'orient. George Syncelle dit expressément que Nabopolassar fut le père de Nabucodonozor, et que Nabocolassar fut ce Nabucodonozor même. Il donne à leurs règnes les mêmes nombres d'années qu'on lit dans la table de Ptolémée. Car c'est la durée de chaque règne, et non celle de la vie des rois, que cette table présente, et c'est pour cela qu'elle a pour titre Κανὼν βασιλειῶν, et non Κανὼν βασιλέων. Assur, c'est-à-dire un Assyrien, fut le fondateur des Chaldéens, et il paroit, tant par l'écriture que par le canon astronomique de Ptolémée, que cet Assyrien ne peut avoir été que *Pul* (nommé aussi Bélésis) père de Nabonassar surnommé Salmanazar par le Syncelle. (Note CXLVII. t. 6. de l'hist. univ).

Le Syncelle raconte que Nabon-assar détruisit tous les monumens historiques antérieurs à son règne. Mais c'est une fable renouvellée de la Chine, de Tibère, et d'Hérode. Il est ordinaire que dans une révolution d'empire, telle que fut celle qui détrôna la postérité de Ninus, les calamités tombent sur les monumens publics comme sur les propriétés particulières. Et l'on n'accusera pas Jule-César de haine pour les sciences, parce que dans le siége qu'il mit devant Alexandrie, une partie de la bibliothèque y fut brûlée. Nabon-assar fut si peu ennemi des sciences, que son nom a été immortalisé par la reconnoissance des savans, pour la protection qu'il a donnée à leurs travaux. Peut-être ne doit-il cette immortalité, qu'à son goût pour l'astrologie à laquelle on sait par les prédictions faites à Alexandre, combien les Chaldéens étoient adonnés. Mais de même que l'alchymie a fait naître la bonne chymie, plus précieuse que l'or, objet des travaux de la première, l'astrologie par l'observation du ciel que Nabonassar aura favorisée, produisit enfin des idées plus saines auxquelles l'astronomie dut peu à peu sa perfection. L'observatoire d'où les Chaldéens suivirent des yeux le cours et les révolutions des astres, dès la première année de ce prince, est toujours un monument de sa gloire, comme les observations que Ptolémée date de ses années, sont les témoignages incontestables de son règne.

J'ai cherché, au défaut de quelque médaille de ce prince, à représenter cet observatoire. Mais il n'existe plus que dans ses ruines, et l'on n'est pas bien sûr d'en connoître la place précise. On ignore si c'étoit la fameuse tour de Babel, ou quelqu'autre dans le palais ou dans le temple de Bélus. Notre Beauchamp ne m'a pas plus éclairé sur ce point, que Pietro della Valle, la Boullaye, Tavernier, Benjamin de Tudèle, Pausanias, Pline, Strabon, ni les voyageurs modernes.

Le dessin gravé que Caylus a donné de la tour de Bélus, dans le 31e vol. de l'Acad. des inscriptions, et qui est répété dans l'histoire universelle traduite de l'Anglais, est une simple conjecture conçue d'après la description qu'Hérodote en a faite. On ne peut par conséquent le ragarder comme certain, ni le présenter comme vrai. Je me borne donc à la figure de la ruine telle qu'elle existe. Les relations des voyageurs s'accordent toutes à dire qu'il ne reste plus de Babylone, que des monceaux de débris qui en recouvrent les fondemens. Il est donc impossible de juger de la forme de cette tour, ni de sa hauteur, par sa base qu'on ne peut pas découvrir. Et puisque selon Caylus, d'après Hérodote, ses escaliers devoient être en dehors, parce que cette tour étoit massive, il s'ensuit qu'étant composée de huit tours les unes au-dessus des autres et d'autant plus étroites qu'elles étoient plus supérieures, la plate-forme de la huitième qui étoit la plus étroite, et qui contenoit un temple avec un lit et une table, devoit être l'observatoire. Mais Hérodote ne le dit pas ; seulement il rapporte que cette tour étoit au milieu du temple de Bélus. Reste à savoir si ce temple étoit en deçà ou au-delà de l'Euphrate : c'est sur quoi on disputera toujours, parce qu'il n'y a plus rien de reconnoissable dans les ruines qui encombrent les deux rives de ce fleuve, au lieu occupé autrefois par cette ville si fameuse.

Ce que j'ai trouvé de plus satisfaisant dans les modernes (1), c'est la description suivante qui s'accorde avec Niebuhr et les cartes de M. Gosselin, où l'on voit Babylone sur la rive occidentale de l'Euphrate. Le major Rennell dit dans sa géographie d'Hérodote : « *It may be pretty clearly collected from Diodorus that the temple stood on the east-side, and the palace on the west.* » En effet, les cartes de Ptolémée par Agathodémon montrent Babylone sur les deux rives du fleuve. C'est aussi le sentiment de Danville, quand il dit: « Le P. Emmanuel dit avoir vu dans la partie occidentale, de grands pans de murs encore debout, d'autres renversés, mais d'une construction si solide, qu'il n'est presque pas possible d'en détacher les carreaux de brique d'un pied et demi de longueur, dont on sait que les édifices de Babylone étoient construits. Les juifs établis dans le pays l'appellent la prison de Nebucadnezar ; il conviendroit mieux de l'appeler le Palais. »

Ce palais est appelé par Rich, Birs-Nemroud, ce qui signifie dans son Etymologie Hébraïque, palais de Nemrod, et les juifs le nommoient la prison de Nabucodonozor, parce que ce roi y avoit enfermé le leur (Joachim) qui y mourut. Il contenoit l'ancien palais des rois de Babylone, celui de Bélus, et la fameuse tour élevée dans la plaine de Sennaar. Ce qui en reste encore ressemble trop

(1) Lalande, journal des savans, 1790, bibliographie astronomique, Olivier, voyage du levant.

à la description qu'Hérodote fait de cette tour qu'il avoit vue, et qu'il représente comme très haute et diminuant de bas en haut, suivant la forme conique que lui donne James Rich, dans son mémoire sur les ruines de Babylone (1), pour ne pas y reconnoître la tour de Babel.

Rennell, d'après Danville qui prétend, comme le P. Emmanuel, que les ruines de Babylone sont comprises dans un espace trop étroit, pour y admettre le Birs-Nemroud, se refuse à croire que ce palais fut celui de Belus. Mais Niebuhr prouve que les murs de Babylone avoient bien plus d'étendue qu'on ne le croit communément. Il y avoit en effet des terres labourées, des jardins et des vergers dans son enceinte, pour nourrir ses habitans pendant le plus long siège. C'est pourquoi les édifices y étoient à de grandes distances les uns des autres. L'Euphrate traversoit la ville; et la tour de Babel (Belus ou Nemrod), élevée dans la plaine de Sennaar arrosée par ce fleuve, paroît avoir été plutôt sur la rive gauche que dans le mugelibé, où Rennell et Pietro Dellavalle, avec Danville qui n'y a jamais été, placent cette fameuse tour. L'écriture ne disant point si elle étoit à l'orient ou à l'occident de l'Euphrate, on ne peut assigner sa place que d'après la plus grande ressemblance qu'ont avec la description d'Herodote, ceux des édifices ruinés de cette ville dont on voit encore les débris. Or le Birs-Nemroud est celui de tous qui s'y accorde le mieux.

Ce que les Arabes nomment le Kasr, à la rive orientale, étoit, selon eux le palais des Kosroës, peut-être de Cyrus et de ses successeurs. Les squelettes humains que Rich dit avoir été trouvés dans le mujelibé, ruines situées à la rive gauche ou orientale aussi, mais au nord du Kasr, sur une hauteur, comme celui-ci, prouvent que ce mujelibé étoit plutôt le lieu de la sépulture des rois de Babylone, que leur domicile pendant leur vie. Ainsi, le Birs-Nemroud étoit le plus ancien palais, mais les rois n'y habitoient plus depuis qu'ils

(1) On the western side of the river, by far the most stupendous and surprising mass of all the remains of Babylon is situated in this desert about six miles to the south-weit of hellah. It is called by the arabs Birs-nemroud, by the jews nebuchadnezers prison, and has been described both by p. Emmanuel and Niebuhr.

The Birsnemrond is a mound of an oblong figure, the total circumference of which is seven hundred sixty-two yards. At the eastern side it is cloven by a deep furrow, and it is not more than fifty or sixty feet high, but at the western it rises in a conical figure to the elevation of hundred ninety feet by twenty-eight in breadth, diminishing in thickness by the top, which is bro ken and irregular, and rent by a large fissure which extends throngh a third of its height. It is perforated by small square holes disposed in rhomboïds. The fine burnt bricks of which it is built have inscription on them, and so admirable is the cement, which appears to be lime-mortar, that though the layers are so close together, thoth it is difficuit to discern what substance is between them, it is nearly impossible to extrait one of the bricks whole. (3e vol. des mines de l'orient. *Fundgruben.*)

demeuroient dans le Kasr. En effet, nous lisons dans le 1er livre d'Esdras, qu'Artaxerxes, lorsqu'il donna pouvoir à ce chef des juifs, de les ramener à Jérusalem, commanda à ses trésoriers *au-delà du fleuve*, *Baheber Naharah* (relativement au côté où Artaxerxes résidoit), de fournir à Esdras tout ce qui étoit nécessaire pour la reconstruction du temple de Jérusalem, dont la situation est à l'occident de ce fleuve: preuve certaine, qu'Artaxerxes habitoit sur la rive orientale, et qu'ainsi le Birs-Nemroud situé à la rive occidentale, n'étoit plus habité par les rois de Babylone; mais étant un vieux palais, il servoit de prison d'état et d'académie, comme autrefois le Louvre à Paris.

J'ai en conséquence représenté au frontispice du présent volume, comme restes de l'ancien observatoire des astronomes Chaldéens, le côté occidental du Birs-Nemroud, que Rich a fait graver après l'avoir visité lui-même, à côté du plan de l'emplacement de Babylone. Je ne l'ai pas figuré, comme a fait Bianchini, dans son *istoria universale*, en manière de colisée avec un sextant et un arbalestrier au haut, instrumens d'invention arabe, et que les Chaldéens ne connoissoient pas.

Ce tribut d'honneur, payé à la mémoire du premier prince qui ait consacré un édifice à la pratique de l'astronomie, me conduit à représenter également les monumens qui nous restent des grands personnages qui ont ensuite contribué à perfectionner le calendrier.

Rome et la Grèce s'en occupèrent avec des succès bien divers. Romulus, au rapport de Macrobe, partagea l'année de 304 jours en dix mois. Numa, plus instruit parce que sans doute il connoissoit la doctrine de Pythagore, les fit de 354 en douze mois avec l'intercalation d'un *mois en 11 ans*.

Dans la Grèce, l'institution des jeux olympiques qui revenoient à chaque quatrième solstice d'été, tint d'abord lieu de calendrier pour le retour des fêtes, les annales publiques, et les élections des magistrats. Mais Solon, considérant combien l'année attique différoit de l'année solaire, sur laquelle elle anticipoit toujours, introduisit les mois alternativement pleins et caves, pour donner plus de stabilité à l'année. Méton fils de Pausanias, proposa son cycle de 19 ans. La Grèce assemblée aux jeux olympiques, dans la 4e année de la 86e olympiade, l'adopta et l'inscrivit en lettres d'or dont le nom lui est resté. Comme il étoit en excès d'un quart de jour, Calippe le quadrupla en retranchant ce jour, l'an 3e de la 112e olympiade. La reforme de Méton continua dans le civil, et les astronomes suivirent celle de Calippe, selon Censorin. Mais d'une part, la précession des équinoxes; de l'autre, l'erreur dans la longueur présumée de l'année, dérangeoient toujours à la longue, les mesures prises pour mettre de la régularité dans le calendrier, et le faire accorder avec le ciel.

A Rome il tomba dans un tel désordre, que Jule César, en qualité de souverain pontife, s'occupa de rétablir les fêtes en leurs saisons par une bonne réforme du calendrier. Pour y parvenir, l'astronome Sosigène lui fit d'abord donner à l'année qui précéda celle où sa réforme fut appliquée 79 ou 80 jours de plus, afin de pouvoir commencer la première année de sa réforme au 1 janvier de l'an 45 avant notre ère chrétienne; et il prescrivit ensuite d'ajouter un jour à chaque 4e. année. Telle fut l'origine des années juliennes, nommées ainsi pour honorer Jule-César, le promoteur de cette réforme.

Après le concile de Nicée, le désordre devint si considérable pour la fête de Pâques qui ne se trouvoit plus dans son rapport prescrit avec l'équinoxe, que les plus savans écclésiastiques du moyen âge s'occupèrent de trouver quelque moyen de remplir les trois conditions nécessaires pour la faire célébrer chaque année conformément au décret de ce concile. Ces trois conditions étoient qu'elle fût célébrée un dimanche, que ce dimanche fût le premier après l'équinoxe vernal, et enfin que ce fût après la pleine lune du mois où l'équinoxe étoit arrivé. Or trois causes s'opposoient à ces trois conditions : la disparité de l'année lunaire d'avec l'année solaire, l'erreur dans l'estimation de la durée de l'année solaire, et la précession de l'équinoxe.

Par la première cause, le soleil et la lune partis d'un même point du ciel, n'y reviennent après 19 ans qu'avec la différence d'environ 1 $\frac{1}{2}$ heure dont le soleil diffère de la lune : car 19 années solaires juliennes font 6939 jours 18 heures, et 19 années lunaires, plus 7 mois lunaires embolimes, font 6939 jours 16 h. 32' 26" 26''' ; de là vient que la lune et le soleil ne se rencontrent qu'à 1 h. 27" 33" 21''' près à chaque ennéadecaëtéride. Par la seconde, l'année solaire étant de 365 jours 5 h. 48' 49" environ, et non de 365 jours $\frac{1}{4}$, se terminoit avant l'année civile. Par la troisième, l'équinoxe naturel anticipoit sur le civil.

L'intriguant et ambitieux Théophile, évêque d'Alexandrie, fut le premier qui, après le concile de Nicée, publia un cycle pascal de 318 ans, dont la première année fut la 380e de l'ère chrétienne, sous le consulat de Gratien et de Théodose, et dont la 74e année coïncida avec l'an 453. Saint Cyrille, son neveu et son successeur, le convertit en cycle de 95 ans, commençant à l'an 153 de Dioclétien. C'est le quintuple du cycle de 19, tandis que celui de Théophile étoit composé de six ennéadécaëtérides de Méton et d'une tétraëtéride. L'un et l'autre étant trop défectueux, Denys le petit mit en vogue la période victorienne de 532 ans, après laquelle les nouvelles lunes non seulement reviennent aux mêmes jours de la semaine, mais encore aux mêmes années des cycles solaire et lunaire dont elle est composée. Cette période victorienne étoit le cycle de 19 années chacune de 12 années lunaires de 12 mois, et de 7 années embolimiques de 13, pour égaler 19 années solaires multipliées par les 28 années solaires après lesquelles le soleil revient au même point du ciel. Et en 527, le moine Denys le petit l'appliqua à la détermination du jour de la célébration de la fête de Pâques.

Cette fête a été l'occasion de l'étude constante de l'astronomie dans l'église romaine. Tant il est vrai que l'Europe moderne doit aux ministres de cette église, la conservation ou la culture des principes de toute science ! mais comme toutes ces tentatives avoient pour fondement quelqu'une des périodes erronées des Grecs, il étoit impossible qu'elles atteignissent leur but, sans des efforts toujours plus pénibles ou plus infructueux. Anatolius évêque de Laodicée, Hippolyte évêque de Porto sous Alexandre Mammée, inventèrent chacun un canon pascal pour régler le jour de la grande fête annuelle des chrétiens. Maxime, Isaac Argyre et autres rapportés par Pétau, dressèrent des computs pour y parvenir. Le vénérable Béde et Alcuin firent des tables pascales. Le comte Marcellin, chancelier de Justinien II, continua les chroniques d'Eusèbe et de S. Jérôme qui comptoient par cette fête, ainsi que Cassiodore, secrétaire de Théodoric roi des Ostrogots en Italie. Mais toutes leurs chronologies portent l'empreinte du calendrier défectueux sur lequel ils appuyoient leurs annales. (1)

Les Médicis excitèrent sur cet objet une émulation qui eut plus de succès (2). Paolo Toscanelli éleva, vers 1460, sur l'église de Santa Maria del fiore, un gnomon de 277 pieds de hauteur, pour déterminer le temps des fêtes de l'église par l'observation exacte des solstices. Un petit orifice transmettoit de cette distance les rayons du soleil sur un plateau de marbre fixé dans le pavé de cette église. Ce monument a depuis, obtenu les suffrages de Lacondamine, membre de l'académie des sciences, de Paris, qui y reconnut de grands talens dans son auteur.

On savoit que dans le siècle qui précéda la naissance de J.-Ch., les astronomes de Jule-César avoient pris pour le jour de l'équinoxe du printemps, le 25 mars où le supposoient encore les Pères du concile de Césarée en Palestine, dans le second siècle de l'ère chr. Deux siècles après, les évêques d'Alexandrie chargés par le concile de Nicée de faire connoître en chaque année le jour de la fête de Pâque par celui de l'équinoxe vernal, supposèrent celui-ci constant au 21 mars. Mais les astronomes du seizième siècle l'ayant trouvé au 12 de ce mois, il fut évident qu'il anticipoit sans cesse. Et pour le fixer au 21 de l'an 1583, le pape Grégoire XIII, en 1582, ordonna que l'on retrancheroit dix jours de l'année, et qu'au lieu de compter le 11 mars, on

(1) Euseb. hist. eccles. l. v. Buch. de can. pasch. Cassiodór. de astron. chron. Petav. uranolog.

(2) William Roscoë, the life of Lorenzo de' Medici, vol. the 2.

compteroit le 21 de ce mois. Comme on étoit alors au 5 octobre, il fit compter pour ce jour 15 au lieu de 5, ce qui remit au 21 mars 1583 l'équinoxe vernal qui, sans cette précaution, seroit arrivé le 11 de ce mois.

Ce fut le résultat des observations de solstices faites par le moyen de la méridienne tracée à Bologne dans l'église de S. Pétrone par le P. *Egnatio-Dante*, moine Dominicain et professeur de mathématiques, en 1575. Mais en 1696, dernière année bissextile du 17e siècle, l'équinoxe du printems arrivant le 19 mars, il anticipoit de près de deux jours, en près de deux siècles écoulés. Cassini en conséquence corrigea cette méridienne déviée de sa primitive relation au soleil; et le calendrier, par les trois années centénaires laissées communes au lieu d'être faites bissextiles. En effet, les 5 h. 49' 12" qui en sept ans montent à un peu plus de 40 heures, faisant ainsi retarder les équinoxes sur le calendrier grégorien, rétablirent celui du printemps au 21 mars dans l'année 1703. Cette pratique observée constamment depuis, maintient l'équinoxe au même jour en chaque année, depuis la bissextile; et s'il s'en écarte ensuite, il y revient toujours de la même manière de quatre en quatre siècles, période solaire grégorienne, où l'on omet trois des quatre bissextiles des années centénaires. (1)

Jule-Joseph Scaliger, pour avoir une manière de compter les années, exempte de ces erreurs, avoit multiplié la période victorienne par les 15 ans de l'indiction, espace de temps ainsi nommé de celui à la fin duquel on payoit les impôts; et il en fit une de 7980 ans, qu'on appela de son nom, la période julienne, à laquelle on compare toutes les autres supputations du temps. La 4714e année de cette période est la première de notre ère chrétienne, et répond à l'an 10 du cycle solaire, 2 du cycle lunaire, et 4 de l'indiction.

Tels furent les divers efforts des savans de tous les siècles, pour régler la chronologie.

Cette succession de travaux est le sujet de la vignette qui est en tête de ce discours. C'est une suite des médailles antiques tirées de Fulvius Ursinus, de Schultz, de Vaillant et de Ducange. Elles représentent les grands princes qui ont protégé les réformes faites au calendrier sous leur autorité. Les plus connus après Nabonassar, sont Romulus, Numa, Solon, Alexandre sous qui vécut Calippe qui perfectionna le cycle de Méton ou plutôt celui des Chaldéens, Jule César, protecteur de Sosigène veritable auteur du calendrier julien, Constantin de qui date la fixation de l'équinoxe par le concile de Nicée, et Grégoire XIII, qui termina une si grande entreprise.

Ce Pontife auroit mérité de figurer parmi ces grands hommes, pour

(1) La meridiana del tempio di san Petronio rinovata da D. Cassini.

le zèle qu'il mit à favoriser le travail des astronomes appelés à réformer le calendrier julien, si la France n'avoit pas des reproches à lui faire. D'ailleurs, il est moins l'auteur que l'approbateur de cette réforme dont le véritable promoteur fut notre cardinal d'Ailly, au concile de Constance; les papes s'en occupèrent toujours depuis la célébration de ce concile. Grégoire ne fit donc que terminer ce que ses prédécesseurs avoient commencé. Et cette conclusion s'étant rencontrée sous son pontificat, l'histoire ne doit rapporter que le revers de la médaille qui fut frappée pour en perpétuer la mémoire. Ce revers montre une tête de bêlier marquée d'une étoile, au-dessus d'une guirlande de fleurs, symbole du printemps; elle est entourée d'un serpent ailé qui mord sa queue, emblême de la rapidité du temps et de la succession perpétuelle des années; avec ces mots autour : *anno restituto* MDLXXII. (1)

Mais au lieu de l'effigie du Pontife, qui forme l'autre côté de cette médaille, j'expose en tête des notes qui suivent ce discours, la figure d'un savant prélat, de Saint Hippolyte, évêque de Porto, qui travailla lui-même à la rédaction du canon pascal. On le voit tel qu'il est représenté par la statue de marbre qui lui fut érigée après sa mort. Son calcul pascal est gravé en grec sur les deux côtés extérieurs du fauteuil où il est assis. Ce monument a été trouvé dans des ruines hors de Rome en 1551. On ne peut élever aucun doute sur ce marbre, puisque le fragment attribué à l'évêque Pierre d'Alexandrie, qui prouve que les juifs, avant la prise de Jérusalem, ont avec raison célébré la Pâque au 14 du premier mois de la lune, cite Hippolyte, évêque de Porto près de Rome, comme une autorité irrécusable. Et la chronique d'Alexandrie marque le martyre de Pierre, évêque de cette ville, à la 16e année de Dioclétien.

Le cardinal Marcel Cervin, depuis pape sous le nom de Marcel II, que le ciel n'a fait que montrer à la terre, fit transporter ce monument dans la bibliothèque du Vatican; et le pape Pie IV (Medicis) a fait réparer la statue que j'ai figurée en petit dans un médaillon. Quelques-uns attribuent ce monument au comte Marcellin, gouverneur de Rome. Il est possible de concilier ces deux sentimens. S. Hippolyte est l'auteur de ce canon pascal selon Eusèbe, S. Jérome, le Syncelle, Isidore, etc. Le comte Marcellin l'aura fait graver après le martyre de ce saint évêque. Car on sait que Mammée (2), mère d'Alexandre Sévère, étoit chrétienne, et favorisoit en secret les chrétiens, quoiqu'elle ne pût pas empêcher leurs supplices ordonnés par les lois impériales et les décrets du sénat. Ce savant évêque est aussi nommé dans l'inscription latine et française gravée sur la pyramide en

(1) *Bonanni. Numismata pontificum Rom.* LIX.

(2) Vaillant num. imp. r.

marbre, dressée contre le côté septentrional et intérieur du temple de Saint-Sulpice à Paris, par l'Académie royale des Sciences, à l'extrémité de la méridienne qu'elle a tracée sur le pavé devant le chœur. Et c'est par ce beau monument aussi honorable pour la compagnie célèbre qui l'a élevé, que pour l'église qui a si constamment cultivé l'astronomie, pour régler l'ordre de ses fêtes, que je couronne les notes qui suivent ce discours.

(*P.* xxx, *L.*) En France, la suppression des dix jours ne se fit qu'au mois de décembre 1582, en vertu des lettres-patentes du roi Henri III, datées du 4 novembre précédent, et enregistrées au Parlement de Paris; en conséquence, le 10 décembre fut appelé le 20 de ce mois.

(*Tableau de réduction.*) La première année de Nabonassar, appelée la quatre cent soixante-dix-septième avant l'ère chrétienne, n'est pas celle qui a précédé de ce nombre d'années la naissance de Jésus-Christ. A vrai dire, la connoissance précise de l'année de cette naissance, n'est nullement nécessaire pour les calculs astronomiques. Il suffit d'avoir un terme fixe dans la durée des temps, pour y comparer tous les autres. Ce terme de comparaison est pour Ptolémée la nouvelle lune du premier jour de thoth de la première année de l'ère de Nabonassar. Et en y comparant les années comptées de l'ère chrétienne en remontant ou en descendant, on peut dans tous les cas réduire à celle-ci les dates de Ptolémée, comme je l'ai montré précédemment.

Si cependant on avoit la curiosité, certes bien louable, de savoir au juste dans quelle année Jésus-Christ est né, on pourroit se satisfaire assez aisément sans entrer dans toutes les savantes et verbeuses discussions dont les chronologistes ont embrouillé ce point d'histoire, sur lequel ils sont loin de s'accorder. Tertullien, Eusèbe de Césarée, Orose, Scaliger, Calvisius, Pétau et autres, lui assignent tous des dates différentes. Je m'abstiens de rapporter leurs preuves que le grand géomètre Lagrange, en les examinant un jour avec moi dans Pétau, appeloit des raisons d'avocat. Un phénomène céleste bien certain nous suffira, c'est l'éclipse de lune qui, au rapport de l'historien Josephe, a précédé la pâque célébrée quelques jours après la mort d'Hérode. Cette éclipse, selon le calcul du P. Pingré, est arrivée à 1 heure du matin pour Paris, le 13 mars de la quatrième année comptée en remontant de la première 1 avant notre ère. Josephe dit qu'elle arriva à 3 heures après minuit, pour Jérusalem : et cela convient à la différence des longitudes de ces deux villes.

Car il y a plus de 30 degrés entre elles, ce qui, à raison de 15 degrés par heure, fait une différence pour Paris, plus occidentale que Jérusalem, de deux heures de moins, dans la supputation de l'instant de la plus grande phase vue en même temps dans ces deux lieux. Or, Jésus avoit au moins deux ans quand Hérode ordonna le massacre des innocens âgés de 2 ans et au-dessous, pour l'y envelopper, ἀπὸ διετοῦς καὶ κατωτέρω (*a bimatu et infrà.*) (1) Ce massacre dont Macrobe, auteur payen, parle dans ses Saturnales, l. II. c. 4 (2), fut exécuté dans l'année qui précéda immédiatement celle de la mort d'Hérode. Jésus étoit donc né dans la sixième année avant celle qui est réputée la première de l'ère chrétienne.

Plaçons, suivant la tradition de l'église, cette naissance au 25 décembre de l'an 6 avant notre ère, en comptant o pour l'année qui a précédé immédiatement la première de cette même ère, et nous dirons que Jésus est né dans l'an 4709 de la période julienne, la troisième année de la CXCIII^{e} olympiade, la 40e de l'ère julienne, la 742e, 741e prolept. de Nabonassar, et la 748e de la fondation de Rome.

Denys le petit, fut le premier qui, au sixième siècle, introduisit l'usage de l'ère chrétienne d'après laquelle on compta les années comme depuis la naissance de Jésus-Christ; mais il se trompa de six ans; et néanmoins, son ère prévalut; elle est aujourd'hui la seule en usage dans tout l'occident. Ainsi, toutes les dates anciennes réduites aux dates prises de cette ère vulgaire, ne sont pas rapportées à la véritable année de la naissance de Jésus-Christ, mais à la sixième année suivante; et la qualification d'années de la naissance de Jésus-Christ, donnée aux années de notre ère, signifie non l'année de cette naissance, mais celle des années de Jésus, de laquelle nous partons pour compter toutes celles qui l'ont précédée, et celles qui l'ont suivie, car mon calcul se trouve confirmé par celui de Panodore.

Ans du Monde.

1er An de Nabonassar.	4746	selon les Alexandrins.
	+424	jusqu'à l'an 1 d'Aridée.
An de la mort d'Alexandre.	5170	
	+294	de l'an 1 d'Aridée.
Mort de Cléopatre.	5464	an 16e d'Auguste.
	—15	
	5449	1er du règne d'Auguste.
22e du règne d'Auguste.	5471	
Fin d'Auguste.	5500	
	53	

Auguste auroit donc régné 53 ans pleins selon Panodore. Ptolémée ne lui donne, dans sa Table des Rois, que 43 ans de règne. Mais l'Art de vérifier les Dates, en nous disant qu'on a mis en diverses années le commencement du règne d'Auguste, nous avertit que Panodore change l'an 5500, en 5490, en reculant de dix ans l'époque de la création, et de trois l'époque de l'incarnation.

Panodore avoue lui-même qu'Auguste n'a régné que 43 ans depuis la réduction de l'Egypte en pro-

(1) Matth. c. 2.

(2) *Cum audisset Augustus inter pueros quos in syria Herodes rex judæorum intra bimatum jussit interfici, filium quoquè ejus occisum, ait : melius est Herodis porcum esse quàm filium.*

Auguste, apprenant qu'avec les enfans âgés de 2 ans et au-dessous, qu'Hérode, roi des Juifs, en Syrie, avoit ordonné d'égorger, le fils de ce roi avoit été tué, dit qu'il valoit mieux être le pourceau que le fils d'Hérode : faisant allusion à ce que les Juifs ne mangent pas de chair de porc.)

vince romaine, après 3 en Egypte. Car, il ajoute que les alexandrins comptent les années d'Auguste depuis la 14e année de son règne. Or, 10 — 3 = 7, qui, ajoutés à 5450 = 5457,
et retranchant ce dernier de. 5500
restent pour la durée du + règne d'Auguste. . . . . . 43 ans.

Le nombre 5457 est autorisé par le dernier article de Panodore, puisqu'il dit : d'Adam à la 1re année d'Auguste, il s'est écoulé 5457 années grecques et romaines. Or, Auguste a régné
dès l'an . . . . 4684 période julienne,
ajoutant 5457,
la somme est . . . . 10140 année de la période julienne, où Auguste a commencé son règne : mais la période julienne n'a que 7980 ans, qui ôtés de 10140, laissent pour reste 2160 ans, dont Panodore fait remonter la création au-delà de l'an 1 de la période julienne, en quoi il se rapproche du texte grec des Septantes, interprètes de la Bible.

Toutefois, l'ère de Constantinople comptant 5509 ans du monde à l'an 1 de l'ère chrétienne, 4714e période julienne, 30e du règne d'Auguste; et 5457 + 30 étant = 5487, la différence entre 5509 et 5487 est 12, dont le calcul de Panodore diffère en moins de l'ère de Constantinople. Toutes ces divergences ne sont qu'apparentes,

Car, 5170 ans d'Adam, à la mort d'Alexandre-le-grand,
ôtés de 5451 d'Adam, au règne d'Auguste,
Font 294 de la mort d'Alexandre, au règne d'Auguste.
Ajoutant 30 du commencement de ce règne, à la 1re de Jésus-Christ,
La somme 324 donne le nombre d'années dont la mort d'Alexandre a précédé la 1re année de l'ère chrétienne.
Plus 424 de l'an 1 de Nabonassar à la mort d'Alexandre.
Font 748 de l'an 1 de Nabonassar à l'an 1 de J.-Ch., comme je l'ai déjà trouvé.

La différence 12, entre Panodore et l'ère commune de Constantinople, est composée de 10, dont Panodore recule la 1re année du monde, et des 2 années reculées de l'incarnation.

(Pag. ij, a. l. 4.) Larcher, dans une note du premier volume de sa traduction d'Hérodote, admet le 9 juin de l'an 4117 période julienne (597 avant notre ère), pour la date de cette éclipse. Mais on verra ci-après, que M. Ideler et M. Ottmann ont trouvé par les plus rigoureux calculs, que cette éclipse est arrivée le 30 septembre 609 astronomique, 610 chronologique avant notre ère, c'est-à-dire, 4o5 de la période julienne, 16e année du règne de Ciniladan sur l'Assyrie. Et effectivement, Pingré, dans son catalogue des éclipses antérieures à notre ère, en marque une centrale du soleil à 9 heures du matin du 30 septembre 609 astronomique, visible en Europe, en Asie et en Afrique. Et comme le fleuve Halys, sur le bord duquel cette bataille se livroit, est dans l'Asie antérieure, Sardes étant à 25 degrés à l'orient de Paris, il étoit alors de 10 à 11 heures du matin pour les combattans. Au surplus, c'étoit le temps où vivoit le philosophe Thalès de Milet, qui avoit prédit cette éclipse par ses connoissances astronomiques. (Nouv. édit. tom. 1).

Larcher convient dans la note précédente, qu'il a eu tort de dire dans sa première édition, que cette bataille fut un combat de nuit. Et il ajoute que ce fut un combat qui se donna en plein jour. « Une éclipse de soleil étant survenue, l'obscurité fut assez grande pour qu'on pût la comparer en quelque sorte à la nuit ». Hérodote s'exprime en grec de manière à faire entendre que ce fut un combat livré comme si c'eût été pendant la nuit, tant l'obscurité fut grande pendant que dura l'éclipse. Larcher ne s'est pas moins trompé, en plaçant la date de cette éclipse au 9 juin 597 avant J.-Ch., comme il le dit dans sa chronologie d'Hérodote, à la fin de son sixième volume; et, je suis bien fâché de le dire, mais enfin, c'est une vérité confirmée par les calculs des astronomes Pingré, Otmann et Ideler, que Larcher est en erreur de 12 ans en moins sur la vraie date de cette éclipse, qui, par conséquent, renverse tout son système de chronologie. Car le règne de Nabopolassar, qu'il commence en l'an 4091 période julienne, est antérieur de 3 ans; et il retarde de 12 ans le mariage de la princesse Ariénis, fille d'Alyatte, avec le fils de Cyaxare; mariage qui fut le sceau de la paix conclue entre ces rois de Lydie et de Médie, à l'occasion de cette éclipse, suivant le récit d'Hérodote.

(P. vj.) Il est évident par la fin de cette table des *rois*, que Métochite l'a continuée jusqu'à l'an 1283 de l'ère chrétienne, 24e du règne de Michel Paléologue : et qu'elle a été ensuite prolongée jusqu'à la 37e de Jean Paléologue en 1392. Métochite veut prouver que l'an 1283, 6792 du monde, dans le style byzantin, est la 1608e de Philippe Aridée; son calcul a besoin d'être éclairci. Il a distingué entre années pleines, πεπληρωμένα ἔτη, et années vagues ou égyptiennes. Et, il dit que la 6792e année du monde, commencée avec le 1 thoth fixe, est la 1608e année égyptienne, dont le thoth vague fut le 6 octobre.

L'Art de vérifier les Dates met en question si le 4 septembre a toujours été le jour initial de l'année à Constantinople? Cette question est résolue par le fragment rapporté de Théodore Métochite. Car, puisque, comme il le dit, le 2e mois de l'an 6792 du monde, étoit celui d'octobre, le 1er mois étoit donc septembre; et ainsi, le premier jour de l'année fixe étoit le 29 août. L'année fixe ne doit donc s'entendre de la part des auteurs grecs, que depuis le temps où les Alexandrins fixèrent leur 1 thoth au 29 août. Et c'est ce qui fait chez les savans écrivains de l'ordre des Bénédictins, la distinction de l'année grecque d'avec l'année consulaire romaine, constatée par les calendriers grecs du moyen âge, tels que celui du manuscrit 2394, rapporté dans ma dissertation. L'année ecclésiastique ou pascale commençoit au 21 mars chez toutes les autres nations chrétiennes. Si, d'après le comput de Maxime, dressé l'an 641 de notre ère, on ote l'an 681, année des actes du sixième concile, de l'an 6189 du monde dans l'église grecque, restent 5508 pour l'année qui, dans l'ère de Constantinople, a précédé immédiatement la première de notre ère vulgaire; et par conséquent, l'an 1819 actuel, 6532 de la période julienne, est le 5508 + 1819 = 7327e du monde, compté du 1 janvier romain, suivant le calcul des grecs modernes.

(*P.* 3. *Table des Rois.*). En ne donnant qu'un an à Nerva qui a pourtant régné un an et plus de 4 mois, faut-il, par exemple, compter 4853 plutôt que 4854, quoique Nerva soit mort, et que Trajan ait commencé son règne en l'année 98 de notre ère et non en 97? Je réponds que l'an 421 dernier de Nerva et premier de Trajan, depuis la mort d'Alexandre, étant la première des 19 années de Trajan, qui, avec les 21 d'Adrien et les 3 d'Antonin, font 43 ans, cette 43e année ajoutée aux 420 années précédentes, comprise celle de Nerva, depuis l'an 324 avant J.-Ch., époque de la mort d'Alexandre, donnera 43 plus 420 ans, qui font les 463 marqués par Ptolémée, comme écoulés de la mort d'Alexandre à la 3e année d'Antonin, inclusivement. Et de même, par les années de la période julienne, si de l'an 4854 qui répondroit à l'an 3 d'Antonin, dans la supposition de l'an 4811 qui répondroit à l'an 98 de notre ère pour l'an premier de Trajan, nous retranchons 4811, reste le nombre 43 d'années, qui, ajouté aux 420 années précédentes, donnent également les 463 ans d'intervalle d'Alexandre à la 3e année d'Antonin, exprimés par Ptolémée, l. 3, p. 162, c. 2. Ainsi, de quelque manière qu'on s'y prenne, et quelque nombre qu'on admette pour les années particulières de ces deux époques, la différence (463 ans) est toujours la même, parce que si la première des années est exprimée par un nombre plus fort d'une unité, la dernière l'est également, toutes les intermédiaires l'étant aussi.

Quant au nombre 98 au lieu de 97 pour Antonin I, avec l'Art de vérifier les Dates, nous comptons 98 au lieu de 97 pour l'année où Nerva est mort, 98 est la première des 19 de Trajan, et si nous ne comptons que 97, 98 est toujours la première des années de Trajan, l'erreur ne seroit que dans le nombre des années attribuées à Nerva, laquelle seroit de deux années entières au lieu d'une seulement que la table des rois lui donne. Mais il n'y a aucune erreur dans la somme des nombres, puisque, comme je l'ai fait voir, on trouve toujours la même différence 463 entre le premier et le dernier. Car, suivant ce que j'ai dit dans ma préface, depuis la mort d'Auguste et le commencement de Tibère, cette table attribue aux empereurs romains l'année entière dans laquelle leur règne a commencé. Voilà pourquoi la seconde de Nerva est la première de Trajan, celui-ci ayant succédé à Nerva dans l'année de la mort de ce dernier. En mettant avec les chronologistes, que le P. Pétau en reprend, la mort d'Alexandre-le-grand, à l'an 4391 de la période julienne, il faut que les années précédentes s'en ressentent, et c'est pour cela qu'on voit un double chiffre final aux années de la mort des rois, comptées depuis la première de l'ère chrétienne, dans mon premier volume. Ce double chiffre commence au règne de Darius I, parce que, contre la disposition de cette table, où l'on ne compte pour les années d'un prince que celles qui ont commencé lorsqu'il étoit déjà sur le trône, on a mis 486 avant J.-Ch., au lieu de 485 qu'il auroit fallu selon cette disposition. Car, 485 avant J. Ch. est plus près de J.-Ch., que 486. Le faux Smerdis ayant régné les 7 premiers mois de 486, Darius fut élu dans les mois suivans de cette année 486, et par conséquent, le commencement de son règne ne doit être, suivant l'ordre de la table, daté que de l'an 485 avant J.-Ch., et non de l'an 486 qui est plus ancien, ce qui fait tomber la mort d'Alexandre-le-grand à l'an 323 avant J.-Ch., il y auroit donc une année d'erreur, en mettant 324 pour 323.

Mais en omettant le faux Smerdis, on donne l'an 486 tout entier à Darius I. Ce qui porte la mort d'Alexandre-le-grand à l'an 324 avant l'ère chrétienne, comme Sainte-Croix dans son examen des historiens d'Alexandre. Il ne s'agit donc que de savoir si l'on doit dire 485 ou 486. Il est certain qu'en ôtant des 521 de Cambyse, les 36 de Darius I, on trouve 485 pour la dernière année de celui-ci; mais il faut remarquer que la première des 36 années de Darius I, doit courir de la 522e année avant J.-Ch., et non de la 521e, parce qu'entre Cambyse et Darius a régné le mage Smerdis que les Perses ne reconnoissent pas pour roi; de là vient qu'ils ajoutent le temps de son règne à celui de Cambyse, et qu'ils donnent pour la fin de celui-ci, l'an 521, tandis que c'est vraiment l'an 522 avant J. Ch., duquel il faut retrancher les 36 années de Darius I.

Pétau reproche à cette table chronologique des rois, d'être en erreur d'une année en moins dans les années depuis Caïus Caligula. Il veut le prouver par le canon Pascal d'Hippolyte, évêque de Porto, où en l'an 1 d'Alexandre Mammée, les ides d'avril sont la 7e férie & 14e jour pascal. Or, dit Pétau, cela ne peut convenir qu'à l'an 222 de l'ère chrét. 7e cycle sol. lettre F, 14e du cycle lunaire, d'où en remontant, on trouve les commencemens des règnes précédens, comptés par le nombre des années de ces règnes. (1)

Mais ce reproche est sans force, n'étant fondé que sur le canon de saint Hippolyte, qui est très-défectueux. Son principal défaut est que dans son hexadécaëtéride, ou double octaëride, les néoménies reviennent bien aux mêmes jours des mois, mais non aux mêmes féries de la semaine, chose qui n'arrive qu'au bout de sept fois huit ans. Néanmoins, comme on doit à cet évêque la première idée des lettres dominicales, j'ai représenté, en tête de ces notes, le monument qui s'en est conservé jusqu'à nous.

On reproche encore à cette table de ne pas faire mention de tous les rois qui ont régné en Egypte, depuis Ptolémée VIII qu'elle nomme *Soter*, tels que les deux Alexandre, et Ptolémée-Aulète, jusqu'au jeune Denys. Mais l'astronome Ptolémée donne à Soter 36 ans de règne; ce qui est conforme à la chro-

(1) Petav. rat. temp. l. 4. doctr. temp. l. 11. c. 128 et 60.

nologie des rois d'Egypte dressée par Vaillant. Car cet antiquaire commence le règne de ce prince à l'an 114 avant J.-Ch. — 78 = 36. Dans Soter et Denys sont les deux Alexandre dont Cicéron et Suétone parlent, mais qui ne furent jamais bien reconnus à Rome ni en Egypte. Quant à Aulète, son règne fut trop disputé par les romains, pour que Ptolémée en fît mention. Il est compris dans celui de Denys qui ne commença à régner avec Cléopâtre après Aulète, qu'en 49 avant J.-Ch., mais dont Ptolémée place le commencement à l'an 81 avant J.-Ch., pour ne pas parler d'Aulète, mort en l'an 50, ce qui, avec les années de Denys, fait 52; qui ôtés de 81, laissent 29 ans pour Ptolémée surnommé Denys.

(P. xxv.) Le Discours préliminaire du présent volume étoit déjà imprimé, quand le savant M. Langlès me donna connoissance des *observations... on the ruins of Bobylon, by the rev. Th. Maurice*, qui confirment l'observation de M. Rich concernant le Birs-Nemroud, que celui-ci regarde comme les restes de la tour de Babel. Voici comme s'exprime M. Maurice :

Mr.-Rich having now finished his observations on the ruins of the east-bank of the Euphrates, enters upon the examination of what, on the opposite west-bank, have been by some travellers supposed (and their suppositions have been adopted by major Rennell) to be the remains of this great city. those however, which M. Rich describes, are of the most trifling kind, scarcely exceeding one hundred yards in extent, and wholly consistent of two or three insignificant mounds of earth, overgrown with rank grass. The country too being marshy, he doubts the possibility of there having been any buildings of any magnitude ever erected in that spot, and much less, buildings of the astonishing dimensions of those described by the classical writers of antiquity. He then opens to our view a new and almost unexplored remain of ancient grandeur in the following passage: « Although there are no ruins in the immediate vicinity of the river, by far the most stupen- » dous and surprising mass of all the remains of Babylon is situated in this desert, about six miles to the » s. w. of hella. It is called by the arabs Birs-Nemroud. »

Le révérend M. Maurice a mis en tête de ses observations sur celles de M. Rich, une représentation du Mujelibé, tirée de Pietro Della-Valle qui regardoit cet amas de ruines comme celles de la tour de Babel. Mais il y a déjà plus de 200 ans que ce voyageur nous a donné cette représentation qui doit être aujourd'hui bien différente de l'état actuel du Mujelibé. J'ai donc préféré représenter le Birs-Nemroud qui, au jugement du P. Emmanuel, de Niebuhr et de Rich, est le véritable reste de l'ancien observatoire de Babylone.

M. Rich assure que cette tour étoit quadrangulaire, et que ses quatre faces étoient tournées vers les points cardinaux du monde. J'ai choisi le côté du nord, comme regardant le pole boréal qui est toujours le point de mire des astronomes comme des navigateurs.

(P. xxvj.) Συνιδὼν δὲ τοῦ μήνος τὴν ἀνωμαλίαν καὶ τὴν κίνησιν τῆς σελήνης οὔτε δυομένῳ τῷ ἡλίῳ πάντως οὔτε ἀνισχόντι συμφερομένην, ἀλλὰ πολλάκις τῆς αὐτῆς ἡμέρας καὶ καταλαμβανοῦσαν καὶ παρερχομένην τῶν ἡλίον, αὐτὴν μὲν ἐτάξε ταύτην ἕνην καὶ νεάν καλεῖσθαι· τὸ μὲν πρὸ συνόδου μοριον αυτης τῳ πανομενῳ μηνι, τὸ δὴ λοίπον ἤδη τῷ ἀρχομένῳ προσήκειν ἡγούμενος, πρῶτος, ὡς ἔοικεν, ὀρθῶς ἀκούσας ὁμήρου λεγόντος.

Τοῦ μὲν φθίνοντος μήνος τοῦ δ' ἱσαμενοῖο.

τὴν δ' ἑφέξης ἡμέραν νουμηνίαν ἐκάλεσε, τὴν δ' ἀπ' εἰκάδος οὐ προστιθεις, ἀλλ' ἀφαίρων καὶ ἀναλύων, ὥσπερ τὰ φῶτα τῆς σελήνης ἧς ἕωρα μέχρι τριακάδος ἠριθμήσεν. *Plut. v. Solon.*

Arcades annum suum tribus mensibus explicabant, acarnanes sex; græci reliqui trecentis quinquaginta quatuor. Non mirum igitur romanos auctore romulo annum suum habuisse decem mensibus ordinatum, quia annus a martio incipiebat, et conficiebatur diebus CCCIIII.

Annus à romulo ordinatus habuit menses decem, dies quatuor et trecentos...... Sed quum hic numerus ne-

que solis cursui, neque lunæ rationibus conveniret, numa omnium primùm ad cursum lunæ in duodecim menses describit annum, quem, quia tricenos dies singulis mensibus luna non explet, desunt què dies solido anno qui solstitiali circumagitur orbe, intercalaribus mensibus interponendis ita dispensavit, ut quarto et vigesimo anno ad metam eamdem solis undè orsi essent, plenis annorum omnium spatiis dies congruerent.

Censorin. c. 20. *Macrob. Saturn. l.* 1. *c.* 12. *Tit. liv. hist. l.* 1. *c.* 19. *Crev. not. in Tit. Liv.*

C. Cæsar Pontifex maximus suo tertio et M. Æmilii lepidi consulatu, annum civilem ad solis cursum formavit.... pro quadrante diei qui annum verum suppleturus videbatur, instituit ut peracto quadriennii circuitu dies unus ubi mensis quondam solebat, post terminalia intercalaretur, quod nunc bisextum vocant. Ex hoc anno ita a julio Cæsare ordinato ad nostram memoriam cæteri juliani appellantur. . . . . *Censorinus. Cap. XX, edit. Lindenbrog.*

Et huc usque error stare potuisset, ni sacerdotes novum ex ipsâ emendatione fecissent. Nam quùm oporteret diem qui ex quadrantibus confit, quarto quoque anno confecto, antequam quintus inciperet, intercalare, illi quarto non peracto sed incipiente intercalabant. Hic error sex et triginta annis permansit, quibus annis intercalati sunt dies duodecim, quùm debuerint intercalari novem. Sed hunc quoque errorem serò deprehensum correxit Augustus, qui annos duodecim sine intercalari die transigi jussit, ut illi tres dies qui per triginta sex annos vitio sacerdotalis festinationis excreverant, sequentibus annis duodecim, nullo die intercalato, devorarentur. Post hoc unum diem secundum ordinationem Cæsaris quinto quoque incipiente anno intercalari jussit : et omnem hanc ordinem æreæ tabulæ ad æternam memoriam incisione mandavit. *Macrob. Sat. l.* 1.

(*P.* xxx.). Tels furent les divers efforts des savans de tous les siècles pour régler la chronologie. Comme le calendrier grégorien, le plus généralement suivi aujourd'hui, n'est pas sans défauts, quoiqu'il soit celui qui en a le moins, le plus considérable étant qu'en 36 siècles, il ne supprime que 27 jours, au lieu de 28 qu'il devrait supprimer, à cause des 11′ 12″ de moins que les 6 heures ajoutées aux 365 jours de l'année, M. Delambre proposait de rendre chaque année 3600, commune. (*Astr. th. et pr.*; *vol. III. Calendr.*). En effet, on remédierait à ce défaut, en supprimant sept bisextiles sur neuf siècles, au lieu de n'en supprimer que trois sur quatre. Et si, au lieu d'employer l'équation lunaire tous les 312 ans et demi (le calendrier ayant été calculé sur le mouvement moyen de la lune), on l'employait cinq fois en onze siècles, la révolution synodique de la lune se trouverait, suivant le calendrier même, ne pas différer d'un tiers de seconde, de celle que donnent les meilleures observations, car il faudrait un espace de 146700 ans, pour produire un jour d'erreur dans l'indication des nouvelles lunes. Dès-lors ce calendrier pourrait être regardé comme parfait et perpétuel, de provisoire qu'il fut dès son origine, à cause des imperfections qu'on y remarquait déjà. (*Art de Vérifier les Dates. Cassini, Mém. de l'Ac. des Sc.* 1701.)

(P. xxxj.) Le canon pascal de Saint Hippolyte, est en grec, gravé sur les deux côtés de ce siége en dehors. Il est en deux parties. L'inscription du côté droit porte pour titre :

« *L'an* 1 *du règne de l'empereur Alexandre, le* 14 *de la pâque arriva aux ides d'avril un samedi, le mois ayant été intercalaire. Il sera dans les années suivantes comme on l'a marqué dans la table ci-dessous. Mais il a été pour les années passées comme on l'a montré. On rompra le jeûne dès le jour du Seigneur.*

L'inscription du côté gauche est intitulée :

« *Dans la première année d'Alexandre César au commencement, dimanches de pâque en chaque année ; les points mis à côté marquent le bissexte.*

Voici ces deux inscriptions telles que Bucherius les a publiées.

ΕΤΟΥΣ Α΄ ΒΑΣΙΛΕΙΑΣ ΑΛΕΞΑΝΔΡΟΥ ΑΥΤΟΚΡΑΤΟΡΟΣ ΕΓΕΝΕΤΟ Η ΙΔ΄ ΤΟΥ ΠΑΣΧΑ ΕΙΔΟΙΣ ΑΠΡΕΙΛΙΑΙΣ ΣΑΒΒΑΤΩ ΕΜΒΟΛΙΜΟΥ ΜΗΝΟΣ ΓΕΝΟΜΕΜΟΥ ΕΣΤΑΙ ΤΟΙΣ ΕΞΗΣ ΕΤΕΣΙΝ ΚΑΘΩΣ ΥΠΟΤΕΤΑΚΤΑΙ ΕΝ ΤΩ ΠΙΝΑΚΙ ΕΓΕΝΕΤΟ ΔΕ ΕΝ ΤΟΙΣ ΠΑΡΩΧΗΚΟΣΙΝ ΚΑΘΩΣ ΣΕΣΗΜΕΙΩΤΑΙ ΑΠΟΝΗΣΤΙΖΕΣΘΑΙ ΔΕ ΔΕΙ ΟΥ ΑΝ ΕΝΠΕΣΗ ΚΥΡΙΑΚΗ.

	ειδοις εμ απρει	Ζ		S	εζδρα κατα δανιηλ	Ε		Δ		Γ	Β	Α	
πρ	Δ νω απρει	Δ	γενεσις χρ.	Γ	και εν ερημω	Β		Α		Ζ	S	Ε	
πρ	ΙΒ μ ιακα ςς απρει	Α	εζε χιας	Ζ		S	ιηςους	Ε		Δ	Γ	Β	
πρε	Ε ει απρει	Ζ	ιωςε ιας	S		Ε		Δ		Γ	Β	Α	
πρ	Δ κα απρε	Δ		Γ		Β		Α		Ζ	S	Ε	
πρ	ΙΕ κα απρει	Α		Ζ		S		Ε		Δ	Γ	Β	
	ςς νωναις εμ απρει	Ζ		S		Ε		Δ	ιηςους καδει	Γ	Β	Α	
πρ	Η κα απρει	Δ		Γ	εζεκιας κατα δα	Β		Α		Ζ	S	Ε	
	εμ ειδοις απρει	Γ		Β	και ιωςει ας	Α		Ζ		S	Ε	Δ	
πρ	Δ νω απρει	Ζ		S		Ε		Δ		Γ	Β	Α	εξοδος
πρ	ΙΒ μ ιακα ςς απρει	Δ		Γ		Β		Α		Ζ	S	Ε	εν ερημω
πρ	ε ει απρει	Γ		Β		Α		Ζ		S	Ε	Δ	
πρ	Δ κα απρει	Ζ		S		Ε		Δ		Γ	Β	Α	
πρ	ιε κα απρει	Δ		Γ		Β		Α		Ζ	S	Ε	εζδρα
	ςς νωναις εμ απρει	Γ	εξοδος κατα	Β		Α		Ζ		S	Ε	Δ	
πο	Η κα απρει	Ζ	δανιηλ	S	παθος χρ.	Δ		Ε		Γ	Β	Α	

ΕΤΕΙ ΑΛΕΞΑΝΔΡΟΥ ΚΑΙΣΑΡΟΣ

ΤΩ Α— ΑΡΧΗ

ΑΙ ΚΥΡΙΑΚΑΙ ΤΟΥ ΠΑΣΧΑ ΚΑΤΑ ΕΤΟΣ

ΑΙ ΔΕ ΠΑΡΑΚΕΝΤΗΣΕΙΣ ΔΗΛΟΥΣΙ ΤΗΝ ΔΙΣ ΠΡΟ ΕΞ.

	A					Γ					E					Z			
πρ	ια	κα	μαι	κυ	πρ	ιϛ	κα	μαι	κυ	προ	ιδ	κα	μαι	κυ	προ	ιβ	κα	μαι	κυ
πρ	Η	ει	απρ	κυ	πρ	ϛ	ει	απρ	κυ	προ	δ	ει	απρ	κυ	νω			απρ	κυ
πρ	ε	κα	απρ	κυ	πρ	ι	κα	απρ	κυ	προ	η	κα	απρ	κυ	προ	ϛ	κα	απρ	κυ
πρ	ιε	κα	μαι	κυ	πρ	α	ει	απρ	κυ	προ	ιη	κα	μαι	κυ	προ	ιϛ	κα	μαι	κυ
πρ	δ	ϑ	απρ	κυ	πρ	α	νω	απρ	κυ	προ	η	ιε	απρ	κυ	κα			απρ	κυ
πρ	η	κα	απρ	κυ	πρ	ιγ	κα	απρ	κυ	προ	ια	κα	απρ	κυ	προ	ϑ	κα	απρ	κυ
πρ			απρ	κυ	πρ	ϛ	ει	απρ	κυ	προ	δ	ει	απρ	κυ	προ	α	ει	απρ	κυ
πρ	δ	κα	απρ	κυ	πρ	α	κα	απρ	κυ	προ	δ	νω	απρ	κυ	προ	ε	κα	απρ	κυ
πρ	ιδ	κα	μαι	κυ	πρ	ιβ	κα	μαι	κυ	προ	ιζ	κα	μαι	κυ	προ	ιε	κα	μαι	κυ
πρ	δ	ει	απρ	κυ	νω			απρ	κυ	προ	ζ	ει	απρ	κυ	προ	ε	ει	απρ	κυ
πρ	η	κα	απρ	κυ	πρ	ϛ	κα	απρ	κυ	προ	δ	κα	απρ	κυ	προ	ϑ	κα	απρ	κυ
πρ	ιη	κα	μαι	κυ	πρ	ιϛ	κα	μαι	κυ	προ	γ	ει	απδ	κυ	ει			απρ	κυ
πρ	η	ει	απρ	κυ	κα			απρ	κυ	προ	γ	νω	απρ	κυ	νω			απρ	κυ
πρ	ια	κα	απρ	κυ	προ	ϑ	κα	απρ	κυ	προ	ζ	κα	απρ	κυ	προ	ιβ	κα	απρ	κυ
πρ	δ	κα	απρ	κυ	προ	α	ει	απρ	κυ	προ	ζ	ει	απρ	κυ	προ	ε	ει	απρ	κυ
πρ	δ	νω	απρ	κυ	προ	ε	κα	απρ	κυ	προ	γ	κα	ααρ	κυ	κα			απρ	κυ

	B					Δ					S			
πρ	ιζ	κα	μαι	κυ	πρ	ιε	κα	μαι	κυ	προ	ιγ	κα	μαι	κυ
πρ	ζ	ει	απρ	κυ	πρ	ε	ει	απρ	κυ	προ	α	νω	απρ	κυ
πρ	δ	κα	απρ	κυ	πρ	ϑ	κα	απρ	κυ	προ	ζ	κα	απρ	κυ
πρ	γ	ει	απρ	κυ	πρ			απρ	κυ	προ	ιζ	κα	μαι	κυ
πρ	[illegible]	νω	απρ	κυ	νω			απρ	κυ	προ	α	κα	απρ	κυ
πρ	ζ	κα	απρ	κυ	πρ	ιβ	κα	απρ	κυ	προ	ι	κα	απρ	κυ
πρ	ζ	ει	απρ	κυ	πρ	ε	ει	απρ	κυ	προ	γ	ει	απρ	κυ
πρ	γ	κα	απρ	κυ	κα			απρ	κυ	προ	ϛ	ει	απρ	κυ
πρ	ιγ	κα	μαρ	κυ	πρ	ια	κα	μαι	κυ	προ	ιϛ	κα	μαι	κυ
πρ	α	νω	απρ	κυ	πρ	η	ει	απρ	κυ	προ	ϛ	ει	απρ	κυ
πρ	ζ	κα	απρ	κυ	πρ	ε	κα	απρ	κυ	προ	ι	κα	απρ	κυ
πρ	ιζ	κα	[illegible]	κυ	πρ	ιε	κα	μαι	κυ	προ	α	ει	απρ	κυ
πρ	α	κα	απρ	κυ	πρ	δ	νω	απρ	κυ	προ	α	νω	απρ	κυ
πρ	ι	κα	απρ	κυ	πρ	η	κα	απρ	κυ	προ	ιγ	κα	απρ	κυ
πρ	γ	ει	απρ	κυ	BI		απ	απρ	κυ	προ	ζ	ει	απρ	κυ
πρ	ϛ	κα	απρ	κυ	πρ	δ	κα	απρ	κυ	προ	α	κα	απρ	κυ

Ce canon de saint Hippolyte est la double octaëtéride. L'octaëtéride simple, multipliée par les sept jours de la semaine, donne 56 ans; et la double, 112. Ainsi, le canon de saint Hippolyte est le quadruple de la tétraëtéride ancienne qu'il a ressuscitée, quoique les grecs l'eussent abandonnée pour le cycle de Méton plus parfait.

Il a été publié d'abord par Gruterus; ensuite, par J. Scaliger, et enfin par Bianchini. Il a servi au P. Pagi, à corriger une faute de Baronius dans la chronologie ecclésiastique. Noris l'a également employé à corriger les fautes qui se rencontrent dans les Fastes de Panvinius. Noris observe avec raison que le sculpteur a oublié de graver la double lettre ςς du point annoncé dans le titre, à la 3e ligne du 2e canon, quoiqu'elle soit exprimée à la 5e ligne du premier, parce que cette année fut bissextile, comme Noris le prouve dans ses époques syro-macédoniennes. C'est ce qui détermine la première année du règne d'Alexandre Sévère, à la 222e de notre ère, car il n'y a point d'autre année du règne de ce prince, dans laquelle le 14e de la lune soit tombé aux ides d'avril, ni où le 11 avant les calendes de mai, ait été un samedi, comme on le reconnoît aisément, selon Cassini, par le mouvement m. de la lune, qui avoit alors 14 de cycle lunaire, le cycle solaire étant 7. L'une de ces tables expose les 14es jours des lunes pascales du cycle de 16 ans ou la double octaëtéride, avec les quantièmes des mois de mars et d'avril où elles arrivent, et les féries ou jours de la semaine pour les divers cycles. Toutes les variations s'y renferment dans un espace de 56 ans, quoique la table aille jusqu'à 112 ans. (Car, 8 × 7 = 56, et 16 × 7 = 112). L'autre table expose le jour de pâques pour chaque année. Comme l'une et l'autre sont reconnues sujettes à erreurs, ainsi que l'a prouvé le P. Pétau contre Scaliger, je les abandonne avec tous les calculateurs ecclésiastiques pour ce qui concerne la célébration de la fête de pâques; mais je les retiens avec D. Cassini pour les conjonctions ou néoménies certaines qu'elles me font connoître avoir eu lieu au premier janvier de diverses années juliennes.

Cassini a démontré par le calcul auquel il a soumis la première de ces deux tables, que la méthode grégorienne s'accorde avec celle des anciens, en ce que dans l'une et l'autre, le premier jour de la lune est censé être non celui de la conjonction moyenne, mais celui qui la suit immédiatement. Le premier jour du mois lunaire chez les anciens, étant celui de la première phase.

Ces conjonctions moyennes, certifiées par le calcul de Cassini, deviennent autant de points fixes dans la série des temps, et autant de moyens d'assigner les autres aux jours où elles sont arrivées, par la période de Méton plus exacte que celle de saint Hippolyte, car Halley l'a préférée dans ses tables. Mais celle d'Hippolyte, suivant Cassini, fixe au moins d'une manière certaine la 1re année de Sévère à l'an 222 de notre ère. « Les ides d'avril, dit ce grand astronome, qui sont le 13 de ce mois, ne se trouvent un samedi que dans les années 216, 222 et 231. Or, de ces trois, l'année 222 est celle où la nouvelle lune moyenne est arrivée le 30 mars, c'est-à-dire, 14 jours avant le 13 avril. Ce jour des ides d'avril est donc le samedi que saint Hippolyte a marqué, comme étant le 14e de la lune, chose qui n'a pu arriver également que 56 ans avant ou après cette année 222 qui est, par conséquent, la première du règne d'Alexandre Sévère.

Le premier jour de l'an 222 a été le premier de la lune, c'est-à-dire, le premier après la conjonction moyenne arrivée la veille. En partant de là, si on compte les mois lunaires alternativement de 30 et de 29 jours, les conjonctions suivantes se sont faites le 30 janvier, le 28 février et le 30 mars. Ainsi, le premier mars a été le premier jour de la lune nouvelle, le 28 février à 1 heure avant midi, où le 1 mars a commencé, ce qui réduit l'année julienne romaine qui étoit demi-solaire à une année solaire simple. César, au lieu de commencer au solstice d'hiver l'année 44, ou vulgairement 45 avant notre ère, l'a commencée à la conjonction moyenne du 1 janvier suivant, pour que les jours de la lune, par lesquels les années suivantes commenceroient, pussent se prendre plus aisément. Du commencement de son année 45 à celui de 222, il y a 266 ans dont le 1er fut bissextile; et le dernier fut le second depuis le bissextile. Et l'on verra par les tables astronomiques, que les nouvelles lunes de l'an 227 après Jésus-Christ, ont précédé de 8 heures 21′ celles de l'an 45 avant J.-Ch.

Ces 266 ans forment une période composée de 14 cycles de 19 ans qui font trois périodes calippiques contenant 19 années bissextiles chacune. Or, chaque cycle de 19 ans ramène les nouvelles lunes aux mêmes jours de l'année solaire; c'est le nombre d'or de Méton, suivant lequel on calculoit autrefois la fête de pâque; car, dit le saint évêque, dans les temps passés, pâque est arrivé comme il a été indiqué.

Un autre cycle de 84 ans a été substitué à celui de 16 d'Hippolyte. Le cardinal Noris en place le commencement à l'an 298 de Jésus-Christ, à une période calippique de distance de celle de saint Hippolyte, et 18 cycles de 19 ans après l'époque de l'ère julienne. Les nouvelles lunes n'y anticipent que de 5 heures 50 minutes relativement à l'époque de saint Hippolyte, et le jour n'y varie pas; de sorte que le 13 avril est le 14 de la lune, comme dans les tables du cardinal Noris, où le 17 avril est le 18 de la lune. L'an 32 de Jésus-Christ, premier depuis sa mort, peut servir d'une quatrième époque, selon Cassini. Car la conjonction moyenne s'y est faite le 1 janvier, et elle est à un intervalle des 76 années d'une période calippique depuis l'an 45 avant l'ère chrétienne.

Voilà donc quatre époques où la conjonction moyenne de la lune s'est faite le 1 janvier julien, savoir, l'an 45 avant l'ère chrétienne, l'an 32 de l'ère chrétienne, l'an 222 de cette même ère, et l'an 298 suivant.

Duhamel, *Hist. Acad. reg. scient. Paris. ano.* 1696.

Les Annales des Lagides, qui viennent de paroître, annoncent une *Chronologie de l'Almageste*, comme devant être publiée dans peu. Elle a déjà été lue à l'Académie des Inscriptions. J'en attends la publication pour profiter de ses critiques, autant qu'elles seront fondées. L'examen des règnes a pu faire reconnoître à l'auteur, de fausses dates dans les observations rapportées par Ptolémée. Mais je n'ai pas dû m'écarter de celles que je trouvais dans les manuscrits. Quant à celles qui m'ont échappé, je les ai rectifiées à la fin de ce volume, du moins celles que j'ai pu découvrir.

Pour la table des rois, j'ai suivi celle de Théon, car elle ne se trouve dans aucun des manuscrits de l'Almageste. Elle fait partie des tables manuelles jusqu'à présent inédites de cet auteur, mais qui seront publiées dans le prochain volume.

Sainte-Croix dit que les noms des rois, de cette table, sont au nominatif dans le manuscrit 2497, marqué 3213, et que Pétau les met au génitif. Cela est indifférent; car le manuscrit 2390 les donne au génitif jusqu'à Théodore Lascaris, qu'il laisse au nominatif avec les suivans; et le manuscrit 2394, au contraire, les présente au génitif jusqu'après Alexandre-le-grand, et tous les suivans au nominatif, en cessant à Jean, fils d'Andronic, de compter les années de chaque règne: défaut auquel j'ai suppléé avec l'aide de l'Art de vérifier les Dates, qui tombe pourtant dans une contradiction évidente sur la durée du règne du dernier empereur de Constantinople. Car il dit que ce prince, Constantin XII Paléologue, commença son règne en novembre 1448, qu'il périt en mai 1453, et qu'il règna 8 ans. Il est pourtant vrai qu'il ne règna, à ce compte, que 5 années entières, comme je l'ai marqué.

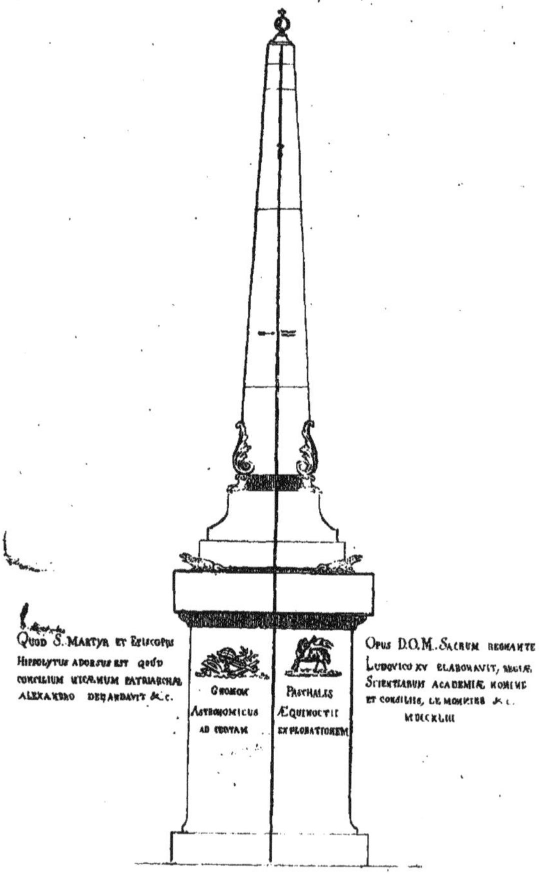

Quod S. Martyr et Episcopus
Hippolytus adorsus est quod
concilium Nicænum patriarchæ
Alexandro demandavit &c.

Gnomon
Astronomicus
ad certam

Paschalis
Æquinoctii
explorationem

Opus D.O.M. Sacrum regnante
Ludovico XV elaboravit, regiæ
Scientiarum Academiæ nomine
et consiliis, Le Monnier &c.
MDCCXLIII

DISSERTATION I.

SUR LA RÉDUCTION DES DATES ÉGYPTIENNES

DES OBSERVATIONS ASTRONOMIQUES RAPPORTÉES PAR PTOLÉMÉE,

A LEURS DATES CORRESPONDANTES DANS LA FORME DES ANNÉES DU CALENDRIER GRÉGORIEN

ÉTENDU AUX TEMPS QUI ONT PRÉCÉDÉ L'ÈRE CHRÉTIENNE,

PAR M. L'ABBÉ HALMA.

Ptolémée, venu après Sosigène, n'a pourtant pas choisi l'année julienne pour y comparer les diverses années des nations dont il empruntoit des observations célestes pour en faire la base de sa théorie. La fraction de jour dans la durée de l'année julienne lui fit préférer l'année égyptienne plus usitée chez les astronomes d'Alexandrie, à cause de leurs tables dressées sur cette forme d'année. Mais il n'ignoroit pas qu'elle ne recommençoit avec une année julienne, qu'après 1460 ans révolus, dans la supposition du quart de jour à ajouter aux 365 des Egyptiens, comme l'année de 365 jours parcourroit 1508 ans, pour recommencer au même jour que l'année de 365,24. « Si l'année civile etoit constamment de 365 jours, dit M. Delaplace, son commencement anticiperoit sans cesse sur celui de la véritable année tropique, et il parcourroit, en rétrogradant les diverses saisons, dans une période de 1508 ans » (1).

Les 11' 12" environ qui manquent au quart de jour, en s'accumulant par succession de temps, faisoient un jour en 128 ans. Ce jour compté de trop dans la 129e année étoit cause que le jour civil de l'équinoxe, présumé d'après la supposition du quart de jour en sus des 365, n'arrivoit, au bout de 129 ans, qu'environ un jour après l'équinoxe vrai. Et cette erreur croissoit en raison des espaces de 129 ans écoulés depuis la réforme ordonnée par Jules-César. C'est

(1) Exposition du Système du Monde, 4e édition; et Annuaire du Bureau des Longitudes, 1818.

pour cette raison, qu'en l'année 325 qui fut celle du concile de Nicée, l'équinoxe vernal qui fut le 21 mars, arriva près de quatre jours entiers avant celui où on l'attendoit.

Un écart aussi considérable, et la nécessité de ramener l'équinoxe civil au jour de l'équinoxe naturel, pour la célébration de la fête de Pâques, la plus solennelle de toutes celles qui sont observées chez les chrétiens, furent l'occasion du témoignage le plus éclatant que les PP. de ce concile rendirent aux astronomes d'Alexandrie, tout payens qu'étoient ceux-ci, en chargeant l'évêque de cette ville, de leur demander quel devoit être, en chaque année, le jour précis de l'équinoxe, et d'en prévenir toutes les autres églises de la chrétienté (1).

Ces astronomes, pour obvier au travail pénible et continuel de la réduction des jours de l'année vague à ceux qui leur répondoient dans l'année fixe, prirent enfin le parti de fixer aussi leur année. Nous voyons par une observation de Théon, qui occupoit la chaire de Ptolémée dans le quatrième siècle, que cette fixation étoit généralement adoptée de son temps dans cette école fameuse, puisqu'il date cette observation, en style Alexandrin, qui étoit celui de la réforme julienne que la réduction de l'Egypte en province romaine leur fit adopter. Car leur 1 thoth tombant au 29 aout de la 21e année julienne, dans la 5e année après celle de la victoire d'Actium, ils l'y fixèrent pour toutes les années suivantes, par un sixième jour épagomène, qu'ils ajoutèrent tous les 4 ans, comme Jules-César avoit ajouté un bisexte au même nombre d'années dans le mois de février; ainsi se forma l'année alexandrine sur le plan de l'année julienne.

« Par ce moyen les astronomes d'Alexandrie rendirent leur année fixe, » de vague qu'elle étoit; et lui donnèrent toute la consistance et la régula- » rité de l'année julienne. Cette année intercalaire ne concourt pas avec » l'année bissextile, mais la précède immédiatement, selon la remarque du » P. Pétau; car le 29 du même mois d'août de l'année julienne fut le terme » auquel les Alexandrins firent répondre le 1er jour de leur année commune; » et c'est sur ce calendrier, ainsi réformé, que pose l'ère de Dioclétien, dont » le commencement répond au 29 août de l'année chrétienne 284 » (2).

La 309e année alexandrine ayant commencé le 29 août 284 de l'ère chrétienne, par le moyen du sixième épagomène ajouté à chaque quatrième année, comme la première année alexandrine avoit commencé le 29 août de la 21e année julienne ou 25e avant l'ère chrétienne, le 1 thoth s'étoit ainsi maintenu cons-

(1) Voyez ci-après, ma note sur la vérité de cette invitation faite par le concile à l'évêque d'Alexandrie.

(2) Art de vérifier les dates, 1er. vol. Introduction.

tamment au 29 août, chaque année, pendant les 500 ans d'intervalle de l'année 25e avant l'ère chrétienne à l'année 184e de cette ère. Ce qui prouve, comme le dit le P. Guldin, que toutes les années égyptiennes, comptées de Nabonassar, peuvent être regardées comme ayant leur 1 thoth au 29 août, en leur appliquant la méthode d'intercalation suivie dans la réforme julienne.

Mais l'année alexandrine assimilée de cette manière à l'année julienne, participa des défauts de cette dernière, l'équinoxe continuant d'anticiper d'un jour tous les 129 ans, il se trouva qu'en 1582 il arrivoit le 11 mars au lieu d'arriver le 21, qui étoit le jour de l'équinoxe civil: il fallut donc faire du 11 mars le 21 de ce mois par un simple changement de chiffre, pour continuer de compter le 21, comme étant le jour invariable de l'equinoxe du printemps; et pour l'y fixer à l'avenir, on continua d'ajouter le bisexte à chaque quatrième année: mais on le retrancha des trois années centenaires consécutives, en le laissant à chaque quatre-centième année, parce qu'en 133 ans le bisexte donnoit près d'un jour d'excédent qu'il falloit supprimer: et ce qu'on ôtoit de trop dans cette suppression, étoit restitué par le bi-sexte qu'on laissait à la quatrième année séculaire.

Joseph Scaliger attaqua cette réforme dans son livre de la correction des temps. Mais le jésuite Clavius en prit la défense, et son confrère, le P. Guldin, prouva contre Calvisius, autre aggresseur de cette réforme, que non seulement elle satisfaisoit à toutes les conditions demandées pour régler invariablement le calendrier sur le ciel, mais encore qu'elle peut se prolonger autant que l'on voudra, en retrogradant au-delà de la première année de l'ère chrétienne.

C'est ce dernier objet que je me propose. C'est en faisant rencontrer le 1 thoth de chaque année de Nabonassar, au 29 ou 30 août ju'ien précédent, que je transformerai ces années égyptiennes en années alexandrines égales aux années juliennes soumises à la réforme grégorienne, ainsi nommée du Pape Grégoire XIII, qui en recommanda l'usage au monde chrétien, après en avoir reçu le projet des frères Lilio, auteurs de cette belle invention.

Démontrons d'abord qu'en transportant le 1 thoth de la première année égyptienne du 26 février, où il tomboit dans l'an 747 julien avant l'ère chrétienne, au 29 août précédent, et les années suivantes remontant de même chacune, au 29 ou 30 août precédent, on trouvera le même nombre de jours du 26 février 747 julien avant notre ère, au premier janvier de la 1re année de cette ère, que du 29 août 748 julien avant notre ère, au même 1e janvier de cette même ère.

Cette démonstration suppose que le 1 thoth de la 1ere année égyptienne de Nabonassar, coïncidoit effectivement avec le 26 février 747 julien avant l'ère chrétienne. Tous les chronologistes, divisés sur tout autre point, s'accordent unanimement sur celui-ci, qui d'ailleurs est prouvé par les calculs des astronomes. Je ne répéterai donc pas les preuves qu'en ont données entre autres Pétau, Fréret, Riccioli et Pingré. J'en tirerai seulement une de Ptolémée, pour ne pas paroître affoiblir la vérité de ce fait par trop de confiance en leur parole. (1)

Cet astronome dit, dans son livre IV, que le soleil étoit vers l'extrémité des poissons le 30 thoth de la première année du règne de Mardocempad à Babylone, lors d'une éclipse de lune, que les calculs de l'astronomie moderne, faciles à vérifier, font trouver au 19 mars de l'an 721 julien avant notre ère. Ptolémée avoit trouvé auparavant que le lieu moyen du soleil étoit en 45' des poissons, le 1 thoth de l'an 747 avant notre ère. La différence de ces jours en nombre, est 29. J'en retranche 6 bi-sextes qui sont de plus dans les 26 années juliennes d'intervalle de 721 à 747, que dans 26 années égyptiennes. Le reste est 23, qui comptés du 19 mars en remontant, aboutissent à la nuit du 25 au 26 février précédent. On ne peut donc pas douter que le 1 thoth de l'an 747 avant l'ère chrétienne n'ait été le 26 fevrier julien.

Maintenant, pour comparer le nombre de jours écoulés depuis le 26 février 747 julien, avec celui des jours depuis le 29 août 748 alexandrin, jusqu'au 1 janvier de notre ère, je dis :

	Jours.		Jours.
Du 26 fév. 747, au 31 déc.	315.	Du 29 août 748, au 26 fév.	747181.
Pour les 746 années suivantes	272290.	Restant de 747.	315.
Pour les bissextiles.	181.	Pour 746 ans.	272290.
	272786.		272786.

(1) Sans autre secours que celui de l'arithmétique simple, on peut se convraincre que le 1er thoth de l'an 1er. de Nabonassar tomba au 26 février de l'an 746 Julien avant notre ère. C'est un fait certain dans l'histoire, (Péran, Doct. temp. liv. X, pag. 286), que le 29 août de l'an 21 Julien ou 25 avant notre ère, fut le 1er thoth de l'an 723 de Nabonassar. Le 1er thoth remontant d'un jour tous les 4 ans, à mesure que les années rétrogradent, il descend dans la même proportion, à mesure que les années s'écoulent. C'est pourquoi il coïncidoit avec le 1er septembre en l'an 712 de Nabonassar ; avec le 1er octobre en l'an 593 ; avec le 1er novembre en l'an 468 ; avec le 1er décembre en l'an 348 ; avec le 1er janvier l'an 224 ; avec le 1er février, l'an 100 de Nabonassar. Et si l'on divise 100 par 4, le quotient 25 donne 25 jours de février, qui se terminent au 26, qui fut par conséquent le 1er thoth de l'an 1er de Nabonassar. Car les 2 mois de 30 jours chacun, et les trois de 31 qui font l'intervalle du 1er septembre, au 1er février, étant multipliés par 4, produisent 612 jours qui représentent autant d'années, et étant retranchés du 1er septembre 712, laissent le 1er thoth au 1er février de l'an 100, et par là au 26 de ce mois en l'an 1er.

Il s'est donc écoulé également 271786 jours depuis le 29 août 748 julien auquel j'ai réduit le 1 thoth de l'an 1 de Nabonassar, et depuis le 26 février de l'an 747 julien où tomboit ce 1 thoth non réduit, jusqu'au premier janvier de notre ère actuelle.

On voit par cette comparaison que toute la différence entre les années égyptiennes et les années alexandrines ou juliennes, consiste dans les bissexte de celles-ci; et que les premières deviennent également juliennes par l'addition d'un nombre de jours intercalaires égal au nombre des bissextes, qui fait rétrograder le 1 thoth de chaque année égyptienne au 29 août julien précédent. Ces jours intercalaires ou épagomènes étant distribués sur les années égyptiennes dans le même rapport que les bissextes sur les années juliennes, donnent aux années égyptiennes la forme julienne. Et pour la donner aux années égyptiennes de Nabonassar, il a fallu leur ajouter les 181 jours intercalaires, ou épagomènes qui leur manquoient, ce qui en a fait reculer le 1 thoth, du 26 février, au 29 août précédent.

C'est ce que confirme le double date dont j'ai déjà parlé, l'une égyptienne et l'autre alexandrine, donnée par Théon dans ses commentaires sur le grand ouvrage et sur les tables manuelles de Ptolémée, à une éclipse de soleil qu'il rapporte au 24 thoth de l'an égyptien 1112 de Nabonassar, et au 22 payni alexandrin de cette année, qui est l'an 364 de notre ère chrétienne. Or le P. Pingré a trouvé qu'il est effectivement arrivé une éclipse de soleil le 16 juin de cette année. Il s'agit de voir si le 24 thoth égyptien, et le 22 payni alexandrin 1112 de Nabonassar, nous conduisent également au 16 juin 364 de Jés. Chr., en faisant partir le 1er thoth, du 29 août julien précédent.

Cherchons dabord si véritablement le 24 thoth égyptien concourt avec le 22 payni alexandrin dans l'année 364 de l'ère chrétienne, 1112 de Nabonassar. Comme en cette année, le 1er thoth égyptien coïncidoit avec le 24 mai julien, les 24 jours de thoth 1112, comptés du 24 mai, se terminent au 16 juin julien. Or le 22 payni alexandrin est aussi le 16 juin julien; car en commençant cette année au 29 août précédent pour la réduire en année julienne, je trouve que les 292 jours du 1er thoth au 22 payni, étant comptés de ce 29 août précédent, se terminent aussi au 16 juin. Donc en faisant partir le 1er thoth du 29 août, on arrive également au 16 juin, jour de l'éclipse.

Le 24 thoth égyptien est donc le même jour que le 22 payni alexandrin dans cette année 1112 de Nabonassar, puisque cette double date n'en est qu'une seule, et la même que le 16 juin de l'an 364 de notre ère chrétienne ou vulgaire. Et puisque la rétrogadation du 1er thoth au 29 août précédent, n'est que l'effet des sixièmes épagomènes ajoutés aux quatrièmes années égyptiennes, il s'ensuit que pour convertir les années vagues égyptiennes en années fixes juliennes, il suffit d'intercaler dans chaque période quadriennale un sixième épagomène pour lui donner le même nombre de jours, qu'à la période quadriennale julienne correspondante.

L'intercalation de ce sixième épagomène se fait du 29eme au 30eme jour d'août de l'année qui précède immédiatement l'année julienne bissextile. Cette intercalation donnant un jour de plus à la 3eme année alexandrine, qu'aux trois autres de la période quadriennale, fait terminer cette troisième année au 29 août julien, au lieu de la faire terminer au 28, comme les trois autres années. C'est ce qui fait descendre le 1er thoth de l'année suivante, qui est la quatrième, au 30 août julien dans la quatrième année de la période quadriennale julienne. Et parce que cette quatrième année est bissextile, elle a un jour de plus à la fin de février; et c'est ce qui est cause aussi, que la quatrième année alexandrine, commencée le 30 août julien, ayant ce jour de plus à parcourir, se termine au 28 août, et non au 29, comme elle auroit fait sans ce bissexte. Ainsi l'ordre se rétablit dès le 1er thoth de la première année de la période quadriennale suivante, car il tombe au 29 août julien, en conséquence de ce que l'année précédente s'est terminée la veille, comme on peut le voir dans le tableau suivant, que j'ai dressé pour les 45 premières années juliennes comparées aux années égyptiennes et alexandrines, afin de rendre le mode de réduction de celles-ci plus sensible. (Voyez ce tableau ci-après en tête de la dissertation 1).

La première colonne de ce tableau est la série des années égyptiennes, dites de Nabonassar, prises du 1er thoth ou premier jour de l'an 704 de cette ère, lequel répond à la première année julienne, ou 708 de Rome.

Comme d'après ce que je viens d'exposer, j'ai fait rétrograder le 1er thoth de chaque année nabonassarienne, au 29 ou 30 août julien précédent, pour les réduire toutes en années fixes, on ne doit pas être surpris de voir le 1er thoth de l'an 704 de Nabonassar, répondre ici au 29 août de l'année 1re; c'est-à-dire, de l'année qui a précédé immédiatement l'année 1re julienne. Par une conséquence de ce principe, cet an 704 de Nabonassar finit le 28 août de l'an 1er julien; et c'est par là qu'il répond à la 1re année julienne. Il en est de même pour toutes les autres années de Nabonassar, comparées aux années juliennes correspondantes.

La seconde colonne donne les jours du mois d'août où commencent, et ceux où finissent les années de Nabonassar, marquées dans la première colonne. Cette seconde colonne est composée de trois séries, à la suite de celle des jours dont je viens de parler. La première de ces trois séries montre les années juliennes comptées en remontant depuis la première de notre ère chrétienne, dont la précédente, qui est la 45e julienne, est faite 1 dans cette série. La seconde montre ces mêmes années juliennes comptées également en remontant depuis la première de notre ère; mais ici, la précédente de cette ère est regardée comme o, ce qui diminue d'une unité tous les nombres de cette série comparés aux nombres corresp[illegible] dans de la première série. La troisième offre encore ces mêmes années juliennes, mais comptées en descendant de la première de ces années, qui fut la 45e avant notre ère. Dans chacune de ces trois séries, chaque nombre est marqué deux fois : la première, pour le jour correspondant du mois d'août où finit l'année nabonassarienne qui a commencé dans l'année julienne précédente; la seconde fois, pour le jour suivant du même mois d'août, où a commencé l'année nabonassarienne suivante qui répond proprement à l'année julienne, dans laquelle elle se termine. (1)

La troisième colonne présente les années de la période julienne, accompagnées des lettres dominicales qui leur appartiennent en les continuant au-delà de notre ère. Elles répondent, comme les années juliennes dont elles sont composées, par leur commencement à la dernière partie des années nabonassariennes précédentes; et comme l'année 4713, qui a précédé la première de notre ère, étoit bissextile, et que, divisée par 4, elle laisse 1 pour reste, il s'ensuit que toutes les autres années de cette période, dont la division par 4 donne le reste 1, sont des années bissextiles, dont le 1er janvier tombe entre le 30 août de l'année précédente et le 28 août de l'année qui suit immédiatement. Ainsi, 4669 est bissextile et répond par son premier janvier à la dernière portion de 704 de Nabonassar, commencé en — 1, et terminé au 29 août première année julienne, commencée elle-même avec ce 1 janvier, entre le 29 août de — 1, et le 28 août de + 1 julien.

(1) On pourrait craindre quelqu'influence de la différente manière d'exprimer l'année qui a précédé immédiatement la première de notre ère, mais cette différence n'est qu'apparente ; car si nous disons avec M. Biot : (*Astronomie physique*).

« Ere chrétienne.	— n		— 3	— 2	— 1	+ 1	+ 2	+ 3		+ n
« Période julienne. . . .	4713 — n		4711	4712	4713	4714	4715	4716		4713 + n

Les deux équations $p = 4714 - n$, et $p = 4713 + n$, ajoutées ensemble, donnent $p = 4713\frac{1}{2}$, c'est-à-dire, que cette $\frac{1}{2}$ année étant en moins sur 4714, et en plus sur 4713, est détruite par le passage du positif au négatif.

D'ailleurs, $n + 1 = 4714 - p$, $n = p - 4713$

$$n = 4714 - p - 1, \quad n = p - 4713$$
$$2n = 4713 - p + p - 4713$$
$$n = \frac{0}{2} = 0,$$ comme dans Cassini, (Elém. d'Astr.) H.

La quatrième colonne, qui présente les années Alexandrines substituées aux années égyptiennes, montre ces années égyptiennes vagues, réduites en alexandrines fixes. Les unes sont synonymes des autres, puisqu'elles commencent et finissent aux mêmes termes. Car le 1er thoth de l'année égyptienne réduite, répond au même 29 août de l'an — 1 julien, que le 1er thoth de l'année alexandrine correspondante, et l'une et l'autre année finissent au même 28 août de l'an 1er julien; il en est de même de toutes les autres. Cette colonne est composée de trois séries : la première offre la suite des années alexandrines depuis la première, dont le 1er thoth est le 29 août de l'an 21 julien, 729 de Rome, 4689 de la période julienne, et 715 de Nabonassar réduit en année alexandrine. Les années sont négatives en remontant de cette première, et positives en descendant. La seconde série montre le jour du mois d'août et l'an julien dans lequel commence chaque année alexandrine qui représente une année égyptienne devenue fixe. La troisième série est formée des jours du mois d'août et de l'an julien, où se terminent ces années Egyptiennes et alexandrines. Chaque an julien y est marqué deux fois, l'une dans la série où finit une année alexandrine; l'autre dans la série qui donne les commencements des années alexandrines suivantes. Ainsi, toute année égyptienne et alexandrine, appartient à l'année julienne où elle commence, et à l'année julienne suivante où elle se termine.

Enfin, chacune de ces années juliennes est accompagnée en dehors, de l'année de Rome qui lui répond, et qui suit également la forme julienne; car, la somme des jours de ces années, depuis le premier janvier de la 754ème de Rome, qui est la 1re de l'ère chrétienne, jusqu'à la 709me en remontant, qui est la 1re année julienne, est égale à celle des jours des 45 premières années juliennes. Prenons le nombre des jours contenus dans ces 45 années avec leurs bissextes, nous le trouverons le même que dans les années nabonassariennes correspondantes, en commençant au 29 août 708 pour le 1er thoth de celle qui répond à la première des 45 juliennes, et en finissant au 28 août 753. Car, 45 années juliennes = 365 × 45 = 16425 + 11 bissextes = 16436 jours; et du 29 août 708 au 28 août 754, il y a 16425 jours, qui avec les 11 épagomènes ajoutés pour la réduction, donnent encore une somme de 16436 jours.

Le premier jour des années alexandrines, auxquelles les années égyptiennes de Nabonassar sont réduites dans ce tableau, est le 29 ou 30 août de l'an julien commencé dans une année de Nabonassar qui précède l'année réduite. Il s'ensuit que le 1er janvier de cet an julien précède, comme je l'ai déjà insinué, le 1er thoth de chaque année réduite, d'autant de jours qu'il s'en est écoulé du 1er janvier au 29 ou 30 août. Or, le 29 ou 30 août est le 241e ou 242e jour de l'année, selon qu'elle est commune ou intercalaire. Par conséquent, le 1er janvier de la première année julienne, a précédé de 241 jours la fin de l'année 704 correspondante réduite, dont le 1er thoth avoit précédé de 365 — 241 = 124 jours, le 1er janvier de cette année julienne ; et cela, par l'effet de la réduction qui fait rétrograder le 1er thoth de chaque année que l'on réduit, au 29 août de l'année qui précède celle à laquelle on réduit. Ici, par exemple, le 1er thoth de l'an 704 de Nabonassar, étant le 29 août de l'an — 1 julien, le 1er janvier de l'an 1 julien tombe entre le 30 août de l'an — 1, et le 28 août de l'an + 1 julien.

Or, l'année 708 de Rome a commencé avec la 1re année julienne. Car l'an 709 a dû commencer au 21 avril, suivant Varron, qui dit que la 1re année de Rome commença à l'équinoxe du printemps d'une année que nous estimons, après Censorin, Pétau, et l'art de vérifier les dates, être la 753e année avant notre ère (1). Varron marque cette année comme étant la 3e de la VI. olympiade, ou 23e d'Iphitus ; et Caton dit qu'elle a commencé deux mois avant l'an 25 d'Iphitus. Quoiqu'il en soit, Jule-César, en ajoutant aux 365 jours de l'an 707 de Rome, qui précéda celui de sa réforme, les 80 jours qui en firent une année de 445 jours terminés au 1er janvier, au lieu du 12 octobre précédent, retarda le 1er janvier romain pour le faire coïncider avec le 1er janvier julien 708 de Rome (2). Ce 1er janvier de l'an 708 fut entre le 29 août de l'an — 1 julien, et le 28 août de l'an 1er julien, dont le 1er janvier coïncida ainsi avec le 1er janvier de l'an 708 de Rome, au 28 août duquel et de l'an 1 julien, par conséquent, s'est terminé l'an 704 égyptien de Nabonassar, par sa réduction à la forme d'année alexandrine, après avoir commencé, en vertu de cette réduction, au 29 août de l'an — 1 julien, et par là, avant le 1er janvier de l'an 1 + julien, toujours par l'effet de cette réduction qui fait rétrograder le 1er thoth, comme je l'ai expliqué.

Outre la forme julienne que l'on donne à l'année égyptienne en la faisant alexandrine, on la soumet encore à la réforme grégorienne, en y supprimant en trois années séculaires consécutives, le jour intercalaire qu'on ne laisse qu'à chaque quatre-centième année, ainsi qu'on l'observe pour les années grégoriennes. C'est ce que l'on voit par le 29 août marqué au lieu du 30, pour le 1er thoth de celles de ces années qui précèdent les années grégoriennes dont on a retranché le bissexte en vertu de cette réforme. Et par ce moyen, les années égyptiennes de Nabonassar, en devenant alexandrines, c'est-à-dire, en adoptant comme elles la réforme julienne dès la 1re année même de Nabonassar, suivent la même marche que les années juliennes auxquelles on fait subir la correction grégorienne dès leur institution même.

(1) Censorin CXX. Pétau, Doct. Temp. liv. 4. C. 1er. et liv, X., C. 59. Art. de vérifi. vol. 1er, pag. XIV. No. 1er. Varr. et Cat. rust. auct. lat.

(2) Sur les 445 jours de l'année de confusion, voyez la note ci-après.

Après avoir montré combien cette double réduction est facile et avantageuse, il me reste à prouver, par des exemples, qu'elle n'apporte aucun changement aux dates juliennes des observations célestes consignées par Ptolémée dans son grand ouvrage.

(1) Ptolémée date de la nuit du 29 au 30 thoth de l'an 1er de Mardocempad, à Babylone, la première des éclipses de lune, qu'il rapporte des Chaldéens. Cette année est la 27e de Nabonassar, suivant la table des rois. Les astronomes modernes ont trouvé, par leurs calculs, que cette éclipse est du 19 mars 721 ans avant l'ère chrétienne. Voyons si d'après le 1er thoth de l'an 1er de Nabonassar, placé au 29 août de l'an — 748 avant cette ere, nous trouverons également le 19 mars — 721. Je retranche d'abord 27 de 748, reste l'an — 721, au 1er février duquel tombent les 174 jours comptés du 29 août — 722, à cause des 7 jours environ dont le 1er thoth est remonté depuis l'an 1er de Nabonassar = — 747 avant J.-Ch., jusqu'à l'an 27 ou — 721. Car le 1er thoth de l'année égyptienne reculoit d'un jour tous les 4 ans. Et puisqu'il étoit au 26 février en l'an 1er de Nabonassar, il fut au 19 en l'an 28. Il faut donc retrancher ces 7 jours des 181 jours dont j'ai fait rétrograder le 1er thoth de l'an 1er, du 26 février au 29 août julien précédent. Le reste est 174 jours qui tombent du 29 août — 722 au 20 février — 721. Et comptant les 29 ou 30 jours de thoth, en descendant de ce 20 février, j'arrive au 19 mars — 721, date de cette éclipse dans Pétau, Pingré, etc.

(2) Prenons, pour second exemple, l'éclipse de lune de la seconde année de Mardocempad, et par conséquent, de la 28e de Nabonassar; Ptolémée dit qu'elle fut vue à Babylone, à minuit du 18 au 19 thoth; et à Alexandrie, 50 minutes avant minuit, à cause de la différence des méridiens. Le 1er thoth de cette année alexandrine étant placé au 29 août de l'année précédente 27, je compte encore 174 jours depuis ce 29 août en descendant, ce qui fait retomber de nouveau le 1er thoth au 20 février, et comptant de ce jour les 18 de thoth, j'arrive au 8 mars de l'an — 720 avant notre ere, jour où le P. Pétau a trouvé cette éclipse, ainsi que le P. Pingré qui l'a marquée aussi au 8 mars, mais à l'an — 719, parce qu'il compte les années, avant J.-Ch., astronomiquement, c'est-à-dire, en faisant 0 la précédente de la 1re de notre ere; au lieu que Pétau, comme les autres chronologistes la fait = — 1 (3).

(1) Voyez ma traduction de l'Almagest., vol. 1er., pag. 210.

(2) Ibid., pag. 244.

(3) Pétau, Doct. Temp. vol. 2., pag. 256, et Mémoires de l'Acad. des Inscript., v. XLII.

Soit pour troisième exemple, l'éclipse suivante arrivée la même année, mais dans la nuit du 15 au 16 phamenoth. Du 20 février où les 174 jours font, comme dans les deux exemples précédents, retomber le 1er thoth, je compte les 195 jours écoulés du 1er thoth au 15 phamenoth, et j'arrive au 1er septembre—719, selon Pingré ; — 720, selon Pétau, jour où ces deux savants ont trouvé que cette éclipse a eu lieu (1).

On voit par ces exemples, que ma méthode ne trouble en rien les vraies dates des phénomènes célestes que Ptolémée nous a transmis, et qu'elle est beaucoup plus simple que celle du P. Guldin qui est extrêmement compliquée. Je vais donc encore l'appliquer à la recherche des temps ou sont arrivées deux éclipses de lune dont Ptolémée n'a fait qu'une légère mention en parlant de la distance de l'épi au point équinoxial d'automne, observée par Hipparque. Le défaut d'époques de temps et de lieux dans la citation de ces deux éclipses, est cause que ni Riccioli, ni Pétau, ni Bouillaud n'en ont parlé. Cependant, Ptolémée en marquant expressément les années de la période callippique, dans lesquelles Hipparque a fait ces deux observations, nous fournit le moyen d'examiner si véritablement ces deux éclipses sont des années qu'il a cotées. Selon lui, Hipparque, par l'observa-

(1) On peut vouloir connaître le jour égyptien auquel aurait coïncidé un phénomène dans la supposition de l'année égyptienne fixe de Nabonassar. Quoique cette recherche ne soit que de pure curiosité, puisque nos efforts ne doivent tendre qu'à réduire à des dates prises dans le style moderne, les époques anciennes, je vais en donner la règle et l'exemple sur ces trois éclipses :

1°. La 1re. éclipse, qui est celle de l'an 27 de Nabonassar, est marquée par Ptolémée au 29-30 thoth, 1 de Mardocempad.

2°. Elle se trouve être arrivée le 19 mars — 721 chronologique, ou — 720 astronomique avant l'ère chrétienne.

3°. L'an égyptien 27 de Nabonassar, vague, commença le 20 février Julien, et rendu fixe, il commence le 29 août de l'année précédente.

4°. Je compte 174 jours entre le 20 février et le 29 août précédent.

5°. Donc ces 174 jours sont aussi l'intervalle de l'époque égyptienne de cette éclipse (nuit du 29 au 30 thoth vague) au 174e jour précédent, qui est le 9 pharmouthi, époque de cette éclipse, dans l'année nabonassarienne fixe 26.

La seconde éclipse, de l'an 2 de Mardocempad, marquée par Ptolémée au 18 — 19 thoth 28 de Nabonassar, se trouve être arrivée le 8 mars — 720 chronologique ou — 719 astronomique.

L'an 28 vague de Nabonassar, commença le 19 février — 720 ; et rendu fixe, il commença le 29 août précédent, la différence, 165 jours, fait tomber l'époque de cette éclipse au 20 pharmouthi de l'an 27 fixe de Nabonassar.

La 3e : 15 phamenoth vague = 1 septembre même année—719. 29 août fixe = 19 févr. = 1 thoth.

tion de l'éclipse (1) de la 32e année de la 3e période de Calippe, croit avoir trouvé l'épi de 6 degrés et demi à l'occident du point équinoxial d'automne ; et, par l'observation de celle de la 43e année de cette même période, qu'il a trouvé cette étoile seulement de 5 degrés un quart à l'occident de ce point ». Or, la première période de Callippe a commencé au solstice d'été de l'an 418 de Nabonassar, ou 330 avant notre ere, et elle étoit composée de 76 années, comme Ptolémée le dit lui-même (2). Il dit aussi (3) que cet équinoxe d'automne, de la 32e année de la 3e période de Callippe, se fit à minuit du 3e au 4e jour épagomène. Cette année étoit la 601e de Nabonassar ; car, 418 + 183 font 601, et le 3e épagomène étoit le 363e jour de l'année. Son 1er thoth étant au 29e août de l'an julien précédent, je retranche des 181 jours rétrogrades, les 150 intercalés dans l'espace de 600 ans, le reste est 31, que je compte en descendant du 29 août, ils se terminent au 28 septembre. Et comptant de ce 28 septembre les 365 jours de l'année, je parviens avec Pétau au 27 septembre de l'an 601 de Nabonassar, ou 145 julien avant notre ere, ou 144 astronomiquement, selon Pingré, qui a trouvé une éclipse de lune le 3 octobre de cette année, à la proximité, par conséquent, du 27 septembre et de l'équinoxe d'automne.

Cherchons maintenant la date de l'éclipse la plus voisine de l'équinoxe d'automne observé la 43e année de la 3e période de Callippe. Ptolémée ne dit pas quel jour, mais il avoit dit (p. 154) que l'équinoxe du printemps de cette année étoit arrivé après minuit du 29 au 30 méchir ; et ailleurs (p. 185), que l'intervalle de l'équinoxe du printemps au solstice d'été embrasse 94 ½ jours ; et celui de ce solstice à l'équinoxe d'automne, 92 ½ ; ce qui donne 187 jours, à compter du 30 méchir 613 de Nabonassar, jusqu'au jour de l'équinoxe d'automne de cette année qui est la 136e avant notre ere. 187 jours comptés du 30 méchir aboutissent au 2 thoth de l'année 614. Ce 2 thoth est le 30 août de l'année précédente, suivant la réduction. Je retranche des 181 jours rétrogrades les 153 jours intercalaires des 613 ans, restent 28 jours qui, comptés du 30 août, se terminent au 26 septembre suivant, de l'an 614 de Nabonassar, 134 avant notre ere, où Pingré a trouvé une éclipse de lune le 14 de ce mois, la plus prochaine de cet équinoxe, et qui a fait comparer l'épi au point équinoxial par la lune éclipsée 15 jours auparavant. Et ce qui prouve qu'il se fit effectivement le 26 septembre de cette année, c'est que le 30 méchir étant le 180e jour de l'année 614 de Nabonassar, si pour la réduire en année alexandrine, nous mettons son 1er thoth au

(1) *Ibid.* vol. 1er. liv. 3, p. 150.

(2) Alm. liv. VIII, p. 21.

(3) Alm. liv. 3, p. 153.

29 août précédent, et que de là nous comptions 180 jours, nous viendrons avec Pétau au 24 mars, jour de l'équinoxe du printemps; et les 187 jours de cet équinoxe à celui d'automne, nous conduiront au 26 septembre de l'an 134, compté astronomiquement avant notre ere, ou de l'an 135 compté chronologiquement.

Ces deux éclipses de lune, dont Ptolémée a fait mention sans en donner les dates, sont donc celles qui sont arrivées le 5 octobre — 145 julien, et le 26 septembre — 135 julien, comptés chronologiquement.

De ces exemples je tire la règle suivante : 1° prenez l'année grégorienne qui répond à l'année nabonassarienne commencée à son 29 ou 30 août, ce qui sera toujours facile en disant : l'an 1er de Nabonassar est l'an — 748 avant J.-Ch., donc, l'an 724 de Nabonassar = l'an — 45 avant J.-Ch.; car, 724 + 45 = 749, comme 1 + 748 = 749. 2° Prenez la différence des 181 jours rétrogrades, d'avec le nombre de jours intercalaires à donner à cette année Nabonassarienne pour la rendre julienne, cette différence comptée du 29 ou 30 août, vous donnera le jour du mois julien où tombe le 1er thoth de l'année nabonassarienne. 3° Comptez depuis ce jour julien, le nombre de jours écoulés depuis le 1er thoth, jusqu'à la date égyptienne que vous voulez réduire en date julienne; le jour ou ce nombre se terminera, sera la date julienne cherchée.

Confirmons cela par un exemple ; je le prends de l'équinoxe vernal du 7 pachon de l'an 4 d'Antonin, suivant Ptolemée (liv. III p. 161.) 1°. Cette année est la 888e de Nabonassar. Or 888 — 748 = 140 de notre ère. Je mets donc le 1er thoth 888 au 29 août 138. 2°. La différence des 221 jours bissextiles à donner à ces 888 ans, pour les réduire en années juliennes, d'avec les 181 jours rétrogrades, est 40 jours, que je compte en remontant du 29 août, et ils aboutissent au 19 juillet précédent. 3°. Ce jour étant le 1er thoth de l'an 887 égyptien, je pars du 19 juillet pour compter en descendant les 247 jours écoulés du 1er thoth au 7 pachon. Ils s'arrêtent au 22 mars 148 de notre ère, et je dis que ce dernier est le jour où arriva l'équinoxe du printemps de l'an 888 de Nabonassar, 140 de Jés. Chr. et 4eme d'Antonin.

En effet, 1°. Ptolemée (ibid.) dit que l'équinoxe d'automne de l'année 887 de Nabonassar, se fit le 9 athyr. Or ce jour est le 69eme de cette année. Et ici ce n'est pas du printemps à l'automne qu'il faut procéder, mais de l'équinoxe d'automne arrivé le 7 pachon 887 à l'équinoxe du printemps qui se fit le 7 athyr 888 suivant, pour trouver les 187 jours un quart d'intervalle entre l'un et l'autre, marqués par Ptolemée (dans son liv. 3, pag. 160 du 1er volume de ma traduction). A cette année 887 appartiennent 221 jours intercalaires additionels, dont la différence d'avec 181 est 40 jours. Ce nombre compté du 29 août 887 aboutit en remontant au 20 juillet précédent, qui fut le 1er thoth de l'an 887. Les 69 premiers jours de cet an, comptés de ce 20 juillet en descendant, se terminent au 26 septembre de l'an 139, où effectivement Pétau par son calcul, a trouvé cet équinoxe d'automne (doctr. temp. p. 687).

Avant de passer à d'autres exemples, essayons notre méthode sur deux époques célèbres chez les chronologistes. L'une est celle de la première année julienne repondant à l'an 704 de Nabonassar. Voyons si l'on y trouvera le 1er thoth égyptien répondant à la même date julienne que dans le livre du p. Pétau. Je place ce 1er thoth au 29 août de l'an 46 avant notre ère, lequel a précédé immédiatement la première année julienne. La différence des 176 jours intercalaires de l'an 704, d'avec les 181 jours rétrogrades est 5 que je compte en descendant du 29 août; ils se terminent au 3 septembre, et ce jour est celui même que le P. Pétau a calculé et trouvé pour date julienne du 1er thoth de l'an 704 de Nabonassar.

La seconde époque célèbre est la première année alexandrine 725 de Nabonassar. Ses jours intercalaires sont au nombre de 181, égal à celui des jours rétrogrades. Leur différence est 0. Donc le 1er thoth y tomboit au 29 août. Et par conséquent, c'est comparativement à cette année que se font tous mes calculs pour les années qui la précèdent, et pour celles qui la suivent.

Donnons encore un exemple : l'année grégorienne qui répond à l'an 607 de Nabonassar, où Hipparque a observé à Rhodes une éclipse de lune, est — 141 car 607 — 748 = — 141. L'an 607 de Nabonassar ayant commencé suivant ma réduction, le 29 août — 142 julien, a fini le le 28 août — 141. Donc l'an 607 de Nabonassar = l'an — 141 julien dont le 29 août fut le 1er thoth de l'an 607. Ptolemée (liv. 6. p. 390) dit que la 37eme année de la 3eme période callippique, qui fut la 607eme année de Nabonassar, au commencement de la 5eme heure pour Rhodes, dans la nuit du 2 au 3 tubi, la lune commença à s'éclipser, et que son obscuration fut de 3 doigts en tout depuis son bord austral ». Cette éclipse répond, suivant Pétau, à l'an — 141, ou ce qui revient au même, à l'an — 140 avant notre ère, selon Pingré. Cette année commença donc suivant ma méthode de réduction, le 29 août de l'année julienne qui répond à l'an 607 de Nabonassar. J'ôte des 181 jours rétrogrades, les 151 jours dont le 1 thoth est remonté en 606 ans, le reste est 30 jours, que je compte du 29 août, et je viens au 27 septembre, jour julien avec lequel coïncide le 1 thoth de l'an 607. Je compte maintenant, depuis ce 27 septembre, les 122 jours écoulés du 1 thoth au 2 tubi, c'est-à-dire depuis le 26 septembre, et j'arrive au 27 janvier de l'an julien — 141 chronologique = — 140 astronomique, où effectivement Pétau et Pingré ont trouvé que cette éclipse est arrivée.

Autre exemple, mais pris d'une éclipse arrivée depuis la première année alexandrine, et même depuis la première année de notre ère, savoir de l'éclipse de la neuvième année d'Adrien, 125e de cette ère, 873e de Nabonassar; car 873 — 758 = 125. Cette éclipse fut observée par Ptolémée à Alexandrie (liv. IV. c. 8. p. 267) à plus de trois heures avant minuit du 17 au 18 pachon. Les 873 ans de Nabonassar, pour être réduits en années grégoriennes, donnent 218 jours intercalaires. Leur différence d'avec 181 est 37, qui comptés en remontant du 29 août de l'an 124 aboutissent au 23 juillet précédent, jour julien auquel coïncidoit le 1 thoth de l'an 872 de Nabonassar. Comptant ensuite de ce 23 juillet les 257 jours écoulés depuis le 1 thoth jusqu'au 18 pachon, je m'arrête au 5 avril, où se terminent ces 257 jours, et où en effet les PP. Pétau et Pingré ont trouvé que cette éclipse s'est faite, en l'année 125 de notre ère (1).

Toute la difficulté consiste donc à savoir trouver le jour de l'an julien, où tombe le 1 thoth d'une année égyptienne donnée. Que cette année précède ou suive la première de l'ère chrétienne, on prend toujours la différence des 181 jours rétrogrades et des jours intercalaires. Si le nombre de ceux-ci surpasse 181, l'observation est postérieure à notre ère; alors cette différence se comptera en remontant du 29 août de l'année immédiatement antérieure à l'année de Nabonassar donnée: si ce nombre est moindre que 181, l'observation est antérieure à notre ère; et cette même différence se comptera en descendant du 29 août précédent. Dans l'un et l'autre cas, le jour où elle s'arrêtera, sera celui du mois et de l'an julien, où le 1 thoth de l'année de Nabonassar donnée aura coïncidé; enfin de ce jour on comptera, toujours en descendant, le nombre de jours écoulés du 1 thoth au jour égyptien de la date du phénomène céleste en question; et le jour julien où ce nombre se terminera, sera la date julienne cherchée de ce phénomène.

Les raisons de ce procédé sont dans la nature même de l'année vague comparée à l'année fixe. Car, dans celle-ci, le 1 thoth restant constamment fixé au 29 ou 30 août, et dans celle-là, reculant d'un jour tous les 4 ans, la conséquence de cette rétrogradation est qu'avant la fixation faite en l'an 724, les jours intercalaires ajoutés aux années vagues, pour les rendre fixes, ne peuvent pas excéder le nombre 181, et qu'ainsi ce nombre surpassera toujours celui des intercalaires ajoutés aux jours de toute année moindre que 724;

(1) Pétau, Doct. temp. V. 2, pag. 685. Art de vérifier les Dates, vol. 1

c'est pourquoi il faut en compter la différence en descendant depuis le 29 août, puisque le 1 thoth n'est parvenu au 29 août qu'en remontant depuis la date julienne qu'il auroit eue s'il eût été fixe. Pour la raison contraire, si les jours intercalaires surpassent les 181 jours rétrogrades, c'est parce qu'il y a eu plus de 748 ans écoulés. Le 1 thoth aura donc rétrogradé d'un nombre de jours égal à la différence trouvée, c'est pourquoi il faudra compter ce nombre de jours en remontant depuis le 29 août.

Soit, pour dernière preuve de l'infaillibilité de cette règle, l'éclipse totale de lune que Ptolémée observa 3 heures avant minuit du 20 au 21 payni de l'an 880 de Nabonassar à Alexandrie (liv. 4. p. 254). 1° L'an 880 = 880 — 748 = 132 de J. C., me donne 220 jours intercalaires. 2° Leur différence d'avec 181 est 39, que je compte en remontant du 29 août 879; ils se terminent au 20 juillet de cette année. 3° Je compte, en descendant depuis ce 20 juillet, les 290 jours écoulés depuis le 1 thoth jusqu'au 20 payni; ils s'arrêtent au 6 mai de l'année julienne et grégorienne 132, ou 880 de Nabonassar; et je dis que ce jour est la date julienne de cette éclipse. En effet on la lit marquée à cette même date par Pétau et Pingré dans leurs catalogues des éclipses.

On peut se dispenser de tout ce calcul pour les années postérieures à l'année 725 de Nabonassar, qui est la première alexandrine, si l'on ne veut que reconnoitre le jour julien du phénomène en question, sans avoir besoin de savoir à quel jour julien tomboit le 1 thoth dans l'année de ce phénomène. Car puisque depuis cette année 725, le 1 thoth est fixé au 29 ou 30 août, il suffira de partir de ce 29 ou 30 août julien, selon que l'année est commune ou intercalaire, pour compter le nombre d ejours écoulés du 1 thoth au jour égyptien du phénomène donné; on retranchera de ce nombre celui des bissextes des années qui surpassent 724, le reste se terminera au jour julien de ce phénomène. Car dans le dernier exemple, le 20 payni répond au 14 juin dans la série des mois alexandrins. Mais l'année 880 contient 156 ans de plus que l'an 724, les bissextes de ces 156 ans sont 39, je les tranche du 14 juin en rétrogradant, et je m'arrête au 6 mai précédent où ils se terminent, comme on vient de le voir.

Dans ce dernier exemple j'ai dit indifféremment l'an 132 de notre ère, ou l'an 156 compté de l'an 1 alexandrin, dont la différence est 24, le résultat du calcul n'en souffre aucunement. Car si je prends 132, le nombre des bissextes à retrancher ne sera que de 34, c'est-à-dire 6 de moins que pour 24 ans de plus. Mais aussi en 24 ans de plus le 1 thoth rétrograde de 6 jours, puisqu'en l'an 856, il est le 27 juillet; et en 880, le 21 : il tombe donc en 24 ans de plus à 6 jours de moins. Le 20 payni répond donc, en l'an 132, au 8 juin, d'où je retranche en rétrogradant les 34 bissextes, et je reviens toujours au 6 mai précédent, par suite de ce qu'en 880 de Nabonassar le 1 thoth égyptien tombe au 21 juillet julien, tandis qu'en 724 il tombe au 29 août. Or la différence du 29 août au 21 juillet est 33, dont la différence d'avec 39 est 6, qui sont les 6 jours de moins que pour l'an 132 de J. C.

Ces exemples suffisent pour démontrer qu'il n'est aucune des observations rapportées par Ptolémée, à laquelle on ne puisse appliquer la méthode que je viens d'exposer. Elle est fondée sur la fixation du 1 thot égyptien au 29 ou 30 août julien; et l'application de ce principe à tous les cas particuliers deviendra facile et commode, en observant les règles que j'ai données pour l'employer avec succès.

Cette méthode de réduction conclue des rapports mutuels de l'année vague à l'année fixe, me conduit naturellement à examiner ceux qui existent entre les mois dont l'une et l'autre sont composées.

Note.

Pag. 2, lign. 2. Le concile de Nicée qui se tenoit alors, ordonna, dit Tillement, que toutes les églises feroient la solemnité de la fête de pâques, en un même jour, après l'équinoxe du printemps, selon que le 14 de la lune arriveroit, suivant l'ancien ordre qu'on avoit toujours gardé depuis le jour de la passion de notre Seigneur, sans s'arrêter au calcul des juifs, selon lequel on faisoit quelquefois deux pâques en une même année, en la commençant à l'équinoxe, et quelquefois on ne la faisoit point du tout; voilà ce que le concile a ordonné, selon Eusèbe, Epiphane et Athanase, par un décret exprès. Mais il n'en a rendu aucun d'obligation par écrit, pour charger les évêques d'Alexandrie d'annoncer chaque année, à toute l'église chrétienne, le jour où l'on devoit célébrer cette fête dans le monde chrétien. Il est probable seulement que les évêques assemblés dans ce concile, considérant la grande réputation des astronomes d'Alexandrie, chargèrent verbalement les évêques de cette ville de savoir par eux le jour précis de l'équinoxe vernal, pour annoncer la pâque en conséquence; et que sans imposer aux autres évêques le devoir de s'en rapporter là-dessus à celui d'Alexandrie, il jugea seulement que cela étoit convenable, et qu'il le pria de se charger de ce soin, parce que cet évêque étoit plus à portée que les autres, d'être informé de l'état du ciel par les astronomes qu'il pouvoit aisément interroger sur ce point. C'est ce que l'on doit conclure des témoignages suivans. Mais, Fleury dit expressément d'après St. Ambroise, que le concile ordonna qu'on se serviroit du cycle de 19 ans, de M[illegible]ton, renouvelé par Eusèbe de Césarée, pour connoître les nouvelles lunes de chaque année. (Tillemont, histoire ecclésiastique. Fleury, vol. 3, hist. ecclés. in-12.

Saint Léon, dans une lettre à l'empereur Marcien, dit que les saints pères (les évêques du concile) établirent que l'on s'en rapporteroit à l'évêque d'Alexandrie pour le temps de la célébration de la fête de pâques, en chaque année; et cela, à cause que l'école d'astronomie qui fleurissoit dans cette ville, faisoit que l'évêque pouvoit y être mieux instruit que tous les autres, par les astronomes, du véritable cours des astres. (*)

(*) (Baron. 325. § 110, 111. Leo. P. ep. 94, c. 1, p. 628.)

Saint Cyrille dit expressément que le synode des saints de toute la terre, (le concile de Nicée), avoit ordonné que l'église d'Alexandrie informeroit tous les ans celle de Rome, du jour où il convenoit de célébrer la fête de pâques, et que l'église universelle apprendroit de celle de Rome, le jour fixé pour la célébration de cette fête. (Buch. cycl. p. 481.)

Gennadius, (cap. 33, p. 51), ajoute que le cycle de Théophile d'Alexandrie, venoit du concile de Nicée. Or, ce cycle est la période luni-solaire de 19 ans, ou nombre d'or de Méton, par lequel Théophile régloit le retour annuel de la fête de pâques; et cela, au rapport de Gennade, d'après la volonté du concile de Nicée.

Enfin, le P. Noël Alexandre, hist. eccl., vol. 2, dit que le décret du concile de Nicée, concernant la célébration de la fête de pâques, le dimanche le plus prochain après la pleine lune de l'équinoxe, n'étoit pas rédigé comme obligatoire en matière de foi, mais comme convenable en matière de discipline, les pères ayant dit : il a paru que tous obéiroient, etc.; au lieu que pour les articles de foi, ils ont dit : l'église croit ainsi, etc.

DISSERTATION II.

SUR LES MOIS DES ANCIENS,

COMPARÉS A NOS MOIS ACTUELS.

PAR M. L'ABBÉ HALMA.

Ptolémée n'a pu réduire les années étrangères aux années égyptiennes, sans réduire à des jours égyptiens les dates prises des mois des diverses nations. Car, la forme des années dépend de celle des mois qui, étant lunaires chez toutes les nations anciennes, avoient diverses sortes de suppléments pour égaler par la somme de leurs jours le nombre des jours d'une révolution solaire. C'est pourquoi Ptolémée, en partant du 1 thoth de la 1re année du règne de Nabonassar à Babylone, n'a pu y réduire le 1er jour du premier mois de l'année de chacune des nations dont il empruntoit des observations, sans connoître la raison de tous ces mois étrangers, aux mois égyptiens qu'il employoit, tout en laissant vague le 1 thoth égyptien, comme l'étoit, à sa manière, chacune des années étrangères. Et il n'a fixé le 1 thoth de l'année égyptienne au 29 août julien, que dans son héméologe, espèce de calendrier qu'il dressa après son grand ouvrage pour conformer l'année astronomique à l'année civile, dont les alexandrins avoient fixé le commencement au 29 août, en adoptant la forme de l'année julienne.

Cet héméologe est imprimé en grec et en latin dans l'*uranologion* du P. Petau. En le comparant à deux autres calendriers, dont l'un plus ancien termine l'introduction de Geminus aux phénomènes célestes, dans l'*uranologion* également, et dont l'autre plus moderne se trouve dans le manuscrit grec 2394 de la bibliothèque du Roi, on aura un moyen de déterminer les variations des mois grecs à trois époques très-éloignées l'une de l'autre. L'édition corrigée que M. Ideler a donnée des seuls levers et couchers d'étoiles contenus dans ce calendrier, m'a servi, avec celui de ce manuscrit, à le donner ici plus complet qu'il n'a été jusqu'à présent.

Il semble que pour parler de la réduction des mois anciens à la forme des nôtres, je devrois commencer par ceux des Egyptiens, et en faire connoître les variations et les rapports à leur année d'abord vague, et ensuite fixe. Mais ce que j'en pourrois dire n'ajouteroit rien à l'instruction lumineuse que M. Ideler en a donnée dans les divers mémoires que j'ai insérés de lui dans ce volume.

La peine que Ptolémée s'est donnée de réduire à des dates prises des mois égyptiens, les dates des observations célestes qu'il a trouvées dans les mémoires des Caldéens, des Bithyniens, des Macédoniens et des Athéniens, dispense de répéter le même travail après lui. Quand il nous conduiroit à quelque chose de certain pour le commencement de chacun de ces mois, qui, étant lunaires, rendoient leur année vague, cette précision n'étant nécessaire que pour le calcul des observations célestes, nous la trouverions dans la relation que Ptolémée a établie entre les quantièmes de ces mois et ceux des mois égyptiens qui leur répondent dans ses années comptées de la première de Nabonassar, pour les observations auxquelles il a donné une date double en mois égyptiens et en mois de la nation dont il les avoit reçues. Et c'est à l'aide de cette relation que l'on peut trouver les rapports de ces mois anciens aux nôtres.

Quant à la fixation d'un terme constant pour le commencement de chacun de ces mois, leurs variations chez les diverses nations grecques même et autres, ont été si fréquentes et si irrégulières, que Pléthon, au rapport de Gaza, chargé d'en rendre compte, fut obligé d'y renoncer par l'impossibilité d'y réussir.

Je me bornerai donc à chercher un terme moyen auquel on puisse ramener le commencement du premier des mois attiques, les seuls que je me propose de comparer aux mois romains, par la confrontation des trois calendriers que je vais examiner. Les recherches historiques de M. Ideler, sur les observations astronomiques des anciens, dont je publie la traduction dans ce volume, feront suffisamment connoître les rapports des mois arabes et persans à ceux des romains, réduits au style julien.

Le calendrier de Geminus, auquel je compare d'abord l'hémérologe de Ptolémée, est zodiacal : c'est-à-dire, que sans nommer aucun mois, il fait parcourir au soleil, les douze signes du zodiaque en commençant au solstice d'été qu'il place dans le cancer. C'est un composé des calendriers d'Eudoxe, d'Euctémon, de Dosithée, de Démocrite et de Callippe, dans les 5e et 4e siècles avant notre ère. Quoiqu'il soit sans indication de mois, on peut le comparer aux mois énoncés dans l'hémérologe de Ptolémée, par le moyen des solstices et des équinoxes rapportés aux signes célestes par cet ancien. La précession des équinoxes fait connoître la quantité dont l'une doit s'écarter de l'autre après quatre ou cinq cents ans d'intervalle.

Par exemple, selon Cassini (1), la 1re étoile du bélier qui étoit autrefois dans l'intersection de l'écliptique et de l'équateur, en est à présent à plus de 30 degrés vers l'orient. Toute la constellation d'Aries est sortie de ce signe; c'est-à-dire, de la 12e partie du zodiaque à laquelle on donnne toujours le nom de bélier ou d'Aries. Cassini trouve qu'à raison d'un degré en 71 ans, cette première étoile a dû être dans l'intersection de l'équateur et de l'écliptique, dès le 4e siècle avant notre ere, c'est-à-dire, au temps d'Eudoxe, et qu'elle doit être avancée de 6 degrés 40 minutes de plus vers l'orient du temps d'Antonin, sous qui vécut Ptolémée. En effet, on voit dans le calendrier de Geminus, l'équinoxe du printemps au 6e jour du soleil dans le signe du bélier, suivant Eudoxe; et dans l'almageste au 6e $\frac{1}{2}$ dégré à l'orient de l'équinoxe du printemps; ce qui, à raison d'un dégré en 71 ou 70 ans, fait environ 660 ans écoulés entre Eudoxe et Ptolémée, qui a mis dans son hémérologe l'équinoxe du printemps au 26 phamenoth ou 22 mars. Or, Ptolémée, sous Antonin, écrivoit en l'an 140 de notre ère, Eudoxe vivoit donc plus de 400 ans avant J.-Ch.

Le calendrier du manuscrit grec 2394 que nous comparons pour les temps modernes à l'hémérologe de Ptolémée, ressemble à celui que le cardinal Noris appelle syro-macédonien, qui étoit suivi par les auteurs ecclésiastiques des premiers siècles de l'église, et en usage dans toutes les églises d'orient. Le manuscrit qui le contient est en papier de chiffe, in-fol., relié en peau de mouton rouge, marquée des armes de France. Il est de Constantinople, d'un des siècles qui ont suivi celui de Constantin le grand; car, on y lit un passage cité de l'astrologue Héphestion, qui, selon Fabricius, vivoit du temps de cet empereur.

L'époque de la confection de ce manuscrit se trouve à la fin de la table des rois, où on lit : Μανουηλ ὁ υἱος αυτου (ιωάννου τοῦ Ἀνδρόνικου) Παλαιολογου, τελος γεγονε τῆς βασιλειας τῶν Ῥωμαιων, *Manuel son fils, (de Jean fils d'Andronic Paléologue), sous qui finit la domination des Romains.* Ce Manuel étoit le second du nom; et comme il régna 44 ans, et qu'il mourut en 1425, on ne peut guère porter la date de ce manuscrit plus haut que le commencement du quinzième siècle. L'écriture en est effectivement maigre et inégale, quoique d'une propreté qui plaît d'abord, mais qui ne la rend pas plus aisée à lire, car, quoique courante, elle est pleine de ligatures, et semblable aux lettres des petites monnoies byzantines de ce temps. Et ce qui prouve que ce manuscrit est de Constantinople, c'est qu'on y voit appliquées au parallèle de cette ville, sous le titre Κλιμα του διὰ Βυζαντίου παραλληλου, les tables des mouvements célestes de Ptolémée et de Théon, qui ne les ont étendues à cette ville, ni dans l'almageste contenu au commence-

(1) Mémoires de l'Académie des Sciences.

ment de ce manuscrit, ni dans les tables manuelles des autres manuscrits de ce temps, qui ne sont pas de Constantinople.

Les travaux que je ne répéterai pas ici, de Gibert, de Noris et de Corsini, après ceux de Scaliger, de Pétau, d'Averani, de Gaza, qu'ils ont rectifiés, m'autorisent à présenter les mois attiques comparés aux mois romains, dans l'ordre suivant auquel je me borne d'abord; et en vue d'éviter toute confusion, je réserve pour une autre dissertation, la comparaison des mois macédoniens, aux mois attiques et romains.

Saisons.	Mois Attiques.	Mois Juliens correspond.
	Hécatombæon.	Juillet. Août.
	Metageitnion.	Août. Septembre.
Equinoxe d'Automne.	Boédromion.	Septembre. Octobre.
	Maimactérion.	Octobre. Novembre.
	Pyanepsion.	Novembre. Décembre.
Solstice d'Hiver.	Posidéon.	Décembre. Janvier.
	Gamélion.	Janvier. Février.
	Anthesterion.	Février. Mars.
Equinoxe de Printemps.	Elaphébolion.	Mars. Avril.
	Munichion.	Avril. Mai.
	Thargélion.	Mai. Juin.
Solstice d'Eté.	Scirophorion.	Juin. Juillet.

Tous ces mois sont supposés de 30 jours, comme ils étoient du temps d'Hésiode, et comme ils furent du temps de Proclus avec un emboline tous les trois ans. Mais cette intercalation ne les empêchoit pas d'être mobiles, quoique respectivement attachés à une saison; ce qui jettoit beaucoup d'irrégularité dans les commencemens des mois, et met aujourd'hui une grande incertitude dans la manière dont les Grecs intercaloient. Scaliger et Pétau sont en différend sur ce point comme sur tout le reste : et l'abbé Barthelemi reconnoit qu'il est impossible de rien assigner de certain à cet égard. (1) Cet illustre membre de l'Académie des Belles-lettres n'est pas moins opposé à l'un de ses confrères le savant Gibert, qui a traité cette matière, que Scaliger et Pétau ne l'ont été de leur temps entre eux. Gibert dit que l'année grecque commune étoit de 354 jours et l'intercalaire de 384, et quelquefois de 385. L'abbé Barthélemi en convenant des 354 jours pour l'année commune qui étoit lunaire, en donne aux embolimiques tantôt 380, tantôt 390, sans dire la raison ni les cas de cette variation. L'un et l'autre allèguent, pour sauver leurs systêmes, que les historiens se sont trompés de dates dans le récit de deux événemens. C'est une mauvaise ressource. Gibert paroit avoir tort, quand il suppose deux sortes d'années dans l'une desquelles on double posideon. Il est contredit par l'abbé Barthélemi qui n'admet point de double posideon comme embolime, mais un double scirophorion comme étant le dernier mois de l'année attique dans les années intercalaires. Gibert, dans le IVe exemple qu'il donne (p. 144), fait commencer scirophorion au 30 juin de la 47e année de la période callippique ; et dans sa table (p. 148) il marque le 30 juin de cette année comme le 1 jour de l'année grecque. L'année attique commença donc ainsi, au 1 jour du second scirophorion, et non au 1 jour du mois hécatombœon, qui cependant (p. 145 et 146 dans ses tables) est toujours mis le premier des mois de l'année : ou bien, si le 1er jour de ce second scirophorion coïncida réellement avec le 30 juin, il faut que le 1 hécatombéon de l'année attique suivante ait coïncidé avec le 30 juillet qui est le terme le plus bas auquel le 1 hécatombéon puisse tomber. Suivant Gibert et Barthélemi la date moyenne du 1 hécatombœon est ici fixée au 15 juillet, où elle tomboit effectivement 558 ans avant J.-Ch. au temps d'Aristote et d'Alexandre.

Quant au mois pyanepsion, que d'après une inscription grecque tirée de Chandler, l'abbé Barthélemi met avant Maimacterion, l'autorité de Ptolémée, qu'il accuse mal-à-propos de s'être trompé, ne me permet pas de souscrire à sa décision : car il n'est pas vrai que Ptolémée ait dit (chap. VII) : *l'observation de l'appulse de la lune à l'épi avoit été faite légèrement et peu exactement.* Ptolémée dit précisément le contraire « ὁ σάχος ἐφαίνετο ἀπτομένος αὐτοῦ τοῦ βερεῖου περάτος ἀκρίβως. » J'ai donc laissé pyanepsion après maimactérion.

Assignons maintenant un terme moyen au solstice d'été dans les mois attiques entre les époques les plus anciennes et les dernières dans les temps que nous examinons.

(1) Mémoire de l'Académie des inscriptions et belles lettres.

Gibert a dressé des tables de corrélations des mois attiques et des mois juliens ; mais il y met pyanepsion avant maimactérion, et il suppose deux mois posidéon dans les années intercalaires. Le premier de ces défauts vient de ce qu'il croit qu'il n'est arrivé aucun changement dans l'ordre des mois. Le second défaut de ses tables est non seulement de supposer deux posideon, mais encore de faire de ce mois le 6e de l'année ; tandis que Gaza en fait le 7e dont le dernier jour est le 207e de l'année, au lieu du 177e que dit Gibert avec Pétau.

Ptolémée a rapporté quatre observations de Timocharis sous des dates attiques qu'il a réduites en dates égyptiennes. On trouve aisément par la réduction de celles-ci en dates juliennes, la relation des quantièmes athéniens aux jours juliens correspondants ; et l'on prouve par trois de ces quatre observations, que l'intervalle de l'une à celle du milieu, devant être égale à l'intervalle de celle-ci à la troisième, cette égalité ne peut avoir lieu que par le nombre 177 jours.

Ans Nabon.	Mois Egyptiens.	Ans avant J.-Ch.	Mois Juliens.	Mois Attiques.
454 . .	16 Phaophi. . .	— 294	21 Décembre.	25 Posidéon.
454 . .	5 Tubi.	— 294	9 Mars. . . .	15 Elaphébolion.
465 . .	30 Athyr. . . .	— 283	30 Janvier. .	8 Anthesterion.
466 . .	7 Thoth. . . .	— 282	9 Novembre.	25 Pyanepsion.

A quel jour julien coïncida le 1 hécatombœon dans ces trois années ?

Du 16 phaophi au 5 tubi le nombre des jours est — 46 + 125 = 79 j. du 21 décembre au 9 mars. Le même nombre de jours doit se trouver du 25 posidéon au 15 élaphébolion, il s'y trouve effectivement. Car $\overset{\text{pos.}}{5} + \overset{\text{gam.}}{30} + \overset{\text{anth.}}{30} + \overset{\text{elaph.}}{14} = 79$ jours.

Maintenant, du 5 tubi 454 au 29 athyr 465, nous trouvons 10 ans et 329 jours. Et du 9 mars — 294 au 29 janvier — 283, 10 ans et 329 jours également. Le même nombre 329 devant être entre le 15 élaphébolion et le 8 anthestérion de la onzième année suivante, je trouve ces 329 jours en retranchant des 366 jours de cette année grecque, qui étoit embolimique, dit Gibert, les 37 jours de différence du 8 anthestérion au 15 élaphébolion de l'année précédente : car 22 + 15 = 37 qui ôtés de 366 laissent 329.

Enfin du 30 athyr 465 au 7 thoth 466 je compte 365 — 90 = 275 + 7 = 282 jours, comme du 30 janvier au 9 novembre. Car 312 — 30 = 282 jours qui doivent se trouver aussi entre le 8 anthestérion et le 25 pyanepsion de l'année suivante. En effet les jours écoulés entre le 8 anthesterion et le 25 pyanepsion sont au nombre de 287, desquels retranchant les 5 épagomènes, parce que l'année n'est pas entière, restent 282 jours.

Je vais trouver à l'aide de ces données, le 1 hécatombœon de chacune de ces trois années, par un procédé différent de celui de Gibert, mais qui me donnera les mêmes résultats, et j'en conclurai un terme moyen pour toutes les années.

1° Le mois élaphébolion étant le neuvième de l'année grecque dans toutes les tables des mois attiques, le 15 de ce mois est le 251e jour de l'année. Comptons 251 jours en remontant du 9 mars de l'an — 294, nous verrons qu'ils se terminent au 2 juillet de l'an — 295, comme Gibert l'a trouvé. Le 2 juillet fut donc le 1 hécatombœon de cette année — 295. Le 25 posidéon, dans ma table des mois attiques, est le 172e jour de l'année. Comptons 172 en remontant du 21 décembre, ils se termineront au 1 juillet qui, ainsi par cette nouvelle preuve, fut le 1 hécatombœon de cette même année — 295.

2° Le 8 anthestérion, dans ma table, est le 214e jour de l'année attique. Je compte du 30 janvier auquel il répond, 214 jours qui se terminent au 30 juin — 283, comme dans Gibert; le 30 juin fut donc le 1 hécatombœon de l'an — 283.

3° Le 25 pyanepsion qui dans ma table est le cinquième mois, étant le 145e jour de l'année, répond au 9 novembre de l'an — 282. Je compte, en remontant du 9 novembre, ces 145 jours qui aboutissent au 19 juin, en faisant de pyanepsion le 5e mois de l'année; ou au 19 juillet, comme dans les tables de Gibert, en faisant comme lui, à l'exemple de Scaliger, de pyanepsion le 4e mois de l'année. (Il faut le 19 juin, parce que les mois étant vagues, le 1 hécatombœon doit remonter à mesure que les années descendent, quand il n'est pas ramené au lendemain du solstice d'été, par le mois embolime de l'année intercalaire).

Soit que le 1 hécatombœon ait coïncidé avec le 19 juin, ou avec le 19 juillet, la différence sera toujours de 20 jours entre le 30 juin où il tomboit en — 283, et le 19 juin où il tomboit en — 282 : ou bien entre le 30 juin — 283 et le 19 juillet — 282.

Si ces 20 jours furent surajoutés au dernier mois scirophorion de l'année attique avant hécatombœon, pour faire le nombre de 145 jours entre le 1 hécatombœon et le 25 pyanepsion, le 1 hécatombœon aura concouru avec le 19 juin, et non avec le 19 juillet.

On compte 17 jours du 2 juillet — 294 au 19 juillet — 282, et 13 du 2 juillet — 294 au 19 juin — 282. La différence est 4 qui est égale au nombre des jours du 2 juillet — 294 au 30 juin — 283 en dix années d'intervalle. Ainsi la variation du 1 hécatombœon est peu considérable en 10 années, par l'effet des embolimes qui le ramènent toujours aux environs du solstice d'été. Le terme moyen entre le 19 juin et le 19 juillet est 15, qui ajoutés au 19 juin font 84 ou le 5 juillet. Dans les onze années, le 1 hécatombœon ne se seroit donc avancé que d'un jour. Fournissons-en un ou deux exemples.

Thucydide écrit qu'il se fit une trêve dans la guerre du Péloponnèse à la fin de l'hiver et au commencement du printemps de la dixième année, le 6 compté de la fin d'élaphébolion (le 25), aux fêtes de Bacchus qui se célébroient dans la ville au mois élaphébolion, selon Hésychius. Dans ma supposition du 1 hécatombœon au 1 juillet, le 24 élaphébolion est le $8 \times 30 = 240 + 24 = 264^e$ jour de l'année commençant au 1 juillet. Or le 264e jour compté du 1 juillet est le 21 mars qui est précisément le jour de l'équinoxe fin de l'hiver et le commencement du printemps.

L'équinoxe vernal étant le 21 mars, l'équinoxe d'automne sera le 21 ou 22 septembre, fête des mystères à Athènes selon Philostrate, pour célébrer l'automne dans le mois que Galien dit être le septembre des Romains, l'hyperberetœus de Pergame, et le mois des mystères des Athéniens. Dès lors le solstice d'hiver est en décembre, vers la fin de posidéon qui se termine au commencemen de janvier. C'est ce que représente ma table des mois attiques, et ce que confirme la comparaison suivante des récits de César et de Plutarque :

César, dans son 3e Livre de la Guerre civile, dit qu'il passa d'Italie en Epire aux nones de janvier. Et Plutarque dans la vie de César, raconte que ce grand homme pendant la guerre contre Pompée, passa en Epire après le solstice d'hiver, au commencement du mois de janvier que les Athéniens nomment posidéon. Posidéon étoit donc un mois d'hiver. Nous pouvons donc sans crainte de nous égarer beaucoup, fixer au 1 juillet le 1 hécatombœon, non pour l'exactitude rigoureuse qu'exigent les calculs astronomiques, mais avec une approximation suffisante pour l'explication des citations de dates attiques, ou de jours de saisons sans spécification de mois. C'est ainsi que le calendrier, nº 2394, a fixé le 1 hécatombœon au 1 janvier romain, non pour les années antérieures à l'époque où il a été dressé, car la différence est de 6 mois, mais pour les temps écoulés depuis que la réforme julienne eut prévalu dans toutes les provinces de l'empire romain. Pour nous, de même que nous avons prolongé jusqu'à la première année de Nabonassar la méthode julienne de commencer les années au 29 août, quoiqu'elle n'ait été adoptée que dans la 21e année avant notre ère, nous regarderons le 1 hécatombœon comme fixé au 1 juillet, pour les années qui ont précédé la première de l'ère chrétienne, comme pour celles qui l'ont suivie.

Ptolémée a rapporté dans son liv. IV, sous des mois attiques, mais sans quantièmes et seulement avec des dates en mois égyptiens, trois observations faites à Babylone. Ces dates réduites au style julien deviennent aussi les dates juliennes de ces observations chaldéennes, mais ne donnent pas leurs quantièmes en jours de mois attiques. Essayons de les trouver, voici d'abord ces observations, et leurs jours de dates alexandrines et juliennes :

Ans Nabon.	Mois Egyptiens.	Ans avant J.-Ch.	Mois Juliens.	Mois Attiques.
366 .	26,27 Thoth. . . .	— 382	23 Décembre.	Posidéon.
366 .	24,25 Phamenoth.	— 382	18 Juin. . . .	Scirophorion.
367 .	16,17 Thoth. . . .	— 381	12 Décembre.	Posidéon.

En quels jours, à quels quantièmes de ces mois attiques ces observations ont-elles été respectivement faites? cherchons d'abord à quel jour répond le 1 hécatombœon, et voyons si c'est au 1 juillet, comme je l'ai posé.

Gibert a disposé ses mois attiques suivant un système général qu'il a établi sur les quatre autres observations que j'ai rapportées. Ces observations ayant été faites dans un espace de douze années, pendant lesquelles les variations ont été peu considérables pour les jours juliens où le premier de chaque mois attique peut avoir coïncidé, il a pu en dresser une table dont les limites peu étendues sont assez sûres pour de petits intervalles de temps. Mais quand il a voulu appliquer son système à un fait éloigné et antérieur au cycle de Méton, il a trouvé qu'il n'y convenoit pas, et il a prétendu qu'il y avoit altération dans le texte de l'historien.

Ce fait est un événement bien fameux dans l'histoire. C'est la prise de Troye. Gibert a conclu de ses tables que, « le 22 thargélion, jour où Denys d'Halicarnasse rapporte que cette ville fut prise, 37 jours avant le commencement de l'année, aura répondu au 29 mai. » « Ce jour étoit, continue Gibert, le 27e avant le 25 juin, où l'on croyoit le solstice fixé, lorsque Denys d'Halicarnasse écrivoit, et de là il restoit encore dix jours jusqu'à la fin de l'année ».

« Ce qu'on lit dans Denys d'Halicarnasse, ajoute Gibert, qu'il y avoit dix-sept jours du 22 thargelion au solstice, et vingt jours du solstice, à la fin de l'année, convient à l'année précédente 1184 avant J.-C., et ne peut convenir qu'à celle-là : c'est pourquoi, ajoute encore Gibert, ou Denys d'Halicarnasse s'est trompé d'un an, en fixant l'année de la prise de Troye à l'an 1183, ou il y a faute de copiste dans son texte, et il faut y transporter les mots dix et vingt, et lire vingt-sept où il y a dix-sept, et dix-sept où il y a vingt. »

Ainsi parle Gibert; mais nous allons examiner le texte de Denys d'Halicarnasse, pour nous assurer si Gibert, pour soutenir son système, a été bien fondé à taxer d'infidélité ou d'inexactitude, un historien dont le récit, dans ce passage, est confirmé par le témoignage de Plutarque.

Voici quelles sont les paroles de Denys d'Halicarnasse (l. 1) :

« Ἰλίων μὲν γὰρ ἡλῶ τελευτῶντος ἤδη τοῦ Θέρους ἑπτὰ καὶ δέκα προτέρων ἡμεραῖς τῆς » Θερίνης τρόπης, ὀγδόη φθίνοντος μηνὸς Θαργηλιῶνος, ὡς Ἀθηναῖοι τοὺς χρονοὺς ἀγοῦσι. » Περίτται δὲ ἠσὰν αἱ τοῦ ἐνιαυτοῦ ἐκείνου ἐκπληροῦσαι μετὰ τὴν τρόπην εἰκόσιν ἡμέραι. »

« Ilium (ou Troye) fut prise vers la fin de l'été, dix-sept jours avant le solstice d'été, le huit du mois thargélion finissant, (c'est-à-dire le 8e jour avant la fin, ou compté en remontant du dernier jour du mois) suivant la manière dont les Athéniens supputent les temps. Il restoit encore à s'écouler vingt jours après le solstice pour terminer l'année ».

Nous voyons par ce récit de Denys d'Halicarnasse, 1° que Troye fut prise le 23e jour du mois thargélion ; 2° que ce fut 17 jours avant le solstice d'été ; 3° qu'il ne restoit plus que 20 jours pour completter l'année.

D'abord Plutarque confirme ce récit, relativement au quantième de la prise de Troye dans le mois thargélion, en ces termes, dans la Vie de Camille :

Καὶ γὰρ Ἀλεξάνδρος ἐπὶ Γρανίκου τοὺς βασιλέως ςρατήγους Θαργηλίονος ἐνίκησε. Καὶ Καρχηδόνιοι περὶ σικελίαν ὑπὸ τιμολέοντος ἥττωντο τῇ ἑβδομῇ φθινοντος, περὶ ἣν δοκει καὶ τὸ ἴλιον ἁλωναι, ὡς εφόρος καὶ καλλισθένης κὰς δαμάςτης καὶ φυλάρχος ἱςορηκάσιν.

« Alexandre vainquit les généraux du roi de Perse près du Granique, dans le mois thargélion ; et les Carthaginois furent vaincus en Sicile par Timoléon, le 7e jour de ce mois finissant, jour où il paroit que Troye fut prise, comme l'ont rapporté Ephore, Callisthène, Domaste et Phylarque ». (Plutarq. v. de Camille.)

Plutarque en disant le 7e thargélion finissant, ne s'écarte pas de Denys d'Halicarnasse qui a dit le 8 depuis la fin ; car ce fut dans la nuit du 8 au 7 en remontant de la fin, c'est-à-dire dans la nuit du 22 au 23 thargélion. Servius dit bien *la nuit*, dans son commentaire sur ces vers de Virgile (Æneïd. l. v.). . . .

Vertitur interea Cœlum, et ruit Oceano nox
Involvens umbrâ magnâ Terramque Polumque.
A Tenedo, tacitæ per amica silentia Lunæ,
Invadunt urbem vino Somnoque sepultam . . . . . .

en témoignant que Troye fut prise le 7e de la lune, c'est-à-dire dans le 1er quartier. Et c'est ce que confirme Clément d'Alexandrie, quand après avoir dit que suivant Hellanicus, Troye fut prise le 12 thargélion, il soutient que cet événement arriva le 8 du mois finissant, et que plusieurs historiens d'Athènes ont écrit qu'il est du 8 thargélion compté en remontant de la fin de ce mois. » Ἑλλανίκος γὰρ δωδέκατῃ Θαργηλίωνος μηνὸς· καὶ τινὲς τῶν τὰ αττίκα συγγραψαμένων ὀγδόῃ φθίνοντος.... νὸξ μὲν ἐήν, λάμπραδὲ ἐπετελλε σελανα, la nuit, au clair de la lune. » Strom. l. 1°.

Les marbres d'Arondel donnent aussi la même date à la prise de Troye : ἀφ' οὗ τροία ἡλω ἔτη |ΗΙ|ΗΗΗΗΔΔΔΔΙΙ, μήνος Θ. . . . . νος ἑβδομῃ φθινόντος, « depuis que Troye fut prise, le 7 en remontant de la fin de thargélion, 945 ans. » (Selden, Prideaux, Chandler).

Il est donc certain par tous ces monuments, que Troye fut prise la nuit du 22 au 23 thargelion. Or 23 + 17 font 40 jours, desquels ôtant 8 jours qui restent jusqu'à la fin de thargélion, les 9 jours restant de 17 nous montrent que le solstice fut le 10 scirophorion, ce qui avec les 20 jours qui restoient à s'écouler depuis le solstice jusqu'à la fin de l'année, font juste les 30 jours de scirophorion. Ainsi il n'y a pas la moindre faute dans le texte de Denys d'Halicarnasse, et c'est Gibert qui se trompe en voulant le corriger (1).

Gibert suppose que la prise de Troye est de l'an 1183 avant notre ère chrétienne. Mais on ne peut le conclure ni de ce que je viens d'extraire des marbres de Paros, ni de Denys d'Halicarnasse ; car ces marbres ayant été gravés 264 ans avant notre ère, suivant Gibert lui-même dans sa dissertation sur ces marbres, la somme 945 + 263 = 1208 surpasse 1183 : et il n'y a rien dans Denys d'Halicarnasse qui indique ce dernier nombre. Car voici quels sont ses termes :

Τῷ δὲ ἑξῆς ἔτει τῆς νομίτωρος ἀρχῆς, δευτέρῳ δὲ καὶ τρίακοςῷ καὶ τετρακοσίοςῷ μετὰ τὴν τοῦ ἰλίου ἁλῶσιν ἀποικίαν ςείλαντες ἀλβάνοι, Ῥωμύλου καὶ Ῥημου τὴν ἡγεμονίαν αὐτῆς ἐχωντῶν, κτίζουσι Ῥώμην ἔτους ἐνεςῶτος πρώτου τῆς ἑβδόμης ὀλυμπιάδος, ἀρχόντος ἀθηνῆσι χαρῶπος.

« L'an 432 après la prise de Troye, les Albains fondèrent Rome, sous le
» commandement de Romulus et de Remus, dans la 1. année de la 7e olym-
» piade, sous l'archontat de Charops à Athènes (l. 1.) »

Si à cette année 432 nous ajoutons l'an 752 dont, selon Varron, la fondation de Rome, la 1. année de la 7. olympiade a précédé la 1. année de notre ère, nous trouverons 1184 avant J.-Ch. pour l'époque de la prise de Troye, et non l'an 1183 que Gibert suppose avoir été indiquée par Denys d'Halicarnasse.

Ainsi Troye fut prise et réduite en cendres, dans la nuit du 22 au 23 thargélion, 17 jours avant le solstice d'été qui tomba le 10 scirophorion, 22 juin de l'an 1184 proleptique julien avant notre ère, en prolongeant la double réforme julienne et grégorienne à ces temps éloignés, pour les mois, comme je l'ai fait pour les années. Et comme il y avoit encore 20 jours à courir pour terminer l'année attique jusqu'au 1 hécatombœon, ces 20 jours comptés

(1) Le 23e tharg. = le 17e avant le solst. Donc, le 30 tharg. = le 10e avant le solst. Or, du 10 au 30 sciroph. la différence est 20, donc, les dates de Denys d'Halicarnasse, sont confirmées par mon calcul.

du 22 juin se terminent au 12 juillet, qui fut par conséquent le 1 hécatombæon de l'année attique commencée après le solstice d'été de l'an julien 1184 avant notre ère, remonté ainsi de 12 jours, sous Jules-César.

(1) L'abbé Barthelemi, qui a tant contribué à la gloire de la savante compagnie dont il étoit membre, a montré dans son mémoire sur l'inscription Choiseul, d'Athènes, (tom. 47 de l'acad. des b. l.) que sept siècles après la guerre de Troye, 410 ans avant J.-Ch. le 1 jour du mois hécatombæon, commencé à la néoménie la plus prochaine après le solstice d'été, tomba dans l'année de cette inscription au 14 juillet.

Dans les tables de Gibert, la 1. année du 1er cycle de Méton — 432 avant

(1) L'abbé Barthelemi a construit des tables, d'après celles de Dodwell et de Corsini, pour marquer les jours et l'ordre où les prytanes ou magistrats de chaque tribu d'Athènes, entroient en exercice dans le cours de l'année. Il y a placé le 1er hécatombéon au 14 juillet de l'an 410 avant J.-C. Il y a fait les mois attiques alternativement pleins et caves. Je les suppose tous de 30 jours pour les ramener à notre année julienne dans un espace de trois années. Enfin, il y a mis avec Scaliger le mois pyanepsion avant le mois maimactérion, fondé sur ce que Hipparque et Ptolémée disent que les observations de Timocharis, que j'ai rapportées, n'étoient pas exactes et furent faites légèrement. Mais une pareille raison ne suffit pas pour déranger les places assignées à ces mois, d'après des observations astronomiques. Car, quand on dit qu'elles ne sont pas exactes, on veut parler de quelques minutes plus ou mois en temps et en dégrés. Une erreur d'un mois entier seroit monstrueuse. On ne citeroit pas une observation qui auroit une pareille tache. Ptolémée n'auroit pas parlé de ces observations, si l'erreur qu'il y soupçonnoit eût été de 30 jours entiers. Mais je partage volontiers l'opinion de Barthélemi sur la place d'anthesterion qu'il met après gamélion avec Scaliger, au lieu de le placer avec gaza après pyanepsion. Il est certain par le calendrier n° 2594, que depuis l'époque dont nous parlons, jusqu'au temps d'Adrien, comme le dit Corsini, époque des inscriptions de Spon, les mois attiques ont été intervertis et dans leurs saisons et dans leur disposition primitive; puisque hécatombæon qui étoit le premier mois d'été dans l'âge brillant de la Grèce, est le 1er mois d'hiver dans ce calendrier, où il répond à janvier, au lieu de répondre à juillet, comme du temps de Méton et de Callippe; et que pyanepsion se trouve avant mœmactérion dans le même calendrier, et anthesterion avant posidéon. C'est par cette transposition d'anthestérion avant posidéon, au lieu d'être après, comme Barthélemi l'a fort bien mis à la suite de posidéon, que maimactérion s'y trouve après posidéon, au lieu d'être avant, comme il paroît par Ptolémée qu'en effet, du temps de Timocharis, maimactérion précédoit pyanepsion. Quelqu'étranges que ces variations puissent paroître, elles sont la suite du peu d'uniformité dans les calendriers des différents peuples de la Grèce, et de l'irrégularité des intercalations qui, en doublant l'un ou l'autre mois, faisoient donner par les uns le nom du mois doublé, au mois suivant, lequel, par succession du temps, se trouva précéder celui qu'il devoit suivre : et comme de temps en temps, à des intervalles plus ou moins éloignés, on rétablissoit l'ordre ancien, de là viennent ces perturbations et ces restitutions dont Barthélemi ne pouvoit se rendre raison.

(1) *Dissertation sur une ancienne inscription grecque relative aux finances des Athéniens, gravée sur un marbre rapporté d'Athènes, par M. le comte de Choiseul-Gouffier, ambassadeur de France à La Porte Ottomane, et membre de l'Académie royale des inscriptions et belles-lettres.* Tom. 48 des Mémoires de l'Académie.

J.-Ch. 4282 de la période julienne, ayant commencé le 15 juillet julien, a fini le 3 juillet de l'année suivante — 431.

La 1. année de la 1. période callippique a commencé le 29 juin — 330 julien, (4384 p. jul.) et a fini le 17 juillet suivant. La 19e année de cette période ayant commencé le 10 juillet — 310, a fini le 28 juin — 309 (4403 p. jul.)

La 2e période de Calippe a commencé le 28 juin de l'an — 253 julien, et la première ayant commencé le 29 juin, cela fait un jour de moins que le quadruple du cycle de Méton, pour ôter le jour de trop que celui-ci mettoit dans 76 années.

On voit par l'inspection des tables de Gibert, que le 1 hécatombœon varie du 15 au 16 juillet pour le commencement de chaque cycle de Méton; mais du 27 juin au 28 juillet pour le commencement des 19 années de ce cycle. Dans la période callippique, le commencement de chaque cycle de 19 ans varie du 29 au 28 juin; et le commencement de chaque année, du 28 juin au 18 juillet.

Dans le cycle et dans la période, le 1 hécatombœon revient au même quantième julien, à un jour près, toutes les 19 années; par exemple dans le cycle, le 1 hécatombœon revient au 1 ou au 2 juillet toutes les 5 années de chaque cycle, et dans la période les 30 juin, 1 et 2 juillet, les 9e, 17e, 28e, 36e, 47e, 55e et 74e années.

Et le 15 ou 16 juillet qui revient après chaque 19e année pour recommencer le cycle, revient au 1 hécatombœon après chaque 19e année, avec une variation du 14 au 16 dans la période. Du 28 juin au 28 juillet, la différence est 30: le moyen terme est le 15e jour, qui compté en descendant du 28 juin seroit donc le 12 juillet, comme je l'ai trouvé; mais à cause de la variation de 3 jours, il varie du 14 au 16 juillet, pour le 1 hécatombœon de l'année attique, et c'est en effet le quantième où il est le plus constamment fixé dans les tables de Gibert. (1)

Diodore de Sicile dit que Méton fait commencer son cycle *ἀπὸ τῆς ιγ ἡμέρας τοῦ σκιροφορίωνος*, du 13e jour de scirophorion, c'est-à-dire du 13 de la lune de scirophorion, laquelle cette année — 432 ans avant J.-Ch. 4282 P. J. précédoit le solstice; et aussi le 13 de ce mois commencé à la néoménie. Le mois scirophorion ayant 30 jours, et le 13 étant cette année le 27 juin, le 1 de scirophorion fut le 15 juillet auquel commence la 1. année de Méton.

27 Juin	=	13 Scirophorion.
30 Juin	=	16 Scirophor.
14 Juillet	=	30 Scirophor.
15 Juillet	=	1er Hécatombœon de la 1re année attique de Méton.

(1) Voyez tous ces détails dans le mémoire de Gibert, Acad. des Inscript. et B. L.

En effet l'année commune attique étoit, suivant l'abbé Barthélemi, de 354 jours, et l'année embolismique tantôt de 380, tantôt de 390, selon le besoin qu'on avait d'ajouter plus ou moins de jours à chaque 3e année lunaire, pour faire concourir le 1 hécatombæon aux environs du solstice d'été. Comparons, pour le prouver, trois années juliennes communes à 3 années attiques : 365 jours multipliés par 3 donnent 1095 jours. 354 jours multipliés par 2 en produisent 708, qui ajoutés à 390 jours pour la troisième année attique, font la somme de 1098 jours, plus forte de 3 jours que celle des 1095 jours de trois années juliennes communes, et de 2 jours seulement plus forte que la somme 1096 jours de 3 années juliennes dont la 3e seroit bisextile.

Un espace de 12 années juliennes composées de 4383 jours n'a qu'un jour de plus que les 12 années attiques correspondantes, dont les trois premières embolimes sont de 390 jours, et la quatrième de 380 seulement. Car 1098 × 4 = 4392, d'où retranchant 10, le reste 4382 jours pour les 12 années juliennes, en y comprenant les trois bisextes, donne environ un huitième de jour de trop, que la réforme grégorienne retranche ; d'où il suit qu'au bout de 96 ans, l'année attique s'accorde mieux avec l'année julienne grégorienne, qu'avec l'année julienne non réformée.

On ne court donc aucun risque de se tromper, du moins de beaucoup, en donnant à un espace d'années attiques la forme des années grégoriennes, c'est-à-dire en supposant les mois attiques composés, en somme, d'un même nombre de jours que les mois romains, pour rattacher les premiers jours de chacun aux solstices, ou aux équinoxes, autour desquels il doivent toujours rouler, sans pouvoir s'en écarter de plus de 10 à 12 jours.

Pour la 1re des trois observations chaldéennes sous des mois attiques, dont j'entreprends de déterminer les quantièmes dans les mois mêmes auxquels elles sont rapportées, je commence par chercher, au moyen des règles que j'ai établies dans la précédente dissertation, à quel jour julien répond le 1 thoth de l'an 366 de Nabonassar, où est arrivé l'éclipse de lune du 26 — 27 de ce mois — 382 ans avant J.-C. 90 jours sont la différence pour l'an — 382 d'avec les 181 jours rétrogrades pour l'an — 748. Ces 90 jours comptés du 29 août — 383, aboutissant au 27 novembre — 382, ce 27 fut donc le 1 thoth de l'an — 382 égyptien. Maintenant, comptant du 27 novembre les 26 jours de thoth, ils se terminent au 23 décembre — 382, époque julienne de cette éclipse, conforme à la date que lui assigne le catalogue de Pingré.

Suivant le calcul de la précession des équinoxes, dit Gibert, le solstice arrivoit le 8 juillet dans le 18e siècle avant J.-C., et il arriva le 27 juillet du temps de Méton. Mais suivant l'hémérologe des seize peuples d'Asie, dressé dans les premiers temps de l'ère chrétienne, et rapporté dans le 47e volume des Mém. de l'Acad.

des inscript., le 1 hécatombœon est fixé au 25 juin, c'est-à-dire, au lendemain du jour où l'on croyoit alors que tomboit le solstice d'été, en conséquence de l'immobilité présumée de l'équinoxe vernal au 21 mars, ce qui faisoit tomber le 30 hécatombœon au 23 juillet; or, le milieu entre le 27 juin, où il étoit du temps de Méton, l'an 432 avant J.-C. 4281 période julienne, terme le plus haut où il monte, et le 30 juillet, terme le plus bas où il descend dans les tables de Gilbert, est le 15 juillet. L'abbé Barthélemi le trouve au 14 juillet dans les siennes, pour l'an 331 avant J.-C., et Gibert, au 16 juillet pour cette même année. Or, on compte 160 jours du 15 juillet au 23 décembre; et ces 160 jours comptés du 1 hécatombœon, se terminent au 10 posidéon qui est ainsi la date de cette première éclipse.

Pour la seconde éclipse, l'intervalle depuis la première est de 177 jours, qui, comptés du 10 posidéon, se terminent du 6 au 7 scirophorion.

Enfin, pour la troisième éclipse, les 177 jours du 24 phamenoth au 16 thoth, comptés du 7 scirophorion, aboutissent à la nuit du 1 ou 2 posidéon, et non dans le premier mois posidéon. Car, s'il n'y eut pas deux mois posidéon, les mots ποσίδεωνος τοῦ προτέρου, ne signifient pas *le premier mois posidéon*, mais bien le mois nommé comme le premier des deux dans lequel étoit arrivée la première de ces éclipses.

Evandre, sous qui, selon Ptolémée, arriva cette 3e éclipse dans l'année 367 de Nabonassar ou — 382 avant J.-C., étoit archonte dans la 3e année de la XCXCe olympiade, commencée au solstice d'été. Or, selon les marbres de Paros, expliqués par Gibert, la 2e partie de l'an — 382 attique, répond à la 1re de l'année parienne — 381, commencée au solstice d'hiver; et par conséquent, l'an 367 (nabonassarien) correspondant, étoit le 14e de la troisième enneadecaëteride de Méton, puisque la 1re année de sa période de 19 ans avoit commencé le 15 juillet de l'an — 382 avant J.-C., ou 21 phamenoth de l'an 366 de Nabonassar. Et puisque, suivant la remarque de Scaliger, la 14e année du cycle de Méton étoit commencée, il s'ensuit qu'il n'y eut pas de mois ambolime dans cette année, et par conséquent, qu'il n'y eut pas deux mois posidéon en cette année (1).

Je ne conçois pas comment on a pu vouloir prouver par les deux inscriptions

(1) Personne, pas même Corsini, n'a bien entendu le μηνος ποσιδεωνος τοῦ προτέρου de Ptolémée. Cet auteur rapportant trois éclipses de lune, arrivées en deux mois différents, cite la première arrivée en posidéon; ensuite la seconde au mois scirophorion; et enfin la troisième en posidéon, premier des deux mois nommés de ces trois éclipses; c'est-à-dire, celui des deux mois de ces trois éclipses, qui a été nommé le premier.

grecques, que Corsini a citées de Spon, que posidéon a été le mois embolime de l'année attique intercalaire. Il est bien vrai qu'on lit dans l'inscription XXI, p. 171, vol. 2 de Corsini : Ποσειδεωνα $\bar{\alpha}$, et ποσειδεωνα $\bar{6}$; mais, que l'on se donne la peine de compter les noms des mois attiques rapportés dans cette inscription, on n'en trouvera que onze ; élaphébolion y est omis, quoique l'inscription soit bien entière : ensorte que le second posidéon y tient lieu d'élaphébolion qui manque. Corsini pense que ce monument n'est pas plus ancien que l'empereur Adrien. Il est malheureux que le second marbre ne soit pas entier. La partie inférieure est détachée et perdue précisément après Ποσειδεωνα, mais celui-ci n'y étant pas suivi de la lettre numérale Ā, quoiqu'il reste cependant assez d'espace après ce mot, pour qu'on y pût ajouter cette lettre, comme sur le 1er marbre, si elle eût dû y être ; et puisqu'elle n'y est pas, c'est qu'il n'y avoit qu'un mois posidéon, et non deux de ce nom.

Il se peut que le nom d'élaphébolion fût alors aboli avec la chasse au cerf, réservée aux seuls officiers romains. Ces deux inscriptions ne parlent que des jeunes gens exercés dans la palestre par les gymnasiarques en chef et subalternes. Or, du temps d'Adrien, l'ordre des mois attiques n'étoit plus le même que du temps de l'éclipse dont nous parlons, comme on le voit par le calendrier 2394. On ne peut donc pas argumenter d'un double posidéon du temps d'Adrien, en faveur d'un double posidéon 500 ans auparavant.

Il suit de cette discussion, qu'il n'est possible d'assigner qu'approximativement, suivant notre manière actuelle de supputer les temps, la date précise en jour julien, d'un fait historique daté d'un mois attique, à moins que le récit ne soit accompagné de celui d'un phénomène céleste contemporain, dont le calcul astronomique fera trouver l'époque : donnons-en un exemple frappant.

Plutarque, dans la vie d'Alexandre, rapporte que « la bataille d'Arbèle qui » donna l'empire de l'Asie à ce conquérant, fut livrée dans une plaine voisine » du village de Gaugamèle, la onzième nuit après l'éclipse de la lune de boëdro» mion, vers le commencement de la fête des mystères à Athènes ». Et Diodore de Sicile, nous apprend qu'Alexandre remporta cette victoire la deuxième année de la CXIIe olympiade, sous l'archontat d'Aristophane à Athènes, et sous le consulat de Posthumius Caudinus ou Albinus, et de Veturius Calvinus à Rome. (Liv. XVII *passim*).

Επ' ἀρχόντος δ' ἀθηνῆσι νικήρατοῦ Ῥωμαίοι κατέστησαν ὑπάτους μάρκον ἀτίλιον καὶ μάρκον οὐαλερίον, ὀλυμπίας δ' ἤχθη δευτέρα πρὸς ταῖς ἑκατὸν καὶ δέκατη . . . . .

Επὶ ἀρχόντος δ' ἀθηνῆσι ἀριστοφανοῦς, ἐν Ῥώμη κατέσταθησαν ὑπάτοι σπουρίος καὶ τίτος οὐετούριος· ἐπὶ δὲ τούτων Αλεξάνδρος παρῆλθεν εἰς Αἰγύπτον . . . . καὶ διοίκησας ἅπαντα τὰ κατὰ τὴν Αἴγυπτον ἐπ' ἀνῆλθε μετὰ τῆς δυνάμεως εἰς τὴν Συρίαν, καταςρατοπέδευσας δὲ περὶ ἄρβηλα....

Ἡ μὲν οὖν περὶ ἄρβηλα γενομένη παράταξις τοιοῦτον ἔσχε πέρας . . . . .

Ἐπ' ἀρχόντος δ' ἀθηνῆσι ἀριςοφῶντος, ἐν Ρώμη διεδέξαντο τὴν ὑπατίκην ἀρχὴν γαΐος δομιτίος καὶ αὐλός Κορνηλίος· ἐπὶ δὲ τοῦτον εἰς τὴν Ἑλλάδα τῆς περὶ ἄρβηλα μάχης Διαδοθείσης.

Diodore de Sicile marque ici avec beaucoup de précision trois années consécutives, dans la première desquelles (qui fut le commencement de la 112ᵉ olympiade), Nicerate étoit archonte d'Athènes; et M. Atilius avec M. Valerius, consuls à Rome. Dans la deuxième qui fut la 2ᵉ de la 112ᵉ olympiade, se donna la bataille d'Arbèle lorsqu'Aristophane étoit archonte d'Athènes, et Spurius Posthumius avec Titus Veturius, consul à Rome; et enfin, sous l'archontat d'Aristophon et le consulat de C. Domitius et d'Aulus Cornelius, se répandit en Grèce la nouvelle de cette bataille, dans la 3ᵉ année de la 112ᵉ olympiade.

Scaliger dans la série des olympiades qu'il a copiées sur un ancien manuscrit grec, dans son édition de la chronique d'Eusèbe, assigne aussi la 2ᵉ année de la 112ᵉ olympiade pour celle de la bataille d'Arbèle. Véturius et Posthumius, dans les fastes des grandes magistratures annuelles, à la suite des cycles de Dodwell, sont placés à la $\frac{2}{3}$ᵉ année de la 111ᵉ olympiade; 419ᵉ de Rome suivant les fastes Capitolins, 420ᵉ selon Varron, et 418ᵉ selon Caton. Toutes ces divergences ne peuvent se concilier que par le secours de l'astronomie.

Il y eut une éclipse de lune onze jours avant cette bataille dans l'année du consulat de Véturius et de Posthumius pour la première fois. Car nous lisons dans Tite-Live (l. IX), qu'ils étoient consuls pour la seconde fois, 13 ans après, dans l'année de la défaite des Romains aux fourches Caudines par les Samnites. Leur premier consulat étant de la 2ᵉ année de la CXIIᵉ olympiade, selon Diodore, cela me suffit. Je cherche dans le catalogue des éclipses, dressé par le P. Pingré, en quelle année il s'est fait une éclipse de lune qui ait précédé de peu de jours la bataille d'Arbèle. J'en trouve une totale au 28 mars de l'an 331 le matin; je la rejette, parce que celle qui a été observée à Arbèle, fut vue la nuit. Pingré ayant réduit les temps des anciennes éclipses au méridien de Paris, qui est à l'occident de celui d'Arbèle, le matin pour Paris est le midi d'un même jour pour Arbèle. Ainsi, cette éclipse n'est pas celle qui fut vue à Arbèle la nuit onze jours avant la bataille. Une autre éclipse de la même année, le 20 septembre vers 9 heures $\frac{1}{2}$ du soir à Arbèle, quand elle commença, est la véritable. Pétau en a calculé la grandeur et la durée. Elle fut totale et dura plus de 3 heures $\frac{1}{2}$. Son milieu fut à 10 heures et demie du soir, et elle ne finit qu'après minuit pour cette partie de l'Asie. La nuit à Rome étant partagée

5 *

en 4 heures ou veilles de 3 heures chacune, depuis 6 heures du soir, c'est la raison pour laquelle Pline dit que cette éclipse commença dans la 2e heure (H. n. l. 11. c. 70).

La bataille ayant été livrée onze jours après cette éclipse, sa véritable date julienne est donc le 1 octobre de l'an 331 proleptique (avant notre ère).

Si l'on veut maintenant connoître la date attique de cette bataille, c'est-à-dire son quantième dans le mois boëdromion, rien n'est plus aisé. Plutarque, dans la vie de Camille, dit que les Perses furent vaincus par les Grecs dans les plaines d'Arbèle, le 5 boëdromion finissant, (1) manière de compter qui signifie le 26 de ce mois. Les éclipses de lune ne pouvant se faire que dans les oppositions de cet astre, qui sont toujours le 14e jour de son âge, si l'on retranche 14 de 26, reste 12. La nouvelle lune de boëdromion se montra donc dans la nuit du 12 au 13 de ce mois. Et puisque la bataille d'Arbèle a été livrée le 1 octobre, onze jours après l'éclipse arrivée la nuit du 20 au 21 septembre, ôtons 14 de 29, restent 6; donc la nouvelle lune de ce mois s'est montrée dans la nuit du 6 au 7 septembre — 331. La nuit du 6 au 7 septembre répondoit donc dans cette année à la nuit du 12 au 13 boëdromion. Ce mois avoit donc commencé le 25 août de cette année.

Cherchons maintenant avec cette donnée, quel fut le jour julien du 1 hécatombœon de cette année :

Boëdromion étoit le 3e mois de l'année attique; et puisqu'il commença le 25 août, les 60 jours des deux mois précédents, comptés en remontant, se terminent au 28 juin qui fut effectivement le 1 hécatombœon de l'année — 331 avant J.-Ch., la 1re de la première période calippique; en quoi je me trouve d'accord avec la table des néoménies d'hécatombœon donnée par Joseph Scaliger dans sa correction des temps, pag. 89.

Je ne dois pas dissimuler qu'Arrien, dans sa relation de l'expédition d'Alexandre, nomme pyanepsion au lieu de boedromion, pour le mois où cette bataille s'est donnée. Voici comme il s'exprime : (2) « Il se fit une éclipse totale de lune. Darius campa dans les Gaugamèles, à 600 stades loin de la ville d'Arbèle. Il s'enfuit le premier; sa fuite entraîna la déroute générale

(1) Πέρσαι μῆνος βοηδρομίωνος ἡττηθῆσαν ὑπὸ τῶν Ἑλληνῶν, πέμπτῃ δὴ φθίνοντος, ἐν ἀρβηλαῖς (*Plut. v. Camill.*). Les Perses furent vaincus par les Grecs dans les plaines d'Arbèle, le 5 avant la fin de boedromion (26 de ce mois), Gibert dit que la bataille se donna le 24, ἕξῃ φθίνοντος : c'est une double faute. Il falloit dire, ἕκτῃ, dans son sens. Mais Plutarque dit πέμπτῃ; ce fut donc le 26 boëdromion.

(2) Ἐςρατόπεδευκει δαρεῖος ἐν γαυγάμηλοις ἀπεχίον ἀρβήλων τῆς πόλεως ὁσὸν ἑξακοσίους ςαδίους. . . . . πρῶτος αὐτὸς ἐπίςρεψας ἐφεύγεν. Ταύτημὲν δὴ τῶν πέρσων φύγη κάρτερα ἦν, καὶ οἱ μακεδόνες ἐφεπόμενοι ἐφονεύον τοὺς φεύγοντας. τοῦτο τέλος τῇ μάχῃ ταύτῃ ἐγένετο ἐπὶ ἀρχόντος ἀθήνησιν ἀριςοφάνους, μῆνος πυανεψίωνος, ἐν τῷ αὐτῷ μήνι ἐν ὅτῳ ἡ σελήνη ἐκλίπης ἐφάνη (Arr Liv. 3.)

des Perses, et les Macédoniens à leur poursuite, en tuèrent un grand nombre. Telle fut l'issue de cette bataille, sous l'archontat d'Aristophane à Athènes, au mois pyanepsion, dans le mois même où la lune parut éclipsée. »

Arrien vivoit dans le 2e siècle de l'ère chrétienne. L'ordre des mois attiques étoit déjà troublé par suite du décret du sénat romain, qui sous Auguste avoit ordonné à toutes les provinces de régler leur année sur celle de Rome. Arrien plaçant dans son récit pyanepsion avant maimactérion, ne dit le quantième ni de la bataille ni de l'éclipse. Il est donc moins digne de foi que Plutarque qui précise les dates de ces deux événements.

Sous Adrien, dit Corsini, pyanepsion étoit déjà mis avant maimactérion, les tribus athéniennes étant augmentées de celle de ce nom en nombre; suivant l'inscription de Spon rapportée par Corsini, cette augmentation qui changeait l'ordre des prytanies ou magistratures par tribus, fit intervertir la place des mois. Voilà pourquoi Arrien met l'éclipse qui précéda la bataille d'Arbèle, en pyanepsion. Il parle de ces mois comme ils étoient de son temps. Il dit qu'Alexandre vint au fleuve Thapsaque dans le mois hécatombœon, Aristophane étant archonte d'Athènes; qu'il se fit une grande éclipse de lune; que cette bataille finit en pyanepsion, parce que pyanepsion suivoit immédiatement boëdromion, et qu'ainsi s'accomplit la prédiction d'Aristandre, qu'Alexandre remporteroit la victoire dans le mois où la lune s'éclipseroit. Comme on étoit déjà au dernier jour de ce mois, tous les officiers de l'armée se mocquèrent de sa prédiction, mais Alexandre pour la rendre vraie, fit avancer le nom du mois pyanepsion suivant. Aussi Quinte-Curce raconte qu'Alexandre voyant ses soldats effrayés de l'éclipse, les fit rassurer par Aristaudre interprète des Dieux, et que les soldats le crurent, parce que, ajoute Quinte-Curce, la multitude frappée de quelque crainte de la part du ciel, obéit à ses prêtres plus qu'à ses chefs (Quint. C. Liv. IV. cap. X.)

NOTES

pour la Dissertation 1, *pag.* 9, *lig.* 17.

	Année lunaire.	= 354 j.	8 h.	48	38″
	lunaire.	= 27	7	48	4,648′
Mois synodique	lunaire.	= 29	12	44	2,8921″
	solaire.	= 30	10	29	5
	Année solaire.	= 365	5	48	49

Sous Jules-César, l'an 708 de Rome, l'année romaine différoit de 79 jours dont elle finissoit avant l'année solaire, d'avec le véritable cours du soleil, parce que l'année romaine étant vague, anticipoit d'autant sur l'année solaire. C'est pourquoi il fit une année de confusion de 445 jours, c'est-à-dire, de 365 jours + 5 heures + 79 jours = 445 jours, en ajoutant aux 365 jours de l'année romaine 708 de Rome, les 79 jours et quelques heures, dont la fin de cette année romaine 708 précédoit la fin de cette même année solaire 708 de Rome, pour faire coïncider les commencements de l'année romaine et de l'année solaire 709, au 1er janvier prochain.

Ces 80 jours ajoutés à l'année romaine 708 de Rome, ne font donc que l'égaler pour sa fin, à celle de l'année solaire 708 de Rome, puisqu'ils ne font que la terminer au jour où elle se seroit terminée, si elle n'eut pas été vague, c'est-à-dire, si elle eut compté exactement les 5 h. 48′ 49″ que l'année solaire a de plus que les 365 jours.

César, par le conseil de Sosigène, ordonna qu'on ajouteroit un jour à la fin de février, tous les 4 ans, pour les 6 heures prétendues de surplus par an à l'année solaire, au lieu des 5 h. 48′ 49″ seulement qu'il falloit ajouter à chaque 365e jour.

Ainsi, c'est 11′ 11″ dont chaque année commence trop tard, puisque 6 h. — 5 h. 48′ 49″ = 11′ 11″ qui, multipliées par 4, font 44′ 44″; et par 325, font plus de 2 jours, 12 heures, 34′ 35″.

C'est pourquoi, au concile de Nicée, l'an 325, l'équinoxe du printemps qui, par le calendrier de Jules-César, avoit été fixé au 25 mars, se trouva tomber le 21 de ce mois; car l'année julienne commençant tous les 4 ans, de 45 minutes environ trop tard, on comptoit en 325, le 21 mars, quand on auroit dit compter le 25.

La même cause d'erreur continuant d'agir par la continuation du jour bissextile tous les 4 ans, l'équinoxe qui, suivant le concile de Nicée, devoit arriver le 21 mars, se trouva être en 1582 au 4 de ce mois; en effet, la différence de 325 à 1582, est 1257, qui, divisés par 128 ans, pendant lesquels l'équinoxe se trouve remonter d'un jour, donnent 10 jours dont l'équinoxe naturel a dû précéder, en 1582, l'équinoxe civil.

Le pape Grégoire XIII fit donc compter le 15 octobre, au lieu du 5 de ce mois, dans son ordonnance de réformation du calendrier julien; et pour l'avenir, il retrancha le jour bissextile de 3 années centenaires sur quatre, à commencer de 1700; c'est-à-dire, trois jours bissextiles sur 400 ans, tel fut le calendrier grégorien.

Mais cette réforme apportée au calendrier julien, n'étoit pas rigoureuse; car, les 400 années grégoriennes ont encore 1 h. 20′ de plus que les 400 années astronomiques correspondantes. C'est pourquoi celles-ci finissent d'autant plus tôt, que la 400e grégorienne; et par conséquent, la 401e grégorienne commence 1 h. 20′ plus tard que la 401e astronomique; ce qui, en 7200 ans, fait un jour de différence dont le commencement de l'année astronomique précédera le premier jour de l'année grégorienne.

Les 79 jours ajoutés par Jules-César à l'an romain 708 de Rome, n'apportent aucune confusion dans la supputation des années. Car, on trouvera en remontant au-dessus de celle où nous sommes actuellement, par la continuation du tableau que j'en présente, toutes les années antérieures qui se sont écoulées pour toutes les nations, réduites à la réforme julienne et grégorienne, ainsi que leurs mois, leurs semaines et leurs jours, réduits à notre style julien et grégorien, quelque différent qu'il soit, pour la forme, de tous ceux qu'elles suivoient.

La réforme opérée par Auguste rétablit l'ordre troublé par l'ignorance ou la malice des prêtres de Rome. Car les passages suivants extraits d'Appien, prouvent que sous Auguste, le solstice d'été tomboit au 21 juin.

Καὶ τῆς ἀναγώγης τοῦ Καίσαρος ἡ ἡμέρα προείρητο πᾶσι, καὶ ἦν δεκάτη τρόπων θηρίνων, ἥν τίνα Ῥωμαῖοι νουμήνιαν ἔχουσι τοῦ μήνος, ὃν ἐπὶ τίμῃ τοῦ Καίσαρος τοῦ προτέρου ἰουλίον ἀντὶ Κυιντίλιου Καλοῦσι. Appian. de bell. civilib. l. v.

« Le jour de l'expédition de César fut donné d'avance à tous ses alliés; ce fut le 10e jour du solstice d'été, jour que les romains prennent pour la néoménie du mois, qu'en l'honneur du premier César ils appellent juillet, au lieu de quintilis ».

Cette expédition d'Auguste étoit contre le jeune Pompée qu'il alloit attaquer en Sicile.

Γενομένης δὲ τῆς νουμηνίας ἀνήγοντο πάντες ἅμα ἠῷ.

« Quand la néoménie fut venue, (le premier jour du mois), tous partirent dès l'aurore......)

Ils partirent donc au dixième jour compté du solstice d'été, en partant le premier jour de juillet ; le solstice d'été étoit donc arrivé le 21 juin. Ainsi, depuis la correction du calendrier par Jules-César, le solstice d'été se trouvoit du 20 au 21 juin.

Journal des Savans, mai 1818, pag. 269. La contradiction que le critique croit trouver entre le lieu du soleil *au deuxième dégré du sagittaire, et le soleil occupant le 17e dégré 30 minutes du sagittaire*, n'est qu'apparente ; et quand elle seroit réelle, elle n'auroit aucune influence sur le résultat du calcul, qui a pour objet le lieu vrai du soleil. En effet, Ptolémée dit d'abord : περὶ τὰ δύο μέρη, *dans les deux portions ;* et ensuite, ἐπέχοντα ἀκριβῶς τοῦ τοξότου μοίρας ιζ′ λ′, *occupant exactement 17 dégrés* 30 *minutes du sagittaire.* Le mot ἀκριβῶς de cette seconde phrase, y désigne le lieu vrai du soleil, mais ne se trouve pas dans la première. Il ne s'agit maintenant que de savoir si δύο μέρη signifient *deux tiers.* Or, il est certain que Ptolémée n'a pas voulu dire *deux tiers ;* il a voulu faire ce qu'on appelle en astronomie, un calcul de fausse position, pour parvenir à la vraie. Pour cela, 2 dégrés lui étoient aussi bons que deux tiers de signe : mais $\frac{2}{3}$ sont 20 dégrés, et si Ptolémée eût voulu dire *deux tiers*, il auroit dit διτρίτον, comme il a bien su le dire, p. 216 du vol. 1, l. 1, pour exprimer *deux tiers.*

Sans doute, le soleil n'a pu être, dans une même observation, tout à la fois en 2 (ou 20) dégrés du sagittaire, et en même temps, en 17 dégrés 30 minutes de ce signe. Mais il faut considérer que Ptolémée emploie d'abord 8 s. 2 d. (ou 8 s. 20 d.) pour calculer la valeur des angles horaires nocturnes. Or, pour cette évaluation, quelques dégrés d'erreur en plus ou en moins, ne sont d'aucune importance ; et Ptolémée lui-même dit qu'il ne donne qu'un à peu près, περί, *vers.* Ensuite, quand par le calcul approximatif, il eut connu le rapport des heures temporaires aux heures équinoxiales, il en a conclu que le commencement de l'éclipse étoit à 9 heures du soir, et le milieu à 11 heures. Ptolémée ne cherche pas une précision bien grande, car il affirme un peu légèrement que la durée a dû être de 4 heures tout juste. Ayant donc ainsi l'heure du milieu, il a calculé le lieu vrai du soleil. Or, on sait qu'une erreur d'une heure entière sur le temps, ne feroit que 2 $\frac{1}{2}$ minutes d'erreur sur le lieu du soleil et sur celui de la lune. Et comme Ptolémée ne cherche pas l'exactitude à la minute, il a pu croire son travail suffisamment exact, soit par 2, soit par 20 dégrés, et c'est alors qu'il a trouvé pour le lieu vrai (ἀκριβῶς) du soleil, 17 d. $\frac{1}{2}$ du sagittaire. Voici ses calculs à notre manière, dans les suppositions qu'il a pu faire de 2 ou de 20 degrés ; on verra que les différences comparées au résultat de 17 d. 30′, sont insensibles et presque nulles pour le lieu vrai du soleil, seul objet à examiner plutôt qu'une vaine chicane de grammaire dans un ouvrage de si haute science.

Sin.	23 d. 51′ 20″	9.59817	
Sin.	62	9.94593	
D.	20 29 30	9.54410	
T. D.	. . . .	9.57248	
T. H.	. . . .	9.81803	
		9.39051	14 h. 17′ 4″
			2 22 56
			15
			17 22′ 56″

Sin.	23 d. 51′ 20″	9.59817	
Sin.	77	9.98958	
D.	22 46 15	9.58175	
T. D.	. . . .	9.62300	
T. H.	. . . .	9.81803	16 h. 1′ 30″
			2. 40 45
			15
			17 d. 40′ 45″

Sin.	23 d. 51′ 20′	9.59817	
Sin.	80	9.99335	
D.	22 56′ 5″	9.59142	
T. D.	. . . .	9.62744	
T. H.	. . . .	9.81803	
		7.44547	16 h. 9′ 30″
			2 41 17
			15
			17 d. 41 17″

Pour calculer l'heure temporaire, ou sa valeur en angle, Ptolémée supposa 8 s. 2 d. ou 8 s. deux tiers d.; si c'est 8 s. 2 d., c'est trop peu; si c'est 8 s. deux tiers, c'est trop. Il résulte de la première supposition tout au plus un tiers de minute d'erreur en moins du lieu vrai; et de la seconde, une demi minute en plus; Ptolémée dit 18 degrés en général pour se mettre à son aise, afin que 2 et demi multipliés par 18, lui donnent 45 d., qui sont la valeur de 3 heures. Dans le choix, donc, entre 2 d. ou 20 dégrés, j'ai dû préférer 2 d., puisque l'erreur qui en proviendrait devroit être moindre que celle qui seroit provenue de 20 d.

Je m'étois fondé, pour le lieu moyen du soleil en 2 dégrés du sagittaire, sur ce que Cassini, dans ses tables, le place en 4 à 5 dégrés de ce signe, et non en 17 dégrés, pour cette époque. V. ses élém. d'astronom.

(P. 204, avril.) Il n'y a pas plus de solécisme dans ἐν τοῖς τῶν, faute typographique, pour ἐντὸς τῶν, qu'il n'y a de barbarisme dans *parallélipipède*, faute typographique dans le journal des sav., pour *parallélépipède;* car, on dit ἐπιπέδον, et non επιπέδον. Le mot *planchette*, substitué au mot parallélépipède, ne peut pas convenir. Car une planchette est trop *mince* pour se tenir debout sur une de ses quatre faces étroites.

(Pag. 265, mai 1818.) Ce journal dit que j'ai dénaturé tout à fait la pensée de l'original, quand j'ai rendu τριγώνου δε της γης ὑπαρχουσης, etc., par : *si ta terre étoit composée de triangles*, etc. Il veut que l'on dise : *si la terre avoit la forme d'un triédre*, etc. Mais un triédre est impossible. Il devoit dire *tétraëdre*; car le tétraëdre, qui est la pyramide à quatres faces triangulaire, est le plus simple des solides, et celui que Ptolémée et moi avons voulu dire par les mots *solide composé de triangles.*

Ce journal (mai 1818, p. 268), dit : *qu'il a été un peu surpris que je n'aie pas vu que la table de Pétau ne peut faciliter les calculs des faits astronomiques contenus dans l'almageste.* C'est qu'il ignorait que je ne donnois cette table, qu'en attendant l'application que je devois y faire de la méthode du P. Guldin, développée dans ma dissertation 1, au commencement de ce volume. Je prierai aussi ce journal, de remarquer une faute typographique dans le mot δοκεύσας, qu'il cite comme de Ptolémée. Il faut δοκούσαις, ainsi que je l'ai mis, parce que ce mot se rapporte à ταῖς qui précède (p. 269, l. 27).

ΜΗΝΕΣ ΡΩΜΑΙΩΝ, ΕΛΛΗΝΩΝ, ΑΛΕΞΑΝΔΡΕΩΝ.

ΑΘΗΝΑΙΩΝ.

...ΟΥ ΑΠΟΓΡΑΦΟΥ ρμζ'.

[illegible]

ΕΛΑΦΗΒΟΛΙΩΝ.			ΒΟΥΡΥΧΙΩΝ.			ΘΑΡΓΗΛΙΩΝ.			ΣΚΙΡΡΟΦΟΡΙΩΝ.		
Ῥωμ. ΣΕΠΤΕΜΒΡΙΟΣ.	Ἑλλην. ΓΟΡΠΙΑΙΟΣ.	Ἀλεξ. ΘΩΘ.	Ῥωμ. ΟΚΤΩΒΡΙΟΣ.	Ἑλλην. ΥΠΕΡΒΕΡΕΤΑΙΟΣ.	Ἀλεξ. ΦΑΩΦΙ.	Ῥωμ. ΝΟΕΜΒΡΙΟΣ.	Ἑλλην. ΔΙΟΣ.	Ἀλεξ. ΑΘΥΡ.	Ῥωμ. ΔΕΚΕΜΒΡΙΟΣ.	Ἑλλην. ΑΠΕΛΛΑΙΟΣ.	Ἀλεξ. ΧΟΙΑΚ.
Calendæ.	α	δ	Καλενδ.	α	δ	Καλενδ.	α	ε	Καλενδ.	α	ε
IV δ	β	ε	ϛ	β	ε	δ	β	ϛ	δ	β	ϛ
III γ	γ	ϛ	ε	γ	ϛ	γ	γ	ζ	γ	γ	ζ
I α	δ	ζ	δ	δ	ζ	α	δ	η	α	δ	η
Nonæ.	ε	η	γ	ε	η	Νωναι.	ε	θ	Νωναι.	ε	θ
VIII η	ϛ	θ	α	ϛ	θ	η	ϛ	ι	η	ϛ	ι
VII ζ	ζ	ι	Νωναι.	ζ	ι	ζ	ζ	ια	ζ	ζ	ια
VI ϛ	η	ια	η	η	ια	ϛ	η	ιβ	ϛ	η	ιβ
V ε	θ	ιβ	ζ	θ	ιβ	ε	θ	ιγ	ε	θ	ιγ
IV δ	ι	ιγ	ϛ	ι	ιγ	δ	ι	ιδ	δ	ι	ιδ
III γ	ια	ιδ	ε	ια	ιδ	γ	ια	ιε	γ	ια	ιε
I α	ιβ	ιε	δ	ιβ	ιε	α	ιβ	ιϛ	α	ιβ	ιϛ
Idus.	ιγ	ιϛ	γ	ιγ	ιϛ	Εἰδοι.	ιγ	ιζ	Εἰδοι.	ιγ	ιζ
XVIII ιη	ιδ	ιζ	α	ιδ	ιζ	ιζ	ιδ	ιη	ιθ	ιδ	ιη
XVII ιζ	ιε	ιη	Εἰδοι.	ιε	ιη	ιϛ	ιε	ιθ	ιη	ιε	ιθ
XVI ιϛ	ιϛ	ιθ	ιζ	ιϛ	ιθ	ιε	ιϛ	κ	ιζ	ιϛ	κ
XV ιε	ιζ	κ	ιϛ	ιζ	κ	ιδ	ιζ	κα	ιϛ	ιζ	κα
XIV ιδ	ιη	κα	ιε	ιη	κα	ιγ	ιη	κβ	ιε	ιη	κβ
XIII ιγ	ιθ	κβ	ιδ	ιθ	κβ	ιβ	ιθ	κγ	ιδ	ιθ	κγ
XII ιβ	κ	κγ	ιγ	κ	κγ	ια	κ	κδ	ιγ	κ	κδ
XI ια	κα	κδ	ιβ	κα	κδ	ι	κα	κε	ιβ	κα	κε
X ι	κβ	κε	ια	κβ	κε	θ	κβ	κϛ	ια	κβ	κϛ
IX θ	κγ	κϛ	ι	κγ	κϛ	η	κγ	κζ	ι	κγ	κζ
VIII η	κδ	κζ	θ	κδ	κζ	ζ	κδ	κη	θ	κδ	κη
VII ζ	κε	κη	η	κε	κη	ϛ	κε	κθ	η	κε	κθ
VI ϛ	κϛ	κθ	ζ	κϛ	κθ	ε	κϛ	λ	ζ	κϛ	λ
V ε	κζ	λ	ϛ	κζ	λ	δ	κζ	Χοιακ.	ϛ	κζ	Τυβι.
IV δ	κη	Φαωφ.	ε	κη	Ἀθυρ.	γ	κη	β	ε	κη	β
III γ	κθ	β	δ	κθ	β	α	κθ	γ	δ	κθ	γ
I α	λ	γ	γ	λ	γ		λ	δ	γ	λ	δ
			α	λα	δ				α	λα	ε

ΕΚΑΤΟΜΒΑΙΩΝ.			ΜΕΤΑΓΕΙΤΝΙΩΝ.			ΒΟΗΔΡΟΜΙΩΝ.			ΠΥΑΝΕΨΙΩΝ.		
Ῥωμ. ΙΑΝΟΥΑΡΙΟΣ.	Ἑλλην. ΑΥΔΥΝΑΙΟΣ.	Ἀλεξ. ΤΥΒΙ.	Ῥωμ. ΦΕΒΡΟΥΑΡΙΟΣ.	Ἑλλην. ΠΕΡΙΤΙΟΣ.	Ἀλεξ. ΜΕΧΕΙΡ.	Ῥωμ. ΜΑΡΤΙΟΣ.	Ἑλλην. ΔΥΣΤΡΟΣ.	Ἀλεξ. ΦΑΜΕΝΩΘ.	Ῥωμ. ΑΠΡΙΛΛΙΟΣ.	Ἑλλην. ΞΑΝΘΙΚΟΣ.	Ἀλεξ. ΦΑΡΜΟΥΘΙ.
Καλενδ.	α	ϛ	Καλενδ.	α	ζ	Calendæ.	α	ε	Καλενδ.	α	ϛ
δ	β	ζ	δ	β	η	VI ϛ	β	ϛ	δ	β	ζ
γ	γ	η	γ	γ	θ	V ε	γ	ζ	γ	γ	η
α	δ	θ	α	δ	ι	IV δ	δ	η	α	δ	θ
Νωναι.	ε	ι	Νωναι.	ε	ια	III γ	ε	θ	Νωναι.	ε	ι
η	ϛ	ια	η	ϛ	ιβ	I α	ϛ	ι	η	ϛ	ια
ζ	ζ	ιβ	ζ	ζ	ιγ	Nonæ.	ζ	ια	ζ	ζ	ιβ
ϛ	η	ιγ	ϛ	η	ιδ	VIII η	η	ιβ	ϛ	η	ιγ
ε	θ	ιδ	ε	θ	ιε	VII ζ	θ	ιγ	ε	θ	ιδ
δ	ι	ιε	δ	ι	ιϛ	VI ϛ	ι	ιδ	δ	ι	ιε
γ	ια	ιϛ	γ	ια	ιζ	V ε	ια	ιε	γ	ια	ιϛ
α	ιβ	ιζ	α	ιβ	ιη	IV δ	ιβ	ιϛ	α	ιβ	ιζ
Εἰδοι.	ιγ	ιη	Εἰδοι.	ιγ	ιθ	III γ	ιγ	ιζ	Εἰδοι.	ιγ	ιη
ιθ	ιδ	ιθ	ιζ	ιδ	κ	I α	ιδ	ιη	ιη	ιδ	ιθ
ιη	ιε	κ	ιϛ	ιε	κα	Idus.	ιε	ιθ	ιζ	ιε	κ
ιζ	ιϛ	κα	ιε	ιϛ	κβ	XVII ιζ	ιϛ	κ	ιϛ	ιϛ	κα
ιϛ	ιζ	κβ	ιδ	ιζ	κγ	XVI ιϛ	ιζ	κα	ιε	ιζ	κβ
ιε	ιη	κγ	ιγ	ιη	κδ	XV ιε	ιη	κβ	ιδ	ιη	κγ
ιδ	ιθ	κδ	ιβ	ιθ	κε	XIV ιδ	ιθ	κγ	ιγ	ιθ	κδ
ιγ	κ	κε	ια	κ	κϛ	XIII ιγ	κ	κδ	ιβ	κ	κε
ιβ	κα	κϛ	ι	κα	κζ	XII ιβ	κα	κε	ια	κα	κϛ
ια	κβ	κζ	θ	κβ	κη	XI ια	κβ	κϛ	ι	κβ	κζ
ι	κγ	κη	η	κγ	κθ	X ι	κγ	κζ	θ	κγ	κη
θ	κδ	κθ	ζ	κδ	λ	IX θ	κδ	κη	η	κδ	κθ
η	κε	λ	ϛ	κε	Φαμενωθ.	VIII η	κε	κθ	ζ	κε	λ
ζ	κϛ	Μεχειρ.	ε	κϛ	β	VII ζ	κϛ	λ	ϛ	κϛ	Παχων.
ϛ	κζ	β	δ	κζ	γ	VI ϛ	κζ	Φαρμ.	ε	κζ	β
ε	κη	γ	γ	κη	δ	V ε	κη	β	δ	κη	γ
δ	κθ	δ	Bissextile.			IIII δ	κθ	γ	γ	κθ	δ
γ	λ	ε	α	κθ		III γ	λ	δ	α	λ	ε
α	λα	ϛ				I α	λα	ε			

ΜΑΙΜΑΚΤΗΡΙΩΝ.			ΑΝΘΕΣΤΗΡΙΩΝ.			ΠΟΣΕΙΔΕΩΝ.			ΓΑΜΗΛΙΩΝ.		
Ῥωμ. ΜΑΙΟΣ.	Ἑλλην. ΑΡΤΕΜΙΣΙΟΣ.	Ἀλεξ. ΠΑΧΩΝ.	Ῥωμ. ΙΟΥΝΙΟΣ.	Ἑλλην. ΔΑΙΣΙΟΣ.	Ἀλεξ. ΠΑΥΝΙ.	Ῥωμ. ΙΟΥΛΙΟΣ.	Ἑλλην. ΠΑΝΕΜΟΣ.	Ἀλεξ. ΕΠΙΦΙ.	Ῥωμ. ΑΥΓΟΥΣΤΟΣ.	Ἑλλην. ΛΩΟΣ.	Ἀλεξ. ΜΕΣΟΡΙ.
Καλενδ.	α	ϛ	Καλενδ.	α	ζ	Καλενδ.	α	ζ	Καλενδ.	α	η
ϛ	β	ζ	δ	β	η	ϛ	β	η	δ	β	θ
ε	γ	η	γ	γ	θ	ε	γ	θ	γ	γ	ι
δ	δ	θ	α	δ	ι	δ	δ	ι	α	δ	ια
γ	ε	ι	Νωναι.	ε	ια	γ	ε	ια	Νωναι.	ε	ιβ
α	ϛ	ια	η	ϛ	ιβ	α	ϛ	ιβ	η	ϛ	ιγ
Νωναι.	ζ	ιβ	ζ	ζ	ιγ	Νωναι.	ζ	ιγ	ζ	ζ	ιδ
η	η	ιγ	ϛ	η	ιδ	η	η	ιδ	ϛ	η	ιε
ζ	θ	ιδ	ε	θ	ιε	ζ	θ	ιε	ε	θ	ιϛ
ϛ	ι	ιε	δ	ι	ιϛ	ϛ	ι	ιϛ	δ	ι	ιζ
ε	ια	ιϛ	γ	ια	ιζ	ε	ια	ιζ	γ	ια	ιη
δ	ιβ	ιζ	α	ιβ	ιη	δ	ιβ	ιη	α	ιβ	ιθ
γ	ιγ	ιη	Εἰδοι.	ιγ	ιθ	γ	ιγ	ιθ	Εἰδοι.	ιγ	κ
α	ιδ	ιθ	ιη	ιδ	κ	α	ιδ	κ	ιθ	ιδ	κα
Εἰδοι.	ιε	κ	ιζ	ιε	κα	Εἰδοι.	ιε	κα	ιη	ιε	κβ
ιζ	ιϛ	κα	ιϛ	ιϛ	κβ	ιζ	ιϛ	κβ	ιζ	ιϛ	κγ
ιϛ	ιζ	κβ	ιε	ιζ	κγ	ιϛ	ιζ	κγ	ιϛ	ιζ	κδ
ιε	ιη	κγ	ιδ	ιη	κδ	ιε	ιη	κδ	ιε	ιη	κε
ιδ	ιθ	κδ	ιγ	ιθ	κε	ιδ	ιθ	κε	ιδ	ιθ	κϛ
ιγ	κ	κε	ιβ	κ	κϛ	ιγ	κ	κϛ	ιγ	κ	κζ
ιβ	κα	κϛ	ια	κα	κζ	ιβ	κα	κζ	ιβ	κα	κη
ια	κβ	κζ	ι	κβ	κη	ια	κβ	κη	ια	κβ	κθ
ι	κγ	κη	θ	κγ	κθ	ι	κγ	κθ	ι	κγ	λ
θ	κδ	κθ	η	κδ	λ	θ	κδ	λ	θ	κδ	Ἐπαγομεναι.
η	κε	λ	ζ	κε	Ἐπιφ.	η	κε	Μεσορ.	η	κε	β
ζ	κϛ	Παυνι.	ϛ	κϛ	β	ζ	κϛ	β	ζ	κϛ	γ
ϛ	κζ	β	ε	κζ	γ	ϛ	κζ	γ	ϛ	κζ	δ
ε	κη	γ	δ	κη	δ	ε	κη	δ	ε	κη	ε
δ	κθ	δ	γ	κθ	ε	δ	κθ	ε	δ	κθ	Θωθ.
γ	λ	ε	α	λ	ϛ	γ	λ	ϛ	γ	λ	β
α	λα	ϛ				α	λα	ζ	α	λα	γ

MOIS DES ROMAINS, DES GRECS ET DES ALEXANDRINS.

DES ATHÉNIENS.

Le sens des lignes grecques ci-dessus, est contenu dans les deux vers suivans :

Sex maius nonas, october, julius et mars,
Quatuor at reliqui; dabit idus quilibet octo.

Ce Tableau comparatif des mois romains, grecs et alexandrins, est conforme à l'hémérologe ou calendrier de Ptolémée, rapporté ci-après en grec et en français, et lui est entièrement adapté.

ÉLAPHÉBOLION.

ROMAIN. SEPTEMB.	GREC. GORPIÆUS.	ALEX. THOTH.
Calendes.	1	4
4	2	5
3	3	6
1	4	7
Nones.	5	8
8	6	9
7	7	10
6	8	11
5	9	12
4	10	13
3	11	14
1	12	15
Ides.	13	16
18	14	17
17	15	18
16	16	19
15	17	20
14	18	21
13	19	22
12	20	23
11	21	24
10	22	25
9	23	26
8	24	27
7	25	28
6	26	29
5	27	30
4	28	Phaophi.
3	29	2
1	30	3

MUNICHION.

ROMAIN. OCTOBRE.	GREC. HYPERBERETÆUS.	ALEX. PHAOPHI.
Calendes.	1	4
6	2	5
5	3	6
4	4	7
3	5	8
1	6	9
Nones.	7	10
8	8	11
7	9	12
6	10	13
5	11	14
4	12	15
3	13	16
1	14	17
Ides.	15	18
17	16	19
16	17	20
15	18	21
14	19	22
13	20	23
12	21	24
11	22	25
10	23	26
9	24	27
8	25	28
7	26	29
6	27	30
5	28	Athyr.
4	29	2
3	30	3
1	31	4

THARGÉLION.

ROMAIN. NOVEMBRE.	GREC. DIUS.	ALEX. ATHYR.
Calendes.	1	5
4	2	6
3	3	7
1	4	8
Nones.	5	9
8	6	10
7	7	11
6	8	12
5	9	13
4	10	14
3	11	15
1	12	16
Ides.	13	17
18	14	18
17	15	19
16	16	20
15	17	21
14	18	22
13	19	23
12	20	24
11	21	25
10	22	26
9	23	27
8	24	28
7	25	29
6	26	30
5	27	Choiac.
4	28	2
3	29	3
1	30	4

SCIROPHORION.

ROMAIN. DÉCEMBRE.	GREC. APELLÆUS.	ALEX. CHOIAC.
Calendes.	1	5
4	2	6
3	3	7
1	4	8
Nones.	5	9
8	6	10
7	7	11
6	8	12
5	9	13
4	10	14
3	11	15
1	12	16
Ides.	13	17
19	14	18
18	15	19
17	16	20
16	17	21
15	18	22
14	19	23
13	20	24
12	21	25
11	22	26
10	23	27
9	24	28
8	25	29
7	26	30
6	27	Tubi.
5	28	2
4	29	3
3	30	4
1	31	5

HÉCATOMBÆON.

ROMAIN. JANVIER.	GREC. AUDYNÆUS.	ALEX. TYBI.
Calendes.	1	6
4	2	7
3	3	8
1	4	9
Nones.	5	10
8	6	11
7	7	12
6	8	13
5	9	14
4	10	15
3	11	16
1	12	17
Ides.	13	18
19	14	19
18	15	20
17	16	21
16	17	22
15	18	23
14	19	24
13	20	25
12	21	26
11	22	27
10	23	28
9	24	29
8	25	30
7	26	Méchir.
6	27	2
5	28	3
4	29	4
3	30	5
1	31	6

MÉTAGEITNION.

ROMAIN. FÉVRIER.	GREC. PERITIUS.	ALEX. MÉCHIR.
Calendes.	1	7
4	2	8
3	3	9
1	4	10
Nones.	5	11
8	6	12
7	7	13
6	8	14
5	9	15
4	10	16
3	11	17
1	12	18
Ides.	13	19
17	14	20
16	15	21
15	16	22
14	17	23
13	18	24
12	19	25
11	20	26
10	21	27
9	22	28
8	23	29
7	24	30
6	25	Phamén.
5	26	2
4	27	3
3	28	4
1		
Bissextile.		

BOÉDROMION.

ROMAIN. MARS.	GREC. DYSTRUS.	ALEX. PHAMÉNOTH.
Calendes.	1	5
6	2	6
5	3	7
4	4	8
3	5	9
1	6	10
Nones.	7	11
8	8	12
7	9	13
6	10	14
5	11	15
4	12	16
3	13	17
1	14	18
Ides.	15	19
17	16	20
16	17	21
15	18	22
14	19	23
13	20	24
12	21	25
11	22	26
10	23	27
9	24	28
8	25	29
7	26	30
6	27	Pharmou.
5	28	2
4	29	3
3	30	4
1	31	5

PYANEPSION.

ROMAIN. AVRIL.	GREC. XANTHICUS.	ALEX. PHARMOUTHI.
Calendes.	1	6
4	2	7
3	3	8
1	4	9
Nones.	5	10
8	6	11
7	7	12
6	8	13
5	9	14
4	10	15
3	11	16
1	12	17
Ides.	13	18
18	14	19
17	15	20
16	16	21
15	17	22
14	18	23
13	19	24
12	20	25
11	21	26
10	22	27
9	23	28
8	24	29
7	25	30
6	26	Pachon.
5	27	2
4	28	3
3	29	4
1	30	5

MAIMACTÉRION.

ROMAIN. MAI.	GREC. ARTEMISIUS.	ALEX. PACHON.
Calendes.	1	6
6	2	7
5	3	8
4	4	9
3	5	10
1	6	11
Nones.	7	12
8	8	13
7	9	14
6	10	15
5	11	16
4	12	17
3	13	18
1	14	19
Ides.	15	20
17	16	21
16	17	22
15	18	23
14	19	24
13	20	25
12	21	26
11	22	27
10	23	28
9	24	29
8	25	30
7	26	Pauni.
6	27	2
5	28	3
4	29	4
3	30	5
1	31	6

ANTHESTÉRION.

ROMAIN. JUIN.	GREC. DÆSIUS.	ALEX. PAYNI.
Calendes.	1	7
4	2	8
3	3	9
1	4	10
Nones.	5	11
8	6	12
7	7	13
6	8	14
5	9	15
4	10	16
3	11	17
1	12	18
Ides.	13	19
18	14	20
17	15	21
16	16	22
15	17	23
14	18	24
13	19	25
12	20	26
11	21	27
10	22	28
9	23	29
8	24	30
7	25	Épiphi.
6	26	2
5	27	3
4	28	4
3	29	5
1	30	6

POSIDEON.

ROMAIN. JUILLET.	GREC. PANEMUS.	ALEX. ÉPIPHI.
Calendes.	1	7
6	2	8
5	3	9
4	4	10
3	5	11
1	6	12
Nones.	7	13
8	8	14
7	9	15
6	10	16
5	11	17
4	12	18
3	13	19
1	14	20
Ides.	15	21
17	16	22
16	17	23
15	18	24
14	19	25
13	20	26
12	21	27
11	22	28
10	23	29
9	24	30
8	25	Mésor.
7	26	2
6	27	3
5	28	4
4	29	5
3	30	6
1	31	7

GAMÉLION.

ROMAIN. AOUT.	GREC. LOUS.	ALEX. M[illegible]
Calendes.	1	[illegible]
4	2	[illegible]
3	3	[illegible]
1	4	[illegible]
Nones.	5	[illegible]
8	6	[illegible]
7	7	[illegible]
6	8	[illegible]
5	9	[illegible]
4	10	[illegible]
3	11	[illegible]
1	12	[illegible]
Ides.	13	[illegible]
19	14	[illegible]
18	15	[illegible]
17	16	[illegible]
16	17	[illegible]
15	18	[illegible]
14	19	[illegible]
13	20	[illegible]
12	21	[illegible]
11	22	[illegible]
10	23	[illegible]
9	24	Ép[illegible]
8	25	
7	26	
6	27	
5	28	
4	29	Th[illegible]
3	30	
1	31	

Planche(s) en 2 prises de vue

CHRONOLOGIE ASTRONOMIQUE DE PTOLÉMÉE.

INTERVALLES marqués par Ptolémée entre les Observations.	ANNÉES ÉGYPTIENNES de l'Ère chaldéenne, comptées de la première du règne de Nabonassar.	ANNÉES JULIENNES comptées de l'an 1 avant l'ère chrétienne.	ANNÉES FIXES par leur 1 thoth au 29 (30) août juliens.	ANNÉES JULIENNES compt. de l'an 0 avant l'ère chrétienne.	ANNÉES de la Période julienne.	ANNÉES: CALIPPIQUES — Période de Méton.	ANNÉES: MACÉDONIENNES.	ANNÉES: DIONYSIAQUES.	ANNÉES des RÈGNES.	PHÉNOMÈNES CÉLESTES: ESPÈCE.	DURÉE.	GRANDEUR.	LIEUX.	OBSERVATEURS.	REMARQUES.	PAGES de la Traduction française.	ÈRES DIVERSES: OLYMPIADES.	ÈRES DIVERSES: PÉRIODE de Calippe.	ÈRES DIVERSES: ANS de Rome.	ÉVÉNEMENS POLITIQUES CONTEMPORAINS.
		776	. . .	. . .	. .	. . .	. . .	. . .	. . .						. . .	. .	. .	. .		
1re année.	0 1 thoth midi.	26 février 748	29 août 749	26 février 747	3966	. . .	. . .	. . .	1. de Nabonassar.						☉ v. . . .	L. III. p. 220.			1	
354 ½ jours [illegible]	27 29-30 thoth, 2 ½ h. avant midi	19 mars 721	9 pharm. 722	19 mars 720	3993	. . .	. . .	. . .	1. de Mardocempad.	Éclipse ☾	4 h.	totale.	Babylone.	Chaldéens.	[illegible]	L. [illegible] p. [illegible]	[illegible]	. .	7	
	28 18-19 thoth, 3 h. après minuit	8 mars 720	20 pharm. 721	8 mars 719	3994		. . .	. . .	2. Id.	Id.		3 doigts a.	Id.	Id.	[illegible]	L. IV. p. [illegible]		. .		
	28 15 phamenoth, 3 ½ avant minuit	. .	20 thoth 720	1 septemb. 719	3994		. . .	. . .	2. Id.	Id.	3 h.	6 d. austral.	Id.	Id.	[illegible]	L. IV. p. [illegible]		. .		
176 jours 20 h. ½.	127 27-28 athyr, 1 h. avant minuit.	22 avril 621	(30)	22 avril 620	[illegible]	. . .	. . .	. . .	5. de Nabopolassar.	Id.	2 h.	3 doigts a.	Id.	Id.	[illegible]	L. IV. p. [illegible]		. .		
	[illegible] 17-18 phamenoth, 1 h. av. minuit.	16 juillet 523		16 juillet 522	[illegible]	. . .	. . .	. . .	7. de Cambyse.	Id.		6 doigts b.	Id.		. . .	L. V. p. [illegible]		. .		
456 + ¼ rebi. .	[illegible] [illegible] epiphi, ½ h. avant minuit.	19 novemb. 502		19 novemb. 501	[illegible]	. . .	. . .	. . .	20. de Darius I.	Id.		3 doigts a.	Id.		. . .	L. V. p. [illegible]		. .		
	[illegible] 3-4 tybi, 6 h. après minuit	25 avril 491		25 avril 490	[illegible]	. . .	. . .	. . .	31. Id.	Id.		2 doigts a.	Id.	Id.	. . .	L. IV. p. [illegible]		. .		
	[illegible] 21 phamenoth matin.	26 juin 432		26 juin 431	[illegible]	1re année hécatombéon.	. . .	. . .	Apseudès, archonte.	Solstice d'été		. .	Athènes.	Méton, Euctémon.	. . .	L. III. p. [illegible]	[illegible]	. .		
[illegible]	[illegible]	[illegible]	[illegible]	[illegible]	[illegible]	[illegible]	[illegible]	[illegible]	[illegible]	[illegible]	[illegible]	[illegible]	[illegible]	[illegible]	[illegible]	[illegible]	[illegible]	[illegible]	[illegible]	[illegible]

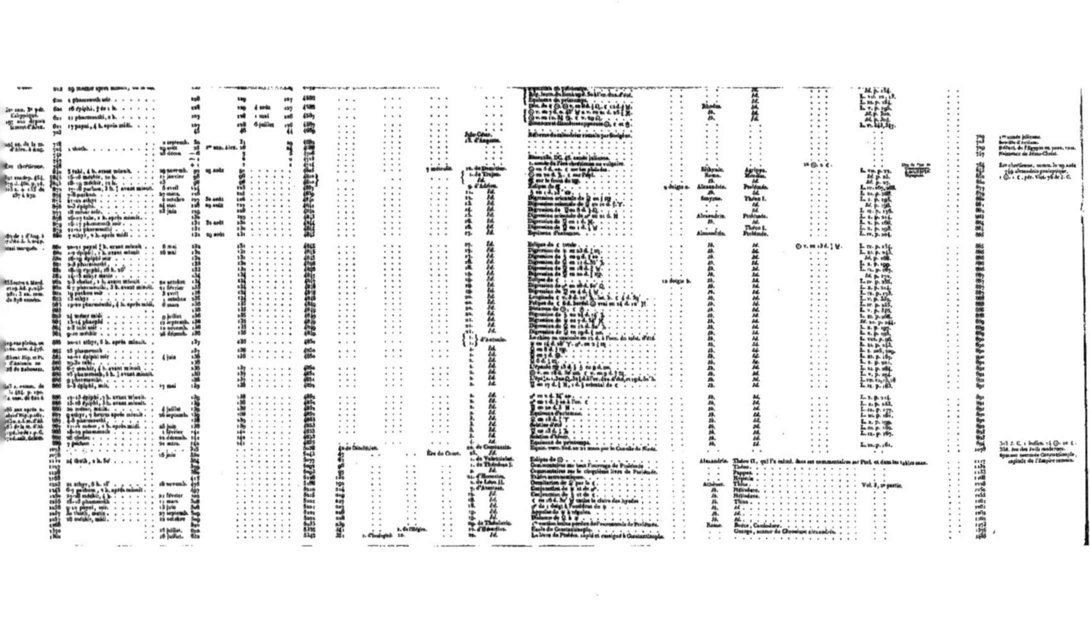

CHRONOLOGIE

DE PTOLÉMÉE.

SECONDE PARTIE,

CONTENANT

La Table chronologique des Rois, prolongée jusqu'à la prise de Constantinople par les Turcs;

L'Introduction de Géminus aux phénomènes célestes,

Et les Apparitions des Fixes, ou Calendrier, de Ptolémée,

TRADUITS DU GREC,

PAR M. L'ABBÉ HALMA.

Extrait de l'Histoire universelle traduite de l'anglais.

La Chronologie de Ptolémée s'accorde si parfaitement avec l'Écriture-Sainte, que s'il était possible que cette dernière eût besoin d'être confirmée, relativement aux grands empires d'Assyrie et de Babylone, on pourrait recourir avec confiance à ces tables. Elles ont donné lieu à une des plus fameuses ères profanes, celle de Nabonassar, premier roi de cette ère, sans laquelle tout ce qui concerne les empires que nous venons de nommer, serait enveloppé des plus épaisses ténèbres. (*Préf.*)

» L'origine et la durée de l'empire Babylonien ont été d'autant mieux fixées par le canon de Ptolémée, que ce canon s'accorde exactement avec l'histoire sainte, et a produit la fameuse ère de Nabonassar, sans laquelle l'histoire des Babyloniens seroit bien plus obscure pour nous, qu'elle ne l'est. On a de la peine à concevoir qu'une pièce de cette importance ait été si peu confrontée avec ce que nos écrivains sacrés rapportent. C'étoit pourtant un excellent moyen, tant pour les historiens que pour les chronologistes, de sortir du labyrinthe où ils se sont presque tous égarés, en suivant aveuglément un auteur grec qui a pourtant eu quelques lumières sur la chute de l'ancien empire d'Assyrie, quoique peu digne à tous égards de leur servir de guide. Le canon de Ptolémée commence environ 23 ans après que Pul parut pour la première fois en deçà de l'Euphrate.

Il paroît que Ptolémée commence sa liste par Nabonassar, parce qu'il ne connoissoit pas de plus ancien roi de Babylone (ou plutôt parce que ce n'est que depuis Nabonassar, que les observations astronomiques des Chaldéens lui ont paru certaines). L'écriture ne fait mention d'aucun roi d'Assyrie avant Pul, qui se fit voir sur les bords de l'Euphrate environ 23 ans avant la première année où commence le canon. Il est certain que Nabonassar doit avoir été fils ou petit-fils de Pul, qui avant sa mort partagea sa monarchie entre ses enfans. Ce point, qu'on ne sauroit contester, sert à faire entendre le texte qui sans cela seroit fort obscur, puisqu'on auroit bien de la peine à deviner comment les Assyriens fondèrent l'empire des Chaldéens. Cet empire est donc d'origine assyrienne, et forme une espèce de branche de l'empire Assyrien. (*Note* CXLVII. *du tom.* VI. *de l'Hist. univ. traduite de l'anglais*, in-8°.)

Κ. ΠΤΟΛΕΜΑΙΟΥ, ΘΕΩΝΟΣ, κ. τ. λ.

ΚΑΝΩΝ.

TABLE CHRONOLOGIQUE

DE PTOLÉMÉE, THÉON, etc.

ΚΑΝΩΝ ΒΑΣΙΛΕΙΩΝ. — CANON OU TABLE DES RÈGNES.

ΕΤΗ ΒΑΣΙΛΕΙΩΝ ΠΡΟ ΤΕ ΑΛΕΞΑΝΔΡΟΥ, ΚΑΙ ΑΥΤΟΥ.	ΕΤΗ.	ΕΠΙΣΥΝΑΓΩΓΗ ΑΥΤΩΝ	ANNÉES DES RÈGNES AVANT ALEXANDRE, ET DU SIEN.	Années	SOMMES de ces ANNÉES.
Ναβονασσάρου	ιδ	ιδ	Nabonassar	14	14
Ναδίου	β	ιϛ	Nadius	2	16
Χινζῆρος καὶ Πώρου	ε	κα	Chinzêr et Pôrus	5	21
Ιλουλαίου	ε	κϛ	Iloulaïus	5	26
Μαρδ κεμπάδου	ιβ	λη	Mardocempad	12	38
Αρκεανοῦ	ε	μγ	Arcean	5	43
Αβασιλεύτου πρώτου	β	με	Premier interrègne	2	45
Βιλίβου	γ	μη	Bilib	3	48
Απαραναδίου	ϛ	νδ	Aparanad	6	54
Ρηγεβήλου	α	νε	Rhêgebel	1	55
Μεσησιμορδάκου	δ	νθ	Mesêsimordac	4	59
Αβασιλεύτου δευτέρου	η	ξζ	Second interrègne	8	67
Ασαριδίνου	ιγ	π	Asaridin	13	80
Σαοσδουχίνου	κ	ρ	Saosdouchin	20	100
Κινιλαναδάνου	κβ	ρκβ	Ciniladan	22	122
Ναβοπολλασσάρου	κα	ρμγ	Nabopollassar	21	143
Ναβ.κολασσάρου	μγ	ρπϛ	Nabocolassar	43	186
Ιλλοαρ υδάμου	β	ρπη	Iloaroudam	2	188
Νηρικασολασσάρου	δ	ρϟβ	Nericasolassar	4	192
Ναβοναδίου	ιζ	σθ	Nabonad	17	209
ΠΕΡΣΩΝ ΒΑΣΙΛΕΩΝ.			**DES ROIS PERSES.**		
Κύρου	θ	σιη	Cyrus	9	218
Καμβύσου	η	σκϛ	Cambyse	8	226
Δαρείου πρώτου	λϛ	σξβ	Darius I	36	262
Ξέρξου	κλ	σπγ	Xerxès	21	283
Αρταξέρξου πρώτου	μα	τκδ	Artaxerxès I	41	324
Δαρείου δευτέρου	ιθ	τμγ	Darius II	19	343
Αρταξέρξου δευτέρου	μϛ	τπθ	Artaxerxès II	46	389
Ωχου	κα	υι	Ochus	21	410

Αρωγοῦ	ϐ	υιϐ	Arôgus	2	412
Δαρείου τρίτου	δ	υις	Darius III	4	641
Αλεξάνδρου Μακεδόνος	η	υκδ	Alexandre Macédoine	8	424
ΕΤΗ ΒΑΣΙΛΕΩΝ ΤΩΝ ΜΑΚΕΔΟΝΩΝ ΜΕΤΑ ΤΗΝ ΑΛΕΞΑΝΔΡΟΥ ΤΕΛΕΥΤΗΝ.			ANNÉES DES ROIS MACÉDONIENS APRÈS LA MORT D'ALEXANDRE.		
Φιλίππου	ζ	ζ	Philippe	7	7
Αλεξάνδρου ἄλλου	ιϐ	ιθ	Alexandre II	12	19
Πτολεμαίου Λάγου	κ	λθ	Ptolémée Lagus	20	39
Πτολεμαίου Φιλαδέλφου	λη	οζ	Ptolémée Philadelphe	38	77
Πτολεμαίου Εὐεργέτου πρώτου	κε	ρϐ	Ptolémée Euergète I	25	102
Πτολεμαίου Φιλοπάτορος	ιζ	ριθ	Ptolémée Philopator	17	119
Πτολεμαίου Επιφανοῦς	κδ	ρμγ	Ptolémée Epiphane	24	143
Πτολεμαίου Φιλομήτορος	λε	ροη	Ptolémée Philométor	35	178
Πτολεμαίου Εὐεργέτου δευτέρου	κθ	σζ	Ptolémée Euergète II	29	207
Πτολεμαίου Σωτῆρος	λς	σμγ	Ptolémée Sôter (1)	36	243
Διονυσίου νέου	κθ	σοϐ	Denys le jeune	29	272
Κλεοπάτρας	κϐ	σϟδ	Cléopâtre	22	294
ΡΩΜΑΙΩΝ ΒΑΣΙΛΕΩΝ.			DES ROIS (EMPEREURS) ROMAINS.		
Αὐγούστου	μγ	τλζ	Auguste	43	337
Τιϐερίου	κϐ	τνθ	Tibère	22	359
Γαΐου	δ	τξγ	Caïus	4	363
Κλαυδίου	ιδ	τοζ	Claude	14	377
Νέρωνος	ιδ	τϟα	Néron	14	391
Οὐεσπασιανοῦ	ι	υα	Vespasien	10	401
Τίτου	γ	υδ	Tite	3	404
Δομητιανοῦ	ιε	υιθ	Domitien	15	419
Νερουα	α	υκ	Nerva	1	420
Τραϊανοῦ	ιθ	υλθ	Trajan	19	439
Αδριανοῦ	κα	υξ	Adrien	21	460
Αἰλίου-Αντωνίνου	κγ	υπγ	Ælius-Antonin	23	483
Μαρκου Αντωνινου	ιθ	φϐ	Marc-Antonin	19	502
Κομοδου	ιγ	φιε	Commode	13	515
Σεϐῆρου	ιη	φλγ	Sevère	18	533
Αντονίνου Καρακαλλα	ζ	φμ	Antonin (Caracalla)	7	540
Αντωνινου αλλου	δ	φμδ	Antonin le jeune	4	544
Αλεξάνδρου Μαμαια	ιγ	φνζ	Alexandre Mamée	13	557
Μαξιμίνου	γ	φξ	Maximin	3	560
Γορδιανοῦ	ς	φξς	Gordien	6	566
Φιλιπποῦ	ζ	φογ	Philippe	7	573
Δεκίου	α	φοδ	Dèce	1	574
Γαλλου	ϐ	φος	Gallus	2	576
Γαλήρου	ιε	φϟα	Galère	15	591
Κλαυδίου	α	φϟϐ	Claude	1	592
Αὐρηλιανοῦ	ς	φϟη	Aurélien	6	598

(1) Entre Physcon Euergète II et Ptolémée Denys le jeune, ont régné

Ptolémée Sôter ou Lathure	20 ans.	36 ans sous le nom de Sôter.
Alexandre et Bérénice	16	
Ptolémée Aulète	29	mal à propos attribués au jeune Denys.
Denys et Cléopâtre	22	

Πρόβου	ζ	χε	Probus	7	605
Καροῦ καὶ Καρίνου	β	χζ	Carus et Carinus	2	607
Διοκλητιανοῦ	κ	χκζ	Dioclétien	20	627
Κωνςαντίνου	δ	χλα	Constantin	4	631
ΧΡΙΣΤΙΑΝΩΝ ΡΩΜΑΙΩΝ ΒΑΣΙΛΕΩΝ.			**DES ROIS ROMAINS CHRÉTIENS.**		
Κονςαντίνου Μεγάλου	κε	χνζ	Constantin-le-Grand (1)	26	657
Κονςαντίου ὑιου αὐτου	κδ	χπα	Constantin son fils	24	681
Ιουλιανοῦ Παραβάτου	β	χπγ	Julien l'Apostat	2	683
Ιοβιανοῦ	α	χπδ	Jovien	1	684
Οὐαλέντος	ια	χϟε	Valens	11	695
Γρατιανοῦ	γ	χϟη	Gratien	3	798
Θεοδοσίου Μεγάλου	ιζ	ψιε	Théodose-le-Grand	17	715
Αρκαδίου	ιγ	ψκη	Arcadius	13	728
Θεοδοσίου Μικρου	μϛ	ψοδ	Théodose-le-Petit	46	774
Μαρκιανοῦ	ζ	ψπα	Marcien	7	781
Λεόντος του Μακελὴ	ιζ	ψϟη	Léou-le-Boucher	17	798
Ζηνώνος	ιη	ωιϛ	Zénon	18	816
Αναςασίου	κζ	ωμγ	Anastase	27	843
Ιουςίνου Θρακος	θ	ωνβ	Justin de Thrace	9	852
Ιουςινιανοῦ Μεγάλου	λη	ωϟ	Justinien-le-Grand	38	890
Ιουςίνου ἄλλου	ιβ	ϡβ	Justin II	12	902
Τιβερίου	δ	ϡϛ	Tibère II	4	906
Μαυρικίου	κ	ϡκϛ	Maurice	20	926
Φωκᾶ	η	ϡλδ	Phocas	8	934
χι ετη του Ηρακλείου	λ	ϡξδ	610 ans de J. C. Héraclius	30	964
Κωνςαντίνου	α	ϡξζ	Constantin	1	967
Κωνςαντίου	κζ	ϡϟδ	Constant	27	994
Κωνςαντινου του Πογονάτου	ιζ	͵αια	Constantin-Pogonat	17	1011
Ιουςινίανου του δεύτερου	ι	͵ακα	Justinien II	10	1021
Λεοντίου	γ	͵ακδ	Léonce	3	1024
Τιβερίου	ζ	͵αλα	Tibère II	7	1031
Ιουςινιανοῦ	ϛ	͵αλζ	Justinien III	6	1037
Φιλιππίκου	β	͵αλθ	Philippicus	2	1039
Αναςασίου	β	͵αμα	Anastase	2	1041
Θεοδοσίου	α	͵αμβ	Théodose	1	1042
Λεόντος του Ισαυρίκου	κε	͵αξζ	Léon d'Isaurie	25	1067
Κωνςαντίνου Κοπρωνυμου	λδ	͵αρα	Constantin Copronyme	34	1101
ΛεόντοςκαὶΚωςαντίνουτουΠορφ.	ε	͵αρϛ	Léon et Constantin Porphyrog.	5	1106
Κωνςαντίνου καὶ Εἰρήνης	ι	͵αριϛ	Constantin et Irène	10	1116
Κωνςαντίνου	ζ	͵αρκγ	Constantin	7	1123
Εἰρήνης	ε	͵αρκη	Irène	5	1128
Νικηφόρου σὺν τῳ υἱῳ	θ	͵αρλζ	Nicéphore et son fils	9	1137
Μιχαὴλ σὺν τῷ υἱῳ	β	͵αρλθ	Michel et son fils	2	1139
Λεόντος του ἀρμένου	ζ	͵αρμϛ	Léon l'Arménien	7	1146
Μιχαὴλ του δυσλόγου	θ	͵αρνε	Michel-le-Bègue	9	1155
Θεοφίλου	ιγ	͵αρξη	Théophile	13	1168
Μιχαὴλ σὺν τη μητρι	ιδ	͵αρϖβ	Michel et sa mère	14	1182

(1) Le manuscrit 2394, Van der Hagen et Dodwell ne donnent au règne entier de Constantin I que 29 ans, savoir : 4 comme payen, et 25 comme chrétien ; mais il régna 30 ans pleins. *Art. de v. les dates, t. 1.*

ΚΑΝΩΝ ΒΑΣΙΛΕΙΩΝ.

Μιχαὴλ μονου	ιϐ	αρξδ	Michel seul	12	1194
Βασιλείου	ιθ	ασιγ	Basile	19	1213
Λεόντος	κε	ασλη	Léon	25	1238
Αλεξάνδρου	α	ασλθ	Alexandre	1	1239
Κωνςαντίνου	ς	ασμε	Constantin	6	1245
Ρωμανοῦ	κς	ασοα	Romain	26	1271
Ρωμανοῦ ἄλλου	ιη	ασωθ	Romain II	18	1289
Νικηφόρου Φωκᾶ	ς	ασζε	Nicéphore Phocas	6	1295
Ιωάννου ζημισκὴς	ς	ατα	Jean Zimiscès	6	1301
Βασιλείου	νϐ	ατνγ	Basile	52	1353
Ρωμανου του Αργυρόπουλου	ε	ατνη	Romain-Argyre	5	1358
Μιχαὴλ του Παφλαγόνου	η	ατξς	Michel le Paphlagonien	8	1366
Μιχαὴλ του Καλαφάτου	ζ	ατογ	Michel Calaphate	7	1373
Κωνςαντίνου του Μονομάχου	ιϐ	ατπε	Constantin Monomaque	12	1385
Θεοδώρας Γερόντος Μιχαὴλ	ια	ατϟς	Théodora et le vieux Michel	11	1396
Ισαακίου τοῦ Κομνήνου	ϐ	ατϟη	Isaac Comnène	2	1398
Κωνςαντίνου του Δουκᾶ	ζ	αυε	Constantin Ducas	7	1405
Εὐδοκίας, Ρωμανου, Μιχαὴλ Δουκᾶ	ι	αυιε	Eudocie, Romain, Michel Ducas	10	1415
Νικηφόρου του Βοτονίατου	γ	αυιη	Nicéphore Botoniate	3	1418
Αλεξίου Κομνήνου	λζ	αυνε	Alexis Comnène	37	1455
Ιωαννου Κομνήνου	κδ	αυοθ	Jean Comnène	24	1479
Μανουὴλ Κομνήνου	λη	αφιζ	Manuel Comnène	38	1517
Αλεξίου σὺν Ανδρονίκου	γ	αφκ	Alexis et Andronic	3	1520
Ισαακίου Αγγέλου	θ	αφκθ	Isaac Ange	9	1529
Αλεξίου Αγγέλου	θ	αφλη	Alexis Ange	9	1538
Αλεξίου και Ισαακίου	μην θ ἡμ. κ		Alexis et Isaac	9 mois 20 jours.	
Αλεξίου του Μουρζουφλοῦ	μην ϐ ἡμε. ι		Alexis Murzufle	2 mois 10 jours.	
ἐφ' ὧν Λατινοῖς ὑποτασσεται πολις.			Sous qui la ville est prise par les Latins (1204).		
Θεόδωρος Λασχάρης ὁ α^ος	ιη	αφμς	Théodore Lascaris I	18	1546
Ιωάννης Δούκας ὁ Βατάξης	λγ	αφοθ	Jean Ducas Vatace	33	1579
Θεόδωρος Λασκάρης παῖς Ιωάνν.	δ	αφπγ	Théodore Lascaris II	4	1583
Μιχαὴλ Παλαιόλογος ὁς λατίνους ἐξῶσε τῆς Κωνςαντίνουπολέως	κδ	αχζ	Michel Paléologue, qui chassa les Latins de Constantinople	24	1607
Ανδρονίκος ὁς Αντωνίος μονάχος	με	αχνϐ	Andronic, dit le moine Antoine	45	1652
Ανδρονίκος ὁ ἐγγόνος αὐτοῦ	ιγ	αχξε	Andronic son petit fils	13	1665
Ιωάννης πέμπτος Παλαιόλογος Ιωάννης ὁ Καντακουζηνος	ν	αψιε	Jean V^e. Paléologue et Jean Cantacuzène	50	1715
Μανούηλ ὁ Παλαιολόγος	λδ	αψμθ	Manuel Paléologue	34	1749
Ιωάννης ὁ Παλαιολόγ. αυτοῦ υιος.	κγ	αψοϐ	Jean Paléologue, son fils	23	1772
Κωνςαντίνος ὁ Παλαιολόγος ὑφ' οὗ πολις ἑαλω ἡ Κωνςαντίνου.	ε	αψοζ	Constantin Paléologue, sous qui la ville de Constantin fut prise (1)	5	1777

(1) L'an 1777 compté de l'an 1 de Philippe-Aridée est l'an 1453 de l'ère chrétienne. Car 1777 — 324 = 1453, année julienne de la prise de Constantinople par les Turcs sous Mahomet II.

Εκ των ἀπογραφων ,βτϟδ, ϐ,τϟ.

O ΜΕΓΑΣ Λογοθέτης ὁ μετοχίτης προθέμενος ψηφιφορίαν ποίησασθαι τῶν ἀςέρων ἐν τοῖς αὐτοῦ χρόνοις ἐπὶ τῆς βασιλείας ἀντωνίου τοῦ παλαιόλογου, ὡδέπως ἐποίησατο τιν' ἐκθέσιν·

Ἔτη ἀπὸ κτισέως κόσμου πεπληρώμενα ,ϛψϟα̅. ἀφ' αίρ' ἀπὸ τούτων ἔτη ερπε̅ πεπληρώμενα ὅσα ,ερπε̅ μέχρι τῆς δηλόνοτι παρῆλθον ἀπὸ κτισέως κόσμου ἀρχῆς Φιλίππου τοῦ Αριδαίου, ἡ γὰρ τούτου ἀρχὴ κατὰ το ,ερπςον ἔτος ἐγενέτο, λοίπα ἔτη ἀπὸ τῆς ἀρχῆς Φιλιππου τοῦ ἀρι δαίου πεπληρώμενα ,αχϛ̅.

Πρόσθ· τοῦ τοῖς ἔτος ἐκ ὅπερ ἀποκατέςη διὰ τῶν τετραετηρίδων, κατ' αὐτὸ τὸ πέμπτον ἔτος τῆς Αὐγούςου βασιλείας, οὑτίνος ἐμβολίμου ἔτους καὶ ἀποκαταςασις γεγόνε μετὰ ἔτη ἀπὸ κτισέως κόσμου ,ευπδ̅ τελεία, πρόσθ οὖν αὐτὸ τὸ ἐμβολίμον τῆς ἀποκαταςασέως ἔοτος τοῖς ἀπὸ Φιλίππου τοῦ ἀριδαίου καταχθείσιν ἐτέσι, γινόνται ἔτη πεπληρώμενα ,αχζ.

Ἀλλ' ἔπει πάλιν ἀπὸ τῆς ἀρχῆς τοῦ ἑκτοῦ ἔτους τῆς Αὐγούςου βασιλείας μέχρι καὶ τοῦ νυν οὐκ ὀλίγα προηλθεν ἔτη, εἰσι γὰρ ἤδη ,ατη̅, ταῦτα μερίσαντες παρὰ τὸν δ̅, ἵνα πάλιν ἰδῶ μεν πόσας ἐξῶμεν ἐμβολίμους τετραετηρίδας, εἴσιν οὖν ἡμέραι ἀπὸ τοῦ τετραετήρισμου ἀρίθμου τκζ̅, Πρόσθ. αὐταῖς β̅ ἡμέρας τοῦ Αὐγούςου, λ̅ σεπτεμβριοῦ καὶ ε̅ τοῦ ὀκτοβριοῦ, ἐπείδη καθ' ἣν ἡ ψηφηφόρια ποιείται, ἐςὶν ἀπὸ κτισέως κοσμοῦ, ,ϛψϟβ̅, μήνος ὀκτοβριοῦ ἐκτῃ ἀπὸ μεσημβρίας ἀρχωμενῃ διὰ τοῦτο εἰπόμεν, ὅτι καὶ ϛ̅ ἡμερᾳ ὀκτοβρίου ὁμοῦ αἱ πάσαι ἡμεραι τξε̅ τελείον ἔτος αἰγυπτίακον.

Καὶ προστιθεται πάλιν τοῦτο τοῖς ἐτεσι τοῖς ἀπὸ Φιλίππου τοῦ ἀριδαίου, ὁ μοῦ γίνονται ἀπὸ τούτου ἔτη ,αχη Θὼθ, νεομηνίᾳ τοῦ πρωτοῦ ἔτους, ἐπείδη αἱ ἡμέραι εἰς τελείον ἔτος κατέληξαν ὥρᾳ ἀπὸ μεσημβρίας α̅ ἢ ϛ̅.

Καὶ συναγείσομεν πρὸς τοιούτον .δ τι γενόμενου ἐπιλογίσμου κατὰ τὸ ,ϛψϟβ̅ ἔτος, εὑρεθήσαν ἔτη μὲν Αἰγύπτιακα ,αχη̅ μηνι Θὼθ, τούτεςιν ὅτι

Extrait des Manuscrits grecs 2394 *et* 2390.

(2394) Le grand Logothète métochite, se proposant de faire un calcul astronomique pour son temps, sous le règne d'Antoine Paléologue, en a fait l'exposé suivant :

Années pleines depuis la création du monde, 6791, desquelles ôtant 5185 années écoulées depuis la création jusqu'au règne de Philippe-Aridée, qui commença dans la 5186e, restent 1606 années pleines, depuis le règne de Philippe Aridée.

Ajoutant une année qui résulte des jours embolimes des tétraëtérides, dans la cinquième année du règne d'Auguste, duquel embolime le retour dernier s'est fait après 5484 ans du monde, aux années déjà comptées d'Aridée, nous aurons en années pleines, 1607.

Mais, comme depuis le commencement de la sixième année du règne d'Auguste, jusqu'à présent, il s'est passé plusieurs années, car il y en a 1308, nous les divisons par 4, pour savoir combien il y a d'embolimes tétraëtérides, et nous y trouvons 327 jours, auxquels ajoutant 2 jours d'août, 30 de septembre et 5 d'octobre, temps où s'est fait ce calcul, on trouve depuis la création du monde, 6792, au sixième jour d'octobre commençant à midi, où nous disons que les jours de l'année égyptienne sont finis au 6 octobre.

On ajoute cette année à celles depuis Philippe-Aridée, et il vient 1608, à la néoménie de thoth de la première année; car les jours de la dernière année finissent à la 6e heure ou 1re après midi.

Puis sommant, il se trouve à la 6792e année 1608 années égyptiennes au mois thoth, c'est-à-dire, 6791 années terminées, et la 6792e année commencée, dont le douzième mois se trouva être octobre, le premier mois égyptien étant thoth, dont le premier jour tomba au 6 octobre. (1re *année d'Antoine Paléologue*, année où le grand Logothèque écrivit, car 6792 — 5509 = 1282 + 324 = 1607).

(2390.) Il faut compter la première année de Nabonassar, roi des Chaldéens, de la 4746e du monde; et de cette année, jusqu'à Alexandre de Macédoine, 424 ans; de sorte, que d'Adam à la mort d'Alexandre, il y a 5170 ans. Après Salmanazar, Nabonassar, 1er roi des Chaldéens, régna 26 ans, dès l'an 4746 du monde.

Il faut savoir que la première année de Philippe Aridée, premier successeur d'Alexandre de Macédoine, roi des Macédoniens, est celle à laquelle Claude Ptolémée à fixé le commencement de l'année égyptienne et grecque, pour le calcul des tables manuelles, au premier jour du mois nommé thoth par les Egyptiens, 29e du mois d'août, coïncidant pour le premier jour de l'année, avec le commencement de l'an du monde cinq mille cent septante; et depuis cette première année de Philippe, jusqu'à la catastrophe de Cléopatre, la somme des années est, suivant les tables astronomiques, de 294, qui ajoutées à 5170 font 5464 ans, d'Adam à la mort de Cléopatre.

Il est bon de savoir aussi, que Panodore, moine d'Egypte, versé dans la science des temps, et qui florissait du temps de l'empereur Arcadius, et de Théophile archevèque d'Alexandrie, mettoit suivant le calcul mathématique, le commencement du règne d'Auguste à la 5451e année du monde, et sa fin à la 5500e.

τετελείωμενα μὲν ἔτη ϛψϙα ἤρξατο δὲ τὸ ϛψϙβ ἔτος, οὐτίνος ὁ δεύτερος μὴν ὀκτώβριος εὑρέθη; κατ' Αἰγυπτιους πρωτὸς Θὼθ. Ἡ δὲ ὀκτωβρίου ϛη̄ ἡμέρα πρώτη τοῦ Θὼθ.

Τὸ πρῶτον ἔτος Ναβονασσάρου χαλδαίων βασίλεως ἀπὸ τοῦ ͵δψμϛ ἔτους τοῦ κόσμου δεῖ ἀρίθμειν. Καὶ ἀπ' αὐτοῦ ἕως Αλεξάνδρου τοῦ Μακέδονος ἔτη υκδ, ὡς εἶναι ἀπὸ τοῦ Αδὰμ ἕως Αλεξάνδρου τελεύτης ͵ερο, μετὰ Σαλμάνασαν ὁ Ναβονασσάρος χαλδείων πρωτὸς ἐβασίλευσεν ἔτη κϛ. Τοῦ δὲ κόσμου ἦν ἔτος ͵δψμϛ.

Δεῖ εἰδέναι ὅτι τὸ πρωτὸν ἔτος Φιλίππου τοῦ ἀριδαίου τοῦ μετὰ Αλεξάνδρον τὸν μακέδονα βασίλευσαντα μακεδονων πρώτως, καθ' ὁ ἔτος καὶ ὁ Κλαύδις Πτολεμαίος τὴν τῶν προχείρων κανόμων ψηφοφορίαν ἐπήξατο ἀρχὴν Αἰγυπτίακου καὶ Ἑλληνικου ἐτοὺς κατὰ τὴν πρώτην τοῦ Θὼθ μήνος παρ' Αἰγυπτίοις λεγομένου, εἰκόστην ἐννάτην τοῦ Αὐγούστου μήνος, οὖσαν ἀποκαταστίκην ὁμοχρονον ὁμολογουμένην ἐπὶ τῷ πενταχισχιλίοστῳ ἑκατόστῳ ἑβδομήκοστῳ ἔτει τοῦ κόσμου· ἀπὸ δὲ τοῦ αὐτοῦ πρώτου ἐτοὺς Φιλίππου μέχρι τῆς καθαιρεσέως Κλεοπάτρας ἔτη κατὰ τοὺς ἀστρονομίκους κανόνας συνάγεται διακόσια ἐννένηκοντα τεσσάρα, ἃ τίνα συναριθμούμενε μετὰ του πεντάκισχιλίοστου ἑκατόστου ἑβδομηκόστου ἔτους, ἔτη γίνονται πεντάχισχιλια τετράκοσια ἑξήκοντα τεσσάρα ἀπὸ Αδὰμ ἕως καθαίρεσεως Κλεοπάτρας.

Δεῖ εἰδέναι καὶ τοῦτο, ὅτι Πανόδωρος τὶς τῶν κατ' Αἰγύπτον οὐσῶν μονάχος οὐκ ἀπείρος χρονίκης ἀκριβείας, ἐν τοῖς χρόνοις ἠκμάσας Ἀρκαδίου βασίλεως καὶ Θεοφίλου Αλεξάνδρειας ἀρχιεπισκόπου, τῃ μαθηματίκῃ ἐξακολούθων ἐκδόσει, τὴν μὲν ἀρχὴν τῆς Αὐγούστου βασιλείας τῷ πεντακισχιλίοστῳ τετροκοσίοστῳ πεντηκόστῳ ἔτει τοῦ κοσμου ἐστοιχείωσε, τὸ τὲ τελὸς τῷ πεντακισχιλιοστῳ πεντακοσιοστῷ ἔτει.

Δεῖ εἰδέναι καὶ τούτο, ὅτι τὸ πεντακισχιλιοστον τετρακοσιοστον ἑβδομήκοστον δεύτερον ἔτος τοῦ κόσμου σύντρεχει τῷ πεντεκαίδεκατῳ ἔτει τῆς Αὐγούστου βασιλειας· ἀπὸ δὲ Αλεξάνδρειας ἀλωσέως καὶ τὸ λεγόμενον βίσεξτον προστέθη ὑπ’ Αὐγούστου καὶ σαρὸς τῶν τηνίκαυτα σοφων, ἀναγκαίον οὖν ἐστὶ δηλῶσαι περὶ αὐτοῦ. Του ἡλίακου ἐνιαυτοῦ τριάκοσιων ἑξήκοντα πεντε ἡμέρων καὶ τετάρτου μίας ἡμέρας ὄντος, τοῦτο τὸ τετάρτον κατὰ ἔτη εἰκόσι ὄκτω συναγόμενον ἑπτὰ ἡμέρας ἀποτέλεῖ ἀνάπολυ μὲν ἀπὸ τῆς πρώτης ἡμέρας τῆς ἑβδομάδος ἕως ἑβδόμης, αἱ τίνες λεγόνται ἐπακται ἡλίου ἑπτὰ διὰ τῶν εἰκοσίοκτω ἔτων συμπληρούμεναι, καὶ πάλιν ἀπὸ τοῦ εἰκόστου ἐννάτου ἐρχομέναι, τετράκις γὰρ ἑπτὰ εἰκοσίοκτω γίνονται. Αἱ δὲ αὐταὶ καὶ τετραέτηριδες παρα τοῖς μαθηματίκοις ἀστρονόμοις κεκλήνται, δια τὸ κατὰ τεσσάρα ἔτη ἡμέραν μίαν τῶν ἐνιαύτων ἐπείσαγειν, περὶ ἧς οἱ μὲν ἰουδαίοι σεληνίακους παραλαμβάνονται τοὺς χρόνους διὰ τὸ νομίκον πάσχα, καὶ τὴν ἐν τῷ πρώτῳ μήνι νίσαν πανσέληνον, εἴπερ οὐδένα λόγὸν εὐρίσκονται συγγραψημένον. Ἕλλήνες δὲ παρὰ χαλδαίων εἰς Αἰγυπτίους διὰ τοῦ πατρίαρχου Αβραὰμ, ὡς ὁ λόγος, τὴν αὐτην ἐλθοῦσαν γνῶσιν παραλαβεντες κατ’ Αἰγυπτίους, τριακοσίων ἐξηκοντα πεντε ἡμέρῶν τὸν ἐνιαύτον ἐλογίσαντο, ἀρχομένοι μὲν ἀπὸ τοῦ παρ’ αὐτοῖς Θὼθ μήνος τῆς πρώτης ἡμέρας ἥτις κατὰ την εἰκόστην ἐννατην τοῦ Αὐγούστου μήνος συμπίπτει, καὶ κατὰ χρόνους τεσσάρας ἀμείβοντες μίαν ἡμέραν, ἕως ἀποκατάστασεως ἡμέρων Αἰγυπτίακου ἐτοὺς τριακοσίων ἑξήκοντα πέντε, διὰ χιλίων τετράκοσιων ἑξήκοντα ἔτων συμπληρουμένου ἐτοὺς ἀπὸ σημείου τινὸς εἰς τὸ αὐτὸ σημείον ἀπὸ τῆς εἰκόστης ἐννάτης τοῦ Αὐγούστου μήνος ἀποκατίσταμενου, ὡς ἐτύχε ἀποκάταταστηναι κατὰ τόδε τὸ πεντάκισχιλίοστον τετράκοσιοστων ἑβδομήκοστον πρώτον ἔτος τοῦ κόσμου, Αὐγούστου, δὲ κατὰ Παννόδωρον τὸν χρονίκον, τὸ εἰκοστον δευέρον ἔτος, διὰ τὸ τοὺς πολλους τὸ ἑξκαιδεκατον ἔτος τῆς Αὐγούστου βασιλείας τὴν Αλεξανδρείας ἀλώσιν ἱστόρειν, καὶ τοὺς τούτου

Il faut savoir encore que la 5472ᵉ année du monde concourt avec la quinzième année du règne d'Auguste ; et que depuis la prise d'Alexandrie, ce qu'on appelle le bissexte a été établi par Auguste, en saros des sages de ce temps-là. Il est donc nécessaire de le faire connaître. L'année solaire étant de 365 jours et un quart de jour, ce quart donne en 28 ans sept jours, du premier de l'hébdomade jusqu'au septième, lesquels se nomment les sept épactes du soleil, complétés en vingt-huit années, et qui reviennent à compter de la vingt-neuvième; car quatre fois sept font vingt-huit. Ces épactes sont appelées tétraëtérides chez les astronomes mathématiciens, parce qu'à chaque quatrième année, on ajoute un seul jour, qui sert aux juifs à compter les temps pour leur fête légale de Pâques, suivant la pleine lune de leur premier mois nisan, n'ayant chez eux rien de calculé à cet égard. Mais les Grecs ayant reçu chez les Egyptiens cette connaissance, venue des Chaldéens aux Egyptiens par le patriarche Abraham, selon la tradition, ils ont calculé l'année de 365 jours, en la commençant au premier jour de leur mois thoth, qui coïncide avec le vingt-neuvième du mois d'août; et de quatre en quatre ans, ils ajoutent un jour à la fin de 1460 ans, où le retour des 365 jours de l'année égyptienne se fait depuis un point du ciel jusqu'au même point, depuis le 29 du mois d'août, comme cela est arrivé à la 5471ᵉ année du monde, qui fut la 22ᵉ du règne d'Auguste, suivant le chroniqueur Pannodore; plusieurs historiens plaçant la prise d'Alexandrie à la seizième année du règne d'Auguste. En comptant de là les années du règne de ce prince, nous avons commencé à la cinquième année d'Auguste, à ajouter le jour tétraétéride, et jusqu'à présent les Grecs ou Alexandrins ont de même sur ce principe, calculé des tables astronomiques pour les éclipses des grands luminaires, et pour leurs conjonctions et oppositions en chaque mois, ainsi que pour les lieux des planètes et des fixes. Et de même, Pannodore voulant se conformer aux philosophes, pour le mouvement sphérique, a mis le commencement du règne de Philippe Aridée, à la 5170e année (du monde), et celui d'Auguste à la 5451e.

Il faut savoir également, que depuis la réduction de l'Egypte, et avec les trois années d'Egypte, Auguste n'a régné que 43 ans seulement, selon les mathématiciens.

Il faut savoir de plus, que ceux d'Alexandrie comptent les années d'Auguste de sa 14e année.

Il faut savoir encore que d'Adam au commencement du règne d'Auguste consul, en exactes supputations de temps, il s'est écoulé 5457 années, tant grecques que romaines (1).

χρόνους τῆς βασιλείας ἐντεῦθεν λογίζεσθαι, μεθ' ἣν ἀρξαμένους τῷ πέμπτῳ Αὐγούστου τεθῆναι τὴν τετραετηρίκην ἡμέραν, καὶ μέχρι τοῦ νῦν οὕτω καθ' Ἕλληνας ἤτοι Ἀλεξάνδρεις ψηφίζεσθαι τοὺς ἀστρονομίκους κάνονας ἐν ταῖς ἐκλείψεσι τῶν φωστέρων καὶ ταῖς καθ' ἑκάστον μῆνα συνοδοπανσελήνοις πεντε πλανωμένων ἀστρῶν καὶ τῶν λοίπων ἀπλάνων τὰς ἐπόχας οὕτω λαμβάνεσθαι. Καὶ οὕτω μὲν ὁ Παννόδωρος συμφωνεσθαι σπουδάζων τοῖς φιλοσοφοις περὶ τὴν σφαιρίκην κίνησιν, τῇ μὲν ἀρχῇ τῆς βασιλείας Φιλίππου τοῦ ἀριδαίου κατὰ τὸ πεντάκις χιλίοστον ἑκατόστον ἑβδόμηκοστον ἔτος ἐστοίχειωσε, τοῦ δὲ Αὐγούστου κατὰ τὸ πεντακισχιλέοστον τετράκοσιοστον πεντηκόστον πρῶτον (1).

Δεῖ εἴδεναι καὶ τοῦτο, ὅτι ἀπὸ τῆς καθαίρεσεως καὶ ὑπὸ τὰ τρία Αἰγύπτου, τεσσαρακοντα τρία μόνα ἔτη λεγέται βεβασίλευκεναι παρὰ τῶν μαθηματίκων Αὐγούστος.

Δεῖ εἴδεναι καὶ τοῦτο, ὅτι οἱ ἐν Ἀλεξάανδρειᾳ ἀπὸ του τεσσάρες καὶ δεκάτου ἔτους τῆς Αὐγούστου βασιλείας ἀρίθμουσι τοὺς αὐτοῦ χρονους.

Δεῖ εἰδέναι καὶ τοῦτο, ὅτι ἀπὸ Ἀδὰν ἕως ἀρχῆς βασιλείας Αὐγούστου ὑπατοῦ ἐς ἀκρίβεις χρονόβολους ἔτη διηλθεν Ἑλλήνικα τὲ καὶ ῥωμαίκα ε͵υνζ̄.

Extrait du même Manuscrit 2390.

» J'ai vu, moi Héliodore, dans la 214e année depuis Dioclétien, du 6 au 7 pachôn, à deux heures de nuit, l'astre de Mars touchant tellement celui de Jupiter, qu'il n'y avoit pas d'intervalle entr'eux.

Εκ τοῦ αὐτοῦ ἀπογράφου β͵τϟου.

Εἶδον Ηλιόδωρος σιδ̄ ἀπὸ Διοκλητίανου πάχων ϛ̄ ἐπὶ ζ̄ ὥρᾳ νυκτερίνῃ β̄ τὸν τοῦ ἄρέως ἐφαψάμενον τοῦ τοῦ δίας ὡς μηδὲν αὐτῶν εἶναι μεταξύ.

(1) 5451 — 5170 = 281 ans, auxquels ajoutant les 30 années d'Auguste, à l'ère chrétienne, on trouve 311, 324 — 311 = 13 ans de moins que par le calcul de Sainte-Croix; mais en ajoutant ces 13 à 311, pour les 14 années — 1 que le 2e article suivant dit être omis par les alexandrins, nous aurons 324, nombre d'années écoulées de la mort d'Alexandre à l'ère chrétienne.

Pannodore est cité dans un fragment de Théophane, rapporté par le P. Pétau, à la fin de son Auctuarium. On y lit que le Syncelle blâmoit Pannodore, d'avoir compté sept ans de moins qu'il ne fallait, d'Adam au règne d'Auguste; et Théophane lui reproche d'avoir compté 12 ans de moins pour la passion de N.-S., qu'il met à l'an 5531, après avoir mis sa naissance à l'an 5501 du monde. 5457 + 7, feroient effectivement les 5464 ans marqués ci-dessus, à la mort de Cléopatre, quand Auguste régna en Egypte.

Σκθ μέχιρ κ̄ζ ἐπὶ κη̄ ἐπεπρόσθηκεν ἡ σελήνην τῷ τοῦ κρόνου ἀςέρι ἐπὶ ὡρῶν δ̄ ἔγγιςα, μετὰ δὲ τὴν ἀνακάθαρσιν λαβόντες ἀπὸ ἀστρολάβου τὴν ὥραν ἔγωτε καὶ ὁ φίλτατος ἀδελφὸς εὕραμεν ὥρας καιρίκας ε̄ ∠″ δ″, ὡς εἰκάζειν ἡ μὲν ὅτι κατὰ του κέντρου τῆς σελήνης ἦν παρὰ ε̄ ὥρᾳ, ἐξεφάνη γὰρ διὰ τῆς διχότομου τῆς περιφερείας τοῦ πεφωτίσμενου αὐτοῦ μέρους, ἦν δὲ ὁ γ^ου κύκλος μοῖρ. β̄ ∠″ ἔγγιςα.

En l'année 219, du 27 au 28 méchir, la lune en s'avançant couvrit l'astre de Saturne, passé la quatrième heure à peu près; et quand Saturne reparut, prenant moi et mon frère chéri, l'heure par l'astrolabe, nous trouvâmes 5 heures $\frac{1}{2}$ $\frac{1}{4}$, nous en conjecturâmes donc que Saturne répondoit au centre de la lune vers 5 heures; car il sortit de dessous la lune par le milieu de l'arc de la portion éclairée, sur environ 2 $\frac{1}{2}$ degrés du troisième cercle.

Τοῦ Θείου τηρήσεις.

Ἐπέδραμεν ἡ σελήνη τὸν τῆς ἀφροδίτης ἀςέρα ἔτει διοκλητίανου ρ̄ϙ̄β ἀθυρ κᾱ, φαίνομενη μὲν ἀπὸ ἡλίου ἀθηνῆσιν ἐπέχουσα του αἰγοκέρωτος μοίρας ιγ̄, τοῦ δὲ ἡλιου ἀπέχουσα μοίρας μη̄.

Σκε̄ θὼθ λ̄ ὤφθη ὁ τοῦ Δίος ἀςὴρ οὕτως πλησίασθεις τῷ ἐπὶ τῆς κάρδιας τοῦ λεόντος, ὥςε αὐτὸν τρεις δακτυλους αὐτοῦ πρὸς βόρραν διεςάναι, και τότε τὸ ἐλαχίςον ὤφθη διεςήκως.

Σκε̄ φαμένωθ ιε̄ εἰς ις̄ εἶδον τὴν σελήνην ἑπομένην τῷ λάμπρῳ τῶν ὑάδων μετα λυχνον ἀφὴν, ὡς δακτυλου τὸ μηκίςον ἡμίσυ ἐδόκει δὲ καὶ ἐπιπρόσθηκεναι αὐτῷ. Ἐπέβαλλε γὰρ ὁ ἀςὴρ τῷ παρὰ τὴν διχοτομίαν μέρει τῆς κύρτης περίφερειας τοῦ πεφωτισμένου μέρους. Ἦν δὲ τότε ἡ ἀκρίβης σελήνη περὶ ις̄ ∠″ μοίραν τοῦ ταύρου.

Τῷ αὐτῷ σκε̄ παύνι θι̅ μετὰ ἡλιου δυσμας ὁ τοῦ ἄρέος σύνηψε τῳ τοῦ διος, ὡς δόκειν αὐτῳ διεςάναι εἰς μὲν τὰ προηγούμενα δακτύλον α̅, πρὸς δὲ νότον δακτόλους β̄. Καίτοι των ἀπὸ τοῦ κανονίου καὶ τῆς συνταξέως ἀρίθμων τῇ κγ του αὐτοῦ μηνὸς δεικνύντων αὐτοὺς ἰσομοίρους, ὅτε πλεῖςον παραλλάττοντες ὤφθησαν.

Observations de Thius.

La lune courut par dessus l'astre de Vénus, le 21 athyr, de l'an 192 de Dioclétien, paroissant à Athènes, depuis la conjonction, sur 13 dégrés du capricorne, et à 48 degrés d'élongation du soleil.

Le 30 thoth de l'an 225, l'astre de Jupiter parut tellement proche de l'étoile du cœur du lion, qu'il en étoit éloigné de trois doigts vers la partie boréale du ciel, dans sa moindre distance.

L'an 225, du 15 au 19 phamenoth, je vis la lune qui suivoit la brillante des hyades après le jour, à la distance d'un demi-doigt au moins, elle paroissoit l'avoir couverte, car l'étoile paroissoit répondre à la section du milieu de l'arc convexe de la partie illuminée. Or, la lune étoit alors vers les 16 $\frac{1}{2}$ degrés du taureau.

Dans la même année 225, le 29 payni, après le coucher du soleil, l'astre de Mars s'approcha de celui de Jupiter, de manière à n'en paraître éloigné que d'un doigt vers l'occident, et de deux vers le midi, quoique la table et les calculs de la composition les marquassent aux mêmes degrés pour le 23 de ce même mois, alors qu'ils parurent être le plus distants l'un de l'autre.

L'an 226, depuis Dioclétien, l'astre de Vénus fut vu précéder celui de Jupiter d'environ vingt doigts, et le 28, le suivre de 10 doigts (1); ils paroissoient n'avoir pas de différence en latitude. Or, suivant les éphémérides, il falloit qu'ils parussent se toucher le jour de la troisième décade du mois; et, cependant, ils furent vus alors à leur plus grande distance l'un de l'autre.

Ἀπὸ Διοκλητίανου σκϛ̄ ὤφθη ὁ. τῆς ἀφροδίτης ἀςὴρ προηγουμένος τοῦ τοῦ δίος ὡς δακτύλων κ̄, τῇ δὲ κη̄ ἑπομενος δακτύλων ῑ, κατὰ δὲ πλάτος οὐδὲν δόκουν διαφέρειν. Κατὰ μένται τὰς ἐφημερίδας ἐχρην τῇ τρίακαδι φαίνεσθαι αὐτοὺς συνάπτοντας, τότε δὲ πλεῖςον διεςόντες ὠφθήσαν (1).

(1) Bouillaud dit : τῇ δὲ κη̄ ἑπομένου. Mais il n'y a dans le texte rien qui exige ἑπομένου, ni verbe, ni préposition; et l'abbréviation du manuscrit indique ἑπομένος, ce qui est conforme au mouvement de Vénus, qui plus rapide que celui de Jupiter, se rapproche chaque jour de cette planète, en allant d'occident en orient; cela étant, la distance de 20 doigts, si elle est du 30 mésor, comme le dit Bouillaud, doit, le 28e jour suivant où elle fut plus orientale de 10 doigts, avoir été le 23 thoth, à cause des cinq jours épagomènes après mésor de l'an 226 de Dioclétien, 510 de J.-C. (*Astr. Phil.* L. IX, chap. 6 pag. 346.)

(*Page* 7.) Ajoutons à toutes ces supputations chronologiques, celle qu'on lit au-dessous de la première partie de la Table des Rois, dans le manusorit grec 2394., sous le titre Περσων βασιλεις :

« Il est bon de savoir qu'il y a d'Adam à la 1. année du règne de Nabonassar, 4761 ans et 170 jours, et jusqu'à la mort d'Alexandre, 5185 ans. Mais le livre de Bryenne avoit, pour les années d'Adam jusqu'à la mort d'Alexandre, 5170. »

Ἰςεον οτι απο τ ου Αδαμ μεχρι του α̅ επι της βασιλείας Ναβονασσαρου ετη δ͵ψξα̅ και ἡμεραι ρο̅, μεχρι δε Αλεξανδρου τελευτης ͵ερπε̅. το του Βρυεννου βιβλιον ειχεν τα απο Αδαμ. αχρι της τελευτης Αλεξανδρου ετη ερο̅.

Or, 5170 — 424 = 4746. Le livre de Bryenne s'accordoit donc mieux avec le manuscrit 2390, qui donne 26 ans à Nabonassar, parce qu'il y comprend les 12 de Salmanazar à qui il succéda.

Dans les deux manuscrits 2394 et 2399, la première partie de la Table des Rois ne porte ni le titre d'*Assyriens*, ni celui de *Chaldéens*, comme le voudroit l'auteur des recherches nouvelles sur l'histoire ancienne. C'est Dodwell et Pétau qui l'intitulent *Rois Assyriens*, et le Syncelle, *Rois Chaldéens*. L'auteur des *Observationes in Theonis fastos*, ne lui donne pas d'autre titre que celui de *Rois*, comme les deux manuscrits grecs.

ΓΕΜΙΝΟΥ

ΕΙΣΑΓΩΓΗ

ΕΙΣ ΤΑ ΦΑΙΝΟΜΕΝΑ.

INTRODUCTION

AUX PHÉNOMÈNES CÉLESTES,

TRADUITE DU GREC DE GÉMINUS

PAR M. L'ABBÉ HALMA.

ΠΡΟΛΕΓΟΜΕΝΑ

ΕΚ ΤΗΣ ΤΟΥ ΚΛΕΟΜΗΔΟΥΣ

ΚΥΚΛΙΚΗΣ ΘΕΩΡΙΑΣ

ΜΕΤΕΩΡΩΝ.

Ο Κόσμος ἐςὶ συςῆμα ἐξ ουρανοῦ καὶ γῆς καὶ τῶν ἐν τουτῳ φυσεων. οὗτος δε παντα μεν τά σώματα εμπεριέχει, οὐδενὸς ἁπλῶς ἐκτὸς αὐτοῦ ὑπάρχοντος· οὐμέν ἄπειρόσγε, ἀλλὰ πεπερασμένος ἐςίν, ὡς τοῦτο δῆλον ἐκ τοῦ ὑπο φύσεως αὐτὸν διοικεῖσθαι· ἀπείρου μὲν γὰρ οὐδενὸς φύσιν εἰναι δυνατον.

Αὐτὸς δὲ ὁ Κοσμος σῶμα ὃ ἔχει τὶ καὶ ἄνω καὶ κάτω καὶ τὰς λοιπας σχεσεις ἀναγκαιως. νεύειν γὰρ ἀναγκαιον ἀπὸ τῆς ἐπιφανείας ἐπὶ τὸ ἑαυτοῦ μέσον ταῖς σφαιρικαῖς τῶν ἕξεων, καὶ ὁυτω κάτω αὐτὰς εχει ταῦτα εἰς ἃ νενευκασιν. ταυτὸν οὖν καὶ τῷ κόσμῳ συμβέβηκε σφαιρικῳ κατα το σχῆμα ὄντι, κάτω καὶ μέσον αὐτοῦ εἰς ταυτὸ τῶν σχέσεων τούτων συμπιπτουσῶν ἐν αὐτῷ.

Πάντες τοίνον σαφῶς ὁρωμεν, ἐν ᾧ ἂν Κλίματι ὦμεν τῆς γῆς, ὑπερκείμενον τῆς κορυφῆς ἡμῶν τὸν οὐρανον. τὰ δε κύκλῳ αὐτου παντα ἡμιν ἀπυκεκλίμένα φαντάζεται. ὥςε καὶ εἰ οἷον τὲ ἦν κύκλῳ πᾶσαν εκπεριπλεῦσαι, ἢ ἄλλως περιελθεῖν τὴν γὴν, μηδενὸς αυτης ἀοίκήτου ὄντος, καταμάθοιμεν ἂν σαφῶς ὅτι παντὸς αὐτης μέρους ὑπερκεῖται ὁ οὐρανος, καὶ οὕτω τὸ μέσον τοῦ κόσμου, ἅμα τὲ μέσον καὶ κατω. ἀλλα τοῦτο μὲν ἡ διδασκαλία της ἐπι τὸ μέσον φορὰς τῶν βαρείων σωμάτων μᾶλλον παραςήσει.

Γράφονται δὲ ἐν τῷ οὐρανῷ κύκλοι παραλλήλο πέντε· εἷς μὲν ὁ εἰς δύο ἴσα τέμνων τὸν οὐρανόν, ὃν καλοῦμεν ἰσημερινόν· τούτου δ' ἑκατέρωθεν δύο, αὐτοῦ μὲν μείονες, ἴσοι δ' αλλήλοις, καλοῦνται τροπίκοι, ἐπεὶ διὰ τῶν τροπικῶν τοῦ ἡλιου σημείων γράφομεν αὐτοῦς. καθέκατερον δὲ τούτων πάλιν ἕτεροι γράφονται δυο· ὧν ὁ μὲν βόρειος καλειται ἀρκτικός· ὁ δὲ νοτιος αὐτῷ ἀνταρκτικός.

EXTRAITS

DE LA THÉORIE CYCLIQUE DES MÉTÉORES

DE CLÉOMÈDE.

Le monde est un tout composé du ciel et de la terre, et de toutes les substances qu'il contient, car il embrasse tous les corps, et rien n'existe hors de lui; il n'est pas infini, il est borné, comme on le voit clairement, en ce qu'il est régi par les lois de la nature, car il est impossible que rien de matériel soit infini.

Or le monde est un corps nécessairement composé de parties, les unes supérieures, les autres inférieures, avec toutes les autres relations de la matière; car il faut, comme dans tous les corps sphériques, que tout y tende de la surface au centre, et que les parties vers lesquelles s'exerce cette action, soient les plus basses. C'est ce qui a lieu dans le monde qui est de forme sphérique, les substances y tombant toutes vers le centre.

Maintenant, dans quelque climat de la terre que nous soyons, nous voyons tous le ciel au-dessus de notre tête, et tout nous paroit autour de nous tendre vers nous. En sorte que, s'il est possible de faire, par mer ou autrement, le tour de la terre, supposé qu'aucune de ses parties ne fût inhabitée, nous verrions bien certainement que le ciel en environne toutes les parties, et qu'ainsi le centre du monde en est aussi le point le plus bas. Au reste, c'est ce qu'enseignera mieux encore la doctrine des corps pesans.

On décrit, dans le ciel, cinq cercles : l'un qu'on appelle équateur qui le divise en deux parties égales; et de chaque côté de l'équateur, deux cercles moindres, égaux entr'eux, nommés tropiques, parce qu'on les trace de manière qu'ils passent par les points tropiques du soleil. Au-delà de chacun de ceux-ci, on en décrit encore deux autres, dont l'un, qui est boréal, est nommé arctique, et l'autre, qui est austral, est le cercle antarctique.

Aux intervalles célestes de ces cercles, répondent les cinq divisions de la surface terrestre qui sont appelées zônes. On dit que les deux extrêmes sont inhabitées à cause de la rigueur du froid, et que celle du milieu est également inhabitée, à cause de la violence du chaud, mais que les deux intermédiaires sont tempérées.

Or le ciel tourne autour de l'air et de la terre en entraînant nécessairement dans ce mouvement qui fait la conservation de l'univers, tous les astres qu'il renferme. De ces astres, ceux qui ont le mouvement le plus simple sont emportés dans le mouvement général du monde, et gardent toujours les mêmes places dans le ciel. Les autres suivent bien nécessairement le même mouvement qui les entraîne également, mais ils obéissent en même temps à un autre mouvement qui leur est imprimé, et qui leur fait parcourir successivement diverses parties du ciel. Ce mouvement particulier est plus lent que celui du monde. Il paroît se faire en sens contraire à celui du ciel, comme si ces astres mobiles étoient transportés d'occident en orient.

Les premiers de ces astres sont appelés étoiles fixes, et les autres sont nommés errans ou planètes, parce qu'on les voit en différentes parties du monde. On pourroit comparer les fixes à des passagers ou à des nautonniers qui resteroient toujours à leurs mêmes places dans le vaisseau qui vogue en les transportant; et les planètes à ceux qui, pendant qu'ils sont transportés par ce vaisseau, vont de la proue à la poupe, d'une marche plus lente que le mouvement du vaisseau; ou même à des fourmis qui montent sur la roue d'un potier, pendant qu'elle tourne en sens contraire.

La multitude des astres qui sont immobiles à leurs places, est innombrable. Quant aux astres mobiles, on ignore s'il y en a plus de sept, car il n'en est venu que ce nombre à notre connoissance.

Ταύτοις τοίνυν τοῖς διαστήμασιν τοῦ οὐρανοῦ ἀτοῖς προειρημένοις διέσταται κύκλοις ὑποκεῖται μέρη τῆς γῆς πέντε. ταύτας τοίνυν τὰς μοίρας τῆς γῆς οἱ φυσικοί ζῶνας καλοῦσι· καὶ ἑκατέραν μεν τῶν ἄκρων ἀοικητον ὑπο κρύους εἶναί φασι· τὴν δὲ μεσαιτατὴν ὑπο φλογμου· τὰς δὲ ταύτης ἑκατερωθεν εὐκρατους εἶναι.

Ο τοίνυν οὐρανὸς κύκλῳ εἰλουμένος ὑπερ τὸν ἄερα καὶ τὴν γὴν, καὶ ταύτην τὴν κίνησιν προνοητικην οὖσαν ἐπὶ σωτηριᾳ καὶ διαμονῇ τῶν ὁλῶν ποιούμενος, ἀναγκαίως καὶ παντα τα περιεχόμενα αὐτῷ τῶν ἀστρῶν περιαγει. τούτων τοίνυν τὰ μὲν ἁπλουστατην ἔχει τὴν κίνησιν ὑπο τοῦ κοσμου στρεφόμενα, καὶ διὰ παντὸς τους αὐτοὺς τόπους τῳ οὐρανῳ κατεχοντα· τα δε κινεῖται μὲν, καὶ τὴν σύν τῷ κόσμῳ κίνησιν ἀναγκαίως περιαγομένα γὲ ὑπ' αυτοῦ διὰ την ἐμπεριοχὴν, κινεῖται δὲ καὶ ἑτεραν προαιρετικήν, καθὴν καὶ ἀλλοτὲ ἀλλα μέρη τοῦ οὐρανου καταλαμβάνει. αὐτη δὲ ἡ κίνησις αὐτῶν σχολαιοτέρα ἐστι τὴς τοῦ κόσμου κίνησεως. δοκεῖ δὲ καὶ τὴν ἐναντίαν κινεῖσθαι τῷ ουρανῷ, ὡς ἀπο τὴς δύσεως εἰς τὴν ἀνατολην φερομενα.

Τὰ μὲν οὐν πρῶτα αὐτῶν καλεῖται ἀπλανη, ταῦτα δὲ πλανωμένα, ἐπειδὴ ἀλλο τὲ εν ἀλλοις μέρεσι τοῦ κόσμου φαντάζεται. τὰ μὲν οὐν ἀπλανη απεικασειεν ἀν τίς ἐπιβαταις ὑπο νεὼς φερομένοις, ἐν τοποῖς οἰκειοις κατα χωραν μένουσι· τα δὲ πλανωμένα την ἐναντίαν τῃ νηι φερομενοις ὡς ἐπι την πρύμναν ἀπο των κατα την πρωραν τοπων, ταυτης της κινησεως σχολαιοτερὰς γινομενης· εἰκασθείη δ' ἄν καὶ μυρμηξιν επι κεραμικοῦ τροχου την ἐναντίαν τῳ τροχῷ προαιρετικῶς ἕρπουσι.

Τὸ μὲν οὐν τῶν ἀπλανῶν πλῆθος ἀπλετον ἐστι· τὰ δὲ πλανωμένα αδηλον μὲν εἰ καὶ πλείω ἐστιν· ἑπτα δὲ ὑπο τὴν ἡμετεραν γνῶσιν ἐληλυθεν.

ΕΚ ΤΟΥ ΑΡΙΣΤΟΤΕΛΟΥΣ

ΠΕΡΙ ΟΥΡΑΝΟΥ

ΒΙΒΛΙΟΥ Β.

Σχῆμα δ' ἀναγκη σφαιροειδὲς εχειν τὸν οὐρανον· τοῦτο γάρ οἰκειότατον τὲ τῃ οὐσίᾳ καὶ τῃ φύσει πρῶτον.... ἡ δὲ τοῦ ὕδατος ἐπιφανεια σφαῖροειδης ἐςι· προτερος ἀν εἰη τῶν σχημάτων ὁ κυκλος, ὡσαυτῶς δὲ καὶ ἡ σφαῖρα τῶν ςερεῶν. ἐπεὶ δὲ τὸ μὲν πρῶτον σχῆμα τοῦ πρώτου σώματος· πρῶτον δὲ σῶμα, τὸ ἐν τῇ ἐσχατῃ περιφορᾷ, σφαιροειδὲς ἄν εἰη τὸ τὴν κύκλῳ περιφερόμενον φοράν, καὶ τὸ σύνεχές ἄρα ἐκείνῳ· τὸ γάρ τῷ σφαιροειδεῖ συνεχές, σφαιροειδές. ὡσαυτῶς δὲ καὶ τὰ πρὸς τὸ μέσον τουτων. τα γάρ ὑπο τοῦ σφαιροειδοῦς περιεχομένα καὶ ἁπτομένα, ὁλα σφαίροειδῆ ἀναγκη εἰναι..... ὡςε σφαιροειδὴς ἂν εἰη πάσα φορά.... ἐτι δὲ, εἰπερ τῶν μὲν κινήσεων τὸ μετρον ἡ τοῦ οὐρανοῦ φορὰ, διὰ τὸ ειναὶ μόνη συνεχης καὶ ὁμαλος.... εἰ ὁ οὐρανος κυκλῳ τὲ φέρεται, καὶ ταχιςα κινεῖται, σφαιροειδῆ αὐτον αναγκη εἰναι.

Περὶ δὲ τῶν καλουμένων ἄςρῶν ἑπὸμενον ἂν εἰη λέγειν· ἐπει δὲ φαινεται καὶ τά αςρα μεθιςάμενα καὶ ὁλος ὁ ουρανος, ἀλογον το τα αυτα ταχη τῶν ἀςρων καὶ τῶν κύκλων, ἐτὶ δὲ πάντα μὲν ευλογον τὴν αυτὴν κίνησιν κινεισθαι· μόνος δὲ δοκεῖ τῶν ἄςρῶν ὁ ἡλιος τούτο δρᾷν, ἀνατελλων καὶ δύνων· Καὶ τούτο οὐ δι αυτον, ἀλλα δι' ἀποςασει τῆς ἡμετερας ὄψεως. ἡ γάρ ὄψις, ἀποτεινομενη μάκραν, ἑλισσεται διά τὴν ἀσθενειαν. ὁπερ αἴτιον ἰσῶς καὶ τοῦ ςιλβειν τοὺς ἄςερας τοὺς ἐνδεδέμενους, τους δε πλανητας μὴ ςιλβειν· οἱ μὲν γάρ πλανητες εγγυς εισιν, ὁ δὲ τρόμος αὐτης ποιεῖ τὸ ἄςρου δοκεῖν εἰναι τὴν κίνησιν. οὐδεν γάρ διαφέρει κινεῖν τὴν ὀψιν ἤ τὸ ορωμένον· της δε σελήνης ἄει δῆλον ἐςι τὸ καλουμένον προσωπον.

Τὸ δὲ σχῆμα των ἀςερῷν ἑκαςοῦ σφαιροειδες μαλις' ἂν τις ὑπολαβοι καὶ πάλιν διὰ τῶν αςρολογικων, ὁτι οὐκ ἂν ἠσαν αἱ του ἡλίοῦ ἐκλεὶψεις μηνοειδεις· ὡςε εἰπερ ἐςιν ἐν τοιαυτον, δηλονὸτι καὶ τ' ἀλλα ἂν εἰη σφαιροειδῆ.

Περὶ δὲ τῆς τάξεως αὐτῶν, ὃν μὲν τρόπον ἕκαςον αὐτῶν κεῖται τῷ τά εἶναι προτερα, τά δὲ ὕςερα· καὶ πῶς ἔχει μὲν πρὸς ἄλληλα τοῖς ἀποςήμασιν, ἐκ τῶν περι ἀςρολογίαν θεωρεισθω, λέγεται γάρ ἱκανως. Συμβαίνει δὲ κατὰ λόγον γιγ-

EXTRAITS

DU SECOND LIVRE D'ARISTOTE,

SUR LE CIEL.

Le ciel est nécessairement de forme sphérique, car c'est la première et la plus simple que prenne naturellement la matière (témoin la goutte d'eau toujours ronde). Et comme le cercle est la première des figures, de même la sphère est le premier des solides. Ainsi, la première figure étant celle du premier corps, et le premier corps étant le mobile le plus extrême, il s'ensuit que celui qui fait tourner tout, est de forme sphérique, ainsi que ceux qu'il renferme. Car ce qui est embrassé par un corps sphérique est nécessairement sphérique, puisqu'il le touche en tous points, donc toute la rotation est celle d'une sphère qui tourne sur elle-même; et de ce que la révolution du ciel est la mesure de tous les mouvemens, parce qu'elle est continue et uniforme, il suit que le ciel, tournant du mouvement le plus rapide, est nécessairement de forme sphérique.

Parlons actuellement des astres. Ils paroissent tourner avec tout le ciel; mais ni eux, ni leurs orbites n'ont la même vitesse, quoiqu'ils soient emportés par le même mouvement, excepté le soleil seul, se levant et se couchant, et cela non par lui-même, mais par l'effet de l'éloignement où il est de nos yeux; car la vue, en s'étendant fort loin, vacille par suite de sa foiblesse. C'est la cause de la scintillation apparente des étoiles fixes, et de ce que les planètes ne scintillent point; car les planètes sont proches de nous, et le tremblement de notre vue fait paroître les étoiles en mouvement; car l'effet est le même, soit que la vue soit en agitation, ou que ce soit l'objet apperçu qui s'agite; et au contraire, nous voyons toujours le même côté de la lune, qu'on nomme sa face.

Il est également raisonnable de conjecturer que chaque astre est sphérique. L'astronomie nous apprend en effet que si tous les astres n'avoient pas cette forme, aucune éclipse de soleil ne paroîtroit en forme de lune. Ainsi donc, puisqu'un des astres est de figure sphérique, les autres le sont également.

Quant à l'ordre de ces astres, ils sont tellement disposés, que les uns sont les premiers et les autres les derniers. L'astronomie enseigne suffisamment à connoître leurs distances. Les mouvemens de chacun sont, en raison de leur éloignement, les uns plus rapides, les autres plus lents. Car la simple révolution du ciel étant supposée le plus rapide des mouvemens, les astres errans se mouvant en sens contraire, chacun dans son orbe, celle du plus voisin de ce premier et simple mouvement doit s'effectuer dans le temps le plus long, et celle du plus éloigné dans le plus court. Et de tous les autres mouvemens, les moins distants du grand mobile se font en plus de temps; et les plus distants, en moins. Car ceux-ci sont moins maîtrisés que les plus proches, et les intermédiaires le sont proportionnellement, comme les mathématiciens le démontrent.

νεσθαι τὰς ἑκάστου κινήσεις τοῖς ἀποστήμασι, τῷ τὰς μὲν εἶναι θάττους, τὰς δὲ βραδυτέρας· ἐπεὶ γὰρ ὑπόκειται, τὴν μὲν ἐσχάτην τοῦ οὐρανοῦ περιφορὰν ἁπλῆν τε εἶναι ταχίστην, τὰς δὲ τῶν ἄλλων βραδυτέρας τε καὶ πλείους, ἕκαστον γὰρ ἀντιφέρεται τῷ οὐρανῷ κατὰ κύκλον τὸν αὑτοῦ, εὔλογον ἤδη τὸ μὲν ἐγγυτάτω τῆς ἁπλῆς καὶ πρώτης περιφορᾶς ἐν πλείστῳ χρόνῳ διϊέναι τὸν αὑτοῦ κύκλον, τὸ δὲ ποῤῥωτάτω ἐν ἐλαχίστῳ. τῶν δὲ ἄλλων ἀεὶ τὸ ἐγγύτερον ἐν πλείονι, τὸ δὲ ποῤῥωτέρων ἐν ἐλάττονι· τὸ μὲν γὰρ ἐγγυτατον μάλιστα κρατεῖται, τὸ δὲ ποῤῥωτάτω πάντων, ἥκιστα, διὰ τὴν ἀπόστασιν, τὰ δὲ μεταξὺ κατὰ λόγον ἤδη τῆς ἀποστάσεως, ὥσπερ καὶ δεικνύουσιν οἱ μαθηματικοί.

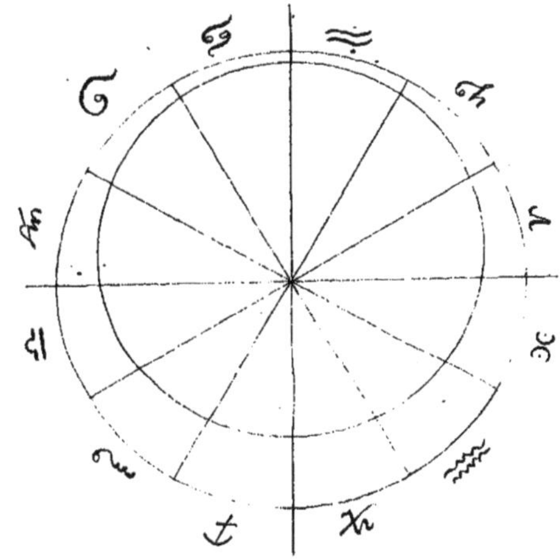

ΓΕΜΙΝΟΥ ΕΙΣΑΓΩΓΗ
ΕΙΣ ΤΑ ΦΑΙΝΟΜΕΝΑ.

INTRODUCTION DE GÉMINUS
AUX PHÉNOMÈNES.

ΚΕΦΑΛΑΙΟΝ Α.

ΠΕΡΙ ΤΟΥ ΖΩΔΙΑΚΟΥ.

Ο των ζωδίων κύκλος διαιρειται εἰς μέρη δεκα δύο, καί καλειται κοινῶς μὲν ἕκαςον τῶν τμημάτων δωδεκατημόριον· ἰδίως δὲ ἀπὸ τῶν ἐμπεριεχομένων ἀςέρων, ὑφ' ὧν καὶ διατυποῦται ἕκαςον αὐτῶν ζώδιον. Εςι δὲ καὶ τὰ δώδεκα ζώδια τάδε, κριός, ταῦρος, δίδυμοι, καρκίνος, λέων, παρθένος, ζυγὸς, σκορπίος, τοξότης, αἰγόκερως, ὑδροχόος, ἰχθύες.

Διχῶς δὲ λέγεται ζώδιον· καθ' ἕνα μὲν τρόπον τὸ ιβ^{-} μέρος τοῦ ζωδιακοῦ κύκλου, ὅ ἐςι διάςημά τι τόπου ἢ ἄςροις ἢ σημείοις ἀφοριζόμενον· καθ' ἕτερον δὲ τὸ ἐκ τῶν ἀςέρων εἰδωλοπεποιημένον κατά τὴν ὁμοιότητα, καὶ τὴν θέσιν τῶν ἀςέρων.

Τὰ μεν οὖν δωδεκατημόρια ἴσα ἐςὶ κατὰ τὸ μέγεθος. διήρηται δὲ ὁ τῶν ζωδίων κύκλος εἰς ιβ^{-} μέρη ἴσα· τὰ δὲ καταςερισμένα ζώδια οὔτε ἴσα ἐςὶ κατὰ τὸ μέγεθος, οὔτε ἐξ ἴσων ἀςέρων συνέςηκεν, οὔτε παντα ἐκπληροῖ τοὺς ἰδίους τόπους των δωδεκατημορίων. ἀλλ' ἃ μεν ἐλλείπει, καθάπερ ὁ καρκίνος, μικρὸν δὲ τόπον ἐπέχει τοῦ ἰδίου τόπου· ἃ δὲ ὑπερπίπτει, καὶ μέρη τινὰ τῶν προηγουμένων καὶ τῶν ἑπομένων ζωδίων επιλαμβανει, καθάπερ ὁ λέων.

Ετι δέ τινὰ τῶν ιβ^{-} ζωδίων οὔτε ὅλα κεῖται ἐν τῷ ζωδιακῷ κύκλῳ· ἀλλ' ἃ μὲν ἐςι βορειότερα αὐτοῦ, καθάπερ ὁ λέων· ἃ δὲ νοτιώτερα, καθάπερ ὁ σκορπίος.

Πάλιν ἕκαςον τῶν δωδεκατημορίων διαιρειται εἰς μέρη λ^{-}, καὶ καλειται τὸ ἓν τμῆμα μοῖρα, ὥςε τον ὅλον κύκλον τῶν ζωδίων περιέχειν ζώδια μὲν ιβ^{-}, μοίρας δὲ τξ^{-}.

CHAPITRE I.

Du Zodiaque.

Le zodiaque est divisé en douze parties qui, en commun, sont appelées dodécatémories, et en particulier, d'un nom propre à chacune, qui est celui du signe dont les étoiles la composent. Ces douze signes sont le bélier, le taureau, les gémeaux, l'écrevisse, le lion, la vierge, la balance, le scorpion, le sagittaire, le capricorne, le verseau et les poissons.

Le mot signe, animal, a deux acceptions : l'une par laquelle il signifie la dodécatémorie, douzième partie du zodiaque, laquelle est un intervalle fixe entre des étoiles ou des points. L'autre par laquelle il signifie une constellation composée de plusieurs étoiles, figurée suivant leur ressemblance ou leur position.

Les dodécatémories sont égales en grandeur, puisqu'elles divisent le zodiaque en douze parties égales. Mais les signes composés d'étoiles n'ont ni la même grandeur chacune, ni le même nombre d'étoiles, et ne répondent pas juste aux divisions formées par les dodécatémories; car quelques-uns sont plus petits que ces divisions, comme le cancer qui n'occupe qu'une petite partie de l'espace qui porte son nom; d'autres sont plus grands, et empiètent sur les signes précédens et suivans, comme le lion.

Quelques-uns des douze signes ne sont pas tout entiers dans le zodiaque. Les uns excèdent vers le septentrion, comme le lion; d'autres vers le midi, comme le scorpion.

Chaque dodécatémorie se divise en 30 portions (que nous appellerons degrés), ensorte que tout le zodiaque contient douze signes, ou 360 portions (degrés).

Le soleil parcourt le zodiaque en une année. Car une année est le temps dans lequel le soleil ayant parcouru le zodiaque, revient d'un point au même point. Ce temps est de 365 jours et un quart, pendant lesquels le soleil parcourt les 360 degrés, de sorte qu'il fait à peu près un degré par jour.

Ο δὲ ἥλιος ἐνιαυτῷ διαπορεύεται τον ζωδιακὸν κύκλον. ἔςι γὰρ ἐνιαύσιος χρόνος ἐν ᾧ ὁ ἥλιος περιπορεύεται τον ζωδιακὸν κύκλον, καὶ ἀπὸ τοῦ αὐτοῦ σημείου ἐπὶ τὸ αὐτὸ σημεῖον ἀποκαθίςαται. ὁ δὲ χρόνος οὗτός ἐςιν ἡμερῶν τξέ‾, δ″. ἐν τοσαύταις γὰρ ἡμέραις τὰς τξ‾ μοίρας παροδεύει ὁ ἥλιος, ὥςε παρὰ μικρὸν ἐν μιᾷ ἡμέρᾳ μοῖραν κινεισθαι τον ἥλιον.

Autre chose est un degré, et autre chose un jour; car un degré est un espace qui est la trentième partie d'un signe; mais un jour est un temps qui est à peu près la trentième partie d'un mois. Ainsi, le degré est la 360e partie du zodiaque; mais le jour est environ la 365 $\frac{1}{4}$e partie de la durée d'une année; et tous les signes sont bien de trente degrés, mais n'ont pas tous trente jours.

Αλλο μέντοιγέ ἐςι μοῖρα, καὶ ἄλλο ἡμέρα· μοῖρα μὲν γὰρ ἐςι διάςημά τι λ‾ μέρος ὑπάρχον τοῦ ζωδίου. ἡμέρα δέ ἐςι χρόνος τριακοςὸν μέρος, ὡς ἔγγιςα, τοῦ μηνιαίου χρόνου. καὶ ἡ μὲν μοῖρα τξον‾ μέρος ἐςὶ τοῦ ζωδιακοῦ κύκλου, ἡ δὲ ἡμέρα τξέ‾ καὶ δον″ μέρος, ὡς ἔγγιςα, τοῦ ἐνιαυσιαίου χρόνου. καὶ παντα μὲν τὰ ζώδια τριακοντημόριά ἐςιν, οὐ παντα δὲ τριακονθήμερα.

On partage l'année en quatre saisons, le printemps, l'été, l'automne et l'hiver. Or l'équinoxe de printemps arrive vers la floraison des plantes, dans le premier degré du bélier; le solstice d'été vers les plus grandes chaleurs, dans le premier degré du cancer, lorsque le soleil décrit son cercle diurne le plus boréal, en faisant le plus long jour de l'année et la plus courte nuit. Or le plus long jour est égal à la plus longue nuit, et le plus court jour à la plus courte nuit. Le plus long jour sous le climat de Rhodes est de 14 $\frac{1}{2}$ h. équinoxiales. L'équinoxe d'automne arrive quand le soleil, passant du septentrion au midi, parvient de nouveau à l'équateur, et donne le jour égal à la nuit. Le solstice d'hiver arrive lorsque le soleil est dans son plus grand éloignement du lieu où nous habitons, et en son point le plus bas relativement à l'horizon, et qu'il décrit le cercle le plus méridional, faisant alors la plus longue nuit et le plus court jour de l'année. Or la plus longue nuit sous le climat de Rhodes est de 14 $\frac{1}{2}$ heures équinoxiales.

Διαιρειται δὲ ὁ ἐνιαυσιος χρόνος εἰς μέρη δ‾, ἔαρ, θέρος, φθινόπωρον, καὶ χειμῶνα. Εαρινὴ μὲν οὖν ἰσημερία γινεται περὶ την τῶν ἀνθέων ἀκμὴν, ἐν κριοῦ μιᾷ μοίρᾳ. τροπὴ δὲ θερινὴ γινεται περὶ τὴν τῶν καυμάτων ἐπίτασιν, ἐν καρκίνου μιᾷ μοίρᾳ· ὅπου ὁ ἥλιος τὸν βορειότατον κύκλον γράφει, καὶ μεγίςην πασῶν τῶν ἐν ἐνιαυτῷ ἡμέραν ἐπιτελεῖ, ἐλαχίςην δὲ τὴν νύκτα. ἡ μέντοι γε μεγίςη ἡμέρα ἴση ἐςὶ τῇ μεγίςῃ νυκτί, καὶ ἡ ἐλαχίςη ἡμέρα ἴση ἐςὶ τῇ ἐλαχίςῃ νυκτί. ἔςι δὲ ἡ μεγίςη ἡμέρα κατὰ τὸ ἐν Ρόδῳ κλίμα ὡρῶν ἰσημερινῶν ιδ‾. ἰσημερία δέ ἐςι φθινοπωρινὴ, ὅταν ὁ ἥλιος, ἀπ' ἄρκτων πρὸς μεσημβρίαν παροδευων, παλιν ἐπὶ τοῦ ἰσημερινοῦ γένηται κύκλου, καὶ ἴσην τὴν ἡμέραν τῇ νυκτὶ ποιήσηται. τροπὴ δέ ἐςι χειμερινὴ, ὅταν ὁ ἥλιος πορρωτάτω ἡμῶν της οἰκήσεως γένηται, καὶ ταπεινότατος, ὡς πρὸς τὴν ὁρίζοντα, καὶ νοτιώτατον κύκλον γράφῃ, καὶ μεγίςην πασῶν τῶν ἐν αὐτῳ νύκτα ποιήσηται, ἐλαχίςην δὲ ἡμέραν. ἔςι δὲ ἡ μεγίςη νὸξ κατὰ τὸ ἐν Ρόδῳ κλίμα ὁρῶν ἰσημερινῶν ιδ‾.

Voici comment se partagent les temps entre les solstices et les équinoxes: depuis l'équinoxe de printemps jusqu'au tropique d'été, on compte 94 $\frac{1}{2}$ jours. Car pendant ce nombre de jours, le soleil par-

Οἱ δὲ μεταξὺ χρόνοι τῶν τροπῶν καὶ τῶν ἰσημεριῶν τοῦτον διαφερονται τὸν τρόπον· ἀπὸ μὲν ἰσημερίας ἐαρινῆς μέχρι τροπῆς θερινῆς ἡμέραι εἰσὶν ϟδ‾ ς″, ἐν γὰρ τοσαύταις ἡμέραις διαπορύεται ὁ ἥλιος κριὸν, ταῦρον, διδύμους, καὶ ἐπὶ τὴν πρώτην μοῖραν τοῦ καρκίνου παραγινόμενος τὴν θερινὴν τροπὴν ποιεῖται. ἀπὸ δὲ θερινῆς τροπῆς μέχρι ἰσημερίας φθινοπωρινῆς ἡμέραι εἰσὶν ϟβ ∟″. ἐν γὰρ τοσαύταις ἡμέραις διαπορεύεται ὁ ἥλιος καρκίνον, λέοντα, παρθένον, καὶ ἐπὶ τὴν πρώτην μοῖραν τῶν χηλῶν παραγινόμενος τὴν φθινοπωρινὴν ἰσημερίαν ποιεῖται. ἀπὸ δὲ ἰσημερίας φθινοπωρινῆς μέχρι τροπῆς χειμερινῆς ἡμέραι εἰσὶν πη η″. ἐν γὰρ τοσαύταις ἡμέραις διαπορεύεται ὁ ἥλιος χηλὰς, σκορπίον, τοξότην, καὶ ἐπὶ τὴν πρώτην μοῖραν παραγενόμενος ὁ ἥλιος τοῦ αἰγόκερω, τὴν χειμερινὴν τροπὴν ποιεῖται. ἀπὸ δὲ τροπῆς χειμερινῆς μέχρις ἰσημερίας ἐαρινῆς ἡμέραι εἰσὶν ϟ η″ ηον′. ἐν γὰρ τοσαύταις ἡμέραις διαπορεύεται ὁ ἥλιος τὰ ἀπολειπόμενα τρία ζώδια, αἰγόκερων, ὑδροχόον, ἰχθύας. αἱ πᾶσαι οὖν ἡμέραι τούτων τῶν τεσσάρων χρόνων συντιθέμεναι ποιοῦσι τξε δ″, ὅσαιπερ ἦσαν αἱ τοῦ ἐνιαυτοῦ.

Επεζητεῖται οὖν ἐν τούτοις, πῶς, ἴσων ὄντων τῶν τεσσάρων μορίων τοῦ ζωδιακοῦ κύκλου, ὁ ἥλιος ἰσοταχῶς κινούμενος διὰ παντὸς, ἐν ἀνίσοις χρόνοις διαπορεύεται τὰς ἴσας περιφερείας. ὑπόκειται γὰρ πρὸς ὅλην τὴν ἀςρονομίαν, ἥλιόν τε καὶ σελήνην, καὶ τους πέντε πλανητὰς ἰσοταχῶς, καὶ ἐγκυκλίως, καὶ ὑπεναντίως τῳ κόσμῳ κινεῖσθαι. οἱ γὰρ Πυθαγόρειοι πρῶτοι προσελθόντες ταῖς τοιαύταις ζητήσεσιν, ὑπέθεντο ἐγκυκλίους καὶ ὁμαλὰς ἡλίου, καὶ σελήνης, καὶ τῶν ε̄ πλανητων ἀςέρων τὰς κινήσεις. τὴν γὰρ τοιαύτην ἀταξίαν οὐ προσεδέξαντο πρὸς τὰ θεῖα, καὶ αἰώνια, ὡς ποτὲ μεν τάχιον κινεῖσθαι, ποτὲ δὲ βράδιον, ποτὲ δὲ ἑςηκέναι· οὓς δὴ καὶ καλοῦσι ςηριγμοὺς ἐπὶ τῶν ε̄ πλανητων ἀςέρων. οὐδὲ γὰρ περὶ ἄνθρωπον κόσμιον καὶ τεταγμένον ἐν ταῖς πορείαις τὴν τοιαύτην ἀνωμαλίαν τῆς κινήσεως προσεδέξατο ἄν τις. αἱ γὰρ τοῦ βίου χρειαι τοῖς ἀνθρώποις πολλάκις αἴτιαι γίνονται βραδυτῆτος καὶ ταχυτῆτος. περὶ δὲ τὴν ἄφθαρτον φύσιν τῶν ἀςέρων οὐδεμίαν δυνατὸν αἰτίαν προσαχθηναῖ ταχυτῆτος καὶ βραδυτῆτος· δι ἣν τινα αἰτίαν προέτειναν οὕτω, πῶς ἂν δι᾽ ἐγκυκλίων καὶ ὁμαλῶν κινήσεων ἀποδοθείη τὰ φαινόμενα.

court le bélier, le taureau, les gémeaux, et parvenu au premier degré du cancer, il fait le solstice d'été. Mais depuis le solstice d'été jusqu'à l'équinoxe d'automne, on compte 92 $\frac{1}{2}$ jours, pendant lesquels le soleil parcourt le cancer, le lion, la vierge; arrivé au premier degré des serres, il fait l'équinoxe d'automne. Depuis l'équinoxe d'automne jusqu'au solstice d'hiver on compte 88 $\frac{1}{8}$ j. pendant lesquels le soleil parcourt les serres, le scorpion, le sagittaire, et arrivé au premier degré du capricorne, fait le solstice d'hiver. Depuis le solstice d'hiver jusqu'à l'équinoxe de printemps, 90 $\frac{1}{8}$ jours, pendant lesquels le soleil parcourt les trois signes restans, le capricorne, le verseau et les poissons. Or tous les jours de ces quatre temps (ou saisons) font ensemble les 365 $\frac{1}{4}$ jours d'une année.

Maintenant, on demande comment il se fait que les quatre quarts de cercle du zodiaque soient égaux, et que le soleil ait son mouvement toujours uniforme, tandis qu'il parcourt les arcs égaux de ces quarts de cercle en temps inégaux. Car on pose pour base de l'astronomie, que le soleil et la lune, et les cinq planètes, se meuvent uniformément, circulairement, et en sens contraire du monde. Les pythagoriciens, qui les premiers se sont occupés de ces recherches, ont supposé que les mouvemens du soleil, de la lune et des cinq planètes, sont circulaires chacun. Ils n'ont pas admis dans ces corps célestes et éternels un désordre qui les feroit aller tantôt plus vite et tantôt plus lentement, comme ce qu'ils appellent stations des cinq planètes. On n'approuveroit pas une semblable irrégularité dans la démarche d'un homme réglé et de bon sens. Il y a dans la vie bien des occasions où il faut accélérer ou ralentir, mais il ne s'en rencontre aucune dans la nature incorruptible des astres. C'est pourquoi les pythagoriciens ont demandé comment on explique les apparences célestes, par les mouvemens uniformes et circulaires?

Pour les autres astres, nous en donnerons ailleurs la raison. Mais nous allons démontrer pourquoi le soleil, par son mouvement uniforme, parcourt des arcs égaux en temps inégaux. La sphère dite des étoiles fixes, qui embrasse les configurations de toutes les constellations, est la plus élevée au-dessus de toutes les autres. Il ne faut pas s'imaginer que tous les astres soient sur une même surface, mais bien que les uns sont supérieurs, les autres inférieurs; car notre vue ne s'étendant jusqu'au ciel, qu'à une distance toujours égale, elle ne peut apercevoir aucune différence de hauteur.

Sous la sphère des étoiles fixes, est situé le *luisant* qui est l'astre de saturne ainsi nommé. Il parcourt le zodiaque en trente ans à peu près, et un signe en deux ans et six mois. Plus bas que le *luisant* se meut *phaëton*, ainsi appelle-t-on l'astre de jupiter, qui parcourt le zodiaque en douze ans. Au-dessous de lui est placé l'*ardent* qui est l'astre de mars; celui-ci parcourt le zodiaque en deux ans et six mois, et chaque signe en deux mois et demi. Immédiatement après est le soleil, qui parcourt le zodiaque en un an, et chaque signe en un mois environ. Sous lui est placé *lucifer*, nom que l'on donne à l'astre de vénus qui a presque le même mouvement que le soleil; et au-dessous est l'astre de mercure, qui se meut aussi presqu'avec la même vitesse que le soleil. La lune est l'astre le plus inférieur de tous, et parcourt le zodiaque en 27 $\frac{1}{3}$ jours, et un signe en 2 $\frac{1}{4}$ jours à peu près.

Or, si le soleil faisoit son mouvement au-dessus des constellations zodiacales, tous les temps entre les solstices et les équinoxes seroient égaux entr'eux; car par son mouvement uniforme, il parcourroit des arcs égaux en temps égaux. Pareillement, si le soleil faisoit son mouvement au-dessous du zodiaque, et autour du centre du zodiaque, les temps entre les solstices et les tro-

Περὶ μὲν οὖν τῶν λοιπῶν ἀςέρων ἐν ἑτέροις ἀποδώσομεν τὴν αἰτίαν. νυνὶ δὲ περὶ ἡλίου ὑποδείξομεν δι' ἣν αἰτίαν ἰσοταχῶς κινούμενος ἐν ἀνίσοις χρόνοις τὰς ἴσας περιφερείας διαπορεύεται. ἀνωτάτω γὰρ πάντων ἐςὶν ἡ λεγομένη τῶν ἀπλανῶν ἀςέρων σφαῖρα, ἡ περιέχουσα πάντων τῶν κατηςερισμένων ζωδίων τὴν εἰδωλοποιΐαν. οὐ πάντας δὲ τοὺς ἀςέρας ὑποληπτέον ὑπὸ μίαν ἐπιφάνειαν κεῖσθαι. ἀλλ' οὓς μὲν μητεωροτέρους ὑπάρχειν· οὓς δὲ ταπεινοτέρους· διὰ δὲ τὸ τὴν ὅρασιν ἐπὶ ἴσον ἐξικνεῖσθαι μῆκος, ἀνεπαίσθητος γίνεσθαι ἡ τοῦ ὕψους διαφορα.

Ὑπὸ δὲ τὴν τῶν ἀπλανῶν ἀςέρων σφαῖραν κεῖται φαίνων, ὁ τοῦ κρόνου προσαγορευόμενος ἀςήρ. οὗτος τὴν μὲν ζωδιακὸν κύκλον ἐν ἔτεσι λ ὡς ἔγγιςα διαπορεύεται. τὸ δὲ ἓν ζώδιον ἐν δυσὶν ἔτεσι καὶ ἓξ μησίν. ὑπὸ δὲ τον φαίνοντα κατώτερον αὐτοῦ φέρεται φαέθων, ὁ τοῦ ζηνὸς προσαγορευόμενος ἀςήρ· οὗτος δὲ τὸν ζωδιακὸν κύκλον διαπορεύεται ἐν ιβ ἔτεσι· τὸ δὲ ἓν ζώδιον ἐν ἐνιαυτῷ. ὑπὸ δὲ τοῦτον τέτακται πυρόεις, ὁ τοῦ ἄρεος. οὗτος δὲ τὸν μὲν ζωδιακὸν κύκλον διέρχεται ἐν δυσὶν ἔτεσι καὶ ἑξαμήνῳ. τὸ δὲ ζώδιον ἐν δυσὶ μησὶ καὶ ἡμίσει. τὴν δὲ ἐχομένην χώραν κατέχει ὁ ἥλιος, ἐνιαυτῷ διαπορευόμενος τὸν ζωδιακὸν κύκλον, τὸ δὲ ζώδιον, ὡς ἔγγιςα ἑνὶ μηνί. κατώτερος δὲ τούτου κεῖται φωσφόρος, ὁ τῆς ἀφροδίτης ἀςήρ· οὗτος δὲ, ὡς ἔγγιςα, ἰσοταχῶς κινεῖται τῷ ἡλίῳ. ὑπὸ τοῦτον δὲ ὁ τοῦ Ερμοῦ ἀςὴρ κεῖται, καὶ αὐτός τε ἰσοταχῶς κινεῖται τῷ ἡλίῳ. κατωτέρω δὲ πάντων φέρεται ἡ σελήνη ἐν ἡμέραις κ καὶ ζ καὶ τρίτῳ διαπορευομένη τὸν ζωδιακὸν κύκλον· τὸ δὲ ζώδιον ἐν ἡμέραις β καὶ τετάρτῳ μέρει τῆς μιᾶς ἡμέρας, ὡς ἔγγιςα.

Εἰ μὲν οὖν ὁ ἥλιος ἐκινεῖτο ἐπὶ τῶν κατηςερισμένων ζωδίων, πάντως ἂν ἐγίνοντο οἱ μεταξὺ τῶν τροπῶν καὶ τῶν ἰσημεριῶν χρόνοι ἴσοι ἀλλήλοις. τὰς γὰρ ἴσας περιφερείας ἰσοταχῶς κινούμενος, ὤφειλεν ἐν ἴσοις διανύειν χρόνοις. ὁμοίως δὲ εἰ καὶ κατώτερον τοῦ ζωδιακοῦ κύκλου φερόμενος ὁ ἥλιος περὶ τὸ αὐτὸ κέντρον ἐκίνειτο τῷ ζωδιακῷ κύκλῳ, καὶ οὕτως ἂν ἐγίνοντο οἱ μεταξὺ τῶν τροπῶν καὶ τῶν ἰσημεριῶν χρόνοι ἴσοι. πάντες φὰρ οἱ περὶ τὸ αὐτὸ κέντρον γραφόμενοι κύκλοι, ὁμοίως ὑπὸ τῶν διαμέτρων διαιρουνται. ὥστε ἐπεὶ ὁ ζωδιακὸς κύκλος εἰς δ̄ μέρη ἴσα διαιρειται ὑπὸ τῶν διαμέτρων, τῶν τὰ τροπικὰ, καὶ ἰσημερινὰ σημεῖα ἐπιζευγνυουσῶν, ἀνάγκη καὶ τὸν ἡλιακον κύκλον εἰς δ̄ μέρη διαιρειαθαι ἴσα ὑπὸ τῶν αὐτῶν διαμέτρων. ἰσοταχῶς οὖν κινούμενος ὁ ἥλιος ἐπὶ τῆς ἰδίας περιφερείας, ἴσους ἂν ἐπετέλει τους τῶν τεταρτημορίων χρόνους. νυνὶ δὲ κατώτερον φέρεται ὁ ἥλιος, καὶ ἐπὶ ἐκκέντρου κύκλου κινειται, καθ᾽άπερ ὑπογέγραπται· οὐ γὰρ τὸ αὐτὸ κέντρον ἐστὶ τοῦ ἡλιακοῦ κύκλου, καὶ τοῦ ζωδιακοῦ· ἀλλ᾽ἐφ᾽ ἓν μέρος παρῆκται ἡ τοῦ ἡλίου σφαῖρα. διὰ δὲ τὴν τοιαυτην θέσιν εἰς τέσσαρα μέρη ἄνισα διαιρειται ὁ ἡλιακὸς δρόμος. καὶ γινέται μεγίστη μὲν περιφέρεια, ἡ ὑποπεπτωκυῖα ὑπὸ τὸ τοῦ ζωδιακοῦ κύκλου τεταρτημόριον τὸ ἀπὸ τοῦ κριοῦ ᾱ μοίρας μέχρι διδύμων λ̄. ἐλαχίστη δὲ περιφέρεια ἡ κειμένη ὑπὸ τὸ τεταρτημόριον τὸ ἀπὸ ζυγοῦ ᾱ μοίρας μέχρι τοξότου μοίρας λ̄.

Οθεν εὐλόγως ὁ ἥλιος, ἰσοταχῶς κινούμενος ἐπὶ τοῦ ἰδίου κύκλου, τὰς ἀνίσους περιφερείας ἐν ἀνίσοις χρόνοις διέρχεται, καὶ τὴν μὲν μεγίστην ἐν μεγίστῳ, τὴν δὲ ἐλαχίστην ἐν ἐλαχίστῳ χρόνῳ διαπορεύεται. ἀλλ᾽ ὅταν μὲν τὴν μεγίστην περιφέρειαν ἐπὶ τοῦ ἰδίου κύκλου διανύῃ, τότε παροδεύει τὸ τοῦ ζωδιακοῦ τεταρτημόριον τὸ ἀπὸ ἰσημερίας ἐαρινῆς μέχρι τροπῆς θερινῆς. ὅταν δὲ τὴν ἐλαχίστην περιφέρειαν ἐπὶ τοῦ ἰδίου κύκλου κινῆται, τότε παροδεύει τοῦ ζωδιακοῦ τὸ τεταρτημόριον, τὸ ἀπὸ ἰσημερίας φθινοπωρινῆς μήχρι τροπῆς χειμερινῆς. ἐπεὶ οὖν ἄνισοι περιφέρειαι τοῦ ἡλιακοῦ κύκλου ὑπὸ ἴσας περιφερείας τοῦ ζωδιακοῦ κύκλου ὑποπεπτώκασιν, ἀνάγκη ἀνίσους γίνεσθαι τοὺς ἀπὸ τῶν τροπῶν μέχρι τῶν ἰσημεριῶν χρόνους, καὶ μέγιστον μὲν τὸν ἀπὸ ἰσημερίας ἐαρινῆς μέχρι τροπῆς θερινῆς· ἐλάχιστον δὲ τον ἀπὸ ἰσημερίας φθινοπωρινῆς μέχρι τροπῆς χειμερινῆς. ὁ μὲν οὖν ἥλιος διὰ παντὸς ἰσοταχῶς κινεῖται· διὰ δὲ τὴν ἐκκεντρότητα τῆς ἡλιακῆς σφαίρας, ἐν ἀνίσοις χρόνοις διαπορεύεται τὰ τοῦ ζωδιακοῦ τεταρτημόρια· διὰ δὲ τὴν ταυτὴν αἰτίαν, καὶ τὰ ἴσα ζώδια ἐν ἀνίσοις χρό-

piques seroient encore égaux. Car tous les cercles décrits autour d'un même centre sont également divisés par leurs diamètres. Ainsi donc, puisque le zodiaque est divisé en quatre parties égales par les diamètres qui joignent les points des solstices et des équinoxes, il s'ensuivroit nécessairement que l'orbite solaire serait divisée en quatre parties égales par les mêmes diamètres dont le soleil, en parcourant sa circonférence propre, feroient les temps des *quadrans* égaux. Mais il se meut plns bas et sur un cercle ex-centrique, car il ne tourne pas autour du centre du zodiaque. Le centre de l'orbite solaire en est écarté d'un degré. Mais, à cause de cet écart, elle est divisée en quatre parties inégales. Le plus grand arc est celui du *quadrans* qui commence au premier degré du bélier, et finit avec le 30e degré des gémeaux. Le plus petit s'étend depuis le premier degré de la balance jusqu'à la fin du 30e dégré du sagittaire.

C'est pourquoi le soleil, par son mouvement uniforme dans son orbite propre, parcourt des arcs inégaux dans des temps inégaux, le plus grand dans le plus de temps, le plus petit dans le moins de temps. Mais quand il parcourt le plus grand arc de son orbite, il parcourt le quart de cercle du zodiaque depuis l'équinoxe du printemps jusqu'au solstice d'été. Et en parcourant le plus petit arc de son orbite, il parcourt le quart de cercle du zodiaque depuis l'équinoxe d'automne jusqu'au solstice d'hiver. Donc, puisque les arcs inégaux de l'orbite solaire correspondent à des arcs égaux du zodiaque, il faut nécessairement que les temps depuis les solstices jusqu'aux équinoxes soient inégaux, le plus grand depuis l'équinoxe de printemps jusqu'au solstice d'été, le plus petit depuis l'équinoxe d'automne jusqu'au solstice d'hiver. Le mouvement du soleil est donc toujours uniforme; mais à cause de l'excentricité de l'orbite solaire, cet astre parcourt les quarts de cercle du zodiaque en des temps inégaux. Car si des extrémités des dodécatémories nous menons des droites au centre du zodiaque, comme dans la figure tracée (ci-dessus p. 6), le zodiaque sera bien divisé en douze parties égales, mais l'orbite solaire, à cause de son excentricité, sera divisée en douze parties inégales. La plus grande sera sous les gémeaux, et la plus petite sous le sagittaire. Pour cette raison, le soleil emploie le temps le plus long à parcourir les gémeaux, et le plus court à parcourir le sagittaire, quoique son mouvement soit toujours uniforme. Mais à cause de l'excentricité, l'orbite solaire étant divisée en parties inégales, il s'ensuit que les temps employés à parcourir chacune des constellations zodiacales, sont inégaux.

Quant à l'ordre et à la situation de ces douze constellations, il y a quatre différences. Elles sont ou diamétralement opposées, ou en triangle, ou en quarré; ou bien en syzygie ou conjonction; et selon d'autres, en conjonction contraire.

Les constellations diamétralement opposées sont le bélier et la balance, le taureau et le scorpion, les gémeaux et le sagittaire, le cancer et le capricorne, le lion et le verseau, la vierge et les poissons. Quand l'un des deux se lève, l'autre se couche, et réciproquement. Mais cela n'a lieu que pour les dodécatémories et non pour les constellations. Car quand le bélier se lève, la balance se couche; et quand le taureau se lève, le scorpion se couche. C'est la même relation pour les autres diamétralement opposées. Ce sont les Chaldéens qui les prennent ainsi opposées pour connoître les sympathies dans les nativités. Car les uns croient que ceux qui sont nés dans des signes opposés ont des passions semblables, et d'autres disent qu'ils en ont de contraires. Et les lieux des astres dans les signes diamétralement opposés, en même temps, favorisent ou affoiblissent les nativités, selon les vertus attribuées aux astres.

νοις διαπορεύεται ὁ ἥλιος. ἐὰν γὰρ ἀπὸ τῶν περάτων τῶν δωδεκατημορίων ἐπὶ τὸ κέντρον τοῦ ζωδιακοῦ κύκλου ἐπιζεύξωμεν εὐθείας, καθάπερ ὑπογέγραπται· ἔςαι ὁ μὲν τῶν ζωδίων κύκλος εἰς ιϐ′ μέρη ἴσα διῃρημένος· ὁ δὲ τοῦ ἡλίου κύκλος διὰ τὴν ἐκκεντρότητα εἰς ιϐ′ μέρη ἄνισα διῃρημένος· καὶ μεγίςη μὴν περιφέρεια ἡ ὑποπεπτωκυῖα ὑπὸ τους διδύμους· ἐλαχίςη δὲ ἡ ὑποπεπτωκυῖα ὑπὸ τὸν τοξότην. Δι' ἣν αἰτίαν ἐν πλείςῳ μὲν χρόνῳ διαπορεύεται ὁ ἥλιος τους διδύμους, ἐν ἐλαχίςῳ δὲ χρόνῳ τὸν τοξότην, αὐτὸς μὲν διὰ παντὸς ἰσοταχῶς κινούμενος, διὰ δὲ τὴν ἐκκεντρότητα εἰς ἄνισα μέρη διαιρουμένου τοῦ ἡλιακοῦ κύκλου, συμϐαίνει καὶ τους χρόνους ἀνίσους εἶναι τῶν ζωδίων.

Τῆς δὲ πρὸς ἄλληλα τάξεως καὶ θέσεως τῶν ιϐ-ζωδίων διαφοραί εἰσι τέσσαρες. ἃ μὲν γὰρ αὐτῶν λέγεται κατὰ διάμετρον· ἃ δὲ κατὰ τρίγωνον. ἃ δὲ κατὰ τετράγωνον· ἃ δὲ κατὰ συζυγίαν, ὑπὸ τινων δὲ ἀντισυζυγίαν.

Κατὰ διάμετρον μὲν οὖν εἰσι ζώδια τὰ κατὰ τὴν αὐτὴν διαμετρον κείμενα. ἔςι δὲ τάδε, κριὸς, ζυγός· ταῦρος, σκορπίος· δίδυμοι, τοξότης· καρκίνος, αἰγόκερως· λέων, ὑδροχόος· παρθένος, ἰχθύες. συμϐέϐηκε δὲ τούτοις, ὅταν τὸ ἕτερον αὐτῶν ἀνατέλλῃ, τὸ κατὰ διάμετρον δύνειν, καὶ τοὐναντίον. ὁ δὲ λόγος ἐπὶ τῶν δωδεκατημορίων, καὶ οὐκ ἐπὶ τῶν κατηςερισμένων ζωδίων. κριοῦ μὲν γὰρ ἀνατέλλοντος, δύνει ζυγός· ταύρου δὲ ἀνατέλλοντος δύνει σκορπίος. ὁ δὲ αὐτὸς λόγος, καὶ ἐπὶ τῶν λοιπῶν τῶν κατὰ διάμετρον ζωδίων. λαμϐάνεται δὲ τὰ κατὰ διάμετρον ὑπὸ τῶν Χαλδαίων, καὶ πρὸς τὰς ἐν ταῖς γενέσεσι συμπαθείας. δοκοῦσι γὰρ οἱ κατὰ διάμετρον γενόμενοι συμπάσχειν ἀλλήλοις, καὶ, ὡς ἂν εἴποι τις, ἀντικεῖσθαι ἀλλήλοις. καὶ τῶν ἀςέρων ἐποχαὶ ἐν τοῖς κατὰ διάμετρον ζωδίοις κατὰ τὸν αὐτὸν καιρὸν καὶ συνωφελοῦσι καὶ συμϐλάπτουσι τὰς γενέσεις, κατὰ τὰς παραδεδομένας δυνάμεις τῶν ἀςέρων.

Κατὰ τρίγωνον δὲ ἐςὶ, κριὸς, λέων, τοξότης· ταῦρος, παρθένος, αἰγοκέρως· δίδυμοι, ζυγὸς, ὑδροχόος· καρκίνος, σκορπίος, ἰχθύες. τὰ πάντα τρίγωνα ἰσόπλευρα τέτταρα· ὑποτείνει δὲ ἡ τοῦ τριγώνου πλευρὰ ὑπὸ ζώδια μὲν τέτταρα, μοίρας δὲ ρκ̄.

Καλεῖται δὲ τὸ μὲν πρῶτον τρίγωνον τὸ ἀπὸ κριοῦ βόρειον. ἐὰν γὰρ της σελήνης ἔν τινι τῶν τριῶν ζωδίων ὑπαρχούσης, βορέας πνεύσῃ, ἐπὶ πολλὰς ἡμέρας ἡ αὐτὴ διαμένει ςάσις. ὅθεν ἀπὸ ταύτης τῆς παρατηρήσεως ὁρμηθέντος οἱ ἀςρολόγοι προλέγουσι τὰς βορείας ςάσεις. ἐὰν μὲν γὰρ ἐν ἄλλῳ ζωδίῳ τῆς σελήνης ὑπαρχεύσης, βορεινὴ γενῆται ςάσις, εὐδιάλυτος γινέται ὁ βορέας. ἐὰν δὲ ἔν τινι τῶν ἀφωρισμένων ζωδίων ἐν τῷ βορεινῷ τριγώνῳ βορεας συμπνεύσῃ, προλέγουσιν ἐπὶ πολλὰς ἡμέρας διαμένειν τὴν αὐτὴν σύςασιν. τὸ δὲ ἑξῆς τρίγωνον τὸ ἀπὸ τοῦ ταύρου, καλεῖται νότιον. πάλιν γὰρ ἐὰν, τῆς σελήνης ἔν τινι τῶν τριῶν ζωδίων ὑπαρχούσης, νότος πνεύσῃ, ἐπὶ πολλὰς ἡμέρας ἡ αὐτὴ διαμένει ςάσις. τὸ δὲ ἑξῆς τρίγωνον τὸ ἀπὸ τῶν διδύμων, καλειται ζεφυρικὸν διὰ τὴν ὁμοίαν αἰτίαν. τὸ δὲ ἐπὶ πᾶσι τρίγωνον τὸ ἀπὸ καρκίνου, ἀφηλιωτικὸν, διὰ τὴν αὐτὴν αἰτίαν.

Λαμβάνεται δὲ τὰ τρίγωνα καὶ πρὸς τὰς ἐν ταῖς γένεσεσι συμπαθείας. δοκοῦσι γὰρ οἱ κατὰ τρίγωνον γενώμενοι συμπαθεῖν ἀλλήλοις, καὶ αἱ τῶν ἀςέρων ςάσεις αἱ ἐν τοῖς αὐτοῖς τριγώνοις, καὶ συνωφελεῖν, καὶ συμβλάπτειν ἅμα τὰς γένεσεις. κατὰ γὰρ τρεις τρόπους αἱ συμπάθειαι γίνονται, κατὰ διάμετρον, κατὰ τρίγωνον, κατὰ τετράγωνον. κατ᾽ ἄλλην δὲ διάςασιν οὐδεμία συμπάθεια γίνεται. καίτοι εὔλογον ἦν, ἐκ τῶν μαλιςα σύνεγγυς συγκειμένων ζωδίων συμπάθειαν γίνεσθαι. ἡ γὰρ ἀποφορὰ καὶ ἀπόῤῥοια ἡ φερομὲν ἀπὸ τῆς ἰδίας δυνάμεως ἑκάςου τῶν ἀςέρων, ὤφειλε μάλιςα συναναχρωτίζεσθαι, καὶ συνανακιρνᾶσθαι τοῖς πλησιάζοισι ζωδίοις. ὥσπερ γὰρ τὰ τρίγωνα καὶ τετράγωνα ἐγγράφεται εις τὸν κύκλον, οὕτω καὶ ἑξάγωνον, καὶ ὀκτάγωνον, καὶ δωδεκάγωνον. ἀλλὰ κατὰ μὲν τὰς τούτων ἐγγραφὰς οὐδεμία γινέται συμπάθεια· κατὰ δὲ τους προειρημένους τρόπους μόνον, φυσικῆς τινὸς ὑπαρχούσης ἐν ταῖς τοιαύταις ἀποςάσεσι συμπαθείας.

Les constellations en triangle, sont le Bélier, le lion et le sagittaire; le taureau, la vierge et le capricorne; les gémeaux, la balance et le verseau; le cancer, le scorpion et les poissons. Ces quatre triangles sont équilatéraux, et chaque côté soutend quatre signes, c'est-à-dire 120 degrés.

Le premier triangle, qui commence au bélier, se nomme boréal. Car si, la lune étant dans quelqu'un des trois signes, le vent de borée souffle, il dure plusieurs jours, et les astrologues, partant de là, prédisent les températures boréales. Vu que la lune étant dans un autre signe, si la température devient boréale, le vent tombe bientôt, sinon, ils l'annoncent pour plusieurs jours, la lune étant dans ces trois. Le triangle suivant, qui est pris du taureau, se nomme méridional. Parceque, quand la lune est dans un des trois signes, si le vent du midi souffle, la même température continue plusieurs jours. Le triangle suivant, à commencer des gémeaux, s'appelle zéphyrien, pour cette raison, et le triangle qui vient après tous ceux-là, commençant au cancer, est appelé subsolaire, pour la même raison.

Les triangles se prennent aussi pour les sympathies dans les nativités. Car ceux qui sont nés sous des signes en triangles semblent avoir les mêmes passions. Les positions des étoiles dans les mêmes triangles paroissent favoriser et contrarier les nativités. Les sympathies, en effet, se font de trois manières, ou diamétralement, ou en triangle, ou en carré. Dans toute autre relation de distance il n'y a point de sympathie. Il étoit bien naturel que les mêmes rapports de passions naquissent des étoiles les plus proches entr'elles. Car le transport et le décours qui se fait de la force propre de chaque astre, devoit s'incor, orer et s'entremêler avec les signes voisins. L'hexagone, l'octogone, le dodécagone s'inscrivent dans un cercle, comme les triangles et les quarrés. Toute fois, il ne s'y fait point de sympathies; ce n'est que dans l'inscription de ceux-ci qu'il s'opère une certaine sympathie naturelle.

En quarré sont le bélier, le cancer, la balance et le capricorne; le taureau, le lion, le scorpion et le verseau; les gémeaux, la vierge, le sagittaire et les poissons; ces quarrés sont au nombre de trois. Chaque côté soutend trois signes ou 90 degrés. Le premier se nomme le quarré du bélier. C'est dans ce quarré que commencent les saisons, le printemps, l'été, l'automne et l'hiver. Le second est celui du taureau, il contient les milieux des saisons, du printemps, de l'été, de l'automne, de l'hiver. Dans le quatrième, qui est celui des gémeaux, finissent les saisons dans leurs temps. On prend aussi un même quarré, comme on l'a dit, pour les sympathies dans les nativités.

Κατὰ τετράγωνον δὲ ἐςι κριὸς, καρκῖνος, ζυγὸς, αἰγόκερως· ταῦρος, λέων, σκορπίος, ὑδροχόος· δίδυμοι, παρθένος, τοξότης, ἰχθύες. τὰ πάντα τετράγωνα τρία. ὑποτείνει δὲ ἡ τοῦ τετραγώνου πλευρὰ ὑπὸ ζώδια μὲν τρία, μοίρας δὲ ϟ. Καλεῖται μὲν τὸ πρῶτον τετράγωνον τὸ ἀπὸ τοῦ κριοῦ, ἐν ᾧ αἱ ὧραι ἄρχονται, ἔαρ, θέρος, φθινόπωρον, χειμών. τὸ δεύτερον τετράγωνον τὸ ἀπὸ τοῦ ταύρου, ἐν ᾧ αἱ ὧραι τὸν μέσον ἔχουσι χρόνον, ἔαρος, θέρους, φθινοπώρου; χειμῶνος. τὸ δὲ τρίτον τετράγωνον τὸ ἀπὸ τῶν διδύμων, ἐν ᾧ αἱ ὧραι λήγουσι κατὰ τους χρόνους. λαμβάνεται δὲ τὸ τετράγωνον ἓν, καθ' ἅπερ εἴρηται, καὶ πρὸς τὰς ἐν ταῖς γενέσεσι συμπαθείας.

Enfin, cette théorie des carrés s'applique aussi à d'autres usages par quelques personnes. Car quand l'un des signes qui forment le carré se couche, on diroit que le signe de l'angle suivant est au meridien de l'hémisphère supérieur, qu'ainsi, le capricorne se couchant, le bélier est au méridien, le cancer se lève, et la balance est au méridien inférieur. C'est la même chose pour les autres carrés. Nous ne citerons pour exemple que celui-là seul, qui contient les solstices et les équinoxes. Ce que nous en avons dit, y est d'accord avec les apparences; mais un examen plus approfondi découvre qu'il s'écarte de ce que nous avons annoncé en général. Il est bien vrai que le premier degré du capricorne se couchant, le premier degré du bélier sera au méridien supérieur, le premier degré du cancer se levera, et la balance aura son premier degré au méridien inférieur; parce qu'alors le zodiaque est coupé en quatre parties égales par les colures, ensorte que les intervalles, depuis le méridien jusqu'au levant et au couchant, sont égaux, chacun étant de trois signes. Mais dans les autres positions de ce carré et des autres, le zodiaque n'est pas coupé en quatre parties égales. C'est pourquoi l'intervalle du méridien à l'orient n'est pas toujours égal

Ετι δὲ ἡ τῶν τετραγώνων ἔκθεσις, καὶ πρός τινα ἄλλην χρείαν λαμβάνεται ὑπὸ τινῶν. τοῦ γὰρ ἑνὸς αὐτῶν ὑπὸ τοῦ αὐτοῦ τετραγώνου δυνόντος, το ἑξῆς ὑπελάμβανον μεσουρανεῖν ἐν τῷ ὑπὲρ γῆν ἡμισφαιρίῳ. οἷον αἰγόκερω δύνοντος, μεσουρανεῖν κριὸν, ἀνατέλλειν δὲ καρκῖνον, καὶ μεσουρανειν δὲ ὑπὸ γῆν ζυγόν. ὁ δὲ αὐτὸς λόγος καὶ ἐπὶ τῶν λοιπῶν τετραγώνων ἐςί, τὸ δὲ τοιοῦτον παράγγελμα ἐπὶ μὲν τοῦ ἑνὸς τετραγώνου, τοῦ τὰς τροπὰς καὶ τὰς ἰσημερίας περιέχοντος, κατὰ τὸ ὁλοσχερὲς λεγόμενον συμφωνήσει πρὸς τὸ φαινόμενον· πρὸς δὲ τὴν ἐν τῷ ὅλῳ ἀκρίβειαν διαφωνει. αἰγόκερω γὰρ τῆς πρώτης μοίρας δυνούσης, κριοῦ πρώτη μοῖρα μεσουρανήσει· καρκίνος δὲ πρώτη μοίρᾳ ἀνατέλλει· ζυγὸς δὲ πρώτῃ μοίρᾳ ὑπὸ γῆν μεσουρανήσει. τότε γὰρ ὁ διὰ μέσων τῶν ζωδίων κύκλος εἰς τέσσαρα μέρη ἴσα διαιρεῖται ὑπὸ τῶν κολουρῶν κύκλων· ὥςε ἴσον εἶναι τὸ ἀπὸ τῆς μεσουρανήσεως πρὸς ἀνατολὴν καὶ δύσιν, τοῦ ζωδιακοῦ διάςημα. ἑκάτερον γὰρ αὐτῶν γίνεται ζωδίων τριῶν. ἐν δὲ ταῖς λοιπαῖς ςάσεσι τοῦ τετραγώνου τούτου, καὶ τῶν λοιπῶν, οὐ συμβαίνει εἰς δ μέρη ἴσα διαιρεῖσθαι τὸν ζωδιακὸν κύκλον. διὰ δὲ τοῦτο οὐκ ἐςὶ διὰ παντὸς ἴσον τὸ ἀπὸ τῆς μεσουρανήσεως πρὸς ἀνατολὴν καὶ δύσιν διάςημα, ἐπὶ τοῦ ζωδιακοῦ κύκλου λαμβανομένων τῶν διαςημάτων. κατὰ μὲν γὰρ παράλληλον κύκλον ἴσον ἐςὶ διὰ παντὸς τὸ ἀπὸ τῆς μεσουρανήσεως πρὸς ἀνατολὴν, καὶ πρὸς τὴν δύσιν διάςημα. ὅθεν καὶ τῷ ἡλίῳ φερομένῳ καθ' ἑκάςην ἡμέραν ἐπὶ κύκλων παραλλήλων, ἴσον εἶναι συμβαίνει τὸν ἀπὸ τῆς ἀνατολῆς μέχρι τῆς μεσουρανήσεως δρόμου τοῦ ἀπὸ τῆς μεσουρανήσεως μέχρι δύσεως. ἐπὶ δὲ τοῦ ζωδιακοῦ κύκλου λαμβανομένων τῶν διαςημάτων, ἄνισον εἶναι συμβέβηκε τὸ ἀπὸ τῆς μεσουρανήσεως μέχρι τῆς ἀνατολῆς διάςημα τῷ ἀπὸ τῆς μεσουρανήσηως μέχρι τῆς δύσεως, διὰ τὴν λοξότητα τοῦ ζωδιακοῦ. καὶ ἔςιν ὅτε τῶν ἓξ ζωδίων τῶν διὰ παντὸς ὑπερ γῆν ὄντων τρία μὲν καὶ ἥμισυ ἀπὸ τῆς μεσουρανήσεως πρὸς ἀνατολὴν ἀπολαμβάνεται· δύο δὲ καὶ ἥμισυ πρὸς δύσιν.

à celui du méridien à l'occident, si on prend ces intervalles sur le zodiaque. Si au contraire on les mesure sur un parallèle, on trouvera toujours la partie orientale de ce parallèle depuis le méridien, égale à sa partie occidentale. De-là vient que le soleil décrivant chaque jour un des cercles parallèles, l'espace qu'il y parcourt depuis l'orient jusqu'au point médiant dans le ciel, y est égal à celui qu'il parcourt depuis ce point jusqu'à l'occident. Mais sur le zodiaque, on trouve que l'intervalle du point médiant du ciel au levant n'est pas égal à celui de ce point au couchant, à cause de l'obliquité de ce cercle. Et il est des cas où des signes qui sont toujours au nombre de six au-dessus de l'horizon, il y en a trois et demi entre le levant et le méridien, et deux et demi seulement entre le méridien et le couchant.

Ηδη δὲ παρὰ τὰς τῶν κλιμάτων διαφορὰς, καὶ εἰς ἀνισώτερα μέρη διαιρειται ὑπὸ τοῦ μεσημβρινοῦ κύκλου. καὶ ἔςιν ὅτε τῶν ρπ̄ μοιρῶν τῶν διὰ παντὸς ὑπὲρ τὸν ὁρίζοντα ὑπαρχουσῶν, ρ̄ μὲν καὶ κ̄ μοῖραι ἀπὸ τῆς μεσουρανήσεως πρὸς ἀνατολὴν ἀπολαμβάνονται, ξ̄ δὲ πρὸς δύσιν, καὶ τοὐναντίον. τοιαύτης οὖν οὔσης τῆς παραλλαγῆς ἐν τῇ διαιρέσει τοῦ ζωδιακοῦ κύκλου, ἔκδηλον ὁλοσχερῶς γίνεται τὸ ἁμάρτημα. ὑδροχόου γὰρ ἀνατέλλοντος, οὐ μεσουρανει ταῦρος, ἀλλ' ἀφέξει ζώδιον ὅλον ἀπὸ τῆς μεσουρανήσεως· ἔςι δὲ ὅτε καὶ πλέον. οὐδὲ ὑπὸ γῆν μεσουρανήσει σκορπίος, ἀλλὰ ζώδιον ὅλον ἀφέξει ἀπὸ τοῦ μεσημβρινοῦ, ἔςι δὲ ὅτε καὶ πλειον. ὥςε καθόλου τὴν τῶν τετραγώνων ἔκθεσιν διημαρτῆσθαι.

Les différences des climats font aussi que le zodiaque est coupé en parties inégales par le méridien. Car tantôt des 180 degrés qui sont toujours au-dessus de l'horizon, il s'en trouve depuis le méridien 120 du côté de l'orient, et 60 du côté de l'occident; tantôt c'est le contraire qui arrive. Mais dans cette variation de partage du zodiaque, l'erreur est évidente, car quand le verseau se lève, le taureau n'occupe pas le point médiant du ciel, puisqu'il en sera éloigné de toute sa longueur, et même quelquefois de plus, et alors le scorpion ne sera pas au méridien inférieur, mais il en sera éloigné de toute sa longueur et même par fois de plus encore. Ainsi, généralement parlant, cette théorie par les carrés est erronée.

Κατὰ συζυγίαν δὲ λέγεται ζώδια, τὰ ἐκ τοῦ αὐτου τόπου ἀνατέλλοντα, καὶ εἰς τὸν αὐτὸν τόπον δυνόντα. ταῦτα δὲ ἐςι τὰ ὑπὸ τῶν αὐτῶν παραλλήλων παραλαμβανόμενα κύκλων. οἱ μὴν οὖν ἀρχαῖοι τὰς συζυγίας ἀπεφαίνοντο οὕτως· καρκίνον μὲν ἐξετίθεντο μηδεμίαν ἔχειν συζυγίαν πρὸς ἄλλο ζώδιον· ἀλλὰ καὶ ἀνατέλλειν βορειότατον, καὶ δύνειν βορειότατον, τοιούτῳ τινὶ πιθανῶς προσαναπαυόμενοι. ἐπεὶ γὰρ αἱ θε-

Les signes que l'on dit être conjoints se lèvent d'un même lieu et se couchent en un même lieu. Ce sont ceux qui sont situés sur les mêmes cercles parallèles. Voici l'exposé qu'ils faisoient de ces combinaisons : d'abord ils disoient que l'écrevisse n'est en syzygie avec aucun autre signe, mais qu'elle est celui de tous qui se lève et se couche vers le pôle boréal. Ils se fondoient sur ce que les conversions (solstices) d'été se font dans l'écrevisse, le soleil, dans les solstices d'été, est à son point le plus boréal; d'où ils concluoient que l'écrevisse est, de tous les signes, celui dont le lever et le coucher est le plus boréal. Le même raisonnement a lieu aussi pour le capricorne. Car ils pensoient que c'est celui de tous les signes qui se lève le plus avant vers le pôle austral, et qu'il n'a de syzygie avec aucun autre. Car les solstices d'hiver arrivant dans ce signe, et le soleil étant, dans les solstices d'hiver, à son point le plus austral, ils en concluoient que le capricorne se lève à un point plus austral que les autres signes, et qu'aucun autre ne se lève, ni ne se couche dans le même lieu que lui. Ensuite ils arrangeoient les autres combinaisons de la manière suivante : ils mettoient le lion avec les gémeaux, la vierge avec le taureau, la balance avec le bélier, le scorpion avec les poissons, et le sagittaire avec le verseau, mais il s'est trouvé que cette disposition étoit très-fausse. Car les solstices n'occupent pas toute l'écrevisse; il n'y a qu'un de ses points duquel le soleil retourne dès qu'il y est parvenu. En effet, ces conversions ou retours se font dans un instant indivisible. Or il en est de la dodécatémorie entière de l'écrevisse, comme de celle des gémeaux, l'une et l'autre est également éloignée du point tropique (solsticial); c'est pourquoi les longueurs des jours et des nuits sont les mêmes dans les gémeaux et dans l'écrevisse. Et sur les horoscopes (horloges), les lignes d'ombre causées par les gnomons, sont à la même distance du point solsticial d'été, dans l'écrevisse et dans les gémeaux. Car ces deux dodécatémories sont également situées relativement au point solsticial. Aussi sont-elles comprises entre les mêmes parallèles, et pour cette raison, les gémeaux et l'écrevisse se lèvent du même lieu et se couchent dans le même lieu.

ριναὶ τροπαὶ γίνονται, ἐν καρκίνῳ, ἐν δὲ ταῖς θεριναῖς τροπαῖς βορειότατος γίνεται ὁ ἥλιος, διὰ τοῦτο ὑπέλαβον βορειότατον ἀνατέλλειν τὸν καρκίνον, ὁμοίως νὲ καὶ δύνειν. ὁ δὲ αὐτὸς λόγος καὶ ἐπὶ τοῦ αἰγόκερῳ. καὶ γὰρ τοῦτον ὑπελάμβανον νοτιώτατον ἀνατέλλειν, καὶ πρὸς μηδὲν ἕτερον ζώδιον συζυγίαν ἔχειν. ἐπεὶ γὰρ αἱ τροπαὶ χειμεριναὶ γίνονται ἐν αἰγόκερῳ, ἐν δὲ ταῖς χειμεριναῖς τροπαῖς νοτιώτατος γίνεται ὁ ἥλιος, διὰ τοῦτο ὑπελάμβανον νοτιώτατον ἀνατέλλειν τὸν αἰγόκερων, καὶ μηδὲν ἄλλο ζώδιον ἐκ τοῦ αὐτοῦ τόπου ἀνατέλλειν καὶ δύνειν αἰγόκερῳ. τὰς δὲ λοιπὰς συζυγίας ὀξετίθεντο οὕτως· διδύμοις λέοντα· ταύρῳ παρθένον· κριῷ ζυγὸν· ἰχθύσι σκορπίον· ὑδροχόῳ τοξότην. τὴν δὲ τοιαύτην ἔκθεσιν παντελῶς διημαρτημένην εἶναι συμβέβηκεν. οὔτε γὰρ ἐν ὅλῳ τῷ καρκίνῳ τροπαὶ γίνονται· ἀλλ' ἔςιν ἕν τι σημειον λόγῳ θηωρητὸν, ἐφ' οὗ γενόμενος ὁ ἥλιος τὴν τροπὴν ποιειται. ἐν γὰρ ςιγμιαίῳ χρόνῳ αἱ τροπαὶ γίνονται· τὸ δὲ ὅλον δωδεκατημόριον τοῦ καρκίνου ὁμοίως κεῖται τοῖς διδύμοις, καὶ ἑκάτερον αὐτῶν ἴσον ἀπέχει ἀπὸ τοῦ θερινοῦ τροπικοῦ τροπικοῦ σημείου. δἰ ἣν αἰτίαν καὶ τὰ μεγέθη τῶν ἡμερων καὶ νυκτῶν ἴσα ἐςὶν ἐν διδυμοις καὶ ἐν καρκίνῳ καὶ ἐν τοῖς ὡροσκοπείοις αἱ ὑπὸ τῶν γνωμόνων γραφόμεναι γραμμαὶ ἴσον ἀπέχουσι τοῦ θερινοῦ τροπικοῦ σημείου καὶ ἐν καρκίνῳ καὶ ἐν διδύμοις. ἐξ ἴσου γὰρ κεῖνται πρὸς τὸ θερινὸν σημειον τὰ δύο δωδεκατημόρια. ὅθεν καὶ ὑπὸ τῶν αὐτῶν παραλλήλων ἐμπεριλαμβάνεται κύκλων, διὰτε τοῦτο ἐκ τοῦ αὐτοῦ τόπου ἀνατέλλουσι δίδυμοι, καρκίνος, ὁμοίως τε δύνουσιν εἰς τὸν αὐτὸν τόπον.

C'est la même chose pour le capricorne. Car ce signe n'est pas le plus austral, mais dans un seul

Ο δὲ αὐτὸς λόγος καὶ ἐπὶ τοῦ αἰγόκερω. οὔτε γὰρ οὗτος ἐςι νοτιώτατος, ἀλλ' ἕν τι σημεῖον λόγῳ θεωῥητόν, ὃ κοινόν ἐςι τῆς τε τοῦ τοξότου τελευτῆς, καὶ τῆς τοῦ αἰγόκερω ἀρχῆς. διὸ ἐξ ἴσου κεῖται τῷ τοξότῃ, καὶ τὴν αὐτὴν ἀπόςασιν ἔχει ἀπὸ τοῦ χειμερινοῦ τροπικοῦ σημείου. ὅθεν καὶ τὰ μεγέθη τῶν ἡμερῶν καὶ τῶν νυκτῶν τὰ αὐτὰ ἐςιν ἐν τῷ τοξότῃ, καὶ ἐν τῷ αἰγόκερῳ, καὶ τὸ ἄκρον τοῦ γνώμονος ἐν τοῖς ὡρολογίοις τὰς αὐτὰς γράφει γραμμὰς, καὶ ὑπὸ τῶν αὐτῶν παραλλήλων ἐμπεριλαμβάνεται κύκλων τὰ δύο δωδεκατηρόρια, τοῦ τοξότου τε, καὶ αἰγόκερω. καὶ διὰ τοῦτο ἐκ τοῦ αὐτοῦ τόπου ἀνατέλλει, καὶ εἰς τὸν αὐτὸν τόπον δύνει τοξότης καὶ αἰγόκερως.

point rationel, imperceptible et commun à la fin du sagittaire et au commencement du capricorne, consiste la raison pour laquelle le sagittaire et ce signe sont également éloignés du solstice d'hiver. C'est pourquoi les longueurs des jours sont les mêmes dans le sagittaire et dans le capricorne. Et l'extrémité du gnomon décrivant sur les horloges les mêmes lignes, les deux dodécatémories du sagittaire et du capricorne sont comprises sous les mêmes cercles parallèles, et pour cette raison l'un et l'autre se lèvent du même lieu et se couchent dans le même lieu.

Ομοίως δὲ καὶ τὰς λοιπὰς συζυγίας διημαρτημένας εἶναι συμβέβηκεν. ἐκδηλέτατον δὲ γίνεται ἁμάρτημα περὶ τὴν συζυγίαν τοῦ κριοῦ. ἀποφαίνονται γὰρ κατὰ συζυγίαν κριὸν ζυγόν· ὡς τούτων τῶν ζῳδίων ἐκ τοῦ αὐτοῦ τόπου ἀνατελλόννων, καὶ εἰς τὸν αὐτὸν τόπον δυνόντων. ἀλλ' ὁ μὲν κριος βόρειος ἀνατέλλει καὶ δύνει. ἐκ τοῦ γὰρ ἰσημερινοῦ κύκλου πρὸς ἄρκτοις κεῖται. ὁ δὲ ζυγὸς νότιος ἀνατέλλει. ἐκ γὰρ τοῦ ἰσημερινοῦ κύκλου πρὸς μεσημβρίαν κεῖται. πῶς οὖν δύναται κριός ζυγῷ κατὰ συζυγίαν εἶναι, ἐκ διαφόρων γὰρ τόπων ἀνατέλλουσι, ὁμοίως δὲ καὶ δύνουσιν. οὐ δύναται δὲ ταῦτα τὰ ζώδια ὑπὸ τῶν αὐτῶν παραλλήλων περιέχεσθαι κύκλων. ὁμοίως δὲ οὐδὲ αἱ λοιπαὶ συζυγίαι συμφωνοῦσιν. ἠγνοήκασιν οὖν τὰ περὶ τὰς πρώτας μοίρας συμβεβηκότα τοῖς κατὰ συζυγίας ζωδίοις περὶ ὅλα τὰ ζώδια ἐκθέμενοι. πολλῷ γὰρ μᾶλλον ἔδει τὰ ὅλοις τοῖς δωδεκατημορίοις συμβεβηκότα εἰς ἀναγραφὴν καὶ παραγγέλματα ἀγαγεῖν.

Les autres combinaisons ne sont pas moins fausses. L'erreur est surtout sensible dans la combinaison du bélier, car on dit la combinaison du bélier avec la balance, comme si ces deux signes se levoient du même lieu et se couchoient au même lieu. Le lever et le coucher du bélier est bien boréal, car il est situé du côté des ourses hors de l'équateur, mais la balance se lève au midi, car elle est méridionale par rapport à l'équateur. Comment donc pourroit-il se faire une combinaison du bélier avec la balance, puisqu'ils se lèvent de différens lieux, et qu'ils se couchent aussi en différens lieux? Ces deux signes ne peuvent donc pas être compris entre les mêmes parallèles. Les autres combinaisons ne sont pas plus justes, parce qu'on n'a pas vu qu'on attribuoit aux signes entiers ce qui n'étoit vrai que de leurs premiers points. Il eut mieux valu établir des règles générales pour ce qui arrive aux signes entiers.

Εἰσὶν οὖν κατ' ἀλήθειαν συζυγίαι ἓξ, δίδυμοι καρκίνῳ· ταῦρος λέοντι· κριὸς παρθένῳ· ἰχθύες ζυγῷ· ὑδροχόος σκορπίῳ· αἰγοκέρως τοξότῃ. ταῦτα γὰρ καὶ ἐκ τοῦ αὐτοῦ τόπου ἀνατέλλει, καὶ εἰς τὸν αὐτὸν τόπον δύνει, καὶ ὑπὸ τῶν αὐτῶν ἐμπεριλαμβανεται παραλλήλων κύκλων, καὶ ἐξ ἴσου κεῖται πρὸς τὰ τροπικὰ σημεια. ἐν τούτοις γὰρ καὶ τὰ μεγέθη τῶν ἡμε-

Il n'y a véritablement que six combinaisons : les gémeaux et l'écrevisse, le taureau et le lion, le bélier et la vierge, les poissons et la balance, le verseau et le scorpion, le capricorne et le sagittaire. Car ils se lèvent du même lieu et se couchent au même lieu, ils sont compris entre les mêmes cercles parallèles, ils sont également situés pour les point solsticiaux, les longueurs des jours et des nuits y sont égales, et les pointes des gnomons y décrivent les mêmes lignes sur les cadrans.

CHAPITRE II.

Des Constellations.

On distingue trois sortes de constellations, celles qui sont dans le zodiaque, celles qu'on appelle boréales, et celles qui sont appelées australes.

Les constellations zodiacales sont les douze signes dont nous avons déjà dit les noms. Mais parmi ces douze signes se trouvent des étoiles que l'on a désignées par des noms particuliers, parce qu'elles se sont fait plus remarquer que les autres. Ainsi on a nommé pléïades les dix étoiles qui sont sur le dos du taureau. Les cinq étoiles du front du taureau ont été nommées hyades.

La précédente (ou la plus occidentale) des pieds des gémeaux s'est appelée *propus* (avant-pié). Celles qui; dans l'écrevisse, ressemblent à un amas nébuleux, se nomment la crèche. Les deux qui en sont les plus voisines, sont les ânes. On désigne l'étoile brillante qui est dans le cœur du lion, par cette position, cœur du lion; mais quelques-uns la nomment *regulus*, parce qu'ils s'imaginent qu'elle donne aux personnes qui naissent sous son influence, une nativité royale.

La belle étoile qui est à l'extrémité de la main de la vierge s'appelle l'épi, et la petite de l'aile droite de la vierge est la vendangeuse. Enfin, les quatre étoiles placées à l'extrémité de la main droite du verseau portent le nom d'urne. On nomme liens les étoiles suivantes des queues des poissons. Il y a neuf étoiles dans le lien austral, et cinq dans lien boréal. La brillante qui est à l'extrémité du lien se nomme le nœud.

ρῶν καὶ τῶν νυκτῶν ἴσα, καὶ τὰ ἄκρα τῶν γνωμόνων ἐν τοῖς ὡρολογίοις τὰς αὐτὰς γράφει γραμμάς.

ΚΕΦΑΛΑΙΟΝ Β.

ΠΕΡΙ ΤΩΝ ΚΑΤΗΣΤΕΡΙΣΜΕΝΩΝ ΖΩΔΙΩΝ.

Τα κατηϛερισμένα ἄϛρα διαιρειται εἰς μέρη τρία. ἃ μὲν γὰρ αὐτῶν ἐπὶ τοῦ ζωδιακοῦ κύκλου κεῖται· ἃ δὲ λέγεται βόρεια· ἃ δὲ προσαγορεύεται νότια.

Τὰ μὴν οὖν ἐπὶ τοῦ ζωδιακοῦ κύκλου κείμενά ἐϛι τὰ δώδεκα ζώδια, ὧν τὰς ὀνομασίας προειρήκαμεν. καὶ ἐν τοῖς δώδεκα ζωδίοις τινὲς ἀϛέρες, διὰ τὰς ἐπ᾽ αὐτοῖς γινομένας ἐπισημασίας, ἰδίας προσηγορίας ἠξιωμένοι εἰσίν. οἱ μὲν γὰρ ἐπὶ τοῦ ταύρου, ἐπὶ τοῦ νώτου αὐτοῦ, κειμενοι ἀϛέρες, τὸν ἀριθμὸν ἕξ, καλοῦνται πλειάδες. Οἱ δὲ ἐπὶ τοῦ βουκράνου τοῦ ταύρου κείμενοι ἀϛέρες, τὸν ἀριθμὸν πέντε, καλοῦνται ὑάδες.

Ὁ δὲ προηγούμενος τῶν ποδῶν τῶν διδύμων ἀϛὴρ προσαγορεύεται πρόπους. οἱ δὲ ἐν τῷ καρκίνῳ νεφελοειδεῖ συϛροφῇ ἐοικότες καλοῦνται φάτνη. οἱ δὲ πλησίον αὐτῆς δύο ἀϛέρες κείμενοι, ὄνοι προσαγορεύονται. ὁ δὲ ἐν τῇ καρδίᾳ τοῦ λέοντος κείμενος ἀϛὴρ λαμπρὸς, ὁμωνύμως τῷ τόπω ἐφ᾽ ᾧ κεῖται, καρδία λέοντος προσαγορεύεται, ὑπὸ δέ τινων βασιλίσκος καλειται· ὅτι δοκοῦσιν οἱ περὶ τὸν τόπον τοῦτον γεννώμενοι βασιλικὸν ἔχειν τὸ γενέθλιον.

Ο δὲ ἐν ἄκρᾳ τῇ ἀριϛερᾷ χειρὶ τῆς παρθένου κείμενος λαμπρὸς ἀϛὴρ, ϛάχυς προσαφορεύεται. ὁ δὲ παρὰ τὴν δεξιὰν τῆς παρθένου πτέρυγα κείμενος ἀϛερίσκος προτρυγητὴρ ὀνομάζεται. οἱ δὲ ἐν ἄκρᾳ τῇ δεξιᾷ χειρὶ κείμενοι τοῦ ὑδροχόου τέσσαρες ἀϛέρες κάλπεις καλοῦνται. Οἱ δὲ ἀπὸ τῶν οὐραίων μερῶν τῶν ἰχθύων κατὰ τὸ ἑξῆς κείμενοι ἀϛέρες, λίνοι προσαγορεύονται. εἰσι δὲ ἐν μὲν τῷ νοτίῳ λίνῳ ἀϛέρες ἐννέα· ἐν δὲ τῷ βορείῳ λίνῳ ἀϛέρες πέντε. ὁ δὲ ἐν ἄκρῳ τῷ λίνῳ κείμενος λαμπρὸς ἀϛὴρ συνδεσμὸς προσπγορεύεται.

Βόρεια δὲ ἐστιν, ὅσα τοῦ τῶν ζωδίων κύκλου πρὸς ἄρκτους κεῖται. ἐστι δὲ τάδε· ἡ μεγάλη ἄρκτος· ἡ μικρά· δράκων ὁ διὰ τῶν ἄρκτων· ἀρκτοφύλαξ· στέφανος· ἐνγόνασιν· ὀφιοῦχος· ὄφις· λύρα· ὄρνις· οἰστός· ἀετός· δελφίς· προτομὴ ἵππου καθ' Ιππαρχον· ἵππος· Κηφεύς· Κασσιεπεια· Ανδρομέδα· Περσευς· ἡνιόχος· Δελτωτόν· καὶ ὁ ὕστερον κατηστερισμένος ὑπὸ Καλλιμάχου Βερενίκης πλόκαμος.

Les constellations boréales sont situées au-delà du zodiaque du côté des ourses, ce sont: la grande ourse, la petite, le dragon qui passe par les ourses, arctophylax (le gardien des ourses) la couronne, l'homme à genoux, ophiuchus (le serpentaire), le serpent, la lyre, la poule (l'oiseau), la flèche, l'aigle, le dauphin; le devant du cheval selon Hipparque, le cheval, Céphée, Cassiépée, Andromède, Persée, Héniochus (le cocher), le deltoton, et la constellation dite ensuite par callimaque, chevelure de bérénice.

Πάλιν δὲ καὶ ἐν τούτοις ἀστέρες τινὲς ἰδίας ἔχουσι προσηγορίας διὰ τὰς ὁλοσχερεις ἐπ' ἀυτοῖς γενομένας ἐσπισημασίασ. Ο μεν γὰρ ἀνὰ μέσον τῶν σκελῶν τοῦ ἀρκτοφύλακος κείμενος ἀστὴρ ἐσπίσημος, ἀρκτοῦρος ὀνομάζεται. Ο δὲ παρὰ τὴν λύραν κείμενος λαμπρός ἀστὴρ ὁμωνύμως ὅλῳ τῷ ζωδίῳ λύρα προσαγορεύεται. Οἱ δὲ ἐν ἄκρᾳ τῇ ἀριστερᾷ χειρὶ τοῦ Περσέως κείμενοι ἀστέρες, γοργόνων καλουνται. Οἱ δὲ ἐν ἄκρᾳ τῇ δεξιᾷ χειρί τοῦ Περέως κείμενοι ἀστερίσκοι πυκνοί, καὶ μικροί, εις τὴν ἅρπην καταστερίζονται. Ο δὲ ἐν τῷ εὐωνύμῳ ὤμω τοῦ ἡμένιόχου κείμενος λαμπρὸς ἀστὴρ αἲξ προσαγορὲυεται· οἱ δὲ ἐν ἄκρᾳ τοῦ ἀυτοῦ χειρὶ κείμενοι ἀστερίσκοι δύο, ἔριφοι καλοῦται.

Parmi ces constellations encore, il y a des étoiles qui ont reçu des noms particuliers, parce qu'elles se font remarquer par quelque chose qui leur est propre. Car la belle étoile qui est entre les jambes de l'arctophylax se nomme arcturus. L'étoile éclatante, qui est auprès de la lyre, porte à elle seule le nom de toute cette constellation. Celles qu'on voit à l'extrémité de la main gauche de persée sont les étoiles des gorgones; et les petites qui sont en gran[illegible] nombre à l'extrémité de sa main droite, forment la faulx. L'étoile brillante de l'épaule gauche du cocher s'appelle la chèvre, et celles de l'extrémité de sa main sont les chevreaux.

Νότια δέ ἐστιν, ὅσα τοῦ τῶν ζωδίων κύκλου πρὸς μεσημβρίαν κεῖται. Ἔστι δὲ τάδε. Ωρίων, κύων, καὶ προκύων· λαγωός· αργώ· ὕδρος· κρατὴρ· κόραξ· κένταυρος· Θηρίον, ὃ κρατεῖ ὁ κένταυρος· καὶ θαρσολόχος, ὃν κρατεῖ ὁ κένταυρος. Καθ' Ιππαρχον, θυμιατήριον· νότιος ἰχθύς· κητος· ὕδωρ τὸ ἀπὸ τοῦ ὑδροχόου· ποταμὸς ὁ ἀπὸ τοῦ ὠρίωνος· νότιος στέφανος, ὑπὸ δὲ τινων οὐρανίσκος προσαγορευόμενος, κηρυκεῖον καθ' Ιππαρχον.

Les constellations australes sont au midi du zodiaque. Ce sont orion, le chien, procyon, le lièvre, argo, l'hydre, la coupe, le corbeau, le centaure, la bête, ce que le centaure tient, la thyrse qu'il tient aussi, l'encensoir selon Hipparque, l'eau qui sort de l'urne du verseau, le fleuve qui coule d'orion, la couronne australe appelée par quelques-uns ouranisque (petit ciel) et caducée par Hipparque.

Πάλιν δὲ ἐν τούτοις τινὲς ἀστέρες ἰδίας ἔχουσι προσηγρρίας. ὁ μὲν γὰρ ἐν τῷ πρόκυνι ὢν λαμπρὸς ἀστὴρ προκύων καλειται. ὁ δὲ ἐν τῷ στόματι τοῦ κυνὸς λαμπρὸς ἀστὴρ, ὃς δοκεῖ τὴν ἐπίτασιν τὴν τῶν καυμάτων ποιειν, ὁμωνύμως ὅλῳ τῷ ζωδίῳ κύων προσκαγορεύεται. Ο δὲ ἐν ἄκρῳ τῷ πηδαλίῳ τῆς Αργοῦς

Quelques-unes des étoiles de ces constellations, ont aussi leurs noms propres. Car celui de procyon est donné à la brillante de cette constellation. La belle étoile de la gueule du chien, qui paroît amener les plus grandes chaleurs, est appellée le même que toute sa constellation. L'étoile éclatante de l'extrémité du gouvernail du vaisseau argo, s'appelle *canobus*. Il est difficile à Rhodes de voir cette étoile, à moins que ce ne soit de quelques lieux élevés; mais elle est bien visible à Alexandrie, car elle y paroît élevée de près d'un quart de sa constellation au-dessus de l'horizon.

κείμενος λαμπρὸς ἀςὴρ, Κάνωβος ὀνομάζεται. Οὗτος μὲν ἐν Ῥόδῳ δυσθεώρητός ἐςιν, ἢ παντελῶς ἀφ' ὑψηλῶν τόπων ὁρᾶται· ἐν Ἀλεξανδρείᾳ δὲ ἐςι παντελῶς ἐμφανής. Σχεδὸν γὰρ τέταρτον μέρος τοῦ ζωδίου ἀπὸ τοῦ ὁρίζοντος μετεωρισμένος φαίνεται.

CHAPITRE III.

De l'Axe et des Poles.

Le monde étant de forme sphérique, son axe s'appelle son diamètre, autour duquel le monde tourne; les extrémités de cet axe sont nommés les poles du monde, l'un est boréal et l'autre est austral. Le boréal est celui qui est toujours visible pour le lieu (de l'hémisphère boréal de la terre) que nous habitons. L'austral est celui que nous ne voyons jamais au-dessus de notre horizon. Mais il y a des lieux sur la terre auxquels le pole que nous voyons est toujours invisible, et pour lesquels celui que nous ne voyons jamais est visible; et il y a aussi une situation sur la terre pour laquelle les deux poles sont également dans l'horizon.

ΚΕΦΑΛΑΙΟΝ Γ.

ΠΕΡΙ ΑΞΟΝΟΣ ΚΑΙ ΠΟΛΩΝ.

Του δὲ κόσμου σφαιροειδοῦς ὑπάρχοντος, ἄξων καλειται ἡ διάμετρος τοῦ κόσμου, περί ἣν ςρέφεται ὁ κόσμος. Τὰ δὲ πέρατα τοῦ ἄξονος, πόλοι λέγονται τοῦ κόσμου. Τῶν δὲ πόλων ὁ μὲν λέγεται βόρειος, ὁ δὲ νότιος. Βόρειος μὲν, ὁ διὰ παντὸς φαινόμενος, ὡς πρὸς τὴν ἡμετέραν οἴκησιν· νότιος δὲ ὁ διὰ παντὸς ἀόρατος, ὡς πρὸς τὸν ἡμέτερον ὁριζοντα. Εἰσὶ μέντοι τόποι τινὲς ἐπὶ τῆς γῆς, ὅπου συμβαίνει τὸν μὲν πάρ' ἡμῖν πόλον τὸν ἀεὶ φανερὸν, ἐκείνοις ἀόρατον εἶναι· τὸν δὲ πάρ' ἡμῖν ἀόρατον ἐκείνοις φανερὸν εἶναι. Καὶ πάλιν ἐστί τις τόπος ἐπὶ τῆς γῆς, ὅπου οἱ δύο πόλοι ὁμοίως ἐπὶ τοῦ ὁρίζοντος κεῖνται.

CHAPITRE IV.

Des Cercles de la Sphère.

Des cercles de la sphère, les uns sont parallèles, d'autres sont obliques, et d'autres passent par les poles. Les parallèles ont pour poles ceux du monde. On en fait cinq, l'arctique, le tropique d'été, l'équateur, le tropique d'hiver, et l'antarctique.

Le cercle arctique est le plus grand de ceux qui sont toujours visibles, il ne touche l'horizon qu'en un seul point, et il est tout entier dans la partie de la terre qui est au-dessus de l'horizon. Les étoiles qui y sont ne se couchent et ne se

ΚΕΦΑΛΑΙΟΝ Δ.

ΠΕΡΙ ΤΩΝ ΕΝ ΤΗ ΣΦΑΙΡΑ ΚΥΚΛΩΝ.

Τῶν ἐν τῇ σφαίρᾳ κύκλων οἱ μὲν εἰσι παράλληλοι· οἱ δὲ λοξοί· οἱ δὲ διὰ τῶν πόλων. Παράλληλοι μὲν οἱ τους αὐτους πόλους ἔχοντες τῷ κόσμῳ. Εἰσὶ παράλληλοι κύκλοι πεντε, ἀρκτικὸς, θερινὸς τροπικὸς, ἰσημερινὸς, χειμερινὸς τροπικὸς, ἀνταρκτικός.

Αρκτικὸς μὲν ουν εςὶ κύκλος ὁ μέγιςος τῶν ἀεὶ θεωρουμένων κύκλων, ὁ ἐφαπτόμενος τοῦ ὁρίζοντος καθ' ἓν σημεῖον, καὶ ὅλος ὑπὲρ γῆν ἀπολαμβανόμενος· ἐν ᾧ τὰ κείμενα τῶν ἄςρων ὄυτε δύσιν ὄυτε ἀνατολὴν ποιειταί· ἀλλὰ δι' ὅλης τῆς νυκτὸς περὶ τὸν πόλον ϛρεφόμενα θεωρεῖται. Αὗτος δὲ ὁ κύκλος ἐν τῃ καθ' ἡμᾶς οἰκουμένῃ ὑπὸ τοῦ ἐμπροσθίου ποδὸς τῆς μεγάλης ἄρκτου περιγράφεται.

Θερινὸς δὲ τροπικὸς κύκλος ἐϛὶν ὁ βορειότατος τῶν ὑπὸ τοῦ ἡλίου γραφομένων κύκλων, κατὰ τὴν τοῦ κόσμου γινομένην περιϛοφὴν, ἐφ' οὗ γενόμενος ὁ ἥλιος τὴν θερινὴν τροπὴν ποιειται, ἐν ᾗ μεγίϛη μὲν πασῶν τῶν ἐν τῷ ἐνιαυτῷ ἡμέρων, ἐλαχίϛη δὲ ἡ νὺξ γίνεται. Μετά μέντοι γε τὴν θερινὴν τροπὴν οὐκέτι πρὸς τὰς ἄρκτους παροδεύων ὁ ἥλιος θεωρειται. ἀλλὰ ἐπὶ τὰ ἕτερα μέρη τρέπεται τοῦ κόσμου· Δὶ ὃ καὶ κέκληται τροπικός.

Ισημερινὸς δὲ ἐϛι κύκλος ὁ μέγιϛος τῶν πέντε παραλλήλων κύκλων, ὁ διχοτομούμενος ὑπὸ τοῦ ὁρίζοντος· ὥϛε ἡμικύλιον μὲν ὑπὲρ γῆν ἀπολαμβάνεσθαι, ἡμικύκλιον δὲ ὑπὸ τὸν ὁρίζοντα· ἐφ' οὗ γενόμενος ὁ ἥλιος τὰς ἰσημερίας ποιειται, τήν τε ἐαρινὴν, καὶ τὴν φθινοπωρινήν.

Χειμερινὸς δὲ τροπικὸς κύκλος ἐϛὶν ὁ νοτιώτατος τῶν ὑπὸ ἡλίου γραφομένων κύκλων κατὰ τὴν ὑπὸ τοῦ κόσμου γενομένην περιϛροφὴν· ἐφ' οὗ γενόμενος ὁ ἥλιος τὴν χειμερινὴν τροπὴν ποιειται· ἐν ᾗ ἡ μεγίϛη μὲν πασῶν τῶν ἐν τῷ ἐνιαυτῷ νὺξ ἐπιτελειται, ἐλαχίϛη δὲ ἡμέρα. Μετὰ μέντοι γε τὴν χειμερινὴν τροπὴν οὐκέτι πρὸς μεσημβρίαν παροδεύων ὁ ἥλιος θεωρειται, ἀλλὰ ἐπὶ τὰ ἕτερα μέρη τρέπεται τοῦ κόσμου, δὶ ὃ κέκληται καὶ οὗτος τροπικός.

Ανταρκτικὸς δὲ ἐϛι κύκλος ἴσος καὶ παράλληλος τῷ ἀρκτικῷ. καὶ ἐφαπτόμενος τοῦ ὁριζοντος καθ' ἓν σημεῖον, καὶ ὅλος ὑπὸ γῆν ἀπολάμβανόμενος· εν ᾧ τὰ κείμενα τῶν ἄϛρων διὰ παντός ἡμῖν ἐϛιν ἀόρατα.

Τῶν δὲ προειρημένων πέντε κύκλων μέγιϛος μὲν ὁ ἰσημερινός· ἑξῆς δὲ τοῖς μεγέθεσιν οἱ τροπικοί· ἐλάχιϛοι δὲ ὡς πρὸς ἡμετέραν οἴκησιν οἱ ἀρκτικοί.

lèvent jamais, mais on les voit pendant toute la nuit tourner autour du pole. Ce cercle, pour la partie de la terre que nous habitons, est décrit par le pied antérieur de la grande ourse.

Le tropique d'été est le plus boréal des cercles décrits par le soleil dans la révolution du monde. Quand le soleil y est parvenu, il retourne du solstice d'été; le jour est alors le plus long de l'année, et la nuit la plus courte. Car après ce détour d'été, le soleil ne paroît plus s'avancer vers les ourses, mais il se dirige vers d'autres parties du monde. C'est pourquoi ce cercle est appelé tropique.

L'équateur est le plus grand des cinq cercles parallèles; il est coupé en deux parties égales par l'horizon, de sorte qu'une de ses moitiés est toujours au-dessus de la terre (de l'horizon), et l'autre au-dessous. Quand le soleil parcourt ce cercle, il fait les équinoxes, tant celui du printemps que celui d'automne.

Le tropique d'hiver est le plus austral des cercles décrits par le soleil dans la révolution du monde. Quand le soleil est dans ce cercle, il retourne du solstice d'hiver; alors la nuit est la plus longue de l'année, et le jour le plus court. Car depuis le détour d'hiver, le soleil ne paroît pas s'avancer vers le midi, mais il se dirige vers d'autres parties du monde. Ce qui a fait appeler ce cercle, tropique.

Le cercle antarctique est égal et parallèle au cercle arctique. Il touche l'horizon en un seul point, et il est tout entier au-dessous de la partie de la terre qui est au-dessus de notre horizon. C'est pourquoi les étoiles qui sont dans ce cercle sont invisibles pour nous.

Ainsi, des cinq cercles qui viennent d'être décrits, le plus grand est l'équateur; les plus grands après lui sont les tropiques, et les plus petits pour la partie que nous habitons, sont les cercles arctiques.

Il faut se représenter ces cercles comme étant sans largeur, et visibles seulement en imagination, d'après la position des astres, tels que les montrent les instrumens au travers desquels nous regardons le ciel, et les raisonnemens que nous établissons en conséquence. Il n'y a de cercle visible dans le monde que la voie lactée; les autres ne se voyent qu'en idée

Si l'on ne décrit que cinq cercles parallèles sur la sphère, ce n'est pas qu'il n'y ait que cinq cercles qui soient parallèles, car chaque jour le soleil paroît à nos yeux parcourir un cercle parallèle à l'équateur, dans le sens de la révolution du monde, ensorte qu'il décrit deux fois 180 cercles parallèles entre les tropiques, car ce nombre est celui des jours compris entre les solstices.

Toutes les étoiles sont emportées chaque jour en cercles parallèles qu'on réunit tous en sphère, parce qu'ils offrent ainsi beaucoup d'avantages pour la pratique de diverses opérations astronomiques. On ne pourroit pas, sans eux, composer la sphère étoilée, ni trouver les longueurs des jours et des nuits. Comme ils sont inutiles dans une introduction à la connoissance de l'astronomie, on ne les décrit pas tous sur la sphère, mais seulement les cinq parallèles, à cause des avantages qu'on en retire pour les élémens. Car le cercle arctique borne celles des étoiles qui sont toujours visibles. Le solstice d'été est sur le tropique d'été qui est le terme de l'espace dont le soleil s'avance vers l'ourse. L'équateur contient les équinoxes. Le tropique d'hiver est la limite où le soleil parvient vers le midi, et il contient le solstice d'hiver. Enfin le cercle antarctique borne les étoiles invisibles. Ainsi ces cercles ayant des propriétés capitales et utiles pour les principes de l'astronomie, on les a, avec raison, représentés sur la sphère,

Τούτους δὲ τοὺς κύκλους δεῖ νοειν ἀπλατεῖς λόγῳ, θεωρητους ἐκ τῆς τῶν ἄϛρων θέσεως, καὶ τῆς τῶν διόπτρων θεωρίας, καὶ τῆς ἡμετέρας ἐπινοίας διατυπουμένους. Μονός γὰρ ἐν τῷ κόσμῳ κύκλος ἐϛι θεωρητὸς ὁ τοῦ γαλακτος· οἱ δὲ λοιποὶ λόγῳ εἰσὶ θεωρητοί.

Πέντε δὲ παραλληλοι μόνον καταγράφονται κύκλοι εἰς την σφαῖραν, οὐ διὰ τὸ μόνον τούτους ἐν τῷ κόσμῳ παραλλήλους εἶναι· ὁ γὰρ ἥλιος καθ' ἑκάϛην ἡμέραν ὡς πρὸς αἴσθησιν κύκλον παράλλκλον περιϛρέφεται τῷ ἰσημερινῷ, κατὰ τὴν ἐπὶ τοῦ κόσμου γενομένην περιϛροφήν. ὥϛε μεταξὺ τῶν τροπικῶν κύκλων ρπ̄ δὶς κύκλους παραλλήλους γράφεσθαι ὑπὸ τοῦ ἡλίου. Τοσαῦται γὰρ ἡμέραι εἰσὶν αἱ μεταξὺ τῶν τροπῶν.

Φέρονται δὲ καὶ πάντες οἱ ἀϛέρες ἐπὶ παραλλήλων κύκλων καθ' ἑκάϛην ἡμέραν. Συγκαταγράφονται δὲ οὗτοι πάντες εἰς τὴν σφαῖραν, διὰ τὸ πρὸς μὲν αλλας πραγματείας τῶν ἐν τῇ ἀϛρολογίᾳ πολλὰ συμβάλλεσθαι. Οὐ δὲ γὰρ καταϛερισθῆναι δυνατὸν καλῶς τὴν σφαῖραν ανὲυ πάντων τῶν παραλλήλον κύκλων· οὐδὲ τὰ μεγέθη τῶν νυκτῶν καὶ τῶν ἡμερῶν ἀκριβῶς εὑρεθῆναι ανευ τῶν προειρημένων κύκλων· πρὸς μέντοι γε τὴν πρώτην εἰσαγωγὴν τῆς ἀϛρολογίας οὐδὲν ἀποτέλεσμα προσφερόμενοι, οὐ καταγράφονται ἐν τῇ σφαίρᾳ. Οἱ δὲ πέντε παραλληλοι κύκλοι διὰ τὸ ἀποτελέσματά τινα προσφέρεσθαι διωρισμένα εἰς τὴν πρώτην εἰσαγωφὴν τῆς ἀϛρολογίας, κατεγράφησαν εἰς τὴν σφαῖραν. Ὁ μὲν γὰρ ἀρκτικὸς κύκλος ἀφορίζει τὰ ἀεὶ θεωρούμενα τῶν ἄϛων. Ὁ δὲ θερινὸς τροπικὸς κύκλος τὴν τροπὴν περιέχει, καὶ πέρας ἐϛι τῆς τοῦ ἡλίου πρὸς ἄρκτον μεταβάσεως· Ὁ δὲ ἰσημερινὸς κύκλὸς τὰς ἰσημέρίας περιέχει. Ὁ δὲ χειμερινὸς τροπικὸς κύκλος τέρμα ἐϛτὶν τῆς τρὸς μεσημβρίαν παρόδου ἐπὶ νοτῳ, καὶ τὴν χειμερινῆν τροπὴν περιέχει. Ὁ δὲ ἀνταρκτικὸς κύκλος τὰ μὴ θεωρούμενα τῶν ἄϛρων ἀφορίζει. Ἀχοντες οὖν κεφάλαια καὶ ἀποτελέσματα ὡρισμένα πρὸς τὴν εἰσαγωγὴν τῆς ἀϛρολογίασ, εὐλόγως κατεγράφησαν εἰς τὴν σφαῖραν.

Τῶν δὲ προειρημένων πέντε παραλλήλων κύκλων ὁ μὲν ἀρκτικὸς κύκλος ὅλος ὑπὲρ γῆν ἀπολαμβάνεται· ὁ δὲ θερινὸς τροπικὸς κύκλος εἰς δύο μέρη ἄνισα τέμνεται ὑπὸ τοῦ ὁρίζοντος. Καὶ τὸ μὲν μεῖζον τμῆμα ὑπὲρ γῆν ἀπολαμβάνεται· Τὸ δὲ ἔλασσον ὑπὸ τὴν γῆν, οὐ κατὰ πᾶσαν δὲ χώραν καὶ πόλιν. ὁμοίως ὁ θερινὸς τροπικὸς κύκλος τέμνεται ὑπὸ τοῦ ὁρίζοντος, ἀλλὰ παρὰ τὰς τῶν κλιμάτων παραλλαγὰς διάφορον τὴν τῶν τμημάτων ὑπεροχὴν συμβαίνει γίνεσθαι· καὶ τοῖς μὲν πρὸς ἄρκτον μᾶλλον ἡμῶν οἰκοῦσιν εἰς ἀνισαίτερα μέρη συμβαίνει τέμνεσθαι τὸν θερινὸν ὑπὸ τοῦ ὁρίζοντος. Καὶ πέρας ἐςὶ χώρα τις, ἐν ᾗ ὅλος ὁ θερινὸς τροπικὸς κύκλος ὑπὲρ γῆν γίνεται. Τοῖς δὲ πρὸς μεσημβρίαν μᾶλλον οἰκοῦσιν ἡμῶν, εἰς ἀνισαίτερα μέρη ὁ θερινὸς τροπικὸς κύκλος ὑπὸ τοῦ ὁρίζοντος τέτμηται. Καὶ πέρας ἐςι χώρα τις πρὸς μεσημβρίαν ἡμῖν κειμένη, ἐν ᾗ διχοτομεῖται ὁ θερινὸς τροπικὸς κύκλος ὑπὸ τοῦ ὁριζοντος. Ἐνταῦθα δὲ τέμνεται οὕτως ὥςε τοῦ ὅλου κύκλου διαιρουμένου εἰς η̄ μέρη πέντε μὲν τμήματα ὑπὲρ γῆν ἀπολαμβάνεσθαι, τρία δὲ ὑπὸ γῆν. Πρὸς δὲ τοῦτο τὸ κλίμα δοκεῖ καὶ ὁ Ἄρατος συντεταχέναι τὴν τῶν φαινομένων πραγματείαν. Περὶ γὰρ τοῦ θερινοῦ Τροπικοῦ κύκλου διαλεγόμενός φησιν οὕτως,

Τοῦ μὲν ὅσον τε μάλιςα δι' ὀκτὼ μετρηθέντος,
Πέντε μὲν ἔνδια ςρέφεται καθ' ὑπέρτατα γαίης.
Τὰ τρία δ' ἐν περάτῃ, θέρεοι δὲ οἱ ἐντροπαὶ εἰσιν.

Des cinq cercles parallèles qui viennent d'être nommés, le cercle arctique est tout entier au-dessus de l'horizon. Le tropique d'été est coupé par l'horizon en deux parties inégales dont la plus grande est au-dessus, et la plus petite au-dessous. Mais il n'est pas coupé pour tous les lieux également; car la différence entre ces parties varie suivant la diversité des climats. Cette inégalité est plus grande pour ceux qui sont plus boréaux que nous, et il est enfin une région où le tropique est tout entier au-dessus de l'horizon. Ces parties sont aussi d'autant plus inégales pour les pays plus austraux que nous qu'ils sont plus au midi, ensorte qu'il y a aussi une dernière région plus méridionale que nous où il est tout entier au-dessous de l'horizon. Mais il est ici tellement coupé par l'horizon, que si on le partage en 8 portions égales, cinq sont au-dessus de l'horizon, et trois au-dessous. C'est pour ce climat qu'il paroît qu'Aratus a composé son traité des phénomènes. Car en parlant du tropique d'été, il dit :

« Ce cercle étant divisé en huit parties, cinq
» tournent au-dessus de la terre, et les trois
» autres au-dessous. Dans ces cinq sont les con-
» versions (solstices) d'été.

Ἐκ δὲ ταύτης τῆς διαιρέσεως ἀκολουθεῖ, τὴν μεγίςην ἡμέραν ὡρῶν ἰσημηρινῶν γίνεσθαι ιε̄. τὴν δὲ νύκτα ὡρῶν ἰσημερινῶν θ̄. Ἐν δὲ τῷ κατὰ Ῥόδον ὁρίζοντι ὁ θερινὸς τροπικὸς κύκλος ὑπὸ τοῦ ὁρίζοντος τέτμηται οὕτως, ὥςε τοῦ ὅλου κύκλου διῃρημένου εἰς μέρη μή, τὰ μὲν κθ' τμήματα ὑπὲρ τὸν ὁρίζοντα ἀπολαμβάνεσθαι· Τὰ δὲ ιθ' ὑπὸ γῆν. Ἐκ δὲ τῆς διαιρέσεως ταύτης ἀκολουθεῖ τὴν μεγίςην ἡμέραν ἐν Ῥόδῳ γίνεσθαι ὡρῶν ἰσημερινῶν ιδ̄ S″, τὴν δὲ νύκτα ὡρῶν ἰσημερινῶν θ S″.

Il suit de cette division, que le plus long jour y est de 15 heures équinoxiales, et la nuit alors de 9. Mais l'horizon de Rhodes coupe le tropique en parties telles que des 48 de celui-ci, 29 sont au-dessus de l'horizon, et 19 au-dessous. Et par conséquent, à Rhodes le plus long jour est de 14 ½ heures équinoxiales, et la nuit alors de 9 ½.

Ὁ δὲ ἰσημερινὸς κύκλος καθ' ὅλην τὴν οἰκουμένην διχοτομεῖται ὑπὸ τοῦ ὁρίζοντος, ὥςε ἡμικύκλιον μὲν ὑπὲρ γῆν ἀπολαμβάνεσθαι, ἡμικύκλιον δὲ ὑπὸ γῆν·

L'équateur est coupé pour tous les lieux de la surface terrestre en deux parties égales par l'horizon, ensorte qu'une moitié est toujours au-dessus, et l'autre au-dessous, c'est pourquoi les équinoxes arrivent toujours dans ce cercle.

Le tropique d'hiver est coupé par notre horizon de manière que sa partie la plus petite est au-dessus, et la plus grande au-dessous. Et l'inégalité de ces parties est la même en chaque climat, que celle des parties du tropique d'été. Car les sections alternes des tropiques par l'horizon sont toujours les mêmes. C'est pourquoi le plus long jour est toujours égal à la plus longue nuit. Le cercle antarctique est tout entier caché sous notre horizon.

De ces cinq parallèles, les uns sont toujours de même grandeur pour toutes les parties de la terre ; les autres changent de grandeur suivant les climats, étant plus grands pour les uns, plus petits pour les autres. Car les tropiques et l'équateur sont toujours de même pour toute la terre. Mais les cercles arctiques varient de grandeur, puisqu'ils sont plus grands pour certains climats, et plus petits pour d'autres. En effet, les lieux situés près du pole boréal ont un plus grand cercle arctique. Car plus le pole paroît élevé, plus le cercle arctique qui touche l'horizon devient grand. Pour eux, le tropique d'été est le cercle arctique, de sorte que ces deux cercles se confondent ensemble, et prennent une même et unique position. Et pour les lieux circompolaires plus boréaux, le cercle arctique est plus grand que le tropique.

Enfin, il est un lieu près de l'ourse, sur lequel le pole est vertical, et pour lequel le cercle arctique s'applique sur l'équateur, se confond avec lui dans la révolution du monde, et prend sa grandeur, de façon que le tropique, l'équateur et l'horizon ne font plus qu'un seul cercle.

Et encore, pour ceux qui habitent plus au midi que nous, les poles sont plus abaissés, et les cercles arctiques plus petits. Et enfin, il y a

δι' ἣν αἰτίαν ὑπὸ τοῦ κύκλου τούτου αἱ ἰσημερίαι γίνονται.

Ὁ δὲ χειμερινὸς τροπικὸς κύκλος ὑπὸ τοῦ ὁρίζοντος τέμνεται οὕτως, ὥϛε τὸ μὲν ἔλασσον τμῆμα ὑπὲρ γῆν γίνεσθαι, τὸ δὲ μεῖζον ὑπὸ γῆν. Ἡ δὲ ἀνισότης τῶν τμημάτων τὴν αὐτὴν παραλλαγὴν ἔχει ἐπὶ πάντων τῶν κλιμάτων, ἥ τις ἐγίνετο καὶ ἐπὶ τοῦ θερινοῦ τροπικοῦ κύκλου. Διὰ παντὸς γὰρ τὰ ἐναλλὰξ τμήματα τῶν τροπικῶν κύκλων ἴσα ἀλλήλοις ἐϛί. Δι' ἣν αἰτίαν ἡ μεγίϛη ἡμέρα ἴση ἐϛὶ τῇ μεγίϛῃ νυκτί. Ὁ δὲ ἀνταρκτικὸς κύκλος ὅλος ὑπὸ τὸν ὁρίζοντα κρύπτεται.

Τῶν δὲ προειρημένων πέντε παραλλήλων κύκλων, τινῶν μὲν τὰ μεγέθη καθ' ὅλην τὴν οἰκουμένην διαμένει τὰ αὐτὰ, τινῶν δὲ τὰ μέγεθη μεταπίπτει παρὰ τὰ κλίματα. Καὶ οἷς μὲν μείζονες, οἷς δὲ ἐλάσσονες οἱ κύκλοι γίνονται. Οἱ μὲν γὰρ τροπικοὶ, καθ' ὁ ἰσημερινὸς καθ' ὅλην τὴν οἰκουμένην ἴσοι εισι τοῖς μεγέθεσιν· οἱ δὲ ἀρκτικοὶ κύκλοι μεταπίπτουσι κατὰ τὰ μεγέθη, καὶ οἷς μὲν μείζονες, οἷς δὲ ἐλάττονες γίνονται· τοῖς μὲν γὰρ πρὸς ἄρκτον οἰκοῦσι μείζονες οἱ ἀρκτικοὶ κύκλοι γίνονται. Τοῦ γὰρ πόλου μετεωροτέρου φαινομένου, ἀνάγκη καὶ τὸν ἀρκτικὸν κύκλον ἐφαπτόμενον τοῦ ὁρίζοντος, μείζονα ἀεὶ μᾶλλον γίνεσθαι. Τοῖς δέ τοι πρὸς ἄρκτον οἰκοῦσι γίνεταί ποτε ὁ θερινὸς τροπικὸς κύκλος ἀρκτικός. Ὥϛε τους δύο κύκλους ἐφαρμόσαι ἀλλήλοις, τὸν θερινὸν τροπικὸν κύκλον καὶ τὸν ἀρκτικὸν, καὶ μίαν λαβειν τάξιν· Πρὸς δὲ τους ἀρκτικωτέρους τόπους, καὶ τοῦ θερινοῦ τροπικοῦ κύκλου μείζονες οἱ ἀρκτικοὶ γίνονται.

Πέρας δὲ ἐϛί τις χώρα πρὸς ἄρκτον κειμένη, ἐν ᾗ μὲν πόλος κατὰ κορυφὴν γίνεταί· ὁ δὲ ἀρκτικὸς κύκλος τὴν τοῦ ὁρίζοντος ἐπέχει τάξιν, καὶ ἐφαρμόζει αὐτῷ κατὰ τὴν ἐπιϛροφὴν τοῦ κόσμου, καὶ τὸ αὐτὸ μέγεθος λαμβάνει τῷ ἰσημερινῷ, ὥϛε τους τρεις κύκλους, τὸν ἀρκτικὸν, καὶ τὸν ἰσημερινὸν, καὶ τὸν ὁρίζοντα, τὴν αὐτὴν τάξιν καὶ θέσιν λαμβάνειν.

Παλιν δὲ τοῖς πρὸς μεσημβρίαν ἡμῶν οἰκοῦσιν οἱ μὲν πόλοι ταπεινότεροι γίνονται· οἱ δὲ ἀρκτικοὶ κύκλοι ελάσσονες. Καὶ πέρας ἐϛὶ χώρα τὶς πρὸς μεσημεβρίαν ἡμῶν κειμένη, αὐτὴ δέ ἐςιν ἡ λεγομένη ὑπὸ τὸν ἰσημερινόν· ἐν ᾗ μὲν πόλοι ἐπὶ τοῦ ὁρίζοντος γίνονται· οἱ δὲ ἀρκτικοὶ κύκλοι καθόλου ἀναιρονται· ὥςε ἀντὶ τῶν πέντε παραλλήλων κύκλων τρεις παραλλήλους γίνεσθαι, τους τε τροπικους, καὶ τὸν ἰσημερινόν. Διὰ γὰρ τὰ προειρημένα οὐχ ὑποληπτέον καθολικῶς γίνεσθαι τους πέντε παραλλήλους κύκλους· ἀλλ' ὡς πρὸς τὴν ἡμετέραν οἰκουμένην τὸ πλῆθος αὐτῶν ἐκκεῖσθαι. Εἰσὶ γὰρ τινες ὁρίζοντες, ἐν οἷς τρεῖς μόνον παραλληλοι γίνονται.

Εἰσὶ δὲ οἰκήσεις ἐπὶ τῆς γῆς, ὧν πρωτη μὲν οἴκησις, ἐφ' ἧς ὁ θερινὸς τροπικὸς κύκλος ἐφάπτεται τοῦ ἀρκτικοῦ κύκλου, τάξιν λαμβάνει. Δευτέρα δὲ οἴκησις, ἡ λεγομένη ὑπὸ τὸν πόλον. Τρίτη δέ ἐςιν οἴκησις, ὑπὲρ ἧς μικρὸν ἔμπροσθεν εἰρήκαμεν, καὶ προσαγορευομένη ὑπὸ τὸν ἰσημερινόν.

Οθεν οὐδ' ἡ τάξις τῶν πέντε παραλλήλων κύκλων ἡ αὐτὴ παρὰ πᾶσίν ἐςιν. Ἀλλ' ἐν μὲν τῇ καθ' ἡμας οἰκουμένῃ, πρῶτος μὲν ὀνομάζεται ὁ ἀρκτικός· δεύτερος δὲ ὁ θερινὸς τροπικός· τρίτος δὲ ὁ ἰσημερινός· τέταρτος δὲ ὁ χειμερινὸς τροπικὸς· πεμπτὸς δὲ ὁ ἀνταρκτικός.

Τοῖς δὲ πρὸς ἄρκτον μᾶλλον ἡμῶν οἰκοῦσι γίνεταί ποτε πρῶτος μὲν ὁ θερινὸς τροπικὸς κύκλος· δεύτερος δὲ ὁ ἀρκτικός· τρίτος δὲ ὁ ἰσημερινός· τέταρτος δὲ ὁ ανταρκτικὸς· πέμπτος δὲ ὁ χειμερινὸς τροπικός. Παροῖς γὰρ ὁ ἀρκτικὸς κύκλος μείζων γίνεται τοῦ θερινοῦ τροπικοῦ, ἀνάγκη τὴν προειρημένην τάξιν ὑπάρχειν.

Ομόιως δὲ οὐδὲ δυνάμεις τῶν πέντε παραλλήλων κύκλων παρὰ πᾶσι τοῖς ἐπὶ τῆς γῆς οἰκοῦσιν αἱ αὐται εἰσιν. Ο γὰρ πὰρ ἡμῖν θερινὸς τροπικὸς κύκλος τοῖς ἀντίποσι χειμερινὸς τροπικὸς γίνεται κύκλος. Ο δὲ παρ' ἐκείνοις θερινὸς τροπικὸς, παρ' ἡμῖν γίνεται χειμερινὸς τροπικὸς.

Τοῖς δὲ ὑπὸ τὸν ἰσημερινὸν οἰκοῦσι τῇ μὲν δυνάμει οἱ τρεις κυκκλοι θερινοί εἰσι τροπικοί. Υπ' αὐτὴν γὰρ τὴν παρ'οδον τοῦ ἡλίου κεῖνται. Τῇ δὲ πρὸς ἀλλήλους παραλλαγῇ γένοιτ' ἂν θερινὸς μὲν τροπικὸς

une région au midi, relativement à nous, que l'on dit être sous l'équateur, pour laquelle les poles sont dans l'horizon, et les cercles arctiques nuls; en sorte qu'elle n'a que trois cercles parallèles, les tropiques et l'horizon. Car qu'on ne croye pas, d'après ce que nous avons dit, qu'il y ait généralement cinq parallèles; nous n'avons mis ce nombre que pour la partie de la terre où nous demeurons, puisque d'autres ont leurs horizons tels qu'il n'y a pour elles que trois cercles parallèles.

On partage la surface terrestre en plusieurs parties habitées; la première est celle dont l'horizon rase le tropique d'été qui est pour elle le cercle arctique; la seconde est la région circompolaire; et la troisième est celle dont il vient d'être parlé, et que l'on dit être sous l'équateur.

C'est pourquoi la disposition des cinq cercles parallèles n'est pas la même pour toutes ces parties. Mais dans celle que nous habitons, le premier se nomme le cercle arctique; le second, le tropique d'été; le troisième, l'équateur; le quatrième, le tropique d'hiver; et le cinquième, le cercle antarctique.

Les peuples plus boréaux que nous, ont, du moins quelques-uns, pour premier parallèle, le tropique d'été; pour second, le cercle arctique; pour troisième, l'équateur; pour quatrième, le cercle antarctique; et pour cinquième, le tropique d'hiver. Car tel doit être l'ordre de ces cercles pour ceux des habitans de la terre qui ont le cercle arctique plus grand que le tropique d'été.

De même, les valeurs des cinq cercles parallèles ne sont pas les mêmes pour tous les habitans de la terre. Car notre cercle tropique d'été est le cercle tropique d'hiver pour nos antipodes, et leur tropique d'été est notre tropique d'hiver.

Mais les peuples qui habitent sous l'équateur ont trois cercles tropiques d'été. Car ils sont situés sous la route même du soleil; et quant à la différente disposition de ces cercles pour eux, relativement à nous, on pourroit regarder notre équateur comme leur tropique d'été, et nos deux tropiques comme deux tropiques d'hiver pour eux. Car naturellement, et généralement pour toute la surface de la terre, on pourroit dire que le tropique d'été est, pour les peuples, le plus proche de la partie qu'ils habitent. En conséquence l'équateur devient le tropique d'été pour ceux qui vivent sous lui; car ils y ont le soleil vertical, et tous les cercles parallèles sont pour eux autant d'équateurs. Car ils ont tous les jours l'équinoxe, attendu que leur horizon coupe chacun des parallèles en deux parties égales.

Ces cercles ne demeurent pas à des distances égales entr'eux, pour la surface de la terre en général. Mais pour les tracer sur les sphères, il faut diviser le méridien en 60 parties égales dans le sens de la latitude, de manière que le cercle arctique soit placé à 6 de ces soixantièmes loin du pole; le tropique d'été à 5 du cercle arctique, l'équateur à 4 de chacun des tropiques, le tropique d'hiver à 5 du cercle antarctique, et celui-ci à 6 du pole.

Les distances de ces cercles ne sont pas non plus les mêmes pour chacun des lieux de la surface terrestre en particulier. Car pour toutes les inclinaisons de la sphère, les tropiques sont toujours à une distance constante de l'équateur, mais les tropiques ne sont pas à la même distance des cercles arctiques, pour tous les horizons; les uns en sont plus éloignés, et les autres moins.

De même, les cercles arctiques ne sont pas également distants des poles pour toutes les inclinaisons. Pour les uns, ils le sont plus, et pour les autres moins. Mais leurs circonférences se décrivent sur la sphère, pour l'horizon de la Grèce.

Les cercles que l'on appelle colures passent par les poles du monde, qui par conséquent, sont dans les circonférences de ces cercles. On les appelle

κύκλος ὁ παρ' ἡμῖν ἰσημερινός· χειμερινοὶ δὲ οἱ δύο τροπικοί. Φύσει γὰρ λέγοιτ' ἄν τις καὶ καθολικῶς πρὸς ἅπασαν τὴν οἰκουμένην θερινὸς τροπικὸς κύκλος πάρεστιν ὁ ἔγγιςα τῆς οἰκήσεως ὑπάρχων· δι' ἣν αἰτίαν τοῖς ὑπὸ τὸν ἰσημερινὸν οἰκοῦσιν ὁ θερινὸς τροπικὸς κύκλος γίνεται ὁ ἰσημερινός. Τότε γὰρ αὐτοῖς κατὰ κορυφὴν γίνεται ὁ ἥλιος. Ἰσημερινοὶ δὲ κύκλοι γίνονται παρ' αὐτοῖς πάντες οἱ παράλληλοι. Ἰσημερία γὰρ διὰ παντός ἐςι παρ' αὐτοῖς. Πάντες γὰρ οἱ παράλληλοι κύκλοι διχοτομοῦνται ὑπὸ τοῦ ὁρίζοντος.

Οὐδὲ αἱ διαςάσεις δὲ αἱ ἀπ' ἀλλήλων τοῖς κύκλοις αἱ αὐταὶ διαμένουσι καθ' ὅλην τὴν οἰκουμένην. Ἀλλὰ πρὸς τὴν καταγραφην τῶν σφαιρῶν ὁ μεσημβρινὸς διαιρεῖται οὕτως. Τοῦ κατὰ πλάτος παντὸς μεσημβρινοῦ κύκλου διαιρουμένου εἰς μέρη ξ̄, ὁ ἀρκτικὸς ἀπὸ τοῦ πόλου καταγράφεται ἀπέχων ἑξηκοςὰ ς̄, ὁ δὲ θερινὸς τροπικὸς ἀπο τοῦ ἀρκτικοῦ γράφεται ἀπέχων ἑξηκοςά ε̄, ὁ δὲ ἰσημερινος ἀφ' ἑκατέρου τῶν τροπικῶν ἑξηκοσὰ δ̄, ὁ δὲ χειμερινος τροπικος κύκλος ἀπο τοῦ ἀνταρκτικοῦ ἀπέχων ἑξηκοςὰ ε̄, ὁ δὲ ἀνταρκτικος ἀπο τοῦ πόλου ἀπέχων ἑξηκοςὰ ς̄.

Οὐ κατὰ πᾶσαν δὲ χώραν καὶ πόλιν τὰς αὐτὰς διαςάσεις ἔχουσιν ἀπ' ἀλλήλων οἱ κύκλοι. Ἀλλ' οἱ μὲν τροπικοὶ κύκλοι ἀπο τοῦ ἰσημερινοῦ κατὰ παν ἔγκλιμα τὴν αὐτὴν ἀπόςασιν ἔχουσίν· οἱ δὲ τροπικοὶ κύκλοι ἀπο τῶν ἀρκτικῶν οὐ τὴν αὐτὴν ἔχουσι διάςασιν κατὰ παντας τους ὁρίζοντας. Ἀλλ' οἱ μὲν ἔλασσον, οἱ δὲ πλέον διεςήκασιν.

Ομοίως δὲ οὐδὲ οἱ ἀρκτικοὶ ἀπο τῶν πόλων τὴν ἴσην ἀπόςασιν ἔχουσι κατά παν ἔγκλιμα. Ἀλλ' οἱ μὲν ἐλάσσονα, αἱ δὲ πλείονα. Καταγράφονται μέντοι γε πᾶσαι αἱ περιφειαι προς τον ἐν τῇ Ἑλλάδι ὁριζοντα.

Διὰ τῶν πόλων δὲ εἰσι κύκλοι οἱ ὑπο τίνων κολουροὶ προσαγορευόμενοι, οἷς συμβέβηκεν ἐπὶ τῶν ἰδίων περιφερειῶν τους τοῦ κόσμου πόλους ἔχειν. Κολουροὶ δὲ κέκληνται, διὰ το μέρη τινὰ αὐτῶν ἀθεώρητα γίνεσθαι. Οἱ μὲν γὰρ λοιποὶ κύκλοι κατὰ τὴν περιϛροφὴν τοῦ κόσμου ὅλοι θεωροῦνται. Τῶν δὲ κολουρῶν κύκλων μέρη τινά ἐϛιν ἀθεώρητα, τὰ ὑπο τοῦ ἀνταρκτικοῦ ὑπο τον ὁρίζοντα ἀπολαμβανόμενα. Γράφονται δὲ οὗτοι οἱ διὰ τῶν τροπικῶν, καὶ ἰσημερινῶν σημείων· Καὶ εἰς δ῀ μέρη ἴσα διαιροῦσι τον διὰ μέσων τῶν ζωδίων κύκλον.

Λοξος δὲ ἐϛι κύκλος ὁ τῶν ιϐ῀ ζωδίων, αὐτος δὲ ἐκ γ῀ κυκλων παραλλήλων συνέϛηκεν· ὧν οἱ μὲν το πλάτος ἀφορίζειν λέγονται τοῦ ζωδιακοῦ κύκλου· ὁ δὲ διὰ μέσων τῶν ζωδίων καλειται. οὗτος δὲ ἐφάπτεται δύο κύκλων ἴσωντε καὶ παραλλήλων· τοῦ μὲν θερινοῦ τροπικοῦ κατὰ τὴν τοῦ καρκίνου πρώτην μοῖραν· τοῦ δὲ χειμερινοῦ τροπικοῦ κατά τὴν τοῦ αἰγόκερω πρώτην μοῖραν· τον δὲ ἰσημερινον δίχα τέμνει κατὰ τὴν τοῦ κριοῦ πρώτην μοῖραν, καὶ κατὰ τὴν τοῦ ζυγοῦ πρώτην μοῖραν. Το δὲ πλάτος ἐϛὶ τοῦ ζωδιακοῦ κύκλου μοιρῶν ιϐ῀· Λοξος δὲ κέκληται ὁ ζωδιακος κύκλος, διὰ το λεξῶς τέμνειν τους παραλλήλους κύκλους.

Ορίζων δὲ ἐϛι κύπλος ὁ διορίζων ἡμῖν τό τε φανερον καὶ το ἀφανὲς μέρος τοῦ κόσμου, καὶ διχοτομων τὴν ὅλην σφαῖραν τοῦ κόσμου· ὥϛε ἡμισφαίριον μὲν ὑπερ γῆν ἀπολαμϐάνεσθαι, ἡμισφαίριον δὲ ὑπο γῆν. Εἰσὶ δὲ οἱ ὁρίζοντες δύο, εἷς μὲν ὁ αἰσθητός, ἕτερος δὲ ὁ λόγῳ θεωρητός. Αἰσθητὸς μὲν οὖν ἐϛὶν ὁρίζων ὁ ὑπο τῆς ἡμετέρας ὄψεως περιγραφόμενος κατὰ τον ἀποτερματισμον τῆς ὁράσεως, ὃς οὐ μείζονα την διάμετρον ἔχει ϛαδίων, ͵ϐ῀, ὁ δὲ λόγῳ θεωρητος ὁρίζων ἐϛὶν ὁ μέχρι τῆς τῶν ἀπλανῶν ἀϛέρων σφαίρας διήκων, καὶ διχοτομῶν τον ὅλον κόσμον.

Οὐ κατὰ πᾶσαν δὲ πόλιν καὶ χώραν ὁ αὐτός ἐϛιν ὁρίζων. Αλλὰ προς μὲν τὴν αἴσθησιν σχεδον ἐπὶ ϛαδίους υ ὁ αὐτος ὁρίζων διαμένει, ὥϛε καὶ τὰ μεγέθη τῶν ἡμερῶν, καὶ το κλίμα, καὶ τὰ πάντα φαινόμενα τὰ αὐτὰ διαμένειν.

Πλειόνων δὲ ϛαδίων γινομένων κατὰ τὴν παραλ-

colures, parce que des portions de ces cercles nous sont toujours cachées. Car les autres cercles se montrent en entier par la révolution du monde; mais les parties des colures qui sont interceptées par le cercle antarctique au-dessous de l'horizon ne sont jamais visibles. Ces colures passent par les poles et par des points des tropiques et de l'équateur, et ils coupent en quatre parties égales le cercle mitoyen du zodiaque.

Le cercle oblique est le cercle des douze signes, composé de trois cercles parallèles dont deux sont appelés les limites de la largeur du zodiaque, et le troisième, cercle mitoyen des signes. Celui-ci touche deux cercles égaux et parallèles, le tropique d'été au premier point de l'écrevisse, et le tropique d'hiver au premier point du capricorne. Il coupe l'équateur en deux parties égales, au premier point du bélier, et au premier point de la balance. La largeur du zodiaque est de douze parties (degrés), et il est appelé oblique parce qu'il coupe obliquement les cercles parallèles.

L'horizon est un cercle qui borne la partie visible et la partie invisible du monde pour nous, et qui divise tout le globe en deux parties, de sorte qu'il y a toujours un hémisphère supérieur et un inférieur à l'horizon. Ainsi il y a deux horizons, l'un sensible, et l'autre qui ne s'apperçoit que par la raison. L'horizon sensible est celui que notre vue décrit autour d'elle aussi loin qu'elle peut s'étendre; son diamètre n'est pas de plus de 2000 stades. L'horizon rationel pénètre jusqu'à la sphère des étoiles fixes, et coupe le monde en deux parties égales.

L'horizon n'est pas le même pour tous les lieux de la terre; mais les lieux qui ne sont qu'à une distance de 400 stades l'un de l'autre, ont sensiblement le même horizon; ensorte qu'ils ont le même climat, les mêmes longueurs de jours, et toutes les mêmes apparences célestes.

Mais pour les lieux séparés par des intervalles

d'un plus grand nombre de stades, les horizons, les climats, et toutes les apparences célestes, diffèrent trop sensiblement. Au reste, ces différences d'intervalles de plus de 400 stades doivent se prendre dans le sens du midi à l'ourse, et de l'ourse au midi. Car les habitans d'un même parallèle, quoiqu'à la distance de 10000 stades les uns des autres, n'ont pas, à la vérité, le même horizon, mais ils ont le même climat et toutes les mêmes apparences à peu près; toutefois, les jours ne commencent et ne finissent pas aux mêmes instants absolus pour tous les habitans d'un même parallèle; car, rigoureusement parlant, le moindre changement de position, relativement à un point quelconque du monde, change l'horizon, le climat, et toutes les variétés d'apparences.

λαγὴν τῆς οἰκήσεως, ἕτερος ὁρίζων γίνεται, κατὰ τὸ κλίμα διαφέρων, καὶ πάντα τὰ φαινόμενα μεταπίπτει. Δεῖ μέντοι γε τὴν παραλλαγὴν τῆς οἰκήσεως τὴν ὑπὲρ ῦ στάδια λαμβάνεσθαι κατὰ τὴν πρὸς ἄρκτον, καὶ πρὸς μεσημβρίαν πάροδον. Τοῖς μὲν γὰρ ἐπὶ τοῦ αὐτοῦ παραλλήλου οἰκοῦσι, καὶ ἀπὸ μυρίων σταδίων ὑπάρχοισιν, ὁ μὲν ὁρίζων ἐστὶ διάφορος, τὸ δὲ κλίμα τὸ αὐτὸ, καὶ πάντα τὰ φαινόμενα παραπλήσια. Αἱ μέντοι γε ἀρχαὶ καὶ τελευταὶ τῶν ἡμερῶν οὐχ ἅμα πᾶσιν ἔσονται τοῖς ἐπὶ τοῦ αὐτοῦ παραλλήλου οἰκοῦσι· κατὰ δὲ τὴν πρὸς τὸν λόγον ἀκρίβειαν ἅμα τῷ στιγμιαίαν πάροδον γενέσθαι καθ' ὁποιονοῦν μέρος τοῦ κόσμου, μεταπίπτει καὶ ὁ ὁρίζων, καὶ τὸ εγκλιμα, καὶ πάντα τὰ φαινόμενα διάφορα.

La raison pour laquelle on ne trace pas l'horizon sur les sphères, c'est que tous les autres cercles sont emportés avec tout le monde dans sa révolution d'orient en occident, tandis que l'horizon reste seul immobile par sa nature, gardant toujours une même situation pour un même lieu. Si donc on décrivoit les horizons sur les sphères, ils tourneroient avec celles-ci et deviendroient verticaux; ce qui est impossible et contraire à la théorie de la sphère. Mais on prend pour l'horizon d'un lieu le cercle horizontal extérieur qui maintient la sphère dressée dans ce cercle pour ce lieu.

Οὐ καταγράφεται δὲ ὁ ὁρίζων ἐν ταῖς σφαίραις δἰ αἰτίαν τοιαύτην, ὅτι οἱ μὲν λοιποὶ κύκλοι πάντες φερομένου τοῦ κόσμου ἀπ' ἀνατολων ἐπὶ τὴν δύσιν, συμπεριστρέφονται καὶ αὐτοὶ ἅμα τῃ τοῦ κόσμου κινήσει· ὁ δὲ ὁρίζων ἐστὶ φύσει ἀκίνητος, τὴν αὐτὴν τάξιν διαφυλάττων διὰ παντός. Εἰ οὖν κατεγράφοντο οἱ ὁρίζοντες ἐν ταῖς σφαίραις στρεφομένων αὐτῶν, συνέβαινεν ἂν τὸν ὁρίζοντα κίνεισθαι, καὶ κατὰ κορυφὴν γίνεσθαι· ὅ περ ἐστὶν ἀδιανόητον, καὶ ἀλλότριον τοῦ σφαιρικοῦ λόγου. Ὑπὸ μὲν γε τῆς σφαιροθήκης ἡ τοῦ ὁρίζοντος θέσις κατανοειται.

Le méridien est le cercle qui, passant par les poles du monde et par le point vertical, donne midi et minuit au moment où il est traversé par le soleil. Ce cercle est immobile aussi dans le monde, gardant toujours la même position dans le mouvement universel. On ne le décrit pas sur les sphères constellées, à cause de son immobilité; et parce qu'il n'est sujet à aucune variation.

Μεσημβρινὸς δὲ ἐστι κύκλος ὁ διὰ τῶν τοῦ κόσμου πόλων, καὶ τοῦ κατὰ κορυφὴν σημείου γραφόμενος, ἐφ' οὗ γένόμενος ὁ ἥλιος τὰ μέσα τῶν ἡμερων, καὶ τὰ μέσα τῶν νυκτῶν ποιειται. Καὶ οὗτος δὲ ἐστιν ὁ κύκλος ἀκίνητος ἐν τῷ κόσμῳ, καὶ την αὐτὴν τάξιν διαφυλάσσων ἐν ὅλῃ τῇ του κόσμου περιστροφῇ· οὐ καταγράφεται δὲ οὐδὲ οὗτος ὁ κύκλος ἐν ταῖς κατηστερισμέναις σφαίραις, διὰ τὸ καὶ ἀκίνητος εἶναι, καὶ μηδεμίαν ἐπιδέχεσθαι μετάπτωσιν.

Ce méridien n'est pas non plus le même pour tous les lieux de la terre; mais il devient sensi-

Οὐ κατὰ πᾶσαν δὲ χώραν καὶ πόλιν ὁ αὐτός ἐστι μεσημβρινὸς· ἀλλὰ πρὸς μὲν τὴν αἴσθησιν σχεδὸν ἐπὶ ςαδίοις τ̄ ὁ αὐτὸς μεσημβρινὸς διαμένει· πρὸς δὲ τὴν ἐν τῷ λόγῳ ἀκρίβειαν, ἅμα τῷ τὴν τυχοῦσαν γίνεσθαι παροδον ἢ πρὰς ἀνατολὴν ἢ πρὸς δύσιν, ἕτερος γίνεται μεσημβρινός. Κατὰ μὲν γὰρ τὴν πρὸς ἄρκτον καὶ πρὸς μεσημβρίαν πάροδον, καὶ ἐὰν μεταξὺ μύριοι ςάδίοι ὑπάρχοισι, ὁ αὐτὸς μένει μεσημβρινός· κατὰ δὲ τὴν ἀπ' ἀνατολῆς πρὸς δύσιν πάροδον διαφοραί μεσημβρινῶν.

Λοξὸς δὲ ἐςι κύκλος καὶ ὁ τοῦ γαλακτος. Οὗτος μὲν μείζων πλατει λελόξωται τῶν τροπικῶν κύκλων· συνέςηκε δὲ ἐκ βραχυμερείας νεφελοιδους· καὶ ἔςιν ἐν τῷ κόσμῳ μόνος θεωρητός. Οὐχ ὥριςαι δὲ αὐτοῦ τὸ πλάτος, ἀλλὰ κατὰ μέν τινα μέρη πλατύτερός ἐςι· κατὰ δέ τινα ςενόπερος. Δι' ἣν τινα αἰτίαν ἐν ταῖς πλείςαίς σφαίραις οὐδὲ καταγράφεται ὁ τοῦ γαλακτος κύκλος. ἐςι δὲ καὶ οὗτος τῶν μεγίςων κύκλων. Μέγιςοι γὰρ ἐν σφαίραις λέγονται κύκλοι οἱ τὸ αὐτὸ κέντρον ἔχοντες τῇ σφαίρᾳ. Εἰσί δὲ μέγιςοι κύκλοι ἑπτά· ἰσημερινὸς· ζωδιακος καὶ ὁ διὰ μέσων τῶν ζωδίων· οἱ διὰ τῶν πόλων· ὁ καθ' ἑκάςην οἴκησιν διορίζων· ὁ μεσημβρινος· ὁ τοῦ γαλακτος.

blement différent à 300 stades de distance. Dans l'exacte vérité, à mesure que l'on avance vers l'orient ou vers l'occident on change de méridiens. Il est bien vrai qu'en allant vers l'ourse et vers le midi dans un intervalle même de 10000 stades, on a toujours le même méridien, mais les méridiens sont différens pour tous les points d'orient en occident.

La voie lactée est aussi un cercle oblique, et son inclinaison est plus grande que la latitude des cercles tropiques. Elle consiste en une transparence nébuleuse, la seule de cette espèce que l'on voye dans le monde; elle n'est pas également large partout, car en quelques endroits elle l'est plus, et en d'autres moins. C'est pour cela qu'on ne la marque pas sur les sphères. Elle est aussi un des grands cercles de la sphère. On appelle grands cercles de la sphère ceux qui ont pour centre celui de la sphère. Il y en a sept : l'équateur, le zodiaque avec le cercle mitoyen des signes (écliptique), les cercles qui passent par les poles, l'horizon vrai pour chaque point de la terre, le méridien et la voie lactée.

ΚΕΦΑΛΑΙΟΝ Ε.

ΠΕΡΙ ΗΜΕΡΑΣ ΚΑΙ ΝΥΚΤΟΣ.

Ημέρα λέγεται διχῶς· καθ' ἕνα μὲν τρόπον χρόνος ὁ ἀπο ἀνατολῆς ἡλίου μέχρι δύσεως. Καθ' ἕτερον δὲ τροπον ἡμέρα λέγεται χρονος ὁ ἀφ' ἡλίου ἀνατολῆς μέχρις ἡλίου αὖθις ἀνατολῆς. Ἔςι δὲ ἡμέρα κατὰ τον δεύτερον τρόπον τοῦ κόσμου περιςροφὴ, καὶ τῆς περιφερείας ἣν ὁ ἥλιος μεταβαίνει ὑπεναντίως κινούμενος τῷ κόσμῳ ἐν τῇ περιςροφῇ τοῦ κόσμου. Δὶ ἣν αἰτίαν οὐδ' ἐςὶ το συναμφότερον, νὺξ καὶ ἡμέρα, ἐπὶ το αὐτο ἴση πάσῃ νυκτὶ καὶ ἡμέρᾳ· Ἀλλὰ προς μὲν τὴν αἴσθησιν ἴσα τὰ μεγέθη ἐςί. Προς δὲ τὴν ἐν τῷ λόγῳ ἀκρίβειαν μικρά τις καὶ ἀνεπαίσθητος ἡ παραλλαγή. Αἱ μὲν γὰρ τοῦ κόσμου περιςροφαὶ ἰσόχρονοί εἰσίν. Αἱ δὲ τῶν περιφερειῶν ἀνα-

CHAPITRE V.

Du Jour et de la Nuit.

Il y a deux sortes de jours, l'un simple qui est le temps compris entre le lever et le coucher du soleil, et l'autre qui est le temps depuis un lever du soleil jusqu'au lever le plus prochainement suivant. Dans la seconde signification, le jour est la révolution du monde et de l'arc que le soleil parcourt en sens contraire au mouvement de l'univers. C'est pourquoi l'espace d'un jour et d'une nuit consécutifs n'est pas absolument, mais seulement en apparence, égal à tout jour et nuit consécutifs. Mais à la rigueur, il y a une petite différence insensible, car les révolutions se font bien chacune en un temps égal, mais les ascensions des arcs parcourus par le soleil pendant la révolution du monde, ne se font pas en temps égaux. C'est ce qui cause cette différence.

Suivant la seconde manière de prendre les jours, le mois en contient 30 et l'année 365 ¼. Or, l'espace d'un jour et d'une nuit consécutifs est de 24 heures, par conséquent une heure est la vingt-quatrième partie de l'espace de temps composé d'un jour et d'une nuit consécutifs.

La longueur des jours n'est pas la même en tous lieux, puisqu'elle est d'autant plus grande que les lieux sont plus boréaux, et d'autant plus petite qu'ils sont plus austraux.

A Rhodes, le plus long jour est de 14 ½ heures équinoxiales. A Rome, il est de 15 heures équinoxiales; dans les pays plus boréaux que la Propontide, de 16; et plus loin encore vers le pole boréal, de 17, et même de 18 heures équinoxiales.

Il paroît que Pythéas de Marseille a voyagé dans ces pays-là. Car il dit dans son traité de l'océan: « Les barbares nous montrèrent où le soleil se reposoit. Effectivement dans ces contrées boréales, la nuit n'étoit que de deux heures pour les unes, et de trois pour les autres, en sorte que le soleil s'y lève très-peu de temps après s'être couché ». Le grammairien Cratès dit qu'Homère a parlé de ces pays, quand il fait dire par Ulysse:

La Lestrigonie aux grandes portes (ou vallées entre les montagnes) où le berger ramenant son troupeau, appelle le berger qui l'écoute en faisant sortir le sien; et où l'homme qui ne dort point, reçoit doubles récompenses, l'une pour les bœufs qu'il mène paître, et l'autre pour les brebis blanches comme de l'argent. Car les intervalles nocturnes entre les jours y sont très-courts.

En effet, dans ces lieux, le plus long jour étant de 21 heures équinoxiales, il n'en reste que trois pour la nuit; de sorte que le lever n'est pas éloi-

τολαὶ, ἃς ὁ ἥλιος μεταβαίνει ἐν τῇ τοῦ κόσμου περιςροφῇ, οὐκ εἰσὶν ἰσόχρονοι. Δι' ἣν αἰτίαν οὐκ ἔςι συναμφότερον πᾶσα νὺξ καὶ ἡμέρα συναμφοτέρῳ πάσῃ νυκτὶ καὶ ἡμέρᾳ ἴση.

Κατὰ δὲ τον δεύτερον τρόπον τῆς διαιρέσεως τῶν ἡμερῶν, τον μὲν μῆνα λέγομεν εἶναι ἡμερῶν λ̄, τον δὲ ἐνιαυτον ἡμερῶν τξε̄. Ἔςι δὲ το συναμφότερον νὺξ καὶ ἡμέρα χρόνος ὡρῶν ἰσημερινῶν κδ̄, ἰσημερινὴ δὲ ὥρα το κδ^ον μέρος τοῦ χρόνου τοῦ συναγομένου ἐκ νυκτος καὶ ἡμέρας.

Οὐ κατὰ πᾶσαν δὲ χώραν, καὶ πόλιν τὰ αὐτὰ μεγέθη τῶν ἡμερῶν ἐςιν· Ἀλλὰ τοῖς μὲν προς ἄρκτον οἰκοῦσι μείζονες καὶ ἡμέραι γίνονται· τοῖς δὲ προς μεσημβρίαν ἐλάσσονες.

Εςι δὲ ἐν Ῥόδῳ μὲν ἡ μεγίςη ἡμέρα ὡρῶν ἰσημερινῶν ιδ̄. Περὶ δὲ Ῥώμην ἡ μεγίςη ἡμέρα ὡρῶν ἰσημερινῶν ιε̄. Τοῖς δ' ἔτι βορειοτέροις οἰκοῦσι τῆς Προποντίδος μεγίςη ἡμέρα γίνεται ὡρῶν ἰσημερινῶν ιϛ̄· καὶ ἔτι τοῖς βορειοτέροις ιζ̄ καὶ ιη̄ ὡρῶν ἡ μεγίςη ἡμέρα γίνεται.

Επὶ δὲ τοὶς τόποις τούτοις δοκεῖ καὶ Πυθέας ὁ Μασσαλιώτης παρειναι. Φησὶ γοῦν ἐν τοῖς περὶ τοῦ ὠκεανοῦ πεπραγματευμένοις αὐτῷ· ὅτι ἐδείκνυον ἡμῖν οἱ βάρβαροι ὅπου ὁ ἥλιος κοιμᾶται. Συνέβαινε γὰρ περὶ τούτους τους τόπους τὴν μὲν νύκτα παντελῶς μικρὰν γίνεσθαι ὡρῶν οἷς μὲν β̄, οἷς δὲ γ̄· ὥςε κατὰ τὴν δύσιν μικροῦ διαλείμματος γενομένου ἐπανατέλλειν εὐθέως τὸν ἥλιον. Κράτης δὲ ὁ Γραμματικός φησι τῶν τόπων τούτων καὶ Ομηρον μνημονεῦσαι ἐν οἷς φησὶν Οδυσσευς·

Τηλέπυλον Λαιςρυγονίην, ὅθι ποιμένα ποιμὴν
Ηπύει εἰσελάων· ὁ δέ τ' ἐξελάων ὑπακούει.
Ενθα κ' ἄϋπνος ἀνὴρ δοιοὺς ἐξήρατο μισθους·
Τὸν μὲν βουκολέων· τὸν δ' ἄργυρα μῆλα νομεύων.
Εγγυς γὰρ νυκτος τε καὶ ἤματός εἰσι κέλευθοι.

Περὶ γὰρ τους τόπους τούτους γινομένης μεγίςης ἡμέρας ὡρῶν κᾱ ἰσημερινῶν, ἡ νὺξ μικρὰ παντάπασιν εἶναι ἀπολείπεται ὡρῶν γ̄· ὥςε πλησιάζειν τὴν δύσιν τῇ ἀνατολῇ· μικρᾶς παντάπασι τῆς περιφερείας ὑπὸ τὸν ὁρίζοντα ἀπολαμβανομένης ὑπὸ τοῦ θερινοῦ τροπικοῦ. εἴ τις οὖν, φησὶ, δύναιτο διαγρυπνεῖν τὰς τηλικαύτας ἡμέρας, διπλοῦς ὀξοίσεται μισθοὺς· τὸν μὲν βουκολέων, τὸν δ' ἄργυρα μῆλα νομεύων. εἶτα ἐπιφέρει τὴν αἰτίαν μαθηματικὴν οὖσαν, καὶ σύμφωνον τῷ σφαιρικῷ λόγῳ·

Ἐγγὺς γὰρ νυκτός τε καὶ ἤματός εἰσι κέλευθοι· τοῦτο δ' ἐςὶν ὅτι ἡ δύσις παράκειται τῇ ἀνατολῇ.

gné du coucher, attendu qu'il n'y a qu'un petit arc du tropique d'été qui soit au-dessous de l'horizon. Si donc, dit-il, on pouvoit passer de si grands jours sans dormir, on seroit doublement payé, et pour le soin des bœufs, et pour celui des brebis blanches. Ensuite il en donne la raison mathématique fondée sur la doctrine de la sphère. Car *les intervalles des jours très-courts*, signifient que le coucher est voisin du lever.

Ἔτι δὲ μᾶλλον πρὸς ἄρκτον ἡμῶν παροδευόντων, γίνεται ὁ θερινὸς τροπικὸς κύκλος ὅλος ὑπὲρ γῆν· ὥςε ἐν ταῖς θεριναῖς τροπαῖς τὴν παρ' ἐκείνοις ἡμέραν γίνεσθαι ὡρῶν ἰσημερινῶν κδ, τοῖς δὲ ἔτι πρὸς ἄρκτον οἰκοῦσι, γίνεται μέρος τι τοῦ ζωδιακοῦ κύκλου ὑπὲρ γῆν διὰ παντός. καὶ παρ' οἷς μὲν ζωδίου μέγεθος ὑπὲρ τὸν ὁρίζοντα ἀπολαμβάνεται, μηνιαία ἡμέρα παρ' αὐτοῖς γίνεται· παρ' οἷς δὲ δύο ζώδια ὑπὲρ γῆν ἀπολαμβάνεται, διμηνιαίαν τὴν μεγίςην ἡμέραν συμβαίνει γίνεσθαι. πέρας δὲ ἐςί τις χώρα ἐσχάτη πρὸς ἄρκτον κειμένη, ἐν ᾗ ὁ μὲν πόλος κατὰ κορυφὴν γίνεται, τῶν δὲ ζωδιακοῦ κύκλου τὰ ἓξ ζώδια ὑπὲρ τὸν ὁρίζοντα ἀπολαμβάνεται, ἓξ δὲ ὑπὸ τὸν ὁρίζοντα ὑποτέμνεται. ἡ μεγίςη δὲ ἡμέρα παρ' αὐτοῖς ἑξαμηνιαία γίνεται· ὁμοίως δὲ καὶ ἡ νύξ. καὶ τούτων μὲν τῶν τόπων δοκεῖ μνημονεύειν καὶ ὁ Ὅμηρος, ὡς φησὶ Κράτης ὁ Γραμματικὸς, ὅταν περὶ τῆς Κιμμερίων οἰκήσεως λέγῃ·

Ἔνθα δὲ Κιμμερίων ἀνδρῶν δῆμοί τε πόλεις τε
Ἠέρι καὶ νεφέλῃ κεκαλυμμένοι· οὐδέ ποτ' αὐτοὺς
Ἠέλιος φαέθων ἐπιδέρκεται ἀκτίνεσσιν·
Οὐδ' ὁπόταν ςείχῃσι πρὸς οὐρανὸν ἀςερόεντα·
Οὐδ' ὅταν ἂψ ἐπὶ γαῖαν ἀπ' οὐρανόθεν προτράπηται.
Ἀλλ' ἐπὶ νὺξ ὀλοὴ τέταται δειλοῖσι βροτοῖσι.

Mais à mesure qu'on avance davantage vers l'ourse, le tropique d'été devient tout entier supérieur à l'horizon, ensorte que dans les solstices le jour devient, pour ces lieux plus boréaux, de 24 heures équinoxiales. Pour ceux qui sont encore plus proches de l'ourse, il y a une partie du zodiaque toujours élevée au-dessus de l'horizon. Ceux qui ont tout un signe au-dessus de leur horizon ont un jour d'un mois; et le plus long jour pour ceux qui ont deux signes au-dessus de leur horizon, est de deux mois. Enfin, il y a un dernier lieu boréal où le pole est vertical, et qui a six signes du zodiaque au-dessus de son horizon, et six au-dessous. Le plus long jour pour les habitans de ce lieu est de six mois; il en est de même pour la nuit. Et il paroit, suivant le grammairien Cratès, qu'Homère y fait allusion, quand il dit du pays des Cimmériens :

Là sont les peuples et les villes des Cimmériens, toujours enveloppés d'un air nébuleux; car jamais le soleil ne les éclaire de ses rayons, ni quand il monte dans le ciel étoilé, ni quand il en descend vers la terre; mais une nuit totale s'étend sur ces malheureux mortels.

Τ γὰρ πόλου κατὰ κορυφὴν ὑπάρχοντος, ἑξαμηνιαίαν τὴν ἡμέραν καὶ τὴν νύκτα γενέσθαι συμβαίνει. τρίμηνος μὲν γὰρ γίνεται, ἐν ὅσῳ ὁ ἥλιος χρόνῳ ἀπὸ τοῦ ἰσημερινοῦ κύκλου, ὃς δὴ τὴν τοῦ ὁρίζοντος ἐπέχει τάξιν, ἐπὶ τὸν θερινὸν τροπικὸν κύκλον παραγίνεται· ἑτέρα δὲ τρίμηνος, ἐν ᾗ ἀπὸ τοῦ

En effet, où le pole est vertical, le jour est de six mois, et la nuit d'autant. Car l'un et l'autre est de trois mois, pendant le temps que le soleil emploie à monter de l'équateur, qui pour ce point est l'horizon, au tropique d'été; et de trois mois encore pendant le temps qu'il employe à descendre du tropique d'été à cet horizon; et le soleil parcourra pendant tout ce temps les cercles parallèles qui seront au-dessus de l'horizon. Or, comme ceste contrée est au centre de la zône glaciale et inhabitée, elle est nécessairement couverte de brouillards épais et impénétrables aux rayons du soleil qui ne peuvent les dissiper. Ainsi c'est avec raison qu'on dit qu'elle est dans une nuit perpétuelle. Car tant que le soleil est au-dessus de son horizon, elle est dans des ténèbres causées par l'épaisseur des brouillards. Et il est de nécessité physique que la nuit y dure aussi longtemps que le soleil est au-dessous de ce même horizon; c'est, dit Cratès, la raison qui a fait dire par Homère, que jamais le soleil n'éclaire de ses rayons les habitans de cette sombre contrée.

Si c'est-là effectivement la raison qui a fait ainsi parler Homère, il y en a encore une autre, pour que les lieux terrestres soient entr'eux, quant aux grandeurs des jours, dans les proportions ci-dessus énoncées, c'est celle qu'on voit sur la sphère. Car ces lieux sont déserts par l'excès du froid, parce qu'ils sont au centre de la zône froide. Vers le midi, au contraire, les grandeurs des plus longs jours décroissent d'autant plus que les pays sont plus méridionaux. Car pour les uns, le plus long jour et la plus longue nuit sont chacun de 14 heures équinoxiales; et pour d'autres, de 13,

Enfin, il est une contrée plus australe que nous, dont nous disons qu'elle est sous l'équateur. Les poles sont dans son horizon. Et c'est ce qui constitue la sphère droite du monde. Tous les cercles parallèles décrits par le soleil y sont coupés chacun en deux parties égales, dans la révolution du monde. C'est pourquoi les jours y sont toujours égaux aux nuits; car il n'y a pas d'autres causes de l'inégalité des jours que la hauteur du pole, ce qui se nomme l'inclinaison du monde. Par l'effet de l'élévation du pole, les plus grands des segmens formés par l'horizon, sur les cercles parallèles, depuis l'équateur jusqu'au tropique

θερινοῦ τροπικοῦ ἐπὶ τὸν ὁρίζοντα καταντᾷ· καὶ πάντα τοῦτον τὸν χρόνον κατὰ τους ὑπὲρ γῆν κύκλους παραλλήλους ἐνεχθήσεται. Επεὶ δὲ συμβαίνει τὴν οἴκησιν ταύτην ἐν μέσῃ τῇ κατεψυγμένῃ, καὶ ἀοικήτῳ ζώνῃ ὑπάρχειν, ἀνάγκη διὰ παντὸς νέφεσι κατέχεσθαι τὸν τόπον, καὶ ἐπὶ πολὺ βαθος ἀέρος συνεςηκέναι τὰ νέφη, καὶ μὴ δύνασθαι τὰς τοῦ ἡλίου αὐγὰς διακόπτειν τὰ νέφη· ὥςε εὐλόγως νύκτα διὰ παντὸς εἶναι παρ' αὐτοῖς σκότος. ὅταν μὲν γὰρ ὑπὲρ γῆν ὑπάρχῃ ὁ ἥλιος, σκότος ἐςὶ παρ' αὐτοῖς διὰ τὴν παχυμερίαν τῶν νεφῶν. ὅταν δὲ ὑπὸ τὸν ὁρίζοντα ὁ ἥλιος ᾖ, διὰ τὴν φισικλὴν ἀνάγκην νὺξ ἐςι παρ' αὐτοῖς· ὥςε διὰ παντὸς ἀφώτιςον αὐτῶν εἶναι τὴν οἴκησιν. τοῦτο οὖν, φησὶ, τὸ λεγόμενον ἐςι ὑπὸ τῶν ποιητοῦ,

. . . . . οὐδὲ ποτ' αὐτους
Ηέλιος φαέθων ἐπιδέρκεται ἀκτίνεσσι.

Εἰ μὲν οὖν ταῦτα ἐνθυμεῖται ὁ Ομηρος, ἕτερος ἐςι λόγος. Οτι δέ εἰσι τόποι τινὲς, τῆς γῆς σφαιροειδους ὑπαρχούσης, ἔχοντες τὰ προειρημένα μεγέθη τῶν ἡμερῶν πρὸς ἄλληλα, δῆλον ἐπ' αὐτῆς τῆς σφαίρας. Τους μέντοιγε τόπους τούτους ἀοικήτους εἶναι συμβαίνει, διὰ τὴν τοῦ ψύχους ὑπερβολὴν. Εν μέσῃ γὰρ κεῖνται τῇ κατεψυγμένῃ ζώνῃ. Ανάπαλιν δὲ τοῖς πρὸς μεσημβρίαν οἰκοῦσιν ἐλάσσονες ἀεὶ μᾶλλον, καὶ ἐλάσσονες αἱ ἡμέραι γίνονται· παρ' οἷς μὴν ιδ̅ ὡρῶν ἰσημερινῶν ἡ μεγίςη ἡμέρα γίνεται· παρ' οἷς δὲ ιγ̅,

Πέρας δέ ἐςι χώρα τις πρὸς μεσημβρίαν μᾶλλον ἡμῶν κειμένη, λεγομένη ὑπὸ τὸν ἰσημερινόν· ἐν ᾗ οἱ μὲν πόλοι ἐπὶ τοῦ ὁρίζοντος πίπτουσιν· ὀρθὴ δὲ καθίςαται ἡ τοῦ κόσμου σφαῖρα. Διχοτομοῦνται δὲ πάντες οἱ παραλληλοι κύκλοι οἱ γραφόμενοι ὑπὸ τοῦ ἡλίου κατὰ τὴν τοῦ κόσμου γενομένην περιςροφήν. Δι' ἣν αἰτίαν ἰσημερία διὰ παντός ἐςι παρ' αὐτοῖς. Οὐ γὰρ παρ' ἄλλην τινὰ αἰτίαν ἡ ἀνισότης γινεται τῶν ἡμερῶν, ἀλλὰ παρὰ τὸ ἔξαρμα τοῦ πόλου· ὃ δὴ καλειται ἔγκλιμα τοῦ κόσμου: Συμβαίνει γὰρ διὰ τὸν μετεωρισμὸν τοῦ πόλου τῶν μὲν ἀπὸ τοῦ ἰσημερινοῦ μέχρι τοῦ θερινοῦ τροπικοῦ γραφομένων κύκλων. Μείζονα μὲν τμήματα ὑπὲρ γῆν γίνεσται, ἐλάττονα δὲ ὑπὸ γῆν· τῶν δὲ ἀπὸ τοῦ ἰσημερινοῦ μέχρι τοῦ χειμερινοῦ τροπικοῦ γραφομένων κύκλων ἐλάττονα μὲν τμήματα ὑπὲρ γῆν γίνεσθαι, μείζονα δὲ ὑπὸ γῆν. Οπου δὲ οἱ πόλοι ἐπὶ τοῦ ὁρίζοντος πίπτουσιν, ἀναιρουμένου τοῦ αἰτίου τῆς ἀνισότητος τῶν ἡμερῶν, (τοῦτο δὲ ἦν τὸ ἔγκλιμα) εὐλόγως συμβαίνει ἰσημερίαν εἶναι διὰ παντὸς παρ' αὐτοῖς. Πάντας μὲν γὰρ τους κύκλους ὁ ἥλιος ἰσοχρόνως περιστρέφεται, καὶ τους μείζονας, καὶ τους ἐλάσσονας, διὰ τὸ περί τινα μένοντα σημεια, τους πόλους, γίνεσθαι τὴν περιστροφὴν τοῦ κόσμου. ὥστε μὴ παρὰ τὰ μεγέθη τῶν κύκλων, ἀλλὰ παρὰ τὴν ἀνισότητα τῶν τμημάτων, ὧν φέρεται ὁ ἥλιος ὑπὸ γῆό, καὶ ὑπερ γῆν, τὴν ἀνισότητα τῶν ἡμερῶν γίνεσθαι. Αἱ μέντοι γε παραυξήσεις τῶν ἡμερῶν καὶ τῶν νυκτῶν, οὐκ εἰσὶν ἐν πᾶσι τοῖς ζωδίοις ἴσαι· ἀλλὰ περὶ μὲν τὰ τροπικὰ σημεια μικραὶ παντελῶς καὶ ἀνεπαίσθητοι γίνονται· ὥστε σχεδὸν ἐφ' ἡμέρας $\bar{\mu}$ τὸ αὐτὸ μέγεθος τῶν ἡμερῶν καὶ τῶν νυκτῶν διαμένειν. Προσπορευόμένος τε γὰρ, καὶ πάλιν ἀποχωρῶν ἀπὸ τροπικῶν σημείων, ἀδήλους ποιειται τὰς κατὰ πλάτος παρόδους· ὥστε εὐλόγως ἐπὶ τὸ προειρημένον πλῆθος τῶν ἡμερῶν ἐπιμονὴν ὡς πρὸς αἴσθησιν περὶ τὸν τόπον γίνεσθαι τῷ ἡλίῳ. Δἰ ἣν αἰτίαν καὶ τὰ μέγιστα καύματα, καὶ τὰ μέγιστα ψύχη κατὰ τὰς τρόπας γίνεται. Δὶς γὰρ αὐτὸς τὸν αὐτὸν κατὰ τὸ συνεχὲς ἐπιπορευόμενος τόπον, καὶ τὰς προσόδους καὶ τὰς ἀποχωρήσεις ἀδήλως ποιούμενος, εὐλόγως ἐκ τῆς πρὸς ἕνα τόπον ἐπιμονῆς ὁτὲ μὲν τῶν καυμάτων, ὁτὲ δὲ τοῦ ψύχους ἐπίτασιν ποιειται. Πρόδηλον δὲ τοῦτο καὶ ἐκ τῶν ὡρωλογίων. Τὸ γὰρ ἄκρον τῆς τοῦ γνώμονος σκιᾶς σχεδὸν ἐφ' ἡμέρας $\bar{\mu}$ ἐπιμένει ταῖς τροπικαῖς γραμμαῖς. Περὶ δὲ τὰς ἰσημερίας ἑκατέρας μεγάλαι αἱ παραυξήσεις τῶν ἡμερῶν γίνονται· ὥστε τὴν ἐχομένην ἡμέραν τῆς προηγουμένης αἰσθητῶς παραλλάσσειν. Δἰ ἣν αἰτίαν ἐν

d'été, sont au-dessus de l'horizon, et les plus petits au-dessous; tandis que depuis l'équateur jusqu'au tropique d'hiver, les plus petits de ces segmens des parallèles sont au-dessus de ce cercle, et les plus grands au-dessous. Mais comme pour les lieux qui ont les poles dans l'horizon, il n'y a point d'inclinaison, laquelle est la seule cause de l'inégalité des jours, il s'ensuit qu'ils ont toujours les jours égaux aux nuits. Car pour eux le soleil parcourt tous les cercles tant grands que petits en des temps égaux, parce que la révolution du monde se fait autour des poles qui sont des points fixes; en sorte que l'inégalité des jours n'est pas proportionnée aux grandeurs des cercles, mais à l'inégalité de leurs segmens qui sont parcourus par le soleil, tant au-dessous qu'au-dessus de l'horizon. Car les quantités dont les jours et les nuits croissent, ne sont pas égales dans tous les signes. Elles sont très-petites et insensibles dans les points solsticiaux; tellement que, pendant quarante jours, les jours demeurent presqu'également longs, et les nuits presque toujours de la même longueur entr'elles. Car le soleil en s'approchant de ces points et en s'en éloignant, ne paroît pas s'avancer en latitude. C'est pourquoi il ne paroît pas se mouvoir pendant ce nombre de jours; et c'est la cause alors des plus grandes chaleurs et des plus grands froids dans les temps des conversions (solstices). Car passant deux fois dans son cours annuel par le même lieu, sans que l'instant où il l'atteint, et celui où il le quitte soient apperçus, il s'ensuit que le soleil y cause, par la continuité du temps qu'il y passe, les plus grandes chaleurs, et pendant qu'il en est le plus éloigné, les plus grands froids. Cela se voit par les horloges solaires, car l'extrémité de l'ombre du gnomon y demeure pendant près de 40 jours sur les signes solsticiaux. Mais aux deux équinoxes, où les différences de longueurs de jours sont si considérables qu'elles se font sentir d'un jour à l'autre, l'extrémité de l'ombre du gnomon parcourt de jour en jour des espaces sensibles depuis l'équateur.

L'obliquité du zodiaque est aussi une cause de l'inégalité et de l'augmentation des jours; car il s'avance jusqu'aux tropiques dont il embrasse une si grande partie en longitude, qu'il y a un espace assez étendu où il est à une petite distance du tropique d'été; il s'ensuit que la différence des segmens que le soleil parcourt au-dessus de l'horizon est petite et insensible. Mais le zodiaque est coupé par l'équateur, et leur inclinaison fait passer l'équateur par une grande étendue du zodiaque depuis cette section de part et d'autre. Les différences de longueurs des jours y sont considérables à cause de la grande différence entre les segmens que le soleil parcourt au-dessus de l'horizon. Pour cette raison, les jours et les nuits croissent peu et d'une quantité insensible près des cercles tropiques, et les accroissemens y sont presque les mêmes, de sorte que l'allongement des jours, d'un jour à l'autre aux environs de l'équinoxe, est presque nonante fois celui qu'ils ont près des solstices. Ce qui a lieu aussi pour les nuits, mais en raison inverse. Car autant la longueur du jour augmente, autant celle de la nuit diminue; puisque les jours sont plus grands que les nuits dans les six signes du bélier, du taureau, des gémeaux, de l'écrevisse, du lion et de la vierge, demi cercle du zodiaque, qui est le boréal, depuis le premier degré du bélier jusqu'au trentième de la vierge. Au contraire, les nuits sont plus longues que les jours dans les autres signes, la balance, le scorpion, le sagittaire, le capricorne, le verseau et les poissons, demi-cercle du zodiaque, qui est l'austral depuis le premier degré de la balance jusqu'au trentième degré des poissons. Or l'augmentation de longueur des jours se fait depuis le premier du capricorne jusqu'au trentième des gémeaux, ce qui comprend un demi-cercle du zodiaque. Ainsi les jours

τοῖς ὡρολογίοις τὰ ἄκρον τῆς τοῦ γνώμονος σκιᾶς ἀπὸ τοῦ ἰσημερινοῦ κύκλου αἰσθητὰς καθ' ἡ ἑραν τὰς ἀποςάσεις ποιεῖται.

Αἰτία δὲ ἐςὶ τῆς ἀνισότητος καὶ τῆς τῶν ἡμερῶν παραυξήσεως ἡ λοξότης τοῦ ζωδιακοῦ κύκλου. Τῶν μὲν γαρ τροπικῶν κύκλων ἐφάπτεται, καὶ ἐπὶ πολὺ μῆκος ἡ ἐπαφὴ διατείνει· ὥςε ἐν πολλῷ τόπῳ μικρὰν ἀπὸ τοῦ θερινοῦ τροπικοῦ τὴν ἀπόςασιν γίνεσθαι. Ακολουθεῖ δὲ τούτῳ καὶ τὴν παραλλαγὴν τῶν τμημάτων, ὧν ὑπὲρ γὴν φέρεται ὁ ἥλιος, μικρὰν καὶ ἀνεπαισθητὸν γίνεσθαι. Επὶ δὲ τοῦ ἰσημερινοῦ κύκλου τομὴ γίνεται τοῦ ζωδιακοῦ κύκλου πρὸς τὸν ἰσημερινόν· ἀπὸ δὲ τῆς τομῆς ἔγκλισις ἐφ' ἑκάτερα μεγάλην λαμβάνει διάςασιν ἀπὸ τοῦ ἰσημερινοῦ. Ακολουθεῖ δὲ τούτῳ, καὶ παραλλαγὴν τῶν ἡμερῶν μεγάλην γίνεσθαι διὰ τὴν τῶν τμημάτων ὑπεροχὴν ὧν φέρεται ὁ ἥλιος ὑπὲρ γὴν. Διὰ δὲ τὴν αἰτίαν ταύτην περὶ μὲν τροπικους κύκλους μικραὶ καὶ ἀνεπαίσθητοι αἱ παραυξήσεις τῶν ἡμερῶν καὶ τῶν νυκτῶν ἐπιτελοῦνται, καὶ σχεδὸν τὴν αὐτὴν παραλλαγὴν ἔχοισιν αἱ παραυξήσεις. Ωςε τὴν ἡμερησίαν περὶ τὴν ἰσημερίαν παραυξησιν σχεδὸν ἐννενηκονταπλάσιον εἶναι τῆς ἡμερησίας ωερὶ τροπας παραυξήσεως. Ο δὲ αὐτὸς λόγος καὶ ἐπὶ τῶν ἡμερησίων καὶ ἐπὶ τῶν νυχιαίων, αναπάλιν δὲ. ἀεὶ γὰρ ὅσον ἡ ἡμέρα παραύξει, τοσοῦτο καὶ ἡ νὺξ μειοῦται. γίνονται γὰρ μείζονες αἱ ἡμέραι τῶν νυκτῶν ἐν ἓξ ζωδίοις, κριῷ, ταύρῳ, διδύμοις, καρκίνῳ, λέοντι, παρθένῳ· ὅπερ ἡμικύκλιον τοῦ ζωδιακοῦ κύκλου ἀπὸ πρώτης μοίρας κριοῦ μέχρι παρθένου μοίρας λ̅ βόρειόν ἐςι. πάλιν αἱ νύκτες τῶν ἡμερῶν μείζονες ἐπὶ ταῖς ἀπολειπομένοις ζωδίοις, ζυγῷ, σκορπίῳ, τοξότῃ, αἰγόκερῳ, ὑδροχόῳ, ἰχθύσιν. Οπερ πάλιν ημικύκλιον τοῦ ζωδιακοῦ κύκλου ἀπὸ ζυγοῦ πρώτης μοίρας μέχρις ἰχθύων μοίρας λ̅ νότιον ἐςιν. παράνξησις δὲ ἡμερῶν γινεται ἀπὸ πρώτης μοίρας αἰγόκερω, μέχρι διδύμων μοίρας τριακοςῆς· ὅπερ ἐςὶν ἡμικύκλιον τοῦ ζωδιακοῦ κύκλου. Από δὲ τῆς τροπῆς χειμερινῆς μέχρι τροπῆς θερινῆς παραύξησις ἡμερῶν γίνεται. Παραύξησις δὲ ν κτῶν γινεται ἀπὸ καρκίνου πρώτης μοίρας μέχρι τοξότου μοίρας λ̅, ὅπερ ἐςὶν ἡμικύκλιον πάλιν τοῦ ζωδιακοῦ κύκ`ου ἀπὸ τροπῆς θερινῆς μέχρι τροπῆς χειμερινῆς.

croissent depuis le solstice d'hiver jusqu'à celui d'été; et les nuits, depuis le premier degré de l'écrevisse jusqu'au trentième du sagittaire; ce qui fait l'autre demi-cercle du zodiaque depuis le solstice d'été jusqu'à celui d'hiver.

Τινὲς μὲν οὖν διελάμβανον μεγίςας ἡμέρας γίνεσθαι ἐν καρκίνῳ, ἐπειπερ αἱ θεριναὶ τροπαὶ ἐν τῷ προειρημένῳ ζωδίῳ γίνονται· μεγίςας δὲ νύκτας εἶναι ἐν αἰγόκερῳ, ἐπεὶ αἱ χειμεριναὶ τροπαὶ ἐν αἰγόκερῳ γίνονται· παραπλήσιον τι ποιοῦντες ἁμάρτημα τῷ ἐπὶ τῶν συζυγιῶν. Εἰ μὲν γὰρ ἐν ὅλοις τοῖς ζωδίοις ἐγίνοντο τροπαὶ, ἦν ἂν ἀλληθὲς τὸ προειρημένον· νῦν δὲ τὰ μὲν τροπικὰ σημεῖα λόγῳ θεωρητά ἐςι· τὸ δὲ ὅλον ζώδιον τὸ τοῦ καρκίνου τὴν αὐτὴν απόςασιν ἔχει ἀπὸ τοῦ θερινοῦ τροπικοῦ σημείου τοῖς διδύμοις, καὶ ὑπὸ τῶν αὐτῶν παραλλήλων ἐμπεριλαμβάνεται κύκλων, καὶ ἐκ τοῦ αὐτοῦ τόπου τὴν ἀνατολὴν ποιειται, καὶ εἰς τὸν αὐτὸν τόπον τὴν δύσιν. εἰσὶ γὰρ ἀλλήλοις κατὰ συζυγίαν. Διὸ δὲ καὶ τὰ μεγέθη τῶν ἡμερῶν καὶ τῶν νυκτῶν ἴσα ἐςὶν ἐν διδύμοις καὶ καρκίνῳ. Καὶ γὰρ ἐν τοῖς ὡρολογίοις τὸ ἄκρον τῆς τοῦ γνώμονος σκιᾶς τὰς αὐτὰς γράφει γραμμὰς ἐν τοῖς προειρημένοις ζωδίοις. Ο δὲ αὐτὸς λόγος καὶ ἐπὶ τῶν χειμερινῶν τροπῶν. Οὐδὲ γὰρ ἐπ' ἐκείνων ὑποληπτέον ἐν ὅλῳ τῷ αἰγόκερῳ μεγίςας νύκτας γίνεσθαι· ἀλλ' ἕν τι σημεῖον λόγῳ θεωρητὸν, ὃ κοινόν ἐςιν αἰγόκερω καὶ τοῦ τοξότου, τὴν αὐτὴν ἀπόςασιν ἔχει ἀπὸ τοῦ τροπικοῦ χειμερινοῦ σημείου, καὶ ὑπὸ τῶν αὐτῶν παραλλήλων ἐμπεριλαμβάνεται κύκλων, καὶ ἔςιν ἀλλήλοις κατὰ συζυγίαν. Οθεν καὶ τὰ μεγέθη τῶν ἡμερῶν καὶ νυκτῶν ἴσα ἐςὶν ἐν τοξότῃ, καὶ αἰγόκερῳ. Καθόλου δὲ ὅσα τῶν ζωδίων κατὰ συζυγίαν ἀλλήλοις ὑπάρχει, ταῦτα τὰ ζώδια ἴσας ἡμέρας καὶ νύκτας περιέχει. Εσονται οὖν ἴσαι ἡμέραι ἐν διδύμοις καὶ καρκίνῳ, ταύρῳ καὶ λέοντι, κριῷ καὶ παρθένῳ, ἰχθύσι καὶ ζυγῷ, ὑδροχόῳ καὶ σκορπίῳ, αἰγόκερῳ καὶ τοξότῃ.

Quelques-uns ont cru que les plus longs jours arrivoient dans l'écrevisse, parce que les (conversions) solstices d'été, se font dans ce signe; et que les plus longues nuits arrivoient dans le capricorne, parce qu'il est le signe où se font les solstices d'hiver. Erreur pareille à celle où ils tombent pour les syzygies. Cela seroit vrai, si les solstices arrivoient dans les signes entiers; mais les points où ils arrivent sont imperceptibles à notre vue, et le signe de l'écrevisse est à la même distance du tropique d'été que celui des gémeaux, l'un et l'autre étant compris dans les mêmes cercles parallèles, se levant du même lieu et se couchant au même lieu. Car ils forment ensemble une combinaison. Il s'ensuit donc que les longueurs de jours et celles des nuits sont égales dans les gémeaux et l'écrevisse. En effet, sur les horloges solaires l'extrémité de l'ombre du gnomon décrit les mêmes lignes dans ces deux signes; c'est la même chose pour les solstices d'hiver, car il ne faut pas non plus s'imaginer que les plus longues nuits y arrivent dans le capricorne entier, mais en un point imperceptible qu'il faut se figurer commun au capricorne et au sagittaire également éloignés l'un et l'autre du point tropique (solsticial) d'hiver, et contenus entre les mêmes cercles parallèles. C'est pourquoi les longueurs des jours et celles des nuits sont les mêmes dans le sagittaire et le capricorne. Et généralement les signes qui correspondent l'un à l'autre par combinaison, ont les jours égaux et les nuits égales. Ainsi les jours sont égaux dans les gémeaux et le cancer, dans le taureau et le lion, dans le bélier et la vierge, dans les poissons et la balance, dans le verseau et le scorpion, dans le capricorne et le sagittaire.

Or le monde étant sphéroïde (de figure ronde) et emporté par un mouvement circulaire d'orient en occident, tous les points de la sphère tournent sur des cercles parallèles. D'où il est évident que tous les astres font leurs mouvemens sur des cercles parallèles. C'est pourquoi toutes les étoiles fixes se lèvent chacune d'un même lieu et se couchent en un même lieu. Et de même les cercles parallèles se lèvent d'un même lieu et se couchent en un même lieu, respectivement pour chacun. Mais le zodiaque étant oblique sur les parallèles, toutes ses parties ne se lèvent pas du même lieu et ne se couchent pas au même lieu. C'est pourquoi les douze signes du zodiaque ne se lèvent pas tous du même lieu, et ne couchent pas au même lieu. Car les levers et les couchers du zodiaque se font en latitude. Or la latitude de son lever s'étend depuis le lever du premier degré de l'écrevisse jusqu'à l'ascension du premier degré du capricorne sur l'horizon. Car cette latitude s'estime par la grandeur de l'arc du zodiaque au-dessus de l'horizon. Aussi Aratus dit-il, conformément à cela :

La portion de ce cercle au-delà de l'océan, est égale à celle qui est entre le lever du capricorne et le lever du cancer, et cette quantité du côté de l'orient, est égale à celle du côté de l'occident.

Ce sont là les termes qu'il pose à la latitude jusqu'où s'étend ce cercle, conformément aux démonstrations mathématiques et aux apparences. Il suit de cette inclinaison du zodiaque, que les dodécatémories, quoiqu'égales en grandeur, se lèvent et se couchent en des temps inégaux. Car où le zodiaque est droit sur l'horizon, les signes se lèvent et se couchent dans le plus de temps qu'ils peuvent y mettre, parce qu'ils sont alors perpendiculaires sur l'horizon, de sorte que les points de chaque signe se lèvent l'un après l'autre, ce qui emploie beaucoup de temps pour le lever et le coucher. Mais le zodiaque étant incliné sur

Τοῦ δὲ κόσμου σφαιροειδοῦς ὑπάρχοντος, καὶ κινουμένου φορὰν ἐγκύκλιον, ἀπ' ἀνατολῆς ἐπὶ δύσιν, συμβαίνει ἅπαντα τὰ ἐπὶ τῆς σφαίρας σημεῖα ἐπὶ παραλλήλων κύκλων φέρεσθαι. ἐξ οὗ φανερὸν ὅτι καὶ πάντες οἱ ἀςέρες ἐπὶ παραλλήλων κύκλων τὴν κίνησιν ποιοῦνται. Διὰ τοῦτο δὲ καὶ ἐκ τοῦ αὐτοῦ τόπου πάντες οἱ ἀπλανεῖς ἀςέρες ἀνατέλλουσι, καὶ εἰς τὸν αὐτὸν τόπον δύνουσιν· ὁμοίως δὲ καὶ οἱ παράλληλοι κύκλοι ἐκ τοῦ αὐτοῦ τόπου ἀνατέλλουσι, καὶ εἰς τὸν αὐτὸν τόπον δύνουσιν. Ο δὲ τῶν ζωδίων κύκλος λοξὸς ὢν τῇ πρὸς τοὺς παραλλήλους θέσει, οὐ πάντα ἔχει τὰ μέρη ἐκ τοῦ αὐτοῦ τόπου ἀνατέλλοντα, καὶ εἰς τὸν αὐτὸν τόπον δύνοντα. Δι' ἣν αἰτίαν οὐδὲ τὰ ιβ̄ ζώδια ἐκ τοῦ αὐτοῦ τόπου ἀνατέλλει, καὶ εἰς τὸν αὐτὸν τόπον δύνει. Εν πλάτει γὰρ ὁ ζωδιακὸς κύκλος τὰς ἀνατολὰς καὶ τὰς δύσεις ποιεῖται. Εςι δὲ τὸ πλάτος αὐτοῦ τῆς ἀνατολῆς τὸ ἀπὸ τοῦ καρκίνου πρώτης μοίρας ἀνατελλούσης, μέχρις αἰγόκερω πρώτης μοίρας ἀναφερομένης. ἡλίκη γὰρ ἐςιν ἡ μεταξὺ τῶν ἡμερῶν τούτων περιφορὰ τούτου ἐπὶ τοῦ ὁρίζοντος, τηλικαύτη ἐςὶν ἡ κατὰ πλάτος πάροδος ἐπὶ τοῦ ὁρίζοντος τῷ ζωδιακῷ κύκλῳ. Τούτοις δὲ συμφώνως καὶ ὁ Αρατος ἀποφαίνεται λέγων οὕτως,

Αὐτὰρ ὅ γ' Ωκεανοῖο τόσον παραμείβεται ὕδωρ,
Οσσον ἀπ' αἰγοκερῆος ἀνερχομένοιο μάλιςα
Καρκίνον εἰς ἀνιόντα κυλίνδεται· ὅσσον ἁπάντη
Αντέλλων ἐπέχει, τόσσον γε μὲν ἄλλοθι δύνων.

Εν γὰρ τούτοις τὴν πάροδον ἀφορίζει τοῦ ζωδιακοῦ κύκλου, ἣν ποιεῖται κατὰ πλάτος ἐπὶ τῆς ἀνατολῆς καὶ τῆς δύσεως, συμφώνως τοῖς Μαθηματικοῖς καὶ τῷ φαινομένῳ. τοιαύτης δὲ τῆς ἐγκλίσεως ὑπαρχούσης τοῦ ζωδιακοῦ κύκλου, συμβαίνει καὶ τὰ δωδεκατημόρια, ἴσα ὄντα κατὰ τὸ μέγεθος, ἀνίσοις χρόνοις τὰς ἀνατολὰς καὶ τὰς δύσεις ποιεῖσθαι. ὅσα μὲν γὰρ ὀρθοῦ γιγνομένου τοῦ ζωδιακοῦ κύκλου, τὴν ἀνατολὴν ποιεῖται, ἐκεῖνα τὰ ζώδια ἐν πλείςῳ χρόνῳ τὴν ἀνατολὴν καὶ τὴν δύσιν ποιεῖται. Ορθὰ γὰρ παρὰ τὸν ὁρίζοντα παραπίπτει· ὥςε καθ' ἓν ἕκαςον σημεῖον τῶν ζωδίου τὴν ἀνατολὴν γίνεσθαι, διὰ δὲ τοῦτο πολὺν χρόνον ἀναλίσκεσθαι τῆς ἀνατολῆς καὶ τῆς δύσεως. Οσα δὲ πλαγίου γινομένου τοῦ ζωδιακοῦ κύκλου πρὸς τον ὀρίζοντα τὴν ἀνατολὴν ποιειται, ἐκεινα ἐν ἐλάττονι χρόνῳ ἐπαναφέρεται. Πλάγια γὰρ παραπίμτει καὶ τὰ ζώδια πρὸς τὸν ὁρίζοντα· ὥςε κατ' ἄλλα πολλὰ μέρη ἅμα τὴν ἀνατολὴν ποιεισθαι. Διὰ δὲ τοῦτο καὶ ταχεῖαν τὴν ἀνατολὴν συμβαίνει γίνεσθαι. Οθεν καὶ τὸ παρ' Αράτῳ λεγόμενον ζητεῖται, πῶς καὶ ἐν ταῖς μακροτάταις νυξὶ, καὶ ἐν ταῖς βραχυτάταις, ἓξ δωδεκατημόρια ἀνατέλλει, καὶ ἓξ δύνει, τῆς παραλλαγῆς τῶν νυκτῶν μεγάλης ὑπαρχούσης. Η γὰρ μεγίςη νὺξ τῆς ἐλαχίςης ὑπερέχει ὥρας ἰσημερινὰς ιζ¯. λέγει δὲ Αρατος οὕτως.

.... πάσῃ δὲ ἐπὶ νυκτὶ
Εξ αἰεὶ δύνουσι δυωδεκάδες κύκλοιο,
Τόσσαι δ' ἀντέλλουσι· τόσον δ' ἐπὶ μῆκος ἑκάςη
Νὺξ αἰεὶ τετανυςαι, ὅσον τέ περ ἥμισυ κύκλου
Αρχομένης ἀπὸ νυκτὸς ἀείρεται ὑψόθι γαίης.

Απορειται δὴ πῶς καὶ ἐν ταις μακροτάταις καὶ ἐν ταῖς βραχυτάταις νυξὶν ἡμικύκλιον τοῦ ζωδιακοῦ κύκλου καὶ ἀνατελλει καὶ δύνει. Γίνεται δὲ τοῦτο διὰ τὴν ἔγκλισιν τοῦ ζωδιακοῦ κύκλου. διὰ γὰρ τὴν λοξότητα ἐν ἀνίσοις χρόνοις ἀνατέλλει καὶ δύνει τὰ τοῦ ζωδιακοῦ ἡμικύκλια· ταπεινοτάτου μὲν γὰρ ὄντος τοῦ ζωδιακοῦ κύκλου πρὸς τὸν ὁρίζοντα, ὅπερ γίνεται αἰγόκερω πρώτης μοίρας μεσουρανούσης, ταχεῖαν ποιειται τὴν ἀνατολὴν τὸ ἡμικύκλιον τὸ ἀπὸ τοῦ κριοῦ πρώτης μοίρας μέχρι παρθένου μοίρας λ¯. πλάγιον γὰρ παραπίπτει παρὰ τὸν ὁρίζοντα, καὶ πολλὰ μέρη ἅμα τὴν ἀνατολὴν ποιεῖναι. ὀρθοτάτου δὲ ὄντος τοῦ ζωδιακοῦ κύκλου, ὅπερ γίνεται καρκίνου πρώτης μοίρας μεσουρανούσης, ταχεῖαν ποιεῖται τὴν ἀνατολὴν τὸ ἡμικύκλιον τὸ ἀπὸ τοῦ ζυγοῦ πρώτης μοίρας μέχρις ἰχθύων μοίρας λ¯. Οθεν ἐν πολλῷ χρόνῳ τὴν ἀναφορὰν ποιεῖται. Εὐλόγως οὖν καὶ ἐν ταῖς χειμεριναῖς νυξὶ, καὶ ἐν ταῖς θεριναῖς, ἓξ ζώδια ανατέλλει, καὶ ἓξ ζώδια δύνει. Οἱ γὰρ ἀνατολικοὶ χρόνοι τῶν ζωδίων ἴσων ὄντων κατὰ τὸ μέγεθος ἄνισοι γίνονται κατὰ τοὺς χρόνους. Καὶ ἐν μὲν ταῖς χειμεριναῖς

l'horizon, ces signes se lèvent en moins de temps, parce qu'ils sont inclinés à l'horizon, de sorte que plusieurs portions de leur longueur se lèvent tout à la fois, ce qui fait que leur lever est plus rapide. Quand donc on demande comment, selon Aratus, dans les plus longues nuits et dans les plus courtes, six dodécatémories se lèvent, et six se couchent, quoiqu'il y ait beaucoup de différence dans la grandeur de ces nuits, puisque la plus longue surpasse la plus courte, de 17 heures équinoxiales. Voici ce que répond Aratus :

Il n'est pas de nuit où il ne se couche six des douze parties du cercle, et où un pareil nombre ne se lève; et la longueur de chaque nuit est égale au temps que la moitié de ce cercle employe à se lever au-dessus de l'horizon.

Or on doute si dans les plus courtes comme dans les plus longues, un demi-cercle du zodiaque se lève et se couche. C'est pourtant ce qui arrive en vertu de l'inclinaison de ce cercle. Car l'obliquité est cause que les demi-cercles du zodiaque se lèvent et se couchent en temps inégaux. En effet, quand le zodiaque est au plus bas sur l'horizon, ce qui a lieu quand le premier degré du capricorne est au milieu du ciel, le demi-cercle, depuis le premier degré du bélier jusqu'au trentième de la vierge, se lève rapidement, parce qu'étant oblique sur l'horizon, plusieurs points de sa longueur se lèvent en même temps. Mais si le zodiaque est le plus élevé au-dessus de l'horizon, ce qui a lieu quand le premier degré de l'écrevisse est au milieu du ciel, le demi-cercle, depuis le premier degré de la balance jusqu'au trentième des poissons, se lève lentement et en plus de temps. Il s'ensuit donc que dans les nuits d'hiver comme dans celles d'été, il y a toujours six signes qui se lèvent et six qui se couchent, attendu que ces signes, égaux en grandeur, employent des temps inégaux à se lever; les signes qui se lèvent lentement, se levant dans les nuits d'hiver ; et les signes qui se lèvent rapidement, se levant dans les nuits d'été.

Ainsi, de même que les anciens étoient dans l'erreur au sujet des signes en combinaison, ils se trompoient également sur les temps que les signes employent à se lever. Car supposant le zodiaque dans sa position la plus droite, lorsque le premier degré de l'écrevisse est au milieu du ciel, (au méridien) alors la balance se levant et le bélier se couchant, ils dirent que la balance et le bélier employoient le plus de temps, l'une à se lever, l'autre à se coucher. Ensuite, comme le zodiaque est au plus bas quand le premier degré du capricorne est au milieu du ciel, le bélier se levant et la balance se couchant, ils décidèrent que le bélier se lève alors plus rapidement, et que la balance met le moins de temps à se coucher. De plus, comme le zodiaque est dans une inclinaison moyenne sur l'horizon, quand le premier degré du bélier est au milieu du ciel, et le premier degré de la balance aussi au milieu du ciel, l'écrevisse se lève et le capricorne se couche, de manière que l'écrevisse met la moitié du temps à se lever et le capricorne à se coucher. Enfin quand les serres seront au milieu du ciel, le capricorne mettra la moitié du temps à se lever, et l'écrevisse à se coucher.

Toute cette théorie des anciens sur les temps employés par les astres à se lever, est pleine d'erreurs. Car les gémeaux et l'écrevisse étant également inclinés dans le zodiaque sur l'horizon, et étant également éloignés du point tropique d'été, faisant les jours également longs, la vierge se lève quand les gémeaux sont au milieu du ciel, et la balance se lève quand l'écrevisse est au milieu du ciel, d'où il suit que la vierge et la balance se lèvent en temps égal.

Or le zodiaque étant dans sa situation la plus droite, quand les gémeaux et l'écrevisse sont au milieu du ciel, non-seulement les serres,

νυξὶ τὰ πολυχρόνιον ποιούμενα τὴν ἀνατολὴν ἀναφέρεται· ἐν δὲ ταῖς θεριναῖς νυξὶ τὰ ταχεῖαν ποιούμενα τὴν ἀνατολὴν ἀνατέλλει.

Οἱ μὲν οὖν ἀρχαῖοι καθάπερ ἐπὶ τῶν κατὰ συζυγίαν ζωδίων ἠγνόησαν, οὕτως καὶ ἐν τοῖς ἀνατολικοῖς χρόνοις τῶν ζωδίων διήμαρτον. Ὑποςησάμενοι γὰρ ὀρθοτατον εἶναι τὸν ζωδιακὸν κύκλον, καρκίνου πρώτης μοίρας μεσουρανούσης, ἐπεὶ κατὰ τοῦτον τὸν καιρὸν ἀνατέλλει μὲν ζυγὸς, δύνει δὲ κρίος· ἀπεφήναντο ἐν πλείςῳ μὲν χρόνῳ ἀνατέλλειν ζυγὸν, ἐν πλείςῳ δὲ χρόνῳ δύνειν κρίον. Πάλιν ἐπεὶ ταπεινότατος γίνεται ὁ τῶν ζωδίων κύκλος, αἰγόκερω πρώτης μοίρας μεσουρανούσης, κατὰ τοῦτον δὲ τὸν καιρὸν ἀνατέλλει μὲν κριὸς, δύνει δὲ ζυγὸς· ἀπεφήναντο μὲν τάχιςα ἀνατέλλειν κριὸν, ἐλαχίςῳ δὲ χρόνῳ δύνειν ζυγόν. Πάλιν ἐπεὶ μέσην ἔγκλισιν λαμβάνει ὁ τῶν ζωδίων κύκλος πρὸς τὸν ὁρίζοντα, κριοῦ πρώτης μοίρας μεσουρανούσης, καὶ ζυγοῦ πρώτης μοίρας μεσουρανούσης, ἀνατέλλει μὲν καρκίνος, δύνει δὲ αἰγόκερως· ὥςε μέσον χρόνον τῆς ἀνατολῆς ἔχειν καρκίνον, καὶ μέσον χρόνον τῆς δύσεως αἰγοκερων. Πάλιν δὲ χηλῶν μεσουρανουσῶν, μέσον χρόνον τῆς ἀνατολῆς ἕξει αἰγόκερως, καὶ μέσον τῆς δύσεως χρόνον καρκίνος.

Η δὲ τοσαύτη ἔκθεσις τῶν ἀνατολικῶν χρόνων παρὰ τοῖς ἀρχαίοις ἐςὶ διημαρτημένη. Επεὶ γὰρ δίδυμοι καὶ καρκίνος τὴν αὐτὴν ἔγκλισιν ἔχουσιν ἐν τῷ ζωδιακῷ κύκλῳ πρὸς τὸν ὁρίζοντα, καὶ τὴν αὐτὴν ἀπόςασιν ἀπὸ τοῦ θερινοῦ τροπικοῦ σημείου, καὶ τὰ μεγέθη τῶν ἡμερῶν ἴσα, καὶ διδύμων μὲν μεσουρανοῦντων ανατέλλει παρθένος· Καρκίνου δὲ μεσουρανοῦντος, ανατέλλει ζυγὸς· ἐν ἴσῳ χρόνῳ ἀνατέλλουσι παρθένος καὶ ζυγός.

Και ἐπεὶ ὀρθότατος γίνεται ὁ τῶν ζωδίων κύκλος, διδύμου καὶ καρκίνου μεσουρανούντων, ἐν πλείςῳ χρόνῳ ἀνατέλλουσι παρθένος καὶ ζυγός, καὶ οὐ μόνου αἱ χηλαὶ, καθάπερ οἱ ἀρχαῖοι διελάμβανον. Πάλιν δὲ ἐπεὶ τοξότης καὶ αἰγόκερως τὴν αὐτὴν ἔγκλισιν ἔχουσι πρὸς τὸν ὁρίζοντα, καὶ τοξότου μεσουρανοῦντος, ἀνατέλλουσιν ἰχθύες, δύνει δὲ παρθένος· αἰγόκερω δὲ μεσουρανοῦντος, ἀνατέλλει μὲν κριὸς, δύνει δὲ ζυγός· καὶ γίνεται ταπεινότατος ὁ τῶν ζωδίων κύκλος, τοξότου καὶ αἰγόκερω μεσουρανούντων, ἐν ἐλαχίστῳ χρόνῳ δύνουσι παρθένος καὶ ζυγός. Πάλιν δὲ ἐπεὶ ἰχθύων μεσουρανούντων ἀνατέλλουσι δίδυμοι, κριοῦ μεσουρανοῦντος ἀνατέλλει καρκίνος· ἰχθύων δὲ καὶ κριοῦ μεσουρανούντων, μέσην ἔγκλισιν ἔχει ὁ ζωδιακὸς κύκλος· μέσον ἄρα χρόνον τῆς ἀνατολῆς περιέχοισι δίδυμοι καὶ καρκίνος· δύσεως δὲ τοξότης, καὶ αἰγόκερως. Ὁμοίως δὲ ἐπεὶ παρθένου, καὶ χηλῶν μεσουρανουσῶν μέσην ἔγκλισιν ἔχειν λέγεται ὁ ζωδιακὸς κύκλος· καὶ παρθένου μεσουρανούσης, ἀνατέλλει μὲν τοξότης, δύνοισι δὲ δίδυμοι· χηλῶν δὲ μεσουρανουσῶν ἀνατέλλει αἰγόκερως, δύνει δὲ καρκίνος, μέσον χρόνον περιέξοισι τῆς ἀνατολῆς τοξότης καὶ αἰγόκερως, τῆς δὲ δύσεως δίδυμοι καὶ καρκίνος.

Ἐκ δὲ τούτων φανερὸν, ὅτι τὰ ἴσον ἀπέχοντα τῶν τροπικῶν, καὶ τῶν ἰσημερινῶν σημείων ἐν ἴσῳ χρόνῳ ἀνατέλλει, καὶ δύνει. Καὶ ἐπεὶ ἐν πάσῃ νυκτὶ ἓξ ζώσια ἀνατέλλει ἐν ὥραις ιβ̄, φανερὸν ὅτι καὶ ἐν ἡμέρᾳ καὶ νυκτὶ ιβ̄ ζώδια ἀνατέλλει ἐν ὥραις κδ̄, τὸ δὲ ἓν ζώδιον ἀνατέλλει ἐν δυσὶν ὥραις κατὰ τὸν μέσον τῶν ἀνατολῶν χρόνον. Καὶ πάλιν ἐπεὶ ἐν πάσῃ νυκτὶ ἓξ ζώδια δύνει ἐν ὥραις ιβ̄, φανερὸν ἐκ τῶν αὐτῶν ὅτι τὸ ἓν ζώδιον ἐν δυσὶν ὥραις δύνει, καὶ ιβ̄ ζώδια ἀνατέλλει καὶ δύνει ἐν ὥραις ἰσημεριναῖς κδ̄. Καὶ πάντων τῶν ζωδίων ὁ συναμφότερος χρόνος τῆς

comme le croyoient les anciens, mais encore la vierge et la balance mettent le plus de temps à se lever. Et encore, le sagittaire et le capricorne étant également inclinés sur l'horizon, les poissons se lèvent et la vierge se couche, quand le sagittaire est au milieu du ciel; et quand c'est le capricorne qui est au milieu du ciel, le bélier se lève et la balance se couche. Le zodiaque est dans sa situation la plus basse, lorsque le sagittaire et le capricorne occupent le milieu du ciel, et la vierge ainsi que le bélier mettent le moins de temps à se coucher. De plus, comme les gémeaux se lèvent quand les poissons sont au milieu du ciel, l'écrevisse se lève quand le bélier est au milieu du ciel; or quand les poissons et le bélier sont au milieu du ciel, le zodiaque a une inclinaison moyenne, les gémeaux et l'écrevisse mettent donc la moitié du temps à se lever, et le sagittaire ainsi que le capricorne à se coucher. De même, lorsque la vierge et les serres sont au milieu du ciel, on dit que le zodiaque a une inclinaison moyenne; or, quand la vierge est au milieu du ciel, le sagittaire se lève, et les gémeaux se couchent; mais, quand les serres sont au milieu du ciel, le capricorne se lève et l'écrevisse se couche, le sagittaire et le capricorne mettront alors la moitié moins de temps à se lever, et les gémeaux ainsi que l'écrevisse à se coucher.

De tout cela, il suit évidemment que les points également éloignés des solstices et des équinoxes, se lèvent et se couchent en temps égaux. Et comme dans chaque nuit il y a six signes qui se lèvent en douze heures, il s'ensuit que dans un jour et une nuit, les douze signes se lèvent en 24 heures, et que chaque signe se lève en deux heures en temps moyen des levers. En outre, comme en chaque nuit il y a six signes qui se couchent en 12 heures, il est évident par là que chaque signe se couche en deux heures, et que les 12 signes se lèvent et se couchent en 24 heures équinoxiales. Ainsi, le temps du lever et du coucher de tous les signes ensemble, est de 24 heures équinoxiales. Mais plus les uns et les autres mettent de temps à se lever, moins ils en mettent à se coucher; et moins ils employent de temps à se lever, plus ils en employent à se coucher.

ἀνατολῆς καὶ τῆς δύσεως, ἐστιν ἴσος ὡρῶν ἰσημερινῶν κδ¯. Καὶ ὅσα μὲν τῶν ζωδίων ἐν πλείστῳ χρόνῳ ἀνατέλλει, ἐν ἐλαχίστῳ χρόνῳ δύνει· ὅσα δὲ ἐν ἐλαχίστῳ χρόνῳ ἀναφέρεται, ἐν πλείστῳ χρόνῳ δύνει.

CHAPITRE VI.

Des Mois.

Un mois est l'espace de temps entre une conjonction et la conjonction suivante; ou entre deux oppositions de la lune. Or une conjonction a lieu quand le soleil et la lune répondent au même point du ciel; c'est ce qui arrive dans le trentième jour de la lune. La pleine-lune ou opposition se dit de la situation diamétralement opposée de la lune au soleil, opposition qui se fait dans le milieu du mois. Or la durée d'une révolution de la lune est de 29 ½ $\frac{1}{33}$ jours; pendant lesquels la lune parcourt le zodiaque et de plus l'arc dont le soleil s'avance suivant l'ordre des signes dans le temps que la lune emploie a faire cette révolution d'un mois. Et cet arc étant à très-peu près d'un signe, il s'ensuit qu'en un mois la lune parcourt à peu près 13 signes. Mais, comme il a été dit, la longueur juste d'un mois est de 29 ½ $\frac{1}{33}$ jours, et dans la vie civile les durées des mois sont estimées en gros de 29 ½ jours pour chacun, ensorte que deux mois font 59 jours; donc les mois civils sont alternativement pleins et caves, par cette raison des 59 jours pour deux mois lunaires.

ΚΕΦΑΛΑΙΟΝ ϛ.

ΠΕΡΙ ΜΗΝΩΝ.

Μὴν ἐστι χρόνος ἀπὸ συνόδου ἐπὶ σύνοδον, ἢ ἀπὸ πανσελήνου ἐπὶ πανσέληνον. Ἐστι δὲ σύνοδος ὅταν ἐν τῇ αὐτῇ μοίρα γένηται ὁ ἥλιος καὶ ἡ σελήνη· τοῦτ' ἐστι περὶ τὴν τριακάδα σελήνης. Πανσέληνος δὲ λέγεται, ὅταν ἡ σελήνη κατὰ διαμετρον γένηται τῷ ἡλίῳ· τοῦτο δέ ἐστι περὶ τὴν διχομηνίαν. Ἐστι δὲ μηνιαῖος χρόνος ἡμερῶν κθ¯ ϐ″ καὶ λγ″. ἐν δὲ τῷ μηνιαίῳ χρόνῳ ἡ σελήνη διαπορεύεται τόν τε τῶν ζωδίων κύκλον, καὶ ἔτι τὴν περιφέρειαν ἣν ὁ ἥλιος ἐν τῷ μηνιαίῳ χρόνῳ εἰς τὰ ἑπόμενα τῶν ζωδίων μεταβαίνει· Αὕτη δέ ἐστιν ὡς ἔγγιστα ζωδίου· ὥστε ἐν τῷ μηνιαίῳ χρόνῳ ιγ¯ ζώδια ὡς ἔγγιστα κινεισθαι τὴν σελήνην. ἔστι δὲ ὁ μὲν ἀκριϐὴς μηνιαῖος χρόνος, καθάπερ εἴρηται, ἡμερῶν κθ¯ ϐ″ καὶ λγ″. Οἱ δὲ πρὸς τὴν πολιτικὴν ἀγωγὴν ὁλοσχερέστερον λαμϐανόμενοι μηνιαῖοι χρόνοι εἰσὶν ἡμερῶν κθ¯ Ϛ″, ὥστε τὸν δίμηνον χρόνον γενέσθαι ἡμερῶν νθ¯. Οθεν διὰ ταύτην τὴν αἰτίαν οἱ κατὰ πόλιν μῆνες ἐναλλὰξ ἄγονται πλήρεις καὶ κοῖλοι, διὰ τὸ τὴν σελήνην δίμηνον ἡμερῶν εἶναι νθ¯.

Il résulte de là que l'année lunaire est de 354 jours. Car si nous multiplions les 29 ½ jours d'un mois par 12, le produit sera 354 jours pour la durée de l'année lunaire. Cette année est différente de l'année solaire; puisque celle-ci comprend la révolution du soleil par les 12 signes; laquelle se fait en 365 ¼ jours; tandis que les 12

Ἐκ δὲ τούτων συνάγεται ὁ κατὰ σελήνην ἐνιαυτὸς ἡμερῶν τνδ¯. Ἐὰν γὰρ τὰς τοῦ μηνὸς ἡμέρας τὰς κθ¯ δωδεκάκις πολλαπλασιάσωμεν, ἀποτελεσθήσονται ἡμέραι αἱ τοῦ κατὰ σελήνην ἐνιαυτοῦ τνδ¯. Ἄλλος γὰρ ἐστι καθ' ἥλιον ἐνιαυτὸς, καὶ ἄλλος κατὰ σελήνην. Ὁ μὲν γὰρ τοῦ ἡλίου τῶν ιϐ¯ ζωδίων ἔχει περιδρομὴν τοῦ ἡλίου, ὅπερ εἰσιν ἡμέραι τξε¯ δ″. Ὁ δὲ τῆς σελήνης ιϐ¯

μηνῶν περιέχει χρόνον τῆς σελήνης, ὅπερ ἐςὶν ἡμέραι τνδ῀. Επεὶ οὔτε ὁ μὴν ἐξ ὅλων ἡμερῶν συνέςηκεν, οὔτε ὁ καθ' ἥλιον ἐνιαυτὸς, ἐζητεῖτο οὖν χρόνος ὑπὸ τῶν ἀςρολόγων, ὃς περιέξει ὅλας ἡμέρας, καὶ ὅλους μῆνας, καὶ ὅλους ἐνιαυτους.

Πρόθεσις γὰρ ἦν τοῖς ἀρχαίοις τους μὲν μῆνας ἄγειν κατὰ σελήνην, τοὺς δὲ ἐνιαύτους καθ' ἥλιον. Τὸ γὰρ ὑπὸ τῶν νόμων καὶ τῶν χρησμῶν παραγγελλόμενον, τὸ θύειν κατὰ γ", ἤγουν τὰ πάτρια, μῆνας, ἡμέρας, ἐνιαυτους· τοῦτο διέλαβον ἅπαντες οἱ Ελληνες τῷ τους μὲν ἐνιαυτους συμφώνως ἄγειν τῳ ἡλίῳ· τὰς δὲ ἡμέρας καὶ τους μῆνας τῇ σελήνῃ. Εςι δὲ τὸ μὲν καθ' ἥλιον ἄγειν τους ἐνιαυτους, τὸ περὶ τὰς αὐτὰς ὥρας τοῦ ἐνιαυτοῦ τὰς αὐτὰς θυσίας τοῖς θεοῖς ἐπιτελεισθαι, καὶ τὴν μὲν ἐαρινὴν θυσίαν διὰ παντὸς κατὰ τὸ ἔαρ συντελεισθαι· τὴν δε θερινὴν, κατὰ τὸ θέρος· ὁμοίως δὲ καὶ κατὰ τοὺς λοιποὺς καιροὺς τοῦ ἔτους τὰς αὐτὰς θυσίας πίπτειν. Τοῦτο γὰρ ὑπέλαβον προσηνὲς, καὶ κεχαρισμένον εἶναι τοῖς θεοῖς. Τοῦτο δ' ἄλλως οὐκ ἂν δύναιτο γενέσθαι, εἰ μὴ αἱ τροπαὶ, καὶ αἱ ἰσημερίαι, περὶ τοὺς αὐτούς τόπους γίγνοιντο. Τὸ δὲ κατὰ σελήνην ἄγειν τὰς ἡμέρας, τοιοῦτόν ἐςι, τὸ ἀκολούθως τοῖς τῆς σελήνης φωτισμοῖς τὰς προσηγορίας τῶν ἡμερῶν γίνεσθαι· ἀπὸ γὰρ τῶν τῆς σελήνης φωτισμῶν αἱ προσηγορίαι τῶν ἡμερῶν κατωνομάσθησαν.

Εν ᾗ μὲν γὰρ ἡμέρᾳ νέα ἡ σελήνη φαίνεται, κατὰ συναλοιφὴν νεομήνια προσηγορεύθη· ἐν ᾗ δὲ ἡμέρᾳ τὴν δευτέραν φάσιν ποιειοαι, δευτέραν προσηγόρευσαν· τὴν δὲ κατὰ μέσον τοῦ μηνός γινομένην φάσιν τῆς σελήνης, ἀπὸ αὐτοῦ τοῦ συμβαίοντος διχομηνίαν ἐκάλεσαν. καὶ καθόλου δὲ πάσας τὰς ἡμέρας ἀπὸ τῶν τῆς σελήνης φωτισμῶν προσωνόμασαν. Οθεν καὶ τὴν

mois lunaires comprennent la révolution de la lune, laquelle est de 354 jours. Le mois n'étant pas composé d'un nombre entier de jours, non plus que l'année solaire, les astronomes ont recherché les espaces de temps qui contiendroient des jours, des mois et des années, les uns et les autres sans fractions.

En effet, les anciens se proposoient de régler les mois sur la lune, et les années sur le soleil. Car les trois sortes de sacrifices que les lois et les oracles prescrivoient, étoient, suivant les coutumes de leurs pères, ceux qui devoient se faire de mois en mois, ceux qui étoient fixés à de certains jours, et ceux qui ne revenoient que chaque année. Tous les Grecs s'appliquèrent donc à faire accorder les années avec le soleil, et les jours et les mois avec la lune. On tâchoit de faire accorder les années avec le soleil, pour faire aux Dieux, toujours dans les mêmes saisons de l'année, les sacrifices prescrits, de sorte que celui qui devoit se faire au printemps se fît effectivement dans le printemps; dans l'été, celui de l'été; et que les autres se fissent de même constamment dans les saisons où ils devoient respectivement tomber, car ils pensoient que ces sacrifices en étoient plus agréables aux Dieux. Mais cela n'étoit pas possible, à moins que les conversions (solstices) et les équinoxes ne se fissent toujours dans les mêmes points du ciel. Et faire accorder les jours avec la lune, c'est faire que les dénominations des jours répondent aux diverses manières dont la lune paroît éclairée; car c'est de ces illuminations (phases) que les jours de chaque mois ont reçu les noms qui les distinguent.

En effet, le jour où la lune semble nouvelle, s'apppelle, d'un nom composé, néoménie; celui de sa seconde phase est le second jour de la lune; on a nommé la phase de la lune au milieu du mois, d'après cette circonstance même, dichoménie, et généralement on a donné à tous les jours, des noms qui correspondent aux illuminations de la lune en chacun d'eux. C'est pourquoi on a appelé triacade le trentième jour du mois, d'après ce qui a lieu alors. Aussi Aratus dit-il des noms des jours :

Ne voyez-vous pas, quand la lune ne montre le soir que ses cornes, que le mois est commencé? Cette première lumière s'étend assez pour faire jetter de l'ombre par les objets dès le quatrième jour. Au bout de huit jours, la moitié de son disque est éclairée, et dans la dichoménie ce disque est éclatant de lumière. Mais tout le reste du temps cette lumière diminuant inversement, on peut toujours dire d'un jour quelconque son quantième numériquement dans le mois.

Aratus fait bien voir par ces vers, que les noms des jours sont pris des phases de la lune. Une preuve que les jours sont réglés sur la lune, c'est que les éclipses du soleil arrivent toujours le trentième jour, parce qu'alors le soleil se rencontre avec la lune, et ils répondent alors l'un et l'autre au même point du ciel. Au contraire les éclipses de lune arrivent toujours dans la nuit qui coïncide avec la dichoménie; parce qu'alors la lune est diamétralement opposée au soleil et tombe dans l'ombre de la terre. Ainsi donc en suivant le soleil pour les années, et la lune pour les mois et pour les jours, les Grecs sont persuadés qu'ils se conforment aux intitutions de leurs pères, parce qu'ainsi, en effet, de tous ces sacrifices faits aux Dieux, les mêmes arrivent toujours aux mêmes saisons de l'année.

Les Egyptiens ont une pratique toute contraire à celle des Grecs. Ils ne règlent pas les années sur le soleil, ni les mois non plus que les jours sur la lune. Mais ils suivent une règle toute particulière, parce qu'ils ne veulent pas que leurs sacrifices tombent toujours dans la même saison de l'année, mais qu'ils en parcourent tous les temps, de sorte que la même fête qui a été célébrée en été devienne successivement celle de l'hiver, de l'antomme et du printemps. Car ils

τριακοστὴν τοῦ μηνὸς ἡμέραν ἐσχάτην οὖσαν ἀπὸ αὐτοῦ τοῦ συμβαίνοντος τριακάδα ἐκάλεσαν. Τούτοις δὲ ἀκολούθως καὶ ὁ Αρατος ἐπὶ τῶν προσηγοριῶν τῶν ἡμερῶν ἀποφαίνεται, λέγων οὕτως·

Οὐχ ὁράας, ὀλίγη μὲν ὅταν κεράεσσι σελήνη
Εσπερόθεν φαίνηται, ἀεξομένοιο διδάσκει
Μηνὸς, ὅτε πρώτη ἀποκίδναται αὐτόθεν αὐγὴ,
Οσσον ἐπισκιάειν ἐπὶ τέτρατον ἦμαρ ἰοῦσα.
Οκτὼ δ' ἐν διχάσει· διχόμηνα δὲ παντὶ προσώπῳ.
Αἰεὶ δ' ἄλλοθεν ἄλλα παρακλίνουσα μέτωπα
Εἴρῃ, ὁποσταίη μηνὸς περιτέλλεται ἠώς.

Εν γὰρ τούτοις σαφῶς φησιν ἐκ τῶν φωτισμῶν τῆς σελήνης τὰς προσηγορίας τῶν ἡμερῶν κατωνομάσθαι. Τοῦ δὲ κατὰ σελήνην ἄγειν ἀκριβῶς τὰς ἡμέρας παράδειγμά ἐστι τὸ τὰς μὲν τοῦ ἡλίου ἐκλείψεις γίνεσθαι τῇ τριακάδι. Τότε γὰρ συνοδεύει ἡ σελήνη τῷ ἡλίῳ, καὶ κατὰ τὴν αὐτὴν μοῖραν γίνεται· τὰς δὲ τῆς σελήνης ἐκλείψεις νυκτὶ τῇ φερούσῃ εἰς τὴν διχομηνίαν. Τότε γὰρ κατὰ διάμετρον γίνεται ἡ σελήνη τῷ ἡλίῳ, καὶ ἐμπίπτει εἰς τὸ τῆς γῆς σκίασμα. Οταν οὖν καὶ οἱ ἐνιαυτοὶ ἀκριβῶς ἄγωνται καθ' ἥλιον, καὶ οἱ μῆνες καὶ αἱ ἡμέραι κατὰ σελήνην, τότε νομίζουσιν οἱ Ελληνες κατὰ τὰ πάτρια θύειν. Τοῦτο δ' ἐστι κατὰ τοὺς αὐτοὺς καιροὺς τοῦ ἐνιαυτοῦ τὰς αὐτὰς θυσίας τοῖς θεοῖς συντελεῖσθαι.

Οἱ μὲν γὰρ Αἰγύπτιοι τὴν ἐναντίαν διάληψιν καὶ πρόθεσιν ἐσχήκασι τοῖς Ελλησιν. οὔτε γὰρ τοὺς ἐνιαυτοὺς ἄγουσι καθ' ἥλιον· οὔτε τοὺς μῆνας καὶ τὰς ἡμέρας κατὰ τὴν σελήνην. Αλλ' ἰδίᾳ τινὶ ὑποστάσει κεχρημένοι εἰσί. Βούλονται γὰρ τὰς θυσίας τοῖς θεοῖς μὴ κατὰ τὸν αὐτὸν καιρὸν τοῦ ἐνιαυτοῦ γίνεσθαι· ἀλλὰ διὰ πασῶν τῶν τοῦ ἐνιαυτοῦ ὡρῶν διελθεῖν· καὶ γίνεσθαι τὴν θερινὴν ἑορτὴν καὶ χειμερινὴν, καὶ φθινοπωρινὴν, καὶ ἐαρινὴν. Αγουσι γὰρ τὸν ἐνιαυτὸν ἡμερῶν τριακοσίων ἑξήκοντα πέντε. Δώδεκα γὰρ μῆνας ἄγουσι τριακονθημέρους, καὶ πέντε ἡμέρας ἐπάγουσι. Τὸ δὲ δ̄ν οὐκ ἐπάγουσι διὰ τὴν προειρημένην αἰτίαν ἵνα αὐτοῖς ἀναποδίζωνται αἱ ἑορταί. Εν γὰρ τοῖς δ̄ ἔτεσι μιᾷ ἡμέρᾳ ὑστεροῦσι παρὰ τὸν ἥλιον· ἐν δὲ τοῖς μ̄ ἔτεσι, ῑ ἡμέραις ὑστερήσουσι παρὰ τὸν τοῦ ἡλίου ἐνιαυτόν· ὥστε καὶ τοσαύταις ἡμέραις ἀναποδίζουσιν αἱ ἑορταί, πρὸς τὸ μὴ γίνεσθαι κατὰ τὰς αὐτὰς ὥρας τοῦ ἐνιαυτοῦ. Εν δὲ τοῖς ρκ̄ ἔτεσι μηνιαῖον ἔσται τὸ παράλλαγμα καὶ πρὸς τὸν τοῦ ἡλίου ἐνιαυτὸν, καὶ πρὸς τὰς κατὰ τὸ ἔτος ὥρας. Δι' ἣν αἰτίαν καὶ τὸ περιφερομένον ἁμάρτημα παρὰ τοῖς Ελλησιν, ἐκ πολλῶν χρόνων παραδοχῆς ἠξιωμένον μέχρι τῶν καθ' ἡμᾶς χρόνων πεπίστευται· Υπολαμβάνουσι γὰρ οἱ πλεῖστοι τῶν Ελλήνων ἅμα τοῖς Ισίοις κατ' Αἰγοπτίους, καὶ κατ' Εὔδοξον, εἶναι χειμερινὰς τροπάς· ὅπερ ἐστὶ παντάπασι ψεῦδος. Μηνὶ γὰρ ὅλῳ παραλλάσσει τὰ Ισια πρὸς τὰς χειμερινας τροπάσ. ἐῤῥύη δὲ τὸ ἁμάρτημα ἀπὸ τῆς προειρημένης αἰτίας. πρὸ γὰρ ρκ̄ ἐτῶν συνέπεσε κατ' αὐτὰς τὰς χειμερινὰς τροπὰς ἄγεσθαι τὰ Ισια. Εν ἔτεσι δὲ τέσσαρσι μιᾶς ἡμέρας ἐγένετο παράλλαγμα. Τοῦτο οὖν οὐκ αἰσθητὴν ἔχε παραλλαγὴν πρὸς τὰς κατ' ἔτος ὥρας. Εν ἔτεσι δὲ μ̄ ἡμερῶν ῑ ἔγενετο παράλλαγμα· οὐδ' οὕτως αἰσθητὴν εἶναι συμβαίνει τὴν παραλλαγὴν. νυνὶ μέντοι γε μηνιαίας γινομένης παραλλαγῆς ἐν ρκ̄ ἔτεσιν, ὑπερβολὴν οὐκ ἀπολείπουσιν ἀγνοίας οἱ διαλαμβάνοντες, ἐν τοῖς Ισίοις κατ' Αἰγυπτίους, καὶ κατ' Εὔδοξον, τὰς χειμερινὰς τροπὰς εἶναι. Μιᾷ μὲν γαρ ἡμέρᾳ, ἢ δυσὶ διενεχθῆναι ἐνδεχόμενον ἐστι· μηνιαῖον δὲ παράλλαγμα ἀδύνατόν ἐστι λαθεῖν. Καὶ γὰρ τὰ μεγέθη τῶν ἡμερῶν ἐλέγχειν δύναται, μεγάλην ἔχοντα παραλλαγὴν πρός τὰς χειμερινὰς τροπάς. Καὶ αἱ τῶν ὡρολογίων καταγραφαὶ ἐκδήλους ποιοῦσι τὰς κατ' ἀλήθειαν γινομένας τροπὰς, καὶ μάλιστα παρ' Αἰγυπτίοις ἐν παρατηρήσει γενομένους. Οθεν τὰ Ισια πρότερον μεν ἤγετο κατὰ τὰς χειμερινὰς τροπάς· καὶ πρότερον δ' ἔτι κατὰ θερινὰς τροπάς, ὡς καὶ Ερατοσθένης ἐν τῷ περὶ τῆς ὀκταετηρίδος ὑπομνήματι μνημονεύει. καὶ ἀχθήσεται παλιν κατὰ φθινόπωρον, καὶ κατὰ τὰς θερινὰς τροπὰς, καὶ κατὰ τὸ ἔαρ, καὶ κατὰ τὰς χειμερινὰς τροπάς. Εν ἔτεσι γὰρ χιλίοις τετρακοσίοις ἑξή-

font l'année de 365 jours, puisqu'ils la composent de 12 mois chacun de 30 jours, et qu'ils y ajoutent 5 jours, mais non le quart de jour en sus, pour la raison que nous venons de dire, qui est qu'ils vouloient que les fêtes fussent toujours plus avancées d'année en année. Car en 4 ans, les Egyptiens sont en retard d'un jour sur le soleil; et en 40 ans, de dix jours relativement à l'année solaire; de sorte que les fêtes sont avancées d'autant, afin qu'elles n'arrivent pas dans les mêmes saisons de l'année; et en 120 ans, la différence est d'un mois entier dans les années et dans les saisons de l'année. Delà vient chez les Grecs une erreur accréditée par une longue suite de temps jusqu'à nous : car ils croient, la plupart avec Eudoxe, que le solstice d'hiver coïncide avec la fête d'Isis chez les Egyptiens. Ce qui est absolument faux ; car il y a un mois entier de différence entre l'un et l'autre. L'erreur vient de la cause qui a déjà été énoncée. Effectivement, 120 ans auparavant, les fêtes isiaques tomboient au solstice d'hiver. Au bout de quatre années il y eut un jour de différence. Mais cette différence n'étoit pas sensible relativement aux saisons de l'année. Après 40 ans, la différence fut de 10 jours, et elle n'étoit pas encore bien sensible. Mais lorsque la différence fut devenue d'un mois entier par les 120 années écoulées depuis cette coïncidence, c'est s'avouer bien ignorant, que de dire avec les Egyptiens et Eudoxe, que les fêtes isiaques tombent au solstice d'hiver. Il est bien possible de s'y tromper d'un ou deux jours. Mais on ne peut ne pas s'appercevoir de la différence d'un mois entier. Car on peut se convaincre de l'erreur où l'on est par les longueurs de jours qui sont bien considérablement changées dans les solstices d'hiver. Et les ombres, sur les horloges solaires, montrent évidemment les solstices, quand ils arrivent véritablement, surtout aux Egyptiens qui les observent. Ainsi donc d'abord les fêtes isiaques sont arrivées dans le solstice d'hiver, et auparavant elles étoient arrivées dans le solstice d'été, comme le rapporte Erathosthene dans son mémoire sur l'octaétéride. Elles se célébreront aussi en automne, et ensuite au solstice d'été, puis dans le printemps et au solstice d'hiver. Car en 1460 ans toutes les fêtes parcourent nécessairement toutes les saisons de l'année, pour revenir à la même. Ainsi les Egyptiens parviennent à leur but par ce moyen; mais les Grecs par un autre, en réglant les années par le soleil, et les mois ainsi que les jours par la lune.

Les anciens faisoient donc les mois de trente jours, et ils y ajoutoient des embolimes (intercalaires) chaque année. Mais ils s'apperçurent bientôt qu'avec cette intercalation même, les jours et les mois ne s'accordoient pas avec la lune, ni les années avec le soleil. C'est pourquoi ils cherchèrent une période qui s'accordât avec le soleil sous le rapport des années, et avec la lune sous celui des mois et des jours. Or une période est un espace de temps qui comprend des mois, des jours et des années, les uns et les autres en nombres entiers. La première qu'on établit fut l'octaëtéride qui comprend 99 mois, dont 3 sont intercalaires, ou 2922 jours, en 8 années. Ils disposèrent donc ainsi cette période : l'année solaire étant de 365 $\frac{1}{4}$ jours, et l'année lunaire de 354, on prit l'excédent du premier de ces deux nombres, c'est-à-dire 11 $\frac{1}{4}$ jours. Si donc nous comptons les mois par la lune, nous serons en défaut de 11 $\frac{1}{4}$ jours sur l'année. On chercha donc combien de fois on devoit multiplier ce nombre pour obtenir des jours et des mois entiers. Or, étant multiplié par 8, il donne pour produit 90 jours ou trois mois entiers. Ainsi, manquant 11 $\frac{1}{4}$ jours à chaque année, il est clair qu'il en manqueroit 90, c'est-à-dire 3 mois à 8 ans. C'est pourquoi chaque octaëtéride contient trois mois intercalaires qui suppléent ce qui manque à chaque année, de la part du soleil, et qui, à l'expi-

κοντα ἅπασαν ἑορτὴν διελθεῖν δεῖ διὰ πασῶν τῶν τοῦ ἐνιαυτοῦ ὡρῶν, καὶ πάλιν ἀποκαταϛαθῆναι ἐπὶ τὸν αὐτὸν καιρὸν τοῦ ἔτους. Οἱ μὲν οὖν Αἰγύπτιοι κατὰ τὴν ἰδίαν ὑποϛάσιν τοῦ προκειμένου τέλους, οἱ δὲ Ελληνες τὴν ἐναντίαν γνώμην ἔχοντες, τοὺς μὲν ἐνιαυτοὺς καθ' ἥλιον ἄγουσι, τοὺς δὲ μῆνας καὶ τὰς ἡμέρας κατὰ σελήνην.

Οἱ μὲν οὖν ἀρχαῖοι τοὺς μῆνας τριακονθημέρους ἦγον, τοὺς δὲ ἐμβολίμους παρ' ἐνιαυτόν. Ταχέως δὲ ὑπὸ τοῦ φαινομένου ἐλεγχομένης τῆς ἀληθείας διὰ τὸ τὰς ἡμέρας καὶ τοὺς μῆνας μὴ συμφωνειν τῇ σελήνῃ, τοὺς δ' ἐνιαυτοὺς μὴ ϛοιχεῖν τῷ ἡλίῳ. Οθεν ἐξήτουν περίοδον, ἥτις κατὰ μὲν τοὺς ἐνιαυτοὺς τῷ ἡλίῳ συμφωνήσει, κατὰ δὲ τοὺς μῆνας καὶ τὰς ἡμέρας τῇ σελήνῃ. Περιέχει δὲ ὁ τῆς περιόδου χρόνος ὅλους μῆνας, καὶ ὅλας ἡμέρας, καὶ ὅλους ἐνιαυτούς. Πρῶτον δὲ συνεϛήσαντο τὴν πεὸιόδον τῆς ὀκταετηρίδος, ἥτις περιέχει μὲν μῆνας ϟθ ἐν οἷς ἐμβόλιμοι γ̄, ἡμέρας δὲ ͵βϡκβ¯, ἔτη δὲ δὲ η̄. Συνεϛήσαντο δὲ τὴν ὀκταετηρίδα τὸν τρόπον τοῦτον· επεὶ γὰρ ὁ καθ' ἥλιον ἐνιαυτὸς ἡμερῶν ἐϛι τξε δ'', ὁ δὲ κατὰ σελήνην ἐνιαυτός ἐϛιν ἡμερῶν τνδ¯, ἔλαβον τὴν ὑπερβολὴν ἣν ὑπερέχει ὁ καθ' ἥλιον ἐνιαυτὸς τοῦ κατὰ σελήνην, εἰσὶ δὲ ἡμέραι ια. Εὰν ἄρα κατὰ σελήνην ἄγωμεν τοὺς μῆνας ἐν τῷ ἐνιαυτῷ, ὑϛερήτομεν ἡμέρας παρὰ τὸν τοῦ ἡλίου ἐνιαυτὸν ια δ''. Εζήτησαν οὖν ποσάκις αὗται αἱ ἡμέραι πολυπλασιαοθεῖσαι ἀποτελοῦσιν ὅλας ἡμέρας καὶ ὅλους μῆνας. Οκτάκις οὖν πολυπλασιασθεῖσαι ἀποτελοῦσιν ὅλας ἡμέρας· καὶ ὅλους μῆνας, ἡμέρας μὲν ϟ¯, μῆνας δὲ τρεῖς. Επεὶ οὖν ἐν τῷ ἐνιαυτῷ παρὰ τὸν ἥλιον ὑϛεροῦμεν ἡμέρας ια δ'' φανερὸν ὅτι ἐν τοῖς η̄ ἔτεσιν ὑϛερήσομεν παρὰ τὸν ἥλιον ἡμέρας ϟ¯, αἵ περ εἰσὶ μῆνες γ̄. Δι' ἣν αἰτίαν καθ' ἑκάϛην ὀκταετηρίδα τρεῖς ἄγονται μῆνες ἐμβόλιμοι, ἵνα τὸ καθ' ἕκαϛον ἐνιαυτὸν γινόμενον ἔλλειμμα πρὸς τὸν ἥλιον ἀναπληρωθῇ, καὶ πάλιν ἐξ ἀρχῆς διελθόντων τῶν η̅ ἐτῶν, συμφωνῶσιν αἱ ἑορταὶ πρὸς τὰς αὐτὰς ὥρας. Γινομένου δὲ τούτου, αἱ θυσίαι τοῖς θεοῖς διὰ παντὸς ἐπιτελεσθήσονται κατὰ τὰς αὐτὰς ὥρας τοῦ ἐνιαυτοῦ.

Ηδη μέντοι γε τοὺς ἐμβολίμους διατάξαντες, ὡς ἦν ἐνδεχόμενον μάλιςα δἰ ἴσου. Οὔτε γὰρ περιμένειν δεῖ, ἕως οὗ μηνιαῖον γένηται παράλλαγμα πρὸς τὸ φαινόμενον, οὔτε προλαμβάνειν παρὰ τὸν ἡλιακὸν δρόμον μῆνα ὅλον. Δἰ ἣν αἰτίαν τοὺς ἐμβολίμους μῆνας ἔταξαν ἄγεσθαι ἐν τῷ τρίτῳ ἔτει, καὶ πέμπτῳ, καὶ ὀγδόῳ· δύο μὲν μῆνας, μεταξὺ δύο ἐτῶν πιπτόντων· ἕνα δὲ μεταξὺ ἑνὸς ἐνιαυτοῦ ἀγομένου. Οὐδὲν δὲ διαφέρει ἐὰν καὶ ἐν ἄλλοις ἔτεσι τὴν αὐτὴν διάταξιν τῶν ἐμβολίμων μηνῶν ποιήσηταί τις. Αγεται δὲ ὁ κατὰ σελήνην ἐνιαυτὸς ἡμερῶν τνδ̅. Δἰ ἣν αἰτίαν ὑπέλαβον εἶναι τὸν κατὰ σελήνην μῆνα ἡμερῶν κθ̅ ∠″, τὸν δὲ δίμηνον χρόνον ἡμερῶν νθ̅. Οθεν κοῖλον καὶ πλήρη μῆνα παρὰ μέρος ἄγουσιν, ὅτι ἡ δίμηνος ἡ κατὰ σελήνην ἡμερῶν ἐςι νθ̅. γίνονται οὖν ἐν τῷ ἐνιαυτῷ ἓξ πλήρεις καὶ ἓξ κοῖλοι, συνάγονται δὲ ἡμέραι τνδ̅. Διὰ δὲ ταύτην τὴν αἰτίαν μῆνα παρὰ μῆνα πλήρη καὶ κοῖλον ἄγουσιν.

Εἰ μὲν οὖν ἔδει τοῖς καθ' ἥλιον ἐνιαυτοῖς μόνον ἡμᾶς συμφωνεῖν, ἀπήρκει ἂν τῇ προειρημένῃ περιόδῳ χρωμένους συμφωνεῖν πρὸς τὰ φαινόμενα. Επεὶ δὲ οὐ μόνον δεῖ τοὺς ἐνιαυτοὺς ἄγειν καθ' ἥλιον, ἀλλὰ καὶ τοὺς μῆνας, καὶ τὰς ἡμέρας κατὰ σελήνην, ἐσκέψαντο πῶς ἂν καὶ τοῦτο τοῦ τέλους τυγχάνῃ. Επεὶ τοίνυν ὁ κατὰ σελήνην μὴν ἀκριβῶς εἰλημμένος ἐςὶν ἡμερῶν κθ̅ ἡμίσεος τριακοςοῦ τρίτου· εἰσὶ δὲ ἐν τῇ ὀκτηρίδι σὺν τοῖς ἐμβολίμοις μῆνες ϟθ̅, ἐπολυπλασίασαν τὰς τοῦ μηνὸς ἡμέρας κθ̅ β″ λγ″ ἐπὶ τοὺς ϟθ̅ μῆνας. Γίνονται οὖν ἡμέραι β,ϡκγ̅ β″. Εν ἄρα τοῖς η̅ ἔτεσι τοῖς καθ' ἥλιον δεῖ ἄγεσθαι κατὰ σελήνην ἡμέρας β,ϡκγ̅ β″. Αλλ' ἐπεὶ ὁ καθ' ἥλιον ἐνιαυτός ἐςιν ἡμερῶν τξε̅ δ″, τὰ δὲ η̅ ἔτη καθ' ἥλιον περιέχει ἡμέρας β,ϡκβ̅· ὀκταπλασιασθεῖσαι γὰρ αἱ τοῦ ἐνιαυτοῦ ἡμέραι τοσοῦτον ἀποτελοῦσι πλῆθος· ἐπεὶ οὖν αἱ κατὰ σελήνην ἡμέραι ἦσαν ἐν τοῖς η̅ ἔτεσι

ration de chacune, font revenir, dès le commencement de l'octaëtéride suivante, les fêtes aux mêmes saisons de l'année, auxquelles, par ce moyen, on ramène les sacrifices offerts aux dieux.

Or, comme on vouloit sur-tout observer un ordre constant dans le placement des mois intercalaires (car il ne falloit pas attendre que la variation devînt sensiblement d'un mois, ni qu'il y eût un mois entier d'anticipé sur le cours du soleil), on les inséra donc à la 3e, la 5e et la 8e année; savoir, deux de deux en deux années, et un seul après une année. Il n'y a aucune différence à suivre ce même ordre de mois intercalaires en d'autres années; or, l'année lunaire est de 354 jours, ce qui fit regarder le mois lunaire comme étant de $29\frac{1}{2}$ jours, et l'espace de deux mois comme étant de 59 jours. C'est pourquoi, de ces deux mois, on en fait alternativement l'un cave (de 29 jours), et l'autre plein (de 30), à cause des 59 jours des deux mois de la lune; ce qui donne six mois pleins et six caves chaque année, et 354 jours pendant lesquels les mois pleins et caves se succèdent alternativement.

S'il ne s'agissoit que de nous accorder aux années solaires, cette période suffiroit pour les apparences. Mais comme non-seulement il faut régler les années sur le soleil, mais encore les mois et les jours sur la lune, on chercha comment on pourroit y parvenir. Le mois lunaire juste étant de $29\frac{1}{2}\frac{1}{33}$ jours, et l'octaëtéride avec les intercalaires contenant 99 mois, on multiplia les $29\frac{1}{2}\frac{1}{33}$ jours du mois par 99, on trouva $2923\frac{1}{2}$ jours. Donc, en 8 années solaires, il faut compter $2923\frac{1}{2}$ jours, suivant la lune. Mais puisque l'année solaire est de $365\frac{1}{4}$ jours, et que 8 années solaires contiennent 2922 jours, car c'est le produit de $365\frac{1}{4}$ par 8; le nombre des jours, suivant la lune en ces 8 ans, étant de $2923\frac{1}{2}$, il y a $1\frac{1}{2}$ jour de moins à chaque octaëtéride, et 3 après 16 ans. C'est pourquoi on ajoute à chaque heccaëtéride 3 jours au mouvement de la lune, pour faire accorder les années avec le soleil, et les années et les jours avec la lune.

ϐ, ͵ϡκγ̅ ϐʺ, ὑϛερήσομεν καθ' ἑκάϛην ὀκταετηρίδα παρὰ τὴν σελήνην καὶ ἡμέρᾳ μιᾷ καὶ ἡμίσει. Εν ἄρα τοῖς ιϛ̅ ἔτεσιν ὑϛερήσομεν παρὰ τὴν σελήνην ἡμέρας γ̅. Δἰ ἣν αἰτίαν καθ' ἑκάϛην ἑκκαιδεκαετηρίδα πρὸς τὸν τῆς σελήνης δρόμον γ̅ ἐπάγονται ἡμέραι, ἵνα κατὰ μὲν ἥλιον τοὺς ἐνιαυτοὺς ἄγωμεν, κατὰ δὲ σελήνην τοὺς μῆνας καὶ τὰς ἡμέρας.

De cette correction provint une autre erreur. Ces 3 jours lunaires intercalés en 16 ans, produisoient 30 jours ou 1 mois de plus que le soleil en 16 décaëtérides. C'est pourquoi on retrancha un des mois embolimes sur 160 ans, car au lieu des 3 mois par 8 années, on n'en intercala que 2, et par cette suppression d'un mois, on rétablit pour les mois et les jours, la concordance avec la lune; et pour les années avec le soleil.

Γενομένης δὲ τῆς τοιαύτης διορθώσεως, ἕτερον ἁμάρτημα ἐπακολουθεῖ. Αἱ γὰρ κατὰ τὴν σελήνην ἡμέραι ἐπαγόμεναι γ̅, ἐν τοῖς ιϛ̅ ἔτεσι, πλεονάζουσι πρὸς τὸν ἥλιον ἐν ταῖς ιϛ̅ δεκαετηρίσι, λ̅ ἡμέρας πρὸς τὰς τοῦ ἡλίου ὥρας, ὅπερ ἐϛὶ μήν. Δἰ ἣν αἰτίαν διʹ ἐτῶν ρξ̅ εἷς μὴν τῶν ἐμβολίμων ἐκ τῶν ὀκταετηρίδων ὑφαιρειται. Αντὶ γὰρ τῶν τριῶν μηνῶν τῶν ὀφειλόντων ἐν τοῖς η̅ ἔτεσιν ἄγεσθαι, β̅ μόνον ἐμβαλλόνται. Ωϛε πάλιν ἐξ ἀρχῆς, τοῦ μηνὸς ὑπεξαιρεθέντος, κατὰ μὲν τοὺς μῆνας καὶ τὰς ἡμέρας τῇ σελήνῃ συμφωνεῖν, κατὰ δὲ τοὺς ἐνιαυτοὺς τῷ ἡλίῳ.

Après cette correction, on ne trouva pas encore une égalité parfaite avec les apparences célestes. Les mois et les jours, avec les mois intercalaires, s'en écartaient encore : car la durée du mois n'y est pas prise juste, puisqu'elle est précisément de 29 jours 31' 40" 50‴ 24⁗ de jour. Il faudra donc, pour plus de justesse, en 16 ans, intercaler 4 jours au lieu de 3. C'est pourquoi il ne doit pas y avoir le même nombre de mois pleins et de mois caves, mais moins de ceux-ci que des pleins. En effet, si le mois était de 29 ½ jours, le nombre des jours pleins devrait égaler celui des caves; mais il a de plus une fraction qui complète toute sa durée : c'est ce qui doit rendre les mois pleins plus nombreux que les caves.

Τοιαύτης δὲ γινομένης διορθώσεως, οὐδ' οὕτως συμβαίνει συμφωνεῖν πρὸς τὸ φαινόμενον. Ολην γὰρ τὴν ὀκταετηρίδα διημαρτῆσθαι συμβέβηκε καὶ κατὰ τοὺς μῆνας, καὶ κατὰ τὰς ἡμέρας, καὶ κατὰ τοὺς ἐμβολίμους. Ο γὰρ μηνιαῖος χρόνος οὐκ ἀκριβῶς εἴληπται. Εϛι γὰρ ὁ μηνιαῖος χρόνος ἀκριβῶς λαμβανόμενος ἡμερῶν κθ̅ καὶ πρώτων ἑξηκοϛῶν λα̅ καὶ δευτέρων μ̅, καὶ τρίτων ν̅, καὶ τετάρτων κδ̅· διὰ δὲ τοῦτο δεήσει ποτὲ ἐν τοῖς ιϛ̅ ἔτεσιν, ἀντὶ τῶν ἐμβολίμων ἡμερῶν δ̅ ἐπάγεσθαι. Οθεν οὐ δεῖ ἐν οὐδεμιᾷ περιόδῳ ἴσους τοὺς κοιλους τοῖς πλήρεσιν ἄγειν, αλλὰ πλεονάζειν τοὺς πλήρεις τῶν κοίλων. Εἰ μὲν γὰρ ὁ μηνιαῖος χρόνος μόνον ἦν ἡμερῶν κθ ϐʺ, ἴσους ἔδει τοὺς πλήρεις, καὶ τοὺς κοίλους μῆνας ἄγεσθαι. Νυνὶ δέ ἐϛι μόριον αἰσθητὸν ἐν τῷ μηνιαίῳ χρόνῳ, ὃ συμπληροῖ ἡμερήσιον μέγεθος. Δἰ ἣν αἰτίαν δεήσει πλεονάζειν τοὺς πλήρεις τῶν κοίλων μηνῶν.

Mais 8 années ne contiennent pas 3 mois in-

Οὐδὲ μὴν ἐν τοῖς η̅ ἔτεσι τρεῖς οὖν ἔνεισι μῆνες ἐμϐόλιμοι. Εἰ μὲν γὰρ ἦν ὁ ἐνιαυτὸς ὁ κατὰ σελήνην ἡμερῶν τνδ͞, ἦν ἂν ἡ ὑπεροχὴ τοῦ ἡλιακοῦ ἐνιαυτοῦ ἡμερῶν ια δ″· αὗται δὲ ὀκτάκις πολυπλασιασθεῖσαι συνεπλήρουν ἂν τοὺς γ̅ μῆνας τοὺς ἐμϐολίμους. Νυνὶ δὲ ὁ κατὰ σελήνην ἐνιαυτὸς ἀκριϐῶς ἐςι τνδ͞ ὡς ἔγγιςα τρίτου. Ἐὰν οὖν ἀφέλωμεν τὰ τνδ͞ γ″ ἀπὸ τῶν τξε̅ δ″, καταλειφθήσονται ἡμέραι ι̅ καὶ ια̅ δωδεκάδες. Αὗται δὲ ὀκτοπλασιασθεῖσαι ἀποτελοῦσιν ἡμέρας πζ͞ γ° ὡς ἔγγιςα. Αὗται δὲ ἡμέραι οὐ συμπληροῦσι γ̅ μῆνας. Δι' ἣν αἰτίαν οὐ δεῖ ἀγνοεῖν ἐν τοῖς η̅ ἔτεσι γ̅ μῆνας ἐμϐολίμους μὴ δύνασθαι εἶναι. Τοῦτο δὲ καὶ διὰ τῆς ἐννεακαιδεκαετηρίδος φανερὸν γίνεται. Ἐν γὰρ τοῖς ιθ͞ ἔτεσι ζ͞ μῆνες ἐμϐόλιμοι ἄγονται, καὶ ἐκ πλειόνων χρόνων συμφωνήσει ἡ ἐννεακαιδεκαετηρὶς κατὰ τὴν τῶν μηνῶν ἀγωγήν. Ἐν ἄρα ταῖς ὀκτὼ ἐννεακαιδεκαετηρίσιν ἐμϐόλιμοι μῆνες ἀχθήσονται νς̅. Ἐν δὲ τῇ ὀκταετηρίδι μῆνες ἐμϐόλιμοι ἄγονται γ̅. Ἐν ἄρα ταῖς ιθ͞ ὀκταετηρίσιν, ὅπερ ἐςὶν ἔτη ρνϐ͞, ἐμϐόλιμοι ἄγονται νζ͞. Ἐν δὲ τῷ αὐτῷ χρόνῳ κατὰ τὴν ἐννεακαιδεκαετηρίδα τὴν συμφωνοῦσαν τοῖς φαινομένοις ἐμϐόλιμοι μῆνες ἄγονται νς͞. Ὡςε πλεονάζειν τὴν ὀκταετηρίδα ἑνὶ μηνὶ ἐμϐολίμῳ. Οὐκ ἄρα ἡ ὀκταετηρὶς τρεῖς μῆνας ἔχει ἐμϐολίμους· ἀλλὰ καὶ κατὰ τοῦτο διημάρτηται ἡ περίοδος.

Διόπερ ἐπειδὴ διημαρτημένην εἶναι συνέϐαινε τὴν ὀκταετηρίδα κατὰ πάντα, ἑτέραν περίοδον συνεςήσαντο τὴν τῆς ἐννεακαιδεκαετηρίδος οἱ περὶ Εὐκτήμονα, καὶ Φίλιππον καὶ Κάλιππον ἀςρολόγοι. Παρετήρησαν γὰρ ἐν τοῖς ιθ͞ ἔτεσι περιέχεσθαι ἡμέρας ͵ςυϙ μῆνας δὲ σλέ σὺν τοῖς ἐμϐολίμοις· ἄγονται δὲ ἐν τοῖς ιθ͞ ἔτεσι μῆνες ἐμϐόλιμοι ἑπτά. Γίνεται οὖν ὁ ἐνιαυτὸς κατ' αὐτοὺς ἡμερῶν τξε̅, καὶ ε̅ ἐννεακαιδεκάτων. Ἐν δὲ τοῖς σλέ͞ μησὶ κοίλους ἔταξαν ρι͞, πλήρεις δὲ ρκε͞. Ὡςε μὴ ἄγεσθαι ἕνα καὶ ἕνα κοῖλον καὶ πλήρη, ἀλλὰ καὶ β͞ ποτὲ κατὰ τὸ ἑξῆς πλήρεις, τοῦτο γὰρ ἡ φύσις ἐπὶ τῶν φαινομένων ἐπιδέχεται πρὸς τὸν τῆς σελήνης λόγον. Ὅπερ ἐν τῇ ὀκταετηρίδι οὐκ ἐνῆν. Ἐν δὲ τοῖς σλέ μησὶ κοίλους ἔταξαν ρι̅ δι' αἰτίαν τοιαύτην· Ἐπεὶ μῆνες ἄγονται σλε̅ ἐν τοῖς ιθ͞ ἔτεσιν, ὑπεςήσαντο τούτους ἅπαντας τρια-

tercalaires. Car, si l'année lunaire étoit de 354 jours, l'année solaire auroit un excès de $11\frac{1}{4}$ jours, qui, multipliés par 8, feroient 3 mois intercalaires. Or, l'année lunaire est de $354\frac{1}{3}$ jours à peu près. Si donc nous retranchons ce nombre, de $365\frac{1}{4}$, restent $10\frac{11}{12}$ qui, multipliés par 8, donnent environ $87\frac{1}{3}$ jours, qui ne font pas 3 mois. On voit donc que 8 années ne peuvent pas contenir 3 mois intercalaires. C'est ce qui paraît encore plus clair par la période de 19 ans; car celle-ci contient 7 mois intercalaires : en la prenant plusieurs fois, elle contiendra ces 7 mois autant de fois. Donc, huit périodes de 19 ans contiendront 56 mois intercalaires. Mais si la période de 8 ans contenait 3 mois intercalaires, dans 19 octaëtérides qui font 152 ans, il y auroit 57 mois intercalaires, tandis que la période de 19 ans, pendant ce même temps, ne contient que 56 mois intercalaires, conformément aux apparences. Donc, la période de 8 années auroit un mois intercalaire de plus. Par conséquent, la période lunaire de 8 ans n'a pas 3 mois intercalaires, et c'est en cela que pèche cette période.

Voyant donc cette période de 8 ans ainsi défectueuse, les astronomes Euctémon, Philippe et Calippe établirent une autre période. Ils remarquèrent que 19 années contiennent 6940 jours ou 235 mois, compris les mois intercalaires qui y sont au nombre de 7. Donc, selon eux, l'année est de $365\frac{5}{19}$ jours; et les 235 mois consistent en 125 mois pleins et en 110 mois caves, de sorte que les caves et les pleins n'alternent pas toujours entr'eux, mais qu'il y a quelquefois deux mois pleins de suite, pour se conformer aux apparences célestes relativement à la lune; ce qui n'étoit pas dans la période de huit ans. C'est pourquoi, des 235 mois, ils en prirent 110 qu'ils firent caves, parce que : puisqu'il y a 235 mois dans 19 ans, ils les supposèrent tous de 30 jours, ce qui fit la somme de 7050 jours; et pour les réduire à 6940, il a fallu faire 110 mois caves: car 7050 surpassent 6940, de 110. C'est par cette raison que pour faire les 6940 jours des 19 années avec 235 mois, ils ont fait 110 de ceux-ci caves seulement. Et afin de répartir le plus également les jours exairésimes (à ôter des mois), ils divisèrent 6940 par 110. La division donnant 63, leur indiqua qu'à tous les 63 jours, il en falloit supprimer un, non pas absolument le 30ᵉ, mais celui qui, tombant dans les 63 jours, est nommé exairésime. Cette période, formée des mois ainsi constitués avec les intercalaires rangés dans cet ordre, s'accorde fort bien avec les apparences célestes. D'après cela, on a eu la durée de l'année conforme aux apparences; et la somme de plusieurs années a fait voir que chacune est de 365 $\frac{1}{4}$ jours. Mais l'année conclue de la période de 8 ans se trouve être de 365 $\frac{5}{19}$ jours, qui fait un exédent de $\frac{1}{76}$ jour. C'est pourquoi Calippe et les autres astronomes de son temps ont fait disparoître cette fraction par une nouvelle période de 76 ans, composée de quatre de 19 années chacune, et contenant 27759 jours en 940 mois dont 28 sont intercalaires, pour lesquels ils ont conservé le même ordre. Cette période de Calippe est celle de toutes qui paraît la plus conforme aux apparences célestes.

κονθημέρους, καὶ συνάγονται ἡμέραι ζ,ν̅· Εδει δὲ λέγεσθαι ρι̅ κοίλους, δι' ἣν αἰτίαν τῇ εννεακαιδεκαετηρίδι ἡμέραι γίνονται κατὰ σελήνην ϛ,ϡμ̅. Πλεονάζουσιν οὖν τριακονθημέρων ἀγομένων πάντων τῶν μηνῶν αἱ ,ζν̅ ἡμέραι τῶν ϛ,ϡμ̅ ἡμερῶν, ἡμέραις ρι̅. Διὸ ρι̅ μῆνας συνάγουσι κοίλους, ἵνα ἐν τοῖς σλε̅ μησὶ συμπληρωθῶσιν αἱ τῆς ἐννεακαιδεκαετηρίδος ἡμέραι ϛ,ϡμ̅· ἵνα, ὡς ἐνδέχεται, μάλιϛα δι' ἴσου ἡ τῶν ἐξαιρεσίμων ἡμερῶν γένηται πραγματεία, ἐμέριταν τὰς ϛ,ϡμ̅ ἡμέρας εἰς ρι̅· Γίνονται οὖν ἡμέραι ξγ̅. Δι' ἡμερῶν ἄρα ξγ̅ ἐξαιρέσιμον τὴν ἡμέραν ἄγειν δεῖ ἐν αὐτῇ τῇ περιόδῳ. Οὐδὲ γίνεται εξαιρέσιμος ἡ τριακὰς διὰ παντος, ἀλλ' ἡ διὰ τῶν ξγ̅ ἡμερῶν πίπτουσα εξαιρεσίμος λεγεται. Εν δὲ τῇ περιόδῳ ταυτῃ δοκοῦσιν οἱ μὲν μῆνες καλῶς ἐιλῆφθαι, καὶ οἱ εμβολιμοι συμφώνως τοῖς φαινομένοις διατέταχθαι. Ο δὲ ἐνιαυσιος χρόνος συμφωνος ἔιληπται τοῖς φαινομένοις. Ο γὰρ ἐνιαύσιος χρόνος ἐκ πλειόνων ἐτῶν παρατετηρημένος συμπεφώνηκεν, ὅτι ἐϛὶν ἡμερῶν τξε̅ δ", ὁ δὲ ἐκ τῆς ἐννεαδεκαετηρίδος συναγόμενος ἐνιαυτός ἐϛιν ἡμερων τξε̅ καὶ εννεακαιδεκάτων ε̅. Πλεονάζουσι δὲ αυται τῶν τξε̅ δ", ἡμέρας εβδομηκονθέκτῳ. Δι' ἣν αἰτίαν οἱ περὶ Καλλίππον γενόμενοι ἀϛρολόγοι διωρθώσαντο τὸ πλεοναζον τῆς ἡμέρας, καὶ συνεϛήσαντο τὴν ἐκκαιεβδομηκονταετηρίδα συνεϛηκεῖαν ἐκ τεσσάρων ἐννεακαιδεκαετηρίδων, αἵ τινες περιέχουσι μῆνας μὲν ϡμ̅, ὧν ἐμβόλιμοι κη̅, ἡμερῶν δὲ δισμυρίων ,ζψνθ̅. Τῇ δὲ τάξει τῶν ἐμβολίμων ὁμοίως ἐχρήσαντο. Καὶ δοκεῖ μάλιϛα πάντων ἡ αὐτὴ περιόδος τοῖς φαινομένοις συμφωνειν.

CHAPITRE VII.

Des illuminations de la Lune.

La lune est éclairée par le soleil, car elle a toujours son côté lumineux tourné vers lui. Quand elle se lève avant le soleil, ce côté regarde l'orient; et soit qu'elle se couche avant ou après le soleil, il est tourné vers cet astre. Dans les jours où l'on a rarement observé la lune se

ΚΕΦΑΛΑΙΟΝ Ζ.

ΠΕΡΙ ΣΕΛΗΝΗΣ ΦΩΤΙΣΜΩΝ.

Η σελήνη ὑπὸ τοῦ ἡλίου φωτίζεται. Αεὶ γὰρ τὸ λαμπρὸν πρὸς ἥλιον ἐπεϛραμμένον ἔχει· καὶ ὅταν προανατέλλει τοῦ ἡλίου, τὸ λαμπρὸν αὐτῆς πρὸς ἀνατολὴν βλέπει· Καὶ ὅταν προδυνῃ τοῦ ἡλίου, καὶ ὅταν ἐπικαταδύνῃ τῷ ἡλίῳ, ἐπέϛραπται τὸ λαμπρὸν πρὸς τὸν ἥλιον. Εν δὲ τισι τῶν ἡμερῶν παρατετήρηται ἡ σελήνη κατὰ τὸ σπάνιον ἐπικαταδύνουσα τῷ ἡλίῳ, καὶ τὸ λαμπρὸν ἔχουσα βλέπον πρὸς τὴν δύσιν. Παραλλάξασα δὲ τῇ νυκτὶ πρὸς τὸν ἥλιον, καὶ προανατείλασα τοῦ ἡλίου, τὸ λαμπρὸν ἔχουσα θεωρειται πρὸς ἀνατολήν. Εξ οὗ φανερὸν ὅτι ἡσελήνη ὑπὸ τοῦ ἡλίου φωτίζεται. Παρατετήρηται δὲ καὶ τὰ τοιαῦτα, ὅτε μὴν γὰρ κατὰ χειμερινὰς τροπὰς ὑπάρχων ὁ ἥλιος ἀνατέλλῃ, τότε τὸ μεσαίτατον τοῦ πεφωτισμένου βλέπει πρὸς τὸν ἥλιον· ὥςε τὴν τὰς κεραίας ἐπιζευγνύουσαν τῆς σελήνης εὐθειαν δίχα καὶ πρὸς ὀρθὰς τέμνεσθαι ὑπὸ τῆς εὐθείας τῶν ἀγομένων ἀπὸ τοῦ κέντρου τοῦ ἡλίου ἐπὶ τὴν διχοτομίαν τῆς σελήνης. Οταν δὲ κατὰ θερινὰς τροπάς ὑπάρχων ἀνατέλλῃ ὁ ἥλιος, πάλιν ἔςραπται τὸ μέσον τοῦ πεφωτισμένου πρὸς τὸ μέσον τοῦ ἡλίου· ὥςε ὁμοίως διχοτομεῖσθαι καὶ πρὸς ὀρθὰς τέμνεσθαι τὴν προειρημένην εὐθειαν. Τὸ δὲ αὐτὸ γίνεται καὶ ἐπὶ τῶν δύσεων· ὥςε καὶ διὰ τούτου τοῦ σημείου συνάγεσθαι, ὅτι ὑπὸ τοῦ ἡλίου φωτίζεται ἡ σελήνη. Πεφωτισμένον μέντοι γε διὰ πάντος αὐτῆς τὸ ἴσον ἐςὶν ὡς ἡμισφαίριον, οὐ φαίνεται δὲ διὰ πάντος αὐτῆς τὸ ἴσον πεφωτισμένον ὡς πρὸς τὴν ἡμετέραν ὅρασιν, διὰ τὰς πρὸς τὸν ἥλιον ἀποςάσεις. Οταν μὴν γὰρ ἐν τῇ τριακάδι ἐν τῇ αὐτῇ μοίρᾳ γένηται ὁ ἥλιος καὶ ἡ σελήνη, τότε τὸ ἡμισφαίριον ἐπεςραμμένον πρὸς τὸν ἥλιον, ἀπεςραμμένον δὲ ἀπὸ τῆς ἡμετέρας ὄψεως φωτίζεται· ὑποκάτω γὰρ ἡ σελήνη φέρεται τοῦ ἡλίου. ὅταν δὲ παραλλάξῃ ἡ σελήνη πρὸς τὸν ἥλιον περὶ τὴν νουμηνίαν, τότε μηνοειδὴς ἡ σελήνη θεωρειται, τοῦ γὰρ ἡμισφαιρίου τοῦ πεφωτισμένου μικρὸν μέρος παρακλίνεται πρὸς τὴν ἡμετέραν ὅρασιν. ὅταν δὲ ἀπέχῃ ἡ σελήνη ἀπὸ τοῦ ἡλίου ἐνταῖς ἐφεξῆς ἡμέραις, πλειον ἀεὶ καὶ πλειον τὸ πεφωτισπένον ὑφ' ἡμῶν θεωρειται. Οταν δὲ τὸ δ^ον μέρος τοῦ ζωδιακοῦ κύκλου ἀπόσχῃ σελήνη, διχότομος θεωρειται. Τότε γὰρ ἡμισφαιρίου τοῦ πεφωτισμένου ὑπὸ τοῦ ἡλίου τὸ ἥμισυ ἐφ' ἡμᾶς ἐπέςραπται. Μείζονος δὲ γενομένου τοῦ διαςήματος τῆς σελήνης ἀπὸ τοῦ ἡλίου, μεῖζον καὶ τὸ πεφωτισμένον. Οταν δὲ κατὰ διάμετρον γένηται τῷ ἡλίῳ, τὸ πεφωτισμένον ἡμισφαίριον ἐναντίον γίνεται πρὸς τὴν ἡμετέραν ὅρασιν. Καὶ καθόλου δὲ πρὸς λόγον τῶν

coucher après le soleil, on l'a toujours vue regarder cet astre par son côté lumineux vers l'occident; et quand, la nuit, elle devance le soleil en se levant avant lui, on voit ce côté lumineux tourné vers l'orient; ce qui montre évidemment que la lune est éclairée par le soleil. On a observé aussi qu'au lever du soleil dans le solstice d'hiver, le milieu du côté éclairé regarde le soleil, de sorte que la ligne droite qui joint les cornes de la lune est coupée en deux parties égales par la perpendiculaire menée du centre du soleil sur la moitié éclairée. Et quand le soleil se lève étant dans le solstice d'été, le milieu du côté éclairé est encore tourné vers le centre du soleil, en sorte que cette même droite est encore coupée perpendiculairement en deux parties égales. La même chose s'observe dans les couchers du soleil; d'où il résulte que la lune est éclairée par cet astre. Mais, quoiqu'une moitié de la lune soit toujours éclairée comme étant moitié d'une sphère, elle ne nous montre pas toujours cette moitié d'une manière égale, à cause des distances de la lune au soleil. Car quand, dans la triacade (30e jour du mois), le soleil et la lune répondent au même point, alors l'hémisphère éclairé est tourné vers le soleil, et détourné de notre vue, parce qu'alors la lune est au-dessous du soleil par rapport à nous. Mais quand la lune, ayant changé de place, s'est retirée du soleil après la néoménie, elle nous paroît en faucille, parce qu'alors son hémisphère éclairé se tourne un peu vers nous; et à mesure que la lune s'éloigne du soleil, les jours suivans, la partie éclairée que nous voyons, paroît augmenter de plus en plus. Quand la lune est à la distance d'un quart du zodiaque loin du soleil, elle paroît dichotome (on voit la moitié de son disque éclairé) parce qu'alors la moitié de l'hémisphère éclairé par le soleil est tournée vers nous. La distance de la lune au soleil augmentant, la partie éclairée que nous voyons augmente également ; et quand la lune est diamétralement opposée au soleil, l'hémisphère éclairé est tout entier tourné vers nous. Ainsi les grandeurs de la partie éclairée que nous voyons sont proportionnées aux distances de la lune au soleil. Enfin quand la lune rentre sous le soleil, elle devient invisible, parce qu'alors le côté éclairé est toujours en haut vers le soleil, ce qui nous rend invisible cet hémisphère éclairé de la lune. Ces raisons font voir que la lune est éclairée par le soleil. Or la lune prend toutes ses quatre formes en chaque mois, deux fois chacune. Ces formes sont la faucille (croissant), la dichotomie (quartier), le ménisque et la pleine-lune. Elle est croissante ou en faucille aux commencemens des mois; dichotome, le huitième jour du mois; biconvexe ou en ménisque, le douzième; pleine dans la dichoménie (au milieu du mois); puis de nouveau biconvexe après la dichoménie, dichotome le vingt-troisième jour, et en faucille vers les derniers jours des mois.

διαςάσεων τὰ μεγέθη τῶν φωτισμῶν θεωρεῖται. Τὸ δὲ τελευταῖον, ὅταν ὑποτροχάσῃ τῷ ἡλίῳ ἡ σελήνη, ἀφώτιςος βλέπεται. Τὸ γὰρ ἡμισφαίριον αὐτῆς τὸ πεφωτισμένον ἄνω πρὸς τὸν ἥλιον ἐπέςραπται. Ὅθεν εὐλόγως ἡμῖν ἀθεώρητον γίνεται τὸ πεφωτισμένον μέρος τῆς σελήνης. Ἐξ ὧν φανερὸν ὅτι ἡ σελήνη ὑπὸ τοῦ ἡλίου φωτίζεται. Λαμβάνει δὲ τοὺς πάντας σχηματισμοὺς ἡ σελήνη ἐν τῷ μηνιαίῳ χρόνῳ τέσσαρας, δὶς αὐτοὺς ἀποτελοῦσα. Εἰσὶ δὲ οἱ σχηματισμοὶ οἵδε, μηνοειδὴς, διχότομος, ἀμφίκυρτος, πανσέληνος μηνοειδὴς μὲν οὖν γίνεται περὶ τὰς ἀρχὰς τῶν μηνῶν· διχότομος δὲ περὶ τὴν ὀγδόην τοῦ μηνός· ἀμφίκυρτος δὲ περὶ τὴν δωδεκάτην· πανσέληνος δὲ περὶ τὴν διχομηνίαν, καὶ πάλιν ἀμφίκυρτος μετὰ τὴν διχομηνίαν· διχότομος δὲ περὶ τὴν εἰκοςὴν τρίτην· μηνοειδὴς δὲ περὶ τὰ ἔσχατα τῶν μηνῶν.

La lune ne montre pas les mêmes phases dans tous les mêmes jours, mais dans des jours qui changent de mois en mois, par suite de l'irrégularité de son mouvement. Car elle paroît en faucille au plus tôt dans la néoménie, et au plus tard dès le troisième jour; elle demeure dans cet état quelquefois jusqu'au cinquième, ou tout au plus jusqu'au septième. Elle devient dichotome au plus tôt le sixième jour, et au plus tard vers le huitième; elle paroît gibbeuse ou biconvexe au plus tôt le dixième jour, et au plus tard le treizième. La pleine-lune arrive au plus tôt le 13, et au plus tard le 17 du mois. Elle redevient biconvexe au plus tôt quand elle se lève le dix-huitième jour, et au plus tard vers le vingt-deuxième. Elle redevient dichotome au plus tôt vers le 21, et au plus tard vers le 23. Enfin elle reparoît en faucille au plus tôt le 25, et au plus tard le 26. Or tout le temps de la du-

Οὐ διὰ παντὸς δὲ ἐν ταῖς ὁμωνύμοις ἡμέραις τοὺς αὐτοὺς σχηματισμοὺς ἡ σελήνη ἀποτελεῖ, ἀλλ' ἐν διαφόροις ἡμέραις κατὰ τὴν ἀνωμαλίαν τῆς κινήσεως. Ταχίςη μὲν γὰρ φαίνεται ἡ σελήνη μηνοειδὴς τῇ νουμηνίᾳ· βραδυτάτη δὲ τῇ τρίτῃ. Καὶ μένει μηνοειδὴς ὁτὲ μὴν ἕως τῆς πέμπτης, ὅτε δὲ βραδύτατον, ἕως τῆς ἑβδόμης· διχότομος δὲ γίνεται ταχίςη μὲν περὶ τὴν ἕκτην, βραδυτάτη δὲ περὶ τὴν ὀγδόην· ἀμφίκυρτος δὲ γίνεται περὶ τὴν δεκάτην ταχίςη, βραδυτάτη δὲ περὶ τὴν ιγ̄· πανσέληνος δὲ γίνεται ταχίςη μὲν περὶ τὴν ιγ̄ βραδυτάτη δὲ περὶ τὴν ιζ̄. Ἀμφίκυρτος δὲ τὸ δεύτερον, ταχίςη μὲν ἀνατέλλει περὶ τὴν ιη̄, βραδυτάτη δὲ περὶ τὴν κβ̄· διχότομος δὲ γίνεται τὸ δεύτερον ταχίςη μὲν περὶ τὴν εἰκάδα καὶ μίαν, βραδυτάτη δὲ περὶ τὴν εἰκάδα καὶ τρίτην· μηνοειδὴς δὲ γίνεται τὸ δεύτερον ταχίςη μὲν περὶ τὴν εἰκάδα καὶ πέμπτην, βραδυτάτα δὲ περὶ τὴν εἰκάδα καὶ ἕκτην. Ὁ δὲ πᾶς μηνιαῖος χρόνος ἡμερῶν ἐςὶ κθ̄ β' γ''. Ἐςὶ γὰρ μὴν χρόνος ἀπὸ συνόδου εἰς σύ-

κάδων, ἀπὸ τῆς πανσελήνου ἐπὶ τὴν πανσέληνον. Συνοδος δέ ἐςι χρόνος ἐν ᾧ ὁ ἥλιος καὶ ἡ σελήνη ἐν τῇ αὐτῇ μοίρᾳ γίνονται· ὅπερ συμβαίνει τῇ τριακάδι.

ΚΕΦΑΛΑΙΟΝ Η.

ΠΕΡΙ ΕΚΛΕΙΨΕΩΣ ΗΛΙΟΥ.

Αι τοῦ ἡλίου ἐκλείψεις γίνονται κατὰ ἐπιπρόσθησιν σελήνης. Μετεωροτέρου γὰρ φερομένου τοῦ ἡλίου, ταπεινοτέρας δὲ τῆς σελήνης, ὅταν κατὰ τὴν αὐτὴν μοῖραν γένηται ὁ ἥλιος καὶ ἡ σελήνη, ὑποτροχάσασα ἡ σελήνη τῷ ἡλίῳ ἀντιφράττει ταῖς ἀπὸ τοῦ ἡλίου φερομέναις αὐγαῖς πρὸς ἡμᾶς. Διόπερ οὐδὲ ῥητέον αὐτὰς κυρίως ἐκλείψεις, ἀλλ' ἐπιπροσθήσεις· τοῦ μὲν γὰρ ἡλίου οὐδὲ ἓν μέρος οὐδέ ποτε ἐκλείψει. Ημῖν δὲ ἀθεώρητος γίνεται διὰ τὴν ἐπιπρόσθησιν τῆς σελήνης· δἰ ἣν αἰτίαν οὐδ' ἶσαι πάλιν αἱ ἐκλείψεις γίνονται, αλλὰ κατὰ τὰς τῶν κλιμάτων διαφορὰς μεγάλαι παραλλαγαὶ γίνονται περὶ τὰ μεγέθη τῶν ἐκλείψεων. Κατὰ γὰρ τὸν αὐτὸν χρόνον οἷς μὲν ὅλος ὁ ἥλιος ἐκλείπει, οἷς δὲ τὸ ἥμισυ, οἷς δὲ τὸ ἔλαττον τοῦ ἡμίσεως, οἷς δὲ τὴν ἀρχὴν οὐδὲν μέρος τοῦ ἡλίου ἐκλελοιπὸς θεωρειται. Οσοι μὲν γὰρ κατὰ κάθετον οἰκοῦσι τῆς ἐπιπροσθήσεως, τούτοις ὅλος ἀθεώρητος γίνεται ὁ ἥλιος. Τοῖς δὲ ἔξω μέρος τι τῆς ἐπιπροσθήσεως ἔχουσι, μέρος τι τοῦ ἡλίου ἐκλελοιπὸς βλέπεται· τοῖς δὲ ἔξω ὁλοσχερῶς τῆς ἐπιπροσθήσεως οἰκοῦσιν οὐδὲν μέρος τοῦ ἡλίου ἐκλελοιπὸς θεωρειται. Οτι δὲ κατὰ τὴν ἐπιπρόσθησιν τῆς σελήνης ὁ ἥλιος ἐκλείπει, μέγιςον τεκμήριον, τὸ μὴ γίνεσθαι ἐν ἄλλῃ ἡμέρᾳ τὰς ἐκλείψεις, ἀλλ' ἐν τῇ τριακοςῇ μόνον, ὅτε συνοδεύει ἡ σελήνη τῷ ἡλίῳ, καὶ ἐκ τοῦ πρὸς λόγου τῶν οἰκήσεων τὰ μεγέθη τοῦ ἐκλείψεων γίνεσθαι.

rée d'un mois est de $29 \frac{1}{2} \frac{1}{3}$ jours. Car un mois est le temps qui s'écoule d'une conjonction à la suivante, ou d'une pleine-lune à la suivante. Or la conjonction se fait dans le temps où le soleil et la lune répondent au même point, ce qui arrive dans la triacade (au trentième jour.)

CHAPITRE VIII.

De l'Eclipse de Soleil.

Les éclipses de soleil se font par l'interposition de la lune; car le soleil étant plus haut et la lune plus basse, lorsque l'un et l'autre répondent au même point, la lune passant sous le soleil intercepte les rayons qu'il envoye vers nous. C'est pourquoi ce ne sont pas, à proprement parler, des éclipses mais des interclusions; car jamais aucune partie du soleil ne s'éclipse. Mais il nous devient invisible par l'interpositon de la lune entre lui et nous : raison pour laquelle les éclipses ne sont pas égales partout, mais varient de grandeur suivant la différence des climats. Car dans le même temps le soleil est éclipsé en entier pour les uns, à moitié seulement pour d'autres, et de moins que sa moitié pourd'autres encore, tandis que dès le commencement de l'éclipse, d'autres ne voyent pas la moindre partie du soleil obscurcie. Car le soleil est totalement invisible pour ceux qui sont perpendiculairement sous l'interposition. Il n'est visible qu'en partie pour ceux qui ne sont que partiellement hors de cette situation perpendiculaire; et il est visible en entier pour ceux qui ne sont nullement sous cette interposition. Et la plus grande preuve que c'est par l'interposition de la lune, que le soleil est éclipsé, c'est que ces éclipses n'arrivent jamais que dans le trentième jour du mois, lorsque la lune rencontre le soleil; et que les grandeurs de ces éclipses varient suivant les lieux divers de la terre.

CHAPITRE IX.

De l'Eclipse de Lune.

Les éclipses de lune se font parce que cet astre tombe dans l'ombre de la terre. Car comme tous les autres corps éclairés par le soleil, jettent de l'ombre, de même aussi, la terre que le soleil éclaire, en répand une. Et la grandeur de la terre est cause que son ombre est visible et profonde. Quand donc la lune est diamétralement opposée au soleil, l'ombre de la terre étant aussi opposée diamétralement au soleil, la lune qui est alors inférieure à la terre, tombe nécessairement dans l'ombre de celle-ci. Alors la partie de la lune qui entre dans l'ombre n'est pas éclairée par le soleil à cause de l'interposition de la terre; car alors le soleil, la terre, l'ombre de la terre et la lune sont dans une même ligne droite. C'est pourquoi il ne se fait pas d'éclipses de lune dans tout autre jour que dans la dichoménie, parce qu'alors la lune est diamétralement opposée au soleil. Or toutes les éclipses de lune sont égales, car les interpositions qui se font dans les éclipses de soleil étant relatives aux différens climats, sont aussi différentes pour eux, ce qui fait qu'il y a aussi des différences dans les éclipses. Mais les immersions de la lune dans l'ombre sont toutes égales dans une même éclipse. Toutefois l'éclipse ne s'étend pas toujours sur une égale partie de la lune; car quand la lune traverse le cercle mitoyen écliptique, elle est toute entière enfoncée dans l'ombre de la terre, et il s'ensuit nécessairement qu'elle est totalement éclipsée. Mais quand elle ne fait qu'entamer l'ombre, elle n'est éclipsée qu'en partie. Or l'espace dans lequel la lune peut s'éclipser est de deux degrés. Car c'est dans cet intervalle seulement que les éclipses se font. Et il est évident, par tout ce qui vient d'être dit,

ΚΕΦΑΛΑΙΟΝ Θ.

ΠΕΡΙ ΕΚΛΕΙΨΕΩΣ ΤΗΣ ΣΕΛΗΝΗΣ.

Αι τῆς σελήνης ἐκλείψεις γίνονται κατὰ τὴν εἰς το σκιάσμα τῆς γῆς ἔμπτωσιν τῆς σελήνης. Καθάπερ γὰρ καὶ τὰ λοιπὰ τῶν σωμάτων φωτιζόμενα ἀπὸ τοῦ ἡλίου σκιὰς ἀποβάλλει· οὕτω καὶ ἡ γῆ φωτιζομένη ὑπὸ τοῦ ἡλίου σκιὰν ἀποβάλλει. Καὶ ἤδη μέντοι γε διὰ τὸ μέγεθος τῆς γῆς εἰλικρινῆ συμβαίνει τὴν σκιὰν εἶναι καὶ βαθεῖαν. Οταν οὖν κατὰ διάμετρον γένηται ἡ σελήνη τῷ ἡλίῳ, τότε καὶ τὸ σκίασμα τῆς γῆς κατὰ διάμετρον γίνεται τῷ ἡλίῳ. ὅθεν ἡ σελήνη ταπεινοτέρα φερομένη τοῦ σκιάσματος, εὐλόγως ἐμπίπτει εἰς τὸ σκίασμα τῆς γῆς. Αεὶ δὲ τὸ ἐμπίπτον αὐτῆς μέρος εἰς τὸ σκίασμα τῆς γῆς, ἀφώτιςον γίνεται τοῦ ἡλίου, διὰ τὴν ἐπιπρόσθησιν τῆς γῆς· τότε γὰρ ἐπὶ τῆς αὐτῆς εὐθείας γίνεται ὁ ἥλιος καὶ ἡ γῆ, καὶ τὸ σκίασμα τῆς γῆς, καὶ ἡ σελήνη. Δἰ ἣν αἰτίαν οὐδὲ γίνονται ἐκλείψεις τῆς σελήνης ἐν ἄλλῃ ἡμέρᾳ, ἀλλ' ἐν τῇ διχομηνίᾳ· τότε γὰρ κατὰ διάμετρον γίνεται ἡ σελήνη τῷ ἡλίῳ. Γίνονται μέντοι γε πᾶσαι αἱ τῆς σελήνης ἐκλείψεις ἴσαι· αἱ μὲν γὰρ ἐπιπροσθήσεις αἱ γινόμεναι ἐν ταῖς τοῦ ἡλίου ἐκλείψεσι παρὰ τὰς οἰκήσεις διάφοροι γίνονται· δἰ ἣν αἰτίαν καὶ τὰ μεγέθη τῶν ἐκλείψεων διάφορα γίνεται. Αἱ δὲ ἐμπτώσεις τῆς σελήνης εἰς τὸ σκίασμα ἴσαι πᾶσαι γίνονται κατὰ τὴν αὐτὴν ἔκλειψιν. Ηδη μέντοι γε οὐ διὰ παντὸς τὸ ἴσος ἐκλείπει τῆς σελήνης. Οταν γὰρ διὰ μέσου τοῦ ἐκλειπτικοῦ ἡ σελήνη τὴν πάροδον ποιεῖται, ὅλη ἐμπίπτει εἰς τὸ σκίασμα τῆς γῆς· ὥςε ἀναγκαῖον καὶ ὅλην αὐτὴν ἐκλείπειν. Οταν δὲ παράψηται τοῦ σκιάσματος, μέρος τι τῆς σελήνης ἐκλείπει. Εςι δὲ τὸ ἐκλειπτικὸν αὐτῆς μοιρῶν δύο. Εὐ γὰρ τούτῳ τῷ τόπῳ πάσας τὰς ἐκλείψεις συμβαίνει τῆς σελήνης γίνεσθαι. Εκ δὲ τούτων φανερὸν, ὅτι αἱ τῆς σελήνης ἐκλείψεις γίνονται κατὰ τὴν εἰς τὸ σκίασμα τῆς γῆς ἔμπτωσιν. Πρὸς λόγον γὰρ τῆς κατὰ πλάτος κινήσεως τῆς ἡμερησίου τῆς σελήνης, τὰ μεγέθη τῶν ἐκλείψεων σύμφωνα γίνεται· καὶ ἐν ἄλλαις ἡμέραις οὐ γίνονται αἱ τῆς σελήνης ἐκλείψεις, πλὴν ἐν τῇ διχομηνίᾳ.

ΚΕΦΑΛΑΙΟΝ Ι.

ΟΤΙ ΤΗΝ ΕΝΑΝΤΙΑΝ ΤΩ ΚΟΣΜΩ ΚΙΝΗΣΙΝ ΟΙ ΠΛΑΝΗΤΕΣ ΠΟΙΟΥΝΤΑΙ.

Ο κόσμος κινεῖται φορὰν ἐγκύκλιον ἀπ' ἀνατολῆς ἐπὶ δύσιν. Οσοι γὰρ ἂν τῶν ἀςέρων μετὰ τὴν τοῦ ἡλίου δύσιν πρὸς τῇ ἀνατολῇ θεωρηθῶσι, προβαινούσης τῆς νυκτὸς, μετεωριζόμενοι μᾶλλον ἀεὶ καὶ μᾶλλον θεωροῦνται. Εἶτα βλέπονται πρὸς τῇ μεσουρανήσει. Προβαινούσης δὲ τῆς νυκτὸς, ἀποκλινόμενοι πρὸς τὴν δύσιν οἱ αὐτοὶ ἀςέρες θεωροῦνται, καὶ πέρας δύνοντες ὁρῶνται· καὶ τοῦτο καθ' ἑκάςην ἡμέραν ἐπὶ πάντων ἀςέρων γίνεται. Ωςε φανερὸν, ὅτι ὅλος ὁ κόσμος πᾶσι τοῖς ἐφ' ἑαυτοῦ μέρεσι κινεῖται καὶ ἀπ' ἀνατολῆς ἐπὶ δύσιν. Οτι δὲ ἐγκύκλιον ποιεῖται τὴν προφορὰν, πρόδηλον ἐκ τοῦ πάντας τοὺς ἀςέρας ἐκ τοῦ αὐτοῦ τόπου ἀνατέλλειν, καὶ εἰς τὸν αὐτὸν τόπον δύνειν. Ετι καὶ διὰ τῶν διόπτρων θεωρούμενοι πάντες οἱ ἀςέρες φαίνονται ἐγκύκλιον ποιούμενοι τὴν κίνησιν ὅλῃ τῇ περιαγωγῇ τῶν διόπτρων.

Ο μέντοι γε ἥλιος ἀπὸ δύσεως ἐπὶ τὴν ἀνατολὴν φέρεται ὑπεναντίως τῷ κόσμῳ, τοῦτο δὲ ἐςι φανερὸν ἐκ τῶν προανατελλόντων ἀςέρων τοῦ ἡλίου. Οσοι γὰρ ἂν πρὸ τῆς τοῦ ἡλίου ἀνατολῆς θεωρηθῶσιν ἀςέρες προανατεταλκότες τοῦ ἡλίου, ἐν ταῖς ἐχομέναις νύξιν ἐνωρότερον προανατεταλκότες θεωροῦνται. Καὶ τοῦτο γίνεται κατὰ τὸ ἑξῆς ἐπὶ πασῶν τῶν νυκτῶν. ἐξ οὗ φανερὸν, ὅτι εἰς τὰ ἑπόμενα τῶν ζωδίων ὁ ἥλιος μεταβαίνει, ἀπὸ δύσεως ἐπ' ἀνατολὴν κινούμενος ὑπεναντίως τῷ κόσμῳ. Εἰ δὲ γε ἀπὸ τῆς ἀνατολῆς ἐπὶ τὴν δύσιν ἐφέρετο ὁ ἥλιος, ἀεὶ τοὺς προανατέλλοντας ἀςέρας ἀθεωρήτους ἂν εἶναι συνέβαινεν. Εἰς γὰρ τὰ προηγούμενα μεταβαίνων μέρη ὤφειλεν ἀποκαλύ-

que les éclipses de lune se font par l'effet de son immersion dans l'ombre de la terre. Car les grandeurs des éclipses sont en raison du mouvement journalier de la lune en latitude, et les seuls jours où les éclipses de lune arrivent, sont ceux des dichoménies ou pleines-lunes.

CHAPITRE X.

Les Planètes se meuvent en sens contraire à celui du mouvement général du monde.

Le monde a un mouvement circulaire d'orient en occident. Car on voit toutes les étoiles qui paroissent à l'orient après le coucher du soleil, s'élever de plus en plus, à mesure que la nuit avance, passer au méridien; et avec la nuit, baisser vers l'occident, et enfin s'y coucher. Ce que font chaque jour tous les astres sans exception. Il est donc évident que le monde se meut avec toutes les parties qui le composent d'orient en occident. Et la preuve que ce mouvement est un mouvement de rotation, c'est que tous les astres se lèvent d'un même côté et se couchent d'un autre côté le même pour tous; et aussi que tous les astres que l'on regarde par le moyen des dioptres, paroissent faire ce mouvement, puisqu'on est obligé de faire tourner ces instrumens comme ces astres, pour y suivre ceux-ci :

Mais le soleil fait son mouvement d'occident en orient dans une direction contraire à celui du monde. C'est ce que montrent évidemment les astres qui se lèvent avant le soleil. Car ceux que l'on a vu se lever avant lui, se voient les nuits suivantes précéder son lever d'un temps toujours de plus en plus considérable toutes les nuits. D'où il est clair que le soleil s'avance suivant l'ordre successif des signes en se transportant d'occident en orient par un mouvement contraire à celui du monde. Or si le soleil marchoit d'orient en occident, les étoiles levées avant lui finiroient par ne plus paroître. Car en allant vers les points antécédens (occidentaux) il les cacheroit dans ses rayons, car les astres plongés dans les rayons du soleil sont invisibles, parce qu'ils y sont absorbés. Or ce n'est pas ce qui se fait; car les étoiles dont le lever a précédé celui du soleil, bien loin de disparoître les nuits suivantes, s'éloignent toujours de plus en plus de l'orient, de sorte que le lever du signe qui étoit dans les rayons du soleil, précède celui du soleil au bout d'un mois. Car le signe qui suit immédiatement le soleil est toujours invisible à cause du grand éclat des rayons solaires; tandis que le signe dont le lever précède celui du soleil, se voit toujours. En effet, dans l'espace d'un mois, le signe qui suit (à l'orient) le soleil, devient invisible, parce que le soleil le parcourt, tandis que le signe qui avoit précédé le lever du soleil s'en trouve éloigné de l'intervalle de deux signes. Cela a lieu pour les douze signes, et il en résulte clairement que le soleil en allant en sens contraire à celui du monde, fait ce mouvement non contre l'ordre des signes, mais suivant leur série (d'occident en orient.)

πτειν αὐτοὺς ταῖς ἰδίαις αὐγαῖς. Ἀεὶ γὰρ οἱ κατὰ τὸν ἥλιον γινόμενοι ἀςέρες ἀθεώρητοι ὑπάρχουσι, καταυγούμενοι ὑπὸ τοῦ ἡλίου. Νῦν δὲ οὐ γίνεται τοῦτο· ἀλλ' οἱ προανατέλλοντες ἀςέρες, ἐν ταῖς ἐχομέναις νυξὶ, πλειον ἀεὶ καὶ πλειον ἀπὸ τῆς ἀνατολῆς ἀπέχοντες διάςημα θεωροῦνται· ὥςε μηνιαίῳ χρόνῳ ζώδιον ὅλον προανατέλλειν τοῦ ἡλίου τὸ πρότερον ὑπάρχον ἐν ταῖς αὐγαῖς τοῦ ἡλίου. Ἀεὶ γὰρ τὸ μὲν ἑπόμενον ζώδιον ὑπὸ τοῦ ἡλίου ἀθεώρητόν ἐςι διὰ τὰς αὐγὰς τοῦ ἡλίου· τὸ δὲ προηγούμενον αὐτοῦ θεωρειται. Εν δὲ τῷ μηνιαίῳ χρόνῳ ἀεὶ τὸ μὲν ἑπόμενον ζώδιον ἀθεώρητον γίνεται, μεταβαίνοντος εἰς αὐτὸ τοῦ ἡλίου· τὸ δὲ προηγούμενον ζώδιον δύο ζωδίων διάςημα ἀφεςηκὸς βλέπεται· καὶ τοῦτο ἐπὶ τῶν ιβ. ζωδίων διὰ παντὸς γίνεται. Εξ ὧν φανερὸν, ὅτι ὁ ἥλιος ὑπεναντίως τῷ κόσμῳ κινούμενος εἰς τὰ ἑπόμενα τῶν ζωδίων, καὶ οὐκ εἰς τὰ προηγούμενα ποιειται τὴν μετάβασιν.

Ce mouvement se voit plus clairement dans la lune. Car on la voit se mouvoir d'occident en orient en sens contraire au mouvement du monde On peut s'en convaincre en la regardant la nuit, par la preuve qu'en donne le fait même qui se montre tel qu'il est. Car si l'on a remarqué la lune auprès de quelqu'une des étoiles fixes, on l'apperçoit quelque temps après dans la même nuit, à une certaine distance à l'orient de l'étoile remarquée, et cette étoile à l'occident de la lune; et souvent dans l'espace d'une nuit, la lune s'avance d'un degré entier loin de cette étoile vers l'orient. On voit ainsi en une seule nuit la lune aller contre le mouvement du monde, car elle ne s'avance pas d'étoiles en étoiles antécédentes, mais d'étoiles en étoiles conséquentes.

Εκδηλότερον δὲ ἐπὶ τῆς σελήνης θεωρειται ἡ κίνησις. Καὶ γὰρ αὐτὴ ὑπεναντίως τῷ κόσμῳ θεωρειται ἀπὸ δύσεως ἐπ' ἀνατολὴν κινουρένη - τοῦτο δὲ ἐν μιᾷ νυκτὶ δύναται καταλαμβάνεσθαι διὰ τῆς ὁράσεως, ἐπιμαρτυροῦντος τοῦ φαινομένου. Οταν γὰρ παρά τινα τῶν ἀπλανῶν ἀςέρων θεωρηθῇ ἡ σεληνη, προβαινούσης τῆς νυκτὸς ἀφίςαται ἀπὸ τοῦ παρατετηρημένου ἀςέρος πρὸς ἀνατολὴν, καί ὁ ἀςὴρ ἀπὸ τῆς σελήνης πρὸς δύσιν. Καὶ πολλάκης ἐν ὅλῃ τῇ νυκτὶ ἡ σελήνη μοίρᾳ ἀπὸ τοῦ παρατετηρημένου ἀςέρος διίςαται πρὸς ἀνατολὴν· ὥςε ἐν μιᾷ νυκτὶ θεωρεισθαι τὴν ὑπεναντίαν κίνησιν τῷ κόσμῳ. Οὐ γὰρ εἰς τοὺς προηγουμένους ἀςέρας προβαίνει, ἀλλ' εἰς τούς ἑπομένους.

Quelques personnes disent que les mouvemens du soleil et de la lune paroissent suivre la série des signes, non parce qu'ils vont dans une direc-

Λέγουσι δέ τινες εἰς μὲν τὰ ἑπόμενα ζώδια τὴν μετάβασιν γίνεσθαι τῷ ἡλίῳ, καὶ τῇ σελήνῃ· μὴ μέντοι γε ὑπεναντίως αὐτοὺς κινεισθαι τῷ κόσμῳ, ἀλλὰ διὰ τὰ μεγέθη ὑπολείπεσθαι αὐτοὺς τῆς τῶν ἀπλανῶν ἀστέρων σφαίρας· δοκεῖν δὲ ἡμῖν εἰς τὰ ἑπόμενα τῶν ζωδίων τὴν μετάβασιν γίνεσθαι κατὰ τὴν ἐναντίαν κίνησιν· τοῦτο δὲ μὴ εἶναι ἀληθὲς, ἀλλὰ φέρεσθαι μὲν ἥλιον καὶ σελήνην ἀπ' ἀνατολῆς ἐπὶ δύσιν καταταχομμένους δὲ ὑπὸ τοῦ κόσμου, πρὸ τοῦ κύκλον περιδραμεῖν, ἐν τοῖς ἑπομένοις ζωδίοις θεωρεῖσθαι. Χρῶνται δέ τινες καὶ τῷ ὁμοιώματι τούτῳ· Εἰ γάρ τις, φασὶν, ὑπεστήσατο δρομεῖς ιβ ἴσῳ τάχει χρωμένους, καὶ ποιουμένους ἐπὶ κύκλου τὴν κίνησιν, εἶτα μέντοι γε ἄλλον τινὰ ἕνα βραδύτερον ἐν αὐτοῖς κινούμενον, ὁμοίαν δὲ τὴν κίνησιν αὐτοῖς ποιούμενον ἐπὶ κύκλου· δόξει μὲν περικαταλαμβανόμενος εἰς τὰ ἑπόμενα μεταβαίνειν· οὐκ ἔσται δὲ τοῦτο ἐπὶ τῆς ἀληθείας, ἀλλ' ὁμοίως αὐτοῖς κινούμενος διὰ τὴν βραδύτητα δόξει εἰς τἀναντία κινεισθαι· τουτο δὴ καὶ ἐπὶ τοῦ ἡλίου καὶ ἐπὶ τῆς σελήνης συμβεβηκέναι. Επὶ γὰρ τὰ αὐτὰ μέρη κινούμενοι τῷ κόσμῳ, διὰ τὴν βραδυτῆτα εἰς τὰ ἑπόμενα ὑποφέρονται. Καθάπερ τὰ ἐπὶ τῶν ποταμων καταφερόμενα πλοῖα προκαταταχούμενα ὑπὸ τοῦ ῥεύματος δοκεῖ εἰς τὰ ὀπίσω κινεισθαι. Τοῦτο δέ φασι καὶ ἐπὶ τοῦ ἡλίου, καὶ ἐπὶ τῆς σελήνης συμβαίνειν.

tion contraire à celle du mouvement du monde, mais parce que le mouvement de la sphère des étoiles fixes, plus rapide que celui du soleil et de la lune, à cause de la grandeur plus considérable de ces deux astres, laisse ceux-ci en arrière et nous les fait paroître animés d'un mouvement contraire suivant la série des signes : mais que ce n'est qu'une illusion, une apparence qui n'est point conforme à la vérité, puisque réellement le soleil et la lune passent de l'orient à l'occident; seulement, allant moins vite que le monde, ils paroissent dans les signes conséquens avant d'avoir achevé leur révolution. Ils font une comparaison : Si quelqu'un, dit-on, faisoit parcourir la circonférence d'un cercle par douze personnes qui iroient également vite, et faisoit en même temps marcher une autre personne avec elles, mais plus lentement et en même sens, sur le même cercle, cette personne seroit précédée par toutes les autres et elle paroîtroit aller en arrière de celles-ci; ce qui cependant ne seroit point vrai. Mais ce seroit la lenteur de sa marche, quoiqu'allant dans la même direction que les autres, qui la feroit paroître aller dans une direction contraire. C'est, ajoute-t-on, ce qui a lieu pour le soleil et pour la lune. Car en se transportant vers les mêmes points que le monde entier, ils vont vers les points conséquens par la lenteur de leur marche, de même que les bateaux portés par les fleuves paroissent aller en arrière quand ils vont moins vite que le courant; et c'est ce qui arrive pour le soleil et la lune.

Αὐτὴ δὲ ἡ δόξα ὑπὸ πολλῶν φιλοσόφων εἰρημένη ἀσύμφωνός ἐστι τοῖς φαινομένοις. Εἰ γὰρ καθ' ὑπόλειψιν ἐκινοῦντο, ὑποφερομένων τῶν σωμάτων διὰ τὰ μεγέθη, ἔδει κατὰ παραλλήλους κύκλους τὴν ὑπόλειψιν γίνεσθαι, καθάπερ καὶ οἱ ἀπλανεις ἀστέρες πάντες ἐπὶ παραλλήλων κύκλων φέρονται, διὰ τὸ καὶ τὴν τοῦ κόσμου φορὰν ἐγκύκλιον εἶναι ἀπ' ἀνατολῆς ἐπὶ δύσιν. Νυνὶ δὲ οὐχ ὑπολείπονται κατὰ παραλλήλους κύκλους, αλλ' ὁ μὲν ἥλιος ἐπὶ τοῦ διὰ μέσων

Mais cette opinion de plusieurs philosophes ne s'accorde pas avec les phénomènes. Car si ces mouvemens n'étoient que les apparences de ces astres laissés en arrière, ces corps surpassés par les fixes parce qu'ils sont grands, devroient faire leurs retards en arrière dans des cercles parallèles, de même que toutes les étoiles fixes décrivent des cercles parallèles par le mouvement de rotation du monde, d'orient en occident.

Or ils ne sont pas laissés en arrière sur des cercles parallèles, car le soleil parcourt le cercle mitoyen du zodiaque, tout en allant en latitude, des solstices aux solstices, ce qui, selon moi, combine son mouvement propre, l'un d'orient en occident, l'autre d'occident en orient ; tandis que la lune parcourt toute la largeur du zodiaque. Or aucun des astres qui seroient laissés en arrière ne pourroit en même temps changer de latitude, car il devroit aussi être laissé dans un plan parallèle à la rotation du monde. Le mouvement des cinq planètes surtout montre la fausseté de cette opinion. En effet, tantôt ces astres sont laissés en arrière par les étoiles fixes, tantôt ils les précèdent, et tantôt ils demeurent vis-à-vis des mêmes étoiles; c'est ce qu'on appelle leurs stations. Un tel mouvement dans des planètes fait bien voir que leur transport, suivant l'ordre des signes, ne se fait pas par délaissement. Car si cela étoit, elles seroient toujours en arrière. Mais elles ont chacune une sphère particulière qui les fait mouvoir, tantôt suivant l'ordre des signes, tantôt contre cet ordre, et tantôt les rend stationnaires. Le soleil et la lune ont de même chacun un mouvement en latitude qui leur est propre, distingué de tout autre, et naturel, en vertu duquel tout en avançant d'occident en orient ils vont en latitude. Enfin, ce qui prouve que ce ne peut pas être par délaissement qu'ils vont suivant l'ordre des signes, c'est qu'ils n'y vont ni proportionnellement à leurs grandeurs, ni proportionnellement à leurs distances. Car si les mouvemens des corps se faisoient sous les fixes en proportion des grandeurs de ces corps, comme ces planètes vont plus lentement que les fixes, il faudroit que leurs délaissemens fussent proportionnés à leurs grandeurs et à leurs distances. Or cela n'est pas ; il faut donc en conclure que les planètes ont, de leur nature, un mouvement contraire à celui du monde. Et ce mouvement diffère suivant la propriété de la sphère particulière de chacune.

τῶν ζωδίων κύκλου κινούμενος, ἅμα καὶ τὴν κατὰ πλάτος πάροδον ποιεῖται ἀπὸ τροπῶν ἐπὶ τροπάς· ὡς ἂν, οἶμαι, ἰδίας ὑπαρχούσης αὐτῷ τῆς κινήσεως, τῆς μὲν ἀπ' ἀνατολῆς ἐπὶ δύσιν, τῆς δὲ ἀπὸ δύσεως ἐπ' ἀνατολήν· ἡ δὲ σελήνη ἐν ὅλῳ τῷ πλάτει τοῦ ζωδιακοῦ κύκλου τὴν πάροδον ποιεῖται. Οὐδὲν δὲ τῶν καθ' ὑπόλειψιν ὑποφερομένων ἅμα δύναται κατὰ πλάτος κινεῖσθαι· ἀλλ' ὀφείλει κατὰ τὴν τοῦ κόσμου φορὰν τὴν ὑπόλειψιν ποιεῖσθαι. Ελέγχει δὲ τὴν δόξαν ψευδῆ ὑπάρχουσαν μάλιςα πάντων ἡ περὶ τοὺς πέντε πλανήτας ἀςέρας κίνησις· ἐκεῖνοι γὰρ ὁτὲ μὲν ὑπολείπονται τῶν ἀπλανῶν ἀςέρων, ὁτὲ δὲ προηγοῦνται· ὁτὲ δὲ κατὰ τοὺς αὐτοὺς ἀςέρας μένουσιν, οἳ δὲ καὶ καλοῦνται ςηριγμοί. Τοιαυτης δὲ ὑπαρχούσης περὶ αὐτοὺς τῆς κινήσεως, φανερὸν ὅτι ἡ ἐπὶ τὰ ἑπόμενα μετάβασις οὐ γίνεται κατὰ ὑπόλειψιν· διὰ παντὸς γὰρ ἂν ὑπελείποντο· νυνὶ δὲ ἰδία τίς ἐςιν ἡ περὶ ἕκαςον σφαιροποιΐα, καθ' ἣν ποτὲ μὲν εἰς τὰ ἑπόμενα μεταβαίνουσι, ποτὲ δὲ εἰς τὰ προηγούμενα, ποτὲ δὲ ςηρίζουσιν. Οὕτω δὲ καὶ περὶ τὸν ἥλιον καὶ περὶ τὴν σελήνην ἰδία τίς ἐςι καὶ προαιρετικὴ καὶ κατὰ φύσιν ἡ περὶ πλάτος κίνησις, καθ' ἣν ἀπὸ δύσεως ἐπ' ἀνατολὴν κινούμενοι τὴν κατὰ πλάτος πάροδον ποιοῦνται. Οτι δὲ οὐ δύνανται καθ' ὑπόλειψιν εἰς τὰ ἑπόμενα τῶν ζωδίων τὴν μετάβασιν ποιεῖσθαι, φανερὸν καὶ ἐκ τοῦ μὴ ἀνάλογον τοῖς μεγέθεσι, μηδὲ τοῖς ἀποςήμασι τὰς μεταβάσεις γίνεσθαι. Εἰ γὰρ διὰ τὰ μεγέθη τῶν σωμάτων ὑπεφέροντο βραδυτέραν ἔχοντες τῶν ἀπλανῶν ἀςέρων κίνησιν, ἔδει ἀνάλογον τοῖς μεγέθεσι καὶ τοῖς ἀποςήμασι τὰς ὑπολείψεις γίνεσθαι. μὴ γινομένου δὲ τούτου, ἀνάγκη λέγειν κατὰ φύσιν εἶναι τοῖς πλανωμένοις ἀςῆρσι τὴν ὑπεναντίαν κίνησιν. Ηδη μέντοι διὰ τὴν ἰδίαν ἑκάςου σφαιροποιΐαν διαφόρους συμβέβηκε τὰς μεταβάσεις γίνεσθαι.

ΚΕΦΑΛΑΙΟΝ ΙΑ.

ΠΕΡΙ ΑΝΑΤΟΛΩΝ ΚΑΙ ΔΥΣΕΩΝ.

Ο κόσμος κινούμενος ἀπ' ἀνατολῆς ἐπὶ δύσιν, ἡμέρᾳ καὶ νυκτὶ ἀποκαθίςαται ἀπ' ἀνατολῆς ἐπ' ἀνατολήν. Εν δὲ τῇ τοῦ κόσμου περιςροφῇ πάντες οἱ ἀςέρες καθ' ἑκάςην ἡμέραν καὶ ἀνατέλλουσι καὶ δύνουσι. καὶ ἔςιν ἀνατολὴ μὲν ἡ καθ' ἑκάςην ἡμέραν γινομένη πρὸς τὸν ὁρίζοντα φάσις. Δύσις δὲ ἡ καθ' ἑκάςην ἡμέραν γινομένη ὑπὸ τὸν ὁρίζοντα κρύψις. Αλλως δὲ λέγονται ἐπιτολαὶ καὶ κρύψεις, ἅς ἔνιοι ἀγνοοῦντες κατὰ τὴν αὐτὴν ἔννοιαν ὑπολαμβάνουσι λέγεσθαι. Μεγάλη δὲ ἐςὶ διαφορὰ ἀνατολῆς, καὶ ἐπιτολῆς. Ανατολὴ μὲν γὰρ ἐςιν ἡ προειρημένη· ἐπιτολὴ δὲ ἡ γινομένη πρὸς τὸν ὁρίζοντα φάσις μετὰ τῆς πρὸς τὸν ἥλιον ἀποςάσεως ἀπολαμβανομένη. Ο δὲ αὐτὸς λόγος καὶ ἐπὶ τῆς δύσεως, καὶ ἐπὶ τῆς κρύψεως. Αλλως μὲν γὰρ λέγεται δύσις ἡ καθ' ἑκάςην ἡμέραν γινομένη ὑπὸ τὸν ὁρίζοντα κρύψις· ἄλλως δὲ ἡ γινομένη κρύψις πρὸς τὸν ὁρίζοντα ἅμα καὶ τὸν ἥλιον.

Εἰσὶ δὲ περὶ ἕκαςον τῶν ἀςέρων ἐπιτολαὶ δύο. Αἱ μὲν γὰρ αὐτῶν λέγονται ἑωθιναί· αἱ δὲ ἑσπέριαι. Καὶ ἔςιν ἑῴα μὲν ἐπιτολὴ, ὅταν ἅμα τῷ ἡλίῳ ἀνατέλλοντι συνανατέλλῃ τὶς ἀςὴρ, κατὰ τὸν αὐτὸν χρόνον γινομενος ἐπὶ τοῦ ὁρίζοντος· ἑσπερία δ' ἐςὶν ἐπιτολὴ, ὅταν τοῦ ἡλίου δύνοντος ἐπιτέλλῃ τὶς ἀςὴρ ἅμα κατὰ τὸν ὁρίζοντα γένομενος.

Τῶν δὲ ἑῴων καὶ τῶν ἑσπερίων ἐπιτολῶν διαφοραί εἰσι δύο. Αἱ μὲν γὰρ αὐτῶν ἀληθιναὶ λέγονται, αἱ δὲ φαινόμεναι· ἀληθιναὶ μὲν, ὅταν ἅμα κατ' ἀλήθειαν ἐπὶ τοῦ ὁρίζοντος γενόμενος ἀνατέλλοντος τοῦ ἡλίου συνανατέλλῃ τις ἀςὴρ· αὕτη δὲ ἡ ἐπιτολὴ ἀθεώρητος γίνεται διὰ τὰς αὐγὰς τοῦ ἡλίου. Εν δὲ ταῖς ἐχομέναις ἡμέραις ὁ μὲν ἥλιος ὑπεναντίως κινούμενος εἰς τὰ ἑπόμενα μεταβαίνει· ὁ δὲ ἀςὴρ τοσοῦτον προανατέλλει τοῦ ἡλίου, ὅποσον ὁ ἥλιος εἰς τὰ ἑπό-

CHAPITRE XI.

Des Levèrs et des Couchers.

Le monde, par son mouvement d'orient en occident, retourne dans l'espace d'un jour et d'une nuit consécutifs, de l'orient à l'orient. Et dans cette révolution du monde, tous les astres se lèvent et se couchent chaque jour. Or le lever est l'apparition qui se fait chaque jour à l'horizon; et le coucher est la disparition qui se fait chaque jour sous l'horizon. Les mots élévation et dépression ne signifient pas les mêmes choses. Quelques personnes qui l'ignorent croîent qu'ils ont les mêmes significations; mais il y a une grande différence entre le lever et l'élévation. Car le lever est ce qui vient d'être dit, mais l'élévation est l'apparition à l'horizon prise avec la distance au soleil. Il faut en dire autant du coucher et de la dépression. Car autre chose est le coucher qui n'est que la dépression simple de l'étoile sous l'horizon, et autre chose la dépression relativement à l'horizon et au soleil tout à la fois.

Tous les astres ont deux sortes d'élévation, celle du matin et celle du soir; l'élévation matutinale est celle d'un astre qui se lève avec le soleil levant, en paroissant dans le même instant à l'horizon. L'élévation du soir a lieu quand un astre se lève au moment où le soleil se couche, l'un et l'autre étant en même temps dans l'horizon.

Il y a deux différences entre les élévations du matin et celles du soir : les unes sont appelées vraies, et les autres apparentes. Les vraies sont celles où l'étoile se lève réellement avec le soleil quand cet astre est à l'horizon. Cette élévation ne peut pas être apperçue à cause de l'éclat des rayons du soleil. Mais les jours suivans, le soleil, par son mouvement en sens contraire, s'avance suivant l'ordre des signes, tandis que le lever de l'étoile devance autant celui du soleil, que le soleil s'est avancé en un jour suivant l'ordre des signes. L'élévation de l'étoile alors ne peut pas encore être vue, parce qu'elle est encore dans les rayons du soleil. Mais la nuit suivante, le soleil avançant suivant l'ordre des signes, l'étoile se lève d'autant plus tôt que le soleil, que celui-ci s'est plus avancé en deux jours. Et les jours suivans l'étoile se levant toujours de plus en plus avant le soleil, quand elle se lève ainsi assez pour être vue avant le lever du soleil, des rayons duquel elle est dégagée, on dit qu'alors elle fait son lever matutinal visible. C'est ainsi qu'on observe et qu'on marque d'avance dans les tables calculées, les élévations visibles des astres. C'est la même chose encore pour les élévations du soir. Il y en a deux différentes : les unes sont appelées vraies, et les autres apparentes; vraies, quand au même instant que le soleil se couche, une étoile se lève, étant dans l'horizon précisément quand il y est aussi. Ces sortes d'élévations sont invisibles à cause des rayons du soleil. Mais les jours suivans, à mesure que le soleil s'avance, sa distance à cette étoile étant augmentée, elle se lève bien avant le coucher du soleil; mais ce lever n'est pas encore visible, parce qu'il est enveloppé des rayons solaires. Mais quand après le coucher du soleil on commence à la voir se lever après qu'elle s'est dégagée des rayons solaires, alors on dit qu'elle fait son lever vespertinal visible. Et les nuits suivantes elle paroît toujours de plus en plus élevée.

Il y a de même deux différences de couchers, les uns se font le matin et les autres le soir. On les appelle couchers du matin quand un astre se couche au moment du lever du soleil. On appelle coucher du soir, celui d'un astre qui descend sous l'horizon au même instant que le soleil se couche. Or il y a deux différens couchers du matin, les uns vrais, les autres apparens. Les vrais, quand le soleil et l'étoile sont en même temps dans l'horizon. Ces espèces de couchers sont invisibles à cause des rayons du soleil. Le

μενα μεταβῇ ἐν τῷ ἡμερησίῳ χρόνῳ. Οὔπω μέντοι δύναται θεωρηθῆναι ἡ τοῦ ἄστρου ἐπιτολή, ἔτι δὲ καταυγεῖται ὑπὸ τοῦ ἡλίου. Παλιν δὲ ἐν μὲν τῇ ἐχομένῃ ἡμέρᾳ ὁ μὲν ἥλιος εἰς τὰ ἑπόμενα μετέβη, ὁ δὲ ἀστὴρ τοσοῦτον προανατέλλει τοῦ ἡλίου, ὅσον ὁ ἥλιος ἐν ταῖς δύσιν ἡμέραις μετεκινήθη. Εν δὲ ταῖς ἐχομέναις ἡμέραις ἀεὶ τοῦ ἀστέρος ἑνωρότερον μᾶλλον καὶ ἑνωρότερον προανατέλλοντος, ὅταν τοσοῦτον προανατέλλῃ, ὥστε θεωρηθῆναι τὴν τοῦ ἄστρου ἐπιτολὴν, ἐκπεφευγότος αὐτος τὰς αὐγὰς τοῦ ἡλίου, τότε λέγεται ὁ ἀστὴρ οὗτος ἑῴαν φαινομένην ἐπιτολὴν πεποιῆσθαι. Δἰ ἣν αἰτίαν καὶ ἐν τοῖς ψηφίσμασιν αἱ φαινόμεναι τῶν ἄστρων ἐπιτολαὶ προλέγονται, καὶ παρατηροῦνται. Ο δὲ αὐτὸς λόγος καὶ ἐπὶ τῶν ἑσπερίων ἐπιτολῶν πάλιν. Καὶ γὰρ τούτων διαφοραί σίσι δύο· αἱ μὲν γὰρ αὐτῶν ἀληθιναὶ λέγονται, αἱ δὲ φαινόμεναι. Αληθιναὶ μὲν, ὅταν ἅμα κατ' ἀλήθειαν τοῦ ἡλίου δύνοντος, ἐπιτείλῃ τὶς ἀστὴρ, ἅμα γινόμενος ἐπὶ τοῦ ὁρίζοντος πρὸς τὴν κατὰ τὸν λόγον ἀκρίβειαν. Καὶ αὗται δὲ αἱ ἐπιτολαὶ ἀθεώρητοι γίνονται, διὰ τὰς αὐγὰς τοῦ ἡλίου. Εν δὲ ταῖς ἑξῆς ἡμέραις διὰ τὴν τοῦ ἡλίου μετάβασιν, συναιρουμένου τοῦ πρὸς τὸν ἀστέρα διαστήματος, προανατέλλει μὲν πρὸ τῆς τοῦ ἡλίου δύσεως, ἔτι δὲ ὑπὸ τοῦ ἡλίου καταυγούμενος ἀθεώρητος ἐστιν. Οταν δὲ μετὰ τὴν τοῦ ἡλίου δύσιν πρῶτος ἐκπεφευγὼς τὰς αὐγὰς τοῦ ἡλίου θεωρηθῇ, τότε λέγεται φαινομένην ἑσπερίαν ἐπιτολὴν πεποιῆσθαι. Εν δὲ ταῖς ἐχομέναις νυξὶ μετεωρότερος ἀεὶ μᾶλλον καὶ μᾶλλον φαίνεται.

Ομοίως δὲ καὶ τῶν δύσεων διαφοραὶ λέγονται δύο. Αἱ μὲν γὰρ αὐτῶν ἑῷαί εἰσιν, αἱ δὲ ἑσπέριαι. Εῷαι μὲν οὖν λέγονται δύσεις, ὅταν τοῦ ἡλίου ἀνατέλλοντος δύνῃ τὶς ἀστήρ. Εσπερία δὲ δύσις λέγεται, ὅταν τοῦ ἡλίου δύνοντος συγκαταφέρηταί τις ἀστὴρ ἅμα γινόμενος ὑπὸ τὸν ὁρίζοντα. Εἰσὶ δὲ τῶν ἑῴων δύσεων διαφοραὶ δύο. Αἱ μὲν γὰρ εἰσιν ἀληθιναὶ, αἱ δὲ φαινόμεναι· ἀληθιναὶ μὲν, ὅταν ἐπὶ τοῦ ὁρίζοντος γένωνται ὅτε ἥλιος καὶ ὁ ἀστὴρ δύνων. Αὗται δὲ αἱ δύσεις ἀθεώρητοι γίνονται διὰ τὰς αὐγὰς τοῦ ἡλίου. Φαινομένη δὲ ἐστιν ἑῴα δύσις, ὅταν πρὸ τῆς τοῦ ἡλίου ἀνατολῆς τὸ ἔσχατον δύνων ὁ ἀστὴρ θεωρηθῇ. Ὁμοίως δὲ καὶ ἐπὶ τῶν ἑσπερίων δύσεων αἱ διαφοραί εἰσι δύο. Αἱ μὲν γὰρ αὐτῶν εἰσιν ἀληθιναὶ, αἱ δὲ φαινόμεναι· ἀληθιναὶ μὲν, ὅταν ἀπαραλλάκτως ἐπὶ τοῦ ὁρίζοντος γενηται ὁ ἥλιος καὶ ὁ ἀστὴρ ἀμφότεροι δύνοντες· ἀθεώρητοι δὲ καὶ αὗται αἱ δύσεις γίνονται διὰ τὰς αὐγὰς τοῦ ἡλίου. Φαινόμεναι δέ εἰσιν ἑσπέριαι δύσεις, ὅταν μετὰ τὴν τοῦ ἡλίου δύσιν ἐπικαταδύνῃ τὶς ἀστὴρ τῷ ἡλίῳ, θεωρούμενος ὑφ' ἡμῶν. Τῶν μὲν οὖν ἑῴων ἐπιτολῶν καὶ δύσεων πρότερον γίνονται αἱ ἀληθιναὶ, ὕστερον δὲ αἱ φαινόμεναι· τῶν δὲ ἑσπερίων ἐπιτολῶν τε καὶ δύσεων πρότερον γίνονται αἱ φαινόμεναι, ὕστερον δὲ αἱ ἀληθιναί. Ἑῴα μὲν ἐπιτολὴ ἀπὸ ἑῴας, καὶ ἑσπερία ἐπιτολὴ ἀπὸ ἑσπερίας ἐπιτολῆς· καὶ καθόλου πᾶν τὸ ὅμοιον εἶδος ἀπὸ τοῦ ὁμοίου εἴδους, πᾶσι τοῖς ἄστροις δι' ἐνιαυτοῦ γίνεται. Ὁ γὰρ ἥλιος ἐνιαυτῷ διελθὼν τὸν ζωδιακὸν κύκλον, πάλιν κατὰ τοὺς αὐτοὺς ἀστέρας γίνεται.

Ἑῴα δὲ ἐπιτολὴ ἀπὸ ἑσπερίας ἐπιτολῆς τοῖς μὲν ἐπὶ τοῦ ζωδιακοῦ κύκλου κειμένοις ἄστροις δι' ἑξαμήνου γίνεται, καὶ ἑῴα δύσις ἀπὸ ἑσπερίας δύσεως. Τοῖς δὲ βορειοτέροις τοῦ ζωδιακοῦ κύκλου κειμένοις ἄστροις ἑῴα μὲν ἐπιτολὴ ἀπὸ ἑσπερίας ἐπιτολῆς διὰ πλείονος χρόνου ἢ ἑξαμηνιαίου γίνεται· τοῖς δὲ πρὸς μησημβρίαν κειμένοις τοῦ ζωδιακοῦ κύκλου ἑῴα ἐπιτολὴ ἀπὸ ἑσπερίας ἐπιτολῆς δι' ἐλάττονος ἢ ἑξαμηνιαίου χρόνου γίνεται. Ὁ δὲ πλεονάζων χρόνος τοῦ ἑξαμήνου οὐκ ἔστι πᾶσι τοῖς ἄστροις ὡρισμένος· Ἀλλ' οἷς μὲν πλείων, οἷς δὲ ἐλάττων. Τοῖς δὲ γὰρ πρὸς ἄρκτον ἀεί μᾶλλον κειμένοις πλείων ἀεὶ καὶ πλείων ὁ χρόνος γίνεται, διὰ τὸ μείζονα τμήματα ὑπὲρ γῆν φερεσθαι τοῖς ἀεὶ μᾶλλον πρὸς ἄρκτον κειμένοις. Τοῖς δὲ πρὸς μεσημβρίαν μᾶλλον κειμένοις ἀεὶ μᾶλλον καὶ μᾶλλον ἐλάττων ὁ χρόνος γίνεται. Ἐλάττονα γὰρ τὰ τμήματα ὑπὲρ γῆν φέρονται οἱ πρὸς μεσημβρίαν ἀστέρες κείμενοι. Ἀνάπαλιν δὲ τοῖς πρὸς ἄρκτον κειμένοις τοῦ ζωδιακοῦ κύκλου ἐλάττων ἐστὶ χρόνος ἑξαμηνου ὁ ἀπὸ ἑῴας δύσεως μέχρι ἑσπερίας ἐπιτολῆς· οἷς δὲ πρὸς μεσημβρίαν πλείων ὁ χρόνος ἑξαμήνου

coucher du matin est apparent quand on voit l'étoile se coucher juste avant le lever du soleil. Il y a aussi deux différens couchers du soir. Les uns sont vrais, les autres sont apparens. Les vrais, quand le soleil et l'étoile sont dans l'horizon en se couchant l'un et l'autre au même instant. Ces sortes de couchers sont invisibles, à cause des rayons du soleil. Les couchers du soir sont apparens quand une étoile se couche après le soleil, et cette sorte de coucher est visible. Des élévations et dépressions matutinales, les vraies se font d'abord, et les apparentes ensuite; et des vespertinales, les apparentes d'abord, et les vraies ensuite. L'élévation matutinale apparente suit de la matutinale vraie; et la vespertine vraie, de la vespertine apparente. Et généralement les mêmes circonstances font que les mêmes apparences ont lieu pour toutes les étoiles dans le cours d'une année; car le soleil parcourant tout le zodiaque en un an, repasse toujours par les mêmes étoiles.

Mais les étoiles situées dans le zodiaque s'élèvent pendant six mois le matin, après s'être élevées le soir, et de même se couchent pendant six mois le matin, après s'être couchées le soir. Mais les étoiles plus boréales que le zodiaque s'élèvent le matin pendant plus de six mois, après s'être élevées le soir; et celles qui sont plus australes pendant moins de 6 mois. La différence d'avec 6 mois n'est pas déterminée pour toutes ces étoiles. Elle est plus grande pour les unes, plus petite pour les autres. Car le temps est d'autant plus grand pour ces étoiles, qu'elles sont plus proches de l'ourse, parce que ces étoiles parcourent des arcs d'autant plus grands au-dessus de l'horizon. Et celles qui en sont éloignées au sud parcourent des arcs d'autant plus petits au-dessus de l'horizon, qu'elles sont plus australes, c'est pourquoi elles emploient d'autant moins de temps à les parcourir. Au contraire, les étoiles boréales mettent moins de six mois à passer du coucher matutinal à l'élévation du soir; et les étoiles australes, davantage. Et la différence de temps est conséquente aux distances où elles sont du zodiaque, selon les différences des segmens de leur parallèles coupés par l'horizon, au-dessus de la terre.

Quant aux étoiles qui sont dans le zodiaque, elles ont une élévation du matin et un coucher du soir, et ensuite un coucher du matin et une élévation du soir. Mais ces circonstances n'arrivent pas de même pour les autres étoiles; elles varient suivant les temps, par l'effet du mouvement circulaire des étoiles d'orient en occident. Celles qui sont sur l'équateur parcourent le même espace au-dessus qu'au-dessous de l'horizon, parce que ce cercle coupe l'équateur en deux parties égales. Les étoiles plus boréales que l'équateur sont plus de temps au-dessus de l'horizon, et moins au-dessous. Parce que les cercles décrits par les fixes sont coupés par l'horizon en deux segmens, dont le plus grand est au-dessus de l'horizon et le plus petit au-dessous, par l'élévation du pole. Et les étoiles plus australes que l'équateur parcourent plus d'espace au-dessous qu'au dessus de l'horizon, parce que ce cercle coupe les parallèles des fixes en deux segmens dont le supérieur est le plus petit, et l'inférieur le plus grand. Par le mouvement qui transporte les fixes, celles qui se lèvent ensemble ne se couchent pas ensemble; mais de celles qui se lèvent ensemble, les plus méridionales se couchent les premières, parce qu'elles parcourent de plus petits segmens que les autres, au-dessus de l'horizon. De même celles qui se couchent ensemble ne se lèvent pas ensemble. Mais celles qui sont les plus boréales se lèvent les premières, parce qu'elles parcourent de plus petits segmens au-dessous de l'horizon. Et aussi les étoiles qui se lèvent les premières ne se couchent pas les premières. Mais de celles qui s'étoient levées les premières, les unes se couchent ensemble, et d'autres plus tard. Pareillement, quelques-unes de celles qui se couchent les pre-

ἀπὸ ἑῴας δύσεως μέχρις ἑσπερίας ἐπιτολῆς· ἡ δὲ παραλλαγὴ τῶν χρόνων ἀκολούθως γίνεται ταῖς ἀποςάσεσι ταῖς ἀπὸ τοῦ ζωδιακοῦ κύκλου κατὰ τὴν τῶν τμημάτων παραλλαγὴν τῶν ὑπέρ γῆν ἀναλαμβανομένων ὑπὸ τοῦ ὁρίζοντος.

Τοῖς δὲ ἐπὶ τοῦ ζωδιακοῦ κύκλου κειμένοις ἅμα γινεται ἑῴα ἐπιτολὴ καὶ ἑσπερία δύσις, καὶ πάλιν ἅμα ἑῴα δῦσις καὶ ἑσπερία ἐπιτολή. Τοῖς δὲ λοιποῖς ἄςροις οὐχ ἅμα τὰ προειρημένα εἴδη ἐπιτελειται. ἀλλὰ διαλλάσσει κατὰ τοὺς χρόνους, τῶν ἀςέρων κινουμένων ἐγκύκλιον φορὰν ἀπὸ ἀνατολῶν ἐπὶ δύσιν. Οσα μὲν οὖν αὐτῶν ἐπὶ τοῦ ἰσημερινοῦ κύκλου κεῖται, τὸν ἴσον δρόμον ὑπὲρ γῆν φέρεται καὶ ὑπὸ γῆν. διχοτομεῖται γὰρ ὁ ἰσημερινὸς κύκλος ὑπὸ τοῦ ὁρίζοντος. ὅσα δὲ τῶν ἄςρων πρὸς ἄρκτον κεῖται τοῦ ἰσημερινοῦ κύκλου, ταῦτα πλείονα μὲν χρόνον ὑπὲρ γῆν φέρεται, ἐλάττονα δὲ ὑπὸ γῆν. Πάντων γὰρ κύκλων, καθ' ὧν φέρονται οἱ ἀπλανεις ἀςέρες, μείζονα μὲν τμήματα ὑπὲρ γῆν ἀπολαμβάνεται ὑπὸ τοῦ ὁρίζοντος, ἐλάττονα δὲ ὑπὸ γῆν, διὰ τὸ ἔξαρμα τοῦ πόλου. Οσα δὲ τῶν ἄςρων πρὸς μεσημβρίαν κεῖται τοῦ ἰσημερινοῦ κύκλου, ἐλάττονα μὲν φορὰν ὑπὲρ γῆν φέρεται, πλείονα δὲ ὑπὸ γῆν· πάλιν γὰρ τῶν κύκλων, καθ' ὧν φέρονται οἱ ἀπλανεις ἀςέρες οἱ ἐπὶ μεσημβρίαν κείμενοι, ἐλάττονα μὲν τμήματα ὑπὲρ γῆν ἔχουσι, μείζονα δὲ ὑπὸ γῆν. Τοιαύτης δὲ φορᾶς τοῖς ἀπλανέσιν ἄςροις ὑπαρχούσης, συμβαίνει μὴ πάντα τὰ ἅμα ἀνατέλλοντα καὶ ἅμα δύνειν, ἀλλὰ τῶν ἅμα ἀνατελλόντων ἀεὶ τὰ πρὸς μεσημβρίαν μᾶλλον αὐτῶν κείμενα πρότερον δύνειν, διὰ τὸ ἐλάττονα τμήματα ὑπὲρ γῆν φέρεσθαι. Ομοίως δὲ οὐδὲ τὰ ἅμα δύνοντα ἅμα καὶ ανατέλλει. Αλλὰ τὰ πρὸς ἄρκτον αὐτῶν μᾶλλον κείμενα πρότερον ἀνατέλλει, διὰ τὸ ἐλάττονα τμήματα ὑπὸ γῆν φέρεσθαι. Πάλιν δὲ οὐδὲ τὰ πρότερον ἀνατέλλοντα καὶ πρότερον δύνει. Αλλά τινα μὲν τῶν πρότερον ἀνατελλόντων ἅμα καὶ δύνει, τινὰ δὲ ὕστερον. Ὁμοίως δὲ καὶ τῶν πρότερον δυνόντων τινὰ μὲν οὐ προανατέλλει, ἀλλ' ἅμα μὲν ἀνατέλλει καὶ δύνει, τὰ μὲν πρότερον, τὰ δὲ ὕστερον. Μνημονεύει δὲ καὶ τούτων ἐπὶ ποσῶν Ἄρατος λέγων οὕτως,

Ἀλλ' αἰεὶ ταῦρος προφερέστερος ἡνιόχοιο
Εἰς ἑτέρην καταβῆναι, ὁμηλυσίη περ ἀνελθών.

Ἐν γὰρ τούτοις φησὶν ἅμα τὸν ταῦρον τῷ ἡνιόχῳ ἀνατείλαντα πρότερον δύνειν. Γίνεται δὲ οὕτω παρὰ τὴν τῶν τμημάτων ὑπεροχὴν, ὧν ὑπὲρ γῆν φέρονται καὶ ὑπὸ γῆν οἱ ἀπλανεῖς ἀστέρες. Διὰ δὲ τὴν τοιαύτην σφαιροποιΐαν οὐ πάντα τὰ ἄστρα ἀνατέλλει καθ' ἑκάστην νύκτα· ἀλλά τινα μὲν ἀνατέλλει καὶ δύνει, τινὰ δὲ ἀνατέλλει μὲν, οὐ δύνει δέ· ἃ δὲ οὔτ' ἀνατέλλει, οὔτε δύνει· ἀλλὰ τὰ μὲν ἀρκτικώτερα κείμενα, μετέωρα ὑπάρχοντα μετὰ τὴν τοῦ ἡλίου δύσιν, πρὸ τῆς τοῦ ἡλίου ἀνατολῆς ἔτι μετεωρότερα φαίνεται· τὰ δὲ μεσημβρινώτερα κείμενα οὔτ' ἀνατέλλοντα οὔτε δύνοντα θεωρεῖται· ἀλλὰ πάντα τὸν τῆς νυκτὸς χρόνον ὑπὸ γῆν φέρονται. Ὅθεν καί τινα τῶν ἄστρων ἀμφιφανῆ καλεῖται, καθάπερ καὶ ὁ ἀρκτοῦρος. Μετὰ γὰρ τὴν τοῦ ἡλίου δύσιν πλεονάκις θεωρεῖται, δύνων τε ἐν τῇ αὐτῇ νυκτὶ, καὶ προανατέλλων τοῦ ἡλίου φαίνεται. Δι' ἣν αἰτίαν καλεῖται ἀμφιφανὴς, ὅτι καὶ ἀφ' ἑσπέρας δύνων καὶ ἀνατέλλων ἐν τῇ αὐτῇ νυκτὶ θεωρεῖται. Τὰ δὲ ἐναντίαν ἔχει τάξιν ὅσα προδύνει μὲν τῆς τοῦ ἡλίου δύσεως, ἐπανατέλλει δὲ μετὰ τὴν τοῦ ἡλίου ἀνατολὴν· ὥστε καθ' ὅλην τὴν νύκτα μὴ θεωρηθῆναι μήτ' ἀνατέλλοντα, μήτε δύνοντα, ἃ δὴ καλοῦσί τινες νυκτὶ διέξοδα. Οὐ κατὰ πάντα δὲ καιρὸν ταῦτα πάντα τὰ ἰδιώματα περὶ τοὺς αὐτοὺς ἀστέρας ὑπάρχει. ἀλλὰ περὶ τὰς τοῦ ἡλίου μεταβάσεις ἀλλοιοῦται καὶ τὰ περὶ τὰς ἀνατολὰς, καὶ τὰ περὶ τὰς δύσεις.

mières, ne se lèvent pas avant, mais se lèvent et se couchent ensemble, les unes plus tôt, les autres plus tard. C'est ce que témoigne en partie Aratus, par ces mots :

Le taureau, toujours plus prompt que le cocher à descendre, quoique montant avec lui.

Ce qui signifie que le taureau qui se lève avec le cocher se couche avant lui. Cela s'opère par l'effet de la différence des segmens, tant supérieurs qu'inférieurs, parcourus par les fixes. Par un effet de cette sphéricité, toutes les étoiles ne se lèvent pas toutes les nuits. Quelques-unes se lèvent et se couchent, d'autres se lèvent et ne se couchent point; il y en a enfin qui ne se lèvent ni ne se couchent jamais. Mais les plus boréales qui sont très-élevées après le coucher du soleil, paroissent encore plus élevées avant son lever. On ne voit jamais au contraire les plus méridionales se lever ni se coucher, mais elles sont toujours au-dessous de l'horizon. C'est pourquoi il y a des étoiles qu'on dit être deux fois apparentes, comme arcturus. Car souvent on le voit se coucher après le coucher du soleil, et dans la même nuit, se lever avant cet astre. C'est ce qui fait dire qu'il est deux fois apparent, en ce qu'on l'apperçoit se coucher dès le soir et se lever dans la même nuit. C'est tout le contraire pour les étoiles qui se couchent avant le soleil et qui se lèvent après son lever. On ne les voit de toute la nuit ni se lever ni se coucher; ce qui les a fait appeler extravagantes de nuit. Mais les mêmes étoiles ne font pas appercevoir toutes ces propriétés en tout temps. Car les circonstances de leurs levers et de leurs couchers varient à mesure que le soleil avance dans sa course.

ΚΕΦΑΛΑΙΟΝ ΙΒ.

ΠΕΡΙ ΤΩΝ ΕΝ ΓΗ ΖΩΝΩΝ.

Ἡ τῆς συμπάσης γῆς ἐπιφάνεια σφαιροειδὴς ὑπάρ-

CHAPITRE XII.

Des Zônes de la Terre.

La surface de la terre étant de forme sphérique,

se partage en cinq zônes, dont les deux autour des poles, parce qu'elles sont les plus éloignées de la route du soleil, sont appelées glaciales, et le froid les rend inhabitables. Elles s'étendent depuis les cercles arctiques jusqu'aux poles. Celles qui les suivent, placées à une distance moyenne de la route du soleil, sont appelées zones tempérées. Elles s'etendent des cercles arctiques du monde aux cercles tropiques, entre les uns et les autres. Enfin la zône restante qui tient le milieu entre celles qui viennent d'être énoncées, et qui est située sous la route même du soleil, est la zône torride. Elle est coupée en deux zônes égales par l'équateur terrestre qui est dans le plan de l'équateur du monde. Des deux zones tempérées, il se trouve que la boréale est habitée par ceux qui peuplent la partie de la terre que nous habitons, sur une longueur de dix myriades de stades à peu près, et sur la moitié anviron de largeur.

χουσα διαιρεῖται εἰς ζώνας πέντε· ὧν δύο μὲν αἱ περὶ τοὺς πόλους, παῤῥωτατα δὲ κείμεναι τῆς τοῦ ἡλίου παρόδου κατεψυγμέναι λέγονται, καὶ ἀοίκητοι διὰ τὸ ψύχος. Ἀφορίζονται δὲ ὑπὸ τῶν ἀρκτικῶν πρὸς τοὺς πόλους. Αἱ δὲ τούτων ἑξῆς, συμμέτρως δὲ κείμεναι πρὸς τὴν τοῦ ἡλίου πάροδον, εὔκρατοι καλοῦνται. Ἀφορίζονται δὲ αὗται ὑπὸ τῶν ἐν τῷ κόσμῳ ἀρκτικῶν καὶ τροπικῶν κύκλων, μεταξὺ κείμεναι αὐτῶν. Ἡ δὲ λοιπὴ μέση τῶν προειρημένων, κειμένη δὲ ὑπ' αὐτὴν τὴν τοῦ ἡλίου πάροδον, διακεκαυμένη καλεῖται. Διχοτομεῖται δὲ αὕτη ὑπὸ τοῦ ἐν τῇ γῇ ἰσημερινοῦ κύκλου, ὃς κεῖται ὑπὸ τον ἐν τῷ κόσμῳ ἰσημερινὸν κύκλον. Τῶν δὲ εὐκράτων δύο ζωνῶν τὴν βόρειον ὑπὸ τῶν ἐν τῇ καθ' ἡμᾶς οἰκουμένῃ οἰκεῖσθαι συμβέβηκεν, ἐπὶ μὲν τὸ μῆκος οὖσαν ὡς ἔγγιστα περὶ δέκα μυριάδας σταδίων, ἐπὶ δὲ τὸ πλάτος ὡς ἔγγιστα τὸ ἥμισυ.

CHAPITRE XIII.

Des parties habitées de la terre.

Les peuples de la terre sont appelés ou cohabitans, ou habitans du tour du monde, ou opposés, ou antipodes. Les cohabitans demeurent dans le même lieu d'une même zône. Les habitans du tour du monde sont répandus sur toute la surface circulaire d'une même zône. Les opposés sont sur une zône australe nommée de même que la boréale, et dans un même hémisphère. Et les antipodes sont sur une zône australe de l'autre hémisphère, diamétralement opposés à la partie boréale que nous habitons, ce qui les a fait appeler antipodes. Car tous les corps pesans tendant au centre, parce que tous les corps se portent vers le point du milieu, si d'un point de la partie que nous habitons, on mène une ligne droite au centre de la terre, et qu'on la prolonge jusqu'au

ΚΕΦΑΛΑΙΟΝ ΙΓ.

ΠΕΡΙ ΟΙΚΗΣΕΩΝ.

Των δὲ ἐπὶ γῆς κατοικούντων οἱ μὲν λέγονται σύνοικοι, οἱ δὲ περίοικοι, οἱ δὲ ἄντοικοι, οἱ δὲ ἀντίποδες. Σύνοικοι μὲν οὖν εἰσιν οἱ περὶ τὸν αὐτὸν τόπον τῆς αὐτῆς ζώνης κατοικοῦντες. Περίοικοι δὲ οἱ ἐν τῇ αὐτῇ ζώνῃ κύκλῳ περιοικοῦντες. Ἄντοικοι δὲ οἱ ἐν τῇ αὐτῇ νοτίῳ ζώνῃ ὑπὸ τὸ αὐτὸ ἡμισφαίριον κατοικοῦντες. Ἀντίποδες δὲ οἱ ἐν τῇ νοτίῳ ζώνῃ ἐν τῷ ἑτέρῳ ἡμισφαιρίῳ κατοικοῦντες, κατὰ τὴν αὐτὴν διάμετρον κείμενοι τῇ καθ' ἡμᾶς οἰκουμένῃ· διὸ κέκληνται ἀντίποδες. Πάντων γὰρ τῶν βαρέων ἐπὶ τὸ κέντρον συννευόντων, διὰ τὸ ἐπὶ μέσον εἶναι τὴν φορὰν τῶν σωμάτων, ἐὰν ἀπὸ τινος οἰκήσεως τῶν ἐπὶ τῇ καθ' ἡμᾶς οἰκουμένῃ ἐπὶ τὸ κέντρον τῆς γῆς ἐπιζευχθῇ τις εὐθεῖα, καὶ ἐκβληθῇ, οἱ κατὰ τὸ πέρας κεί-

μενοι τῆς διαμέτρου ἐν τῇ νοτίῳ ζώνῃ κατοικούντων ἀντίποδες γίνονται τῶν ἐν τῃ βορείῳ ζωνῃ κατοικούντων.

Διαιρεῖται δὲ ἡ καθ' ἡμᾶς οἰκουμένη εἰς μέρη τρια, Ασίαν, Εὐρώπην, Λιβύην. Διπλάσιον δὲ ἐςὶν ὡς ἔγγιςα τὸ μῆκος τῆς οἰκουμένης τοῦ πλάτους. Δι ἣν αἰτίαν οἱ κατὰ λόγον γράφοντες τὰς γεωγραφίας, ἐν πίναξι γράφουσι παραμήκεσιν, ὡς διπλάσιον εἶναι τὸ μῆκος τοῦ πλάτους. Οἱ δὲ ςρογγύλας γράφοντες τὰς γεωγραφίας, πολὺ τῆς ἀληθείας εἰσι πεπλανημένοι. Ισον γὰρ γίνεται τὸ μῆκος τῷ πλάτει· ὅπερ οὐκ ἔςιν ἐν τῇ φύσει. Ανάγκη οὖν μὴ τηρεισθαι τὰς ἐπὶ διαςημάτων συμμετρίας τὰς ἐν ταῖς ςρογγύλοις γεωγραφίαις. Εκτμημά τι γάρ ἐςι σφαίρας τὸ οἰκούμενον μέρος τῆς γῆς, διπλάσιον ἔχον τὸ μῆκος τοῦ πλάτους, ὅπερ οὐ δύναται ἀποτερματίζεσθαι κύκλῳ. Αναμετρημένου δὲ τοῦ μεγίςου κύκλου τῶν ἐν τῇ γῇ κατὰ τὸν ἐν τῷ κόσμῳ μεσημβρινὸν, καὶ εὑρημένου μυριάδων κε̅, καὶ ςαδίων β̅ τῆς διαμέτρου μυριάδων η̅, καὶ ςαδίων υιε̅. Διαιρουμένου τε τοῦ μεσημβρινοῦ κύκλου εἰς μέρη ξ̅, καλεῖται τὸ ἓν τμῆμα ἑξηκοςόν, ὃ γίνεται δ,σ̅ ςάδια. Εὰν γὰρ μερισθῶσιν αἱ κε̅ μυριάδες καὶ τὰ β,̅ ςάδια εἰς μέρη ξ̅, γίνεται τὸ ἑξηκοςὸν ςαδίων δ,σ̅. Εςιν οὖν τὰ μεταξὺ τῶν ζωνῶν διαςήματα τοῦτον ἀφωρισμένα τὸν τρόπον. Τῶν μὲν κατεψυγμένων ζωνῶν δύο τὸ πλάτος ἑκατέρας αὐτῶν ἑξηκοςῶν ς̅, ἅπερ εἰσὶ ςάδιοι μὲν κ,εσ̅. Τῶν δὲ εὐκράτων δύο ζωνῶν τὸ πλάτος ἑκατέρας αὐτῶν ἑξηνοςῶν ε̅, ἃ γίνετηι ςάδιοι μὲν ,κα̅. Τῆς δὲ διακεκαυμένης ζώνης τὸ πλατος ἑξηκοςῶν η̅, ὥςε ἀπὸ τοῦ ἰσημερινοῦ ἐφ' ἑκάτερα πρὸς τοὺς τροπικοὺς ἑξηκοςὰ εἶναι δ̅, ἃ γίνεται ςάδια μὲν ι,ςω̅. Γίνονται οὖν ἀπὸ μὲν τοῦ πόλου τοῦ ἐν τῇ γῇ, ὃς κεῖται κατὰ τὸν ἐν τῷ κόσμῳ πόλον, μέχρι τοῦ ἐν τῇ γῇ ἀρκτικοῦ ςάδιοι μὲν κ,εσ̅· ἀπὸ δὲ τοῦ ἐν τῃ γῃ ἀρκτικοῦ, ὃς κεῖται κατὰ τὸν ἐν τῷ κόσμῳ ἀρκτικὸν, πρὸς τὸν ἐν τῃ γῃ τροπικὸν, ὃς κεῖται κατὰ τὸν ἐν τῶν κόσμῳ θερινὸν τροπικὸν, ςάδιοι μὲν κ,α̅ ἀπὸ δὲ τοῦ θερινοῦ τροπικοῦ μέχρι τοῦ νν τῃ γῃ ἰσημερινοῦ, ὃς κεῖται κατὰ τὸν ἐνιτῷ κόσμῳ ἰσημερινὸν, ςάδιοι ι,ςω̅. Παλιν ἀπὸ τοῦ ἰσημερινοῦ πρὸς τὸν ἑτε-

point opposé, les habitans de l'extrémité australe de ce diamètre, sont les antipodes des habitans de son extrémité boréale.

La partie que nous habitons sur la terre, se divise en trois, qui sont l'Asie, l'Europe, la Lybie. Sa longueur est presque double de sa largeur. C'est pourquoi ceux qui en font des descriptions graphiques, proportionnées à ce qu'elle est réellement, la représentent sur des tableaux oblongs, de façon qu'elle soit du double plus longue que large. Mais ceux qui la représentent en rond sont bien loin de la vérité. Car alors ils la font aussi large que longue; ce qui n'est pas vrai dans la nature. Ces images rondes de la terre, obligent de n'y pas conserver les distances réelles des lieux; vu que la partie habitée de la terre est une portion de la surface de la sphère, laquelle étant deux fois aussi longue que large, ne peut pas être enlevée en rond de cette surface sphérique. Un grand cercle de la sphère terrestre mesuré sur le méridien étant de 252000 stades, son diamètre est de 8415; si l'on divise le méridien en 60 parties égales, chaque soixantième contient 4200 stades qui sont le résultat de 252000 stades divisées par 60. Et voici comme on fixe leur largeur respective. Les deux glaciales ont de largeur chacune 6 soixantièmes qui font 25200 stades. La largeur de chacune des deux tempérées est de 5 soixantièmes, qui font 21000 stades; et la largeur de la zône torride est de 8 soixantièmes, de sorte que depuis l'équateur jusqu'à l'un et l'autre des tropiques il y a 4 soixantièmes qui font 16800 stades. Par conséquent l'intervalle du pole de la terre, qui correspond à celui du monde jusqu'au cercle arctique terrestre est de 25200 stades. L'espace entre le cercle arctique terrestre correspondant au cercle arctique du monde, et le tropique terrestre qui correspond au tropique d'été du monde, contient 21000 stades. Et la distance du tropique d'été à l'équateur terrestre correspondant à l'équateur du monde, est de 16800 stades. Puis encore

16800 stades de l'équateur à l'autre tropique; 2100 de ce tropique au cercle antarctique, et 25200 de celui-ci à l'autre pole. Par conséquent les deux poles sont à 126000 stades l'un de l'autre, ce qui est la moitié du contour de la terre. Car la distance d'un pole à l'autre est un demi-cercle.

Cette division en soixantièmes s'observe aussi sur les sphères armillaires. Voici la manière de les construire : On y place le cercle arctique à 36 degrés du pole, c'est-à-dire à 6 soixantièmes, car 6 fois 6 font 36. On met le cercle arctique à 30 degrés du tropique d'été, ou, ce qui est la même chose, à 5 soixantièmes; et le tropique d'été à 24 degrés de l'équateur; ce qui fait 4 soixantièmes. L'équateur pareillement à 24 degrés loin du tropique d'hiver. Celui-ci à 30 degrés du cercle antarctique; et ce dernier à 36 du pole autral, de sorte qu'il y a encore d'un pole à l'autre 180 degrés ou 30 soixantièmes. Car les sphères armillaires, ainsi que les globes solides, se construisent relativement à ce seul climat; les seuls cercles arctiques variant en quelques lieux, suivant les distances.

La division des habitans de la terre se fait même entre les zônes terrestres, d'après ce seul climat. Ainsi, ceux qui demeurent sur le même parallèle voyent les mêmes phénomènes quant aux lieux qu'ils habitent. Ils ont les mêmes longueurs de jours et les mêmes grandeurs d'éclipses. Leurs cadrans solaires sont décrits de même, et généralement toutes les circonstances qui arrivent dans un seul et même parallèle. Car l'inclinaison du monde demeure toujours la même pour tous ces lieux; et la différence des phénomènes ne vient que de celle des inclinaisons. Mais les jours ne commencent et ne finissent pas au même instant pour tous ces lieux, puisque c'est plus tôt pour les uns, et plus tard pour les autres. Tous ont une première heure qui est pour d'autres le milieu du jour, et pour d'autres encore le coucher.

ρου τροπικὸν ι,ϛω̅. Ἀπὸ δὲ τοῦ τροπικοῦ πρὸς τὸν ἀρκτικὸν ϛάδια κ,α̅. Ἀπὸ δὲ τοῦ ανταρκτικοῦ πρὸς τὸν ἕτερον πόλον κ, εσ̅· ὥϛε συνάγεσθαι τὸ μεταξὺ τῶν πόλων διάϛημα μυριάδων ιβ̅ καὶ ϛαδίων ϛ̅,. Ὅπερ ἐϛὶν ἥμισυ τῆς περιμέτρου τῆς γῆς. Τὸ γὰρ ἀπὸ τοῦ πόλου ἐπὶ τὸν πόλον ἐϛὶν ἡμικύκλιον.

Η δὲ διαίρεσις τῶν ἑξηκοϛῶν τούτων καὶ ἐν ταῖς κρικωταῖς σφαίραις ἡ αὐτὴ ὑπάρχει. Κατασκευάζονται γὰρ αἱ κρικωταὶ σφαῖραι οὕτως. Ἀπὸ τοῦ πόλου ὁ ἀρκτικὸς διΐϛαται μοίρας λϛ̅, ἅπερ ἐϛὶν ἑξηκοϛὰ ϛ̅· ἑξάκις γὰρ ἓξ γίνεται λϛ̅. ὁ δὲ ἀρκτικὸς ἀπὸ τοῦ θερινοῦ τροπικοῦ διΐϛαται μοίρας λ̅, ἅπερ ἐϛὶν ἑξηκοϛὰ ε̅. Ὁ δὲ θερινὸς τροπικὸς ἀπὸ τοῦ ἰσημερινοῦ διέϛηκε μοίρας κδ̅· ἅπερ ἐϛὶν ἑξηκοϛὰ δ̅· ὁ δὲ ἰσημερινὸς ἀπὸ τοῦ χειμερινοῦ τροπικοῦ διέϛηκε τὰς ἴσας μοίρας κδ̅. Ὁ δὲ χειμερινὸς τροπικὸς τοῦ ἀνταρκτικου διέϛηκε μοίρας λϛ̅. Ὥϛε πάλιν ἀπὸ τοῦ πόλου ἐπὶ τὸν πόλον συνάγεσθαι μὲν μοίρας ρπ̅, ἑξηκοϛὰ δὲ λ̅. Πρὸς γὰρ τοῦτο τὸ ἓν κλίμα καὶ αἱ κρικωταὶ σφαῖραι κατασκευάζονται, καὶ αἱ ϛερεαί, τῶν ἀρκτικῶν μόνων μεταπιπτόντων ἔν τισιν οἰκήσεσι κατὰ τὰς διαϛάσεις.

Αἱ μέντοι γε ἐν τῇ γῇ ζῶναι πρὸς τὸ εἰρημένον ἓν κλίμα λαμβάνουσι τὴν διαίρεσιν τῶν ἐπὶ τῆς γῆς κατοικουντῶν. Ὅσοι μὲν οὖν ἐπὶ τοῦ αὐτοῦ παραλλήλου κατοικοῦσι, τούτοις τὰ αὐτὰ φαινόμενα κατὰ τὰς οἰκήσεις γίνονται, καὶ τὰ μεγέθη τῶν ἐκλείψεων τοιαῦτα καὶ τῶν ὡροσκοπίων καταγραφαὶ αἱ αὐταί. Καὶ καθόλου πάντα τὰ περι τὰς οἰκήσεις τὰς ἐπὶ τοῦ αὐτοῦ παραλλήλου κειμένας, τὰ αὐτὰ ὑπάρχει. Τὸ γὰρ ἔγκλιμα τοῦ κόσμου μένει τὸ αὐτό. Παρὰ γὰρ τὸ ἔγκλιμα τοῦ κόσμου διάφορα γίνεται τὰ φαινόμενα. αἱ μέντοι γε ἀρχαὶ τῶν ἡμερῶν καὶ αἱ τελευταὶ οὐχ ἅμα πᾶσι γίνονται - ἀλλ' οἷς μὲν πρότερον, οἷς δὲ ὕϛερον. Καὶ ἐϛιν ἡ παρὰ πᾶσιν α̅ ὥρα, παρ' ἄλλοις μέσον ἡμέρας οὖσα, παρ' οἷς δὲ δύσις οὖσα.

Ἄχρι μέντοι γε πρὸς τὴν αἴσθησιν σχεδὸν ἐπὶ σταδίους υ̅ ἀπ' ἀνατολῆς ἐπὶ δύσιν ὁ αὐτὸς ὁρίζων διαμένει· ὥστε πρὸς αἴσθησιν ἅμα τὴν ἀνατολὴν αὐτοῖς γίνεσθαι, καὶ τὴν δύσιν. Οταν δὲ πλεῖον γένηται τὸ διάστημα τῶν υ̅ σταδίων, προανατολαὶ καὶ προδύσεις γίνονται. Τοῖς δὲ ἐπὶ τοῦ αὐτοῦ μεσημβρινοῦ κατοικοῦσι μέχρι μὲν σταδίων υ̅ ἀνεπαίσθητος γίνεται ἡ τῶν κλιμάτων παραλλαγὴ ἅμα. Τὸ μέντοι γε πλεῖον διάστημα ὑπερβῆναι πρὸς ἄρκτον ἢ πρὸς μεσημβρίαν, ἄλλο γίνεται ἔγκλιμα· ὥστε πάντα τὰ φαινομένα διάφορα γίνεσθαι. Καὶ γὰρ τὰ μεγέθη τῶν ἡμερῶν, καὶ τὰ μεγέθη τῶν ἐκλείψεων, καὶ αἱ τῶν ὡρολογείων καταγραφαὶ διάφοροι παρὰ τὰς οἰκήσεις γίνονται τοῖς ἐπὶ τοῦ αὐτοῦ μεσημβρινοῦ κατοικοῦσι. Τὸ γὰρ ἔγκλιμα μεταπίπτει ἢ πρὸς ἄρκτον ἢ πρὸς μησημβρίαν τῆς μεταβάσεως γινομένης. Τὰ μέντοι γε μέσα τῶν ἡμερῶν καὶ τὰ μεσα τῶν νυκτῶν ἅμα πᾶσι γίνεται τοῖς ἐπὶ τοῦ αὐτοῦ μεσημβρινοῦ κατοικοῦσι.

Οταν δὲ περὶ τῆς νοτίου ζώνης λέγωμεν, καὶ τῶν ἐν αὐτῇ κατοικούντων· πρὸς δὲ τούτοις περὶ τῶν ἐν αὐτῇ ἀντιποδων τῶν λεγομένων, οὕτως ἀκούειν προσήκει, ὡς μηδεμίαν ἡμῶν ἱστορίαν παρειληφότων περὶ τῆς νοτίου ζώνης, μηδὲ εἴ τινες ἐν αὐτῇ κατοικοῦσιν· αλλ' ὅτι ἕνεκεν τῆς ὅλης σφαιροποιΐας, καὶ τοῦ σχήματος τῆς γῆς, καὶ τῆς παρόδου τοῦ ἡλίου τῆς μεταξὺ τῶν τροπικῶν γινομένης, ἐστί τις καὶ ἑτέρα ζώνη πρὸς νότον κειμένη, τὴν αὐτὴν εὐκρασίαν ἔχουσα τῇ βορείῳ ζώνῃ, ἐν ᾗ κατοικοῦμεν ἡμεῖς. Ομοίως δὲ καὶ περὶ τῶν ἀντιπόδων λέγομεν, οὐχ ὡς κατὰ πᾶν οἰκούντων τινῶν κατὰ τὴν αὐτὴν διάμετρον ἡμῖν· ἀλλ' ὄντος τινὸς τόπου οἰκησίμου ἐπὶ τῆς γῆς κατὰ διάμετρον ἡμῖν.

Υπὸ δὲ τὴν διακεκαυμένην ζώνην τινὲς τῶν ἀρχαίων ἀπεφήναντο, ὧν ἐστι καὶ Κλέανθος ὁ Στωϊκὸς φιλόσοφος, ὑποκεχύσθαι μεταξὺ τῶν τροπικῶν

Et d'ailleurs il n'y a guères que les lieux qui n'ont pas plus de 400 stades de distance du levant au couchant qui aient sensiblement le même horizon, de sorte que le soleil se lève et se couche pour eux sensiblement aux mêmes instans. Quant à ceux dont la distance est de plus de 400 stades, le soleil se lève et se couche pour les uns plus tôt que pour les autres. Ceux qui demeurent jusqu'à 400 stades de distance les uns des autres, sous un même méridien, n'éprouvent pas une différence sensible de climat. Mais à une plus grande distance vers l'ourse ou vers le midi, l'inclinaison est différente, et les phénomènes ne sont pas les mêmes sur toute cette étendue. Car dès-lors les longueurs des jours, les grandeurs des éclipses, et les descriptions des cadrans solaires varient suivant les différens lieux d'un même méridien. En effet, il y a une grande différence d'inclinaison dans ces latitudes, soit qu'on aille vers l'ourse, soit qu'on s'avance au midi. Mais tous les lieux qui sont sous un même méridien ont aux mêmes instans les uns et les autres, les milieux des jours et les milieux des nuits.

Quand nous parlons de la zône australe et de ses habitans, ainsi que de ceux qu'on appelle antipodes, il ne faut pas croire que nous en ayons quelque notion, ni que nous sachions si elle est habitée. Mais c'est parce que nous sommes persuadés, par la connoissance que nous avons de ce qui constitue une sphère, de la figure de la terre, et du mouvement du soleil entre les tropiques, qu'il y a une autre zône située vers le midi, qui a les mêmes propriétés que la zône boréale où nous vivons. Nous disons la même chose des antipodes, non qu'il y en ait certainement de directement opposés à nos pieds, mais seulement parce qu'il y a quelque lieu de la terre diamétralement opposé à nous.

Quelques anciens, entr'autres Cléanthe, philosophe stoïcien, ont prétendu que l'océan étoit répandu entre les tropiques. Conséquemment à cette doctrine, le grammairien Cratès, pour son histoire des voyages d'Ulysse, dans la description qu'il a faite comme nous, de toute la sphère, par les cercles qui en circonscrivent les diverses parties, place l'océan entre les tropiques, soutenant qu'il a représenté toute la terre, conformément à ce qu'enseignent les mathématiciens.

Mais une pareille disposition est absolument contraire aux principes des mathématiques et de la physique, et jamais aucun des anciens mathématiciens n'a placé l'océan entre les tropiques, comme le dit Cratès. Car de nos jours on a découvert la plus grande partie des terres habitées, et on ne les a pas trouvé entourées par la mer de tous côtés. La distance du tropique d'été à l'équateur étant de 16800 stades, et comme on en a parcouru 8800, suivant la relation qui en a été décrite et ordonnée par les rois qui règnent à Alexandrie, il s'ensuit que ceux-là se trompent qui croient que l'océan s'étend entre les tropiques. Et cela prouve évidemment la fausseté de l'opinion qui fait la terre inhabitable entre les tropiques à cause de l'excès de la chaleur, et surtout la partie mitoyenne de la zône torride. Car les Ethiopiens qui demeurent aux derniers confins de la zône torride, ont le soleil vertical dans les solstices. Et il faut bien concevoir que la nature a placé deux Ethiopies sur la terre, celle qui est sous notre cercle tropique d'été, et celle qui est sous notre tropique d'hiver, qui est celui d'été pour nos antipodes. C'est, au sentiment de Cratès, ce que dit Homère par ces mots :

Deux sortes d'Ethiopiens habitent aux extrémités de la terre, les uns vers le soleil couchant, les autres vers le soleil levant.

Mais Cratès raisonne mal en voulant expliquer la construction du globe par ce passage d'Homère qui ne s'exprime que suivant la doctrine de son temps. En effet, il croyoit avec tous les anciens poëtes, que la terre étoit plane, qu'elle étoit embrassée circulairement par l'océan qui en faisoit

τὸν Ὠκεανόν. Οἷς ἀκολούθως καὶ Κράτης ὁ Γραμματικὸς τὴν πλάνην τοῦ Ὀδυσσέως διατάσσων, καὶ τὴν ὅλην σφαῖραν τῆς γῆς καταγράφων τοῖς ὁριζομένοις κύκλοις, καθὼς προειρήκαμεν, ποιεῖ μεταξὺ τῶν τροπικῶν τὸν Ὠκεανὸν κείμενον, λέγων ἀκολούθως τοῖς μαθηματικοῖς τὴν ὅλης γῆς διάταξιν ποιεῖσθαι.

Η δὲ τοιαύτη διάταξις ἀλλοτρία ἐστὶ καὶ τοῦ μαθηματικοῦ καὶ τοῦ φυσικοῦ λόγου, καὶ παρ' οὐδενὶ τῶν ἀρχαίων μαθηματικῶν κατακεχωρισμένη, ὡς ἀποφαίνεται Κράτης, μεταξὺ τῶν τροπικῶν. Εν γὰρ τοῖς καθ' ἡμᾶς χρόνοις ἤδη καὶ κατώπτενται, καὶ εὕρηται τὰ πλεῖστα οἰκήσιμα, καὶ οὐ πελάγει πάντοθεν περιεχόμενα. Καὶ τοῦ μεταξὺ διαστήματος ὑπάρχοντος ἀπὸ θερινοῦ τροπικοῦ μέχρι τοῦ ἰσημερινοῦ μυρίων ͵ϛω̄, καὶ ὡς σχεδὸν ἐπὶ σταδίους ηω̄, ὡς εὐπόρηται, καὶ ἡ περὶ τούτων ἱστορία ἀναγέγραπται διὰ τῶν ἐν Αλεξανδρείᾳ βασιλέων ἐξητασμένη. Οθεν ψευδοδοξοῦσιν οἱ νομίζοντες τὸν Ωκεανὸν ὑποκεχύσθαι μεταξὺ τῶν τροπικῶν. Εκ δὲ τούτων φανερὸν ὅτι καὶ τὸ δοξαζόμενον, ὅτι ἀοίκητός ἐστιν ἡ μεταξὺ τῶν τροπικῶν κειμένη χώρα διὰ τὴν τοῦ καύματος ὑπερβολὴν, καὶ μάλιστα ἡ περὶ μέσην τὴν διακεκαυμένην ζώνην, ψευδὸς ἐστιν. Οἱ μὲν γὰρ τὰ πάρα τῆς διακεκαυμένης ζώνης οἰκοῦντες Αἰθίοπές εἰσι κατὰ κορυφὴν ἔχοντες ἐν ταῖς τροπαῖς τὸν ἥλιον. Δύο γὰρ Αἰθιοπίας τῇ φύσει ὑποληπτέον ὑπάρχειν, περί τε τὸν θερινὸν τροπικὸν τὸν παρ' ἡμῖν κύκλον περιοικούντων Αἰθιόπων καὶ περὶ τὸν ἡμῖν μὲν χειμερινὸν τροπικὸν, τοῖς δὲ ἀντίποσι θερινόν. Τοῦτο δέ φησι Κράτης καὶ τὸν Ομηρον λέγειν, ἐν οἷς φησιν·

Αἰθίοπες, τοὶ διχθὰ δεδαίαται ἔσχατοι ἀνδρῶν,
Οἱ μὲν δυσσομένου Υπερίονος, οἱ δ' ἀνιόντος.

Κράτης μὲν οὖν παραδοξολογῶν τὰ ὑφ' Ομήρου ἀρχαϊκῶς, καὶ ἰδικῶς εἰρημένα μετάγει πρὸς τὴν κατ' ἀλήθειαν σφαιροποιίαν. Ομηρος μὲν γὰρ, καὶ οἱ ἀρχαῖοι ποιηταὶ σχεδὸν, ὡς εἰπεῖν, πάντες ἐπίπεδον ὑφίστανται τὴν γῆν, καὶ συνάπτουσι τῷ κόσμῳ καὶ κύκλῳ τὸν Ωκεανὸν περικείμενον, καὶ τὴν τοῦ ὁρίζοντος ἐπέχουσα τάξιν, καὶ τὰς ἀνατολὰς ἐκ τοῦ Ὠκεανοῦ, καὶ τὰς δύσεις εἰς τὸν Ὠκεανόν· ὥςε τοὺς πλησιάζοντας τῇ ἀνατολῇ καὶ τῇ δύσει Αἰθίοπας ὑπελάμβανον γίνεσθαι καταιθομένους ὑπὸ τοῦ ἡλίου. Αὕτη δὲ ἡ πρόληψις τῇ μὲν προκειμένῃ διατάξει ἀκόλουθός ἐςι· τῆς δὲ κατὰ φύσιν σφαιροποιΐας ἀλλοτρία. Η γὰρ γῆ μέση κεῖται τοῦ σύμπαντος κόσμου, σημείου τάξιν ἐπέχουσα· αἱ δὲ ἀνατολαὶ τοῦ ἡλίου γίνονται, καὶ αἱ δύσεις, ἐκ τοῦ αἰθέρος, καὶ εἰς τὸν αἰθέρα, διὰ παντὸς τοῦ ἡλίου ἴσον ἀπέχοντος τῆς γῆς. Οθεν αἱ μὲν προειρημέναι Αἰθιοπίαι ἀδιανόητοί εἰσιν· αἱ δὲ ὑπὸ τοὺς ἐν τῷ κόσμῳ τροπικοὺς κείμεναι, αἵ τινες ὑπάρχουσιν ἐπὶ τὰ πέρατα τῶν διακεκαυμένων ζωνῶν, κατὰ φύσιν ἔχουσιν. Οὐ μέντοι γέ ὑποληπτέον ἀοίκητον εἶναι τὴν διακεκαυμένην ζώνην. Ηδη γὰρ ἐπὶ πολλοὺς τόπους τῆς ζώνης τῆς διακεκαυμένης ἐληλύθασί τινες, καὶ τὰ πλεῖςα οἰκήσιμα εὕρηται.

Οθεν καὶ ζητεῖται παρὰ πολλοῖς, εἰ τὰ περὶ μέσην τὴν διακεκαυμένην οἰκησιμώτερα μᾶλλόν ἐςι τῶν περὶ τὰ πέρατα τῆς διακεκαυμένης ζώνης ὑπαρχουσῶν οἰκήσεων. Πολύβιος οὖν ὁ ἱςοριογράφος πεπραγμάτευται βιβλίον, ὃ ἐπιγραφὴν ἔχει, περὶ τῆς περὶ τὸν ἰσημερινὸν οἰκήσεως· αὕτη δέ ἐςιν ἐν μέσῃ τῇ διακεκαυμένῃ ζώνῃ· καί φησιν οἰκεῖσθαι τοὺς τόπους, καὶ εὐκρατοτέραν ἔχειν τὴν οἴκησιν τῶν περὶ τὰ πέρατα τῆς διακεκαυμένης ζώνης οἰκούντων· καὶ ἃ μὲν ἱςορίας φέρει τῶν κατωπτευκότων τὰς οἰκήσεις, καὶ ἐπιμαρτυρούντων τοῖς φαινομένοις· ἃ δὲ ἐπιλογίζεται ἐπὶ τῆς φυσικῆς περὶ τὸν ἥλιον ὑπαρχούσης κινήσεως. Ο γὰρ ἥλιος περὶ μὲν τοὺς τροπικοὺς κύκλους πολὺν ἐπιμένει χρόνον κατὰ τὴν πάροδον τὴν πρὸς αὐτοὺς, καὶ τὴν ἀπαχώρησιν· ὥςε σχεδὸν ἐφ' ἡμέρας μ̄ μένει πρὸς αἴσθησιν ἐπὶ τροπικῶν κύκλων. Δι' ἣν αἰτίαν τὰ μεγέθη τῶν ἡμερῶν σχεδὸν ἐφ' ἡμέρας μ̄ ταὐτὰ διαμένει. Οθεν ἐπιμονῆς γινομένης πρὸς τὰς οἰκήσεις τὰς κειμένας ὑπὸ τοὺς τροπικοὺς, ἀνάγκη ἐκπυροῦσθαι τὴν οἴκησιν, καὶ ἀοίκητον γίνεσθαι, διὰ τὴν τοῦ καύματος ὑπερβολήν. Ἀπὸ δὲ τοῦ ἰσημερινοῦ κύκλου ταχείας συμβαίνει τὰς ἀποχωρήσεις γί-

l'horizon, et que les levers se faisoient de dedans l'océan, et les couchers dans l'océan; et que pour cette raison, les Éthiopiens, comme étant les plus proches du levant et du couchant, étoient brûlés par le soleil. Cette supposition est une conséquence de la forme qu'ils donnoient à la terre, mais elle ne s'accorde pas avec la connoissance de la nature de la sphère. Car la terre est comme un point au centre de l'univers. Le soleil se lève et se couche en parcourant l'espace de l'air, et partout il est toujours à une même distance de la terre. Ainsi ces deux Ethiopies ne sont qu'imaginaires. Mais les deux qui sont situées sous les tropiques du monde et qui vont jusqu'aux extrémités des zônes brûlées, sont physiquement vraies. Et qu'on ne croye pas que la zône torride n'est pas habitée, puisqu'on voyage jusques dans plusieurs parties de cette zône, et qu'on l'a trouvé peuplée en plus d'un endroit.

Aussi, plusieurs personnes ont-elles cherché si les contrées du milieu de la zône torride sont plus habitables que celles qui en occupent les bords. L'historien Polybe a fait un livre intitulé : Traité de la partie habitée de la terre sous l'équateur. Cette partie est au milieu de la zône torride. Il dit qu'il y a une population qui jouit d'une température plus modérée que les bords de cette zône. Et il rapporte les récits de ceux qui ont visité ces contrées, et qui le prouvent par les phénomènes. Il en donne encore d'autres preuves physiques tirées du mouvement du soleil. En effet, cet astre demeure long-temps dans le voisinage des cercles tropiques, soit en s'en approchant, soit en s'en éloignant; en sorte qu'il paroît passer environ quarante jours dans les tropiques. C'est pourquoi les longueurs des jours demeurent les mêmes pendant presque tout ce temps. Le soleil séjournant donc au-dessus des parties de la terre qui sont sous les tropiques, elles doivent nécessairement en être brûlées et inhabitables, à cause de l'excès de la chaleur. Mais le soleil s'éloignant promptement de l'équateur, les jours reçoivent des accroissemens d'autant plus considérables, qu'ils sont plus proches des équinoxes. C'est donc une conséquence raisonnable, que les parties de la terre situé... us l'équateur, soient plus tempérées; le soleil s'y élevant à la vérité jusqu'au point vertical, mais s'en éloignant rapidement. Car tous ceux qui habitent entre les tropiques sont aussi sous la route du soleil. Mais il demeure plus long-temps au-dessus de la tête de ceux qui demeurent sous les tropiques. Voilà la raison pour laquelle les parties de la terre qui, étant sous l'équateur, et par cette situation, au milieu de la zône torride, sont plus tempérées que celles qui sont aux bords de cette zône sous les tropiques.

νεσθαι. Ὅθεν καὶ τὰ μεγέθη τῶν ἡμερῶν περὶ τὰς ἰσημερίας μεγάλας λαμβάνει τὰς παραυξήσεις. Εὔλογον οὖν καὶ τὰς ὑπὸ τὸν ἰσημερινὸν κειμένας οἰκήσεις εὐκρατοτέρας ὑπάρχειν, ἐπιτολῆς μὲν γινομένης ἐπὶ τοῦ κατὰ κορυφὴν σημείου, ταχέως δὲ ἀπαχωροῦντος τοῦ ἡλίου. Πάντες γὰρ μεταξὺ τῶν τροπικῶν κύκλων οἰκοῦντες παρὰ τὴν πάροδον ὁμοίως κεῖνται τοῦ ἡλίου. Πλείονας δὲ χρόνους ἐπιμένει τοῖς περὶ τοὺς τροπικοὺς οἰκοῦσι. Δι' ἣν αἰτίαν εὐκρατοτέρας εἶναι συμβέβηκε τὰς περὶ τὸν ἰσημερινὸν οἰκήσεις, αἵ τινες κεῖνται ἐν μέσῃ τῇ διακεκαυμένῃ ζώνῃ τῶν περὶ τὰ πέρατα τῆς διακεκαυμένης οἰκουντων, οἵ τινες ὑπὸ τοὺς τροπικοὺς κύκλους κεῖνται.

CHAPITRE XIV.

Des prognostics des astres.

La doctrine des prognostics s'entend faussement par les personnes qui ignorent ce que c'est, des changemens causés dans la température de l'air par les élévations et les couchers des astres. Mais le mathématicien et le physicien y attachent un autre sens. D'abord il faut savoir que les pluies et les vents ainsi annoncés n'ont lieu qu'à une petite distance de la terre, et ne s'étendent pas à une plus grande hauteur. Il s'élève en effet de la terre, des vapeurs de toutes les sortes et d'une manière très irrégulière, mais qui ne peuvent s'étendre jusqu'à la sphère des étoiles fixes, et même elles ne vont pas toutes jusqu'aux nuées. Ceux donc qui montent sur le mont Cylléne, le plus haut du Péloponése, et qui sacrifient sur son sommet dédié à Mercure, quand ils y montent un an après pour les mêmes sacrifices, trouvent les restes des victimes et la cendre produite par le feu, dans le

ΚΕΦΑΛΑΙΟΝ ΙΔ.

ΠΕΡΙ ΕΠΙΣΗΜΑΣΙΩΝ ΤΩΝ ΑΣΤΡΩΝ.

Ὁ περὶ ἐπισημασιῶν λόγος παρὰ μὲν τοῖς ἰδιώταις ἀλλοίαν ἔχει διάληψιν, ὡς ἐπὶ τῶν ἄστρων ἐπιτολαῖς καὶ δύσεσι τῶν περὶ τὸν ἀέρα μεταβολῶν γινομένων. Ὁ δὲ μαθηματικὸς καὶ φυσικὸς ἑτέραν ἔχει δόξαν. Καὶ πρῶτον μὲν διαληπτέον, ὅτι αἱ γινόμεναι ἐπισημασίαι ὄμβρων καὶ πνευμάτων, περὶ τὴν γῆν γίνονται, εἰς δὲ πλεῖον ὕψος οὐ διατείνουσιν. Ἀναθυμιάσεις γὰρ εἰσὶν ἐκ γῆς παντοδαπαὶ καὶ ἄτακτοι. Ὥστε μὴ οἵαί τε εἶναι μέχρι τῆς των ἀπλανῶν ἀστέρων σφαίρας διατείνειν, ἀλλὰ μηδ' ἕκαστα διὰ τὸ ὕψος ἀνατείνειν τὰ νέφη. Οἱ γοῦν ἐπὶ τὴν Κυλλήνην ἀναβαίνοντες, ὄρος ἐν τῇ Πελοποννήσῳ ὑψηλότατον, καὶ θύοντες τῷ καθωσιωμένῳ ἐπὶ τῆς κορυφῆς τοῦ ὄρους Ἑρμῇ, ὅταν πάλιν δι' ἐνιαυτοῦ ἀναβαίνοντες τὰς θυσίας ἐπιτελῶσιν, εὑρίσκουσι καὶ τὰ μηρία, καὶ τὴν τέφραν τὴν ἀπὸ τοῦ πυρὸς ἐν τῇ αὐτῇ τάξει μένουσαν, ἐν ᾗ καὶ κατέλιπον, καὶ μήθ' ὑπὸ πνευμάτων, μήθ' ὑπὸ ὄμβρων ἠλλοιωμένα· διὰ τὸ πάντα τὰ νέφη καὶ τὰς τῶν ἀνέμων συστάσεις ὑποκάτω τῆς τοῦ ὄρους κορυφῆς συνίςασθαι. Πολλάκις δὲ καὶ οἱ εἰς τὸ Σαταβύριον ἀναβαίνοντες, διὰ τῶν νεφῶν ποιοῦνται τὴν ἀνάβασιν, καὶ ὑποκάτω τῆς τοῦ ὄρους κορυφῆς θεωροῦσι τὴν τῶν νεφῶν σύςασιν. Καὶ ἔςι μὲν τῆς Κυλλήνης τὸ ὕψος ἔλασσον ςαδίων ιε΄, ὡς Δικαίαρχος ἀναμετρικῶς ἀποφαίνεται· τοῦ δὲ Σαταβυρίου ἐλάσσων ἐςὶ ἡ κάθετος ςαδίων ιδ΄. Πάντα γὰρ τὰ νέφη, καθάπερ εἴπομεν, ἐκ γῆς ἔχοντα τὴν ἀναθυμίασιν, περὶ τὴν γῆν γίνεται. Αἱ δὲ γινόμεναι προῤῥήσεις τῶν ἐπισημασιῶν ἐν τοῖς παραπήγμασιν, οὐκ ἀπὸ τινῶν παραγγελμάτων ὡρισμένων γίνονται, οὐδὲ τέχνῃ τινὶ μεθοδεύονται κατηναγκασμένον ἔχουσαι τὸ ἀποτέλεσμα. Αλλ' οἱ ἐκ τοῦ ὡς ἐπίπαν γινομένου διὰ τῆς καθ' ἡμέραν παρατηρήσεως τὸ σύμφωνον λαμβάνοντες, εἰς τὰ παραπήγματα κατεχώρισαν. Εγένετο δὲ ἡ σύςασις καὶ ἡ παρατήρησις τοῦ τρόπου τούτου. Λαμβάνοντες γὰρ ἀρχὴν ἐνιαυτοῦ, καὶ παρατηρήσαντες ἐν τίνι ζωδίῳ ὁ ἥλιος ὑπῆρχε κατὰ τὴν ἀρχὴν ἐνιαυτοῦ, καὶ πρὸς τὴν μοῖραν ἀναγράφοντες καθ' ἑκάςην ἡμέραν καὶ μῆνα, τὰς γενομένας ὁλοσχερεῖς μεταβολὰς τῶν ἀέρος, πνευμάτων, ὄμβρων, χαλάζης, παρετίθεσαν ταῖς τοῦ ἡλίου ἐποχαῖς κατὰ ζώδιον, καὶ κατὰ μοῖραν. Τοῦτο ἐπὶ πλείονα ἔτη παρατηρήσαντες, τὰς μάλιςα περὶ τοὺς αὐτοὺς τόπους τοῦ ζωδιακοῦ γινομένας μεταβολὰς ἐν τοῖς παραπήγμασιν ἐγεγράψαντο, οὐκ ἀπό τινος τέχνης οὐδὲ μεθόδου ὡρισμένης λαβόντες τὴν ἀναγραφήν, ἀλλ' ἐκ τῆς πείρας τὸ σύμφωνον, ὡς ἔγγιςα, λαβόντες. Επειδὴ οὐκ ἐδύναντο οὔθ' ἡμέραν, οὔτε μῆνα, οὔτε ἐνιαυτὸν ὡρισμένον ἀναγράψαι, ἐν ᾧ τι τούτων ἐπιτελεῖται, διὰ τὸ τὰς ἀρχὰς τῶν ἐνιαυτῶν μὴ παρὰ πᾶσιν εἶναι τὰς αὐτάς, μηδὲ τοὺς μῆνας τοὺς αὐτοὺς εἶναι παρὰ πᾶσι ταῖς ὀνομασίαις, μηδὲ τὰς ἡμέρας ὁμοίως ἄγεσθαι, ἰςαμένοις τισὶ σημείοις. ἠθέλησαν ἀφορίσαι τὰς μεταβολὰς τοῦ ἀέρος. Οθεν

même état où ils les avoient laissés, sans qu'il y ait eu le moindre changement causé par les pluies ni les vents, parce que tous les nuages et les vents se forment plus bas que le sommet de cette montagne. Et souvent ceux qui montent sur le mont Satabyr, passent pour arriver au haut, au travers des nuages qu'ils voient se rassembler au dessous du sommet. Or le mont Cylléne a moins de 15 stades de hauteur, suivant la mesure que Dicéarque en a donnée géométriquement; et le mont Satabyr n'a pas 14 stades de hauteur perpendiculaire. Tous les nuages, comme nous avons dit, formés des exhalaisons de la terre, ne s'éloignent guères de sa surface. Mais les prognostics qui sont dans les tables qu'on en a dressées, ne se font pas d'après certains principes déterminés, et ne sont soumis ni à une méthode de calcul, ni à une nécessité inévitable d'événement conforme à ces annonces. Mais c'est d'après l'observation de ce qui revient constamment en certains jours, que l'on en forme des tableaux. Car en partant du commencement de l'année, et observant en quel signe le soleil se trouvoit alors, puis marquant par parties les variations absolues de l'air, vents, pluies, grêles, tant celles qui appartiennent aux jours, que celles qui appartiennent aux mois, on les fixa aux lieux du soleil par signes et par degrés. Après avoir continué ces observations pendant un grand nombre d'années, ils portèrent dans les calendriers les variations qui étoient arrivées le plus fréquemment dans les mêmes lieux du zodiaque, sans apporter d'autre art ni d'autre méthode à cette description, mais se contentant de marquer ce qui étoit conforme à l'expérience qu'ils en avoient. Ne pouvant attacher aucune de ces variations à des jours, des mois, et des années fixes, parce que les commencements des années sont vagues, que les mois ne sont pas nommés de même partout, et que les jours n'y reviennent pas les mêmes) ils résolurent de marquer les changemens qui arrivent dans l'air, par des signes immuables. Ainsi donc ces changemens accompagnent les levers des astres qui se font en des temps bien déterminés, non comme si ces astres avoient quelqu'influence sur les vents et les pluies, mais comme servant de marques qui nous annoncent les accidens de l'air. Car de même qu'un flambeau allumé n'est pas la cause des opérations militaires auxquelles il sert, mais n'est employé que comme signal à la guerre, les levers des étoiles ne sont pas non plus la cause des changemens qui se passent dans l'air, mais ne font que les annoncer. Car ceux qui les premiers ont observé ces changemens, et qui en ont composé ces calendriers, en y marquant les lieux du zodiaque avec lesquels généralement ils arrivent, ont observé aussi quelles étoient les étoiles qui se levoient ou qui se couchoient dans les mêmes temps, et ces levers ou ces couchers leur servirent de marques auxquelles on pouvoit reconnoître ce qu'ils avoient annoncé d'avance. Car les levers et couchers vrais ne sont pas visibles; mais ils ont pu voir les apparens, et s'appercevoir, dans les temps dont j'ai parlé, que les Pléïades, quand elles se couchent, sont accompagnées d'une certaine humidité dans l'air; et que quand elles se lèvent de nouveau, elles annoncent le commencement de l'été. C'est ce qui fait dire à Hésiode :

ταῖς τῶν ἄςρων ἐπιτολαῖς κατὰ τοὺς καιροὺς ἀφωρισμέναις αἱ μεταβολαὶ τοῦ ἀέρος γίνονται, οὐχ ὡς τῶν ἄςρων δύναμιν ἐχόντων πρὸς τὴν μεταβολὴν τῶν πνευμάτων καὶ τῶν ὄμβρων, ἀλλ' ὡς σημείου χάριν παρειλημμένων πρὸς τὸ προγινώσκειν ἡμᾶς τὰς περὶ τὸν ἀέρα περιςάσεις. Καὶ ὥσπερ ὁ πυρσὸς οὐκ αὐτὸς ἐςι παραίτιος τῆς πολεμικῆς περιςάσεως, ἀλλὰ σημεῖον ἐςι πολεμικοῦ καιροῦ· τὸν αὐτὸν τρόπον καὶ αἱ τῶν ἄςρων ἐπιτολαὶ οὐκ αὐταὶ παραίτιοί εἰσι τῶν περὶ τὸν ἀέρα μεταβολῶν, ἀλλὰ σημεῖα ἔκκεινται τῶν τοιουτων περιςάσεων. Οἱ γὰρ ἀπ' ἀρχῆς παρατηρήσαντες, καὶ συνταξάμενοι τὰ παραπήγματα, ἐξετάσαντες τοὺς τόπους τοῦ ζωδιακοῦ κύκλου, ἐν οἷς ὡς ἐπίπαν αἱ μεταβολαὶ τοῦ ἀέρος γίνονται, ἐπεσκέψαντο κατὰ τοὺς χρόνους τούτους τίνα τῶν ἄςρων ἀνατέλλει, ἢ συγκαταδύνει, καὶ ταῖς τούτων ἐπιτολαῖς καὶ δύσεσι, σημείοις ἐχρήσαντο εἰς τὴν πρόγνωσιν τῶν προειρημένων. Τὰς μὲν γὰρ ἀνατολὰς τὰς ἀληθινὰς καὶ δύσεις ἀθεωρήτους εἶναι συμβέβηκε, τὰς δὲ φαινομένας ἠδύναντο ὁρᾷν, καὶ περὶ τοὺς ῥηθέντας καιροὺς διαλαμβάνειν, ὅτι αἱ Πλειάδες δύνουσαι ἔχουσί τινα τοιαύτην δύναμιν, ὥςε ὑγρασίαν τινὰ περὶ τὸν ἀέρα ἀπογενᾷν. ἢ πάλιν ἐπιτέλλουσαι θέρους ἀρχὴν διασημαίνουσιν. Οθεν καὶ Ησίοδός φησι·

Au lever des pleïades, filles d'Atlas, commencez à moissonner; et à leur coucher, à labourer.

Πληϊάδων Ατλαγένεων ἐπιτελλομενάων,
Αρχεσθ' ἀμήτου, ἐρότοιο δὲ δυσσομενάων.

Mais ce n'est pas par l'effet de quelque force inhérente à cet astre, il seroit absurde de le croire; car soit que les astres soient d'une nature ignée, ou d'une nature éthérée, comme quelques personnes le prétendent, tous ont la même essence et la même puissance, et ne

Οὐ διὰ τὴν τοῦ ἄςρου δύναμιν, παντελῶς γὰρ ἐςιν ἀπόπληκτον· εἴ τε γὰρ πυρινά ἐςι τὰ ἄςρα, εἴ τε αἰθέρια, ὡς ἀρέσκει τισί· πάντα τῆς αὐτῆς οὐσίας, καὶ δυνάμεως κεκοινώνηκε, καὶ οὐδεμίαν συμπάθειαν ἔχει πρὸς τὰ ἐπὶ τῆς γῆς γινόμενα. Η γὰρ σύμπασα γῆ κέντρου λόγον ἔχει πρὸς τὴν τῶν ἀπλανῶν σφαῖραν, καὶ οὐδεμία ἀποφορὰ, οὐδὲ ἀπόῤῥοια διϊκνεῖται ἀπὸ τῶν ἀπλανῶν ἀστέρων ἐπὶ τὴν γῆν. Πῶς ὑποληπτέον τούτοις ὄμβρων καὶ πνευμάτων καὶ χαλάζης παραιτίους γίνεσθαι, ἀφ᾽ ὧν οὐδεμία δύναμις πίπτει πρὸς ἡμᾶς; ἀπὸ μὲν γὰρ ἡλίου καὶ σελήνης διικνεῖται ἡ δύναμις ἐπὶ τὴν γῆν κατὰ τὰς μεταβάσεις αὐτῶν καὶ μειζόνων καὶ ἐλαττόνων. Οθεν εὔλογον πρὸς τούτους συμπάθειαν εἶναι κατὰ τὴν ἑκάστου δύναμιν αὐτῶν. Αἱ δὲ τῶν ἀπλανῶν ἀστέρων ἐπιτολαὶ καὶ δύσεις σημείου τάξιν ἐπέχουσι, καθάπερ προείπομεν. Οθεν οὐδὲ προληπτέον τὰς αὐτὰς ἐπισημασίας ἐπιτελεῖσθαι ἐκ τῶν αὐτῶν ἄστρων, ἀλλὰ κατὰ τὰς τῶν αὐτῶν κλιμάτων παραλλαγὰς διαφόρους καὶ τὰς ἐπιτολὰς καὶ τὰς δύσεις τῶν ἄστρων γίνεσθαι· καὶ δὴ ποθ᾽ ἕκαστον ὁρίζοντα ἴδια σημεῖα ἔχειν τῆς περὶ τὸν ἀέρα μεταβολῆς. Τὸ γὰρ αὐτὸ παράπηγμα οὐ δύναται συμφωνεῖν ἐν τῇ Ῥώμῃ, καὶ ἐν τῷ Πόντῳ, καὶ ἐν Ῥόδῳ, καὶ ἐν Αλεξανδρείᾳ· ἀλλὰ ἀνάγκη διαφόρους τὰς παρατηρήσεις εἶναι ἐν διαφόροις ὁρίζουσι, καὶ καθ᾽ ἑκάστην πόλιν ἕτερα λαμβάνεσθαι ἄστρα ἐπισημασίας ἐπιτελοῦντα.

Εξ οὗ φανερὸν ὅτι οὐ φυσικῶς αἱ τῶν ἄστρων ἐπιτολαὶ καὶ δύσεις τὰ περὶ τὸν ἀέρα πάθη ἀπογεννῶσιν, ἀλλὰ καθ᾽ ἕκαστον ὁρίζοντα διάφοροι παρατηρήσεις γεγόνασι, καὶ τῶν ἀέρων μεταβολαί. Διόπερ οὐδὲ πᾶσαι ἐπισημασίαι ἐν τοῖς παραπήγμασιν ἀγόμεναι ἀεὶ συμφωνοῦσιν, ἀλλ᾽ ἔστι μὲν ὅτε καθόλου οὐ γίνονται· ἀλλὰ τοὺς μεγίστους περιέχουσαι χειμῶνας ἐπιτολαὶ καὶ δύσεις, εὐδίας ἀποτελοῦσιν. Εστὶ δ᾽ ὅτε κατὰ μὲν τὴν πόλιν εὐδία ἐγένετο, ἐπὶ χώρας δὲ ὄμβρος. Πολλάκις δέ τις μεθ᾽ ἡμέρας τρεῖς ἢ τέσσαρας ἐπεσήμηνε τῇ ἐπιτολῇ, ἢ τῇ δύσει τοῦ ἄστρου. ἔστι δὲ ὅτε προέλαβε τὴν ἐπισημασίαν πρὸ ἡμερῶν τεσσάρων. Οθεν καὶ οἱ ἀποτυγχάνοντες ἐν ταῖς προ-

participent point à ce qui se passe sur la terre, car la terre entière est comme un centre relativement à la sphère des étoiles fixes, et elle n'en reçoit aucune émanation, ni aucune émission. Comment donc s'imaginer qu'elles sont les causes des pluies, des vents, et de la grêle, tandis qu'il n'en peut rien parvenir jusqu'à nous? le soleil et la lune exercent bien sur la terre une influence proportionnée aux mouvemens de ces astres, l'un plus grand, l'autre plus petit; d'où il suit que la terre s'en ressent. Mais les élévations apparentes et les couchers des fixes ne sont qu'une relation de points, comme nous l'avons déjà dit; et pour cette raison on ne peut pas croire que les mêmes étoiles fassent les mêmes annonces, mais que les élévations et les couchers des astres varient suivant les différences des climats, et que les variations de température sont accompagnées de certaines marques qui ne sont que pour chaque horizon particulier. Car la même table ne convient pas à Rome, au Pont, à Rhodes, et à Alexandrie. Il faut donc que les observations météorologiques soient différentes en différens horizons, et prendre en chaque ville d'autres étoiles pour les annonces.

Il s'ensuit clairement que les accidens de l'air n'ont pas leurs causes physiques dans les élévations et les couchers des astres, mais qu'on observe qu'ils diffèrent, ainsi que les changemens de vents, suivant les différens horizons. C'est pourquoi les annonces exprimées dans les calendriers ne sont pas toujours conformes aux événemens; quelquefois même elles ne s'accomplissent pas; mais les élévations et les couchers qui embrassent les plus grands hivers, ont des temps doux. Quelquefois une ville jouit d'un beau temps pendant qu'il pleut dans la campagne. Souvent on a pronostiqué trois ou quatre jours après l'élévation ou le coucher de l'astre; quelquefois quatre jours avant. Aussi ceux qui se trompent dans ces prédictions, s'excusent-ils en disant que si ce qu'ils avoient annoncé n'est arrivé qu'après le temps qu'ils avoient marqué, c'est parce que l'événement a devancé ce temps.

Tout cela prouve d'une manière évidente que les annonces contenues dans les calendriers ne sont ni les résultats de quelque méthode, ni les conséquences nécessaires de quelque calcul, mais qu'elles sont données d'après une série d'observations continuelles, et que c'est la raison pour laquelle souvent elles sont très-peu justes. On ne doit donc pas rejetter sur les astronomes, l'erreur commise en ce cas. On fait bien au contraire, quand quelqu'un d'eux se trompe dans la prédiction d'une éclipse ou de l'élévation d'une étoile, de lui reprocher son erreur et le défaut de son calcul. Car une bonne méthode bien appliquée doit infailliblement faire trouver ce qui arrivera. Mais en fait d'annonces de température, on n'est ni louable de rencontrer juste, ni blâmable de s'y tromper. Car cette partie de l'astronomie n'est pas du ressort de la science, et ne mérite pas d'être présentée au public. C'est le parti qu'il faut prendre quant à l'élévation du chien. Tout le monde croit qu'elle a une vertu qui lui est propre, et qu'il produit des chaleurs excessives quand il s'élève avec le soleil. Mais cela n'est rien moins que vrai. C'est parce que cette étoile se lève dans la saison la plus chaude de l'année, qu'on a marqué par son apparition le passage de la température à une chaleur ardente. C'est le soleil seul qui est la cause de cet excès de chaleur. Car d'abord après que nous avons essuyé le froid de l'hiver, il commence en se rapprochant de nous, à nous échauffer, mais la chaleur qu'il nous fait sentir alors n'est pas encore bien forte, à cause du reste du froid de l'hiver. Mais par son séjour près de nous, et en s'approchant toujours de plus en plus, il nous fait éprouver une plus grande chaleur. Ensuite, il parcourt deux fois consé-

ῥήσασι τῶν ἐπισημασιῶν, ἔχουσιν ἀπολογίαν ὅτι προέλαβον τὴν ἐπισημασίαν, ὅτι ὕστερα ἐγένετο.

Ἐξ ὧν πάντων φανερὸν ὅτι τὰ κατὰ τὰς ἐπισημασίας ἐν τοῖς παραπήγμασιν ὁλοσχερέστερον ἀναγέγραπται, οὐ τέχνῃ τινὶ, οὐδὲ ἀνάγκῃ μεθοδευόμενα, ἀλλ' ἐκ τῆς συνεχοῦς παρατηρήσεως ἀναγεγραμμένα· Διὸ πολλάκις διαψεύδεται. Ὅθεν οὐδὲ κατηγορητέον ἐστὶ τῶν ἀστρολόγων, ἐὰν ἀποτυγχάνωσιν ἐν ταῖς ἐπισημασίαις. Ἐὰν δ' ἔκλειψιν προειπών τις ἢ ἐπιτολὴν ἄστρου, διαμάρτῃ, εὐλόγως καὶ τὸ ἐπιτήδευμα καὶ ὁ μεταχειριζόμενος κατηγορίας ἀξιωθήσεται. Πάντα γὰρ τέχνῃ μεθοδευόμενα ἀδιαμάρτητον ἔχειν ὀφείλει τὴν ἀπόφασιν. Τὰ δὲ περὶ τὰς ἐπισημασίας οὔτ' ἐπιτυγχανόμενα ὁλοσχερῆ τὸν ἔπαινον ἔχει, οὔτ' ἀποτυγχανόμενα κατηγορίαν. Ἄτεχνον γάρ τι μέρος ἐστὶ τοῦτο τῆς ἀστρολογίας, καί οὐκ ἄξιον προφορᾶς. Τὸ δὲ αὐτὸ ὑποληπτέον καὶ περὶ τὴν κυνὸς ἐπιτολὴν γίνεσθαι. Πάντες γὰρ ὑπολαμβάνουσιν ἰδίαν δύναμιν ἔχειν τὸν ἀστέρα, καὶ παραίτιον γίνεσθαι τῆς τῶν καυμάτων ἐπιτάσεως ἅμα συνεπιτέλλοντα τῷ ἡλίῳ. Τοῦτο δ' οὐκ ἔστιν οὕτως ἔχον. Ἀλλὰ ἐπεὶ κατὰ τὸν πυροειδέστατον καιρὸν τοῦ ἐνιαυτοῦ οὗτος ὁ ἀστὴρ ἐπέτελλε, τῇ τούτου φάσει ἐσημειώσαντο τὴν πρὸς τὸ καῦμα μεταβολὴν τοῦ ἀέρος. Ἔστι δὲ ὁ ἥλιος παραίτιος τῆς ἐπιτάσεως τῶν καυμάτων. Πρῶτον μὲν γὰρ ἐκ τοῦ χειμῶνος κατεψυγμένων ἡμῶν, κατὰ τὸν συνεγγισμὸν τὸν πρὸς ἡμᾶς ἄρχεται ἡμᾶς θερμαίνειν· οὔπω δὲ ἔκδηλον ποιεῖ τὴν θερμασίαν, ἔτι τῆς καταψύξεως ἀπὸ τοῦ χειμῶνος διαμενούσης· ἐπιμονῆς δὲ γινομένης, καὶ μᾶλλον ἀεὶ καὶ μᾶλλον συνεγγίζοντος τοῦ ἡλίου, ἐπαίσθησιν συμβαίνει τῆς θερμασίας γίνεσθαι. Ἔπειτα συμβαίνει δὶς ἐπὶ τὴν αὐτὴν οἴκησιν κατὰ τὸ συνεχὲς ἐπεβάλλειν τὸν ἥλιον. Καὶ γὰρ ἐν τῇ παρόδῳ τῇ πρὸς τὸν θερινὸν τροπικὸν κύκλον καὶ ἐν τῇ ἀποχωρήσει τὰς αὐτὰς οἰκήσεις παροδεύει ὁ ἥλιος· ὅθεν συμβαίνει διὰ τὴν αἰτίαν ταύτην τὰς ἐπιτάσεις τῶν καυμάτων γίνεσθαι. Ετι δὲ καὶ τὰς προσόδους τὰς πρὸς τὸν θερινὸν τροπικὸν καὶ τὰς ἀποχωρήσεις μικράς τε παντελῶς καὶ ἀνεπαισθήτους εἶναι συμβέβηκε. Σχεδὸν γὰρ ἐφ' ἡμέρας $\overline{\mu}$ ἐπὶ τοῦ θερινοῦ τροπικοῦ κύκλου τὴν ἐπιμονὴν ποιεῖται. Οθεν καὶ τὰ μεγέθη τῶν ἡμερῶν περὶ τὰς τροπὰς ἀνεπαίσθητον ἔχει τὴν παραύξησιν. Επεὶ δὲ περὶ τοῦτον τὸν καιρὸν ἐπιτελλει ὁ κύων, τῇ τούτου φάσει τὸν καιρὸν ἐσημειώσαντο τῆς τῶν καυμάτων ἐπιτάσεως, οὐχ ὡς αὐτοῦ τοῦ ἄστρου παραιτίου γινομένου, ἀλλ' ὡς τοῦ ἡλίου τὴν αἰτίαν ἔχοντος.

Εἰ μὲν οὖν ὡς σημεῖόν τις λαμβάνει τοῦ καιροῦ τὴν τοῦ κυνὸς ἐπιτολὴν, ὀρθῶς λαμβάνει, καθάπερ Ομηρός φησιν ἐπὶ τοῦ κυνὸς οὕτως·

Κακὸν δέ τε σῆμα τέτυκται.

Οὐ γὰρ ὡς ἰδίαν δύναμιν ἔχοντος αὐτοῦ πρὸς τὴν ἐπίτασιν τῶν καυμάτων, ἀλλ' ὡς σημείου χάριν παρειλημμένου.

Οσοι μέντοι γε τῶν ποιητῶν καὶ φιλοσόφων τὴν δύναμιν τῆς ἐπιτάσεως τῶν καυμάτων τῷ κυνὶ προσάπτουσι, πολὺ τῆς ἀληθείας καὶ τοῦ φυσικοῦ λόγου πεπλανημέναι εἰσίν. Ο γὰρ ἀστὴρ οὗτος τῆς αὐτῆς οὐσίας κεκοινώνηκε πᾶσι τοῖς ἄστροις. Εἴ τε γὰρ πύρινά ἐστιν, εἴ τε καὶ αἰθέρια τὰ ἄστρα, τὴν αὐτὴν ἔχει δύναμιν πάντα· καὶ ὀφείλει κατακρατεῖσθαι ὑπὸ τοῦ πλήθους τῶν ἄστρων ἡ ἀπὸ τοῦ κυνὸς ἀποφορά. Καὶ γὰρ τῷ μεγέθει μείζονες αὐτοῦ εἰσιν ἕτεροι, καὶ τῷ πλήθει ἄπειροι. Εἰ οὖν ἐξ ἁπάντων αὐτῶν ἡ δύναμις οὐ διϊκνεῖται μέχρι τῆς γῆς, οὐδὲ εἰς τὴν τοῦ ἡλίου δύναμιν οὐδὲν συμβάλλεται, πῶς πιθανὸν τὴν ἀπὸ τοῦ ἑνὸς ἄστρου ἀποφορὰν τηλικαύτην ἐπίτασιν τῶν καυμάτων ποιεῖν; εἰ δὲ μὴ συνεργοῦσί τι πάντες οἱ ἀπλανεῖς ἀστέρες, τῆς αὐτῆς δυνάμεως κεκοινωνηκότες, οὐκ ἐνδέχεται τὴν ἀπὸ τοῦ ἑνὸς

cutivement les mêmes points, car dans son mouvement il passe par dessus les mêmes lieux en allant au tropique d'été et en s'en éloignant ; c'est ce qui cause ces intensités de chaleurs. Or, il met peu de temps à entrer dans le tropique, et celui qu'il emploie à en sortir est peu sensible, car il passe près de 40 jours dans le tropique c'est pourquoi les accroissemens des jours sont insensibles dans les solstices. Et comme, dans cette partie de l'année, le chien monte, on a désigné par l'apparition de cette étoile, le temps des grandes chaleurs, non que cette étoile le cause, mais parce que c'est alors, que le soleil les produit.

Si donc on prend le lever du chien pour annonce de la saison, on a raison, car c'est en ce sens qu'Homère a dit:

Il est de mauvais présage,

non comme ayant la vertu d'augmenter les chaleurs, mais comme étant pris pour leur annonce.

Ainsi, les poëtes et les philosophes, qui attribuent au chien le pouvoir de rendre les chaleurs plus vives, sont bien loin de la vérité et de la connoissance des causes physiques ; car cette étoile n'est pas d'une autre nature que les autres. Car soit qu'ils soient d'une matière de feu, ou d'une matière éthérée, elles ont toute la même vertu, et celle qui émane du chien doit être absorbée par la multitude des autres étoiles. Car celles-ci surpassent infiniment le chien en grandeur et en nombre. Si donc l'action de toutes ces étoiles ne peut s'étendre jusqu'à la terre, ni rien communiquer à celle du soleil, est-il croyable, qu'une seule soit assez puissante pour causer une aussi grande augmentation de chaleurs ? Si donc toutes les étoiles fixes ensemble qui ont une même force commune ne peuvent agir ensemble, on ne peut pas admettre que la différence sensible de chaleur qui paroît, lorsque cette étoile se lève avec le soleil, soit causée par cette étoile seule. C'est le soleil lui-même qui est la cause de ces grandes chaleurs, par la durée du temps qu'il met à parcourir un même lieu de la terre. Mais ne pouvant déterminer un jour commun pour tous les habitans de la terre, dans lequel commencent ces chaleurs ardentes, ils en marquèrent le temps par l'apparition de cette étoile, parce qu'elles arrivoient dans le temps qu'elle se levoit avec le soleil.

Ce que nous allons dire, prouve évidemment que cette étoile ne cause pas l'intensité de ces chaleurs. Souvent des étoiles plus grandes et en plus grand nombre se lèvent avec le soleil, et ne causent aucun changement sensible. Au contraire même, quelquefois leurs levers et leurs couchers sont accompagnés d'orages et de vents froids, bien loin qu'aucune d'elles contribue à augmenter les chaleurs. Souvent aussi se trouvent dans le même signe avec le soleil les plus grandes des cinq planètes, Phaëton (Jupiter), Lucifer (Vénus), et l'ardent (Mars), qui agissent sur la terre, et cependant elles ne changent rien à l'état de l'air. Ce qui démontre que ni les fixes ni les planètes ne contribuent en rien à l'augmentation des chaleurs. Si en effet le chien avoit quelqu'influence, il faudroit que cette augmentation se fît au moment même du lever vrai de l'étoile, puisque ce lever a lieu en même-temps que celui du soleil. C'est cependant ce qui n'arrive point alors, mais seulement dans le lever qui paroît après celui du soleil, parce qu'alors le soleil, pour les raisons que j'ai rapportées, cause la grande vivacité des chaleurs. en effet, le lever apparent de cette étoile pour Rhodes, arrive 30 jours après le solstice; et pour d'autres lieux, 40 jours après; pour d'autres encore, c'est 50. Il est donc clair que ce n'est pas ce lever qui cause cette intensité de chaleur,

ἄςρου θερμασίαν αἰσθητὴν διαφορὰν ἀποφαίνειν ἐν ταῖς συνανατολαῖς τοῦ ἡλίου. Ἐςι δ' αὐτὸς ὁ ἥλιος παραίτιος τῶν καυμάτων κατὰ τὸ συνεχὲς τὸν αὐτὸν τόπον τῆς οἰκήσεως ἐπιπορευόμενος. Οὐ δυνάμενοι δὲ κοινὴν ἡμέραν ἅπασιν ἀφορίσαι, ἐν ᾗ γίνονται αἱ ἐπιτάσεις τῶν καυμάτων, ἐπεὶ κατὰ τοῦτον τὸν καιρὸν ἐπέτελλεν οὗτος ὁ ἀςὴρ, τῇ τούτου φάσει τὸν καιρὸν ἐσημειώσαντο.

Ὅτι δὲ οὐκ ἔςιν ὁ ἀςὴρ παραίτιος τῆς ἐπιτάσεως τῶν καυμάτων, ἐκ τῶν λέγεσθαι μελλόντων φανερόν· πρῶτον μὲν γὰρ πολλάκις συνανατέλλουσι τῷ ἡλίῳ καὶ πλείονες καὶ μείζονες ἀςέρες, καὶ οὐδεμίαν αἰσθητὴν ποιοῦσι παραλλαγήν. Ἀλλ' ἔςιν ὅτε ἐκ τῶν ἐναντίων ἐν ταῖς ἐπιτολαῖς αὐτῶν καὶ δύσεσι χειμῶνες γίνονται, καὶ ἄνεμοι ψυχροὶ πνέουσιν· ὡς μηδὲν αὐτῶν συμβαλλομένων πρὸς τὴν ἐπίτασιν τῶν καυμάτων. Πολλάκις δὲ καὶ ἐν τῷ αὐτῷ ζωδίῳ τῷ ἡλίῳ γίνονται ἀςέρες τῶν ε̄ πλανητῶν οἱ μέγιςοι, φαέθων, φωσφόρος, πυρόεις, ἀφ' ὧν καὶ δυνάμεις ἐπὶ τὴν γῆν πίπτουσι, καὶ οὐδὲν παρὰ τὴν αὐτῶν αἰτίαν διαφορώτερον περὶ τὸν ἀέρα γίνεται. Ἐξ οὗ φανερὸν ὅτι οὐδὲν συμβάλλονται πρὸς τὴν ἐπίτασιν τῶν καυμάτων οὔθ' οἱ ἀπλανεῖς, οὔθ' οἱ πλανηταὶ ἀςέρες. Εἰ γὰρ δύναμιν τινα προσεφέρετο ὁ κύων, ἔδει κατὰ τὴν ἀνατολὴν τῶν καυμάτων γίνεσθαι ἐπίτασιν· Τότε γὰρ ἅμα συνανατέλλει τῷ ἡλίῳ. Οὐ γίνεται δὲ τοῦτο, ἀλλὰ κατὰ τὴν ἐπιφαινομένην ἐπιτολὴν τὰ μέγιςα καύματα γίνεται. Περὶ γὰρ τὸν καιρὸν τοῦτον ὁ ἥλιος διὰ τὰς προειρημένας αἰτίας παραίτιος ἐςι τῆς ἐπιτάσεως τῶν καυμάτων. Ἐν Ῥόδῳ μὲν γὰρ μετὰ λ̄ ἡμέρας τῆς τροπῆς ἐπιτέλλει ὁ ἀςήρ· ἐν ἄλλοις δὲ τόποις μετὰ μ̄ ἡμέρας τῆς θερινῆς τροπῆς· οἷς δὲ μετὰ ν̄. Ὥςε μηκέτι τὴν ἐπίτασιν τῶν καυμάτων τὴν ἐπιτολὴν αὐτοῦ ποιεῖσθαι ἑκάστῳ φανερόν. Οτι ὁ μὲν τὴν ἐπίτασιν τῶν καυμάτων περιέχων καιρὸς εἷς ἐστὶν ὁ μετὰ τὰς θερινὰς τροπὰς ἡμέρας λ̄· ἐν δὲ τῷ χρόνῳ τούτῳ παρ' οἷς μὲν ὁ κύων ἐπιτέλλει, καὶ τὸν καιρὸν μηνύει· παρ' οἷς δὲ ἄλλό τι τῶν κατηστερισμένων ἄστρων. Οὐ γὰρ ἅμα πᾶσι τοῖς ἄστροις τὰς ἐπιτολὰς καὶ τὰς δύσεις συμβαίνει γίνεσθαι.

Τὸ δὲ λεγόμενον ὑπὸ τῶν πλείστων, ὅτι περὶ τὸν καιρὸν τοῦτον ἀνατέλλει σὺν τῷ ἡλίῳ, παντελῶς ἐστιν ἰδιωτικόν. Εν γὰρ τούτῳ τῷ χρόνῳ πλεῖστον ἀπὸ τοῦ ἡλίου διέστηκεν ὁ ἀστήρ· ὁ μὲν γὰρ ἥλιος πάντως ἐπὶ τοῦ θερινοῦ τροπικοῦ κύκλου τὴν πάροδον ποιεῖται, ὁ δὲ ἐπὶ τοῦ χειμερινοῦ τροπικοῦ κύκλου κεῖται· ὥστε πλεῖστον ἀπ' ἀλλήλων διάστημα ἀπέχειν αὐτούς. Πῶς ἂν οὖν δύναιτο παραίτιος γίνεσθαι τῆς ἐπιτάσεως τῶν καυμάτων; ἐπίτασιν δὲ ἐποίει ἄν, εἴ τινα δύναμιν εἶχεν ὁ ἀστὴρ, ἅμα γινόμενος τῷ ἡλίῳ κατὰ χειμερινὰς τροπὰς, ὅταν ἐπὶ τοῦ αὐτοῦ κύκλου φέρηται ὁ ἀστὴρ τῷ ἡλίῳ· τότε γὰρ ἔδει γενέσθαι τινὰ πρὸς τὸ φαινόμενον αἰσθητὴν περὶ τὸν ἀέρα παραλλαγήν. Οὐ γίνεται δὲ τοῦτο, ἀλλ' ἐκ τῶν ἐναντίων χειμών. Οθεν τοῖς παραπήγμασι παράκειται σημεῖον· ὥστε εἶναι φανερὸν ἐκ πάντων, ὅτι οὐθ' οὗτος ὁ ἀστὴρ, οὔτ' ἄλλος οὐδεὶς τηλικαύτην τινὰ δύναμιν ἔχει, ὥστε μεταβολὰς περὶ τὸν ἀέρα κατασκευάζειν, ἀλλ' ἔστι τὸ ἡγεμονικὸν αἴτιον περὶ τὸν ἥλιον· αἱ δὲ τούτων ἐπιτολαὶ καὶ δύσεις ἐπὶ τὴν ἐπίγνωσιν τῶν περὶ τὸν ἀέρα μεταβολῶν παράκεινται· δι' ἣν αἰτίαν οὐδὲ διὰ παντὸς συμφωνοῦσιν. Οθεν βελτίοσιν ἄν τις σημείοις χρήσαιτο τοῖς ὑπὸ τῆς φύσεως ἡμῖν διδομένοις· οἷς καὶ Αρατος κέχρηται. Τὰς μὲν γὰρ ἐκ τῶν ἐπιτολῶν καὶ δύσεων τῶν ἄστρων γινομένας μεταβολὰς τοῦ ἀέρος ᾠήθη εἶναι διεψευσμένας· τὰς δὲ φυσικῶς γινομένας, καὶ μετά τινος αἰτίας, κατεχώρισεν ἐν τῇ τῶν φαινομένων πραγματείᾳ, ἐπὶ πᾶσι τῆς ὅλης συντάξεως. Λαμβάνει γὰρ τὰς προγνώσεις ἀπὸ τῆς τοῦ ἡ-

puisque l'espace de temps où elle est renfermée n'est que de 30 jours après le solstice d'été, et que pendant ce même temps le lever apparent du chien sert de marque pour les lieux où il se fait; mais pour d'autres, c'est quelqu'autre constellation. Car les étoiles ne se lèvent, ni ne se couchent toutes en même temps.

L'opinion de bien des gens qui soutiennent que dans ce temps là cette étoile se lève véritablement avec le soleil, n'est nullement fondée. Car alors elle est à sa plus grande distance du soleil. En effet, dans cette circonstance le soleil décrit le cercle tropique d'été, et l'étoile est alors dans le cercle tropique d'hiver. Ainsi l'intervalle qui les sépare est le plus grand qu'il puisse être. Comment donc pourroit-elle causer cet excès de chaleurs? elle le produiroit sans doute, si elle exerçoit quelqu'empire, lorsqu'elle se trouve avec le soleil dans le temps du solstice d'hiver, et sur le même cercle que lui. Ce concours devroit nécessairement produire dans l'air un changement sensible dans ce qu'on éprouve alors. Mais point du tout, c'est au contraire l'hiver qui se fait sentir alors. C'est pourquoi les calendriers le marquent par le chien. Toutes ces preuves réunies font voir clairement que ni cette étoile ni aucune autre n'a assez de force pour opérer quelques changemens dans l'atmosphère, mais que la cause principale en est dans le soleil; tandis que pour en rendre raison, on les attribue aux levers et aux couchers apparens des étoiles: aussi n'y répondent-ils pas exactement. Il vaudroit donc beaucoup mieux prendre pour marques les phénomènes que la nature même nous présente, et qu'Aratus a employés. Il a jugé qu'on s'étoit trompé en prenant pour annonces des variations atmosphériques, les élévations et les couchers apparens des étoiles. Il a placé à la fin de son poëme des phénomènes, ce qui arrive naturellement par l'effet de quelque cause. Il tire ses prédictions, du lever et du coucher du soleil, de ceux de la lune et de l'aréole qui entoure cet astre, des étoiles tombantes, et des signes zodiacaux; parce que les prédictions qui en sont tirées d'après quelque cause physique, sont nécessairement suivies des événemens annoncés d'avance. C'est ainsi que le philosophe Boëthus, dans le quatrième livre de son exposition sur Aratus, a donné les causes naturelles des vents et des pluies, en appuyant ses prédictions sur l'expérience qu'on en avoit acquise précédemment. Et ce sont aussi les marques qu'ont employées le philosophe Aristote, Eudoxe, et plusieurs autres astronomes.

λίου ἀνατολῆς καὶ δύσεως, καὶ ἀπὸ τῆς σελήνης ἀνατολῶν καὶ δύσεων, καὶ ἀπὸ τῆς ἅλω τῆς γινομένης περὶ τὴν σελήνην, καὶ ἀπὸ τῶν διαϊσσόντων ἀςέρων, καὶ ἀπὸ τῶν ἀλόγων ζώων. Αἱ γὰρ ἀπὸ τούτων προγνώσεις μετά τινος φυσικῆς αἰτίας γινόμεναι κατηναγκασμένα ἔχουσι τὰ ἀποτελέσματα. Οθεν καὶ Βόηθος ὁ φιλόσοφος ἐν τῳ τετάρτῳ βιβλίῳ τῆς Αράτου ἐξηγησεως, φυσικὰς τὰς αἰτίας ἀποδέδωκε τῶν τε πνευμάτων καὶ ὄμβρων, ἐκ τῶν προειρημένων εἰδῶν τὰς προγνώσεις ἀποφαινόμενος. τούτοις δὲ τοῖς σημείοις καὶ Αριςοτέλης κέχρηται ὁ φιλόσοφος, καὶ Εὔδοξος, καὶ ἕτεροι πλείονες τῶν ἀςρολόγων.

CHAPITRE XV.

De l'Évolution.

L'Évolution est le temps le plus court qui contienne des mois entiers, des jours entiers, et des rétablissemens ou retours de la lune. Car le temps d'un mois lunaire ayant été observé de $29\frac{1}{2}\frac{1}{33}$ jours à peu près; et la révolution de la lune, de $27\frac{1}{3}\frac{1}{18}$, on a cherché quel est le temps le plus court qui les contient sans fractions, en jours, en heures, et en rétablissemens entiers. Voici comment on y est parvenu : la lune paroit parcourir irrégulièrement le zodiaque en décrivant chaque jour un arc, qui de jour en jour est plus grand que celui de la veille, jusqu'à ce qu'elle ait décrit le plus grand de tous. Ensuite elle en décrit toujours un plus petit que celui-ci qui le précède immédiatement jusqu'à ce quelle se rétablisse ou qu'elle revienne au plus petit de tous par lequel elle avoit commencé. Le temps compris entre ces deux moindres mouvemens, se nomme rétablissement ou retour. Or on observa que l'évolution contenoit 669 mois entiers, ou 19756 jours. Pendant ce temps, la lune fait 717 retours d'anomalie en longitude, en parcourant 723 circonférences du zodiaque, et en s'avançant en outre, de 32

ΚΕΦΑΛΑΙΟΝ ΙΕ.

ΠΕΡΙ ΕΞΕΛΙΓΜΟΥ.

Εξελιγμὸς ἐςὶ χρόνος ἐλάχιςος περιέχων ὅλους μῆνας, καὶ ὅλας ἡμέρας, καὶ ὅλας ἀποκαταςάσεις τῆς σελήνης. Ἐπεὶ γὰρ ὁ μηνιαῖος χρόνος παρετηρήθη ὑπάρχων ἡμέρων εἴκοσι ἐννέα, ἡμισεως ὡς ἔγγιςα, καὶ τριακοςοῦ τρίτου· ἡ δὲ ἀποκατάςασις τῆς σελήνης ἡμερῶν κζ̄ καὶ ὀκτωκαιδεκάτου, ὡς ἔγγιςα, ἐζητεῖτο χρόνος ὁ ἐλάχιςος, ὅςις περιέχει ὅλας ἡμέρας, καὶ ὅλους μῆνας, καὶ ὅλας ἀποκαταςάσεις. Εςι δὲ τοιαύτη εὕρεσις· ἡ σελήνη ἀνωμάλως φαίνεται διαπορευομένη τὸν ζωδιακὸν κύκλον, καὶ περιφέρειάν τινα ἐνεχθεῖσα, ἐν τῇ ἐχομένῃ ἡμέρᾳ μείζονα ταύτης κινεῖται, καὶ ἀεὶ μείζονα ταῖς ἑξῆς ἡμέραις, ἕως ἂν μεγίςην περιφέρειαν κινηθῇ. Εἶτ' αὖθις εἰς τὴν ἐλάττονα τῆς προηγουμένης, ἕως ἂν ἐπὶ τὴν ἐξ ἀρχῆς ἐλαχίςην περιφέρειαν ἀποκαταςαθῇ. Ο δὲ χρόνος ὁ ἀπὸ τῆς ἐλαχίςης κινήσεως ἐπὶ τὴν ἐλαχίςην κίνησιν ἀποκατάςασις καλεῖται. Παρατετήρηται δὲ ὁ ἐξελιγμὸς περιέχων ὅλους μῆνας χξθ̄, ἡμέρας δὲ ͵α͵θψνϛ̄. Ἐν δὲ τῷ χρόνῳ τούτῳ ποιεῖται τῆς κατὰ μῆκος ἀνωμαλίας ἡ σελήνη ἀποκαταςάσεις ψιζ̄, κύκλους δὲ ζωδιακοὺς διαπορευμένη ἐν τῷ προειρημένῳ χρόνῳ ψκγ̄, καὶ προσεπιλαμβάνουσα μοίρας λβ̄. Εχοντες δὲ ταῦτα τὰ φαινόμενα ἐκ παλαιῶν χρόνων ἐζητημένα, δέον συςήσασθαι τὴν κατὰ μῆκος ἀνωμαλίαν ἡμερήσιόν τῆς σελήνης, τίς ἐςιν ἐλαχίςη κίνησις αὐτῆς, καὶ τίς ἡ μεγίςη, καὶ τίς ἡ μέση, καὶ τίς ἡ καθ' ἡμέραν παραύξησις καὶ μείωσις αὐτῆς, ἐπιλαμβάνοντες ἐκ τοῦ φαινομένου καὶ τοῦτο, ὅτι ἐὰν μὲν καὶ τὰς ἐλαχίςας κινῆται, πλείονα μὲν τῶν ια̅ μοιρῶν κινεῖται, ἐλάττονα δὲ τῶν ιβ̅· ὅταν δὲ τὰς μεγίςας κινῆται, πλείονα μὲν τῶν ιε̅ μοιρῶν κινεῖται, ἐλάττονα δὲ τῶν ις̅· ἐπεὶ τοίνυν παρατετήρηται ἡ σελήνη ἐν ἡμέραις ι,θ,ψνς̅ διαπορευομένη ζωδιακοὺς κύκλους ψκγ̅, καὶ ἔτι μοίρας λβ̅· ἕκαςος δὲ τῶν κύκλων ἔχει μοίρας τξ̅· ἀνελύσατο τῶν κύκλων πλῆθος εἰς μοίρας, καὶ προσέθηκε τὰς λβ̅· γίνεται ὁ πᾶς ἀριθμὸς μοιρῶν, σ,ξ,τιβ̅. Εν ἄρα ἡμέραις μάλιςα ι,θ,ψνς̅, διαπορεύεται ἡ σελήνη τὸ προειρημενον πλῆθος τῶν μοιρῶν. Ο δὴ πλῆθος εἰς τὸ τῶν ἡμερῶν πλῆθος μερίσαντες, εὑρήσομεν τὴν μέσην ἡμερήσιον κίνησιν τῆς σελήνης. Οταν γὰρ μήτε τὴν ἐπίτασιν τῆς κινήσεως, μήτε τὴν ἄνεσιν ὑπολογισάμενοι, ἐξ ὁμαλοῦ μερίσωμεν τὸ τῶν μοιρῶν πλῆθος· τότε ἡ εὑρεθεῖσα κίνησις μέση καλεῖται. Ευρίσκεται δὲ αὕτη γινομένη μοιρῶν ιγ̅, πρώτων ἑξηκοςῶν ι̅ καὶ δευτέρων λε̅. Καλεῖται δὲ τὸ τῆς μιᾶς μοίρας ἑξηκοςὸν, πρῶτον ἑξηκοςόν· τὸ δὲ τοῦ πρώτου ἑξηκοςοῦ ἑξηκοςὸν, δεύτερον ἡξηκοςόν· ὁμοίως δὲ τὸ δεύτερον ἑξηκοςὸν διαιρεθὲν εἰς μέρη ξ̅, καλεῖται τὸ ἓν μέρος τρίτον ἑξηκοςόν. Ο δὲ αὐτὸς λόγος καὶ ἐπὶ τῶν λοιπῶν ἑβηκοςῶν.

Τοιαύτης δὲ τῆς διατάξεως ὑπαρχούσης τῶν ἀριθμῶν, ὑπὸ τῶν Χαλδαίων εὕρηται ἡ μέση κίνησις τῆς σελήνης μοιρῶν ιγ̅, ι', λε''. Καὶ ἐπεὶ ἐν ἡμέραις ι,θ,ψνς̅, ἀποκαταςάσεις ποιεῖται ἡ σελήνη ψιζ, ἐὰν βουλό..εθα ἐπιγνῶναι τὴν μίαν ἀποκαταςασιν ἐν πόσαις ἡμέραις ποιεῖται ἡ σελήνη, μερισομεν τὸ τῶν ἡμερῶν πλῆθος εἰς τὸ τῶν ἀποκαταςάσεων πλῆθος. Γίνονται δὲ ἡμέραι τῆς ἀποκαταςάσεως εἴκοσι ἑπτὰ, καὶ μιᾶς ἡμέρας ἑξηκοςὰ πρῶτα λγ̅, καὶ δεύτερα κ̅. Εν ἄρα ἡμέραις τοσαύταις ἡ σελήνη ἀπὸ τῆς ἐλαχίςης κινήσεως ἐπὶ τὴν ἐλαχίςην παραγίνεται.

degrés. Avec ces données des temps anciens, si l'on a à déterminer l'anomalie quotidienne de la lune, savoir : quel est son moindre mouvement, quel est son plus grand et le moyen, de combien il augmente et il diminue par jour, on conclut du mouvement apparent, que quand elle fait ses moindres mouvemens, elle parcourt plus de onze degrés, mais moins de douze ; et que quand elle fait ses plus grands mouvemens, elle parcourt plus de 15 degrés et moins de 16. Ainsi donc, puisqu'on a observé que la lune en 19756 jours parcourt 723 circonférences zodiacales et 32 degrés de plus, chacune ayant 360 degrés, on les a réduites toutes en une somme de degrés à laquelle on a ajouté 32, ce qui a donné 260312 degrés, que la lune parcourt en 19756 jours en tout. Divisant la somme des degrés par le nombre des jours, nous trouverons le mouvement moyen journalier de la lune. Car la division du nombre des degrés en parties égales, sans faire attention aux variations du mouvement, donne le mouvement qu'on appelle moyen. Or il se trouve être de 13 degrés, 10 premières soixantièmes (minutes), et 35 secondes, ($\frac{1}{60}^{d} = 1'$, $\frac{1}{60}' = 1''$, $\frac{1}{60}'' = 1'''$). On appelle prime ou première, la soixantième partie d'un degré ; seconde, la soixantième d'une prime ; tierce, la soixantième d'une seconde ; et ainsi de suite pour les autres soixantièmes.

C'est en suivant cet ordre de nombres, que les Chaldéens ont trouvé le moyen mouvement de la lune, de $13^{d}\ 10'\ 35''$: et comme la lune revient ou se rétablit 717 fois en 19756 jours, si nous voulons savoir combien de jours la lune emploie à se rétablir, nous diviserons ce nombre de jours par celui des retours, et nous trouverons 27 jours 33' 20'', temps que la lune, depuis son moindre mouvement, emploie à y retourner.

Et comme chaque retour se fait en 4 temps égaux, ils ont pris le quart de 27 jours 33′ 20″, qui est 6 jours 53′ 20″; temps que la lune met à aller de son moindre mouvement au moyen, du moyen au plus grand, et pareillement du plus grand au moyen, et du moyen au moindre. Car tous ces 4 temps sont égaux entr'eux.

Καὶ ἐπεὶ ἐν πάσῃ ἀποκαταστάσει δ̄ εἰσὶ χρόνοι ἴσοι, ἔλαβον τέταρτον μέρος τῶν κζ̄ ἡμερῶν, λγ̄ λεπτῶν πρώτων, καὶ κ̄ δευτέρων λεπτῶν, καὶ γίνονται ἡμέραι ϛ̄, νγ′, καὶ κ″. Εν ἄρα τοσαύταις ἡ σελήνη ἡμέραις ἀπὸ τῆς ἐλαχίστης κινήσεως ἐπὶ τὴν μέσην παραγίνεται, καὶ ἀπὸ τῆς μέσης ἐπὶ τὴν μεγίστην, καὶ πάλιν ὁμοίως ἀπὸ τῆς μεγίστης ἐπὶ τὴν μέσην, καὶ ἀπὸ τῆς μέσης ἐπὶ τὴν ἐλαχίστην. Οἱ γὰρ δ̄ οὗτοι χρόνοι εἰσὶν ἀλλήλοις ἴσοι.

Quand trois nombres sont tels qu'ils ont entr'eux la même différence, la somme des extrêmes est toujours égale au double du moyen. Or dans le mouvement de la lune, trois nombres diffèrent également entr'eux, ce sont ceux du moindre, du moyen et du plus grand mouvement. Si donc nous ajoutons ensemble le plus grand et le moindre, leur somme sera double du moyen mais ce moyen mouvement avait été trouvé de 13ᵈ 10′ 35″, ils l'ont doublé, et ils ont eu 26ᵈ 21′ 10″; donc la somme du plus grand et du moindre mouvement de la lune est exactement de 26ᵈ 21′ 10′. Mais l'un et l'autre pris sans beaucoup d'exactitude, par les observations, sont ensemble de 26 degrés. Dont le restant est ce qui échappe à l'observation faite par le moyen des phénomènes et des instrumens, c'est à dire 21′ 10″, qu'il faut distribuer sur le plus grand et le plus petit mouvement, pour qu'ils fassent ensemble 26ᵈ 21′ 10″, de manière que le plus petit n'excède pas 12 degrés; ni le plus grand, 16 degrés. Et voici comment nous ferons cette distribution : puisque la lune en 6 jours 53′ 20″, va de son moindre mouvement au moyen; et en autant de temps, du moyen au plus grand, et qu'elle augmente et diminue toujours d'une quantité égale, il faut trouver un nombre qui multipliant le quart du temps de la restitution ou du rétablissement, produira un certain nombre dont l'addition au moyen mouvement fera une somme plus grande que 15 degrés et plus petite que 16ᵈ; et qui, soustrait du moyen mouvement, donnera un

Καὶ ἐπεὶ ἂν ὦσι τρεῖς ἀριθμοὶ ἴσῳ ἀλλήλων ὑπερέχοντες, γίνονται οἱ ἄκροι τοῦ μέσου διπλασίονες· ἐν δὲ τῇ κινήσει τῆς σελήνης τρεῖς εἰσιν ἀριθμοὶ τῷ ἴσῳ ἀλλήλων ὑπερέχοντες, ἥ τε ἐλαχίστη κίνησις, καὶ ἡ μέση, καὶ ἡ μεγίστη· ἐὰν ἄρα τὴν μεγίστην, καὶ τὴν ἐλαχίστην συνθῶμεν, ἔσονται διπλασίονες τῆς μέσης κινήσεως. Ην δὲ ἡ μέση κίνησις μοιρῶν ιγ̄, λεπτῶν ι′, λε″. Επολλαπλασίασαν ταῦτα δίς· καὶ γίνονται μοῖραι κϛ̄, κα′, ι″. Η ἄρα μεγίστη κίνησις τῆς σελήνης, καὶ ἡ ἐλαχίστη ἐπ' ἀκριβὲς συντεθεῖσαι γίνονται ἡμέραι κϛ̄ κα′, ι″. Αλλὰ αἱ κατὰ τὸ ὁλοσχερὲς ἐκ τηρήσεως εἰλημμέναι ἥ τε μεγίστη καὶ ἐλαχίστη, μοῖραι κϛ̄. Λοιπὰ ἄρα ἐστὶ τὰ ἐκ φυγόντα τὴν διὰ τῶν φαινομένων καὶ τὴν τῶν ὀργάνων παρατήρησιν, μιᾶς μοίρας πρῶτα ἑξηκοστὰ κᾱ, καὶ δεύτερα ι̅. Ταῦτα ἄρα δεῖ προσεπιμερίσαι τῇ τε ἐλαχίστῃ καὶ τῇ μεγίστῃ, ὅπως αἱ δύο συντεθεῖσαι κινήσεις ἀποτελῶσι μοίρας κϛ̄, κα′, ι″· προσθεῖναι δὲ τὴν ἐπουσίαν οὕτως, ὥστε μήτε τὴν ἐλαχίστην μείζονα ἄγεσθαι τῶν ιβ̄ μοιρῶν, μήτε τὴν μεγίστην μείζονα μοιρῶν ιϛ̄. Επιμεριοῦμεν δὲ οὕτω· ἐπεὶ ἡ σελήνη ἐν ἡμέραις ϛ̄ τε καὶ νγ̄ πρώτοις καὶ δευτέροις κ̄ παραγίνεται ἀπὸ τῆς ἐλαχίστης κινήσεως ἐπὶ τὴν μέσην, καὶ ἀπὸ τῆς μέσης ἐπὶ τὴν μεγίστην, καὶ διὰ παντὸς τῇ ἴσῃ παραυξήσει καὶ μειώσει χρῆται, δεῖ εὑρεῖν ἀριθμὸν, ὃς πολλαπλασιάσας τὸ τέταρτον μέρος τοῦ ἀποκαταστατικοῦ χρόνου, ἀποτελέσει τινὰ ἀριθμὸν, ὃς προστιθεὶς μὲν τῇ μέσῃ κινήσει συνάξει τινὰ ἀριθμὸν μείζονα μὲν τῶν ιε̄ μοιρῶν, ἐλάττονα δὲ τῶν ιϛ̄· ἀφαιρεθεὶς δὲ ἀπὸ τῆς μέσης κινήσεως ἀπολείψει τινὰ ἀριθμὸν, μείζονα μὲν τῶν ια̅ μοιρῶν, ἐλάττονα δὲ τῶν ιβ̄. Τὰ δὲ προστιθέμενα ταῖς ιε̄ μοίραις, καὶ ταῖς ια̅, ἔσται ἐπὶ τὸ αὐτὰ πρῶτα ἑξηκοστὰ κα̅ καὶ δεύτερα ι̅. Εὑρίσκεται δὲ τοῦτο ποιῶν ὁ τῶν ιη̅ ἑξηκοστῶν πρώτων. Εὰν γὰρ ταῦτα πολλαπλασιασθῇ ἐπὶ τὸ τέταρτον μέρος τῆς ἀποκαταστάσεως, ἐπὶ τὰς ἡμέρας ϛ̅, ιγ̅ πρῶτα λεπτὰ, καὶ κ̅ δεύτερα, ἀποτελοῦνται μοῖραι β̅, καὶ πρῶτα ἑξηκοστὰ δ̅. Ταῦτα προσέθηκα τῇ μέσῃ κινήσει ιγ̅, ι̅, λε̅, καὶ γίνονται μοῖραι ιε̅, ιδ̅, λε̅. Καὶ ἀφεῖλον ἀπὸ τῆς μέσης κινήσεως τὰς β̅ μοίρας, καὶ τὰ πρῶτα ἑξηκοστὰ δ̅, καὶ τὰ λείποντα, μοῖραι ια̅, ϛ̅, λε̅. Εὕρηται ἄρα ἡ μὲν ἐλαχίστη κίνησις τῆς σελήνης μοιρ. ια̅, πρώτων ἑξηκοστῶν ιϛ̅, δευτέρων δὲ ια̅, τρίτων λε̅. Η δὲ μέση κίνησις μοιρ. ιγ̅, ι̅, λε̅. Η μεγίστη κίνησις μοιρ. ιε̅, ια̅, λε̅. Η δὲ ἡμερησία παραύξησις πρώτων ἑξηκοστῶν ιη̅.

reste plus grand que 11 degrés, et plus petit que 12. Or les quantités à ajouter à 15 degrés et à 11, étant 21′ 10″, on trouve que c'est le nombre 18 minutes qui satisfait à cette condition. Car en multipliant celui-ci par le quart du temps d'une restitution, c'est-à-dire par 6ᵈ 53′ 20″, le produit est 2ᵈ 4′, que j'ai ajoutés au moyen mouvement, c'est-à-dire à 13ᵈ 10′ 35″, et la somme a été 15ᵈ 14′ 35″; ensuite j'ai retranché les 2ᵈ 4′, du moyen mouvement, et le reste a été 11ᵈ 6.′ 35″. Donc le plus petit mouvement de la lune s'est trouvé être de 11 degrés, 16 minutes, 11 secondes, 35 tierces; et le plus grand, de 15 degrés, 14 minutes, 35 secondes; et l'accroissement diurne, de 18′.

ΚΕΦΑΛΑΙΟΝ ιϛ.

ΧΡΟΝΟΙ ΤΩΝ ΖΩΔΙΩΝ, ΕΝ ΟΙΣ ΕΚΑΣΤΟΝ ΑΥΤΩΝ Ο ΗΛΙΟΣ ΔΙΑΠΟΡΕΥΕΤΑΙ, ΚΑΙ ΑΙ ΚΑΘ' ΕΚΑΣΤΟΝ ΖΩΔΙΟΝ ΓΙΝΟΜΕΝΑΙ ΕΠΙΣΗΜΑΣΙΑΙ ΑΙ ΥΠΟΓΕΓΡΑΜΜΕΝΑΙ ΕΙΣΙΝ.

CHAPITRE XVI.

Exposition des temps des signes, c'est-à-dire du temps que le soleil emploie à parcourir chacun des signes, avec la description des annonces qui leur sont respectivement propres.

Αρξώμεθα δὲ ἀπὸ θερινῆς τροπῆς.

Commençons par le Solstice d'été.

ΚΑΡΚΙΝΟΝ διαπορεύεται ὁ ἥλιος ἐν ἡμέραις λα̅.

Le soleil parcourt le CANCER (écrevisse) en 31 jours.

Εν δὲ τῇ α̅ ἡμέρᾳ Καλίππῳ καρκίνος ἄρχεται ανατέλλειν, τροπαὶ θεριναὶ, καὶ ἐπισημαίνει.

Le premier jour, suivant Calippe, l'écrevisse commence à se lever avec le soleil; solstice d'été; et il annonce.

Εν δὲ τῇ θ̅ ἡμέρᾳ Εὐδόξῳ νότος πνεῖ.

Le 9ᵉ jour, suivant Eudoxe, le vent du midi souffle.

Εν δὲ τῇ ια̅ ἡμέρᾳ Εὐδόξῳ Ωρίων ἑῷος ἐπιτέλλει.

Le 11ᵉ jour, suivant Eudoxe, orion se lève au matin, après le soleil.

Εν δὲ τῇ ιγ̅ ἡμέρᾳ Εὐκτήμονι Ωρίων ὅλος ἐπιτέλλει.

Le 13ᵉ jour, suivant Euctémon, orion se lève tout entier après le soleil.

Εν δὲ τῇ ιϛ̅ Δοσιθέῳ στέφανος ἑῷος ἄρχεται δύνειν.

Le 16ᵉ, suivant Dosithée, la couronne commence à se coucher le matin.

Εν δὲ τῇ κγ̅ Δοσιθέῳ ἐν Αἰγύπτῳ κύων ἐκφανὴς γίνεται.

Le 23ᵉ, suivant Dosithée, le chien devient visible en Egypte.

Le 25e, suivant Méton, le chien se lève le matin après le soleil.

Le 27e, suivant Euctémon, le chien se lève après le soleil; suivant Eudoxe, le chien se lève le matin après le soleil, et pendant les cinq jours suivants, les vents étésiens soufflent; ces cinq jours sont appellés les premiers précurseurs. Suivant Calippe, le cancer se couche; en se levant il amène du vent.

Le 28e, suivant Euctémon, l'aigle se couche le matin, après quoi la mer devient orageuse.

Le 30e, suivant Calippe le lion commence à se lever avec le soleil. Le vent du midi souffle, et le lever du chien devient visible.

Le 31e, suivant Eudoxe, le vent du midi souffle.

Le soleil parcourt le LION en 31 jours.

Le premier jour, suivant Euctémon le chien paroît, la chaleur vient ensuite, et il l'annonce.

Le 5e, suivant Eudoxe, l'aigle se couche le matin.

Le 10e, suivant Eudoxe, la couronne se couche.

Le 12e, suivant Calippe, le milieu du lion en se levant amène surtout des chaleurs.

Le 14e, suivant Euctémon, grande chaleur.

Le 16e jour, annonce, suivant Eudoxe.

Le 17e, suivant Euctémon, la lyre se couche, en outre il pleut, les vents étésiens cessent, et le cheval se lève après le soleil.

Le 18e, suivant Eudoxe, le dauphin se couche le matin; et suivant Dosithée, lever acronyque du vendangeur.

Le 22e, suivant Eudoxe, la lyre se couche le matin, et annonce.

Le 29e jour annonce, suivant Eudoxe. Suivant Calippe, la vierge se lève, annonce.

Le soleil parcourt la VIERGE en 30 jours.

Le cinquième, suivant Eudoxe, grand vent

Εν δὲ τῇ κε Μέτωνι κύων ἐπιτέλλει ἑῷος.

Εν δὲ τῇ κζ Εὐκτήμονι κύων ἐπιτέλλει· Εὐδόξῳ κύων ἑῷος ἐπιτέλλει, καὶ τὰς ἑπομένας ἡμέρας ε ἐτησίαι πνέουσιν· αἱ δὲ πέντε αἱ πρῶται πρόδρομοι καλοῦνται. Καλίππῳ καρκίνος δύνει ἀνατέλλων πνευματώδης.

Εν δὲ τῇ κη Εὐκτήμονι ἀετὸς ἑῷος δύνει, χειμὼν κατὰ θαλασσαν ἐπιγίνεται.

Εν δὲ τῇ λ Καλίππῳ λέων ἄρχεται ἀνατέλλειν· νότος πνεῖ· καὶ κύων ἀνατέλλων φανερὸς γίνεται.

Εν δὲ τῇ λα Εὐδόξῳ νότος πνεῖ.

Ο ἥλιος τὸν ΛΕΟΝΤΑ διαπορεύεται ἐν ἡμέραις λα.

Εν μὲν οὖν τῇ α ἡμέρᾳ Εὐκτήμονι κύων μὲν ἐκφανὴς, πνῖγος δὲ ἐπιγίνεται, ἐπισημαίνει.

Εν δὲ τῇ ε Εὐδόξῳ ἀετὸς ἑῷος δύνει.

Εν δὲ τῇ ι ἡμέρᾳ Εὐδόξῳ ϛέφανος δύνει.

Εν δὲ τῇ ιβ Καλίππῳ λέων μέσος ἀνατέλλων πνίγη μάλιϛα ποιεῖ.

Εν δὲ τῇ ιδ Εὐκτήμονι πνίγη μάλιϛα γίνεται.

Εν δὲ τῇ ιϛ ἡμέρᾳ Εὐδόξῳ ἐπισημαίνει.

Εν δὲ τῇ ιζ Εὐκτήμονι λύρα δύεται, καὶ ἔτι ὕει, καὶ ἐτησίαι παύονται, καὶ ἵππος ἐπιτέλλει.

Εν δὲ τῇ ιη Εὐδόξῳ δελφὶς ἑῷος δύνει. Δοσιθέῳ προτρυγητὴρ ἀκρόνυχος ἐπιτέλλει.

Εν δὲ τῇ κβ Εὐδόξῳ λύρα ἑῷος δύνει, καὶ ἐπισημαίνει.

Εν δὲ τῇ κθ Εὐδόξῳ ἐπισημαίνει. Καλίππῳ παρθένος ἐπιτέλλει, ἐπισημαίνει.

Τὴν δὲ ΠΑΡΘΕΝΟΝ διαπορεύεται ὁ ἥλιος ἐν ἡμέραις λ.

Εν μὲν οὖν τῇ ε ἡμέρᾳ Εὐδόξῳ ἄνεμος μέγας πνεῖ,

καὶ ἐπιβροντᾷ. Καλίππῳ δὲ, οἱ ὦμοι τῆς παρθένου ἐπιτέλλουσιν, κα ἐτησίαι πνέουσι.

Εν δὲ τῇ ι̅ ἡμέρᾳ Εὐκτήμονι προτρυγητὴρ φαίνεται· ἐπιτέλλει δὲ καὶ ἀρκτοῦρος· καὶ οἰςὸς δύεται ὄρθρου. Χειμὼν κατὰ θάλασσαν. Εὐδόξῳ ὑετὸς, βρονταὶ, ἄνεμος μέγας πνεῖ.

Εν δὲ τῇ ιζ̅ Καλίππῳ παρθένος μέση ἐπιτέλλουσα ἐπισημαίνει. Καὶ ἀρκτοῦρος ἀνατέλλων φανερός.

Εν δὲ τῇ ιθ̅ Εὐδόξῳ ἀρκτοῦρος ἕωος ἐπιτέλλει, καὶ τὰς ἑπομένας ἡμέρας ζ̅ ἄνεμοι πνέουσιν. Εὐδία ὡς τὰ πολλά. Λήγοντος δὲ τοῦ χρόνου, ἀπ' ἠοῦς πνεῦμα γίνεται.

Εν δὲ τῇ κ̅ ἀρκτοῦρος Εὐκτήμονι ἐκφανής. μετοπώρου ἀρχὴ, καὶ αἲξ ἐπιτέλλει, ἀςὴρ μέγας ἐπὶ τοῦ ἡνιόχου, κἄπειτα ἐπισημαίνει. Χειμὼν κατὰ θάλασσαν.

Εν δὲ τῇ κδ̅ ἡμέρᾳ Καλίππῳ ςάχυς ἐπιτέλλει τῆς παρθένου.

Τὸν δὲ ΖΥΓΟΝ διαπορεύεται ὁ ἥλιος ἐν ἡμέραις λ̅.

Εν δὲ τῇ πρώτῃ ἡμέρᾳ Εὐκτήμονι ἰσημερία μετοπωρινὴ, καὶ ἐπισημαίνει. Καλίππῳ ὁ κριὸς ἄρχεται δύνειν. Ισημερία μετοπωρινή.

Εν δὲ τῇ γ̅, Εὐκτήμονι ἔριφοι ἐπιτέλλουσιν ἑσπέριοι. Χειμαίνει.

Εν δὲ τῇ δ̅, Εὐδόξῳ αἲξ ἀκρόνυχος ἐπιτέλλει.

Εν δὲ τῇ ε̅, Εὐκτήμονι πλειάδες ἑσπέριαι φαίνονται ἐκ τοῦ πρὸς ἕω. Καλίππῳ παρθένος λήγει ἀνατέλλουσα.

Εν δὲ τῇ ζ̅ ἡμέρᾳ Εὐκτήμονι ςέφανος ἀνατέλλει· χειμαίνει.

Εν δὲ τῇ η̅, Εὐδόξῳ πλειάδες ἐπιτέλλουσι.

Εν δὲ τῇ ι̅ Εὐδόξῳ * * * ἕωος ἐπιτέλλει.

Εν δὲ τῇ ιβ̅ ἡμέρᾳ Εὐδόξῳ σκορπίος ἀκρόνυχος ἄρχεται δύνειν, καὶ χειμὼν ἐπιγίνεται. Καὶ ἄνεμος μέγας πνεῖ.

Εν δὲ τῇ ιζ̅ Εὐδόξῳ σκορπίος ὅλος ἀκρόνυχος.

et tonnerre par dessus. Suivant Calippe, les épaules de la vierge se lèvent après le soleil, et les vents étésiens soufflent.

Le dixième, suivant Euctémon, le vendangeur paroît. Arcturus se lève après le soleil, et la flèche se couche au matin. Tempête sur la mer. Suivant Eudoxe, pluie, tonnerre et grand vent.

Le 17e, suivant Calippe, le milieu de la vierge en se levant après le soleil, annonce, et arcturus en se levant avec le soleil, paroît.

Le 19e, suivant Eudoxe, arcturus se lève le matin après le soleil, et les sept jours suivans les vents soufflent. Beau temps généralement, après quoi, le vent d'orient souffle.

Le 20e, suivant Euctémon, arcturus est visible. Commencement de l'automne. La chèvre se lève après le soleil, c'est la grande étoile du cocher. Annonce ensuite, tempête sur mer.

Le 24e, suivant Calippe, l'épi de la vierge se lève après le soleil.

Le soleil parcourt la BALANCE en 30 jours.

Le premier jour, suivant Euctémon, équinoxe d'automne, et annonce. Suivant Calippe, le bélier commence à se coucher; équinoxe d'automne.

Le 3e, suivant Euctémon, les chevreaux se lèvent le soir. Orages.

Le 4e, suivant Eudoxe, coucher acronyque de la chèvre.

Le 5e, suivant Euctémon, les pléiades paroissent au soir, du côté de l'orient. Suivant Calippe, la vierge cesse de se lever.

Le 7e, suivant Euctémon, la couronne se lève. Orage.

Le 8e, les pléiades se lèvent après le soleil, suivant Euctémon.

Le 10e, suivant Eudoxe, lever de..., le matin, après le soleil.

Le 12e, suivant Eudoxe, commencement du coucher acronyque du scorpion. Tempête qui survient, et grand vent qui souffle.

Le 17e, suivant Eudoxe, tout le scorpion

se lève à l'entrée de la nuit. La chèvre se couche entièrement. Suivant Calippe, les serres commencent à se lever. Elles annoncent.

Le 19ᵉ, suivant Eudoxe, les vents boréaux et austraux soufflent.

Le 22ᵉ, suivant Eudoxe, lever acronyque des hyades.

Le 28ᵉ, suivant Calippe, coucher de la queue du taureau, elle annonce.

Le 29ᵉ, suivant Eudoxe, les vents boréaux et austraux soufflent.

Le 30ᵉ, suivant Euctémon, grandes tempêtes sur la mer.

Le soleil parcourt le SCORPION en 30 jours.

Le 3ᵉ, suivant Dosithée, orages.

Le 4ᵉ, suivant Démocrite, coucher des pléïades dès l'aurore. Vents orageux le plus souvent, froids et brumes, suivis ordinairement de vents. Les feuilles des arbres commencent à tomber. Suivant Calippe, la partie antérieure du scorpion se lève après le soleil, accompagnée de vents.

Le 5ᵉ, suivant Euctémon, arcturus se couche le soir, et de grands vents soufflent.

Le 8ᵉ, suivant Eudoxe, coucher acronyque d'arcturus à l'extrémité de la nuit, et annonce, le vent souffle.

Le 9ᵉ, suivant Calippe, coucher de la tête du taureau au matin, pluies.

Le 10ᵉ, suivant Euctémon, lever de la lyre le matin après le soleil, ensuite pluie et orage.

Le 12ᵉ suivant Eudoxe, commencement du lever acronyque d'orion.

Le 13ᵉ, suivant Démocrite, la lyre monte avec le soleil levant, et le plus souvent l'air est orageux.

Le 14ᵉ, suivant Eudoxe, pluie.

Le 15ᵉ, suivant Euctémon, coucher des pléïades, annonce, orion commence à amener des orages au milieu et à la fin du mois.

Le 16ᵉ suivant Calippe, l'étoile brillante du

αἲξ ὅλως δύνει. Καλίππῳ χηλαὶ ἄρχονται ἀνατέλλειν, ἐπισημαίνουσιν.

Ἐν δὲ τῇ ιθ̄ Εὐδόξῳ βορέαι, καὶ νότοι πνέουσιν.

Ἐν δὲ τῇ κβ̄ Εὐδόξῳ ὑάδες ἀκρόνυχοι ἐπιτέλλουσιν.

Ἐν δὲ τῇ κη̄ Καλίππῳ τοῦ ταύρου κέρκος δύνει, ἐπισημαίνει.

Ἐν δὲ τῇ κθ̄ Εὐδόξῳ βορέας καὶ νότος πνέουσιν.

Ἐν δὲ τῇ λ̄, Εὐκτήμονι χειμὼν κατὰ θάλασσαν πολύς.

Τὸν δὲ ΣΚΟΡΠΙΟΝ ὁ ἥλιος διαπορεύεται ἐν ἡμέραις λ̄.

Ἐν μὲν οὖν τῇ τρίτῃ Δοσιθέῳ χειμαίνει.

Ἐν δὲ τῇ δ̄ ἡμέρα Δημοκρίτῳ πλειάδες δύνουσιν ἅμα ἠοῖ. ἄνεμοι χειμέριοι ὡς τὰ πολλὰ, καὶ ψῦχη, ἤδη, καὶ πάχνη, ἐπίπνειν φίλει. φυλλόροειν ἄρχεται τὰ δένδρα μάλιϛα· Καλίππῳ τοῦ σκορπίου τὸ μέτωπον ἐπιτέλλει, πνευματῶδες.

Ἐν δὲ τῇ ε̄ Εὐκτήμονι ἀρκτοῦρος ἑσπέριος δύεται, καὶ ἄνεμοι μεγάλοι πνέουσιν.

Ἐν δὲ τῇ η̄ Εὐδόξῳ ἀρκτοῦρος ἀκρόνυχος πρωΐας δύνει, καὶ ἐπισημαίνει, καὶ ἄνεμος πνεῖ.

Ἐν δὲ τῇ θ̄ Καλίππῳ τοῦ ταύρου δύνει κεφαλὴ ἑῴα, ὕετοι.

Ἐν δὲ τῇ ῑ Εὐκτήμονι λύρα ἑῷος ἐπιτέλλει, καὶ ἐπιχειμάζεται ὑετῷ.

Ἐν δὲ τῇ ιβ̄ Εὐδόξῳ Ὠρίων ἀκρόνυχος ἄρχεται ἐπιτέλλειν.

Ἐν δὲ τῇ ιγ̄ Δημοκρίτῳ λύρα ἐπιβάλλει ἅμα ἡλίῳ ἀνίσχοντι· καὶ ὁ ἀὴρ χειμέριος γίνεται ὡς ἐπὶ τὰ πολλά·

Ἐν δὲ τῇ ιδ̄ Εὐδόξῳ ὑετία.

Ἐν δὲ τῇ ιε̄ Εὐκτήμονι πλειάδες δύνουσι, καὶ ἐπισημαίνει, καὶ Ὠρίων ἄρχεται καὶ μεσοῦντι καὶ λήγοντι ἐπιχειμάζειν.

Ἐν δὲ τῇ ιϛ̄ Καλίππῳ ὁ ἐν τῷ σκορπίῳ λαμπρὸς ἀςὴρ αὐατέλλει, ἐπισημαίνει. καὶ πλειάδες δύνουσι φανεραί.

Εν δὲ τῇ ιη̅ Εὐδόξῳ σκορπίος ἄρχεται ἐπιτέλλειν ἕωος.

Εν δὲ τῇ ιθ̅ Εὐδόξῳ πλειάδες ἑῷαι δύνουσι. καὶ Ωρίων ἄρχεται δύνειν, καὶ χειμάζει.

Εν δὲ τῇ κα̅ Εὐδόξῳ λύρα ἕῳος ἐπιτέλλει.

Εν δὲ τῇ κζ̅ Εὐκτήμονι ὑάδες δύνονται. καὶ ἔτι ὕει.

Εν δὲ τῇ κη̅ Καλίππῳ τοῦ ταύρου τὰ κέρατα δύεται. ὑετία.

Εν δὲ τῇ κθ̅ Εὐδόξῳ ὑάδες δύνουσι, καὶ χειμαίνει σφόδρα.

Τὸν δὲ ΤΟΞΟΤΗΝ ὁ ἥλιος διαπορεύεται ἐν ἡμέραις κθ̅.

Εν μὲν οὖν τῇ ἑβδόμῃ Εὐκτήμονι κύων δύεται, καὶ ἐπιχειμάζει. Καλίππῳ ὁ τοξότης ἄρχεται ἀνατέλλειν· καὶ Ωρίων δύνειν φανερῶς. χειμαίνει.

Εν δὲ τῇ η̅ Εὐδόξῳ Ωρίων ἕῳος δύνει.

Εν δὲ τῇ ι̅ Εὐκτήμονι τοῦ σκορπίου τὸ κεντρον ἐπιτέλλει.

Εν δὲ τῇ ιϐ̅ Εὐδόξῳ κύων ἕῳος δύνει χειμαίνει.

Εν δὲ τῇ ιδ̅ Εὐδόξῳ ὑετός.

Εν δὲ τῇ ιε̅ Εὐκτήμονι ἀετὸς ἐπιτέλλει, νότος πνεῖ.

Εν δὲ τῇ ιϛ̅ Δημοκρίτῳ ἀετὸς ἐπιτέλλει ἅμα ἡλιῳ, καὶ ἐπισημαίνειν φιλεῖ βροντὴν καὶ ἀςραπὴν, συν ὕδατι ἢ ἀνεμῷ, ἢ ἀμφότερα, ὡς ἐπι τὰ πολλά. Εὐδόξῳ κύων ἀκρόνυχος ἐπιτέλλει, καὶ ετι Καλίππῳ οἱ δίδυμοι μετίασι δυόμενοι, νοτία.

Εν δὲ τῇ ιθ̅ Εὐκτήμονι καὶ Εὐδόξῳ δύνει....

scorpion se lève, annonce, et le coucher des pléiades est visible.

Le 18ᵉ, suivant Eudoxe, le scorpion commence à se lever le matin après le soleil.

Le 19ᵉ, suivant Eudoxe, les pléiades se couchent le matin, orion commence à se coucher, et amène des orages.

Le 21ᵉ, suivant Eudoxe, la lyre se lève le matin après le soleil.

Le 27ᵉ, suivant Euctémon, coucher des hyades, et pluie ensuite.

Le 28, suivant Calippe, les cornes du taureau se couchent. Pluie.

Le 29, suivant Eudoxe, coucher des hyades, et grande tempête.

Le soleil parcourt le SAGITTAIRE en 29 jours.

Le 7ᵉ, suivant Euctémon, coucher du chien et orage ensuite. Suivant Calippe, le sagittaire commence à se lever. Coucher visible d'orion, orage.

Le 8ᵉ, suivant Eudoxe, coucher d'orion le matin.

Le 10ᵉ, suivant Euctémon, l'aiguillon du scorpion se lève après le soleil.

Le 12ᵉ, suivant Eudoxe, le chien se lève le matin.

Le 14ᵉ, suivant Eudoxe, pluie.

Le 15ᵉ, suivant Euctémon, l'aigle se lève après le soleil, le vent du midi souffle.

Le 16ᵉ, suivant Démocrite, l'aigle se lève avec le soleil, et il annonce ordinairement du tonnerre, des éclairs, avec pluie et vent, ou l'un et l'autre le plus souvent. Suivant Eudoxe, lever acronyque du chien ; et ensuite, selon Calippe, les gémeaux passent à leur coucher, temps humide.

Le 19ᵉ, suivant Euctémon et Eudoxe, *il se couche.*

Le 21ᵉ, suivant Eudoxe, le scorpion se lève le matin, orage.

Le 23ᵉ, suivant Eudoxe, la chèvre se couche le matin.

Le 26ᵉ, suivant Eudoxe, l'aigle se lève le matin.

Le soleil parcourt le CAPRICORNE en 29 jours.

Le premier jour, suivant Euctémon, le solstice d'hiver annonce. Suivant Calippe, le sagittaire cesse de se lever. Solstice d'hiver. Tempête.

Le 2ᵉ, suivant Euctémon, le dauphin se lève. Orage.

Le 4ᵉ, suivant Eudoxe, solstice d'hiver, orage.

Le 7ᵉ, suivant Euctémon, coucher de l'aigle le soir, orage.

Le 9ᵉ, suivant Eudoxe, coucher acronyque de la couronne.

Le 12ᵉ, suivant Démocrite, le vent du midi souffle.

Le 14ᵉ, suivant Euctémon, milieu de l'hiver. Grand vent du midi et orageux sur mer.

Le 15ᵉ, suivant Calippe, le capricorne commence à se coucher. Vent du midi.

Le 16ᵉ, suivant Euctémon, vent orageux du midi sur mer.

Le 18ᵉ, coucher acronyque de persée après le soleil, le vent du midi souffle.

Le 27ᵉ, suivant Euctémon, le dauphin se couche le soir. Suivant Calippe, le cancer cesse de se coucher. Orage.

Le soleil parcourt le VERSEAU en 30 jours.

Le 2ᵉ, suivant Calippe, le lion commence à se coucher, temps pluvieux; hiver, suivant Démocrite.

Le 4ᵉ, suivant Eudoxe, coucher acronyque du dauphin.

Le 11ᵉ, suivant Eudoxe, coucher acronyque de la lyre, pluie.

Εν δὲ τῇ κα' Εὐδόξῳ σκορπίος ἑῷος ἐπιτέλλει καὶ χειμαίνει.

Εν δὲ τῇ κγ' Εὐδόξῳ αἲξ ἑῷα δύνει.

Εν δὲ τῇ κϛ' Εὐδόξῳ ἀετὸς ἑῷος ἐπιτέλλει.

Τὸν δὲ ΑΙΓΟΚΕΡΩΝ ὁ ἥλιος διαπορεύεται ἐν ἡμεραις κθ'.

Εν [illegible] τῇ α' ἡμέρᾳ Εὐκτήμονι τρόπαι χειμεριναὶ ἐπιση[illegible]. Καλίππῳ τοξότης λήγει ἀνατέλλων. τροπαὶ χ[illegible]εριναί, χειμαίνει.

Εν δὲ τῇ β' Εὐκτήμονι δελφὶς ἐπιτέλλει, χειμαίντι.

Εν δὲ τῇ δ' Εὐδόξῳ τροπαὶ χειμεριναί, χειμαίνει.

Εν δὲ τῇ ζ' Εὐκτήμονι ἀετὸς ἑσπέριος δύεται, καὶ χειμαίνει.

Εν δὲ τῇ θ' Εὐδόξῳ ςέφανος ἀκρόνυχος δύνει.

Εν δὲ τῇ ιϐ' Δημοκρίτῳ νότος πνεί.

Εν δὲ τῇ ιδ' Εὐκτήμονι μέσος χειμών. νότος πολὺς ἐπίπνει χειμερινός κατὰ θάλασσαν.

Εν δὲ τῇ ιε' Καλίππῳ αἰγόκερως ἄρχεται ἀνατέλλειν, νότος.

Εν δὲ τῇ ιϛ' Εὐκτήμονι νότος χειμέριος κατὰ θάλασσαν.

Εν δὲ τῇ ιη' ἀκρόνυχος ἐπιδύνει ὁ Περσευς, καὶ νότος πνεί.

Εν δὲ τῇ κζ' Εὐκτημονι δελφὶς ἑσπέριος δύνει. Καλίππῳ καρκίνος λήγει δύνων. χειμαίνει.

Τὸν δὲ ΥΔΡΟΧΟΟΝ διαπορεύεται ὁ ἥλιος ἐν ἡμέραις λ'.

Εν μὲν οὖν τῇ β', Καλίππῳ λέων ἄρχεται δύνειν, ὑετία Δημοκρίτῳ, χειμών.

Εν δὲ τῇ δ' ἡμέρᾳ Εὐδόξῳ δελφὶν ἀκρόνυχος δύνει.

Εν δὲ τῇ ια' Εὐδόξῳ λύρα ἀκρόνυχος δύνει. ὑετός.

Εν δὲ τῇ ιδ¯ Εὐδόξῳ εὐδία. ἐνίοτε καὶ ζέφυρος πνεῖ.

Le 14e, suivant Eudoxe, beau-temps, quelquefois le vent d'occident souffle.

Εν δὲ τῇ ιϛ¯ Δημοκρίτῳ ζέφυρος πνεῖν ἄρχεται, καὶ παραμένει ἡμέρας γ¯ καὶ μ¯ ἀπὸ τροπῶν.

Le 16e, suivant Démocrite, le vent d'occident commence à souffler et continue 43 jours depuis le solstice.

Εν δὲ τῇ ιζ¯ Εὐκτήμονι ζέφυρος πνεῖ. Καλίππῳ ὑδροχόος μέσος ἀνατέλλων, ζέφυρος πνεῖ.

Le 17e, suivant Euctémon, le vent d'occident souffle. Suivant Calippe, lever de la moitié du verseau, le vent d'occident souffle.

Εν δὲ τῇ κε¯ Εὐκτήμονι... ἑσπέριος δύνει. καὶ σφόδρα ἐπιχειμάζει.

Le 25e, suivant Euctémon, coucher... le soir. Grande tempête.

Τοὺς δὲ ΙΧΘΥΑΣ ὁ ἥλιος διαπορεύεται ἐν ἡμέραις λ'.

Le soleil parcourt les poissons en 30 jours.

Εν μὲν οὖν τῇ β¯ χελιδόνα ὥρα φαίνεσθαι, καὶ ὀρνιθίαι πνέουσιν. Καλίππῳ δὲ λέων δύνων λήγει, καὶ χελιδὼν φαίνεται, ἐπισημαίνει.

Le 2e est le temps où l'hirondelle commence à paroître, et où les vents qui amènent les oiseaux soufflent. Suivant Calippe, le lion cesse de se coucher, l'hirondelle paroit, annonce.

Εν δὲ τῇ δ¯ Δημοκρίτῳ ποικίλαι ἡμέραι γίνονται ἀλκυονίδες καλούμεναι. Εὐδόξῳ δὲ ἀρκτοῦρος ἀκρόνυχος ἐπιτέλλει, καὶ ὑετὸς γίνεται, καὶ χελιδὼν φαίνεται· καὶ τὰς ἐπομένας ἡμέρας λ¯ βορέαι πνέουσι, καὶ μάλιστα οἱ προορνιθίαι καλούμενοι.

Le 4e, suivant Démocrite, jours de températures variées, où paroissent les oiseaux appellés halcyons. Suivant Eudoxe, lever acronyque d'arcturus, pluie, l'hirondelle paroit. Les vents boréaux soufflent pendant les 30 jours suivans, et surtout ceux qu'on appelle précurseurs des oiseaux.

Εν δὲ τῇ ιβ¯ Εὐκτήμονι ἀρκτοῦρος ἑσπέριος ἐπιτέλλει, καὶ προτρυγητὴρ ἐκφανής. ἐπιπνεῖ βορέας ψυχρός.

Le 12e, suivant Euctémon, arcturus se lève le soir. Le vendangeur paroit. Vent froid boréal.

Εν δὲ τῇ ιδ¯ Δημοκρίτῳ ἄνεμοι πνέουσι ψυχροί, οἱ ὀρνιθίαι καλούμενοι, ἡμέρας μάλιστα θ¯ Εὐκτήμονι δὲ ἵππος ἑῷος δύνει. ἐπίπνει βορέας ψυχρός.

Le 14e, suivant Démocrite, les vents froids appellés vents des oiseaux soufflent pendant 9 jours. Suivant Euctémon, coucher du cheval, le matin. Vent froid boréal ensuite.

Εν δὲ τῇ ιζ¯ Εὐδόξῳ χειμαίνει, καὶ ἰκτῖνος φαίνεται. Καλίππῳ τῶν ἰχθύων ὁ νότος ἐπιτέλλει, λήγει βορέας.

Le 17e, suivant Eudoxe, orage, le milan paroit. Suivant Calippe, le poisson austral se lève après le soleil. Le vent boréal cesse.

Εν δὲ τῇ κα¯ Εὐδόξῳ στέφανος ἀκρόνυχος ἐπιτέλλει. ἄρχονται ὀρνιθίαι πνέοντες.

Le 21e, suivant Eudoxe, coucher acronyque de la couronne. Les vents des oiseaux commencent à souffler.

Εν δὲ τῇ κβ¯ Εὐκτήμονι ἰκτῖνος φαίνεται, ὀρνιθίαι πνέουσι μέχρις ἰσημερίας.

Le 22e, suivant Euctémon, le milan paroit. Les vents des oiseaux soufflent jusqu'à l'équinoxe.

Εν δὲ τῇ κθ Εὐκτήμονι τῶν σκορπίου οἱ πρῶτοι ἀστέρες δύνουσι, ἐπίπνει βορέας ψυχρός.

Le 29e, suivant Euctémon, les premières étoiles du scorpion se couchent. Vent froid du nord qui souffle ensuite.

Εν δὲ τῇ λ¯ Καλίππῳ τῶν ἰχθύων ὁ βόρειος

Le 30e, suivant Calippe, le poisson boréal

cesse de se lever. Le milan paroît, le vent du nord souffle.

Le soleil parcourt le BÉLIER en 31 jours.

Le premier, suivant Calippe, lever du nœud des poissons. Équinoxe du printemps, pluie fine. Grande tempête. Annonce.

Le 3e, suivant Calippe, le bélier commence à se lever après le soleil; pluie ou neige.

Le 6e, suivant Eudoxe, équinoxe, pluie.

Le 10e, suivant Euctémon, les pleïades sont cachées le soir sous l'horizon.

Le 13e, suivant Eudoxe, coucher acronyque des pléïades, orion commence à se coucher dès l'entrée de la nuit. Suivant Démocrite, les pléïades se cachent au moment où le soleil monte sur l'horizon, et elles disparoissent pendant 40 nuits.

Le 21e, suivant Eudoxe, coucher acronyque des hyades.

Le 23e, suivant Euctémon, les hyades sont cachées, et la grêle survient, le vent d'occident souffle. Suivant Calippe, la balance commence à se coucher; grêle fréquente.

Le 27e, suivant Eudoxe, lever acronyque de la lyre.

Le soleil parcourt le TAUREAU en 32 jours.

Le premier jour, suivant Eudoxe, coucher acronyque d'orion, pluie. Suivant Calippe, le bélier cesse de se lever. Pluie et grêle fréquente.

Le 2e, suivant Euctémon, le chien se cache et la grêle tombe. Le même jour, suivant Eudoxe, la lyre se lève, le chien se couche acronyquement, et il tombe de la pluie. Suivant Calippe, lever de la queue du taureau, temps humide.

Le 7e, suivant Eudoxe, la pluie tombe.

Le 8e, suivant Euctémon, la chèvre se lève le matin. Temps serein. Une pluie tombe venant du midi.

Le 9e suivant Eudoxe, la chèvre se lève le matin après le soleil.

Le 11e, suivant Eudoxe, le scorpion commence à se coucher le matin, et la pluie tombe.

ἐπιτέλλων λήγει, ἰκτῖνος φαίνεται, βορέας πνεῖ.

Τὸν δὲ ΚΡΙΟΝ διαπορεύεται ὁ ἥλιος ἐν ἡμέραις λα̅.

Εν μὲν τῇ πρώτῃ Καλίππῳ σύνδεσμος τῶν ἰχθύων ἀνατέλλει. ἰσημερία ἐαρινὴ, καὶ ψεκὰς λεπτή· χειμαίνει σφόδρα, ἐπισημαίνει.

Εν δὲ τῇ γ̅ Καλίππῳ κριὸς ἄρχεται ἐπιτέλλειν. ὑετὸς, ἢ νιφετός.

Εν δὲ τῇ ϛ̅ Εὐδόξῳ ἰσημερία, ὑετὸς γίνεται.

Εν δὲ τῇ ι̅ Εὐκτήμονι πλειάδες ἑσπέριοι κρύπτονται.

Εν δὲ τῇ ιγ̅ Εὐδόξῳ πλειάδες ἀκρόνυχοι δύνουσι· καὶ Ωρίων ἄρχεται δύνειν ἀπὸ ἀκρονύχου. ὑετὸς γίνεται. Δημοκρίτῳ πλειάδες κρύπτονται ἅμα ἡλίῳ ἀνίσχοντι, καὶ ἀφανεις γίνονται νύκτας μ̅.

Εν δὲ τῇ κα̅ Εὐδόξῳ ὑάδες ἀκρόνυχοι δύνουσιν.

Εν δὲ τῇ κγ̅ Εὐκτήμονι ὑάδες κρύπτονται, καὶ χάλαζα ἐπιγίνεται, καὶ ζέφυρος πνεί, Καλίππῳ ζυγὸς ἄρχεται δύνειν, πολλαχῆ δὲ καὶ χάλαζα.

Εν δὲ τῇ κζ̅ Εὐδόξῳ λύρα ἀκρόνυχος ἐπιτέλλει.

Τὸν δὲ ΤΑΥΡΟΝ διαπορεύεται ὁ ἥλιος ἐν ἡμέραις λβ̅.

Εν μὲν οὖν τῇ α̅ ἡμέρα Εὐδόξῳ Ωρίων ἀκρόνυχος δύνει, ὑετία. Καλίππῳ ὁ κριὸς λήγει ἐπιτέλλων, ὑετία, πολλαχῆ δὲ χάλαζα.

Εκ δὴ τῇ β̅ Εὐκτήμονι κύων κρύπτεται, καὶ χάλαζα γίνεται. ῞ τῇ δ' αὐτῇ λύρα ἐπιτέλλει Εὐδόξῳ. κύων ἀκρόνυχος δύνει, καὶ ὑετὸς γίνεται. Καλίππῳ τοῦ ταύρου ἡ κέρκος ἐπιτέλλει, νοτία.

Εν δὲ τῇ ζ̅ Εὐδόξῳ ὑετὸς γίνεται.

Εν δὲ τῇ η̅ Εὐκτήμονι αἲξ ἑῴα ἀνατέλλει· εὐδίας ὕει νότῳ ὕδατι.

Εν δὲ τῇ θ̅ Εὐδόξῳ αἲξ ἑῴα ἐπιτέλλει.

Εν δὲ τῇ ια̅ Εὐδόξῳ σκορπίος ἑῷος δύνειν ἄρχεται, καὶ ὑετὸς γίνεται.

Εν δὲ τῇ ιγ̄ Εὐκτήμονι πλειὰς ἐπιτέλλει, θέρους ἀρχὴ, καὶ ἐπισημαίνει. Καλίππῳ ἡ τοῦ ταύρου κεφαλὴ ἐπιτέλλει, ἐπισημαίνει.

Le 13e, suivant Euctémon, lever de la pléïade après le soleil. Commencement de l'été, et annonce. Suivant Calippe, la tête du taureau se lève après le soleil, elle annonce.

Εν δὲ τῇ μιᾷ καὶ εἰκάδι Εὐδόξῳ σκορπίος ἑῷος ὅλος δύνει.

Le 21e, suivant Eudoxe, le scorpion se couche tout entier le matin.

Εν δὲ τῇ κβ̄ Εὐδόξῳ πλειάδες ἐπιτέλλουσι, καὶ ἐπισημαίνουσι.

Le 22e, suivant Eudoxe, les pléïades se lèvent le matin après le soleil et annoncent.

Εν δὲ τῇ κε̄ Εὐκτήμονι ἀετὸς ἑσπέριος δύνει.

Le 25e, suivant Euctémon, l'aigle se couche au soir.

Εν δὲ τῇ λ̄ Εὐκτήμονι ἑσπέριος ἐπιτέλλει.

Le 30e, suivant Euctémon, il se lève le matin.

Εν δὲ τῇ λᾱ Εὐκτήμονι ἀετὸς ἑσπέριος ἐπιτέλλει.

Le 31e, suivant Euctémon, l'aigle se lève le matin après le soleil.

Εν δὲ τῇ λβ̄ Εὐκτήμονι ἀρκτοῦρος ἑῷος δύνει, ἐπισημαίνει. Καλίππῳ ὁ ταῦρος λήγει ἀνατέλλων. Εὐκτήμονι ὑάδες ἑσπέριαι ἐπιτέλλουσιν, ἐπισημαίνουσι

Le 32e, suivant Euctémon, lever d'arcturus le matin. Annonce. Suivant Calippe, le taureau cesse de se lever. Suivant Euctémon, les hyades se levent le soir, et annoncent.

Τοὺς δὲ ΔΙΔΥΜΟΥΣ ὁ ἥλιος διαπορεύεται ἐν ἡμέραις λϐ̄.

Le soleil parcourt les GÉMEAUX en 32 jours.

Εν μὲν οὖν τῇ β̄ Καλίππῳ οἱ δίδυμοι ἄρχονται ἐπιτέλλειν· νότια.

Le 2e, suivant Calippe, les gémeaux commencent à se lever. Temps humide.

Εν δὲ τῇ ε̄ Εὐδόξῳ ὑάδες ἑῷαι ἐπιτέλλουσιν.

Le 5e, suivant Eudoxe, les hyades se lèvent le matin après le soleil.

Εν δὲ τῇ ζ̄ Εὐδόξῳ ἀετὸς ἀκρόνυχος ἐπιτέλλει.

Le 7e, suivant Eudoxe, lever acronyque de l'aigle.

Εν δὲ τῇ ῑ Δημοκρίτῳ ὕδωρ γίνεται.

Le 10e, suivant Démocrite, survient de l'eau.

Εν δὲ τῇ ιγ̄ Εὐδόξῳ ἀκτοῦρος ἑῷος δύνει.

Le 13e, Suivant Eudoxe, coucher d'arcturus le matin

Εν δὲ τῇ ιη̄ Εὐδόξῳ δελφὶς ἀκρόνυχος ἐπιτέλλει.

Le 18e, suivant Eudoxe, lever acronyque du dauphin.

Εν δὲ τῇ κδ̄ Εὐκτήμονι Ὠρίωνος ὦμος ἐπιτέλλει. Εὐδόξῳ Ὠρίων ἄρχεται ἐπιτέλλειν.

Le 24e, suivant Euctémon, lever de l'épaule d'orion. Suivant Eudoxe, orion commence à se lever après le soleil.

Εν δὲ τῇ κθ̄, Δημοκρίτῳ ἄρχεται Ὠρίων ἐπιτέλλειν, καὶ φιλεῖ ἐπισημαίνειν ἐπ' αὐτῷ.

Le 29e, suivant Démocrite, orion commence à se lever, et ordinairement il annonce ensuite.

Aux savantes remarques que M. Delambre a faites sur Géminus, dans le premier volume de son Histoire de l'Astronomie ancienne, pour éclaircir les difficultés de cet auteur, je n'ajouterai que les notes suivantes, qui feront le passage du calendrier de Géminus, à celui de Ptolémée.

NOTES.

(P. 30. L. 21.) Cléomède fait aussi mention de Pythéas, qui vivoit vers l'an 300 avant notre ère : (L. 1. theor. cycl.) περὶ τὴν Θούλην καλουμένην νῆσον, ἐν ᾗ γεγονέναι φασὶ Πυθέαν τὸν μασσαλιώτην φιλόσοφον, ὅλον τὸν θερινὸν ὑπὲρ γῆς εἶναι, λόγος αὐτὸν καὶ ἀρκτικὸν εἶναι παρ'αὐτοῖς, ὁπόταν ἐν καρκίνῳ ὁ ἥλιος ᾖ, μηνιαία γίνεται ἡ ἡμέρα. Vers l'île nommée Thulé, où l'on dit qu'alla Pythéas, philosophe de Marseille, le cercle tropique d'été étant tout entier au dessus de l'horizon, confondu, relativement aux habitans de cette île, avec le cercle arctique, le jour dure un mois, quand le soleil est dans le cancer. Strabon nie que Pythéas ait jamais été dans ces contrées septentrionales. Il est pourtant difficile de croire que Pythéas en ait imposé assez à Géminus et à Cléomède, astronomes et géographes éclairés, pour leur faire prendre le change. Pythéas a pu se tromper dans ses conjectures, dans ses mesures, mais non dans son raisonnement sur la longue durée des jours et ensuite des nuits dans les régions circompolaires, causée par leur haute latitude. Et quant au fait de son voyage dans l'île Bretagne et dans les contrées voisines, Géminus et Cléomède qui ne le contredisent point, sont aussi croyables que Strabon qui, venu après eux tous, le taxe de mensonge, sans faire attention aux progrès dont l'astronomie et la géographie, et Strabon lui-même, furent redevables à Pythéas.

(P. 46. l. 24.) Le P. Pétau, dans ses notes sur Géminus, prouve que cet endroit est corrompu, qu'il faut lire comme dans l'ancien manuscrit : 31′ 50″ 8‴ 20ⁱᵛ du jour, ou 29 jours 12 heures 44′ 43″ 20‴ d'heure ; sur quoi voyez sa démonstration, où il dit que 29 j. 31′ 50″ 8‴ 20ⁱᵛ sont conformes à la durée donnée par Hipparque au mois lunaire dans Ptolémée, L. IV. C. 22.

(P. 51.) Riccioli prouve que Pétau s'est trompé avec Géminus, et il allègue en preuve le temoignage de Bouilland qui soutient qu'il faut lire pour le mois périodique de la lune 27 jours 13 heures 20′, et pour le mois synodique 29 jours 13 heures 5′ 39″ 24‴ 11ⁱᵛ (*Alm. Nov. L.* IV.). Riccioli ajoute qu'il est étonnant que Geminus, de Rhodes, et postérieur à Hipparque, de Rhodes aussi, ait ignoré ou dissimulé la correction apportée par Hipparque à la période de 18 ans 11 jours 8 heures. Mais Bailly disculpe Géminus, sur ce qu'ayant peut-être été contemporain d'Hipparque il a pu ne vouloir rien dire de cette correction qui n'étoit pas encore adoptée.

(P. 79.) Pétau, dans ses notes où il relève les erreurs de Géminus, a omis de parler du calendrier qui termine l'introduction de cet auteur. Ce calendrier qui est celui d'Eudoxe, commence par le solstice d'été qu'il place au 1er degré du cancer, 1er jour du mois carcinon ; l'équinoxe d'automne au 1er degré de la balance, 1er jour du mois zygon ; le solstice d'hiver au 1er degré du capricorne, 4e jour du mois ægon ; et l'équinoxe du printemps au 1er degré du bélier, sixième jour du mois crion. (Pétau, p. 76. c. IV. l. 2. auctar. urnalog.) Partons de cet équinoxe vernal mis au 1er. degré d'aries. L'héméologe de Ptolémée le met au 26 phamenoth. Suivant Hipparque, (l. III de l'Almageste, p. 161), l'equinoxe vernal fut le 27 mechir de l'an 145 avant Jesus-Christ, et suivant Ptolémée (ibidem) le 7 pachom de l'an 140 de Jésus-Christ. Ainsi, l'équinoxe du printemps passa en 285 ans, du 27 mechir au 7 pachom. Ce qui montre qu'étant au 26 phamenoth dans l'hémérologe, cet opuscule fut composé entre l'an 145 avant Jésus-Christ, et l'an 140 de Jésus-Christ, maintenant, comme le nombre des jours, du 27 méchir au 26 phamenoth, est 28 ; et celui des jours du 26 phemenoth au 7 pachom, 40 ; et que la raison de 28 à 40 est celle de 7 à 10, 285 divisé dans cette raison donnant 117 et 168, la différence de 117 à 145 étant 26, il s'ensuit que cet hémérologe, ou calendrier alexandrin de Ptolémée, fut dressé pour l'année 25 avant l'ère chrétienne. Cette année est la 5e depuis celle de la bataille d'Actium qui donna l'empire à Octave-Auguste ; elle est pour cette raison, la première de l'ère d'Alexandrie, où le 1 thoth est placé au 29 du mois d'août julien. Le calendrier dressé par Pétau pour la première année julienne (45 avant Jésus-Christ.) met le 6 crion au 28 mars. Le 1 crion tomboit donc alors au 23 mars. Donc, le 1 degré du bélier, répondant au 1 crion, tomboit au 23 mars, et l'équinoxe arrivé le 6 crion tomba le 28 mars. Mais 20 ans après l'an-47, il arriva le 22 mars, suivant l'hemerologe de Ptolémée. Par conséquent il anticipa de 5 jours, ce qui fait remonter le calendrier de Géminus, plus de quatre siècles avant l'an 45,

ΚΛΑΥΔΙΟΥ ΠΤΟΛΕΜΑΙΟΥ

ΦΑΣΕΙΣ ΑΠΛΑΝΩΝ ΑΣΤΕΡΩΝ

ΚΑΙ

ΕΠΙΣΗΜΑΣΙΑΙ.

APPARITIONS

DES FIXES

ET ANNONCES,

TRADUITES DU GREC DE PTOLÉMÉE,

PAR M. L'ABBÉ HALMA.

MÉMOIRE

SUR LE CALENDRIER DE PTOLÉMÉE,

LU EN SÉANCE PUBLIQUE,

A L'ACADÉMIE ROYALE DES SCIENCES, DE PRUSSE,

LE 17 OCTOBRE 1816,

PAR M. IDELER,

MEMBRE DE CETTE ACADÉMIE, DE CELLE DE GOTTINGUE, ETC., ET PROFESSEUR D'ASTRONOMIE A BERLIN;

TRADUIT DE L'ALLEMAND,

PAR M. L'ABBÉ HALMA.

ENTRE plusieurs opuscules de Ptolémée, qui sont venus jusqu'à nous, il s'en trouve un sous le titre : φάσεις ἀπλανῶν ἀςέρων καὶ συναγωγὴ ἐπισημασιῶν. C'est un calendrier comme les Grecs en avoient beaucoup sous le nom de *Parapegmes*, ou recueils des levers et couchers des étoiles, dans le crépuscule tant du soir que du matin, qui étoient autant d'annonces visibles des saisons, avec des pronostics des principaux changemens de température, ἐπισήμασιαι, relativement à chaque climat, d'après les observations des meilleurs météorologues. Ce qui le distingue particulièrement de tous les calendriers plus anciens, c'est qu'il ne donne pas les apparitions des constellations entières ou groupes d'étoiles, du dauphin, par exemple, des hyades, des pléïades, etc.; mais seulement des étoiles simples, de première et de seconde grandeur, non d'après les observations en partie peu sûres des premiers astronomes; mais, en général, disposées conformément aux calculs de son auteur.

Ptolémée, pour rendre son Parapegme utile à tous les Grecs répandus dans le monde éclairé, de son temps, ne donne pas les apparitions des étoiles uniquement pour un parallèle, mais pour cinq d'entr'eux; pour les cinq où le plus long jour de l'année est de 13 ½ heures, de 14, de 14 ½, de 15 et de 15 ½. Il nous apprend lui-même, dans le sixième chapitre du second livre de son grand Traité d'Astronomie, et dans l'introduction de celui-ci, quelle est la situation de ces cinq parallèles. Le premier passe par Syène, sous une hauteur du pole, de 23^d 51'; le second, par la Basse-Égypte, sous 30^d 22'; le troisième, par Rhodes, sous 36^d; le quatrième, par l'Hellespont, sous 40^d 56'; le cinquième, par le milieu de la mer Pontique, sous 45^d 1'; pour les distinguer, il se sert des mêmes nombres horaires, qu'il emploie pour les seules Apparitions des Fixes.

L'ère sur laquelle il a tout disposé, est l'ère julienne, dans la forme reçue en Egypte, et particulièrement chez les Alexandrins. L'année y est composée de 12 mois de 30 jours, et de cinq ou six jours complémentaires, selon qu'elle est commune ou intercalaire; dans le premier cas, elle se termine le 28 août romain, et dans le second, le 29.

Cette ère étoit sans doute assez généralement connue aussi hors de l'Egypte et loin de Cyrène, comme le montre l'usage qu'on en faisoit dans les écrits et les monumens des Grecs. « J'ai employé, dit-il dans son préambule, pour ce calendrier, l'ère usitée chez nous autres (alexandrins), parce qu'à cause du jour intercalé tous les quatre ans, les Apparitions des Fixes reviennent au même jour au bout d'un certain temps. » Les mois vagues des Egyptiens lui auroient aussi peu procuré cet avantage, que ceux des Grecs.

Les annonces de température qu'il donne presqu'à chaque jour, sont tirées des calendriers des Egyptiens, de Jule-César, et des plus usuels d'entre ceux des Grecs, Méton, Euctémon, Démocrite, Eudoxe, Conon, Dosithée, Métrodore, Philippe, Callippe et Hipparque, qu'il nomme partout comme ses garants. L'ἐπισήμασια ou annonce ne se rapporte pas toujours à l'Apparition des Fixes où il l'a rangée, sur même parallèle; mais seulement à chaque date, comme on s'en apperçoit, en ce que souvent, il donne d'après Callippe et César, la température pour une apparition qui se fait sous le parallèle de 15 heures, selon les Egyptiens, et pour une autre qui appartient au parallèle de 15 ½ heures. Une scolie qu'on lit à la fin du calendrier, et que Pétau attribue à Ptolémée, quoiqu'il y soit expressément dit qu'elle n'est pas de l'auteur de l'Hémérologe, indique la contrée dans laquelle les auteurs nommés du Parapegme, ont principalement fait leurs observations.

Les étoiles dont il fait mention, sont les quinze que les anciens regardoient comme étant de première grandeur; savoir : arcturus, la claire de la lyre, la chèvre, la brillante des hyades, α et β du lion, l'épi, α et β d'orion, sirius, procyon, α du poisson austral, la dernière du fleuve, canopus et α du centaure; et pareil nombre de la seconde grandeur; savoir : α de l'aigle, α de la couronne australe, α du cygne, α de persée et α d'andromède, β du cocher, les deux têtes des gémeaux, les deux belles de la balance, antarès, α du sagittaire, γ et ε d'orion, et α de l'hydre. Il a choisi les dernières, afin qu'il y eût peu de jours dans l'année qui fussent sans Apparitions de Fixes.

Je suppose que l'on sait ce que c'est que lever matutinal, coucher du soir, lever du soir, coucher du matin. Je remarquerai seulement que la première de ces apparitions est désignée dans notre calendrier, par les mots ἑῷος ἀνατέλλει; la seconde, par ἑσπέριος δύνει; la troisième, par ἑσπέριος ἀνατέλλει, et la quatrième, par ἑῷος δύνει. Seulement, quand l'étoile est dans le voisinage de la route du soleil, ou dans le ciel austral, et par conséquent demeure pendant quelque temps cachée dans les rayons du soleil, l'expression technique pour le lever matutinal est ἐπιτέλλει, et pour le coucher vespertinal, κρύπτεται.

Les quatre apparitions, tant levers que couchers d'une étoile, donnant pour chacun des cinq parallèles, vingt apparitions, en font six cents pour tous les trente. Il y en a huit pour canopus, et autant pour α du centaure, étoiles qui ne sont visibles que sous les trois parallèles austraux; et quatre pour la dernière du fleuve, laquelle ne se lève pas pour le parallèle le plus boréal. Ainsi, il ne reste que cinq cents quatre vingts apparitions, qui doivent se trouver dans le calendrier de Ptolémée, si cette pièce est venue entière jusqu'à nous, comme il est dit expressément dans la scolie déjà mentionnée qui la termine, πρὸς ἔλεγχον, pour la correction des fautes qui pourroient s'y être glissées.

Mais en quel état se trouve-t-il actuellement? la seule édition complète qui en ait paru jusqu'à présent, est dans l'uranologium de Pétau, des années 1630 et 1703. Elle est tirée d'un manuscrit de la Bibliothèque Royale de Paris, et très-défectueuse; car il y manque plus de cent apparitions. L'Université d'Oxford en possède un manuscrit mieux fourni, et bien plus exact sous le rapport surtout des nombres d'heures des parallèles. Fabricius qui eut l'occasion d'en profiter, en a extrait dans sa bibliothèque grecque l'introduction de Ptolémée, laquelle manque dans l'édition de Pétau, et une foule de variantes dont les unes confirment, et les autres redressent les apparitions. La version latine que Frédéric Bonaventure en a publiée, in-4°., à Urbin, en 1592, édition que je n'ai point vue, paroît avoit été faite sur un manuscrit assez semblable, pour l'intégralité et la perfection, à celui d'Oxford, puisque Fabricius la qualifie d'*Integra*, par opposition à celle de Pétau qu'il dit être *mutila et depravata* ; et pourtant nous n'avons pas encore le texte entier de Ptolémée ; car, après avoir fondu ensemble l'édition de Pétau avec les variantes et les supplémens de Fabricius, je trouve qu'il y manque encore 59 des 580 apparitions. Il est probable qu'elles se compléteront à mesure que l'on consultera et que l'on comparera un plus grand nombre de manuscrits.

Je crois, cependant, travailler utilement pour l'éditeur futur de cet écrit, en lui préparant par le rassemblement des divers morceaux connus de cet opuscule, un moyen de perfectionner son entreprise, et en l'accompagnant d'un commentaire, ou plutôt d'une instruction sur les levers et couchers que l'on connoît déjà, et sur ceux qui manquent encore ; pour cet effet, il a fallu soumettre ce calendrier au calcul astronomique.

Comme il s'agissoit en cela d'une épreuve critique des données de Ptolémée, on voit clairement que ce calcul, même sans le secours de ses tables trigonométriques de si difficile application, devait pourtant être fondé sur les élémens qu'il a employés, et qui sont les positions des étoiles, les lieux du soleil, et les arcs de vision.

Pour ce qui regarde les positions des étoiles, il étoit bien indifférent que les longitudes et latitudes qu'il leur assigne, fussent exactes ou non, pourvu qu'on eût la certitude que les nombres de son catalogue d'étoiles n'avoient pas été falsifiés dans son passage jusqu'à nous. Cette recherche a été l'objet de toute mon attention. La comparaison du texte grec de ce catalogue, tant dans l'édition de Bâle, que dans celle de Paris, publiée depuis peu par M. Halma, avec la traduction latine faite sur un manuscrit par George de Trébizonde, et avec l'autre version latine faite sur l'arabe ; puis avec le catalogue des fixes, d'Ulug-Begh ; et enfin avec certains nombres qui se trouvent dans le commentaire d'Hipparque sur Aratus, et dont M. Mollweide nous a donné l'exemple de profiter, sous ce rapport, dans le premier volume de son journal astronomique, a presque toujours décidé affirmativement la question, à l'exception d'une seule étoile, la dernière du fleuve, où je me suis vu obligé de m'écarter du texte grec. Quant aux lieux du soleil, il n'étoit besoin que de s'assurer qu'ils avoient été bien calculés d'après les tables de Ptolémée, quand même ils n'auroient pas été conformes à l'état du ciel, ce qui est effectivement le cas où ils se trouvent dans ces tables, puisqu'ils y sont de plus d'un degré de moins qu'ils ne devroient y être pour son temps.

Mais avant que de faire usage des tables du soleil données par Ptolémée, il faut déterminer l'année de l'ère de Nabonassar, pour laquelle ce calcul doit être établi. J'ai choisi l'année 885, la première du règne d'Antonin, parce que Ptolémée dit dans le quatrième chapitre du septième livre de l'Almageste, qu'il a dressé son catalogue pour cette année. Le premier jour de thoth coïncida cette année avec le 20 juillet 157 de l'ère chrétienne. Et comme le premier de thoth fixe tombe au 29 août, l'intervalle de ces deux commencemens de l'année, considérée pour l'un comme vague, et pour l'autre, comme fixe, est de 40 jours, qu'il faut ajouter chaque fois à la date d'une apparition de fixe, telle qu'elle est énoncée dans le calendrier de Ptolémée, si l'on veut trouver le jour correspondant de l'année de Nabonassar, et le lieu du soleil qui appartient à ce jour. Qu'on veuille savoir, par exemple, si l'équinoxe d'automne qu'il met dans son calendrier, au 28 thoth, est bien placé? ce jour répond au 28 athyr de l'année de Nabonassar; et selon ses tables, à midi de ce jour, au méridien d'Alexandrie, la longitude du soleil étoit de 5 signes 29^d 41'; ainsi donc ce même jour, il entroit effectivement dans la balance. L'équinoxe du printems au 26 phamenoth, et le solstice d'été au 1 épiphi, sont également justes et conséquens à ses tables solaires. Mais je ne comprends rien à son commencement de l'automne, φθινοπώρου ἀρχὴ, qu'il met au 19 mesori, 12 août. Les Grecs plaçoient ordinairement le commencement de l'automne au lever matutinal d'arcturus, qui commençoit, suivant son calendrier, au 23 thoth, pour le parallèle de 15 $\frac{1}{2}$ heures. Je présume qu'il y a là une faute qui provient d'un dérangement de l'ancienne place originaire, à la date citée. Au reste, il importe peu de savoir si l'année pour laquelle il a calculé, étoit réellement la 885e. de l'ère de Nabonassar, ou quelqu'autre avant ou après. Car les lieux du soleil demeurent presque les mêmes, pourvu qu'on ait la précaution de faire le calcul pour une année qui tombe juste au milieu entre deux bissextiles juliennes, ce qui est le cas pour la 885e.

J'avois surtout besoin, chaque fois, pour ma recherche, de l'arc de vision de l'étoile, c'est-à-dire, de l'abaissement ou dépression perpendiculaire du soleil, où l'on peut commencer ou finir de le voir à l'horizon oriental ou occidental. Les modernes qui se sont peu occupés des étoiles qui se lèvent ou se couchent alors en même temps que lui, n'ont pas fait, du moins à ma connoissance, d'observations sûres ni décisives sur ce point; et quand même nous en aurions, on pourroit toujours demander si elles pourroient suffire; chose dont je doute.

On assure dans plusieurs traités astronomiques, que Ptolémée a fait de 12^d l'arc de vision des étoiles de première grandeur, de 13^d celui des étoiles de la seconde, de 14^d celui des étoiles de la troisième, et ainsi de suite. J'ignore sur quoi cette assertion est fondée. Tout ce que je puis dire avec certitude, c'est qu'il ne se trouve rien de tel dans ses œuvres imprimées. Il dit dans l'introduction de l'opuscule dont il s'agit ici, qu'il a montré dans un traité particulier jusqu'à quelle profondeur, lorsqu'une étoile commence à se lever, et finit de se coucher, dans le crépuscule, ce que les anciens nommoient φάσις, apparition, le soleil devait être abaissé sous l'horizon, tant verticalement que dans l'écliptique. Mais il paroît que cet écrit est perdu.

Il m'a toujours semblé douteux qu'il ait fixé à 12 degrés l'arc de vision d'une étoile de première grandeur, soit qu'elle fût dans la proximité du soleil, ou opposée à cet astre dans l'horizon. On auroit lieu de penser que, dans ce dernier cas, l'arc devroit être beaucoup plus petit, que dans le premier; j'en ai acquis la conviction, en même temps que je me suis procuré la détermination de cet élément si essentiel pour le calcul des levers et des couchers d'étoiles, dont les anciens font mention; et je l'ai obtenue avec une exactitude qui ne laisse rien à désirer, au moyen du calendrier même de Ptolémée, que nous examinons ici.

En effet, quand on a trouvé, par les moyens connus, le point de l'écliptique, qui se lève ou se couche en même temps qu'une étoile, sous une hauteur donnée du pole, ainsi que l'angle que l'écliptique fait en ce point avec l'horizon, on peut résoudre le triangle sphérique rectangle, dont l'un des côtés de l'angle droit est l'arc de vision; le second, un arc de l'horizon; et l'hypoténuse, l'arc de l'écliptique, lequel est la quantité dont le soleil est sous l'horizon, lors du lever ou du coucher de l'étoile. L'arc de vision une fois connu, fait connoître l'arc correspondant de l'écliptique; et par les tables solaires, le lieu du soleil, et le jour du lever ou du coucher de l'étoile. Si c'est ce dernier que l'on connoît, on trouve par son moyen l'arc de vision que Ptolémée a employé dans son calcul; et comme cela peut se faire aussi souvent qu'il se rencontre de levers et de couchers dans son calendrier, on obtiendra un résultat moyen qui doit approcher fort près de la vérité. Je vais en faire l'épreuve sur une étoile.

Suivant l'Almageste, la longitude de Sirius est $= 17^d\ 40'$, et sa latitude australe $= -\ 39^d\ 10'$; d'où l'obliquité de l'écliptique employée par Ptolémée est $= 23^d\ 51'\ 20''$, l'ascension droite de l'étoile $= 80^d\ 5'\ 32''$, et sa déclinaison australe $= 15^d\ 44'\ 29''$. Or, le calendrier met son lever matutinal, pour les parallèles de $13^h\ \frac{1}{2}$, 14^h, $14^h\ \frac{1}{2}$, 15^h et $15^h\ \frac{1}{2}$, aux 22 et 28 épiphi, et aux 4, 9 et 14 mésor. Ces dates Alexandrines répondent aux deuxième jour embolime de l'an 884, et aux 5, 9, 14 et 19 thoth de la 885ᵉ année de l'ère de Nabonassar. Si l'on fait le calcul pour le jour où cette étoile commence à se lever à 4 heures du matin, qui est le temps à peu près où elle pouvoit commencer à paroître, on trouve pour la longitude du soleil, par les tables de Ptolémée, 5 signes, 19 dégrés, 54 minutes; ce qui établit le calcul suivant :

810 ans	163°	4′	12″	
72	342	29	42	
1	359	45	24	
12 mois égyptiens . .	354	49	45	
16 heures		39	26	(Ptolémée commence le jour à midi).
Somme	140	48	27	
ou	4ˢ	20°	48	
Lieu moyen du ☉ au commencement de l'ère de Nabonassar,	11	0	45′	
Longitude moyenne,	5ˢ	21°	33′	
Lieu de l'apogée,	2	5	30	(L'apogée est fixe dans Ptolémée).
Anomalie moyenne,	1ˢ	16°	3′.	

Ainsi, l'équation du centre est — 1ᵈ 39′, et par conséquent le lieu vrai du soleil est 3ˢ 19° 54′. Or sous le parallèle de 13 ½ heures, la longitude du point de l'écliptique qui se lève avec sirius, est 7° 41′ 36″, et il forme avec l'horizon un angle de 67° 11′ 53″, d'où résulte, en retranchant le lieu du soleil, un arc de vision de 11° 14′. On tire de même, des quatre autres levers du matin, les arcs de vision 11° 11′, 11° 24′, 10° 59′, et 11° 1′; et des cinq levers, par un terme moyen, 11° 10′. Les quatre couchers du soir des 3, 7, 12, et 17 pachon (celui pour le parallèle de 13 ½ heures, est omis dans le calendrier), déterminent en général pour les quatre autres parallèles, l'arc de vision, de 10° 50′, et ce terme moyen combiné avec le précédent, en donne un nouveau de 11° juste. Nous avons ainsi l'arc de vision de sirius, employé par Ptolémée dans son calcul, pour le cas où cette étoile, soit qu'elle se lève ou qu'elle se couche, se trouve avec le soleil au même côté de l'horizon. Au contraire, il suit des couchers du matin remarqués les 26 choïac, 1, 6, 10 et 14 tybi,

24 et 27 athyr, 1, 5 et 9 choiac, un résultat moyen de 6° 56' pour l'arc de vision, de sorte que l'arc de vision qu'on en conclut, pour le cas où l'étoile se lève ou se couche à l'opposite du soleil, est en nombre rond, de 7 dégrés.

J'ai traité de la même manière les 30 étoiles du calendrier, si ce n'est que je n'y ai plus fait entrer de secondes dans le calcul. C'eût été vraiment une affectation pédantesque, et une peine bien inutile pour le calculateur qui s'en seroit fatigué en pure perte, que de pousser l'exactitude jusqu'aux secondes, quand il ne s'agissoit que de trouver l'arc de vision d'une étoile, dans les limites de quelques minutes, ou simplement le jour de son lever ou de son coucher; une précision absolue auroit exigé de faire entrer dans le calcul près de trois cents triangles sphériques à résoudre; et c'eût été s'arroger la prétention de vouloir être plus exact que Ptolémée lui même, qui dans sa table trigonométrique, n'a donné que les minutes.

Quoique les énonciations de Ptolémée pour les arcs de vision des autres étoiles, ne soient pas en général aussi satisfaisantes que pour Sirius, soit que cet astronome ait apporté plus d'attention à son calcul pour cette étoile, la plus belle de toutes les fixes, et qu'il n'ait employé pour les autres que des opérations graphiques, soit que les jours de lever et de coucher des étoiles aient été en partie dérangés à dessein, ou par suite d'observations subséquentes par les astronomes postérieurs; soit enfin qu'ils aient été intervertis par la faute des copistes, il est toujours vrai qu'il résulte du grand nombre de ses levers et couchers, *qu'il a pris pour les étoiles de première grandeur, des arcs de vision de onze et de sept dégrés; et pour celles de seconde grandeur, des arcs de quatorze et de huit et demi*. Comme il a sans doute donné à ces arcs la grandeur qu'ils avoient effectivement, d'après des observations, dans les climats des anciens, on pourra dorénavant mettre plus de précision dans les calculs sur ce qu'on appelle les levers et les couchers poétiques des étoiles.

Après avoir ainsi trouvé les valeurs moyennes des arcs de vision, il falloit les appliquer à la vérification de tout le calendrier de Ptolémée, non pour y rien changer, mais seulement pour pouvoir estimer avec quelle exactitude chaque lever et coucher est donné, et pour déterminer les jours auxquels appartiennent les levers et couchers défectueux, et auxquels on peut les trouver par la comparaison avec d'autres manuscrits encore.

Je commence par une copie exacte du calendrier tel qu'il résulte des variantes et supplémens publiés par Fabricius, et comparé avec le texte qui se trouve dans Pétau. Les apparitions et les heures y sont marquées des lettres F ou P, selon qu'elles sont proprement tirées de l'un ou de l'autre de ces deux auteurs. Je n'ai dû rien changer aux nombres des heures, quoique le plus souvent, le calcul donnât leur valeur déterminée. J'ai seulement marqué d'abord l'heure juste ou plus juste, et ensuite dans une parenthèse, l'autre accompagnée des lettres F ou P. J'ai seulement substitué à des heures impossibles dans les cas en question, celles qui devoient y être, mais en exposant, dans mes notes, les motifs de cette substitution. Je remarquerai encore, au sujet de ces nombres d'heures, que souvent, aux endroits où il ne s'en trouve point, il faut répéter les précédens, surtout quand une apparition commence par la conjonction καί. Quand la date dans Fabricius s'écarte de celle de Pétau, ce qui n'est pas rare, j'ai marqué d'abord celle qui appartient de plus près à la valeur moyenne de l'arc de vision, et j'ai mis à la suite l'autre sous les lettres F ou P, entre deux crochets. Je ne me suis permis aucun changement dans les apparitions même, excepté en quelques cas où se trouvoit un échange visible des mots ἀνατέλλει et δύνει, d'ἑῷος pour ἑσπέριος, et de βόρειος en place de νότιος, ou quand il manquoit quelque mot que l'usage dominant de la langue supposoit devoir y être lu.

Je n'ai pas fait imprimer l'avant-propos de Ptolémée, ni ses annonces de température, parce que je n'avois aucune édition complète du calendrier. J'ai voulu seulement publier un travail qui doit être le fondement de quelqu'autre édition, qu'un philologue n'auroit guères envie d'entreprendre. D'ailleurs, cette introduction et l'ἐπισήμασια auroient bien besoin d'une plus ample confrontation de manuscrits. Mais j'ai ajouté au calendrier, des remarques sur les levers et couchers qui y sont rapportés, et j'y donne les résultats de mes calculs. Mes peines seront amplement récompensées, si j'ai rendu à la science un service utile, en lui rendant un ouvrage de Ptolémée, jusqu'à présent trop négligé.

NOTE.

Quoique M. Ideler n'ait pas jugé nécessaire de faire précéder son calendrier grec de Ptolémée, de l'avant-propos, par lequel cet auteur avoit cru devoir préparer à la lecture et même à l'intelligence de cet opuscule, je l'ai ajouté tel qu'il se trouve dans Fabricius, en tête de mon édition de cet almanach grec, et pour la rendre aussi complète qu'il m'a été possible, non seulement je le publie tel que M. Ideler l'a fait imprimer à Berlin, en 1819, mais encore je l'ai conformé à celui qui est manuscrit, à la suite de l'Almageste grec de Ptolémée, n°. 2390, de la bibliothèque du Roi. J'aurai satisfait ainsi au vœu formé par M. Ideler, de rendre cet opuscule aussi semblable qu'on le pourra, à ce qu'il étoit, quand il est sorti des mains de son auteur, par la confrontation du plus grand nombre de manuscrits qu'il sera possible de consulter. J'y ai joint aussi les annonces ou pronostics qu'on lit dans le manuscrit 2390. Ainsi, mon édition renferme tout à la fois avec les corrections de Fabricius, d'après le manuscrit de Savill, les améliorations faites par M. Ideler, jointes à la copie exacte du texte grec du manuscrit 2390.

M. Ideler, dans ses recherches, dit au sujet du paragraphe de la page 18 qui commence par le mot κεχρημέθα . . . que le sens de ces mots, tout altérés qu'ils sont, devient assez clair au moyen de la correction que M. Buttmann y introduit, en mettant τὸ entre διὰ et τῆς, et en changeant le mot ἡμέρας en ἡμέραις; mais on peut s'en dispenser. Ce passage signifie que Ptolémée a suivi la division du temps usité de son vivant chez les Alexandrins.

Enfin, j'ai conservé en tête du calendrier, d'après Fabricius et le manuscrit de Savill, à côté du ι thoth, les mots καθ' ἡμέρας δὲ αὐγούστου ΚΘ, *chez nous le* 29 *août*. Ils prouvent que le mois thoth accollé par Ptolémée au mois romain de septembre, parce qu'il en occupoit la plus grande partie, commençoit le 29 août ou le 30, à la fin de chaque étraëtéride, mais ne sortoit jamais du mois de septembre.

H.

ΚΛΑΥΔΙΟΥ ΠΤΟΛΕΜΑΙΟΥ

ΦΑΣΕΙΣ ΑΠΛΑΝΩΝ ΑΣΤΕΡΩΝ

ΚΑΙ

ΣΥΝΑΓΩΓΗ ΕΠΙΣΗΜΑΣΙΩΝ

ΠΡΟΟΙΜΙΟΝ.

Οποσαι μὲν οὖν συνίςανται περὶ τὰς φάσεις τῶν ἀπλανῶν διαφοραὶ, καὶ περὶ τίνας αἰτιὰς, ἔτι δὲ ποίας ὀφείλομεν ὑποτίθεσθαι τηρήσεις πρὸς τὰς τῶν κατὰ μέρος ἀποδείξεις, καὶ διὰ τινῶν θεωρημάτων τὰ λοιπὰ μεθοδεύειν, τούτεςι ποίαιςτε τοῦ διὰ μέσων τῶν ζωδίων κύκλου μοίρας ἕκαςος τῶν ἐπιζητουμένων συμμεσουρανούντων τε πανταχῇ καὶ συνανατέλλει καὶ συγκαταδύνει καθ' ἕκαςην τῶν οἰκησεῶν· ἐτίτε πηλίκας τὸν ἥλιον ἔπι τῶν φασέων ἀπέχειν ὑπὸ γὴν περιφερείας ἐπί τε τοῦ γραφομένου μεγίςου κύκλου, καὶ ἐπὶ τοῦ διὰ μεσῶν· καὶ πόσας ἀπέχειν αὐτοῦ μοίρας ἀφ' ὧν οἱ καθ' ἕκαςον χρόνοι συνίςανται, διὰ μακροτέρου ἐν τῇ κατ' ἰδία συντάξει τῆς δὲ τῆς πραγματεῖας ἐφωδεύσαμεν, προεκθέμενοι τὰς εἰρημένας πάσας καθ' ἕκαςον κλίμα τῶν διαφόρων πηλίκοτητας τῶν ποιουμένων ἀνατολὰς καὶ δύσεις πρώτου καὶ δευτέρου μεγέθους ἀπλανῶν ἀςέρων. ἐν τοῖς ὑποθεμένοις ἥμιν ἐν κλίμασιν τοῖς περὶ τὸν μέσον μαλίςα τῆς καθ' ἥμας οἰκουμενης ἡμιωρίῳ διαφέρουσιν ἀλληλῶν. Ὧν πρῶτον μὲν ὡς ἀπὸ μεσημβρίας λαμβάνομεν τὸν γραφόμενον διὰ συήνης καὶ βερενίκης, καὶ καθ' ὅλου διὰ τούτων τῶν τοπῶν ἐν οἷς ἡ μεγίςη τῶν ἡμέρων

APPARITIONS DES ÉTOILES FIXES

ET

COLLECTION DE PRONOSTICS,

PAR CLAUDE PTOLÉMÉE.

AVANT-PROPOS.

Nous avons démontré en grand détail, dans l'ouvrage où nous traitons de la théorie et de la pratique de la science, les différences qui se montrent entre les apparitions des fixes, leurs causes, les observations sur lesquelles il faut appuyer les preuves de leurs circonstances, et les théorèmes qui doivent nous servir à trouver le reste, c'est-à-dire, avec quelles portions du cercle mitoyen du zodiaque, chacune des étoiles qui partout sont au milieu du ciel, se lèvent et se couchent pour chaque lieu particulier; et de plus, quelle est sur le grand cercle qui passe par ces étoiles et par le mitoyen du zodiaque, la grandeur des arcs dont le soleil est encore sous l'horizon au moment de leur apparition, et de combien de degrés ils sont, afin de calculer les temps pour chacune. Nous avons auparavant exposé les quantités connues des différences propres en chaque climat aux levers et aux couchers des étoiles de première et de seconde grandeur, dans les climats que nous avons pris à une demi-heure de distance les uns des autres, en partant du cercle mitoyen du zodiaque, sur notre terre. Nous prenons pour le premier de ces climats, en allant du midi au nord, le cercle décrit par Syéne et Bérénice, et généralement par les lieux où le plus long jour est de 13 ½ heures équinoxiales. Le second passe par la basse Egypte de très-peu au midi d'Alexandrie et de Cyrène, et généralement par les lieux ou le plus long jour est de 14 heures équinoxiales. Le troisième est celui qu'on décrit par une ligne qui passe par Rhode et par tous les lieux dont le plus long jour est de 14 ½ heures équinoxiales. Le quatrième passe par le milieu de l'Hellespont, et par tous les lieux dont le plus long est de 15 heures. Le cinquième par la mer Pontique, et tous les lieux qui ont 15 ½ heures pour leur plus long jour. Nous allons donner ici un tableau résumé des temps des apparitions, tels que nous les avons remarqués, d'après les calculs qu'il a fallu que nous en fissions pour leur utilité; ce que nous n'avons fait, cependant, que pour les climats les plus connus, en y joignant les annonces pour les temps de ces apparitions, comme nos prédécesseurs nous les ont communiquées, et nous dirons auparavant quelques mots de ces apparitions, et de l'usage et l'utilité des observations particulières.

Nous appelons apparition d'une étoile fixe, son aspect, le premier et le dernier aperçu, par rapport au soleil et à l'horizon; c'est de là que lui vient cette dénomination. Or, il y a quatre différens aspects généraux pris en ce sens, car c'est le nombre des positions réciproques du soleil et de l'astre, tant entr'eux que relativement aux deux demi-cercles, l'un oriental, l'autre occidental, de l'horizon. Or, la position des astres relativement à l'un et à l'autre de ces demi-cercles, se désigne le plus souvent par le lever et le coucher; mais celle du soleil par les temps que l'on compte d'après lui, et proprement par sa place à l'orient et à l'occident; c'est pourquoi, quand nous voyons l'étoile et le soleil dans le demi-cercle oriental, nous appelons ordinairement cet aspect, lever du matin; et quand nous revoyons l'un et l'autre dans le demi-cercle occidental, nous nommons cet aspect, coucher du

ὡρῶν ιγ ∠″ ἐςιν ἰσημερινων. Δεύτερον δὲ τὸν γραφόμενον διὰ τῆς αἰγύπτου, καὶ τὸν μίκρῳ νοτιωτέρον ἀλεξανδρείας τε καὶ κυρήνης, καὶ καθ' ὅλου διὰ τούτων τῶν τόπων ἐν οἷς ἡ μεγίςη τῶν ἡμέρων ιδ ὡρῶν ἐςιν ἰσημερίνῶν. Τρίτον δὲ κλίμα τὸν γραφόμενον διὰ ῥόδου, καὶ καθ' ὅλου διὰ τούτων τῶν τόπῶν ἐν οἷς ἡ μεγίςη τῶν ἡμερων ιδ ∠″ ὡρῶν ἐςὶν ἰσημερινῶν. Τέταρτον δὲ κλίμα τὸν γραφόμενον διὰ μέσου ἑλλησποντου, καὶ καθ' ὅλου διὰ τουτῶν τῶν τόπων ἐν οἷς ἡ μεγίςη τῶν ἡμερῶν ἐςιν ἰσημερινῶν ιε. πέμπτον δὲ κλίμα τὸν γραφόμενον διὰ μέσου τοῦ ποντοῦ, καὶ καθ' ὅλου διὰ τουτῶν τῶν τόπῶν, ἐν οἷς ἡ μεγίςη τῶν ἡμερῶν ιε ∠″ ἐςὶν ἰσημερινῶν. Αὐτους δὲ τοὺς χρόνους τῶν φασέων τοὺς τὸ τέλος εἰληφότας τῆς χρησέως ἐνέκεν ὧν ἀναγκαῖον κἀκείνων ἁπάντων προδιεργάσασθαι τοὺς ἐπιλογισμοὺς, καὶ μέχρι μόνων τῶν ἐπισημοτέρων λαμπρῶν ἀςέρῶν μετὰ τῶν τετηρημένῶν τοῖς πρὸ ἡμῶν ἐπὶ ταῖς φάσεσιν ἐπισημασιῶν, ἐνταῦθα τοῦ προχείρου χάριν ἐκθησόμεθα, μικρὰ προδιελθοντες περὶ τῶν φάσεων αὐτῶν καὶ τῆς χρήσεως τῶν ἐπὶ μέρους παρατηρήσεων.

Φάσιν μὲν δὴ καλοῦμεν ἀπλανοῦς ἀςέρος, τὸν πρὸς ἡλίον καὶ τὸν ὁριζοντα λαμβανόμενον αὐτοῦ σχηματισμὸν τὸν πρῶτον ἢ ἔσχατον τῶν φαινομένων, παρ' ὃ καὶ τοιαύτης ἔτυχε προσηγορίας. Τῶν δὲ τοῦτον τὸν τρόπον ὑποτιθεμένων σχηματισμῶν τέσσαρες αἱ γενικώτεραι συνιςαντας διαφοραὶ, τοσαῦται γὰρ θέσεις μεταλαμβάνονται τοῦ τε ἡλίου καὶ τοῦ ἀςέρος πρὸς ἀλλήλους τε καὶ τὰ δύο του ὁριζοντος ἡμικύκλια, τότε πρὸς ἀνατολὰς, καὶ τὸ πρὸς δυσμάς. Σημαίνεται δὲ ἡ μὲν τῶν ἀςέρων καθ' ἑκατερον τῶν ἡμικυκλίων θέσις κοινότερον ἀπὸ τε τῆς ἀνατολῆς καὶ δύσεῶς· ἡ δὲ τοῦ ἡλίου κατὰ τὸ τῶν ὑπ' αὐτοῦ δεικνυμένων χρόνων, ἴδιον ἀπό τε τῆς ἑωας καὶ τῆς ἑσπερίας. Διοπερ ὅταν μὲν καὶ τὸν ἀςέρα καὶ τὸν ἡλίον ἐπὶ τοῦ πρὸσ ἀνατολὰς ἡμικυκλίου λαμβάνωμεν, τὸν τοιοῦτον σχηματισμὸν καλοῦμεν κοινῶς ἑῴαν ἀνατολήν. Οταν δὲ ἀμφοτέρους πάλιν ἐπὶ τοῦ πρὸς δυσμὰς, καὶ τουτὸν τὸν σχηματίσμὸν καλοῦμεν ἑσπερίαν δύσιν. Εναλλὰξ δὲ ἐχόντων ὅταν μὲν τὸν ἀστέρα νοῶμεν ἐπὶ τοῦ πρὸς ἀνατολὰς ἡμικυκλίου, καὶ τὸν ἥλιον τοῦ πρὸς δυσμὰς, οὗτος ὁ σχηματίσμος καλεῖται ἑσπερία ἀνατολή· ὅτανδὲ τὸν ἥλιον νοοῦμεν ἐπὶ τοῦ πρὸς ἀνατολὰς ἡμικυκλίου, καὶ τὸν ἀστέρα ἐπὶ τοῦ πρὸς δυσμὰς, καὶ τοῦτον τὸν σχηματισμὸν καλοῦμεν ἑῴαν δύσιν.

Πάλιν δὲ καθ' ἕκαστον τῶν ἐγκειμενῶν τεσσαρὰν σχηματισμῶν δύο γίνονται πρῶται διαφόραι. Τοὺς μὲν γὰρ αὐτῶν καλοῦμεν ἀληθινοὺς, τοὺς δὲ φαινομένους. Καὶ κοινότερον ἀληθιμαὶ μὲν εἰσὶν ὅσοι μὴ τὸν ἀστέρα μόνον, ἀλλὰ καὶ τὸν ἥλιον ἔχωσι κατ' αὐτὸν ἀκριβῶς τὸν ὁρίζοντα· Φαινόμενοι δὲ ὅσοι μὲν ἀστέρα κατ' αὐτὸν τὸν ὁρίζοντα, τὸν δὲ ἡλίον ὑπὸ γῆν· οὐ μὴν οὕτως ἁπλῶς, ἀλλ' ἤτοι πρὸ τῆς ἀνατολῆς αὐτῆς, ἢ μέτ' αὐτὴν τὴν δύσιν. Ἰδιαίτερα δὲ καθ' ἕκαστον τῶν σχηματισμῶν ἑῴαν μὲν ἀνατολὴν ἀληθινὴν λέγουσιν, ὅταν συνανατέλλουσιν ὅ τε ἀστὴρ καὶ ὁ ἥλιος· ἑσπερίαν δὲ ἀνατολὴν ἀληθῆ, ὅταν ἅμα τῷ ἡλίῳ δύνοντι ὁ ἀστὴρ ἀνατέλλῃ, ἑῴαν δὲ δύσιν ἀληθη, ὅταν ἅμα τῳ ἡλιῳ ἀνατέλλοντι ὁ ἀστηρ δύνῃ· ἑσπερίαν δὲ δύσιν ἀληθὴ, ὅταν συγκαταδύνωσιν ὅτε ἀστὴρ καὶ ὁ ἥλιος· Παλιν δ' αὖ ἑῴαν ἀνατόλην φαινομένην, ὅταν πρὸ τῆς ἀνατολῆς τοῦ ἡλίου καὶ ὁ ἀστὴρ ἀνατέλλων φαίνηται· ἑσπερίαν δὲ ἀνάτολην φαινομένην, ὅταν μετὰ τὴν τοῦ ἡλίου δύσιν ὁ ἀστὴρ ἀνατέλλων φαίνηται· ἑῴαν δὲ δύσιν φαινομένην, ὅταν πρὸ τῆς ἀνατόλης τοῦ ἡλίου ὁ ἀστὴρ δύνων φαίνηται· ἑσπερίαν δὲ δύσιν φαινομένην, ὅταν μετὰ τὴν τοῦ ἡλίου δύσιν καὶ ὁ ἀστὴρ δύνων φαίνηται.

Ἐπεὶ μὲν οὖν τῶν ἀληθινῶν σχηματισμῶν οὐ μόνους τοὺς τῶν ἀστέρων, ἀλλὰ καὶ τοὺς τοῦ ἡλίου τόπους θεωρεῖσθαι συμβέβηκεν, ἐπειδὴ καὶ οὗτος κατ' αὐτὸν συνίσταται τὸν ὁρίζοντα· ἐπὶ δὲ τῶν φαινομένων ἐφ' ὅσον οὕτως ἁπλῶς αὐτοὺς ἀκούομεν, οὐκέτι καὶ τοὺς τοῦ ἥλιου πάντως. Δυνατὸν γαρ γίνε-

soir; mais si ces deux astres occupent des points opposés, comme quand, par exemple, le soleil est vu à l'horizon occidental, l'étoile étant à l'horizon oriental, cet aspect se nomme lever du soir; et quand le soleil est à l'horizon oriental, pendant que l'étoile est à l'horizon occidental, nous appelons cet aspect coucher du matin.

En outre, dans chacun de ces quatre aspects, se trouvent deux premières différences; car nous appelons les uns, vrais; et les autres, apparens, et généralement, les vrais sont ceux où l'étoile et le soleil sont ensemble vraiment du même côté de l'horizon; et les apparens, ceux où l'étoile et le soleil sont bien [illegible]ns le même horizon, mais où le soleil en même temps qu'il est du même côté que l'étoile, est sous l'horizon, et cela, non simplement, mais ou avant le lever de l'étoile, ou après son coucher; mais on appelle proprement dans chacun des aspects, lever vrai du matin, celui où l'étoile et le soleil se lèvent ensemble; et lever vrai du soir, celui où l'étoile se lève en même temps que le soleil; coucher vrai du matin, celui où l'étoile se couche, lorsque le soleil se lève; mais coucher vrai du soir, celui où le soleil et l'étoile se couchent en même temps; et encore, lever apparent du matin, quand l'étoile en se levant paroît avant le lever du soleil; et lever apparent du soir, quand l'étoile en se levant, paroît après le coucher du soleil, coucher apparent du matin, quand l'étoile en se couchant paroît avant le lever du soleil; et enfin, coucher apparent du soir, quand l'étoile en se couchant paroît après le coucher du soleil.

On voit bien dans les aspects vrais, non-seulement les lieux des astres, mais encore ceux du soleil, parce qu'alors celui-ci est dans le même horizon, ce qui n'est pas dans les apparens, où, en tant que nous les entendons simplement dans le sens de ce mot, nous ne voyons pas toujours le soleil. Car pendant plusieurs jours, à différens degrés d'abaissement du soleil sous l'horizon, les étoiles peuvent paroître se lever et se coucher le matin et le soir, ces aspects étant susceptibles de varier en grandeur dans la longueur du temps. C'est pourquoi il ne faut pas parler d'autres aspects ni d'autres apparitions, que de ceux et de celles que je viens de décrire; car l'apparition est la manifestation de l'aspect défini et vu. Mais entr'eux tous, les vrais ne font pas connoître les temps; ni les apparens, les lieux du soleil. Si nous prenons les apparens avec précision, et que nous observions exactement le commencement et la fin des levers et des couchers, chacun se trouvera avoir quelque chose de particulier. Un lieu du soleil étant connu, on verra quelles sont les étoiles qui paroîtront les premières, et celles qui paroîtront les dernières en se levant et en se couchant, par rapport au soleil qui est en ce lieu; et on les attribue par l'aspect ainsi déterminé, aux climats ci-dessus mentionnés, et généralement selon les points où l'horizon coupe les tropiques.

L'apparition orientale du matin est le premier des levers apparents, et l'apparition orientale du soir est le dernier des levers apparents de l'étoile; d'autre part, l'apparition occidentale du matin est le premier des couchers apparens de l'étoile, et l'apparition occidentale du soir est le dernier de ses couchers apparens : tel est l'ordre d'apparitions qui s'observe dans les étoiles qui sont sur le cercle mitoyen du zodiaque; dans l'intervalle du lever du matin au lever du soir, les étoiles qui se levent, ne paroissent pas se coucher. Dans l'intervalle du lever du soir au coucher du matin, elles paroissent ne se lever, ni se coucher; et du coucher du soir au lever du matin, elles ne paroissent pas du tout. Nous disons de ces étoiles, quand elles disparoissent pendant quelque temps, qu'elles se lèvent et se cachent, et nous nommons simplement leur (anatole) lever du matin, émergence (épitole), et leur cou-

ται καὶ πλείοσιν ἡμέραις κατὰ διαφόρους ὑπὸ γῆν τοῦ ἡλίου διαστάσεις, ἑωθίνας τε καὶ ἑσπερίνας ἀνατολὰς καὶ τὰς δύσεις φαίνεσθαι τῶν ἀστέρων, ὡς ἂν ὑποδεχομένων σχηματισμῶν ἤδη καὶ φάσεις τινὰς παρὰ πᾶσιν τῶν ὑποκειμένων, χρόνων. Διόπερ οὐδ' ἕτερον τῶν καταλεγμένων σχηματισμων ἤδη καὶ φάσεις ῥητέον. ἡ μὲν γὰρ φάσις δήλωσις ἐστὶν ὡρισμένου τε ἅμα καὶ φαινομένου σχηματισμοῦ. τῶν δὲ ἐκκειμένων οἱ μὲν ἀληθινοὶ τοὺς χρόνους αὐτοὺς καθιστῶσιν ἀφανεῖς, οἱ δὲ φαινόμενοι τοὺς τοῦ ἡλίου τόπους. Οταν οὖν τοὺς φαινομένους μὴ καθ' ἁπλῶς οὕτως εἰκεῖ, καὶ ὡς ἔτυχεν ἐκδεχώμεθα, προσδιοριζόμενοι δὲ τοὺς πρώτους ἢ ἐσχάτους τῶν ἀνατολῶν καὶ τῶν δύσεων, τότε καὶ τὸ τῆς φάσεως ἰδίον περιέξουσιν, ἑνος ἤδη γενομένου καὶ τοῦ κατὰ τὸν ἡλίον τόπου, καθ' ὃν ὄντος αὐτοῦ πρώτον καὶ ἔχατον οἱ ἀστέρες ἀνατέλλοντες καὶ δύνοντες φαίνεσθαι δύνανται· καὶ συνίστανται κατὰ τὸν τοιοῦτον ἤδη διορισμένον, ἐπὶ μὲν γε τῶν ἐκκειμένων κλιμάτων, καὶ ὅλως ἐφ' ὅσον τέμνει τοὺς τροπικοὺς ὁ ὁριζων.

Εῴα μὲν ἀνατολικὴ φάσις ἡ πρώτη τῶν φαινομένων ἀνατολὴ, ἑσπερία δὲ ἀνατολικὴ φάσις ἡ ἐσχάτη τῶν φαινομένων τοῦ ἀστέρος ἀνατολή. Καὶ πάλιν ἑῴα μὲν δυτικὴ φάσις ἡ πρώτη τῶν φαινομένων τοῦ ἀστέρος δύσις, ἑσπερία δὲ δυτικὴ φάσις ἡ ἐσχάτη τῶν φαινομένων τοῦ ἀστέρος δύσις. Επὶ μὲν οὖν τῶν περὶ αὐτὸν τὸν διὰ μέσων τῶν ζωδίων κύκλον τὰς θέσεις ἐχόντων ἀπλανῶς ἡ τάξις τῶν φάσεων τὸν ἐκκείμενον περίεχει τρόπον, κατὰ μὲν τὸν ἀπὸ τῆς ἑῴας ἀνατολῆς ἑώς τῆς ἑσπερίας ἀνατολῆς χρόνον οἱ ἀστέρες ἀνατελλοντες καὶ οὐ δύνοντες φαίνονται. Τὸν δὲ μεταξὺ τῆς ἑσπερίας ἀνατολῆς καὶ τῆς ἑῴας δύσεως φαίνονται μὲν οὔτε ἀνατελλοντες οὔτε δύνοντες· τὸν δὲ ἀπὸ τῆς ἑσπερίας δύσεως ἑώς τῆς ἑῴας ἀνατολῆς ὅλως οὐ φαίνονται. τούτους δὲ ὅτε μὲν ἀφανίζονται τινὰ χρόνον, καλοῦμεν ἐπιτέλλοντας καὶ κρυπτομένους· καὶ τὴν μὲν ἑῴαν αὐτῶν ἀνατολὴν ἁπλῶς ἐπιτολὴν καλοῦμεν, τὴν δὲ ἑσπερίαν δύσιν ἁπλῶς κρύψιν. ὅτε δὲ φαίνονται τινὰ χρόνον μήτε ἀνατέλλοντες μήτε δύνοντες, κολοβοδιεξόδους καλοῦσιν.

Επὶ δὲ τῶν ἱκανῶς ἀπεχόντων ἀςέρων διάςασις τοῦ διὰ μέσων πρὸς ἄρκτους ἢ μεσημβρίαν, ἐνίοτε μεταπίπτει ἑτέραν τῆς ἐκκειμένης ταξέως κατὰ τὴν ἑτέραν τῶν συζυγιῶν· καὶ τὸ μὲν ἕτερον τῶν εἰρημένων ἰδιωμάτων μετὰ τῆς ταξέως τηρεῖται. Τὸ δὲ ἐναντίον συμμεταπίπτει τῇ κατ' αὐτὸ τάξει. Τοῖς μὲν γὰρ νοτιωτέροις ἔχουσι τοῦ διὰ μέσου τὴν θέσιν, ἡ μὲν ἑσπερία δύσις ςηρίζεται πολυπροχρόνουσα τῆς ἀνατόλῆς· καὶ τὸ τῶν ἐπιτολῶν καὶ κρύψεων ἴδιον, ὅτι τὸν μεταξὺ πάλιν τῶν δύο τούτων φάσεων χρόνον ἀφανίζονται τέλειον, ἡ δὲ ἑῴα δύσις ἀνάπαλιν ἐνίοτε προχρονεῖ τῆς ἑσπερίας ἀνατολῆς, ὡς μηκέτι τὸ τῶν κολοβοδιεξόδων ἴδιον αὐτοῖς ἐπισυμπίπτειν, ἀλλὰ τὸ τῶν καλουμένων νυκτιδιεξόδων, ἐπειδὴ τὸν ἀπὸ τῆς ἑῴας δυσέως ἑώς τῆς ἑσπερίας ἀνατολῆς χρόνον καὶ ἀνατέλλοντες. καὶ δύνοντες· καὶ ὅλον τὸ ὑπὲρ γῆν ἡμισφαίριον διεξιόντες φαίνονται, μετὰ μὲν τὴν τοῦ ἡλίου δύσιν, ἀνατέλλοντες, πρὸ δὲ τῆς ἀνατολῆς αὐτοῦ καταδύνοντες. Τοῖς δὲ βορειοτέροις ἔχουσι τοῦ διὰ μέσων τὴν θέσιν ἀνάπαλιν, ἡ μὲν ἑσπερία ἀνατολὴ τηρεῖται προχρονοῦσα τῆς ἑώας δύσεως· καὶ τὸ τῶν κολοβοδιεξόδων ἴδιον, ὅτι πάλιν τὸν μεταξὺ τούτων τῶν δύο φάσεων χρόνον φαίνονται μὲν οὔτε ἀνατέλλοντες, οὔτε δύνοντες. Η δὲ ἑῴα ἀνατολὴ προχρονεῖ πολλάκις τῆς ἑσπερίας δύσεως τῷ μηκέτι τὸ τῶν ἀφανιζομένων καὶ ἐπιτελλόντων καὶ κρυπτομένων ἴδιον αὐτοῖς παρακολουθεῖν, ἀλλὰ τὸ τῶν καλουμένων ἐνιαυτοφανῶν, ἐπειδὴ καὶ τὸν ἀπὸ τῆς ἑῴας ἀνατολῆς ἑώς τῆς ἑσπερίας δύσεως χρόνον φαίνεισθαι δύνανται, δύνοντες μὲν μετὰ τὴν τοῦ ἡλίου δύσιν, ἀνατέλλοντες δὲ πρὸ τῆς ἀνατολῆς αὐτου. Καλοῦνται δὲ οἱ τοιοῦτοι καὶ ἀμφιφανεῖς· διὸ καὶ παρατηρητέον ἐπὶ τῆς ἀναγραφῆς, ὅτι τοὺς ἐπιτέλλειν καὶ κρύπτεσθαι λεγομένους τῶν ἀφανιζομένων εἶναι συμβίβηκε, τοὺς δ' ἀνατέλλειν ἑώαν ἁπλῶς καὶ δύνειν ἑσπερίαν τῶν ἐνιαυτοφανῶν τε καὶ ἀμφιφανῶν. Ομοιῶς δὲ τοὺς μὲν τὴν ἑσπερίαν ἀνατολὴν τῆς ἑώας προχρονοῦσαν

cher occidental, immergence, dépression; et quand elles paroissent ne se lever ni se coucher pendant quelque temps, on dit que leurs passages sont tronqués.

Quant à la distance boréale ou australe des étoiles relativement au cercle mitoyen du zodiaque, il y a des variations dans l'ordre qui vient d'être exposé, suivant les différentes fyzygies, puisque nous voyons qu'une partie des étoiles observe cet ordre d'une manière qui leur est propre, et l'autre partie, d'une autre manière. Les étoiles australes ont leur coucher du soir qui devance de beaucoup leur lever du matin, par l'effet des épitoles et des crypses, en disparoissant pendant tout l'intervalle de ces deux apparitions, et aussi le coucher du matin devance fort le lever du soir. Celles qui n'appartiennent pas aux passages tronqués, mais à ceux de nuit, ne paroissent ni se lever ni se coucher. Mais celles qui parcourent l'hémisphère supérieur, apparoissent en se levant après le coucher du soleil, et en se couchant avant son lever. Réciproquement les étoiles boréales ont leur lever du soir devançant beaucoup le coucher du matin, par l'effet des passages tronqués, ne paroissant pas se lever ni se coucher entre le matin et le soir, leur lever du matin devance le coucher du soir, non en vertu des disparitions, des épitoles et des crypses, mais comme étant de celles qui paroissent toute l'année, parce qu'elles peuvent apparoître entre le matin et le soir, en se couchant après le coucher du soleil, et en se levant avant son lever; on les nomme doublement apparentes. Pareillement celles qui se lèvent le soir et qui se couchent le matin sont de celles qu'on met dans les passages tronqués; et celles au contraire qui se couchent le matin avant le lever du soir, sont dans les passages de nuit. Voilà ce qui constitue les différences et les dispositions des apparitions pour le sujet que nous traitons.

Nous avons suivi la division du temps en usage parmi nous, parce qu'au moyen du jour ajouté en chaque tétraëtéride, aux embolimes de chaque année, les mêmes apparitions des étoiles peuvent généralement être vues pendant un grand nombre d'années consécutives, aux jours de même dénomination. C'est pourquoi, en marquant chaque jour d'après ces néoménies de thoth, nous avons disposé autant qu'il est possible, pour notre propre climat, les apparitions qui s'y font ; et en y ajoutant, suivant la différence des climats indiqués, pour les saisons de toutes les apparitions, la quantité des heures équinoxiales du plus long jour ou de la plus longue nuit, avec les annonces données par les anciens, pendant les mouvemens du soleil dans ces mêmes jours, non qu'elles soient invariables, et qu'elles doivent toujours s'accomplir, mais comme elles s'effectuent le plus souvent, et autant que d'autres causes en grand nombre ne s'y opposent point. Car, il faut avoir égard aux changemens causés dans l'atmosphère par les divers aspects des planètes, par rapport au soleil, comme quand le soleil entre aux solstices et aux équinoxes, non que nous voulions en parcourir toutes les causes, mais montrer que la lune et les cinq planètes y contribuent le plus; la lune, en ramenant les annonces prises des jours des apparitions, à celles de ses configurations avec le soleil; et les cinq planètes en coopérant avec les influences concomitantes, proportionnellement aux forces et aux affinités de ces corps particuliers, comme on peut le voir par les temps des saisons, tantôt simultanés, tantôt retardés par l'effet des intervalles des syzygies du

ἐχόντας, τῶν κολοβοδιεξόδων· τοὺς δὲ ἀνάπαλιν τὴν ἑώαν δύσιν τῆς ἑσπερίας ἀνατολῆς τῶν νυκτιδιεξόδων. Τὰ μὲν οὖν πέρὶ τὰς διαφορὰς καὶ τὰς τάξεις τῶν φάσεων ἁρμόζοντα τῇ παρουσῃ προθέσει σχεδὸν τοσαῦτα ἂν εἴη.

Κεχρήμεθα δὲ τῇ καθ' ἡμᾶς τοῦ ἔτους χρονογραφίᾳ, διὰ τῆς κατὰ τὸ ἔτος ἐπουσίας ἐν ταῖς ἐμβολίμοις διὰ τετραετηρίδος ἡμέρας ἀποδιδομένης, ἐπὶ πολὺν χρόνον δύνασθαι τὰς αὐτὰς φάσεις ταῖς ὁμωνύμοις ἡμέραις ὡς ἐπὶ πᾶν ἐκλαμβάνεσθαι. Τῶν οὖν ἡμερῶν ἑκάστην ἀπὸ τῶν ἐν τῷ Θωθ νεομηνίῶν ἐκτιθεμένοι κατὰ τὴν οἰκείαν τάξιν, ὑπογράφομεν, ἐφ' ὅσον ἔνεστι, τὰς συντελουμένας ἐν αὐταῖς φάσεσι κατὰ τινὰς τῶν ὑποκειμένων κλιμάτων ὥρας, προτάσσοντες ἑκάστης φάσεως, πρὸς ἔνδειξιν τοῦ κλίματος, τὸ πλῆθος τῶν συνισταμένων ἰσημερινῶν ὡρῶν τῆς μεγίστης ἡμέρας ἢ νυκτὸς, τοῖς παλαιοῖς ἐν ταῖς κατὰ τὰς ἐκκειμένας ἡμέρας τοῦ ἡλίου παρόδοις τοῦ περίεχοντος ἐπισημασίας, οὐκ ὡς ἀπαραλλάκτως μέντοι ταύτας τε καὶ ἐκ παντὸς ἀποβησομένας, ἀλλ' ὡς ἐπὶ πολὺ καὶ καθ' ὅσον οὐδὲν τῶν ἀλλῶν αἰτίων πολλῶν ὄντων ἀντιπίπτει· τρέπεσθαι μὲν γὰρ πῶς οἰκείον τὰς τῶν ἀέρων καταστάσεις καὶ περὶ τοὺς ἐκκειμένους τῶν ἀπλανῶν πρὸς τὸν ἥλιον σχηματισμοὺς, ὥσπερ καὶ παρ' αὐτὴν μόνην ἐπὶ τὰς τρόπας καὶ ἰσημερίνας τοῦ ἡλίου παρόδον. Οὐ μὴν ἐπὶ τούτοις εἶναι τὴν πᾶσαν αἰτίαν τοῦ συμπτώματος, ἀλλὰ καὶ συμβάλλεσθαι πλεῖστα εἰς τὴν ἔκβασιν τῶν συντελεστησομένων τὴν τε σελήνην καὶ τοὺς $\overline{\epsilon}$ πλανωμένους, τὴν μὲν σελήνην αἰτίαν ἀναλαμβάνουσαν ὡς ἐπὶ πολὺ τὰς ἐπισημασίας ἀπὸ τῶν κατ' αὐτὰς τὰς φάσεις ἡμέρῶν ἐπὶ τὰς τῶν ἰδιων πρὸς τὸν ἥλιον σχηματισμῶν· τοὺς δὲ ε' πλανωμένους πάλιν συνεργοῦντας ταῖς ποιοτῆσι τῶν προτελέσεων ἀνάλογον ταῖς τῶν οἰκείων φάσεων κράσεσι καὶ συμμετρίαις, καθάπερ καὶ τῶν ὥρων αὐτῶν ἐστιν ἰδεῖν καὶ τοὺς καιροὺς, ποτὲ μὲν συλληπτῶς, ποτὲ δὲ καὶ ὑστηρικῶς ἀποβαίνοντας διὰ τὰς τῶν συζυγιῶν ἡλιου καὶ σελήνης διαστάσεις καὶ τὰς ποιότητας κατὰ τὸ μᾶλλον καὶ τὸ ἧττον ἐπὶ πλεῖστον διατεινομένας, ἕνεκεν τῆς τῶν πλανωμένων ταύτης ἐπιπορεύσεως.

Καλῶς οὖν ἔχει προσεῖναι ταῖς ἐπισκέψεσι τῶν ἐπισημασιῶν, καὶ ὅλως τοιούτων προῤῥησέων· Πρῶτον μὲν ϛοχαζομένους τοῦ παρ᾽ αὐτὰς αἰτίου, καὶ μὴ πάν ἐπὶ μονῷ τούτῳ, ποιουμένους καὶ προσκατανοοῦντας ὅτι καὶ τῶν ἀναγραψάντων αὐτῶν τὰς ἐπισημασίας, ἄλλοι κατ᾽ ἄλλας χωρας τυγχάνουσι τετηρηθέντες, καὶ πολλαχῆ μηθ᾽ ὁμοίαις καταϛάσεσι περιπεπτωκότες, ἤτοι δι᾽ αὐτὸ τὸ ἴδιον, ἢ διὰ τὸ μηδὲ τὰς αὐτὰς φάσεις ἐν αὐταῖς ἡμέραις συνίϛασθαι πανταχῆ· Ἔπειτα καθ᾽ ὅσον ἐνδέχεται συνεπιλαμβανομένους καὶ τῶν ἄλλων αἰτιῶν καὶ συνεπισκοπτομένους τὰς διὰ τῶν ἡμερολογικῶν ἐκτιθεμένας τῶν πλανωμένων παρόδους, ἵνα τὰς μὲν ἡμέρας τῶν ἐπισημασίων ἐφ᾽ ἁρμόζομεν ταῖς τὲ τῶν ἐγγίϛα διχοτόμων, καὶ ταῖς πρὸ συνόδου μαλίϛα καὶ πανσελήνου, καὶ προσέτι ταῖς τὲ τῶν παρ᾽ αὐτὰς τὰς φάσεις ἐπὶ τὰ δωδεκατημόρια μεταβάσεων τοῦ ἡλίου, τὰς τὲ ποιότητας τῇ φύσει τοῦ μάλιϛα συνεσχηματισμένου τῶν ε̅ πλανωμένον· τοῦ μὲν τῆς ἀφροδίτης ἀϛέρος πρὸς τὰ θέρμα τῶν καταϛημάτων συνεργήσαντος, τοῦ δὲ κρόνου πρὸς τὰ ψυχρὰ, τοῦ δὲ δίος πρὸς τὰ ὑγρὰ, τοῦ δὲ ἄρεως πρὸς τὰ ξηρὰ, τοῦ δὲ ἑρμου πρὸς τὰ ἔνικμα καὶ πνευματώδη, συνυπακουομένων πρὸς αὐτὴν τῆς πρὸς τὰς ἐναντίας τῶν κράσεων ἀπὸ συνεργήσεως.

Τὸ μὲν τοὶ τινὰς τῶν περὶ τοῖς παλαιοτέροις κατωνομασμένων ἀϛέρων μὴ προσεντετάχθαι παρ᾽ ἡμῖν μήτε ἐν αὐτῇ τῆς πραγματείας συντάξει, μήτε νῦν, οἷον οἶϛον, πλειάδας, ἐρίφους, προτρυγητῆρα, δελφῖνα, καὶ εἴ τὶς τοιοῦτος, συγχωρητέον εἰ μὴ, βαρὺ τὸ αἴτημα, μάλιϛα μὲν μικρῶν ἀϛέρων ἐσχάτας καὶ πρώτας φαντασίας. Κεχρῆσθαιτε τοὺς πρὸ ἡμῶν αὐταῖς ἀπὸ ϛοχάσμου τίνος μᾶλλον ἢ τηρήσεως ἐξ αὐτῶν τῶν φαινομένων ἂν τὶς κατανοήσειεν, ἐπειθ᾽ ὅτι τῆς πρώτης προθέσεως ἡμιν μέχρι τῶν τοῦ πρώτου καὶ τοῦ δευτέρου μεγέθους ἀπλανῶν διὰ τὴν ἐκκειμένην αἰτίαν ὑποβληθείσης τὸ τοιούτοις μόνοις τῶν ὑποκάτω τὰ μεγέθη καὶ μὴ πᾶσιν ἐπί-

soleil et de la lune, et de leurs qualités, le plus souvent, plus ou moins affectées du concours des planètes.

Il est bon de s'arrêter à la considération de ces annonces, et en général de ces prédictions, afin que ceux qui prennent soin d'observer ces significations, et leurs causes, ne se renferment pas dans le même objet; mais sachent que ceux qui ont écrit des pronostics, disent les uns une chose dans un lieu, et les autres une autre ailleurs, soit parce que les diverses contrées ne sont pas constituées de même naturellement, soit parce que les apparitions ne sont pas les mêmes partout dans les mêmes saisons. Il faut donc faire attention aux autres causes, et voir quels sont les mouvemens et les passages des planètes, dans les hémérologes ou calendriers, pour ajuster les jours des significations à ceux des dichotomies ou quadratures de la lune les plus proches, et surtout à ceux de la conjonction et de l'opposition, et encore à ceux des passages du soleil par les 12 signes dans le temps des apparitions; et enfin, les qualités propres à l'essence de celle des cinq planètes qui est en aspect avec lui, donnant à Vénus, la chaleur; à Saturne, le froid; à Jupiter, l'humide; à Mars, le sec; et à Mercure le vent pluvieux : en quoi il faut tenir compte de leurs réactions réciproques, pour expliquer leurs contrariétés.

Quoique je n'aie point parlé ici, ni avant, de quelques étoiles nommées par les anciens, telles que la flèche, les pléïades, les chevreaux, le vendangeur, le dauphin et autres, on doit m'en excuser, si ce n'est pas trop demander, surtout pour les premières et les dernières apparitions des petites étoiles; et l'on jugera aisément, par ces phénomènes même, que les anciens les ont plutôt soupçonnés, qu'ils ne les ont vus. Mon premier plan a été de ne marquer les apparitions que des étoiles ci-après de première et de seconde grandeur, parce qu'elles seules, mais non pas toutes, peuvent montrer les annonces qui se remarquent dans leurs aspects; outre qu'il est plus raisonnable d'observer les apparitions des étoiles plus éclatantes, voisines, par exemple, de la flèche, du dauphin, du vendangeur, des pléïades et des chevreaux; telles que l'épi et arcturus, la chèvre et la brillante hyade, vu que par leur grandeur elles peuvent opérer de plus grands effets sur l'air environnant; et qu'ainsi par leur moyen, on peut préciser le temps des annonces, qui embrasse aussi celles des étoiles obscures qui peuvent s'y rencontrer. Tout cela ne peut pas se faire par le moyen des petites étoiles, quoique plusieurs ne composent ensemble qu'un seul astre sensible; et à moins qu'on ne veuille conter des fables, on ne peut rien statuer sur leurs apparitions, qu'on ne peut appeler premières ni dernières, à cause de leur trop grande distance au soleil qui est sous l'horizon, pour être bien distinctement assignée. Ce discours préliminaire suffira pour préparer à ce que nous allons exposer.

βάλλειν, δυσπόριϛον ἔμοιγε αἰτίαν ἔχειν καταφαίνεται τῶν ἐπ' αὐτοῖς ἀναγεγραμμένων ἐπισημασιῶν ἄδηλον, ἐχουσῶν τὴν αἰτίαν διὰ τὸ τῶν ἡμερῶν ἀϛατον, καὶ προσαναφθησομένων ἀνοικειότερον ταῖς τῶν περὶ τὸν αὐτὸν χρόνον λαμπροτέρων ἀϛέρων φάσεσιν, οἷον τῷ μὲν οἰϛῷ καὶ δελφίνι, ταῖς τῶν κατὰ τὸν δὲ τὸν λαμπρὸν, τῶν δὲ ἐπὶ προτρυγητῆρι καὶ ἐπὶ ἀρκτούρου καὶ ϛάχυος, τῶν δὲ ἐπὶ πλειάσι καὶ τοῖς ἐρίφοις, τὴν αἰγὸς καὶ τῶν ὑάδων ἑκάϛου καὶ τὸ μέγεθος ἀξιοπίϛον ἂν εἴη πρὸς τὸ δύνασθαι τινὰ τρόπην πρὸς τὸ περιέχον ἀπεργάσασθαι. Καὶ τῆς φάσεως ὁ χρόνος σαφὴς καὶ μετὰ καταλήψεως ὡρισμένης ἃ τοῖς ἀμαύροις κἂν ἐκ πλειόνων τινὰ τυγχάνῃ συνεϛῶτα. Τοῖς δὲ μὴ μυθοποιεῖν προαιρουμένοις οὐδαμῶς ἂν ὑπάρχοντα φαίνει ἢ μᾶλλον δὲ οὐδ' ἑῴας ἢ ἑσπερίας κυρίως ἄν τίς αὐτῷ ἐπικαλέσειε τὰς πρώτας ἢ τὰς ἐσχάτας τῶν φαντασιῶν μείζονας, πολλῷ τῆς ὑπὸ τὸν ὁρίζοντα τοῦ ἡλίου διαϛάσεως ἐπ' αὐτῶν συνιϛαμένης τῶν κατ' αὐτοὺς τοὺς χρόνους τῆς ἑῴας καὶ τῆς ἑσπερίας ἐκβαλλομένων, προσπαραμεμυθημένων δὲ καὶ τούτων αὐταρκῶς, ὑποτάξομεν ἤδη τὴν ἀναγραφὴν ἔχουσαν οὕτως.

Dans la sphère oblique, les arcs nocturnes des parallèles austraux sont plus grands que les diurnes; et les arcs diurnes des parallèles boréaux, plus grands que les nocturnes, c'est ce qui cause les différences d'apparitions détaillées ci-dessus, p. 17.

Lever...	matutinal	vrai.	cosmique	anatole
		apparent. . . .	héliaque	épitole
	vespertinal	vrai.	acronyque	
		apparent		
Coucher	matutinal	vrai.	cosmique	dyse
		apparent		
	vespertinal	vrai. . . . . ,	acronyque	
		apparent. . . .	héliaque	crypse

M. Delambre fait très-bien sentir la différence de ces expressions : *L'anatole a lieu quand l'astre paroît à l'horizon, pour s'élever bientôt au-dessus; l'épitole est l'apparition d'une astre à l'horizon, lorsque le soleil s'éloigne chaque jour de cet astre. La dyse ou simple coucher n'a de rapport qu'à l'horizon; la crypse a de plus rapport au soleil qui se rapproche de l'étoile et l'absorbe dans ses rayons.* (astron. anc. vol 1) Ces levers et couchers d'étoiles peuvent être vérifiés à l'aide de la sphère céleste à poles mobiles, décrite par Ptolémée, dans son 8e. livre, chap. III, *p.* 92 du 2e. *vol.* de ma traduction de l'Almageste. *Voyez* aussi sur les paranatellons, les recherches sur les bas-reliefs astronomiques des Egyptiens. *p.* 4, 5, etc. H.

ΜΗΝΕΣ ΑΛΕΞΑΝΔΡΕΩΝ. MOIS DES ALEXANDRINS.

ΠΤΟΛΕΜΑΙΟΥ

ΦΑΣΕΙΣ ΑΠΛΑΝΩΝ,

ΚΑΙ ΕΠΙΣΗΜΑΣΙΩΝ.

ΜΗΝ ΘΩΘ ἨΤΟΙ ΣΕΠΤΕΜΒΡΙΟΣ.

α΄. (Καθ' ἡμας δὲ αὐγούςου κθ¯ ὡρᾳ ιδ¯ S.) ὁ ἐπὶ τῆς οὐρας τοῦ λεόντος ἐπιτέλλει. Ιππάρχῳ ἐτησίαι παύονται. Εὐδοξῳ ὑετιαι· βρόνται (M).

β¯. Ωρᾳ ιδ¯ ὁ ἐπὶ τῆς οὐρας τοῦ λεόντος (I) ἐπιτέλλει, καὶ ςάχυς κρύπτεται, Ιππάρχῳ ἐπισήμαινει.

γ. Ωρᾳ ιγ 𐅵" (F) ὁ ἐπὶ τῆς οὐρας τοῦ λεόντος ἐπιτέλλει. Ωρᾳ ιε̄ ὁ καλουμένος αἶξ ἑσπέριος ἀνατέλλει. Αἰγυπτιοις ἐτησίαι πανόνται. Εὐδόξῳ ἀνέμος, ὑετὸς, βρόνται, Ιππάρχῳ ἀπηλιώτης πνεῖ.

δ¯ Ωρᾳ ιε̄ ὁ ἐσχάτος τοῦ ποτάμου ἑῷος δύνει. Καλλίππῳ σημαινει καὶ ἐτησιαι παύονται.

ε̄. Ωρᾳ ιγ̄ 𐅵" (P. ιγ̄) ςάχυς κρύπτεται. Ωρᾳ ιε̄ ὁ λάμπρος τῆς λύρας ἑῷος δύνει. Μητροδώρῳ δυσαερια· Κόνωνι ἐτησίαι λήγουσι.

ς΄. Ωρᾳ ιε̄ (F ιγ̄ 𐅵") ὁ λάμπρος τῆς νότιας χήλης κρύπτεται. Αἰγυπτίοις ὁμίχλη καὶ καύμα,

APPARITIONS DES FIXES

ET

ANNONCES,

Par PTOLÉMÉE.

MOIS THOTH ou SEPTEMBRE.

1. (Selon nous autres romains, 29 août. S.) A la quatorzième heure, lever de l'étoile de la queue du lion, (épitole). Suivant Hipparque, les vents étésiens s'appaisent. Pluies et tonnerres, suivant Eudoxe.

2. A la quatorzième heure, l'étoile de la queue du lion se lève, (épitole), et l'épi se cache, suivant Hipparque, annonce.

3. A 13 ½ heures lever de la queue du lion, (épitole). A 15 heures lever de l'étoile nommée la chèvre. Selon les Egyptiens, les vents étésiens cessent. (*Le m*[it]. 2390 *met un point après* ἀνατέλλει, *et non après* Αἰγυπτίοις). Vent, pluie, tonnerre, suivant Eudoxe. Selon Hipparque, le vent de l'orient équinoxial souffle.

4. A la quinzième heure, la dernière étoile du fleuve se couche le matin. Suivant Callippe, elle annonce, et les vents étésiens s'appaisent.

5. A 13 heures et demie, l'épi se cache. A 15 heures, la brillante de la lyre se couche le matin. Mauvaise température, suivant Métrodore. Les vents étésiens cessent selon Conon.

6. A 15 heures (13 et demie), la brillante de la serre australe se cache. Selon les Egyptiens, nuages et chaleur; pluie, tonnerre. Selon

Eudoxe, vent, tonnerre, orage; et selon Hipparque, température humide et chaude.

7. Mauvaise température, suivant Métrodore, et selon Callippe, Euctémon et Philippe, tempête et temps variable; selon Eudoxe, pluie, tonnerre et coups de vents variables.

8. Temps pluvieux, selon les Egyptiens, tempête sur mer ou vent du midi.

9. A 14 heures, la brillante de l'oiseau se couche le matin. Vent d'occident ou du midi selon les Egyptiens.

10. A 14 heures et demie, (I 13 $\frac{1}{2}$) lever de la brillante de persée, le soir. Tempêtes, selon Philippe; orage, suivant Dosithée.

11. Temps orageux, suivant les Egyptiens.

12. A 15 heures, la brillante de la serre australe se cache.

13. Selon Dosithée, intempérie de l'air.

14. A 14 heures et demie, (I 14) lever (épitole) de l'étoile appelée canobus. Selon César, les vents boréaux qui soufflent, s'appaisent.

15. Vents du midi, selon Eudoxe.

16. Suivant Callippe, Canobus annonce.

17. A 14 heures et demie, la brillante de l'oiseau se couche le matin, et la brillante de la serre australe se cache; la dernière du fleuve se couche le matin. Suivant Métrodore, elle annonce. Selon Démocrite d'Abdère, l'hirondelle disparoît.

18. A 15 heures et demie, l'étoile du genou du sagittaire se cache. Annonce suivant les Egyptiens. Commencement du printemps. Température humide et chaude, suivant Dosithée.

19. A 15 heures et demie, lever de la brillante du poisson austral, le soir. Pluie, selon Hipparque.

20. Temps pluvieux sur mer, selon Métrodore.

21. La brillante de la serre australe se cache. Lever de l'étoile de l'épaule orientale d'Héniochus, le soir. Vent d'occident ou d'Afrique, selon les Egyptiens.

ὑετὸς, Εὐδόξῳ ἄνεμος, βρόντη, δύσαερια. Ιππαρχῳ νότια.

ζ̄. Μητροδώρῳ δύσαερια, Καλλίππῳ Εὐκτημόνι, Φιλίππῳ δύσαερια καὶ ἀταξια ἀέρος· Εὐδόξῳ ὑετος, βρόνται, ἀνέμος μεταπίπτων.

η̄. Αἰγύπτιοις ὑετια, χείμων κατα Θαλάσσαν ἢ νότος.

θ̄. Ωρα ιδ̄ ὁ λάμπρος τοῦ ὀρνίθος ἑῴος δύνει. Αἰγυπτίοις ζεφύρος ἢ ἀργέστης.

ῑ. Ωρᾳ ιδ̄ ∠'' (I ιγ̄ ∠'') ὁ λαμπρὸς τοῦ περσεως ἑσπέριος ἀνατέλλει. Φιλίππῳ δύσαερια, Δοσίθεῳ χειμαινει.

ιᾱ. Αἰγύπτιοις χείμαζει.

ιβ̄. Ωρᾳ ιε̄ ὁ λάμπρος τῆς νοτίου χηλῆς κρύπτεται.

ιγ̄. Δοσιθέω ἀκράσια ἀέρων.

ιδ̄. Ωρᾳ ιδ̄ ϛ'' ὁ καλουμένος κάνωβος ἐπιτέλλει, καὶ σαρίβορειαι πανόνται πνεόντες.

ιε̄. Εὐδοξῳ νότιοι.

ις̄. Καλίππῳ καὶ κανώβος ἐπισήμαινει.

ιζ̄. Ωρᾳ ιδ̄ ὁ λαμπρὸς τοῦ ὀρνίθος ἑῴος δύνει, καὶ ὁ λάμπρος τῆς νοτίου χηλῆς κρύπτεται, καὶ ὁ ἐσχάτος τοῦ ποτάμου ἑῴος δύνει. Μητροδώρῳ ἐπίσημαινει. Δημοκρίτῳ Αβδηρίτῃ χελίδων ἀφανίζέται.

ιη̄. Ωρᾳ ιε̄ ∠'' ὁ κατὰ γόνυ τοῦ τοξότου κρύπτεται. Αἰγύπτιοις ἐπίσημαινει, φθίνοπωρου ἀρχή. Δοσίθεῳ νότια.

ιθ̄. Ωρᾳ ιε̄ ∠'' (P ιε̄) ὁ λάμπρος τοῦ νότιου ἰχθύος ἑσπέριος ἀνατέλλει· Ιππάρχῳ ὑέτια.

κ̄. Υέτια κατὰ Θαλάσσαν μητρόδωρῳ.

κᾱ. Ὁ λαμπρὸς τῆς νότιας χηλῆς κρύπτεται· (I ὥρᾳ ιε̄) ὁ ἐν τῳ ἐπόμενῳ ὤμῳ τοῦ ἡνιόχου ἑσπέριος ἀνατέλλει. Αἰγύπτιοι; ζεφύρος ἢ λίψ.

κβ¯. Ωρᾳ ιδ¯ ὁ καλουμένος ἀντάρης κρυπτέται. Αἰγυπτιοις ζεφύρος ἢ ἀργέστης. Εὐδόξῳ νότια καί ψακας.

κγ΄. Ωρᾳ ιδ¯ ὁ καλουμένος αἲξ ἑσπέριος ἀνατέλλει· ὡρᾳ ιε¯ ς″ (I ιε¯) ἀρκτούρος ἑῷος ἀνατέλλει, Αἰγύπτιοις ψάκας καὶ ἀνέμος. Καλίππῳ καὶ μητροδώρῳ ὑέτια.

κδ¯. Ωρᾳ ιγ¯ ς″ ὁ κοίνος ἱπποῦ καὶ Ανδρομέδας ἑῷας δύνει.

κε¯. Ωρᾳ ιγ¯ ς″ ὁ λαμπρὸς τῆς νοτιου χήλης κρυπτέται. Ωρᾳ ιε¯ ς″ (I ιε¯) ὁ λάμπρος τῆς ὄρνιθος ἑῷος δύνει. Αἰγυπτιοις ζεφύρος ἢ νότος, καὶ δι' ἡμέρας ὀμβρος.

κϛ¯. Ωρᾳ ιε¯ ς″ (I ιε¯) ἀρκτούρος ἑῷος ἀνατέλλει Εὐδόξῳ ὑέτος. Ιππάρχῳ ζεφύρος ἢ νότος.

κζ¯. Ωρᾳ ιδ¯ ὁ κοίνος ἵππου καὶ Ανδρομέδας ἑῷος δύνει· καὶ ὁ ἐσχάτος τοῦ ποτάμου ἑῷος δύνει.

κη¯. Μετοπωρίνη ἰσημέρια. Αἰγύπτιοις καὶ Εὐδόξῳ ἐπισημαίνει.

κθ¯. Ωρᾳ ιδ¯ ὁ καλουμένος ἀντάρης κρυπτέται. Ἀρκτούρος ἑῷος ἀνατέλλει. Εὐκτήμονι ἐπισήμαινει, δημοκρίτῳ ὑέτος.

λ. (I Ωρᾳ ιδ¯ ς″) ὁ κοίνος ἵππου καὶ Ανδρομέδας ἑῷος δύνει, Εὐκτήμονι, Φιλίππῳ, Κονώνι ἐπισήμαινει.

22. A 14 heures, l'étoile appelée *antarès*, se cache. Vent d'occident ou du midi, suivant les Egyptiens. Température humide et brouillard, selon Eudoxe.

23. A 14 heures, lever de l'étoile appelée la chèvre, le soir; et à 15 heures et demie (15) lever d'Arcturus le matin. Ciel nébuleux et vent, selon les Egyptiens. Pluie, suivant Calippe et Métrodore.

24. A 13 heures et demie, l'étoile commune du cheval et d'Andromède, se couche le matin.

25. A 13 heures et demie, la brillante de la serre australe se cache. A 15 heures et demie, la brillante de l'oiseau se couche le matin. Vent d'occident ou du midi, selon les Egyptiens, et pluie dans la journée.

26. A 15 heures et demie, lever d'Arcturus, le matin. Pluie, selon Eudoxe. Vent d'occident ou du midi, suivant Hipparque.

27. A 14 heures, l'étoile commune du cheval et d'Andromède, se couche le matin; et la dernière du fleuve se couche le matin.

28. Equinoxe d'automne. Annonce suivant les Egyptiens et Eudoxe.

29. A 14 heures, l'étoile nommée *antarès*, se cache. Lever d'Arcturus, le matin. Annonce suivant Euctémon. Pluie, selon Démocrite.

30. A 14 ½ heures, l'étoile commune du cheval et d'Andromède se couche le soir. Annonce suivant Euctémon, Philippe et Conon.

ΦΑΩΦΙ, ΟΚΤΩΒΡΙΟΣ.

α΄. Αἰγύπτιοις ζεφύρος ἢ νότιος· Ιππάρχῳ ἐπισήμαινει.

β¯. Ωρᾳ ιε¯ ὁ κοίνὸς Ιπποῦ καὶ Ανδρομέδας ἑῷος δύνει (I). Ωρᾳ ιε¯ ς″ ὁ λάμπρος τῆς βορείας χήλης κρυπτέται. Εὐδόξῳ καὶ Εὐκτημόνι ἐπισήμαινει. Ιππάρχῳ νότιος ἢ ζεφύρος.

PHAOPHI, OCTOBRE.

1. Vent d'occident au midi, suivant les Egyptiens. Annonce, selon Hipparque.

2. A 15 heures et demie, la brillante de la serre boréale se cache. Annonce selon Eudoxe et Euctémon. Vent du midi ou d'occident, suivant Hipparque.

3. A 14 heures, lever d'Arcturus, le matin. A 15 $\frac{1}{2}$ heures la brillante de l'oiseau se couche le matin.

4. A 15 heures, la brillante de la serre boréale se cache. Orage, selon Euctémon; et pluie, selon Philippe.

5. A 15 $\frac{1}{2}$ heures, l'étoile commune du cheval et d'Andromède, se couche le matin. Pluie, suivant Eudoxe. Annonce selon Euctémon. Pluie, selon Métrodore.

6. A 13 $\frac{1}{2}$ heures, lever d'Arcturus le matin, et le matin aussi la dernière étoile du taureau se couche. A 14 $\frac{1}{2}$ heures, la brillante de la serre boréale se cache, *ainsi qu'antarès*. A 15 $\frac{1}{2}$ heures, lever de la brillante de la couronne boréale, le matin. Pluie, selon les Egyptiens et César.

7. A 13 $\frac{1}{2}$ heures, léver de l'épi. A 14 heures, la chèvre se lève le soir, et la brillante de la serre boréale se cache. Lever de l'étoile de l'épaule orientale d'Héniochus au soir. (M. Ideler met ces derniers au 8).

8. (I ιδ— S'') L'épi à son lever (épitole) amène des orages, suivant Démocrite. Temps de semer.

9. A 15 $\frac{1}{2}$ heures, lever (épitole) de l'épi. Le vent boréal souffle, suivant les Egyptiens.

10. A 15 heures, lever de la brillante de la couronne boréale le matin. Vent du midi, selon Hipparque.

11. A 15 heures, l'étoile du genou du sagittaire, se cache.

12. A 15 heures, l'étoile nommée *antarès* se cache. Vent d'occident et d'Afrique, suivant les Egyptiens. Annonce suivant Eudoxe. Vent équinoxial, c'est selon Hipparque.

13. 14. 15. *Manquent.*

16. A 14 $\frac{1}{2}$ heures, la brillante de la couronne boréale se lève le matin.

17. A 15 $\frac{1}{2}$ heures, *antarès* se cache. Vent de borée et d'Afrique, selon les Egyptiens.

γ̄. (Ι ὥρᾳ ιδ—) ἀρκτοῦρος ἑῷος ἀνατέλλει. Ὥρᾳ ιε̄ S'' ὁ λάμπρος τοῦ ὀρνίθος ἑῷος δύνει.

δ̄. (Ι ὥρᾳ ιε̄), ὁ λάμπρος τῆς βορείας χήλης κρυπτέται. Χειμάζει Εὐκτημονι, καὶ Φιλίππῳ ὑέτος.

ε̄. Ὥρᾳ ιε̄ S'' ὁ κοίνος ἵππου καὶ Ἀνδρομέδας ἑῷος δύνει· Εὐδόξῳ ὑέτος· Εὐκτήμονι σημαίνει· Μητροδώρῳ ὑέτος.

ς̄. Ὥρᾳ ιγ̄ S'' ἀρκτούρος ἑῷος ἀνατέλλει, καὶ ὁ ἐσχάτος τοῦ ταύρου ἑῷος δύνει (Ι ὥρᾳ ιδ— S'') ὁ λάμπρος τῆς βορείας χήλης κρυπτέται, καὶ ὁ ἀντάρης κρυπτέται. (Ι ὥρᾳ ιε̄ S'') ὁ λάμπρος τοῦ βορείου ϛεφάνου ἑῷος ἀνατέλλει. Αἰγυπτιοις καὶ Καίσαρι ὀμβρός.

ζ̄. (Ι ὥρᾳ ιγ̄ S'') στάχυς ἐπιτέλλει, (ὥρᾳ ιδ̄) ὁ καλουμένος αἲξ ἑσπέριος ἀνατέλλει, καὶ ὁ λάμπρος τῆς βορείου χήλης κρυπτέται· ὁ ἐν τῷ ἑπομένῳ ὤμῳ τοῦ Ηνιόχου ἑσπέριος ἀνατέλλει.

η̄. (Ι ὥρᾳ ιδ— S'') στάχυς ἐπιτέλλων Δημοκρίτῳ χειμάζει· σπόρου ὥρα.

θ̄. (Ι ὥρᾳ ιε̄ S'') στάχυς ἐπιτέλλει, Αἰγυπτιοις βόῤῥας πνεῖ.

ῑ. (Ι ὥρᾳ ιε̄) ὁ λάμπρος τοῦ βορείου ϛεφάνου ἑῷος ἀνατέλλει. Ιππάρχῳ νότος.

ια̅. Ὥρᾳ ιε̄ ὁ κατὰ τὸ γόνυ τοῦ τοξότου κρυπτέται.

ιβ̄. (Ι ὥρᾳ ιε̄) ὁ καλουμένος ἀντάρης κρυπτέται· Αἰγυπτίοις ζεφύρος ἢ λίψ. Εὐδόξῳ ἐπισήμαινει, Ιππάρχῳ ἀπηλιώτης.

ιγ̄. ιδ̄. ιε̄. *Desunt.*

ιϛ̄. (Ι ὥρᾳ ιδ— S'') ὁ λαμπρὸς τοῦ βορειοῦ ϛεφάνου ἑῷος ἀνατέλλει.

ιζ̄. Ὥρᾳ ιε̄ S'' ἀντάρης κρυπτέται· Αἰγυπτιοις βοῤῥας καὶ λιψ.

ιη'. (I ὥρᾳ ιγ̄ 𐅶'') ἀρκτοῦρος ἑσπέριος δύνει. Εὐδόξῳ ἀνέμων μετάβασις, βρόνται.

ιθ̄. *Deest.*

κ̄. (I ὥρᾳ ιδ̄ ὁ ἐν τῷ ἑπομένῳ ὤμῳ τοῦ ἡνιόχου ἑσπέριος ἀνατέλλει.

κᾱ. (I ὥρᾳ ιγ̄ 𐅶'') ὁ καλουμένος αἲξ ἑσπέριος ἀνατέλλει, καὶ ὁ λάμπρος τοῦ βορείου ϛεφάνου ἑῷος ἀνατέλλει· Αἰγυπτιοις ζεφύρος ἢ νότος· δι' ἡμέρας ὑέτος. Δοσιθέῳ ἐπισημαίνει.

κϐ̄. Ωρᾳ ιδ̄ 𐅶'' ὁ καλουμένος αἲξ ἑσπέριος ἀνατέλλει.

κγ'. Ο λάμπρος τοῦ βορείου ϛεφάνου ἑῷος ἀνατέλλει· Αἰγυπτιοις ζεφύρος ἢ νότος δι' ἡμέρας ὑέτος· Δοσιθέῳ ἐπισημαινει.

κδ̄. Ωρᾳ ιδ̄ 𐅶'' ὁ καλοςμένος κανωβος ἧῳος δύνει.

κε̄. Αἰγυπτιοις πνεύματα ἀτάκτα.

κϛ̄. Ωρᾳ ιδ̄ ἀρκτούρος ἑσπέριος δύνει· Εὐδόξῳ ἐπισημαίνει.

κζ̄. Ωρᾳ ιγ ϛ'' ὁ λάμπρος τοῦ βορείου ϛεφάνου ἑῴς ἀνατέλλει· ὥρᾳ ιδ̄ ὁ κατὰ τὸ γόνυ τοῦ τόξοτοῦ κρυπτέται· Αἰγυπτιοις καὶ Καλλίππῳ ἐπισημαινει.

κη̄. (I ὥρᾳ ιγ̄ 𐅶'') ὁ ἐν τῷ ἑπομένῳ ὤμῳ τοῦ ἡνιόχου ἑσπέριος ἀνατέλλει. Μητροδώρῳ ἐπισήμαινει. Εὐκτημονι καὶ Καλλίππῳ ἀέρος μίξις, καὶ κατὰ θαλασσαν χειμαζει.

κθ̄. *Deest.*

λ̄. Ωρᾳ ιδ̄ ϛ'' ὁ ἐν τῳ ἑπομένῳ ὤμῳ τοῦ ἡνιόχου ἑσπέριος ἀνατέλλει· Αἰγυπτιοις χείμαζει σφόδρα.

ΑΘΥΡ, ΝΟΕΜΒΡΙΟΣ.

ᾱ. Ωρᾳ ιγ̄ ϛ'' ὁ λάμπρος τῆς νοτίου χήλης ἐπιτέλλει.

β̄. Ωρᾳ ιδ̄ ϛ'' (I ιδ̄) ὁ λάμπρος τῆς νοτίου χήλης ἐπιτέλλει· (I ὥρᾳ ιε̄) τὸ αὐτὸ Αἰγυπ-

*

18. A $13\frac{1}{2}$ heures, Arcturus se couche le soir. Changement de vents, tonnerres, selon Eudoxe.

19. *Manque.*

20. A $14\frac{1}{2}$ heures, lever de l'étoile de l'épaule orientale du cocher, le soir.

21. A $13\frac{1}{2}$ heures, l'étoile appelée la chèvre se lève le soir, et la brillante de la couronne boréale le matin. Vent d'occident ou du midi, suivant les Egyptiens. Pluie dans la journée. Annonce, selon Dosithée.

22. A $14\frac{1}{2}$ heures, lever de l'étoile nommée la chèvre, le soir.

23. Lever de la brillante de la couronne boréale, le matin. Vent d'occident ou du sud, selon les Egyptiens. Pluie dans la journée. Annonce, suivant Dosithée.

24. A $14\frac{1}{2}$ heures, l'étoile nommée Canobus se couche le soir.

25. Vents variables, selon les Egyptiens.

26. A 14 heures Arcturus se couche le soir. Annonce suivant Eudoxe.

27. A $13\frac{1}{2}$ heures, la brillante de la couronne boréale se lève le matin. A 14 heures, l'étoile du genou du sagittaire se cache. Annonce, suivant les Egyptiens et Callippe.

28. A $13\frac{1}{2}$ heures, l'étoile de l'épaule orientale du cocher se lève le soir. Annonce selon Métrodore. Temps mêlangé suivant Euctémon et Callippe, et tempêtes sur mer.

29. *Manque.*

30. A $14\frac{1}{2}$ heures, lever de l'étoile de l'épaule suivante ou orientale d'héniochus le soir. Grand hiver, orage, selon les Egyptiens.

ATHYR, NOVEMBRE.

1. A $13\frac{1}{2}$ heures, lever de la brillante de la serre australe.

2. A $14\frac{1}{2}$ heures, lever épitole de la brillante de la serre australe. Annonce, selon les Egyptiens. Orage, suivant Dosithée. Froid et

4

frimat, selon Démocrite. Temps pluvieux, suivant Hipparque.

3. A 14 ½ heures, lever épitole de la brillante de la serre boréale ; et à 15 ½ heures, de la brillante de la lyre, le matin. Un vent modéré souffle, suivant Euctémon et Philippe.

4. A 14 ½ heures (14) la brillante de la serre boréale se lève, épitole ; arcturus se couche le matin (I le soir.) Selon les Egyptiens, vent du midi ou d'Afrique. Grands vents, selon Calippe et Euctémon. Vent, suivant César ou Métrodore. Orage.

5. A 14 heures, lever épitole de la brillante de la serre boréale ; l'étoile du genou du sagittaire, se cache. Vents irréguliers, suivant Conon et Eudoxe.

6. Intempérie de l'air. Vent froid du septentrion, ou vent du midi.

7. A 14 heures, lever de la brillante des hyades, le soir. Vent du midi, suivant les Egyptiens. Vent d'occident, selon Méton. Intempérie de l'air et pluie.

8. A 13 ½ heures, lever de la brillante des hyades, le matin. Temps pluvieux, selon Callippe, annonce.

9. A 15 ½ heures, lever (coucher le matin) de l'étoile commune du fleuve et du pied d'Orion. Pluie, selon les Egyptiens.

10. A 14 heures, l'étoile nommée Canobus se couche le matin. Vent du midi, ou zéphyr (d'occident), selon les Egyptiens. Temps orageux, suivant Dosithée.

11. A 15 ½ heures, (I ιε̄) lever de la brillante de la lyre le matin. Temps pluvieux. Tempêtes, suivant Méton. Vent du midi, selon Hipparque.

12. A 15 ½ heures, arcturus se lève le soir, l'étoile commune du fleuve et du pied d'Orion se couche le matin.

13. A 13 ½ heures, l'étoile du genou du sagittaire se cache. Vent d'orient ou du midi, sui-

τίοις σημαίνει· Δοσιθέῳ χειμάζει· Δημοκρίτῳ ψύχρη ἢ παχνὴ, Ιππάρχῳ νότια.

γ̄. Ωρᾳ ιδ̄ ς″ (I ιγ̄ ∠″) ἑῷος ὁ λαμπρὸς τῆς βορείου χήλης ἐπιτέλλει, ὥρᾳ ιε̄ ∠″ (I ιε̄) ὁ λαμπρὸς τῆς λύρας ἀνατέλλει. Εὐκτήμονι, Φιλίππῳ ἀνέμος μέσος πνεῖ.

δ̄. Ωρᾳ ιδ̄. ς″ (I ιδ̄) ὁ λάμπρος τῆς βόρειου χήλης ἐπιτέλλει, καὶ ἀρκτούρος ἑῷος (I ἑσπέριος) δύνει. Αἰγυπτιοις νότος ἢ λίψ. Καλίππῳ, Εὐκτημονι πνεύματα σφόδρα. καίσαρι ἢ Μητροδώρῳ ἀνέμος, Χείμαζει.

ε̄. Ωρᾳ ιδ̄ ὁ λάμπρος τῆς βόρειου χήλης ἐπιτέλλει, καὶ ὁ κατὰ τὸ γόνυ του τοξότου κρυπτέται. Κωνῶνι καὶ Εὐδόξῳ ἀκράσια πνευμάτων.

ς̄. Ακράσια ἀέρων· βόρρας ψύχρος, ἢ νότος.

ζ̄. Ωρᾳ ιδ̄. ὁ λάμπρος τῶν ὑάδων ἑσπέριος ἀνατέλλει. Αἰγυπτιοις νότος· Μέτωνι ζεφύρος, ἀκράσια ἀέρων καὶ ὑέτος.

η̄. Ωρᾳ ιγ̄ ς″ ὁ λάμπρος τῶν ὑάδων ἑσπέριος ἀνατέλλει· Καλλιππῳ ὑετία, ἐπισημαινει.

θ̄. Ωρᾳ ιε̄ ς″ ὁ κοίνος ποτάμου καὶ πόδος Ωριώνος ἀνατέλλει (I ἑῷος δύνει) Αἰγυπτιοις ὑέτος.

ῑ. Ωρᾳ ιδ̄ ὁ καλουμένος κανώβος ἑῷος δύνει. Αἰγυπτιοις νότος ἢ ζεφύρος. Δοσιθέῳ χειμάζει.

ια̅. Ωρᾳ ιε̄ ς″ (I ιε̄) ὁ λάμπρος τῆς λύρας ἑῷος ἀνατέλλει· Μετῶνι ὑέτος, θυέλλαι· Ιππάρχῳ ἀργέστης.

ιβ̄. Ωρᾳ ιε̄ ς″ (I ιε̄) ἀρκτούρος ἑσπέριος δύνει, καὶ ὁ κοίνος ποτάμου καὶ πόδος ὠριώνος ἤῳος δύνει.

ιγ̄ Ωρᾳ ιγ̄ ∠″ ὁ κατὰ τὸ γόνυ τοῦ τοξότου κρυπτέται· Αἰγυπτιοις νότος ἢ εὖρος. δῑ ἡμέρας ψακάζει. Μητροδώρῳ χείμων, θυέλλαι.

ιδ῀. Ωρᾳ ιᾱ ∠″ (Ι τδ) ὁ κοίνος ποτάμου καὶ πόδος Ωριώνος ἑῷος δύνει. Φιλίππῳ καὶ Εὐκτημονι ὑέτος, χειμάζει.

ιε. Ωρᾳ ιγ̄ ς″ (Ι ιδ῀ ∠″) ὁ λαμπρος τοῦ περσέως ἑῷος δύνει, καὶ ὁ λαμπρος τοῦ βορείου στε-ἑσπερίος δύνει. (Ι ὡρᾳ ιε̄ ∠″) καὶ ὁ λαμπρὸς τῶν ὑάδων ἑῷος δύνει· Αἰγυπτιοις καὶ Ιππαρχῳ χειμώνος ἀρχή. Κονώνι ἐπισημαίνει.

ις. Ωρᾳ ιε̄ ∠῀ (Ι ιγ̄ ∠″) ὁ λάμπρος τῶν ὑάδων ἑῷος δύνει· (Ι ὡρᾳ ιδ῀ τὸ αὐτο) χειμάζει.

ιζ῀. Χειμώνος ἀρχή καὶ σημαίνει Εὐδόξῳ. (Ι ὡρᾳ ιδ῀) ὁ κοινὸς ποταμοῦ καὶ ποδὰς ὡρίώνος ἑῷος δύνει.

ιη̄. (Ι ὡρᾳ ιε̄ ∠″) ὁ ἐπὶ τῆς κεφαλης τοῦ ἡγουμένου διδύμου ἑσπεριος ἀνατέλλει· Εὐδόξῳ χειμώνος ἀρχὴ καὶ ἐπισημαίνει. Δημοκριτῳ χείμων καὶ κατὰ γὴν καὶ κατὰ θαλάσσαν.

ιθ῀. Ωρᾳ ιδ῀ ς̄ ὁ λάμπρος τῆς λύρας ἑῷος ἀνατελλει. Αἰγύπτέοις νότος ἢ εὐρός. Καίσαρι χειμάζει.

κ. Ωρᾳ ιγ̄ (Ι ∠″) ὁ κοίνος ποτάμου καὶ πόδος Ωριώνος ἑῷος δύνει· (Ι ὡρᾳ ιδ῀ ∠″) ὁ λαμπρὸς τοῦ περσέως ἑῷος δύνει· (Ι ὡρᾳ ιε̄ ∠″) ὁ ἐν τῷ ἡγουμενῳ ὠμαι Ωριώνος δύνει. καὶ ὁ μέσος τῆς ζώνης τοῦ Ωριώνος ἑῷος δύνει. Καισαρι χειμάζει.

κᾱ. Ωρᾳ ιε̄ ὁ ἐν τῷ ἡγουμενῳ ὤμῳ τοῦ Ωριώνος ἑῷος δύνει, καὶ ὁ μέσος τῆς ζώνης αὐτου ἑῷος δύνει. (Ι ὡρᾳ ιε ∠″) ἀρκτούρος ἑσπέριος δυνει. Αἰγυπτιοις βόρεας δι᾽ ἡμέρας καὶ νύκτος· Εὐδόξω ὑέτος.

κβ῀. Ωρᾳ ιδ ∠″ ὁ ἐν τῷ ἡγουμενῳ ὤμῳ τοῦ Ωριώνος ἑῷος δύνει.

κγ̄. Ωρᾳ ιγ̄. ∠″ ὁ καλουμένος Κανώβος ἑῷος δύνει. Ωρᾳ ιδ ὁ λάμπρος τοῦ βόρειου στεφάνου ἑσπέ-

vant les Egyptiens. Pluie menue dans la journée. Orage, tempêtes, selon Métrodore.

14. A 11 ½ heures, (14) l'étoile commune du fleuve d'Orion se couche le matin. Pluie et orage, selon Philippe et Euctémon.

15. A 13 ⅚ heures, (14) la brillante de persée se couche le matin, et la brillante de la couronne boréale, le soir à 15 ½ heures, la brillante des hyades se couche le matin. Commencement de l'hiver, suivant les Egyptiens et Hipparque. Annonce, selon Conon.

16. A 16 ½ heures la brillante des hyades se couche le matin; à 14 ⅕ heures de même. Orage.

17. Commencement de l'hiver. Annonce suivant Eudoxe. (1 à 14 heures la commune du fleuve et du pied d'Orion, se couche le soir.

18. A 15 ½ heures, lever de l'étoile qui est sur la tête du gémeau précédent, occidental, le soir. Commencement de l'hiver selon Eudoxe, et annonce. Orages sur terre et sur mer, selon Démocrite.

19. 14 ½ heures, lever de la brillante de la lyre, le matin. Vent du midi ou de l'orient, selon les Egyptiens. Orage, suivant César.

20. A 13 ½ heures, l'étoile commune du fleuve et du pied d'Orion, se couche le matin, ainsi que la brillante de persée, et celle de l'épaule occidentale d'Orion, et celle du milieu de sa ceinture. Orage et froid, selon César.

21. A 15 heures, l'étoile de l'épaule occidentale d'Orion, se couche le matin, ainsi que celle du milieu de sa ceinture. (A 15 ½ heures, arcturus se couche le soir). Vent boréal, jour et nuit, selon les Egyptiens. Temps pluvieux suivant Eudoxe.

22. A 14 ½ heures, l'étoile de l'épaule occidentale d'Orion, se couche le matin.

23. A 13 ½ heures, Canobus se couche le matin. A 14 heures, la brillante de la couronne bo-

réole se couche le soir, et l'étoile de l'épaule occidentale d'Orion, le matin à 15 heures, lever de celle de la tête du gémeau précédent le soir. Température d'hiver, selon Eudoxe.

24. A 13 $\frac{1}{2}$ heures, lever épitole de l'étoile qui est dans le bras droit antérieur du centaure. celle du milieu de la ceinture d'Orion se couche le matin, à 14 $\frac{1}{2}$ heures. A 15 $\frac{1}{2}$ heures, le chien se couche le matin. Température d'hiver, suivant les Egyptiens. Vent froid du nord, suivant Eudoxe.

25. A 13 $\frac{1}{2}$ heures, l'étoile de l'épaule occidentale d'Orion se couche le matin, et celle qu'on nomme *antarès*, se lève à 14 $\frac{1}{2}$ heures. La brillante de persée se couche le matin à 14 $\frac{1}{2}$ heures, Suivant Euctémon et Dosithée, orage et pluie.

26. A 13 $\frac{1}{2}$ heures, lever de l'étoile de l'épaule occidentale d'Orion le soir, et de la dernière du fleuve, la brillante de la lyre le matin; celle du milieu de la ceinture d'Orion se couche le soir, ainsi qu'*antarès*. Annonce considérable selon Eudoxe.

27. Lever épitole d'*antarès*, le chien se couche le matin. Lever de la brillante de l'oiseau le matin, à 15 $\frac{1}{2}$ heures, l'étoile de l'épaule orientale d'Orion se couche le matin. Vents fréquens du midi, selon les Egyptiens et Hipparque. Orages, suivant Eudoxe et Canon.

28 A 14 $\frac{1}{2}$ heures, l'étoile de l'épaule occidentale d'Orion, se lève le soir, et aussi celle de la tête du gémeau précédent. A 15 heures, celle de l'épaule suivante d'Orion se couche le matin A 15 $\frac{1}{2}$ heures, l'étoile du milieu de la ceinture d'Orion se couche le matin. Lever de celle qu'on nomme *antarès*. Pluie menue selon les Egyptiens.

29. A 13 $\frac{1}{2}$ heures, l'étoile du milieu de la ceinture d'Orion se couche le matin. Lever héliaque d'*antarès*, à 15 $\frac{1}{2}$ heures.

30. A 13 $\frac{1}{2}$ heures lever de l'étoile du milieu

ριος δύνει, καὶ ὁ ἐν τῷ ἡγουμένῳ ὤμῳ τοῦ Ωριώνος ἑῴος δύνει. (Ι ὥρᾳ ιε̄) καὶ ὁ ἐπὶ τῆς κεφαλῆς τοῦ ἡγουμένου διδύμου ἑσπέριος ἀνατέλλει· Εὐδόξῳ χειμέριος περίςασις.

κδ̄. Ωρᾳ ιγ̄ ∠'' ὁ ἐν τῷ ἐμπροσθίῳ δεξιῷ βραχίονι τοῦ κενταύρου ἐπιτέλλει. (Ι ὥρᾳ ιδ̄ ∠'') ὁ μέσος τῆς ζώνης τοῦ Ωριώνος ἑῴος δύνει. (Ι ὥρᾳ ιε̄) κύων ἑῴος δύνει. Αἰγυπτίοις χειμέριος περίςασις· Εὐδόξῳ βορεας ψύχρος.

κε̄. (Ι ὥρᾳ ιγ̄ ∠'') ὁ ἐν τῷ ἡγουμένῳ ὤμῳ τοῦ Ωριώνος ἑῴος δύνει, καὶ ὁ καλουμένος ἀντάρης ἐπιτέλλει. (Ι ὥρᾳ ιδ̄ ∠'') ὁ λάμπρος τοῦ περσέως ἑῴος δύνει. Εὐκτήμονι, Δοσιθέῳ, χείμαινει καὶ ὕετος.

κϛ̄. Ωρᾳ ιγ̄ ∠'' ὁ ἐν τῷ ἡγουμένῳ ὤμῳ τοῦ ὠριώνος ἑσπεριος ἀνατέλλει, καὶ ὁ ἔσχατος τοῦ ποταμοῦ. Ωρᾳ ιδ̄ ὁ λαμπρὸς τῆς λύρας ἑῴος ἀνατέλλει, καὶ ὁμέσνος τῆς ζώνης ὠριώνος ἑωος δύνει καὶ ὁ ἀντάρης ἐπιτέλλει. Εὐδόξῳ σημαίνει σφόδρα.

κζ̄ (Ι ὥρᾳ ιδ̄ ∠'') ὁ ἀντάρης ἐπιτέλλει· κύων ἑῴος δύνει· ὁ λάμπρος τοῦ ὀρνίθος ἑῴος ἀνατέλλει. (Ι ὥρα ιε̄ ∠'') ὁ ἐν τῷ ἑπομένῳ ὤμῳ τοῦ Ωριώνος ἑῴος δύνει. Αἰγυπτίοις καὶ ἱππάρχῳ νότος πύκνος· Εὐδόξῳ, Κονώνι χειμάζει.

κη̄. (Ι ὥρᾳ ιδ̄ ∠'') ὁ ἐν τῳ ἡγουμένῳ ὤμῳ τοῦ Ωριώνος ἑσπέριος ἀνατέλλει· καὶ ὁ ἐπὶ τῆς κεφαλης ἡγουμένου τῶν διδύμων ἑσπέριος ἀνατέλλει. Ωρᾳ ιε ὁ ἐν τῷ ἑπομένῳ ὤμῳ Ωριώνος ἑῴος δύνει. Ο μέσος τῆς ζώνης τοῦ Ωριώνος ἑῴος δύνει. ιε̄ ὁ καλουμένος ἀντάρης ἐπιτέλλει. Αἰγυπτίοις ψακάζει.

κθ̄. Ωρᾳ ιγ̄ ∠'' ὁ μέσος τῆς ζώνης τοῦ Ωριώνος ἑῴος δύνει. Ωρᾳ ιε̄ ∠'' ὁ καλουμένος ἀντάρης ἐπιτέλλει.

λ̄. Ωρᾳ (ιγ̄ ∠'') ὁ μέσος τῆς ζώνης τοῦ Ωριώνας

ἑσπέριος ἀνατέλλει· ὥρᾳ ιδ̄ ∠'' καὶ ὁ ἐν τῷ ἡγουμένῳ ὤμῳ τοῦ ὠριῶνος ἑῷος δύνει. ὥρᾳ ιε̄ ∠'' ὁ ἐν τῷ ἡγουμένου ὤμῳ τοῦ ὠρίωνος ἑσπέριος ἀνατέλλει, καὶ ὁ ἐπὶ τῆς κεφαλῆς τοῦ ἑπομένου διδύμου ἑσπέριος ἀνατέλλει.

ΜΗΝ ΧΟΙΑΚ, ΔΕΚΕΜΒΡΙΟΣ.

α. Ὥρᾳ ιδ̄ ∠'' κύων ἑῷος δύνει. ὥρᾳ ιε̄ ὁ λαμπρὸς τοῦ περσέως ἑῷος δύνει· Αἰγυπτίοις νότος καὶ ὑετός· Εὐδόξῳ ἀκρασία ἀέρων. Δοσιθέῳ ἐπισήμαινει· Δημοκρίτῳ ὁ οὐράνος ταραχώδης, καὶ ἡ θάλασσα ὡς τὰ πόλλα.

β. Ὥρᾳ ιγ̄ ∠'' ὁ ἐν τῷ ἑπομένῳ ὤμῳ τοῦ Ὠριῶνος ἑσπέριος ἀνατέλλει. ὥρᾳ ιγ̄ ∠'' καὶ ὁ κοίνος ποταμοῦ καὶ πόδος Ὠριῶνος ἑσπέριος ἀνατέλλει. Ὥρᾳ ιδ̄ ὁ ἐπὶ τῆς κεφαλῆς τοῦ ἡγουμένου διδύμου ἑσπέριος ἀνατέλλει. Ὥρᾳ ιγ̄ ∠'' ὁ ἐν τῷ ἑπομένῳ ὤμῳ τοῦ Ὠριῶνος ἑῷος δύνει. Ὥρᾳ ιδ̄ ∠'' ὁ λαμπρὸς τοῦ βόρειου ςεφάνου ἑσπέριος δύνει.

γ. Ὥρᾳ ιε̄ ὁ ἐπὶ τοῦ ἡγουμένου ὤμοῦ τοῦ ὠρίωνος ἑσπέριος ἀνατέλλει· ὥρα ιγ̄ ∠'' ὁ ἐν τῷ ἑπομένῳ ὠρίωνος (τῶν διδύμων M.) ἑῷος δύνει.

δ. Ὥρᾳ ιδ̄ ὁ λάμπρος τῆς λύρας ἑῷος ἀνατέλλει· καὶ ὁ ἐν τῷ ἑπομένῳ ὤμῳ τοῦ Ὠριῶνος ἑσπέριος ἀνατέλλει, και ὁ μέσος τῆς ζώνης τοῦ Ὠριῶνος ἑσπέριος ἀνατέλλει· καὶ ὁ ἐπὶ τῆς κεφαλῆς τοῦ ἑπομένου διδύμου ἑσπέριος ἀνατέλλει. Αἰγυπτίοις ζεφύρος ἢ νότος δι' ἡμέρας Κονωνι χειμαίνει.

ε (I ὥρᾳ ιγ̄ ∠'') ὁ καλουμένος αἶξ ἑῷος δύνει, καὶ ὁ ἐπὶ τῆς κεφαλῆς τοῦ ἡγουμένου διδύμου ἑσπέριος ἀνατέλλει. (I ὥρα ιδ̄) Κύων ἑῷος δύνει. (I ὥρᾳ ιε̄ ∠'') ὁ ἐν τῷ ἡγουμένῳ ὤμῳ

de la ceinture d'Orion le soir. A 14 ½ heures, coucher de celle de l'épaule orientale d'Orion le matin, à 15 ½ heures; celle de l'épaule occidentale se lève le soir, ainsi que celle de la tête du gémeau, suivant ou oriental.

CHOIAC, DÉCEMBRE.

1. A 14 ½ heures, le chien se couche le matin. A 15 heures, la brillante de persée se couche le matin. Vent du midi et pluie selon les Egyptiens. Intempérie de l'air selon Eudoxe. Annonce selon Dosithée. Ciel orageux suivant Démocrite, et mer orageuse le plus souvent.

2. A 13 ½ heures, lever de l'étoile de l'épaule suivante d'Orion le soir, à 13 ½ heures, de la commune du fleuve et du pied d'Orion; et à 14 heures, de l'étoile de la tête du gémeau précédent. A 13 ½ celle de l'épaule suivante d'Orion se couche le matin, et à 14 ½ heures, la brillante de la couronne boréale se couche le soir.

3. A 15 heures, l'étoile de l'épaule précédente (*des gémeaux*) d'Orion se lève le soir, à 13 ½ heures, celle de l'épaule suivante se couche le matin.

4. A 13 (14) heures, lever de la brillante de la lyre le matin, et de l'étoile de l'épaule suivante d'Orion le soir, ainsi que de celle de l'épaule précédente, et de celle du milieu de la ceinture d'Orion, et de celle qui est sur la tête du gémeau suivant ou oriental. Vent d'occident ou du midi suivant les Egyptiens pendant tout le jour. Orage, selon Canon.

5. A 13 ½ heures, l'étoile appelée la chèvre, se couche le matin. Lever de celle de la tête du gémeau précédent, le soir à 14 heures, le chien se couche le matin. A 15 ½ heures, l'étoile de l'épaule précédente d'Orion se

lève le soir, selon César, Euctémon et Callippe, orages.

6. A 14 $\frac{1}{2}$ heures, lever de l'étoile qui est dans le muscle du bras antérieur du centaure. Lever vespertinal de l'étoile de l'épaule orientale d'Orion. Température glaciale selon Métrodore. Vents irréguliers suivant Euctémon et Callippe.

7. A 14 $\frac{1}{2}$ heures, lever de l'étoile commune du fleuve et du pied d'Orion, le soir, et de celle qui est sur la tête du gémeau occidental, et du milieu de la ceinture d'Orion. A 15 heures, la belle de l'oiseau se lève le matin. Pluie menue et frimat suivant les Egyptiens.

8. A 14 $\frac{1}{2}$ heures, (15) lever de l'étoile de l'épaule orientale d'Orion, le soir. A 15 $\frac{1}{2}$ heures, la brillante de Persée se couche le matin Pluie menue selon les Egyptiens. Froid suivant Eudoxe.

9. A 13 $\frac{1}{2}$ heures, (15) le chien se couche le soir, l'étoile nommée la chèvre se couche le matin à 14 heures. Et l'étoile de la tête du gemeau suivant se lève le soir, et la dernière du fleuve aussi. Annonce selon les Egyptiens, Dosithée et Démocrite.

10. A 15 $\frac{1}{2}$ heures, la brillante de la couronne boréale se couche le soir. Lever de l'étoile du milieu de la ceinture d'Orion, le soir. Vent d'Afrique ou du midi suivant les Egyptiens. Température froide selon Euctémon.

11. A 15 $\frac{1}{2}$ heures, (13 $\frac{1}{2}$ heures), lever vespertinal de l'étoile qui est sur la tête du gémeau oriental. Grand vent du septentrion selon Hipparque. Pluie suivant Eudoxe.

12. A 14 $\frac{1}{2}$ heures, lever de l'étoile commune du fleuve et du pied d'Orion, le soir.

13. A 14 heures, l'étoile de l'épaule orientale d'Héniochus, (*du cocher*) se couche le matin. Lever à 13 $\frac{1}{2}$ heures de l'étoile du milieu de

τοῦ ὠρίωνος ἑσπέριος ἀνατέλλει. Καίσαρι, Εὐκτήμονι, Καλλίππῳ χείμαινει.

ϛ. Ωρα ιδ ∠' ὁ ἐν τῷ ἐμπροσθίῳ βατραχίῳ τοῦ κενταύρου ἐπιτέλλει. ὁ ἐν τῷ ἑπομένῳ ὤμῳ τοῦ Ωριῶνος ἑσπέριος ἀνατέλλει Μητροδώρῳ χειμερίη περίςασις. Εὐκτημονι, Καλλίππῳ, ἀνέμων ἀταξία.

ζ. Ωρα ιδ ∠' ὁ κοίνος ποτάμου καὶ πόδος Ωριῶνος ἑσπέριος ἀνατέλλει. Ο ἐπὶ τῆς κεφάλης τοῦ ἡγούμενοῦ διδύμου ἑσπέριος ἀνατέλλει, καὶ ὁ μέσος τῆς ζώνης τοῦ Ωριῶνος ἑσπέριος ἀνατέλλει. (I ὥρα ιγ) ὁ λαμπρὸς τοῦ ὄρνιθος ἑῷος ἀνατέλλει. Αἰγυπτίοις ψακάζει καὶ χείμαινει.

η. Ωρα ιδ ∠ (I ιε) ὁ ἐν τῷ ἑπομένῳ ὤμῳ τοῦ ὠριῶνος ἑσπέριος ἀνατέλλει ὥρα ιε ∠'' ὁ λαμπρὸς τοῦ περσέος ἑῷος δύνει. Αἰγυπτίοις ψακάζει. Εὐδόξῳ χείμαινει.

θ. Ωρα ιγ ∠'' (I ιε) κύων ἑῷος δύνει. ὥρα ιδ I ὁ καλουμένος αἶξ ἑῷος δύνει, καὶ ὁ ἐπὶ τῆς κεφαλῆς τοῦ ἑπομένου διδύμου ἑσπέριος ἀνατέλλει. καὶ ὁ ἐσχάτος τοῦ ποτάμοῦ ἑσπέριος ἀνατέλλει. Αἰγυπτίοις καὶ Δοσιθέῳ καὶ Δημοκρίτῳ σημαίνει.

ι. Ωρα ιε ∠'' ὁ λάμπρος τοῦ βύρειου ςεφάνου ἑσπέριος δύνει. Καὶ ὁ μέσος τῆς ζώνης τοῦ Ωριῶνος ἑσπέριος ἀνατέλλει, Αἰγυπτίοις λίψ ἢ νότος. Εὐδόξῳ χειμέριος ἀήρ.

ια. Ωρα ι ∠'' (ιγ ∠'') ὁ ἐπὶ τῆς κεφάλης τοῦ ἑπομένου διδύμου ἑσπέριος ἀνατέλλει. Ιππάρχῳ βόρεας πολὺς, Εὐδοξῳ ὑέτος.

ιβ. Ωρα ιδ (I ∠'') ὁ κοίνος ποτάμου καὶ πόδος Ωριῶνος ἑσπέριος ἀνατέλλει.

ιγ. Ωρα ιδ ὁ ἐν τῷ ἑπομένου ὤμῳ τοῦ Ηνιοχου ἑῷος δύνει. (I ὥρα ιγ ∠'') ὁ μέσος τῆς ζώνες τοῦ Ωριῶνος ἑσπέριας ἀνατέλλει. Καίσαρι χειμέριος ἀὴρ καὶ ὑετός.

ιδ῀. Ωρᾳ ιδ῀ (I ∠″) ὁ καλούμενος αἲξ ἑῷος δύνει. Μητροδώρῳ χειμέριος περίςασις. Κριτοδήμῳ βρόνται, ἀςράπαι, ὕδωρ, ἀνέμος.

ιε῀. Αἰγυπτίοις ἀργέςης ψύχρος. Η νότος καὶ ὀμβρός. Καλλίππῳ νότος καὶ ἐπισήμαινει. Χειμέριος ἀὴρ.

ις῀. Ωρᾳ ιδ῀ ∠″ ὁ λάμπρος τοῦ ὀρνίθος ἑῷος ἀνατέλλει. Ο κοίνος ποτάμου καὶ πόδος Ωριῶνος ἑσπέριος ἀνατέλλει. Αἰγυπτίοις χείμαινει.

ιζ῀. Ιππάρχῳ νότος καὶ πόλυς ὀμβρός.

ιη῀. Ωρα ιδ῀ ὁ ἐν τῷ ἑπομένῳ ὤμῳ τοῦ ἡνιοχοῦ ἑῷος δύνει. Αἰγυπτίοις ὑέτια μέτὰ πνευμάτων, χείμων.

ιθ῀. Ωρᾳ ιε῀ ὁ καλουμένος αἲξ ἑῷος δύνει. Ο λαμπρος τοῦ βόρειου ςεφάνου ἑσπέριος δύνει. Αἰγυπτίοις βόρεας, ψύχρος ἢ νότος, ὑέτια.

κ῀. Ωρᾳ ιε῀ ∠″ προκύων ἑῷος δύνει. Καίσαρι χείμαζει.

κα῀ Ωρᾳ ιε῀ ∠″ ὁ κοίνος ποτάμου καὶ πόδος Ωριῶνος ἑσπέριος ἀνατέλλει.

κβ῀. Ωρᾳ ιε῀ προκύων ἑῷος δύνει. Ιππάρχῳ νότιος.

κγ῀ Ωρᾳ ιδ῀ ∠″ ὁ ἐν τῷ ἑπομένῳ ὤμῳ τοῦ Ηνιοχος ἑῷος δύνει, καὶ ὁ ἐν τῷ ἐμπροσθίῳ δεξίῳ βατραχίῳ τοῦ κενταύροῦ ἐπιτέλλει. (I ὥρᾳ ιε῀) ὁ λάμπρος τοῦ ἀετοῦ ἑῷος ἀνατέλλει. Αἰγυπτίοις, δοσιθέῳ λίψ ἢ νότιος.

κδ῀. Ωρᾳ ιδ῀ προκύων ἑῷος δύνει, καὶ ὁ ἑσχάτος τοῦ ποταμοῦ ἑσπέριος ἀνατέλλει. Εὐδόξῳ χείμαινει.

κε῀. Ωρᾳ ιγ῀ (I ὥρᾳ ιε῀ ∠″) προκύων ἑσπέριος ἀνατέλλει ὥρᾳ ιδ῀ προκύων ἑῷος δύνει. (I ὥρᾳ ιε῀)

la ceinture d'Orion, le soir. Température froide, et pluie suivant César.

14. A 14 ½ heures, l'étoile appelée la chèvre, se couche le matin. Température glaciale selon Métrodore. Tonnerres, éclairs, pluie et vent selon Critodême.

15. Vent froid ou vent du midi et pluie selon les Egyptiens. Vent du midi et annonce suivant Callippe. Air froid.

16. A 14 ½ heures, lever de la brillante de l'oiseau, le matin, et de l'étoile commune au fleuve et au pied d'Orion, le soir. Froid, suivant les Egyptiens.

17. Vent du midi et pluie abondante, selon Hipparque.

18. A 14 heures, l'étoile de l'épaule orientale d'Héniochus se couche le matin. Pluie et vent froid, selon les Egyptiens.

19. A 15 heures, l'étoile nommée la chèvre, se couche le matin, et la brillante de la couronne boréale se couche le soir. Vent froid du nord, ou vent du midi, pluie selon les Egyptiens.

20. A 16 heures, procyon se couche le matin. Température froide, suivant César.

21. A 15 heures, lever de l'étoile commune au fleuve et au pied d'orion, le soir.

22. A 15 heures, procyon se couche le matin. Vent du midi selon Hipparque.

23. A 14 heures, l'étoile de l'épaule suivante d'Héniochus, se couche le matin. Lever épitole de celle du muscle du bras droit antérieur du centaure. Lever à 15 heures de la brillante de l'aigle le matin. Vent du sud-est ou du midi, suivant les Egyptiens et Dosithée.

24. A 14 heures, procyon se couche le matin. Lever de la dernière du fleuve, le soir. Froid suivant Eudoxe.

25. A 13 heures, lever de procyon, le soir, es son coucher à 14 heures, le matin. Le-

ver de la brillante de l'aigle le matin à 15 heures. Annonce suivant les Egyptiens.

26. Solstice d'hiver. A 13 ½ heures, procyon se couche le matin. A 14 heures lever du chien le soir, la chèvre se couche le soir. A 15 ½ heures, la chèvre se lève le matin.

27. A 13 heures, la brillante de l'aigle se cache. (ι se lève le matin). Lever de procyon le soir à 14 heures.

28. A 15 heures, l'étoile de l'épaule orientale d'Héniochus se couche le matin. La brillante du poisson boréal se cache à 15 ½ heures. Temps glacial suivant les Egyptiens. Annonce suivant Méton, et pluie.

29. A 14 ½ heures, lever de procyon le soir. Annonce suivant les Egyptiens et Méton. Intempérie de l'air.

30. A 14 heures, la brillante de l'aigle se couche le soir. (ι se lève le matin). Vent du sud-est et intempérie de l'air, suivant les Egyptiens.

TUBI, JANVIER.

1. 14 heures, lever du chien le soir ainsi que de procyon. Orage, selon Démétrius. Annonce.

2. A 13 ½ heures, coucher de l'étoile qui est sur la tête du gémeau précédent, le matin. Froid selon Dosithée.

3. A 13 ½ heures, lever, épitole, de la brillante de l'aigle. Lever de procyon, le soir. Annonce selon Philémon.

4. A 13 ½ heures, lever de la brillante de l'oiseau, le soir. L'étoile sur la tête du gémeau suivant se couche le matin; et la brillante de l'aigle le soir à 14 ½ heures. La brillante du poisson austral se cache à 15 heures. Orage sur mer selon les Egyptiens. Tempête selon Euctémon.

5. A 14 ½ heures, l'étoile qui est sur la tête du gémeau précédent, se couche le matin. A 15

ὁ λάμπρος τοῦ ἀετοῦ ἑῷος ἀνατέλλει. Αἰγυπτίοις ἐπισήμαινει.

κϛ̄. Χειμερίνη τρόπη. Ὡρα ιγ̄ ∠″ προκύων ἑῷος δύνει, (I ὡρα ιδ̄) καὶ κύων ἑσπέριος ἀνατέλλει. (I ὡρα ιε̄ ∠″) Αἶξ ἑῷος δύνει.

κζ̄. Ὡρα ιγ̄ (I ὡρα ιδ̄ ∠″) ὁ λαμπρὸς τοῦ τέτου κρυπτέται. (I ἑῷος ἀνατέλλει) ὡρα ιδ̄ προκύων ἑσπέριος ἀνατέλλει.

κη̄. (ὡρα ιε̄) ὁ ἐν τῷ ἑπομένῳ ὤμῳ τοῦ Ηνιοχοῦ ἑῷος δύνει. (I ὡρα ιε̄ ∠″) ὁ λαμπρὸς τοῦ νότιου ἰχθύος κρυπτέται· Αἰγυπτίοιος χείμαινει. Μετῶνι ἐπισήμαινει, ὁμβρος.

κθ̄. (I ὡρα ιδ̄ ∠″) Προκύων ἑσπέριος ἀνατέλλει. Αἰγυπτίοις καὶ Μετῶνι ἐπισήμαινει. ἀκράσια.

λ̄. Ὡρα ιδ̄ ὁ λάμπρος τοῦ ἀετοῦ ἑσπέριος δύνει. (I ὡρα ιδ̄) ὁ λαμπρὸς τοῦ ἀετοῦ ἑῷος ἀνατέλλει. Αἰγυπτίοις λίψ καὶ ἀκράσια ἀέρος.

ΜΗΝ ΤΥΒΙ, ΙΑΝΟΥΑΡΙΟΣ.

α. Ὡρα ιδ̄ κύων ἑσπέριος ἀνατέλλει. Προκύων ἑσπέριος ἀνατέλλει. Δημήτριῳ χειμων. Επισημαινει.

β̄. (I ὡρα ιγ̄ ∠″) ὁ ἐπὶ τῆς κεφαλης τοῦ ἡγουμένου Διδύμου ἑῷος δύνει. Δοσίθεῳ χείμαινει.

γ̄. Ὡρα ιγ̄ ∠″ ὁ λάμπρος τοῦ ἀετοῦ ἐπιτέλλει. Προκύων ἑσπέριος ἀνατέλλει. Φιλήμονι ἐπισημαινει.

δ̄. Ὡρα ιγ̄ (I ιγ̄ ∠″) ὁ λάμπρος τοῦ ὀρνίθος ἑῷος ἀνατέλλει. Ο ἐπὶ τῆς κεφαλης τοῦ ἑπομένου διδύμου ἑῷος δύνει. (I ὡρα ιδ̄ ∠″) Ο λάμπρος τοῦ ἀετοῦ ἑσπέριος δύνει. (I ὡρα ιε̄) ὁ λάμπρος τοῦ νότιου ἰχθύος κρυπτέται. Αἰγυπτιοις χείμαζει κατὰ θαλλάσσαν. Εὐκτήμονι ἐπιχείμαζει.

ε̄. Ὡρα ιδ̄ ∠″ (I ιδ̄) ὁ ἐπὶ τῆς κεφαλης τοῦ ἡγουμενοῦ διδύμου ἑῷος δύνει. (I ὡρα ιε) ὁ ἐν τῷ ἑπομένῳ ὤμῳ τοῦ Ηνίοχου ἑῷος δύνει.

ϛ. Ωρα ιγ´ ∠´´ ὁ κατὰ τὸ γόνυ τοῦ τοξότου ἐπιτέλλει. Κύων ἑσπέριος δύνει. (I ὥρα ιδ´) ὁ ἐπὶ τῆς κεφαλῆς τοῦ ἑπομενου διδύμου ἑῷος δύνει. ὥρα ιδ´ ∠´´ κύων ἑσπέριος ἀνατέλλει.

ζ. Ωρα ιε´ ∠´´ ὁ λάμπρος τοῦ ἀετοῦ ἑσπέριος δύνει. ἐπισήμαινει ὡς Δοσιθέῳ.

η. Ωρα ιδ´ ὁ ἐπὶ τῆς κεφαλῆς τοῦ ἡγουμένου διδύμου ἑῷος δύνει. (I ὥρα ιδ´ ∠´´) ὁ ἐπὶ τῆς κηφαλῆς τοῦ ἑπομένου διδύμου ἑῷος δύνει. Ωρα ιδ´ ∠´´, ὁ λαμπρος τοῦ νότιου ἰχθύος κρυπτέται. Αἰγυπτίοις πύκνη κατάστασις.

θ. Ωρα ιδ´ (I ιγ´ ∠´´) ὁ λάμπρος τῆς λύρας ἑσπέριος δύνει. Ο λάμπρος τοῦ ἀετοῦ ἑσπέριος δύνει. Αἰγυπτιοις ἐπισήμαινει. Δημόκριτῳ νότος ὡς τὰ πολλά.

ι. Ωρα ι´ ∠´´ κύων ἑσπέριος ἀνατέλλει.

ια. Ωρα ιε´ ὁ ἐπὶ τῆς κεφαλης τοῦ ἡγουμένου (I ἑπομένου) διδύμου ἑῷος δύνει.

ιβ. Ωρα ιδ´ ὁ κατά τὸ γόνυ τοῦ τοξότοῦ ἐπιτέλλει. Ιππαρχῳ, Εὐδόξῳ, χείμαινει.

ιγ. Ωρα ιδ´ ὁ λάμπρος τοῦ νότιου ἰχθύος κρυπτέται. Ωρα ιε´ ὁ ἐσχάτος τοῦ ποτάμου ἑσπέριος ἀνατέλλει. Αἰγυπτίοις νότος ἤ ζεφύρος, χείμαινει καὶ κατὰ γῆς καὶ κατὰ θαλάσσαν.

ιδ. Ωρα ιε´ ὁ ἐπὶ τῆς κεφαλης τοῦ ἑπομένου διδύμοῦ I ἑῷος δύνει. I ὥρα ιε´ ∠´´ ὁ λάμπρος τοῦ ὕδρου ἑῷος δύνει. Κύων ἑσπέριος ἀνατέλλει. Αἰγυπτίοις νότος σφόδρα καὶ ὑετός.

ιε. Νότος πολὺς, καὶ ἐπιτήμαινει. κατὰ θαλάσσαν βρόντη καὶ ψάκας.

ιϛ. Ωρα ιε´ ὁ λάμπρος τοῦ ὕδροῦ ἑῷος δύνει. (I ὥρα ιε´ ∠´´) ὁ ἐπὶ τῆς κεφαλης τοῦ ἡγουμενου

heures, l'étoile de l'épaule suivante d'Hénioclus, se lève le matin.

6. A 13 $\frac{1}{2}$ heures, lever héliaque de l'étoile du genou du sagittaire. Le chien se couche le soir. A 14 heures, l'étoile de la tête du gémeau suivant se couche le matin. A 14 $\frac{1}{2}$ heures le chien se lève le soir.

7. A 15 heures, la brillante de l'aigle se couche le soir. Annonce, comme selon Dosithée.

8. A 14 heures, l'étoile de la tête du gémeau précédent se couche le matin. A 14 $\frac{1}{2}$ heures, celle de la tête du gémeau suivant, se couche le matin. A 14 $\frac{1}{2}$ heures, la brillante du poisson austral se cache. L'air est chargé, suivant les Egyptiens.

9. A 14 heures (I 13 $\frac{1}{2}$), la brillante de la lyre se couche le soir, ainsi que celle de l'aigle. Annonce ensuite, selon les Egyptiens. Vent du midi presque toujours, selon Démocrite.

10. A 10 $\frac{1}{2}$ heures, lever du chien, le soir.

11. A 15 heures, l'étoile de la tête du gémeau occidental (I oriental) se couche.

12. A 14 heures, épitole de l'étoile du genou du sagittaire. Orage, froid, selon Hipparque et Eudoxe.

13. A 14 heures, la brillante du poisson austral se cache. A 15 heures, lever de la dernière du fleuve, le soir. Vent du midi ou d'occident selon les Egyptiens. Tempêtes sur terre et sur mer.

14. A 15 heures, l'étoile de la tête du gémeau oriental se couche, et à 15 $\frac{1}{2}$ heures, la brillante de l'hydre se couche le matin. Lever du chien, le soir. Grand vent du midi et pluie selon les Egyptiens.

15. Grand vent du sud, et annonce. Tonnerre et pluie menue sur mer.

16. A 15 heures, la brillante de l'hydre se couche le matin, et à 15 $\frac{1}{2}$ heures, celle de la tête du gémeau précédent ou occidental.

Vent du midi selon Eudoxe. Annonce. Vents irréguliers.

17. A 13 $\frac{1}{2}$ heures, la brillante du poisson austral se couche.

18. A 14 heures, la brillante de la lyre se couche le soir, (I à 14 $\frac{1}{2}$ heures) épitole de l'étoile du genou du sagittaire, coucher du genou du sagittaire le soir.

19. A 14 $\frac{1}{2}$ heures, la brillante de l'hydre se couche le matin. Vent du sud ou du nord, selon Hipparque. Orage.

20. Air froid selon les Egyptiens.

21. A 14 $\frac{1}{2}$ heures, la brillante de l'hydre se couche le matin. A 15 heures, lever de l'étoile du cœur du lion (*regulus*) le soir. Vent équinoxial d'est selon Hipparque.

22. A 13 $\frac{1}{2}$ heures, lever vespertinal de l'étoile du cœur du lion, la brillante de l'hydre se lève le soir. A 13 $\frac{1}{2}$ heures, l'étoile nommée canobus se lève le soir. A 14 $\frac{1}{2}$ heures, l'étoile du muscle du bras droit du centaure se couche le matin. Suivant César, grand vent.

23. A 13 heures, la brillante de l'hydre se couche le matin. Pluie par intervalles selon Métrodore.

24. A 14 heures, lever de l'hydre le soir. Annonce selon les Egyptiens.

25. A 14 heures, la brillante de la lyre se couche le soir. Celle de l'hydre se lève. A 14 $\frac{1}{2}$ heures, le genou du sagittaire se lève (épitole). Annonce selon les Egyptiens.

26. Lever de la brillante de l'hydre le soir. Milieu de l'hiver aux Egyptiens.

27. Vent d'orient ou du midi, selon les Egyptiens.

28. A 15 heures, lever de la brillante de l'hydre, le soir. Pluie suivant les Egyptiens.

29. Tempête suivant Démocrite.

30. Vent équinoxial d'est selon Hipparque.

διδύμου ἕῳος δύνει. Εὐδόξῳ νότος, ἐπισημαίνει. Ἀνέμων ἀταξία.

ιζ̄. Ὥρᾳ ιγ̄ (I ∠") ὁ λάμπρος τοῦ νοτίου ἰχθύος κρύπτεται.

ιη̄. Ὥρᾳ ιδ̄ ὁ λάμπρος τῆς λύρας ἑσπέριος δύνει. (I ὥρᾳ ιδ̄ ∠" I ὁ κατὰ τὸ γόνυ) του τοξότου ἐπιτέλλει). O ἐν τῷ γόνατι τοῦ τοξότου ἑσπέριος δύνει.

ιθ̄. (I ὥρᾳ ιδ̄ ∠") ὁ λάμπρος τοῦ ὕδρου ἕῳος δύνει. Ιππαρχῳ νότος ἢ βόρεας, χείμαζει.

κ̄. Αἰγυπτίοις χείμεριος ἀήρ.

κᾱ. (Ὥρᾳ ιδ̄ ∠" I) O λάμπρος τοῦ ὕδρου ἕῳος δύνει. Ὥρᾳ ιε̄ ὁ ἐπὶ τῆς καρδίας τοῦ λεόντος ἑσπέριος ἀνατέλλει. Ιππάρχῳ ἀπηλιώτης πνεῖ.

κϐ̄. (I ὥρᾳ ιγ̄ ∠") ὁ ἐπὶ τῆς καρδίας τοῦ λεόντος ἑσπέριος ἀνατέλλει, καὶ I ὁ λαμπρὸς τοῦ ὕδρου ἑσπέριος ἀνατέλλει. Ὥρᾳ ιγ̄ ∠" ὁ καλουμένος κάνωβος ἑσπέριος ἀνατέλλει. Ὥρᾳ ιδ̄ ∠" ὁ ἐν τῷ ἐμπροσθίῳ βατραχίῳ δεξιῷ τοῦ κενταύρου ἑῷος δύνει. Καίσαρι ἀνέμος σφόδρα.

κγ̄. Ὥρᾳ ιγ̄ (I ∠") ὁ λάμπρος τοῦ ὕδρου ἑῷος δύνει. Μητροδώρῳ ἀκαταστάτος ὀμβρός.

κδ̄ Ὥρᾳ ιδ̄ ὁ λάμπρος τοῦ ὕδρου ἑσπέριος ἀνατέλλει. Αἰγυπτίοις σημαινει.

κε̄. Ὥρᾳ ιδ̄ (I ∠") ὁ λάμπρος τῆς λύρας ἑσπέριος δύνει. ὁ λαμπρὸς τοῦ ὕδρου ἑσπέριος ἀνατέλλει Ὥρᾳ ιδ̄ ∠" ὁ κατὰ τὸ γόνυ τοῦ τοξότου ἐπιτέλλει. Αἰγυπτίοις σημαίνει.

κϛ̄. ιε̄ ὁ λάμπρος τοῦ ὕδρου ἑσπέριος ἀνατέλλει. Αἰγυπτίοις χείμων μέσος.

κζ̄. Αἰγυπτίοις εὐρὸς ἢ νότος σημαίνει.

κη̄. ιε̄ ὁ λάμπρος τοῦ ὑδροχόου ἑσπέριος ἀνατέλλει. Αἰγυπτίοις ὑέτια.

κθ̄. Δημοκρίτῳ χείμων.

λ̄. Ιππάρχῳ ἀπηλιώτης.

ΜΗΝ ΜΕΧΙΡ, ΦΕΒΡΟΥΑΡΙΟΣ.

α. Ο κατὰ τὸ γόνυ τοῦ τοξότου ἐπιτέλλει. Εὐδόξῳ ὑέτια.

β. Αἰγυπτίοις χείμων μέγας.

γ. Λίψ ἢ νότος χειμων μέγας.

δ. Ωρᾳ ιγ Ϛ'' ὁ λαμπρος τοῦ ὀρνίθος ἑσπέριος δύνει.

ε. Ωρᾳ ιε ὁ λαμπρος τῆς λύρας ἑσπέριος δύνει. Ιππάρχῳ νότος ἢ ἀργέϛης.

ς. Ωρᾳ ιγ Ϛ'' ἡ ἐπὶ τῆς καρδιας τοῦ λεόντος ἑῷος δύνει. (Ι ὡρᾳ ιε Ϛ'') ὁ ἐπὶ τῆς οὐρὰς τοῦ λέοντος ἑσπέριος ἀνατέλλει, καὶ ὁ κατὰ τὸ γόνυ τοῦ τοξότου ἐπιτέλλει.

ζ. Ωρᾳ ιγ Ϛ'' ὁ καλουμένος Κανωβος ἑσπέριος ἀνατέλλει. (Ι ὡρᾳ ιδ) καρδία λεοόντος ἑῷος δύνει.

η. Ωρᾳ ιε Ϛ'' ὁ ἐπὶ τῆς οὐρὰς τοῦ λεόντος ἑσπέριος ἀνατέλλει.

θ. Ωρᾳ ιε ὁ κατὰ τὸ γόνυ τοῦ τοξότου ἐπιτέλλει. Εὐδόξῳ ὑέτια. ὁ ἐπὶ τῆς παρδιας τοῦ λεόντος ἑῷος δύνει. Ωρᾳ ιε Ϛ'' ὁ ἐπὶ τῆς οὐρας τοῦ λεόντος ἑσπέριος ἀνατέλλει. Αἰγυπτίοις ζεφύρος ἢ νότος μετάξτ χαλάζα.

ι. Ωρᾳ ιδ ὁ ἐπὶ τῆς καρδιας τοῦ λεόντος ἑῷος δύνει. (Ι) ὁ τῆς οὐρὰς ἑσπέριος ἀνατέλλει Εὐδόξῳ ὑέτια, ἐν τὸ τε καὶ ζεφύρος.

ια. Ωρᾳ ιδ ὁ ἐπὶ τῆς οὐρας τοῦ λεόντος ἑσπέριος ἀνατέλλει. Ωρᾳ ιε Ϛ'' ὁ ἐπὶ τῆς καρδιας τοῦ λεόντος ἑῷος δύνει. Αἰγυπτίοις περίϛασις χειμερίνη, καὶ ἀνέμων ἀκράσια ἐπόμβρος. Δοσίθεῳ εὐδία καὶ ζεφύρος.

ιβ. Ωρᾳ ιδ ὁ λάμπρος τοῦ ὀρνίθος ἑσπέριος δύνει.

ιγ. Ωρᾳ ιε ὁ ἐσχάτος τοῦ ποτάμου κρυπτέται. Ο λάμπρος τοῦ περσέως ἑῷος ἀνατέλλει. (Ι ὡρᾳ ιε Ϛ'') ὁ λαμπρὸς τῆς λύρας ἑσπέριος δύνει.

MÉCHIR, FÉVRIER.

1. Lever, épitole, de l'étoile du genou du sagittaire. Pluie suivant Eudoxe.

2. Grand orage selon les Égyptiens

3. Vent du sud-est ou du midi orageux.

4. A 13 ½ heures la brillante de l'oiseau se couche le soir.

5. A 15 heures, la brillante de la lyre se couche le soir. Hipparque, vent du sud.

6. A la 13 ½ heure, le cœur du lion se couche le soir. A 15 ½ heures, l'étoile de la queue du lion se lève le soir, et celle du genou du sagittaire se lève, épitole.

7. A la 13 ½, lever vespertinal de l'étoile appelée canobus. A 14 heures, coucher du cœur du lion, le matin.

8. A la 15 ½, l'étoile de la queue du lion fait son lever le soir.

9. A la 15ᵉ, lever héliaque de l'étoile du genou du sagittaire. Pluie selon Eudoxe. L'étoile du cœur du lion se couche le matin. A la 15ᵉ ½ heure, lever de l'étoile de la queue du lion le soir. Vent d'ouest ou du midi selon les Égyptiens, avec grêle.

10. A la 14ᵉ, le cœur du lion se couche le matin, et celle de la queue se lève le soir. Pluie selon Eudoxe, et de temps en temps, zéphyr, vent d'ouest.

11. A la 14ᵉ, lever vespertinal de l'étoile de la queue du lion. A la 15ᵉ ½, l'étoile du cœur du lion se couche le matin. Température froide et orageuse selon les Égyptiens, vents irréguliers mêlés de pluie. Serein et vent d'ouest selon Dosithée.

12. A la 14ᵉ, la brillante de l'oiseau se couche le soir.

13. A la 15ᵉ, la dernière étoile du fleuve se cache. Lever vespertinal de la brillante de Persée. A 15 ½ heures, celle de la lyre se couche

le soir. Air agité par les vents, selon les Égyptiens. Pluie, suivant César. Le zéphyr ou vent d'ouest commence à souffler, suivant Démocrite.

14. A la 13^{e} $\frac{1}{2}$ heure, lever de l'étoile de la queue du lion, le soir. Commencement du printemps, suivant les Égyptiens et Eudoxe, orages quelquefois.

15. Pluie suivant les Égyptiens et Eudoxe. Le vent d'ouest souffle selon Hipparque, Calippe et Démocrite.

16. Commencement du printemps, suivant César et Métrodore. Le zéphyr ou vent d'ouest commence à souffler.

17. Vent d'ouest suivant les Égyptiens et Eudoxe. Orages suivant Calippe et Métrodore.

18. Vent équinoxial d'est selon les Egyptiens; du nord selon Hypparque.

19. A la 14^{e} $\frac{1}{2}$, l'étoile du muscle du bras droit antérieur du centaure, se couche le matin.

20. A la 15 $\frac{1}{2}$ heure, l'étoile commune du cheval et d'Andromède fait son lever le matin.

21. A la 14e la brillante de l'oiseau se couche le soir. Vents variables selon les Égyptiens. Le vent du midi souffle selon Hipparque. Orages selon Euctémon, Philippe et Dosithée.

22. Vents inconstans et pluie selon les Égyptiens.

23. A la 14 $\frac{1}{2}$, lever de l'étoile nommée Canobus, le soir.

24. Zéphyr ou vent du midi. Orages selon les Égyptiens. Pluie.

25. A 14 heures $\frac{1}{2}$, la dernière du fleuve se cache, lever de l'étoile commune du cheval d'Andromède, le soir. Un vent froid du nord souffle selon Hipparque.

26. Vents inconstans selon les Égyptiens.

28. Les vents frais qui ramènent les oiseaux commencent à souffler, selon Hipparque et Euctémon. La saison se montre à l'hirondelle.

Αἰγυπτίοις ἀνεμώδης ϛάσις. Καίσαρι ὑέτια, Δημοκρίτῳ ζεφύρος ἀρχέται πνεῖν.

ιδ῀. Ὡρᾳ (ιγ῀ 𐅵") ὁ ἐπὶ τῆς οὐρᾶς τοῦ λεόντος ἑσπέριος ἀνατέλλει. Αἰγυπτίοις καὶ Εὐδόξῳ ἔαρος ἀρχὴ ἐνίοτε χείμαζει.

ιε῀. Αἰγυπτίοις καὶ Εὐδόξῳ ὑετία. Ιππαρχῳ, Καλίππῳ, Δημοκρίτῳ ζεφύρος πνει.

ιϛ῀. Καίσαρι καὶ Μητρόδωρῳ ἔαρὸς ἀρχὴ. Ζεφύρος ἀρχέται πνεῖν.

ιζ῀. Αἰγυπτιοις, Εὐδόξῳ, ζεφύρος. Καλλίππῳ, Μητροδώρῳ χειμαίνει.

ιη῀. Αἰγυπτίοις ἀπηλιώτης, Ιππάρχῳ βόρεας.

ιθ῀. Ὡρᾳ ιδ῀ 𐅵" ὁ ἐν τῷ ἐμπροσθίῳ δεξίῳ βατραχίῳ τοῦ κενταύρου ἕωος δύνει.

κ῀. ὥρᾳ ιε῀ 𐅵" ὁ κοίνος ἵππου καὶ Ανδρόμεδας ἕωος ἀνατέλλει.

κα῀. Ὡρᾳ ιδ῀ ὁ λαμπρὸς τοῦ ὀρνίθος ἑσπέριος δύνει. Αἰγυπτίοις ἀνέμοι μεταπίπτοντες. Ιππάρχῳ νότος πνει. Εὐκτήμονι, Φιλλίππῳ, Δοσίθεῳ χείμαινει.

κβ῀. Αἰγυπτίοις ἀνέμων ἀκαταϛασις καὶ ὀμβρός.

κγ῀. Ὡρᾳ ιγ῀ 𐅵" ὁ καλουμένος κανώβος ἑσπέριος ἀνατέλλει.

κδ῀. Αἰγυπτίοις ἢ ζεφύρος ἢ νότος. χείμαζει. Υετὸς.

κε῀. Ὡρᾳ ιδ῀ 𐅵" ὁ ἐσχάτος ποταμου κρυπτέται. Ο κοίνος Ιπποῦ καὶ Ανδρόμεδας ἕωος ἀνατέλλει· Ιππάρχῳ βόρεας ψύχρος πνει.

κϛ῀. Αἰγυπτίοις ἀνεμώδης ἀκαταϛασις.

ζ῀. *Deest.*

κη῀. Ιππάρχῳ Εὐκτήμονι ὀρνίθιαι ἀρχόνται πνεῖν ψυχροι. χελίδονι ὥρα φαίνεται.

κθ¯. Ωρᾳ ιγ̄ ∠ʺ ὁ κοίνος ἵπποῦ καὶ Ανδρόμεδας κρύπτεται. ὥρᾳ ιε̄ ὁ λαμπρὸς τοῦ ὀρνίθος ἑσπέριος δύνει. Αἰγυπτίοις καὶ Φιλλίππῳ καὶ Καλλίππῳ χελίδων φαίνεται, καὶ ἀνεμωδης κατάστασις. Βόρεαι ἀρχόνται πνεῖν ψυχραι. Εὐδόξῳ ὑετός. Χελίδονιοι καὶ βόρεαι πνεούσιν αἱ καλούμεναι ὀρνίθιαι.

λ¯. Αἰγυπτίοις ὀρνίθιαι βόρεαι μετάξυ ἀργεσθου. Ιππαρχῳ βόρεας ψύχρος. Μητροδώρῳ χελίδων φαίνεται, ἐπισήμαινει. Δημόκριτῳ ποικιλαι ἡμέραι καλούμεναι ἀλκύονιδες.

29. A 13 ½ la commune du cheval et d'Andromède se cache. A 15 heures, au soir, la brillante de l'oiseau se couche, l'hirondelle paroit selon les Egyptiens, Philippe et Calippe. Température venteuse. Vents frais du nord commencent à souffler. Pluie selon Eudoxe, et vents des hirondelles, dits ornithies.

30. Vents des oiseaux mêlés du canras, vent froid du nord, d'Hipparque. L'hirondelle paroit à Métrodore. Démocrite annonce. Jours appelés des alcyons.

ΜΗΝ ΦΑΜΕΝΩΘ, ΜΑΡΤΙΟΣ.

α̅. Ωρᾳ ιδ¯ ∠ʺ ὁ κοίνος ἵππου καὶ Ανδρόμεδας ἑῷος ἀνατέλλει. Ωρᾳ ιε̄ ἀρκτούρος ἑσπέριος ἀνατέλλει. Καίσαρι καὶ Δοσίθεῳ χειμαζει.

β¯. Ωρᾳ ιε̄ ϛʺ ὁ κοίνος ἵππου καὶ Ανδρομέδας κρύπτεται.

γ̄. Ωρᾳ ιε̄ ὁ λαμπρὸς τοῦ περσέως ἀνατέλλει..

δ¯. Ωρᾳ ιδ¯ (I ιδ¯ ∠ʺ) ὁ κοίνος ἵπποῦ καὶ Ανδρομέδας ἑσπέριος δύνει.

ε̄. Ωρᾳ ιβ¯ (I ιδ¯ ∠ʺ) ὁ κοίνος ἵππου καὶ Ανδρομέδας ἐπιτέλλει. ὥρᾳ ιδ¯ ἀρκτούρος ἑσπέριος ἀνατέλλει. βόρεας ψυχρος ἢ νοτος.

ϛ̄. (Ωρᾳ ιγ̄ F) ὁ ἐσχάτος τοῦ ποτάμου κρύπτεται. Αἰγυπτίοις λίψ ἢ νότος, ἢ χαλάζει. Ιππάρχῳ βόρεας ψυχρος.

ζ¯. Ωρᾳ ιε̄ ὁ κοίνος ἵππου καὶ Ανδρόμεδας ἑσπέριος δύνει. Ο λαμπρὸς τοῦ ὀρνίθος ἑσπέριος δύνει.

η̄. Ωρᾳ ιδ¯ (∠ʺ) ἀρκτούρος ἑσπέριος ἀνατέλλει. Εὐκτημονί βορεας ψύχρος πνεῖ.

θ¯. Ωρᾳ ιε̄ (∠ʺ) ὁ λαμπρὸς τοῦ βορεῖου στεφάνου ἑσπέριος ἀνατέλλει. Ο κοίνος ἵππου καὶ Ανδρομέδας ἑσπέριος δύνει. Αἰγυπτίοις χειμαζει.

PHAMENOTH, MARS.

1. A la 14e ½ heure, l'étoile commune du cheval et d'Andromède fait son lever le matin; et à la 15e, arcturus fait le sien au soir. Orage, suivant César et Dosithée.

2. A 15 ½ heures, la commune du cheval et d'Andromède se cache.

3. A la 15e heure, lever vespéral de la brillante de Persée.

4. A la 14e, la commune du cheval et d'Andromède se couche le soir.

5. A la 12e, lever héliaque de la commune du cheval et d'Andromède. A la 14e, lever d'arcturus le soir. Vent froid boréal ou vent du sud.

6. La dernière du fleuve se cache. Vent d'Afrique ou du midi, ou grêle, vent froid du nord, selon les Egyptiens.

7. A la 15e, la commune du cheval et d'Andromède se couche le soir, ainsi que la brillante de l'oiseau.

8. A 14 heures, lever (I à 14 ½ heures) d'arcturus, le soir. Un vent froid du nord souffle suivant Euctémon.

9. A 15 heures, lever (I à 15 ½ heures) de la brillante de la couronne boréale au soir. La commune du cheval et d'Andromède se couche le soir. Orages selon les Egyptiens.

Suivant César, les vents des hirondelles soufflent pendant dix jours.

10. A 13 ½ heures, lever héliaque de la commune du cheval et d'Andromède.

11. A 13 ½ heures, lever héliaque de la brillante du poisson austral. L'étoile du muscle du bras droit antérieur du centaure, se couche le matin. Air agité, selon les Egyptiens. Vents frais des oiseaux pendant cinq jours, selon Démocrite.

12. A 12 ½ heures, lever d'arcturus, au soir. Suivant Eudoxe, l'hirondelle et le milan paroissent, annonce. Un vent frais du nord souffle selon Métrodore et Philippe. Commencement du printemps, suivant Hipparque.

13. A 13 heures, l'étoile de la queue du lion se couche. Brouillards aux Egyptiens. Un vent du nord souffle, selon Métrodore et Euctémon. Le milan commence à paroître, suivant Dosithée. Grand vent du midi, selon Hipparque.

14. A 15 ½ heures, lever de la brillante de la couronne boréale au soir. Borée souffle, selon les Egyptiens et Calippe.

15. Lever épitole d'arcturus, le soir. Vent froid du nord souffle suivant les Egyptiens et Calippe.

16. A 13 ½ heures, lever épitole d'arcturus, le soir, et la dernière du fleuve se cache. Borée souffle selon Calippe.

17. A 13 ½ heures, lever de l'épi, le soir. Température venteuse selon les Egyptiens. Les vents d'oiseaux commencent à souffler, selon Euctémon et Philippe, et la saison des milans à paroître.

18. A 14 ½ heures, l'étoile de la queue du lion se couche le matin. Un vent d'ouest ou du midi souffle selon les Egyptiens. Vent froid du nord suivant Euctémon, du nord ou nord-ouest selon Hipparque.

Καίσαρι χελιδονίαι πνεούσιν ἐπὶ ἡμέρας δέκα.

ι̅. Ωρα ιγ̅ S'' ὁ κοίνος ἵππου καὶ Ανδρομέδας ἐπιτέλλει.

ια̅. Ωρα ιγ S'' ὁ λαμπρὸς τοῦ νοτίου ιχθυας ἐπιτέλλει, καὶ ὁ ἐν τῷ ἐμπροσθίῳ δεξίῳ βατραχίῳ τοῦ κενταύρου ἑῷος δύνει. Αἰγυπτίοις ταραχώδεις κατάστασεις. Δημοκρίτῳ ἀνέμοι ψυχροὶ ὀρνίθος ἐπὶ ἡμερας πέντε.

ιβ̅. Ωρα ιβ̅ ὁ ἀρκτούρος ἑσπεριος ἀνατέλλει. Εὐδόξῳ χελίδων καὶ ἰκτίνος φαίνεται καὶ ἐπισημαινει. Μητροδώρῳ καὶ Φιλιππῳ βόρεας ψύχρος πνει. Ιππάρχῳ ἐαρὸς ἀρχὴ.

ιγ̅. Ωρα ιγ̅ (S'') ὁ ἐπὶ τῆς οὐρᾶς τοῦ λεόντος δύνει. Αἰγυπτίοις ψακαζει. Μητροδώρῳ, Εὐκτημονι βόρεας πνεί. Δοσίθεῳ ἰκτίνος ἀρχεται φαίνεσθαι. Ιππάρχῳ νότος πόλυς.

ιδ̅ Ωρα ιε̅ S'' ὁ λαμπρὸς τοῦ βορείου στεφάνου ἑσπέριος ἀνατέλλει. Αἰγυπτίοις, Καλλιππῳ βόρεας πνει.

ιε̅. Ωρα ιγ̅ S'' ἀρκτούρος ἑσπέριος ἐπιτέλλει. Αἰγυπτίοις, Καλλιππῳ βόρεας ψύχρος πνει.

ιϛ̅. Ωρα ιγ̅ S''. ἀρκτούρος ἑσπέριος ἐπιτέλλει, καὶ ἐσχάτος τοῦ ποτάμου κρύπτεται. Καλλίππῳ βόρεας πνεί.

ιζ̅. Ωρα ιγ̅ S'' ὁ στάχυς ἑσπέριος ἀνατέλλει. Αἰγυπτιοις ἀνεμώδης κατάστασις. Εὐτήμονι καὶ Φιλίππῳ ὀρνίθιαι ἀρχόνται πνείν, καὶ ἰκτίνων ὥρα φαίνεσθαι.

ιη̅. Ωρα ιδ̅ ὁ ἐπὶ τῆς οὐρας τοῦ λεόντος ἑῷος δύνει. Αἰγυπτίοις ζεφύρος ἢ νότος πνει, Εὐκτημονι βόρεας ψυχρος. Ιππαρχῳ βόρεας ἢ ἀργέστης.

ιθ¯ Αἰγυπτίοις καὶ Εὐκτήμονι βόρεας ψυχρός.

κ'. Ωρᾳ ιδ' 𐅵" ὁ λαμπρὸς τοῦ βόρειου ἰχθύος ἐπιτέλλει. Ωρᾳ ιδ¯ 𐅵" ὁ λαμπρὸς τοῦ βορείου ϛεφάνου ἑσπέριος ἀνατέλλει.

κα. Ωρᾳ ιδ 𐅵" ὁ λαμπρὸς τοῦ περσέως ἀνατέλλει, Φιλίππῳ βόρεας πνεί και ἰκτίνος φαίνεται.

κβ¯. Αἰγυπτίοις καὶ Δημοκρίτῳ ἐπισημαινει ἀνέμος ψύχρος.

κγ. Αἰγυπτίοις πνεύμα ψύχρον ἐπὶ ἡμέρας δέκα.

κδ¯. Καίσαρι ἰκτίνος φαίνεται, βόρεας πνεί.

κε. Ωρᾳ ιδ¯ (𐅵") ὁ ἐπι τῆς οὐρας τοῦ λεόντος ἑῳος δύνει: Εὐδόξῳ ἰντίνος φαίνεται καὶ βόρεας πνεί.

κς. Εαρίη ἰσημέρια. (I ὡρᾳ ιδ¯) ὁ λαμπρὸς τοῦ ἀνατέλλει.

κζ¯. Καίσαρι βόρεας πνει. Ιππάρχῳ ὑετία.

κη. Αἰγυπτίοις βρόντη, ἐπισήμαινει, καὶ ὑετὸς.

κθ¯. Ωρᾳ ιε 𐅵" ὁ καλουμέμος αἲξ ἑῳος ἀνατέλλει. Αἰγυπτίοις καὶ Κονῶνι καὶ μετῶνι ἐπισήμαινει. Εὐδόξῳ βόρεας.

λ¯. Ωρᾳ ιγ 𐅵" ϛάχυς ἑῳος δύνει. Αἰγυπτίοις νότος πνεί. Ιππάρχῳ ὑετὸς ᾗ νιφέτος.

ΜΗΝ ΦΑΡΜΟΥΘΙ, ΑΠΡΙΛΛΙΟΣ.

α'. Ωρᾳ ιδ¯ ϛάχυς ἑῳος δύνει. Μέτωνι ὑετὸς. Εὐκτήμονι, Δημοκρίτῳ ἐπισήμαινει.

β¯. Ωρᾳ ιγ (ϛ") ὁ λαμπρὸς τοῦ βόρειου ϛεφανου ἑσπέριος ἀνατέλλει Ωρᾳ ιδ¯ (𐅵") ἀχὺς ἑῳος δύνει, καὶ ὁ καλούμενος κανώβος κρυπτέται. ὡρᾳ ιε ὁ ἐπὶ τὴν οὐρὰς τοῦ λεόντος ἑῳος δύνει. Δοσίθεῳ, Καλλίππῳ ὑετία.

γ'. Ωρᾳ ιγ 𐅵" ὁ λαμπρὸς τοῦ περσέως ἑῳος.

19. Vent froid du nord selon les Egyptiens et Enctémon.

20. A 14 $\frac{1}{2}$ heures, lever épitole de la brillante du poisson boréal. Lever aussi de la couronne boréale, le soir.

21. A 14 $\frac{1}{2}$ heures, lever de l'étoile brillante de Persée. Borée souffle selon Philippe, et le milan commence à paroître.

22. Annonce, suivant les Egyptiens et Philippe. Vent froid.

23. Air frais pendant dix jours selon les Egyptiens.

24. Selon César le milan paroit. Borée souffle.

25. A 14 heures, l'étoile de la queue du lion se lève le matin. Le milan paroît, suivant Eudoxe; et borée souffle.

26. Equinoxe du printemps. A 14 heures, lever de la brillante de l'étoile.

27. Borée souffle suivant César. Pluie selon Hipparque.

28. Tonnerre selon les Egyptiens. Annonce, et pluie.

29. 15 $\frac{1}{2}$ heures, lever de la chèvre le matin. Annonce, selon les Egyptiens, Conon et Méton. Vent du nord, Eudoxe.

30. A 13 $\frac{1}{2}$ heures, l'épi se couche le matin. Vent du sud, selon les Egyptiens. Pluie ou neige, suivant Hipparque.

PHARMOUTHI, AVRIL.

1. A 14 heures, coucher de l'épi au matin; pluie selon Méton. Annonce, selon Euctémon et Démocrite.

2. A 13 heures, lever (I à 13 $\frac{1}{2}$) de la brillante de la couronne boréale, au soir. A 14 heures, coucher de l'épi, le matin. L'étoile nommée canobus se cache. A 15 heures, l'étoile de la queue du lion se couche le matin. Pluie suivant Dosithée et Calippe.

3. A 14 $\frac{1}{2}$ heures, lever de l'étoile brillante de Persée, le matin.

4. A 14 $\frac{1}{2}$ heures, lever épitole de la brillante du poisson austral.	δ¯. Ωρᾳ ιδ¯ ∋" ὁ λαμπρὸς τοῦ νοτίου ἰχ[illegible]ος ἐπιτέλλει.
5. A 15 $\frac{1}{2}$ heures, l'épi se couche le matin.	ε¯ Ωρᾳ ιε¯ ∋" ϛάχυς ἑῴος δύνει.
6. A 15 $\frac{1}{2}$ heures, lever de la brillante de la serre australe, le soir. Pluie selon Eudoxe. Annonce.	ϛ¯. Ωρᾳ ιε¯ ∋" ὁ λαμπρὸς τῆς νοτίου χηλης ἑσπέριος ἀνατέλλει. Εὐδόξῳ ὑετὸς. ἐπισήμαινει.
7. A 13 $\frac{1}{2}$ heures, lever de la brillante de la serre australe, le soir. A 15 heures, coucher de l'épi le matin.	ζ¯. Ωρᾳ ιγ¯ ∋" ὁ λαμπρὸς νοτίου χηλης ἑσπέριος ἀνατέλλει. (Ι ὥρᾳ ιε¯) ϛάχυς ἑῴος δύνει.
8. A 14 $\frac{1}{2}$ heures, lever de la brillante de la serre boréale, le soir. Annonce selon les Egyptiens et Conon. Pluie suivant Eudoxe.	η¯. (Ι ὥρᾳ ιδ¯ ∋") ὁ λαμπρὸς τῆς βορείου χήλης ἑσπέριος ἀνατέλλει. Αἰγυπτιοις, Κόνωνι ἐπισήμαινει. Εὐδόξῳ ὑετὸς.
9. A 14 $\frac{1}{2}$ heures, lever de la brillante de la serre boréale, au soir. Vent d'ouest ou du midi selon les Egyptiens et Conon, et grèle.	κθ¯. Ωρᾳ ιδ¯ ∋" ὁ λαμπρὸς τῆς βόρειου χήλης ἑσπέριος ἀνατέλλει. Αἰγυπτίοις, Κόνωνι ζεφύρος ἢ νότος καὶ χαλάζαι.
10 A 14 $\frac{1}{2}$ heures, lever de la brillante de la serre boréale, au soir; et à 15 $\frac{1}{2}$ heures, de la brillante de la lyre. Vent du midi et tourbillons selon Hipparque.	ι¯. Ωρα ιδ¯ ∋" ὁ λαμπρὸς τῆς βορείου χήλης ἑσπέριος ἀνατέλλει ὥρᾳ ιε¯ ∋" ὁ λαμπρὸς τῆς λύρας ἑσπέριος ἀνατέλλει. Ιππάρχῳ νότος καὶ ἀνέμῶν συϛροφαι.
11. A 14 heures, lever de la brillante de la serre boréale, au soir. Annonce ensuite selon Hipparque et Dosithée.	ια¯. Ωρᾳ ιδ¯ (Ι ιγ¯ ∋") ὁ λαμπρὸς τῆς βορεῖου χήλης ἑσπέριος ἀνατέλλει. Ιππαρχῳ καὶ Δοσίθεῳ ἐπισήμαινει.
12. A 13 $\frac{1}{2}$ heures, coucher de l'étoile de la queue du lion, le matin.	ιβ¯. Ωρᾳ ιγ¯ ∋" (Ι ιε¯ ∋") ὁ ἐπὶ τῆς οὐρὰς τοῦ λεόντος ἑῷος δύνει.
13. Vent du midi ou d'Afrique, selon les Egyptiens. Pluie, suivant Eudoxe.	ιγ¯. Αἰγυπτίοις νότος ἢ λίψ. Εὐδόξῳ ὑετια.
14. A 13 $\frac{1}{2}$ heures, lever de la brillante de Persée, le matin. Vents irréguliers, selon les Egyptiens; pluie, suivant Hipparque.	ιδ¯. Ωρᾳ ιγ ∋" ὁ λαμπρὸς τοῦ περσέως ἑῷος ἀνατέλλει. Αἰγυπτιοις ἀκράσια πνευμάτων. Ιππάρχῳ ὑετια.
15. Temps variable et pluie, selon les Egyptiens.	ιε¯. Αἰγυπτίοις ἀκατάϛασια καὶ ὑετια.
16. Intempérie de l'air et pluie, selon Eudoxe.	ιϛ¯. Εὐδόξῳ ἀκράσια ἀερος καὶ ὑετία.
17. A 14 $\frac{1}{2}$ heures, la commune du fleuve et du pied d'Orion se cache.	ιζ¯. Ωρᾳ ιγ¯ ϛ" ὁ κοίνος ποτάμου καὶ πόδος ὠριώνος κρυπτέται.
18. A 15 heures, la chèvre fait son lever, le matin, et la brillante du poisson austral, son épitole. Pluie suivant Dosithée et César.	ιη¯. Ωρᾳ ιε ὁ καλουμένος αἲξ ἑῷος ἀνατέλλει, καὶ ὁ λαμπρρς τοῦ νοτίου ἰχθυος ἐπιτέλλει Δοσίθεῳ Καίσαρι ὑετία.
19. A 15 $\frac{1}{2}$ heures, lever de la brillante de la lyre, le soir. Leuconotus, tonnerre, pluie menue, selon les Egyptiens.	ιθ¯. Ωρᾳ ιε¯ ϛ" ὁ λαμπρὸς τῆς λύρας ἑσπέροις ἀνατέλλει. Αἰγυπτίοις λεύκονοτος, βρόνται, ψάκας.
20. A 14 $\frac{1}{2}$ heures, l'étoile appelée Canobus se	κ¯. Ωρᾳ ιδ¯ ϛ" ὁ καλουμένος κανώβος κρύπτεται

Αἰγυπτίοις ἀνέμων ἀκράσια. Εὐδόξῳ ὕετια, χαλάζαι.

κα΄ Ωρα ιε ∠″ ὁ κοίνος ποτάμου καὶ πόδος Ωριώνος κρυπτέται, καὶ ὁ λαμπρὸς τῶν ὑάδων κρυπτεται. Μητροδώρῳ χαλαζα. Εὐκτήμον, καὶ Φιλίππῳ ζεφύρος.

κβ. Ο λαμπρὸς τοῦ πέρσεως ἑσπέριος δύνει. Αἰγυπτιοις, Κονώνι χαλάζαι καὶ ζεφύρος. Καίσαρι, Εὐδόξῳ ὑετια.

κγ. Ωρα ιγ. ιε ὁ λαμπρὸς τῶν ὑάδων κρυπτέται. Αἰγυπτίοις ἀνεμώδης ψακάς.

κδ. Ωρα ιδ ∠″ ὁ λαμπρὸς τῶν ὑάδων κρυπτέται, καὶ ὁ κοίνος ποτάμου καὶ πόδος Ωριώνος κρυπτέται. Ωρα ιε ∠″ ὁ μέσο; τῆς ζώνης τοῦ Ωριώνος κρυπτέται.

κε. Αἰγυπτίοις λίψ ἤ νότος, ἀκράσια ἀέρος.

κϛ΄ Ωρα ιδ ∠″ ὁ λαμπρὸς τοῦ πηρσέως ἑσπέριος δύνει. ὡρα ιδ ∠″ ὁ λαμπρὸς τῶν ὑάδων κρυπτέται, (I ὡρα ιε) ὁ λαμπρὸς τοῦ ὀρνίθος ἑσπέριος ἀνατέλλει, (I ὡρα ιε ∠″) ὁ ἐν τῷ ἡγουμένῳ ὤμῳ τοῦ Ωριώνος κρύπτέται. νότος ἤ ἀπαρκτίας ψύχρος.

κζ. Ωρα ιγ ∠″ ὁ λαμπρὸς τῶν ὑάδων (ἑῴος Μ.) κρυπτέται. (I ὡρα ιγ ∠″) ὁ λαμπρὸς τῆ; νότιου χήλης ἑῴος δύνει. ὡρα ιε ὁ μέσος τῆ; ζώνης τοῦ Ωριώνος κρυπτέται. Αἰγυπτίοις, Καίσαρι χειμαίνει.

κη. Ωρα ιγ ς″ (I ιδ) ὁ κοινὸς ποτάμου καὶ πόδος Ωριώνος κρυπτέται. Ωρα ιδ ς ὁ λαμπρὸς τῆς λύρας ἑσπέριος ἀνατέλλει. Αἰγυπτίοις λίψ ἤ νότος, ὑέτια.

κθ. Ωρα ιδ ς″ ὁ λαμπρὸς τῆς νότιου χήλης ἑῴος δύνει. Ωρα ιε ὁ ἐν τῷ ἡγουμενῳ ὤμῳ τοῦ ὠριώνο. κρυπτέται. Αἰγμπτίοις λίψ ἤ νότος, ὑέτια. Μητροδώρῳ χαλάζα.

λ. Αἰγυπτίοις, Εὐδόξῳ ψάκας.

cache. Vents irréguliers, selon les Egyptiens. Pluies, grêles, selon Eudoxe.

21. A 15 $\frac{1}{2}$ heures, l'étoile commune du fleuve et du pied d'Orion se cache, ainsi que la brillante des hyades. Grêle, selon Métrodore. Zéphyr, vent d'ouest, selon Euctémon et Philippe.

22. La brillante de Persée se couche le soir. Grêle et vent d'ouest, selon les Egyptiens. Pluie, suivant César et Eudoxe.

23. A 15 heures, la brillante des hyades se cache. Brume venteuse, selon les Egyptiens.

24. A 14 $\frac{1}{2}$ heures, la brillante des hyades se cache, ainsi que l'étoile commune du fleuve et du pied d'Orion, et à 15 $\frac{1}{2}$, celle de la ceinture d'Orion.

25. Vent d'Afrique ou du midi, selon les Egyptiens. Intempérie de l'air.

26. A 14 $\frac{1}{2}$ heures, la brillante de Persée se couche le soir, à 14 $\frac{1}{2}$ la brillante des hyades se cache. Lever de la brillante de l'oiseau, le soir, à 15 $\frac{1}{2}$ de celle de l'épaule occidentale d'Orion. Vent du midi, ou du septentrion froid.

27. A 13 $\frac{1}{2}$ heures, la brillante des hyades se cache le matin, à 13 $\frac{1}{2}$ la brillante de la serre australe se couche le matin. A 15 heures, le milieu de la ceinture d'Orion se cache. Orages, selon les Egyptiens et César.

28. A 13 $\frac{1}{2}$ heures, l'étoile commune du fleuve et du pied d'Orion se cache. Lever de la brillante de la lyre, au soir. Vent d'Afrique ou du midi, selon les Egyptiens, pluie.

29. A 14 $\frac{1}{2}$ heures, la brillante de la serre australe se couche le matin; à 15 heures, celle de l'épaule occidentale d'Orion se cache. Vent d'Afrique ou du midi, suivant les Egyptiens, pluie.

30. Brouillard ou pluie menue, selon les Egyptiens et Eudoxe.

PACHON, MAI.

1. A 14 ½ heures, lever de la brillante de Persée, le soir, disparition de celle de la ceinture d'Orion qui se cache, et celle de la serre australe se couche le matin. Vent du nord-ouest ou d'ouest, selon les Egyptiens; pluie, grêle, selon Euctémon.

2. A 14 ½ heures, lever de l'étoile appelée la chèvre, le matin, en même temps que celle de l'épaule orientale (I occidentale) d'Orion se cache. Température venteuse, selon les Egyptiens. Vents du sud, selon Calippe.

3. A 13 heures, l'étoile commune du fleuve et du pied d'Orion se cache. Lever d'antarès, le soir. A 15 heures, le chien se cache. Vent, selon les Egyptiens, pluie, selon Eudoxe.

4. A 14 heures, l'étoile de l'épaule occidentale d'Orion et celle de sa ceinture, se cachent. Lever d'antarès, le soir à 15 heures, calme suivant les Egyptiens, et vent du midi. Orages, selon César.

5. A 13 ½ heures, l'étoile appelée Canobus se cache. A 15 ½ heures, la brillante de la serre australe se couche le matin. Annonce selon les Egyptiens, calme et vent du sud, selon Philippe, pluie menue.

6. A 13 ½ heures, lever de l'étoile du muscle du bras droit antérieur du centaure, le soir. A 15 heures, la brillante de persée se couche le soir. Lever de celle de l'épaule orientale d'Heniochus, le matin. Celle de l'épaule orientale d'orion se cache. Pluie menue, ou brouillard selon les Egyptiens.

7. A 13 heures ½ l'étoile de l'épaule suivante ou orientale d'orion se cache, ainsi que celle du milieu de sa ceinture, et le chien.

8. A 14 ½ heures, lever de la brillante de la

ΜΗΝ ΠΑΧΩΝ, ΜΑΙΟΣ.

α̅. Ωρᾳ ιδ̅ ∠'' ὁ λαμπρὸς τοῦ περσέως ἑσπέριος ἀνατέλλει (I δύνει). ὥρᾳ ιδ̅ ∠'' ὁ μέσος τῆς ζώνης τοῦ Ωριῶνος κρυπτέται. Καὶ ὁ λαμπρὸς τῆς νότιου χηλῆς ἑῴος δύνει. Αἰγυπτίοις ἀργέστης ἢ ζεφύρος, ὑέτια, εὐκτήμονι χαλάζα.

β̅. Ωρᾳ ιδ̅ ∠'' ὁ καλουμένος αἷξ ἑῷος ἀνατέλλει, καὶ ὁ ἐν τῷ (I ἡγεμένῳ) ἑπομενῳ ὤμῳ τοῦ Ωριῶνος κρυπτέται. Αἰγυπτιοις ἀνεμώδης καταςασις. Καλλιππῳ νοτίαι.

γ̅. Ωρᾳ ιγ̅ (I ∠'') ὁ κοινὸς ποταμοῦ καὶ πόδος Ωριῶνος κρυπτέται. Ο καλουμένος ἀντάρης ἑσπέριος ἀνατέλλει. Ωρᾳ ιε̅ κύων κρυπτέται. Αἰγυπτίοις ἀνέμος. Εὐδόξῳ ὑέτος.

δ̅. Ωρᾳ ιδ̅ ὁ ἐν τῷ ἡγουμένῳ ὤμῳ τοῦ Ωριῶνος, καὶ ὁ μέσος τῆς ζωνης κρύπτεται. ὁ ἀντάρης ἑσπέριος ἀνατέλλει Ωρᾳ ιε̅ Αἰγυπτίοις νηνεμιαι, νότος. Καίσαρι χειμαίνει.

ε̅. Ωρᾳ ιγ̅ ∠'' ὁ καλουμένος Κανῶβος κρύπτεται. Ωρᾳ ιε̅ ς'' ὁ λαμπρὸς τῆς νοτίου χηλῆς ἑῷος δύνει. Αἰγυπτίοις σημαίνει. Φιλίππῳ νηνέμια ἢ νοτὸς, ψακαζει.

ς̅. Ωρᾳ ιγ̅ ς'' ὁ ἐν τῷ ἐμπροσθίῳ δεξίῳ βατραχίῳ τοῦ κενταύρου ἑσπέριος ἀνατέλλει. Ωρᾳ ιε̅ ὁ λαμπρὸς τοῦ περσέως ἑσπέριος δύνει. Ο ἐν τῷ ἑπομένῳ ὤμῳ τοῦ Ηνιόχου ἑῷος ἀνατέλλει, καὶ ὁ ἐν τῷ ἑπομένῳ ὤμῳ τοῦ Ωριῶνος κρύπτεται· Αἰγυπτίοις ψάκας.

ζ̅. Ωρᾳ ιγ̅. (ς'') ὁ ἐν τῷ (I ἡγουμένῳ) ἑπομένῳ ὤμῳ τοῦ Ωριῶνος κρύπτεται, καὶ ὁ μέσος τῆς ζώνης κρύπτεται, καὶ κύων κρύπτεται.

η̅. Ωρᾳ ιδ̅ ∠'' ὁ λαμπρὸς τῆς λύρας ἑσπέριος

ἀνατέλλει, καὶ ὁ λαμπρὸς τοῦ ὄρνιθος ἑσπέριος ἀνατέλλει. (Ι ὥρᾳ ιε̄) καὶ ὁ ἐν τῷ ἑπομένῳ ὤμῳ τοῦ Ὠριῶνος κρυπτέται (Ι ὥρᾳ ιε̄ ∠″) ὁ λαμπρὸς τῆς νοτίου χηλῆς ἕωος δύνει. Αἰγυπτίοις ἀργέςης καὶ ψάκας.

θ̄. Ὥρᾳ ιδ̄ αἴξ ἕωος ἀνατέλλει (Ι Ὥρᾳ ιε̄. ὁ λαμπρὸς τοῦ νοτίου ἰχθύος ἐπιτέλλει. Αἰγυπτίοις ψάκας.

ῑ. Ὥρᾳ ιγ̄ ∠″ ὁ λαμπρὸς τῆς νοτίου χηλῆς ἕωος δύνει (Ι ὥρᾳ ιγ̄ ∠″) ὁ λαμπρὸς τῆς βόρεας χηλῆς ἑώος δύνει. Δοσιθέῳ ὑέτια.

ια̅. Ὥρᾳ ιγ̄ (Ι ιδ̄ ∠″) ∠″ ὁ ἐν τῷ ἑπομενῳ ὤμῳ τοῦ Ὠριῶνος κρύπτεται. Αἰγυπτίοις ἀνεμώδης καταςασις.

ιβ̄. Ὥρᾳ ιγ̄ (∠″) αἴξ ἕωος ἀνατέλλει. (Ι ὥρᾳ ιδ̄ ∠″) κύων κρύπτεται. ὁ λαμπρὸς τοῦ περσέος (Ι ἑσπέριος) δύνει. Αἰγυπτίοις ἀνεμώδης κατάςασις.

ιγ̄. Αἰγυπτίοις ζεφύρος ἢ ἀργέςης, ὑέτια.

ιδ̄. Ὥρᾳ ιδ̄ ∠″ ὁ ἐν τῷ ἑπομένῳ ὤμῳ τοῦ Ὠριῶνος κρύπτεται. Ο λαμπρὸς τῆς βορεῖου χηλῆς ἕωος δύνει. Αἰγυπτίοις ὀμβρός.

ιε̄. Ὥρᾳ ιγ̄ ∠″ ἀρκτούρος ἕωος δύνει Αἰγυπτίοις ὑέτος. Θέρους ἀρχή. Εὐκτήμονι ἀνέμος.

ιϛ̄. Ὥρᾳ ιγ̄ ἀρκτούρος ἕωος δύνει, καὶ ὁ ἐν τῷ ἑπομένῳ ὤμῳ τοῦ Ὠριῶνος κρόπτεται. Δοσιθέῳ σημαινει.

ιζ̄. Ὥρᾳ ιγ̄ ∠″ αἴξ ἑσπέριος δυνει, καὶ ὁ λαμπρὸς τῆς λύρας ἑσπεριος ἀνατέλλει. Ὥρᾳ ιδ̄ ∠″ κύων κρύπτεται, καὶ ὁ ἐν τῳ δέξίῳ ἐμπροσθίω (Ι βατραχιῳ) ποδί του κενταύρου ἑσπέριος ἀνατελλει. Αἰγυπτίοις ζεφύρος ἢ ἀργέςης. Καίσαρι ὑέτια, Μητροδώρῳ, Ιππάρχῳ.

lyre et de celle de l'oiseau, le soir. A 15 heures, l'étoile de l'épaule suivante d'Orion se cache. A 15 $\frac{1}{2}$ heures, la brillante de la serre australe se couche le matin. Vent du nord-ouest, et pluie menue, selon les Egyptiens.

9. A 14 heures, lever de la chèvre, le matin; lever épitole de la brillante du poisson austral. Pluie menue selon les Egyptiens.

10. A 13 $\frac{1}{2}$ heures, coucher de la brillante de la serre australe, le matin. (I. à 13 $\frac{1}{2}$ heures, la brillante de la serre boréale se couche le matin. Pluie, selon Dosithée.

11. A 13 (14 $\frac{1}{2}$) heures, l'étoile de l'épaule suivante d'Orion se cache. Température venteuse, selon les Egyptiens.

12. A 13 heures $\frac{1}{2}$, lever de la chèvre le matin. A 14 $\frac{1}{2}$, le chien se cache, la brillante de persée se couche (I le soir.). Température venteuse, selon les Egyptiens.

13. Zéphyr ou vent du nord-ouest, pluie, aux Egyptiens.

14. A 14 $\frac{1}{2}$ heures, l'étoile de l'épaule suivante d'Orion se cache. La brillante de la serre boréale se couche le matin; pluie selon les Égyptiens.

15. A 13 $\frac{1}{2}$ heures, coucher d'Arcturus au soir. Temps pluvieux, selon les Égyptiens. Commencement de l'été. Vent selon Euctémon.

16. 13 heures, coucher d'Arcturus, le matin. L'étoile de l'épaule suivante d'Orion se cache. Annonce, selon Dosithée.

17. A 13 $\frac{1}{2}$ heures, la chèvre se couche au soir. Lever de la brillante de la lyre, au soir: A 14 $\frac{1}{2}$ heures, le chien se cache. Lever de l'étoile du pied (I bras) droit antérieur du centaure, le soir. Vent d'ouest ou de nord-ouest, selon les Égyptiens. Pluie, suivant César. Annonce selon Métrodore, Hipparque et Eudore.

18. A 13 $\frac{1}{2}$ heures, Antarès se couche le matin. Lever de la brillante de l'oiseau, le soir; et de celle de l'épaule suivante d'Héniochus, le matin. Zéphyr ou vent d'Afrique, selon les Égyptiens. Annonce; pluie selon Conon.	ιη̄. Ωρᾳ ιγ̄ ∠" ἀντάρης ἑῷος δύνει. Ωρᾳ ιδ̄ ὁ λαμπρὸς τοῦ ὀρνίθος ἑσπέριος ἀνατέλλει. Ο ἐν τῷ ἑπομένῳ ὤμῳ τοῦ ἡνιόχου ἑῷος ἀνατέλλει. Αἰγυπτίοις ζεφύρος ἢ λιψ. Επισήμαινει. Κονώνι ὑέτια.
19. A 14 $\frac{1}{2}$ heures, la brillante de l'oiseau se lève le soir. Antarès se conche le matin. Annonce selon les Égyptiens.	ιθ̄. Ωρᾳ ιδ̄ ∠" (I ὁ λαμπρὸς τοῦ ὄρνιθος ἑσπέριος ἀνατέλλει. ἀντάρης ἑῷος δύνει. Αἰγυπτίοις ἐπισήμαινει.
20. Lever de la chèvre le soir, F. coucher d'Antarès le matin. Annonce selon César. Pluie.	κ̄. (F Ὀρα ιδ̄) Αἲξ ἑσπέριος ἀνατέλλει καὶ ἀντάρης ἑῷος δύνει Καίσαρι ἐπισήμαινει ὑέτια.
21. A 15 heures, Antarès se couche le matin. Annonce selon César.	κᾱ. Ωρᾳ ιε̄ (F ιδ̄ ∠") ἀντάρης ἑῷος δύνει. Καίσαρι σημαίνει.
22. A 15 heures, Antarès se couche le matin. Vent équinoxial d'est ou du midi, et pluie selon les Égyptiens.	κβ̄. (Ωρᾳ ιε̄) ἀντάρης ἑῷος δυνει. Αἰγυπτίοις ἀπηλιώτης ἢ νότος, ὑέτια.
23. A 15 heures, l'étoile de l'épaule suivante d'Héniochus se cache. Pluie et tonnerre, selon les Égyptiens. Commencement de l'été selon Eudoxe. Pluie.	κγ̄. Ωρᾳ.... ὁ ἐν τῷ ἑπομένῳ ὤμῳ τοῦ Ηνιόχου κρύπτεται: Καὶ Αἰγυπτίοις ὀμβρὸς καὶ βροντη. Εὐδόξῳ Θερους ἀρχὴ. ὑέτια.
24. A 14 $\frac{1}{2}$ heures, coucher de la chèvre le soir. Lever de l'étoile de l'épaule suivante d'Héniochus. La claire de l'aigle se lève le matin. Pluie menue pour les Égyptiens et Hipparque, et annonce.	κδ̄. Ωρᾳ ιδ̄ ∠" αἲξ ἑσπέριος δύνει, καὶ ὁ ἐν τῷ ἑπομενῳ ὤμῳ τοῦ Ηνιόχου ἀνατέλλει. ὁ λαμπρὸς τοῦ ἀέτου (I) ἑσπέριος ἀνατέλλει. Αἰγυπτίοις καὶ Ιππάρχῳ ψακαζει ἐπισήμαινει.
25. A 14 $\frac{1}{2}$ heures, l'étoile de l'épaule suivante d'Héniochus se cache. La brillante de la serre boréale se couche le matin.	κε̄. Ωρᾳ ιδ̄ ∠" ὁ ἐν τῷ ἑπομένῳ ὤμῳ τοῦ Ηνιόχου κρύπτεται. ὁ λαμπρὲς τῆς βορείας χηλῆς ἑῷος δύνει.
26. A 13 heures, coucher d'Arcturus, le matin. Vent de nord-ouest ou d'ouest, selon les Égyptiens; du midi, selon Eudore.	κϛ̄. Ωρᾳ ιγ̄ (I ιδ̄) ἀρκτούρος ἑῷος δύνει. Αἰγυπτίοις ἀργέστης ἢ ζεφύρος. Εὐδόξῳ νότος.
27. A 15 heures, lever de la claire de l'aigle au soir. A 15 $\frac{1}{2}$ heures, Procyon se cache.	κζ̄. Ωρᾳ ιε̄ ὁ λαμπρὸς τοῦ ἀέτου ἑσπέριος ἀνατέλλει. (I ιε̄ ∠") προκύων κρύπτεται.
28. A 13 $\frac{1}{2}$ (14 $\frac{1}{2}$) heures, coucher de l'étoile de l'épaule suivante d'Héniochus, au soir. A 15 heures, coucher de la chèvre, le soir.	κη̄. Ωρᾳ ιγ ∠" (ιδ̄ ∠") ἐν τῷ ἑπομένῳ ὤμῳ τοῦ Ηνιόχου ἑσπέριος δύνει. Ωρᾳ ιε̄ αἲξ ἑσπέριος νει.
29. A 15 heures, coucher de l'étoile du genou du sagittaire, le matin. Température venteuse, selon les Égyptiens.	κθ̄. Ωρᾳ ιε̄ ὁ κατὰ τὸ γονύ του τοξότου ἑῷος δύνει. Αἰγυπτίοις ἀνεμώδης κατάστασις.
30. A 14 $\frac{1}{2}$ heures, lever de la brillante de	λ̄ Ωρᾳ ιδ̄ ∠" ὁ λαμπρὸς τοῦ ὄρνιθος ἑσπέριος ἀνα-

τέλλει. Εὐκτημονι, Ιππάρχῳ ἐπισήμαινει.

ΜΗΝ ΠΑΥΝΙ, ΙΟΥΝΙΟΣ.

α. Ωρᾳ ιγ ϛ″ ὁ ἐν τῷ ἑπομένῳ ὤμῳ τοῦ Ηνιόχου ἐπιτέλλει. Ωρᾳ ιε ὁ ἐν τῷ ἑπομένῳ ὤμῳ τοῦ Ηνιόχου ἑσπέριος δύνει, προκύων κρύπτεται ὥρᾳ ιε ϛ″ ὁ λαμπρὸς τῆς βορείου χηλῆς ἑῶος δύνει. Αἰγυπτιοις βόρεας ψύχρος.

β. Ωρᾳ ιδ ϛ″ ὁ λαμπρὸς τοῦ ἀέτου ἑσπέριος ἀνατέλλει. Αἰγυπτίοις ἐπισήμαινει. Καλλίππῳ νότος.

γ. Ωρᾳ ιγ ϛ″ ὁ λαμπρὸς τῶν ὑάδων ἑσπέριος (Ι ἑῶος) ἀνατέλλει. Ωρᾳ ιδ ϛ″ προκύων κρύπτεται. Αἰγυπτίοις, Μητροδώρῳ ὑέτια.

δ. Ιππάρχῳ νότος ἢ ζεφύρος.

ε. Ωρᾳ ιδ ϛ″ ὁ ἐν τῷ (Ι ἐμπροσθίῳ δέξπῳ) ἑπομένῳ βατραχίῳ τοῦ κενταυρου ἑσπέριος ἀνατέλλει. Ωρᾳ ιγ ὁ καλουμένος αἴξ ἑσπέριος δύνει. (Ι ϛ″ ἐν τῷ ἑπομένῳ ὤμῳ τοῦ Ηνιοχου ἑσπέριος δύνει.

ϛ. Ωρᾳ ιδ προκύων κρύπτεται, ὁ λαμπρὸς τοῦ ἀετοῦ ἑσπέριος ἀνατέλλει, καὶ ὁ κατὰ τὸ γόνυ τοῦ τοξότου ἑῶος δύνει.

ζ. Ωρᾳ ιδ ϛ″ ὁ λαμπρὸς τῶν ὑάδων ἐπιτελλει. Αρκτούρος ἑῶος δύνει. Αἰγυπτίοις ζεφυρος, Εὐδόξῳ νοτίαι.

η. Ωρᾳ ι Αἰγυπτιοις ζεφύρος πνεῖ ἢ ἀργέστης.

θ. Ωρᾳ ιδ ϛ″ ὁ κατὰ τὸ γόνυ τοῦ τοξότου ἑῶος δύνει. Ωρᾳ ιε (Ι ϛ″ ὁ λαμπρὸς τοῦ ὕδρου κρύπτεται. Αιγυπτίοις ἀργέστης καὶ ψακας. Δημοκριτῳ ὕδωρ ἐπί γην.

ι. Ωρᾳ ιγ ϛ″ ὁ λαμπρὸς τοῦ ὀρνίθος ἑσπέριος ἀνατέλλει. Καίσαρι βρόνται καὶ ὑέτος.

l'oiseau, le soir. Annonce, suivant Euctémon et Hipparque.

PAYNI, JUIN.

1. A 13 ½ heures, lever épitole de l'étoile de l'épaule orientale d'Héniochus. A 15 heures son coucher, le soir. Procyon se cache, coucher de la brillante de la serre boréale au matin. Vent du nord et froid aux Égyptiens.

2. A 14 ½ heures, lever de la claire de l'aigle au soir. Annonce aux Egyptiens. Vent du sud, selon Callippe.

3. A 13 ½ heures, lever de la brillante des Hyades au soir. A 14 heures, Procyon se cache. Pluie selon les Egyptiens et Métrodore.

4. Hipparque, vent du sud ou d'ouest.

5. A 14 ½ heures, lever de l'étoile du bras oriental du centaure. A 13 heures, coucher de la chèvre au soir, et de l'étoile de l'épaule suivante d'Héniochus.

6. A 14 heures, Procyon se cache. Lever de la brillante de l'aigle, et coucher de l'étoile du genou du sagittaire, au matin.

7. A 14 ½ heures, lever épitole de la brillante des hyades. Coucher d'Arcturus au matin. Vent d'ouest selon les Egyptiens. Vents du sud suivant Eudoxe.

8. A 10 heures, le vent d'ouest ou de nord-ouest souffle selon les Egyptiens.

9. A 14 ½ heures, coucher de l'étoile du genou du sagittaire, le matin. A 15 heures, la brillante de l'hydre se cache. Vent de nord-ouest et pluie menue selon les Egyptiens. Inondation sur la terre, selon Démocrite.

10. A 13 ½ heures, la brillante de l'oiseau se lève le soir. Selon César, tonnerres et ciel pluvieux.

11. A 13 ½ heures, l'étoile de la tête de ce gémeau se cache, la brillante de l'aigle se lève le soir.	ια΄. Ωρᾳ ιγ̄ ∠″ ὁ ἐπὶ τῆς κεφαλῆς τοῦ ἡγουμένου διδύμου κρύπτεται (I ὥρᾳ ιγ΄ ∠″) ὁ λαμπρὸς τοῦ ἀέτου ἑσπέριος ἀνατέλλει.
12. L'étoile du genou du sagittaire se cache le matin, lever épitole de la brillante des hyades.	ιϐ¯. Ωρᾳ ιδ¯ ∠″ ὁ κατὰ τὸ γόνυ τοῦ τοξότου (I δύνει) ἑῷος κρύπτεται, καὶ ὁ λαμπρὸς τῶν ὑάδων ἐπιτέλλει.
13. A 15(14) ½ heures, l'étoile de la tête du gémeau occidental se cache.	ιγ΄. Ωρᾳ ιε΄ (I ιδ¯ ∠″) ὁ ἐπὶ τῆς κεφαλῆς τοῦ ἡγουμένου διδύμου κρύπτεται.
14. A 13 ½ heures, lever de l'étoile du génou du sagittaire, au soir, la brillante de l'hydre, se cache.	ιδ¯. Ωρᾳ (ιε΄) ιγ̄ ∠″ ὁ κατὰ τὸ γόνυ τοῦ τοξότου ἑσπέριος ἀνατέλλει. Ο λαμπρὸς τοῦ ὕδρου κρύπτεται.
15. A 13 ½ heures, coucher de la brillante de la couronne boréale, le soir.	ιε̄. Ωρᾳ ιγ̄ ∠″ ὁ λαμπρὸς τοῦ βορείου ϛεφάνου ἑῷος δύνει.
16. Lever (I épitole) de la brillante des hyades au matin. Brouillard pluvieux pendant le jour, selon les Egyptiens.	ιϛ΄. Ο λαμπρὸς τῶν ὑάδων (I ἐπιτέλλει) ἑῷος ἀνατέλλει. Αιγυπτίοις δι' ἡμέρας ψαχάζει.
17. A 14 heures, lever de l'étoile du genou du sagittaire, le soir. A 15 heures, coucher d'arcturus le matin.	ιζ¯. Ωρᾳ ιδ¯ ὁ κατὰ τὸ γόνυ τοῦ τοξότου ἑσπέριος ἀνατέλλει (I ιε¯) ἀρκτούρος ἑῷος δύνει.
18. A 14 ½ heures, la brillante du verseau se cache, lever de celle du genou du sagittaire, le soir.	ιη̄. Ωρᾳ ιδ¯ ∠″ ὁ λαμπρὸς τοῦ ὕδρου κρύπτεται ὁ κατὰ τὸ γόνυ ἑσπέριος ἀνατέλλει.
19. A 13 ½ heures, lever de l'étoile de l'épaule occidentale d'Orion, le soir. Lever épitole de la dernière du fleuve. Pluie menue, selon les Egyptiens.	ιθ¯. Ωρᾳ ιγ΄ ὁ ἐν τῷ ἡγουμένῳ ὤμῳ τοῦ Ωριώνος ἑσπέριος ἀνατέλλει. καὶ ὁ ἐσχάτος τοῦ ποτάμου ἐπιτέλλει. Αιγυπτίοις ψακας.
20. A 15 ½ heures, épitole de la brillante des hyades.	κ΄. Ωρᾳ ιε ∠″ ὁ λαμπρὸς τῶν ὑάδων ἐπιτέλλει,
21. Lever épitole de la chèvre, le matin.	κᾱ. Αἶξ ἑῷος ἐπιτέλλει.
22. *Manque.*	κϐ¯. *Deest.*
23. A 15 heures, lever de l'étoile du genou du sagittaire. Vent d'ouest ou du sud, selon les Egyptiens.	κγ΄. Ωρᾳ ιε΄ ὁ κατὰ τὸ γόνυ τοῦ τοξότου ἑσπέριος ἀνατέλλει. Αιγυπτίοις θεφύρος ἢ νότος.
24. A 14 ½ heures, lever épitole de l'étoile de l'épaule orientale d'Orion. La claire du verseau se cache. Pluie, selon les Egyptiens.	κδ¯. Ωρᾳ ιδ¯ ∠″ ὁ ἐν τῷ ἡγουμένῳ ὤμῳ του Ωριώνος ἐπιτέλλει, καὶ ὁ λαμπρὸς τοῦ ὕδρου κρύπτεται. Αιγυπτίοις ὑέτος.
25. A 13 ½ heures, lever épitole de l'étoile de l'épaule occidentale d'Orion.	κε΄. Ωρᾳ (I ιε. ∠″) ιγ΄ ∠″ ὁ ἐν τῷ ἡγουμένῳ ὤμῳ τοῦ Ωριώνος ἐπιτέλλει.

κϛ. Ωρα ιδ ὁ λαμπρὸς τοῦ βορείου ςεφάνου ἕωος δύνει. (I κζ) ὁ ἐν τῷ (I ἐμπροσθίῳ) ἑπομένῳ βατραχίῳ τοῦ κενταυρου κρύπτεται.

κζ. Ωρα ιγ ∠″ ὁ κοίνος ποτάμου (I κν) καὶ πόδος Ωριῶνος ἐπιτέλλει. Δημοκρίτῳ ἐπισημαινει.

κη. Ωρα ιε ∠″ ὁ κατὰ γόνυ τοῦ τοξότο ἑσπέριος ἀνατέλλει. Ιππάρχῳ ζεφύρος ἢ νοτος πνεῖ.

κθ. Ωρα ιγ ∠ ὁ λαμπρὸς τοῦ ὑδροῦ κρύπτεται, καὶ ὁ ἐν τῷ ἡγουμένῳ ὤμῳ τοῦ Ωριῶνος ἐπιτέλλει ἀρκτοῦρος ἕωος δύνει.

λ. (P ὁ ἐν τῷ ἡγουμένῳ ὤμῳ τοῦ Ωριῶνος ἐπιτέλλει.) (Deest in codice regio Parisino.)

26. A 14 heures, la brillante de la couronne boréale se couche le matin, et celle du bras (antérieur) occidental du centaure.

27. A 13 ½ heures, l'étoile commune du fleuve et du pied d'Orion se lève, épitole. Annonce selon Démocrite.

28. A 15 ½ heures, l'étoile du genou du sagittaire se lève le soir. Le vent d'ouest ou du sud souffle selon Hipparque.

29. A 10 heures, la brillante du verseau se cache, et celle de l'épaule occidentale d'Orion se lève. Coucher d'arcturus le matin.

30. (P. Lever épitole de l'étoile de l'épaule occidentale d'Orion, (*manque dans le manuscrit R. de Paris.*)

ΜΗΝ ΕΠΙΦΙ, ΙΟΥΛΙΟΣ.

α. (I Θερινὴ τροπὴ F) ὥρα ιδ. ὁ μέσος ζώνης τοῦ Ωριῶνος ἐπιτέλλει. Και (I ωρα ιγ ∠″ ὁ ἐν τῳ ἑπομενῳ ωριωνος.) Αιγυπτίοις ζεφύρος καὶ καύμα.

β. Ωρα ιε ∠″ ὁ λαμπρὸς τοῦ περσέως ἑσπέριος ἀνατέλλει.

γ. Αιγυπτίοις ζεφύρος πνεῖ.

δ. Δοσιθέῳ ἐπισήμαινει. Δημοκρίτῳ ζεφύρος καὶ ὕδωρ ἑῷον, εἶτα βορεῖαι ἑπτα ἡμέρας.

ε. Ωρα ιδ ∠″ ὁ κοίνος ποτάμου καὶ πόδος Ωριῶνος ἐπιτέλλει. Ο ἐπὶ του ἡγουμένου ὤμοῦ τοῦ Ωριῶνος ἐπιτέλλει Εὐδόξῳ ἐπισήμαινει.

ϛ. Ωρα ιγ ∠″ ὁ ἐπὶ τῆς κεφαλῆς τοῦ ἡγουμένου διδύμου, καὶ ὁ μέσος τῆς ζώνης υοῦ Ωριῶνος ἐπιτέλλει, καὶ ὁ ἐσχάτος ποτάμου. Αιγυπτίοις ἀνέμωδης καὶ ἀέρος ἀκράσια.

ζ. Ωρα ιδ ὁ λαμπρὸς τοῦ βορεῖου ςεφανου ἕωος δύνει, καὶ ὁ ἐπὶ τῆς κεφαλῆς τοῦ ἡγουμένου διδύμου ἐπιτέλλει, καὶ ὁ κοίνος ἵπποῦ καὶ ἀνδρομέδας ἑσπέριος ἀνατέλλει.

EPIPHI, JUILLET.

1. (I. Solstice *d'été. F.*) A 14 heures, lever épitole de l'étoile du milieu de la ceinture d'Orion, et à 13 ½ de l'épaule orientale d'Orion. Vent d'ouest et chaleur, selon les Egyptiens.

2. A 15 heures, lever de la brillante de Persée, le soir.

3. Le vent d'ouest souffle, selon les Egyptiens.

4. Annonce, suivant Dosithée. Vent d'ouest, et pluie le matin, selon Démocrite. Ensuite vents du nord pendant sept jours.

5. A 14 ½ heures, l'étoile commune du fleuve et du pied d'Orion fait son lever héliaque épitole, ainsi que celle de l'épaule précédente d'Orion. Annonce, selon Eudore.

6. A 13 ½ heures, l'étoile de la tête du gémeau précédent, et celle de la ceinture d'Orien font leur lever héliaque, ainsi que la dernière du fleuve. Vents et intempérie de l'air, selon les Egyptiens.

7. A 14 heures, la brillante de la couronne boréale se couche le matin, lever épitole héliaque de celle de la tête du gémeau occidental, lever de la commune du cheval et d'andromède, le soir.

8,9. A 14 ½ heures, lever épitole de l'étoile de la tête du gémeau précédent. Vent du sud et chaleur, selon les Egyptiens et César.

κθ⁻. Ωρᾳ ιδ⁻ ∠° ὁ ἐπὶ τῆς κεφαλῆς τοῦ ἡγουμένου διδύμου ἐπιτέλλει. Αιγυπτίοις, Καίσαρι νότος καὶ καῦμα.

10. A 14 ½ heures, lever épitole de l'étoile de l'épaule suivante d'Orion. A 15 ½ heures, l'étoile du cœur du lion se cache. Vent de nord-ouest et pluie, selon les Egyptiens.

Γ. Ωρᾳ ιδ⁻ ∠° ὁ ἐν τῷ ἑπομένῳ ὤμῳ τοῦ Ωριῶνος ἐπιτέλλει. (I ὥρᾳ ιε⁻ ∠'') ὁ ἐπὶ τῆς καρδίας τοῦ λεόντος κρύπτεται. ἀργέςης καὶ ὑέτια.

11. Lever épitole de l'étoile du milieu de la ceinture d'Orion; et à 15 heures, de celle de l'épaule précédente d'Orion. Vent d'ouest, de nord-ouest, et tonnerre, suivant les Egyptiens. Vent du sud, suivant Métrodore et Callippe.

ια⁻. O μέσος τῆς ζώνης τοῦ Ωριωνος ἐπιτέλλει. Ωρᾳ ιε⁻ ὁ ἐν τῷ ἡγουμένῳ ὤμῳ τοῦ Ωριῶνος ἐπιτέλλει. Αιγυπτίοις ζεφύρος, ἀργεςης καὶ βρονται. Μητροδώρῳ, Καλλίππῳ νότος.

12. A 16 heures, l'étoile du cœur du lion se cache. Annonce, suivant les Egyptiens. Canicule, apparition du chien, selon Hipparque.

ιϐ⁻. Ωρᾳ ιϛ⁻ ὁ ἐπὶ της καρδίας τοῦ λεόντος κρύπτεται. Αιγυπτίοις ἐπισήμαινει. Ιππάρχῳ προδρόμος κύνος.

13. (I) A 14 ½ heures, épitole de la commune du fleuve et du pied d'Orion. A 15 heures, l'étoile de la tête du gémeau suivant fait son lever héliaque. Vents du sud selon Méton.

ιγ⁻. (I ὥρᾳ ιδ⁻ ὁ κοινος ποτάμου καὶ πόδος Ωριῶνος ἐπιτέλλει.) Ωρᾳ ιε⁻ ὁ ἐπὶ τῆς κεφαλῆς τοῦ ἑπομένου διδύμου ἐπιτέλλει. Μετῶνι νοτίαι.

14. A 13 heures, lever héliaque de l'épaule suivante d'Orion. Vent de nord-ouest aux Egyptiens; et du sud, suivant Euctémon et Philippe.

ιδ⁻. Ωρᾳ ιγ⁻ ὁ ἐπὶ τοῦ ἑπομένου ὤμου τοῦ ὠριῶνος ἐπιτέλλει. Αιγυπτίοις ἀργέςης. Εὐκτήμανι καὶ Φιλίππῳ νότια.

15. A 15 heures, l'étoile du cœur du lion se cache. Intempérie de l'air, selon les Egyptiens.

ιε⁻. Ωρᾳ ιε⁻ ὁ ἐπὶ τῆς καρδίας τοῦ λεόντος κρύπτεται. Αιγυπτίοις δυςάέρια.

16. A 14 heures, lever de l'étoile commune du cheval et d'Andromède, le soir; épitole de celle du milieu de la ceinture d'Orion.

ιϛ⁻. Ωρᾳ ιδ⁻ ὁ κοίνος ἵππου καὶ Ανδρομέδας ἑσπέριος ἀνατέλλει καὶ ὁ μέσος τῆς ζώνης τοῦ Ωριῶνος ἐπιτέλλει.

17. A 15 heures, l'étoile du cœur du lion se cache. Coucher de la brillante de la couronne boréale, au matin, lever héliaque de la commune du fleuve et du pied d'Orion. Canicule aux Egyptiens, le soir.

ιζ⁻. Ωρᾳ ιε⁻ ὁ ἐπὶ τῆς καρδίας τοῦ λεόντος κρύπτεται. O λαμπρὸς τοῦ βορεῖου ςεφάνου ἑῳος δύνει, καὶ ὁ κοίνος ποτάμου καὶ πόδος Ωριῶνος ἐπιτέλλει. Αιγυπτίοις προδρόμος Κύνός. Μητροδωρῳ ζεφυρος.

18. A 14 heures, lever héliaque de Procyon. Vents irréguliers selon Hipparque.

ιη⁻. Ωρᾳ ιδ⁻ προκύων ἐπιτέλλει. Ιππαρχῳ ἀνέμων ἀκράσια.

19. Chaleur aux Egyptiens. Un grand vent souffle, selon César. Ceux du nord commencent selon Hipparque.

ιθ⁻. Αιγυπτίοις καῦμα. Καίσαρι ἀνέμος πόλυς πνοῖ. Ιππάρχῳ βορεῖαι ἀρχόνται.

κ'. Ωρᾳ ιγ ∠° ὁ ἐπὶ τῆς καρδίας τοῦ λεόντος ἐπιτέλλει.

20. A 13 $\frac{1}{2}$ heures, épitole du cœur du lion.

κα'. Ωρᾳ ιγ ∠'' κύων καὶ προκύων ἐπιτέλλει, καὶ ὁ ἔσχατος ποταίμου ἐπιτέλλει. Αἰγυπτίοις ἄνεμος καὶ ὑέτια.

21. A 13 $\frac{1}{2}$ heures, épitole du chien et du petit chien (procyon), et de la dernière du fleuve. Vent et pluie, aux Egyptiens.

κβ'. Ωρᾳ ιε ὁ λαμπρὸς τοῦ περσέως ἑσπέριος ἀνατέλλει. Ο μέσος τῆς ζώνης τοῦ Ωριώνος ἐπιτέλλει. Αἰγυπτίοις καὶ Δοσίθεῳ νότος καὶ καύμα.

22. A 15 heures, lever de la brillante de Persée, le soir. Epitole de celle du milieu de la ceinture d'Orion. Vent du sud et chaleur, selon les Egyptiens et Dosithée.

κγ' Ωρᾳ ιδ'. προκύων ἐπιτέλλει. Ο κοίνος ἵππου καὶ ποδος Ωριώνος ἐπιτέλλει. Ιππάρχῳ ἐτήσιαι ἀρχόνται πνεῖν.

23. A 14 heures, épitole de procyon et de la commune du chien et du pied d'Orion. Les vents étésiens commencent à souffler, selon Hipparque.

κδ'. Αἰγυπτίοις ζεφύρος ἢ ἀργέστης καὶ καύμα.

24. Vent d'ouest ou du nord-ouest, et chaleur, suivant les Egyptiens.

κε'. Ωρᾳ ιδ' ὁ κοίνος ἵππου καὶ Ανδρομέδας ἑσπέριος ἀνατέλλει. Ωρᾳ ιε προκύων ἐπιτέλλει. Αἰγυπτίοις ἀργέστης ἢ ζεφύρος.

25. A 14 heures, lever de l'étoile commune du cheval et d'Andromède, le soir; à 15 heures, épitole de procyon. Vent du nord-ouest ou d'ouest, selon les Egyptiens.

κϛ'. Ωρᾳ ιγ ∠'' ὁ λαμπρὸς τοῦ ἀέτου ἑῷος δύνει, καὶ ὁ λαμπρὸς τοῦ νοτίου ἰχθυός ἑῷος δύνει. Μητρόδωρῳ, Εὐκτήμονι ἐτήσιαι πνεῖ.

26. A 13 $\frac{1}{2}$ heures, coucher de la claire de l'aigle et de la brillante du poisson austral, le matin. Les vents étésiens soufflent selon Métrodore et Euctémon.

κζ'. Ωρᾳ ιδ' κύων ἐπιτέλλει, καὶ ὁ λαμπρὸς τοῦ βορεῖου στεφάνου, καὶ προκύων ἐπιτέλλει. Αἰγυπτίοις δι' ἡμέρας ζεφύρος καὶ καύμα. Εὐκτήμονιε δυσαερια.

27. A 14 heures, épitole du chien et de la brillante de la couronne boréale, et de procyon. Vent d'ouest, et chaleur dans la journée, selon les Egyptiens. Intempérie de l'air, suivant Euctémon.

κη'. Ωρᾳ ιδ' ὁ ἐν τῷ ἐμπροσθιῳ δεξίῳ βατράχιῳ τοῦ κενταύρου κρυπτέται. Αἰγυπτίοις ἐτήσιαι ἄρχονται. Εὐκτήμονι χείμων κατὰ θαλάσσαν.

28. A 14 heures, l'étoile du muscle du bras droit antérieur du centaure se cache. Les vents étésiens commencent selon les Egyptiens. Tempête sur mer, suivant Euctémon.

κθ'. Εὐδόξῳ ἐτήσιαι πνεουσιν.

29. Les vents étésiens soufflent, selon Eudoxe.

λ'. *Deest.*

30. *Manque.* (*Le manuscrit grec est en beaucoup de jours de ce mois, si différent de l'édition de M. Ideler, que je n'y ai rien changé, pour le donner tel qu'il est.*)

ΜΗΝ ΜΕΣΟΡΙ ΑΥΓΟΥΣΤΟΣ.

MÉSOR, AOUT.

α'. Αἰγυπτίοις ζεφύρος ἢ νότος.

1. Zéphyr ou vent du sud, selon les Egyptiens.

β'. Ο λαμπρὸς τοῦ ἀέτου ἑῷος δύνει. Ωρᾳ ιε ὁ

2. La brillante de l'aigle se couche le matin,

ainsi que celle du poisson austral. Vent du midi, suivant Métrodore, Conon et Hipparque.	λαμπρὸς τοῦ νοτίου ἰχθύος ἕωος δύνει. Μητροδώρῳ, κονώνι, Ιππάρχῳ νότος.
3. Un vent du midi souffle selon Euctémon et Eudoxe.	γ. Εὐκτήμονι, Εὐδόξῳ νότος πνεῖ.
4. A 13 heures, coucher de la brillante de la lyre, le matin. Lever de la commune du cheval et d'Andromède, le soir. Epitole du chien.	δ. Ωρᾳ ιγ ὁ λαμπρὸς τῆς λύρας ἕωος δύνει. Ο κοίνος ἵππου καὶ Ανδρομέδας ἑσπέριος ἀνατέλλει. Κύων ἐπιτέλλει.
5. Chaleur aux Egyptiens. Commencement de l'automne, selon Eudoxe,	ε. Αἰγυπτίοις καῦμα. Εὐδόξῳ ὀπώρας ἀρχή.
6. A 14 heures $\frac{1}{2}$, coucher de la claire de l'aigle, le matin, ainsi que de celle du poisson austral. Vent nord-ouest ou zéphir, et chaleur.	ϛ. Ωρᾳ ιδ ∠ʹ ὁ λαμπρὸς τοῦ ἀέτου ἕωος δύνει, καὶ ὁ λαμπρὸς τοῦ νότιου ἰχθύος ἕωος δύνει. Αἰγυπτίοις ἀργέστης ἢ ζεφύρος καὶ καῦμα.
7. Un vent du sud souffle, selon César.	ζ. Καίσαρι νότος πνεῖ.
8. Chaleur, suivant Hipparque.	η. Ιππαρχῳ καῦμα.
9. A 14 $\frac{1}{2}$ heures, la claire du poisson austral se lève. Epitole du chien.	θ. Ωρᾳ ιδ ∠ ὁ λαμπρὸς τοῦ νότιου ἰχθύος, κύων ἐπιτέλλει.
10. A 15 $\frac{1}{2}$ heures, la claire de l'aigle se couche le matin. Lever de la chèvre, le soir. Annonce, selon César. Vent du sud, selon Eudoxe.	ι. Ωρᾳ ιε ∠ʹ ὁ λαμπρὸς τοῦ ἀέτου ἕωος δύνει. Αἲξ ἑσπέριος ἀνατέλλει. Καίσαρι ἐπισήμαινει. Εὐδόξῳ νότος.
11. A 14 heures, lever de la claire de Persée, le soir, épitole de la dernière du fleuve. Chaleur, selon Eudoxe.	ια. Ωρᾳ ιδ ὁ λαμπρὸς τοῦ περσέως ἑσπέριος ἀνατέλλει. Ο ἐσχάτος ποταμου ἐπιτέλλει. Εὐδόξῳ καῦμα μέγα.
12. A 13 heures, la brillante du poisson austral se couche le matin. Chaleur aux Egyptiens. Ardeur, selon Dosithée, ensuite vents étésiens.	ιβ. Ωρᾳ ιγ ὁ λαμπρὸς τοῦ νότιου ἰχθύος ἕωος δύνει. Αἰγυπτίοις καῦμα. Δοσιθέῳ πνίγη, καὶ μέτα ταύτα ἐτησίαι.
13. A 13 $\frac{1}{2}$ heures, lever de l'étoile commune du cheval et d'Andromède, au soir. A 14 heures, la brillante de la lyre se couche le matin.	ιγ. Ωρᾳ ιγ ∠ʹ ὁ κοίνος ἵππου καὶ Ανδρόμεδας ἑσπέριος ἀνατέλλει. Ωρᾳ ιδ. ὁ λαμπρὸς τῆς λύρας ἕωος δύνει.
14. Lever épitole du chien.	ιδ. Κύων ἐπιτέλλει.
15. Vent d'ouest, selon les Egyptiens. Grande chaleur et ardeur.	ιε. Αἰγυπτίοις ἀργέστης, καῦμα μέγα καὶ πνιγέτος.
16. Vent de nord-ouest ou du sud, selon les Egyptiens, et nébuleux.	ιϛ. Αἰγυπτίοις ἀργέστης ἢ νότος ἀερμιχλώδης.
17. Grande chaleur et ardeur, selon les Egyptiens.	ιζ. Αἰγυπτίοις καῦμα μέγα καὶ πνίγετος.

ιη. Ωρᾳ ιγ̄ ὁ ἐπὶ τῆς καρδιας τοῦ λεοντος ἐπιτέλλει. Αἰγυπτίοις βρόνται. Εὐδόξῳ ἄνεμος μεγιςος. Ιππάρχῳ ἀνέμων ταραχη.

18. A 13 heures, épitole de l'étoile du cœur du lion. Tonnerres, selon les Egyptiens. très-grand vent à Eudoxe. Vents irréguliers à Hipparque.

ιθ̄. Φθινοπώρου ἀρχη, καὶ ὁ λαμπρὸς τοῦ νότιου ἰχθύος ἑσπέριος ἀνατέλλει, καὶ ὁ ἐπὶ τῆς καρδιας τοῦ λεόντος. Αἰγυπτίοις καύμα.

19. A 14 ½ heures, commencement de l'automne, lever de la brillante du poisson austral, le soir, et du cœur du lion. Chaleur, selon les Egyptiens.

κ̄. Ωρᾳ ιε̄ ὁ ἐπὶ τῆς καρδιας τοῦ λεόντος ἐπιτέλλει. Καίσαρι ἐπισήμαινει.

20. A 15 heures, épitole du cœur du lion. Annonce selon César.

κᾱ. Καίσαρι ἐπισήμαινει, πνίγετος.

21. Annonce, selon César. Chaleur lourde.

κβ̄. Ωρᾳ ιγ̄ ὁ ἐπὶ τῆς οὐρας τοῦ λεόντος κρυπτέται. Ο λαμπρὸς τοῦ ὑδρου ἐπιτέλλει.

22. A 13 heures, l'étoile de la queue du lion se cache. La claire de l'hydre fait son lever épitole.

κγ̄. Ωρᾳ ιγ̄ ∠″ ὁ ἐπὶ τῷ δεξίῳ ἐμπρόσθιῳ βατράχιῳ τοῦ κενταύρου, καὶ ὁ ἐπὶ τῆς οὐρας τοῦ λεόντος κρυπτέται. Καίσαρι περίςασις.

23. A 13 ½ heures, l'étoile du muscle du bras droit antérieur du centaure se cache, et celle de la queue du lion. Air troublé selon César.

κδ̄. Ωρᾳ ιδ̄ ∠″ ὁ λαμπρὸς τοῦ ὑδρου ἐπιτέλλει. Εὐδόξῳ ἐπισήμαινει.

24. A 14 ½ heures, lever de la brillante de l'hydre. Annonce selon Eudoxe.

κε̄. Ωρα ιε̄ ς″ ὁ ἐπὶ τῆς ὀυρας τοῦ λεόντος κρυπτέται.

25. A 15 ½ heures, l'étoile de la queue du lion se cache.

κς̄. Ωρᾳ ιγ̄ ∠″ ὁ λαμπρὸς τοῦ νοτίου ἰχθύος ἑσπέριος ἀνατέλλει. Αἰγυπτίοις νότος ἢ ζεφύρος. Δημοκρίτῳ ἐπισήμαινει ὑδάσι καὶ ἀνεμοις.

26. A 13 ½ heures, lever de la claire du poisson austral, le soir. Vent du sud ou de l'ouest, pour les Egyptiens. Annonce selon Démocrite, des eaux et des vents

κζ̄. Ωρᾳ ιδ̄ ὁ λαμπρὸς τοῦ ὑδροχόου ἐπιτέλλει. Αἰγυπτίοις καύμα καὶ ὀμίχλη.

27. A 14 heures, la brillante du verseau fait son épitole. Chaleur et brouillard, selon les Egyptiens.

κη̄. *Deest.*

28. *Manque.*

κθ̄. Ωρᾳ ιδ̄ ∠″ ὁ λαμπρὸς τοῦ περσέως ἑσπέριος ἐπιτέλλει. Ο λαμπρὸς τοῦ ὑδρου ἐπιτέλλει. Αἰγυπτίοις Καίσαρι ἐπισήμαινει δύσαερια. Εὐδόξῳ βρονται ἑώθεν.

29. A 14 ½ heures, lever de la claire de Persée, au soir, épitole de celle de l'hydre. Annonce selon les Egyptiens et César. Intempérie de l'air, selon Eudoxe. Tonnerre dès le matin.

λ̄. Ωρᾳ ιε̄ ∠″ ὁ ἐν τῷ ἑπομένῳ ὤμῳ τοῦ Ηνιόχου ἑσπέριος ἀνατέλλει. Αἰγυπτιοις ζεφύρος, ἀργέςης.

30. A 15 ½ heures, lever de l'étoile de l'épaule suivante d'Héniochus, le soir. Vent d'ouest, de nord-ouest, selon les Egyptiens.

EPAGOMÈNES.

1. A 15 ½ heures, l'étoile de la lyre se couche le matin. Lever épitole de la claire de l'hydre. Annonce, suivant Eudoxe et Métrodore.
2. A 14 ½ heures, épitole de canobus, et lever de la claire du poisson austral, le soir. Chaleur selon les Egyptiens. Annonce selon Eudoxe et César. Selon Hipparque, vent du sud, et les étésiens cessent.
3. A 13 ½ heures, l'épi se cache. A 15 ½ heures, épitole de l'étoile de la tête du lion. Tourbillons de vents, selon Hipparque.
4. L'étoile de la queue du lion fait son lever épitole. Annonce ensuite, selon Calippe.
5. A 15 ½ heures, la brillante de l'oiseau se couche le matin. Vent d'ouest, de nord-ouest, selon les Egyptiens.

Tel est l'ordre dans lequel j'ai disposé, pour les mettre sous la main, les objets dont je viens de donner l'exposition. Nous allons maintenant récapituler les fixes que nous venons de ranger suivant l'ordre dans lequel elles font leurs apparitions, tant pour corriger les fautes qui pourroient s'être glissées dans l'exposé que nous en avons fait, que pour faire mention des hommes qui ont recueilli ces observations, et des pays où ils les ont faites. Notre but est de faciliter le moyen d'admettre, parmi celles de ces observations qui ont été faites sous un même parallèle, celles qui se trouveront y convenir.

Il y a donc 15 étoiles de première grandeur : celle qu'on nomme la chèvre, la brillante de la lyre, arcturus, celle de la queue du lion, la brillante des hyades, procyon, celle de l'épaule suivante d'Orion, l'épi, celle qui est commune au fleuve et au pied d'Orion, le chien, la brillante du poisson austral, la dernière du fleuve, l'étoile nommée canobus, et celle du bras de devant du centaure. (L'étoile nommée *regulus*, ou le cœur du lion, est omise ici.)

ΕΠΑΓΟΜΕΝΩΝ.

α. Ωρᾳ ιε ϑ'' ὁ ἐπὶ τῆς λύρας ἑῷος δύνει. ὁ λαμπρὸς τοῦ ὕδρου ἐπιτέλλει. Εὐδόξῳ καὶ Μητροδώρῳ ἐπισήμαινει.

β. Ωρᾳ ιδ ϑ'' ὁ καλουμένος κανῶβος ἐπιτέλλει. Ο λαμπρὸς τοῦ νοτίου ἰχθύος ἑσπέριος ἀνατέλλει. Αἰγυπτίοις καύμα. Εὐδόξῳ, Καίσαρι ἐπισήμαινει. Ιππάρχῳ νότος καὶ ἐτήσιαι παυονται.

γ. Ωρᾳ ιγ ϛ'' ϛάχυς κρυπτέται. Ωρᾳ ιε ϑ' ὁ ἐπὶ τῆς κεφαλῆς τοῦ λεόντος ἐπιτέλλει. Ιππάρχῳ ἀνέμων συστρόφη.

δ. Ωρᾳ ὁ ἐπὶ τῆς οὐρας τοῦ λεόντος ἐπιτέλλει. Καλλίππῳ ἐπισήμαινει.

ε. Ωρᾳ ιε ϛ'' ὁ λαμπρὸς τοῦ ὀρνίτος ἑῷος δύνει. Αἰγυπτίοις ζεφύρος, ἀργέϛης.

Ἡ μὲν οὖν ἀναϛρόφη, τοῦ προχείρου χάριν, τοιαύτης ἐτύχε τῆς κατὰ τὴν ἐκθέσιν ταξέως. Οὐκ ἀτόπου δὲ ἰσῶς καὶ συγκεφαλαίωσασθαι τῶν κατατεταγμένων ἀπλάνων ἀϛέρων ἀρίθμον, μέτα τούτων συνηγμένων φασέων πρὸς ἐλεγχὸν τῶν ἐν ταῖς γραφίκαις ἁμαρτίαις παραλειφθησομένων, καὶ ἔτι τῶν τὰς περίϛασεις ἐπισημαινομένων ἀνδρῶν, ἐν αἷς τὲ χωραῖς ἑκάϛα τυγχανουσι τετήρηκοτες, ἵνα ταῖς περὶ τον αὐτον παραλλήλον τὰς ὁμοίας τῶν ἀφορισμένων οἰκειότέρον πῶς ἐφαρμόζωμεν.

* Εἶσι δὲ τῶν ἀϛέρων α μεγέθους δέκαπεντε· ὁ καλουμένος αἴξ, ὁ λαμπρὸς τῆς λύρας, ἀρκτούρος, ὁ ἐπὶ τῆς οὐρὰς τοῦ λεόντος, ὁ λαμπρὸς τῶν ὑάδων, προκύων, ὁ ἐν τῷ ἐπομένῳ ὤμῳ τοῦ Ωριώνος, ὁ ϛάχυς, ὁ κοίνος ποτάμου καὶ πόδος Ωριώνος, κύων, ὁ λαμπρὸς τοῦ νοτίου ἰχθύος, ὁ ἐσχάτος ποτάμου, ὁ καλουμένος κανῶβος, ὁ ἐν τῷ ἐμπροσθίῳ βατραχίῳ τοῦ κενταύρου.

(* *En rouge dans le Manuscrit.*)

β‾. * Μεγέθους ἄλλοι ιε‾· ὁ λαμπρὸς του περσέως, ὁ ἐν τῷ ἑπομένῳ ὤμῳ τοῦ Ηνιόχου, ὁ λαμπρὸς τοῦ βορείου ςεφάνου, ὁ ἐπὶ τῆς κεφαλῆς τοῦ ἡγουμένου διδύμου, ὁ κοίνος ἵππου καὶ ἀνδρομέδας, ὁ λαμπρὸς τοῦ ἀέτου, ὁ ἐν τῷ ἡγουμένῳ ὤμῳ τοῦ Ὠριῶνος, ὁ λαμπρὸς τοῦ ὑδροῦ, ὁ λαμπρὸς τῆς νοτίου χηλῆς, ἀντάρης, ὁ κατὰ τὸ γόνυ τοῦ τοξότου.

Τούτων δὲ ἑκάςου καθ' ἑνὰ τῶν παραλλήλων ἐν οἷς ἀνατέλλουσι καὶ δυνούσιν, τεσσάρας φασεις τοῦ ἐτοὺς ποίουμενου, τὸν μὲν καλούμενον κανώβον καὶ τὸν ἐν τῳ ἐμπροσθίῳ βατραχίῳ τοῦ κὲνταύρου συμβέβηκεν ἐν μόνοις τρίσι τοῖς πρώτοις ἀπ' ἰσημ. τῶν ἐκκείμενων ε παραλλήλων ποιεῖσθαὶ δύσεις τὲ καὶ ἀνατόλας, τὸν δὲ ἐσχάτον τοῦ ποτάμου λαμπρὸν ἐν τέτρασι μόνοις τοῖς πρωτοῖς, τάς δὲ φασεις κζ‾ τὰς ἐν τοῖς ε‾ παραλλήλοις, ὡς συνάγεσθαι πληθὸς φασέων φπ‾. Καὶ τούτων ἀνέγραψε τὰς ἐπισήμασιας, καὶ (κατετάξα M. 2390) κατέταξε κατάτε Αἰγυπτίους, καὶ δοσίθεον, Φιλίππον, Καλλίππον, Εὐκτήμονα, Μετώνα, Κονώνα, Μητροδώρον, Εὐδόξον, Καίσαρα, Δημοκρίτον, Ιππαρχον. Τούτων δὲ Αἰγυπτίοι ἐτήρησαν παρ' ἡμῖν. Δοσίθεος δὲ ἐν Κολώνειᾳ· Φιλίππος ἐν πελοποννήσῳ καὶ λοκριδι, Καλίππος ἐν Ἑλλησπύντῳ, Μέτων ἀθήνησι καὶ ταῖς κυκλασι καὶ μακέδονιᾳ καὶ Θράκῃ, Κονων δὲ καὶ Μητρόδωρος ἐν ἰτάλιᾳ, Εὐδόξος ἐν ασίᾳ καὶ σικέλιᾳ καὶ ἰταλίᾳ· Ιππάρχος ἐν βιθύνιᾳ, Μητροδώρος ἐν μακεδονίᾳ καὶ Θράκῃ. Διο δὴ μαλίςα ἐφ' ἁρμύζει τὰς μὲν τῶν Αἰγυπτίων σπισήμασιας ταῖς περὶ τούτον τὸν παραλλήλον χωραῖς, τούτ' ἐςὶ καθ' ὃν ἡ μεγίςη των ἡμέρων ὡρων ἐςὶ ιδ‾ ἰσημερίνων· τὰς δὲ Δοσίθεου καὶ Φιλίππου καθ' ὃν ἐςὶν ἡ μεγίςη τῶν ἡμέρων ὡρων ιδ‾ ∠''· τὰς δὲ Δημόκριτου καὶ Καίσαρος καὶ

Quinze autres sont de la seconde grandeur : la brillante de persée, celle de l'épaule suivante d'Héniochus, la brillante de la couronne boréale, celle qui est sur la tête du gémeau précédent, l'étoile commune du cheval et d'Andromède, la claire de l'aigle, celle de l'épaule précédente d'Orion, la brillante de l'hydre, (pollux et la brillante du cygne sont omises ici), la brillante de la serre boréale, celle du milieu de la ceinture d'Orion, la brillaute de la serre australe, antarès, celle qui est au genou du sagittaire.

Chacune de ces étoiles, dans chacun des parallèles où elles se lèvent et se couchent, se montrant chaque année sous quatre apparitions, il arrive toutefois que celle de canope, ainsi que celle qui est sous le batrachion précédent du centaure, ne se lèvent et ne se couchent que dans trois de ces cinq parallèles pris de l'équateur, et que la dernière qui est la claire du fleuve, ne fait ses apparitions que dans les quatre premiers de ces mêmes parallèles. D'où la somme de toutes est de 580, dont j'ai décrit les annonces que j'ai consignées dans cet opuscule, d'après les Egyptiens, Dosithée, Philippe, Calippe, Euctémon, Méton, Conon, Métrodore, Eudoxe, César, Démocrite et Hipparque. De tous ces astronomes, les Egyptiens ont observé ici chez nous, Dosithée à Colonne, Philippe dans le Péloponnèse et la Locride ; Calippe dans l'Hellespont ; Méton à Athènes et dans les Cyclades, en Macédoine et en Thrace ; Conon et Métrodore en Italie ; Eudoxe en Asie, Sicile et Italie ; Hipparque en Bithynie, Métrodore (qu'il vient de mettre en Italie, c'est sans doute Euctémon dont il ne dit rien ici, quoiqu'il le nomme dans l'Hemerologe, et qu'il ait déja dit que Métrodore a observé en Italie), en Macédoine et en Thrace. C'est pourquoi les observations des Egyptiens conviendront particulièrement à ce parallèle, où le plus long jour est de 14 heures équinoxiales ; celles de Dosithée et de Philippe, aux contrées où il est de 14 ½ heures; celles de Démocrite, de César et d'Hipparque, au climat de 15 heures; et celles de Calippe, d'Eudoxe, de Méton, d'Euctémon, de Métrodore et de Conon, aux pays généralement dont les plus longs jours s'étendent depuis 14 ½ jusqu'à 15 heures équinoxiales.

Ιππάρχου καθ' ὃν καὶ ἡ μεγίστη τῶν ἡμέρων ὡρῶν ἐστὶν ἰσημερίνων ιε̄. Τὰς δὲ Καλίππου καὶ Εὐδόξου καὶ Μετῶνος, καὶ Εὐκτημόνος καὶ Μητροδώρου καὶ Κονώνος κοίνως, καθ' οὓς ἀπὸ ιδ̄ ϛ" ὡρῶν ἰσημερίνων ἕως ιε̄ διατείνει τὸ μεγέθος τῶν μεγίστων ἡμερων.

NOTES.

Page 53, *ligne* 12. L'auteur de la version latine de la scholie grecque qui termine ce calendrier, a dit mal à propos : *Cœteræ XXXVII stellæ in quinquè parallelis faciant, car le grec du manuscrit* 2390, *porte* κζ̄. En effet

27.5.4 = 540
2.3.4 = 24
1.4.4 = 16
580 φπ̄ comme ci-dessus, p. 53 l. 18.

Ce qui montre qu'il y a encore une erreur dans le latin, qui dit : *Quatuor duntaxat in primis tribus*.... tandis qu'on lit dans ce manuscrit : Τον δὲ ἐσχατον του ποταμου λαμπρον, ἐν τέτρασι μονοις τοῖς πρωτοις, τας δε φασεις κζ̄ τας εν τοῖς ε̄ παραλληλοῖς, ὡς συναεσχεθαι πληθος φασεων φπ̄.

P. 3. Ce qu'il y a d'obscur et même d'inintelligible dans l'avant-propos sur les levers et les couchers des étoiles, demande qu'on y applique les observations d'Autolycus sur cette théorie. L'ouvrage de ce géomètre se trouve en grec dans le manuscrit 2390. Mais comme il ne contient ni observation astronomique, ni aucune application pratique, et que M. Delambre en a parfaitement analysé la doctrine, je n'ai pas cru devoir le transporter ici.

Il n'en est pas de même des annonces ou pronostics de températures que nous y lisons à la suite, en chaque jour des mois. Cette météorologie n'était rien moins que certaine, puisque nous y voyons les astronomes de divers pays en prédire de différentes pour les mêmes jours. Ce n'est pas que je nie l'influence possible des astres sur notre atmosphère. Bailly avoue qu'elle existe ; mais il dit avec raison qu'il faudrait une longue série d'observations météorologiques, faites sans aucune interruption, pendant une longue suite de siècles, pour prédire avec quelque certitude, comme on le fait pour les vents sur mer ; mais, sur terre, il faudrait pour chaque pays une météorologie particulière, les accidens de l'air y dépendant le plus souvent de la conformation extérieure du terrein, de sa situation respective et des lieux circonvoisins.

Page 13. Les paranatellons ou levers des étoiles extra-zodiacales, comparés à ceux des signes du zodiaque, sont mieux rapportés à ces signes, dans le calendrier de Géminus que dans celui de Ptolomée : car Géminus suit l'ordre des signes du zodiaque, en commençant par le cancer au solstice d'été ; et Ptolémée, l'ordre des mois, en partant d'entre ce solstice et l'équinoxe d'automne.

Page 21. Il faut appliquer au calendrier de Ptolémée, ainsi qu'à celui qui termine les élémens de Géminus, ce que MM. Jollois et de Villiers ont dit de celui qu'ils attribuent à Erastosthène : « Pour le concevoir, il est presque indispensable d'avoir un globe céleste à poles mobiles. » Ptolémée l'avait déjà conseillé avant que Dupuy en eût eu l'idée, puisqu'après le catalogue des étoiles, contenu dans les livres VII et VIII de son almageste, il décrit au chapitre 3 de ce dernier, une sphère céleste qu'on peut faire tourner sur les poles de l'écliptique et sur ceux de l'équateur, et sur laquelle on aura placé les étoiles à leurs lieux convenables, et figuré les constellations pour y reconnaître leurs longitudes et latitudes respectives. C'est proprement une application de son astrolabe décrit et représenté dans le premier volume de ma traduction. On essayera sur cette sphère, de même que MM. Jollois et Devilliers l'ont fait pour Eratosthène, les levers et les couchers du calendrier de Géminus, mais en la dressant pour un tems plus ancien et une latitude plus haute. On fera bien aussi d'étudier cette théorie des levers et couchers d'étoiles, dans l'explication qu'en ont donnée M. Delambre dans son astronomie ancienne, et MM. Fourier, Jollois et de Villiers, dans les monumens d'Égypte. H.

CHRONOLOGIE

DE PTOLÉMÉE.

TROISIÈME PARTIE,

CONTENANT

Les remarques de M. Ideler, sur l'hémérologe de Ptolémée;

Ses recherches historiques sur les observations astronomiques des anciens, rapportées par Ptolémée;

Son mémoire sur l'ère des Arabes,

Et son mémoire sur les formes de l'année julienne usitées chez les orientaux:

TRADUITS DE L'ALLEMAND,

PAR M. L'ABBÉ HALMA.

REMARQUES DE M. IDELER,

SUR LES LEVERS ET LES COUCHERS DES ÉTOILES,

DANS LE PRÉCÉDENT CALENDRIER.

TRADUITES DE L'ALLEMAND.

1°. ÉTOILES DE PREMIÈRE GRANDEUR.

1°. *Arcturus.*

La queue de l'ourse a son lever matutinal marqué aux 23, 26 et 29 thoth, et aux 3 et 6 phaophi, de 15 $\frac{1}{2}$ à 13 $\frac{1}{2}$ heures, et cette dernière date pour l'arc de vision de 11 degrés, n'est trop grande que d'une seule unité. Je n'aurai égard aux nombres souvent corrompus, mentionnés dans le texte, que dans le peu de cas où ils sont douteux.

Le coucher vespertinal se trouve marqué aux 18 et 26 phaophi, et aux 4, 12 et 21 athyr, de 13 $\frac{1}{2}$ à 15 $\frac{1}{2}$, ces dates dans l'arc de vision de 11 degrés, appartiennent aux 17 et 24 phaophi, et aux 2, 10 et 19 athyr.

Le lever vespertinal est donné à 15 $\frac{1}{2}$, 13 $\frac{1}{2}$ heures des 1, 5, 8, 12 et 15 phamenoth. Petau marque encore le dernier de ces levers au 16 phamenoth; la faute de copie qui se voit ici, doit être ou au 15 ou au 16 de ce mois. Pour l'arc moyen de vision de 7 degrés, ces dates sont les 30 méchir, et 4, 8, 12 et 16 phamenoth.

Le coucher matutinal est donné de 13 $\frac{1}{2}$ à 15 $\frac{1}{2}$ heures des 15 et 26 pachon, des 7, 17 (f. 18) et 29 (f. 30) payni. Le coucher vespertinal mis à 15 heures du 16 pachon est visiblement fautif, si celui du jour précédent est de Ptolémée. On obtient ces dates aux 13 et 24 pachon, et aux 5, 16 et 27 payni, par un arc de vision de 7 degres.

2°. *α de la lyre.*

Son lever matutinal se voit de 15 $\frac{1}{2}$ à 13 $\frac{1}{2}$ heures, aux 3, 11, 19, 26 athyr, et au 4 choïac pour l'arc de 11 degrés, il faut diminuer d'une unité la seconde et la troisième date.

Le coucher vespertinal est donné de 13 $\frac{1}{2}$ à 15 $\frac{1}{2}$ heures, des 9, 18, 25 tybi, et des 5 et 13 méchir. Les arcs de vision tombent ici de 5 et de 3 $\frac{1}{2}$ degrés au-dessous de la valeur moyenne. Les dates sont toutes dérangées de quelques jours, probablement par quelques fautes de calcul de Ptolémée. Elles sont pour 11 degrés, les 6, 15, 23 tybi, 1 et 9 méchir.

Le lever vespertinal, de 15 ½ à 13 ½ heures, est mis aux 10, 19 et 28 pharmouthi, et aux 8 et 17 pachon. Fabricius n'a donné que la première de ces apparitions, au 9 pharmouthi, mais c'est encore une de trop, puisqu'elle n'est pas juste pour 7 degrés, ces heures se trouvent aux 12, 20, 29 pharmouthi, et aux 7 et 16 pachon.

Le coucher matutinal ne vient que quatre fois, les 4, 13 (f. 14) mésori, le premier jour épagomène, et le 5 thoth. A la première de ces dates convient l'heure de 13 ½ heures. Il y a visiblement quelque chose d'omis entre le 13 mésori et le 1 épagomène, vers le 22, savoir, le coucher pour 14 ½ heures, pour 7 degrés, les dates sont les 1, 11, 20, 29 mésor, et 2 thoth.

5°. *Capella*, (la chèvre).

Son coucher matutinal, de 13 ½ à 15 ½ heures, tombe aux 5, 9, 14, 19 et 26 choïac. A un arc de vision, de 7 degrés, on obtient au lieu des deux dernières dates, les 20 et 28 choïac.

Le lever matutinal se trouve pour 15 ½ jusqu'à 13 ½ heures, au 29 phamenoth, 18 pharmouthi, 2, 9, 12 pachon. On voit dans Pétau un lever au 21 payni, mais à tort. A 11 degrés conviennent les 28 phamenoth, 18 pharmouthi, 1, 9 et 15 pachon.

Le coucher vespertinal est marqué pour 13 ½ jusqu'à 15 ½ heures, aux 17, 20 (f. 22), 24, 28 pachon, et 5 (f. 6) payni. Les quatre premières de ces dates sont trop fortes d'une unité, pour 11 degrés, et la dernière est trop foible d'autant.

Le lever vespertinal se trouve désigné pour 15 ½ jusqu'à 13 ½, au 10 mésor, 3 et 25 thoth, 7 et 21 phaophi. Pétau présente encore un lever au 22 phaophi. Mais c'est visiblement le même que celui du jour précédent. A 7 degrés, les dates sont le 15 mésori, les 5 et 24 thoth, et les 8 et 18 phaophi.

4°. α *du taureau*, (hyades).

Le coucher vespertinal de la brillante des hyades, ne se trouve marqué qu'aux 7 et 8 athyr, pour 14 heures jusqu'à 13 ½. Si l'on prend l'arc de vision, de 7 degrés, cette apparition a lieu de 15 ½ à 15 heures, le 4 athyr; et pour les trois dernières, le 5. Peut-être Ptolémée a-t-il écrit dans cet endroit comme ailleurs en pareil cas, 7 athyr à 15 ½ heures, la brillante des hyades se lève le soir, à 15 heures de même. 8 athyr, la même à 14 $\frac{1}{2}$ heures. A 14 heures de même. A 13 $\frac{1}{2}$ heures de même, ὥρα ιε̄ ∠ʺ ὁ λαμπρὸς τῶν ὑάδων ἑσπέριος ἀνατέλλει. ὥρα ιε̄ τὸ αὐτό. η' ἀθυρ ὥρα ιδ̄ ∠ʺ ὁ λαμπρὸς τῶν ὑάδων ἑσπέριος ἀνατέλλει. ὥρα ιδ̄ τὸ αὐτό. ὥρα ιγ ∠ʺ τὸ αὐτό.

Le coucher du matin ne s'offre que trois fois, le 15 athyr pour 15 $\frac{1}{2}$ heures, et le 16 athyr pour 14 $\frac{1}{2}$ et 13 $\frac{1}{2}$ heures. Avec 7 degrés, se trouve le 15 athyr pour 15 $\frac{1}{2}$ et 15 heures, le 16 pour 14 $\frac{1}{2}$ et 14 heures, et le 17 pour 13 $\frac{1}{2}$ heures ; on a donc omis dans le texte ὥρα ιε̄ τὸ αὐτό, au 15 ou 16 athyr ; et au 16 athyr ὥρα ιδ̄ τὸ αὐτό.

Le coucher du soir est, pour 15 $\frac{1}{2}$ jusqu'à 13 $\frac{1}{2}$ heures, marqué aux 21, 23, 24, 26, 27 pharmouthi. Les arcs de vision surpassent généralement la valeur moyenne à laquelle répondent les 24, 25, 26, 27 et 28 pharmouthi.

Le lever matutinal se trouve marqué pour 13 $\frac{1}{2}$ heures jusqu'à 15 $\frac{1}{2}$, aux 5, 7, 12, (f. 13), 16 et 20 (f. 22) payni. Les arcs de vision surpassent encore ici leur valeur moyenne, pour laquelle les dates sont les 2, 5, 9, 13, et 18 payni.

5°. *α du lion*, (le cœur du lion.)

Son lever vespertinal est marqué au 21 tubi pour 15 heures, et au 22 pour 15, 14 et 13 $\frac{1}{2}$ heures. Il est probable qu'il faut un τὸ αὐτό pour lire 15 $\frac{1}{2}$ et 15 heures au premier jour, et changer 15 h en 14 $\frac{1}{2}$ heures pour le second. Avec 7 degrés, le 19 se trouve pour 15 heures, le 20 pour 15 et 14 $\frac{1}{2}$ heures, et le 21 tubi pour 14 et 13 heures et demie.

Le coucher matutinal est mis aux 6, 7, 9, 10, 11 méchir pour 13 heures jusqu'à 15 $\frac{1}{2}$. Pour 7 degrés, les dates sont les 8, 9, 10, 12 et 14 méchir.

Le coucher au soir est donné aux 10, 13, 16, 18, 20 épiphi, pour 15 $\frac{1}{2}$ jusqu'à 13 $\frac{1}{2}$ heures, comme l'arc moyen de vision le demande. La première date se trouve d'accord avec Pétau et Fabricius ; les seconde, troisième et quatrième sont dans Pétau trop petites d'une unité ; et la cinquième est trop grande de la même quantité dans Fabricius.

Le lever, au matin, ne paraît ici que les 18, 19 et 20 mésor, au premier de ces jours, pour 13 $\frac{1}{2}$ heures, et au dernier pour 13. A l'arc de 11 degrés, cette apparition s'est montrée les 14 et 17 mésor pour 13 $\frac{1}{2}$ heures, le 18 pour 14 $\frac{1}{2}$ heures et 15 heures, et le 19 pour 15 $\frac{1}{2}$. Je crois donc que Ptolémée a écrit 14 $\frac{1}{2}$ au second jour et 15 $\frac{1}{2}$ au troisième ; et qu'on a omis ensuite dans le texte ὥρα ιδ̄ τὸ αὐτὸ au premier, et ὥρα ιε̄ τὸ αὐτὸ au second.

6°. *β du lion*, (la queue du lion).

L'étoile de la queue du lion a son lever vespertinal marqué aux 6, 8, (f. 7), 10, (p. 9), 11 et 14 méchir. Pour 7 degrés d'arc de vision, les dates sont les 5, 7, 9, 10 et 12 méchir.

Son coucher matutinal est placé aux 13, 18, 25 phamenoth, 2 et 12 pharmouthi, pour 13 ½ heures jusqu'à 15 ½ heures. Pour l'arc de 7 degrés, les trois premières dates doivent être augmentées d'une unité, et les deux dernières de deux.

Le coucher vespertinal n'est marqué qu'aux 22, 23, 25 méchir, au premier pour 15 heures et demie, au second sans heure expresse, et au troisième avec 15 heures et demie. Comme à 21 degrés d'arc de vision, les dates de cette apparition sont pour treize heures et demie jusqu'à 15 heures et demie, les 24, 25, 26, 27 et 28 mésor, je soupçonne que Ptolémée a écrit 13 et demie, 14 et 14 heures et demie pour ces trois jours consécutivement, et que les levers pour les deux dernières de ces trois heures, ont été omis par une faute de copistes.

Le lever matutinal paraît aux 3 et 4 épagomènes, et aux 1, 2, 3 thoth, pour 15 heures et demie jusqu'à 15 et demie. A l'arc de vision, de 11 degrés, les deux premières de ces dates doivent être augmentées d'une unité.

7°. *Spica* (l'épi).

Son lever matutinal se trouve marqué aux 7, 8 et 9 phaophi pour 13 heures et demie, 14 et demie et 15 et demie. L'arc de 11 degrés vient le 6 phaophi pour 13 et demie, et pour 14 heures et demie ; pour les deux autres heures, le 7 de ce mois; et le 8 pour 15 heures et demie. Peut-être a-t-on omis au 7 phaophi, le τὸ αὐτὸ pour 14 heures, et au 8 pour 15.

Le lever vespertinal n'est mentionné qu'au 17 phamenoth, avec 13 heures et demie. Comme à un arc de 7 degrés, l'apparition pour 15 heures et demie arrive le 15, et pour les quatre heures suivantes, le 16 phamenoth, je conjecture que Ptolémée avoit marqué ces quatre heures au 17 phamenoth par un τὸ αὐτὸ, *de même*, répété.

Le coucher matutinal est mis pour 13 heures et demie jusqu'à 15 heures et demie, aux 30 phamenoth et 1, 2, 5 et 7 pharmouthi. Avec 7 degrés, les dates sont les 1, 3, 4, 6, 8 pharmouthi.

Le coucher, au soir, ne se trouve marqué qu'aux 3e des épagomènes, 2, et 5 thoth avec les heures 13 et demie, 14, et encore 13 et demie. La première de ces heures doit être sans contredit changée en celle de 14 et demie, car avec 11 degrés, les dates de cette apparition sont, pour 15 et demie jusqu'à 13 et demi, les 22 et 28 mésor, le 3e des épagomènes, et les 2 et 5 thoth : les deux premiers couchers, pour 13 et demie et 15 heures, manquent.

8°. *Sirius.* (Le chien, la canicule.)

Son coucher matutinal est donné pour 15 heures et demie jusqu'à 13 et demie, aux 24 et 27 athyr, et aux 1, 5 et 9 choïac, juste pour 7 degrés.

Le lever vespertinal, pour 15 heures et demie jusqu'à 15 et demie, tombe également juste aux 26 choïac, 1, 6, 10 et 14 tubi, dans l'arc de 7 degrés.

Le coucher vespertinal ne se trouve donné qu'aux 3, 7, 12, 17 pachon, avec des heures incertaines. Les différences procèdent régulièrement : on ne peut que demander s'il faut commencer par 15 et demie ou 15 heures ; avec 15 heures, les arcs de vision surpasseroient de deux degrés la valeur moyenne. Je ne doute donc pas qu'il n'y ait eu d'abord 15 et demie, et que 13 n'aient été omises. Les dates sont justes pour 11 degrés. Celle qui manque pour 13 heures et demie, est le 25 pachon.

Le lever matutinal s'offre marqué aux 22 et 23 épiphi, et aux 4, 9, 14 mésor, juste dans l'arc de vision de 11 degrés, pour 13 heures et demie jusqu'à 15 et demie. Les deux premières dates sont empruntées de Fabricius, et les troisième et cinquième de Pétau. La quatrième s'accorde avec ces deux auteurs.

9°. *Procyon.* (Le petit chien.)

Le coucher matutinal se trouve marqué pour 15 et demie jusqu'à 13 et demie, aux 20, 22, 24, 25 et 26 choïac ; avec 7 degrés, les dates sont les 20, 22, 23, 25 et 27 choïac.

Le lever vespertinal se trouve pour 13 heures et demie jusqu'à 15 et demie, marqué aux 25, 27, 29 choïac, 1 et 3 tubi ; dans 7 degrés d'arc de vision, les deux dernières dates sont le 30 choïac et le 2 tubi.

Le coucher vespertinal ne paroît qu'en quatre jours, 27 pachon, 1, 3 et 6 payni. Les heures désignées sont 15 et demie, 15, 14 et demie et 14, qui répondent effectivement à la valeur moyenne des arcs de vision ; pour celui de 11 degrés, les dates sont le 27 pachon, et les 1, 4, 7 payni. Le 10 payni appartient à 13 heures et demie qui manquent.

Le lever matutinal, pour 13 heures et demie jusqu'à 15 et demie, est mis par Fabricius, aux 19, 22, 24, 26 et 28 épiphi, dans Pétau un jour plutôt. L'arc de vision que donnent ces dates, reste au-dessous de la valeur moyenne 11 degrés, à laquelle conviennent les dates 21, 24, 27, 30 épiphi et 5 mésori.

10°. *α d'orion.* (L'étoile de l'épaule suivante d'orion.)

Son coucher matutinal est placé pour 15 heures et demie jusqu'à 13 et demie, aux 27, 28 et 30 athyr, et aux 2 et 3 choïac. A l'arc de 7 degrés, la troisième et la quatrième date diminuent d'une unité.

Le lever vespertinal n'est marqué qu'aux 2, 4, 6 et 8 choïac ; pour le premier de ces jours, Fabricius dit 13 heures et demie, et pour le dernier 15. On auroit donc omis 15 heures et demie, c'est ce qui se voit en comparant l'arc de vision, avec la valeur moyenne de 7 degrés; car les dates indiquées sont justes pour cette valeur. Le 11 choïac appartient à 15 heures et demie.

Le coucher du soir se trouve indiqué pour 15 heures et demie jusqu'à 13 et demie, aux 6, 8, 11, 14 et 16 pachon. En 11 degrés, ces dates, à l'exception de la seconde, diminuent d'une unité.

Le lever du matin paroît seulement aux 27 payni, 1, 10 et 15 épiphi; au lieu de cette dernière date, Pétau dit le 14. Il manque certainement un lever entre 1 et 10 épiphi, pour 14 heures et demie, le commencement est à 13 heures et demie. Pour 11 degrés, il faut diminuer toutes ces dates d'une unité. L'heure omise appartient au 7 épiphi.

11°. β *d'orion.* (L'étoile commune du fleuve et du pied d'orion).

Le coucher du matin est placé pour 15 heures et demie jusqu'à 13 et demie, aux 9, 12, 14, 17 et 20 athyr. En 7 degrés, chaque date, excepté la dernière, doit être diminuée d'une unité.

Le lever du soir est indiqué pour 13 heures et demie jusqu'à 15 et demie, aux 2, 7, 12, 16 et 21 choïac, en 7 degrés d'arc de vision, les levers des 12 et 21 choïac sont trop tardifs d'une heure.

Le coucher du soir est marqué pour 15 heures et demie jusqu'à 13 et demie aux 17, 21, 24, 28 pharmouthi et 3 pachon. Dans un arc de 11 degrés, la seconde et la cinquième date sont trop petites d'une unité.

Le lever du matin se trouve indiqué pour 13 heures et demie jusqu'à 15 et demie, aux 28 payni, 5, 12, 17 et 23 épiphi. Pétau donne le premier lever un jour trop tôt; et Fabricius, les deux derniers un jour trop tard. A l'arc de vision de 11 degrés, les dates sont les 28 payni, 4, 11, 17 et 23 épiphi.

12°. α *du poisson austral.*

Le coucher vespertinal est mis pour 15 heures et demie jusqu'à 13 et demie, aux 28 choïac, 4, 8, 13 et 17 tubi. Dans l'arc de vision, de 11 degrés, les dates sont les 22 et 30 choïac, et les 6, 12 et 16 tubi.

Le lever matutinal s'offre pour 13 heures et demie jusqu'à 15 et demie, aux 11 et 20 phamenoth, 4 (f. 3) et 18 pharmouthi, et 9 pachon. Pour 11 degrés, les dates sont les 15, 27 phomenoth, 15 pharmouthi, 5 pachon et 1 payni.

Le coucher matutinal se trouve pour 15 heures et demie jusqu'à 13 et demie, mis aux 27 épiphi, 2, 6, 9, 12 mésori. A 7 dégrés, les dates sont les 24, 29 épiphi, et les 4, 8, 12 mésori.

Le lever vespertinal ne se présente ici qu'aux 19, 26 mésor, 2ᵉ épagomène, et 19 thoth, pour 13 heures et demie jusqu'à 15. Avec 7 degrés, on trouve les 26 mésor 5ᵉ épagomène, 8 et 12 thoth; et pour l'heure de 15 et demie qui manque, le 12 phaophi.

On voit que les dates du calendrier, en partie et particulièrement dans les levers, s'écartent considérablement de celles que montrent les arcs moyens de vision. J'ai calculé ici comme partout, avec la position de l'étoile, telle qu'elle est dans l'almageste. La latitude qui, selon Ptolémée, est de 23 degrés sud, est de 2ᵈ trop grande. Cette faute est d'autant plus certaine, que dans la latitude véritable de 21 degrés, les levers et les couchers approchent plus des nombres du calendrier, On trouve ainsi pour les deux dernières heures :

Sous 13 heures et demie.	Sous 15 heures et demie.
Le coucher du soir, le 17 tubi. . . .	Le 27 choïac.
Lever du matin. . . . 12 phamenoth. .	20 pachon.
Coucher du matin . . 12 mésor. . . .	28 épiphi.
Lever du soir. . . . . . 22 mésor. . . .	29 thoth.

Mais, outre que dans la version latine faite par Georges de Trébizonde, sur un texte manuscrit, la latitude se trouve marquée telle qu'elle est dans les deux éditions du texte grec, il faut conclure de certains nombres, qui se voient dans le commentaire d'Hipparque sur Aratus, une latitude de 23 degrés, comme M. Mollweide l'a très-bien prouvé dans sa chronologie astronomique. Je crois donc qu'en effet Ptolémée a marqué la latitude de 23 degrés, et que les dates des apparitions de cette étoile sont venues de quelques perfectionnemens postérieurs.

13°. *La dernière du fleuve.*

La longitude de cette étoile est, suivant le texte grec de l'Almageste, 7ᵈ ♈ 40′; suivant la version latine de l'arabe, et celle de Trébizonde, 0ᵈ ♈ 10′. D'après le catalogue des étoiles d'Ulug-Beig, elle est de 11ˢ 26 et demi ᵈ, et d'après le commentaire d'Hipparque sur Aratus, de 11ˢ 27 et demie ᵈ, comme M. Mollweide l'a remarqué au même endroit. Je prends pour moyen terme entre les deux extrêmes, 11ˢ 27ᵈ. La latitude est partout de 53ᵈ 30′ sud. Cette étoile ne peut-être autre que l'étoile du fleuve observée par Vidal et Piazzi, double et de troisième grandeur, dont la longitude répond aux temps de Ptolémée, et dont la latitude répond aussi à la position ci-dessus décrite. Avec tout cela, il est surprenant que dans cette étoile les anciens en ayent vu une de première grandeur. Etoit-elle plus brillante alors qu'elle ne l'est aujourd'hui, et par-là l'une des étoiles changeantes du genre de la belle étoile qui parut du temps de Tycho, dans Cassiopée ? Soutenir que

Ptolémée a pu avoir dans l'esprit de désigner l'étoile que les Arabes ont nommée *Archarnar* à l'extrémité du fleuve, et qu'il ait calculé pour quatre de ses parallèles, les levers et les couchers d'une étoile de première grandeur, qui, de son temps restoit encore sous l'horizon du plus austral, ce seroit supposer qu'il n'avoit jamais porté ses regards au ciel.

Le coucher matutinal est placé pour 15 heures jusqu'à 13 et demie, aux 4, 17, 27 thoth et 6 phaophi. Pour 7 degrés d'arc de vision, les dates sont les 1 épagomène, 13 et 23 thoth, et 3 phaophi.

Le lever vespertinal se trouve placé aux 26 athyr, 9, 24 choïac, et 13 tubi, depuis 13 heures et demie jusqu'à 15. Pour 7 degrés, les dates sont les 27 athyr, 12, 27 choïac, et 18 tubi.

Le coucher vespertinal est mis, pour 15 heures jusqu'à 13 et demie, aux 15 et 25 méchir, 6 et 16 phamenoth. Avec 11 degrés, se trouvent pour dates les 5 et 21 méchir, 2 et 12 phamenoth.

Le lever matutinal s'offre, pour 13 heures et demie jusqu'à 15, aux 19 payni, 6 et 22 (p. 21) épiphi, et 11 mésor. Avec 11 degrés, les dates sont les 25 payni, 10 et 25 épiphi, et 17 mésor.

14°. *Canopus.* (Canope.)

Son coucher du matin est assigné pour 14 heures et demie jusqu'à 13 et demie, aux 24 phaophi, 10 et 23 athyr. Avec 7 degrés, se trouvent les 21 phaophi, 7 et 21 athyr.

Son lever du soir est, pour 13 heures et demie jusqu'à 14, placé aux 22 tubi, 7 (f. 6) et 23 méchir. A l'arc de 7 degés, le premier et le troisième lever sont trop tardifs d'un jour.

Le coucher du soir est mis, pour 14 heures demie, jusqu'à 13 et demie, aux 2, 20 pharmouthi et 7 pachon. Avec 12 degrés, on obtient les 1, 18 parmouthi et 5 pachon.

Le lever du matin ne vient ici qu'aux 2e épagomène et 14 thoth, à 14 heures et demie pour le premier de ces deux jours, à 14 pour le second. Il semble qu'il faut au contraire 14 heures pour le premier, et 14 heures et demie au moins, pour le second, c'est l'heure moindre qui doit précéder. Pour 11 degrés, les dates sont le 3e épagomène, et le 15 thoth; et pour l'heure de 13 et demie qui manque, le 19 mésor.

15° *α du centaure.* (L'étoile du bras droit antérieur.)

Son lever du matin s'offre, pour 13 heures et demie jusqu'à 14 et demie, aux 24 athyr, 6 et 23 choïac. Avec 11 degrés, on a les 24 athyr, 4 et 19 choïac.

Le coucher du matin est marqué, pour 14 et demie jusqu'à 13 heures et demie, aux 22 tubi, 19 méchir et 11 phamenoth. Avec 7 degrés, les dates sont les 22 tubi, 20 méchir et 10 phamenoth.

Le lever du soir est, pour 13 heures et demie jusqu'à 14 et demie, mis aux 6, 17 pachon, et 7 payni. Pour 7 degrés on trouve les 6, 16 et 30 pachon.

Le coucher du soir est donné pour 14 heures et demie jusqu'à 15 et demie, aux 27 (p. 26) payni, 28 (f. 29) épiphi, et 23 mésor. Avec l'arc de vision de 11 degrés, se trouvent les 1 et 28 épiphi et 20 mésor.

II. Étoiles de seconde grandeur.

1°. *α de la couronne boréale.*

Son lever du matin est pour 15 heures et demie jusqu'à 13 et demie, placé aux 6, 10, 16, 21 (f. 22), et 27 phaophi. Le lever qui se trouve encore au 23 dans Pétau, n'est évidemment qu'une faute de copiste. Avec l'arc de vision de 11 degrés, on obtient les dates 5, 10, 15, 20 et 28 phaophi.

Celles du coucher du soir sont, pour 13 heures et demie jusqu'à 15 et demie, les 15, 23 athyr, 2, 10, 19 choïac, au lieu desquels, l'arc de 14 degrés fait trouver les 12, 21, 30 athyr, et 9, 18 choïac.

Le lever du soir se montre, pour 15 heures et demie jusqu'à 13 et demie, aux 9, 14, 20 (f. 21), 26 phamenoth et 2 pharmouthi. Pour 8 degrés et demi de l'arc moyen de vision, se trouvent les 8, 14, 19, 25 phamenoth, et 2 pharmouthi.

Le coucher du matin se trouve porté, pour 13 heures et demie jusqu'à 15 heures et demie, aux 15, 26 payni, 7, 17, 27 épiphi. Fabricius fait les deux premiers et le dernier levers plus tardifs d'un jour. L'arc de vision, de 8 degrés et demi donne en général ces dates moindres d'une unité.

2°. *α de l'aigle.*

La brillante de l'aigle a son lever du matin, pour 15 et demie jusqu'à 13 heures et demie, placé aux 23, 25, 27, 30 choïac et 3 tubi, au lieu desquels l'arc de 14 degrés donne les 21, 24, 26 et 29 choïac, et 2 tubi.

Le coucher du soir se trouve pour 14 heures jusqu'à 15 et demie, marqué aux 30 choïac, 4, 7 et 9 tubi. Pour 14 degrés d'arc de vision, les dates sont les 29 choïac, 2, 5 et 7 tubi; à l'heure de 15 heures et demie qui manque, appartient le 27 choïac.

Le lever du soir pour 15 heures et demie jusqu'à 13 et demie, paroît aux 24, 27 pachon, et 2, 6, 11 payni. A l'arc de vision, de 8 degrés et demi, répondent les 25, 28 pachon, et 2, 7, 12 payni.

Le coucher du matin ne se trouve pour 13 heures et demie jusqu'à 15 heures, qu'aux 26 (f. 27) épiphi, 2, 6 et 10 mésor. A huit degrés et demi d'arc de vision, les trois dernières dates diminuent d'une unité. Celle qui manque pour 13 heures et demie, est le 12 mésor.

3°. α *du cygne.*

Le lever matutinal de la brillante de l'oiseau, n'est marqué qu'aux 27 athyr sans heure désignée, et 7, 16 choïac, et 4 tubi pour 15, 14 et 13 heures et demie, manque le 25 choïac avec 14 heures, car pour 15 heures et demie jusqu'à 13 et demie, viennent à l'arc de vision les 28 athyr, 7, 16, 25 choïac, et 4 tubi.

Le coucher vespertinal est marqué pour 13 heures et demie jusqu'à 15 et demie, aux 4, 12, 21, 29 méchir, et 7 phamenoth. L'arc moyen de vision donne les dates 1, 9, 17, 25 méchir, et 3 phamenoth.

Le lever vespertinal est placé pour 15 heures et demie jusqu'à 13 et demie, aux 26 pharmouthi, 8, 19 (p. 18.) 30 pachon et 10 payni. A l'arc de 8 degrés et demi, se trouvent les 2, 12, 22 pachon, 3, et 13 payni.

Le coucher matutinal est énoncé pour 13 heures et demie jusqu'à 15 et demie, aux 5ᵉ épagomène, 9, 17 25 thoth et 3 phaophi. Avec l'arc moyen de vision de 8 degrés et demi se montrent le 2ᵉ épagomène, et les 5, 13, 21, 30 thoth.

4°. α *de persée.*

La brillante de persée a son coucher du matin, pour 13 heures et demie jusqu'à 15 et demie, aux 15, 20, 25 athyr, et 1, 8 choïac. L'arc moyen de vision donne les 14, 19, 25 athyr, et 1, 7 choïac.

Il est parlé du lever matutinal aux 13 méchir, 3 et 21 phamenoth, 5 et 14 pharmouthi pour 15 heures et demie jusqu'à 13 et demie. A 14 degrés se trouvent les 18 méchir, 7 et 23 phamenoth, 5 et 14 pharmouthi.

Le coucher du soir est placé pour 13 heures et demie jusqu'à 15 et demie, aux 22, 26 pharmouthi 1, 6, 12 pachon. Dans l'arc de 14 degrés, la première date seule diminue d'une unité.

Le lever du soir est marqué pour 15 heures et demie jusqu'à 13 et demie, aux 2, 23 (p. 22) épiphi, 11, 19 (f. 28) mésor, et 10 thoth. Au lieu de quoi on trouve par l'arc moyen de vision, les 8, 27 épiphi, 15 mésor, 2ᵉ épagomène et 12 thoth.

5°. α *d'andromède.*

L'étoile commune du cheval et d'andromède a son coucher matutinal pour 13 heures et demie jusqu'à 15 et demie, placé aux 24, 27, 30 thoth, 2 et 5 phaophi. A 8 degrés, se montrent les 25, 28 thoth, 1, 4, 6 phaophi.

Le lever matutinal est mis pour 15 heures et demie jusqu'à 13 et demie, aux 20, 25 méchir, 1, 5, 10 (f. 11) phamenoth. Pour 14 degrés, les dates sont les 17, 22, 27 méchir, 2 et 6 phamenoth.

Le coucher vespertinal vient pour 13 heures et demie jusqu'à 15 et demie, aux 29 méchir, 2, 4, 7 et 10 (p. 9) phamenoth, dates qui pour 14 degrés, croissent d'une unité, excepté la dernière.

Le lever vespertinal se trouve pour 15 heures et demie jusqu'à 13 et demie, donné aux 7, 16, 25 épiphi, 4 et 13 mésor; les quatre premiers sont empruntés de Pétau; Fabricius les place un jour plus tard. Avec huit degrés et demi, on obtient les 7, 15, 24 épiphi, et 12 mésor.

6°. β *du cocher.*

Pour l'étoile de l'épaule orientale d'Héniochus, le coucher du matin est porté pour 13 heures et demie jusqu'à 15 et demie, aux 13, 18, 23, 28 choïac et 5 tubi; l'arc moyen de vision donne les 15, 19, 24, 30 choïac et 8 tubi.

Le lever du matin est donné, pour 15 heures et demie et 15, aux 6, 18 (f. 20) pachon, au 24 sans heure, et pour 13 et demie au 1 payni. L'arc de vision de 14 degrés, donnant pour 15 heures et demie jusqu'à 13 et demie, les 3, 16, 24, 28 pachon et 2 payni, il faut suppléer une date pour 14 heures, entre le 24 pachon et le 1 payni.

Le coucher du soir, pour 13 heures et demie jusqu'à 15 et demie, est aux 23, 25, 28 pachon, (p. 5) payni; l'arc moyen de vision de 14 degrés donne les 23, 26, 29 pachon 2, 6, payni.

Le lever du soir se trouve pour 15 et demie jusqu'à 13 heures et demie, aux 30 mésor, 21 thoth, 8 (p. 7), 20 et 28 (p. 30) phaophi. Pour 8 et demi degrés, les dates sont les 2ᵉ épagomène, 21 thoth, 8, 20 et 29 phaophi.

7°. α *des gémeaux.*

L'étoile de la tête du gémeau occidental a son lever vespertinal, pour 15 et demie jusqu'à 13 heures et demie, aux 18, 23, 28 athyr, 2 et 5 choïac. Avec 8 degrés et demi, se trouvent les 17, 23, 28 athyr, 1 et 4 choïac.

Le coucher matutinal est mis pour 13 et demie jusqu'à 15 heures et demie, aux 2, 5, 8, 12 (p. 11 et 16 tubi. L'arc de vision, de 8 degrés et demi, donne les 4, 6, 9, 13 et 17 tubi.

Le coucher du soir est marqué pour 15 heures et demie jusqu'à 13 et demie, aux 10, 11, 12, 13 et 14 payni. L'arc de vision de 14 degrés, donne pour 15 heures et demie, le 12 payni, et pour les quatre autres heures, le 13. Le léver du matin est, autant qu'on peut l'inférer des dates qui rentrent l'une dans l'autre, chez Pétau et Fabricius, posé pour les 6, 7, 8 et 9 épiphi. Les heures sont incertaines. A 14 degrés répondent 13 et demie, 14 et 14 heures et demie pour le 5 épiphi, 15 heures pour 6, et 16 et demie pour le 7. Il paroît donc que Ptolémée aura écrit 13 et demie et 14 heures pour le premier de ces quatre jours, et 14 et demie jusqu'à 15 et demie pour les trois suivans consécutivement.

8°. β *des gémeaux*.

L'étoile de la tête du gémeau oriental a son lever du soir, indiqué pour 15 heures et demie jusqu'à 13 et demie, aux 30 athyr, 4, 7, 9, 11 choïac, au lieu desquels, l'arc de 8 degrés et demi donne les 29 athyr, 2, 5, 7 et 9 choïac.

Le coucher du matin s'offre pour 13 heures et demie jusqu'à 15 et demie, aux 4, 6, 8, 11 et 14 tubi. A 8 degrés et demi, toutes ces apparitions sont plus tardives d'un jour.

Le coucher du soir vient, pour 15 et demie jusqu'à 13 heures et demie, aux 10, 11, 12, 13, 14 payni. A l'arc de vision de 14 degrés, les trois premières dates sont plus grandes d'une unité.

Le lever du matin paroît placé aux 12, 13, 14, 17 épiphi, les heures ne s'y accordent pas à 14 degrés, le lever pour 13 heures et demie et 14, étant le 11 épiphi; et pour les trois autres heures, les 12, 13 et 14. Je crois que Ptolémée a assigné les heures 13 et demie, 14, 14 et demie et 15 et demie, aux dates ci-dessus, et qu'il y en a une qui est omise avec 15 heures, entre les 14 et 17 épiphi.

9°. α *de la balance*.

La brillante de la serre australe a son coucher du soir pour 15 heures et demie, jusqu'à 13 et demie, marqué aux 6, 12, 17, 21, 25 thoth. Pour 14 degrés, les quatre dernières dates croissent d'une unité.

Le lever du matin ne se trouve donné qu'aux 1 et 2 athyr pour 13 et demie, 14 et 15 heures. Les levers se suivent effectivement dans l'espace de deux jours en 4 degrés pour 13 heures et demie, 14 et 14 heures et demie au 30 phaophi, et pour 15 heures et demie au 1 athyr; il n'y a donc aucun doute que Ptolémée n'ait ajouté un τὸ αὐτὸ aux heures 14 et 15 et demie qui manquent, aux deux jours du calendrier.

Le lever du soir n'est rapporté aussi qu'aux 6 et 7 pharmouthi, au premier pour 15 heures et demie, au second pour 13 et demie; au 18 pharmouthi où Fabricius met encore cette apparition, il faut sans doute lire βορείου pour νοτίου, et au contraire νοτίου pour βορείου ; nous aurions ainsi cette apparition en trois jours, les 4, 6 et 7 pharmouthi. A 8 degrés d'arc de vision, on a pour 15 et demie et 15 heures, le 5 pharmouthi, et pour les trois autres heures, le 6. Ainsi, il paroît qu'il manque un τὸ αὐτὸ aux 6 et 7.

Le coucher du matin est indiqué pour 13 et demie jusqu'à 15 heures et demie, aux 27, 29 pharmouthi, 1, 5 et 8 pachon. Au 10, où Pétau met encore cette apparition, il faut sans doute lire avec Fabricius βορείου pour νοτίου. L'arc de vision de 8 degrés et demi donne les 29 pharmouthi, 1, 4, 7 et 11 pachon.

10°. β *de la balance.*

La brillante de la serre boréale a son coucher du soir pour 15 heures et demie jusqu'à 13 et demie, indiqué aux 2, 4, 6, 7 et 8 phaophi. L'arc de vision, de 14 degrés, le donne généralement de deux jours plus tard.

Le lever du matin est donné à des heures incertaines, les 3, 4 et 5 athyr. Comme à l'arc de 14 degrés, la seconde de ces dates se montre pour 13 et demie et 14 heures; la troisième pour 14 et demie et 15 heures, et la quatrième pour 15 et demie; je crois que la première doit être 13 et demie, la seconde 14 et demie, et la troisième 15 et demie, et qu'au 3 athyr il faut suppléer ὥρα ιγʹ τὸ αὐτὸ ; et au 4, ὥρα ιε τὸ αὐτὸ ; à 14 heures *de même*, et à 15 heures *de même*.

Le lever du soir vient, en des heures variables, aux 4, 8, 9, 10 et 11 pharmouthi. Le premier lever qui ne se lit que dans Fabricius, appartient probablement au bassin austral; il paroît au contraire, qu'on doit lire au 10 pharmouthi βορείου χηλῆς deux fois, la première avec ὥρα ιγʹ Sʺ, la seconde avec ὥρα ιγʹ. A 8 degrés et demi d'arc de vision, se montrent pour 15 demie jusqu'à 13 heures et demie, les 6, 7, 8, 9 pharmouthi.

Le coucher du matin est marqué aux 10, 14, 25 pachom pour 13 heures et demie, et au 1 payni pour 15 et demie. Comme pour 13 heures et demie jusqu'à 15 et demie, les dates sont les 12, 16, 21, 27 pachom et 5 payni, il est évident que le lever pour 14 heures et demie manque, et qu'il a dû être placé par Ptolémée au 19 ou au 20 pachom.

11°. *Antarès.*

Son coucher du soir est marqué aux 22, 29 thoth, et 6, 12, 17 phaophi, avec des heures croissantes; mais les heures doivent diminuer de 15 et demie à 13 et demie, et viennent pour l'arc de vision, de 14 degrés, aux 23 thoth, 2, 8, 13 et 17 phaophi.

Le lever du matin est marqué pour 13 heures et demie jusqu'à 15 et demie, aux 25, 26, 27, 28 et 29 athyr. Pour 14 degrés, les dates sont en général moindres d'une unité.

Le lever du soir ne se montre qu'aux 3 et 4 pachom, sans heure adjointe. Comme pour 8 degrés et demi, la date de tous les cinq levers est le pachom, il faut donner à ces deux jours les heures respectives en proportion croissante, savoir : 13 et demie et 14 heures au 3 pachom, et les 3 heures restantes au 4, car les mots ὥρᾳ ιε̄ dans Pétau, et ὥρᾳ ιδ̄ ∠″ dans Fabricius, immédiatement après *Antarès se lève le soir*, ὁ ἀνταρῆς ἑσπέριος ἀνατέλλει, au 4 pachom, montrent bien qu'on a omis deux fois le τὸ αὐτό.

Le coucher du matin se trouve assigné dans Pétau aux 18, 19, 20 et 21 pachom, et dans Fabricius aux 18, 21, 22 et 23, avec des heures qui croissent depuis 13 et demie jusqu'à 15 et demie. Il n'y a pas moyen de décider quelles sont dans ces six heures, les cinq qui ont été choisies par Ptolémée. Pour l'arc de vision, de 8 degrés et demi, on trouve les 19, 20, 21, 22 et 24 pachom.

12°. α *du sagittaire.*

L'étoile du genou du sagittaire a son coucher du soir, pour 15 heures et demie jusqu'à 13 et demie, indiqué aux 18 thoth, 11, 27 phaophi, 5 et 13 athyr. A l'arc de 14 degrés, viennent les 15 thoth, 8, 24 phaophi, 5 et 12 athyr.

Le lever du matin est marqué en 7 jours, dont les 6, 12, 18 tubi et 1 méchir s'accordent avec ceux qui se voient dans Fabricius et Pétau ; mais les 25 tubi et 6 méchir ne se voient que dans Fabricius, et le 9 méchir dans Pétau. De ces sept dates, dont deux sont superflues, les 6, 12, 18 tubi et 9 méchir approchent le plus de celles qui conviennent à la valeur moyenne, 14 degrés d'arc de vision, pour lequel les vraies dates sont les 7, 12, 19, 28 tubi et 11 méchir ; leurs heures respectives doivent croître depuis 13 et demie.

Le coucher du matin se montre pour 15 heures et demie jusqu'à 13 et demie, aux 29 pachom, 6, 9, 12, 15 payni ; les dates trouvées pour 8 degrés et demi, savoir : les 16 et 28 pachom, 5, 10 et 14 payni, s'en écartent beaucoup.

Le lever du soir est, pour 13 heures et demie jusqu'à 15 et demie, lié aux 15, 18, 20, 24 et 29 payni ; ces dates sont empruntées de Fabricius qui les fait d'une ou deux unités, plus fortes qu'elles ne sont dans Pétau. Pour l'arc de vision, de 8 degrés et demi, viennent les 16, 19, 23, 28 payni et 3 épiphi.

13°. η d'orion.

L'étoile du milieu de la ceinture d'orion a son coucher matutinal, pour 15 heures et demie jusqu'à 13 et demie, aux 20, 21, 24, 26 et 29 athyr. Le coucher au 28 athyr dans Pétau, avec un faux nombre de 15 heures et demie, est sans doute celui du 29. Avec l'arc de vision, de 8 et demi degrés, on obtient les dates qui viennent d'être indiquées, excepté la seconde, pour laquelle on trouve le 22.

Le lever vespertinal se trouve placé, pour 13 heures et demie jusqu'à 15 et demie aux 30 athyr, 4, 7, 10 et 13 choïac. A 8 degrés et demi, toutes ces dates croissent d'une unité.

Le coucher vespertinal est donné pour 15 heures et demie jusqu'à 13 et demie, aux 24, 27 pharmouthi, 1, 4, 7 pachom. Avec 14 degrés, on obtient les 24, 26, 29 pharmouthi, 3 et 6 pachom.

Le lever du matin est marqué pour 13 heures et demie jusqu'à 15 et demie, aux 1, 6, 11, 17 et 23 épiphi. Au lieu de ces deux dernières dates, Pétau lit, le 16 et le 22. Avec 14 degrés, se trouvent les 3, 9, 14, 20 et 26 épiphi.

14°. γ d'orion.

L'étoile de l'épaule occidentale d'orion a son coucher du matin, pour 15 heures et demie jusqu'à 13 et demie, posé aux 20, 21, 22, 23 et 25 athyr, pour lesquels 8 degrés et demi donnent les 21, 22, 24, 25 et 27 athyr.

Le lever du soir est mis pour 13 heures et demie jusqu'à 15 et demie, aux 26, 28, 30 athyr, 3 et 5 choïac. Fabricius met encore un lever au 4 choïac; mais il y faut sans doute lire ἑπομένῳ, oriental, au lieu de ἡγουμένῳ, occidental, ce qui rend identiques le 2ᵉ et le 3ᵉ levers en cette date. Avec 8 degrés et demi, se trouvent les 24, 26, 28, 30 athyr et 2 choïac.

Le coucher du soir pour 15 heures et demie jusqu'à 13 et demie, se fait les 26, 29 pharmouthi, et les 2, 4, 7 pachom. Avec 14 degrés, on obtient les 25, 27, 29 pharmouthi, 2 et 5 pachom.

Le lever du matin est pour 13 heures et demie jusqu'à 15 et demie, aux 21, 25, 29 payni, et 5, 11 épiphi; les trois premières dates sont, dans Pétau, les 19, 24 et 29 payni. Pour 14 degrés, se montrent les 25, 30 payni, 6, 12 et 17 épiphi.

15°. α de l'hydre.

Le coucher du matin, de la brillante de l'hydre, se trouve pour 15 heures et demie jusqu'à 13 et demie, attaché aux 14, 16, 19, 21 et 23 tubi, pour lesquels 8 degrés et demi donnent les 11, 14, 16, 19 et 22 tubi.

Le lever du soir est, pour 13 heures et demie jusqu'à 15 et demie, mis aux 22, 24, 25, 26 et 28 tubi. Avec 8 degrés et demi, on obtient les 21, 24, 26, 28 et 29 tubi pour dates.

Le coucher du soir est marqué pour 15 heures et demie jusqu'à 15 et demie, aux 9, 14, 18, 24 et 29 payni; les quatre dernières apparitions sont empruntées de Pétau, qui les fait arriver un ou deux jours plus tôt que Fabricius. L'arc moyen de vision de 14 degrés donne les 8, 14, 19, 24 et 29 payni.

Le lever du matin paroît, pour 13 et demie heures jusqu'à 15 et demie, les 22, 24, 27, 29 mésor, et 1 épagomène. Avec 14 degrés, on obtient les dates 22, 25, 28 mésor, et 3e épagomène.

Le texte du calendrier de Ptolémée, et en grande partie le commentaire dont je le fais suivre, étoient déjà imprimés, lorque je reçus la traduction dont j'ai parlé dans mon mémoire (p. 5) faite par Frédéric Bonaventure, et que M le bibliothécaire Reuss m'envoyoit de la bibliothèque de l'Université de Gottingue. Elle a pour titre : *Claudii Ptolomœi inerrantium stellarum apparationes ac significationum collectio, Libellus mirè elegans atque ad aeris praevidendas mutationes omninò necessarius, antehac nunqurm impressus. A Federico Bonaventura urbinate latinitate donatus, scholiisquè nonnullis illustratus. Item libelli duo, alter ex columella, alter ex plinio excerpti, de inerrantium stellarum significationibus. Urbini* 1592. 4°. M. Reuss joignit à cet envoi deux autres écrits, comme complémens, l'un sous le titre commun : *Federici Bonaventuræ urbinatis anemologiae pars prior. Urbini* 1593. Je les ai parcourus avec attention, et je vais donner ce que leur lecture m'a fourni de propre à restituer le texte de Ptolémée dans sa première pureté. Le manuscrit dont Bonaventure s'est servi, présente avant le texte donné par Pétau dans son *uranologion*, de même que celui d'Oxford comparé par Fabricius, la plupart des apparitions que contient le catalogue des variantes publié par celui-ci en très-grande partie, aux mêmes jours, et avec les mêmes nombres d'heures. Il n'est pourtant pas aussi complet que Fabricius l'assure. Car je trouve que parmi les apparitions qu'il présente en commun avec Pétau, il en manque trentre-trois, et qu'il y manque vingt-cinq de celles qui ne se rencontrent que dans Pétau. Elle ne donne que quatre de celles qui manquent dans le texte que j'ai rassemblé; il manque donc encore trente-cinq apparitions qui sont :

1). Au 16 athyr, un coucher de la claire des hyades, de plus que dans Fabricius, car il est dit en ce jour : *Hor.* 13, 30, *fulgens hyadum manè occidit. Hor.* 14, 30, *idem sideris aspectus. Hor.* 15. *idem sideris aspectus,*

2.) Au 27 choïac, le coucher vespertinal de la brillante de l'aigle, qui manque dans Pétau et Fabricius, est bien indiqué, mais sans l'heure convenable qui est 13 et demie.

3). Au 7 phamenoth vient deux fois le lever vespertinal de l'épi, comme trace de ce qui originairement a dû être placé à ce jour. On lit à chacune 13 heures et demie, il faut 14 et demie ou 15 et demie heures pour une des deux fois.

4) Au 5 épiphi le lever matutinal de l'étoile de la tête du gémeau précédent est marqué deux fois, l'une avec 13 heures et demie, l'autre avec 14 heures, comme je m'y attendois.

On trouve çà et là des particularités différentes de celles du texte, quelquefois moins justes, et d'autre fois aussi plus exactes. Je ne parlerai ici que des fautes les plus remarquables. Au 21 thoth; au lieu de : *la brillante de la serre australe*, on lit : *La brillante du poisson austral.* Au 18 phaophi, au lieu de : *Se couche le soir*, on lit : *Se lève le matin.* Au 16 choïac, pour : *Se leve le matin*, *se couche le matin.* Au 19 de ce mois, on lit : *quæ in extrema borea chele duarum lucens vesperi occidit*, mais il ne peut y avoir en ce jour aucune apparition de la brillante du bassin boréal. Au 4 tubi, on voit *præcedentis geminorum*, au lieu de *sequentis* qui devroit y être, sinon, il manqueroit un coucher matutinal du gémeau suivant, et il y en auroit un de trop du gémeau précédent. Au 1 pachon, *se lève* pour *se couche* le soir; et deux fois *l'étoile du milieu de la ceinture d'orion*, l'une de ces deux fois au lieu de : *la brillante de la serre australe.* Au 17 pachon est le coucher vespertinal de la brillante de l'épaule suivante d'orion, répété du jour précédent. Le lever matutinal de la brillante des hyades, mis par l'étau au 20 payni, est placé deux fois consécutives aux 21 et 22, l'une des deux avec l'heure fausse 13 heures et demie. Au 24 du même mois, se voit *hyadum* pour ὑδροῦ. Au 15 épiphi, le lever vespertinal de la brillante de persée est répété du précédent.

Ce qu'il y a de mieux que dans le texte que j'ai rassemblé, c'est tout ce qui suit : Le lever vespertinal de l'étoile de la tête du gémeau précédent mis au 17 athyr, et non au 18. Au 28 de ce mois, manque le coucher matutinal de l'étoile du milieu de la ceinture d'orion. Les apparitions des 5, 14 et 20 méchir, sont aux 4, 13 et 19. Au 16 phamenoth, manque le coucher vespertinal d'arcturus; et au 9 pharmouthi, le lever vespertinal de la brillante de la lyre, dont le lever vespertinal au 7 pachon est mieux placé qu'au 8. Le coucher matutinal d'arcturus n'est qu'au 16 pachon, et non au 15, et avec l'heure véritable de 13 heures et demie. Plusieurs nombres d'heures, fautifs dans le texte grec, sont plus exacts dans le latin de Bonaventure, non qu'il les ait corrigés; autrement, pourquoi n'en auroit-il pas également corrigé bien d'autres aussi faux, et n'auroit-il pas suppléé ceux qui manquent encore? Voici une liste complète de ces nombres plus exacts :

Thoth 6, avant le coucher vespertinal de la belle étoile du bassin austral, est l'heure de 15 et demie; 29, 14 heures et demie est suppléé avant arcturus. Athyr

20, le coucher matutinal de la claire de persée est marqué à 14 heures ; 27, avant la claire du cygne, l'heure de 15 et demie qui manque, est suppléée. Choïac 2, le lever vespertinal de la belle de l'épaule suivante d'orion est à 14 heures ; 10, le lever vespertinal de l'étoile du milieu de la ceinture d'orion est marqué à 15 heures. Tubi 4, l'heure de 13 et demie est juste, en y changeant *præcedentis* en *sequentis* qu'il faut. Phamenoth 1, le lever matutinal de l'étoile de la tête d'andromède, est marqué à 14 heures et demie. Le coucher vespertinal de cette étoile revient deux fois consécutivement, au 9 et au 10, la première avec l'heure de 15 et demie qui est juste, la seconde avec 13 et demie qui est fausse. Il faut effacer l'une des deux. 14, le lever vespertinal de la belle de la couronne boréale est placé à 15 heures. 18, le coucher matutinal de β du lion est marqué à 14 heures ; 21, le lever matutinal de la claire de persée est indiqué pour 14 heures et demie. Pharmouthi 10, l'heure 14 est devant le lever vespertinal de la belle étoile du bassin boréal ; 15 heures devant le lever vespertinal de la brillante de la lyre ; 20, 14 heures devant : coucher vespertinal de canopus ; 15 heures devant : coucher vespertinal de l'étoile du pied d'orion ; 26, 4 heures devant : coucher vespertinal de la claire de persée et de la brillante des hyades ; 29, 14 heures devant : coucher matutinal de la brillante du bassin austral. Pachon 5, coucher matutinal de cette même étoile à 5 heures ; 16, coucher vespertinal de la belle étoile de l'épaule suivante d'orion, à 13 et demie ; 17, lever vespertinal de l'étoile du centaure à 14 ; 29, coucher matutinal de la brillante du sagittaire, à 15 heures et demie ; 30, lever vespertinal de la brillante du cygne, à 14. Payni 6, coucher vespertinal de l'étoile de l'épaule suivante du cocher à 15 heures et demie ; 7, lever matutinal de la brillante des hyades à 14, et coucher matutinal d'arcturus à 14 et demie ; 12, lever matutinal de la brillante des hyades à 14 et demie ; 14, coucher vespertinal de l'étoile de la tête du gémeau suivant à 13 et demie ; 15, coucher matutinal de la brillante du sagittaire à 13 et demie ; 17, coucher matutinal d'arcturus à 15 ; 20, lever vespertinal de la brillante du sagittaire à 14 et demie ; 25, lever matutinal de l'étoile de l'épaule précédente d'orion à 14 ; 30, lever matutinal de cette même étoile à 14 et demie. Epiphi 5, lever matutinal de l'étoile du pied d'orion à 14 ; 6, lever matutinal de l'étoile du milieu de la ceinture d'orion à 14 ; 7, lever vespertinal de elle de la tête d'andromède à 15 demie ; 12, lever matutinal de l'étoile du pied d'orion à 14 et demie ; 17, lever matutinal de l'étoile du milieu de la ceinture à 15 ; 23, son apparition à 15 et demie. Mésor 2, coucher matutinal de la brillante de l'aigle à 14 ; 4, lever vespertinal de l'étoile de la tête d'andromède, à 14 heures.

RECHERCHES HISTORIQUES

SUR

LES OBSERVATIONS ASTRONOMIQUES

DES ANCIENS,

TRADUITES DE L'ALLEMAND DE M. IDELER,

PAR M. L'ABBÉ HALMA.

INTRODUCTION.

Les phénomènes célestes dont le souvenir s'est conservé depuis les temps anciens, nous ont été transmis par les historiens, ou ils ont été observés et décrits avec soin par les astronomes. Les premiers ne peuvent inspirer qu'un intérêt purement historique ; les derniers seuls méritent toute l'attention des astronomes.

Mais la méritent-ils même à présent, que des instrumens plus parfaits nous ont mis en état de faire les observations les plus délicates dans tous les genres ? C'est ce qu'on ne peut nier. Ptolémée (1) a déjà fait la remarque très-juste, que pour déterminer les mouvemens périodiques des corps célestes, il faut comparer les observations les plus anciennes que l'on pourra trouver, avec les plus nouvelles, et distribuer les erreurs inévitables, sur une plus grande suite d'années, afin de diminuer par cette répartition égale, leur influence sur chacune en particulier; pratique qui a souvent été répétée depuis, et toujours avec avantage. C'est ainsi que Lalande a comparé les équinoxes d'Hipparque à ceux des temps modernes (2), et en a conclu la durée de l'année tropique avec une précision et une certitude qui ne pouvoient s'obtenir qu'en comparant entr'elles des observations prises à une aussi grande distance les unes des autres. Il arrive d'ailleurs certains changemens dans le ciel, qui se font avec tant de lenteur, qu'ils ne deviennent sensibles qu'après plusieurs siècles, et qu'ils ne peuvent être vérifiés et déterminés que par la comparaison des observations anciennes avec les plus nouvelles. Halley a ainsi découvert l'accélération du mouvement moyen de la lune, dont la théorie de la gravitation universelle rend présentement raison.

S'il est donc prouvé que les observations des anciens sont aujourd'hui encore d'une utilité décisive, il s'ensuit que l'ouvrage auquel nous devons leur conservation, mérite toute notre estime. Je parle de la composition astronomique de Ptolémée, généralement connue sous le nom d'Almageste que les Arabes lui ont donné ; et même indépendamment des avantages qu'il peut encore procurer à la science, il est sans contredit un des restes les plus précieux de l'antiquité grecque. Il nous fait connaître les théories sinon toujours justes, au moins toujours ingénieuses des astronomes grecs, les instrumens dont ils se servoient pour leurs observations, leurs méthodes aujourd'hui encore usitées en partie, leurs tables, enfin leurs efforts et les services qu'ils ont rendus à une des plus importantes branches des connaissances humaines, et dont on n'auroit sans lui qu'une idée très-imparfaite. Cet ouvrage enfin a propagé la science de l'astronomie dans la période obscure du moyen âge ; il a réveillé le zèle des Arabes, il a été la première base de leurs tra-

(1) Comp. Mathém. L. III.

(2) Durée de l'année solaire. M. de l'Acad. 1782.

vaux, et c'est sur ce fondement que s'est élevé de nos jours le magnifique édifice de l'astronomie : titres, certes, bien suffisans pour mériter notre attention et notre reconnoissance.

Il paraîtra sans doute bien étrange au premier coup-d'œil, que cet ouvrage ait été si fort négligé dans les derniers temps. Le texte grec original n'a été imprimé (1) qu'une seule fois très-incorrectement sur un seul manuscrit, et cet imprimé est lui-même devenu une rareté typographique. Les deux traductions latines, dont l'une a été faite sur une version arabe, et l'autre par George de Trébizonde sur le grec, sont remplies de fautes et presqu'absolument inintelligibles. La (2) dernière qui a été imprimée plus d'une fois, est ordinairement citée par les astronomes, et a souvent causé bien des erreurs qu'on auroit évitées par une simple comparaison avec l'original. L'Almageste de Ptolémée n'avoit encore été traduit en aucune langue moderne, si l'on en excepte quelques morceaux détachés. Tout ce que l'on a jamais fait pour en éclaircir le texte, il faut le chercher dans les écrits des astronomes. Les littérateurs, de leur côté, n'ont fait aucune attention à Ptolémée, tandis qu'ils ont souvent prodigué toute leur érudition à d'insignifiantes productions de la littérature grecque, qui, par un singulier caprice du sort, sont venus jusqu'à nous.

Mais on reviendra bientôt de cet étonnement, si l'on considère combien il est rare qu'au point où sont parvenues aujourd'hui les sciences et les lettres, un seul homme possède assez la connoissance des langues et celle de l'astronomie, pour la traduction d'un pareil ouvrage. (3) Que l'on réfléchisse seulement aux difficultés que l'obscurité du texte, l'incorrection des manuscrits et leur rareté, opposent à un éditeur ; que l'on se représente enfin le peu de profit qu'auroit à se promettre d'un si pénible travail, celui qui oseroit l'entreprendre. Une édition du texte grec, proportionnée au degré où se sont élevées aujourd'hui l'astronomie et la critique, pourroit donc être encore longtemps l'objet de nos vœux (4). Mais cela ne doit pas empêcher les philologues et les astronomes qui embrassent toute l'étendue de la science dont ils font profession, d'accueillir des travaux qui

(1) Cette édition grecque est de Simon Grynœus, avec onze livres de commentaires grecs de Théon, A Bâle, chez J. Walder. 1538.

(2) A Venise, 1527. A Bâle, 1541 et 1551, in-fol. Cette dernière est d'Oswald Schreckenfuchs, sous le titre *Cl. Ptolemæi Pelus, Alexandr.* etc.

(3) Le manuscrit d'où l'on a tiré le texte imprimé, ne se trouve pas à Nuremberg, suivant le journal astronomique de M. Zach, v. XV., *pag.* 568. On ne sait pas où il existe. Grynœus n'en dit rien dans sa préface. Le manuscrit du cardinal Bessarion, qu'on garde à Nuremberg, contient seulement le commentaire de Théon.

(4) Ces vœux viennent d'être remplis par la traduction française de M. Halma, publiée avec le texte en regard, à Paris, en 1816, en 2 vol. in-4°. ; chez Rey et Gravier, libraires.

ont pour but d'expliquer ce monument important de l'ancienne astronomie, et c'est ce que je me propose dans cet écrit.

Il contient des recherches sur les différentes ères qui nous sont étrangères et que nous rencontrons dans l'Almageste; leur but est d'en découvrir l'origine et la nature, de les comparer entr'elles et avec le calendrier Julien usité parmi nous; en un mot, d'éclaircir la chronologie de Ptolémée, autant qu'il est possible de le faire par le calcul astronomique, et par la juste application des passages des anciens auteurs, qui s'y rapportent.

Ces recherches seront utiles, je l'espère, non seulement aux astronomes qui veulent faire usage des observations des anciens, et qui doivent pour cela être bien instruits de leurs manières de calculer les temps, mais encore aux antiquaires qu'elles ne peuvent manquer d'intéresser sous le rapport des époques de la chronologie ancienne qu'elles embrasseront.

(1) Les ouvrages de Joseph-Scaliger, de Pétau, de Marsham, de Dodwell, de Fréret, et beaucoup d'autres écrits sur différens points particuliers de la chronologie, et que je citerai en leurs lieux, ont été pour moi la matière de bien des travaux préparatoires et de comparaisons; mais les personnes versées dans ce genre de connoissances verront bientôt que je n'ai procédé que d'après une méthode à moi, et que je n'ai rien décidé que sur l'évidence à laquelle mes recherches me conduisoient, sans déférer à aucune autre autorité.

Nous trouvons dans l'antiquité presqu'autant d'ères différentes que de peuples. Cette variété étoit cause que les anciens astronomes n'avoient pas l'avantage de pouvoir assigner les temps de leurs observations, d'une manière qui fût généralement usuelle, ou même intelligible. Chacun suivoit la coutume de son pays, et c'est ce qui devoit naturellement rendre très-difficile la comparaison des observations faites en divers lieux. Ptolémée eut besoin de la faire, cette comparaison, pour la composition de son Traité d'Astronomie. Il fallut donc qu'il commençât par réduire la masse des observations qu'il avoit recueillies, à une mesure uniforme du temps, et dans cette vue il choisit l'année égyptienne et l'ère de Nabonassar.

Pour mettre ses lecteurs en état de juger de la justesse de ses réductions, il cite presque toujours les ères primitives employées par les astronomes, telles qu'il les trouvoit rapportées. On va voir par le catalogue suivant de toutes les observations

(1) *Josephi Scaligeri opus de Emendatione temporum.* Gen. 1626, in-fol., et *Isagagici chronologiæ Cananes in Thes. Temp. Euseb.* Amst. 1658, in-fol.
Dionysii Petavii opus de Doctrina Temporum, et uranologium. Antwerp., 1705, 3 vol. in-fol.
Joh. Marshami chronicus canon Ægyptiacus, Ebraicus, Græcus. Lond., 1672, in-fol.
Henrici Dodwell de veteribus Græcorum Romanorumque Cyclis, Diss. X. Oxon., 1701, in-4°., et *Diss. Cypr.* 1684, in-4°.
Œuvres complettes de Fréret. *Paris* 1796, in-12, et Mém. de l'Acad. des Inscript.

contenues dans son ouvrage, combien de sortes de dates il y a insérées en suivant cette marche.

Sept éclipses de lune observées par les Chaldéens (L. IV. et V.), sont marquées seulement par des dates égyptiennes et des années de rois de Babylone. Trois autres, mais postérieures (L. IV), sont au contraire désignées par des mois attiques et des archontes, mais en même temps aussi, comme toutes les autres observations où je ne le dis pas expressément, par des dates égyptiennes.

Un solstice d'été observé à Athènes par Meton et Euctémon (L. III), est rapporté sous une date égyptienne, et sous l'archontat d'Apseude.

Quatre occultations d'étoiles observées à Alexandrie par Timocharis (L. VII.), sont désignées par des mois et des années de la première période Calippique. (1)

Une observation de Vénus par ce même astronome (L. X.), est sous une date égyptienne, et de la 13e. année de Ptolémée Philadelphe.

Un solstice d'été observé par Aristarque (L. III.), est marqué de la 50e. année de la première période Calippique, et de la 44e. de l'ère de Philippe.

Sept observations de Mercure, de Mars et de Jupiter (L. IX, X, XI), faites probablement à Alexandrie, on ne sait pas précisément par qui, mais rapportées suivant une supputation de temps introduite par Denys.

Trois observations de Mercure et de Saturne (L. IX et XI), faites à Babylone, avec des dates macédoniennes et des années de l'ère chaldaïque.

Trois éclipses de lune observées à Alexandrie (L. IV.), marquées sous des dates égyptiennes et des années de la *seconde* période de Calippe; et une autre éclipse de lune observée dans cette même ville (L. VI), sous une date égyptienne, et la septième année de Ptolémée Philométor.

Neuf observations d'équinoxes de printemps et d'automne, faites par Hipparque à Alexandrie (L. III.), accompagnées de dates égyptiennes et d'années de la 3e. période Calippique, et en partie aussi, d'années de l'ère de Philippe.

Une éclipse de lune (L. VI.) observée probablement à Rhodes, par le même, et mise sous une date égyptienne, à la 37e. année de la 3e. année Calippique.

Trois observations de la lune faites pareillement à Rhodes par le même (L. V.), avec des dates égyptiennes; l'une de la 51e. année de la 3e. période Calippique, et les deux autres, de la 197e. année de l'ère de Philippe.

Une occultation des Pléïades (L. VII.), observée par Agrippa, en Bithynie, est désignée par une date bithynienne, et la 12e. année de Domitien.

(1) Il faut sans doute écrire Callippe, quoiqu'on trouve toujours Calippe dans l'Almageste de Ptolémée. L'analogie et l'autorité d'Aristote et d'autres écrivains le demandent. Calippe est probablement une faute des copistes. Quoiqu'il en soit, comme Géminus s'accorde avec les manuscrits de l'Almageste, grecs, arabes et latins à écrire Calippe, nous nous y tiendrons.

Deux occultations d'étoiles fixes observées par Ménélas à Rome (L. VII.), avec des dates égyptiennes, et de la première année de Trajan.

Quatre observations des deux planètes inférieures faites par Théon l'ancien; probablement à Alexandrie (L. IX. et X.), sous des dates égyptiennes, et des années d'Adrien.

Enfin les observations de Ptolémée à Alexandrie : savoir, quatre éclipses de lune (L. IV.), une comparaison du soleil avec la lune (L. V.), une observation méridienne de la lune (L. V.), une comparaison de Régulus avec le soleil et la lune (L. VII.), trois équinoxes (L. III.), un solstice d'été (L. III.), et vingt-six observations de planètes (L. IX., X. et XI.), toutes avec des dates égyptiennes, et des années d'Adrien et d'Antonin.

Ajoutez à cela, pour compléter cette liste, des observations anciennes qui nous sont parvenues, une éclipse de soleil observée par le second Théon, à Alexandrie, 364 ans après la naissance de J. C., et sept observations faites par Thius à Athènes, vers l'an 500, et que Bouillaud nous a fait connaître dans son astronomie philolaïque. Théon marque le temps de son observation par une date de l'année vague égyptienne et fixe d'Alexandrie, et par l'ère de Nabonassar; et Thius marque les siennes par des dates de l'année d'Alexandrie, et par l'ère de Dioclétien.

Tant de différentes manières de supputer les temps, se réduisent à quatre : l'Egyptienne, la Grecque ou plutôt l'Attique, la Macédonienne et la Dionysiaque. Celle de Rome n'est pas employée dans l'Almageste. Je saisirai pourtant l'occasion d'en parler pour ne rien laisser à désirer sur la chronologie des principales nations de l'antiquité.

Je remarque d'abord que les chronologistes se servent généralement du calendrier Julien, même quand il s'agit des temps qui précèdent son introduction (en l'an 45 avant la naissance de J. C.); et véritablement, la forme d'année sur laquelle il repose, est fort propre à servir de mesure usuelle du temps, à cause de l'intercallation qui n'est jamais interrompue. Les années sont ordinairement marquées par la période Julienne qu'a proposée Joseph Scaliger; on sait qu'on entend par cette période une série de 7980 années juliennes après lesquelles reviennent les trois Cycles, celui du soleil qui est de 28 ans, celui de la lune qui est de 19, et celui de l'induction de 15. La naissance de J. C. se trouve à la fin de la 4713ᵉ. année de la période julienne, ensorte que la 4713ᵉ. année précède cette ère, et que la 4714ᵉ. la suit. Ainsi donc pour réduire les années de la période julienne à celles de l'ère chrétienne, il faut les retrancher de 4714, si elles sont moindres, ou en retrancher 4713, si elles sont plus grandes. Dans le premier cas, le résultat marque l'année avant la naissance de J. C.; et dans le second, il donne l'année qui la suit. Les astronomes comptent une année de moins que les chronologistes avant cette époque, parce qu'ils prennent l'année de la naissance de J. C. non comme 1, mais comme zéro.

Quoiqu'il fût bien à souhaiter que cette manière de compter les années avant la naissance de J. C., si commode pour les calculs astronomiques, et recommandée, pour la première fois, par Cassini le père, dans ses Elémens d'Astronomie, devînt plus générale, je n'ai pourtant osé hasarder dans un écrit historique en grande partie, de m'écarter de la route ordinaire des chronologistes et des historiens.

RECHERCHES HISTORIQUES

SUR

LES OBSERVATIONS ASTRONOMIQUES

DES ANCIENS.

ERE DES ÉGYPTIENS.

Ptolémée appelle égyptiennes les années qui servent de base à ses calculs astronomiques. Il est aisé de se convaincre par l'inspection de ses tables, que ces années étoient de 365 jours, c'est-à-dire, de 12 mois chacun de 30 jours, et de 5 jours complémentaires. (1) Le Florentin Averani a cherché, en comparant soigneusement toutes les supputations de temps qui se trouvent dans l'Almageste, à fixer l'ordre des mois égyptiens. Il auroit pu s'épargner cette peine, car dans les apparitions des étoiles fixes, petit ouvrage de Ptolémée sur lequel je reviendrai souvent, on trouve ces mois nommés suivant leur rang, ainsi que dans une épigramme ou inscription de l'Anthologie; je les donne ici avec l'indication du jour courant de l'année (2) auquel chacun d'eux commence.

Θωθ.	Thoth.	1
Φαωφί.	Phaôphi.	31
Ἀθὺρ..	Athyr.	61
Χοιὰκ.	Choiak.	91
Τυϐὶ.	Tybi.	121
Μεχὶρ.	Mechir.	151
Φαμενὼθ. . . .	Phamenôth.	181
Φαρμουθὶ. . . .	Pharmouthi.	211
Παχὼν.	Pachôn.	241
Παυνὶ.	Payny.	271
Ἐπιφὶ.	Epiphi.	301
Μεσορὶ. . . .	Mesori.	331
	Total des jours complets des mois,	361

(1) *Nicolai Averani D. de Mensibus Ægyptior. C. Gorio* ed. Flor. 1737, in-4°.

(2) *Analecta poetar. græcor. ed. Brunck*, vol. 2., pag. 510.

Pour désigner les années, Ptolémée se sert dans le canon des Rois, de l'ère de Nabonassar, à laquelle, par les observations astronomiques qui y sont liées, il a donné une certitude dont aucune autre manière de compter les temps chez les Anciens, ne peut se glorifier. Son époque ou le premier jour de thoth de la première année de Nabonassar, se rapporte selon le concert unanime des chronologistes, qui dans tout le reste sont très-rarement d'accord entr'eux, au 26 février de l'an 3967 de la période julienne, ou de l'an 747 avant la naissance de J. C. (1)

Pour l'éprouver, il ne faut que calculer une des observations rapportées dans l'Almageste, par exemple (L. IV.) la plus ancienne de toutes, celle de la première année du règne de Mardocempad à Babylone, 27ᵉ. de Nabonassar, le 29 thoth au soir. Si l'époque est juste, cette date doit coïncider au 19 mars, 721 avant la naissance de J. C. En effet, le calcul donne une éclipse totale de lune pour le soir de ce jour même ; car je trouve par les nouvelles tables du soleil, de Zach, et par les tables de la lune de Mayer, corrigées par Mason, dans l'astronomie de Lalande, que le 19 mars de l'année 720 (comptée astronomiquement) avant la naissance de J. C., la pleine lune après le ☊ a commencé à 6 heures 48' 55", temps moyen à Paris. J'ai donc pour cet instant :

Le lieu vrai de la lune dans l'écliptique.	5ˢ.	21°.	31.	17".
Latitude bor. de la lune.	0.	0.	9.	12.
Son augmentation horaire.	0.	0.	2.	54.
Le mouvement horaire du ☉.	0.	0.	2.	26.
Le mouvement horaire de ☾ dans l'écliptique.	0.	0.	31.	24.
Le demi diamètre du soleil.	0.	0.	15.	55.
Le demi diamètre de la lune.	0.	0.	15.	11.
La parallaxe horizontale de ☾.	0.	0.	55.	44.
Le demi diamètre corrigé de l'ombre terrestre.		0.	40.	57.
L'équation du temps.		+	10.	

Par conséquent :

— Commencement de l'éclipse à	4ʰ. 43'.	Temps vrai à Paris.
— De l'obscuration totale. . .	5. 48.	
— Milieu de l'éclipse.	6. 37.	
— Fin de l'obscuration totale. .	7. 26.	
— Fin de toute l'éclipse. . . .	8. 31.	

Si l'on fait, avec Beauchamp, la différence de temps entre Babylone et Paris, égale à 2ʰ. 47', le commencement de l'éclipse aura été pour le premier de ces lieux à 7ʰ. 30', et son milieu à 9ʰ. 24' du soir. Suivant Ptolémée, elle a commencé une heure après le lever de la lune, à Babylone, ou 4 heures et demie avant minuit, et le milieu deux heures plus tard.

(1) Par la naissance de J. C., l'auteur entend l'ère chrétienne. *Note du Traduct.*

Toutes les autres observations contenues dans l'Almageste, prouvent de même que l'ère de Nabonassar a commencé au 26 février julien. C'est ce que confirment évidemment les longitudes moyennes pour le midi du premier jour de l'ère, telles que Ptolémée les donne au soleil, à la lune et aux planètes, puisqu'il n'y a qu'un seul jour qui puisse satisfaire à toutes ces longitudes (1).

Quand l'Almageste dit des époques, ou des lieux moyens qui y sont désignés (2), tantôt qu'elles se rapportent à midi du 1 thoth de la première année de Nabonassar, tantôt au commencement du règne de Nabonassar, il est clair que ces expressions doivent signifier une seule et même époque de temps, de sorte qu'ainsi Ptolémée fixe le commencement de l'ère à midi; et qu'en outre, c'est du midi d'Alexandrie qu'il parle; ce qui est prouvé par la manière dont on voit par la comparaison des années avec les tables, qu'il compte les années, les jours et les heures écoulés depuis ces époques. Par exemple, dans l'éclipse de lune qui arriva la 127ᵉ. année de Nabonassar, dans la nuit du 27 au 28 athyr à 5 heures après minuit au méridien (3) d'Alexandrie, il compte depuis l'époque de la lune jusqu'à l'observation 126 années égyptiennes, 86 jours et 17 heures. Enfin on ne peut douter que ce ne soit le midi vrai, quand on examine de près sa théorie (4) astronomique. Or, comme Alexandrie est à 1 heure 51 minutes à l'orient de Paris, et que l'équation du temps pour l'an 747 avant la naissance de J. C. étoit (5), 17'; il s'ensuit que l'ère de Nabonassar a commencé ce jour-là à 10 heures 26' avant midi, temps moyen à Paris.

On voit que Ptolémée, dans son calcul astronomique, compte toujours les heures d'un midi à l'autre. Il le dit lui-même expressément dans le troisième livre où, pour ne pas avoir égard, dans l'équation du temps, à l'inégalité des jours provenant de l'ascension oblique, il ajoute : « Nous fixons les commencemens des nycthémères (jour et nuit consécutifs) dans les époques, aux instans de midi. » Il n'est pas aisé de savoir bien certainement s'il est le premier astronome qui ait commencé le jour à midi. On lit dans Pline l'ancien : « Les uns ont déterminé le jour d'une manière, et les autres d'une autre. Les Babyloniens le comptoient d'un lever du soleil au suivant; les Athéniens le limitoient entre deux couchers. Les Ombriens le prenoient de midi à midi. Le peuple, partout, le mesure par la lumière depuis l'aurore jusqu'aux ténèbres de la nuit. Les prêtres romains et ceux qui ont fixé

(1) Almageste, L. III., IV., IX., X., XI.

(2) Par le mot Epoque, les astronomes grecs entendent, comme ceux d'aujourd'hui, non seulement le commencement d'un certain temps, mais aussi le lieu qu'un corps céleste occupe alors en vertu de son mouvement moyen. *Voyez* le fragment de Théon sur le canon des Rois, dans les Dissert. cypr. de Dodwell.

(3) Alm. L. V.

(4) *Voyez* les éclaircissemens et additions ci-après.

(5) *Ibidem*.

le jour civil, et de même, Hipparque et les Egyptiens l'étendent de minuit à minuit. »
Il se peut qu'Hipparque, dans ses tables du soleil qui sont perdues avec la plupart de ses écrits, ait fixé les époques à minuit qui seroit ainsi le point d'où il commençoit le jour. Mais je doute qu'en cela il se soit conformé à l'usage des Egyptiens.

Ptolémée a vécu et écrit en Egypte, il aura certainement compté les jours civils à la manière des Egyptiens; or, son Almageste donne évidemment à connaître qu'il les date du matin. Par exemple, dans son Livre III, en parlant du solstice d'été que Méton et Euctémon ont observé à Athènes, 432 ans avant la naissance de J. C., le 27 juin à 6 heures du matin, il dit que ce solstice arriva le 21 phamenoth au matin; et quelques lignes après, il ajoute que ce fut au commencement de ce jour. Je crois donc que les Egyptiens ne commençoient leur jour ni à minuit, comme Pline le soutient (1), ni le soir, comme Servius (2) et Isidore (3) l'assurent, mais le matin.

Une chose met cette conjecture hors de doute; c'est que Ptolémée dans presque toutes les observations faites la nuit, surtout après minuit, mais non jamais dans celles du jour, même immédiatement après le lever du soleil, emploie une double date, celle de l'observation, et celle du jour qui commence avec le matin le plus proche. Par exemple (L. IX.), il dit d'une conjonction de Mercure avec β du Scorpion, qu'elle est arrivée dans la 504ᵉ. année de Nabonassar, du 27 ou 28 thoth, au crépuscule du mat[illegible] Au contraire, dans une observation de la lune, faite par Hipparque à Rhodes, la 620ᵉ. année de Nabonassar, peu de temps après le lever du soleil, il ne parle que du 16 épiphi (4). On voit donc que les jours par lesquels il date, doivent avoir commencé avec le lever du soleil. La raison pour laquelle il a donné une double date aux observations faites de nuit, c'est probablement pour que les Grecs qui commençoient le jour au coucher du soleil, et les Romains qui le commençoient à minuit, fussent toujours attentifs à l'usage différent chez les Egyptiens, et pour ne leur laisser aucune incertitude sur la nut qu'il vouloit spécialement désigner.

Quelque différence qu'il y ait entre ces peuples pour l'époque du jour civil, l'usage des heures est uniforme chez tous. Car ils donnèrent 12 heures au jour naturel ainsi qu'à la nuit, le commençant au lever du soleil et le finissant au coucher, et continuant de compter depuis le coucher jusqu'au lever, de sorte que le midi tomboit au commencement de la septième heure du jour; et minuit, au commencement de la septième heure de la nuit (5).

Ces heures qui se rencontrent chez les Babyloniens, les Juifs, les Egyptiens, les Grecs, les Romains, en un mot chez toutes les nations anciennes, et qui

(1) Hist. N. II. (2) *Serv. ad Virgil. Æn.* (3) Origin. (4) Alm. L. V.

(5) A la fin de la sixième et au commencement de la septième heure, dit Théon dans le fragment de son commentaire sur le canon, et dans celui sur l'Almageste.

viennent originairement de l'Orient (1), où elles étoient encore en usage du temps des astronomes arabes, sont de différente longueur, suivant la différence des saisons et des nations, et pour cette raison ne se prêtent pas au calcul astronomique qui suppose une division uniforme du temps. Le besoin qu'on a dû bientôt en éprouver, fit naître nos heures dont chacune est $\frac{1}{24}$ du nycthémère, ou de la révolution journalière apparente du soleil. Ces deux sortes d'heures se trouvent souvent dans les auteurs grecs sous les noms de temporaires et d'équinoxiales; et il est particulièrement nécessaire pour l'intelligence de l'Almageste, de se faire une idée de leur rapport.

Les heures temporaires étoient en usage dans la vie civile. C'est pourquoi elles sont mieux appelées civiles. Le nom de *planétaires* qu'elles portoient autrefois, est tombé avec l'astrologie, aux calculs trompeurs de laquelle il servoit. On distingue les heures *civiles* d'un nycthémère en deux portions comptées depuis 1 jusqu'à 12, de sorte que le lever et le coucher du soleil détermine le commencement de la première heure. La durée de ces heures dépend de la longueur du temps pendant lequel le soleil reste dessus ou dessous l'horizon, et doit être calculée en particulier pour chaque jour de l'année et pour chaque latitude. Les anciens les mesuroient par leurs clepsydres, et par des horloges solaires dressées à cet effet. On ne les rencontre dans l'Almageste, qu'aux observations anciennes faites avant Ptolémée.

Les heures équinoxiales (2) ont reçu ce nom, soit de ce qu'elles sont mesurées par le mouvement égal du cercle équinoxial, soit de ce qu'au temps des équinoxes les heures civiles du jour et de la nuit sont égales. Comme elle doivent leur origine à l'astronomie, et qu'elles ne sont passées que tard dans l'usage civil par le moyen des horloges, on peut aussi les appeler astronomiques. Elles se comptent de midi au midi suivant, au nombre de 24 à la suite les unes des autres. Elles ne servoient aux anciens que comme moyen auxiliaire pour l'avantage du calcul et des observations dans l'astronomie. Ptolémée s'en sert toujours, et y réduit les observations de ses prédécesseurs marquées en heures civiles, pour pouvoir les comparer avec les tables, et les disposer pour la théorie (3).

Connoissant l'époque de l'ère de Nabonassar, la forme des années suivant lesquelles elle compte, et le commencement du jour égyptien; nous sommes en état de ramener au calendrier julien, la date égyptienne de toutes les observations rapportées dans l'Almageste (4).

(1) Hérodote assure que les Grecs tiennent des Babyloniens les douze parties du jour. Liv. II.

(2) Ainsi nommées chez les anciens Romains. Plin. Hist. Nat. L. II.

(3) « Nous autres astronomes, comptons nos heures depuis midi, en faisant de la septième heure du jour notre première, de la huitième notre seconde, et ainsi de suite jusqu'à notre vingt-quatrième qui est la sixième heure du jour. » *Théon. Fragm. ap.* Dodw.

(4) Mais comment les anciens astronomes ont-ils pu déterminer le temps civil d'une observation? Sans

Quatre années égyptiennes sont plus courtes d'un jour qu'un même nombre d'années juliennes. C'est pourquoi, tous les quatre ans, le 1 thoth doit reculer d'un jour vers le 1 janvier; et chaque fois, après un jour intercalaire julien. L'année 3965 de la période julienne est une année intercalaire, comme toutes celles qui, divisées par 4, donnent 1 pour reste. Or (1) comme la première année de Nabonassar commence le 26 février de l'an 3967 de cette période, il s'ensuit que la quatrième année doit commencer le 25 février; la huitième, le 24; la douzième, le 23, et ainsi de suite. Le 26 février est le 57e. jour de l'année julienne; par conséquent il s'écoule $3+4. 56 = 227$ années de Nabonassar, avant que le 1 thoth revienne au 1 janvier. Les années 227 et 228 commencent l'une le 1 janvier, et l'autre le 31 décembre d'une année julienne: en $4. 365 = 1460$ années juliennes, le 1 thoth revient à la même date julienne de laquelle il étoit sorti, ensorte que 1460 années juliennes font 1461 années égyptiennes. Par conséquent le 1 thoth, pendant les années depuis 228, jusqu'à $228 + 1460 = 1688$ de l'ère de Nabonassar, parcourra toute l'année julienne depuis le 31 décembre jusqu'au 1 janvier, et l'année 1689 commencera le 31 décembre de l'année même de la période julienne, au 1 janvier de laquelle tombe le 1 thoth 1688. Delà résulte la règle qu'au nombre de l'année de Nabonassar, il faut ajouter 3966 depuis 1 jusqu'à 227; 3965 depuis 228 jusqu'à 1688; et 3964 depuis 1689 jusqu'à 3149, pour avoir l'année de la périope julienne, à laquelle coïncide le 1 thoth d'une année proposée. Ainsi, par exemple, les années 127, 504 et 2554 de l'ère de Nabonassar commencent aux années 4093, 4469 et 6518 de la période julienne, ou aux annés 621 et 245 avant la naissance de J. C., et 1805 ans après.

doute par le moyen du temps astronomique que leur donnoit toujours l'état du soleil ou des étoiles. Il est vraisemblable qu'ils se donnoient la peine de réduire pour pouvoir donner les temps de leurs observations d'une manière qui fût à la portée de tout le public à qui les heures astronomiques étoient inconnues.

(1) Je crois devoir confirmer ce que dit M. Ideler, sur cette date de l'époque de l'ère de Nabonassar, par le témoignage de Fréret, dans un mémoire sur le canon astronomique:

« L'époque de l'ère de Nabonassar, comptée en années égyptiennes de 365 jours chacune; commençoit à midi du 26 février, 747 ans avant J. C., au méridien de Babylone pour lequel elle avoit d'abord été établie. Car quatre années égyptiennes chacune commençant le 1 thoth à midi, avoient un jour de moins que quatre années juliennes, à quelques minutes près. Ainsi l'année égyptienne reculoit d'un jour tous les quatre ans, à cause de l'intercalation d'un jour à chaque quatrième année julienne. Donc en remontant depuis l'an 45 avant J. C. qui est la première année intercalaire de Jule César, de quatre en quatre ans, jusqu'à la 747e. année avant J. C., on trouve le 26 février pour le premier jour de celle-ci. » *Voyez* 27e. vol. des Mém. de l'Académie des Inscript.

Lalande dans son Mémoire sur Mercure, commence la première année de Nabonassar au 26 février 746 avant J. C. à midi, temps vrai au méridien d'Alexandrie, ou 1^{h}. 51$'$ avant midi au méridien de Paris, parce qu'il fait — o l'année qui précède immédiatement la première de l'ère chrétienne.

Note du traducteur.

Pour déterminer la date julienne du 1 thoth, on divise le nombre de l'année de Nabonassar par 4. Si le quotient est plus petit que 57, on le retranche de ce nombre, le reste donnera le jour courant de l'année julienne avec lequel commence l'année égyptienne. Si le quotient est 57 même, le reste o fait connaître que le 1 thoth tombe au 31 décembre. Enfin si le quotient surpasse 57, il faut le soustraire ou de 422 = 57 + 365, ou de 423 = 57 + 366, selon que l'année de la période julienne, sur laquelle tombe le 1 thoth de l'année de Nabonassar, est commune ou intercalaire. Cette règle est bonne jusqu'à l'an 1688 dont le commencement, suivant cette même règle, se trouve arriver le 1 janvier. On continuera de la manière suivante depuis et compris l'an 1689 : si la division du nombre de l'année de Nabonassar donne 2 ou 3 pour reste, on soustraira de 787 = 422 + 365, le quotient ; mais si le reste est o ou 1, on soustraira le quotient de 788 = 422 + 366, dans tous les cas on obtient le jour courant de l'année julienne jusqu'auquel le 1 thoth a rétrogradé. Pour l'année 2554 qui commence 1805, comme il a été dit, voici comment se fait le calcul :

1805, année commune.

$\frac{2554}{4} = 638 +$ le reste 2.

+ Le reste 2 $\qquad$ 787 — 638 = 149.

Le 149ᵉ. jour de l'année commune est le 29 mai. Par conséquent l'année 2554 de l'ère de Nabonassar commence le 29 mai, vieux style, ou le 10 juin, nouveau style. Voici donc la table usuelle des jours courans de l'année.

Janvier.	1	Juillet.	182
Février.	32	Août.	213
Mars.	60	Septembre.	244
Avril.	91	Octobre.	274
Mai..	121	Novembre.	305
Juin..	152	Décembre.	335

Dans l'année bissextile il faut compter un jour de plus à Mars. Que l'année 2554 de l'ère de Nabonassar commence le 29 mai, vieux style, de l'an 1805, c'est ce que prouvent les 746 et 1804 = 2550 ans pleins + 309 jours écoulés du 26 février 747 avant notre ère à la fin de l'an104 ; de ces 2550, il y a 638 bissextiles, 187 avant la naissance de J. C. et 451 après. L'intervalle entre les limites dont nous avons parlé est donc de 2550. 365 + 309 + 638 = 931 697 jours. Ce nombre divisé par 365 donne 2552 années égyptiennes + 217 jours, ou 2553 ans — 148 jours. Il y a donc encore 148 jours de l'année 1805 qui appartiennent à l'an 2553 de l'ère de Nabonassar, dont la 2554ᵉ. commence avec le 149ᵉ. jour ou le 29 mai, vieux style, parce que dans ce calcul on n'a pas eu égard à la correction grégorienne du calendrier. La règle donnée par Lambert dans le premier volume du Recueil des Tables Astronomiques de Berlin, est obscure et incertaine. Il n'est pas vrai que l'année 2523 commence, comme il le dit, le 6 juin 1774 ; c'est le 6 de ce mois qu'elle commence. En 1776 le 1 thoth coïncide avec le 5 juin, en 1780 avec le 4, en 1784 avec le 3, et ainsi de suite. Dans les années de 1804 à 1807, leur commencement tombe au 29 mai, vieux style, ou au 10 juin nouveau style.

Je joins ici, en faveur de ceux de mes lecteurs qui voudront faire usage des observations anciennes, une table des premiers jours des années de Nabonassar, dans lesquels l'Almageste rapporte que ces observations ont été faites.

Années de Nabonassar.		Date julienne du 1 thoth.		Années de Nabonassar.		Date julienne du 1 thoth.	
27	—	20 février . .	721 avant J.C.	590	—	2 Octobre. .	159 avant J.C.
28	—	19	720	601	—	29 Septembre	148
127	—	26 Janvier. .	621	602	—	. . . .	147
225	—	1	523	605	—	28	144
246	—	27 Décembre	503	607	—	. . . .	142
257	—	24	492	613	—	26	136
316	—	9	433	620	—	24	129
366	—	27 Novembre	383	621	—	. . . .	128
367	—	. . . .	382	840	—	31 Juillet. . .	92 depuis
454	—	5	295	845	—	30	97 J. C.
465	—	2	284	872	—	23	124
466	—	. . . .	283	874	—	. . . .	126
468	—	1	281	875	—	. . . .	127
476	—	30 Octobre. .	273	876	—	22	128
484	—	28	265	877	—	. . . .	129
486	—	. . . .	263	878	—	. . . .	130
491	—	27	258	879	—	. . . .	131
504	—	23	245	880	—	21	132
507	—	. . . .	242	881	—	. . . .	133
512	—	21	237	882	—	. . . .	134
519	—	20	230	883	—	. . . .	135
547	—	13	202	884	—	20	136
548	—	12	201	885	—	. . . .	137
574	—	6	175	886	—	. . . .	138
586	—	3	163	887	—	. . . .	139
589	—	2	160	888	—	19	140

(1) Avec le secours de cette table, on convertit aisément une date égyptienne liée à l'ère de Nabonassar, en celle qui lui répond dans la période julienne. Quelques exemples suffiront pour montrer comment il faut procéder.

A quel jour de notre ère répond le 16 mesori 547, de Nabonassar au soir, date d'une éclipse de lune arrivée le soir de ce jour? Cette année a commencé le 13 octobre 202 avant la naissance de J. C. Le 16 mesori est le 346e. jour de l'année égyptienne, et le 13 octobre est le 286e. de l'année julienne. Si donc on compte depuis le 13 octobre inclusivement 346 jours de plus, ou, pour exprimer la même chose en d'autres termes, si l'on ajoute les nombres 285 et 346, et qu'on en retranche 365, le reste 266 est le jour cherché de l'an 201 avant la naissance de J. C. Cette année, comme toutes celles d'avant notre ère, qui divisées par 4 donnent 1 pour reste, est une année bissextile dont le 266e. jour est le 22 septembre. Le 16 mesori 547 tombe donc au 22 septembre de l'an 201 avant la naissance de J. C. (2)

(3) Timocharis observa, le 5 tybi de l'an 454 de Nabonassar, au soir, une occultation de l'épi par la lune, à Alexandrie. A quel jour de notre ère cette année coïncide-t-elle? L'an 454 commence le 5 novembre 295 avant la naissance de J. C. Le 5 tybi est le 125e. jour de l'année égyptienne, et le 5 novembre le 309e. de l'année julienne, 308 + 125 — 365 = 68. L'an 294 avant J. C. est une année commune, et le 68e. jour de l'année commune est le 9 mars. Cette observation est donc du 9 mars 294 avant notre ère.

(4) Ménélas à Rome, observa, en l'an 845 de Nabonassar du 15 au 16 méchir au matin, une disparition de la même étoile. Cette année commence le 30 juillet de l'an 97 après la naissance de J. C. Le 15 méchir est le 165e. jour de l'année égyptienne, et le 30 juillet le 21e. de l'année julienne. 210 + 165 — 365 = 10. Le 15 méchir commence donc au lever du soleil le 10 janvier de l'an 98 depuis la naissance de J. C. Or, comme l'observation s'est faite après minuit du 16 méchir, elle tombe donc au point du jour du 11 janvier.

Mais comment procédera-t-on quand la date égyptienne n'est pas jointe à l'ère de Nabonassar? Ce cas se présente assez souvent dans l'Almageste; voyons en quelles circonstances.

(1) La connoissance des temps donne sous les articles principaux du calendrier, les années juliennes écoulées depuis l'ère de Nabonassar; mais l'Almanach astronomique donne l'année de Nabonassar depuis février..... 2539; cela signifie : en février (c'est-à-dire le 26, vieux style) de l'année 1792, il s'est écoulé depuis le commencement de l'ère de Nabonassar, 2538 ans juliens, dont le suivant est le 2539e. Mais l'almanach Astronomique dit de l'an 1792, que c'est la 2541e. année de Nabonassar qui commence le 12 juin, et non comme il est dit, le 13. Cette différence de deux années, constante entre les nombres donnés par les deux Ephémérides, est mal expliquée dans l'Almanach astronomique de 1807, pag. 261.

(2) Almageste, L. IV. (3) *Ibid.* L. VII. (4) *Ibid.*

Toute observation marquée d'une date grecque, macédonienne ou dionysiaque est réduite à l'ère égyptienne, et par la règle aussi à l'ère de Nabonassar, qui ordinairement n'est rapportée que quand les observations doivent être comparées entr'elles ou avec les tables. Mais si le temps est tout de suite déterminé par une date égyptienne, on ne parle alors le plus souvent que des années de règnes, ou de celles qui sont écoulées depuis la mort d'Alexandre le Grand. Ainsi, par exemple, dans la comparaison des équinoxes d'Hipparque et de Ptolémée, on ne voit que des années depuis la mort d'Alexandre; et les observations de Théon l'ancien ne comptent que par les années d'Adrien. On se persuade aisément que ces années sont égyptiennes; la question n'est plus que de savoir en quel rapport elles sont avec l'ère de Nabonassar.

Les années des règnes tenoient absolument lieu de celles de Nabonassar, pour l'ancien astronome, parce qu'il avoit sous les yeux une table chronologique sur laquelle il voyoit du premier coup-d'œil la correspondance de ces deux sortes d'années. Nous avons encore cette table que j'insérerai ici en son lieu avec les notices nécessaires. Dadwel (1), l'auteur anonyme des Observations sur les Fastes de Théon, Desvignoles, Semler, et Fréret en parlent assez au long.

Cette table porte le titre de Canon des rois ou des règnes (2). Le mot canon signifie règle. Il paroît avoir été employé particulièrement pour les tables astronomiques. C'est ainsi qu'un recueil de pareilles tables, composé par Ptolémée et encore inédit (3), est intitulé Canons manuels, c'est-à-dire, tables expéditives; notre Canon des Rois fait partie de ce recueil. On doit le regarder comme une table auxiliaire dont les astronomes grecs se servoient dans leurs calculs. C'est ce qui fait que le Syncelle, dans sa Chronographie, le nomme tantôt mathématique et tantôt astronomique (4). Semler entre dans un grand détail sur ses éditions et sur les manuscrits qui y ont servi. Je remarquerai seulement qu'on le trouve à la suite des hypothèses des planètes, publiées par Bainbridge avec la sphère de Proclus, dans les observations de Dodwell sur les fastes de Théon, et qu'ils l'ont copié d'un manuscrit de Savill. Le voici transcrit littéralement :

(1) Dissert. Cypr. Chronologie de l'Histoire Sainte. Sammling (Recueil de pieces pour l'Histoire générale du monde), et Fréret, œuvres complettes, pag. 12.

(2) Elle a ce double titre dans les manuscrits et dans le fragment du dernier Théon.

(3) Je publierai ces tables jusqu'à présent inédites, dans un des volumes qui suivront celui-ci. H.

(4) Je donnerai avec la traduction des commentaires de Théon, celle du Canon des Rois, et des fragmens de Théon et de l'Empereur Héraclius sur ce canon.

ROIS ASSYRIENS ET MÈDES.

	Années		Sommes des années.		Années		Sommes des années.
Nabonassar. . .	14	—	14	Mesessimordak.	4	—	59
Nadius.	2	—	16	Deuxième inter.	8	—	67
Chinzirus et Porus.	5	—	21	Assaraddin. . . .	13	—	80
Jugæus.	5	—	26	Saosduchin. . . .	20	—	100
Mardocenipad. .	12	—	38	Chyniladan. . . .	22	—	122
Arkian.	5	—	43	Nabopolassar. .	21	—	143
Premier interrègne	2	—	45	Nabocolassar. .	43	—	186
Belib.	3	—	48	Iloarudam. . . .	2	—	188
Apronad. . . .	6	—	54	Niricassolassar.	4	—	192
Rigebel.	1	—	55	Nabonad.	17	—	209

ROIS PERSES.

Cyrus.	9	—	218	Darius II. . . .	19	—	343
Cambyse. . . .	8	—	226	Artaxerxès II. .	46	—	389
Darius I.	36	—	262	Ochus.	21	—	410
Xerxès	21	—	283	Arogus.	2	—	412
Artaxerxès I. . .	41	—	324	Darius III . . .	4	—	416

ROIS GRECS.

Alexandre le Macédonien. . . .	8	—	424	Philippe Aridée.	7	—	7
				Alexandre II. . .	12	—	19

ROIS GRECS D'ÉGYPTE.

Ptolémée Lagide.	20	—	39.	Ptol. Philometor.	35	—	178.
Ptol. Philadelphe.	38	—	77.	Ptol. Energète II.	29	—	207.
Ptol. Energète. .	25	—	102.	Ptol. Soter. . . .	36	—	243.
Ptol. Philopator.	17	—	119.	Denys.	29	—	272.
Ptol. Epiphane. .	24	—	143.	Cléopâtre.	22	—	294.

EMPEREURS * ROMAINS.

Auguste.	43	— 337.	Antonin.	4	— 544.
Tibère.	22	— 359.	Alexandre.	13	— 557.
Caïus.	4	— 363.	Maximin.	3	— 560.
Claude.	14	— 377.	Gordien.	6	— 566.
Néron.	14	— 391.	Philippe.	6	— 572.
Vespasien.	10	— 401.	Déce.	1	— 573.
Tite.	3	— 404.	Gallus.	3	— 576.
Domitien.	15	— 419.	Gallien.	15	— 591.
Nerva.	1	— 420.	Claude.	1	— 592.
Trajan.	19	— 439.	Aurélien.	6	— 598.
Adrien.	21	— 460.	Probeos.	7	— 605.
Antonin.	23	— 483.	Carus.	2	— 607.
Marc et Commode.	32	— 515.	Dioclétien.	20	— 627.
Sévère.	25	— 540.			

Ici le canon commence à être très-incertain. Je ne vais donc pas plus loin, attendu que la suite n'est d'aucun intérêt pour mes recherches. Bainbridge s'arrête à Théodose I. Dadwell continue fort avant dans le Bas-Empire. Ce canon est d'une étendue plus ou moins grande dans les différens manuscrits. Le temps où il se termine dans chacun, marque ordinairement l'ancienneté du manuscrit.

Des deux colonnes de nombres, celle des années donne la durée de chaque règne en particulier, et celle des sommes la durée de chaque règne avec celle des règnes précédens. Ainsi 8—424 marquent qu'Alexandre le Grand a régné 8 ans, qui, avec les 416 des règnes précédens, depuis et compris Nabonassar, font 424.

Une nouvelle série de nombres commence à Philippe Aridée. Elle marque les années écoulées depuis son avénement au trône. Pour les réduire à celles de Nabonassar, il faut y ajouter 424 comptées jusqu'à la mort d'Alexandre. Ainsi les années 295 jusqu'à 337, appartiennent au règne d'Auguste, prises depuis Philippe. Mais depuis Nabonassar, ce sont les années 719 jusqu'à 761.

En comparant le canon à l'Almageste, on voit que ses années sont les années égyptiennes même par lesquelles l'ère de Nabonassar compte, et que le commencement de chaque année, de rois et de règnes parconséquent, est placé au premier jour de thoth. Pour nous en convaincre, cherchons quelle place occupent dans le canon, les années de rois qui sont mentionnées dans l'Almageste.

Les sept plus anciennes éclipses de lune rapportées par Ptolémée, sont arrivées dans la première et la seconde années de Mardocempad, dans la cinquième de

* Ptolémée appelle ces empereurs, rois, comme les précédens. Le mot *imperator*, chez les Romains, ne signifioit que commandant en chef d'armée. H.

Nabopolassar, dans la septième de Cambyse, et dans la vingtième et la trente-unième de Darius I, fils d'Hystaspe. Ces années sont, suivant le canon et l'Almageste, la 27e., la 28e., la 127e., la 225e., la 246e. et la 257e. de Nabonassar (1). Timocharis dans la 13e année de Philadelphe a observé une conjonction de Vénus avec η ♍; et un anonyme, peut-être Hipparque, a observé une éclipse de lune dans la septième année de Philométor. Ces années sont, suivant le canon, la 52e. et la 150e. depuis Philippe, ou la 476e. et la 574e. depuis Nabonassar, comme l'Almageste les compte (2). Trois occultations d'étoiles fixes observées par Agrippa et Ménélas, sont des années douzième de Domitien et première de Trajan. Suivant les canons, elles sont arrivées dans les années 416 et 421 depuis Philippe, ou 840 et 845 de Nabonassar, comme il est dit dans l'Almageste (3). Les observations faites par Ptolémée lui-même sont liées aux années d'Adrien et d'Antonin, mais il n'y en a que peu qui soient rapportées à l'ère de Nabonassar. D'abord une éclipse de lune, qui suivant l'édition grecque de l'Almageste est de l'an 8 d'Adrien, et suivant la version latine de George de Trébizonde, de l'an 9 de cet empereur. Suivant le canon, l'an 9 d'Adrien est le 448e. depuis Philippe ou le 872e. (4) de Nabonassar; et comme Ptolémée place cette éclipse à la 872e. année (5), on voit par-là que cette version qui a été faite sur un manuscrit, a raison en cette occasion.

Deux observations de lune appartiennent à la 20e. année d'Adrien et à la 2e. d'Antonin. Ces années sont, suivant le canon, la 459e. et la 462e. depuis Philippe, ou la 883e. et la 886e. depuis Nabonassar, comme le dit l'Almageste Une observation de Mercure est aussi de la 2e. année d'Antonin ou 886e. de Nabonassar. Enfin (6) l'équinoxe d'automne que Ptolémée assure avoir observé dans la 17e. année d'Adrien, le 7 athyr à deux heures astronomiques après midi, est réduit à l'ère de Nabonassar en ces termes: «Du règne de Nabonassar à la mort d'Alexandre il s'est passé 424 années égytiennes; depuis la mort d'Alexandre jusqu'au règne d'Auguste 294; depuis midi du 1 thoth de la première année d'Auguste jusqu'à la dix-septième année d'Adrien, à deux heures astronomiques après midi du 7 athyr, 161 ans 66 jours et deux heures astronomiques, par conséquent depuis midi du 1 thoth dans la première année de Nabonassar jusqu'à l'équinoxe dont il s'agit, 879 années égyptiennes, 66 jours et 2 heures astronomiques.» On voit clairement avec quelle exactitude ces réductions et toutes les autres s'accordent avec le canon.

Ptolémée avoit aussi sans doute sous les yeux le canon des Rois, quoiqu'il n'en parle nulle part dans l'Almageste. On lui en attribue la partie qui va d'Alexandre à Antonin. Quoiqu'il en soit, cette table étoit un de ces manuels dont il étoit

(1) Liv. IV. et V. (2) Liv. VI. et X. (3) Liv. VII.

(4) Le texte grec dit 871 ans et 56 jours, ce qui veut dire dans la 872e. année de Nabonassar.

(5) Les manuscrits grecs marquent la 9e. année d'Adrien. H.

(6) Liv. IV., ch. 6

l'auteur, quelque chose que puisse dire contre cette opinion l'auteur des Observations sur les Fastes de Théon. Car non-seulement le manuscrit les lui attribue, mais encore Isidore dans ses Origines, Héraclius, le Syncelle, Suidas et Alfergan dans ses Elémens d'Astronomie traduits par Golius (1); d'ailleurs ces tables manuelles sont dédiées au même Syrus, à qui l'introduction de l'Almageste et les hypothèses des planètes sont aussi adressées. Quoique le second Théon, dans le fragment donné par Dodwell et dans le sixième livre de son commentaire sur l'Almageste, ne nomme pas Ptolémée, cela ne prouve rien; et si quelques Arabes ont regardé Théon comme l'auteur de ces canons, c'est parce qu'il les a commentés comme l'Almageste (2).

La seconde des deux séries d'années que le canon présente, est appelée par les chronologistes du nom de Philippe, pour les mêmes raisons qui ont fait donner à la première celui de Nabonassar. (3) Scaliger dit, au contraire, avec ce ton tranchant qui lui est ordinaire, que ceux qui commencent à compter ces années, de Philippe Aridée, et non de Philippe père d'Alexandre, seroient réfutés par bien des raisons, s'ils en valoient la peine, mais qu'il les méprise trop pour cela». Néanmoins, quand Censorin, c. 21, parle des années qui se sont écoulées depuis la mort d'Alexandre le Grand, il n'entend sûrement pas par cet Alexandre, le père de Philippe. Ptolémée s'exprime bien plus formellement dans la préface des tables manuelles (4), où il dit qu'il a rapporté dans ces tables les époques des corps célestes au 1 thoth de la première année de Philippe qui a succédé à Alexandre fondateur, épithète qui désigne le fondateur d'Alexandrie, ou suivant l'auteur des Observations sur les Fastes de Théon, le fondateur du royaume des Grecs en Egypte. Théon répète la même chose dans son fragment, et le Syncelle dans sa Chronographie.

L'ère de Philippe revient souvent dans l'Almageste sous la dénomination des années depuis la mort d'Alexandre. Le astronomes Arabes l'emploient aussi avec plusieurs autres ères (5). Son époque est midi du 1 thoth à Alexandrie dans la première année d'Aridée, ou dans la 425e. depuis Nabonnassar, c'est-à-dire midi du 12 novembre de l'an 324 avant la naissance de J. C. Les époques de l'ère de Nabonassar et de celle de Philippe sont à 424 ans juste de distance l'une de l'autre. La dernière n'est qu'une continuation de la première.

On a demandé pourquoi Ptolémée cite différentes observations sous des années comptées depuis la mort d'Alexandre, au lieu de les cotter généralement par l'ère de

(1) Gol. remarques sur Alfergan.
(2) Voir les notes à la fin, sur ces tables.
(3) De Em. Temp. 1.
(4) Voyez-en un fragment dans les Annales d'Usserius à l'an 323 avant la naissance de J. C.
(5) Gal. Not. ad alfr. Astr. elem.

Nabonassar. C'est, sans contredit, parce qu'il a trouvé ces observations ainsi exprimées, comme on le voit en les examinant de près. L'instant d'une conjonction de Mars avec β de la vierge est d'abord déterminé par l'ère de Denys, et ensuite par celle d'Egypte en ces termes : « (1) Le temps de cette observation est la 52e. année depuis la mort d'Alexandre, c'est-à-dire la 476e. de Nabonassar. » On ne peut pas douter que ce ne soit l'année depuis la mort d'Alexandre, notée par l'observateur lui-même, ou par quelqu'autre astronome, des écrits duquel Ptolémée peut avoir emprunté cette observation.

On peut dire la même chose de l'occultation de l'âne austral causée par Jupiter (2). Deux observations de la lune faites par Hipparque ont certainement été marquées par lui-même en années comptées depuis la mort d'Alexandre (3). Il est dit de la première : « qu'Hipparque écrit avoir observé à Rhodes dans la 197e. année depuis la mort d'Alexandre, le 11 pharmouthi... etc. » Ptolémée ne la réduit, selon sa coutume, à l'ère de Nabonassar, que lorsqu'elle doit être calculée. C'est la même chose pour la seconde observation qui appartient à la même année.

Le troisième livre de l'Almageste cite plusieurs équinoxes d'Hipparque qui sont liés à des années de la période callippique et à des dates égyptiennes. Ptolémée en compare deux, l'un de printemps et l'autre d'automne, avec deux observations semblables faites par lui-même. Et il emploie pour cela les années écoulées depuis la mort d'Alexandre, desquelles il ne fait d'ailleurs aucune mention dans ses propres observations. Il est donc à présumer qu'il a trouvé les équinoxes d'Hipparque exprimés non-seulement en années de la période calippique, mais aussi en années de l'ère de Philippe, et que de ces deux sortes de dates il n'a conservé que la dernière, comme plus commode que la première pour son objet.

Il y donne les intervalles entre trois solstices dont Méton et Euctémon en ont observé un, et Aristarque l'autre, à la fin de la 50e. année de la première période calippique ou dans la 44e. depuis la mort d'Alexandre, et dont il a lui-même observé la troisième. Les deux premières, dit-il, sont selon Hipparque, à 152 ans de distance l'une de l'autre. Ainsi le nom de cet astronome se trouve aussi lié à l'ère de Philippe. C'est pourquoi je me persuade volontiers qu'il l'a employée conjointement avec la période calippique, à laquelle ses autres observations sont rapportées dans l'Almageste, comme généralement les anciens astronomes, pour plus de clarté, paroissent avoir déterminé le temps de plus d'une manière.

On a demandé aussi pourquoi les années des Rois ne sont pas comptées de Nabonassar d'un bout à l'autre, et pourquoi à Philippe Aridée commence une nouvelle série de nombres. On a voulu d'après ce changement, faire des conjec-

(1) Almageste, Liv. X. (2) Liv. XI. (3) L. V.

tures sur l'usage civil de l'ère philippique, mais il y a peu de fonds à faire sur tout ce qu'on a dit à ce sujet.

Le canon fait partie d'un recueil de tables astronomiques où les époques des corps célestes sont rapportées au commencement de l'ère de Philippe, comme dans l'Almageste elles sont déterminées depuis le commencement de l'ère de Nabonassar. Il est naturel que les années des rois y soient comptées en conséquence.

Il résulte clairement de tout ce que je viens d'exposer, que, soit que Ptolémée rattache une observation à une année des Rois, ou à une année comptée depuis la mort d'Alexandre, soit enfin qu'il la lie à l'ère de Nabonassar, cela revient toujours au même. Ces années sont toujours des années égyptiennes, mais seulement marquées d'une manière différente. Si, quand il cite pour la première fois les observations, il nomme volontiers les années des rois, et si, quand il les calcule, il nomme presque toujours les années de Nabonassar, ce n'est pas sans de bonnes raisons. La première, c'est pour exprimer d'une manière courante et intelligible au vulgaire, le temps où ces observations ont été faites; je dis d'une manière courante, parce que dans toute l'antiquité on avoit coutume de dater civilement par les années des rois. Pour s'en convaincre, on n'a qu'à se rappeler les archontes d'Athènes et les consuls romains. La seconde raison, c'est que les tables astronomiques de l'Almageste sont tellement dressées, que le temps doit être donné en années de l'ère de Nabonassar.

J'ai fait voir que le canon des Rois s'accorde parfaitement avec l'Almageste; s'accordera-t-il également avec l'histoire? Plusieurs chronologistes aux systèmes desquels il ne s'ajustoit pas, en ont douté. Desvignoles et Semler réfutent d'une manière très-satisfaisante les objections que font contre son exactitude ceux surtout qui l'ont trouvé en contradiction avec l'histoire contenue dans la Bible. Les plus judicieux et les plus éclairés d'entre les chronologistes conviennent du mérite et de la valeur de ce canon (1), mais il faut savoir l'appliquer.

Le commencement de chaque règne étant placé au 1 thoth de l'année égyptienne, on demande de quel 1 thoth il est question, si c'est de celui qui a précédé immédiatement le commencement du règne, ou de celui qui l'a immédiatement suivi.

(2) Il est prouvé dans les Mémoires de l'Académie des Inscriptions, que les Egyptiens comptoient les années des empereurs romains non du jour où ceux-ci montoient sur le trône, mais du 1 thoth immédiatement avant le jour de leur inauguration; et qu'on explique par là plusieurs monnoies et des médailles frappées en Egypte sous les empereurs. Si tel étoit en effet l'usage des Egyptiens,

(1) Calvisius entr'autres le dit plus précieux que l'or. Op. Chr. Frfrt 1650.

(2) Voy. les mémoires sur la manière dont les Egyptiens comptoient les années du règne des empereurs, et éclaircissemens sur la durée de l'empire de Probus, Carus, etc.; par M. le baron de la Bastie, XII et XIII vol. de cette Accadémie.

on peut conjecturer avec beaucoup de raison que cet usage a été également suivi dans le canon des Rois qui, s'il n'est pas originaire d'Egygte, y a été du moins continué. Et effectivement la comparaison des jours de décès des empereurs romains, avec les années qui leur sont données dans le canon, ne laisse aucun lieu d'en douter.

Ainsi la 402e. année de l'ère de Philippe, laquelle commence le 4 août 78 après la naissance de J. C., est donnée comme étant la première de Titus; et la 405e. dont le 1 thoth tombe au 3 août 81, comme la première de Domitien, parce que Vespasien est mort dans le courant du 1 au 24 juin de l'an 79 (1); et Titus, du 2 au 13 septembre de l'an 81 (2). Ainsi quoique le dernier n'ait pas régné 2 ans et 3 mois entiers, le canon lui attribue néanmoins trois ans de règne, suivant le principe adopté. Il me seroit aisé de montrer par bien d'autres exemples pris des empereurs romains, que ce principe est constamment suivi, si je ne craignois de fatiguer le lecteur. Je me contenterai de toucher quelques cas particuliers qui paroissent faire exception à cette règle.

Ce fut l'an 30 avant la naissance de J. C., qu'Auguste se mit en possession de l'Egypte. Il est dit dans le sénatus-consulte (3) qui ordonne d'appeler de son nom le mois sextilis, que dans ce même mois l'Egypte a été réduite sous la puissance du peuple Romain. On devroit donc penser que le canon attribueroit l'année 294 de l'ère de Philippe à laquelle appartient le mois d'août de l'an 30, à Auguste et non à Cléopâtre. Pourquoi donc, dira-t-on, lit-on le contraire, sans qu'on puisse supposer une irrégularité dans le canon? Orose (4) dit qu'Antoine voulut livrer une bataille sur mer près d'Alexandrie, le 1 sextilis, à Auguste; mais que sa flotte l'abandonna, et qu'il se tua. Il est vraisemblable que cette ville passa ce même jour au pouvoir d'Auguste; et effectivement on lit sur un ancien marbre du temps de Claude, qu'aux calendes d'août (5) Alexandrie se donna à Auguste. Or, on sait par Plutarque et Dion Cassius, que Cléopâtre doit avoir survécu quelque temps à Antoine. Elle lui fit faire des funérailles magnifiques. Elle fut attaquée d'une fièvre pendant laquelle elle essaya de se faire mourir de faim. Elle chercha à gagner la faveur d'Auguste qui lui fit une visite, et elle ne se donna la mort que quand elle eut appris qu'il se préparoit à partir pour Rome, et qu'il vouloit la mener avec lui pour en orner son triomphe. Ainsi, quand elle se résolut à mourir, le mois d'août pouvoit fort bien être passé, le dernier jour de ce mois étant la veille du 1 thoth de l'an 295 de l'ère de Philippe. Et si elle a vécu au-delà

(1) VIII, ou, suivant une autre leçon, IX avant les Calendes de juillet. *Sueton.*

(2) Aux Ides de septembre. *Suet.*

(3) Macrob. Saturnal. L. I., C. XII.

(4) Hist. Liv. VI.

(5) *Camera et inscrizioni Sepulcrali. Bianchini. Roma*, 1726, dern. feuil.

de ce 1 thoth, le canon devait, suivant l'usage, lui attribuer l'année précédente 294.

(1) Auguste mourut le 19 du mois qui reçut son nom ; dans la 14e. année après la naissance de J. C., le dernier jour de la 557e. année de l'ère de Philippe. Cette année lui appartenoit donc à quelques heures près, aussi lui est-elle attribuée dans le canon. Particularité qui, certes, ne doit pas être comptée parmi les exceptions.

Trajan mourut dans le mois d'août de la 117e année après la naissance de J. C. dans le courant de l'an 141 de l'ère de Philippe (2), commencé dès le 25 juillet précédent. Cette année devroit être la première d'Adrien. Mais le canon lui donne déjà l'année précédente. Si l'on ne veut admettre ici aucune irrégularité, il faut supposer qu'Adrien étoit regardé comme collègue de Trajan dès l'année 440. Et en effet, il paroît par des inscriptions, que sa puissance tribunicienne date de l'an 116 de notre ère, comme Dodwell (3) l'a exposé. Si le temps pendant lequel ces deux princes ont gouverné en commun, est attribué par le canon au dernier, cela est conforme à la règle. C'est ainsi qu'il attribue à Ptolémée Philadelphe les années qui lui sont communes avec son père Lagus.

Tels sont, dans les deux premiers siècles de la correction du calendrier julien, les cas peu nombreux où le canon ne paroît pas clairement suivre la règle d'attribuer l'année de la mort d'un prince à son successeur. Il me semble qu'il faut aimer beaucoup les paradoxes, pour ne pas reconnoître et adopter la généralité de ce principe qui, comme nous l'avons vu, a tellement pour lui l'usage civil, qu'il est observé même avant cette correction, alors que les jours de décès des princes ne sont pas exactement déterminés. Quant à moi, la chose me paroît si évidente, que même au défaut d'autres preuves, je placerois sans scrupule la mort d'Alexandre à l'an 425 de l'ère de Nabonassar, par la seule raison que le canon fait de cette année, la première de son successeur Philippe Aridée.

C'est ainsi qu'en juge Desvignoles; mais Fréret n'est pas du même avis. Ce savant croit que la règle en question n'a lieu que depuis Tibère, mais qu'avant cet empereur l'année de la mort de chaque prince lui est attribuée et non à son successeur. On ne comprend pas bien ce qui pourroit avoir donné occasion aux continuateurs du canon, de changer de méthode. Nous allons cependant mettre ses raisons à l'épreuve. Elles sont principalement tirées des rois de Perse, Artaxerxe I Longuemain, et Darius II Nothus. Le premier mourut dans les premiers mois de l'année 424 avant la naissance de J. C., ou dans le courant de la 324e. de l'ère de Nabonassar, comme Fréret le montre fort bien. A Artaxerxe I

(1) XIV. avant les calendes de Septembre. *Sueton. Aug.*

(2) Spart. V. d'Adr.

(3) Proleg. in app. ad diss. Cyprian, XLIII. §. et XIX. §. ad Spart.

succéda son fils aîné Xerxès II, qui fut bientôt privé du trône par son frère Sogdien. Celui-ci ne régna aussi que peu de mois ; après quoi Darius II, troisième fils d'Artaxerxe, monta sur le trône. Le canon qui ne tient compte que des années entières des règnes, ne parle pas des rois qui n'ont pas régné un an entier. C'est ainsi qu'il passe sous silence Galba, Othon et Vitellius, chacun de ces princes n'ayant été empereurs que pendant quelques mois. Néron se tua en juin de l'an 68 après la naissance de J. C., ou dans le courant de l'an 391 de l'ère de Philippe. Vespasien fut proclamé empereur le 1 juillet 69, ou dans la 392e. année de l'ère de Philippe, année que le canon donne comme la première du règne de Vespasien. On voit par cet exemple que le temps pendant lequel ont régné les trois princes dont le canon ne fait pas mention, est attribué par ce canon à leur prédécesseur Néron. Plusieurs autres exemples prouveroient également que c'est l'usage constamment observé dans ce canon. Il n'y a pas de doute qu'il n'ait attribué de même le temps des règnes de Xerxès II et de Sogdien, à Artaxerxe (1). Ce temps a été, selon Ctésias (2), de 8 mois, selon d'autres de 9, ou même plus. Dans cette incertitude rien ne nous empêche d'admettre que Darius II n'est monté sur le trône qu'après le 7 décembre de l'an 424 avant la naissance de J. C., et par conséquent après le 1 thoth de l'an 325 de l'ère de Nabonassar, lequel, dans le canon, est le premier du règne de ce prince. Dès-lors tout reste dans l'ordre, et nous ne sommes pas obligés d'adhérer à la supposition de Fréret, dans laquelle ce cas ne prouveroit qu'autant qu'il seroit prouvé que Darius II est monté sur le trône des Perses avant ce même 7 décembre. Quand cela seroit, le printemps de l'an 411 avant notre ère tomberoit toujours dans la treizième année de son règne, et je ne conçois pas comment Fréret peut regarder cette coïncidence comme une preuve en faveur de sa supposition contre laquelle, au reste, la mort de ce même roi fournit un argument sans réplique. Diodore (3) dit que cette mort est arrivée peu de temps après le traité qui termina la guerre du Péloponnèse. Or, ce traité date du mois attique munychion de la XCIII.4 olymp., ou du printemps de l'an 404 avant la naissance de J. C. Darius mourut donc dans l'année 344 de l'ère de Nabonassar, laquelle année a commencé le 2 décembre 405 avant la naissance de J. C. Or, puisque dans le canon, l'année 344 est déjà attribuée à son successeur Artaxerxès II, on voit tout d'un coup que cela contredit l'opinion de Fréret. Il l'a bien senti, et pour se tirer de cette difficulté, il cherche à décréditer Diodore, en appelant son ouvrage une mauvaise compilation pleine de fautes de chronologie. Mais comment appellerons-nous une pareille critique ?

Avant que de quitter cet objet, j'ajouterai quelques mots pour l'éclaircissement de cette partie du canon qui concerne Alexandre et ses successeurs immédiats.

Alexandre se rendit maître de Tyr dans l'été de l'année 332 avant la naissance

(1) Diod. Liv. L. XI. (2) Liv. XIII., et not. (3) Diod.

de J. C., et il remporta la victoire d'Arbelle le 1 octobre 331. Dans l'intervalle il se mit en possession de l'Egypte, et il ordonna qu'on bâtît Alexandrie, ou plutôt qu'on relevât, qu'on aggrandît et qu'on embellît l'ancienne Rhakotis pour en faire la résidence royale et le centre du commerce. Le canon compte son règne de cette époque, c'est-à-dire, depuis l'année 417 de l'ère de Nabonassar, dont le commencement tombe au 14 novembre 332 avant la naissance de J. C., et il y avoit déjà cinq ans qu'il régnoit sur la Macédoine. Ainsi Darius ne mourut que dans l'année 418 de cette ère au mois attique hecatombæon, troisième année de la CXII[e]. olympiade.

Après la mort d'Alexandre, l'an 323 avant la naissance de J. C. comme je le prouverai à l'occasion de l'ère macédonienne, son frère naturel, l'imbécile Aridée, fut nommé roi sous le nom de Philippe et sous la tutelle de Perdicas, et on lui associa le fils d'Alexandre et de Roxane, né peu après la mort de son père, et nommé Alexandre dans le canon. Je peux supposer que l'on connoît les révolutions qui arrivèrent ensuite, et qui amenèrent le changement des satrapies du grand empire Macédonien-Perse, en états indépendans. Je remarquerai seulement que Philippe Aridée fut mis à mort par l'ordre d'Olympias dans la 4e. année de la CXV[e]. olymp., et que Cassandre fit tuer le jeune Alexandre avec sa mère, la 2e. année de la CXVII[e]. olympiade. On peut en lire les détails dans Diodore (1). Suivant le canon, les sept premières années de l'ère qui porte le nom de Philippe appartiennent à ce prince. Sa mort tombe donc dans la huitième dont le 1 thoth coïncide avec le 10 novembre de l'an 317 avant notre ère, et dans l'été de cette même année commence la 4e. année de la CXV[e]. olympiade. Le canon s'accorde par conséquent avec les récits des historiens grecs. Le jeune Alexandre ne survécut à son collègue que 6 ans, il est vrai; mais comme dans les six années qui ont suivi sa mort, il n'a pas eu de successeur proprement dit, le canon lui attribue aussi ces six années-ci, au lieu d'en faire un interrègne. (2) Ptolémée Lagus prit le titre de roi dans la 2e. année de la CXVIII[e]. olympiade, mais il ne fut paisible possesseur de l'Egypte qu'un an après, lorsqu'Antigone et Démétrius Poliorcète son fils, l'eurent attaqué sans succès. Son règne n'est daté dans le canon que de cette époque, c'est-à-dire, de l'an 20 de l'ère de Philippe, dont le 1 thoth coïncide avec le 7 novembre 305 avant la naissance de J. C.

Je reviens à l'ère d'Egypte dont l'histoire est l'objet précis de mes recherches. Outre les chronologistes que j'ai cités, Bainbridge et Lanauze en ont fait aussi le sujet de leurs travaux, l'un dans l'ouvrage aussi rare que précieux, intitulé Canicularia (3), l'autre dans son histoire du calendrier égyptien. (4)

(1) Liv. XIX. (2) Diod. Liv. XX.

(3) *J. Bainbrigii astr. Prof. Savil. canicularia cum demonstr. ort. Sirii heliaci. pro part, infer. Ægypti. A. J. grævio, oxon Oxfortd,* 1648, *in-8°.*

(4) Mém. de l'Acad. des Inscript. V. 14 et 16, in-4°.

Si les Egyptiens ont eu originairement des années d'un, de deux et de quatre mois (1), cela signifie seulement qu'ils ont divisé le temps suivant les retours des phases de la lune. Dans ce cas, ils auront certainement bientôt substitué une année solaire à l'année lunaire, parce que les changemens périodiques auxquels l'état naturel de leur pays est sujet, est sensiblement en rapport avec le soleil. Ils voyoient les saisons de l'année revenir après environ douze lunes. Ils introduisirent donc une année d'autant de mois de 30 jours chacun; et dans la suite, après une plus exacte observation du cours du soleil, ils y ajoutèrent cinq jours complémentaires. Ainsi se forma l'année de 365 jours. Ils crurent d'abord qu'elle s'accordoit avec le soleil, mais en faisant quelqu'attention au ciel et à la marche de cet astre dans ses périodes, ils furent bientôt obligés de revenir de leur erreur. Alors au lieu de fixer l'année par une nouvelle intercallation, ils firent de sa durée vague une affaire de religion, comme on le voit par le passage suivant de (2) Géminus. « Les Egyptiens ont eu une opinion et une vue bien différentes de celles des Grecs; car ils ne comptent ni leurs années par le soleil, ni leurs mois et leurs jours par la lune, mais ils procèdent d'après de certains principes qui leur sont propres. Ils veulent que les sacrifices en l'honneur des Dieux ne se fassent pas toujours dans le même temps de l'année, mais qu'ils parcourent toutes les saisons, afin que la fête de l'été devienne aussi une fête d'hiver, d'automne et de printemps. Pour cela ils ont une année de 365 jours, ou de douze mois de 30 jours chacun et de 5 jours additionnels. Ils n'intercalent pas le quart de jour de surplus; et c'est, selon moi, afin que les fêtes puissent changer de jours. » Dans l'ancien commentaire latin, probablement tiré des Scholies grecques, sur la traduction des phénomènes d'Aratus par Germanicus, il est dit à l'article du capricorne, que les rois d'Egypte, lors de leur inauguration, étoient conduits par les prêtres dans le temple d'Isis à Memphis, et qu'ils étoient obligés d'y jurer qu'ils maintiendroient l'ancien usage de l'année de 365 jours, et n'y permettroient aucune intercalation.

Ce que nous avons de plus ancien et de plus certain en même temps sur l'année égyptienne, se trouve dans ces paroles d'Hérodote (L. II. Euterp.) : « Les prêtres d'Héliopolis m'assurèrent unanimement que les Egyptiens étoient les premiers de tous les hommes qui eussent trouvé l'année, et qui en eussent fait douze parties. Ils disoient qu'ils étoient parvenus à cette connoissance par le moyen des étoiles. A mon avis, ils font mieux que les Grecs qui intercalent un mois tous les trois ans à cause des saisons. Les Egyptiens, au contraire, ajoutent à leurs 12 mois de 30 jours, 5 jours de plus par année, et par ce moyen les saisons leur reviennent périodiquement au même temps de l'année ». Si l'on en doit croire

(1) *Diodori, L. I. Plutarch., numa. Paris, 1624 in-fol. Censorin. de Die nat. c.* 19. (2) Isag.

Diogène-Laërce (L. I.), Thalès avoit reçu des prêtres Egyptiens la connoissance de cette année cent cinquante ans auparavant.

Diodore (Liv. I.), en décrivant un édifice de Thèbes qui étoit le tombeau du roi Osymandias, parle d'un cercle d'or qui s'y voyoit. Ce cercle avoit une coudée d'épaisseur et 365 de circonférence distinguées par autant de divisions, sur lesquelles les levers et les couchers des étoiles étoient marqués pour tous les jours de l'année. Strabon appelle cet ancien roi *Ismandos*, et il dit que c'est le même qui est connu chez les Grecs sous le nom de Memnon (1). Or, comme ce Memnon est un être plus fabuleux que réel, et que d'ailleurs cette histoire du cercle d'or qui n'existoit déjà plus du temps de Cambyse, sent aussi beaucoup la fable, je ne peux appuyer là-dessus aucune conjecture sur l'antiquité de l'année égyptienne.

(2) Eusèbe dit du roi égyptien *Aseth*, qu'il ajouta à l'année les jours intercalaires : « Sous lui, dit-on, l'année égyptienne monta à 365 jours, au lieu qu'avant lui elle n'en avoit que 360. » (3) Le Symelle, qui répète ce fait, ajoute qu'Aseth vivoit en l'an 5716 du monde, en admettant que J. C. est né en l'an 5500. L'introduction de l'année égyptienne est donc du XVIIIe. siècle avant notre ère. Mais l'ancienne histoire d'Egypte est un vrai labyrinthe dont la chronologie a perdu le fil. (4) Plutarque donne aux Epagomènes une origine toute mythologique, d'où il résulte qu'ils ont commencé dans un temps qui n'a transmis à la postérité que des traditions obscures. Mais nous avons d'autres preuves et beaucoup meilleures de la haute antiquité de l'année égyptienne.

La crue périodique du Nil, vers le temps du solstice d'été ordinairement, est pour l'Egypte un événement de la plus haute importance, puisque la fertilité de ce pays que les pluies n'arrosent que rarement, en dépend. Dans les temps très-anciens, cette crue arrivoit avec le lever héliaque de Sirius, la plus brillante des étoiles fixes. Attentifs comme étoient les anciens Egyptiens à ces sortes de phénomènes, ils firent de celui-ci, qui leur annonçoit et leur assuroit toujours de nouveau ce bienfait de l'inondation, l'objet d'une observation toute particulière, surtout parce qu'ils croyoient pouvoir juger par l'éclat et la couleur de cette étoile, lorsqu'elle commençoit à paroître dans le crépuscule du matin, de la force de l'inondation et de la fertilité de l'année (5).

C'est pourquoi il est très-vraisemblable qu'en introduisant une année fixe, ils l'ont commencée au lever si intéressant pour eux, de Sirius, auquel d'ailleurs les prêtres lioient la création du monde, suivant les témoignages de Solin et de

(1) L. XVIII. (2) Thes. temp. (3) Chronograph. (4) De Isid. et Osiride.
(5) Hephest. dans Bainbridge Canicul. et dans Saumaire (Plin. ex. in Sol.) Horapol. hierogl.

Porphyre (1). C'est ce qui rend encore plus vraisemblable l'opinion que le premier mois de leur année portoit le nom de cette étoile (2). En effet, plusieurs auteurs anciens ont assuré que l'étoile du chien s'appeloit chez les Egyptiens Sôthis; dans Vettius Valens (3) elle est nommée Sêth. Il est hors de doute que *thoth*, *sothis* et *seth* sont le même mot prononcé différemment (4). Bochart (5) soutient que le mot *sothis* signifioit un chien dans l'ancienne langue des Egyptiens, comme encore aujourd'hui chez les Coptes.

Jablonski (6) prétend que c'est une erreur; peut-être a-t-il raison. Mais s'ensuit-il que les Egyptiens n'ont pas représenté Sirius ou la constellation qu'ils ont ainsi nommée, sous l'image d'un chien. Jablonski veut le prouver surtout par le passage suivant d'Achilles Tatius (7): « On trouve différens noms aux constellations chez les différentes nations. La sphère égyptienne n'a ni dragon, ni ourses, ni céphée, ni chien ». Mais la théologie des Egyptiens si intimement liée à leur astronomie, prouve qu'ils ont représenté Sirius par cet animal; les rapports qu'on y voit à cette figure, ne peuvent se méconnoître. Est-il besoin que je rappelle ici l'*Anubis Latrator*, compagnon fidèle d'Isis et d'Osiris? et le culte rendu aux chiens dans toute l'Egypte, selon ce vers de Juvénal. (Sat. XV.):

Oppida tota canem venerantur. . . .

Je me contenterai de rapporter ces paroles d'Elien (8): « Les Egyptiens révèrent le chien, parce que quand l'étoile du chien se lève, le Nil se lève aussi en quelque sorte, pour arroser la terre d'Égypte. » Et je ferai remarquer un dessin hiéroglyphique dans le voyage de Denon en Egypte; on y voit un chien (qui est certainement Sirius) d'où sort un torrent, le Nil débordé, qui se répand sur une boule, la terre tenue élevée par Arueris, le dieu du soleil. Suivant Jablonsky qui, dans la langue copte, interprète tout par les étymologies des anciens noms égyptiens, le mot sothis doit signifier un commencement de temps. Je ne déciderai rien à cet égard, ne sachant pas le copte; mais cela ne me prouve point que les Egyptiens qui enveloppoient de symboles tout et même les idées les plus abstraites, aient dû donner à Sirius un nom qui ne présentoit rien de sensible à leur imagination.

(1) Poly hist. et de antr. nymph.

(2) Plutarch. de Is. et Osir. Porphyr et Horapoll. Chalcid. in Tim. op. S. Hieron. 2 vol.

(3) Marsham Chron. Can. On a de ce Vettius Valens, contemporain de *Ptolémée*, un ouvrage d'astrologie encore inédit intitulé Anthologion. Bibl. VIII. Bainbridges Canicularia, et Fabric. Bibl. Græc. vol. IV. p, 140.

(4) Cela devient sensible, en prononçant le *th* comme le thau des Hébreux, le Θ des Grecs, et le *th* des Anglais. H.

(5) Hierozoïcon Bacharti. (6) Panth. Ægypt. (7) Isag. in. Arat. Phænom. (8) De nat. anim. X.

En admettant donc que l'année égyptienne a été introduite dans un temps où le lever héliaque de Sirius coïncidoit avec le 1 thoth, la question est de savoir quand cela est arrivé. La réponse à cette question sera une discussion sur le passage suivant de Censorin.

(1) « La lune n'est pour rien dans la grande année des Egyptiens, que les Grecs appeloient cynique, et que nous autres latins appelons caniculaire, parce que le commencement de cette année se prend du lever de l'étoile de la canicule, au premier jour du mois que les Egyptiens nomment thoth ; car leur année civile n'est que de 365 jours sans aucune intercalation. C'est pourquoi l'espace de quatre ans chez eux a un jour de moins que l'espace de quatre années naturelles ; ce qui fait qu'en 1461 ans, elle revient au même commencement. Cette année est appelée solaire par quelques-uns, et par d'autres l'année de Dieu. Les Egyptiens ont, comme nous, dressé des tables de ces années, telles que celles qu'on nomme de Nabonassar, parce qu'elles commencent de la première année de son règne ; l'année actuelle est la 986e. de ces années. Telles sont aussi celles de Philippe, qui se comptent depuis la mort d'Alexandre-le-Grand, et qui comptées jusqu'à l'année actuelle, sont au nombre de 562. Mais leurs commencemens se prennent toujours du premier jour du mois qui, chez les Egyptiens, porte le nom de thoth, et qui cette année-ci a été le 7 avant les calendes de juillet, ayant été, il y a cent ans, sous le consulat d'Antonin Pie et de Bruttius Præsens, le 12 avant les calendes d'août, temps où la canicule se lève pour l'Egypte. C'est pourquoi nous savons que nous sommes actuellement à la fin de la centième année de la grande année solaire, caniculaire et divine. » (*Ibid. C.* 21.)

Censorin écrivait sous le consulat d'Ulpius et de Pontianus (*Ibid.* C. I.), dans l'année 238 de J. C., année où le 1 thoth de l'an 986 de Nabonassar ou 562 de l'ère de Philippe tomba précisément le 7 avant les calendes de juillet ou le 25 juin. La 139e. de J. C., sous le consulat d'Antonin Pie et de Bruttius Præsens, l'année égyptienne commença avec le 20 juillet. Il faut donc lire le 13 au lieu du 12 avant les calendes d'août, comme Pétau (2) et Dodwell (3) l'ont déjà remarqué.

Quatre années égyptiennes, dit Censorin, sont plus courtes d'un jour, qu'un pareil nombre d'années naturelles (juliennes), car ces deux mots pour lui signifient la même chose. Il faut donc que le 1 thoth mobile revienne dans la 1461e. année au même jour de l'année naturelle duquel il est parti. Il appelle année canicu-

(1) Cens. de Die nat. Cet auteur est, de toute l'antiquité, le plus instruit des diverses formes des années civiles. L'exactitude et la précision règnent partout dans son ouvrage. On peut en dire autant de Géminus. Le témoignage de ces deux écrivains est donc toujours important et décisif. Sans eux les points les plus essentiels de l'ancienne chronologie seroient encore dans l'obscurité.

(2) Var. Diss. Liv. V. (3) Proleg. in app. ad Diss. Cypr.

laire, cette période de 1461 années égyptiennes ou 1460 années naturelles, parce qu'elle commence quand l'étoile du chien se lève (héliaquement). Il paroît clairement par ses propres expressions, qu'elle se renouvela le premier jour du mois de thoth dans l'année 139 de notre ère, où suivant ce que nous avons vu, le premier thoth de l'année égyptienne (887 de l'ère de Nabonassar) arriva le 20 juillet, temps où ordinairement la canicule se lève pour l'Egypte, dit Censorin. Mais Sirius se leva-t-il effectivement le 20 juillet de l'année 139, pour l'Egypte?

L'ascension droite moyenne de cette étoile étoit, selon M. Maskelyne, pour l'année 1802, de 6^h 36′ 25″, 45 avec une variation annuelle de 2″, 653; et l'ascension moyenne pour 1800 a été, selon M. Piazzi, de 16^d 27′ 5″, 0 S, avec une variation annuelle de + 3″, 16. L'obliquité apparente de l'écliptique au commencement de l'année 1801 suivant les tables du soleil (1) de M. de Zach, étoit de 23^d 28′ 5″, donc en 1801, Sirius avoit:

d'ascension droite.	99^d.	5′.	42″	
de déclinaison.	16.	27.	8.	S.
de longitude.	11.	20.	28.	♋
de latitude.	39.	33.	45.	S.

Si l'on fait la précession annuelle de 50″, 07, quantité moyenne entre celles qui ont été déterminées par MM. Delambre, Piazzi, Hornsby et Zach, la longitude de Sirius au milieu de l'année 139 de J. C. seroit de 78^d 13′ 57″. Mais la longitude des étoiles fixes est comme leur latitude sujette à une variation. La longitude étant supposée λ et la latitude β, suivant l'astronomie théorétique de M. Schubert, l'augmentation séculaire de la latitude depuis le premier siècle de notre ère, est

$$d\beta = 59''. \sin\lambda + 22''. \cos\lambda.$$

équation dont les signes deviennent contraires pour les latitudes australes. Et l'augmentation séculaire de la longitude est:

$$d\lambda = \tan\beta\,(22'' \sin\lambda - 59'' \cos\lambda)$$

équation où la tangente β doit être prise négativement pour les latitudes australes. La quantité qui vient d'être marquée pour la précession, donne pour la longitude de Sirius en 1751, 100^d 39′ = λ. Par conséquent pour cette même étoile dans le 18e. siècle, $d\beta = -53''$, 92; $d\lambda = -26''$, 87, et la précession en cent ans est = 5007″ − 26″, 87 = 1^d 23′ 0″. On a donc pour 1701,

Longitude 99^d 57′ 28″.
Latitude 39 34 39. S.

(1) Monatl. Corresp., 8e. vol.

En remontant ainsi de siècle en siècle, on trouve pour le milieu de l'année 139 :

Longitude 78^d 18′ 55″.
Latitude 39 50 o. S.

Si l'on fait, dans la formule $d\beta = 59'' \sin\lambda + 22'' \cos\lambda$, $\lambda = 90^d$, on aura 59″ pour la diminution séculaire de l'obliquité de l'écliptique dans les 18 siècles derniers, ce qui fait 16′ 11″ pour 1662 ans. Or comme suivant les tables du soleil mentionnées ci-dessus, l'obliquité moyenne de l'écliptique en l'an 1801 étoit $= 23^d$ 27′ 56″, elle étoit dans l'année 139, 23^d 44′ 17″, par conséquent au milieu de l'an 139, Sirius avoit

D'ascension droite 80^d 40′ 8″.
De déclinaison 16 28 40.

De plus, pour le parallèle de 30^d. qui, suivant la carte d'Egypte, par Danville, passoit fort près des anciennes villes de Memphis et d'Héliopolis, siége principal des prêtres égyptiens,

L'ascension oblique est. . . . . . 90^d. 30′. 6″.
L'angle du point du lever de l'écliptique. 62. 57. 25.
La longitude de ce point. . . . . . 103. 30. 57.
Enfin pour l'arc de vision de 10^d (1)
Longitude du soleil lors du lever héliaque de Sirius. . . . . 3^s. 24^d. 46′. (2)

Le soleil alors parcouroit 24^d 46′ de l'écrevisse en 25 jours 20 heures, (la longitude de l'apogée étant 2^s 11^d). Maintenant, je trouve suivant les nouvelles tables du soleil, par Zach, que le solstice d'été vrai à Memphis et Héliopolis (1^h 56′ à l'est de Paris) a eu lieu le 24 juin à 10^h 48′ avant midi, temps moyen, en l'an 139. La longitude du soleil étoit donc de 3^s 24^d 46′, le 20 juillet à 7 heures du matin, ensorte que le lever héliaque de Sirius s'est fait le 20 juillet dans un arc de vision de 10^d, sous le parallèle de ces deux villes.

L'arc de vision de 12^d donne pour la longitude du soleil 5^s 27^d 1′ qu'il eut effectivement le 22 juillet 139 à 3 heures après midi. Or, comme Ptolemée dans ses apparitions des étoiles fixes (3), place le lever héliaque de Sirius pour le parallèle

(1) V. les éclaircissemens et additions à la fin.

(2) Greaves, éditeur des *canicularia*, trouve 3^s. 25^d. 36′., il a fait son calcul pour le parallèle de 30^d. 22′., et pour un angle de vision de 11^d. ; le résultat demeure le même, puisque sa détermination du solstice d'été est un peu différente.

(3) Petav. Uranol. avec la correction dans Fabric. Bibl. græc. vol. III. p. 47. Consultez ma traduction de cet opuscule, ci-dessus. H.

de 14^{h}, ou de 50^{d} 22' (1), au 28 épiphi de l'année alexandrine, ou au 22 juillet, il est évident que, dans le calcul de ce phénomène, il a pris l'arc de vision de 22d.

Si le 1 thoth de l'an 139 de J. C. eut tombé le 20 juillet, il auroit dû s'accorder avec cette date julienne, 1460 ans, ou une periode caniculaire, plus tôt, et par conséquent 1322 ans avant J. C. Alors Sirius se seroit levé aussi le 20 juillet à un arc de 10^{d}, comme le montrent les résultats suivans de mes calculs :

Au milieu de l'année 1322 avant la naissance de J. C., on avoit :

Obliquité de l'écliptique.	23^{d}.	57'.
Longitude de Sirius.	58.	2.
Sa latitude australe	40.	0.
Son ascension droite.	64.	37.
Sa déclinaison australe.	18.	53.
Son ascension oblique.	76.	0.
L'angle du point de l'éclitique qui se lève avec lui.	57.	11.
Longitude de ce point.	90.	47.
Longitude du soleil lors du lever héliaque de Sirius. . . . . 3^{s}.	12^{d}.	45'.

Le solstice d'été arriva pour Memphis et Héliopolis le 6 juillet à 2 heures après midi. L'apogée se trouvoit dans le seizième degré du taureau. Le soleil atteignit donc la longitude 12d. 45' ♋, le 19 juillet à 6 heures du soir, et Sirius parut le lendemain matin dans le crépuscule.

Je crois que c'est à cette année 1322, qu'il faut rapporter l'introduction de l'année égyptienne, parce que, comme je l'ai montré, il y a toute apparence que cette introduction date d'un temps où Sirius se levoit héliaquement le 1 thoth. Freret (2) et Bailly (3) pensent qu'il faut la reculer d'une période caniculaire. Le calcul dépose en faveur de leur opinion ; en effet, dans l'année 2782 avant notre ère, lorsque Sirius parut avec l'aurore, le soleil avoit une longitude de 3^{s} 1^{d} 37', qu'il atteignit le 20 juillet au matin, le solstice d'été à Memphis et à Héliopolis, arrivant le 18 à 11 heures avant midi.

Le lever héliaque de l'étoile coïncida par conséquent avec le 1 thoth qui, de même qu'au commencement de chaque période caniculaire, tomboit au 20 juillet, et non seulement il concourut avec le 1 thoth, mais encore avec le commencement de l'inondation qui arrive ordinairement vers le temps du solstice d'été (4). Si les côtés de la grande pyramide sont bien orientés, les Egyptiens avoient alors de grandes connoissances en astronomie.

(1) Alm. Liv. II. (2) Nouv. Observ. sur la Chronol. de Newton.

(3) Hist. de l'Astron. ancienne. Eclaircissemens, Liv. V.

(4) V. Chazelles, dans l'Histoire de l'Académie des Sc. 1710. Mais il s'est servi d'une mauvaise boussole de 4 pouces qui ne pouvoit lui fournir un résultat exact. Les astronomes français de l'expédition d'Egypte ont trouvé que les côtés de la plus grande pyramide, déclinent de 19' 58'', des points cardinaux.

Il m'est impossible d'être de l'avis de Fréret et de Bailly, quand ils disent que la période caniculaire est du même âge que l'année égyptienne. Nous savons par Censorin que cette période s'est renouvelée le 20 juillet de l'an 139 de J. C. Nous savons de plus, puisque nous connoissons sa durée; que la période précédente (1) doit avoir commencé le 20 juillet de l'an 1322 avant notre ère. Nous savons enfin par le Syncelle, que Manéthon, dans son histoire d'Egypte, s'est servi de ce cycle ancien, et même d'un autre antérieur à celui-ci, et dont le commencement est de l'an 2782 avant la naissance de J. C. Mais s'en suit-il que les Egyptiens aient compté par années de la période caniculaire depuis 1322, ou même depuis 2782? Pas plus que de l'usage de la période julienne chez nos chronologistes on ne peut conclure que son origine appartient à l'an 4713 avant notre ère (2). Il n'est pas même vraisemblable que la période caniculaire ait une aussi haute antiquité que Fréret et Bailly le supposent. Dans l'origine, les Egyptiens commencèrent leur année de 365 jours au lever héliaque de Sirius, et se figurèrent probablement que le 1 thoth reviendroit toujours avec ce phénomène. Mais ils s'aperçurent bientôt de leur erreur, quand au bout de quelques années ils virent paroître Sirius dans le crépuscule du matin, le 2 thoth; quelques années après, le 3; et ainsi toujours de plus en plus tard.

Après avoir fait cette observation un grand nombre d'années de suite, il leur fut impossible de ne pas remarquer que l'étoile se levoit un jour plus tard en chaque saison. En effet, comme nous l'avons vu, à un arc de 10^d, elle s'est levée héliaquement le 20 juillet dans les années 2782 avant, et 139 après la naissance de J. C., et de même aussi dans les années comprises entre ces limites; de sorte que Censorin a parfaitement raison quand il dit du 20 juillet, que c'est le temps où la canicule se lève pour l'Egypte. Son apparition pouvoit, suivant l'état de l'atmosphère, arriver quelquefois un jour plus tôt ou plus tard (3). Mais

(1) Voyez les éclaircissemens et additions à la fin de ce volume.

(2) La Chronographie du Syncelle fait deux fois mention de la période caniculaire : d'abord, quand il dit que de Mestrem, premier roi d'Egypte, jusqu'à la 25e année de Concharis, XXVe. roi, il s'étoit écoulé 700 ans du cycle appelé caniculaire dans Manéthon. Ce Manéthon, prêtre égyptien, écrivit, du temps de Ptolémée Philadelphe, l'histoire de son pays en langue grecque. Il s'en trouve des fragmens dans Josephe, Eusèbe et le Syncelle. On avoit aussi de lui un autre ouvrage intitulé, dit le Syncelle, Traité du Sothis, où il étoit probablement question de l'année égyptienne et de la période caniculaire. Malheureusement il est perdu, ainsi que les deux écrits du dernier Théon, dont Suidas nous a conservé les titres, du lever du chien, et de la crue du Nil. On ne sauroit trop les regretter. Fabric. Bibl. gr. vol. IV.

(3) Quand donc Héphestion dans le passage cité plus haut, dit que les sages Egyptiens observoient le lever de Sirius le 25 épiphi de l'année alexandrine, c'est-à-dire le 19 juillet, et quand on lit dans Solin, au lieu également cité ci-dessus, que les prêtres ont regardé le temps de ce lever comme étant le commencement du monde, c'est-à dire le jour entre le 14 et le 13 avant les calendes d'août, cela

dans la règle, elle devoit être observée à un arc donné et à un jour déterminé du calendrier julien.

L'arc de vision qui sert de base à mon calcul est précisément celui-là même où cette observation a été faite par ceux qui ont établi l'année égyptienne et la période caniculaire. On n'en peut pas douter, vu l'accord qui se trouve entre la date donnée par Censorin et celle qui résulte du calcul. Or, si suivant la règle, Sirius se leva le 20 juillet du calendrier julien, il devoit aussi suivant la règle, d'après le calendrier égyptien, se lever d'un jour plus tard à chaque saison. Cette remarque, je le répète, ne pouvoit pas échapper aux Egyptiens si assidument attentifs à un phénomène aussi important pour eux. Dès qu'on eut fait cette remarque, la période caniculaire fut établie, et il ne s'agit plus que de fixer son commencement. On le fixa naturellement au moment où le lever de Sirius se rencontra avec le 1 thoth. Rien n'étoit plus aisé que de compter le nombre des années écoulées depuis. Supposons qu'un astronome Egyptien voulût faire ce calcul dans l'année 582 avant la naissance de J. C., année où le 16 janvier coïncida avec le 1 thoth, et par conséquent le 20 juillet, jour du lever héliaque donné par une observation immédiate, avec le 6 phamenoth, il n'avoit qu'à multiplier le nombre des jours de l'année égyptienne écoulés jusques-là, c'est-à-dire 185, par 4, le produit 740 lui donnoit l'année du cycle caniculaire courant. Quelque simple que soit ce calcul, il ne paroît pourtant pas avoir été fait bien anciennement, puisque ce n'est qu'après une observation suivie pendant plusieurs années, qu'on a remarqué que le lever héliaque de Sirius se faisoit un jour plus tard en chaque saison de l'année, à cause des anomalies qui s'y rencontrent nécessairement.

Les auteurs de la période caniculaire croyoient que le lever de Sirius reviendroit au 1 thoth au bout de 1461 années égytiennes, et ils ne se trompoient pas d'un seul jour dans cette supposition, relativement aux deux périodes depuis l'an 2782 avant la naissance de J. C. jusqu'à l'an 139 après. Pétau dit qu'il est arrivé bien singulièrement que l'étoile du chien (1), en 139, ait paru dans le crépuscule du matin au même jour du calendrier julien où il s'étoit montré dans la période précédente, et il a raison quand il dit que cela ne se trouvera pas toujours de même. En effet, je vois pour l'année 1599 de notre ère, année où

signifie entre le 20 et le 22 juillet; ces auteurs ne contredisent pas Censorin. Dans le 1er. volume des notices et extraits de la Bibliothèque du Roi, no. 160, on trouve des extraits de l'Histoire d'Egypte de Scheik Schemfeddin Mohammed en arabe, parmi lesquels est un calendrier astronomique, astrologique et économique où le lever de Sirius est placé au 26 abib (Epiphi) de l'année copte ou égyptienne fixe, c'est-à-dire au 20 juillet, sans doute d'après une ancienne tradition; car du temps de Schemseddin, savoir, dans la première moitié du 17e. siècle, il arrivoit réellement deux jours plus tard.

(1) Var. Diss. V.

le cycle a recommencé de nouveau, que la longitude du soleil, lors du lever héliaque de Sirius, étoit de $4^{s}\,7^{d}\,54'$, le 21 juillet (v. st.) à 10 heures du soir, de sorte que l'étoile ne fut visible que le 22 juillet dans l'aurore. Et si nonobstant la précession des équinoxes elle s'est levée à la même date julienne après 3000 ans, il faut regarder ce fait comme une suite de sa position extraordinaire dans les cercles de longitude et de latitude, pendant cet espace de temps.

(1) MM. Dupuy, Lalande et Pfaff, croient que les Egyptiens s'étoient trompés de 36 ans dans leur période caniculaire. Car si l'on divisoit 365 jours par $6^{h}.\,9'.\,11''$, excédent de l'année sydérale sur l'année égyptienne, on trouveroit pour quotient le nombre 1423,7. Le soleil reviendroit donc environ au bout de 1424 ans au même jour de l'année égyptienne en conjonction avec Sirius. Cela est juste; mais qu'est-ce qu'ont de commun avec la révolution sidérale du soleil, la plus simple observation et le calcul dont le résultat a été la période caniculaire? Quand M. Dupuy dit que cette révolution devoit servir de base à la période caniculaire, il est visible qu'il en parle d'après la fausse idée qu'il en a.

Les Egyptiens ont-ils connu la précession des équinoxes? Je ne hasarderai pas de décider cette question. Ils pouvoient arriver à cette connoissance par l'observation de Sirius. Cette étoile se levoit toujours en d'autres points de l'horison, et en même temps toujours plus tard dans l'année solaire. Ainsi en l'an 2782 avant la naissance de J. C., elle se montra le deuxième jour après le solstice d'été; en 1322, le treizième; et dans l'année 139 depuis la naissance de J. C., le 26e. seulement. Il y avoit donc changement de lieu et de temps. Ce changement, une fois connu, sa cause qui ne pouvoit consister que dans un mouvement de l'étoile avec la sphère céleste, étoit bientôt trouvée, et ouvroit ainsi la voie à cette connoissance. Mais il n'étoit certes pas aisé d'apercevoir ce changement, attendu qu'il se fait très-lentement, à moins que l'on n'eût des occasions de comparer entr'elles des observations très-éloignées les unes des autres et bien exactement faites. Je ne sais donc pas si les Egyptiens peuvent avec raison disputer à Hipparque l'honneur d'avoir découvert la précession, et d'avoir remarqué la différence entre l'année tropique et l'année sidérale. Albatani assure à la vérité, que les Chaldéens et les Egyptiens ont déterminé l'année sidérale de $365^{j}\,6^{h}\,11'$, ce qui ne s'écarte de la véritable, que de 2'; mais les témoignages historiques des astronomes arabes sont trop peu certains pour servir de règle.

Bailly dit que Ptolémée, dans ses apparitions des étoiles fixes, assigne le lever héliaque de Sirius à sept jours différens, savoir, aux 4e., 6e., 22e., 25e., 27e., 31e. et 32e. après le solstice d'été. « Il est évident, ajoute-il que ces différens

(1) Mém. de l'Acad. des Inscrip., T. XXIX. Mém. sur la durée de l'an sol. (Astr. 1605.) De ortu et occasu Sider, Gotting. 1786, 4.

levers appartiennent à différens siècles. Le lever de Sirius étoit très-important pour l'Egypte, parce qu'il annonçoit le débordement du Nil. Il est donc naturel de supposer que ces observations appartiennent aux Egyptiens; et la plus ancienne, celle qui détermine ce lever le 4e. jour après le solstice, sera une date de leur astronomie. On trouve par le calcul que pour le climat de la haute Egypte, ce lever répond environ à l'an 2550 avant J. C. ».

(1) L'historien de l'Académie avoit ici sous les yeux la traduction latine des significations des fixes de Cl. Ptolémée, faite par Nic. Leonicenus. Cette prétendue traduction qui se trouve après l'original dans l'Uranologium de Pétau, n'est qu'une compilation de divers calendriers anciens, à laquelle (2) on a mis le nom de Ptolémée pour lui donner quelque recommandation. On y trouve bien le lever héliaque de Sirius marqué aux sept jours mentionnés par Bailly, mais dans l'original on ne le voit rapporté qu'à cinq jours, c'est-à-dire à ceux là seulement où ce lever avoit lieu sous les cinq différens parallèles pour lesquels Ptolémée a fait son calcul. Il y est dit que Sirius se lève à 13½ heures, (c'est-à-dire sous le parallèle où le plus long jour dure 13h ½) (3), le 22 épiphi de l'année alexandrie ou le 16 juillet; à 14 heures, le 28 épiphi ou le 22 juillet; à 14 ½ heures, le 5 mesor ou 29 juillet; à 15 heures (car c'est ce qu'il faut lire au lieu de 14h.) le 9 mesor ou 2 août; et enfin, sans avoir cotté l'heure (qui est certainement la 15e ½,) (4) le 14 mesor ou 7 août. On voit donc que la seule conclusion qu'on puisse tirer des différens levers de Sirius rapportés par Ptolémée, c'est qu'ils ne prouvent rien pour l'antiquité de l'astronomie égyptienne.

Le Syncelle (5) témoigne qu'une vieille chronique égyptienne compte depuis le règne du soleil trente dynasties dans le prodigieux espace de 36525 ans. Ce nombre n'est sans doute fondé que sur des idées astronomiques, comme l'immense chronologie des Egyptiens, qui, selon (6) Marsham, ne désigne que des mouvemens célestes et non des faits historiques. La première pensée qui se présente, c'est que le nombre 36525 doit signifier la durée de l'année julienne de 365, 25 jours. Le Syncelle dit que ce nombre est le produit de 25 fois la période caniculaire de 1461 ans. Mais quand il ajoute que ce même nombre désigne la révolution du zodiaque, c'est une erreur dans laquelle il paroît avoir été induit

(1) Hist. de l'Astr. anc., p. 11.

(2) V. Fabricius. bibl. gr. vol. III.

(3) On ne conçoit pas comment le savant Pétau dit dans l'Uranologium p. 41 : « Il y a une chose que je n'ai jamais pu deviner dans cette suite de jours, c'est ce que signifient ces heures qu'il marque presqu'à chaque jour; je serois bien curieux de le savoir ». Il n'avoit qu'à lire attentivement le scholie grec qu'il a fait imprimer à la fin de l'ouvrage, il l'auroit appris.

(4) En effet, plus la sphère est oblique, plus tard après le solstice Sirius paroît dans le crépuscule du matin; et c'est avec raison que Geminus dit : à Rhodes, l'étoile du chien se lève 30 jours après le solstice d'été; en d'autres lieux, c'est 40; et en d'autres encore, 50 jours après. Isag. in Arati phæn.

(5) Chronogr. (6) Chron. Can.

par Proclus (1). Celui-ci fait cette révolution de 36525 ans, en faisant la précession séculaire, non de $\frac{1}{360}$ comme Hipparque, mais de $\frac{1}{36525} = \frac{4}{1461}$ de la circonférence.

Bailly (2) avec sa sagacité ordinaire, explique de la manière suivante la formation du cycle de 36525 ans : 309 mois synodiques n'étant guères que d'une heure plus courts que 25 années égyptiennes, les phases de la lune reviennent après l'expiration de ce temps aux mêmes jours de l'année égyptienne. Or, pour accorder le mouvement de la lune avec la véritable année solaire à laquelle les Egyptiens donnoient 365 $\frac{1}{4}$ jours, ils multiplièrent leur période caniculaire par 25, et ils obtinrent ainsi un espace de 36525 ans, à la fin duquel ils croyoient que les phases de la lune dévoient se rencontrer aux mêmes jours non-seulement de leur année vague, mais encore de l'année fixe.

(3) La période caniculaire nommée aussi la grande année, l'année du soleil, l'année de Dieu, et la période sothiaque, paroît avoir été très-célèbre dans l'antiquité, quoique hors de l'Egypte peu de personnes pussent en connoître l'origine et la forme.

Quand Dion Cassius (4) dit : que suivant l'ordre de César, on intercale tous les 1461 ans un jour de moins qu'il ne faut, et quand Julius Firmicus (5) donne 1461 ans à la grande année qui doit ramener les sept planètes au même lieu d'où elles sont parties, ce sont des erreurs qui ont pour fondement les fausses idées qu'on a prises de cette période. Tacite (6) dit que quelques-uns donnoient au phénix un âge de 1461 ans, et c'est ce qui a fait croire que cet oiseau fabuleux étoit le symbole du cycle caniculaire. Je ne discuterai pas cette opinion que j'abandonne à elle-même, pour retourner à mon histoire de l'ère égyptienne.

Les Egyptiens mirent à conserver pendant plusieurs siècles, sans aucun changement, leur année antique liée à leur culte, le même zèle qui les faisoit veiller sur le maintien de leurs institutions. Ils la remplacèrent enfin par l'ère julienne qui commença sous Auguste à prendre racine à Alexandrie, et qui delà, se répandit partout avec la religion chrétienne. Plusieurs savans ont cru que l'année julienne a été non-seulement connue longtemps auparavant en Egypte, mais encore qu'elle y a servi à régler le temps civil. Je vais soumettre leur opinion à une épreuve dont le résultat convaincra mes lecteurs, qu'avant César, il n'y avoit pas en Egypte d'année civile de 365 jours 6 heures avec l'intercalation régulière qu'il a prescrite.

(1) Hypotypos. C. II.
(2) Hist. de l'Astr. anc. L. VI. §. 9.
(3) Dans Censorin, Clément al. Chalcidius, le Syncelle.
(4) Hist. Rom. Liv. XLIII. (5) Præf. in Astr. (6) Annal. VI.

Diodore (1) dit « que les habitans de Thèbes, d'Egypte, à qui leur climat facilitoit l'observation des astres, partagoient le temps d'une manière toute particulière. Ils ne comptoient pas les jours par la lune, mais par le soleil, en donnant à chaque mois trente jours, et en ajoutant cinq jours et un quart aux douze mois, pour ramener les saisons à leur place. Cette assertion a fait supposer par Scaliger (2) que les prêtres égyptiens se servoient dans leurs écrits et dans le commerce mutuel, d'une forme d'année analogue à l'année julienne. Il croit qu'ils avoient commencé leur année hiéroglyphique, d'abord au 1 thoth civil, quatre ans après au 2, huit ans après au 3, et qu'ils avoient daté par périodes de quatre ans et par années simples; que les premières avoient été nommées années caniculaires, années du soleil ou de Dieu; et les secondes, quarterons ou quarts. » Posons pour exemple, ajoute-t-il pour expliquer son sentiment, le 26 de paophi qui est le second mois. De la nouvelle lune de thoth au 26 paophi se sont écoulés cinquante-cinq jours pleins, qui divisés par quatre donnent treize années de Dieu et trois quarts, et le 26e. jour est le quatrième quart de la quatorzième année caniculaire. Ils datoient donc de cette manière dans leurs livres sacrés et autres écrits : *fait dans le quatrième quart de la quatorzième année de Dieu.* »

Voilà assurément une méprise des plus singulières. Si le 1 thoth de l'année hiéroglyphique étoit avancé du 1 thoth de l'année civile, jusqu'au 26 paophi, il s'étoit donc écoulé 55 périodes de 4 ans au lieu de 13, puisque le commencement de la première année avançoit avec chaque période de quatre ans, d'un jour, et non de 4 jours de la dernière. On voit que Scaliger (3) ne savoit pas bien ce qu'il vouloit dire par son année hiéroglyphique. Dans un autre endroit, il prétend sur le témoignage littéral de Diodore, que (4) les prêtres égyptiens avoient intercalé annuellement le quart de jour, et que par conséquent leur année avoit commencé tantôt le soir, tantôt à minuit, tantôt le matin et tantôt à midi, et chaque fois avec l'apparition de Sirius qui, à ce qu'il prétend, se lève dans l'espace de quatre années consécutives à ces différens temps du jour. Si les prêtres de Thèbes ont eu une pareille année, on ne peut pas dire du moins que Censorin se soit trompé dans l'idée qu'il attachoit aux expressions d'année caniculaire, d'année du soleil, d'année de Dieu. Scaliger oppose à l'autorité de ce judicieux écrivain, celle de l'obscur interprète des hiéroglyphes, Horapollo (5) qui dit que : « les auteurs de la langue hiéroglyphique expriment l'année

(1) Diodore L. I., ajoute, « qu'ils n'insèrent point de mois intercalaires, et qu'ils n'omettent point de jours, (c'est-à-dire qu'ils ne comptent point de mois caves ou de 29 jours), comme la plupart des Grecs, pour rendre sensible la différence des deux manières de supputer le temps, dont l'une est fondée sur le cours du soleil, et l'autre sur celui de la lune ».

(2) De Em. Temp. L. III.

(3) (Isag. Can.) Hierogl. II. (4) Liv. I. C.

(5) Horapoll. Liv. I. Suivant la leçon de Saumaise et de Pauw.

par le mot *quart*. Car ils disent que d'un lever de l'étoile sothis au suivant, il y a un quart de jour de plus que 365 jours, de sorte que l'année de Dieu est de 365 jours et un quart; delà vient que les Egyptiens comptent un jour de plus tous les quatre ans, quatre quarts faisant un jour. » On voit qu'ici l'expression *année de Dieu* n'a aucunement le sens que Scaliger soutient qu'elle doit avoir.

Gatterer (1) va plus loin encore : « Quoique peut-être, dit-il, on ne se trompe pas, quand on croit que dans les temps où l'Egypte étoit partagée en différens états, une seule et même forme d'année n'étoit pas reçue partout, il est pourtant certain que les prêtres astronomes des anciens Egyptiens ont connu une année solaire de 365 ¼ jours et quelques minutes, c'est-à-dire une espèce d'année sidérale qui a passé aussi aux Grecs sous cette forme. Mais cette connoissance astronomique ne resta pas au nombre des mystères savans des prêtres, elle passa dans la vie commune. Avant la domination des Perses, et sous les anciens Pharaons (plus de 525 ans avant J. C.), l'année civile des Egyptiens étoit incontestablement une année solaire de 365 ¼ jours. Les prêtres tenoient note, sur leurs registres, des minutes excédentes, (peut-être les intercaloient-ils quand elles montoient à un jour entier.) En 1460 ans, l'année sidérale des Egyptiens donne environ 9 jours de plus. Mais le quart de jour étoit toujours intercalé tous les quatre ans, comme nous le faisons, de sorte que trois années (comme dans la forme (2) julienne) étoient toujours suivies d'une année intercalaire. Il ne faut pas se contenter de s'en rapporter là-dessus à l'autorité seule de Diodore et de Strabon (3), étrangers et postérieurs aux temps dont nous parlons, quoique leurs relations puisées à de bonnes sources ne soient pas à mépriser; mais il faut encore consulter sur ce point, outre la théorie déjà décrite de l'année mosaïque, un ancien témoin indigène dans l'interprète des hyéroglyphes, Horapollo, qui vivoit vers le temps de la guerre de Troie. Il dit expressément : « Depuis un lever de l'étoile du chien, jusqu'à son lever immédiatement suivant, il y a un quart de jour de plus que les 365 jours de l'année de Dieu ou solaire. C'est pourquoi chaque quatrième année est toujours d'un jour plus grande. Ainsi les anciens Egyptiens avoient certainement un cycle intercalaire de 4 ans, nommé période quadriennale par le traducteur de Horapollo, (4) ou année de 4 ans, ou simplement période par Strabon. Telle est l'explication originaire et la plus ancienne du cycle caniculaire. » Plus loin on lit : « L'introduction de l'année rétrograde de Nabonassar de 365 jours sans intercalation, ne commence qu'au temps de la domination des Perses (depuis l'an 525 avant J. C. » Tout ce raisonnement est appuyé en apparence sur les témoignages de Diodore, de Strabon et d'Horapollo, et sur la théorie établie par

(1) Abriss der Chronologie. Gott. 1777.
(2) L. I. (3) L. XVII.
(4) Hieroglyph. II. 89.

Gatterer même, de l'année mosaïque. Nous avons déjà rapporté les propres paroles de Diodore à ce sujet. Voici comment s'exprime Strabon : « Les prêtres de ce lieu sont surtout distingués par leurs connoissances astronomiques et philosophiques. Ils ont cela de particulier aussi, qu'ils comptent les jours non par la lune, mais par le soleil, en ajoutant tous les ans cinq jours aux douze mois de trente jours ; et parce qu'il reste pour compléter l'année une certaine partie de jour, ils ont fait une période de jours entiers, et d'autant d'années entières qu'il faut de ces parties de jour pour composer un jour entier. » Ce passage ne parle pas de tous les prêtres d'Egypte généralement, mais seulement de ceux de Thèbes, et de la division du temps qui leur étoit propre. Il ne prouve donc rien pour le calendrier égyptien. Celui de Diodore ne prouve pas davantage. On ne peut rien conclure de l'un et de l'autre, sinon que les prêtres de Thèbes ont connu l'excédent de 6 heures environ de l'année solaire sur l'année civile des Egyptiens. Strabon, ainsi que Diodore, remarque comme une chose particulière, que les Thébains n'aient pas mesuré leurs mois par la lune, comme faisoient les Grecs, mais par le soleil, tandis que pourtant c'étoit l'usage dans toute l'Egypte. Ainsi ils parlent d'un objet dont ils n'étoient pas suffisamment bien instruits ; c'est ce qui paroît assez par l'obscurité avec laquelle Strabon s'exprime.

Le témoignage d'Horapollo seroit du plus grand poids, s'il eût véritablement écrit du temps de la guerre de Troie, chose qu'il seroit très-difficile de prouver. L'explication des hiéroglyphes d'Egypte, qui porte le nom d'Horus Apollo ou d'Horapollo, est attribuée à un certain Philippe qui l'a traduite d'égyptien en grec. On ne sait pas qui étoit ce Philippe. Plusieurs expressions barbares, comme κατ' ὄρθινον, prouvent qu'il n'a pas écrit dans le temps le plus brillant de la langue grecque. On connoît aussi peu l'auteur même Horapollo. Hôschel, un de ses éditeurs, présume qu'il est le même que le grammairien Horapollo dont parle Suidas, et qui enseigna sous le règne de Théodose, d'abord à Alexandrie, et ensuite à Constantinople. Celui-ci a écrit entr'autres sur les temples ou lieux sacrés. Cette conjecture paroît assez fondée. Ce n'est peut-être qu'après coup que l'on aura donné cet ouvrage pour une composition originairement égyptienne, et cela dans la vue de lui donner plus de relief, fiction à laquelle d'ailleurs le nom d'Horapollo cadroit on ne peut mieux. Quoiqu'il en soit, cette production n'est pas, comme l'ont rêvé Fabricius et d'autres, de l'antique Horus d'Egypte, fils d'Isis, mais de quelque mystique des siècles de la nouvelle philosophie platonicienne. Comme ce qu'il y a d'historique n'est pas aisé à démêler d'avec le faux dans cet ouvrage, je ne me hasarderai pas à décider combien est fondée l'opinion qui attribue aux Egyptiens l'intercalation d'un jour sur quatre ans, ni à quel temps il faut en rapporter le commencement. Mais il me semble pourtant que M. Caussin a raison de dire dans son édition, que les Egyptiens comptent ce

6 *

jour de plus à chaque quatrième année, sinon civilement, au moins d'après l'observation tacite des prêtres.

Suivant la théorie de l'année mosaïque, les juifs avoient déjà du temps de Moïse, comme après lui et à présent encore, une année civile et une année ecclésiastique. L'une et l'autre étoient des années lunaires. La première commençoit en automne, et la seconde au printems au mois *abib* ou des épis (1), dans lequel les Israélites étoient sortis d'Egypte. « Mais, dit Gatterer (2), comment les juifs pouvoient-ils trouver le mois *abib* de la manière la plus simple, sans une profonde connoissance de l'astronomie? Il falloit que le 16 de ce mois ils offrissent à Dieu des épis d'orge murs (3). C'étoit donc en chaque année le mois dans la première moitié duquel ils trouvoient les orges assez avancées pour pouvoir en faire des offrandes d'épis murs dans le temps fixé. Or, suivant les relations des voyageurs, cela se fait encore dans les parties méridionales de la Palestine, à la fin de mars de l'année julienne, et dans les parties septentrionales, vers le milieu d'avril au plus tard. Il ne falloit pas pour cela de grandes connoissances astronomiques, il ne falloit qu'avoir des yeux. Car quand depuis le dernier *abib*, celui-ci compris, ils avoient passé 12 mois lunaires, ou ce qui revient au même, 12 nouvelles lunes, et que parmi celles-ci ils avoient fêté la septième, comme la nouvelle année séculaire, plus solennellement que les autres, ils pouvoient s'aperçevoir aisément à la vue de leurs champs d'orge, si le 13e. ou le 14e. mois de la lune leur offroit des épis murs pour le sacrifice; c'est-à-dire, si l'année qui finissoit, devoit être une année lunaire commune de 12 mois de lune, ou une année intercalaire de lune, composée de treize mois lunaires? Par ce moyen bien simple, ils pouvoient toujours tenir leur année lunaire dans un rapport d'égalité avec l'année tropique du soleil. »

Il est incontestable que c'étoit ainsi que les anciens juifs régloient leur année. Pour embrasser ce moyen dans toute son étendue, on auroit pu ajouter qu'ils déterminoient les nouvelles lunes par une observation exacte de la première phase. Mais qu'est-ce que cette théorie a de commun avec l'ère égyptienne? Gatterer répond: « Celui qui trouvoit ainsi le mois *abib*, le trouvoit sans aucune connoissance de l'astronomie; mais celui qui montra à le trouver d'une manière aussi simple, devoit avoir des notions peu communes de cette science. Tout ce procédé porte l'empreinte d'une origine céleste où Dieu, selon sa sagesse, n'a employé que des moyens naturels; et Moïse à qui la providence divine avoit procuré une éducation de prince, en fut l'instrument. » Ainsi donc les Juifs

(1) Exod. XII, 2. Desvignoles, Chr. de l'Hist. S. v. I, p. 4.
(2) Abriss der Chronologie. (3) Levit. XXIII, 10—14.

avoient une année luni-solaire que Moïse ordonna par la profonde connoissance qu'il avoit de l'astronomie. Moïse avoit reçu en Egypte une éducation de prince, donc l'année solaire de 365 ¼ jours étoit alors usitée en Egypte. J'avoue que je ne trouve pas cette conséquence-là bien juste, comme j'avoue aussi que dans toute la chronologie de Gatterer, je ne trouve de prouvé que le ton décisif avec lequel il s'énonce. Quant à ce qu'il soutient concernant l'année vague, ou comme il s'exprime, l'année rétrograde, savoir, qu'elle n'a été en usage dans l'Egypte que lors de la domination des Perses, je renvoie à ce que j'ai déjà dit de cette année antérieure à cette époque, et du temps où elle a été, selon toute apparence, introduite en Egypte; et concernant l'année sidérale, j'avoue mon ignorance sur ce qu'il en dit. Hipparque ne doit-il pas peut-être avoir emprunté des Egyptiens la connoissance de cette année? On croiroit que c'est le sentiment de Gatterer. Hipparque a porté la précession séculaire à 1 degré, et par conséquent l'annuelle a 36", que le soleil, suivant les tables de l'Almageste, parcourt en 14' 36" de temps. Comme il faisoit la durée de l'année tropique de 365ʲ 5ʰ 55' 12", il aura déterminé la durée de l'année sidérale de 365ʲ 9ʰ 55' 6" 48". Suivant Gatterer, l'année sidérale des prêtres égyptiens a eu en 1460 ans, environ 9 jours de plus que l'année julienne, ce qui donne pour la durée de l'année sidérale environ 365 jours 6ʰ 9', et ainsi presqu'autant qu'Hipparque a trouvé. Mais ce grand astronome n'a très-vraisemblement rien emprunté de personne, et moins encore sa théorie de la précession, qui a été le résultat de la comparaison de ses observations des étoiles fixes, avec celles que Timocharis et Aristylle avoient faites avant lui.

Bainbridge (1), Lanauze (2) et Fréret (3) croient qu'il y avoit deux sortes d'années en usage chez les Egyptiens depuis les temps les plus anciens, l'année vague ou civile à laquelle les fêtes étoient liées, et une année fixe ou naturelle, qui commençoit avec le lever héliaque de Sirius, et qui régloit les opérations des laboureurs et leurs rétributions. Ils s'autorisent de Vettius Valens, de Porphyre (4) et du scholiaste d'Aratus. Le premier dit, suivant Bainbridge, dans son ouvrage cité et encore inédit, que les Egyptiens commençoient leur année civile au 1 thoth, mais leur année naturelle avec le lever de l'étoile du chien; et Porphyre, « que les Egyptiens ne commençoient pas leur année comme les Romains, au verseau, mais à l'écrevisse; car près de l'écrevisse se trouve l'étoile Sothis que les Grecs nomment l'étoile du chien. Et le lever de Sothis est pour eux le commencement de l'année (5). » On a, dit le scholiaste (6), consacré au soleil toute la constellation du lion, parce que

(1) Canicul. (2) Hist. du Cal. eg. (3) Œuvr. C. T. X. (4) De Antr. Nimph.

(5) Νουμηνία, nouveau mois, nouvel an, est aussi le premier épagomène. Pt. Alm. L. III.

(6) Ad Arati Phæn. Ed. nouv. Paris. 1559, 4. p. 19.

quand le soleil y entre; le Nil monte et l'étoile du chien se lève vers la (1) onzième heure. C'est de ce moment que commence l'année, et l'on regarde l'étoile du chien et son lever comme consacrés à Isis. » Fréret cite encore le Tetrabiblos de Ptolémée, qui, à ce qu'il croit, y dit que l'année commence chez les Egyptiens au solstice d'été. Mais il n'est question dans le passage cité, que des prétentions de chacun des quatre points cardinaux de l'écliptique au privilège de servir d'époque à l'année. Il y est dit particulièrement du solstice d'été, qu'il est propre à commencer l'année, parce qu'il donne le plus long jour et qu'il montre aux Egyptiens la crue du Nil et le lever de l'étoile du chien. Pour bien juger des paroles de Vettius Valens, il faudroit avoir son ouvrage sous les yeux. Quant à Porphyre, il ne paroît pas bien instruit de ce dont il parle, car les Romains ne commençoient pas leur année avec le verseau, mais au huitième jour de l'entrée du soleil dans le capricorne; et si les Egyptiens ont fait commencer la leur au lever de Sirius, ils ne pouvoient pas la faire commencer en même temps à l'entrée du soleil dans l'écrevisse; car alors elle arrivoit un mois plus tôt. Si je ne me trompe, tous ces passages des trois auteurs dénotent en eux de fausses idées sur la période caniculaire. Ce qui me rend leurs témoignages suspects, c'est le silence que gardent Geminus et Censorin sur cette année caniculaire; tandis qu'ils parlent avec beaucoup de précision, de l'année civile des Egyptiens. Quand on l'admettroit, cette année caniculaire, on ne pourrait pourtant pas conclure de ces témoignages, qu'elle fût partagée en mois, qu'elle eût une intercalation régulière, ni qu'elle eût été d'usage dans la vie commune.

(2) Golius, dans ses notes sur Alfergani, suppose que les Grecs d'Alexandrie auroient eu depuis leur premier établissement en Egypte, une année solaire fixe de la forme ordonnée plus tard par Jules César. (3) Delanauze embrasse cette opinion et l'étend bien plus encore. Il s'autorise de Dion-Cassius, de Macrobe (4) et de l'astronome arabe Ibn Junis cité par Golius. Dion-Cassius dit, en parlant de la réforme du calendrier romain par Jules César, « qu'elle fut le fruit de son séjour dans Alexandrie, si ce n'est que dans cette ville on ne donnoit à chaque mois que trente jours, et qu'ensuite on ajoutoit cinq jours pour faire toute l'année; qu'au contraire, César distribua sur les mois ces cinq jours ainsi que les deux qu'il retira du mois de février, mais qu'il inséra à la fin de chaque quatrième année le jour qui est formé des quatre quarts. » Delanauze (5) regarde ces mots comme

(1) Cette onzième heure doit être la onzième heure de la nuit; le scholiaste veut dire que le lever héliaque de Sirius arrive une heure avant le lever du soleil.

(2) Muham. Fergan. Elem. Astron. Amst. 1669.

(3) Deuxième partie de la même dissertation, T. XVI.

(4) Macr. Sat. (5) Seizième Vol. des Mém. de l'Ac. des Inscript. et B. L., p. 308, et 11e. Vol. des Œuv. de Fréret.

décisifs. Mais Fréret n'est pas de son avis, car il fit un traité exprès contre cette hypothèse de l'académicien son collègue, dont il rend les mots : *il inséra aussi....* par ceux-ci qui sont moins exacts : *ce fut le même César qui ajouta.* Une autre faute de Fréret, c'est qu'il fait dire à Dion: que les Alexandrins ajoutent cinq jours à chaque année. L'article τῷ mis après παντὶ et avant ἔτει s'oppose à un pareil sens. Le passage de Dion-Cassius est bien en faveur de l'opinion énoncée ; mais est-il bien concluant ? c'est une autre question. Ecoutons cependant Macrobe et Ibn Junis : Macrobe (1) dit que, à l'imitation des Egyptiens, les seuls qui aient la connoissance des choses célestes, César voulut déterminer l'année par le soleil qui achève sa révolution en 365 jours un quart. Il y a sans doute une erreur dans les mots : à l'imitation des Egyptiens. Alors (à la fin du 4e. siècle de notre ère), deux sortes d'années étoient reçues en Egypte, l'année julienne dans Alexandrie et chez les chrétiens du pays, et l'ancienne année vague chez les payens. Macrobe ne connoissoit que la première, comme il paroît par le passage suivant (2) : « Les Egyptiens ont tous leurs mois de trente jours, et après douze de ces mois révolus, c'est-à-dire au bout de 360 jours, ils y ajoutent cinq autres jours entre août et septembre, et à chaque quatrième année révolue un jour intercalaire composé des quatre quarts. » Et quand il dit dans un autre endroit : « Les Egyptiens seuls ont un mode certain pour leur année, et différente en nombre de celle des autres nations, qui étoit sujette à une erreur égale ». On voit qu'il suppose que la première forme d'année avoit été usitée de tout temps en Egypte. De cette erreur devoit naturellement sortir celle par laquelle on prétend que César, dans sa correction de l'année romaine, avoit copié l'année des Egyptiens.

Ibn Junis assure que l'intercalation a commencé en Egypte à la troisième année de Philippe Aridée. Delanauze pense que cette assertion d'Ibn Junis doit avoir été prise d'ailleurs, et mérite par conséquent toute notre attention. Mais il se trompe. Fréret démontre qu'Ibn Junis, quoiqu'il ait vécu en Egypte et qu'il y ait fait ses observations, a été très-mal informé des variations qui ont eu lieu dans l'année égyptienne. Si un astronome arabe peut être garant d'une chose dont il n'est guères possible qu'un Arabe du dixième siècle ait été plus instruit que nous, on doit préférer le témoignage d'Alfergani, qui dans le premier chapitre de ses élémens, fait la remarque suivante : « Autrefois les commencemens des mois égyptiens répondoient à ceux des Perses, ensorte que le 1 thoth coïncidoit avec le 1 deima. A présent au contraire, les Egyptiens, à l'exemple des Romains et des Syriens, augmentent leur année d'un quart de jour, et la commencent au 29 ab (3). »

(1) Saturn. I, 14. (2) Ibid. I, 15.

(3) Nous parlerons plus bas de l'ère des anciens Perses et Syriens ; chez ces derniers le mois *ab* répondoit au mois d'août julien.

Il ne reste donc plus que l'opinion de Dion-Cassius qui pourroit bien s'être trompé, et qui en effet s'est très-probablement trompé. Les Egyptiens connoissoient le quart de jour longtemps avant César. Celui-ci avoit demeuré en Egypte, et il avoit consulté l'astronome Sosigène pour sa réforme du calendrier romain. Les Alexandrins employoient avec quelques modifications la forme d'année introduite par César. Toutes ces circonstances réunies ont pu faire croire faussement à Dion-Cassius qui écrivit près de 300 ans après la réforme du calendrier, que César avoit emprunté son année des Alexandrins. Et on n'a pas besoin de soupçonner avec Fréret, qu'il ait eu dessein de tromper ses lecteurs, par un certain penchant à déprimer le mérite des Romains pour relever celui de ses compatriotes. Mais s'est-il véritablement trompé ? A mon avis, cela n'est pas douteux. D'abord il fournit une présomption contre lui en terminant par la remarque déjà rapportée, « qu'en 1461 ans il faut intercaler un jour de plus qu'on ne le fait par la disposition de César. » Cela est si peu exact, que dans tout cet intervalle de temps, on a inséré 11 $\frac{1}{2}$ jours de trop. Avec une connoissance seulement superficielle de l'astronomie, il auroit dû savoir que l'année julienne est trop longue au lieu d'être trop courte. Ainsi il parle de la réforme du calendrier sans connoître à fond ce dont il parle.

En second lieu, nous ne trouvons chez les Alexandrins aucune trace de l'année julienne avant Jule-César. Certainement les astronomes du Musée l'auroient employée si elle eût existé alors, tant elle étoit commode. Mais nous voyons que Timocharis employoit la période incommode de Calippe ; Denys, l'ère encore plus incommode de son invention ; et Hipparque, tantôt cette période, tantôt l'année égyptienne et l'ère philippique. En troisième lieu tous les autres écrivains qui parlent de la réforme du calendrier, excepté peut-être Macrobe, parlent de l'année julienne et de sa méthode d'intercalation, comme d'une disposition nouvelle ordonnée par César. Par exemple, Plutarque qui a écrit près de 100 ans avant Dion-Cassius, et qui pour cette raison mérite plus de croyance, s'exprime de la manière suivante : « L'excellence de l'ordre apporté heureusement par César dans le calendrier d'après des principes justes et finement raisonnés, et la réforme exacte dans la supputation irrégulière des années, ont été confirmées par l'usage. » Certes, cet auteur se seroit exprimé autrement (1), si César n'eût fait qu'imiter une forme d'année déjà usitée quelque part dans la vie civile, et l'eût transportée à Rome.

L'hypothèse de Delanauze paroît donc insoutenable. En effet, pour justifier un pareil paradoxe, il faudroit des témoignages plus décisifs que ceux de Dion-Cassius et de Macrobe, qui disent tout simplement : l'un, que César introduisit, l'autre, qu'il imita la méthode des Egyptiens. Il faut en dire autant de l'opinion du sa-

(1) Plut. Vit. Cæsar.

vant Usserius, qui prétend que les Macédoniens étoient en possession de l'ère julienne dès les temps d'Alexandre. On ne peut pas avec justice refuser à César le mérite d'avoir profité, pour la division du temps civil, de la connoissance de l'année solaire, originaire d'Egypte, il est vrai, mais qui y étoit restée inutile et infructueuse, et d'avoir étendu ce bienfait non-seulement jusqu'à nous, mais encore aux siècles futurs. De Rome, sa réforme s'est répandue en Egypte, en Syrie, dans l'Asie mineure, et avec la religion chrétienne, dans toute l'Europe.

La connoissance du quart de jour doit être regardée comme un résultat simple et naturel de l'observation continuée du lever de Sirius, et vient, sans aucun doute, de l'Égypte. Platon et Eudoxe l'y ont puisée; car Strabon (1) dit qu'en conversant avec les prêtres d'Héliopolis, ils apprirent à connoître les parties du jour et de la nuit qui manquent aux 365 jours pour compléter l'année. Mais il est très-probable qu'elle est beaucoup plus ancienne. Ce que Strabon ajoute, qu'alors les Grecs ne connoissoient pas encore l'année, ne doit pas s'entendre de tous les Grecs, car dès le milieu du 5e siècle avant la naissance de J. C., Cléostrale fit de l'année de 365 jours 6 heures, la base de son octaétéride ou période de 8 ans, comme je le dirai dans l'histoire de l'ère des Grecs.

Dupuy (2) ne partage pas cette opinion. Il dit qu'il est douteux que les Egyptiens du temps d'Hérodote, qui ne précéda que d'environ 50 ans ces deux Grecs, aient connu la différence entre leur année vague et l'année solaire fixe, en un mot le quart du jour. Il se fonde sur le passage cité de cet historien. Mais il me semble que tout ce qu'on en peut conclure, c'est qu'il regardoit comme très-parfaite l'intercalation des épagomènes usitée en Egypte, en comparaison de celle des Grecs. En quoi il avoit raison, puisque l'année égyptienne ne s'écartoit du soleil, que d'environ 6 heures; et la période triennale (triétéride) des Grecs, de sept jours et demi. Hérodote croyoit sérieusement que le 1 thoth revenoit toujours exactement au même temps de l'année. C'étoit une erreur qui ne lui étoit sûrement pas commune avec les prêtres d'Egypte qui, pour peu qu'ils considérassent le ciel et l'état naturel de leur pays, ne pouvoient que s'apercevoir de la mobilité de leurs fêtes (3).

(1) Geogr. L. XVII.

(2) Comparez aussi le Mémoire de Lalande sur la durée de l'année solaire.

(3) Voyez les Remarques de Geminus sur la fête mobile d'Isis. Petav. Uranolog.

DE L'ANNÉE ALEXANDRINE.

Les Grecs d'Alexandrie adoptèrent la forme du calendrier julien, mais avec quelques modifications. La première fut qu'en conservant les *noms* et la forme des mois Egyptiens, ils ajoutèrent tous les quatre ans, un sixième jour aux cinq complémentaires, c'est-à-dire, qu'ils composèrent leur année de 12 mois de 30 jours chacun, avec un sixième jour dans l'année intercalaire, en sus des cinq jours complémentaires de chaque année commune.

La seconde modification fut qu'ils commencèrent leur année en été au 29 août julien, comme le témoigne un fragment de l'empereur Héraclius, que Dodwell a fait imprimer. Voici ce qu'il dit : « Quand nous comptons le 29 août, les Alexandrins comptent le 1 thoth ou septembre, mais quand nous comptons le 1 septembre ils comptent déjà le 4e » (1). Cela résulte également de la comparaison des dates égyptiennes et alexandrines dans le dernier Théon, dont nous parlerons plus bas, des supputations de la fête pascale dans les écrivains ecclésiastiques (2) grecs, et des observations astronomiques des Arabes.

(3) La table suivante montre à quels jours de l'année julienne répondent les commencemens des mois alexandrins.

Thoth.	29 août.
Phaophi	28 septembre.
Athyr.	28 octobre.
Choïak	27 novembre.
Tybi.	27 décembre.
Mechir.	26 janvier.
Phamenôth	25 février.
Pharmouthi.	27 mars.
Pâchon.	26 avril.
Payni	26 mai.
Epiphi.	25 juin.
Mesori.	25 juillet.
1er des jours complémentaires	24 août.

Pour convertir par le moyen de cette table les dates alexandrines en dates juliennes, et réciproquement, on demande quelle place avoit le sixième jour complémentaire ? Héraclius nous répondra. « Les Alexandrins intercalent toujours

(1) Dissert. Cypr. app.

(2) Si, par exemple, le 21 mars fixé par le concile de Nicée pour l'équinoxe du printemps, est compté comme le 25 phamenoth, on trouve, en remontant, le 29 août au 1 thoth.

(3) Ptolémée, dans ses φάσεις ἀπλανῶν, met thoth et septembre, phaophi et octobre, etc., comme synonimes; et le scholiaste d'Aratus compare généralement les mois alexandrins aux mois romains, comme s'ils étaient entièrement parallèles. Voyez sa note sur le vers 286, où il nomme tybi le janvier des Romains; il paraît que c'était l'usage à Alexandrie.

dans l'année qui précède l'année bissextile romaine. Ils commencent alors leur année, non trois, mais deux jours avant septembre, (non le 29, mais le 30 août) ». Ce cas a lieu pour les années 3, 7, 11, 15, etc. de notre ère, qui divisées par 4 laissent 3 pour reste. Si donc il s'agit d'une année alexandrine, dont le 1 thoth appartienne à une de ces années, il faut compter un jour de plus dans le calendrier julien, que la table précédente ne donne pour toute date qui précède le 4 phamenoth, et ce 4e jour coïncidera avec le 29 *février*. Par exemple, le 10 athyr 724 de l'ère de Dioclétien, ou 1007 de notre ère, jour où Ebn Jounis (1) a observé une conjonction de Saturne et de Jupiter, coïncide suivant la table, avec le 6 novembre, mais il faut prendre le 7, parce que dans l'année 1007 le 1 thoth répondoit au 30 août. Le 5 phamenoth tombe toujours au 1 mars. Après cette date, l'usage de la table est sans restriction.

On ne connoît pas l'origine de l'année alexandrine. Les premières traces certaines que l'on en ait, sont du second siècle de notre ère. Delanauze (2) prétend trouver des dates alexandrines dans Pline l'ancien. Celui-ci dit en parlant de la navigation entre l'Egypte et l'Inde : « *On retourne de l'Inde par mer, au commencement du mois égyptien tybi qui est notre décembre, ou même avant le 6 du mois égyptien méchir, ce qui est la même chose qu'avant nos ides de janvier.* » « Il est évident, dit Delanauze, que Pline parle ici non des mois vagues, mais des mois fixes des Egyptiens. » Ainsi, pour faire accorder le 6 méchir avec le 13 janvier, il suppose que les Alexandrins avoient commencé leur année au 11 août, jusqu'au temps de Pline. Mais il y a une petite difficulté, c'est qu'on ne conçoit pas pourquoi ils ont fixé le 1 thoth à cette date, et qu'ils l'ont porté ensuite à 18 jours plus tard.

Je crois que la rencontre du 6 mechir avec le 13 janvier peut s'expliquer d'une manière bien plus naturelle. Pline trouva dans la relation dont il s'est servi pour la description de cette navigation, des dates de l'année vague, et il les réduisit suivant la place qu'avoit alors le 1 thoth à des dates romaines, sans avertir ses lecteurs ou peut-être sans savoir lui-même que le commencement de l'année égyptienne change de place dans la romaine. Si cette conjecture est juste, il doit avoir écrit dans une des années 48, 49, 50, 51 de notre ère, dans lesquelles le 1 thoth coïncidoit avec le 11 août; peut-être aussi a-t-il emprunté toute cette description avec la réduction toute faite, d'un écrivain qui l'avait composée dans quelqu'une de ces années; ses propres paroles portent assez à le croire : « c'est, dit-il, d'après une notice certaine qui paroît maintenant pour la première fois. »

Plutarque, dans son traité d'Isis et d'Osiris, cite les mois égyptiens très-souvent et sans équivoque comme mois d'une année fixe, comme quand il dit d'athyr,

(1) Notices et extraits des Manuscrits de la Bibliothèque royale, T. VII., pp. 228, 229.

(2) Mém. de L'acad. des inscr., t. XVI.

que, pendant ce mois, le soleil parcourt le signe du scorpion; et encore, que le Nil alors baisse et que la terre se découvre. Il a raison encore quand il parle du 22 phaophi comme suivi de l'équinoxe d'automne. Mais il est dans l'erreur (1), quand il lie les mysticités égyptiennes et les fêtes aux mois fixes des Alexandrins avec lesquels elles n'ont rien de commun. Une erreur plus grande encore où il tombe, c'est de faire de ces mois, des mois lunaires, et de parler d'une triakas d'épiphi, comme de celle des Grecs, dans laquelle le soleil et la lune entroient en conjonction. Scaliger (2) lui en fait, avec raison, un reproche. A la vérité Delanauze (3), pour le justifier, suppose que quelques villes d'Egypte avoient une année lunaire comme celle des Grecs, mais cela n'existe que dans son imagination.

Ptolémée, dans ses Apparitions des étoiles, calendrier astronomique que je cite souvent, emploie l'année fixe des Alexandrins; dans son Almageste, au contraire, il emploie l'année vague des Egyptiens, et l'une et l'autre pour de bonnes raisons. « Nous nous sommes servi, dit-il, (4) dans son introduction au premier de ses deux ouvrages, de la division du temps usitée chez nous autres Alexandrins, parce qu'à cause du jour intercalé tous les quatre ans, les apparitions des étoiles fixes reviennent pour long-temps aux jours de même dénomination ». Pour l'autre année, il se fondoit sur les observations qu'il tenoit d'Hypparque et de ses autres prédécesseurs, les trouvant liées à l'année vague. Comme de son temps cette année étoit encore en usage par toute l'Egypte, excepté dans Alexandrie, c'eût été prendre une peine bien ingrate, que de vouloir réduire ces observations à une forme d'année introduite plus tard. Il n'aurait pas eu d'ère à laquelle il eût pu les rapporter après la réduction; celles de Nabonassar et de Philippe comptoient par années mobiles ou vagues, et celle d'Auguste ne remontoit pas assez haut.

On lit, dans Gruter (5), une inscription trouvée à Rome, dans laquelle le 6 mai est marqué être juste le 11 pachon des Alexandrins. De ce mot pachon, dom Martin (6) a forgé celui de pachonia, que, selon lui, les Grecs et les Romains ont employé pour le pachon d'Alexandrie. Cette inscription est du consulat de Sext. Erucius Clarus pour la seconde fois, et de En. Claudius Severus, ou de l'an 146 de J. C.

Du temps de Censorin, dans la première moitié du 3e siècle, et de Théon au

(1) L'épigramme ou inscription de l'anthologie grecque, citée ci-dessus, parle aussi de mesor comme d'un mois d'année fixe. On nomme l'égyptien Julianus comme en étant l'auteur; il vivoit, dit Fabricius, sous l'empereur Justin, dans le VIe siècle. Analect. vit. poet. græc. ad Brunck.

(2) Emend. temp., L. IV. (3) 3, part. de l'Hist. du calend. égypt., T. XVI.

(4) V. cette introduction ci-dessus, aux mots : κεχρήμεθα δὲ..... (5) Inscript. antiq.

(6) Explicat. de div. monum. qui ont rap. à la relig. des plus anc. peupl. Paris 1739. Les citations n'y sont pas d'une érudition bien profonde.

milieu du 4e, l'usage de l'année fixe devoit être encore borné à la seule ville d'Alexandrie. Le premier, loin d'en parler, dit que leur année civile n'a que 365 jours sans aucun intercalaire; et le second s'exprime ainsi dans son fragment: « L'année des Grecs ou Alexandrins a 365 jours et un quart, et celle des Egyptiens en a seulement 365. Il est donc clair que l'année alexandrine augmente tous les quatre ans d'un jour, et de 365 jours en 1460 ans, c'est-à-dire d'une année égyptienne entière. Alors les Alexandrins et les Egyptiens recommencent leur année ensemble. » Mais dès le commencement du 5e siècle, l'année fixe paroît avoir été générale dans toute l'Egypte; Macrobe du moins n'en connoît pas d'autre, comme on peut le voir par ses propres paroles citées plus haut. Le culte chrétien qui, pour des raisons faciles à saisir, ne s'accommodoit pas de l'année vague, la supprima entièrement. On voit déjà l'année fixe dans Clément d'Alexandrie et dans Anatolius: après eux, elle est fréquemment employée par les écrivains ecclésiastiques, conjointement avec l'ère de Dioclétien. Il est bon de dire ici quelques mots de cette ère également importante pour l'histoire et l'astronomie, et de celle d'Auguste qui l'a précédée, quoiqu'elle n'ait pas la même importance.

Ère d'Auguste.

Octave remporta la victoire d'Actium l'an 723, ou le 2 septembre avant la naissance de J. C., suivant la remarque de Dion Cassius (1), et il prit possession d'Alexandrie environ onze mois après. Il réduisit l'Egypte en province romaine par suite de cette victoire; aussi les chronologistes modernes appellent actiaque l'ère des années d'Auguste employée dès-lors par les Alexandrins. Son époque est le 1 thoth de l'an 295 depuis Philippe Aridée, ou le 31 août de l'an 30 avant notre ère. Ptolémée et Théon parlent de cette ère, mais seulement en passant, sans y rapporter aucune observation astronomique, le premier dans le passage cité de l'Almageste, et le second dans un fragment; l'un et l'autre la lient à des années mobiles, comme la table des rois, qui, de Nabonassar à Philippe, de Philippe à Auguste, d'Auguste à Dioclétien, compte 424, 294 et 313 de ces années. Mais les Alexandrins comptoient sans doute les années fixes usitées chez eux, comme on le lit effectivement dans Censorin qui parle de deux sortes d'années. Les années des Augustes chez les Romains ont commencé, suivant ce qu'il dit, avec l'année où le nom d'Auguste fut décerné à Octave, sous le consulat d'Octave lui-même, pour la septième fois, et de Marius Vipsanius Agrippa, pour la troisième, c'est-à-dire 27 ans avant la naissance de J. C. L'année 238, dans laquelle il écrivoit, étoit, comme il le dit fort bien, la 265e de cette ère romaine. « Mais les Egyptiens, continue-t-il, comptent cette année pour la 267e, parce qu'ils ont été réduits sous la puissance romaine deux ans avant cette époque. »

(1) Hist. rom., L. LI.

La 268e année de l'ère alexandrine d'Auguste devoit commencer 238 ans après J. C., avec le thoth mobile, au 25 juin, ou, avec le thoth fixe, au 29 août. Or, Censorin assure qu'il a écrit son livre l'an 986 de Nabonassar, ce fut donc après le 25 juin; donc, comme il compte pour la première fois la 297e année des Alexandrins, on voit que cette année étoit fixe, et qu'il doit avoir écrit ces mots entre le 25 juin et le 29 août.

Ère de Dioclétien.

On lit dans Eutrope que Dioclétien força, dans le 8e mois, Achilleus assiégé dans Alexandrie, et qu'il le tua (1). Il usa cruellement de sa victoire; il souilla l'Egypte entière de meurtres et de proscriptions; et cependant, en cette occasion, il établit avec beaucoup de prudence en plusieurs choses, un ordre qui s'est conservé jusqu'à nous. Depuis ce temps-là, les Egyptiens, et particulièrement les Alexandrins, ont commencé à compter leurs années du moment où le vainqueur régna sur eux, c'est-à-dire, suivant l'usage du pays, depuis le premier jour de thoth le plus prochainement passé. Nous voyons par la chronique pascale (2) que Dioclétien a été proclamé empereur le 17 septembre de l'an 284, après la naissance de J. C.; l'époque de l'ère dioclétienne est donc ou le 13 juin ou le 29 août 284, selon qu'elle est unie aux années vagues, ou fixes. L'un et l'autre paroissent avoir eu lieu du temps du dernier Théon. Il calcule, dans le L. IV de son commentaire sur l'Almageste, une pleine lune accompagnée d'une éclipse, et il dit qu'elle est arrivée, suivant les Alexandrins, en l'an 81 de Dioclétien, le 29 athyr, et suivant les Egyptiens, dans la même année 81, ou la 1112[e] de l'ère de Nabonassar, le 6 phamenoth.

Le premier jour de thoth (3) de la 1112[e] année depuis Nabonassar tombe au 24 mai, et par conséquent, le 6 phamenoth au 25 novembre 364, depuis la naissance de J. C. Le 29 athyr de la 81e année fixe depuis Dioclétien donne la même date; et effectivement il y a eu une éclipse de lune dans la nuit du 25 au 26 novembre 364. Dans cette même année, mais plus tôt, Théon avoit observé une éclipse de soleil à Alexandrie. Elle arriva, suivant son calcul, dans la 1112[e] année depuis Nabonassar, le 24 thoth égyptien ou le 22 payni alexandrin après midi; ces deux dates répondent au 16 juin 364. Riccioli (4), qui n'a pas bien vu ou bien compris les paroles de l'astronome grec, croit qu'il s'agit du

(1) Brev. Hist. rom. Oros. hist. VII.

(2) En effet, il est dit dans cette chronique, qui est connue aussi sous les noms de chronique d'Alexandrie et de Sicile, que sous le consulat de Carin II, et de Numérien, c'est-à-dire l'an 284 de notre ère, Dioclétien, proclamé le 17 septembre, fit, étant décoré de la pourpre, son entrée publique à Nicomédie, le 27 septembre. Ed. Paris.

(3) Pour trouver en quelle année de notre ère commence une année donnée de l'ère de Dioclétien, il faut ajouter à celle-ci le nombre 283; ainsi l'an 81 a commencé en 81 + 283 = 364 après la naissance de J. C.

(4) Almag. nov., p. 1. 369.

22 payni mobile, et en conséquence, il place l'éclipse au 10 mars de l'an 365 de notre ère, jour où il n'y a pas eu de nouvelle lune. C'est au reste, du moins que je sache, la seule observation astronomique d'une éclipse de soleil qui nous ait été transmise de l'antiquité. Ptolémée n'emploie jamais les éclipses de soleil, parce qu'à cause de la parallaxe elles sont plus difficiles à être mises à profit pour la théorie, que les éclipses de lune dont il a donné un bon nombre.

Après que l'année vague des Egyptiens ne fut plus employée civilement, on compta partout, comme depuis le commencement chez les Alexandrins, par années dioclétiennes fixes. Cette ère a été pendant plusieurs siècles la plus usitée chez les chrétiens. Elle n'est tombée en désuétude dans l'occident que depuis l'introduction de notre ère actuelle (1). Elle s'est maintenue plus long-temps dans l'orient, et aujourd'hui encore les chrétiens d'Egypte et d'Abyssinie s'en servent, dit-on (2), pour leurs dates. Elle a été de bonne heure nommée l'ère des martyrs (3), à cause de la terrible persécution de Dioclétien contre les chrétiens, dans la 19e année de son règne. Je la trouve mentionnée, pour la première fois, dans le dernier Théon, et dans l'introduction à l'apotélesmatique de Paul d'Alexandrie, qui assure avoir écrit dans la 94e année. J'ai déjà remarqué que les dates alexandrines des observations de Thius, rapportées par Bouillaud, sont liées à cette ère. Les astrononomes arabes qui, pour plus d'exactitude, ont coutume de marquer leurs observations par plusieurs ères, comptent aussi assez fréquemment par les années de Dioclétien ou des Coptes (4). L'expression Tarikh al Schohada (5), ère des martyrs, ne se rencontre que chez les chrétiens qui parlent l'arabe (6).

En voilà assez pour l'histoire de l'année alexandrine, et des deux ères actiaque et dioclétienne qui y sont liées. Répondons maintenant à la question suivante :

(1) Notre ère a pour auteur, comme on sait, un abbé romain, nommé Denys et surnommé le Petit, qui l'imagina vers l'an 530; le vénérable Bède l'introduisit dans le 8e siècle. V. Petau, Doct. T. L. XII.

(2) Il est certain aussi qu'ils suivent toujours la forme de l'année alexandrine, et qu'ils commencent leur année au 29 août julien. V. Ludolf, Comm. Hist. æthiop. fr. ad M. 1691. Les noms des mois des Coptes, ou chrétiens d'Egypte, se trouvent dans le IIIe. vol. du *Thesaur. Epistol. Lacroz.* écrits en caractères coptes. Ils ont été tirés du cahier des Evangiles écrit vers l'an 1180 de notre ère; les voici : thout, paopi, ator, choiak, tobi, mechir, phameuoth, pharmouthi, paschom, paoni, epep, mesore. Lacroze les regarde comme les véritables noms anciens des mois égyptiens; ceux que les Grecs nous ont transmis n'en diffèrent pas beaucoup.

(3) Scaliger de Em. Temp., L. V.

(4) Par exemple, Ebn-Jounis, qui, outre l'ère arabe, persique et seleucide, nomme fréquemment les années de Dioclétien.

(5) Dans la traduction latine Scientia stellarum d'Albatani, le C. 32 traite des années al kept; et dans alfergani, tarikh al kept, ère des Coptes, les deux premières ères d'Egypte, celle de Nabonassar et celle de Philippe. Elém. astr., p. 6.

(6) D'Herbelot, Bibl. orient.

pourquoi le 1 thoth a-t-il été fixé par les alexandrins au 29 août julien? On a répondu que les Alexandrins n'ont pas adopté la forme julienne de l'année, la première année de l'ère d'Actium dans laquelle le 1 thoth de l'année égyptienne tomboit au 31 août, mais seulement quelques années plus tard. On cite pour garant le dernier Théon qui, à ce qu'on prétend, dans son fragment, place l'introduction de l'année julienne à la 5e année d'Auguste. Mais cette raison n'est pas la vraie. Il montre comment il faut réduire le temps tel qu'il étoit divisé chez les Alexandrins, pour qui il écrivoit, au temps usité en Egypte, suivant lequel étoient dressées les tables astronomiques dont on se servoit alors. Après avoir exposé la différence des deux manières de supputer le temps, il dit : « Ce retour, tous les 1460 ans, du thoth mobile au fixe, arriva la 5e année du règne d'Auguste, ensorte que, depuis ce temps, les Egyptiens ont anticipé tous les ans d'un quart de jour. Ainsi, pour ramener une date alexandrine à la date égyptienne correspondante, il faut de l'année donnée, comptée depuis Auguste, retrancher 5 ans, et diviser le reste par 4; alors le quotient désigne de combien de jours le 1 thoth de l'année mobile a surpassé le commencement de l'année fixe. » Il éclaircit cela par l'exemple suivant : « Proposons-nous de réduire le 22 thoth alexandrin de l'an 77 de Dioclétien à sa date égyptienne. D'Auguste à Dioclétien, on compte 313 ans; la 77e de Dioclétien est par conséquent la 390e d'Auguste : ôtez-en 5, et divisez le reste 385, par 4, vous aurez pour quotient 96; comptez maintenant 96 jours depuis le 22 thoth, ou 3 mois et 6 jours, et vous tomberez au 28 choïak égyptien, auquel répond par conséquent le 22 thoth alexandrin. Pour épargner aux astronomes la peine de ce calcul, il leur donne le catalogue historique des consuls romains (1) depuis 138 jusqu'à 372 de l'ère chrétienne, avec quatre colonnes de nombres. La première est celle des années depuis la mort d'Alexandre; la seconde, de celles depuis Auguste; la troisième et la quatrième sont intitulées épactes ou embolimes et périodes de quatre ans. Ces épactes ne sont que les quotients de la division dont je viens de parler. Par exemple, à côté de la 167e année d'Auguste, l'épacte montre 40, c'est-à-dire que le commencement de l'année romaine est avancé de 40 jours sur celui de l'année alexandrine, de sorte qu'alors le 1 thoth des Alexandrins répondoit au 11 phaophi des Egyptiens. Les nombres de la quatrième colonne sont les restes ajoutés à ces quotients, ou les quarts de jour dont, en outre du jour entier de la troisième colonne, le commencement de l'année égyptienne a anticipé. On voit par-là que, dans le passage cité de Théon, il ne s'agit pas d'un fait, mais d'un calcul, et que son fragment ne prouve rien pour le temps de l'introduction de l'année alexandrine.

Dion Cassius compte, parmi les sénatus-consultes rendus en l'honneur d'Octave, après sa victoire sur Antoine, le suivant : « *Le jour où Alexandrie a été prise*,

(1) *Appendix ad Diss. Cypr.*, p. 95. C'est avec raison que ce catalogue est attribué, par Dodwell et par l'auteur des Observations sur les Fastes de Théon, à Théon lui-même.

doit être mis au nombre des jours heureux, et leur servir (aux Alexandrins) *d'époque à l'avenir pour leur ère.* » Les Alexandrins se conformèrent à cet édit, mais en se faisant un jour de fête de celui où leur ville étoit passée au pouvoir d'Auguste, ils ont transporté le commencement de leur année à la date romaine, à laquelle répondoit le plus prochain thoth des Egyptiens. J'espère pouvoir en convaincre mes lecteurs.

Le jour dont Horace parle dans la XIVe ode du IVe livre, où il dit qu'à Octave

> *Portus Alexandrea supplex*
> *Et vacuam patefecit aulam,*

étoit, comme je l'ai prouvé ci-dessus par une inscription ancienne, le 1 août; et l'on voit, par une notice de Scaliger (*Ibid.* L. V.), que depuis ce temps-là les Alexandrins ont toujours fêté ce même jour. Car, suivant les anciens martyrologes, Eudoxie, femme de Théodose, a, dit-on, mis au 1 août la fête de saint Pierre-aux-liens, pour empêcher les Alexandrins de se livrer aux divertissemens payens, par lesquels ils célébroient la victoire d'Auguste sur Antoine et Cléopâtre. Scaliger n'en tombe pas d'accord, parce que la bataille d'Actium n'a pas été livrée le 1 août. Ce n'étoit pas sans doute en mémoire de cette première victoire d'Auguste que cette fête se faisoit, mais bien en mémoire de la seconde qu'il remporta sur Antoine et Cléopâtre, sous les murs d'Alexandrie, et pour la prise de cette ville.

Jules-César réforma le calendrier romain l'an 709 de Rome, 45 ans avant notre ère. Les prêtres ignorans, chargés, après comme avant, de faire l'intercalation, ajoutèrent, dit Solin (1), le bissexte à la 3e année au lieu de le mettre à la 4e, et ils continuèrent ainsi, de trois ans en trois ans, sans être redressés par personne, après l'assassinat commis sur César, l'an 710 de Rome. Ainsi les années 42, 39, 36, 33, 30, etc., avant la naissance de J. C., furent faites bissextiles, au lieu des années 41, 37, 33, 29 qui auroient dû l'être. La cinquième intercalation s'étant donc faite en l'an 30, au lieu de la quatrième qui auroit dû être dans l'année 29 suivante, le calendrier romain dut, après le bissexte de l'an 30, compter deux jours de moins, et le 31 août, auquel répondoit alors le 1 thoth, devint le 29 août.

Les Alexandrins firent dès-lors, pour toujours, de cette date du calendrier romain entaché de cette irrégularité, le premier jour de leur année (2), dont ils

(1) Sol. Polyhist. C. I. Macrob. Sat. I. 14.

(2) De même qu'ils célébroient toujours le 1 août, comme étant le jour où leur ville étoit passée au victorieux Octave, quoique le calendrier corrigé comptât alors déjà le 3 août. Dans la 31e année avant notre ère, la différence entre le vrai calendrier julien et le faux romain, étoit d'un jour, ainsi la bataille d'Actium a été livrée le 3 septembre.

8

ramenèrent constamment le commencement, toute égyptienne qu'elle étoit, par une intercalation empruntée du calendrier julien, au même 29 août (IV° avant les calendes de septembre) avec lequel il avoit coïncidé dans l'an 30 avant notre ère. Ce ne fut que dans la 9° année avant la naissance de J. C., 36 ans après la réforme du calendrier, que l'on pensa à corriger la faute des prêtres. On compta donc 12 années consécutives, sans intercalation; par ce moyen, les trois jours de trop furent éliminés, et le véritable calendrier julien fut rétabli. C'est peut-être aussi vers ce temps-là, que les Alexandrins, par un semblable procédé, ont mis leur calendrier en ordre, et ont introduit l'intercalation régulière, ce qui fixa leur premier jour de l'an au 29 août. C'est ainsi que je m'imagine que l'année alexandrine s'est formée, et que l'on peut éclaircir les difficultés qu'on y a trouvées.

Les remarques qui suivent sur la chronologie des Chaldéens, seront moins satisfaisantes que les précédentes, à cause du peu de lumières qu'on peut rassembler sur ce point. Mais elles termineront naturellement les recherches qu'on vient de lire sur l'ère d'Egypte.

ERE DES CHALDÉENS.

L'almageste présente treize observations faites à Babylone. Les sept plus anciennes sont rapportées en mois égyptiens, les trois suivantes en mois athéniens, et les trois dernières en mois macédoniens. Ces dernières ont été faites environ cent ans après Alexandre, lorsque la supputation du temps, à la manière des Macédoniens, s'étoit déjà répandue sur la plus grande partie des conquêtes de ce prince. On croit qu'auparavant les Chaldéens et les Egyptiens avoient la même forme d'année; autrement, Ptolémée, suivant sa coutume, auroit conservé la manière propre aux astronomes Chaldéens de déterminer le temps, telle qu'il la spécifie en rapportant les sept plus anciennes de leurs observations. D'ailleurs, le canon astronomique, dont la première partie vient probablement de Babylone, est en années égyptiennes qui sont aussi la base de l'ère de Nabonassar, dont l'origine est babylonienne, comme son nom le prouve assez. Fréret est, je crois, le seul qui doute de l'identité de l'ère de Babylone et de l'ère d'Égypte. Tous les autres chronologistes la regardent comme certaine, et ne sont en différent que sur le lieu d'où est sortie l'année mobile.

Delanauze (1) dit que cette année a existé chez les Egyptiens long-temps avant l'époque de l'ère de Nabonassar, depuis laquelle seulement, à ce qu'assure le Syncelle, dans sa chronographie, les astronomes Chaldéens ont commencé à donner exactement les temps de leurs observations. Les Babyloniens l'ont donc, suivant lui, empruntée des Egyptiens, « d'autant plus certainement, ajoute-t-il, que, selon Diodore (2), les Chaldéens, c'est-à-dire les prêtres du pays de Babylone, avoient été institués sur le modèle de ceux d'Egypte, et qu'ils s'adonnèrent à l'étude des astres sur le plan qui avoit été tracé par les prêtres et les astronomes égyptiens. »

(3) Dodwell pense d'une manière toute opposée. « Les années égyptiennes, dit-il, se comptent depuis l'époque de Nabonassar, parce que l'Egypte ayant été réduite au pouvoir des rois de Perse, l'époque prise de Nabonassar est venue des Babyloniens aux Egyptiens avec la forme de l'année. » Gatterer est de l'avis de Dodwell, qui, j'espère, n'a pas besoin pour mes lecteurs, d'être réfuté.

Desvignoles (4) laisse la question indécise. « Que l'année vague soit venue des Egyptiens aux Chaldéens, ou des Chaldéens aux Egyptiens, elle étoit commune à ces deux peuples (5). Il cite comme témoins Diodore et Quint-Curce. Le premier,

(1) Hist. du calend. égypt., Mém. de l'Ac. des inscript., T. XIV.
(2) Ou plutôt suivant les Egyptiens; V. Diodore, L. I et L. II.
(3) De Cyclis. dissert. II, sect. VI.
(4) Chronolog. de l'Hist. S., tom. 2.
(5) L. II, de Reb. gest. Alex. magn., L. III.

parlant de la longueur des murailles de Babylone, dit que, suivant Clitarque et d'autres qui entrèrent en Asie avec Alexandre, Sémiramis voulut donner à ces murailles 365 stades de contour, autant qu'il y a de jours à l'année. Le second, en décrivant la marche de l'armée des Perses, rapporte que des mages étoient suivis de 365 jeunes gens vêtus de pourpre, nombre égal à celui des jours de l'année chez les Perses. Ce n'est pas seulement par Quint-Curce que nous savons que les anciens Perses ont eu une année de 365 jours (qui pourtant, comme je le montrerai dans la suite, différoit en un point essentiel de l'année égyptienne). Mais que s'ensuit-il pour l'ère des Babyloniens? On croit que cette sorte d'année a dû d'abord passer des Egyptiens aux Babyloniens, et de ceux-ci aux Perses, leurs voisins. Mais Fréret (1) réfute très-bien cette erreur, sur ce que l'année solaire étant d'environ 365 jours, et chaque lunaison d'environ 30 jours, chaque nation s'en est bientôt aperçu, et n'a pas eu besoin d'emprunter d'une autre cette connaissance. « Les Mexicains, dit-il, qu'on ne soupçonnera pas d'avoir rien emprunté des Perses ou des Egyptiens, avoient comme eux, une année de 365 jours, dont 5 étoient surnuméraires. »

Ce savant croit que les Babyloniens comme les Grecs régloient le temps par les périodes lunaires. S'ils avoient eu la même manière de supputer le temps, que les Egyptiens, dit-il, Ptolémée n'auroit pas, à chaque observation des Chaldéens, rappelé soigneusement à ses lecteurs, qu'ils doivent en compter la date *suivant la manière des Egyptiens;* autrement, cet avertissement auroit été bien superflu. Il s'exprime ainsi, non-seulement à l'occasion des observations faites en Chaldée, mais encore sur presque toutes celles qui sont rapportées dans l'Almageste. Ces mots s'y trouvent chaque fois avant le nom du mois, et doivent faire connoître évidemment qu'il parle de l'année mobile d'Egypte, et non de l'année fixe d'Alexandrie. Qu'on se ressouvienne seulement que Ptolémée écrivoit dans Alexandrie, et que le calendrier Alexandrin, dont il se sert généralement dans l'Almageste, s'écartoit de celui d'Egypte de plus d'un mois, dans le temps où il vivoit. Le dernier Théon, en employant, une couple de fois, deux dates, l'une égyptienne et l'autre alexandrine, les distingue par ces deux dénominations. Ptolémée en auroit certainement fait autant, les mois chaldéens, jusqu'à leurs noms même, se fussent-ils accordés avec ceux d'Egypte.

Ce qui confirme l'assertion de Freret, c'est qu'en effet, Aben Ezra, savant rabbin, dit que les Juifs, pendant leur captivité, ont reçu des Babyloniens, les noms par lesquels ils désignent actuellement les mois (2); et véritablement ces noms ne commencent à paroître que dans les livres d'Esther et d'Esdras composés depuis l'exil par Zacharie. Comme les mois judaïques nisan, jjar, etc., sont lunaires, on conjecture avec raison qu'ils l'ont été également chez les Babylo-

(1) OEuvres complètes, tom. XII.

(2) Petav. var., dissert., L. II, C. XIII.

niens. S'il en étoit autrement, les Juifs n'auroient pas changé si facilement les anciennes dénominations de leurs mois lunaires (dont on trouve des indices dans le 6ᵉ et le 8ᵉ livre des rois), pour celles des mois babyloniens. Trois observations des Chaldéens rapportées par Ptolémée (1), et les fragmens de Bérose, astronome et historien Chaldéen, prouvent que les Babyloniens, sous les Seleucides, ont daté par mois lunaires portant des noms macédoniens. Si dans dans les premiers temps ils eussent eu une année solaire, comme les Egyptiens et les Perses, ils auroient vraisemblablement été aussi peu portés que ces deux peuples à la quitter sous leurs rois macédoniens. Ils auront donc adapté la nomenclature macédonienne à leur ancienne manière de supputer le temps.

Les Chaldéens ont connu différentes périodes lunaires, et entr'autres la période remarquable de 223 lunaisons. Ptolémée et Géminus parlent de cette période. Le premier désigne ses auteurs par les mots *anciens mathématiciens* (2); il dit qu'elle contient, en 6585 jours 8 heures, près de 223 mois synodiques, 239 anomalistiques, et 242 draconitiques, pendant lesquels la lune parcourt son orbite 241 fois et 10ᵈ 4′ de plus (3); et que, pour avoir des jours entiers, on la multiplia par 3, forme sous laquelle on la nomma ἐξελιγμός, *évolution*, expression qui est prise de la tactique et qui signifie développement. Geminus, qui la cite sous ce nom et cette forme, dans son Introduction aux phénomènes, remarque que les Chaldéens en avoient conclu le mouvement moyen de la lune, de 13ᵈ 10′ 35″ par jour, ce qui, à une seconde près, s'accorde avec nos tables. Ainsi donc la période de 223 ou 669 mois synodiques appartient sans aucun doute aux Chaldéens.

Comme la lune, après 223 lunaisons ou 6585 jours 8 heures, qui font 18 années juliennes 10 jours 20 heures, revient presqu'à la même position, relativement à ses apsides et à ses nœuds, les éclipses doivent, après cet intervalle, se renouveler à peu près dans le même ordre et dans les mêmes grandeurs, remarque que Pline (4) a déjà faite, en disant 223, suivant la leçon du P. Hardouin, au lieu de 222 mois (5). Il est douteux que la méthode actuelle de calculer les éclipses, dont le fond et l'essentiel se trouvent dans l'Almageste, ait été connue avant Hipparque. Elle me paroît être une invention de ce grand astronome, à qui probablement on doit la construction des premières tables du soleil et de la lune. Si donc Thalès a observé une éclipse de soleil, comme l'assurent Hérodote, Eudemus dans Clé-

(1) Almag., L. IX, XI, et Bibl. græc. fabr. XIV. V.

(2) Alm., L. IV.

(3) Les hellénistes n'ont pas besoin qu'on leur rappelle que ces mots *anomalistique* et *draconitique* viennent de l'astronomie moderne, et sont étrangers à la langue grecque. Ptolémée appelle l'un, rétablissement ou retour d'anomalie; l'autre, retour ou rétablissement à la même latitude.

(4) H. N. II. Hard. 2. éd.

(5) Halley, Trans. phil. 1691.

ment d'Alexandrie, Diogène-Laërce, Cicéron, Pline (1), et d'autres, il se sera servi de cette période que l'on nomme de préférence période chaldéenne.

Le Syncelle dit que Bérose a compté par saros (2), néros et sossos; que le saros est un espace de 3600 ans, le néros de 600, et le sossos de 60. Ce sont, suivant Fréret, autant de périodes lunaires dont les Chaldéens se sont servi pour la division du temps; seulement il les évalue tout autrement, quoiqu'en y conservant les mêmes proportions. De la définition, donnée par Suidas, du mot σάρος, mesure et nombre chez les Chaldéens, il conclut que 120 sares font, à leur compte, 2220 années, parce que le saros contient 222 mois lunaires qui équivalent à 18 ½ années de 12 mois chacune. Il en prend occasion de dire de ces périodes, que les Chaldéens avoient un double saros, l'un astronomique de 223, et l'autre civil de 222 lunaisons; qu'ils partageoient ce dernier en 6 nères, chacun de 37 mois synodiques, et le nère en 10 sosses de 4 mois périodiques, 37 mois synodiques faisant près de 40 mois périodiques; et que le saros civil avoit 6555 jours et environ 19 heures; le nère, 1092 jours et environ 15 heures; et le sosse, 109 jours 6 heures. Mais il n'est pas croyable que, pour mettre de l'ordre dans le temps civil, on ait employé des périodes qui continssent des fractions de jour; et on ne conçoit pas pourquoi on auroit choisi, pour le saros précisément, une période de 222 mois synodiques, qui n'est commensurable ni en elle même, ni dans les multiples et les parties aliquotes de la durée de l'année solaire, et qui, d'ailleurs, n'a aucune propriété remarquable. Pourtant est-il vrai que Suidas donne au saros 222 mois lunaires. Mais c'est une assertion qui n'est fondée que sur une erreur dont je m'explique l'origine comme je vais le dire.

Au rapport du Syncelle, Bérose donnoit à l'espace de temps qui a précédé le déluge de Xisuthrus, 120 sares ou 432000 ans, en comptant 3600 ans pour le saros.

(1) Hérod. L. I. et Note de Wesseling. Cette éclipse totale de soleil qui, changeant tout-à-coup le jour en nuit, sépara les Mèdes et les Lydiens prêts à s'entre-détruire, ne peut avoir été vue que le 30 septembre de l'an 609 avant notre ère, aux bords du fleuve Halys, comme le prouvent les calculs de toutes les éclipses de soleil, arrivées entre les années 584 et 625 avant J. C., faits avec l'exactitude la plus satisfaisante, par M. Ottmann, dans les Mémoires de l'Académie de Berlin, 1812. C'est à la chronologie, maintenant, à établir un système auquel cette éclipse puisse ne pas répugner. J'ajoute à ce que M. Ideler vient de dire, que le P. Pingré a trouvé aussi, par son calcul, une éclipse centrale de soleil, visible en Asie, au 30 septembre de l'an 609 avant J. C.; et sa manière de compter étant celle de Cassini, qui est aussi celle de M. Ottmann, sans doute, puisqu'il est astronome, ils sont d'accord, et l'an 609 doit être avant l'ère chrétienne, dont l'année précédente est 0, l'an 610, si cette année précédente est comptée 1, celui même de ce phénomène arrivé le 30 septembre. H.

(2) Ces trois mots signifient des périodes lunaires; le premier vient du chaldéen *sihara*, lune. Bible chaldaïque, Genes. XXXVII. 9.

Comme ses notices sur ce déluge et sur celui qui l'a précédé, ont, à l'exception des 432000 ans, la plus grande analogie avec la Genèse, les moines égyptiens, Annien et Panodore, qui vivoient dans le Ve. siècle, imaginèrent, pour rendre cette analogie plus complète, que les 3600 unités de la durée du saros ne signifioient pas des années, mais des jours. Il y avoit pourtant encore, même après cette réduction, une différence considérable entre les supputations du temps faites par Bérose, et celles de Moyse. Quelque chronologiste postérieur dont Suidas a tiré cette notice, aura vraisemblablement dit que le saros des Chaldéens étoit une période qui ramenoit les éclipses; faute de savoir l'astronomie, il a donné à cette période un mois de moins qu'il ne falloit, peut-être parce qu'il a été induit en erreur par le passage falsifié de Pline que j'ai rapporté, et qui se trouve dans la plupart des manuscrits; ce qui montre que cette falsification doit être fort ancienne. Alors les 120 sares donneroient 2220 années lunaires, comme Suidas le remarque, ou 2154 années tropiques; résultat qui s'écarte peu du nombre 2242 ans, ou, selon une variante, 2262, donné par les septante, pour l'espace de temps écoulé entre la création et le déluge.

L'hypothèse de Fréret n'a été reçue de personne, comme on le pense bien. Goguet (1) croit que le néros a été effectivement de 600 ans, et que c'est la période de 600 ans dont Josephe parle obscurément (2), de sorte que les 120 sares ou 432000 ans de Bérose, ne sont qu'une hyperbole pour donner une grande idée de l'antiquité de sa nation, comme les exagérations dont Cicéron (3) accuse les Babyloniens.

L'opinion du savant Français a excité en France de grandes disputes sur la nature du saros, du neros et du sossos; on peut en prendre connoissance dans le Journal des Savans de 1760 et 1761. Mais c'est toujours un point fort obscur, et qui, faute d'être éclairci par l'histoire, nous laisse livrés à des conjectures qui ne l'éclairciront pas davantage (4).

S'il est vrai que les Chaldéens ont employé les mois lunaires dans la vie civile, comme cela est très-vraisemblable, leur manière de compter le temps aura été probablement semblable à celle des Grecs et des Juifs. Je pense qu'ils ont eu quelque période intercalaire au moyen de laquelle ils accordoient le cours du soleil et celui de la lune, et par conséquent une année luni-solaire. Mais je ne peux

(1) Dissert. sur les per. astr. des Chald., Orig. des lois, arts et sciences.

(2) V. ci-après les additions et éclaircissemens.

(3) De Diviuat. I. 19.

(4) Gatterer dit, dans sa chronologie, p. 222 : « Il est encore un moyen de déterminer la vraie signification des divisions du temps, *sar*, *ner* et *soss*, qui ont été en usage chez les Chaldéens, seulement dans les plus anciens temps, ou qui du moins doivent avoir cessé depuis Nabonassar, mais il faut, pour cela, une dissertation particulière. » J'ignore si cette dissertation a paru.

pas m'imaginer que leurs observations astronomiques aient été originairement liées à une telle année, ni que les dates égyptiennes marquées dans l'Almageste, ainsi que la forme actuelle des deux premières divisions du canon astronomique, soient le résultat d'une réduction faite par les Alexandrins, comme Fréret se le persuade. Une pareille réduction auroit été sujette à de grandes difficultés, quand même les Chaldéens auroient eu, dès le temps de Nabonassar, une année lunaire réglée sur des élémens exacts, ce qui est difficile à croire, et quand ils auroient gardé cette année sans variation pendant des siècles. Aussi suis-je porté à croire qu'ils se servoient, à la vérité, d'une année lunaire dans la vie commune, mais qu'ils employoient la supputation égyptienne du temps pour leurs observations astronomiques. Après avoir long-temps observé, ils auront trouvé que l'année civile ne se prêtoit pas commodément à la comparaison des observations, ni peut-être aussi à déterminer le temps avec certitude. Ils cherchèrent donc une forme d'année qui leur présentât ces avantages, et ils choisirent celle des Egyptiens, comme la plus simple de toutes (1).

On regarde communément Nabonassar comme le fondateur d'une nouvelle dynastie, parce qu'on s'imagine que l'ère qui porte son nom doit avoir une révolution politique pour époque. Mais sur quoi est appuyée cette idée ? Diodore (L. II.) raconte que les Babyloniens, après avoir long-temps porté le joug des Assyriens, se rendirent indépendans conjointement avec les Mèdes; mais il ne remarque pas si Nabonassar y a paru et quel rôle il y a joué. Ptolémée, Censorin, Théon et le Syncelle sont les seuls, parmi les anciens écrivains, qui nomment ce roi de Babylone, mais aucun n'en fait l'auteur d'une révolution politique. Son mérite ne seroit-il pas plutôt le même que celui de Méton et de Callippe chez les Grecs, ou de Jules-César chez les Romains? N'aura-t-il pas introduit l'année égyptienne pour l'avantage des observations astronomiques, qui, jusqu'alors, n'avoient eu ni liaison ni règle, et, par-là, n'aura-t-il pas été la cause qui a fait prendre aux Chaldéens son accession au trône, ou plutôt le 1 thoth précédent le plus proche, pour époque d'une ère à laquelle, depuis lors, ils rattachèrent leurs observations ? Les paroles du Syncelle, citées plus haut, donnent beaucoup de vraisemblance à cette conjecture. Mais il n'y en a aucune, à ce que disent Alexandre Polyhistor et Bérose, que Nabonassar détruisit tous les monumens historiques qui concernoient ses prédécesseurs, pour être le premier de la série future des rois de Babylone. Si ces deux écrivains disent vrai, suivant la juste remarque de Dodwell, comment et d'où ont-ils pu composer une aussi immense histoire d'événemens antérieurs à Nabonassar ?

(1) Il ne faut pas croire absolument qu'ils aient commencé leur année au même jour que les Egyptiens. Si l'année chaldaïque avoit eu la même forme que celle des Egyptiens, il auroit été facile de réduire les dates chaldéennes aux égyptiennes.

Les Chaldéens étoient, chez les Babyloniens, une caste particulière, dans laquelle l'astronomie mêlée d'astrologie se propageoit de père en fils. Ils se sont acquis en astronomie une gloire qui ne peut être ternie par leur application à l'astrologie. Nous voyons, par le prophète Daniel, qu'ils doivent s'être livrés à celle-ci de bonne heure, car il les présente comme astrologues, interprètes des songes, devins et sorciers. Il n'est pas besoin qu'on rappelle que, dans la suite, ils donnèrent leur nom à la tourbe des astrologues. Comme c'étoit une compagnie chargée de l'observation et de l'interprétation des étoiles, leurs observations étoient sans doute faites en corps et au nom de tous. Ptolémée parle toujours collectivement des Chaldéens, tandis que, pour les observations qui ne sont pas d'eux, il a presque toujours soin de nommer les observateurs. Pline fait mention des anciennes observations de Babylone marquées sur des briques cuites. Quant à la manière dont les Chaldéens peuvent avoir conservé leurs observations, je tiens pour très-probable qu'ils les ont consignées, avec leurs prédictions et autres rêveries astrologiques, dans des annales dont quelques extraits auront été communiqués aux Grecs. Les événemens politiques les plus importans y étoient aussi marqués, et c'est ainsi que s'est faite cette liste de princes répandue ensuite par les Grecs, sous le nom de canon des rois. Dodwell et Desvignolles veulent que Bérose en soit l'auteur. Le dernier en cite en preuve un fragment rapporté par Josephe (1) et répété par Eusèbe (2), qui, pour les durées des règnes des cinq plus prochains prédécesseurs de Cyrus, s'accorde parfaitement avec le canon; mais il ne prouve rien autre chose que la confiance que mérite cette première partie. Ce canon, à mon avis, ses auteurs et ses continuateurs, sont en partie Chaldéens, et en partie Grecs, car les astronomes ont, de temps en temps, prolongé cette table pour en perpétuer l'usage.

Je m'imagine que chaque observation étoit marquée dans les annales des Chaldéens, non-seulement avec sa date égyptienne ou astronomique, mais encore avec celle qui étoit usitée dans le pays; ainsi, l'astronome qui communiqua aux Grecs les trois éclipses de lune d'avant Alexandre, observées à Babylone, liées aux mois athéniens, tirées des archives des Chaldéens, et rapportées dans le Liv. IV de l'Almageste, y a mis, au lieu des mois babyloniens, les mois athéniens correspondans; les dates égyptiennes qui y sont jointes ont rendu inutile l'adjonction des mois athéniens, qui aussi ne s'y trouvent point. C'est pourquoi il est dit d'une de ces éclipses, qu'elle arriva sous l'archonte Phanostrate, dans le mois scirophorion, ou, suivant les Egyptiens, dans la nuit du 24 au 25 phamenoth. Les Athéniens savoient bien que les éclipses de lune arrivoient au milieu de leurs mois,

(1) Ant. Jud., L. X, Ch. II.
(2) Præp. Eu. L. IX, Ch. 40.

quand ceux-ci d'ailleurs s'accordoient avec le ciel, ce qui, dans la règle, étoit certainement le cas.

On a demandé par quelle voie les Grecs sont parvenus à la connoissance des observations chaldéennes? Ptolémée les avoit reçues d'Hipparque, qu'il cite comme son garant dans les trois éclipses de lune. Les trois plus anciennes sont extraites aussi des écrits de cet astronome, à en juger par les mots : *il dit*, qui ne peuvent se rapporter qu'à Hipparque, de la part de Ptolémée, qui le nomme souvent, tout ce qu'on lit dans le livre IV sur le mouvement moyen et la première inégalité de la lune, paroissant être emprunté d'Hipparque ; et il est dit, dans ce livre, encore à l'occasion d'une autre éclipse prise des Chaldéens, qu'Hipparque l'a aussi employée et appliquée.

Mais d'où cet astronome, et en général les Grecs, avoient-ils eu les observations des Chaldéens? Simplicius dit, dans son commentaire sur le livre d'Aristote *de cœlo*, que Callisthène, qui accompagna Alexandre en Asie, envoya, de Babylone à son maître Aristote, une suite d'observations astronomiques qui, à ce qu'assure Porphyre, embrassoient un espace de 1903 ans. Bailly (1) a levé tous les doutes qu'on pouvoit se former sur la vérité de ce récit. Il auroit pu remarquer encore, entr'autres raisons, qu'un peuple qui connoissoit les moyens mouvemens de la lune, aussi bien que les Chaldéens, devoit avoir commencé de très-bonne heure à observer le ciel, et que les observations qui nous ont été transmises par Ptolémée sont trop exactes pour ne pas supposer qu'elles sont le résultat d'une pratique exercée depuis long-temps. A la vérité Aristote ne fait nulle part, dans ses œuvres, mention d'observations envoyées de Babylone, si ce n'est que dans le traité *de cœlo*, il dit : « Que les Egyptiens et les Chaldéens avoient observé plusieurs conjonctions des planètes entr'elles et avec les étoiles fixes. » Mais on sait qu'il s'en faut beaucoup que nous ayons tous les ouvrages de ce philosophe. Marsham (*ibid.*) croit que cette quantité d'observations, aujourd'hui perdue, a été la source où Hipparque et les autres astronomes grecs ont puisé. En effet, Ptolémée (2) parle une fois d'éclipses de lune, dont l'observation avoit été faite à Babylone et fut ensuite portée en Grèce.

Si l'Almageste ne cite aucune observation aussi ancienne que celles que Callisthène a envoyées, on n'en peut tirer aucune objection contre la supposition de Marsham. Hipparque et Ptolémée n'ont certainement pas rapporté toutes les observations qu'ils avoient sous les yeux, car ils n'écrivoient pas une histoire de l'astronomie; ils n'ont parlé que de celles qui leur paroissoient les plus propres à servir de base à leur théorie. Les premières observations des Chaldéens devoient

(1) Astr. anc. (2) Alm., L. IV.

être, par la confusion qui, avant Nabonassar, régnoit dans le calendrier de Babylone, trop peu en ordre pour pouvoir être employées; Ptolémée les regarde comme non avenues, puisqu'il dit que les plus anciennes observations que l'on ait, datent du commencement du règne de Nabonassar. La collection formée par Callisthène n'existoit peut-être déjà plus du temps de Ptolémée.

Dodwell (1) pense, au contraire, que Bérose avoit transcrit les observations des Chaldéens de dessus les colonnes de briques sur lesquelles elles étoient gravées, et qu'il les avoit fait connoître aux Grecs, dans son histoire de Babylone. Il cite, à l'appui de cette opinion, Pline (2), qui dit qu'Epigène, auteur des plus graves, rapporte, qu'à Babylone, les observations des astres, faites pendant 720 ans, étoient gravées sur des briques cuites; et que Bérose et Critodème les disoient avoir été faites au moins pendant 490 ans, « d'où l'on voit, ajoute-t-il, que l'usage des lettres est de toute antiquité. » Bérose vivoit, suivant Tatien (3), du temps d'Antiochus Soter qui mourut vers l'an 486 de Nabonassar. Il est donc très-vraisemblable, conclut Dodwell, que le nombre 490, ou, suivant une autre leçon, 480, signifie, dans Pline, l'année de l'ère de Nabonassar dans laquelle ce Babylonien écrivoit; et que les observations gravées sur des briques, dont on veut qu'il ait parlé, et qui remontent de 490 ans à l'époque de cette ère, sont les mêmes qu'Hipparque et Ptolémée ont employées. Mais Perizonius (4) et Bayle (5) doutent avec raison de l'authenticité de ce passage de Pline, où il est seulement question de l'ancienneté des lettres. « Je crois, y est-il dit, que les lettres sont assyriennes », ou, suivant l'interprétation de Perizonius, que les Assyriens (Babyloniens) ont toujours eu des lettres. Il y est remarqué ensuite que les Grecs connoissoient les lettres dès avant la guerre de Troye, et que les Egyptiens en ont dû avoir même avant l'antique roi Phoronée. Le récit d'Epigène, que j'ai cité, confirme la première assertion. Qu'on songe seulement, disent Perizonius et Bayle, au contraste des nombres 720 et 490, avec *è diverso Epigenes apud Babylonios....... litteras semper arbitror Assyrias fuisse*, et *ex quo apparet æternum litterarum usum*, et l'on sentira combien tout ce raisonnement de Pline seroit peu concluant s'il eût effectivement voulu parler d'une ancienneté marquée par ces nombres. pour y mettre plus de logique, Perizonius insère une M après les deux *annorum* du texte, pour changer les nombres 720 et 490 en 720000 et 490000. Il est très-vraisemblable que c'est ainsi que Pline a écrit. Ainsi, le sens de ses paroles est, que la prodigieuse antiquité donnée par Epigène, Bérose et Critodème aux observations gravées sur les briques, prouve que les lettres étoient en usage, de temps immémorial, chez les Babyloniens. A cela se joint la prétention de ce peuple, d'avoir des observations depuis 470000 ans, suivant le rapport de Cicéron cité ci-dessus, et encore dans son

(1) Prolegom. in app. ad diss. Cypr. (2) Hist. N. VII. (3) V. ci-après les éclaircissemens.
(4) Orig. Babyl. (5) Dict. hist. et crit.

L. II de la Divination; et depuis 473000, suivant Diodore L. II. Bailly se déclare avec raison pour les nombres 720000 et 490000, mais il en fait des jours au lieu d'années. En même temps il place Epigène, dont l'âge est tout à fait inconnu (1), sous Ptolémée Philadelphe, et en remontant de ces 720000 jours ou 1971 années juliennes, il reproduit les 1903 années avant Alexandre, que Porphyre donne aux observations envoyées de Babylone par Callisthènes : idée ingénieuse, mais qui n'est rien de plus. Bérose, dans ses ouvrages écrits en grec, avoit traité de l'astronomie des Chaldéens, car Josephe, dans son livre contre Apion, cite un fragment de Bérose, après avoir dit de lui : « Mon témoin est Bérose, Chaldéen de nation, et connu de tous les savans par les écrits qu'il a composés en grec sur l'astronomie et la philosophie des Chaldéens. »

Je ne puis assurer si les Chaldéens et les Egyptiens ont compté par années de Nabonassar dans la vie civile. Il me semble que cette ère doit son origine, chez les Chaldéens, au besoin qu'ont senti les astronomes d'une supputation continue d'années, sans laquelle on ne peut pas comparer les observations. Je ne comprends pas comment des Perses, puisqu'elle ne pouvoit s'accorder avec leur période intercalaire de 120 années, elle a pu s'introduire du temps de Cambyse, chez les Egyptiens, comme le croit Gatterer. Ptolémée est le premier qui la nomme, mais je crois qu'Hypparque s'en étoit déjà servi avec le canon astronomique, inséparable des observations chaldéennes. Ordinairement, dans l'Almageste, elle n'est pas mentionnée dès l'indication des observations, mais seulement quand elles doivent être comparées aux tables. Dans le calcul des astres, dit le Syncelle, elle n'étoit (2) vraisemblablement, comme l'ère philippique, employée que par les astronomes. L'expression *in litteras relati sunt*, par laquelle Censorin désigne les deux ères, n'a-t-elle pas trait à quelqu'usage semblable ? Elles ne se rencontrent dans aucun historien. Si Ptolémée ne s'étoit pas servi des observations des Chaldéens, et qu'il se fût vu par là obligé de reporter les époques des corps célestes jusqu'au commencement du règne de Nabonassar, nous ne saurions rien de l'ère qui porte ce nom. Les Egyptiens ont probablement compté leurs années civiles par leurs rois ; et l'on trouve même dans l'Almageste deux observations marquées par des années de rois d'Egypte.

(1) On ne le sait ni par Pline, ni par Censorin qui (C. 7 et 17.) le met au nombre des astrologues, et l'appelle Byzantin ; ni par Plutarque de Pl. Phil., L. III, C. 2, où son opinion sur la nature des comètes est rapportée ; ni par Sénèque, qui le cite dans ses Nat. Quæst., L. VII. 3. Il n'est, à ce que je crois, cité nulle part ailleurs.

(2) Chronograph.

ERE DES GRECS.

« Les Grecs, dit Géminus, étoient avertis par les lois et les oracles, des sacrifices à faire en certains jours, en certains mois et en certaines années ; et pour offrir aux Dieux les mêmes sacrifices dans les mêmes phases de la lune, et dans les mêmes saisons, ils comptoient les jours et les mois par la lune, et les années par le soleil ; ou en d'autres termes, ils avoient une année liée, mixte, luni-solaire qui se perfectionna peu à peu, à mesure que leurs connoissances sur le mouvement du soleil et de la lune, se débrouillèrent. » (Isag.)

Il est probable qu'après avoir long-temps déterminé la nouvelle lune par l'observation de la première phase, ils employèrent une période intercalaire de deux années. En effet, quand ils s'aperçurent que la lumière de la lune se renouvelle au 30e jour, et que les saisons de l'année reviennent après environ 12 ½ mois lunaires, ils donnèrent 30 jours au mois et 12 mois à l'année, et ils intercalèrent un mois tous les deux ans. Cette période qui fut appelée τριετηρίς, triennale (1), quoiqu'elle ne fût que biennale, suivant Censorin, ne s'écarte pas de moins de 11 ¾ jours de la lune, et de 19 ½ jours du soleil. On se vit donc obligé, de temps en temps, de rétablir l'harmonie entre le cycle et le ciel, par des corrections ; en quoi on se conduisit, vraisemblablement, aussi arbitrairement que les Romains ensuite, dans la réformation de leur année avant Jules César.

Hérodote fait dire à Crésus par Solon : « Je borne la vie humaine à 70 ans, qui font 25200 jours, sans y mettre de mois intercalaires ; mais si l'on veut prolonger la seconde de deux années, d'un mois, pour que les saisons reviennent à leur place, il y aura pour 70 ans, 35 mois intercalaires qui contiennent 1050 jours. De tous ces 26250 jours des 70 années (2), l'un n'amène jamais rien de semblable à l'autre » On pourroit croire, d'après cela, que les Athéniens, dans le 6e siècle avant notre ère, ne connoissoient pas encore de meilleure méthode d'intercaler. Mais je doute que leur législateur se soit exprimé ainsi.

Suivant Diogène-Laërce (3), les Athéniens, d'après Solon, mesurent les jours par la lune ; chose qu'on ne peut entendre que d'une mesure plus exacte, puisque, sans doute auparavant, les Grecs régloient leur temps par les phases de la lune.

(1) Ce n'étoit qu'une manière vulgaire de parler, parce que l'intercalation se faisoit après deux années révolues, comme si c'eût été dans la troisième.

(2) L. I, Ch. 32.

(3) L. I. s. 59.

« Solon, dit Plutarque (1), remarquant l'inégalité du mois, et voyant que le mouvement de la lune ne s'accorde parfaitement ni avec le soleil couchant, ni avec le soleil levant, mais que, souvent dans le même jour, elle atteint le soleil et le précède, ordonna de nommer ce jour ancien et nouveau, parce qu'il croyoit qu'il y en avoit une partie avant la conjonction qui appartenoit au mois finissant, et le reste au mois qui commençoit. Diogène-Laërce et Proclus disent la même chose.

Solon, dit ce dernier, trouva que le mois lunaire ne contient pas 30 jours. C'est pourquoi il introduisit la dénomination d'ancien et nouveau. Il est donc très-vraisemblable, quoiqu'aucun écrivain de l'antiquité ne le dise expressément, que ce fut Solon qui, le premier, substitua aux mois de 30 jours les mois alternativement pleins et caves, ou de 30 et de 29 jours. Par ce moyen, la période de 2 ans fut raccourcie de 12 jours, en faisant, comme auparavant, le mois intercalaire de 30 jours. Elle s'accorda dès-lors avec la lune, à 6 heures près; à la vérité, relativement au soleil, elle étoit toujours de 7 ½ jours trop longue; ce qui faisoit que de temps en temps, il falloit omettre un mois intercalaire. Elle pouvoit néanmoins être répétée plusieurs fois avant qu'elle parût s'écarter sensiblement du ciel, avantage que n'avoit pas la première triétéride.

Les autres états de la Grèce ont suivi, à ce qu'il paroît, les Athéniens dans cette réforme du calendrier comme dans toutes les autres, les uns plus tôt, les autres plus tard. Nous ne savons rien de leur manière de supputer le temps, si ce n'est tout au plus les noms de leurs mois, et encore fort incomplétement (2). Du temps d'Hérodote et d'Hippocrate (450 à 400 ans avant J. C.) les anciens mois de 30 jours étoient encore en usage chez les Grecs de l'Asie mineure; l'un, non-seulement dans le passage cité, mais encore dans le 5e livre, fait l'année de 360 jours; l'autre (3) fait tous les mois de 30 jours, par exemple dans son 2e livre des maladies vulgaires, où il évalue 9 mois à 270 jours. Et même (4) Aristote donne 360 jours à l'année, lorsqu'il en fait le cinquième de 72 jours, et le sixième de 60. Mais cet auteur parle de l'année solaire, et il se sert de nombres ronds, tandis qu'il auroit

(1) In Solone.

(2) Ce qui s'en est conservé se trouve dans le Menologium de Fabricius, S. 48, ff. Corsini fasti attici, p. 1, D. XIV, Everardi audrichi institutiones antiquariæ, Flor. 1756, 4, C. 2. Ce dernier offre un Hemerologium tiré d'un très-ancien manuscrit de la bibliothèque de Médicis, dans lequel les noms des mois des Alexandrins, des Grecs (Syromacédoniens), des Tyriens, des Arabes (Syriens de l'Arabie voisine), des Sidoniens, des Héliopolitains, des Lyciens, des Asiatiques (Ioniens), des Crétois, des Cypriens, des Ephésiens, des Bithyniens et des Cappadociens, sont rapportés. Cet Hemerologium est d'autant plus précieux, qu'il met partout la date romaine à laquelle chaque mois commence.

(3) Ed. Foës. Gen. 1657.

(4) Hist. animal., L. VI.

dû exprimer ce sixième et ce cinquième par des fractions, s'il eût voulu les déterminer rigoureusement.

L'histoire nous a laissé ignorer presqu'entièrement combien de temps les Athéniens se sont servi de la période biennale, et quel fut leur premier pas vers la réforme de leur calendrier. Censorin, après avoir parlé de la période triennale, continue en ces termes : « Ensuite, reconnoissant l'erreur, ils doublèrent ce temps et ils firent leur période quadriennale; mais parce qu'elle revenoit tous les cinq ans, ils la nommèrent quinquennale. Cette grande année, composée de quatre, leur parut plus commode, en ce que l'année solaire étoit de 365 jours et un quart, qui, au bout de quatre de ces années, faisoit un jour. Ce temps fut aussi doublé, parce qu'il paroissoit s'accorder avec le cours du soleil seulement, et non avec celui de la lune. » Il n'est pas aisé de deviner comment étoit construite cette période de quatre ans. Elle doit avoir été formée sur le soleil, et par conséquent avoir eu $365\frac{1}{4} \times 4 = 1461$ jours. Mais comment ces jours-là étoient-ils distribués en mois? Dodwell (1) croit que les mois étoient alternativement de 30 et de 29 jours, et qu'à la fin de la deuxième année le mois n'étoit que de 22, et celui qui terminoit la quatrième, de 23 jours, ce qui donne en effet 1461 jours. Mais avec cet arrangement, cette période, si elle eût commencé avec la nouvelle lune, se seroit écartée de la lune, dans les deux dernières années, de plus de 8 jours; et à la fin de la quatrième, de plus de 15 jours, de cet astre, par lequel, dit Geminus, les Grecs mesuroient le temps. Et dans le cours de cette période, deux mois auroient eu une forme toute différente de celle des autres, à laquelle la répartition des jours sur les mois n'auroit pas pu convenir.

Le mois grec fut en effet partagé en trois dixaines. Le jour après la conjonction dans lequel le croissant de la lune se montre ordinairement avec le crépuscule dans le climat d'Athènes (2), se nommoit néoménie, dénomination qui selon Plutarque (a, a, O,) a été introduite par Solon; les jours suivans étoient comptés en leur rang jusqu'au dixième, avec l'addition *du mois commençant*. Les jours qui suivent le dixième, se comptoient de même, mais avec l'addition ἐπὶ δεκάδι. Le vingtième jour étoit appelé εἰκάς, et après lui le reste des jours du mois. Ces derniers jours se comptoient en remontant, suivant la prescription de Solon, à ce que dit Plutarque, comme les jours avant les calendes, avec l'addition *finissant* (3). Ainsi, l'avant-dernier jour étoit appelé le deuxième du mois finissant; le précédent, troisième du mois finissant, etc., et le vingt-unième jour du mois étoit le dixième

(1) De Cyclis, D. III.

(2) La faucille de la lune se montre au plus tôt le premier jour du mois; et au plus tard, le troisième. Gemin. Isag., C. 7.

(3) Pollux, dans son Onomasticon, L. I, distingue les trois décades par les mots de *commençant*, *médiant*, et *cessant*; mais ces deux dernières expressions ne se rencontrent nulle part ailleurs.

ou le neuvième du mois finissant, selon que le mois étoit plein ou cave (1); et le dernier jour étoit appelé triacade. Suivant Diogène-Laërce (2), ce fut Thalès qui introduisit cette dénomination; mais elle se trouve déjà dans Hésiode (3); ainsi que la division du mois en trois décades. Le mot *triacade*, d'ailleurs, date d'un temps où le mois étoit généralement de 30 jours. Dans la suite, on l'employa comme synonime d'ancien et nouveau, pour désigner chaque dernier jour du mois, celui de la conjonction ou de la nouvelle lune astronomique, dans laquelle se fait la vraie rencontre, comme dit Proclus (4); et même aussi quand le mois n'avoit que 29 jours.

Géminus passe absolument sous silence la période de quatre ans, dont Censorin parle; c'est pourquoi je doute fort qu'elle ait été jamais établie. Après avoir indiqué brièvement la période de deux ans, il continue en ces termes : « Les anciens s'étant bientôt convaincus par les apparences du soleil et de le lune, que dans la triétéride (période de trois ans), les jours et les mois ne s'accordoient pas avec la lune, ni les années avec le soleil; ils cherchèrent une période qui eût cette propriété, et qui contînt des jours, des mois et des ans entiers. D'abord, ils formèrent la période de 8 ans (octaëtéride), composée de 99 mois, dont trois sont intercalaires, et qui contient 2922 jours. Voici comment ils disposèrent cette période : l'année solaire étant de 365 $\frac{1}{4}$ jours, et l'année lunaire de 354, on prit l'excès du premier de ces deux nombres, c'est-à-dire 11 $\frac{1}{4}$ jours huit fois, et l'on eut 90 jours ou trois mois de 30 jours chacun, et en les intercalant dans le cours de 8 années, les fêtes revinrent à leur saison propre. Ces mois intercalaires furent insérés après la 3ᵉ, la 5ᵉ et la 6ᵉ année, et les autres mois furent comptés alternativement de 29 et de 30 jours. Dans la suite, on vit qu'à la vérité cette période s'accordoit très-bien avec le soleil; mais que, comparée à la lune, elle étoit trop courte d'un jour et demi. Car en multipliant par 99 les 29 $\frac{1}{2}$ $\frac{1}{33}$ jours de la durée propre du mois synodique, on trouve 2923 $\frac{1}{2}$ jours (5). La double période de huit ans eut ainsi trois jours de plus, ce qui fit une période de 16 ans, composée de 198 mois ou 5847 jours. Cette dernière période (eccaidecaëtéride) s'accorde, il est vrai,

(1) Quand les Grecs des temps postérieurs adoptèrent le calendrier julien, ils nommèrent, dans les mois de 31 jours, le 21ᵉ jour, 11ᵉ du mois finissant; et le 21 février, quand celui-ci avoit 28 jours, le 8ᵉ du mois finissant. On voit donc que le scholiaste des Nuées d'Aristophane, V. 1129, parle de ce calendrier julien transplanté en Grèce, quand il dit qu'après le 20ᵉ du mois, suit le 11ᵉ, ou le 10ᵉ, ou le 9ᵉ, ou le 8ᵉ du mois finissant, suivant la longueur particulière du mois.

(2) L. I.

(3) Op. et D. V. 766.

(4) Dans ses scholies sur cet ouvrage d'Hésiode.

(5) C'est-à-dire 29 jours 12 heures 43′ 38″. Cette durée du mois synodique s'accorde parfaitement avec la période de 16 ans. Elle paroit moins avoir servi à former cette période, qu'en avoir été tirée dans la suite.

très-bien avec la lune, mais très-peu, au contraire, avec le soleil; car en 16 ans, elle compte trois jours de trop; et en 160 ans, 30 jours ou un mois entier que l'on omit à la fin, de manière qu'on n'intercala que deux mois dans la dernière période de huit ans. »

Nous apprenons ici à connoître trois périodes intercalaires : une de 8, une de 16, et une de 160 ans. Cette dernière comprend 58440 jours en 1979 mois. Elle est, relativement au soleil, trop longue de 30 heures, et relativement à la lune, trop courte d'un jour. L'année tropique y est supposée de 365 $\frac{1}{4}$ jours; et le mois synodique, de 29 jours 12 heures 43′ 18″. On demande si ces périodes ont été d'usage dans la vie civile, et quand elles ont été trouvées et introduites?

Censorin s'exprime de la manière suivante, au sujet de la période de huit ans : « L'espace de quatre ans, qui ne paroissoit s'accorder qu'au cours du soleil, mais non à celui de la lune, a été doublé, et on en a fait la période de huit ans, nommée à présent de neuf ans, parce que son premier jour revenoit en chaque neuvième année. Presque toute la Grèce a regardé cette période comme la grande année véritable (1), parce qu'elle étoit composée d'années pleines révolues, comme il convient à une grande année. Car il y a (non 100 — 1 jour, mais) 2922 jours pleins, 99 mois, et 8 années pleines (Lindenbrog). » Les mots : presque toute la Grèce, ne permettent pas de douter que la période de huit ans n'ait été employée dans la supputation civile du temps. C'est ce qui se voit par Solin et Macrobe. Le premier (I. Polyhist.), dit que les Grecs retranchoient chaque année 11 $\frac{1}{4}$ jours, qu'ils multiplioient par 8, réservant le produit pour la neuvième année, afin que le nombre 90, qui en provenoit, pût se partager en trois mois de 30 jours, qui, ajoutés à la neuvième année, faisoient 444 ans, qu'ils appeloient embolimes ou intercalaires. » L'autre (Saturn. 13.) « Que les Grecs, remarquant qu'ils avoient eu tort de borner l'année à 354 jours, parce qu'il paroissoit par le cours du soleil qui parcourt le zodiaque en 365 $\frac{1}{4}$ jours, qu'il manquoit à leur année 11 $\frac{1}{4}$ jours, ils imaginèrent des jours intercalaires, dans un ordre fixe, tel qu'ils ajoutèrent, à chaque huitième année, 90 jours dont ils firent 3 mois de 30 jours. » (2) Géminus soutient contre cette intercalation dans chaque neuvième année, que les mois intercalaires étoient distribués sur trois années de la période; et il n'est pas vraisemblable que l'on ait attendu, pour intercaler, que l'écart du soleil montât à un quart d'année». Quoiqu'il en soit, il résulte de ces témoignages de Solin, de Macrobe et de Censorin, que la période de huit ans, décrite par Géminus, étoit

(1) La grande année signifie ici un cycle d'années entières, de mois entiers, et de jours entiers, qui ramène le soleil et la lune à la même place d'où ces deux astres sont partis en même temps. L'année révolue est le temps employé par le soleil à parcourir les douze signes, pour revenir au point même d'où il est parti; comme dit Censorin, C. 19, c'est donc l'année tropique.

(2) Dans le style des anciens, ce n'étoit pas la huitième année, comme Macrobe s'exprime.

employée civilement à calculer le temps. « On croit, continue Censorin, que cette octaëtéride a été instituée par Eudoxe de Cnide; mais on dit que Cléostrate de Ténédos en est le premier inventeur, et que d'autres ensuite en établirent d'une autre forme en intercalant différemment les mois, comme firent Harpalus, Nautelès, Mnesistrate, et d'autres, parmi lesquels on distingue Dosithée, à qui surtout on attribue l'octaëtéride d'Eudoxe. » Cléostrate seroit donc, d'après cela, l'auteur de la période de huit ans; et pour statuer l'époque de son introduction, il importeroit de rechercher dans quel temps il a vécu.

(1) Théophraste cite Cléostrate de Ténédos, Matricétas de Méthymne, et Phaynus d'Athènes, comme des astronomes qui ont fait des observations météorologiques. S'ils étoient contemporains, ce qu'il ne nous dit pas, ils appartiennent au cinquième siècle avant notre ère; car, à l'en croire, Phaïnus avoit été le maître de Méton, qui vivoit dans l'année 432 avant la naissance de J. C. (2) Pline dit qu'Anaximandre de Milet a le premier aperçu l'obliquité du zodiaque, c'est-à-dire qu'il a ouvert la porte de la science, dans la LVIIIe olympiade, et qu'ensuite Cléostrate y a placé les signes, dont les premiers furent le bélier et le sagittaire. (3) Dodwell a pris du mot *ensuite*, qui est très-indéterminé, occasion de transporter l'introduction de la période de 18 ans à la LIXe olympiade; mais elle n'est pas aussi ancienne, car elle contraste trop avec l'état de l'astronomie chez les Grecs à cette époque (4). Festus Avienus, dans des vers où il attribue l'octaëtéris à Harpalus (5), témoigne cependant qu'elle étoit déjà usitée avant le cycle de Méton. Il y dit formellement que Méton ajouta dix ans aux huit d'Harpalus. Le passage que j'ai déjà cité de son contemporain Hérodote, me fait croire qu'elle étoit en usage depuis peu de temps, car il marque que les Grecs intercaloient un mois par chaque 3e année, pour ramener les saisons à leur véritable place; d'où il suit évidemment qu'alors la période de 18 ans étoit peu connue hors d'Athènes, et par conséquent ne pouvoit pas avoir remplacé depuis longtemps celle de deux ans.

Voilà tout ce que nous savons avec quelque certitude de l'octaëtéride. Tout ce

(1) Op. omn. ed. D. Heins. Leiden, 1613, fol. 1. (2) Hist. N. II. 8. (3) De Cyclis, D. III.
(4) Aratea Progn. V. 41.
(5) Cet Harpalus n'a fait, suivant Censorin, que perfectionner la période de huit ans. Il faut entendre dans le premier de ces vers par les neuf hivers, chaque neuvième année commençant, ce qui fait huit ans révolus.

Nam qui solem hiberna novem putat æthere volvi
Ut lunæ spatium redeat vetus Harpalus, ipsam
Ocius in terris momentaque prisca reducit.
Illius ad numeros prolixa decennia rursum
Adjecisse Meton Cecropæa dicitur arte.

qu'on en lit de plus dans les ouvrages des chronologistes modernes n'est que fiction et conjecture, en quoi Scaliger est fort riche. Dans son second livre de la correction des temps, il nous débite, sur les périodes octennales de Cléostrate, de Harpalus et d'Eudoxe, tant de choses, que j'aurai plutôt fait de n'en rien dire à mes lecteurs, et assurément ils ne feront pas une grande perte.

Dodwell (1) avance que la période de 18 ans étoit introduite dès avant Méton; il l'attribue à Harpalus, et sur des raisons qu'on ne peut admettre, il la place à l'an 258 de Rome, 496 ans avant la naissance de J. C.; mais il n'est pas vraisemblable qu'on ait commencé sitôt à se servir d'une période qui s'accorde aussi exactement avec la lune. Sinon, d'où seroit venu le désordre qui, 70 ans plus tard, régnoit dans le calendrier des Athéniens? Dans les Nuées d'Aristophane (2), la lune se plaint de ce que les Athéniens ne comptoient pas exactement les jours d'après elle; les dieux la menaçoient toutes les fois que, trompés dans l'attente des sacrifices, ils étoient obligés de s'en retourner sans que les fêtes eussent été célébrées suivant la juste série des jours des mois. » L'usage seul de l'octaëtéride qui s'écarte d'un jour et demi de la lune, pouvoit occasionner et justifier ces plaintes.

A mon avis, la période de 16 ans, ou celle de 8 ans corrigée, a été inventée par des astronomes postérieurs, et surtout par Eudoxe et Eratosthène, qui écrivirent sur l'octaëtéride. Suidas (3) et Diogène-Laërce l'assurent du premier, et Géminus du dernier (4).

Avant que la période de 8 ans eût été remaniée et perfectionnée par des hommes d'un talent et d'une sagacité aussi rare, Méton avoit proposé sa période de 19 ans. Théophraste, dans l'endroit cité, dit que cette période est de Méton; Diodore (5), le scholiaste d'Aristophane (6), Elien (7), Censorin et d'autres en disent autant. Géminus (8) seul l'attribue à Euctémon, à Philippe et à Calippe. Mais il n'y avoit que le premier de ces trois, qui, étant contemporain de Méton, pût participer à cette invention, et y participa probablement en effet, puisqu'il observa conjointement avec lui le solstice d'été (9) qui a produit la période de 19 ans. Calippe n'a fait que la perfectionner, comme Géminus lui-même le remarque.

Méton fit l'intéressante découverte que 235 mois synodiques ramènent le soleil et la lune presqu'au même point de l'écliptique, duquel ces deux astres sont partis ensemble. Car 235 révolutions de la lune font 6939 jours 16 heures 31′ 45″, et 19 années tropiques font 6939 jours 14 heures 27′ 12″. Les premiers n'ont donc que 2 heures 4′ 33″ de plus que les derniers. Il prit le nombre rond de 6940 jours qu'il sut partager si habilement en mois, que ceux-ci s'accordoient pendant le cours

(1) De Cyclis, D. III. (2) Nub. V. 615. (3) L. VIII.
(4) L. C. (5) L. 12. (6) Ad aves. V. 998.
(7) Var. Hist. X. (8) L. C. (9) Almag., L. II.

de toute la période avec les apparences de la lune. Géminus dit : « Si l'on donne 30 jours à chaque mois, 235 mois faisant 7050 jours, auront 110 jours de plus que la période n'en doit contenir. On fait donc 110 mois caves (de 29 jours), afin de n'avoir que les 6940 jours de la période de 19 ans ; et pour répartir les jours à éliminer le plus uniformément possible, on divise les 6940 jours par 110, ce qui donne 63 jours ; on rejette donc de cette période chaque 63e jour. »

Ainsi, dans les mois de 30 jours, c'étoient le 3e jour du 3e mois, le 6e du 5e, le 9e du 7e, le 12e du 9e, ensorte que le 3e, le 5e, le 7e, le 9e ; etc. sont caves. De cette manière, il arrive quelquefois qu'il y a deux mois pleins de suite, comme Géminus le remarque. Or, pour pouvoir construire la période complétement, il falloit savoir sur quelles années les mois intercalaires devoient être distribués, ou quelles années de la période étoient composées de 13 mois. Scaliger se déclare pour les années 2, 5, 8, 10, 12, 16, 18 ; Pétau, pour 3, 6, 8, 11, 14, 17, 19 ; Dodwell, pour 3, 5, 8, 11, 13, 16, 19. Mais (1) comme à cet égard nous manquons de tout témoignage bien clair de quelqu'ancien auteur qui pourroit seul décider la question, nous ne sommes pas en état de rétablir avec certitude le canon des 19 années de Méton. On ne peut pas même fixer au juste l'époque de sa période, quelle que soit la suffisance avec laquelle les chronologistes ont prononcé sur cet article. Mais avant que de justifier ce que j'avance ici, je dois dire quelque chose des mois attiques. Voici leur série, d'après les recherches critiques de Pétau et de Corsini.

Hécatombæon.	ἑκατονϐαιων.
Métagitnion.	μεταγειτνιων.
Boëdromion.	ϐοηδρομιων.
Maimactèrion.	μαιμακτηριων (2).
Pyanépsion.	πυανεψιων.
Posidéon.	ποσειδεων.
Gamèlion.	γαμηλιων.
Anthestèrion.	ἀνθεσθηριων.
Elaphèbolion.	ἐλαφηϐολιων.
Munychion.	μουνυχιων.
Thargèlion.	θαργηλιων.
Skirophorion.	σκιροφοριων.

(1) D. em. Temp., L. II, doctr. T. L. II, Fasti attici, de Cycl. D. 1. Pétau me paroît le plus exact, en ce que les années qu'il a choisies dans le cycle intercalaire de 19 ans sont aussi intercalaires chez les Juifs ; car la supputation juive actuelle des années, qui date du 4e siècle après la naissance de J. C., temps où elle fut établie par le rabbin *Hillel*, est en tout ce qu'elle a d'essentiel, vraisemblablement une copie du cycle de Méton ou de Calippe.

(2) Voyez à la fin, la dissertation de M. Buttmann.

Scaliger met pyanepsion avant maimactèrion, pour des raisons qui méritent, ou du moins quelques-unes, toute notre attention. Deux inscriptions qu'on lit dans Corsini (1) prouvent qu'il a raison quand il parle des temps postérieurs; mais il est vrai aussi que, dans des temps plus anciens, du moins dans celui où vivoit Timocharis, le mois pyanepsion étoit après celui de maimactèrion. Car (2) cet astronome observa, dans la 283ᵉ année avant notre ère, au soir du 29 janvier, une occultation des pléïades, et au matin du 9 novembre une occultation de l'épi. L'intervalle entre les deux observations est de 283 jours. La première étant du 8 anthestèrion et la dernière du 6 pyanepsion, depuis la fin, celui-ci ne peut pas avoir été alors le quatrième mois, parce qu'autrement cet intervalle auroit été trop grand de 29 à 30 jours. Je laisse aux antiquaires le soin d'une plus ample discussion sur cet objet difficile (3).

Les mois attiques étant liés aux vicissitudes de la lune, leur commencement devoit donc parcourir l'espace de quelques-unes de nos semaines; c'est pourquoi on ne peut pas les faire concorder commodément avec nos mois. Mais on peut remarquer que le mois hécatombæon commençoit vers le solstice d'été, qui, dans le temps de la république d'Athènes, tomboit aux derniers jours de juin. Par conséquent, les trois premiers mois appartiennent à l'été, les trois suivans à l'automne, et ainsi des autres.

Géminus assure que, dans l'usage civil, les mois sont alternativement pleins et caves; ainsi, pour pouvoir assigner la durée de chaque mois, on n'a besoin que de connoître celle d'un seul. Or, un passage de l'orateur Antiphon (4) prouve que dans la XCᵉ olympiade, hécatombæon avoit 30 jours, matagitnion en avoit donc 29, boëdromion 30, et le dernier mois de l'année 29. Cette durée se trouve aussi pour skirophorion, par un passage de Denys d'Halycarnasse, qui dit (5) qu'Ilion fut prise 17 jours avant le solstice d'été, le 8 thargelion depuis la fin. Suivant la manière des Athéniens de compter les temps, il manquoit encore 20 jours pour finir l'année jusqu'au solstice. On voit que le mois skirophorion doit avoir eu 29 jours, s'il devoit s'écouler 37 jours depuis le 8ᵉ avant la fin de thargèlion jusqu'au 1 hécatombæon.

On comptoit deux posidéons dans l'année intercalaire; cela est évident par Ptolémée qui, à l'occasion d'une éclipse de lune parle du premier posidéon; et plus encore (6) par la première des deux inscriptions que j'ai citées d'après Corsini.

(1) Fasti attici, P. I, D. XI, V. II.
(2) Almag., L. VII.
(3) Voyez dans les notes et éclaircissemens ci-après, celle de M. Buttmann.
(4) Orat. XV, Reisk. or. gr. vol. VII.
(5) Ant. rom., L. I.
(6) Voyez ce que j'ai dit de ces deux inscriptions dans ma Dissertation préliminaire, II.

On y voit, dans la série des mois attiques, un posidéon premier et un posidéon deuxième. Scaliger croit que l'année attique commençoit originairement au mois gamélion, vers le solstice d'hiver, et que ce n'est que depuis Méton qu'hécatombæon est devenu le premier mois. Mais la place du mois intercalaire sur laquelle il se fonde est assez mal prouvée par le mot *hiberna*, qui n'est qu'un synonyme du mot *années*, dans le vers cité d'Avienus. Une induction plus forte se tire de deux vers suivans, où ce poète dit (1) : « *mais* Méton prit le commencement de l'année, du temps où Phébus brûloit de son astre ardent le cancer. » Le mot *mais* montre qu'effectivement on a changé la saison du commencement de l'année. Quoiqu'il en soit, il est prouvé au moins, par plus d'un endroit de Thucydide, de Platon et de Démosthène, qu'aux temps de ces auteurs, l'année commençoit vers le solstice d'été.

(2) Scaliger prétend que la première nouvelle lune après ce solstice a toujours déterminé la néoménie d'hécatombæon. Platon (3) parle aussi en effet du commencement de l'année après le solstice d'été. On n'en peut rien conclure autre chose, sinon que, suivant la règle, l'année a commencé après cette époque. Mais une observation rapportée dans l'Almageste prouve clairement qu'au moins dans la période calippique, le commencement de l'année est quelquefois arrivé avant le solstice d'été. Timocharis, y est-il dit, observa une occultation ou disparition de l'épi, le 6 pyanepsion, depuis la fin, c'est-à-dire le 24 ou le 25 de ce mois, selon qu'il avoit 29 ou 30 jours dans la 48e année de la période calippique dont nous parlons. Mais qu'elle qu'ait été la durée de pyanepsion et des quatre mois précédens en cette année, cette observation ayant été faite le 9 novembre au matin, hécatombæon devoit avoir commencé le 18 ou le 19 juin (4), et par conséquent 8 ou 9 jours avant le solstice d'été. Ce que nous disons de la période calippique a eu lieu également pour celle de Méton, Calippe en perfectionnant celle-ci, n'a rien changé à l'ordre des mois intercalaires, à ce que dit Géminus. (C. I.)

Quant à l'époque de la période métonienne, Diodore dit (L. 12.) « qu'en l'année 4e de la 86e olympiade dans laquelle Apseude étoit archonte à Athènes, Méton, fils de Pausanias, et célèbre pour ses connaissances astronomiques, établit son ennéadécatéride, en la commençant au 13 du mois skirophorion. » Scaliger et Dod-

(1) *Sed primæva Meton exordia sumsit ab anno,*
Torreret rutilo cum Phœbus sidere cancrum.

(2) De Em. Temp., L. I.

(3) Suivant la chronologie de Gatterer, Festus Avienus de Veter., Cycl., p. 7, attribue à Méton le rétablissement du commencement primitif de l'année attique, la néoménie au temps du solstice d'été. Je ne connois pas cet ouvrage de Festus Avienus.

(4) De Legib., L. VI.

(5) Gibert s'est donc trompé quand il a dit le 19 juillet. (T. 35, Hist. de l'Acad. des Inscript.) H.

well (1) expliquent ce passage en disant que le premier hécatombæon de Méton a été le 13 skirophorion civil. Si c'étoit là le sens de Diodore, il faudroit qu'alors l'octaëtéride se fût écartée du ciel de plus d'un demi-mois. Mais il n'est pas croyable qu'on ait laissé s'avancer cette période, d'ailleurs inexacte en elle-même, assez pour que les nouvelles lunes civiles coïncidassent avec les nouvelles lunes astronomiques, ou même avec les phases de la lune décroissante. Sans doute on réforma cette manière de compter le temps quand on trouva que les nouvelles et pleines lunes astronomiques différoient des civiles de quelques jours. Cicéron l'assure : « Les Siciliens et les autres Grecs ont pour coutume de vouloir que leurs jours et leurs mois s'accordent avec le soleil et la lune ; en sorte que quelquefois, s'il y a une différence, ils retranchent du mois un jour, qui est le dernier, ou deux ; ils les appellent jours soustractifs, et d'autres fois aussi ils allongent le mois d'un ou de deux jours (2). » Pétau, dans le 8e chapitre de son 1er livre de la Doctrine des temps, et dans le 4e des Dissertations diverses, a rassemblé plusieurs passages (3), desquels ils résulte que le calendrier grec ne peut jamais s'être écarté du ciel de plus d'une couple de jours. Quand, par exemple, Plutarque, dans la vie de Camille, place la bataille d'Arbèle au 5 boëdromion à compter depuis la fin, ou au 26 de ce mois de 30 jours ; et que, dans la vie d'Alexandre, il remarque qu'il est arrivé une éclipse de lune dans la 11e nuit avant cette bataille, on voit que boëdromion alors s'accordoit avec le ciel. « Une preuve, *dit Géminus*, que c'est avec raison que les jours du mois se comptent par la lune, c'est que les éclipses de soleil arrivent le dernier jour du mois où la conjonction se fait ; et les éclipses de lune, dans la nuit d'avant le milieu du mois ; car alors la lune est opposée au soleil, et entre dans l'ombre de la terre (4). » Et quand Thucydide (5) remarque que les éclipses de soleil ne peuvent arriver que dans la néoménie après la lune, ces derniers mots signifient sans doute le jour que nous appelons nouvelle lune, c'est-à-dire le jour de la conjonction, et non la néoménie dans le sens ordinaire expliqué ci-dessus.

Les paroles citées de Diodore ne signifient certainement rien, sinon que Méton a commencé son calendrier astronomique de 19 ans (sur lequel je m'étendrai bientôt davantage), mais non sa période, au 13 skirophorion, jour du solstice d'été. Ce solstice arriva, suivant son observation (6), sous l'archonte Apseude,

(1) De Em. Temp. de Cycl.
(2) II. in Verr.
(3) Un des plus convaincans est le commencement des διοσημεια d'Aratus, que je laisse à examiner aux hellénistes.
(4) Isagog. (5) L. II. (5) L. II.
(6) Almag., L. III.

432 ans avant notre ère, le 21 phamenoth ou 27 juin au matin. Si le 27 juin étoit le 15 skirophorion, ce mois avoit donc commencé le 14 juin au soir, puisque les Athéniens commençoient leur jour au coucher du soleil (1). Skiroporion avoit 29 jours; la néoménie du mois civil hécatombæon tomba donc au 13 juillet. Par les tables astronomiques citées plus haut, je trouve qu'en l'an 432 avant la naissance de J. C. la nouvelle lune moyenne arriva le 15 juillet à une heure 10′ après midi, au méridien d'Athènes (2), et la vraie à 7 heures 15′, T. M. du même jour. Par conséquent, l'octaëtéride différoit alors de 2 ou 3 jours, dont les nouvelles lunes civiles devançoient les astronomiques.

On demande maintenant à quelle date julienne Méton a placé l'époque de sa période ou le 1 hécatombæon de sa première année?

La véritable nouvelle lune arrivoit le 15 juillet, au coucher du soleil, pour Athènes, de sorte que le croissant n'y pouvoit paroître que le soir suivant au crépuscule. Si donc Méton déterminoit la néoménie d'hécatombæon par l'observation immédiate, il aura commencé sa période au soir du 16 juillet, jour pour lequel Pétau et Dodwell se déclarent. Mais s'il partoit d'un calcul qui véritablement devoit être encore très-imparfait, car ce calcul ne pouvoit guère consister qu'en ce qu'il comptoit, depuis quelqu'éclipse de lune, par la durée du mois synodique, de nouvelle lune en nouvelle lune, il aura sans doute trouvé la conjonction plusieurs heures trop tôt, et il aura mis le commencement d'hécatombæon au soir du 15 juillet, date pour laquelle Scaliger tient. Mais comme nous ne savons pas comment il a réellement fait pour déterminer la néoménie, il reste indécis s'il a pris, pour époque de sa période, le soir du 15 ou celui du 16 juillet de l'an 432 avant la naissance de J. C.

Il est évident, d'après tout ce qui vient d'être dit, qu'on ne peut fixer exactement ni l'établissement du canon Métonien, ni l'époque de sa période; et que, par conséquent, on n'obtient que des résultats presque destitués de fondement, quand on construit, avec Dodwell, le canon sur des bases hypothétiques; quand on le r'accorde arbitrairement avec le calendrier julien; et qu'on l'emploie ainsi pour convertir les dates attiques en dates juliennes; sur quoi on pourroit élever encore une grande question, qui seroit de savoir si la période métonienne a été d'usage

(1) Ptolémée compte depuis l'observation de Méton, jusqu'à la fin de la 30e année de la première période calippique, où Aristarque observa le solstice d'été, 152 ans. En les comptant de l'année 280 avant la naissance de J. C., à laquelle cette 30e année finit, on trouve la 432e année où commença la 87e olympiade, seulement après le solstice d'été; jusque-là, Apseude avoit été archonte.

(2) Pline, Censorin, Macrobe.

(3) Suivant la carte de la Grèce ancienne, par Danville, Athènes est à 1 heure 26 minutes est de Paris, 41d 36′ de longitude orientale.

dans la vie civile, et si les historiens s'en sont servi? Question à laquelle je ne crois pas qu'on puisse répondre autrement que par la négative.

Quant au calendrier astronomique de 19 ans, les mois grecs étant liés, non comme les nôtres au cours du soleil, mais aux phases de la lune, ils commençoient plus tôt ou plus tard dans l'année; et comme en outre tous les peuples de la Grèce ne donnoient pas les mêmes noms aux mois, ne commençoient pas l'année en même temps, et n'intercaloient pas de la même manière, on étoit obligé de lier aux solstices, aux équinoxes, aux levers et couchers annuels des étoiles, comme à autant de points fixes de l'année solaire, les règles pour l'agriculture, la navigation, les prescriptions diététiques, et tout ce qui avoit rapport aux saisons. L'astronome grec étoit chargé d'observer ces phénomènes et de les mettre en tables appelées parapegmes (1), parce qu'elles étoient exposées dans des lieux publics à la vue de tout le monde. Nous avons encore une couple de semblables calendriers précieux qui nous restent de l'antiquité grecque. L'un se trouve dans l'ouvrage souvent cité de Géminus. Il contient les observations de Méton, d'Euctémon, de Démocrite, de Calippe, d'Eudoxe et de Dosithée, rassemblées et rangées suivant les jours que le soleil passe dans les différens signes de l'écliptique, dont les noms tiennent lieu de ceux des mois. Ptolémée est l'auteur de l'autre, intitulée Apparitions des Fixes, dont j'ai si souvent parlé. Il n'y donne pas toutes les apparitions des constellations et des groupes d'étoiles, mais de quelques étoiles de première et seconde grandeur, dont il marque les levers et les couchers, non d'après les observations en partie incertaines des premiers astronomes, mais d'après les siennes pour les parallèles de 13 ½, 14, 14 ½, 15, 15 ½ heures. Le premier passe par Syène dans la Haute-Egypte, le second par la Basse-Egypte, le troisième par l'île de Rhodes, le quatrième par l'Hellespont, et le cinquième par la mer Pontique. Il joint aux apparitions des fixes, les vicissitudes de la température qu'il donne d'après Méton, Euctémon, Démocrite, Eudoxe, Philippe, Calippe, Conon, Dosithée, Métrodore, César et les Egyptiens. Il y emploie, comme je l'ai déjà dit, l'année d'Alexandrie, et il commence par le mois thoth; ses prédécesseurs, au contraire, commençoient ordinairement par le solstice d'été.

Méton fut, selon Vitruve (2), un des inventeurs des parapegmes. Columelle (3)

(1) Les tables où les principaux changemens de température étoient marqués, se nommoient épisémasies, qui étoient proprement des apparitions des étoiles fixes, parce qu'elles marquent les successions des saisons. Galien dit qu'il y a deux episémasies ou apparitions des pléïades. Il veut dire par-là leur lever héliaque et leur coucher cosmique, qui déterminent le commencement de l'été et de l'hiver. Comm. I, in Hippocr. Epid.

(2) De architect., L. IX. Suivant Théon (ad Arat. phæn.), les parapegmes sont une invention des Egyptiens et des Chaldéens. V. les éclaircissemens et additions.

(3) Præf., L. I. de Re Rust. et L. IX.

parle de l'habileté de Méton et d'Eudoxe à prévoir les mouvemens des astres et des vents; et il cite leurs calendriers ou annales qui servoient à régler les temps de sacrifices publics. Méton, écrit Diodore dans le passage cité, a été extrêmement heureux à prédire les apparitions des étoiles, car elles font leurs révolutions comme il les marque, et elles ramènent les changemens de température tels qu'il les annonce. Aratus a nommé les 19 révolutions du soleil brillant (1) : sur quoi le scholiaste remarque que les astronomes, à l'exemple de Méton, exposoient publiquement, dans les villes, des tables sur lesquelles étoient marqués le mouvement du soleil pendant les 19 années du cycle, la température, et autres choses nécessaires à savoir dans la vie. Elien parle des colonnes que Méton avoit élevées, et sur lesquelles il avoit marqué les solstices; et Suidas, d'une exposition astronomique de ce même Méton, laquelle se trouvoit à Colone, près d'Athènes, et qui étoit sans doute un parapegme.

Il résulte de tous ces témoignages, que Méton a composé un calendrier ou canon où étoient compris les solstices, les levers et les couchers des fixes, et la température qui les suit ordinairement, pour toutes les 19 années de sa période. De semblables calendriers ont été composés pour plusieurs années par plusieurs astronomes contemporains et postérieurs, dont les écrits ont été ensuite refondus ensemble par Géminus et Ptolémée, et peut-être par d'autres encore. Tous ne peuvent pas y avoir employé la période de 19 ans. Mais le calendrier de Méton, à en juger d'après Aratus et d'après ce que Diodore (2) en dit expressément, eut le suffrage de toute la Grèce, pour son accord avec le ciel, surtout depuis qu'il eut été perfectionné par Calippe.

Cet astronome vivoit un siècle après Méton ; dans cet intervalle, la période de 19 années ne devoit plus guère être d'accord avec le ciel, puisque, comparée au soleil, elle est trop longue de 9 heures 52' 48" ; et comparée à la lune, elle excède de 7 heures 28' 15". Suivant Méton, l'année tropique contient $\frac{6940}{19}$ jours = 365 jours 6 heures 18' 57" (3). Calippe la remit à 365 $\frac{1}{4}$ jours, comme dans l'octaëtéride, et par conséquent la rendit de $\frac{1}{76}$ jour plus courte. Il proposa donc une période de 76 ans qui contient 27759 jours, ou quatre périodes métoniennes moins un jour.

(1) V. 21. εννεα και δεκα κυκλα φαεινου ἠελιοιο.

(2) Cet auteur, après avoir fait sur l'exactitude singulière du calendrier de Méton, la remarque que j'ai rapportée en ses propres termes, poursuit ainsi : « C'est pourquoi la plupart des Grecs se servent encore aujourd'hui de la période de 19 ans, et par-là ne manquent jamais de trouver juste. »

Aussi les vers d'Avienus qui, après ceux que j'ai cités plus haut de lui, témoignent que la Grèce habile a gardé cette invention et l'a transmise à la postérité, prouvent avec quelle approbation ce calendrier décinovennaire fut reçu des Grecs.

(3) Ou 365 $\frac{5}{19}$. Gémin. V. Censorin, I. C.

Cette nouvelle période devoit s'accorder plus exactement que celle de Méton, non-seulement avec le soleil, mais encore avec la lune. Car si l'on divise 27759 jours par les 940 lunaisons qui se font pendant cet espace de temps, on trouve, pour le mois synodique, 29 jours 12 heures 44' 25 $\frac{1}{2}$" où il n'y a que 22" de trop, tandis qu'au contraire, le mois lunaire qu'on tire de la période de Méton est trop long de 1' 54".

L'Almageste fait souvent mention de la période calippique, car il cite quatre observations de Timocharis, trois d'un anonyme, et onze d'Hipparque qui sont liées à cette période. La plupart de ces observations donnent, pour la première année de la première période, l'an 330 avant la naissance de J. C.; deux seulement semblent donner une autre année d'époque. Le quatrième livre de l'Almageste cite trois éclipses de lune observées à Alexandrie : la première se fit la 52e année (1) de la seconde période, comme le montre la date égyptienne qui y est jointe, le 22 septembre de l'an 201 avant notre ère; par conséquent, la première année de la première période coïncideroit avec l'an 328 avant notre ère. Mais le traducteur latin, qui a travaillé sur un texte manuscrit, met 54 au lieu de 52, ce qui rétablit la coïncidence avec l'an 330. La deuxième est de l'an 55 de la seconde période, ou 200 ans avant la naissance de J. C., dans la nuit du 19 au 20 mars. Et la troisième est de la même 55e année de la seconde période, et a été observée la même année, 200 ans avant la naissance de J. C., dans la nuit du 11 au 12 septembre. Ici la seconde éclipse donne l'année 331 avant la naissance de J. C. pour l'année d'époque de la première période calippique. Mais il faut assurément lire 54e année au lieu de 55e; la preuve en est que deux éclipses, la première du mois de mars et la seconde du mois de septembre, n'ont pas pu être observées dans une seule et même année calippique. En effet, les années de la période calippique commençoient, comme celles de la période de Méton, au solstice d'été, puisque (2) Ptolémée fait mention de l'observation d'un solstice par Aristarque, à la fin de la 50e année de la première période. Si on lit à la troisième de ces éclipses de lune qu'elle est arrivée dans la même année 55e, c'est que le mot *même* a été ajouté par un copiste qui avoit déjà trouvé l'an 55 à la seconde éclipse. Il est vraisemblable encore que dans le cinquième livre, où il rapporte une observation de la lune par Hipparque, il faut lire 51 (3) au lieu de l'an 50. Toutes les autres observations rapportées à la période calippique donnent, pour l'année d'époque de la première, précisément l'an 330 avant notre ère. Ainsi, pour réduire une année d'une période calippique à notre manière de supputer le temps, on compte avec les années des périodes écoulées, le nombre qui marque celles de la période courante, et cette somme étant re-

(1) Le manuscrit grec que j'ai sous les yeux, dit 54e. H. (2) Almag., L. III.

(3) V. mon édition grecque et française de l'Almageste. J'y avois pourtant déjà fait les corrections indiquées ici par M. Ideler, comme nécessaires dans le texte grec. H.

tranchée de 331, le reste est l'année avant la naissance de J. C. où commence l'année calippique en question. Par exemple (L. 3.) la 32e année de la troisième période, où Hipparque a observé les deux équinoxes, commence dans l'année 147 avant notre ère.

Quant au jour où Calippe a commencé sa période, on demande à quelle date julienne de l'an 330 avant la naissance de J. C. est arrivée la néoménie la plus prochaine du solstice d'été. Je trouve, par les tables du soleil, de Zach, et par celles de la lune, de Mayer, que la vraie lune est arrivée cette année le 28 juin, à 5 heures 34', temps moyen, pour Athènes. La nouvelle lune moyenne suivit donc 12 heures plus tard, c'est-à-dire à 3 heures 7' minutes après midi. Ainsi, quelle que soit la manière dont Calippe aura déterminé la néoménie, je crois que nous ne nous tromperons pas en prenant le soir du 28 juin pour l'époque de sa période. Scaliger se déclare pour cette date; Pétau, au contraire, tient pour le 29 juin, et Dodwell pour le 2 juillet. Ce que j'ai dit plus haut de la difficulté de redresser le canon de Méton, s'applique également à celui de Calippe. Heureusement (1) Ptolémée, dans les observations liées à la période calippique, donne toujours la date égyptienne avec la date athénienne, quand d'ailleurs il rapporte celle-ci, comme il fait seulement dans les quatre observations de Timocharis, ensorte que nous pouvons nous passer du canon de Calippe. Dodwell s'y est aussi donné bien inutilement beaucoup de peine.

Hipparque trouva, environ 200 ans après Calippe, par la comparaison des solstices qu'il avoit observés lui-même, avec ceux qu'Aristarque avoit observés après Calippe, et ceux que Méton et Euctémon observèrent ensuite, que dans la période calippique l'année tropique étoit prise trop longue d'un $\frac{3}{100}$ de jour, comme il crut le remarquer. L'almageste rapporte qu'Hipparque, dans son ouvrage sur les mois et jours intercalaires, après avoir dit que, suivant Méton et Euctémon, la durée de l'année est de 365 jours $\frac{1}{4}$ et $\frac{1}{76}$ (2), mais suivant Calippe, de 365 jours $\frac{1}{4}$ seulement, continue de la manière suivante : « Nous trouvons bien ce nombre de mois entiers dans 19 années, mais nos observations nous ont prouvé que l'année est de $\frac{1}{300}$ de jour plus courte que 365 jours $\frac{1}{4}$, en sorte qu'en 300 ans, Méton compte cinq jours de trop, et Calippe un ». Suivant sa détermination, l'année tropique contenoit 365 jours 5 heures 55' 12". Il est probable que dans cet écrit, aujourd'hui perdu, il avoit proposé une nouvelle période, composée de quatre de 76 ans chacune moins un jour, ou de 111035 jours, parce qu'elle s'accorderoit encore mieux avec les mouvemens du soleil et de la lune, que la période calippique. En effet, 111035 jours divisés par 304 ans et 3760 lunaisons, donnent, pour la lon-

(1) Almag., L. VII.

(2) Lalande, dans son Mémoire sur l'année solaire, prend mal à propos $\frac{1}{76}$ pour $\frac{1}{76\frac{1}{2}}$, car les 18' 57" dont Méton faisoit l'année solaire, plus longue que Calippe ne l'a faite, font $\frac{1}{76}$ de jour.

gueur de l'année tropique, 365 jours 5 heures 55' 15", et pour la durée moyenne du mois synodique, 29 jours 12 heures 44' 2 ½", l'une et l'autre presque les mêmes que celles que les observations lui avoient données.

Censorin (1) appelle cette période de 304 ans, l'année d'Hipparque, et remarque fort bien qu'elle contenoit 112 mois intercalaires. Mais elle n'a été employée ni dans la vie civile, ni par les historiens, ni par les astronomes; ainsi, la recherche de Scaliger sur le temps où a commencé la première période d'Hipparque est très-superflue. L'année de 365 ¼ jours qui étoit la base de l'octaëtéride et de la période calippique, fut conservée dans le calendrier julien, probablement à cause de l'intercalation uniforme, quoique les déterminations plus exactes d'Hipparque dussent être bien connues au mathématicien d'Alexandrie, Sosigène, qui fut consulté pour cette réforme. Géminus même, qui a vécu après Hipparque, car il le cite, fait l'année tropique de 365 ¼ jours, sans avoir le moindre scrupule sur la justesse de cette assertion. Il dit de la période calippique, qu'elle paroit, de toutes, s'accorder le mieux avec le ciel. La correction qu'Hipparque en avoit faite, n'étoit donc pas adoptée (2).

Il n'est guères possible, par le défaut de monumens historiques à cet égard, de dire quelle est celle de toutes ces périodes ou grandes années, qui a servi aux Grecs à régler civilement le temps. L'opinion de Pétau est qu'il n'y avoit que l'octaëtéride qui fût employée, et qu'on n'a pris la période métonienne et la calippique, que comme une règle pour r'accorder le cycle civil avec le ciel, quand il s'en étoit écarté; et tout bien considéré, c'est encore l'opinion la mieux fondée. Toutefois, de la manière dont Géminus s'exprime sur la réformation de la période de 8 ans, on peut conclure que la période résultante de cette correction, c'est-à-dire la période de 16 ans, est passée ensuite dans la vie civile.

Dodwell, au contraire, est pleinement convaincu que la période métonienne, et après elle la calippique, ont été universellement en usage dans la Grèce. Il se fonde sur deux vers de Festus Avienus, (3) desquels j'ai déjà parlé, et particulièrement sur les paroles de Diodore, aussi rapportées, par lesquelles il prétend en être assuré. Mais tout l'ensemble prouve qu'il ne s'agit, dans cet écrivain, que du canon ou calendrier de 19 ans, qui pouvoit être en usage, sans que l'on réglât les mois civils par la méthode d'intercalation de Méton et de Calippe. L'opinion de Dodwell me paroît être suffisamment réfutée par la seule remarque de Gémi-

(1) De die Nat. (2) C. II et VI.

(3) . . . . . . *tenuit rem græcia solers*
Protinus, et longos inventum misit in annos.

L'épithète *solers* devroit être écrite *sollers*, suivant Vossius. H.

nus, que les mois civils en Grèce étoient alternativement pleins et caves. Car cette manière de compter les mois avoit lieu dans la période de 8 ans, mais non dans celle de 19, dans laquelle quelquefois deux mois pleins se suivoient immédiatement.

Mais quand on accorderoit que la période de Méton a été employée pour régler l'ordre du temps dans la vie civile, il ne seroit pas vrai pour cela qu'elle y fut introduite, comme le prétend Dodwell, dès l'année 432 avant la naissance de J. C., année où elle commença. Car 8 ans après, lorsque les Nuées d'Aristophane furent représentées pour la première fois, sous l'archonte Isarchos, suivant un ancien sommaire qui est en tête de cette pièce (1), cette période devoit s'accorder trop bien avec le ciel, pour avoir pu causer, dans le calendrier athénien, le désordre sur lequel le poète plaisante (2).

(3) Le calendrier vulgaire des Grecs ne paroît pas avoir été basé sur une règle bien certaine, avant l'acceptation du calendrier julien. Plutarque dit, dans la vie d'Aristide, que la bataille de Platée a été livrée le 4 boëdromion, suivant la manière de compter à Athènes, et le 4 pamenos, suivant celle de Thèbes; et il ajoute : « Il ne faut pas s'étonner de cette différence de 7 jours, puisqu'aujourd'hui que l'astronomie est bien plus développée, quelques-uns commencent et finissent le mois à un certain jour, et d'autres à un autre ».

(1) XCV[e] olymp., éd. Kuster.

(2) Corsini (Fast. att.) croit qu'Aristophane a voulu persifler les défauts et les erreurs qu'il croyoit inséparables de l'ennéadécatéride. Mais cela n'explique rien.

(3) Ce calendrier n'étoit pas encore reçu par toute la Grèce, dans le 4e siècle même de notre ère. On lit dans les Scholies de Théon sur Aratus : « Ce mois lunaire servoit à régler le temps civil, et plusieurs Grecs l'emploient encore aujourd'hui. »

ÈRE MACÉDONIENNE.

Lorque Philippe de Macédoine eut été nommé, par les amphyctions, chef des armées grecques contre les Locriens d'Amphissa, il écrivit, aux états du Péloponnèse, une lettre dans laquelle il leur dit, entr'autres choses : « Trouvez-vous en armes et avec des provisions pour 40 jours à Phocis (1), dans le mois actuel que nous nommons loûs, que les Athéniens nomment boëdromion, et les Corinthiens panemus ». Cet ordre militaire, certainement conçu en termes bien précis, contient les noms macédonien et athénien d'un même mois ; ce mois devoit donc être également constitué chez les deux peuples. Les Macédoniens avoient donc, comme les autres Grecs, une année lunaire, mais dont la forme particulière nous est inconnue.

(2) Plutarque dit qu'Alexandre est né dans le mois hécatombæon, que les Macédoniens appeloient loûs, et qu'il battit les Perses au passage du Granique, dans le mois dæsius. Il assure, dans un autre endroit, que ce fut au mois attique thargélion (3), entre l'olympiade CX, 3, où la lettre que je viens de rapporter a été écrite, et l'olympiade CXI, an deuxième, dans lequel cette bataille fut livrée. Il doit s'être fait, au dire de tous les chronologistes, un changement dans les mois macédoniens, par l'effet duquel le mois loûs, qui auparavant répondoit au mois boëdromion, a concouru avec hécatombæon, et dæsius avec thargélion. Nous ignorons les circonstances de ce changement, peut-être a-t-il été la suite d'un ordre suprême d'Alexandre, dont l'histoire nous a conservé des exemples. Quand les généraux de Darius eurent rangé leur nombreuse armée au bord du Granique, on avertit Alexandre de ne pas profaner, par une bataille, le mois dæsius, dans lequel les rois de Macédoine n'avoient jamais attaqué l'ennemi. Il leva ce scrupule en ordonnant de faire, de ce mois dæsius, un second mois artemisius. Pendant le siége de Tyr, l'aruspice Aristandre prédit que cette ville seroit prise dans le même mois; on se mocqua de sa prédiction, parce qu'on étoit déjà au 30, dernier jour de ce mois; mais Alexandre ordonna, pour la soutenir, qu'on le fît rétrograder de deux jours.

(1) Non contre les Phocéens dans la guerre sacrée, comme l'ont cru Scaliger, Pétau, Dodwell, Usserius, et d'autres. Cette lettre de Philippe n'est donc pas, comme ils le disent, de la CVIII[e] olympiade, mais elle a été écrite 9 ans plus tard. V. Corsini, Fast. attici, P. I, D. III. Demosthen. or. pro coronâ, Reisk. orat., gr. vol. 1.

(2) Plut., vit. Alex.

(3) Plut., vit. Camill.

(1) Corsini rend cette conjecture très-vraisemblable, en réunissant les circonstances qui ont occasionné et accompagné la lettre de Philippe. Il en résulte que c'est le mois hécatombæon, et non pas boëdromion qui est mentionné dans cette lettre, ensorte que le texte de Démosthène seroit à rectifier par le changement de ces deux noms de mois. S'il a raison, on n'a plus besoin de supposer qu'au temps d'Alexandre il se soit fait un changement dans le calendrier macédonien.

L'expédition d'Alexandre répandit au loin dans l'Asie la manière de compter le temps, usitée chez les Macédoniens, surtout depuis que ses généraux se furent partagé son empire, et eurent introduit des colonies militaires dans les villes principales, les unes anciennement, les autres nouvellement bâties. Les peuples de l'Asie adoptèrent non-seulement toutes les autres institutions grecques, mais encore la forme de l'année et les noms des mois macédoniens, comme dans la suite presque toutes les provinces de l'empire romain reçurent de leurs dominateurs le calenlendrier julien.

On peut douter si les mois macédoniens ont été employés d'une manière uniforme, depuis l'Hellespont jusqu'à Babylone, sous les successeurs immédiats d'Alexandre, puisque les peuples qui s'en servoient étoient soumis à différens gouvernemens, et n'avoient guère de rapports entr'eux. Il est certain que sous la domination romaine, pendant laquelle les mois macédoniens furent remplacés par les mois juliens, on trouve dans les auteurs et dans les anciens monumens, une grande variété dans l'usage qu'on en faisoit. C'est ce qui a causé assez d'embarras aux chronologistes Scaliger, Petit et Pétau. Ce dernier dit même que dans une telle diversité d'opinions, il est bien difficile de savoir à quoi s'en tenir. Usserius (2) et Noris (3) ont répandu une grande lumière sur cet objet, qui n'est pas encore suffisamment éclairci. Je vais exposer, en peu de mots, les résultats des diverses recherches qui ont été faites jusqu'à présent.

Cherchons d'abord à connoître la manière de compter les temps, usitée en Macédoine et dans l'Asie mineure, apelée par les Romains Asie proconsulaire, ou Asie en général. Galien, né à Pergame en Mysie, province de l'Asie mineure, près de l'Hellespont et de la mer Egée, vivoit dans le 2e siècle, sous les deux Antonins. Il écrit que si tous les peuples avoient des mois d'une même forme, Hippocrate ne feroit mention ni d'arcturus, ni des pléïades, ni du chien, ni des équinoxes et des solstices; il se seroit contenté de dire que, par exemple, au commencement du mois macédonien dius, l'air avoit telle ou telle qualité. Mais

(1) Fast. attici, p. I

(2) J. Usser. de Maced. et Asian, anno 1722, fol., annus et epochæ Syromacedon.

(3) A. Noris, flor. 1689, excellent ouvrage écrit avec beaucoup de clarté.

(4) De Doctr. Temp., L. I.

les Macédoniens seuls, et non les Athéniens ni les autres peuples, l'auroient entendu; il crut qu'il valoit mieux, pour se rendre utile à tous, nommer les équinoxes sans y faire mention du mois; car les équinoxes sont des phénomènes naturels, et les mois sont différens chez les différens peuples. L'année est divisée, par les équinoxes et les solstices, en quatre parties. Ainsi, quand les astronomes disent quels sont les mois auxquels répond chacune de ces quatre saisons, on peut aisément savoir le changement de température qui répond aux étoiles. Par exemple, si l'on sait que l'équinoxe d'automne tombe au commencement du mois macédonien dius, on trouve sans peine que le solstice d'hiver, qui vient trois mois après, se fait au commencement de péritius; l'équinoxe de printemps, au commencement d'artémisius; et enfin le solstice d'été, au commencement de loüs; car les équinoxes et les solstices tombent au commencement de ces mois, ainsi nommés chez les Macédoniens. Par conséquent, si l'on sait qu'arcturus se lève environ 12 jours avant l'équinoxe d'automne, et que les pléïades se couchent environ 50 jours après, on saura bientôt par le calcul, à quels jours des mois ces phénomènes arrivent; et quant au changement subséquent de l'état de l'atmosphère, on pourra suivre Hippocrate avec facilité. Mais il faut aussi compter les mois, non sur le cours de la lune, comme cela se pratique aujourd'hui dans presque tous les états de la Grèce, mais sur celui du soleil, comme c'est l'usage chez tous les peuples de l'Asie et plusieurs autres (1) ».

On voit par là que les Macédoniens avoient, du temps de Galien, une année solaire qui commençoit à l'équinoxe d'automne. Nous retrouvons cette forme d'année dans toute l'Asie mineure, depuis les premiers siècles de notre ère. Les recherches d'Usserius nous montrent le rapport suivant entre le calendrier julien et celui des Macédoniens.

Dius.	24 septembre.	Artemisius	25 mars.
Apellæus	24 octobre.	Dæsius.	25 avril.
Audynæus.	23 novembre.	Panemus ou panêmus. .	25 mai.
Peritius.	24 décembre.	Loüs.	25 juin.
Dystrus.	23 janvier.	Gorpiæus.	25 juillet.
Xanthicus.	22 février.	Hyperberetæus. . . .	25 août.

Noris place le commencement de loüs au 24 juin. Il confirme pour tout le reste l'opinion d'Usserius par de nouvelles preuves. Dans une année julienne intercalaire,

(1) Comm. I, in Hippocr., Epid. L. I Op. Hippocr. et Galen, Par. vol. IX, où on lit de plus : « Ceux qui règlent leur année sur la lune, ne peuvent pas donner les jours des équinoxes, des solstices et des levers des étoiles fixes. On ne peut les indiquer qu'en mesurant leur temps par le soleil, comme font les Romains, les Macédoniens, les Asiatiques (de Pergame), et d'autres peuples.

artemisius et les mois suivans commencent un jour plus tôt dans le calendrier julien ; par exemple, hyperberetæus, le 24 août. Ce mois reçoit ainsi un jour de plus, pour que le commencement de l'année retourne au 24 septembre. Le commencement de l'année macédonienne asiatique avec dius, à l'équinoxe d'automne, est prouvé non-seulement par le passage cité ci-dessus de Galien, mais bien plus encore par les témoignages de Zenobius et de Simplicius. L'un le remarque en expliquant (1) le proverbe que le mois hyperberetæus est le dernier de l'année macédonienne ; l'autre dit que les Athéniens commencent l'année au solstice d'été, les habitans de l'Asie mineure à l'équinoxe d'automne, les Romains au solstice d'hiver, et les Arabes, avec ceux de Damas, à l'équinoxe du printemps (2).

Quand je dis que cette année solaire a été introduite dans toute l'Asie mineure, je ne prétends pas qu'on ait donné partout des noms macédoniens aux mois. Plusieurs provinces de l'Asie mineure (3) peuvent, en recevant l'année macédonienne, avoir gardé leurs mois propres, et les avoir adaptés à la nouvelle forme d'année, on est fondé à le présumer de la Bithynie. On a, par les Hémérologes de Henri Etienne et d'Everardi Andrichi, les mois de ce pays ; et l'on trouve qu'ils étoient les mêmes que les mois macédoniens, au moyen d'une occultation des pléïades, par la lune qu'Agrippa observa en Bithynie, le 7 mêtroûs de la 12e année de Domitien, ou comme le montre la date égyptienne que Ptolémée y a jointe dans le 7e livre de son Almageste, le soir du 29 novembre de l'an 92 de notre ère. Si le 7 mêtroûs tomboit au 29 novembre, ce mois, qui étoit le 5e des mois bithyniens, avoit commencé avec le mois audynæus, qui étoit le 3e macédonien, le 23 novembre. Il est donc très-vraisemblable que les autres mois bithyniens concourent pareillement avec les autres mois macédoniens. Il est vrai que, suivant l'Hémérologe d'Andrichi, les commencemens des mois bithyniens s'écartent d'un jour ou deux de ceux des mois macédoniens ; mais je crois qu'ils coïncident ensemble, parce que ces différences sont si petites, qu'elles ne peuvent être que des fautes qui se sont glissées dans les dates romaines écrites à côté. On peut conjecturer la même chose des mois asiatiques rapportés dans cet Hémérologe ; ils diffèrent en partie d'un jour ou deux, des mois bithyniens ainsi que des macédoniens. Ces mois asiatiques, à en juger par posidéon et lênæon, dont Aristide (4), orateur de Smyrne, a fait mention, étoient en usage dans les villes ioniques de l'Asie mineure ; et cette conjecture est confirmée par le témoignage de Proclus, qui compte lênæon parmi les mois ioniques. (Schol. Hes. op. et D.)

(1) Ce proverbe se trouve dans Suidas, au mot Hyperberetæus.

(2) Comm. in L. V. Phys. Aristot., p. 205.

(3) A la suite du Thes. Ling. gr. substitutiones antiquariæ.

(4) Serm. sacr. 1, T. I, P. 274.

Cette diversité de noms des mois dans l'Asie mineure, faisoit qu'on désignoit chaque mois par sa distance à l'équinoxe d'automne. Usserius et Noris ont recueilli quelques exemples de cette manière de dater.

Nous ne savons ni quand, ni par qui, l'année solaire a été introduite dans l'Asie mineure; peut-être y a-t-elle été portée par les proconsuls romains, sous les premiers empereurs. Usserius croit qu'elle étoit déjà en usage chez les Macédoniens dès le temps d'Alexandre. Sur cette supposition, il assigne dans ses annales les dates juliennes de plusieurs événemens qui se sont passés avant notre ère. Ainsi, par exemple, il fixe la mort d'Alexandre au 22 mai de l'an 323 avant la naissance de J. C., parce que cette mort est arrivée, suivant les éphémérides d'un anonyme, dit Plutarque, au 3 compté de la fin du mois dæsius, et que ce jour, suivant son diagramme (1), tombe au 22 mai. Mais ce savant prélat irlandais se trompe en donnant une aussi haute antiquité à l'année solaire macédonienne; car il n'y a ni auteur, ni monument ancien qui fasse présumer que les Macédoniens aient eu une année solaire fixe, avant la réforme julienne du calendrier. Toutes les dates macédoniennes liées à une telle année, et rapportées par Usserius et Noris, et dont l'accord avec le calendrier julien n'est sujet à aucun doute, sont tirées d'auteurs postérieurs, et particulièrement des écrivains ecclésiastiques. Comment pourroit-il se faire, si Usserius avoit raison, que le commencement de l'année macédonienne tombât au 24 septembre? Ce ne seroit que par l'équinoxe d'automne, et celui-ci, au temps d'Alexandre, remontoit de quelques jours plus haut dans le calendrier julien. Mais si l'on admet que l'année macédonico-asiatique solaire est copiée de l'année julienne, avec quelques modifications, on explique sans peine pourquoi on l'a commencée au 24 septembre; car c'est le jour ou Jule-César a placé l'équinoxe d'automne (2). On peut encore dire que la supposition d'Usserius ne s'accorde point du tout avec quelques-uns des temps fixés par Ptolémée. En effet, cet astronome rapporte trois observations chaldéennes marquées par des dates macédoniennes, qui appartiennent au 3e siècle avant la naissance de J. C., lorsque les mois macédoniens avoient déjà pris racine dans toute l'Asie soumise à la domination macédonienne, et même dans Babylone. (3) Voici quelles sont ces observations dépouillées de leurs détails astronomiques: Le 5 apellæus de la 67e année, suivant les Chaldéens, ou du 27 au 28 thoth de la 504e année de l'ère de Nabonassar, Mercure étoit au matin sur le front boréal (β) du scorpion. Le 14 dius de la 75e année, suivant les Chaldéens, ou du 9 au 10 thoth de la 512e année de Nabonassar, Mercure au matin se trouvoit sur l'étoile du bras austral de la balance (4); le 5 xanthicus de la 82e année, suivant les Chaldéens, ou le 14 tybi de

(1) Vita Alex.

(2) V. les éclaircissemens à la fin.

(3) Almag., L. IX et L. XI.

(4) V. les additions et éclaircissemens.

la 519e année de Nabonassar, Saturne au soir étoit sur l'épaule australe (γ) de la Vierge. Ces conjonctions se firent réellement, comme le montrent les dates égyptiennes, ainsi que les lieux moyens du soleil donnés tout ensemble, dans les années 245, 237 et 229 avant notre ère; la première, le 19 novembre au matin; la seconde, le 30 octobre au matin; et la troisième, le 1 mars au soir. Mais suivant le diagramme d'Usserius, la première auroit dû arriver le 29 octobre; la seconde, le 8 octobre; et la troisième, le 26 février. En général, les dates macédoniennes de ces observations ne se prêtent pas à la forme des années juliennes. Usserius, qui auroit dû chercher à les y plier, n'en parle pas. Au contraire, elles s'accordent très-bien avec la supposition que les mois apellæus, dius et xanthicus sont lunaires. Car il résulte, de la comparaison des dates macédoniennes et juliennes, qu'en l'an 245 apellæus a commencé le 14 novembre; dius, le 16 octobre de l'an 237; et xanthicus, le 26 février de l'an 229 bissextile, au lever du soleil, époque du jour babylonien (1). Or, suivant mon calcul, la nouvelle lune vraie arriva sous le méridien de Babylone,

Le 13 novembre 245. . . . à 1 heure 40′ du matin, temps moyen.
Le 15 octobre 237. . . . à 10 heures 43′ du soir, temps moyen.
Le 24 février 229. . . . à 11 heures 1′ du matin, temps moyen.

On voit par là que de ces trois mois macédoniens, le premier a commencé le matin du second jour après la conjonction; le deuxième, le matin suivant; et le troisième, encore le matin du second jour après la conjonction. Ce sont donc très-probablement des mois lunaires qui ont rapport à quelque période lunaire. Tels sont aussi les mois macédoniens que Josephe emploie dans ses livres de la guerre des Juifs, comme Noris le prouve (2). Car ce sont des mois judaïques sous des dénominations plus usitées chez les Grecs.

Hors de l'Asie mineure, on trouve les mois macédoniens surtout en Syrie, où on en a fait usage de quatre manières différentes, depuis les premiers siècles de notre ère. D'abord, on se servit du calendrier en vogue dans l'Asie mineure, avec cette différence seulement, que le nom de chaque mois fut transporté au mois suivant, de sorte que l'on fit commencer l'année avec hyperberetæus, le 24 septembre, et qu'on la termina avec gorpiæus. Nous ne savons pas précisément en quels lieux de la Syrie on comptoit par ce calendrier; mais nous voyons entr'autres, par l'ouvrage d'un père de l'église, Epiphanius (3), *de Mensuris et Ponderibus*, qu'il étoit en usage dans la Syrie. Le 16 mai y est comparé au 21 pachom d'Alexan-

(1) V. Pline, *ibid.* Censorin, C. 23. Macrobe, P. I, 3.
(2) Diss. I, C. 3.
(3) Op. Epiph., éd. Petav, t. II, p. 1622, fol. p. 177. Paris.

drie, et au 23 artemisius des Grecs; et par les Grecs (1), on y entend les Syro-Macédoniens. Comme il s'agit d'un fait qui s'est passé dans l'année 592 de notre ère, et par conséquent dans une année bissextile, on voit, par le diagramme dont j'ai parlé, que le 16 mai coïncide avec le 23 dæsius, au lieu duquel artemisius est cependant nommé ici.

On demande comment il s'est fait que le calendrier syrien se soit écarté d'un mois, de celui qui étoit introduit dans l'Asie mineure. Usserius croit que depuis la bataille près du Granique, plusieurs peuples de l'Asie ont continué de compter les mois macédoniens dans l'ordre détruit par la décision suprême d'Alexandre, de laquelle nous avons parlé plus haut, tandis que d'autres ont conservé l'ordre primitif de ces mois. Noris croit au contraire, et son opinion est la plus vraisemblable, que cette différence n'est venue que plus tard, dans le changement de l'année lunaire en année solaire, parce que dans l'Asie mineure on a introduit la forme de l'année julienne dans l'année lunaire commune, au lieu qu'en Syrie on l'a introduite dans une année bissextile, où peut-être on compta un mois double.

Nous trouvons, en second lieu, bien plus généralement les mois macédoniens tellement employés en Syrie, qu'ils ont tout le caractère de ces mois juliens qui leur répondoient ordinairement dans l'année lunaire primitive. Voici la correspondance des noms des mois syro-macédoniens et juliens :

Hyperberetæus.	Octobre.
Dius.	Novembre.
Apellæus.	Décembre.
Audynæus.	Janvier.
Peritius.	Février.
Dystrus.	Mars.
Xanthicus.	Avril.
Artemisius.	Mai.
Dæsius.	Juin.
Panemus.	Juillet.
Lôüs.	Août.
Gorpiæus.	Septembre.

Tel est l'ordre des mois macédoniens chez les écrivains écclésiastiques, chez ceux surtout qui traitent de la fête pascale, objet sur lequel on s'est fort exercé dans les premiers siècles du christianisme. Quand par exemple le concile de Nicée

(1) Le mot *Grecs* a reçu, dans les temps postérieurs, une signification très-étendue, car on le donna non-seulement aux Grecs proprement dits, habitans de la Grèce, mais encore aux Grecs, ou plutôt aux Macédoniens habitués et domiciliés en Syrie.

place l'équinoxe du printemps au 21 mars, c'est le 21 dystrus pour les chrétiens de Syrie. Epiphanius, déjà cité, dit que Jésus-Christ est né, suivant les Romains, le 6 janvier; suivant les Alexandrins, le 11 tybi; suivant les Syriens ou les Grecs, le 6 audynæus, etc. et qu'il a été baptisé, suivant les Romains, le 8 novembre; suivant les Egyptiens, le 12 athyr; suivant les Grecs, le 8 dius; suivant les Macédoniens (habitans de l'Asie mineure, et Macédoniens proprement dits), le 16 apellæus, etc. Noris (1) a prouvé par Evagrius, auteur d'une histoire ecclésiastique, et par d'autres écrivains d'Antioche, que l'on se servoit particulièrement dans cette capitale de la Syrie, des mois macédoniens, de la dernière manière.

Nous en trouvons un troisième usage chez les Tyriens, qui commençoient leur année avec hyperberetæus, le 19 octobre; et un quatrième chez les habitans de Gaza, qui la commençoient avec Dius, le 28 octobre, mais qui, au reste, avoient la même forme d'année que les Alexandrins.

Cette grande diversité que nous trouvons en Syrie, dans la manière de supputer le temps, venoit, sans contredit, de ce que les principales villes y avoient obtenu, des Romains, l'autonomie ou faculté de se gouverner par leurs lois et leurs coutumes. Ce qui fit que la forme julienne de l'année y fut reçue avec de certaines modifications différentes entr'elles dans les unes et dans les autres.

Les époques depuis lesquelles les villes de Syrie comptoient leurs années, étoient aussi différentes que les usages de mois. Noris (2) a fait, sur ce sujet épineux, des recherches remplies de sagacité, et il a cherché à l'éclaircir par le secours des médailles. De toutes les diverses ères syriaques, il n'y en a qu'une seule qui soit importante pour les astronomes, c'est celle des Séleucides, dont il est nécessaire que j'ajoute ici quelques notions.

Ères des Séleucides, de l'Hégyre et de Jezdegird.

Séleucus, surnommé ensuite Nicator, eut en partage Babylone, dans la seconde division qui se fit des provinces d'Alexandre-le-Grand, trois ans après la mort de ce prince. Il avoit passé quelques années en paix dans son gouvernement, lorsqu'il le quitta pour se retirer auprès de Ptolémée Lagus, en Egypte, par la crainte que lui inspiroit l'ambitieux et puissant Antigone, qui, après la défaite d'Eumène, s'étoit emparé de la plus grande partie de l'Asie, en deçà et au delà du mont Taurus. Ptolémée, à la sollicitation de Séleucus, entra avec une armée en Syrie, et s'en mit en possession, à la suite d'une victoire qu'il remporta près

(1) Diss. III, ouvrage excellent et d'une clarté remarquable.

(2) Noris, Diss. IV et V, et Andrichi, instit. antiquar. IV.

de Gaza, sur Démétrius Poliorcète, fils d'Antigone, la première année de la CXVII^e^ olympiade, 312 ans avant la naissance de J. C. Séleucus marcha aussitôt à la tête de quelques troupes que Ptolémée lui avoit données, vers Babylone, battit Nicanor, général d'Antigone, et par cette victoire, soumit la Susiane et la Médie. C'est de cette époque que date l'ère des Séleucides, et non comme le veulent plusieurs chronologistes, de la fondation du royaume des Séleucides en Syrie. Il s'écoula onze années entre ces deux événemens, pendant lesquelles Antigone, après la bataille de Gaza, se hâta d'aller en Syrie, et força Ptolémée de retourner en Egypte.

Tout ce qui se passa depuis, finit par la confédération de Ptolémée, de Séleucus, de Cassandre et de Lysimaque, contre Antigone, à qui ils enlevèrent son royaume avec la vie, à Ipsus, en Phrygie. Cet événement est de la 4e année de la CIX^e^ olympiade, ou de l'an 301 avant la naissance de J. C. Les vainqueurs se partagèrent son royaume. Séleucus qui, à l'exemple d'Antigone, de Ptolémée, de Cassandre et de Lysimaque, avoit pris le titre de roi, depuis plusieurs années, eut la Haute-Syrie, dont il fit le centre de vastes états, qu'il avoit déjà étendus jusqu'à l'Indus, et qu'il étendit ensuite jusqu'à l'Hellespont. La Célésyrie, la Phénicie, et la Palestine demeurèrent pour lors à Ptolémée (1), mais avec le temps, ces provinces tombèrent au pouvoir des Séleucides.

L'usage s'établit alors en Syrie, de compter les années, du règne des Séleucides, depuis la bataille de Gaza et la prise de Babylone, qui avoit élevé Séleucus à une si grande puissance. Telle est la fameuse ère des Séleucides, employée par les Syriens, par les Juifs sous les gouverneurs qu'ils en recevoient, par les Chaldéens, et ensuite par les astronomes arabes. On la trouve fréquemment, comme le montre Noris, sur les médailles des villes de Syrie, entr'autres sur celles de Tripoli, de Damas et de Palmyre. C'est par cette ère que les années sont comptées dans les livres des Macchabées, qui les appellent années grecques. On les rencontre assez souvent dans les chroniques syriennes, dont Assemani a donné des extraits dans sa bibliothèque orientale, et dans les écrivains ecclésiastiques des premiers siècles. Les Arabes s'en servent sous la dénomination d'ère grecque, ou des années d'Alexandre, proprement du Double Cornu, épithète qui est donnée à ce conquérant dans le Coran et autres écrits orientaux, soit parce qu'il voulut être représenté, et qu'il l'est en effet sur les monnoies, comme fils de Jupiter Ammon, tel qu'il se prétendoit; soit, comme le dit Abulfaradsch, parce qu'il avoit acquis les deux cornes du soleil, l'orient et l'occident (2).

(1) Diodor. Sic., L. XVIII. App. Syr. Plut. dans ses Biographies.

(2) Dynast. VI, p. 96 de l'original, ou p. 62 de la traduction par Pocock.

(1) Noris a prouvé, par les monnoies des Tripolitains et autres Syriens, que l'époque de l'ère des Séleucides coïncide avec l'automne de l'an 312 avant notre ère. « Douze ans après la mort d'Alexandre (2), lit-on dans Abulfaradsch, Séleucus reçut, avec le surnom de Nicator, la souveraineté de Babylone, de l'Erak et du Chorasan jusqu'à l'Inde. L'ère nommée d'Alexandre commence avec le règne de Séleucus, et c'est par cette ère que les Syriens et les Hébreux comptent leurs années ». Alfergani et Ulugbeik marquent avec plus de précision le commencement de cette ère. Ces deux astronomes comparent les trois ères dont les Orientaux se servent ordinairement dans leurs observations, celle des Séleucides, celle des Arabes, et celle de Jezdegird ou des Perses. La seconde commence à l'Hegyre ou fuite de Mahomet; et la troisième, au règne de Jezdegird III, dernier roi de Perse, avant la conquête de ce pays par les Arabes. Entre les époques de l'ère de Nabonassar et de celle de Jezdegird, dit Alfergani dans ses Elémens d'astronomie, on compte 1379 années persanes et trois mois; entre les époques de l'ère d'Alexandre (des Séleucides), et celle de Jezdegird, 942 années romaines (juliennes) et 259 jours; et entres les époques de celle des Arabes et de Jezdegird, 3624 jours ». Le petit-fils du fameux Timur, Ulughbeik, qui régnoit à Samarkand, où il observa et écrivit vers l'an 1430 de notre ère, remarque dans le 4e chapitre de son ouvrage sur les époques (3), que l'ère grecque ou romaine (syrienne) commence 340700 jours avant celle des Arabes, et 344324 jours plus tôt que celle des Perses. Il dit, dans le second chapitre, que les années de l'ère romaine étoient solaires de 365 ¼ jours. Il résulte de ces différentes dates que l'ère des Perses qui, comme celle de Nabonassar, compte par années de 365 jours (4), et par mois de 30, a commencé 1379 ans et 90 jours plus tard que celle de Nabonassar. Or, comme la 1380e année de cette dernière commence le 18 mars de l'an 632 de notre ère, il faut que l'époque de celle des Perses tombe juste au 16 juin de cette année. Si on remonte de 3624 jours, on vient au 15 juillet de l'an 622, et si l'on va 340700 jours plus loin, ou depuis l'époque de l'ère persane, 344324 jours ou 942 années juliennes et 259 jours plus haut, on arrive au 1 octobre de l'an 312 avant la naissance de J. C. Nous avons donc, 1°. pour l'époque de l'ère des Séleucides, le 1 octobre de l'an 312 avant notre ère (5);

(1) Diss. II.

(2) L. C., P. 63.

(3) P. et J. J. Grævius (greaves), Lond. 1650, in-4° en persan et en latin.

(4) V. plus bas les éclaircissemens et additions.

(5) Si donc on retranche de 313 une année séleucide qui ne passe pas 312, on trouve pour reste l'an d'avant notre ère, au 1 octobre duquel elle commence. Mais si elle passe 312, il faut en retrancher ce nombre, et l'on trouve pour reste l'an après la naissance de J. C., où elle commence. Ainsi l'année séleucide 257 retranchée de 313, laisse 56; et l'an 1216 de cette ère duquel on retranche 312, laisse 904 ans aprèt J. C.

2°. pour l'époque de l'ère des Arabes, connue sous le nom de l'Hégyre (1), le 15 juillet (2) de l'an 622 de notre ère; 3°. pour l'époque de l'ère des Perses, le 16 juillet de l'an 632.

Les observations des astronomes arabes s'accordent avec ces trois époques, si ce n'est que quelques-unes commencent l'ère des Séleucides un mois plutôt, c'est-à-dire le 1 septembre de l'an 312 avant notre ère.

Alfergani et Ulug-Beik datent les années de cette ère, du 1 octobre du calendrier julien; c'est ce qu'on voit par leur exposé des mois syriens dans la table suivante, où le nombre des jours et les noms de chaque mois, sont, d'après ces deux astronomes :

	Teschrin. I.	31.
	Teschrin. II.	30.
	Kanoun. I.	31.
	Kanoun. II.	31.
	Schebat.	28.
	Adar.	31.
	Nisan.	30.
	Ayar.	31.
	Haziran.	30.
	Tamouz.	31.
	Ab.	31.
(3)	Eiloul.	30.

Le mois schebat a 29 jours dans l'année intercalaire. On voit que les mois juliens sont comptés d'octobre.

(1) Tarik al hegrah. époque ou ère de la fuite. V. d'Herbelot, Bibl. or., au mot hegrah.

(2) Par le calcul astronomique, on trouve que l'ère employée par les Mahométans dans la vie civile, a le 16 juillet pour époque.

(3) Ces mois que l'on trouve dans Beveregii Instit. chron. app., p. 257, ed. Traj. ad Rhen., 1734, in-8°, écrits en caractères syriaqu s, ont été vraisemblablement en usage dans la Syrie, avant l'introduction de l'ère macédonienne. Ils se sont conservés avec les mois macédoniens chez les naturels du pays, et ont été portés avec eux dans l'année julienne, et comme tels, ils ont survécu aux mois macédoniens, puisqu'à présent encore ils sont usités chez les chrétiens de Syrie, avec l'ère des Séleucides. Les chrétiens nestoriens, dit Niebuhr (dans sa description de l'Arabie, p. 111), ont deux ères ou époques d'où ils supputent le temps. J'ai vu une inscription dans une de leurs églises, qui disoit qu'elle avoit été bâtie l'an 1744 depuis la naissance de J. C., et dans l'année 2055 du règne d'Alexandre. Ce sont les chrétiens même du lieu qui m'en ont donné l'explication. Je présume que cette ère est la même qui autrement a été nommée ère des Séleucides. On seroit porté à croire que les chrétiens orientaux font mention, dans leurs archives, de cette ère qui a commencé 311 ou 312 ans avant la naissance de J. C.

La raison pour laquelle les années de l'ère des Séleucides se comptent du 1 octobre, n'est fondée sur aucun événement remarquable arrivé le 1 octobre 312 avant notre ère (comme la bataille de Gaza livrée vers ce temps-là, et dont la date est inconnue); mais sur ce que plusieurs Syriens, après avoir reçu le calendrier julien, firent du mois qui répondoit à octobre, et nommé teschrin 1 par quelques-uns, et par d'autres hyperberetæus, le premier de l'année qu'ils avoient coutume depuis long-temps de commencer vers l'équinoxe d'automne. Je dis plusieurs Syriens, parce que quelques-uns commençoient l'année à gorpiæus ou eiloul. Or, gorpiæus correspond au mois de septembre julien. Noris a prouvé (1) par l'histoire ecclésiastique d'Evagrius, qu'à Antioche, dans le 6ᵉ siècle, septembre étoit le premier mois de l'année. Il paroît que plus tard (2) on a généralement commencé en Syrie à faire de ce mois le premier; du moins Abulfaradsh l'assure dans l'endroit précité. On a vraisemblablement transporté le commencement de l'année d'octobre à septembre, parce que les indictions ou les années du cycle de 15 ans, qui a été en usage depuis les temps de Constantin appelé le Grand, commençoient avec le mois de septembre. L'origine de ces indictions desquelles on datoit fréquemment dans le moyen âge, est cachée. Voyez ce qu'en dit Pétau, dans sa Doctrine des Temps, L. XI, Ch. 41. On distingue la grecque et la romaine ou l'indiction en usage dans l'orient, et celle d'occident. L'une commence au 1 septembre, la dernière au 1 janvier. L'an 313 de notre ère est le premier du premier cycle; si donc on retranche de notre nombre d'années, 313, et qu'on divise le reste par 15, le quotient est le nombre des cycles écoulés, et le reste, l'année du cycle courant. S'il n'y a pas de reste, l'indiction est 15. Cela soit dit pour l'indiction romaine qu'on marque encore dans les almanacs. L'indiction grecque commence quatre mois plus tôt.

De la diversité des temps où les Syriens commençoient l'année, il suit que quelques astronomes arabes commencent l'ère des Séleucides avec octobre, et d'autres avec septembre; de ces derniers est Albatani. Ce fameux astronome, dans le 52ᵉ chapitre de son ouvrage sur les mouvemens des étoiles (3), nomme eiloul le premier des mois grecs syriaques. Dans le 27ᵉ chapitre, il dit « que dans l'année 1206, depuis la mort d'Alexandre, ou 1194 dhi'lkarnaïn (années de l'ère de Philippe et des Séleucides), il a observé l'équinoxe d'automne,

(1) D III

(2) L'empereur Julien, dans son Misopogon, appelle loüs le dixième mois des habitans d'Antioche. Il faut, ou que de son temps, au milieu du 4ᵉ siècle, ils aient commencé leur année avec le mois dius, ou que Julien, par erreur (car son terme, je crois, fait présumer qu'il n'étoit pas sûr de la chose), ait donné à loüs, dans l'année d'Antioche, la même place qu'il lui savoit probablement dans l'année macédonienne des asiatiques.

(3) Mis en latin avec des notes de Régiomentan, Nuremberg, 1537, in-8º.

le 19 elloul. » Cette date s'accorde avec le 19 septembre 882 de notre ère, comme on le voit par la comparaison qu'il fait de son équinoxe avec une observation de Ptolémée : or l'an 1193 de l'ère des Séleucides, finissant dans l'automne de 882, il doit avoir commencé l'an 1194 avec elloul.

Les astronomes chaldéens employoient aussi l'ère des Séleucides, mais ils en comptoient les années, comme le montrent les trois observations citées plus haut de l'Almageste, depuis l'an 311 avant notre ère, probablement parce qu'ils datoient le règne de Séleucus de la mort du jeune Alexandre (1) que Cassandre fit tuer [illegible] année. L'époque de cette ère chaldéenne qui comptoit par années lunaires [illegible], est sans doute la nouvelle lune la plus proche après l'équinoxe d'automne de l'an 311 avant la naissance de J. C.

(1) Olymp. 117. 2. Diod. S. L. XIX.

ÈRE DE DENYS.

Les astronomes grecs se convainquirent aisément en observant les équinoxes et les solstices, du retour des étoiles fixes, sous le même parallèle, aux mêmes jours de l'année solaire, et songèrent bientôt à substituer dans leurs calendriers astronomiques une année solaire fixe à l'année lunaire vague en usage [illegible] la vie civile. Eudoxe s'en servit dans son Parapegme, si célèbre chez les anciens, comme nous le prouve le passage suivant de Pline (1) : « Eudoxe pense que si on veut observer les plus courtes révolutions de tous les astres, on trouvera que les mêmes apparences reviennent au bout de quatre ans révolus, non à la manière des vents, mais comme les autres phénomènes en grande partie ; et le commencement de cette période est toujours dans l'année intercalaire, au lever de la canicule. » On voit par-là qu'il admettoit une révolution de quatre années, et sa période (le mot lustre se présente souvent avec cette signification), commençoit avec le lever du chien. Elle devoit par conséquent être de quatre années juliennes, qu'il semble avoir disposées de la même manière qne Jule-César le fit long-temps après lui.

On lit dans les Apparitions des Fixes, par Ptolémée : « Au 5 mesor ou 29 juillet, le chien se lève sous le parallèle de 14 ½ heures, commencement de l'οπῶρα, selon Eudoxe. » Par ce mot (2), les Grecs entendent proprement le temps le plus chaud de l'été, qui commencent avec le lever héliaque de Sirius. Mais comme ce lever, sous le ciel de la Grèce et au temps d'Eudoxe et des autres auteurs de parapegmes, coïncidoit avec l'entrée du soleil dans le signe du lion, il étoit ordinaire d'entendre par ce même mot, ce que nous nommons actuellement les jours caniculaires, relativement à ce phénomène, c'est-à-dire le temps que le soleil passe dans le lion (3). Or, l'entrée du soleil dans ce signe arrivoit, du temps d'Eudoxe, sous le parallèle de Cnide, sa patrie, ou climat de 14 ½ heures, conjointement avec le lever de Sirius vers le 29 juillet. Il est donc très-vraisemblable qu'il a commencé son année à cette date. La constitution précise de son année nous est in-

(1) H. N. II. 37.

(2) Galien, comm. I, in L. I. Epidem. Hippocrate dit que le commencement de la saison nommée opôra, est le lever de sirius.

(3) Olympiodore, dans ses Commentaires sur le L. I des Météores d'Aristote, dit : « Qu'on se garde bien de confondre opôra avec phtinopôron, car cette saison, dernière de l'année, commence avec l'équinoxe d'automne, ou comme dit Galien, avec le lever d'arcturus, qu'il place 12 jours avant cet équinoxe. »

connue, si ce n'est que les mois y auront été sans doute nommés d'après les signes du zodiaque, comme nous les lisons dans le Parapegme de Géminus, parce qu'il n'avoit pas de mots dans sa langue pour exprimer les mois.

A cette année d'Eudoxe ressembloit beaucoup celle de Denys à laquelle sont liées les sept observations suivantes, rapportées dans l'Almageste :

Observations.	*Dates dionysiaques.*		*Dates juliennes.*		*Citations dans l'Almageste.*
	Années.		Années avant J. C.		
1. Conjonction de mars avec β du scorpion. .	13ᵉ. . . .	25 ægon.	272.	18 janv., matin.	L. 10, p. 236.
2. Mercure comparé à β et δ du scorpion. .	21ᵉ. . . .	22 scorp.	265.	15 nov., matin.	L. 9, p. 187.
3. Conjonction de mercure avec δ du capricorne.	23ᵉ. . . .	29 hydron.	262.	12 févr., matin.	L. 9, p. 168.
4. Mercure comparé à β et δ du taureau. . .	23ᵉ. . . .	4 tauron.	262.	25 avril (1). soir.	L. 9, p. 169.
5. Mercure comparé à l'épi.	24ᵉ. . . .	28 leonton.	262.	23 août, soir.	L. 9, p. 170.
6. Mercure comparé aux têtes des gémeaux. .	28ᵉ. . . .	7 didymon.	257.	28 mai, soir.	L. 9, p. 169.
7. Occultation de l'âne austral par Jupiter. .	45ᵉ. . . .	10 parthenon.	241.	4 sept., matin.	L. 11, p. 263.

On voit qu'ici les noms des mois sont formés de ceux des signes du zodiaque (2). Denys aura sans doute mesuré ses mois par le temps que le soleil, suivant sa théorie, passoit alors dans chaque signe. Nous ne connoissons pas cette théorie; mais, comme le montre la comparaison de ses dates avec les lieux moyens du soleil, donnés par Ptolémée et par les lieux vrais correspondans, elle devait être toute autre que celle qui a été dressée ensuite par Hipparque. En effet, on trouve par les observations

	Lieux m. ☉				Lieux vr. ☉		
du 25 ægron.	23ᵈ.	♑	54′.		25ᵈ.	♑	44′.
22 scorpion.	20ᵈ.	♏	50′.		20ᵈ.	♏	10′.
29 hydron.	18ᵈ.	♒	10′.		20ᵈ.	♒	28′.
4 tauron.	29ᵈ.	♈	30′.		0ᵈ.	♉	50′.
28 leonton.	27ᵈ.	♌	50′.		25ᵈ.	♌	30′.
7 didymon.	2ᵈ.	♊	50′.		2ᵈ.	♊	57′.
10 parthenon.	9ᵈ.	♍	56′.		7ᵈ.	♍	33′.

(1) Au lieu de *du* 30 *phamenoth au* 1, il faut lire dans l'Almageste, comme le montre le lieu moyen du soleil marqué ensuite, *du* 30 *mechir au* 1 *phamenoth*. L'observation a donc été faite le 25 avril et non le 25 mai, quoique tous les manuscrits disent φαμενωθ λ εις την ᾱ.

(2) Dans l'Appendix du Thes. L. gr. H. Steph. les dénominations grecques de ces signes sont données comme étant les noms des mois macédoniens; je ne sais sur quelle autorité. Il y avoit toujours une comparaison des signes avec les mois de l'année macédonienne d'Asie, ceux-ci commençant à peu près simultanément avec l'entrée du soleil dans les signes de l'écliptique.

On voit que les dates dionysiennes ne s'accordent ici ni avec les lieux moyens, ni avec les lieux vrais du soleil; et aussi peu avec les mois du Parapegme de Géminus; ce qui est évident par la troisième, la quatrième et la cinquième observation. Suivant les dates juliennes qui y sont jointes, l'intervalle du 29 hydron au 4 tauron, comprend 72 jours; et celui du 4 tauron au 28 léonton 120; au lieu que, dans ce parapegme, celui-ci est plus court d'un jour, et celui-là de six.

Les mois de Géminus ne peuvent pas non plus s'accorder avec ceux de Denys, parce qu'ils sont formés sur la théorie du soleil d'après Hipparque. Cet astronome trouva en effet que le soleil, demeure 94 $\frac{1}{2}$ jours dans le quart vernal de l'écliptique, 92 $\frac{1}{2}$ dans celui d'été, 88 $\frac{1}{8}$ dans celui d'automne, et 90 $\frac{1}{8}$ dans celui d'hiver (1).

Il est clair, supposé que le soleil se meuve uniformément dans un cercle excentrique, suivant l'hypothèse des anciens astronomes, que la distance occidentale de l'apogée à o du cancer, est égale à 24^{d} 30'; et que l'excentricité est de o, 0414, ou, selon l'expression de Ptolémée, $= \frac{1}{24}$, en conséquence le soleil parcourt, d'après mon calcul :

		jours	heures.
Le bélier,	en	31	6
Le taureau,		31	15
Les gémeaux,		31	16
L'écrevisse,		31	10
Le lion,		30	21
La vierge,		30	6
La balance,		29	16
Le scorpion,		29	6
Le sagittaire,		29	4
Le capricorne,		29	11
Le verseau,		30	0
Les poissons,		30	15

Suivant Géminus, le soleil passe

Dans le bélier.	31 jours,
Le taureau.	32
Les gémeaux.	32
L'écrévisse.	31
Le lion.	31
La vierge.	30

(1) Almag., L. 3. Géminus donne les mêmes nombres, mais sans faire mention d'Hipparque.

La balance,	30
Le scorpion,	30
Le sagittaire,	29
Le capricorne,	29
Le verseau,	30
Les poissons,	30

Le rapport de ces nombres avec les précédens, justifie ma conjecture, savoir que Géminus a suivi Hipparque (1).

Pétau dit avec raison que, dans l'ignorance où l'on est des observations et des principes d'où Denys est parti, pour la disposition de son année, il est impossible d'en trouver la forme (2). La comparaison des dates tirées de son ère, avec les lieux du soleil donnés par Hipparque, montre clairement qu'il ne doit avoir connu le mouvement du soleil que fort imparfaitement, supposé que dans ces dates il ne se soit pas glissé de fautes qu'on ne pourroit véritablement pas rectifier.

L'inégalité du soleil étoit généralement connue des Grecs avant Hipparque, mais certainement d'une manière très-inexacte. Aristote (3) dit qu'Eudoxe avoit imaginé trois sphères pour le mouvement du soleil, et autant pour celui de la lune; et que Calippe en avoit encore ajouté deux pour chaque corps céleste, afin de représenter toutes les apparences.

Mais qu'entendoit-il par ces apparences? C'est ce qu'on apprend par les paroles suivantes d'Eudémus (4) dans Simplicius: « Si l'espace de temps entre les solstices et les équinoxes est tel que Méton et Euctémon le disent, trois sphères, dit Calippe, pour chaque corps, ne suffisent pas pour expliquer les phénomènes dans l'inégalité apparente de leurs mouvemens. » De là vient que Méton et Euctémon ont conclu le mouvement inégal du soleil, de leurs observations des solstices et des équinoxes (5). Nous savons par l'Almageste (6) qu'ils ont observé les solstices, puisqu'un de leurs solstices y est cité; et il est très-vraisemblable qu'ils ont aussi observé les équinoxes. Suivant Pline (7), Euctémon plaçoit le coucher cosmique

(1) Les anciens ne soupçonnoient pas que l'apogée du soleil fût mobile, et que par là un calendrier réglé sur sur le mouvement vrai de cet astre, ne pouvoit pas être perpétuel. Albatani est le premier que la comparaison des observations anciennes aux nouvelles, ait déterminé à donner à l'apogée un mouvement propre.

(2) Doctr. Temp., L. IV, C. 16.

(3) Metaphys., L. XI, C. 8.

(4) Comm. in Arist. L. de cœl. Un manuscrit de Saville porte Euctémon et Méton, au lieu d'Almæon et de Memnon, comme Ussérius le remarque dans sa Diss. de Mac. et as. ann. sol.

(5) Selon Théophraste, Phaïnus, maître de Méton, observoit déjà les solstices.

(6) L. III, p. 62.

(7) Pl. Hist. N. XVIII.

des vergilies (pléïades), 48 jours après l'équinoxe d'automne, dont il devoit par conséquent avoir déterminé le jour par observation. Mais c'étoit très imparfaitement, puisque cette observation n'a pu être faite qu'au moyen du gnomon (1); car les armilles ne paroissent avoir commencé à être employées que par Hipparque. Et même le solstice d'été dont Ptolémée parle, ne fut, selon son expression, que légèrement observé; et en effet, il l'a mis près d'un jour et demi trop tôt, pour Athènes, à 6 heures du matin, le 27 juin de l'an 432 avant la naissance de J. C., tandis qu'il n'est arrivé que le 28 juin à 4 heures après midi. On voit maintenant combien Usérius se trompe, quand il attribue à Méton, à Euctémon et à Eudoxe une année réglée sur le mouvement vrai ou inégal du soleil (2).

Denys lia ses années à une ère dont l'époque tombe à l'été de l'an 285 avant la naissance de J. C.; Il commençoit probablement son année, comme Géminus, avec l'entrée du soleil dans l'écrevisse, d'où les auteurs des Parapegmes avoient coutume de partir, parce que l'année civile des Grecs commençoit aux environs du solstice d'été.

Suivant le canon astronomique, l'an 40 de l'ère de Philippe est le premier de Ptolémée Philadelphe. Comme il commence avec le 2 novembre 285 avant la naissance de J. C., il est très-vraisemblable que Denys a pris, pour époque de son ère, l'inauguration de ce roi, ou le solstice d'été qui la suivit immédiatement. Peut-être voulut-il, comme (2) Usérius le pense, consacrer à la postérité, par l'introduction d'une nouvelle ère, le souvenir de la résolution de Ptolémée Lagus, de rentrer dans l'état privé, en faveur de son fils (3).

Riccioli et d'autres croient que les sept observations marquées en mois dionysiaques, ont été faites par Timocharis; mais je ne doute pas qu'elles ne soient de Denys lui-même. Il est vrai que le *selon Denys* de l'Almageste est toujours tellement placé, qu'il paroît se rapporter seulement à l'ère propre de Denys, par exemple, dans la treizième année selon Denys, le 25 ægon. Mais dans les trois dernières observations chaldéennes, dont j'ai parlé plus haut, on trouve aussi le *selon les Chaldéens*, dans la même disposition, sans que l'on soit pour cela auto-

(1) Pour pouvoir observer les équinoxes par le moyen du gnomon, on n'avoit pas besoin d'opération trigonométrique. La longueur des ombres se trouvoit aisément par une simple construction.

(2) Annal. vet. et N. Test. 285, A. Chr.

(3) Pausanias parle de cette résignation, L. I, ainsi que Lucien, dans Macr., C. 12; Justin, L. XVI; et surtout avec plus de précision Porphyre, dans Eusèbe, Thes. Temp. On y apprend que Ptolémée, fils de Lagus, a régné en Egypte 17 ans comme gouverneur, et 23 ans comme roi, en tout 40 ans, dont on ne lui donne que 36, parce qu'il céda son trône à son fils Ptolémée Philadelphe, deux ans avant sa mort. Il y est dit qu'il devint gouverneur d'Egypte un an après la mort d'Alexandre, par conséquent il régna 39 ans après cette époque, ce qui s'accorde avec le canon des rois.

risé à les enlever aux Chaldéens. Si ces observations n'étoient pas de Denys (1), Ptolémée, suivant sa coutume, nous auroit dit de qui, dans ce cas, elles seroient.

Je dois encore remarquer que Marie Kunitzin, dans les tables astronomiques qu'elle a publiées in-folio à OEls, sous le titre d'Urania propitia, prétend, (p. 100 et 101 de l'introduction), que Ptolémée s'est trompé dans la réduction des dates dionysiennes à l'ère égyptienne, de sorte que nous ne pourrions pas connoître par là les véritables dates juliennes qui leur appartiennent, si son mari Elie von Lewen, dit-elle, n'eut pas trouvé, à force de recherches, la forme et le commencement de l'année dionysienne. Lalande s'est donné la peine de la réfuter. « Je crois, dit-il, qu'il faudroit des témoignages plus clairs que le jour pour établir que Ptolémée n'a pas su quelle étoit la forme des années dionysiennes dont il s'est servi, et qu'il y auroit de l'absurdité à vouloir le réformer, sur quelques conjectures tirées des auteurs qui n'ont pas eu besoin, comme lui, d'une rigoureuse exactitude » (2).

(1) Pline, H. N. VI, nomme un Denys que Ptolémée Philadelphe doit avoir envoyé dans l'Inde pour examiner ce pays; peut-être est-il ce même Denys dont les observations ont été citées, et dont l'ère nous occupe actuellement.

(2) Mém. de l'Ac. des Sc., 1766.

ÉCLAIRCISSEMENS ET ADDITIONS.

(P.2. Les premiers ne peuvent inspirer qu'un intérêt historique) Les éclipses de soleil et de lune rapportées par les historiens grecs et romains, ont répandu le plus grand jour sur la chronologie, car les dates de plusieurs événemens anciens, et même leurs années, ne peuvent être déterminées que par le moyen des phénomènes célestes. Ainsi une éclipse de lune nous fait connoître le jour de la bataille d'Arbèle. «La lune s'éclipsa, dit Plutarque, la onzième nuit avant cette bataille, dans le mois boëdromion. Ce mois athénien coïncide en grande partie régulièrement avec le mois julien de septembre. Or nous trouvons qu'en l'an 331 avant notre ère (2ᵉ de la CXIIᵉ olympiade), où cette bataille fut livrée, au rapport de Diodore de Sicile, il y a eu une éclipse de lune, dans la nuit du 20 au 21 septembre.

Cette éclipse ne peut être que celle dont Plutarque a fait mention; la date de cette bataille est par conséquent le 1 octobre de l'an 331 avant la naissance de J. C. Quand de pareils renseignemens, fournis par le ciel, nous manquent, nous sommes dans l'incertitude sur le temps de plusieurs événemens remarquables. Ainsi les chronologistes ne s'accordent pas sur le jour et même sur l'année de la mort d'Alexandre; et ils seroient d'accord entr'eux sur ce point, si cette mort, qui a été suivie de tant d'événemens, étoit marquée par quelqu'éclipse. Pétau, dans le huitième livre de sa Doctrine des temps, a calculé les éclipses de soleil et de lune les plus nécessaires pour la chronologie, avec une exactitude suffisante pour cet objet.

(P.7. Pour compléter cette liste des anciennes observations) L'intervalle obscur de 700 ans, qui separe les observations de Ptolémée et des premiers astronomes arabes, ne présente qu'une observation de Théon et sept de Thius. Ces dernières ont été extraites par Bouillaud, du manuscrit 2390 de la bibliothèque royale de Paris. Ce précieux manuscrit contient la grande composition de Ptolémée avec divers petits écrits astronomiques, entr'autres les Prolégomènes sur cette composition, par un anonyme, où se lisent ces sept observations faites par un certain Thius, à Athènes. Bouillaud est le seul que je sache en avoir fait usage, aux L. 3, p. 172; L. 6, p. 246; L. 7, p. 278; L. 8, p. 326, 327; L. 9, p. 346, de son *Astronomia*

(P.1.) L'Almageste porte, dans l'original grec, le titre de grande composition. Ptolémée, lui-même, cite cet ouvrage qu'il appelle composition mathématique, dans l'introduction à son écrit sur les hypothèses des planètes. Il paroît que les Arabes, au lieu de μεγαλη grande, ont lu μεγιστη, dont ils ont fait, par l'addition de leur article, almegisti, d'où s'est formé le mot almageste qui s'est perpétué jusqu'à nous par la version latine faite sur la version arabe.

philolaïca. Elle concernent la lune, saturne, jupiter, mars, vénus, et elles appartiennent aux années 475, 498, 503, 508, 509 et 510 de notre ère. On y voit une rencontre de jupiter et de mars, phénomène remarquable qui doit être de la nuit du 6 au 7 pachom de l'an 214 de l'ère de Dioclétien, ou 1 mai de l'an 498 de l'ère chrétienne, une heure après le coucher du soleil.

(P. 10.) Beauchamp a trouvé, par deux éclipses des satellites de jupiter, la différence de temps entre Paris et Bagdad, de 2^h 47′ 53″ t. m. (1). Triesnecker trouve, par l'éclipse de soleil du 4 juin 1788, 2^h 48′ 9″; par un milieu, on a 2^h 48′. Beauchamp(2) place l'ancienne Babylone à 45″ en temps, à l'ouest de Bagdad. La différence de temps entre Paris et Babylone, seroit donc de près de 2^h 47′. On conjecture avec beaucoup de fondement que cette ville, autrefois si fameuse et aujourd'hui si totalement effacée de dessus la terre, étoit située tout près, ou même à la place de Hillah ou Hellah, petit lieu sur le bord de l'Euphrate (3). La latitude de Bagdad est, selon Beauchamp, de 33^d 19′ 50″, et celle de Hillah, selon Niebuhr, est de 32^d 28′ 30″. Ce dernier a trouvé pour la latitude du château ruiné de Babylone, 32^d 30′; et Beauchamp, 32^d 34′. Les géographes orientaux mettent la latitude de Babylone à 32^d 15′ à 25′. De-l'isle la place sur ses cartes en 32^d 40′.

(P. 11. On ne peut douter que ce ne soit le midi vrai.) Cela suit immédiatement de la méthode de Ptolémée pour l'équation du temps, de laquelle je dois dire ici quelque chose. « Les jours mesurés pour nous par le soleil, dit-il, sont de différentes longueurs, en partie à cause du mouvement du soleil qui paroît inégal; en partie parce que l'écliptique n'est pas coupée par le méridien en segmens égaux dans des temps égaux (4). Un nycthémère uniforme est le temps pendant lequel, en outre des 360 degrés de l'équateur, il passe encore par le méridien un arc d'environ 59 minutes que le soleil parcourt chaque jour en vertu de son mouvement moyen. La représentation des moyens mouvemens par des tables suppose des jours égaux; il importe donc, dans le calcul des observations, de convertir les jours solaires inégaux qui suivent les lieux où se trouve chaque fois le soleil, en jours égaux ou moyens ». Pour cela, il donne la règle suivante dont je ne pourrois pas développer les fondemens sans entrer dans un détail astronomique fort étendu : cherchez, en rejetant les circonférences entières, l'arc dont la longitude moyenne du soleil, ainsi que la vraie, réduite à l'équateur, a varié depuis le commencement de l'ère de Nabonassar jusqu'à l'observation. La différence des deux arcs est l'équation du temps, qui doit être prise ou positive ou négative, selon que le changement de la longitude vraie est plus grand ou plus petit que celui de la moyenne.

(1) Corresp. V. I, p. 65.
(2) Ephém. géogr. de Zach. V. II, p. 512.
(3) Corresp. V. III, p. 564.
(4) *Ibid.* p. 378.
(5) Almag. L. III.

Un exemple éclaircira cette règle : Agrippa a observé en Bithynie, dans la 840e année de Nabonassar, la nuit du 2 au 3 tybi, à 5h astronomiques 20' avant minuit, du temps à Alexandrie, une occultation des pléiades par la lune (1). Réduisons ce temps en nycthémères égaux. Suivant Ptolémée, le lieu moyen du soleil étoit, au commencement de l'ère de Nabonassar, en 0d 45' ♓ (2), et son lieu vrai en 3d 8' ♓. Il s'est écoulé jusqu'à l'observation, 839 années égyptiennes, 122 jours 6 heures 40 minutes. Dans cet intervalle (3), la longitude moyenne du soleil varie de 275d 33' ; ainsi au moment de l'observation, il fut en 6d 18' ♐. L'apogée du soleil qui, suivant l'Almageste, est immobile, a pour sa longitude 5d 30' ♊ ; par conséquent l'anomalie moyenne est de 180d 48', auxquels il faut ajouter 2' pour l'équation moyenne (4), de sorte que la longitude vraie du soleil est 6d 20' ♐.

Par la table des différences ascensionelles, la longitude 3d 8' ♓ répond à 335d 7' d'ascension droite ; et la longitude 6d 20' ♐, à 244d 26' ; par conséquent on a

	Longit. m.		Long. vr. réduite.
Au temps de l'observation.	6d 18' ♐	. . .	244d 26'
Au commencement de l'ère de Nabonassar.	0d 45' ♓	. . .	335d 7'
Variation. . . .	275d 33'		269d 19'
	269d 16'		
Différence. . . .	6d 14'		en temps, 25'

Comme la variation de la longitude vraie est plus petite que celle de la moyenne, l'équation du temps est négative. L'observation fut donc faite en temps moyen (ce qu'il ne faut pourtant pas prendre pour notre temps moyen), à 6h 15' après midi, ou à 5h 45' après minuit ; ce qui s'accorde avec ce que dit l'Almageste. Telle est la méthode imparfaite d'équation du tems, qui a été employée par Ptolémée, et après lui, par tous les astronomes jusqu'à Tycho (5). On voit que, suivant cette méthode, l'équation du temps est nulle au commencement de l'ère de Nabonassar, et qu'ainsi Ptolémée donne les époques du soleil, de la lune et des planètes, pour le midi vrai d'Alexandrie (6). C'est ce que prouve aussi sa manière de déduire des observations, les époques ou lieux des astres. Par exemple,

(1) Alm., L. VII, 29 nov. 92 ans après la naissance de J. C., à 4h 49' temps vrai à Paris.

(2) Alm., L. III.

(3) Suivant la table des moyens mouvemens du soleil.

(4) Suivant la table d'Anomalie solaire.

(5) Riccioli, Alm. N. L. III.

(6) L. II, p. 37.

pour la lune, voici comment il procède : il part d'une éclipse de lune observée à Babylone, dans la 28e année de Nabonassar ; le milieu de cette éclipse tomba du 18 au 19 thoth, à minuit juste compté à Babylone. Depuis le commencement de l'ère, jusqu'à cette éclipse, il s'est écoulé 27 années égyptiennes, 17 jours 11 heures 10 minutes, temps vrai et moyen, ou simplement et exactement, comme il s'exprime. Ses tables donnent pour le moment de l'opposition, la longitude vraie du soleil en 13d 45′ ♓, et par conséquent pour la longitude de la lune, 13d 45′ ♍ ; or à cette longitude vraie, répond suivant ses recherches théorétiques, sa longitude moyenne de 14d 44′ ♍ ; de la dernière il retranche le moyen mouvement de la lune en 27a 17j 11h 10′, qu'il fait de 125d 22′, et il trouve ainsi 11d 22′ ♉, pour l'époque ou la longitude moyenne de cet astre, au commencement de l'ère de Nabonassar. Suivant les tables de Mayer, elle est de 8d 39′ ♉, ce que Ptolémée auroit trouvé ou à peu près, sans l'erreur de + 2d 43′ dans ses tables du soleil, au temps de l'éclipse.

(*Ibid.* Alexandrie.) D'après les observations faites par Chazelles, de quatre émersions du premier satellite de Jupiter, Lacaille a trouvé 1h 51′ 21″ ⅓ pour la différence en temps entre Paris et Alexandrie (1). C'est ce qui suit également de quelques distances de la lune prises par Niebuhr (2). Un calcul plus exact de ces observations, par M. Burg, donne 1h 51′ 15″, 5 (3). MM. Nouët et Quénot, qui ont été de l'expédition d'Egypte, en qualité d'astronomes, ont trouvé une minute de moins (4), c'est-à-dire 1h 50′ 20″ à 25″. Des observations répétées montreront laquelle de ces déterminations est la plus exacte (5). En attendant, on pourra, sans crainte de se tromper d'une minute entière, prendre 1h 51′ pour la différence en temps entre Paris et Alexandrie. La différence entre Babylone et Paris étant comme on l'a montré plus haut, de 2h 47′, il y a donc 56′ de différence en temps entre Babylone et Alexandrie ; Ptolémée et les astronomes arabes la font de 50′. Ainsi la différence en longitude, entre les deux seuls lieux où de véritables observations astronomiques aient été faites dans l'antiquité, s'écarte de la véritable, de 1h ½ : qu'on juge par-là du peu d'exactitude dans les autres longitudes déterminées par les anciens. La latitude d'Alexandrie, prise du *Pavillon du génie*, est suivant ces mêmes astronomes français, de 31d 12′ 13″ à 14″, comme Niebuhr l'a marqué (4). Mais Ptolémée, dans sa géographie, la fait de 31d.

(P. 17.) Pour montrer comment Ptolémée a coutume de déterminer le moment d'un phénomène céleste, j'ajouterai ici le détail chronologique des trois observations que j'ai apportées pour exemple. La première commença (pour Alexandrie),

(1) Eph. géogr. de Zach., L. IV, p. 62.
(2) Corr., L. IV, p. 350.
(3) *Ibid.*
(4) Ephém. géogr., L. IV, p. 60. Corr., L. I, p. 267. Corr., L. IV, p. 250.

une demi-heure avant le lever de la lune, et se termina au milieu de la troisième heure (1). Le milieu de cette éclipse tomba donc au commencement de la deuxième heure, à 5 heures civiles ou autant d'heures astronomiques avant minuit, car le soleil étoit dans les derniers degrés de la vierge, ensorte que l'éclipse a commencé 7 heures astronomiques après le midi du 16 mésor, à Alexandrie. Jusqu'à ce moment, on a 546 années égyptiennes, 345 jours et 7 heures astronomiques, temps vrai, et au contraire, 6 heures et demie, temps moyen, depuis les époques de Nabonassar.

La seconde (2), qui est de la 454e année depuis Nabonassar, suivant la supputation égyptienne des temps, dans la nuit du 5 au 6 tybi, commença à quatre heures civiles et presqu'autant d'heures astronomiques avant minuit, parce que le soleil se trouvoit aux environs du 15e degré des poissons. La réduction au temps moyen donne presque le même nombre d'heures avant minuit.

La troisième, l'épi étant très-proche du centre de la lune, dans la 845e année de Nabonassar, suivant la manière égyptienne de compter les temps, commença du 15 au 16 méchir, à 4 ou 5 heures astronomiques après minuit. Car le soleil étoit dans le 20e degré du capricorne. Mais à 6 heures 20′ sous le méridien d'Alexandrie, et à 6^h 15′ et un peu plus, temps moyen (3).

On voit que les temps de ces observations sont déterminés au plus par des heures civiles. Si le milieu de l'éclipse de lune doit s'être trouvé au commencement de la deuxième heure, ce doit être la deuxième heure civile, comme le prouve l'expression en heures avant minuit (4). Les heures civiles de la nuit se comptent comme celles du jour, depuis 1 jusqu'à 12, de sorte que minuit se trouve toujours à la fin de la sixième heure de nuit. Les heures civiles sont aussi converties en heures astronomiques par Ptolémée. Pour cela, il donne le vrai lieu du soleil, parce que la longueur du jour et de la nuit, et par conséquent aussi la longueur des heures civiles en dépend. Vers le temps des équinoxes, elles sont les mêmes que les heures astronomiques. Or, comme le soleil dans la première observation étoit dans les derniers degrés de la vierge, et dans la seconde au milieu des poissons, les heures civiles sont, à très-peu de choses près, égales aux heures astronomiques. Au contraire, dans la troisième, les deux sortes d'heures sont bien différentes l'une

(1) Almag., L. IV.

(2) Almag., L. VII.

(3) La différence en temps, de Rome à Alexandrie, est prise par Ptolémée, de 1^h 20′, ou 10′ de trop.

(4) Les γ″ et δ″, pour lesquels on trouve souvent dans l'Almageste γ et δ, signifient $\frac{1}{2}$ et $\frac{1}{4}$; ou quand il est question d'heures et de degrés, 30′ et 15′. De même ϛ″ et ϛ″ expriment $\frac{1}{5}$ et $\frac{1}{6}$ ou 12′ et 10′; mais le dernier est le plus souvent accompagné d'un seul trait, probablement pour le distinguer plus aisément de ϛ″, qui est $\frac{1}{2}$ ou 30′. J'ai marqué à l'ordinaire, par des accens, les nombres entiers qui, dans l'Almageste, au moins dans le texte imprimé, portent au-dessus d'eux une ligne horizontale.

de l'autre. L'observation a été faite à Rome, dans un temps où le soleil se trouvoit au 2ᵉ degré du capricorne. Rome, suivant la géographie de Ptolémée, a une latitude de $41^d\ 40'$; et suivant sa table d'obliquité, (1) au 20ᵉ degré du capricorne répond une distance de $22^d 20'$, et n'ayant pas égard à la réfraction, dont les lois étoient inconnues aux anciens, on en conclut la longueur du jour de $9^h\ 8'$; par conséquent 12 heures civiles de nuit valent 14 heures 52′ astronomiques; et 4 heures civiles de nuit, 4 heures astronomiques 57′, pour lesquelles Ptolémée met le nombre rond de 5 heures. Il réduit enfin le temps vrai en temps moyen (nycthémères uniformes), pour pouvoir calculer les observations (2). Suivant les tables, on a

	Lieu. m. du ☉.			Lieu vr. dans l'éclipt.			Lieu vr. dans l'éq.	
Dans la 1ʳᵉ. observ.	28^d	20′	♍	26^d	6′	♍	176^d	25′.
Dans la 2ᵉ.	13	10	♓	15	30	♓	346	40
Dans la 3ᵉ.	17	37	♑	19	36	♑	291	16

L'équation du temps est donc, suivant la règle donnée ci-dessus, dans la première observation, — 25′; dans la seconde, — 3′; dans la troisième, — 4′; de sorte qu'en nycthémères égaux, la première a été faite à $6^h\ 35'$ du soir, la seconde à $7^h\ 57'$ du soir, et la troisième à $6^h\ 16'$ du matin. Si l'on compare avec ceci, ce que dit Ptolémée, on verra que dans de pareilles déterminations, il n'a pas mis une très grande rigueur.

Montignot a traduit, de la manière suivante, la seconde des observations que j'ai rapportées (3) : « Le temps de cette observation se rapporte à l'an 454 de Nabonassar, à la fin du 5ᵉ jour du mois égyptien tybi (février), et au commencement du sixième avant la quatrième heure civile et heure de l'équateur très-près de minuit, puisque le soleil étoit dans le 15ᵉ degré des poissons. Car c'est à peu près dans ces momens que disparoît l'inégalité des deux sortes d'heures, pour former la ressemblance des divisions des temps. » Et pour la troisième observation, il dit (4) : « Ce temps répond à la 845ᵉ année de l'ère de Nabonassar, et suivant le calendrier égyptien, le 15ᵉ jour de mékir finissant, et au commencement du 16ᵉ, après 4 heures civiles de minuit. C'étoit aussi après 5 heures de l'équateur, parce que le soleil étoit dans le 20ᵉ degré du capricorne; et en réduisant ce temps au méridien d'Alexandrie, après $6^h\ 20'$, et un peu plus de 6 heures 15 minutes, par rapport à la coïncidence de ces heures. » Qu'est-ce que Montignot a pu avoir dans l'esprit avec toute cette paraphrase? Il dit, dans sa

(1) L. I, Il est clair que dans des calculs de cette espèce, il faut en emprunter les élémens de Ptolémée même.

(2) Pour la lune seulement, il tient compte de l'équation du temps; mais il la néglige pour le soleil et les planètes, à cause de la lenteur de leurs mouvemens. Almag., L. III.

(3) Etat des étoiles fixes, etc. Strasb. 1787. (4) *Ibid.*

préface : « J'ai traduit immédiatement sur le texte grec, sans faire aucun usage des traductions latines. On peut voir si le français que je joins au texte grec, est l'expression juste de la valeur de l'original. » Il auroit toujours pu comparer sa traduction à celle de George de Trébisonde, son travail n'en auroit pas été plus mauvais. Cette seule preuve suffira au lecteur éclairé, pour ne pas se tromper dans son jugement sur la valeur intrinsèque de tout le reste.

(P. 19: Canon des rois) (1) Les noms des rois Babyloniens, ou, comme ils sont appelés ici, Assyriens et Mèdes, sont en partie bien différens dans les différens manuscrits, comme on peut le voir par leurs variantes dans Dodwell. Il est vraisemblable qu'il n'y en a pas un seul qui n'ait été défiguré par les Grecs; celui de Nabonassar est toujours écrit avec un seul s dans l'Almageste. Les quatre divisions du canon en rois assyriens et mèdes, perses, grecs et romains, ont donné lieu aux quatre monarchies des plus anciens auteurs de l'histoire universelle.

(*Ibid.*) Nabocolassar est le roi de Babylone qui est nommé Nabucadnezar dans les livres d'histoire des Juifs, et Nabuchodonozor dans les 70 et dans Josephe. Suivant le canon, Nabocolassar régnoit entre 144 et 186, depuis Nabonassar; c'est donc un rude anachronisme de la part du plus ancien traducteur latin de l'Almageste, que d'appeler toujours Nabonassar, Nabuchodonosor. Mais il est excusable, en ce qu'il trouvoit dans la version arabe de l'Almageste, sur laquelle il travailloit, Boktenassar, qui est le nom corrompu que les Arabes ont coutume de donner à Nabonassar, comme Golius nous en assure dans ses remarques sur les élémens d'astronomie d'Alfergani, §. 58.

(P. 22. Parce qu'il les a commentés comme l'Almageste.) Le manuscrit de Saville, d'où Bainbridge a tiré les hypothèses des planètes de Ptolémée qu'il a fait imprimer, contient aussi les tables manuelles, ou canon des rois, avec un double commentaire de Théon. De pareils manuscrits se trouvent aussi dans les bibliothèques royale de Paris et impériale de Vienne, dans celles de Bodley, de Médicis et d'autres. *Voy. Cl. Ptolemaeus* dans la bibliothèque grecque de Fabricius. Dodwell a donné la première des 24 sections, dont est composée l'Exégèse de Théon, dans son *Appendix ad dissert. Cyprianicas.* Ce fragment que j'ai souvent cité, et qui a pour titre : « Ce qu'il faut savoir avant de commencer le canon », est très-précieux pour la chronologie. Le fragment d'un troisième commentaire, qui est de l'empereur Héraclius, et que Dodwell a aussi fait imprimer, n'est pas de la même valeur. On doit regretter que Bainbridge n'ait publié, de ces tables, que le canon des rois. Suivant quelques notices qui en ont été publiées dans les *Observationes in Theonis fastos*, d'après un manuscrit de la bibliothèque académ-

(1) ΚΑΝΩΝ ΒΑΣΙΛΕΩΝ.

βασιλεων ασσυριων και μηδων. . . . . ετη. . . . συναγωγη.

ναβονασσαρου. . . . . ιδ. . . . ιδ. etc.

mique de Leyde, elles sont fort différentes des tables qui sont dans le grand ouvrage de Ptolémée. Les tables du soleil, par exemple, dans l'Almageste, consistent en une table du moyen mouvement, et en une table des prostaphérèses. La première, qui dans le texte imprimé remplit deux pages in-folio, se partage en cinq petites tables qui donnent le moyen mouvement pour la fin de chaque dix-huitième année pendant un espace de 810 ans, pour chaque année d'une période de 18 ans, pour chaque mois de l'année égyptienne, pour chaque jour du mois égyptien, et pour chaque heure du jour, jusqu'aux parties sexagésimales du sixième ordre, du degré. Le mouvement moyen annuel y est marqué de 359d 45' 24" 45‴ 21"" 8ᵛ 35ᵛⁱ; et le diurne, de 59' 8" 17‴ 13"" 12ᵛ 31ᵛⁱ; en quoi Hipparque suppose l'année tropique de 365 jours 5 heures 55' 12". La seconde table, qui occupe une page in-folio, montre les prostaphérèses dans le premier et le quatrième *quadrans*, de six en six; et dans le second et le troisième, de trois en trois degrés de l'anomalie moyenne.

Pour calculer un lieu du soleil par le moyen de ces tables, il faut que le temps soit donné par l'ère de Nabonassar. Supposons, pour exemple, qu'on cherche le moment où Agrippa observa l'occultation des pleïades par la lune. Jusqu'à ce moment on compte, depuis l'ère de Nabonassar, 839 années égyptiennes, 121 jours 6 heures 40'. Suivant la première table, le moyen mouvement du soleil est

Pour 810 ans.	163d	4'	12".
18	355	37	26.
11	357	19	32.
120 jours.	118	19	32.
1		59	8.
6 heures. . .		14	47.
$\frac{2}{3}$		1	38.

dont la somme, en rejetant les circonférences entières, est de 275d 33'. La suite du calcul se trouve plus haut, (p. 108.) Les tables manuelles sont disposées tout autrement. L'anomalie moyenne du soleil y est donnée de 25 en 25 ans de l'ère de Philippe; savoir, pour le commencement de chacune des années 1, 26, 51, 76, etc., jusqu'à 1476 (1). De l'anomalie moyenne résulte par l'addition de

(1) La raison pour laquelle Ptolémée a continué les époques jusqu'à cette année, c'est qu'après cet espace de temps, c'est-à-dire proprement, après 1461 ans, le premier jour de thoth de l'année égyptienne, revient au commencement de l'année solaire fixe, alors en usage à Alexandrie. On voit donc ce que le Syncelle veut dire par ces mots: Depuis le commencement de ce prince (Philippe Aridée), les temps des tables manuelles, pris suivant Ptolémée, sont calculés sur le retour de l'année égyptienne. Chronograph., p. 264.

2ˢ 5^{d} 30′, la longitude moyenne. Ensuite viennent les tables du mouvement moyen pour les années simples d'une période de 25 ans, pour les mois, les jours, les heures, et enfin une table des prostaphérèses. On voit que dans l'emploi de ces tables (1), le temps doit être donné en années de l'ère de Philippe. Les tables manuelles astronomiques s'écartent donc des tables de l'Almageste, autant qu'on le peut inférer de quelques dates, seulement quant à la forme. Par exemple, si avec la première année de l'ère de Philippe, on a 162^{d} 10′, c'est que ce nombre est précisément l'anomalie moyenne, qui par les tables de l'Almageste, tombe au commencement de l'an 425 de l'ère de Nabonassar. Les tables manuelles sont venues probablement de ce que Ptolémée, après avoir achevé son grand ouvrage, a repris de nouveau sa théorie astronomique, et a déposé les résultats de ses recherches réitérées, dans un plus petit écrit, sous le titre d'hypothèses des planètes. Il paroît par la dédicace, qu'il est postérieur à l'Almageste. Il y a donné les époques du soleil, de la lune et des planètes, pour le commencement de l'ère de Philippe, comme il les avoit données dans l'Almageste pour le commencement de l'ère de Nabonassar. Tout, d'ailleurs, y est parfaitement d'accord avec l'Almageste, hormis quelques changemens dans les latitudes des planètes. Il paroît que ce sont ces changemens qui l'ont décidé à donner des tables nouvelles et plus commodément disposées, dans lesquelles il est également parti de l'ère de Philippe. Il n'y a que la vue de ces tables, qui puisse faire connoître si je me trompe dans cette conjecture; je ne peux en rien dire de plus, ne les ayant pas vues.

On a demandé pourquoi, dans les tables de l'Almageste, les intervalles sont de 18 en 18 ans, tandis que dans les tables manuelles ils sont de 25 en 25. Dans le 6ᵉ livre de l'Almageste se trouvent des tables pour calculer les nouvelles et pleines lunes; les années y sont aussi par intervalles de 25 années égyptiennes, parce que 25 de ces années n'ont qu'une heure de plus que 309 mois synodiques, ce qui fait qu'après 309 révolutions lunaires, les phases reviennent aux mêmes jours de l'année égyptienne. Ptolémée a employé les mêmes intervalles dans son écrit postérieur, au lieu de ceux de 18 ans, qui n'offrent aucun avantage pour le calcul, et qui paroissent purement arbitraires. (2) Fréret est d'un autre sentiment: il croit trouver, dans ces 18 ans, des traces de la période chaldéenne de 223 révolutions lunaires. Il prend de là occasion de conjecturer que la première idée des tables astronomiques appartient aux Chaldéens. On peut en convenir, sans adopter avec lui, que les Chaldéens ont partagé leur temps civil suivant ces périodes. On a remarqué plus haut, que les tables du moyen mouvement du soleil, dans Ptolémée, sont fondées sur la durée de l'année tropique déterminée par Hipparque. Celle-ci est de 6′ 24″ trop longue; il faut donc que

(1) Je publierai ces tables manuelles et les hypothèses, avec leurs préamb. et comment. traduits. H.
(2) Diss. sur les années en usage à Babyl. av. et dep. Alex. Œuvr. compl., XII. T.

le moyen mouvement annuel soit trop petit; et véritablement il est, suivant l'Almageste, de 11ˢ 29ᵈ 45′ 24″, 7; et suivant nos tables actuelles, de 11ˢ 29ᵈ 45′ 40″, 4. Or comme Ptolémée, en remontant par son calcul, tire l'époque du soleil pour le commencement de l'ère de Nabonassar, des équinoxes observés par Hipparque avec une grande précision, il devoit la trouver trop grande. Il la donne en 0ᵈ 45′ ♓ 3, et par les nouvelles tables du soleil, de Zach, elle étoit en 27′ 55″ ♒. La table suivante montre qu'elle correction on doit faire aux longitudes moyennes du soleil dans l'Almageste, pour les faire accorder avec ces tables.

Années.		*Correction.*	*Années.*		*Correction.*
747.	Avant la nais. de J. C.	— 2ᵈ . 50′.	250	Avant la nais. de J. C.	— 0ᵈ . 40′.
700.	. . .	— 2 . 38	200	. . .	— 0 . 27
650.	. . .	— 2 . 25	150	. . .	— 0 . 14
600.	. . .	— 2 . 12	100	. . .	— 0 . 1
550.	. . .	— 1 . 58	96	. . .	0 . 0
500.	. . .	— 1 . 45	50	. . .	+ 0 . 12
450.	. . .	— 1 . 32	1	de la nais. de J. C.	0 . 25
400.	. . .	— 1 . 19	51	. . .	0 . 38
350.	. . .	— 1 . 6	101	. . .	0 . 51
300.	. . .	— 0 . 55	151	. . .	1 . 4

Comme Ptolémée, dans plusieurs observations, et entr'autres dans presque toutes celles qui concernent les planètes, donne le lieu moyen du soleil, cette table de correction peut servir à éprouver les dates de ces observations, et à les rectifier quand il y a lieu. Quand, par exemple, il parle d'une conjonction de saturne avec γ ♍ (1), observée par les Chaldéens dans la 82ᵉ année de leur ère, le 5 xanthicus au soir, cette date macédonienne étant rapportée dans le texte grec de Bâle, au 12, et dans la version de George de Trébisonde, au 14 tybi de la 519ᵉ année de Nabonassar, quelle est la véritable date? On la trouve à l'aide du lieu moyen du soleil, 6ᵈ 10′ ♓, qu'il a ajouté L'an 519 de Nabonassar commence 230 ans avant la naissance de J. C. La longitude moyenne du soleil corrigée, au temps de l'observation, est donc 5ᵈ 35′ ♓, le 14 tybi de l'an 519 répond au 1 mars 229 avant notre ère; et au soir de ce jour, le soleil atteint vers 5 heures, à Paris, ou vers 7 heures et demie à Babylone, une longitude moyenne de 5ᵈ 35′ ♓. Deux jours plus tôt, cette longitude auroit été de 2 degrés plus petite; l'observation a, par conséquent, été faite le 14 tybi, et non le 12 (2).

Ce que j'ai dit ici des tables du soleil, de Ptolémée, me donne occasion de faire quelques remarques sur leur mérite dans l'astronomie théorétique et pratique. Autant

(1) Alm., L. II, Ch. VII. (2) J'ai mis le 14 tubi, dans mon édition grecque et française. H.

elles ont été exaltées par les astronomes arabes, et par les premiers astronomes d'Europe, autant on les a déprimées dans les derniers temps; on a même prétendu qu'elles n'étoient qu'une compilation. « On est persuadé, dit Lalande (1), que Ptolémée n'étoit point observateur, qu'il a tiré d'Hipparque et des autres qui l'ont précédé, tout ce qu'il y a de bon dans son ouvrage ». Personne ne croira sérieusement que Ptolémée n'ait pas observé, sachant que de 88 observations que je compte dans l'Almageste, il en a fait 37. Ainsi ce passage de Lalande signifie seulement que Ptolémée n'étoit pas un excellent observateur. Mais cela est-il bien vrai? Des seize observations anciennes de mercure, que Lalande a mises à l'épreuve dans son excellent mémoire sur la théorie de mercure, et desquelles il dit : « Pour moi, j'ai reconnu que ces anciennes observations sont importantes, et qu'elles déterminent l'aphélie aussi exactement que les observations du dernier siècle. » Il y en a huit qui appartiennent à Ptolémée, et ce ne sont certainement pas les plus mauvaises. Il a de même fait, sur les autres planètes, une suite nombreuse d'observations qui ne sont pas absolument à rejeter, attendu qu'elles donnent avec justesse la plupart des élémens de la théorie des planètes. Et de même pour la lune, il s'est servi de ses propres observations, et il s'est particulièrement aidé de quelques-unes qu'il a faites hors des sysygies, et il en rapporte une qui est appelée la seconde anomalie (inégalité) de la lune, et aujourd'hui évection. Il porte toute la valeur des deux premières inégalités, de la prostaphérèse et de l'évection, à $7^d\ 40'$, quantité plus forte de 53", que celle qu'on a trouvée dans les derniers temps, moins par une application d'observations plus exactes, que par la théorie de la pesanteur universelle. Ce qui pouvoit rendre suspectes son habileté et sa véracité, ce sont trois équinoxes qu'il assure avoir observés (L. 3), et qui, comparés avec ceux d'Hipparque, donnent exactement, pour la longueur de l'année, la même quantité qu'il a dit plus haut que cet astronome avoit trouvée. Comme celle-ci s'écarte considérablement de la vérité, et donnoit déjà, au temps de Ptolémée, les équinoxes trop tard de plus d'un jour, il auroit façonné ces observations sur le résultat qu'elles devoient donner, ou bien même il les auroit tout à fait inventées. Mais il ne faut, pour le disculper, que faire attention au peu d'exactitude qu'on pouvoit attendre de la méthode par laquelle les anciens observoient les équinoxes. Ils plaçoient une armille ou anneau de métal dans le plan de l'équateur, et ils supposoient que le soleil se trouvoit dans le point équinoxial, quand l'ombre tomboit sur la face concave intérieure de cet anneau, et qu'il n'y avoit que la face convexe tournée vers le soleil, qui fût éclairée (2); supposition qui, à cause de la réfraction qu'ils ne connoissoient pas, ou du moins à laquelle

(1) L. de son astr.

(2) V. le comment. de Théon sur le 3ᵉ L. de l'Almageste (dans ma traduction prochaine.) H.

ils n'avoient aucun égard dans leurs observations, devoit les induire plus ou moins en erreur.

Il étoit d'ailleurs très-difficile de vérifier la position de l'anneau, et Ptolémée lui-même remarque fort bien que dans la détermination de l'équinoxe il y a une incertitude de 6 heures, quand l'anneau dans le plan du méridien, n'est incliné que de la 3600e partie de la circonférence (6′) sur le plan de l'équateur, parce que, dans le temps des équinoxes, la déclinaison du soleil change chaque jour de 24′. (L. 3.) Or, comme ces observations des équinoxes étoient vraisemblablement fort distantes les unes des autres, il regardoit comme étant les plus exactes celles qui lui donnoient un résultat égal à celui qu'avoit trouvé Hipparque, dans les travaux de qui il paroît avoir eu la plus grande confiance, d'après la qualification qu'il lui donne souvent d'ami de la vérité. Je crois donc qu'il a agi en conscience, et que du grand nombre d'expériences qu'il peut avoir faites, il n'a choisi et n'a communiqué que celles qui se rapprochoient d'un résultat qu'il ne se croyoit pas autorisé à changer. Une détermination fautive de la longueur de l'année devoit produire des tables peu justes du soleil; et effectivement ses tables lui donnoient les longitudes moyennes du soleil, d'environ un degré trop petites pour son temps. Comme il n'est parti que des lieux du soleil, dans ses recherches sur les longitudes des étoiles fixes (1), il devoit aussi trouver celles-ci trop petites d'un degré, et par-là être conduit à faire, avec Hipparque, d'un degré, la précession centénaire des équinoxes, tandis qu'il est évident, d'après des observations plus exactes, qu'elle est bien plus grande (2). S'il conclut la même précession, des sept occultations de fixes, observées par Timocharis, Agrippa et Menelas, et qu'il calcule suivant ses tables, c'est que, sans doute, il avoit devant les yeux toute une série de pareilles observations dont il n'a pris que celles qui s'accordoient le mieux avec les siennes propres. Ptolémée étoit donc absolument observateur, et aussi bon observateur qu'on pouvoit l'être avec les instrumens et les méthodes imparfaites de son temps. Et toutefois, quand même il n'auroit pas fait d'observation, il n'en mériteroit pas moins le titre de grand astronome (3). On ne peut pas dire jusqu'à quel point la théorie du soleil lui a des obligations, parce que les écrits d'Hipparque, qu'il avoit sous les yeux, sont perdus; mais il est certain que l'ingénieuse théorie de la lune, telle qu'il l'explique, lui appartient en grande partie, et que celle des planètes est tout entière de lui. Quand il s'attribue donc la plus grande part dans la théorie de la lune, quand il dit

(1) Alm., L. 7. (2) *Ibid.*

(3) On trouve une fort belle exposition de ces théories, dans l'Astronomie théorétique de M. Schubert. Voyez aussi, à la fin de mon édition, les notes de M. Delambre, qui développent ces méthodes à notre manière. H.

qu'Hipparque, faute d'anciennes observations, n'a pas osé mettre la main à la théorie des planètes, mais qu'il s'est contenté de montrer dans le peu d'observations des planètes, qu'il a trouvées faites avant lui, que les hypothèses des mathématiciens de ce temps-là ne satisfaisoient pas aux phénomènes, et quand il assure qu'il a le premier établi, sur ses propres observations telles qu'il les donne, un système qui pût représenter les apparences des révolutions des planètes, il seroit injuste de ne pas le croire sur sa parole, d'autant plus qu'il n'auroit pas pu hasarder d'en imposer à ses contemporains, qui l'auroient bientôt convaincu de mensonge par les écrits d'Hipparque et de ses prédécesseurs. S'il en est ainsi, de quel droit peut-on dire qu'il a tiré d'Hipparque, et des autres qui l'ont précédé, tout ce qu'il y a de bon dans son ouvrage?

(P. 23. Deux équinoxes, l'un de printemps, l'autre d'automne). Les deux équinoxes d'Hipparque sont placés dans la 178ᵉ année, depuis la mort d'Alexandre, mais l'équinoxe d'automne appartient à la 177ᵉ année. Car il fut observé dans la 32ᵉ année de la 3ᵉ période calippique, ou dans l'année 147 avant la naissance de J. C., et par conséquent à la fin de la 601ᵉ année de l'ère de Nabonassar, ou de la 177ᵉ depuis la mort d'Alexandre. Cette faute est très-ancienne, car elle se trouve déjà dans la Science des étoiles, d'Albatani (1), dans Ibn-Junis, et dans d'autres astronomes arabes.

(P. 30.) Le Nil a cela de commun avec tous les autres fleuves qui naissent sous la zône torride, qu'il sort périodiquement de son lit, et qu'il couvre la terre du limon qu'il y laisse. Plusieurs anciens (2) affirment que sa crue est la suite des pluies continuelles qui tombent pendant les mois d'été dans le Habesch (Abyssinie), et les voyageurs modernes confirment cette assertion (3). Bruce donne un journal météorologique, qu'il a dressé à Gondar et à Koscam, dans les années 1770 et 1771. Suivant ce journal, il a plû dans le premier de ces lieux, 2, 7 pouces en mai; 4, 3 en juin; 10, 1 en juillet; 15, 6 en août; et 2, 8 en septembre. Depuis le 25 septembre jusqu'à la fin de février de l'année suivante, la sécheresse a été constante; après quoi, les pluies tropiques ont recommencé. Enflés par ces pluies, les ruisseaux et les fleuves de la montueuse Abyssinie se débordent naturellement, ainsi que le Nil où ils se rendent tous. Quant au temps où cette crue commence, les anciens, tels que Hérodote, Diodore, Pline, pour n'en pas nommer davantage, disent unanimement que c'est le solstice

(1) Bouillaud, astron. philop., p. 64. Notices et extraits des manuscrits de la Bibl., T. VII, p. 743, et la remarque p. 144.

(2) Aristote, Eudoxe, et Eustathe (Hom. od. L. IV.), Démocrite et Agatharchides dans Diodore, L. I, p. 47 et 50, Eratosthène dans Proclus (Tim. Plat.), et Strabon, L. XVII.

(3) Voyage historique d'Abyssinie du R. P. Lobo. Travels to discover the source of the Nile, by James Bruce. Edimburg, 1740, 4°, band III, p. 662.

d'été (1). Le dernier s'exprime ainsi : « L'inondation commence à la nouvelle lune qui suit le solstice, elle s'accroît à mesure que le soleil traverse le cancer, et elle est à son plus haut point quand il est dans le lion ; elle cesse de s'accroître quand il est dans la vierge, et diminue peu à peu comme elle a augmenté ; enfin, quand le soleil est dans la balance, le Nil est rentré dans son lit, cent jours après en être sorti, comme le dit Hérodote. Nous allons comparer à ce témoignage ceux de quelques voyageurs modernes (2). Pocock dit « que les Egyptiens, particulièrement les Coptes, sont persuadés que le Nil commence tous les ans, en un certain jour, à monter ; il commence en effet généralement vers le 18 ou 19 juin. Selon Niebuhr (3), il est reconnu que le Nil commence chaque année à monter à peu près au milieu de juin, qu'il continue d'augmenter pendant 40 ou 50 jours, jusqu'à ce qu'il soit parvenu à sa plus grande hauteur ; ensuite il baisse peu à peu jusqu'à ce qu'au commencement de juin de l'année suivante, il soit revenu à sa plus grande diminution. Savary : « Dans les premiers jours de juin, le Nil commence à croître, mais cela ne devient sensible que vers le solstice. » Si donc il s'agit du temps où l'accroissement du Nil devient sensible, les anciens ont évidemment raison quand ils assignent le solstice d'été pour ce temps ; mais il est clair, par la différence de temps où il atteint son plus haut point, qu'il doit y avoir des irrégularités. Shaw les limite à 30 années consécutives. Dans cet espace de temps, la plus grande hauteur s'est trouvée ordinairement vers le milieu d'août, deux fois à la fin de juillet, et une fois au 19 septembre (4).

(*Ibid.* D'abord il coïncidoit avec le lever héliaque de Sirius). Je peux supposer que la plupart de mes lecteurs savent ce que c'est que ces levers et ces couchers des étoiles fixes, qui sont appelés *poétiques*, à cause de la mention qu'on en rencontre souvent dans les anciens poëtes. Ceux qui voudront s'en instruire n'ont qu'à consulter l'astronomie de Lalande, art. 1604, et bien d'autres ouvrages. Je n'ai qu'un mot à y ajouter ici, sur la signification des termes. Nous voyons, par l'introduction de Ptolémée, en tête de ses Apparitions des fixes, que les Grecs appeloient d'un même terme, apparition, ce que nous nommons lever et coucher poétique, mais sans y comprendre le lever cosmique ni le coucher acronyque, qui ne sont que des objets de calcul et non d'observation. En comparant les mots apparition et disparition, comme dans le 8ᵉ et le 13ᵉ livre de l'Almageste, qui traitent de l'apparition et de la disparition des fixes et des cinq planètes, le premier signifie l'apparition dans le crépuscule du matin, ou le lever héliaque ; l'autre est la disparition dans le crépuscule du soir, ou le coucher héliaque. Suivant Géminus qui, dans le chapitre XI de son introduction aux phénomènes

(1) Euterpe, C. 19. Biblioth., L. I, 42, 3 et 7. H. N. XVIII, 1 v.

(2) T. 1.

(3) Reisebeschreibung. B. 1. (4) Descript. de l'Orient.

d'Aratus, parle des levers et des couchers des étoiles avec sa précision ordinaire, l'anatolie est le lever journalier, et l'épitolie est le lever poétique, ou suivant son explication, l'apparition à l'horizon avec rapport à la distance du soleil, ainsi le mot δυσις répond à anatolie, et κρυψις à épitolie. Cependant il se sert indifféremment de δυσις comme synonime de κρυψις. Les différens levers et couchers poétiques, sont appelés dans son livre :

Lever cosmique, en même temps que le soleil, épitolie vraie matutinale.

Lever héliaque, première apparition dans le crépuscule du matin; épitolie visible matutinale.

Lever acronyque, dernier (et non premier, comme le dit faussement Géminus), lever visible après le coucher du soleil; épitolie visible vespertine.

Coucher acronyque, premier, et non dernier coucher visible avant le lever du soleil, coucher visible matutinal.

Coucher héliaque, disparition dans le crépuscule du soir, coucher visible vespéral.

Coucher acronyque, coucher en même temps que celui du soleil, coucher vrai vespéral.

Outre cela, viennent encore l'épitolie vraie vespertine, et le coucher vrai matutinal, qui n'ont point de mots pour être exprimés dans l'astronomie moderne, L'une est le lever de l'étoile, au moment du coucher du soleil; l'autre est le coucher de l'étoile, au moment du lever du soleil.

Les calendriers ou parapegmes des anciens astronomes, comme le remarque Géminus, ne font mention que de ces levers et couchers qu'il appelle visibles, Cela est bon pour les ouvrages des poètes, et c'est pour cela que ces levers et ces couchers sont appelés poétiques. Je ne sais qui est celui qui, le premier, a employé les mots cosmique et héliaque, dans le sens qui leur est donné ici. Le mot acronyque se trouve déjà dans Théophraste (1). Ptolémée compte, dans le 8e livre de l'Almageste, 24 aspects ou positions des étoiles par rapport au soleil, à six desquels, qui sont mentionnés ci-dessus, il donne les noms suivans convenables à la circonstance : lever vrai simultané matutinal, lever matutinal antérieur visible, lever vespertinal postérieur visible, coucher matutinal antérieur visible, coucher vespertinal postérieur visible.

(P. 34. Par arc de vision d'une étoile, on entend la moindre dépression du soleil, en prenant ce mot corrélativement à celui de hauteur), dans laquelle on peut voir cette étoile. On prend ordinairement cet arc, pour les étoiles d'égale grandeur, comme constant; mais Ptolémée a remarqué qu'il est sujet à quelques variations causées par l'état de l'atmosphère. Les données que l'on trouve là-dessus dans les anciens

(1) Sign. pluv.

astronomes nous ont été transmises par la tradition. On s'est copié l'un l'autre, sans prendre la peine de les soumettre à l'épreuve des observations. Dans le fond on n'en a pas besoin, en fait de littérature classique surtout, car les anciens étant très-attentifs aux levers et couchers des étoiles dans le crépuscule, on peut croire qu'ils auront déterminé, avec toute l'exactitude possible, les abaissemens du soleil, dans lesquels les étoiles des différentes grandeurs paroissent ou disparoissent. Ces données sont pour les étoiles de 1re grandeur, 12[d]; de 2[e], 13[d]; de 3[e], 14[d]; de 4[e], 15[d]; de 5[e], 16[d]; de 6[e], 17[d]; et pour les plus petites, ainsi que pour le commencement du crépuscule du matin, et la fin du crépuscule du soir, 18[d] (1). On les attribue généralement à Ptolémée, chose que M. Pfaff trouve avec raison très-étrange, cet ancien astronome n'ayant donné que les arcs de vision des planètes, et non ceux des fixes. Voici comment je m'explique la chose : Ptolémée (2) dit dans l'introduction aux apparitions des fixes, qu'il a traité dans un écrit particulier, des levers et des couchers des étoiles, et des circonstances qui les accompagnent, et entr'autres il a montré à quel point de dépression, dans la première apparition d'une étoile, le soleil doit être sous l'horizon, tant dans un vertical que dans l'écliptique. Il est vraisemblable que les arabes ont tiré de cet écrit, qui n'existe plus, les données sur les arcs de vision, et que les astronomes modernes les ont empruntées d'eux. Qui fut le premier ? C'est ce que je n'ai pas pu découvrir. Mais on voit par le traité des Apparitions des fixes, que les déterminations dont Ptolémée parle sont celles qui lui sont attribuées généralement. Car dans cet ouvrage il donne les levers et les couchers des étoiles pour différens parallèles, d'après ses propres calculs, comme les arcs de vision mentionnés le comportent. M. Wurm assure qu'il a vu Sirius à un abaissement du soleil, de 4[d] 9', et même une fois, de 2[d] 1' avant le coucher du soleil. Mais à chaque fois, cette étoile avoit une hauteur de 15 à 20d (3). Par un milieu entre ses observations, il trouve l'arc de vision pour les étoiles de la 1re grandeur, d'un éclat médiocre, 6d $\frac{1}{2}$; pour celle de 2[e] grandeur, 9[d]; de 3[e], 11[d]; de 4[e], 13[d]. Ces données peuvent être à peu près vraies,

(1) Mæstliu, Epit. astronom., L. III. Magini, nov. cœlest. orb. theor., L. II. Riccioli, Almag. nov., L. I. Comment. de ort. et occ. Sid.

(2) Almag. L. XIII, où Ptolémée donne à ♀, 5d; à ☿ et à ♃, 10d; à ♄, 11[d]; et à ♂, 11[d] 30', déterminations qui doivent valoir particulièrement pour le parallèle de 14[h] 15', sous lequel, comme dit Ptolémée, la plupart et les meilleures des observations de ce genre ont été faites. Dans le chapitre de l'Almageste, intitulé des Levers et Couchers héliaques des fixes, L. 8, et que Riccioli cite, on devroit trouver, ainsi que dans le commentaire grec, des données sur les arcs de vision ; mais Ptolémée et Théon montrent seulement comment on peut les conclure des observations. Fabric. Bibl. gr. V. III de l'anc. édition.

(3) Wurm, annales astr. en allem. 1805. Delanux et Lalande (astron. 2261) disent que souvent dans l'île Bourbon, on aperçoit sirius en plein jour, à la vue simple.

si par arc de vision d'une étoile on entend la dépression du soleil, dans laquelle, en nos climats, un œil perçant peut l'apercevoir, où qu'elle soit. Mais si, comme dans le calcul du lever héliaque, l'étoile est placée dans l'horizon même, et par conséquent le plus près du soleil, je crois que nous devons nous en tenir aux déterminations des anciens. Cependant pour Sirius, on peut, principalement à cause de son vif éclat, faire une exception, et mettre son arc de vision à 10d au moins, s'il s'agit du ciel serein de l'Egypte. Je suis ici Lalande (1), d'autant plus volontiers que, dans cette supposition, les données historiques de Censorin qui concernent le lever héliaque de Sirius, s'accordent très-exactement avec les résultats du calcul, comme nous avons vu, p. 33.

(P. 35. L'introduction de l'année égyptienne.) C'est une remarque singulière que les lettres du nom grec du Nil, prises suivant leur valeur numérique, donnent précisément le nombre des jours de l'année égyptienne :

ν.	50
ε.	5
ι.	10
λ.	30
ο.	70
σ.	200
	365

(2) Héliodore, qui fait cette remarque, en conclut que le mot νειλος est symbolique et signifie l'année. Cette idée seroit supportable, s'il s'agissoit d'un fleuve de la Grèce; mais ce qui est plus remarquable, c'est la conformité du nom que le Nil avoit chez les Ethiopiens, avec celui de l'étoile du chien (3). Denys le géographe assure qu'ils l'appeloient *siris*, et qu'il ne commence à être appelé Nil qu'à Syène, c'est-à-dire à son entrée dans l'Egypte. Grotius, Selden et autres, ont déjà dit que seirios, ou proprement seir (car ce terme se lit dans Suidas), est un mot originairement étranger à la langue grecque, et ils ont certainement raison. Je ne peux pas rechercher ici d'où il vient, mais il me paroît prouvé par la correspondance entre le lever de sirius et la crue périodique du Nil, que les noms *sirius* et *siris* ont une origine commune.

(P. 36. (4) Le 20 juillet 1322 avant J. C.) Clément d'Alexandrie dit que les Juifs sont sortis d'Egypte 365 ans avant la période sothiaque (5). Il est bon de rechercher ce qui s'ensuit pour l'époque de cette période. Clément compte, depuis cette sortie

(1) Astronomie, art. 1606.

(2) Æthiop., L. IX.

(3) Διον. Περιηγ. V. 223. Notes d'Eustath. Plin. hist. n. Steph. Byz. Grot. N. 331. V. d'Aratus. Seld. Siris, syntagma. I. C. I. (4) Strom., L. I. (5) Desvignoles, Chron. de l'Hist. S., V. I.

qu'il place au temps d'Inachus, jusqu'au déluge de Deucalion, 40 âges d'homme, dont 3 font 100 ans. D'habiles chronologistes regardent le nombre 40 comme une faute de copie, et y substituent le nombre 4, ce qui fait un intervalle de 133 $\frac{1}{3}$ ans jusqu'à ce déluge. Depuis cet événement jusqu'à l'enlèvement d'Hélène, Clément compte encore 320 ans; et depuis la ruine de Troie jusqu'à l'olympiade d'Iphitus, 417 ans. Ces nombres se trouvent par l'addition des petits intervalles dans lesquels il partage l'espace de temps entre le déluge de Deucalion et cette olympiade d'Iphitus. Malheureusement il y manque le temps depuis l'enlèvement d'Hélène jusqu'à la destruction de Troie. Suppléons-le par deux vers de l'Iliade, qu'Homère met dans la bouche d'Hélène-même, et qui expriment incontestablement la tradition des Grecs (1) :

ἤδη γὰρ νῦν μοι τόδε εἰκοστὸν ἔτος ἐστὶν
ἐξ οὗ κεῖθεν ἔβην καὶ ἐμῆς ἀπελήλυθα πάτρης.

« Voilà déjà la vingtieme année, que je suis arrivée ici, depuis que j'ai été » éloignée de ma patrie. »

Nous avons donc, depuis l'Exode jusqu'à la première des olympiades, 133 $\frac{1}{3}$ + 320 + 20 + 417 = 890 $\frac{1}{3}$ ans. Supposons 891. Comme cette première olympiade coïncide avec l'an 776 avant J. C., l'Exode seroit arrivée dans l'année 1667 avant la naissance de J. C., et en retranchant 345 ans, on trouve 1322 ans avant notre ère, pour le commencement de l'ère sothiaque (caniculaire). La conformité de ce résultat avec la donnée de Censorin, est trop frappante, pour qu'elle pût être un effet du hasard, et en confirme la justesse, quand même on altéreroit de quelques années l'intervalle entre l'enlèvement d'Hélène et la destruction de Troie. Bainbridge prend une autre marche pour montrer l'accord des calculs de Censorin et de Clément. Il compte d'après les données du dernier, de l'Exode jusqu'à l'an 139 après la naissance de J. C., où commence le second cycle caniculaire, 1800 ans; il en retranche 345, et il trouve 1460 ans pour la durée de la période. « Il n'importe, dit-il, si la sortie d'Egypte et les temps des intervalles subséquens ont été bien déterminés ou non (2), il suffit qu'il soit évident que Clément a établi la même période sothique, et lui ait donné une même époque, que Censorin. »

(P. 65. La période de 600 ans). Josephe dit que Dieu a donné une aussi longue vie aux patriarches, afin qu'ils eussent le temps de perfectionner l'astronomie et la géométrie (3), ce qu'ils n'auroient pas pu faire, ajoute-t-il, s'ils n'avoient pas vécu 600 ans, car la grande année ne finit qu'au bout de 600 ans. Cette asser-

(1) Ω. τδς.
(2) Canicularia, p. 35.
(3) Antiq. Jud., L. I.

tion a d'abord excité l'attention de du célèbre Dominique Cassini (1). Il trouva que 7421 révolutions lunaires de 29 jours 12 heures [illegible] 5" donnent juste 600 ans, si l'on fait l'année de 365 jours 5 heures 51' 37 $\frac{1}{2}$"; si, dit-il, avant le déluge, une pareille année étoit en usage, comme cela est vraisemblabe, il faut que les patriarches aient connu fort exactement le mouvement du soleil et de la lune, cela est incontestable. Mais les paroles de Josephe n'autorisent point une supposition aussi honorable pour les patriarches. Mairan, Goguet, Legentil et Bailly se sont fort occupés de la période de 600 ans. Le dernier établit sur elle tout un système de conjectures. Ce n'est pas ici le lieu d'en chercher le faux ou le vrai. On peut, ce me semble, conclure des paroles de Josephe, avec assez de certitude, qu'il devoit être en effet question d'une telle période dans l'antiquité. Hipparque, à ce que dit Pline (2), est le premier qui ait déterminé le cours du soleil et de la lune à 600 ans; ne pouvoit-il pas y être induit par cette période qui représente si exactement le moyen mouvement du soleil et de la lune? (3) M. Burja se figure la chose autrement. Il croit qu'Hipparque a doublé sa période de 304 ans (p. 84), dans l'espérance de la porter à une plus parfaite conformité encore avec le moyen mouvement du soleil et de la lune, et en a ainsi fait une de 608 ans, et que c'est là la grande année de Josephe; qu'à la vérité l'historien juif ne met, comme Pline, qu'un nombre rond de 600 ans, mais que dans le langage de la vie commune et des historiens on n'observe pas toujours une rigueur mathématique. Mais je doute qu'Hipparque ait doublé sa période de 304 ans dans cette intention qu'on lui suppose. Elle contenoit 111035 jours en la doublant, elle ne s'accordoit pas plus exactement avec le soleil et la lune qu'avant d'être doublée. S'il la raccourcissoit d'un jour après l'avoir doublée, elle exprimoit à la vérité le moyen mouvement du soleil (selon nos connoissances actuelles), un peu plus exactement; mais celui de la lune, avec moins d'exactitude que celle de 304 ans; car celle-ci donne, pour le mois synodique moyen, 29 jours 12 heures 44' 2 $\frac{1}{2}$"; au contraire, la période de 608 ans valant 222069 jours, 29 jours 12 heures 43' 51", et ainsi 12" de moins qu'il ne faut; ce qui fait une erreur de 25 heures sur 7520 mois de la periode.

(P. 67. Bérose vivoit du temps d'Antiochus Soter, suivant Tatien). On lit dans cet auteur : « Bérose, babylonien et prêtre de Bélus, naquit du temps d'Alexandre (4), et consacra à Anthiochus, troisième roi après lui, son histoire chaldéenne en trois livres. » C'est certainement d'Antiochus Soter, qu'il s'agit ici, de cet An-

(1) Traité de l'origine et des progrès de l'astronomie. Anc. Mém. de l'acad., T. VIII.

(2) Hist. nat., L. II.

(3) Annales astron. en allem., 1797.

(4) Or. ad græc. Le Syncelle dit que Bérose, suivant son propre rapport, florissoit du temps d'Alexandre. Dans ce cas il étoit bien vieux, quand il dédia son histoire à Anthiochus Soter.

tiochus qui succéda à Séleucus Nicator, du troisième roi macédonien en Syrie, compris Alexandre. Nous savons peu de chose des particularités de la vie de Bérose. Selon Vitruve (1), il s'étoit établi dans l'île de Cos, et y avoit ouvert une école où il fit connoître aux Grecs, l'astrologie des Chaldéens. Les paroles de cet auteur latin méritent d'être traduites ici : « Il faut s'en rapporter aux calculs des Chaldéens, sur toutes les autres choses tirées de l'astrologie, l'influence qu'ont les douze signes, les cinq planètes, le soleil et la lune, sur les variétés de la vie humaine; en ce que leur genethliologie leur donne le moyen de prédire, par le calculs des astres, ce qui doit arriver comme de dire ce qui est passé. Les méthodes qu'ils ont inventées et laissées en écrit, montrent quelle habileté, quelle finesse et quel talent ont eu les grands hommes que la nation chaldéenne a produits. Le premier (2) est ce Bérose, qui a fixé son séjour dans l'île et la ville de Cos, où il a ouvert une école. » (3) Pline dit que les Athéniens lui érigèrent publiquement une statue avec une langue dorée, à cause de ses divines prédictions, non peut-être, comme pense Martini, à cause de la prédiction de quelques phénomènes célestes, mais à cause de ses prophéties astrologiques qui, par leur nouveauté, ont pu faire une grande impression sur les Athéniens passionnés pour tout ce qui étoit nouveau. Il instruisit les Grecs non-seulement de vive voix, mais par écrit. Son ouvrage, composé en grec, portoit pour titre *Babyloniaques* (4); il y traitoit, dit le Syncelle, du ciel, de la terre, de la mer, de l'histoire des anciens rois de Babylone, de la situation de Babylone, de la fertilité, etc., avec une certaine emphâse qui faisoit juger que son intention étoit de représenter les Chaldéens comme la première nation de la terre. J'ai cité les paroles de Josephe, lorsqu'il parle de l'astronomie et de la philosophie, c'est-à-dire des rêveries astrologiques (p. 68.) Il étoit tout à la fois astronome, astrologue et historien. Réunissoit-il vraiment tous ces talens? Riccioli et Weidler en doutent, ainsi que bien d'autres. Bailly (5) et Martini ont voulu prouver que l'astronome Bérose doit être distingué de l'histo-

(1) Architect. IX.

(2) Si le temps où l'on a dit ci-dessus qu'a vécu Bérose est juste, cet auteur ne peut pas être le premier qui ait fait connoître aux Grecs l'astrologie des Chaldéens. Car suivant Cicéron, Eudoxe contemporain de Platon, avoit déjà fait la remarque qu'il ne faut pas croire les Chaldéens dans ce qu'ils prédisent, d'après le jour natal, sur le cours de la vie de chacun. De Divin. II.

(3) Hist. N. L. VII.

(4) Ainsi le citent Athénée, Deipn. L. XIV; le Syncelle, chronogr. qui l'appelle aussi archéologie chaldaïque; Tatien le nomme histoire des Chaldéens. Bérose auroit-il écrit deux ou plusieurs ouvrages sur le même sujet? On trouve dans Fabricius (Bibl. gr. T. XIV) un recueil de ses fragmens autentiques. Je dis autentiques, car on sait qu'Annius de Viterbe a, entr'autres, forgé cinq livres d'antiquitates chaldaïcæ.

(5) Hist. de l'astr. anc. Eclairc. Abhandl. V. den Sonnenuhr. der alten. Leipz, 1777, de Plac. Phil. L. II. De Archit. IX.

rien qui porte le même nom, et que celui-ci est postérieur à l'autre. L'astronome Bérose, dit Bailly, n'est connu que par ses absurdités, telle est l'explication qu'il a donnée selon Plutarque et Vitruve, des éclipses et des phases de la lune. Il faut donc le reculer bien loin, pour l'honneur de l'astronomie babylonienne. Mais on demande si ces deux écrivains nous ont fidèlement transmis les pensées de Bérose, et d'après la lecture de ses ouvrages. Si cela étoit, personne ne seroit assez injuste pour inférer des idées particulières d'un seul homme, astrologue plutôt qu'astronome, les connoissance astronomiques de toute une nation. Bérose, dit encore Bailly (1), est, selon Vitruve, l'inventeur des horloges solaires. Or, comme Hérodote assure que les Grecs ont reçu des Babyloniens le Polos, espèce d'horloge solaire, le gnomon et la division du jour en 12 parties, il est très-vraisemblable qu'il a eu l'invention de Bérose sous les yeux, et qu'ainsi il a vécu après lui. Mais Vitruve ne dit pas absolument que ce Bérose a été l'inventeur des horloges solaires (2), mais il lui attribue seulement l'hemicyclion, l'une des diverses espèces d'horloges solaires, dont il parle. Martini (3) se fonde principalement sur ce que Bérose doit avoir été le père de la Sibylle de Cumes ; attendu que Pausanias fait mention d'une prophétesse Sabba, qui est regardée comme une fille de Bérose, et qui est nommée par quelques-uns la sibylle de Babylone, et par d'autres la sibylle d'Egypte (4). Justin, martyr, raconte que la sibylle de Chaldée, fille de Bérose, alla, de sa patrie, à Cumes, en Italie, d'où elle tient son nom. Or cette sibylle, suivant Martini, doit être celle qui a présenté à Tarquin ses livres prophétiques, et il en prend occasion de fixer le temps où a vécu son père, l'astronome Bérose. Il est croyable que l'astronome Bérose a eu pour fille une prophétesse, mais au moins Justin ne dit pas que cette fille ait été en relation avec le dernier roi des Romains ; il parle bien plutôt formellement du Bérose qui a écrit l'histoire de Chaldée, et duquel il est prouvé qu'il a vécu du temps d'Alexandre. L'identité de l'astronome et de l'historien se prouveroit d'ailleurs par cette seule réflexion, que jamais les anciens n'en ont fait deux personnages.

(P. 69. L'un n'amène jamais (5).) Ce passage d'Hérodote a fort intrigué tous les critiques. Wyttenbach tranche le nœud gordien. Il change si violemment les nombres qu'il fait une année de 365 jours (6), en quoi il s'écarte de sa supposition que l'année grecque étoit composée de 360 jours, et que, de 6 ans en 6 ans (7), on inséroit un mois de 30 jours. Mais comme on ne voit, dans toute l'antiquité, au-

(1) L. II.
(2) L. IX.
(3) L. X.
(4) C'est-à-dire, chacun amène ce qui lui est propre.
(5) Cohort. ad græc.
(6) Selecta princip. histor. Larcher est de son avis dans sa trad. d'Hérodote. V. I. 2e éd.
(7) L. II, V. p. 68.

cune trace de cette période intercalaire de 6 ans, mais seulement de deux, dont le texte pur fait mention dans Censorin et Géminus, et même dans Hérodote en un autre endroit, il n'y a, selon moi, rien à changer.

(P. 70. Le 5e, de 72, et le 6e, de 60 jours). Scaliger, Petit et d'autres prouvent par ce passage, que les Grecs dans la vie civile, même encore dans les temps postérieurs, ont compté généralement par mois de 30 jours et par années de 360 jours. Mais pour mettre hors de doute une pareille assertion qui est en opposition avec tant d'autres passages (1) des anciens auteurs, il faut des raisons bien convaincantes. Suivant Scaliger, que Petit et les autres copient, l'année civile des Grecs n'étoit ni solaire ni lunaire; pour établir cette singulière hypothèse, il entasse les conjectures, en les appuyant les unes sur les autres; et ce savant, qui connoît d'ailleurs si bien l'antiquité, raisonne ici avec si peu de sens, qu'on ne peut expliquer ce qu'il dit que par l'embarras où il est. On va en juger : Diodore (2) parle de la mutilation des hermès, dont on accusoit Alcibiade. Dans la recherche qu'on fit à ce sujet, chacun disoit avoir vu dans la néoménie, c'est-à-dire le premier jour du mois, au milieu de la nuit, quelques personnes entrer dans la maison d'un citoyen, et, parmi ces personnes, Alcibiade (3). Le sénat ayant démandé comment on pouvoit avoir distingué les visages pendant la nuit, on répondit : A la clarté de la lune. Scaliger (4) se sert de ce passage pour prouver que le mois civil des Grecs n'étoit pas réglé par la lune; autrement, dit-il, on n'auroit pas pu alléguer le clair de lune, dans le temps de la nouvelle lune. Malheureusement il n'a pas fait attention à ces paroles que Diodore ajoute : Mais celui qui avoit répondu ainsi se trouva, par l'examen, avoir menti. On voit donc que ce passage signifie précisément tout le contraire de ce que Scaliger en conclut. Plutarque montre, dans la vie de Camille, que le mois boëdromion a été pour les Grecs un mois de victoires. Le 6, dit-il, ils vainquirent les Perses à Marathon, le 3 à Platée et à Mycale, et le 5, en remontant depuis la fin, à Arbèle; le jour de la pleine lune de boëdromion, les Athéniens, sous la conduite de Chabrias, remportèrent une victoire navale, près de Naxos. Avec un peu d'attention, on voit bientôt que dans le texte grec des anciennes éditions, où la phrase est ainsi présentée : *Les Perses furent vaincus.... par les Grecs. Et le 5e jour depuis la fin à Arbèle les Athéniens vainquirent sur mer;* il faut une virgule après le mot *Grecs*, et un point après *Arbèle*. Mais Scaliger a laissé la ponctuation telle qu'il l'a trouvée, et il joint les mots : *et le 5e avant la fin*, avec ceux-ci : *le jour de la*

(1) Eclogæ chronolog., Paris, 1631. On en trouve une collection dans Pétau, Var. Dissert., L. IV, et plus encore dans Leo allatius, de Mensura tempor. antiq. et præcip. græcor., Col. 1645, 8o. C. II.

(2) L. XIII.

(3) Plut. Cette action se passa le jour de la conjonction même. In Alcib.

(4) De em. Temp., L. I.

pleine lune, pour en faire un sens qui le favorise. Mais tout l'échafaudage qu'il bâtit sur une si mauvaise base, a été renversé par Pétau dans son ouvrage de *Doctrina Temporum* et dans ses *Var. Dissert.*, ouvrages où il ramène la chronologie à des principes simples et naturels. Cependant on rencontre encore des savans qui ont tant de respect pour l'autorité de Scaliger, qu'ils adoptent sa théorie de l'année grecque, sans restriction, comme si elle étoit juste. Sans faire réflexion que depuis lui, cette partie a été travaillée de nouveau par plusieurs auteurs, entr'autres par Pétau, qui réunissoit à autant d'érudition bien plus de connoissances astronomiques, et un esprit de critique plus calme; qualités sans lesquelles il est impossible de réussir dans des recherches de ce genre (1).

(P. 71. Et le 21e jour du mois). Je suivrai, avec le P. Pétau, Théodore Gaza (2), qui s'autorise de Pollux. Proclus assure, au contraire, que dans les mois caves on a laissé de côté le jour d'avant la triacade, et par conséquent le deuxième d'avant. Dodwell est du même avis (3). Mais lequel est le bon? Ni l'un ni l'autre peut-être. Démosthène (4) parle, dans son Discours pour la fausse légation, d'un dixième avant *la fin de skirophorion*, tandis que ce mois devroit pourtant être un des mois caves, comme nous l'avons remarqué, p. 77. Pollux (5) dit que les juges de l'aréopage avoient rempli leurs fonctions trois jours consécutifs, savoir, le 4e, le 3e, et le 2e avant la fin. Corsini (6) traite ce sujet difficile avec son habileté ordinaire, sans l'éclaircir néanmoins. Au reste, quand on demande quel est, dans les mois caves, le jour exairésime, il ne peut être question que des mois civils, et non des périodes de Méton et de Calippe. Car dans dans celles-ci, chaque 63e jour manquoit, comme il paroît par l'endroit de Géminus, cité p. 76.

(P. 75. Méton fit l'intéressante découverte). Bailly (7), se complaisant toujours dans sa supposition favorite, trouve l'origine de toutes les connoissances astronomiques des Grecs, en Asie et en Egypte, et donne aussi le cycle de Méton (8) pour une invention étrangère que l'on trouve déjà chez les Chinois, les Indiens et les Hyperboréens. Il dit qu'Abulfaradsch raconte que Méton fut à *Alexandrie* (cent ans avant Alexandre !.....), et qu'ainsi cet Athénien a dû apprendre son fameux cycle en Egypte. Cette assertion a été réfutée par plusieurs auteurs. Tout

(1) Doctr. T., L. I. (2) Voyez le chap. 18 de son excellent écrit sur les mois, dans l'Uranologium de Pétau.

(3) Schol. in opera et dies Hesiodi. De Cyclis, Diss. III.

(4) Orat. græc. vol. 1, Reisk.

(5) Onomasticon, L. VIII.

(6) Fasti attici, diss. II.

(7) Quoique nous sachions que les Grecs ont tout emprunté d'Asie et d'Egypte..... Hist. de l'astr. anc. eccl., L. VII, p. 6.

(8) *Ibid.* p. 7.

récemment encore, un astronome s'est exprimé de la manière suivante à ce sujet : « On ne peut pas nier que l'état où étoit alors l'astronomie en Grèce, rend très-invraisemblable l'invention d'une pareille période, qui devoit être fondée sur des observation exactes. » J'avoue que je pense autrement, et je vais en dire les raisons : nous avons vu (p. 74) que Méton trouva d'abord l'octaëtéride. Cette période, comparée à la lune, étoit d'un jour et demie trop courte : elle devoit, au bout de deux retours, donner les nouvelles lunes trois jours trop tôt. Il ne falloit que cette simple expérience que l'on devoit nécessairement faire à Athènes, pour conduire Méton à sa période. Car son octaëtéride contenoit 2922 jours en 99 mois ; de sorte que le mois y étoit compté de 29 jours 12 heures 22'. Ces deux jours, dont elle s'écartoit en 16 ans, de la marche de la lune, donnoient 22' par mois, étant distribués sur les 198 lunaisons qui se faisoient dans cet espace de temps (1). Il est très-indifférent qu'il se soit servi, pour cela, de notre division du jour en heures et minutes égales, ou de quelqu'autre. Il s'agissoit de comparer les produits du mois synodique ainsi déterminé, avec les produits de la durée de l'année solaire, 365 jours 6 heures. Un calcul très-facile montroit que 235 fois la première quantité s'accordoient avec 19 fois la seconde, à une petite fraction de jour près. On avouera que Méton pouvoit aisément trouver, de cette manière, sa période, sans aucune observation exacte. Nous ne lui refuserons donc pas l'honneur de l'avoir trouvée lui-même, sans aller la chercher parmi les Hyperboréens, ou on ne sait où. Mais si l'on veut soutenir que la connoissance de l'année solaire de 365 jours 6 heures, donnée par Cléostrate pour base dans son octaëtéride, vient d'Egypte? Je l'accorde volontiers, quoique Strabon assure (p. 38 ci-dessus), que Platon et Eudoxe (370 ans avant la naissance de J. C., 70 à 80 ans après l'introduction de cette période), ont les premiers acquis en Egypte, la connoissance du quart de jour.

(P. 78. La place du mois intercalaire). L'observation (2) rapportée dans cette page, étant liée à la date du 1er posidéon, prouve que la période métonienne a compté deux *posidéons* dans l'année intercalaire, quoiqu'elle commençât l'année avec hécatombæon. Scaliger croit que Calippe, qui l'a perfectionnée, a rejeté le mois intercalé, à la fin de l'année, et qu'ainsi, au lieu de posidéon, il a doublé skirophorion. Il fait cette supposition pour expliquer comment, dans les observations de Timocharis, citées p. 77, le mois pyanepsion pouvoit être le neuvième depuis anthestérion, et néanmoins le quatrième de l'année attique. Mais nous trouvons, dans Géminus, la remarque expresse que Calippe, en corrigeant la période métonienne, n'a rien changé dans le rang des mois intercalaires (V. plus haut, p. 78). On n'opposera pas à cette décision précise d'un auteur instruit en

(1) Monatlich. corresp., V. 12.
(2) De Emend. Temp., L. II,

ce genre, les paroles suivantes de Macrobe (1) : « Le mois de février a été destiné à recevoir toutes les intercalations, parce qu'il étoit le dernier mois de l'année. Ce qu'on faisoit aussi à l'imitation des Grecs, qui inséroient de même au dernier mois de leur année, les jours de surplus, comme le rapporte Glaucippe, qui a écrit sur les cérémonies sacrées des Athéniens ». Paroles qui ne disent pas ce qu'on veut leur faire dire, car il s'y agit de jours de surplus, et non d'addition du mois intercalaire. Sans doute Glaucippe vouloit parler des jours qu'on étoit, de temps en temps, obligé d'ajouter à l'octaëtéride civile, qui ne fut mise en accord avec le ciel, que plus tard, par le moyen d'une correction (V. ci-dessus, p. 74), pour faire de nouveau coïncider son commencement avec la première phase de la lune : (car elle étoit, cette octaëtéride, trop courte d'un jour et demi). Gibert, dans son Mémoire sur l'année grecque, pour prévenir toute difficulté au sujet du mois intercalaire, suppose que les Athéniens doubloient alternativement posidéon et skirophorion. Mais sans parler de l'impossibilité de prouver une pareille supposition par quelque chose qui y ait rapport chez les anciens, il n'est nullement vraisemblable qu'on n'ait pas dû assigner au mois intercalaire une place fixe dans l'année.

(P. 78. Au temps de ces auteurs). L'année des Athéniens commençoit, sinon avant, au moins depuis la première année de la 87e olympiade, laquelle année étoit la première de la première période de Méton, avec le mois hécatombæon vers le temps du solstice d'été. Les archontes et les prytanes entroient en fonction dès le commencement de l'année. Ainsi les années archontiques ont, depuis cette époque, pour durée, l'intervalle d'un 1er hécatombæon au 1er hécatombæon suivant. Comme les jeux olympiques se célébroient aussi vers le solstice d'été, les années olympiques avoient le même cours que celles des archontes. Mais s'écouloient-elles bien parallèlement les unes aux autres ? ce seroit une question importante pour l'histoire ; nous n'avons pas assez de dates pour la résoudre. Il est aussi certain que ces jeux se célébroient en été, qu'il l'est qu'ils duroient 5 jours, et finissoient avec une nouvelle lune. Mais avec laquelle ? Étoit-ce avec celle qui suivoit immédiatement le solstice d'été, comme la plupart des chronologistes modernes sont portés à le croire ? C'est ce que nous ignorons encore. Le scholiaste de Pindare (2) dit que les jeux olympiques se font tantôt au bout de 49 mois, tantôt au bout de 50, et par conséquent tantôt en apollonius, tantôt en parthénius. Ces mois appartenoient sans doute à l'Elide, province qui étoit, comme on sait, le théâtre des jeux olympiques. Si donc l'intervalle de quatre ans, entre deux célébrations, étoit tantôt de 49, tantôt de 50 mois, et par conséquent celui de 8 ans, de 99 mois, les éléens avoient une

(1) Saturn. L. I, 13. III.
(2) Olymp. VIII.

octaëtéride. Car la période de 8 ans contenoit, comme nous l'avons vu (p. 72), 99 mois. Mais nous ignorons si cette octaëtéride étoit constituée comme celle qui étoit en usage chez les Athéniens, et si elle commençoit chaque fois avec la nouvelle lune d'hécatombæon. Quoiqu'il en soit, il suffit que les olympiades commençassent vers le solstice d'été, et nous ne nous écarterons pas beaucoup de la vérité, si nous regardons les années olympiques et archontiques comme égales et parallèles, à compter de la 87ᵉ olympiade. L'année qui sert d'époque aux olympiades, n'est heureusement sujette à aucun doute; car la première année de la première olympiade commence dans l'année 3938 de la période julienne, ou 776 ans avant la naissance de J. C. (1). On peut en voir les preuves dans Pétau. Ainsi donc, pour trouver l'année avant notre ère, dans l'été de laquelle tombe le commencement de quelqu'année des 194 premières olympiades, il faut quadrupler le nombre des olympiades écoulées, ajouter au produit les années de l'olympiade courante, et retrancher la somme, de 777. On trouve, par ce moyen, que la 1ʳᵉ année de la 87ᵉ olympiade commence dans l'an 432; et la 4ᵉ de la 194ᵉ olympiade, dans l'an 1 avant la naissance de J. C.; et qu'ainsi l'an 1 de l'olympiade 194, coïncide avec l'an 1 après la naissance de J. C., d'où il est facile de tirer une règle pour réduire à notre ère les années des olympiades postérieures.

(P. 79. Méton a commencé). Les vers suivans d'Aratus (2) prouvent clairement que Méton a commencé son calendrier astronomique au solstice d'été, et non au commencement de la première année de sa période, lequel tomboit environ trois semaines après ce solstice. « Les 19 révolutions du soleil éclatant sont universellement connues (c'est le calendrier de 19 ans, de Méton), ainsi que toutes les apparences que la nuit amène circulairement depuis la ceinture d'orion jusqu'à sa dernière étoile, et au chien hardi d'orion (sirius) ». Aratus veut, sans doute, nommer ici la première et la dernière apparition qu'il a trouvé remarquée dans le parapegme de Méton. La ceinture d'orion, au temps de Méton, avoit son lever héliaque, dans le climat d'Athènes, quand le soleil se trouvoit au 7ᵉ degré de l'écrevisse. Son épitolie étoit donc très-vraisemblablement la première apparition qu'il marquoit dans son calendrier, en partant du solstice d'été. Par l'extrémité d'orion, j'entends l'étoile k qui, de toutes celles de cette constellation, se levoit la dernière; comme en effet cela arrivoit quand le soleil étoit dans le 21ᵉ degré de l'écrevisse. Or, comme la 1ʳᵉ, et aussi la 20ᵉ année du cycle commençoit 3 semaines après le solstice d'été, l'épitolie de ceste étoile étoit probablement la dernière apparition remarquée dans la 19ᵉ année du cycle. Pour pouvoir donc y joindre l'épitolie de sirius, particulièrement importante pour les anciens, qui arri-

(1) Doctr. Temp., L. IX. C. 44. 45.
(2) Διοσημεια, 20.

voit environ 5 ou 6 jours plus tard, et qui leur déterminoit l'*opôra* ou les jours caniculaires. Il passoit de quelques jours au-delà du commencement de la 20e année, de sorte qu'ainsi son calendrier commençoit quelques semaines avant la première année, et finissoit quelques semaines après le commencement de la 20e.

(P. 81.) Suivant Théon, les Parapegmes sont une invention des Egyptiens et des Chaldéens (1). En effet, environ 400 ans avant notre ère, mesarthim, la première étoile du bélier, avoit la même longitude que l'équinoxe du printemps. Euctémon qui vivoit 30 ans avant, et Calippe 70 ans après, plaçoient, pour cette raison, les points équinoxiaux et solsticiaux aux commencemens des constellations du bélier, du cancer, des serres, du scorpion et du capricorne. Hipparque ensuite s'exprime de même, quoique, de son temps, mesarthim se trouvât dans le colure des équinoxes; et enfin tous les astronomes postérieurs aussi, quoique par la précession des équinoxes, ces points ne répondissent plus aux constellations, dont ils ont reçu leurs noms, et alors il devint nécessaire de distinguer les constellations d'avec les signes. Columelle (2) a dit: « Je n'ignore pas la doctrine d'Hipparque, qui enseigne que les solstices et les équinoxes arrivent non aux huitièmes mais aux premiers degrés (parties) des signes. Mais conformément à ce qui est usité dans les campagnes, je suis encore actuellement les fastes d'Eudoxe et de Méton et des autres anciens astronomes, lesquels fastes sont adaptés aux sacrifices publics, parce que les agriculteurs les connoissant mieux, et que d'ailleurs la méthode difficile d'Hipparque n'est pas nécessaire aux têtes des paysans. » Paroles qui ne peuvent avoir que ce sens raisonnable: Hipparque a bien montré que les données des levers et des couchers des étoiles fixes, dans les Parapegmes de Méton, d'Euctémon et d'Eudoxe, ont rapport à une position des points équinoxiaux et solstitiaux, laquelle s'écarte de 8 degrés vers l'orient de celle d'aujourd'hui, en sorte que proprement ces données ne conviennent plus à notre temps, où les équinoxes et les solstices arrivent lors de l'entrée du soleil dans les premiers et non dans les huitièmes degrés des constellations du zodiaque, suivant sa division actuelle. Mais je me tiens aux déterminations marquées dans ces calendriers en usage parmi les gens de la campagne, attendu qu'elles sont suffisamment exactes pour mon objet (3). Suivant Hipparque, Eudoxe, dans deux ouvrages aujourd'hui perdus, avoit placé les points équinoxiaux et solsticiaux au milieu des constellations du zodiaque. On ne peut pas autrement s'expliquer comment Méton et Eudoxe sont arrivés à ces déterminations, qu'en disant qu'ils suivoient des calendriers ou des sphères antiques faites dans un temps où les points équinoxiaux et

(1) Voy. le Parapegme de Géminus dans les premiers jours de ces quatre signes. Il y a par exemple: o dans la balance, le 1er jour, équinoxe automnal selon Euctémon, le bélier commence à se coucher selon Calippe, équinoxe d'automne.

(2) De re Rust., L. IX. (3) Hipp. ad ar. et Eud., phæn., L. II. Pet. Uran.

solsticiaux étoient réellement dans les 8e et 15e degrés des constellations. Alors il faudroit remonter jusqu'au 10e, et même jusqu'au 15e siècle avant notre ère. Et comme on ne peut pas supposer qu'alors les Grecs eussent déjà des connoissances et des observations astronomiques, on est obligé d'attribuer aux Egyptiens et aux Chaldéens les anciens calendriers ou les sphères que Méton et Eudoxe avoient sous les yeux. Les Grecs doivent en avoir eu communication de bonne heure, puisqu'Hésiode (1), (V. 564 - 67 de son poëme sur l'Agriculture), comme Longomontan, Kepler, Riccioli et d'autres, l'ont montré, parle du lever d'arcturus, conformément à un calendrier qui convient au 10e siècle avant notre ère. Et la plupart des passages des poètes et des écrivains, qui y ont rapport, concernant l'agriculture, paroissent avoir trait à quelque semblable calendrier ancien.

(P. 91. Suivant les journaux). Ces journaux, dont le titre porte l'empreinte de la véracité, contiennent les détails de la dernière maladie d'Alexandre, depuis le 18e jusqu'au 3e avant la fin de dæsius, jour où il mourut. L'année étoit, suivant Arrien (2) et Diodore, la 1re de l'olympiade 114, lorsqu'Hégésias étoit archonte. On demande à quel jour du calendrier julien répond le 28 dæsius de l'an 1 olympiade 114? Ussérius (3) répond que c'est au 22 mai 323 avant la naissance de J. C., parce que dans l'année solaire des Macédoniens qui, suivant son opinion erronée, étoit déjà en usage du temps d'Alexandre, le 28 dæsius coïncide avec le 22 mai, et parce que la 1re année de la 114e olympiade commençoit vers le solstice d'été de l'an 324 avant la naissance de J. C., et ne finissoit qu'après le 22 mai 323. Pétau se décide au contraire pour l'an 324, parce que l'ère des années depuis la mort d'Alexandre, desquelles l'époque est le 12 novembre 324, ne peut pas avoir commencé du vivant de ce roi; et il tient pour le 19 juillet, parce que le 28 dæsius ou hécatombæon, car ces deux mois étoient encore identiques, à ce qu'il croit, comme du temps de Philippe, correspondoit au 19 juillet de l'an 324. Ces deux chronologistes diffèrent donc l'un de l'autre de près d'un an dans leurs déterminations. Telle est souvent l'incertitude des dates des événemens les plus importans de l'antiquité, quand ils ne sont pas liés à des phénomènes célestes. Je crois pourtant qu'on peut savoir au juste l'année de la mort d'Alexandre, quoiqu'on ne puisse pas en marquer le jour précis. Pétau (4), à ce qu'il paroît par la plupart de ses

(1) Neuton les attribue à Chiron, parce que dans un fragment de la Titanomachie, dans Clément d'Alexandrie, Strom. L. I. Il est dit de ce centaure : qu'il a partagé le ciel étoilé en constellations figurées; ce qui donne occasion à ce grand homme, d'en faire un astronome pratique. The chronology fancient kingdoms.

(2) D'après Aristobule qui accompagnoit Alexandre dans son expédition en Asie, ce roi mourut deux jours plus tard ou le dernier de dæsius, comme Plutarque le dit. *Ibid.* V. al.

(3) Exp. al., L. VII. Ol. 114. I. L. XVIII. Annal. vet. et N. Test. A. 323 archr.

(4) Doctr. Temp., L. X.

assertions, ne connoissoit pas la règle du canon astronomique, suivant laquelle les années où les rois sont morts, sont attribuées à leurs successeurs. Fréret a, il est vrai, fait là dessus des objections que je crois avoir suffisamment réfutées, (p. 26). Si cette règle est bonne, il faut qu'Alexandre soit mort après le 12 novembre 324, jour où commence la première année de Philippe Aridée. Plutarque place le mois loûs des Macédoniens de pair avec l'hécatombæon des Athéniens, et il appelle le mois où la bataille du Granique s'est livrée, tantôt dæsius, tantôt thargélion. La mort d'Alexandre est donc arrivée en thargélion (1), c'est-à-dire dans le 10e..... 11e mois de la 1re année de l'olympiade 114, et par conséquent dans le printemps de l'an 323 avant notre ère. Mais à quelle date julienne? C'est ce qu'il n'est pas aisé de décider aussi sûrement. Si l'on supposoit que dæsius étoit le même que thargélion, et que tous deux s'accordoient exactement ensemble avec le ciel (suppositions qui ne sont ni probables, ni même vraisemblables), le 28 dæsius ou thargélion répondroit au 9 juin, parce que le 1 hécatombæon tomboit dans l'année 323, avant la naissance de J. C., au 11 juillet. Les plus habiles chronologistes modernes, Dodwell et Desvignoles, sont de l'avis d'Ussérius sur la mort d'Alexandre, l'an 323, de même que Scaliger, Calvisius, Bunting, et d'autres qui se sont déclarés pour cette opinion. Mais les savans français tiennent toujours pour l'an 324, parce que leur grand chronologiste s'est déterminé pour ce nombre (2). Scaliger (3) s'est donné beaucoup de peine pour soutenir la supposition de son compatriote. Il part de la lettre où le loûs des Macédoniens est comparé avec le boëdromion des Athéniens, et il regarde comme ridicule de croire que, sous Alexandre, loûs ait été reculé de deux mois attiques. Mais si ce n'est pas boëdromion, et si, au lieu de celui-ci, ce n'est pas hécatombæon qu'il faut y substituer, un pareil changement doit être arrivé plus tôt ou plus tard dans le calendrier des Macédoniens, et a passé ensuite dans leur année solaire. Fréret pense donc que du temps d'Alexandre, après et avant, loûs correspondoit à boëdromion, et dæsius à hécatombæon, et qu'ainsi Alexandre est mort en hécatombæon ou dans le premier mois de l'année olympique. Si Plutarque met ensemble loûs avec hécatombæon, et dæsius avec thargélion, Fréret dit que c'est une méprise à laquelle l'année solaire postérieure a donné lieu; mais il est croyable que cet auteur, du vivant de qui l'année solaire a commencé à être introduite, n'a pas su en quel mois attique, par exemple, la bataille du Granique a été livrée. Cet événement a certainement été marqué, avec sa date attique, par plus d'un historien

(1) Elien dit aussi en effet qu'Alexandre est mort dans le mois thargélion; mais parce que, contre l'assertion de Plutarque, plus croyable que lui, il met aussi la naissance de ce roi, en thargélion, je ne m'arrêterai pas à son témoignage. El. var. hist. L. II.

(2) J'ai mis 323 (4), dans le canon des rois, en tête de ma traduction de l'Almageste, pour ne pas préjuger la question. H.

(3) Remarques sur le canon astronomique.

grec. La seule raison que l'on puisse avec quelque fondement donner en faveur de l'hypothèse de Pétau (1), c'est qu'Eusèbe transporte la mort d'Alexandre au commencement de la 114ᵉ olympiade, mais l'expression *au commencement* doit signifier *la première année* de cette olympiade.

(P. 92.) Selon Pline (2) et (3) Columelle, César a placé les équinoxes et les solstices (4) au 8 avant les calendes d'avril, de juin, d'octobre et de janvier, ou aux 25 mars, 24 juin, 24 septembre, et 25 décembre. C'est ce que l'on trouve aussi dans un ancien calendrier en marbre, rapporté par Gruterus :

Equinoxe.	VIII Cal. avril.
Solstice.	VIII Cal. juillet.
Equinoxe.	VIII Cal. octobre.
Commencement de l'hiver, ou retour hibernal .	(sans date).

Je profite de cette occasion pour donner quelques détails sur l'ère romaine.

De l'ère des Romains.

On devinera sans peine que Rome, sous son barbare fondateur, de qui Ovide dit : (5) « Romulus ! tu connoissois mieux les armes que les astres, et tu étois bien plus occupé de soumettre tes voisins ! », avoit une année fort irrégulière (6), quand même Plutarque ne le diroit pas expressément. Mais on ne croira pas, sur la parole de Censorin, de Solin et de Macrobe, que cette année n'étoit que de 304 jours. « Ce nombre, dit le dernier (7), ne s'accordant ni avec le cours du soleil, ni avec les révolutions de la lune, il arrivoit quelquefois que le froid de l'année tomboit dans les mois d'été, et au contraire la chaleur dans ceux d'hiver; quand cela étoit, ils laissoient écouler autant de jours, sans faire aucune mention de nom de mois, qu'il en falloit pour ramener la saison dont la température se trouvât convenir au mois qui couroit alors. Mais comment peut-on croire que les Romains, quand ils auroient été au degré le plus bas de la civilisation, se soient trompés de plus de 60 jours, dans la première constitution de leur année? Il est possible, et même vraisemblable, que l'année romaine n'ait consisté au commencement, que dans les six mois de mars, april, mai, juin, quintilis, sextilis, september, october, november et december, comme l'ont soutenu Junius Grac-

(1) Demonstr. evangel., L. VIII. (2) Hist. N. XVIII. (3) De Re Rust., L. IX.
(4) Inscript. antiq., p. 138.
(5) *Scilicet arma magis quàm sidera, Romule, noras,*
Curaquè finitimos vincere major erat. Fast. L. 24, 30.
(6) Num. vita.
(7) Sat., L. XII.

chanus, Fulvius, Varron et Suétone. Mais ces mois n'avoient certainement pas la durée que Censorin et Macrobe leur donnent, en disant que mars, mai, quintilis, et october ont dû avoir 31 jours (1), comme dans le calendrier postérieur, et les autres mois 30 jours. Le mot annus signifie, suivant son étymologie ainsi que son analogue dans toutes les langues, un mouvement circulaire, un retour périodique (2). Sans doute un pareil retour annuel avoit lieu dans ces dix mois. Et en effet, Plutarque assure que l'année de Romulus, avec toute l'irrégularité de ses mois, dont les uns avoient à peine 20 jours, mais d'autres 55 et même plus, contenoit en tout 360 jours. Les Albains avoient aussi dix mois d'une forme tout aussi irrégulière. Il paroît donc que les Romains (3) ont emprunté leur année primitive de la nation (4) dont ils sortoient. Mais d'ailleurs les dix mois d'inégale durée ne doivent étonner personne. L'observation grossière de l'année solaire est la chose essentielle pour l'agriculture, mais sa division n'y est qu'un accessoire. La plupart des peuples qui se sont donné une ère, ont déterminé les mois par des révolutions entières de la lune, et les anciens habitans des bords de l'Indus (5) par leurs moitiés. D'autres se réglèrent pour cela par des événemens remarquables, par des occupations champêtres, par des idées superstitieuses, ou même par les dix doigts.

Les anciens Mexicains (6) comptoient 18 mois de 20 jours. Les habitans du Kamtschatka partagent leur année en dix mois très-inégaux, dont la durée ne se règle que sur leurs occupations, selon Kraschenínikow. Les témoignages des

(1) Censorin, de Die Nat. C. XX.

(2) Les anciens avoient déjà fait cette remarque. Le temps, lit-on dans Varron, de l'hiver à l'hiver, jusqu'au retour du soleil, se nomme année; de même que de petits cercles se nommoient anneaux, ainsi ces grandes révolutions circulaires se sont nommées années, d'où est venu le mot *an*. De Ling. lat., L. V. Ateius Capito, dit Macrobe, croit que le mot *an* vient du circuit du temps, parce que les anciens disoient ordinairement *an* pour *autour*, comme Caton dans ses Origines, au terme *ambire*, ambitionner, pour dire : *aller autour*. Saturn., L. I. De même ενιαυτος chez les Grecs, ce qui explique l'expression d'Aristophane : χρονιων ετων παλαιους ενιαυτους. Ran. v. 350-351.

(3) I. C. F. Plut.

(4) Cens. D. N. *Ibid.* C. 22.

(5) Q. Curt. L. VIII, 9.

(6) A la fin des 18 × 20 jours, s'ajoutoient cinq jours de complément, et ainsi les anciens Mexicains avoient, comme les anciens Egyptiens, une année de 365 jours. Après 52 de ces années (durée de leur siècle), ils inséroient 13 jours extraordinaires, ce qui faisoit revenir le commencement de leur année avec le même jour de l'année julienne, d'où elle étoit partie, c'est-à-dire au 26 février. Ils avoient donc essentiellement une année julienne. Ce qui est remarquable chez un peuple qu'on est généralement porté à regarder comme moitié barbare. On trouvera des détails circonstanciés sur le calendrier mexicain, dans Clavigero storia antica del messico, cesena, 1780, T. II, et dans A. L. Gama saggio dell' astronomia, chronologia e mythologia degli antichi messicani. Roma, 1804, 8o.

anciens historiens ne laissent pas lieu de douter que le premier législateur des Romains, Numa Pompilius, leur second roi, n'ait été le réformateur de leur calendrier, quoiqu'ils soient peu d'accord entr'eux, comme on s'en apperçoit bien dans leurs récits sur cet objet, dont le souvenir ne peut s'être transmis que par tradition. Censorin dit que Numa a donné 355 jours à l'année, quoique la lune paroisse parcourir 354 jours en 12 mois. Mais il s'est trouvé un jour de plus (1), ou par inadvertence, ou, comme je le crois plutôt, par un effet de la superstition qui faisoit regarder le nombre impair comme plein et plus heureux (2). Suivant Macrobe (3), il donna à l'année d'abord 354 jours, et ensuite un de plus, en l'honneur du nombre impair. On voit donc, qu'abstraction faite de l'influence de la superstition et de l'ignorance sur les constitutions de son calendrier, il a mesuré son année sur la lune qui, en 354 jours et environ 9 heures, retourne douze fois au soleil et y renouvelle sa lueur. Et d'après la division, ta... de son année que de ses mois, il est évident qu'il a ordonné le temps sur cet astre. Il ajouta aux mois de romulus, januarius et februarius, et il détermina la durée de ces 12 mois, d'après les phases de la lune (4), mais de manière qu'il y préféra le nombre impair au pair, car il donna à chaque mois un nombre impair de jours, excepté à février seul qui, pour cette raison, selon Censorin, passoit pour moins heureux que les autres (5). Son année fut donc constituée comme il suit :

Januarius.	29 jours.	Sextilis.	29 jours.
Martius.	31	September.	29
Aprilis.	29	October	31
Maïus.	31	November.	29
Junius.	29	December.	29
Quintilis.	31	Februarius.	28

Il fit de januarius le premier mois, comme ayant deux têtes, dit Macrobe,

(1) V. Servius, sur le *numero Deus impare gaudet* de Virgile, Ecl. VIII.

(2) Sat. I.

(3) Suivant Licinius Macer et Fenestella, dans Censorin, les Romains doivent avoir eu originairement 12 mois; et Plutarque se montre porté à le croire. (Vita Num.) Selon lui, Numa n'a fait que changer la place des mois januarius et februarius.

(4) Macrobe, Sat. L. I, dit que « Romulus commençoit le mois, le jour où la lune paroissoit nouvelle. Mais comme elle ne le paroît pas toujours au même jour, mais plus tôt ou plus tard, dans ce dernier cas, le mois précédent recevoit plus de jours; dans le premier, moins. Ce qui a fait une loi constante pour chaque mois; d'où il est arrivé que les uns ont eu 31, et les autres 29 jours ». Ce récit est très-vraisemblable, mais seulement pour les mois de Numa, et non pour ceux de Romulus auxquels il ne convient point du tout.

(5) Censorin, I. C. Il est bon de remarquer que les Grecs appeloient pleins les mois pairs, et caves les impairs (V. ci-dessus, p. 179), mais que les Romains employoient ces mots dans un sens tout opposé.

regardant la fin du passé et le commencement de l'avenir. Il doit avoir donné la seconde place à februarius, selon Plutarque. Mais il est bien plus vraisemblable qu'il en a fait le dernier mois, et que cela continua ainsi pendant quelque temps. Il étoit consacré au dieu Februus (1) qui, pour me servir des termes de Macrobe, est regardé comme ayant le pouvoir des lustrations. Or, il étoit nécessaire de faire les lustrations de la ville dans ce mois là, où il avoit ordonné de sacrifier aux dieux mânes. Ainsi puisque februarius étoit chez les Romains un mois tronqué et malheureux, et qu'il étoit consacré aux expiations des vivans et des morts, et qu'en outre, comme nous le verrons bientôt, il étoit le mois intercalaire auquel on aura marqué sa place, non au commencement, mais à la fin de l'année, Ovide a eu raison de dire :

> *Primus, ut est, jani mensis et ante fuit,*
> *Qui sequitur janum veteris fuit ultimus anni.*

Le mois de janus a été autrefois le premier de l'année comme il l'est encore, et celui qui le suit actuellement étoit autrefois le dernier de l'année.

La division assurément très-ancienne du mois romain, prouve que Numa s'est dirigé sur les phases de la lune, dans la division du temps; car le mois étoit partagé en trois périodes par les calendes, les nones et les ides. Les ides répondoient à peu près au milieu du mois, puisquelles donnoient leur nom au 15e jour dans les mois de 31, et au 13e dans les autres. Les anciens pensoient tout autrement sur l'étymologie de ce mot. Selon quelques-uns, dit Macrobe (Sat. 1), « les ides ont été ainsi nommées de *vidus a videndo*, parce qu'alors la pleine lune éclaire les nuits, d'où on a formé *idus*, comme d'un autre côté, du mot grec ιδειν on a fait le mot latin *videre*. » Mais *idus* peut aussi bien que *videre*, venir immédiatement de ιδειν. « Quelques-uns, continue-t-il, veulent que *idus* vienne απο του ειδους, parce qu'en ce jour la lune montre sa face pleine. Plutarque est aussi de ce sentiment (lui qui a fait un traité *de facie in orbe lunæ*). D'autres, ajoute Macrobe, croient qu'*idus* est le jour qui coupe le mois, car *iduare*, en langue étrusque, signifie couper ; de là vient *vidua*, comme *valde idua* ou *valde divisa*, ou *vidua* de *viro divisa*. D'après cela, *idus* seroit le mot grec διχομηνια (V. p. 79) ; ce qui est très-vraisemblable. Mais quelle que soit l'étymologie du mot *idus*, l'idée du mois lunaire en est toujours la base. Les jours avant les ides étoient comptés en remontant dans le calendrier romain, comme avant les nones et les calendes. Cette manière bizarre et incommode étoit empruntée des Grecs, à ce que dit Macrobe (2), elle ne vient

(1) *Februa romani dixere piamina patres.*
dit Ovide, Fast. II. Varron remarque que dans la langue des Sabins, februum signifie purgation, expiation. Lang. lat. V. en februarius se célébroit la fête des Mânes, appelée feralia.

(2) Sat. I. 46.

donc pas de Numa, car elle étoit déjà en usage chez les Athéniens du temps de Solon (V. p. 72). Quoiqu'il en soit, les nones, ou le 7 des mois de 31 jours, ou le 5 des autres, ont été ainsi nommées, sans doute parce que c'étoit le 9ᵉ avant les ides, inclusivement, celles-ci comprises. En effet, dans l'origine, les jours avant les ides étoient comptés les uns après les autres, en remontant jusqu'aux calendes; d'où il paroît qu'on a dit *nonae*, au lieu de A. D. IX idus, il étoit ordinaire de partager la première moitié du mois, par les nones, en deux périodes plus petites. Quant à l'origine du mot calendes, nous citerons Macrobe: « Dans les anciens temps, le pontife inférieur étoit chargé d'observer le premier aspect de la nouvelle lune, et dès qu'il l'avoit vu, de l'annoncer au roi des sacrifices; et quand le sacrifice étoit célébré par ces deux prêtres, le pontife, après avoir appelé (*calasse*) le peuple au capitole, près de la curie (cour) calabre qui est voisine de la cabane de Romulus, il annonçoit le nombre de jours qui restoient de surplus depuis les calendes jusqu'aux nones, et il prononçoit cinq fois le mot καλω pour cinq jours, et sept fois pour sept. Or le mot καλω est grec, et signifie j'appelle, et il plut d'appeler *calendes* le premier des jours qui étoient *calati* ou appelés. Ce détail porte le caractère de la vérité. S'il est vrai, il faut que l'année de Numa ait été lunaire; et les écrivains romains sont d'accord avec lui. Ainsi Tite-Live dit de Numa qu'il partagea l'année en 12 mois, sur le cours de la lune. Qu'on juge maintenant combien cet auteur se trompe, quand il dit ensuite (1): « Comme la lune ne met pas trente jours à sa révolution en chaque mois, et qu'il y manque des jours pour compléter l'année marquée par le retour à un même solstice, il les a tellement disposés, en y mêlant des mois intercalaires, qu'à chaque vingt-quatrième année (2), les jours se remontrassent au même point avec le soleil, que celui d'où ils avoient commencé à être comptés, quand les espaces de toutes ces années seroient pleins et complets. » Quoi! la période de 24 ans employée plus tard à Rome, par laquelle l'année lunaire primitive étoit rappelée à l'année solaire, seroit regardée comme une invention du roi Numa! Plutarque est dans la même erreur; il dit que Numa a doublé les 11 jours de différence entre l'année solaire et la lunaire, et que tous les deux ans il a inséré un mois de 22 jours dans février. Numa aura ordonné absolument une intercalation pour maintenir les calendes de janvier aux environs de la brume, par laquelle les Romains commençoient leur année, suivant ce vers d'Ovide, dans ses Fastes (3): « La

(1) L. I, 19.

(2) Les manuscrits disent: à chaque vingtième année; mais Tite-Live voulant sans doute parler de la période de 24 ans, que nous connoîtrons mieux par un autre passage extrait de Macrobe, on a corrigé cette faute en mettant: à chaque vingt-quatrième année, comme cela se lit dans toutes les éditions, mais suivant l'usage de la langue latine, il eût été mieux de dire: à chaque vingt-cinquième année. V. Num.

(3) *Bruma novi prima est veterisque novissima solis,*
Principium capiunt Phœbus et annus idem.

brume est le premier jour du nouvel an, et le dernier de celui qui est passé. »

Mais cette intercalation n'étoit certainement pas celle dont parlent Tite-Live et Plutarque. Elle ne consistoit probablement qu'en ce que, de temps en temps, on inséroit un mois lunaire pour ramener le commencement de l'année à la nouvelle lune qui arrive vers la brume. Il n'y a qu'une pareille intercalation grossière, où l'année porte le caractère d'année lunaire, qui convienne au siècle de Numa et à ce qu'il a fait d'ailleurs pour régler le calendrier (1). Il paroît que les Romains se sont contentés de cette intercalation imparfaite pendant deux siècles. Mais il ne pouvoit pas manquer d'arriver qu'à mesure que la civilisation se perfectionnoit, on ne reconnût combien ce moyen étoit insuffisant et incommode, ainsi que l'imperfection des autres institutions de Numa; et qu'on ne s'occupât d'une autre méthode d'intercalation, comme aussi d'établir d'autres lois. Pour y parvenir, ils eurent recours aux Grecs, dont ils adoptèrent les corrections dans la modification de leur calendrier, de laquelle je vais maintenant parler.

Pour ramener leur année lunaire à l'année solaire, ils intercalèrent, à l'exemple des Athéniens (V. p. 73), 90 jours dans un espace de 8 ans, de sorte pourtant qu'ils n'en faisoient pas trois mois de 30 jours chacun, mais quatre, alternativement de 22 et de 23 jours, desquels ils en inséroient un tous les deux ans, entre le 23 et le 24 février (2). Par ce court mois intercalaire, que Plutarque nomme merkidinus et merkedonius, toute la constitution de leur année fut changée. Elle n'avoit plus rien d'une année lunaire, que l'indétermination de sa durée primitive. Les mois ne pouvoient plus correspondre aux phases de la lune, ni les calendes avec la nouvelle lune, ni les ides avec la pleine lune. Ils ne s'en inquiétoient guères, parce que leurs fêtes n'étoient pas comme celles des Grecs, liées aux vicissitudes de la lune. Le merkidinus (3) a été emprunté de l'oc-

(1) Quelques-uns, dit Censorin, commencent leur année depuis le nouveau soleil, c'est-à-dire depuis la brume. Il parle des Romains. Brume signifie le solstice d'hiver, ou plutôt le plus court jour; bruma, quòd brevissimus dies. Varro. Ling. lat. L. V.

(2) Le plus souvent dans le mois de février, entre la fête *terminalia* et celle du *regifugium*. Censorin, de Die Nat. C. 20. On voit par les anciens hémérologes et par les Fastes d'Ovide, que la fête terminalia étoit célébrée le 7 avril, aux calendes de mars, ou le 23 février, et que le lendemain étoit consacré à la fête de l'expulsion du dernier roi de Rome. On ajoutoit les cinq derniers jours depuis l'intercalation. Macrob. Sat. I. Institution singulière dont Macrobe lui-même ne pouvoit se rendre raison bien clairement. « Je crois, dit-il aussitôt, que c'est par un effet d'une ancienne pratique religieuse que mars suivit février, de quelque manière que fût celui ci. » Mais on ne s'y est pas toujours astreint, puisque Censorin dit : *le plus souvent*. Nous voyons en effet, I. X, L. III, C. 2 de Tite-Live, qu'une fois on a inséré 3 jours après les terminalia.

(3) Merkidinos dans le passage cité de la vie de Numa, merkédonius dans celle de César, par Plutarque. Il est remarquable que ni l'un ni l'autre de ces noms ne se trouvent dans aucun auteur romain. Tite-Live, qui avoit occasion de les nommer, L. X. III, C. II, évite de le faire en les appelant

taëtéris, cela saute aux yeux. Macrobe l'assure en ces mots : « Les Romains, par la disposition de Pompilius, mesurant leur année sur le cours de la lune, comme les Grecs, ils ont nécessairement comme eux encore institué le mois intercalaire à leur manière. » Ensuite il dit ce que j'ai cité de lui, (p. 73), et à la fin il ajoute : « Il plut aussi aux Romains d'imiter cette disposition ». Quant au temps où cette institution de mois intercalaire a commencé, il est aisé de le dire, si l'on considère que l'octaëtéride ne peut guères avoir existé à Athènes avant la 300e année de la fondation de Rome, ou 450 ans avant notre ère ; que c'est vers ce temps-là que les députés de Rome allèrent en Grèce, pour s'y instruire des lois et des institutions, surtout des Athéniens, et qu'ensuite de cela les décemvirs furent créés pour adapter les lois et les institutions grecques aux Romains. En un mot, je regarde la *seconde* réforme du calendrier, comme un établissement ou opération des décemvirs. Cette réforme ne fut pas une correction bien essentielle. Elle contenoit le germe d'autres désordres ; car en copiant l'octaëtéride, on n'avoit pas pensé que l'année lunaire des Romains étoit d'un jour plus longue que celle des Grecs, et qu'ainsi huit années romaines avec l'intercalation restoient d'autant en arrière de l'octaëtéride. Or, comme celle-ci s'accordoit avec le soleil (V. ci-dessus, p. 72), il falloit que le commencement de l'année romaine, après quatre intercalations de *merkidinus* fût de huit jours éloigné de la *bruma*. Il s'écoula bien du temps avant qu'on découvrît cette faute, et qu'on la corrigeât (1). Cela se fit enfin ; mais comment ? Macrobe (2) nous dit qu'à chaque 3e *octennium* ils dispensoient tellement les jours, qu'ils en intercaloient non pas 90, mais 66, laissant de côté les 24 restants pour compenser ceux qui, pendant un pareil nombre d'années, avoient surpassé d'autant le nombre des jours chez les Grecs. On introduisit donc ainsi une période intercalaire de 24 ans, dans le courant de laquelle, par l'omission d'un mois intercalaire entier, et par le raccourcissement de quelqu'autre, on retranchoit 24 jours. Par ce moyen on obtenoit la période de 8766 jours, ou juste 24 annés juliennes, en sorte qu'elle ramenoit toujours le commencement de l'année civile au même jour de l'année julienne. Cette troisième réforme du calendrier romain, à laquelle Tite-Live fait allusion dans les paroles

intercalaires. Est-ce qu'ils n'étoient pas reçus dans le langage poli ? Mercedinus ou mercedonius mensis est, suivant son étymologie, un mois de comptes. Festus parle de mercedoniæ dies qui doivent avoir reçu ce nom de mercede solvenda. Ils sont vraisemblablement désignés par le mot *merk*, qui se trouve dans un vieux calendrier copié d'un marbre par Gruterus, p. 133, avec divers jours. Lydus, écrivain du VI. siècle, remarque dans son Opusc. de Mensibus, publié par M. Show, à Leipszig, 1794, 8°, p. 125, que les Romains avoient appelé novembre, merkidinos, comme le mois de compte où les fermiers apportoient leurs redevances. De même il doit y avoir eu, dans le mois intercalaire, de certains paiemens ou comptes à faire, mais l'histoire ne nous en a laissé aucune notion.

(1) Censorin.

(2) Sat. L. II.

que j'ai citées de lui, me paroît être du milieu du 6e siècle de Rome. Je suis conduit à cette conjecture par les paroles suivantes de Macrobe : « Mais quand a-t-on commencé à intercaler? C'est sur quoi les historiens varient. Licinius Macer attribue cette institution à Romulus. Antias, dans son second livre, dit que Numa Pompilius a fait cette innovation à cause des sacrifices. Junius rapporte que Servius Tullius est le premier qui ait intercalé, et Varron lui attribue les nundinæ (neuvaines). Tuditanus raconte, dans son 5e livre des Magistratures, que les décemvirs, qui ont ajouté deux tables aux dix premières, firent un rapport au peuple sur l'intercalation. Cassius les en fait auteurs; mais Fulvius prétend que c'est le consul Manlius qui introduisit cette méthode, l'an 562 de la fondation de Rome, un peu avant la guerre d'Etolie. Mais Varron le contredit, en écrivant que la loi la plus ancienne où il soit fait mention d'intercalation, a été gravée sur une colonne d'airain par les consuls Pinarius et Furius. »

Ces opinions si différentes les unes des autres, sur le temps où le mois intercalaire a commencé à être introduit, ne sont pas difficiles à accorder entr'elles. Numa a sans doute disposé une intercalation, mais qui, comme nous avons vu, ne pouvoit pas être de la même nature que celles qui ont été mises en usage après lui. Il est donc très-possible que, dans une loi donnée par les consuls Pinarius et Furius, l'an 282 de Rome, il ait été fait mention d'un mois intercalaire. Nous ne savons pas ce que les Romains doivent sous le rapport de leur supputation du temps, à Servius Tullius, à qui d'ailleurs ils avoient l'obligation de plusieurs institutions. Mais la tradition doit l'avoir nommé parmi les correcteurs du calendrier romain. Le merkidinus appartient très-vraisemblablement aux décemvirs. Enfin je regarde Manius Aulius Glabrio qui étoit consul, l'an 563 (1), avec P. Cornelius Scipion Nasica, comme l'auteur de la période intercalaire de 24 ans qui s'accorde trop bien avec le ciel, pour qu'on puisse lui donner une plus haute antiquité chez les Romains, qui ne faisoient alors que commencer à parvenir à quelque

(1) En effet, comparativement au calcul de Varron, Macrobe, qui suit les Fast. Capitol., donne une année de moins. Des diverses opinions des anciens sur l'année de la fondation de Rome, celle de M. Terentius Varron, qui la place à l'an 3 de la VIe olympiade, est la plus généralement suivie, parce qu'elle a le plus de partisans, au moins parmi les chronologistes modernes. Or l'an 3, olympiade VI, commence dans l'été de l'an 754 avant la naissance de J. C. Mais Rome a été fondée, dit Plutarque, dans le printemps, c'est-à-dire lors de la fête des Palilia, qui se célébroit le 21 avril. (Vita Romul.) Ainsi, suivant Varron, l'an 753 avant la naissance de J. C. est la première de la fondation de Rome; par conséquent l'an 753 coïncide avec l'an 1 de Rome, et l'an 754 avec l'an 1 de la naissance de J. C., d'où l'on tire la règle suivante, pour réduire une année de Rome à notre ère : On la retranche de 754 si elle est moindre, on on retranche 753, si elle est plus forte. Dans le premier cas, on obtient les années avant, et dans le second, les années après la naissance de J. C. Suivant les Fastes capitolins, ou comme on dit ordinairement, suivant le calcul de Caton, Rome a été bâtie l'an 4 de l'olympiade VI, ou 752 ans avant la naissance de J. C.

sorte de civilisation plus éclairée. Si cette période intercalaire avoit été bien observée à Rome, les Romains auroient eu une manière de supputer le temps, qui auroit été à la vérité un peu compliquée, et auroit eu le cachet de l'imperfection du temps, mais qui, néanmoins, se seroit accordée exactement avec le ciel, comme celle qui fut introduite après lui, par Jule-César. Mais le calendrier romain resta jusqu'alors, malgré cette réforme, dans le même état d'irrégularité où il s'étoit toujours trouvé de tout temps, et cela par la faute des pontifes que Numa avoit chargés de la garde des fastes; ils s'en servoient, de concert avec les autres patriciens, comme d'un moyen pour opprimer le peuple. Numa (1) avoit disposé les jours fastes et néfastes, c'est-à-dire, déterminé en quels jours les tribunaux de la justice devoient être ouverts ou fermés. Leur catalogue (2), ainsi que celui des fêtes attachées aux jours des mois, portoit le nom de *fasti*. Les pontifes faisoient au peuple un secret de ces fastes, et ils ne lui en faisoient connoître que ce que la nécessité urgente des affaires de la vie civile exigeoit absolument. Il est vrai qu'en l'an 449 de Rome, le scribe En. Flavius découvrit ce catalogue au peuple; mais le désordre dont les pontifes étoient cause par le moyen du calendrier, ne cessa pas pour cela. Il leur restoit encore le mois intercalaire qu'ils plaçoient non d'une manière prescrite, c'est-à-dire dans les années déterminées par les principes reçus de l'intercalation, mais arbitrairement comme leurs vues particulières le leur dictoient. « Il faut suivre exactement la méthode d'intercalation, dit Cicéron (3); cette institution, introduite par Numa, est actuellement en défaut par la négligence des pontifes. » Et Plutarque dit (4) : « Les pontifes seuls avoient la connoissance du temps; tout-à-coup, et sans qu'on s'y attendît, ils inséroient un mois intercalaire. » La plupart, dit Censorin (5), par haine ou par faveur, pour faire cesser plutôt ou proroger plus long-temps les fonctions de quelqu'un revêtu d'une charge publique, ou pour qu'un fermier de l'état gagnât ou perdît en conséquence de la longueur de l'année, en intercalant plus ou moins, au gré de leur passion, ont exprès gâté une institution qui leur avoit été confiée pour la correction du temps. « Il en est résulté une telle confusion dans le calendrier, que les fêtes des moissons ne répondoient plus à l'été, ni celles des vendanges à l'automne, dit Suétone. » Jule-César y remédia enfin, comme grand pontife, dignité que, dans les dernières années de sa vie, il réunit en sa personne avec les plus

(1) Tit.-Liv. I 19 et IX 46.

(2) V. M. T. Cicer. Or. p. Murena, C. II.

(3) De Legibus, L. II, C. 12.

(4) Vit. Cæs. C'est pourquoi César écrit à Atticus : « Quand vous saurez si on a intercalé ou non, mandez moi, je vous prie, le jour bien certain où les mystères seront célébrés. » Chose qui doit nous paroître bien singulière dans les idées que nous avons du calendrier.

(5) Censorin, C. 20, Solin, Macrobe, Amm-Marcell., parlent sur le même ton.

hautes de l'état. La rectification du calendrier le regardoit, et il s'en occupa avec beaucoup de sagacité. Il avoit demeuré long-temps en Egypte, et y avoit acquis des connoissances astronomiques. Macrobe dit de lui, qu'il puisa chez les Egyptiens la science des mouvemens des astres, dont il a laissé des traités qui ne sont pas sans mérite. Et Lucain lui fait dire qu'au milieu des combats il étudioit toujours le ciel, et que son année triomphera de celle d'Eudoxe. Selon Plutarque, il consulta, dans cette entreprise, les philosophes et les mathématiciens les plus savans de son temps; parmi ceux qui l'aidèrent, Macrobe nomme le scribe Marcus Fulvius, et Pline nomme le péripaticien Sosigenes (1). Dans sa réforme, qui étoit la quatrième depuis Romulus, il avoit deux intentions, l'une étoit de ramener à la *bruma* (2) le commencement de l'année qui, par les intercalations fautives, étoit reculé jusqu'à l'équinoxe d'automne; l'autre étoit d'établir une règle d'intercalation qui fût la plus simple possible, pour éviter de pareils désordres. Les moyens qu'il y employa sont rapportés par Suétone, Dion Cassius (3), Macrobe, et plus distinctement par Censorin, suivant sa coutume, en ces termes : « On étoit tellement en erreur, que C. Cæsar, grand pontife, dans son 3e consulat, où il eut pour collègue Æmilius Lepidus, pour corriger l'arriéré, inséra deux mois intercalaires entre novembre et décembre, après avoir déjà intercalé 23 jours par le mois de février, et qu'il fit cette année de 445 jours. » Macrobe ne parle que de 443. Mais l'énoncé de Censorin mérite la préférence. Ainsi, suivant lui, l'année 708 de Rome, ou 46 ans avant la naissance de J. C., dans laquelle César fut consul pour la troisième fois, eut (4) 15 mois en 445 jours. Cette année est appelée par Macrobe la dernière année de la confusion, et par les chronologistes modernes, l'année de la confusion par excellence. Elle commence avec le 1 janvier, compté à la manière des Romains, mais qui, dans le calendrier bien réglé, étoit le 13 octobre, comme on peut s'en convaincre par le tableau suivant, dressé sur ce que dit Censorin.

(1) Ce Sosigenes étoit Egyptien de naissance, et doit avoir été un homme fort habile, à en juger par les témoignages des anciens. Proclus, dans ses hypothèses, cite de lui un ouvrage sur les sphères. Themistius en cite un sur la vision (in Arist. L. II, de anima). Il écrivit même sur le livre d'Aristote de Cœlo, dit Simplicius dans son commentaire sur ce livre.

(2) Cicéron date sa 17e lettre du 10e livre à Atticus, du XVII cal. jan., et néanmoins il dit : L'équinoxe nous arrête, nous retarde. Ainsi cette lettre a été écrite avant la réforme du calendrier.

(3) D. Cass., Hist. Rom. 43.

(4) Suétone parle aussi de 15 mois : « L'année où tout cela s'est fait, fut de 15 mois avec l'intercalaire qui, suivant la coutume, étoit tombé cette année. » Dion Cassius soutient que César n'a intercalé que 67 jours; il a raison, s'il ne faisait pas attention au merkidinus qui, suivant les propres paroles de Suétone, tomboit, suivant la coutume, à l'année de la réforme du calendrier. L'endroit de Solin, qui parle de cette réforme par César, a besoin d'être considérablement rectifié.

Mois.	Jours.	Commencement dans le calendr. régul.
Januarius, an de Rome 708.	29.	13 octobre, 47 ans av. la nais. de J. C.
Februarius.	23.	11 novembre.
Merkidinus.	23.	4 décembre.
Les 5 derniers jours de février.	5.	27 décembre.
Martius.	31.	1 janvier, 46 ans avant J. C.
Aprilis.	29.	1 février.
Maïus.	31.	2 mars.
Junius.	29.	2 avril.
Quintilis.	31.	1 mai.
Sextilis.	29.	1 juin.
September.	29.	30 juin.
October.	31.	29 juillet.
November.	29.	29 août.
2 mois extraordinaires intercalés (1).	67.	27 septembre.
December	29.	3 décembre.
Januarius, an de Rome 709.	31.	1 janvier, an 45 avant J. C.

Censorin nous apprend toutes les circonstances de la réforme que César entreprit de faire dans le calendrier romain. « En retranchant le mois intercalaire, il a réglé l'année civile sur le cours du soleil. C'est pourquoi, aux 355 jours, il en ajouta 10, qu'il distribua sur les 7 mois qui n'avoient que 29 jours, de façon que janvier, sextilis et décembre en eurent deux de plus qu'ils n'avoient, et les autres un seul chacun. Il a placé ces jours aux extrêmités de ces mois, pour ne pas troubler les fêtes religieuses de chaque mois. Ainsi donc, ces sept mois ayant chacun 31 jours, les quatre ainsi primitivement institués, sont distingués des autres, en ce quils ont des nones de sept jours, et les autres de cinq. En outre, pour le quart de jour qui paroissoit devoir compléter l'année vraie, il ordonna qu'après quatre ans révolus on intercalât un jour après les fêtes *terminalia*, en place du mois qu'on y inséroit autrefois, et c'est ce jour qu'on appelle aujourd'hui le bissexte. Tous les historiens qui parlent de la réforme du calendrier faite par César, disent, comme il est vrai, qu'il a réglé son année sur le soleil. Mais quand Dion Cassius croit que les Romains avoient jusqu'alors réglé leur temps sur la lune, il est évident qu'il se trompe. L'année romaine cessa, comme je l'ai déjà remarqué, d'être une année lunaire, aussitôt que le merkidinius fut introduit, si l'on ne veut pas

(1) Cicéron parle ainsi du premier de ces deux mois : « Moi-même, cependant étant allé le matin trouver César, le 5 avant les premières calendes intercalaires...... Ep. Fam. L. VI. 54.

le nommer autrement, seulement parce qu'elle conservoit sa durée mesurée originairement sur la lune. Pour ne pas troubler l'ordre des fêtes attachées à des jours fixes des mois; ou, comme s'exprime Censorin, pour ne pas déranger les cérémonies religieuses de leur place en chaque mois, César ne changea pas les intervalles entre les calendes et les nones, ni ceux d'entre les nones et les ides. Il laissa aussi à février son ancienne durée pour ne rien innover dans le culte des dieux inférieurs, dit Macrobe; il ajouta à la fin des mois le jour dont il allongea avril, juin, septembre et novembre, et les deux dont il allongea janvier, sextilis et decembre, après la célébration de toutes ces fêtes, dit cet écrivain. Ainsi, au lieu que dans les autres mois, à l'exception de février, on comptoit 17 jours avant les calendes, on en eut 19 après les ides en janvier, sextilis et décembre; et 18 en avril, juin, septembre et novembre; 17 comme auparavant en mars, mai, quintilis et octobre, qui conservèrent leurs ides le 15, et en février 16 jours avant les calendes du mois suivant. Aux 365 jours de l'année ainsi formée, fut ajouté, tous les quatre ans, un jour intercalé qui fut inséré à la place de l'ancien mois intercalaire, après la fête *terminalia*, suivant Censorin, et avant les cinq derniers jours du mois de février, suivant Macrobe, ou entre le 23 et le 24 février. Pour ne rien changer dans ces cinq derniers jours, et pouvoir nommer le jour du Régifuge ou le 24 février, après comme avant le VI des calendes, on dit au jour intercalé, deux fois le VI avant les calendes de mars, d'où ce jour a pris le nom de bissexte (1). César donna à l'année de confusion 445 jours, pour ramener à la *bruma* ou au solstice d'hiver, le 1 janvier de la première année régulière 709 de Rome, 45 ans avant la naissance de J. C.

On peut demander, et cette question a déjà fort occupé les chronologistes modernes, pourquoi il n'a pas placé le 1 janvier à la bruma même (2), mais quelques jours plus loin? car le solstice d'été arriva, l'an 46 avant la naissance de J. C., sous le méridien d'Alexandrie, le 24 décembre à 0 heure, 9' du matin, et par conséquent 8 jours avant les calendes de janvier. Ce qu'on peut répondre de

(1) Dans les derniers écrivains romains, on trouve *annus bissextus*, pour l'année où l'on fait l'intercalation. Mais y trouve-t-on *bissextilis*, que nos chronologistes modernes employoient dans ce sens? Ce dernier pourroit bien être de la basse latinité.

(2) Nous avons déjà vu dans le calendrier de César, les solstices et les équinoxes le 8 avant les calendes, et ainsi celui d'hiver le 8 avant celles de janvier, ou le 25 décembre. Je crois donc que Sosigène, pour déterminer la *bruma*, n'est pas parti de ses propres observations; mais qu'il a pris pour base, des données récentes, peut-être aussi celles d'Hipparque, ou d'autres astronomes du muséum. Il plaça de même, pour l'uniformité, les autres points aux 8 avant les calendes, quoiqu'alors l'equinoxe du printemps arrivât un jour plus tôt, et le solstice d'été un jour plus tard, tandis que l'équinoxe d'automne arrivoit deux jours plus tard. Cela paroit au reste lui avoir causé de la difficulté, car Pline dit: « Il ne cessa dans trois mémoires, quoique toujours plus exacts, de changer quelque chose en se corrigeant lui-même ». H. N. L. XVIII.

plus certain, c'est que César commença sa première année avec la nouvelle lune qui fut la première après la bruma, voulant témoigner par-là son respect pour les anciennes institutions de Numa, qu'il conservoit autant qu'il le pouvoit. La nouvelle lune moyenne arriva, suivant mon calcul, le 1 janvier de l'an 45 avant la naissance de J. C., à 6 heures 16' du soir; et la vraie, à 1 heure 34' du matin, temps moyen à Rome. César ordonna qu'après quatre années révolues, dit Censorin (1), ou au commencement de chaque cinquième année, dit Macrobe, on intercalât un bissexte. Pour donner à cette règle son application dès le commencement, il aura sans doute fait tout d'abord de la première année de sa nouvelle ère, une année intercalaire. Mais les pontifes (2) qui étoient chargés du soin de l'intercalation, ne comprirent pas sa règle; et à peine le calendrier étoit-il réformé, qu'il retomba de nouveau dans la confusion, d'où Auguste le retira en rétablissant la véritable intercalation julienne, comme nous le voyons par un passage de Solin rapporté ci-dessus, (p. 57.) Je remarque encore que les noms quintilis et sextilis ont été changés en juillet et août, en l'honneur de Jule-César et d'Auguste. Macrobe nous apprend toutes les particularités de ce changement. (Saturn. L. 12.)

En voilà assez sur un calendrier qui, en plusieurs de ses parties essentielles, est encore le nôtre. Le lecteur éclairé jugera si j'ai été plus heureux que d'autres qui ont traité le même sujet, dans l'exposition des changemens qui y sont survenus. Qu'on me permette d'ajouter ces paroles de Bayle, à toutes les citations que j'ai faites : « Plusieurs blâmeront l'entassement de passages que l'on vient de voir. J'en ai prévu leurs dédains, leurs dégoûts, et leurs censures magistales, et n'ai pas voulu y avoir égard. J'ai mieux aimé faire le copiste pour l'utilité de ceux qui, sans sortir de leur place, sont bien aise de s'éclaircir historiquement et de voir les originaux des preuves, je veux dire les propres termes des témoins. Voilà mon principe en cent autres occasions. Art. Carneade.

(P. 91. L'étoile du bras austral de la balance). L'étoile a du bassin méridional, laquelle est nommée par Ptolémée dans son catalogue des étoiles fixes, la brillante à l'extrémité de la serre australe (3). Les Grecs ne comptoient que onze constellations dans le zodiaque, parce qu'ils faisoient étendre au scorpion ses serres dans tout l'espace rempli par la balance. Les Romains prétendent avoir placé la

(1) La première année de la réforme de César, est la première que les Romains nomment julienne, suivant Censorin.

(2) Peut-être les pontifes, par esprit de parti, ne voulurent-ils pas le comprendre. La correction julienne du calendrier paroît avoir eu peu d'approbation dans les commencemens. Cicéron, qui recommande de choisir une bonne méthode d'intercalation, Cicéron, traducteur d'Aratus, entendant dire par quelqu'un : « demain, la lyre se levera », se permit, en haine de César, de répondre en raillant : *Oui, et par ordre*. Plut. V. Cæs.

(3) Alm., L. VIII.

balance dans le ciel. « Le scorpion, dit Hygin (1), est partagé en deux signes, à cause de la grandeur de ses membres; nos Romains ont appelé balance l'un de ces signes. Mais l'observation chaldéenne qui me donne occasion d'entrer dans une discussion sur cet objet, prouve qu'ils sont dans l'erreur; car elle a été faite 237 avant notre ère, et par conséquent dans un temps où il n'étoit pas encore question d'astronomie chez les Romains (2). Les chaldéens avoient certainement une balance dans le zodiaque; car il n'est pas croyable que Ptolémée, qui ailleurs nomme toujours les serres du scorpion, et qui même dans cette observation, détermine la longitude de l'étoile A par les degrés des serres, ait voulu attribuer aux Chaldéens la balance au lieu des serres du scorpion ou de toute autre figure qu'ils avoient peut-être. Cela contredit à la vérité un passage de Servius, qui dit sur ces vers si connus de Virgile :

Quâ locus Erigonen inter chelasque sequentes
Panditur. . . . . . .

« Les Egyptiens assurent qu'il y a douze signes; et les Chaldéens, onze. Car ils prennent pour un seul signe le scorpion et la balance, et ils font, des serres du scorpion, la balance. » Mais ce scholiaste se montre si ignorant partout où il parle de matières d'astronomie, qu'il n'y a aucun fonds à faire sur son témoignage. Que les Egyptiens ou les Chaldéens, ou, comme Bailly le croit, les Indiens soient les auteurs de la balance, elle n'est pas d'origine romaine, mais d'origine orientale, et un antique symbole de l'égalité des jours et des nuits. César l'a mise dans son parapegme, vraisemblablement à la sollicitation de son astronome égyptien Sosigenes, dont il consultoit les lumieres. Cela paroît non-seulement par l'ancien calendrier en marbre (cité plus haut) où la balance est nommée parmi les signes du zodiaque, mais plus clairement encore par le passage suivant de Pline (3). « Suivant César, le 6 avant les ides (d'avril), la pluie est annoncée par le coucher de la balance. » Les Romains trouvant dans le calendrier de César, une balance au lieu des serres du scorpion des Grecs, sans connoître l'origine orientale de cette figure, il étoit naturel qu'ils la regardassent comme une inven-

(1) Poet. astr. II.

(2) Je ne pourrois pas citer en preuve de ce que je dis, le fameux temple de Tentyra, dans la Haute-Egypte, sur lequel on voit une balance, parce que plusieurs doutent, avec raison ce me semble, de l'antiquité que d'autres donnent à ce temple. On la trouve dans un temple d'architecture grecque, où on lit une inscription grecque avec le nom de Tiberius Cæsar. Comme signe, la balance paroît souvent dans l'Almageste, par exemple, dans une table et dans le catalogue des étoiles fixes. Mais la constellation de la balance ne se trouve mentionnée que dans l'observation chaldéenne.

(3) Hist. N. XVIII.

tion romaine. M. Buttmann, qui est versé dans la lecture des écrits astrognostiques des Grecs, et particulièrement d'Aratus, m'a communiqué des conjectures très-vraisemblables sur l'origine de la constellation des serres du scorpion. Je vais les rapporter ici, avec sa permission. « Il ne peut y avoir aucun doute sur la haute antiquité de cette constellation ou de ce signe. Mais je ne suis pas, pour cela, tranquille sur un point; il faudrait encore admettre qu'il y a eu des peuples à qui il a plu de partager le zodiaque en onze figures. Peut-on le croire raisonnablement d'hommes qui avoient quelqu'idée de régularité, et d'un temps où la symmétrie étoit le point capital? On peut imaginer que ceux qui ont le plus anciennement représenté le ciel, n'ont mis que onze figures dans ce cercle. Mais ne peut-on pas croire que quand l'observation du cours du soleil rendit nécessaire un douzième signe dans cette bande circulaire, les astronomes n'ont su rien faire de mieux que d'allonger les serres du scorpion, jusqu'à les rendre égales à tout son corps? Il seroit bien plus ridicule de supposer que les Grecs ont fourré, dans cet espace, une balance, parce que ce n'est pas une figure d'animal comme les autres signes. . . . . Mais à quoi sert tout ce verbiage? dira quelqu'un (et avec raison). Les anciens ne voyoient dans notre balance que les serres du scorpion, comme on le prouve par cent endroits des anciens. Je n'en doute point non plus. . . . . Je nie seulement que cette singulière division du zodiaque ait été faite de dessein prémédité; et je soutiens qu'elle s'est introduite sans qu'on y ait fait attention, et par un malentendu.

Je crois que le mot χηλαι, dans l'ancienne langue grecque primitive de la souche de la nation grecque, d'où sont venues toutes les connoissances astronomiques dans la Grèce, signifioit *bassin*. La tortue s'appelle en grec χελυς et χελωνη, qui est le même mot, à la différence d'une voyelle près. De là viennent, par une réduplication fondée sur l'analogie de la langue grecque, les mots κοχλος et κογχυλιον, qui comprennent tous les testacées. Et même je crois que la signification ordinaire du mot χηλη en est tirée; car ce ne sont pas toutes les carapaces de ces sortes d'animaux qui sont ainsi appelées, mais seulement leurs pinces, comme celles des écrevisses. Ce même mot radical me fournit une cassette, un vase, et bien d'autres choses semblables que je ne rapporterai pas, quoique je pusse les multiplier en allant chercher leurs analogues dans les langues limitrophes. Mais en me contentant de dire que le mot χηλαι signifie des bassins de balance, je n'avance rien d'inoui. Pas un seul grec n'appeloit un chasse ou touche-bœuf, *bouvier*, pendant que la constellation ainsi nommée conservoit toujours le même nom. Les Grecs cherchoient si peu pourquoi les sept étoiles de la grande ourse (et non pas la constellation entière, comme quelques-uns l'ont rêvé), s'appeloient hélice, qu'ils en ont fait tout bonnement le nom d'une nymphe; et même encore à présent on a de très-fausses idées là dessus. Cela ne signifioit, originairement, qu'une circonvolution, à cause de la ligne sinueuse de ces étoiles en regardant ce que nous nommons le quarré, comme un demi-cercle ouvert au nord. . . . . . La même méprise a eu lieu pour la balance. Ayant une fois appelé scorpion une constellation désignée par une belle étoile, on aura pris pour ses serres les deux étoiles qui étoient en avant, parce qu'elles étoient appelées χηλαι, et l'idée des serres a effacé l'idée primitive de bassin, en sorte que le mot balance ne s'est plus conservé que chez les savans. De même pour les hyades: elles s'appeloient ainsi du mot grec ὑειν qui signifie pleuvoir. Les latins crurent y voir un diminutif de ὑς, cochon; et ils les ont appelées *suculae*, marcassins. De même encore, on traduit toujours le mot *arcturus*, par queue de l'ourse, quoique cet animal n'ait pas de queue; mais c'est parce qu'on se trompe en prenant ουρα, queue, pour ουρος, gardien ou garde, en sorte que arcturus signifie garde-ourse, nom que nous donnons encore à toute la constellation, αρκτοφυλαξ, tandis que les Grecs conservoient toujours celui de βοωτης, comme si c'eût été le nom de l'homme.

(P. 96. l'ère des Perses. . . .) Les anciens Perses et Egyptiens avoient une même forme d'année, avec cette différence, que les derniers n'empêchaient par aucune intercalation, la leur d'être mobile, mais que les autres inséroient tous les 120 ans un mois de 30 jours, ce qui ramenoit leur neuruz ou premier jour de l'an, au même jour de l'année julienne, duquel il s'étoit écarté, de sorte que 120 années perses étoient égales à un pareil nombre d'années juliennes. Cette antique supputation du temps étoit intimement liée à la religion des mages dont les fêtes étoient, comme Hyde (1) le montre, attachées non-seulement à des jours fixes des mois, mais aussi à de certaines saisons de l'année. On découvre quelle étoit cette intercalation, par quelques fragmens d'auteurs persans (2) et arabes, que Golius a publiés. Chaque 120e année avoit 13 mois. Chaque fois, le mois intercalaire avançoit d'un mois, en sorte que d'abord, étant inséré entre le 1er et le 2e mois, au bout de 120 ans il tomboit entre le 2e et le 3e, 120 ans après entre le 3e et le 4e, et ainsi de suite, en retenant toujours le nom du mois qu'il suivoit immédiatement. Ainsi en 12 × 120 = 1440 ans, il parcouroit toute l'année persique. Les jours complémentaires, musteraka ou volés, étoient toujours ajoutés au mois intercalaire; et dans les années communes, ils étoient à la suite du mois dont le dernier mois intercalaire avoit reçu le nom. Cette méthode d'intercalation consacrée par la religion, se maintint aussi long-temps que la religion même. Le 16 juin de l'an 632 de notre ère, dans le courant duquel le roi Jezdegird III monta sur le trône, fut le commencement d'une des années persiques intercalaires. Les jours complémentaires tombèrent alors à la fin du 8e mois, et y restèrent fixés

(1) Hyde, Histor. Relig. vet. Pers. Cor. Q. Magor. ox. 1700.

(2) Not. in Alfergan.

pour toujours. Car les Perses, sous ce roi, furent soumis en 654 par les califes arabes qui leur firent embrasser la religion mahométane. L'usage de l'ancienne année persique se perpétua, dit-on, chez les Parsis ou Guèbres de la Perse et de l'Inde; mais personne ne songea plus à l'intercalation, en sorte que, depuis lors, le neuruz, comme le 1 thoth de l'ancienne année égyptienne, parcourut peu à peu toute l'année julienne. Et ainsi, les jours complémentaires gardèrent toujours la place qui leur avoit été donnée dans la dernière intercalation. C'est par ces années, que compte l'ère de Jezdegird ou des Perses, souvent mentionnée par les astronomes orientaux. Les Perses donc, depuis Jezdegird, eurent une double période intercalaire, une petite de 120, et une plus grande de 1440 ans. La dernière étoit appelée en leur langue Sal-Chodaï, l'année de Dieu (1). En l'an 632 depuis la naissance de J. C., finissoit la 8e petite période; par conséquent la plus grande doit avoir commencé 960 ans plus tôt, c'est-à-dire 329 ans avant la naissance de J. C. Or, comme on ne peut pas supposer, vu la liaison étroite du culte antique avec la méthode d'intercalation, qu'elle n'ait été reçue qu'alors, il faut, dit Fréret (2), remonter d'une période de 1440 ans plus haut, et placer l'établissement de l'ère persique dans l'année 1769 avant la naissance de J. C. Mais il n'est nullement vraisemblable que les Perses aient connu sitôt l'année julienne, qui est la base essentielle de cette ère. N'ont-ils pas renouvelé, peut-être dans l'année 329, où, après le meurtre de Darius et la punition de Bessus, ils paroissent avoir reconnu Alexandre pour leur légitime souverain, leur grande période intercalaire qui étoit écoulée déjà en partie, pour éterniser par une nouvelle ère, la mémoire d'une époque aussi importante pour eux? (3) Gatterer croit que primitivement les Perses ont eu une année vague sans intercalation; que sous les Séleucides, ils ont adopté la méthode d'intercalation décrite ci-dessus, et qu'ils ont repris, en 632, l'ancienne année vague; mais il ne justifie cette opinion par aucune preuve raisonnable.

Les astronomes arabes se servant pour leurs observations, de l'ère de Perse et d'Arabie (et plus rarement de celle des Séleucides et de celle de Dioclétien), et mon but étant principalement d'éclaircir cette partie de la chronologie, qui peut intéresser les astronomes curieux de mettre à profit les observations des anciens, j'ajouterai ici, pour finir, une instruction aussi brève que claire, sur la manière de réduire les dates persiques et arabiques à la supputation julienne. Le neuruz de la première année persique est, comme je l'ai déjà remarqué, le 16 juin 622 après la naissance de J. C. Dans les 670 années suivantes de l'ère, il re-

(1) A ce qu'assure Scaliger, De Emend. Tempo, L. IV, Hyde dit n'avoir trouvé cette expression dans aucun auteur persan. Hist. R. V. p.

(2) De l'anc. an. des Perses, O. C. T. XII.

(3) Abriss. der chronologie.

cule jusqu'au 31 décembre, de sorte que les années 669 et 670 commencent dans une année de notre ère, la première, le 1 janvier, l'autre, le 31 décembre. Il s'ensuit qu'il faut ajouter 631 ou 630 au nombre de l'année persique, selon qu'il est ou plus petit que 670, ou plus grand que 669, pour trouver l'année après la naissance de J. C., dans laquelle tombe le neuruz. Ainsi, l'an 347 persique reçoit 631, et 631 + 347 = 978; et pour 1178, 1178 + 630 = 1808; ce qui marque que les années 347 et 1178 commencent en 978 et 1808 de notre ère. Pour avoir le neuruz on n'a qu'à retrancher 1 du nombre de l'année persique, diviser le reste par 4; et soustraire le quotient, de 167 ou 168, selon que l'année de notre ère à laquelle appartient le neuruz, est commune ou intercalaire; cette règle est bonne jusqu'à l'an 669 inclusivement, le commencement de celui-ci coïncidant avec le 1 janvier. Et depuis 670, il faut retrancher 2 du nombre de l'année, diviser encore le reste par 4; et retrancher le quotient, de 167 + 365 = 532, ou de 167 + 366 = 533, selon que le neuruz tombe dans une année commune ou intercalaire. Dans les deux cas, le reste montre le jour courant du calendrier julien, jusqu'auquel le neuruz est reculé. Voici le calcul pour les années 307 et 1178 qui, comme je l'ai fait voir, commencent en 978 et 1808 après la naissance de J. C.

978 année commune.

$$347 - 1 = 346$$

$$\frac{346}{4} = 86$$

$$167 - 86 = 81.$$

Le 81e jour de l'année commune est le 22e de mars.

1808, année intercalaire. $1178 - 2 = 1176$. $\frac{1176}{4} = 294$; $533 - 294 = 239$ qui est le 239e jour de cette année intercalaire, ou le 26 août (vieux style), le seul dont il soit question ici.

L'ère de Nabonassar fournit un autre moyen de trouver la date julienne du neuruz. Car l'ère persique commençant 1379 années (de 365 jours chacune) et 90 jours plus tard (V. p. 96), il faut ajouter 1379 au nombre qui exprime l'année persique, considérer la somme comme exprimant une année de Nabonassar, et en calculer le commencement de la manière qui a été démontrée, p. 15, puis compter 90 jours de plus dans le calendrier. Ainsi, pour l'année persique 1178, voici quel seroit le calcul :

$1178 + 1379 = 2557$, année de Nabonassar qui commence en 1808, année intercalaire.

$$\frac{2557}{4} = 639 \quad (1) \qquad 788 - 639 = 149 \qquad 149 + 90 = 239.$$

C'est le 239e jour de l'année intercalaire ou le 26 août, comme ci-dessus. Un exemple suffira pour montrer comment on trouve à quelle date julienne répond une date persique. D'abord, il est nécessaire de savoir les noms des mois persiques; les voici avec l'indication des jours courans où ils commencent : fervardin. . . 1, ardbehischt. . . 31, khordad. . . 61, tir. . . 91, mordad. . . 121, scharir. . . 151, miliar. . . 181, aban. . . 211, jours complémentaires. . . 241, adar. . . 246, dei. . . 276, bahmen. . . 306, asfendarmed. . . 336. Ordinairement les Perses ajoutent le mot *mah*, mois à chacun.

(1) Soit donc le 19 khordad mah de l'an 347, le jour où Ebn-Jounis observa une éclipse de soleil au Caire. Ce jour est le 79e de l'année persique, le neuruz tombe, comme il a été démontré, au 81e jour de l'an 978 de notre ère. 80 + 79 = 159. Or le 159e jour de l'année julienne commune est le 8 juin. L'observation a donc été faite le 8 juin 978 après la naissance de J. C.

Les arabes comptent par mois lunaires de 30 et de 20 jours, alternativement, et par années lunaires vagues de 12 mois lunaires. Astronomiquement, 12 mois synodiques donnent 354 jours 8 heures et 48 minutes environ. Mais comme dans la vie commune on ne peut employer que des années composées de jours entiers, il faut nécessairement une équation pour ramener le commencement de l'année à la première phase de la lune.

Trente années de 354 jours font 10620 jours, et 30 années lunaires astronomiques, de la longueur qui vient d'être marquée, font 10631 jours. Ainsi l'année étant comptée de 354 jours, il faut insérer 11 jours dans l'espace de 30 ans, pour faire accorder l'année civile avec le ciel. Cela se fait de la manière suivante : toutes les fois que l'excès (2) de l'année lunaire astronomique, sur 354 jours, c'est-à-dire 8 heures 48 minutes accumulées d'année en année, monte au-delà de 12 heures, on intercale un jour, c'est-à-dire qu'on donne 355 jours à l'année. C'est ce qui arrive aux années 2, 5, 7, 10, 13, 16, 18, 21, 24, 26 et 29 du cycle de 30 ans, lesquelles, pour cette raison, sont des années intercalaires. Le jour intercalé s'ajoute au dernier mois qui, par ce moyen, contient 30 jours. La table suivante montre combien de jours se sont écoulés à la fin de chaque année du cycle intercalaire de 30 ans.

(1) Notices et extraits des manuscrits de la bibliothèque du Roi, T. VII.

(2) Comme à la fin de la 15e année, l'excès sommé donne juste 12 heures, il est indifférent de faire de la 15e ou de la 16e année du cycle, l'année intercalaire; en effet, les Arabes prennent tantôt l'une, tantôt l'autre pour intercalaire. V. Ulug-Beig, Epochæ celebriores.

Années.	*Jours.*	*Années.*	*Jours.*	*Années.*	*Jours.*
1 .	354.	11 .	3898.	21 . .	7442.
2 .	709.	12 .	4252.	22 .	7796.
3 .	1060.	13 .	4607.	23 .	8150.
4 .	1417.	14 .	4961.	24 .	8505.
5 .	1772.	15 (1)	5315.	25 .	8859.
6 .	2126.	16 .	5670.	26 .	9214.
7 .	2481.	17 .	6024.	27 .	9568.
8 .	2835.	18 .	6079.	28 .	9922.
9 .	9189.	19 .	6733.	29 .	10277.
10 .	3544.	20 .	7087.	30 .	10601.

J'ai déjà remarqué que les Arabes comptent leurs années de la fuite de Mahomet, et que l'époque de cette ère, nommée hégyre, répond au 15 juillet de l'an 622 depuis la naissance de J. C. Cela posé, je vais montrer, par deux exemples, comment on trouve la date julienne, avec laquelle commence une année donnée de l'hégire. Supposons que nous voulions avoir le commencement de l'année 367? divisons le nombre 366 par 30, le quotient 12 est le nombre des cycles intercalaires écoulés, et le reste 6 est la dernière année écoulée du 13ᵉ cycle. Or, puisque le cycle intercalaire contient 10631 jours, et que de son commencement à la fin de la 6ᵉ année, il s'écoule 2126 jours, 366 ans contiennent donc $12 \times 10631 + 2126 = 129698$ jours. Ces jours doivent être comptés de l'époque de l'ère, en allant jusqu'à la fin de l'an 366. Pour faciliter ce calcul, je propose la méthode suivante que l'on trouvera juste et expéditive : 170 jours de l'an 622 de notre ère, appartiennent à l'hégyre ; avec cela, comptez les 365 jours de l'an 623, et les 366 de l'an 624, vous avez pour somme 901 jours qui s'écoulent de l'époque de l'hégyre, à la fin de l'an 624 ; retranchez cette somme de jours du nombre précédent, et vous aurez 128797 jours, à compter depuis la fin de notre 624ᵉ année jusqu'à la fin de l'an 366 de l'hégyre. Or, quatre années juliennes consécutives faisoient 1461 jours ; divisez donc 128797 par 1461, le quotient 352 multiplié par 4, montre les années entières; et le reste 229, les jours excédents. On obtient donc ainsi $352 + 624 = 976$ années de notre ère, et 229 jours. L'an 977 est une année commune, et le 229ᵉ jour de l'année commune est le 17 août. Donc l'an 366 de l'hégyre finit le 17 août 977 ; et l'an 367 commence avec le jour suivant.

Proposons-nous maintenant de trouver la date julienne à laquelle répond le com-

(1) Quand la 15ᵉ année est intercalaire, la somme des jours et de 5316.

mencement de l'année 1223 de l'hégyre? 1223 — 1 = 1222 qui, divisé par 30, donne le quotient 40, et le reste 22 ; 40 × 10631 + 7796 = 433036, qui, diminué de 901, fait 432135 ; divisant celui-ci par 1461, on a le quotient 295, et le reste 1140. Or, 295 × 4 = 1180 ; dans le reste 1140, sont 3 années de 365 jours (les 3 premières années avant la 4e, par la somme desquelles on divise 1461, sont des annés communes) On a donc 1180 + 3 = 1183, et 1140 — 3 × 365 = 1140 — 1095 = 45 jours, et 624 + 1183 = 1807 ans; or, le 45e jour de l'année est le 14 février. L'an 1222 de l'hégyre finit donc le 14 février 1808 ; et l'an 1223 commence avec le 15 février, vieux style, en mettant l'époque de l'hégyre au 16 juillet, ce qui se fait dans la vie civile chez les Mahométans. Le commencement de l'an 1223 coïncide au 16 février (vieux style), ou au 28 février (nouveau style) de notre année 1808. On n'a pas besoin de faire ce calcul, quand on a l'édition des *Epochœ celebriores* d'Ulugbeig, par Greaves, ou l'art de vérifier les dates, ou le Playfair's system of chronology (Edimburg, 1784, fol.) sous la main, car on trouve dans ces ouvrages une table des jours où commencent les années arabes. Il sera actuellement aisé de trouver la date julienne à laquelle répond une année arabe donnée. Pour cela, sachons d'abord les noms des mois arabes. Je les ai mis avec l'indication des sommes de jours écoulés au commencement de chacun de ces mois :

Moharram, safar 30; rabi premier 59; rabi second 89; joumadi premier 118; joumadi second 148 ; rejeb 177 ; schaaban 207; ramadan 236 ; schenal 266 ; deulcaada 295 ; deulhaja 325.

Soit, par exemple, à trouver la date julienne du 29 schenal 367, où Ebn-Jounis a fait l'observation dont j'ai déjà fait mention? L'an 366 finit, comme nous avons vu, avec le 229e jour de notre 977e année. Jusqu'à schenal, il s'écoule 266 jours de l'année, on a donc pour le 29 schenal de l'an 367, le jour 229 + 266 + 29 — 365 = 159 de notre 978e année. Or, le 159e jour de l'année commune est le 8 juin. Le 29 schenal tomba donc au 8 juin de l'an 978, et c'est effectivement à ce jour que répond le 8 haziran de l'an 1289 de l'ère des Séleucides, marqué par Ebn-Jounis, le 14 bouneh (payni) de l'an 694 de l'ère de Dioclétien, et enfin, comme je l'ai montré plus haut, le 19 khordadmah de l'an 347 persique.

Dans les calculs astronomiques, les Arabes commencent le jour avec les Syriens, les Alexandrins et les Perses, au matin, ensorte que les dates mentionnées ci-dessus courent parallèlement entr'elles sans être plus avancées l'une que l'autre. Leur jour civil commence au soir. Enfin, pour trouver encore la férie, ou le jour de la semaine qui correspond à une date arabe (car les Arabes le marquent dans toutes leurs observations) ; comptez le nombre des jours écoulés depuis le commencement de l'hégyre, jusqu'à la date en question inclusivement. S'il s'agit, par exemple, du 29 schenal 367, on a, suivant ce qui est dit ci-dessus, 129698 +

266 + 29 = 129993 jours. L'époque de l'ère des Arabes, où le 15 juillet 622 coïncide avec la cinquième férie, ou le jeudi. Le 8e, le 15e, le 22e, et chaque 7e jour suivant de l'hégyre sera aussi la cinquième férie. Par conséquent, si l'on divise par 7 les jours écoulés depuis le commencement de l'ère jusqu'à une certaine date, le reste 1 donne toujours le cinquième jour, et les restes 1, 2, 3, 4, 5, 6, 0, correspondent aux féries 5, 6, 7, 1, 2, 3, 4. Or, puisque 129993 divisé par 7, donne le reste 3, le 29 schenal est, comme Ebn-Jounis le marque, la 7e férie, c'est-à-dire un samedi; car les Arabes comptent les jours de la semaine comme nous.

Dissertation de M. Buttmann,

Sur celui des mois mæmacterion et pyanepsion qui précède l'autre (1).

Le savant auteur des recherches sur les observations astronomiques des anciens, a déjà remarqué l'incertitude où l'on est sur celui de ces deux mois qui précède l'autre dans l'année attique; et quoiqu'il eut, avec ses prédécesseurs une preuve mathématique pour sa conviction, il a cru devoir laisser la décision de ce point aux antiquaires qui, jusqu'à présent, ne s'en sont point occupés, quoiqu'on ait fait bien d'autres découvertes sur des minuties qui ne le méritent pas autant.

La première question qui se présente naturellement, est de savoir si les grammairiens grecs, même modernes, nous ont transmis quelque instruction puisée dans les premières sources sur l'ordre des mois? Henri Etienne, dans l'appendix de son Trésor, nous a donné une table des mois attiques, tirée d'un vieux lexicon manuscrit. Cette source est d'autant moins suspecte, qu'elle a fourni aussi les noms et le rang des mois de plusieurs autres nations grecques et non grecques, lesquels s'accordent parfaitement avec ce qu'on sait là-dessus par d'autres voies.

Les noms des mois chez les Athéniens sont : hecatombaiôn ou cronios, qui est septembre, metageitnion ou octobre, pyanepsion ou décembre, maimacterion ou janvier, lenæon ou poseideon, qui est février, gamêlion ou mars, anthestérion ou avril, elaphebolion ou mai, mounuchion ou juin, thargêlion ou juillet, skirophorion qui est août.

Il manque un mois à cette table, comme Etienne même l'a remarqué, mais son

(1) Les amateurs de l'antiquité grecque nous sauront gré de la dissertation suivante qui nous a été communiquée par M. Buttmann, professeur et bibliothécaire à Berlin.

Ainsi parle M. Ideler, et d'après son témoignage, j'ai traduit, à la suite de son ouvrage, cette dissertation dont j'ai élagué les longueurs inutiles, qui ne font que détourner l'attention de l'objet en question; comme j'ai supprimé la plupart des citations grecques et latines, et tous les mots arabes qui se trouvent dans l'original allemand de M. Ideler, on pourra, à l'aide des renvois et des indications que j'ai eu soin de donner d'après lui, les lire et les confronter dans les auteurs cités. H.

autorité n'en doit pas paroître moindre pour cela. L'ordre des mois romains assigne à ce mois, qui est boëdromion, sa place dont personne ne doute. Le copiste, égaré par la finale brios, *bre*, d'octobre, aura cru avoir écrit novembre et l'aura ainsi omis avec boëdromion. Nous ne devons pas non plus nous inquiéter de ce que les noms des mois romains, ajoutés aux grecs, ne s'accordent pas avec l'ancienne année attique dont le mois hetatombæon commençoit vers le solstice d'été. Ce qui nous importe ici, c'est le rang des mois. Le grammairien moderne l'a tiré des anciens, mais il a emprunté leur explication par le calendrier romain, de son temps, ou d'un temps peu éloigné de lui; ensuite le premier jour de l'année attique a changé de place et a été porté vers l'équinoxe d'automne; nous en avons plusieurs indices qu'il est inutile de rapporter ici.

Cette table est parfaitement d'accord avec une autre qui a été trouvée dans un ancien manuscrit de Ptolémée, et que Selden a publiée dans ses *Marmora oxoniensia.* On y voit aussi les mois de cinq autres nations dans leur juste série. A ces autorités, j'en ajouterai une autre qui est d'un poids généralement reconnu. C'est celle d'Harpocration, qui dit dans l'article de son Lexicon, sur les dix orateurs d'Athènes : « Maimacterion est le cinquième mois chez les Athéniens. Il est ainsi nommé de Jupiter Maimacte, qui signifie *troublé*, *passionné*, à ce que dit Lysimachidès, dans son livre sur les mois attiques, parce que l'hiver commençant dans ce mois, l'air se trouble et souffre un changement. »

Tout le monde convient que dans toutes les variations du calendrier attique, du moins depuis Méton, l'année a toujours commencé avec hécatombæon, et que la série des autres mois, à l'exception des deux en question, est bien connue. On sait très-certainement que boëdromion étoit le troisième, et posideon le sixième mois. Or, maimacterion vient d'être déclaré le cinquième, donc pyanepsion est le quatrième. Et ce qui fortifie beaucoup le témoignage d'Harpocration, c'est qu'il a suivi un plus ancien écrivain qui avoit fait un ouvrage sur les mois attiques, où il n'est pas douteux que maimacterion ne fût le cinquième. Enfin, je citerai à l'appui de ce que je dis, Suidas, qui a compilé les grammairiens ses devanciers, et qui déclare aussi maimacterion le cinquième mois.

Mais le témoignage de Ptolémée, cité par M. Ideler, p. 77, contredit tout cela. L'astronome grec rapporte deux observations astronomiques faites par Timocharis à Alexandrie. Elles appartiennent à deux années calippiques consécutives qui tombent dans la même année julienne. Il met l'une au 8 anthesterion, et l'autre au 6 pyanepsion, en remontant depuis la fin. Il fixe en même temps la date de la première au 29 janvier, et celle de la seconde au 9 novembre, par le moyen du calendrier égyptien que nous connoissons exactement. La dernière, cependant, ne suffiroit pas pour prouver la place de pyanepsion, parce qu'on peut ne pas savoir au juste en quel jour de cette année julienne le premier de l'année attique tomboit. Mais ce doute disparoît bientôt quand on les compare. Entre ces deux dates ainsi déterminées, il y a 283 jours; c'est précisément la somme des jours qui se trouvent entre ces deux points du calendrier grec, si pyanepsion est le cinquième mois. Et pour dissiper tout soupçon de quelqu'erreur sur cette détermination faite d'après des dates égyptienne, M. Ideler m'assure que les phénomènes dont il s'agit sont effectivement arrivés cette année, le 29 janvier et le 9 novembre. Il ne peut pas y avoir eu d'intercalation d'un mois du calendrier attique dans cet intervalle en cette année, car posideon, après lequel elle se faisoit toujours, est hors de l'intervalle de ces deux points. Scaliger a voulu justifier l'assertion des grammairiens, en disant que dans la période calippique le mois intercalaire étoit placé après skirophorion, parce que ce mois est le dernier de l'année attique. Il tire sa preuve de ce que Méton, à l'intercalation de qui Calippe n'a rien changé, comme nous avons vu (p. 78), a transporté le mois intercalaire, de la place où nous le trouvons dans les temps les plus anciens et les plus modernes, (p. 77, et 78). Mais cette preuve est mauvaise, car elle repose sur un fait très-invraisemblable, en ce qu'aucun réformateur de calendrier ne s'écartera de la coutume vulgaire, sans une grande nécessité astronomique, au moins dans une chose aussi importante que l'est l'intercalation d'un mois entier. Il ne restoit donc plus que de dire que Ptolémée avoit pris pyanepsion au lieu de maimacterion. Mais cela est réfuté par l'accord de quelques autres passages. Le plus important est celui d'Aristote, qui marque ainsi le temps du rut des cerfs : « leur accouplement (1) se fait après arcturus, vers boëdromion et maimacterion. » Non-seulement il est contre toute vraisemblance que cette expression puisse valoir pour trois mois de temps dont ces deux seroient les extrêmes; mais le sens en est fixé par un autre endroit où il dit que la plupart des accouplemens se font en thargélion et skirophorion. Un autre endroit prouve moins que ces deux : c'est celui où il parle des oiseaux de passage, et où il dit que les plus foibles espèces partent plus tôt que les plus fortes; ainsi les cailles émigrent avant les cigognes, puisqu'elles s'en vont en boëdromion, et celles-ci en maimacterion. On voit bien qu'ici Aristote a choisi les époques les plus éloignées, dans lesquelles ces oiseaux font leur départ, et séparées l'une de l'autre par un mois entre les deux nommés, un espace de six semaines suffit ici, et je n'opposerois pas, comme Pétau, l'expérience qui montre effectivement que l'on voit les cigognes partir un mois après les cailles (2).

(1) Hist. nat., L. VI, 29.

(2) Le Grec moderne, Theodorus Gaza, s'appuie principalement sur ces deux passages, pour dire que pyanepsion est après maimacterion (et il a dressé là-dessus sa table des mois, reconnue fausse aussi pour anthesterion), dans son livre des mois, à la fin de sa grammaire, et qu'on trouve dans l'Uranologion de Pétau qui l'a suivi, ainsi que la plupart des modernes, fondés sur le passage de Ptolémée.

A ces preuves que maimactérion précédoit pyanepsion, j'ajoute qu'on n'a pas encore pu produire de témoignage d'aucun auteur ancien qui prouve aussi clairement, pour le rang assigné par les grammairiens, que le premier de ceux d'Aristote pour le contraire. Le plus fort est celui de Plutarque, dans la vie de Démosthene. Il y est dit que Démosthene n'a pas joui long-temps de son rappel honorable, à cause des troubles survenus dans la Grèce, qui occasionnèrent, en metageitnion, la bataille près de Cranon; qu'en boëdromion, une garnison macédonienne fut mise dans le port athénien de Munychie, et qu'en pyanepsion (1), Démosthene qui, pendant cette révolution, s'étoit enfui d'Athènes, fut tué à Calaure. Vraiment il n'y a pas ici de nécessité qui empêcheroit qu'entre ces deux derniers événemens, il ne pût s'être écoulé un mois encore, outre ceux qui sont nommés. Mais on ne peut pas nier cependant que le ton du récit paroît représenter ces trois mois, comme tous trois immédiatement consécutifs. Pour prouver la briéveté du temps pendant lequel Démosthene fut rétabli publiquement, il ne falloit que les deux faits extrêmes. La garnison de Munychie ne paroît évidemment jointe à l'énoncé du mois, ici où elle n'étoit pas nécessaire à l'exposé complet des événemens publics, sinon pour faire remarquer la succession des événemens de mois en mois. Mais entre le passage de Ptolémée et le premier d'Aristote, s'il n'y a pas de faute, on ne peut pas alléguer une semblable raison.

Il en est à peu près de même d'une autre tirée du récit de la bataille d'Arbèle, par Arrien (Hist. Alex. 3). Les lecteurs n'ont pas besoin qu'on leur rappelle qu'un peu avant cette bataille arriva une éclipse de lune, par le moyen de laquelle l'histoire est encore en état aujourd'hui de déterminer, avec certitude, l'époque de ce fait. Arrien le raconte en lui en assignant une qui ne s'accorde ni avec lui-même, ni avec les autres historiens. Il fait (C. 7.) arriver Alexandre à Thapsaque sur l'Euphrate en hécatombæon, sans indiquer le moins du monde qu'il se soit arrêté là ou en route, traverser la Mésopotamie et passer le Tigre. Pendant le court séjour qu'il y fit, arriva cette éclipse, d'après laquelle son devin Aristandre lui prédit la victoire dans ce même mois. Ensuite il décrit la bataille d'Arbèle, et il termine en ces mots : « Telle fut la fin de cette bataille, sous l'archontat d'Aristophane à Athènes dans le mois pyanepsion, et Aristandre prédit que, dans ce même mois où la lune s'éclipsa, Alexandre livreroit bataille et remporteroit la victoire. » Ce passage n'admet aucune autre explication, sinon que l'éclipse et la bataille sont arrivées en pyanepsion. Dès-lors on ne voit pas ce qu'est devenu le temps depuis l'arrivée sur l'Euphrate. Mais nous savons certainement, comme je l'ai déjà dit, que les autres historiens, qui placent l'éclipse et la bataille en boëdromion, ont raison,

(1) Je ne vois pas ce qui embarrasse ici : après la bataille de Cranon, en metagitnion, Démosthene s'est sauvé en pyanepsion, avant que la garnison macédonienne fût mise à Munychie, en boëdromion; ainsi pyanepsion seroit toujours avant maimacterion. H.

et quoique l'intervalle de temps depuis hécatombæon reste dans l'obscurité, nous mettrons cela sur le compte du narrateur, qui n'est pas un des meilleurs de l'antiquité, et qui n'a pas assez indiqué quelque séjour pendant la marche. Il est d'ailleurs visiblement en erreur sur pyanepsion, quoique Corsini dise qu'il faut l'entendre des trente jours dans quelques-uns desquels, qui appartenoient à boëdromion, l'éclipse s'est faite; et dans les autres qui étoient de pyanepsion, la bataille s'est livrée; explication qui n'est guère astronomique, mais que ce savant ne donne, contre son opinion, que pour faire accorder ce récit avec celui des historiens postérieurs. Elle n'est pas recevable, la bataille s'étant donnée onze jours après l'éclipse, et par conséquent en boëdromion; mais cette erreur même d'Arrien donne lieu à un bon argument. Car si maimacterion est entre boëdromion et pyanepsion, est-il croyable qu'on ait fait une faute aussi grossière que celle de mener jusqu'à la fin de novembre la campagne d'été d'Alexandre, qui comme nous le savons historiquement et astronomiquement, finit en boëdromion (septembre)? (1)

Voilà quelles sont les preuves les plus claires tirées des écrivains même, en faveur des deux opinions. Celles qui prouvent que maimactérion précédoit pyanepsion, me paroissent avoir le plus de poids.

Il reste une autre sorte de preuves tirées des inscriptions lapidaires. Elles sont, sans contredit, les plus importantes quand elles sont décisives, parce qu'il est difficile de les soupçonner de fausseté. Car quel gouvernement ou quel particulier voudroit laisser subsister une inscription sur une pierre où on aurait marqué un mois pour un autre? Jusqu'à présent, on n'en a encore produit que deux qui sont claires, et présentent nettement pyanepsion. On peut les lire dans Spon et Corsini. Toutes deux contiennent un catalogue des noms des préfets, des ephébes, à Athènes, de deux différentes années du temps des empereurs. Ces gymnasiarques qui changeoient tous les mois, y sont nommés, suivant l'ordre des mois, à commencer de boëdromion. Voici le commencement de cette série de mois, tirée des deux inscriptions:

En Boëdromion, Nymphodote.
En pyanepsion (2), Demetrius.
En maimacterion, Sympheron (3).

Et ainsi de suite, jusqu'à metagitnion de l'année attique suivante.

(1) Voyez ce que j'ai dit sur cette bataille, et sur la preuve qu'elle fournit, dans ma dissertation préliminaire. H.

(2) Pyanopsion, attique, pour pyanepsion. A ces inscriptions on peut en joindre une troisième que l'on peut lire dans les Marm. oxon., 1763, fol. p. 2, p. 15. Elle est, à en juger par sa teneur, des temps postérieurs aussi, et elle contient une suite des mois attiques, qui s'accorde avec celles que nous venons de rapporter. On ne l'a pas encore employée, du moins que je sache, à cette recherche.

(3) Corsini, II, p. 171.

En Boëdromion, Jule Euphranor, commandant à Marathon.
En pyanepsion, Demetrius, fils de Marc.
En maimacterion, Symmaque (1).

Ces inscriptions sont véritablement aussi décisives qu'il est possible dans ce genre de recherches. Mais parce qu'on croyoit ne devoir accorder aucune autorité au passage astronomique de Ptolémée, quoique soutenu par d'autres, il ne restoit plus aucun autre moyen que de recourir à une supposition. C'est celle que Corsini présente (p. 403). On sait qu'Adrien fut honoré comme un second Thésée, par les derniers Athéniens, parce qu'il avoit cherché à rétablir, autant que cela étoit possible, le lustre de cette ville. On sait que cet empereur assista, l'an 132, dans Athènes, aux fêtes d'Eleusis qui se célébroient, comme on sait encore, en boëdromion. Or, on suppose pour qu'Adrien, qui probablement ne pouvoit pas y séjourner plus long-temps, pût assister encore aux fêtes qui tomboient en pyanepsion, qu'on a mis ce mois avant maimacterion, et que depuis ce moment ce nouvel ordre des mois s'est maintenu. Cette ville fournit en effet un exemple semblable de flatterie, même dans des temps plus anciens, où suivant le témoignage de Plutarque, lorsque Demetrius, à son retour d'Asie, se trouvoit à Athènes en anthesterion, on lui fit l'honneur de déclarer que, cette année, ce mois seroit boëdromion, afin que ce prince pût être initié aux mystères d'Eleusis.

Nonobstant cet exemple, supposons qu'après la fête de ces mystères, on n'ait pu résister à l'envie de montrer encore à Adrien, les thesmophores; et supposons encore que, pour cela, on ait transposé les mois : cet exemple plus ancien suffit-il pour faire croire que ce changement ait pu se maintenir malgré l'habitude du peuple, accoutumé depuis tant de siècles à l'ordre qu'on renversoit? On dira qu'on l'a fait en l'honneur d'Adrien; on lui auroit fait plus d'honneur en donnant son nom à un mois. Mais je veux le croire; comment est-il possible qu'aucun historien n'en ait parlé, quoique cela fût très-important pour la chronologie? Comment Harpocation, qui vivoit immédiatement après Adrien, a-t-il si absolument perdu de vue l'époque de ce changement, lui qui, dans son Lexicon destiné à éclaircir les anciens orateurs d'Athènes, pouvoit déterminer maimacterion par la forme du calendrier introduite depuis peu d'années? Et que peut-on dire de Corsini, qui a cru détruire l'autorité du passage cité d'Arrien, contemporain d'Adrien et des Antonins, par un échange pareil de son temps et de celui d'Alexandre?

Je crois qu'on abandonnera cette supposition pour une meilleure preuve que voici : Chandler, dans ses Inscript. antiq. Oxon. 1774, trouva, dans une maison d'Athènes, une inscription à laquelle il reconnut tous les caractères de la plus haute antiquité. Le marbre qui la portoit, étoit un reste des tables de Solon. Il déploroit en Angleterre d'avoir négligé de regarder s'il n'y avoit pas un trou pour

(1) Cors. II, p. 183.

le bâton qui la portoit, comme un pivot sur lequel elle tournoit. Nous lui pardonnons volontiers cette petite négligence. Il nous suffit qu'il ait jugé l'inscription d'une antiquité indubitable ; il devoit s'y connoître, et il s'y connoissoit assez bien sans doute, puisqu'il y voyoit le siècle de Solon. Je dirai seulement que le Γ y est marqué par Λ, Λ par L, H au lieu de ', O pour ου et ô, ΠΣ pour Ψ, et autres preuves que ce monument est du temps de Solon, et n'est guère postérieur à l'inscription sigéenne. Il est en lettres initiales, et les petites y manquent. Il établit la durée d'un temps sacré pendant certains mois en ces mots :

« Le temps des libations, du commencement (1) du mois metageitnion, pendant » boëdromion, et de pyanepsion jusqu'au dixième de ce mois. »

S'il restoit encore quelque doute que pyanepsion est ici mis comme suivant immédiatement boëdromion, il seroit levé par un autre endroit de cette inscription, qui marque trois mois dans leur ordre connu ; que les libations sont du mois gamélion depuis le commencement, pendant antesterion, et depuis elaphebolion jusqu'au dixième de ce mois. »

Cette inscription n'a pas besoin de commentaire pour prouver que pyanepsion suit immédiatement boëdromion, et par conséquent précède maimacterion. C'est ce qu'en somme prouvent les meilleurs témoignages.

J'ai, à la vérité, condamné l'opinion qui prétend qu'il y a erreur dans le texte de Ptolémée, où pyanepsion est mis pour maimactérion, et ma raison étoit qu'Aristote dit dans l'un de ses passages, que l'accouplement se fait vers boëdromion et maimacterion, et dans l'autre, qu'il commence vers thargélion et skirophorion. Or, il y a bien de la différence entre se faire et commencer. Le premier marque la durée du temps du rut ; et l'autre, le commencement. Ainsi Aristote ne s'est pas trompé en assignant trois mois à cette durée, ni en donnant un mois pour le commencement. Il faut donc avouer qu'il y a erreur de nom dans Ptolémée, ou adopter l'hypothèse de Scaliger. Mais pour ceci, il faudroit de plus fortes raisons.

Pour conclure, je rapporterai quelques témoignages qui sont moins convaincans que ceux que j'ai développés. Aristophane, dans les thesmophories au milieu de pyanepsion, fait dire à un chanteur : « Il paroîtra bientôt, car il commence à chanter, mais en hiver, les tourbillons ne s'écouleront pas bien, s'il ne vient pas au soleil. » C'étoit donc un mois d'hiver? Comment cela peut-il convenir à pyanepsion, surtout dans ces contrées méridionales, si c'étoit le quatrième mois de l'année répondant à notre octobre. Mais le mot grec d'hiver ne signifie pas l'hiver seulement, il signifie aussi orage, tempête, grosse pluie, qui arrivent bien en

(1) Le mot αρχομηνια ne se trouve, que je sache, dans aucun dictionnaire ; Chandler a mal vu, sans doute, et il y a sur le marbre Διχομηνια.

octobre. Ce passage prouve seulement qu'Aristophane commençoit à avoir froid en pyanepsion. Et Plutarque disant que Thésée est revenu de Crète à Athènes, le 7 pyanepsion, avec l'automne, montre bien par-là que ce mois étoit notre octobre.

Diodore (L. III. 47.) raconte que dans les contrées méridionales voisines du golfe arabique, les sept étoiles de la grande ourse, jusqu'à la première garde, ne se voient pas depuis le mois que les Athéniens appellent maimacterion; et jusqu'à la seconde, en posideon, et ainsi, quant aux autres, consécutivement. .... Le reste est aussi difficile que ceci à entendre philologiquement et astronomiquement. Ces mots : quant aux autres, signifiant les autres mois consécutifs, montrent que les deux nommés ici sont sans intermédiaire, et que maimacterion est après posideon. J'ajoute, à l'appui de cette opinon, une table, toute fautive quelle est, sous d'autres rapports, que Tretzes a faite pour Hésiode, des mois de plusieurs nations avec assez de justesse, et de ceux des Athéniens en ces termes: les mois des Athéniens sont hécatombæon, lênæon, kronion, boëdromion, pyanepsion, maimacterion, anthesterion, poseideon, gamelion, elaphebolion, mounuchion, skirophorion. »

Voilà bien douze mois bien comptés, mais metageitnion et thargelion y manquent dans les places qu'ils occupent sans aucun doute. Au lieu du premier sont deux autres noms l'un après l'autre, qui sont des surnoms d'autres mois, kronion d'hécatombæon, et lenæon de posideon, suivant l'opinion reçue. Anthesterion est déplacé; pyanepsion, au contraire, est juste entre les deux mois entre lesquels il doit être comme nous le savons actuellement.

Epiphanius (*Haeres.* 51. 24.) met la naissance de J. C. et son baptême, suivant les calendriers de plusieurs peuples, au 6 janvier à côté du 6 maimacterion, et au 8 novembre à côté du 7 metageitnion. Si metageitnion répond à novembre, et maimacterion à janvier, il ne reste une place entre deux, que pour boëdromion; et pyanepsion sera après maimacterion : mais le lecteur se rappellera que dans la table des mois donnée ci-dessus, de H. Etienne, maimacterion est mis avec janvier, et metageitnion avec octobre. Ainsi la différence entre l'une et l'autre table (1), doit faire juger que la faute est du côté de celle de tzetzes.

Kuster cite un passage du Lexicon inédit de Photius, au mot maimacterion de Suidas, dans lequel il y a deux articles, l'un : « Maimactérion, quatrième mois chez les Athéniens, a été ainsi nommé de l'appétit pour la vigne, car la desirant, c'est-à-dire se jettant sur elle, ils l'ont foulée et ont fait du vin. » L'autre se trouve aussi dans Harpocation et Suidas, mais au lieu du mot *cin-*

(1) Nous avons ainsi évidemment, par l'une et l'autre, des determinations prises de cette ère postérieure qui avoit rapproché l'époque de l'année attique, de l'équinoxe d'automne.

quième, il y a une lacune qui fait voir que le compilateur voyant dans le manuscrit qu'il a copié; le mot *cinquième*, n'a pas voulu l'écrire, parce qu'il le trouvoit contradictoire avec le mot *quatrième* de l'article précédent où le changement de *quatrième* en *cinquième* ne feroit rien, puisque le foulement de la vendange se fait en octobre. Mais on a le choix entre cette étymologie ridicule donnée par un grammairien du Bas-Empire, et la notice raisonnable donnée par le savant Harpocration d'après Lysimachidès.

Plutarque (de Isid. et Osir.) parle du mois alexandrin athyr, et du mois attique pyanepsion, comme étant le même, dans lequel tombe le temps des semailles déterminé par les pléiades. Mais athyr répond à notre novembre, dans lequel se fait effectivement le coucher cosmique des pléiades; ce qui paroît être trop tard pour le 4e mois. Mais comme le montre M. Ideler, le 1 hécatombæon tomboit ordinairement après le solstice d'été, et pouvoit ainsi aller jusqu'au milieu de juillet, pyanepsion comme quatrième mois, pouvoit souvent commencer vers le 20 octobre; et le mois alexandrin athyr commençoit le 28 octobre. Il est vrai que cela ne suffit pas pour déterminer pyanepsion par le moyen d'athyr; mais il n'y a pas non plus de raison pour regarder Plutarque ou l'auteur qu'il a suivi, comme un homme bien instruit en matière de mathématiques et de critique.

(P. 70.) A l'occasion des mois *ενη και νεα*, ancien et nouveau, je dirai que cette impression resta longtemps dans les esprits, même après l'introduction d'un mois lunaire fixe. Je crois pouvoir l'inférer d'un passage de Démosthène (Mid.): le chicaneur Midias veut tendre un piége à son juge arbitre Straton. Il devoit se présenter au prytanée dans le courant du mois où Straton étoit juge. Midias choisit pour cela le dernier jour des fonctions des arbitres, lequel jour est de thargelion ou de skirophorion, et dans lequel venoit un seul des juges arbitres, mais il ne vint point, et Midias le fit condamner pour cette négligence.

Devroit-on, d'après ce passage, conclure que le mois naturel étoit toujours le civil, et que le jour *ενη και νεα*, véritablement ambigu, étoit la vraie nouvelle lune astronomique? Mais bien d'autres passages s'y opposent. Mon sentiment là-dessus est que les lois avoient fixé l'ancien mois incommode, et au lieu de l'*ενη και νεα* avoit introduit un dernier jour ordinaire *τριακας*, et un premier ordinaire *νεομηνια*. Or, avec le nom, s'effacent pour toujours les anciennes idées, quoique le peuple ne s'en déshabitue guères, surtout quand il s'y joint des exemptions de travaux. L'*ενη και νεα* pouvoit être le jour où cessoient toutes les fonctions qui duroient pendant tout le mois. La lettre de la loi obligeoit chaque personne publique de faire sa charge ce jour-là, comme étant un des jours du mois. Sans cela, Straton n'auroit pas été condamné. Mais cette obligation, qui venoit de Solon, étoit tombée en désuétude. On paroissoit si l'on vouloit, ou si l'on en étoit spécialement chargé; les magistrats fermoient les yeux si l'on y manquoit. Mais un chicaneur faisoit observer la lettre de la loi à force d'argent. Il est naturel qu'ici Démosthène s'appuie sur l'usage ou l'abus ordinaire, car il parle pour Straton dont il plaide la cause.

EXTRAIT DE L'ANALYSE

DES RECHERCHES HISTORIQUES DE M. IDELER

SUR LES OBSERVATIONS ASTRONOMIQUES DES ANCIENS,

TRADUIT DE L'ALLEMAND DE M. LE BARON DE ZACH (1).

De toutes les connoissances humaines, la chronologie est la plus sujette à erreur; aucune n'est accompagnée de plus d'incertitudes, et il n'en est point qui inspirent moins de confiance. Autant de nations, autant d'ères différentes. Nous pourrions compter jusqu'à quatre-vingt-dix-sept systèmes de chronologie, sans y comprendre ceux qui sont moins connus, ni ceux des nations détruites, des Carthaginois, par exemple, dont les annales ont péri avec eux. On ne trouve nulle part une méthode constante pour supputer les temps. On voit bien que tous les peuples ont fait des efforts pour se régler sur la marche de la nature; mais ces efforts sont restés imparfaits ou impuissans, parce que le ciel sembloit bientôt les contredire. Le moyen, en effet, dans un âge où l'on ne connoissoit pas la véritable longueur de l'année, d'assigner au temps une mesure ou invariable ou infaillible? A peine en avons-nous une qui soit certaine depuis 200 ans qu'on y travaille avec tous les avantages que le calcul fournit à ceux qui s'en occupent. Et toutefois, quoique nous fassions, nous ne parviendrons jamais à déterminer l'âge véritable du monde. Les opinions sont tellement partagées sur ce point entre les meilleurs chronologistes, qu'ils diffèrent de près de deux mille ans que les uns lui donnent de plus et les autres de moins.

Combien de fois les Romains n'ont-ils pas réformé leur ère? Ils y étoient bien forcés, puisqu'elle n'étoit pas liée avec le ciel, ni dirigée par le calcul; c'est néanmoins celle dont la forme s'est maintenue le plus long-temps, puisqu'elle n'a été changée que par Jule-César.

Newton a dit que toute chose a sa place, dans le temps, suivant l'ordre de succession; et dans l'espace, suivant l'ordre de position. Ce peu de mots contient toute l'essence de la chronologie. Des événemens qui se passent sur la terre peuvent être falsifiés, oubliés ou transportés hors de leur temps et de leur place.

(1) Monatliche correspondenz zur Erd-und Himmelskunde, februar, merz, und april, 1807.

Mais ceux qui arrivent au ciel ne peuvent jamais être controuvés, ni perdus, ni déplacés. C'est pour cette raison que l'astronomie, indépendamment de son utilité pour l'agriculture, la navigation, et les autres besoins de la vie civile, est la seule lumière de la chronologie, la seule qui puisse nous éclairer dans l'étude de l'histoire. Il n'y a point de temps sans espace, point d'espace sans mouvement; et suivant les lois éternelles de la nature, le mouvement dans l'espace détermine le véritable cours du temps.

Quand l'histoire ne nous auroit pas dit qu'à Rome, le jour de la mort de Romulus, on vit une éclipse de soleil, on sauroit toujours par le calcul astronomique que cette éclipse est arrivée le 26 mai de l'an 714 avant l'ère chrétienne (ou la naissance de J. C.). Si l'Almageste de Ptolémée ne nous avoit pas transmis le nom de l'astronome grec Timocharis, nous ne saurions pas, à la vérité, qu'il a existé un astronome de ce nom, ni qu'il a observé l'occultation de l'épi de la vierge par la lune dans la 294e année qui précéda la naissance de J. C.; mais nous saurions bien par le ciel, sans la tradition de Ptolémée, que ce phénomène arriva et fut visible à Alexandrie, le 9 mars de cette année.

Les éclipses de soleil et de lune ont toujours été pour les hommes de tous les temps, un spectacle d'admiration ou d'effroi; elles ont plus excité leur attention que tous les autres phénomènes de la nature. Et si aujourd'hui encore, au milieu des lumieres dont nous sommes entourés, on regarde le calcul d'une éclipse et la justesse avec laquelle les astronomes la prédisent, comme la preuve des progrès, de la vérité et de l'exactitude de la science astronomique, peut-on s'étonner que des historiens, dans des temps d'ignorance, aient remarqué ces phénomènes dont l'annonce les frappoit si vivement? Et devons-nous être surpris qu'ils les aient conservés comme la pierre de touche de la vérité historique? Toutes les fois qu'ils nous ont ainsi transmis des événemens humains liés à des phénomènes célestes par l'identité de temps, ils nous ont donné la clé de la solution du problême de leur véritable place dans la série des temps. Ainsi, par exemple, une éclipse de lune nous fait connoître le jour de la bataille de Gaugamèle, ou d'Arbèles, comme d'autres l'appellent. Cette éclipse est arrivée, selon Plutarque dans la vie d'Alexandre, onze nuits avant cette bataille. Or nous trouvons, par nos calculs astronomiques, qu'en l'an 331 avant la naissance de J. C., une éclipse de lune a eu lieu dans la nuit du 20 au 21 septembre. Cette éclipse ne peut être que celle dont Plutarque a parlé. Cette bataille a donc été livrée le 1 octobre suivant de cette même année.

Lorsque de pareils monumens nous manquent de la part du ciel, nous sommes incertains du temps de bien des faits importans. C'est ainsi que les chronologistes ne peuvent s'accorder sur le jour où Alexandre est mort, parce que les historiens n'ont marqué cet événement par aucun phénomène céleste.

L'astronomie non-seulement nous donne les dates des faits historiques, mais encore nous enseigne à fixer dans l'histoire les diverses manières de compter les temps, leurs époques et leurs ères. Ainsi Ptolémée raconte dans son Almageste, qu'en l'année 880 de l'ère de Nabonassar (1) il a observé à Alexandrie, dans la nuit du 20 au 21 du mois payni, une éclipse totale de lune. Et le calcul astronomique nous apprend que cette éclipse s'est faite le 6 mai de l'an 133 de l'ére chrétienne; d'où il est aisé de trouver en quelle année, relativement à notre ère, il faut placer l'époque importante du commencement de l'ère de Nabonassar, à laquelle Ptolémée rapporte toutes ses observations. L'astronomie détermine même les époques des faits particuliers, et celles où commençoient les années dans lesquelles ils sont arrivés. Ainsi un ancien historien français rapporte que le 13 janvier de l'an 1013, il a vu une éclipse de soleil. Le calcul astronomique donne bien une éclipse de soleil au 13 janvier, mais de l'an 1014. Et cette circonstance nous prouve que cet historien commençoit l'année, non avec janvier, mais à Pâques ou à l'Annonciation, comme ce fait nous l'apprendroit, si nous ne le savions pas d'ailleurs.

Quant un historien est exact dans le récit qu'il fait des phénomènes célestes, il est à croire qu'il l'est également dans celui des événemens politiques. Cette induction n'est jamais trompeuse. Les historiens sont souvent si peu attentifs, si incertains, si superficiels, qu'ils négligent de marquer les années et les jours des événemens considérables. L'astronomie seule peut les redresser. Ainsi Pline rapporte une éclipse de lune et une de soleil une année trop tard. L'astronomie rectifie l'erreur, et remet la première au 4, et la seconde au 19-20 mars de l'an 71 de J. C. Ce qui étoit auparavant obscur et douteux, devient ainsi tout à la fois clair et certain.

Les historiens français racontent que quelques semaines avant la mort de l'empereur Louis-le-Débonnaire, il se fit une éclipse totale de soleil, la veille de l'Ascension. Cette éclipse ne peut être que celle du 5 mai 840, et nous connoissons par ce moyen l'année où ce prince est mort. Nous trouvons dans une vieille chronique un fait remarquable arrivé dans le mois de mars de l'an 1010 de J. C., en même temps qu'il se fit une grande éclipse de soleil. Les calculs astronomiques nous découvrent que, dans ce mois, il arriva trois éclipses de soleil, l'une le 29 mars 1009, la seconde le 18 mars 1010, et la troisième le 7 mars 1011. Mais quelle est celle de ces trois éclipses qui signalera cet événement? Une simple considération astronomique décide la question. Ces trois éclipses furent à la vérité toutes visibles en Europe; mais la première fut très-petite et à peine sensible. La troisième aussi petite ne fut guère aperçue qu'en Espagne; mais la seconde, qui fut

(1) Art de vérifier les dates, vol. 1.

très-grande et vue dans toute l'Europe, fut même centrale pour la France. C'est donc cette seconde qui détermine la date de l'événement dont il s'agit, au 18 mars de l'an 1010.

Souvent un historien s'égare, parce qu'il n'a aucune connoissance de l'astronomie. Ce ne sera pas l'histoire, mais l'astronomie qui le remettra dans le chemin de la vérité. L'historien anglais, Roger de Howeden, dit qu'en l'année 755 de J. C., la lune éclipsée cacha l'œil du taureau (aldebaran). Sethus Calvisius trouve dans son ouvrage chronologique, qu'il y a bien eu cette année une éclipse de lune, mais nulle occultation de l'œil du taureau, puisque cette étoile étoit alors à 11 degrés loin de la lune. Le hollandois Struyk a, pour cette raison, retranché cette éclipse de son catalogue. Mais Lambert remarque que l'on ne doit pas la rejetter, quoique ses circonstances ne conviennent pas à cette étoile, attendu qu'il pouvoit bien se faire que l'historien, étranger à l'astronomie, eût pris une étoile, ou même une planète, pour l'œil du taureau. En effet, il prouve, par le calcul, que ce phénomène est véritablement arrivé, avec cette différence, que l'astre caché par la lune éclipsée n'étoit pas l'œil du taureau, mais la planète de jupiter prise pour aldebaran.

Quand donc l'histoire présente de pareils faits, il faut distinguer d'abord si le phénomène cité par l'historien étoit de nature à être facilement vu par toutes sortes de personnes qui ont pu en être autant de témoins; telle est, par exemple, une éclipse de soleil ou de lune; alors il n'y a aucun doute à élever. Mais s'il s'agit de rencontres d'astres ou d'autres particularités qui arrivent au ciel, sans que la plus grande partie des hommes s'en aperçoive, il faut une grande connoissance de l'astronomie pour en être instruit, et employer les meilleures méthodes des modernes pour les calculer.

Si un historien rapporte un fait céleste qui n'est pas visible, comme, par exemple, un équinoxe, un solstice, une opposition, on ne peut s'en assurer que par le calcul astronomique, ou par la connoissance du calendrier. Et dans ce cas, ce ne sont pas les meilleures tables astronomiques qu'il faut prendre pour faire la vérification, mais seulement celles qui alors étoient généralement en usage pour la construction des calendriers ou almanacs. Par exemple, Mélanchton datant une de ses lettres de l'an 1541, et du jour de l'opposition des planètes saturne et mars; si l'on veut savoir quel jour il veut indiquer, la question n'est pas de déterminer le jour où elle est véritablement arrivée, mais de chercher le jour marqué par les astronomes de ce temps là, dans le calendrier d'où cet auteur l'a vraisemblablement prise. Or, comme du temps de Mélanchton, les astronomes se servoient des tables pruténiques de Reinhold, il faut aussi s'en servir pour calculer ce dont il s'agit ici; et l'on trouve par ce moyen que la vraie date de cette lettre est le

16 février 1541, parce que ce jour-là ces tables marquent saturne sur 20 degrés de la balance, et mars sur 20 degrés du bélier.

Les phénomènes célestes dont nous venons de parler, ne sont rapportés par les historiens qu'en passant, et qu'autant qu'ils ont un intérêt historique, et qu'ils méritent que l'histoire en fasse mention. Mais on en trouve d'autres qui sont décrits avec le plus grand soin par les astronomes de l'antiquité, et ce sont ceux-là qui méritent toute l'attention de l'astronome.

Ptolémée (L. III,) a déjà remarqué que, pour déterminer les mouvemens périodiques des corps célestes, il faut, autant qu'il est possible, comparer les anciennes observations avec les nouvelles, pour distribuer sur une plus longue suite d'années les fautes inévitables dans les observations, et affoiblir par là leur influence sur chaque année en particulier. C'est ainsi que Halley, avant que la théorie de la gravitation universelle en rendît raison, avoit découvert l'accélération du moyen mouvement de la lune. C'est ainsi que M. Laplace a trouvé l'équation séculaire de l'anomalie de la lune, ou le rallentissement séculaire de son apogée, tiré des observations de Ptolémée, parfaitement d'accord avec sa propre théorie (Mémoires de l'Institut, T. II). Aussi en a-t-il déduit une confirmation indirecte de la juste détermination des masses de ces deux planètes. C'est ainsi encore que Lalande a conclu des observations d'Hipparque, la longueur de l'année tropique, avec une justesse qui ne pouvoit s'obtenir que de la comparaison de plusieurs observations, à une aussi grande distance les unes des autres (1).

Puisque les observations des anciens sont d'une utilité si importante pour l'astronomie, l'Almageste de Ptolémée, mérite plus que tout autre ouvrage qu'on l'étudie avec soin; car il est le seul dépôt des observations anciennes, et sur lui repose tout l'édifice de l'astronomie moderne. Seul, il nous a conservé celle des anciens, en passant par les mains des Arabes au travers de la barbarie du moyen âge, jusqu'à nous; et c'est à lui seul qu'on peut avoir recours, pour s'instruire de l'état où étoit l'astronomie il y a plus de 2000 ans. Sous tous ces rapports, il doit être non-seulement étudié et médité, mais encore répandu et mis à la portée de tous les amateurs de la science, par les éclaircissemens dont il a besoin en plus d'un endroit. Mais comment se fait-il qu'il ait été privé de l'avantage qu'ont eu la plupart des autres mathématiciens de l'antiquité, d'être traduits par des hommes capables de les bien rendre? Les Clavius, les Commandin, les Barrow, les Torelli, n'ont pas manqué à Euclide, à Archimède, ni à Apollonius, qui sous leur main parlent un latin pur et intelligible, dont la clarté témoigne que ces traducteurs entendoient les auteurs qu'ils interprétoient.

Ptolémée a été plutôt défiguré que représenté dans les traductions latines qui en

(1) Ces exemples confondent l'ignorance ou l'envie qui prétendent qu'une traduction de l'Almageste est inutile aujourd'hui. H.

ont été publiées. Soit ignorance de la langue grecque, ou ignorance de la matière traitée dans cet ouvrage, soit plutôt la trop grande difficulté de ses hypothèses, pour le commun des lecteurs ou des interprêtes, il n'a été ni bien entendu ni bien rendu par ses traducteurs latins. Les Arabes paroissent ne l'avoir guère mieux compris, à en juger par leur version travestie en un langage encore plus barbare que celui de la version latine faite sur le grec. Il est vrai que l'Almageste est en lui-même rempli d'obscurités inexplicables, et il a fallu que Théon, venu 200 ans après Ptolémée, fît un volume deux fois aussi gros pour les expliquer. Mais jusqu'à présent, les commentaires de Théon, écrits en grec comme l'Almageste, n'ont pas été traduits, et les explications qu'ils renferment y resteront cachées jusqu'à ce qu'il se trouve un homme assez instruit pour joindre la connoissance des mathématiques à celles des langues anciennes, assez laborieux pour les employer à donner, en une langue moderne, la traduction de ces deux grands ouvrages (1).

Nous sommes entrés dans ces détails, pour faire connoître à nos lecteurs la nécessité de conserver cette source de la science astronomique, et la difficulté inséparable du travail qui tend à en rendre la communication plus facile et plus sûre. L'objet de l'ouvrage de M. Ideler, c'est la chronologie de Ptolémée éclaircie par le calcul et prouvée par les passades des anciens auteurs qui s'y rapportent ; c'est ce qui rend ces recherches aussi utiles à l'historien curieux de connoître l'antiquité, qu'à l'astronome qui veut vérifier les anciennes observations, parce qu'elles renferment les élémens de la chronologie, exposés avec un ordre et une clarté vraiment mathématique. Quoique M. Ideler ait beaucoup étudié les ouvrages de Scaliger, de Pétau, de Marsham, de Dodwell, de Fréret, et de bien d'autres chronologistes, il ne faut pas croire que ses recherches ne soient qu'une compilation de tous ces auteurs. Son travail est neuf; il n'a rien emprunté d'eux ; ses idées sont à lui, et il ne s'est traîné sur les pas de personne. Il a rectifié des erreurs trop accréditées, fixé le sens des endroits obscurs, équivoques ou embrouillés; facilité la pratique des réductions compliquées des temps avec laquelle l'astronome doit être avant tout bien familiarisé; enfin il a répandu le jour sur des matières dont, jusqu'à lui, les travaux des savans n'avoient fait qu'augmenter l'obscurité.

Les anciens astronomes n'avoient pas l'avantage d'une mesure uniforme du temps qui fût généralement adoptée. Privé de ce secours, Ptolémée a dû commencer par réduire les différentes ères des nations, dont il empruntoit les observations, à une manière constante et générale d'en assigner les dates dans une ère et dans une forme d'année bien connue. Il a choisi l'ère de Nabonassar et l'année

(1) Avec le temps, le désir des astronomes, si bien exprimé par M. de Zach, sera satisfait. Je publierai ma traduction française de Théon, après celle des opuscules de Ptolémée, dont j'ai déjà fait paroître le grand ouvrage en notre langue. H.

égyptienne. M. Ideler les a comparées avec les autres ères et les autres sortes d'années dont Ptolémée fait mention, et il y a joint celles des Perses et des Romains dont cet auteur ne parle point, avec des éclaircissemens et des corrections sur le texte souvent obscur de l'original grec.

Ptolémée emploie les années égyptiennes de 12 mois de 30 jours chacun, avec une addition de 5 jours à la fin de l'année. Il compte ces années de l'ère de Nabonassar, à laquelle, par les observations astronomiques qu'il y a liées, il a donné une certitude dont aucune autre manière de supputer les temps, usitée chez les anciens, ne peut se glorifier. Son époque ou le premier jour de la première année de Nabonassar, qui est le 1er thoth, est unanimement placée par tous les chronologistes qui, sur tout autre point, sont rarement d'accord entr'eux, au mercredi 26 février de l'année 3967 de la période julienne, ou de l'année 746 avant celle de la naissance de J. C., l'année de cette naissance n'étant ordinairement pas comptée par les astronomes (ce qui fait l'année 747 avant J. C., en comptant celle où il est né.)

Pour soumettre cette vérité à une nouvelle épreuve, M. Ideler choisit la plus ancienne des observations rapportées dans l'Almageste. C'est celle d'une éclipse de lune arrivée le 29 thoth de la 27e année de Nabonassar au soir. Il la calcule d'après la dernière édition de nos tables du soleil, et d'après celles de la lune par Mayer, perfectionnées par Mason, qui se trouvent dans la 5e édition de l'astronomie de Lalande. Si l'époque énoncée ci-dessus de la première année de Nabonassar est juste, la date de cette éclipse de lune doit répondre au 29 mars 721 avant la naissance de J. C. M. Ideler trouve effectivement, par le calcul dont il expose tous les élémens, que la lune a été éclipsée totalement le soir de ce jour; que cette éclipse a dû commencer à 7 heures 30' du soir, et être à son milieu à 9 heures 24' pour Babylone, où elle a été vue par les Chaldéens. Suivant Ptolémée, elle a commencé une heure après le lever de la lune à Babylone, ou $4\frac{1}{2}$ heures avant minuit, et elle a été à son milieu 2 heures après son commencement : ce qui s'accorde parfaitement avec le calcul de M. Ideler, et confirme de nouveau l'époque établie généralement pour l'ère de Nabonassar.

On voit (dit M. Ideler), que Ptolémée, dans son calcul astronomique, compte toujours les heures d'un midi à l'autre, etc. Il le dit lui-même expressément dans le troisième livre. Quelques différences qu'il y ait entre les peuples anciens pour l'époque des jours civils, l'usage des heures est uniforme chez tous; car ils donnèrent 12 heures au jour naturel ainsi qu'à la nuit, en le commençant au lever du soleil, en le finissant au coucher, et en continuant de compter depuis le coucher jusqu'au lever, de sorte que le midi tomboit au commencement de la septième heure du jour, et minuit au commencement de la septième heure de la nuit. Mais ces heures sont de différente longueur, suivant la différence des saisons et des nations, et pour cette raison ne se prêtent pas au calcul astronomique qui suppose une division uniforme du temps. Le besoin qu'on a dû bientôt en éprouver, fit naître nos heures, dont chacune est $\frac{1}{24}$ du nycthémère, ou de la révolution journalière apparente du soleil. Ces deux sortes d'heures se trouvent souvent dans les auteurs grecs, sous les noms de temporaires et d'équinoxiales; et il est particulièrement nécessaire, pour l'intelligence de l'Almageste, de se faire une idée de leur rapport.

Les heures temporaires étoient en usage dans la vie civile : c'est pourquoi elles sont mieux appellées civiles. Les heures équinoxiales ont reçu ce nom, soit de ce qu'elles sont mesurées par le mouvement égal du cercle équinoxial, soit de ce qu'au temps des équinoxes, les heures civiles du jour et de la nuit sont égales. Comme elles doivent leur origine à l'astronomie, et qu'elles ne sont passées que tard dans l'usage civil par le moyen des horloges, on peut aussi les appeller astronomiques. Elles se comptent de midi au midi suivant, au nombre de 24, consécutivement de la 1re à la 24e, sans interruption (1).

M. de La Place trouvant dans Ptolémée $70^d\ 37'$ à Alexandrie, pour l'élongation moyenne de la lune au soleil, au commencement de l'ère de Nabonassar, suppose avec les chronologistes, cette époque de temps pour Paris, à $22^h\ 8'\ 39''$, temps moyen du 25 février de l'an 746 avant J. C. Ensuite il calcule cette élongation pour ce moment, par les tables du soleil et de la lune (5e édition de l'astronomie de Lalande.) Il la trouve de $68^d\ 59'\ 27''$, sans avoir égard à l'équation séculaire de la lune; il en conclut que cette équation est de $1^d\ 37'\ 33''$. « Celle que j'ai tirée, dit M. de La Place, de la loi de la pesanteur universelle, est de $1^d\ 40'\ 20''$; ajoutant celle-ci aux $68^d\ 59'\ 27''$ des tables actuelles, on trouve $70^d\ 39'\ 47''$ qui ne surpassent que de $2'\ 47''$, les $70^d\ 37'$ de Ptolémée. Si l'on augmente de $4''\ 7'$ par siècle, le mouvement synodique actuel, cette élongation devient $70^d\ 37'\ 54''$, plus

(1) Dans les équinoxes, l'heure temporaire est toujours égale à l'heure équinoxiale, parce que 12 heures temporaires qui sont la longueur du jour équinoxial, divisées par 12, donnent $1^h = 1^h$ de la nuit. Mais les 16^h du plus long jour, à Paris, étant divisées par 12, donnent $1\frac{1}{3}$ heure équinoxiale pour l'heure temporaire de jour au solstice d'été, ou de nuit au solstice d'hiver; et $\frac{2}{3}$ d'heure équinoxiale pour l'heure temporaire de jour au solstice d'hiver, ou de nuit au solstice d'été. Donc généralement, on n'a qu'à prendre, pour un jour quelconque de l'année, la différence entre 12 et le nombre qui exprime la longueur de ce jour dans le climat ou pays dont il s'agit, et diviser cette différence par 12 : le quotient est toujours la différence ou équation entre l'heure temporaire de ce jour et l'heure équinoxiale. Ainsi, pour le jour qui est de 15 ou 18 heures, c'est-à-dire pour les climats de 15 ou 18 heures, je prends 3 ou 6, différences entre 15 ou 18, et 12; je divise 3 ou 6 par 12; le quotient $\frac{1}{4}$ ou $\frac{1}{2}$ montre que pour le jour où le climat est de 15 heures, l'heure temporaire de jour est de $1\frac{1}{4}$ heure éq. et que pour le climat de 18 heures, l'heure temporaire de jour est de $1\frac{1}{2}$ heure éq. Leurs heures de nuit sont pour l'un, $\frac{3}{4}$ heure éq., et pour l'autre, $\frac{1}{2}$ heure éq. pour Paris, $16 - 12 = 4$. Or $\frac{4}{12} = \frac{1}{3}$, donc 1^h t. de jour y est en été $1^h\frac{1}{3}$ éq. car $\frac{12}{3} = 4$ qui, ajoutés à 12, font 16. H.

grande seulement de 54" que celle de Ptolémée. On ne devoit pas espérer un si parfait accord..... » Mais il prouve évidemment combien est exacte l'élongation marquée par Ptolémée, et par conséquent qu'il n'y a aucun doute à élever sur cette date de la 1ère année de Nabonassar au 26 février de l'an 746 avant J. C., (en prenant o pour l'année qui a précédé celle de la première année de notre ère.) (Mém. de l'Institut, tom. II, p. 134.)

On peut conclure de cette certitude de l'ère de Nabonassar, que Riccioli s'est trompé en mettant l'an 491 de l'ère de Nabonassar, à l'an 217 avant J. C., puisqu'il répond à l'an 258; que Lambert a tort de faire commencer l'an 2523 au 5 juin 1774, au lieu du 6; et qu'ainsi ses règles de réduction sont peu sûres; que Calvisius et Christmann sont souvent en erreur sur le jour dans les années de Nabonassar, et qu'enfin Lalande se plaint avec raison des incertitudes et des bévues des chronologistes, au sujet des dates des observations de mercure rapportées par Ptolémée, dont il vouloit se servir pour ses tables.

Pour réduire une année donnée de Nabonassar à celle qui lui répond dans la période julienne, il faut, suivant les règles que M. Ideler explique dans son ouvrage, mais trop étendues pour être répétées ici, ajouter à cette année nabonassarienne, les nombres marqués dans la table 1 suivante. La somme donne l'année p. julienne; et comme la première année de notre ère chrétienne tombe à l'an 4714 de cette période, on soustrait de ce nombre, l'année p. julienne trouvée, pour avoir les années avant J. C.; mais si cette année p. julienne est plus forte que 4714, on en retranchera 4713, le reste sera l'année après J. C.

TABLE Ire.

Années nabonassariennes. Depuis 1	jusqu'à	A ajouter aux années données de Nabonassar.
1.	227	3966
228.	1688	3965
1689.	3149	3964

(Exemple 1.) A quelle année de l'ère chrétienne tombe l'année 491 de Nabonassar, mal réduite par Riccioli?

R. 4714 — (491 + 3965) = 258 avant la naissance de J. C.

(Ex. 2.) A quelle année de l'ère chrétienne répond l'an 2254 de Nabonassar?
R. 2554 + 3964 — 4713 = 1805.

Il ne suffit pas de connoître l'année, il faut encore avoir le jour. Ainsi pour déterminer la date julienne du 1 thoth, il faut diviser le nombre de l'année nabonassarienne par 4, et retrancher le quotient, de 57 = 31 + 26 (nombre des jours écoulés depuis le 1 janvier jusqu'au 26 février). Le reste sera le jour courant de l'année julienne, avec lequel commence l'année égyptienne ou le 1 thoth. Si le quotient est 57, le reste 0 fait voir que le 1 thoth tombe au 31 décembre. Si le quotient est plus fort que 57, il faut le soustraire de 422 = 57 + 365, ou de 423 = 57 + 366, selon que l'année julienne, où tombe le 1 thoth de l'année nabonassarienne, est commune ou bissextile. Cette règle est bonne jusqu'à l'an 1688 inclusivement. Dès l'an 1689, si après la division il reste 2 ou 3, retranchez le quotient, de 787 = 422 + 365. Mais s'il reste 0 ou 1, on soustrait le quotient, de 788 = 422 + 366. Dans ce cas on obtient le jour courant de l'année julienne jusqu'auquel le 1 thoth est reculé. Appelant donc Q le quotient de la division du nombre de l'année nabonassarienne par 4, on peut comprendre toutes les règles dans les 3 tables suivantes :

TABLE II.

ANNÉES NABONASSARIENNES de 1 à 227.	ANNÉES JULIENNES courantes.
57 — Q	
57 — 57	= 31 décembre.

TABLE III.

ANNÉES NABONASSARIENNES de 228 à 1688.	
422 — Q	dans l'année commune
423 — Q	dans l'année bissextile.

TABLE IV.

ANNÉES NABONASSARIENNES depuis 1689 compris.	Quand la division laisse pour reste
787 — Q	2 ou 3
788 — Q	0 ou 1

TABLE V.

Janvier.	1	Septembre.	244
Février.	32	Octobre.	274
Mars.	60	Novembre.	305
Avril.	91	Décembre.	335
Mai.	121	Janvier.	366
Juin.	152	Février.	397
Juillet.	182	Mars.	425
Août.	213	Avril.	456

Dans les années bissextiles, il faut compter un jour de plus depuis mars.

Table VI.

Mois (1) *égyptiens.*

1 Thoth.	0 jours.	1 Phamenoth. . . .	180 jours.
1 Phaophi.	30	1 Pharmouthi. . . .	210
1 Athyr.	60	1 Pachôm.	240
1 Choïac.	90	1 Payni.	270
1 Tybi.	120	1 Epiphi.	300
1 Mechir.	150 total.	1 Mesor.	360

Dans l'année julienne bissextile, il faut compter un jour de moins.

A quel jour de l'ère chrétienne tombe le 1 thoth de l'an 887 de Nabonassar?

Suivant la table I, 887 + 3965 = 4852. Cette année est bissextile, car elle se divise par 4 sans reste. Retranchant 4713, reste l'an 139 après la naissance de J. C. En outre, 887 divisé par 4, donne au quotient 221 = Q. Par la table III, 423 — 221 = 202 jours courans. Or, par la table V, le 1 juillet tombe au 183ᵉ jour courant, l'année donnée étant bissextile; et 183 retirés de 202, laissent 19 (2).

Le 1 thoth de l'an 887 de Nabonassar a donc été le 20 juillet de l'an 139 de J. C., et non le 19, comme le dit à tort Christmann dans son Al-Fragan imprimé à Francfort, en 1590 (3). On trouvera par-là que Riccioli s'est trompé en mettant au 25 septembre 139, un équinoxe observé par Ptolémée le 9 athyr : M. Ideler et le ciel prouvent qu'il faut le placer au 26 septembre de cette année (4). Cette fausse réduction de Riccioli a induit en erreur Euler et Cassini, suivant M. Klemm, dans son livre intitulé : *Examen temporum mediorum secundùm principia astronomica et chronologica. Berolini* 1755, 8°.

A quel jour du calendrier julien commence l'année 2554 de Nabonassar?

Cette année est, comme nous l'avons déjà montré, l'an 1805 de J. C. Pour

(1) Ces noms égyptiens ont été étrangement défigurés par les Grecs, les Arabes et les Juifs. Ainsi, phaophi est pour ceux-ci baba. Regiomontan même appelle pharmouthi, bromadi, pornich; et phamenoth, chamant, comme il appelle Hipparque Abrachis, d'après les Arabes. Cela me feroit croire qu'il n'est pas vrai qu'il ait traduit l'Almageste sur le texte grec qu'il ne pouvoit pas assez entendre pour cela au bout de deux ou trois ans d'étude de cette langue, mais qu'il s'est ser.i de la traduction latine, faite sur la version arabe, pour faire son abrégé de l'Almageste. H.

(2) En effet, les années égyptiennes étant vagues, leur premier jour parcouroit tous les jours de l'année en 1460 ans = 365 × 4, à cause de chaque 4ᵉ année qui est bissextile. H.

(3) Car 214 jours au commencement d'août suivant, moins 202, laissent 12 jours qu'il faut compter en remontant du 31 au 20 juillet, qui est par conséquent le 1 thoth de cette année. H.

(4) Parce que, du 1 thoth au 9 athyr, on compte 69 jours; et 69 jours comptés du 20 juillet ou 1 thoth, tombent au 26 septembre. H.

trouver maintenant le jour du mois où cette année commence, on prend d'abord le quotient Q = 658. Par la table IV, 787 — 658 = 149 jours courans; et comme par la table V, 121 jours courans tombent au 1 mai, et qu'il reste encore 28 jours pour faire 149, il s'ensuit que le premier jour de cette année tombe au 29 mai, vieux style, et au 10 juin, nouveau style.

A quel jour du calendrier julien a commencé l'année 2557 de Nabonassar ?

Cette année répond à l'an 1808 : le quotient de sa division par 4 est 639. Par la table IV, 788 — 639 = 149. Par la table V, 121 tombe au 1 mai : ajoutant 28, on trouve encore le 29 mai ou 10 juin ; mais comme il y a eu un bissexte en 2556, il faut marquer un jour de plus : ce qui donne le 11 juin, nouveau style.

Pour appliquer ces règles aux données de Ptolémée, et mettre son exactitude à l'épreuve, nous allons en faire un double essai, d'abord par des moyens astronomiques, et ensuite par des autorités historiques.

Prenons d'abord, entre les observations astronomiques, celles de mercure par Ptolémée, et réduites à notre ère par Lalande qui les a calculées et les a trouvées d'accord avec l'état du ciel. Une de ces observations est du 20 mesor de l'an 886 de Nabonassar. Riccioli calcule cette époque au 29 mai 217 de J. C., et Lalande, au contraire, au 4 juillet de l'an 139. Quel est celui des deux qui se trompe ?

Par la table I de M. Ideler, 886 + 3965 = 4851 — 4713 = 138. Ainsi l'an 886 de Nabonassar est l'an 138 de J. C. Pour avoir le jour, je dis $\frac{886}{4}$ = 221 = Q. Par la table III, 422 — 221 = 201 jours courans juliens qui, avec 350 jours de l'année égyptienne au 20 mesor, font la somme de 551 jours courans. L'an 139 au 1 janvier fait 366 jours qui, retranchés de 551, laissent 185 jours de l'an 139. Ces 185 jours, par la table V, tombent au 4 juillet de l'an 139 de J. C., époque de cette observation, comme Lalande l'a trouvée par un calcul astronomique. Riccioli a donc tort.

Si l'année proposée de Nabonassar tombe avant la naissance de J. C., le calcul est le même. Par exemple :

A quel jour du calendrier julien tombe le 17 choïak de l'an 486 de Nabonassar ?

Par la règle de M. Ideler, 486 + 3965 = 4451 qui, ôtés de 4714, laissent 263 pour l'année avant J. C., dans laquelle celle de Nabonassar en question a commencé. $\frac{486}{4}$ = 121 = Q; 422 — 121 = 301 jours courans juliens + 107 jours au 17 choïac = 408 jours; — 366 jours au 1 janvier de l'an 262, restent 42 jours qui tombent au 11 février de l'an 262, parce qu'il faut remonter ici, avant J. C. Lalande a dit le 11 février de l'an 261, parce qu'il ne comptoit pas, comme les chronologistes, de l'an 1 ; mais comme les astronomes, de l'an 0.

2°. Actuellement nous choisirons parmi les historiens, Censorin (1), qui n'est postérieur que de cent ans à Ptolémée. Il devoit par conséquent bien connoître l'ère de Nabonassar. Or il dit (2) que le 1 thoth 986 tomboit au 25 juin de l'an 238 de J. C.; et cela se confirme par l'application de la règle de M. Ideler (3).

Les Perses plaçoient le 1 thoth de l'année 1380 de Nabonassar au 18 mars 632 après la naissance de J. C. Comme alors on employoit déjà l'ère chrétienne actuelle, introduite depuis 100 ans par Denis-le Petit (4), sa réduction ne devoit éprouver aucune cifficulté; et effectivement, en opérant par le calcul de M. Ideler, on trouve juste comme les Perses (5).

Alphonse, roi de Castille, ayant assemblé à Tolède les plus habiles astronomes de son temps, fixa, dans cette assemblée, le 1 thoth de l'an 2000 de Nabonassar, au 15 octobre 1251 de J. C. Et cela se trouve vérifié par la règle de M. Ideler (6).

Ce savant astronome a donné une table des premiers jours de toutes les années de Nabonassar, dans lesquelles ont été faites les observations que l'Almageste nous a transmises. Ils ont été trouvés par les règles qui viennent d'être exposées, et qui peuvent toujours servir à les faire retrouver. Nous laisserons recourir à cette table dans son ouvrage. Mais comme il est indispensable de savoir prendre le jour du mois d'une époque de Nabonassar, et même celui de la semaine en bien des cas, et que M. Ideler n'en parle pas, nous allons y suppléer.

Les années de Nabonassar sont toutes de 365 jours. Elles finissent donc toujours chacune au jour hebdomadaire (de même nom) auquel elle a commencé. Ainsi le 1 thoth de la première de ces années ayant été un mercredi ou quatrième jour de la semaine, il s'ensuit qu'en divisant l'année nabonassarienne donnée, par 7, et en ajoutant 3 au reste, on aura le jour de la semaine auquel elle a commencé. Si la somme surpasse 7, on en retranche ce nombre.

(1) Censorin a écrit sous le consulat d'Ulpius et de Pontianus, l'an 238 de J. C. Aucun écrivain de l'antiquité n'a été plus instruit que lui et Géminus, de la forme des années civiles. La plus grande précision et la plus grande exactitude règnent dans son ouvrage. Sans lui on ignoreroit les points les plus essentiels de la chronologie ancienne.

(2) De Die Nat., C. XXXI.

(3) $986 + 3965 = 4951 - 4713 = 238$, $\frac{986}{4} = 246 = 0$, $422 - 246 = 176$, dont la différence à 152 jours = 1 juin, est 24 jours qui, (table V) ajoutés au 1 juin, font le 25 juin de l'an 238 de J. C. Ainsi Censorin a raison, et la règle de M. Ideler est bonne. H.

(4) C'est bien cet abbé romain, moine, scythe de naissance, qui a imaginé cette ère vers l'an 530; mais c'est le vénérable Bède, au 8e siècle, qui l'a mise en vogue et établie comme on s'en sert aujourd'hui.

(5) $1380 + 3965 = 5345 - 4713 = 632$, $\frac{1380}{4} = 345$; $423 - 345 = 78$ jours qui, comptés du 1 janvier, tombent au 18 mars de l'an 632 de J. C H.

(6) $2000 + 3964 = 5964 - 4713 = 1251$. $\frac{2000}{4} = 500$; $788 - 500 = 288$ jours, dont 274 tombent au 1 octobre, et les 14 jours de plus, au 15 de ce mois. H.

(Exemple 1.) Les historiens disent que J. C. est mort un jour avant le 1 thoth de l'an 781 de Nabonassar : on demande quel est ce jour ?

R. 781 divisé par 7, laisse pour reste 4, à quoi ajoutant 3, la somme est 7. Cette année a donc commencé le septième jour de la semaine, lequel est un (1) samedi; et le jour précédent étant un vendredi, celui-ci est le jour de la mort de J. C.

(Exemple 2.) Joseph Scaliger dit (2) que l'an 2330 de Nabonassar a commencé le 24 juillet, second jour de la semaine, 1581 de J.C.; et cela est vrai, d'après les règles de M. Ideler (3).

Rien n'est plus aisé que de connoître les jours hebdomaires dans lesquels tous les autres mois égyptiens de la 1re année de Nabonassar ont commencé, quand on sait quel jour de la semaine a été le premier jour du premier mois de la première année de Nabonassar. Nous avons déjà dit que ce fut un mercredi ou le quatrième jour de la semaine; et puisque chaque mois égyptien a 30 jours, le 1 phaophi tombe au sixième jour de la semaine; le 1 athyr au premier jour, et ainsi de suite dans la table que voici (4) :

Table VII.

1 Thoth.	4	1 Phamenoth.	2
1 Phaophi.	6	1 Pharmouthi.	4
1 Athyr.	1	1 Pachôm.	6
1 Choïak.	3	1 Payni.	1
1 Tybi.	5	1 Epiphi.	3
1 Mechir.	7	1 Mesor.	5

Veut-on savoir maintenant pour toute autre année, à quels jours hebdomadaires commencent ces mois? Il n'y a qu'à chercher par les règles précédentes, d'abord le 1 thoth de l'année en question; ensuite par la règle que je viens d'expliquer, le jour hebdomadaire de ce 1 thoth. La différence de ce jour d'avec celui du 1 thoth dans cette table VII, est la même pour les premiers jours des autres mois. Ainsi, après avoir trouvé que le 1 thoth de l'année 2330 citée de Scaliger,

(1) Si le dimanche a commencé à midi du samedi, le jour précédent a commencé à midi du vendredi; et si on fait commencer le jour à minuit, le septième jour de la semaine sera toujours un samedi, et le jour précédent un vendredi.

(2) De Em. Temp., L. VIII.

(3) Car 2330 + 3964 = 6294 − 4713 = 1581. 2°. $\frac{2330}{4}$ = 582; 787 − 582 = 205 jours, dont 182 tombent au 1 juillet, et les 23 jours suivans au 24. 3°. $\frac{2330}{7}$ = 332 avec un reste 6, à quoi j'ajoute 3. Cela fait 9 dont je retranche 7; restent 2, c'est-à-dire le second jour de la semaine. H.

(4) Car 4 × 7 = 28 jours; 28 + 2 = 30. Donc comptant 30 jours depuis le mercredi, le 30e tombe au vendredi, le 60e au lundi, et ainsi de suite. H.

a été le 2ᵉ jour hebdomadaire ou un lundi, et celui de la table VII étant le 4ᵉ, les autres mois commencent donc aussi deux jours plus tôt que dans la table VII. Par exemple, phaophi, le 4; athyr, le 6, en retranchant 1 de la table, de 7 de la semaine, ou en remontant de deux jours, de 1 à 6, ou en disant $7 + 1 - 2 = 6$. Et comme chaque mois a 30 jours, il est aisé de trouver chaque jour de chaque semaine dans toute l'année.

Ce calcul des jours hebdomadaires est encore utile sous le rapport de la concordance qui doit exister entr'eux et ceux du calendrier julien. Quand elle ne s'y rencontre pas, c'est qu'on s'est trompé dans la réduction des années juliennes, et que l'on a manqué de compter le jour bissextile. Par exemple, nous avons trouvé que l'an 2554 est l'an 1805 de l'ère chrétienne, et que cette année a commencé le 29 mai (vieux style), ou le 10 juin (nouveau style). Comme 2554 divisé par 7, laisse pour reste 6; 3 étant ajoutés à ce reste, 7 retranchés de la somme 9, laissent 2 pour reste : ce qui fait voir que le 29 mai suivant le calendrier grec de Russie, ou le 10 juin suivant le calendrier latin ou grégorien, étoit cette année un lundi : et cela s'accorde avec nos almanacs. Mais si l'année grégorienne est bissextile, il faut prolonger d'un jour celui de la semaine. Ainsi l'année 2553 de Nabonassar est l'année chrétienne 1804, et tombe, suivant la règle de M. Ideler, au 30 mai (vieux style), ou au 11 juin (nouveau style). Cette année 2553, divisée par 7, laisse 5 qui, avec 3, fait 8, dont retranchant 7, reste 1. Le 11 juin de cette année seroit donc un dimanche, si l'année grégorienne 1804 n'étoit pas bissextile; mais parce qu'elle l'est, le 30 mai (vieux style) ou le 11 juin (nouveau style) de cette année 1804 doit avoir été un lundi, comme en effet on le trouve dans les almanacs.

Après avoir montré à réduire une date de l'ère de Nabonassar à la date julienne qui lui correspond, voyons comment on peut y ramener aussi celles qui sont marquées par les années comptées depuis la mort d'Alexandre-le-Grand, ou d'un autre prince, comme on les trouve quelquefois pour les observations des équinoxes par Hipparque et Ptolémée. Celles que l'ancien Théon a faites ne sont désignées que par les années d'Adrien.

Les années des rois ont remplacé celles de Nabonassar, au moyen d'une table en deux colonnes, où les rapports des unes aux autres se voyent dans les deux séries de nombre de ces colonnes.

Cette table existe encore, quoique Ptolémée n'en parle pas dans son astronomie : on la lui attribue, parce qu'elle se trouve dans un de ses opuscules, intitulé : *Tables manuelles*. Les astronomes grecs s'en servoient pour leurs calculs; ce qui est cause que George Syncelle, dans sa chronographie, l'appelle tantôt canon mathématique, tantôt canon astronomique. M. Ideler l'a donnée dans son ouvrage sous le titre de canon des rois ou des règnes. C'est ce qui nous dispense de le répéter ici. (Et ce que M. de Zach y ajoute d'après Théon, se trouvera dans la table même de Théon, qui sera donnée en entier dans un autre volume. La table de Ptolémée se termine à Antonin; celle de M. Ideler va jusqu'à Dioclétien inclusivement. Et l'on n'a besoin ici que de celle que M. Ideler a présentée et que l'on a vue ci-dessus.)

La première des deux colonnes de nombres donne les années de la durée de chaque règne; la seconde contient les sommes des règnes précédens et du règne vis-à-vis de chaque nombre. Ainsi le nombre 8 marque qu'Alexandre a régné 8 ans qui, avec les années écoulées à compter de la première de Nabonassar, font 424 ans.

A Philippe Aridée commence une nouvelle suite de nombres comptés de son avénement au trône. Pour rapporter celle-ci à celle de Nabonassar, il faut y ajouter le nombre 424. Ainsi à Auguste appartiennent les années depuis 294 jusqu'à 337; et joignant ce dernier nombre à 424, la somme 761 montre l'année de l'ère de Nabonassar dans laquelle Auguste est mort.

En comparant ces tables avec l'Almageste, on voit que ces années sont les années égyptiennes même par lesquelles on compte l'ère de Nabonassar. Pour s'en convaincre, M. Ideler prend, entr'autres exemples, la plus ancienne éclipse rapportée par Ptolémée, à la première année de Mardocempad. Pour avoir l'année correspondante de l'ère de Nabonassar, on n'a qu'à ajouter à cette première de Mardocempad, les 26 qui répondent à Jugæus, son prédécesseur, et la somme 27 est l'année même de Nabonassar indiquée par Ptolémée, conformément à son canon des rois.

Trois occultations d'étoiles fixes ont été observées par Agrippa et Ménélaüs, la 12ᵉ année de Domitien et la 1ʳᵉ de Trajan. Suivant le canon, ces années sont $404 + 12 = 416$; $420 + 1 = 421$, de Philippe Aridée; et en y ajoutant 424, on a 840 et 845 comme dans l'Almageste.

Ce n'est pas sans de bonnes raisons, que Ptolémée, en citant les observations, marque leurs années comptées suivant le canon des rois, et pour les calculer, les réduit à l'ère de Nabonassar. D'abord il vouloit être entendu du public qui, dans l'antiquité, datoit civilement par les années des rois; ensuite, comme les tables astronomiques de l'Almageste sont calculées sur l'ère de Nabonassar, il falloit que les temps fussent donnés en années de cette même ère. Généralement, les anciens astronomes paroissent avoir pris soin, pour plus de clarté, de marquer le temps de plus d'une manière.

M. Ideler, par un calcul qu'il faut lire dans son ouvrage, prouve invinciblement contre Fréret et Bailly, que la période caniculaire n'est pas de la même date que l'année égyptienne.

Et quand il prouve autrement que par les pyramides qu'il dit d'après Chazelles avoir leurs quatre faces tournées juste vers les quatre points du monde, que les anciens égyptiens connoissoient la longueur de l'année solaire, nous n'avons rien à opposer à ses raisons. Quant à ces pyramides, nous sommes obligés de le rappeler à des mémoires bien postérieurs, qui témoignent que les astronomes de l'expédition française en Egypte n'ont pas trouvé qu'elles fussent aussi bien orientées que Chazelles le prétend, mais qu'elles font avec ces quatre points un angle de 59′ 18″. L'erreur de Chazelles vient de ce qu'il s'est servi d'une mauvaise boussole de quatre pouces.

M. Ideler redresse Scaliger et Gatterer sur plusieurs fautes, et enseigne au P. Pétau ce que c'est que l'arc semi-diurne du parallèle de 15 $\frac{1}{2}$ heures, comme quand il est dit dans l'Uranologion, que sirius se lève à 15 $\frac{1}{2}$ heures, cela signifie qu'il va sur le parallèle où le plus long jour est de 15 $\frac{1}{2}$ heures (1).

(2) Riccioli a entraîné dans la même erreur que lui, Cassini (3) et Bailly (4), en confondant le pouce astronomique (ou doigt = 2′ 30″) qui est la douzième partie du diamètre de la lune, avec le pouce de la coudée, lequel est la vingt-quatrième partie de cette mesure. Or, cette vingt-quatrième partie avoit 5 minutes de longueur, suivant les astronomes chaldéens et arabes (5). Ainsi Ptolémée, en citant dans le 7ᵉ chapitre du livre XI, une observation chaldéenne de saturne, dit que cette planète étoit de 2 doigts au dessus de l'épaule australe de la vierge; et Cassini qui s'est servi de cette observation, fait de ces 2 doigts 5 minutes, au lieu de 10 minutes, c'est-à-dire la moitié moins qu'il ne faut. Des astronomes moins modernes, comme B. Walter, connoissoient bien cette différence : témoin ses *Observ. XXX, ann. a J. Regiomontano et B. Walther, Norimberg, Ed. J. Schoner, Norimb.* 154, *p.* 55.

L'année alexandrine avoit pour base le calendrier julien que les Grecs d'Alexandrie adoptèrent, 1° en y conservant les noms et la forme des mois égyptiens, et en y ajoutant tous les quatre ans un jour aux cinq jours complémentaires, pour l'année bissextile; 2°. en commençant leur année au 29 août julien. La table suivante montre à quel jour de l'année julienne commence chaque mois alexandrin. (Je la répète ici pour corriger quelques-uns de ses chiffres dans mon 1ᵉʳ vol. H.)

(1) Schaubach dit, dans son Histoire de l'Astronomie grecque jusqu'à Eratosthènes, que Géminus ne rapporte les instans des observations que d'une manière indéterminée par les mots matin et soir, à la manière de ses prédécesseurs, mais que Ptolémée y ajoute les heures; et M. de Zach prétend que ces heures n'indiquent pas les instans, mais les lieux des observations ou plutôt les parallèles sous lesquels elles ont été faites. H.

(2) Astr. ref. T. 1.

(3) Elem. d'astr. T. 1, p. 289.

(4) Hist. de l'astron. anc., p. 150, 178, 389.

(5) Edm. Bernard. De Mensur. et ponder., p. 195.

Thoth.	29 août.	Phamenoth.	25 février.
Phaophi.	28 sept.	Pharmouthi.	27 mars.
Athyr.	28 oct.	Pachôm.	26 avril.
Choïak	27 nov.	Payni.	26 mai.
Tybi.	27 déc.	Epiphi.	25 juin.
Mechir.	26 janv.	Mesor.	25 juillet.
		1er jour complémentaire.	24 août.

Pour changer, avec le secours de cette table, les dates alexandrines en dates juliennes, et réciproquement celles-ci en celles-là, il faut savoir quelle place occupe le 6e jour intercalaire, quand l'année ne commence pas le 29 août, mais le 30 : ce qui a lieu dans les années 2, 6, 10, etc. (en faisant = 1 la 1re avant J. C.) et dans les années 3, 7, 11, etc., après J. C. Les premières, divisées par 4, donnent le reste 2, et les autres, le reste 3. Si donc il s'agit d'une année alexandrine dont le 1 thoth tombe dans l'une de ces années avant ou après J. C., il faut porter toutes les dates avant le 4 phamenoth, qui alors coïncide avec le 29 février, à un jour dans le calendrier julien, de plus qu'il n'est marqué par la table précédente. Par exemple, le 10 athyr 724 de l'ère de Dioclétien (1), ou 1007 de notre ère, jour où Ibn-Junis a observé au Caire une conjonction de saturne et de jupiter, tombe, suivant la table, au 6 novembre. Mais il faut prendre le 7, parce que l'an 1007 divisé par 4, donne le reste 3. Le 1 thoth correspond par conséquent au 30 août, comme l'ont marqué M. Caussin (2) dans sa traduction d'Ibn-Junis, p. 216 et 227, et M. Burckhardt dans nos feuilles, III vol. p. 99; comme aussi le confirme le calcul astronomique de la conjonction de ces planètes. Le 5 phamenoth tombe toujours au 1 mars, après lequel la table n'est sujette à aucune variation dans son usage.

L'époque de l'ère de Dioclétien est ou le 13 juin ou le 29 août 284, selon qu'elle est liée à des années vagues ou fixes. L'un et l'autre cas paroissent avoir eu lieu en Egypte du temps du dernier Théon. Il calcule dans son commentaire sur l'Almageste, une pleine lune accompagnée d'une éclipse : il dit qu'elle est arrivée

(1) 23 safar de l'an 398 de l'hégyre ; 28 abanmah 376 d'Izdejird ; 7 tishrin 1319 d'Alexandre.

(2) La grande table hakemite d'Ibn-Jounis, manuscrit arabe de l'université de Leyde, prêté à l'Institut de France, et traduit en français par M. Caussin, professeur de langue arabe au collège, royal de France. Le texte arabe de ce recueil d'observations astronomiques, et sa traduction par M. Caussin, se trouvent dans le tome VIIe des notices et extraits des manuscrits de la bibliothèque du Roi. Les notes que M. Caussin y a jointes, témoignent que ce savant interprète n'est pas moins versé dans la connoissance de l'astronomie en général, et de celle des arabes en particulier, que dans la littérature orientale, et il a rendu par ce travail un service important à notre astronomie, en l'enrichissant de ces observations auparavant inconnues. H.

selon les Alexandrins, le 29 athyr de la 81e année de Dioclétien, et selon les Egyptiens, le 6 phamenoth de la même 81e année ou 1112e de Nabonassar. Le 1 thoth de celle-ci tombe au 24 mai, et par conséquent le 6 phamenoth au 25 novembre 564 de J. C. Le 29 athyr de la 81e année fixe de l'ère de Dioclétien, donne la même date. Et en effet, il s'est fait une éclipse de lune dans la nuit du 25 au 26 novembre 364; dans cette année-là même, Théon, à Alexandrie, observa une éclipse de soleil, la seule qui nous ait été conservée de l'antiquité, avec ses détails astronomiques. Il rapporte qu'elle se fit le 24 thoth égyptien ou le 22 payni alexandrin de l'an 1112e de Nabonassar. Ces deux dates répondent au 16 juin 364. Riccioli se trompe dans la réduction de la date de l'éclipse de lune, en la plaçant au 10 mars de l'an 365 de notre ère, puisqu'il n'y avoit pas de nouvelle lune ce jour-là. D'où M. Ideler prend occasion de dire que Riccioli n'a pas bien examiné ce passage de l'astronome grec, ou qu'il ne l'a pas bien entendu, puisqu'il a cru qu'il parloit du 22 payni vague.

M. Ideler examine avec la même sagacité, soumet aux mêmes épreuves astronomiques les ères grecque, macédonienne, dionysiaque, romaine et persique. Nous regrettons que ses recherches ne soient pas encore connues hors de l'Allemagne par la voie de la traduction (1). Nous espérons qu'elles faciliteront l'intelligence d'une des branches les plus utiles dans la théorie, et la pratique de la science astronomique. C'est notre but dans l'extrait que nous donnons ici de ce savant ouvrage.

Il est terminé par une dissertation de M. le professeur Buttmann, qui sera sans doute bien accueillie des amateurs de la littérature antique. Elle traite d'objets assez négligés jusqu'à présent : elle cherche lequel des deux mois athéniens maimacterion et pyanepsion étoit le dernier de l'année attique. L'auteur a résolu ce problême, au moyen d'une inscription trouvée par Chandler; il l'a appuyée d'autres autorités irréfragables, et il n'est personne qui ne doive souscrire à sa décision (2).

(1) Elles le sont maintenant par la présente traduction française. H.

(2) J'ose pourtant y proposer mes doutes, dans la dissertation préliminaire de ce volume. H.

FIN.

FAUTES A CORRIGER.

Page 19, Rois grecs d'Egypte, ligne 3, *au lieu de* Energète, *lisez* Euergète.

Page 20, Empereurs romains, 2e colonne, ligne 11, *au lieu de* Probeus, *lisez* Probus.

Page 78, l'astérisque qui se trouve au commencement de la ligne 13, doit être à la fin de la ligne 12.

Ibid, ligne 31, *au lieu de* décatéride, *lisez* décaëtéride.

Ibid., la note 3 doit aller avant la note 2.

Page 80, note 1, ligne 1, *au lieu de* jusqu'à la fin de la 30e année, etc., *lisez* 50e année. Ligne 3, *au lieu de* à laquelle cette 30e, etc., *lisez* 50e année. Ligne 4, *au lieu de* Apseude avoit été archonte, *lisez* Apseude fut archonte.

Page 87, ligne 1, *au lieu de* amphyctions, *lisez* amphictyons.

Page. . . ., *au lieu de* autentique, *lisez* authentique.

MÉMOIRE
SUR L'ÈRE DES ARABES,

LU EN SÉANCE PUBLIQUE,

A L'ACADÉMIE ROYALE DE PRUSSE,

LE 5 OCTOBRE 1813,

PAR M. L. IDELER,

MEMBRE DE CETTE ACADÉMIE, ET PROFESSEUR D'ASTRONOMIE, ETC.

TRADUIT DE L'ALLEMAND.

Les Arabes sont les seuls, de tous les peuples qui ont acquis quelque culture, qui aient établi la division du temps sur le cours de la lune exclusivement. Ils commencent leurs mois à la première apparition de la faucille lunaire, c'est-à-dire du croissant, dans le crépuscule du soir; et ils nomment année, la durée de douze de ces mois, sans songer à aucune équation entre le cours de la lune et celui du soleil (1). Voilà pourquoi le commencement de leur année parcourt toutes les saisons en rétrogradant pendant un espace de 33 de nos années.

Cette ère, dont l'antiquité ne peut être révoquée en doute, a été confirmée par Mahomet qui la fit entrer dans le culte qu'il établit. Elle passa par une conséquence naturelle à tous les peuples qui embrassèrent l'islamisme; et de-là vient que les écrivains orientaux lui donnent aussi souvent le nom d'ère de Mahomet, que celui d'ère des Arabes.

Quand on l'examine de près, on s'apperçoit bientôt que les Arabes, par une conséquence nécessaire des principes que je viens d'exposer, commencent le jour civil au coucher du soleil. « Ils font partir, dit Alfergani dans ses élémens d'astronomie, le jour civil, du coucher du soleil, parce qu'ils comptent les jours des mois

(1) Seulement, quand leurs écrivains parlent d'agriculture, de navigation, ou d'autres choses où la connoissance de longueur de l'année est nécessaire, ils employent ordinairement l'année solaire, et les mois syriaques, coptiques et dschelaleddin.

***

du moment où ils apperçoivent la première phase de la lune, apparition qui n'est jamais vue qu'au coucher du soleil. Chez les Romains (Rum (1)) et d'autres peuples qui ne règlent pas leurs mois par cette phase, le jour se compte dès la nuit, et le jour civil dure depuis le lever du soleil jusqu'au lever suivant. C'est pourquoi, chez les Arabes, la nuit dans le jour civil précédant le jour naturel, ils ont pris l'habitude de déterminer la durée des événemens par le nombre des nuits qui leur servent ainsi à les dater.

Nous retrouvons chez les Arabes les heures mesurées suivant les saisons, transmises, selon Herodote, de l'orient aux Grecs, et d'un usage général dans l'antiquité, et même dans des temps plus modernes, jusqu'à l'introduction des instrumens mécaniques inventés pour la mesure du temps. On en comptoit douze pour le jour naturel, et autant pour la nuit, sans aucune différence dans la longueur du jour et celle de la nuit. Les Arabes les appellent *essaât essemanije*, expressions qui répondent aux ὥραι καιρικαί, heures temporaires. Leurs heures solaires diffèrent beaucoup de ces heures temporaires (2). Nos heures partagent le jour civil en 24 parties égales. Elles sont dues au besoin senti par les premiers astronomes, d'une division uniforme du temps. Les astronomes Arabes les nomment *essaât elmotedile*, ou *essaât elmustesvije*, heures équatoriales ou égales. Alfergani parle de la différence de ces deux sortes d'heures, ainsi qu'Ebn Junis, à l'occasion des observations nombreuses, tant de lui-même que des autres astronomes.

Pour les divisions du temps plus grandes que les divisions en heures, les Arabes ont la semaine, *iisbû*, composée de 7 jours chez eux, comme chez les Hébreux, qui l'ont fait passer en occident. « Les jours, dit Alfergani, suivant lesquels on compte les mois, sont les sept dont le premier est nommé *jessmelahad*, premier jour de la semaine. Il commence au coucher du soleil du sabbat, *jewm essebt*, et dure jusqu'au coucher de cet astre le jour suivant, et ainsi de suite pour tous les jours de la semaine ».

Nous voyons par là d'abord, que les Arabes commencent leurs jours plus tôt de toute la demi-durée de la nuit, que nous ne commençons les nôtres, circonstance qui, dans la comparaison que donnent souvent lieu de faire des jours de la semaine avec les nôtres les citations que font des leurs les historiens orientaux, ne doit pas être négligée. Nous apprenons en outre, que chez eux le dimanche est comme chez nous le premier jour de la semaine, manière de compter qui,

(1) *Rum*, c'est la dénomination générale des peuples chrétiens, tant de l'orient que de l'occident, connus des arabes, comme dépendans de l'empire de Constantinople. Mais quand il s'agit de chronologie, le mot *Rum* signifie spécialement les Syriens, dont l'ère et la manière de supputer les temps s'appellent *tarich errûm*.

(2) V. dans les Mines de l'Orient, Fundgruben, V. 1, le Mémoire de M. Beigel, sur la gnomonique des Arabes.

comme l'ancienne dénomination *sabat* pour le samedi, et l'ancien nom *arûbe*, soir, pour le vendredi, vient des temps antérieurs à Mahomet, dans lesquels une grande partie des Arabes se convertit à la religion juive. Les jours suivans de la semaine, jusqu'au jeudi, sont nommés deuxième, troisième, quatrième, cinquième, et le vendredi, *jewm eldeschuma*, jour de l'assemblée, parceque c'est en ce jour, comme étant leur jour de fête, que les mahométans se rassemblent dans les mosquées.

Les noms des mois *schuhur*, (1) ou *eschhur*, sont :

Muharrem.	Redscheb.
Safer.	Schabân.
Rebi el ewel.	Ramadân.
Rebi el achir.	Schewâl.
Deschemadi el ewel.	Dsu'lkade.
Dschemadi el achir.	Dsu'lhedsche.

Ces noms sont appellatifs (2), plusieurs ont un rapport réel à la saison, tel est *ramadân*, qui signifie *mois ardent*. Ce rapport qui ne peut subsister avec la mobilité des mois arabes, n'a eu lieu, suivant Dschewhari, qu'au temps de l'établissement de ces mois, dont ramadan s'est trouvé alors dans le temps des chaleurs.

Pour leur durée, il faut bien distinguer le calendrier arabe vulgaire, d'une supputation artificielle du temps introduite par les astronomes, et qui sera bientôt expliquée. Le premier qui sert à déterminer les fêtes et à régler les travaux de la vie civile, est fondé sur l'observation immédiate des phases de la lune. Le mois commence toujours dès que l'on apperçoit d'un lieu bien découvert, le premier croissant (la faucille) de la lune dans le crépuscule de la fin du jour; et il dure jusqu'à la réapparition suivante de ce croissant, qui ne reparoît qu'après 29 jours, et qui ne peut tarder plus de 30 jours, si le ciel n'est chargé d'aucun nuage qui puisse empêcher de voir cette première phase, au moins dans ces contrées méridionales qui sont le siége de l'islamisme. Il est dit dans le *Sunna*, loi traditionelle des mahométans : « Lorsque vous découvrez la première phase, donnez au

(1) *Schehr*, au singulier, d'un mot chaldaïque-syriaque qui signifie *Lune*.

(2) On trouve leur étymologie dans les notes de Golius sur Alfergani, d'après *Dschewhari*, *Cazwini* et d'autres; et dans le *Specimen Historiæ Arabum* de Pocock. Il est bon de remarquer qu'en arabe le mot *Rebi* signifie ordinairement le printemps. Il paraît aussi, suivant Nuweiri, dans Golius, avoir été originairement synonyme d'un autre mot qui signifie *produit de l'année*. les anciens arabes partageaient leur année en six saisons : la première, premier produit, des herbes et des fleurs ; la seconde, l'été ; la troisième, la chaleur ; la cinquième, les fruits, deuxième produit, de l'automne ; et la sixième, l'hiver. Ainsi, le mot *Rebi* était le nom commun de deux mois et de deux saisons.

mois la durée de 30 jours (1) ». Après douze mois ainsi comptés, on recommence une autre année, que l'on compte de la fuite de Mahomet, de la Mecque à Médine. On voit que ce calendrier vulgaire gagne en simplicité ce qu'il perd en exactitude, mais que son instabilité ne peut pas apporter une confusion qui puisse durer longtemps, puisque le ciel le rectifie perpétuellement.

Ceci a besoin d'être confirmé par une ou deux autorités. « Les sectateurs de l'islamisme, dit Ulug-begh, (2) comptent les mois, d'une apparition de la faucille de la lune à la suivante. Cet intervalle n'est jamais de plus de 30 jours, ni de moins de 29. Ils comptent douze de ces mois pour une année. Ainsi ils comptent par années et mois lunaires vrais. Mais les astronomes donnent 30 jours à Muharrem, 29 à Safer, et ainsi alternativement jusqu'à la fin de l'année. Les années et mois lunaires par lesquels ils comptent sont donc cycliques (3). « Le jour où la nouvelle lune commence à être vue, est le premier du mois. Quand le tems est nébuleux au temps de la nouvelle lune, on ne s'inquiète pas beaucoup de commencer le mois un jour plus tôt ou plus tard.... » Les astronomes du sultan de Constantinople font tous les ans un nouvel almanach (4) qu'ils portent sur eux en rouleau; je n'ai pas vu cela chez les Arabes, et même on se soucie aussi peu en Egypte, que dans l'Iémen, d'instruire le peuple, des saisons; en sorte qu'il sait à peine, 24 heures auparavant, que le lendemain sera un jour de grande fête (5) ».

Alfergani a bien remarqué la variabilité du calendrier arabe vulgaire. « L'observation des phases de la lune, dit-il, donne le mois tantôt plus long, tantôt plus court, de sorte que deux mois consécutifs peuvent être de 30 ou de 29 jours. Et le commencement du mois, comme le donnent le calcul et l'observation, ne tombe jamais à un même jour, sinon seulement par l'écoulement du temps qui les rend tous deux égaux. » Par conséquent, lorsqu'on réduit à notre ère, par le calcul cyclique, une date qui se rencontre dans quelqu'historien arabe, et qu'on est incertain si on doit la prendre comme réellement cyclique, on peut être assuré que l'on a trouvé le jour juste, si le jour de la semaine, donné en même temps, du moins ordinairement, s'y accorde exactement. L'écart ou la différence ne sera jamais que d'une couple de jours tout au plus. Il en est autrement pour les dates arabes des observations astronomiques. Celles-ci sont toujours données en style

(1) Golius. Notes sur Alfergani. (2) Epoch. celebr. (3) *Istalahi*, mot technique de l'arabe qui vient de *stilus*.

(4) Almanach signifie don du premier jour de l'an, étrennes, présens d'almanachs. V. Golius sur Alfergani. Le mot arabe qui signifie proprement calendrier, est *takwim*.

(5) Niebubr. descript. de l'Arabie. Les musulmans n'ont reçu des arabes que deux fêtes, celles de la fin du jeûne à la fin du ramadan, et celle du Sacrifice. L'une et l'autre sont les deux beizams des Persans et des Turcs.

cyclique, comme le disent assez la nature de la chose et la comparaison avec les dates syriaques, coptes et persiques, que les astronomes dans l'Orient marquent le plus souvent par des dates arabes, pour mieux déterminer celles-ci. Expliquons maintenant ce que c'est que le calcul cyclique (1).

Le mois synodique ou l'intervalle de deux rencontres consécutives du soleil et de la lune, en mouvement moyen de ces deux corps, étant de 29 jours 12 heures 44 minutes 3 secondes, et par conséquent la durée de deux mois étant de 59 jours environ, on donne aux mois arabes alternativement 30 et 29 jours.

La table suivante montre la longueur des mois, et le nombre des jours qui se sont écoulés à la fin de l'année.

TABLE I.

Noms des mois.	Durée.	Somme des jours.	Noms des mois.	Durée.	Somme des jours.
1. Muharrem. . . .	30. . .	30	7. Redscheb. . .	30. . . .	207
2. Safer	29. . .	59	8. Schaban. . .	29. . . .	236
3. Rebi el ewel. . .	30. . .	89	9. Ramadan. . .	30. . . .	266
4. Rebi el achir. . .	29. . .	118	10. Schewal. . .	29. . . .	295
5. Dschemadi el ewel.	30. . .	148	11. Dsa'lkade . .	30. . . .	325
6. Dschemadi el achir.	29. . .	177	12. Dsu'lhedsche. .	29. . . .	354

Les douze mois de l'année arabe font ainsi 354 jours. Mais les douze mois synodiques font pour l'année astronomique 354 jours 8 heures 49 minutes 34 secondes. Si l'on néglige les secondes, qui au bout de plusieurs siècles s'accumulent jusqu'à faire un jour, on trouve que 30 années lunaires astronomiques font juste 10631 jours. Mais 30 années lunaires civiles de 354 jours chacune, ne font que 10620 jours; donc il y a, dans l'espace de 30 ans, 11 jours de différence à intercaler pour mettre le commencement de l'année civile d'accord avec le ciel, ou faire revenir celui de chaque mois à la première phase de la lune. Voici la règle qu'on observe pour cette intercalation : Toutes les fois que l'excédent du mois lunaire astronomique sur le mois civil, c'est-à-dire 8 heures 48 minutes, accumulé d'année en année, monte à plus de 12 heures, après en avoir soustrait les jours entiers, l'année se compte de 355 jours. C'est ce qui a lieu dans les années 2, 5, 7, 10, 13, 16, 18, 21, 24, 26, 29, du cycle de 30 ans, lesquelles par conséquent deviennent intercalaires (2).

(1) Alfergani et Ulug-Beig donnent les principes fondamentaux de ce calcul, sans pourtant les exposer complètement.

(2) Abu'lhassan Kuschjar dit : Le mois dschu'lhedsche a 29 jours $\frac{1}{5}$ et $\frac{1}{6}$ ($= \frac{11}{30}$) de jour. Quand ces fractions surpassent un demi-jour, on fait ce mois de 30 jours, et l'année en a 355, ce qui arrive onze fois en 30 ans. *Manusc. arabe de Berlin*).

Le jour intercalé s'ajoute au dernier mois, qui par là est de 30 jours. La table suivante montre combien de jours se sont écoulés à la fin de chaque année du cycle de 50 ans. (La lettre B indique les années intercalaires).

TABLE II.

Années.	Somme des jours.	Années.	Somme des jours.	Années.	Somme des jours.
1 . . .	354	11 . . .	3898	B. 21 . . .	744[illegible]
B. 2 . . .	709	12 . . .	4252	22 . . .	7796
3 . . .	1063	B. 13 . . .	4607	23 . . .	8150
4 . . .	1417	14 . . .	4961	B. 24 . . .	8505
B. 5 . . .	1772	15 . . .	5315	25 . . .	8859
6 . . .	2126	B. 16 . . .	5670	B. 26 . . .	9214
B. 7 . . .	2481	17 . . .	6024	27 . . .	9568
8 . . .	2835	B. 18 . . .	6379	28 . . .	9922
9 . . .	3189	19 . . .	6733	B. 29 . . .	10277
B. 10 . . .	3544	20 . . .	7087	30 . . .	10631

Comme à la fin de la quinzième année, la somme des excédents donne juste 12 heures, il est indifférent de faire cette année ou la suivante, intercalaire; et les chronologues arabes laissent cela indécis; dans le premier cas, la somme des jours de la quinzième année est de 5316. L'année intercalaire se nomme chez les arabes, *kebise*, d'un mot de leur langue, lequel signifie *remplir*.

Pour calculer les nouvelles lunes par le moyen du cycle de 30 ans, il importe de le lier avec le ciel, c'est-à-dire d'employer une ère qui commence avec quelque nouvelle lune. Les arabes ont choisi pour cela le 1 Muharrem de l'année dans laquelle Mahomet s'est enfui de la Mecque à Médine, et c'est ce qui leur a fait nommer cette ère, *Tarich elhedschra*, *l'ère de la fuite* (que nous appelons l'hégire, ce qui, suivant une remarque de Reiske sur les annales musulmanes d'abu'lfeda, signifie *départ d'avec ses parens et ses amis*. Ils datent de cet événement le commencement de leur ancienne domination. Et dans le fait, les commencemens de Mahomet acquirent dès cette époque une grande importance. Car après être demeuré en repos pendant treize ans à la Mecque, il attira sur lui l'attention de la puissante tribu des *Koreisch*, protectrice de la *Kaaba*, ancien temple de la Mecque, où les arabes payens se rendoient depuis longtemps en pélerinage, pour en adorer les idoles. Cette tribu redoutoit une religion fondée sur le principe de l'unité de Dieu, elle en craignoit l'influence, elle en persécuta l'auteur. Menacé de perdre la vie, Mahomet s'enfuit à Médine, où il avoit déjà un grand nombre de partisans : après quoi, il fit la guerre aux Koreischites, et aux autres tribus qui refusoient d'embrasser sa Doctrine, et cette guerre le rendit fort puissant.

Fixons maintenant l'époque de l'hégire, ou le 1 muharrem de la première année de l'ère des arabes, d'après les données des écrivains orientaux. Abu'l-hassan Kuschjar (1), auteur d'un bon ouvrage astronomique, dont la bibliothèque royale de Berlin possède un manuscrit, dit dans le premier livre, au second chapitre qu'il a consacré aux ères syriaque, arabe et persane : « L'époque de l'ère des arabes est un jeudi, premier jour de l'année où tombe la fuite du prophète. Ce jour est le 15 tamuz de l'an 933 dsi'lkarnein (de l'ère des Séleucides). » Le jour qui y correspond dans notre ère, est le 15 juillet 622, conformément à ce que dit le Maronite *Abraham Echellensis*, qui dans son *chronicon orientale*, tout entier puisé dans des sources orientales, dit : « L'empire des musulmans a commencé le jeudi premier jour de moharram, qui est le quinzième de juillet, 21 abib, année 933 depuis Alexandre ». On lit dans les *Epochae celebriores* d'Ulug Beigh : « L'époque de l'ere des arabes est le commencement du muharrem de l'année où le prophète s'est enfui de la Mecque à Médine. Par le mouvement moyen de la lune, ce fut un jeudi; mais par l'apparition de cet astre, ce fut un vendredi, mais nous préférons le jeudi ». C'est aussi le jour que nomme Alfergani, qui en outre donne les intervalles entre les eres de Nabonassar, des Séleucides, des Arabes, et de Jezdegird, conformément à la supposition de placer aussi l'époque radicale de l'hégire au 15 juillet 622 de J. C.

Tous ces témoignages, auxquels je pourrois aisément en ajouter bien d'autres, s'il le falloit, concourent également à prouver que l'époque de l'hégire est le 15 juillet 622. De tous les astronomes orientaux, *Ebn Schatir* de Damas est le seul, comme l'a remarqué le savant Golius, dans ses notes sur Alfergani, qui commence l'hégire au vendredi, jour sacré chez les Mahométans. Mais il est obligé aussi, pour obvier à toute méprise, d'avertir avant tout dans ses tables, qu'il s'écarte en ce point, de l'usage commun. On voit au reste, par ce qui a été

(1) Il était fils de *Laban*, du Dschilan. Il est nommé *Knschian Gilæus* dans les notes de Golius sur Alfergani. Le titre de son livre manque dans le manuscrit de Berlin. Golius cite ce livre sous le titre *Tabulæ universales*. C'est un recueil de tables astronomiques avec des éclaircissemens, et une introduction chronologique. M. Sylvestre de Sacy, à qui j'avais demandé une notice sur ce livre, m'a répondu que Hadschi-Kalfa le cite, et qu'il se trouve aussi dans la bibliothèque de Leyde, n°. 1167, p. 457 du catalogue imprimé. Ce sont vraisemblablement les Tables astronomiques dont parle Cuschar-Benlaban-Agili, et dont Casiri fait mention dans sa bibliothèque de l'Escurial; et M. de Sacy remarque que d'Herbelot en parle deux fois dans les articles *Zigalgianu* et *Zig Kouschia ben-Kenan al-Khaili*, où il faut lire : *Ben-Laban Aldschili*. Suivant le dernier, cet auteur doit avoir vécu vers l'an 450 de l'Hégire, (1072 de Jésus-Christ).

*** 2

dit ci-dessus, du commencement du jour civil chez les Arabes, que la date en question doit être prise du coucher du soleil au soir précédent, (et ainsi au soir du jeudi au vendredi qui commençoit le jeudi soir).

La plupart des chronologistes européens, au contraire, mettent l'époque de l'hégire au 16 juillet; ils la déterminent de manière que le calcul cyclique donne régulièrement les jours de la première phase ou apparition par lesquels on commence les mois dans la vie civile, au lieu que l'on approche davantage des conjonctions, quand on prend le 15 juillet pour époque. Les paroles citées plus haut d'Ulug-Beig ont rapport à cette différence. Pour l'établir plus rigoureusement, j'ai calculé la nouvelle lune de juillet de l'an 622.

Suivant les tables solaires de Zach, et les tables lunaires de Mayer et Mason(1), je trouve que la conjonction vraie sous le méridien de la Mecque (2) s'est faite le 14 juillet avant midi, à 8 heures 14 minutes, temps moyen. Il étoit donc impossible de voir le croissant dès ce soir même. Il ne fut aperçu que le 15 juillet dans le crépuscule du soir. On voit par là, qu'il faut prendre pour l'époque de l'hégire, le 15 ou le 16 juillet comptés l'un et l'autre du soir précédent, selon qu'on donne pour base à cette époque, la conjonction vraie ou la première apparition. C'est le 15 que l'on doit prendre, s'il s'agit de réduire la date arabe d'une observation astronomique, à notre ere (3). C'est le 16, si le calcul cyclique doit s'accorder avec les apparitions de la lune et le calendrier vulgaire, ou s'en écarter d'un jour tout au plus.

Les chronologistes européens tombent dans une erreur assez commune, quand ils font du jour même de la fuite de Mahomet, l'époque de l'hégire. On peut la rectifier d'après l'article *hegrah* dans d'Herbelot. Les écrivains orientaux s'accordent à dire que la fuite doit être placée au troisième mois de la première année de l'hégire. Il n'y a que la date seule sur laquelle ils ne sont pas d'accord. Abulfeda dit « que la fuite se fit de la Mecque à Médine, lorsque déjà les mois muharrem et safer étoient passés avec huit jours de rebi en sus ». Plus loin, il ajoute : « Quand on eut résolu de prendre la fuite pour l'époque de l'ere nouvelle, on compta en remontant depuis cet événement 68 jours en arrière jusqu'au 1 muharrem que l'on prit pour le commencement de cette ere (Annal. Moslem. T. 1) ». Suivant

(1) Je me sers de ces tables, pour les calculs chronologiques de l'antiquité, parce qu'elles sont plus commodes que les nouvelles, et qu'elles représentent très-bien les observations des Grecs et des Arabes.

(2) Je place cette ville, d'après les meilleures cartes, (car je ne connois aucune observation astronomique qui en ait fixé la longitude précise), à 2 heures 30' à l'orient de Paris.

(3) La conjonction moyenne fut pour la Mecque, à 1 heure 11' du matin du 14 juillet. Le soir du 13 en seroit plus proche, mais comme on a choisi le soir du 14, on est parti de la conjonction vraie, quoiqu'Ulug-Beig semble dire le contraire.

Abu'lhassan Kuschjar, le 8 rebi el ewel fût le jour où Mahomet se retira à la Mecque. Ahmed-Ben-Jussuf, dans Pocock, dit qu'on a avancé l'ère, de deux mois avant la fuite, et qu'on l'a commencée avec muharrem (Specim.) ». Il sembleroit d'après ce témoignage, que Mahomet a commencé à s'enfuir le 1 rebi el ewel, comme Golius l'a marqué d'après des sources orientales, dans ses notes sur Alfergan. Si ces dates sont exactes, Mahomet seroit resté en chemin depuis le 13 jusqu'au 20 septembre de l'an 622. Je ne parle pas d'autres circonstances ou données, cet objet étant pour nous très peu important.

L'établissement du cycle arabe intercalaire et l'époque de l'hégire, bien fixés, nous donnent la facilité de réduire toute date arabe à notre ère, et réciproquement une date quelconque prise de notre ère a sa correspondante dans l'ère des Arabes. Les règles que donnent à ce sujet Gatterer et d'autres chronologistes, ne sont que des espèces d'énigmes. Celles que je vais exposer, sont aussi claires qu'elles sont commodes et sûres (1).

1°. Pour transporter une date arabe dans l'ere chrétienne, on divisera par 30 le nombre des années écoulées. Le quotient donnera les cycles intercalaires écoulés, et le reste sera le nombre des années écoulées du cycle courant.

Chaque cycle intercalaire contenant 10631 jours, on multiplie le quotient par ce nombre, et l'on ajoute au produit la somme des jours qui répond au reste dans la table II, puis encore la somme des jours prise dans la table I pour les mois de l'année courante qui sont écoulés, et enfin les jours du mois courant. Par ce moyen on obtient tous les jours, à compter de celui de l'époque de l'hégire jusqu'à la date en question inclusivement. Et en y ajoutant 227015 jours qui sont écoulés depuis le premier janvier de la première année de notre ere, jusqu'au 15 juillet 622, époque de l'hégire, on a pour somme un nombre de jours qu'il faut convertir en nos années et nos mois. La manière la plus commode est de diviser cette somme par les 1461 jours d'une période intercalaire de quatre ans, (on sait que chaque quatrième année de notre style est bissextile), on multiplie le quotient par 4, pour avoir les années des périodes intercalaires qui sont passées, et l'on retranche du reste de la division le nombre 365 autant de fois qu'il s'y trouve, en comptant une année à chaque fois. Le reste de la dernière soustraction montrera le jour courant du calendrier julien (v. st.), auquel jour répond la date arabe proposée. Et pour terminer, on convertira cette date julienne en grégorienne, s'il s'agit de l'espace de temps calculé d'après la réforme du calendrier, en ajoutant dix jours seulement à l'intervalle du 5 octobre 1582 au dernier jour de février 1700;

(1) Celles-ci reposent sur les mêmes principes que M. Navoni a développés dans ses *Tables pour trouver la correspondance entre les années juliennes et les années de l'Hégire*. (Mines de l'orient, *Fundgruben*). Je les ai seulement présentées sous une autre forme, comme on le verra ci-après.

mais onze jours depuis 1700 jusqu'à la fin de février 1800, et enfin douze jours pour les années suivantes.

Par exemple, si l'on veut réduire le 1 muharrem 1228, on fera ce calcul :

Le nombre 1227 des années écoulées, étant divisé par 30, donne

Quotient. 40

Reste. 27

40 X 10631 = 425240

(Table II). = 9568 somme des jours pour 27 ans.

Pour l'année courante. . . 1

227015, nombre absolu.

Somme 661824 jours qui, divisés par 1461, donnent

Quotient 452

Reste + 1452 qui divisé par 365, donne

Pour quotient 3, et pour reste 357.

Le quotient 452 multiplié par 4, donne 1808 ans, et du reste 1452 on soustrait trois fois 365 ; on a donc ainsi 1808 + 3 = 1811 ans écoulés : et la date arabe proposée tombe dans la 1812e année. Le reste de la dernière soustraction est 357 qui marque le 357e jour de cette 1812e année qui est bissextile, puisqu'étant divisée par 4 elle ne laisse pas de reste. Ce 357e jour est le 22 décembre de cette année, auquel répond le 1 muharrem 1228, dans l'ancien style; mais c'est le 3 janvier suivant dans le nouveau, et si l'on prend pour époque de l'hégire le 16 juillet, ce sera au 4 janvier 1813, que répondra le 1 muharrem de l'an 1228 de l'hégire.

Il est important de ne pas oublier ici ce qui a déjà été dit d'avance au sujet du commencement du jour arabe. Car au 1 muharrem 1228 appartiennent encore quelques heures du 2 ou du 3 janvier, selon que l'on prend le 3 ou le 4 comme résultat du calcul. Pour pouvoir le comparer avec l'état du ciel, je remarque que la nouvelle lune moyenne a eu lieu en janvier 1813, sous le méridien de la Mecque, le 2 à 10 heures 57 minutes du matin; et la vraie, le même jour à 8 heures 0 minute du soir. Pour ce calcul, on se servira de la table suivante :

TABLE III.

Mois.	Somme des jours.	Mois.	Somme des jours.	Mois.	Somme des jours.
Janvier.	31.	Mai.	151.	Septembre.	273.
Février.	69.	Juin.	181.	Octobre.	304.
Mars	90.	Juillet.	212.	Novembre.	334.
Avril	126.	Aout.	243.	Décembre.	365.

Cette table donne les nombres des jours écoulés à la fin de chaque mois. Pour l'année intercalaire ou bissextile il faut compter depuis février un jour de plus. Si l'on retranche, par exemple, de 357, 335 jours écoulés jusqu'à la fin de novembre dans l'année intercalaire, on trouve 22 pour reste, qui indique que le 357e jour de l'année intercalaire est le 22 décembre.

On peut s'exempter d'entrer dans tout ce calcul du premier jour d'une année donnée de l'hégire, au moyen d'une table des jours où commencent les années arabes. on trouve cette table dans l'édition donnée par Grævius, des *Epochœ celebriores* d'Ulug-Beig, dans l'*Art de vérifier les dates*, dans le *System of chronology* de Playfair, Edinburg, et autres ouvrages.

Soit encore le 29 Schewal 367, où Ebn-Junis a observé une éclipse de soleil au Caire, à réduire à notre ere. 366 divi sé par 30, donne au quotient. . 12

Pour reste. . 6

12 X 10631 = 127572
Somme des jours pour 6 ans = 212[illegible]
(Table II) Pour 9 mois. . 266
(Table I). jours de Schewal. 29
Nombre absolu 227015

Somme = 357008 jours.

Ce nombre divisé par 1461 donne au quotient. . 244

Pour reste. . 524

Le produit du quotient multiplié par 4, est 976; retranchant 365 de 524 on a pour reste 159 jours; et l'on trouve que la date en question appartient à l'année 978, dont le 159e jour (suivant la table III) est le 8 juin, année commune. L'observation dont il s'agit, a donc été faite le 8 juin 978, jour auquel répondent le 29 chordadmah, selon Ebn-Junis, de l'an 347 d'jezdegird, le 8 hasiran de l'an 1289 des Séleucides, et le 14 buneh de l'an 694 de Dioclétien.

Ebn-Junis a marqué le jour de la semaine, dans cette observation, comme

dans toutes les autres. Cherchons si véritablement ce fut un samedi. L'époque de l'hégire est, comme on l'a dit ci-dessus, d'après sa détermination par les astronomes orientaux, un jeudi, cinquième férie. Le huitième, le quinzième, et tout septième jour de l'hégire est par conséquent toujours la cinquième férie. Si donc on divise par 7 le nombre des jours écoulés depuis le commencement de l'ere jusqu'à une date quelconque donnée, le reste 1 donne toujours le cinquième jour de la semaine, et aux restes 1. 2. 3. 4. 5. 6. 0,
appartiennent les féries 5. 6. 7. 1. 2. 3. 4.
ou ♃. ♀. ☉. ☾. ♂. ☿. ♄.

Or jusqu'au 29 schewal 367 inclusivement il s'est écoulé 129993 jours. Et cette somme divisée par 7 donne le reste 3. Le jour de l'observation a donc été réellement un samedi. Mais si l'on prend pour époque de l'hégire, le vendredi, alors
aux restes 1. 2. 3. 4. 5. 6. 0,
répondent les féries 6. 7. 1. 2. 3. 4. 5.
ou ♀. ♄. ☉. ☾. ♂. ☿. ♃.

Il est bon de remarquer encore à ce sujet, que les astronomes orientaux qui ont coutume de donner avec la date arabe celles des ères persique, syriaque et égyptienne, pour prévenir toute erreur, ne commencent pas comme les Arabes, le jour civil au coucher du soleil, mais au lever de cet astre, comme les Persans, les Syriens et les Egyptiens, et qu'ainsi toutes ces dates correspondantes sont parallèles entr'elles. C'est pourquoi, quand ils citent une observation faite dans la nuit, ils nomment la féris du jour suivant, du moins cela est ainsí dans Ebn-Junis. Car cet astronome, parlant d'une éclipse de lune observée au Caire dans le mois schewal de l'an 368, dit qu'elle arriva dans la nuit dont le matin fut la cinquième férie ; au lieu que dans le style des Arabes, c'eût été dans la nuit de la 5e férie. Cette férie, continue Ebn-Junis, étoit le 25 ardbeheschetmah de l'an 348 de jezdegird, le 15 ijar de l'an 1290 des Séleucides, et le 20 baschnas de la 695e année de Dioclétien. toutes ces dates donnent également le 15 mai 979. Mais comme l'observation paroit avoir été faite au commencement de la nuit, sa véritable date est le 14 mai.

Il ne sera pas inutile ici de confirmer par un ou deux exemples, ce que j'ai dit de l'usage où sont les Arabes, de dater par les nuits. Elmakin (hist. Sarac.) dit « que le Calife *Ali* fut tué le vendredi qui appartient aux 17 nuits passées du mois ramadan. » C'est, suivant notre manière de compter, le 17e jour de ramadan. Le même auteur fixe encore de même le jour de la mort du Calife *Almamon* : « Il mourut le jeudi avant les douze nuits restantes de Redscheb. (L'expression *restantes* répond à une manière semblable de dater de la fin des mois, usitée chez les Grecs et les Romains). Ainsi, la date de cette mort, d'après le calcul cyclique de la durée de ce mois, est le 18.

2°. Pour convertir une date chrétienne en une date arabe équivalente. Soit le 8 juin 978 à réduire au style des arabes. On divisera par 4 le nombre 977 des années écoulées. Le quotient sera 244, et le reste 1. L'un est le nombre des périodes juliennes intercalaires de 1461 jours qui sont écoulées, l'autre est une année de 365 jours. Multipliant donc le quotient par 1461, et ajoutant au produit 356484, tant ces 365 jours, que les 159 du 1 janvier au 8 juin inclusivement, dans l'année commune, la somme se trouve être de 357008 jours écoulés depuis le commencement de notre ere jusqu'au 8 juin 978, d'où ôtant 227015, le reste 129993 est le nombre des jours écoulés de l'hégire à la date arabique proposée. Comme le cycle arabe intercalaire contient 10631 jours, divisant par ce nombre celui de 129993, le quotient 12 multiplié par 30 donne 360 ans, et le reste 2421 fait, suivant la table II, 6 ans + 295 jours. On a donc en tout 366 années arabes et 295 jours. Otant 266 jours qui, suivant la table I, se sont passés jusqu'à la fin de ramadan, restent 29 jours du mois schewal comptés jusqu'à la date cherchée. Le 8 juin 978 de l'ère chrétienne répond donc au 29 schewal 367 de l'hégire. Cette méthode n'est, comme on le voit, que l'inverse de la précédente.

Il ne me reste plus qu'à rassembler ici le peu de notices qui se trouvent éparses dans les écrits des orientaux, sur l'histoire de l'ère actuelle des arabes, ainsi que sur leurs plus anciens mois et leurs plus anciennes ères. Je remarquerai dabord, que nous n'avons que des traditions confuses sur les temps qui ont précédé celui où Mahomet a vécu. Car à l'exception de quelques poëmes, nous n'avons aucun monument écrit, de cette ancienne période de temps.

Les anciens arabes nommoient les jours de la semaine *Ewel*, *Bahûn*, *Dschebbâr Debâr*, *Mûnis*, *Arube*, *Schijâr*. On trouve ces noms dans le distyque d'un ancien poëte cité par Golius. (1) Ils n'étoient peut-être usités que dans quelques tribus. C'est ce que l'on peut dire aussi des noms de ces mois, tels que je vais les rapporter d'après Mesudi et Nuveiri :

(1) Achmed Ben Jusuf, dans Pocock, les cite également, quoiqu'écrits différemment. Selon quelques auteurs arabes qu'il cite aussi, les anciens peuples de l'Arabie nommoient le samedi, qui étoit pour eux le premier jour de la semaine, *Abudsched*, le dimanche *Hawas*, le lundi *Hoti*, le mardi *Kelamun*, le mercredi *Safas*, le jeudi *Korischat*. Les lettres dont ces noms sont composés, sont les 22 originaires que les Arabes ont en commun avec les autres nations d'origine sémitique, et dans l'ordre usité chez elles, marqué encore aujourd'hui par la valeur des nombres que les Arabes nomment de même, à la différence d'*Abudsched* actuel. Le vendredi, pour lequel ils n'avoient plus de lettres, fut nommé soir, relativement au Sabat, ou samedi, fêté dans plusieurs tribus arabes.

Mutemer.	Assam.
Nâdschir.	Adsil.
Chawan.	Nâtil.
Sawan.	Wâll.
Ritma.	Warna.
Ida.	Burek.

Ces noms ont été remplacés par ceux d'aujourd'hui, introduits, dit-on, vers le commencement de l'empire des Arabes, par *Kelab ben-Morra*, l'un des ancêtres de Mahomet.

Quels qu'aient été les noms des mois, il est certain qu'ils n'ont jamais été constitués autrement qu'ils ne le sont aujourdhui, si ce n'est qu'avant Mahomet, on pratiquoit une sorte d'intercalation qui égaloit l'année lunaire à l'année solaire. Car pour les pélerinages à la Kaaba, le dsu'lhedsche, mois destiné à cette intercalation, étoit fixé par elle à l'automne, saison la plus commode pour ce voyage, à cause de sa température plus douce, et de ses fruits plus abondans que dans tout le reste de l'année. Plusieurs arabes avant les temps de Mahomet, ayant embrassé la religion juive, il est vraisemblable qu'on faisoit cette intercalation sur le modèle de celle des juifs, de manière que le mois dsu'lhedsche, douzième des arabes, coïncidoit avec Elul, le douzième des juifs. Dschewhari, Ebn Alathir et Makrizi l'assurent positivement dans Pocock. Le grand-prêtre de la Kaaba annonçoit chaque fois cette intercalation au peuple assemblé, par une formule dans laquelle il disoit, suivant Kotbeddin cité par Golius sur Alfergani : « *J'intercale un mois en cette année* ». Mahomet abolit formellement cet usage par le vers suivant du *Coran* : » Pour certain, le nombre des mois, de par Dieu, est de douze, marqué dans le livre de Dieu, au jour où il créa le ciel et la terre ; quatre de ces mois sont sacrés ; telle est la vraie foi. »

Quant aux mois sacrés dont l'observance est établie dans ce passage, les tribus arabes qui la plupart, vivant de pillage, étoient dans un état de guerre perpétuelle, avoient pour coutume de s'en abstenir dans le mois ds'ulhedsche, qui comme on l'a vu plus haut, étoit consacré au pélerinage de la Mecque, dans le mois dsu'lkade précédent, dans le mois suivant muharrem, ainsi qu'en redscheb vers le milieu de l'année. Ils ôtoient alors les pointes de leurs lances, suivant l'expression de Kazwini, et ils renonçoient à toute hostilité si scrupuleusement, que chacun d'eux pouvoit rencontrer le meurtrier de son père ou de son frère, sans lui faire aucun mal. Voilà ce qui faisoit que ces mois étoient sacrés : les autres étoient libres ou profanes. Mahomet ordonna d'observer cette différence, mais seulement à l'égard de ceux qui le reconnoissoient pour Prophète, car il permettoit de faire la guerre en tout temps aux infidèles.

Golius et d'autres croient que l'intercalation d'un mois est encore plus expressément prohibée dans le vers suivant sur ce sujet : » Pour le vrai, *nesi* est le superflu impie ». Mais d'après tout l'ensemble du discours, et l'explication de Dschelaleddin dans le *Maracci*, le mot *nesi*, qui vient d'un verbe arabe dont le sens est *prolonger*, *retarder*, ne signifie pas une intercalation, mais bien un changement de muharrem en safer, changement que se permettoient quelques arabes qui trouvoient trop long de se tenir en repos pendant trois mois consécutifs. Cet endroit du Coran paroit avoir été de bonne heure mal entendu, et d'ailleurs l'opinion de Kotbeddin et de Mesudi, que *nesi* étoit le nom de l'ancien mois intercalé, n'est appuyée par aucune autre autorité.

Il se pourroit qu'au premier coup d'œil on fût porté à croire que l'année civile des arabes n'a commencé a devenir vague, comme elle l'est actuellement, que depuis cette décision de leur législateur, surtout quand on considère que cette supposition justifie assez bien l'opinion de ceux qui pensent que les noms des mois convenoient aux saisons de l'année. Mais d'abord, les orientaux disent expressément que toute espèce d'intercalation usitée avant Mahomet et abolie par son commandement, n'avoit été introduite que par rapport aux pélerinages. Ainsi, l'année civile doit avoir été originairement vague, et l'on peut bien croire qu'il falloit qu'elle le fût, pour que le mois du pélerinage à la Kaaba se maintînt en automne. D'un autre côté, si l'on admet la généralité de l'intercalation avant Mahomet, on ne pourra pas expliquer comment il se fait que le commencement de la première année de l'hégire a reculé du mois d'octobre au milieu de juillet. Il faudroit supposer contre toute vraisemblance, que Mahomet eut assez d'autorité et d'influence, plusieurs années avant sa fuite, pour pouvoir opérer un changement dans la supputation civile du temps. Enfin, les arabes eux-mêmes doivent avoir cru que leur année vague étoit déjà en usage avant l'établissement de l'islamisme : car, suivant Elmakin (hist. Sar.) Mahomet naquit le 22 nisan de l'an 882 de l'ère des Séleucides ; et suivant Abu'lfeda (1) et plusieurs autres auteurs arabes, dans *Abraham Echellensis*, le 10 rebi el-ewel.

(1) Abu'lfeda place la naissance de son prophète, à l'an 881 de l'ère des Séleucides, et à l'an 1316 de Nabonassar. Mais ces deux nombres sont déjà suspects, par cela seul qu'ils ne peuvent pas aller ensemble. Car la première de ces années commença le 1 octobre 569, et la dernière finit le 3 avril 569. L'an 882 dans Elmakin, s'accorde avec la durée de la vie de Mahomet. En effet. il mourut dans le mois rebi el ewel de la onzième année de l'hégire, âgé de 63 ans; suivant l'opinion commune, mais de 63 ans lunaires qui sont toujours ceux dont les arabes parlent, quand ils ne disent pas expressément le contraire. Or, en remontant de rebi el ewel de la onzième année, ou de juin 632, 63 ans en arrière, on parvient en avril 571, ou misan 882. Qand on trouve chez

Et en effet, en remontant par le cycle intercalaire des arabes, jusqu'au 22 nisan 882, ou au 22 avril de notre année 571, nous arrivons au 10 el ewel. Cet accord des dates syriaque et arabique, que personne ne regardera comme l'effet du hazard, doit être fondé sur une réduction qui, si elle a été antérieure à l'époque de l'hégire, ne laisse aucun lieu de douter que l'année arabe n'ait été vague avant Mahomet. Mais si cette réduction ne vient que des écrivains postérieurs, elle prouve au moins qu'ils étoient convaincus que cette mobilité de l'année arabe a précédé de beaucoup le temps de leur prophète.

Pour ce qui concerne les supputations d'années, chez les anciens arabes, avant l'introduction de l'hégire, il en est parlé dans un fragment d'Alkodai, rapporté par Pocock; il dit en substance : « Les anciens peuples datoient de faits importans et du règne de leurs rois. Par exemple, les Ismaélites (Arabes septentrionaux de l'Hedscha), de la construction de la Kaaba; et les Hanijars (Homérites habitans de l'Jemen) de leurs rois Tobbas. Les Ioniens et les Romains (Grecs anciens et modernes) (1) ont compté les années depuis l'établissement de l'empire d'Alexandre; les coptes (Égyptiens) d'abord de Nabonassar, ensuite de Dioclétien jusqu'à notre temps; les Mages (Perses avant Mahomet) d'abord d'Adam, puis de la mort de Darius et du règne d'Alexandre, ensuite d'Ardeschir (premier des Sassanides), après cela d'Jezdegird (dernier Sassanide), et enfin de la mission du prophète.

Les Arabes datoient autrefois de l'année des Éléphants et du jour du mal, jusqu'à ce qu'enfin Omar ben Chattab, dans l'année 17e ou 18e de l'hégire, résolut de compter de la fuite du prophète, c'est-à-dire du 1 muharrem de la première année de cette fuite. »

Les Arabes modernes ont eu diverses manières de supputer les années. C'est ce que l'on voit par le peu de liaisons qui existoit avant Mahomet, entre leurs tribus; et tous leurs écrivains depuis ce temps s'accordent à le dire. Deux ères seulement paroissent avoir été les plus générales chez eux, et avoir duré le plus longtemps, au moins dans le district de la Mecque, celle des Éléphants, *Am-Elfil*; et celle du jour du mal, *Jewm Elfedschâr*.

Le fait qui a donné lieu à la première de ces deux ères, se trouve raconté par les interprètes de la 105e *sure* qui, sous le titre *Elfil*, y fait allusion. (1) *Abraha*,

les occidentaux l'an 569 depuis Jésus-Christ, donné ordinairement comme l'année de la naissance de Mahomet, c'est une erreur qui vient de ce qu'on prend les 63 ans pour des années solaires.

(1) Les Arabes croient faussement que l'ère des Séleucides a commencé avec l'empire des Macédoniens en Asie. C'est pour cela qu'ils la nomment ère d'Alexandre, du bi-cornu, Dsu'lkarnaïn. Son époque est postérieure de plus de onze ans à la mort d'Alexandre, puisqu'elle est du 1 octobre de l'an 312 avant la naissance de Jésus Christ.

(1) V. Sale, remarques de Pocock. Spec. Hist. Arab. et d'Herbelot au mot *Abraha*.

surnommé *Saheb Elfil*, seigneur de l'éléphant, gouverneur de l'Jemen pour le roi d'Ethiopie, et chrétien, marcha à la tête d'une armée qui avoit un grand nombre d'éléphants, contre la Mecque, pour y détruire le temple et les idoles. On dit qu'un miracle sauva la Kaaba et extermina cette armée. Cet événement, selon les Arabes, est de l'année de la naissance de Mahomet, et par conséquent de l'an 571 de notre ère (2).

Par le jour du mal, les Arabes entendent la rencontre hostile de quelques tribus arabes dans un des mois où les hostilités étoient réputées impies (3). Mohammed, ou Mahomet, passe pour y avoir pris part, à l'âge de quatorze ans, d'autres disent de vingt. Ce qui seroit arrivé l'an 585, ou 591 de notre ère.

L'usage de ces deux ères fut trop limité, pour qu'il pût servir d'ère commune et fixe à tous les Musulmans par la réunion des Arabes en une seule religion et dans un même intérêt, sous les premiers califes. Peut-être, l'exemple des Coptes leurs voisins, qui nommèrent leur ère, d'après les grandes persécutions que leurs pères avoient eu à souffrir sous Dioclétien, *ère des martyrs*, contribua-t-il à faire dater l'ère des Musulmans, de la persécution de Mahomet par les Koreïschites, et de sa fuite. Suivant le fragment cité plus haut d'Alkodaï, et suivant Ebn Koteïba (1) et Abu'lfeda (2), ce fut le calife Omar qui résolut d'obvier à la confusion résultante du manque d'une ère fixe, et qui le premier ordonna de dater toutes les affaires publiques, de l'année de la fuite (3).

Ce fut un grand pas vers le bon ordre dans la supputation des temps chez les arabes. Mais elle paroit n'avoir reçu sa dernière forme par l'introduction du cycle intercalaire, que dans le troisième siècle de l'hégire, sous le calife Almamon, lorsque la parfaite connoissance de la révolution de la lune, qu'il y faut apporter, passa aux arabes avec l'astronomie des Grecs, et que leurs astronomes eurent senti le besoin d'une division du temps réglée et indépendante de l'observation immédiate des vicissitudes de la lune.

(1) V. Abr. Echell. Hist. Arab.

(2) Abu'lfeda, ann. Moslem. T. 1. (2) V. une note de Reiske, dans Abu'lfeda ann. Moslem. T. 1.

(3) Ann. Moslem. T. 1.

(4) Il s'aida en cela du persan Harmozan, (ici M. Ideler entre dans une discussion qui a pour objet de substituer une expression persane à une autre, et qui se termine par dire que c'est à tort qu'on a voulu dériver le mot ère, de l'arabe *arrach*. Scaliger a prouvé que le mot ère étoit usité longtems avant l'entrée des arabes en Espagne. (Em. Temp.)

MÉMOIRE

SUR LES FORMES DE L'ANNÉE JULIENNE,

USITÉES CHEZ LES ORIENTAUX,

LU EN SÉANCE PUBLIQUE,

A L'ACADÉMIE ROYALE DE PRUSSE,

LE 5 JUIN 1817,

PAR M. IDELER,

MEMBRE DE CETTE ACADÉMIE, ETC.

TRADUIT DE L'ALLEMAND.

Aux ères les plus célebres de l'antiquité, et que, même aujourd'hui encore, le temps n'a pas entièrement fait disparoître du commerce civil, appartiennent celles de Dioclétien et de Séleucus, qui comptent par années juliennes, quoiqu'elles ne comptent pas par nos mois juliens. Leur usage n'est pas uniquement borné aux chrétiens d'Egypte et de Syrie, étrangers à notre manière de supputer les années. Les peuples mahométans s'en servent eux-mêmes, autant qu'ils le peuvent, en les combinant avec leur épineuse *Hedschra,* Hégire, pour déterminer quelqu'époque, d'une manière sûre et claire. Un examen de ces ères ne sera donc pas déplacé à la suite des mes recherches sur les ères arabique et persique, puisqu'il formera avec elles un corps complet de doctrine. Ces deux ères ne sont sujettes à aucune difficulté particulière, sous le rapport de l'histoire, ni sous celui de l'art de fixer les dates; et toutefois il s'y trouve encore bien des points particuliers à résoudre et à rectifier.

L'année julienne fut incontestablement connue des égyptiens, dès les plus anciens temps. Ils purent aisément la déduire de l'observation du lever héliaque de l'étoile du chien, dont ils ont dû bientôt remarquer l'apparition, puisqu'elle étoit pour eux l'avant-coureur du débordement annuel du Nil. La connoissance du quart de jour passa d'eux aux Grecs, et plus tard de ceux-ci aux Romains. Strabon (L. XVII) assure que Platon et Eudoxe, dans leurs conversations avec les prêtres d'Héliopolis, apprirent à connoître les parties du jour et de la nuit, qui manquent aux 365 jours pour compléter l'année. Macrobe (Sat. 1.) dit de Jules-César qui séjourna depuis long-temps en Egypte, qu'il puisa dans les livres des égyptiens, les mouvemens des astres, sur lesquels, ajoute cet auteur, il nous a laissé des traités qui ne sont pas sans mérite ». Et Pline (H. N. XVII) dit « qu'il se servit pour sa correction du calendrier, des vues et des données de Sosigène né en Egypte ».

La connoissance du quart de jour, mise d'abord en pratique hors de l'Egypte, s'introduisit enfin dans ce pays pour la division du temps. Nous y trouvons en effet depuis le second siècle de l'ère chrétienne une supputation analogue au style julien; on la nomme alexandrine, pour la distinguer de l'ancienne manière de compter les années, usitée chez les égyptiens, parce qu'elle fut d'abord employée par les grecs d'Alexandrie, et qu'ensuite elle fut adoptée par l'Egypte entière. Cette ère, dont l'usage égala l'universalité dans l'Orient, et à laquelle le culte des chrétiens d'Egypte est encore aujourd'hui lié, repose sur les trois points suivans : 1° le nom et la forme des mois qui sont égyptiens; 2° l'époque de l'année où le 1 thoth est le 29 août du calendrier julien; 3° l'intercalation d'un jour au bout de chaque quatrième année.

Les noms des mois égyptiens, tels qu'ils nous ont été transmis par Ptolémée et d'autres anciens, ne paroissent pas aussi corrompus, que le sont ordinairement d'autres noms propres qui nous sont venus par le canal des Grecs. Lacroze (*Thes. epist.*) les a trouvés dans un manuscrit de la Bibliothèque du Roi, de la version copte des évangiles, écrit en caractères égyptiens, de la main de Michel, évêque de Damiette, en l'année 1179 de notre ère : ils sont aussi rapportés en divers endroits des extraits que Zoëga publie des manuscrits coptes du musée Borgia (1). Voici quels ils sont :

Thout.	Phamenoth.
Paophi.	Pharmuthi.
Athor.	Pascom.
Choïak.	Paoni.
Tobi.	Epep.
Méchir.	Mésore.

Ils ont été bien autrement altérés par les Arabes. Un de leurs plus anciens écrivains, l'astronome Al-Fergani (2) qui vivoit vers le milieu du neuvième siècle, s'efforce de les rapprocher de ceux de Ptolémée, autant que les lettres le per-

(1) Catal. cufic manuscr. Manusc. borg. velitr. rom. fol. (2) Elem. astr. Ed. gol.

mettent. Mais les autres Arabes les écrivent unanimement comme ils sont ici représentés :

Tut.	Bermehat.
Babe.	Bermude.
Hatur.	Baschnas.
Kihak.	Bune.
Tube.	Abib.
Amschir.	Meseri.

Ils les appellent *Schuhur El-Kebt*, mois des égyptiens ou coptes; et par le mot *Kebt*, ils entendent non-seulement les descendants des anciens égyptiens, que nous appelons coptes, mais encore les anciens égyptiens eux-mêmes. Ce nom est pris du mot et de la ville de *Koptos*, où la plupart des habitans sont encore à présent les restes de l'ancien peuple égyptien ; le nom Koptos lui-même étant celui de la ville et du pays.

Les cinq jours supplémentaires par lesquels les égyptiens complétoient les douze mois de 30 jours, sont appelés par Plutarque (*de Is. et Osir.*), et par Ptolémée, (Alm. L. 3) ἐπαγομέναι, qu'Al-Fergani prononce *abugumena*, en égyptien, et que les chrétiens d'Ethiopie rendent par *paguemen*, dans le calendrier de leurs fêtes, que Ludolf nous a fait connoître, (*Comm. ad S. Æthiop. hist.*). Ces jours, dans le catalogue des mois égyptiens trouvé par la Croze, sont marqués comme un treizième mois sous la dénomination *pi-abot-enkugi*, *petit mois*, dont l'arabe *es-scher es-saghir*, dans le calendrier des fêtes des coptes, rédigé en arabe et publié par Selden (1), est la traduction.

Scaliger (2) soutient que les épagomènes étoient nommés *nesi* par les anciens égyptiens, et que les coptes leur avoient conservé ce nom. Saumaise, (*epist.* 60), est du même avis, et traduit ce terme par celui d'*Assumtitii*. Jablonski (*opusc.*) les refute l'un et l'autre, et il pense avec raison que ce mot a passé des arabes aux coptes. Car les arabes nomment les cinq épagomènes des égyptiens et des Perses, ainsi que le mois intercalaire en usage chez les payens qui les ont précédés, *en-nesi*, d'un mot radical arabe, qui signifie *produxit*, *retardavit*, et les turcs encore, selon M. Navoni, (*mines de l'Orient*), donnent le même nom

(1) Selden donne dans son ouvrage *de Synedriis*, deux catalogues des fêtes coptes, en langue arabe. Il attribue le premier à l'arabe Abul-Aïthan-Achmed-Calnaschendi, nom que je n'ai lu nulle part ailleurs : il ne se rencontre pas dans d'Herbelot. Le second, plus complet, est d'un chrétien inconnu, et se trouve à la fin d'une traduction arabe des Évangiles, écrite en l'an 1286 de notre ère. Tous deux sont disposés suivant le calendrier copte. Ludolf a joint le dernier à son calendrier éthiopien. (2) De emend. temp.

aux jours complémentaires des coptes. Il est en effet beaucoup plus vraisemblable que les coptes ont reçu ce nom des Arabes dont la langue est devenue la leur, qu'il ne l'est que les Arabes l'aient emprunté des égyptiens. D'autres dénominations arabes encore désignent ces mêmes jours, ce sont *el-lawahik*, *adhaerentes*, *el-saïde*, *redundantes*, et *el-musterake* (*furtivi*). Les grecs modernes ont rendu cette dernière expression, par κλοπιμαῖοι.

Deux témoignages prouvent que le commencement de l'année alexandrine répond au 29 août julien. L'un est un fragment de l'empereur Héraclius, publié par Dodwell dans ses *Dissertationes cyprianicæ*, où on lit : « Quand nous avons le 29 août, les alexandrins comptent le 1 thoth, ou septembre ; et quand nous avons le 1 septembre, ils en comptent déjà le 4 ». On voit qu'ici le thoth alexandrin est nommé septembre, en avertissant seulement que le mois de septembre proprement dit, c'est-à-dire, julien, commence trois jours plus tard. Cette manière de compter paroît avoir été d'un usage formel chez les alexandrins, Ptolémée dans ses *Apparitions des Fixes*, où il emploie le calendrier alexandrin, nomme ensemble thoth et septembre, phaophi et octobre, etc., comme synonymes. Et le dernier Théon, dans un fragment rapporté par Dodwell (*appendix*) commence le mois de *septembre*, après les trois premiers jours de thoth. Le scholiaste d'Aratus compare en gros au mois romains, les mois alexandrins, comme s'ils concouroient exactement. Tubi, dit-il, est le janvier des romains, et choïac, décembre.

Le second témoignage se tire d'Al-Fergani, qui s'exprime ainsi : « Anciennement, les commencemens des mois égyptiens répondoient à ceux des Perses, de sorte que le 1 thoth coïncidoit avec le 1 deimah. Mais aujourd'hui les égyptiens, à l'exemple des romains et des Syriens, augmentent la longueur de leur année, d'un quart de jour, et la commencent au 29 *ab*, mois syrien absolument semblable en tout au mois d'août julien ». (Elem. astron.)

Mais on trouve encore ce 29 août par le moyen des dates alexandrines en harmonie parfaite avec le calendrier julien : tels sont, par exemple, dans les écrivains ecclésiastiques, le jour de l'équinoxe du printems fixé par le concile de Nicée, et nommé tantôt le 21 mars, tantôt le 25 phamenoth (1) ; dans le commentaire de Théon sur l'Almageste, une éclipse de soleil, du 24 thoth de la 1112ᵉ année de Nabonassar, c'est-à-dire, du 16 juin 364 de l'ère chrétienne, et observée le 22 payni alexandrin ; et dans le même calendrier rapporté par Selden, la fête de Noël placée au 29 choïac ; toutes ces dates font trouver, en remontant par le calcul, le 1 thoth au 29 août.

(2) L'équinoxe du printems est effectivement marqué au 26 phamenoth ou 22 mars, dans l'Hémerologe de Ptolémée, dressé sur l'année alexandrine commençant au 29 août. Voyez ci-dessus. H.

Les anciens égyptiens avoient une année solaire de 365 jours sans intercalation. Son commencement parcouroit tous les jours de l'année julienne dans un espace de 1460 ans qui formoient le cycle caniculaire. Pour faire de cette année vague, une année *fixe*, dans le sens qu'on donne à ce mot pour l'année julienne, les alexandrins, à l'exemple des romains, ajoutèrent un jour à chaque 4e année.

Nous savons également par le fragment d'Héraclius, quelle étoit la place de ce jour intercalaire, et sa relation avec celui des romains. « Les alexandrins, nous dit-il, l'insèrent chaque fois dans l'année qui précède l'année intercalaire des romains, où ils commencent leur année non trois, mais deux jours avant septembre, (c'est-à-dire, non le 29, mais le 30 août). Ainsi, les cinq jours épagomènes ou complémentaires terminant l'année égyptienne, il s'ensuit que les alexandrins devoient compter six jours complémentaires dans une année intercalaire et comme chacune de nos années qui divisée par 4, ne laisse pas de reste, est une année bissextile ou intercalaire, le sixième jour intercalaire doit toujours appartenir à une année de notre ère, qui divisée par 4, donne le reste 3. (Quoique l'année fixe ait été introduite chez les alexandrins 30 ans avant notre ère, les années qui précèdent cette ère n'ont besoin d'aucune règle particulière, puisqu'il n'existe point de date alexandrine avant cette époque (1).

Sur ce principe, il sera aisé de réduire une date alexandrine à une date julienne, et réciproquement, quand on en connoîtra l'année. Deux tables suffiront pour cette réduction. L'une présente les premiers jours des mois alexandrins à côté des quantièmes qui leur répondent dans le calendrier julien ; l'autre, les premiers jours des mois juliens dans le calendrier alexandrin.

1ere *Table.*		2e *Table.*	
1 Thoth.	29 Août.	1 Septembre.	4 Thoth.
1 Phaophi.	28 Septembre.	1 Octobre.	4 Phaophi.
1 Athyr.	28 Octobre.	1 Novembre.	5 Athyr.
1 Choïac.	27 Novembre.	1 Décembre.	5 Choïac.
1 Tubi.	27 Décembre.	1 Janvier.	6 Tubi.
1 Méchir.	26 Janvier.	1 Février.	7 Méchir.
1 Phamenoth.	25 Février.	1 Mars.	5 Phamenoth.
1 Pharmouthi.	27 Mars.	1 Avril.	6 Pharmouthi.
1 Pachom.	26 Avril.	1 Mai.	6 Pachom.
1 Payni.	26 Mai.	1 Juin.	7 Payni.
1 Epiphi.	25 Juin.	1 Juillet.	7 Epiphi.
1 Mésor.	25 Juillet.	1 Août.	8 Mésor.
1 Epagomène.	24 Août.		

(1) Il est donc indifférent, pour le calcul chronologique, que j'aie placé l'ère d'Alexandrie

Il faut remarquer, pour faire usage de ces tables, que si le 1 thoth tombe au 30 août, les dates juliennes de la première doivent être augmentées d'une unité, et celles de la seconde diminuées d'autant, jusqu'au 4 phamenoth inclusivement, qui alors coïncide avec le 29 février. Mais à partir du 5 phamenoth ou 1 mars, les deux tables sont toujours constantes.

Telle est la forme des mois alexandrins ou coptes, et telle leur relation aux mois juliens. La question est maintenant de savoir à quelle ère ils étoient liés.

Les premières traces certaines des mois égyptiens fixes, se trouvent dans une inscription rapportée par Gruter (1), de l'an 146 de Jésus-Christ, dans Ptolémée (2) et dans Plutarque (3), qui ont écrit à peu près dans le temps de cette inscription. C'est pourquoi Clément d'Alexandrie et d'autres auteurs les citent souvent. Mais il n'y a aucun doute qu'ils n'aient été employés depuis l'an 30 avant notre ère, dans lequel Auguste se mit en possession de l'Egypte. Je l'ai prouvé dans mes recherches sur les observations astronomiques des anciens. Et j'ai montré pourquoi les alexandrins ont choisi précisément le 29 août, pour l'époque de leur année modelée sur la forme de l'année julienne.

Nous voyons par le Canon des Rois, et par les monnoies et médailles frappées sous les empereurs romains en Egypte, qu'on y avoit pour coutume de compter les années entières, depuis le 1 thoth qui précédoit leur inauguration; par cette manière de compter, on pouvoit comme on l'a fait long-temps, se dispenser d'une ère. Mais enfin les successions multipliées des princes depuis le troisième siècle de notre ère, en firent sentir la nécessité. Nous n'avons qu'une ou deux marques de l'usage antérieur des années d'Auguste chez les égyptiens. Cette ère est celle que nos chronologues nomment, d'après Scaliger, assez improprement *actiaque*, puisqu'elle n'a pas commencé à la première victoire d'Auguste sur Antoine en l'an 31 avant Jésus-Christ, mais à la seconde qu'il remporta l'année suivante sous les murs d'Alexandrie. Censorin est le seul des anciens qui en parle comme d'une ère particulière. « *Anni augustorum*, dit-il, se comptent de l'année où Octave reçut le titre d'Auguste, dans son septième consulat et le troisième d'Agrippa » (l'an 27 avant Jésus-Christ). L'an 238 de Jésus-Christ, dans lequel il écrivoit sous le second consulat d'Antonin Pie, et le premier de Bruttius Prœsens, étoit, selon son compte exact, la 265e année de cette ère romaine. Mais, continue-t-il, les *Egyptiens* comptent cette année pour la 267e, parce qu'ils *ont été soumis deux*

à l'an 30 ou à l'an 25 avant Jésus-Christ, dans mon tableau des années égyptiennes soumises à la réforme julienne et grégorienne, puisque j'étends cette double réforme à toutes les années antérieures à notre ère, comme à toutes celles qui lui sont postérieures.

(1) Inscript. Antiq. *pag.* 312, 2. (2) Φασ. Απλ. (3) De Iside et Osiride.

ans auparavant à la puissance romaine (1), s'il a compté en années fixes, et s'il a écrit avant le 29 août, on voit que l'époque de l'ère égyptienne tombe dans l'an 30 avant Jésus-Christ. Mais il paroît qu'on en a fait peu d'usage ; du moins, je ne l'ai vue mentionnée qu'une seule fois, et cela par l'arabe Abu'lhassan Kuschjar, à l'occasion d'une étoile. J'y reviendrai plus bas.

L'ère de Dioclétien (1) a été bien plus répandue en Egypte, et bien plus connue hors de cette contrée. On date son origine, dont l'histoire ne nous apprend rien de certain, de l'affreuse persécution qu'il excita contre les chrétiens, et qu'Eusèbe (1), Orose (2) et Zonaras (3) font commencer dans la dix-neuvième année de son règne. Pour en conserver la mémoire, les chrétiens d'Egypte, dont le parti étoit devenu dominant, par la conversion de Constantin, paraissent avoir formé l'ère des martyrs, en continuant de compter les années, de leur persécuteur, même après sa mort. Car, c'est ainsi que l'ère de Dioclétien est appelée dans tous les écrits des coptes, comme on peut le voir par les extraits de Zoëga. Abulfaradsch dit très-bien dans son histoire, que l'ère suivante, laquelle les coptes datent, et qu'ils nomment l'ère des martyrs, commence l'année du règne de Dioclétien. Mais quand il ajoute que ce nom vient de ceux qui souffrirent le martyre et la mort cette année, il est dans l'erreur. Car, quelques lignes auparavant, il a lui-même placé la grande persécution à la 19e année de Dioclétien. Ignace, patriarche d'Antioche, a fait une autre faute, quand il a dit dans un écrit que Scaliger a inséré dans sa correction des temps, que cette ère a commencé avec la 19e année de Dioclétien, dans laquelle la persécution a éclaté. (L. v.)

Le Tarich El-Schohada des Arabes, est l'ère des martyrs, qui se trouve différemment énoncée, par exemple, dans l'histoire des Sarrazins par Elmakin, quand cet auteur parle des chrétiens ses confrères dans la foi. Plus ordinairement les Arabes la désignent par les mots Tarich El-Kebt, et Tarich Dikeletjanus.

Suivant la règle observée par les égyptiens, dans la supputation des années de

(1) Mais le 1 thoth n'ayant concouru avec le 29 août que dans la vingt-cinquième année avant Jésus-Christ, les alexandrins n'ont commencé leur ère que dans la vingt-sixième année, à cause de l'année commune dans les nombres 264, 238, qui doit être retranchée de 265, ou ajoutée à 238, pour faire sa soustraction, ce qui réduit 27 à 26, et l'année datée de la victoire, comptée du milieu de l'an 26 au milieu de l'an 25, déjà commencé avant le 29 août, fait que l'ère Alexandrine date de l'an 25 avant Jésus-Christ, quoique l'ère égyptienne ait commencé cinq ans auparavant.

H.

(2) A. Kircher fait Dioclétien, auteur de l'année Egyptienne fixe, auparavant mobile, selon ce Père, (Prodr. Capt.). Si cette assertion, qu'il ne prouve pas plus que bien d'autres qu'il avance, étoit fondée, l'origine de l'ère Dioclétienne s'expliqueroit d'elle-même.

(3) Hist. Ecd. liv. VIII. (3) Hist. liv. VII. (4) Annal. liv. XII.

leurs souverains, il ne s'agit pour déterminer l'époque de l'ère de Dioclétien, que de fixer la date de son avénement à l'empire. Ce fait nous est connu par le *Chronicon paschale* qui, au consulat de Carin et de Numérien, c'est-à-dire, à l'année 284 de notre ère, dit : « Dioclétien, proclamé le 17 septembre à Calcédoine, fit, le 27 de ce mois, étant orné de la pourpre, son entrée à Nicomédie, et fut nommé au consulat dans le mois de janvier suivant ». L'époque de l'ère qui porte son nom, est donc ou le 13 juin, ou le 29 août de l'an 284, selon que cette année sera ou vague ou fixe. Il paroît que l'usage de cette double acception se conservoit encore en Egypte, du temps de Théon, vers le milieu du quatrième siècle : car, dans le livre VI de son commentaire sur l'Almageste, il calcule une pleine lune accompagnée d'une éclipse, et il dit qu'elle arriva dans la 81e année, le 22 athyr selon les alexandrins, et le 6 phamenoth de cette 81e année selon les égyptiens. C'est le seul exemple que nous ayons de l'ère de Dioclétien liée à des années vagues. A mesure que la religion chrétienne se répandit en Egypte, comme elle ne pouvoit, par des raisons faciles à concevoir (1), s'adapter à l'année vague; on ne parla plus que de l'année fixe. Et c'est ainsi que nous avons pour époque de l'ère de *Dioclétien*, le 29 août de notre année 284 de Jésus-Christ.

Ainsi, pour réduire à notre ère, une date copte liée à l'ère de Dioclétien, on aura d'abord, en ajoutant 283 au nombre de l'année en question, l'an de notre ère, dans laquelle tombe le commencement de l'an correspondant de Dioclétien; on divisera ensuite par 4 le nombre d'années dioclétiennes ou le nôtre, et on verra si, dans le premier cas, le reste de la division est 0; et dans le second, 3. L'un et l'autre donnent le 1 thoth au 30 août, parce qu'avec un autre reste ce seroit le 29. Après quoi, si la date surpasse le 5 tubi, dans la première des deux tables comparées ci-dessus, on prendra l'année suivante de notre ère. Si le calcul donne une année qui surpasse celle de la réforme grégorienne, il faudra encore spécifier la différence de l'ancien et du nouveau style; donnons quelques exemples qui éclairciront cette règle.

Dans l'introduction de Paul d'Alexandrie, se trouve un chapitre qui traite de la manière de connoître à quel Dieu chaque jour est consacré; et on y lit que le jour où cela s'écrivoit, qui étoit un mercredi, c'étoit le 20 méchir de la 94 année de l'ère de Dioclétien. La réduction donne le 14 février de l'an 378 de Jésus-Christ, jour qui fut effectivement un mercredi.

(1) La fixité de ses fêtes à de certains jours, et la mobilité même de quelques-unes fixées entre de certaines limites, ne pouvoit accommoder d'une forme d'année dont chaque jour devenoit successivement le premier. H.

(2) 23e Feuillet, Wittenberg, 1586 4[o].

Dans la 25e lettre de S. Ambroise, la règle prescrite par le concile de Nicée, en ces termes : « *Si quarta decima luna*, (la pleine lune pascale), *in dominicam inciderit, adjungenda hebdomas altera.* « (pour que la fête de Pâque des chrétiens ne se rencontre pas avec celle des juifs), est representée par quelques évènemens de son temps, comme effectivement suivie alors. Car on lit: *Octogesimo et nono anno ex die imperii Diocletiani, cum quarta decima luna esset nono kalendas aprilis, nos celebravimus pascha pridiè kalendas aprilis. Alexandrini quoque et Ægyptii, ut ipsi scripserunt, cùm incidisset quarta decima luna vigesimo et octavo die phamenoth mensis, celebraverunt pascha quinto die pharmuthi mensis, quae est pridiè kalendas aprilis, et sic convenere nobiscum* (1). Les dates marquées ici sont justes. La 89e année de Dioclétien commença le 29 août de l'an 372 de Jésus-Christ; et la pleine lune paschale tomba le 24 mars 373, jour auquel répondoit le 28 phamenoth. Et comme ce jour fut un dimanche, la fête de Pâque, conformément à cette règle, fut célébrée le 31 mars ou 5 pharmouthi. St. Ambroise continue : *Rursus nonagesimo et tertio anno a die imperii Diocletiani, cùm incidisset quarta decima luna in quartum decimum diem pharmuthi mensis, qui est quinto idus aprilis, quae erat dominica die, celebratum est pascha dominica pharmuthi vigesimo et primo die, qui fuit secundum nos sexto decimo kalendas maii* ». Ces dates sont également justes. La 93e année dioclétienne commença le 29 août de l'an 376 de Jésus-Christ. La pleine lune pascale tomba, en 377, au 9 avril ou 14 pharmouthi, qui fut un dimanche. La fête de Pâque fut donc différée jusqu'au 16 avril ou 21 pharmouthi, suivant la règle du concile de Nicée. « *Septuagesimo sexto anno ex die imperii Diocletiani, vigesimo octavo die pharmuthi mensis, qui est nono kalendas maii, dominicam paschae celebravimus sine ulla dubitatione majorum* ». L'an 76 de Dioclétien commença le 30 août 359 avant J.-C., et le 28 pharmouthi concourut avec le 23 avril 360. Cette année est la plus ancienne de toutes celles que j'ai trouvées de l'ère dioclétienne.

Ebn-Junis a observé au Caire une éclipse de soleil, le 22 rebi el-ewel de l'an 394 de l'hégire. Il compare, suivant sa coutume, cette ère avec celles de Syrie, d'après celle des Séleucides, des Coptes d'après celle de Dioclétien, et de Perse d'après celle de Jezdégird, en disant : le jour de l'observation fut le 24 Kanun El-Acher de l'an 1315 d'Iskender Ben-Filibus El-Junani, (d'Alexandre, fils de Philippe le grec), le 28 tube de l'an 720 de Dioclétien, et le 10 bahmenmah de l'an 372 d'Iezdegird ». Toutes ces dates donnent le 24 janvier 1004, qui fut, ajoute-t-il, un lundi (2) : pour aider à comparer les dates coptes aux jours de la semaine, j'ai calculé la table suivante qui présente les féries auxquelles commencent les mois coptes, dans les 28 premières années de l'ère de Dioclétien.

(1) Edit des Bénéd. (2) Notices et extraits T. VII.

Années	Thoth Tut	Phaophi Baba	Athyr Hatur	Choiak Kiiak	Tybi Tubi	Mechir Amschir	Phamenoth Barmehat	Pharmuthi Barmude	Pachon Baschans	Payni Baune	Epiphi Abib	Mesori Mesri	Epagomènes
1	6	1	3	5	7	2	4	6	1	3	5	7	2
2	7	2	4	6	1	3	5	7	2	4	6	1	3
3	1	3	5	7	2	4	6	1	3	5	7	2	4
4	3	5	7	2	4	6	1	3	5	7	2	4	6
5	4	6	1	3	5	7	2	4	6	1	3	5	7
6	5	7	2	4	6	1	3	5	7	2	4	6	1
7	6	1	3	5	7	2	4	6	1	3	5	7	2
8	1	3	5	7	2	4	6	1	3	5	7	2	4
9	2	4	6	1	3	5	7	2	4	6	1	3	5
10	3	5	7	2	4	6	1	3	5	7	2	4	6
11	4	6	1	3	5	7	2	4	6	1	3	5	7
12	6	1	3	5	7	2	4	6	1	3	5	7	2
13	7	2	4	6	1	3	5	7	2	4	6	1	3
14	1	3	5	7	2	4	6	1	3	5	7	2	4
15	2	4	6	1	3	5	7	2	4	6	1	3	5
16	4	6	1	3	5	7	2	4	6	1	3	5	7
17	5	7	2	4	6	1	3	5	7	2	4	6	1
18	6	1	3	5	7	2	4	6	1	3	5	7	2
19	7	2	4	6	1	3	5	7	2	4	6	1	3
20	2	4	6	1	3	5	7	2	4	6	1	3	5
21	3	5	7	2	4	6	1	3	5	7	2	4	6
22	4	6	1	3	5	7	2	4	6	1	3	5	7
23	5	7	2	4	6	1	3	5	7	2	4	6	1
24	7	2	4	6	1	3	5	7	2	4	6	1	3
25	1	3	5	7	2	4	6	1	3	5	7	2	4
26	2	4	6	1	3	5	7	2	4	6	1	3	5
27	3	5	7	2	4	6	1	3	5	7	2	4	6
28	5	7	2	4	6	1	3	5	7	2	4	6	1

Après ces 28 années du cycle solaire, tout revient dans le même ordre. C'est pourquoi on n'a besoin que de diviser par 28 le nombre qui exprime l'année dioclétienne, et de porter le reste dans la colonne de l'année, (s'il n'y a point de reste on prendra 28), et les nombres marqués dans la ligne horizontale correspondante donneront les féries des mois commencés. On trouve ainsi, que la 720e année dont Ebn-Junis parle, est la 20e du cycle solaire de Dioclétien, et que le mois tubi y commence à la 3e férie qui est le mardi. Le 28 tubi fut donc un lundi. Le jour d'époque, ou radical de toute cette ère, est le vendredi.

A cette occasion, se présente la question de savoir à quel point du temps commençoient les jours par lesquels les Egyptiens datoient. Tous les peuples de l'antiquité comptoient dans la vie civile douze heures de jour et douze heures de nuit, et ils les comptoient du lever au coucher du soleil, et de son coucher à son lever. Chez les Grecs, le nychtmère commençoit à la première heure, et chez les romains le jour civil à la septième heure de la nuit. Pline, (H. n. 11), dit que les Egyptiens comptoient comme les Romains, et Servius ajoute (V. V), ainsi qu'Isidore (Orig. V), que ceux-ci suivoient la manière des Grecs. Tout cela est faux. On conclut avec certitude, d'un passage de l'Almageste, (l. VIII. p. 162. n. éd.) où il est dit d'une observation astronomique : d'abord, « qu'elle fut faite au commencement du 25 phamenoth ; et ensuite, « que ce fut dès le matin que les Egyptiens, de même que les Babyloniens, les Perses, et enfin tous les peuples orientaux qui se régloient sur le soleil pour la division du temps, commençoient le jour civil avec le jour naturel » ; et Alfergani le dit expressément (Elem.).

Pour réduire une date prise de notre ère, à une date copte, on retranchera d'abord 283, du nombre qui exprime la date à réduire ; le reste sera l'année dioclétienne qui commence ou le 29 ou le 30 août dans notre ère ; après avoir cherché celui de ces deux jours qu'il faudra choisir, on se servira de la seconde des deux tables précédentes des mois égyptiens et romains, et on y cherchera si la date julienne dont il s'agit, précède le premier jour de l'année égyptienne, ou si elle le suit. Dans le premier cas, on prendra l'année dioclétienne qui précède immédiatement ; mais dans le second, on gardera l'année trouvée par la soustraction du nombre 63. On trouve ainsi, que notre 5 juin, nouveau style, ou le 24 mai, vieux style, (la règle donnée n'est applicable qu'à ce dernier), est le 29 pachon 1533.

Il me reste maintenant à dire quelques mots de l'usage que nous voyons qu'on a fait de l'ère de Dioclétien, tant dans l'intérieur, qu'au dehors de l'Egypte.

Pour l'Egypte, il paroît qu'elle y fut adoptée vers le milieu de notre quatrième siècle. Depuis ce temps-là, nous la trouvons fréquemment marquée dans les écrits des Grecs et des Coptes chrétiens de ce pays ; ils datent même encore d'après cette ère. Les chrétiens même d'Ethiopie, ou Abyssins, paroissent l'employer avec leur ère de la création. Parmi les époques rapportées dans l'introduction au calendrier éthiopien des fêtes, que Ludolf nous a fait connoître, et que j'ai déjà cité, se trouve nommée entr'autres l'ère des martyrs, et son époque placée à l'an 276 de l'ère de Jésus-Christ, ce qui vient de ce que les Ethiopiens supputent leurs années du monde, d'après l'ère alexandrine mise par Jule-Africain, au troisième siècle, selon laquelle les 5501 ans qu'elle dit s'être écoulés de la création à la naissance de Jésus-Christ, portent l'année de cette naissance, à la huitième de notre ère chrétienne : (276+8—1=283). Les Ethiopiens nomment les années du monde, ans de grace, dénomination que Scaliger, et d'autres chronologistes avec lui, prennent mal à propos pour celle de l'ère des martyrs en usage chez eux. Ils ont, au reste, adopté en entier la supputation copte, si ce n'est qu'ils ont nommé leurs mois d'une manière toute particulière à eux.

L'ère de Dioclétien a aussi été employée hors d'Egypte pendant plusieurs siècles, par les écrivains grecs qui avoient besoin d'une supputation du temps très-exacte. C'est pour cette raison qu'un certain Thius, à Athènes, choisit cette ère pour les dates des observations assez informes que Bouillaud a rapportées de lui dans son astronomie philolaïque.

Quand la religion chrétienne fut devenue la religion dominante dans l'empire romain, toutes les ères qui comptoient par olympiades, par archontes, par consuls, par années de Rome, et autres pareilles, cessèrent d'être en vogue dans la période de temps qui s'écoula depuis Constantin jusqu'au 8e. siècle, où déjà l'ère chrétienne proposée par l'abbé Denys, fut fixée par le vénérable Béde, au point d'où tous les peuples chrétiens de l'occident la commencèrent en l'adoptant universellement les uns après les autres. Nous trouvons ainsi, avec l'ère d'Espagne commencée l'an 58 avant Jésus-Christ, avec l'ère Constantinopolitaine du monde dont la 5509e année est la premiere de notre ere, et avec l'indiction dont je parlerai ci-après, l'ère Dioclétienne employée surtout par les auteurs ecclésiastiques qui traitent des longues discussions qu'a excitées la célébration de la fête de pâque, et des schismes qu'elles occasionnerent.

Mais ce n'est pas en occident seulement que nous trouvons cette ere établie, nous la rencontrons encore fréquemment chez les Musulmans de l'Orient. Parmi les astronomes arabes, qui pour plus de précision datent leurs observations de plus d'une époque, Ebn-Junis est le seul, à ma connoissance, qui s'en serve. Alfergani et Albatani (1) parlent bien des mois, mais non de l'ere des Coptes. Et même Abulhassan Kuschjahr et Ulugbegh ne la mettent pas au nombre des eres qu'on emploie en astronomie, dans laquelle ils ne comptent que par les ères arabique, persique et syriaque.

Elle se montre, au contraire, dans presque tous les takwims ou calendriers des orientaux, par exemple, dans celui que Beck a publié et expliqué sous le titre (2) *Ephemerides Persarum per totum annum juxta epochas celebriores orientis, alexandream, Christi, Dioclétiani, hegirae, iezdegirdicam et gelalaeam.*

(1) Le 32e chapitre de la science des étoiles, de ce dernier, est bien sous une forme chronologique, mais défigurée, d'une manière barbare, dans la seule version latine qui en soit imprimée. Quand donc cet ouvrage si important pour l'astronomie, trouvera-t-il un Golius pour son interprète?

(2) C'est proprement un calendrier complet dressé pour la 609e année Dgélaléenne, qui commence au 11 mars (v. st.) de notre 1687e année. La 1999e de l'ère des Séleucides y commence au 1 octobre, la 1097e persique au 26 septembre, et la 1404e dioclétienne au 30 août 1687. Et c'est une erreur des calculateurs d'éphémérides, que d'y avoir fait concourir, dans une des tables qui précèdent son calendrier, les

On y voit le mois adar de la 1999ᵉ année de l'ère des Séleucides, c'est-à-dire l'ancien mars 1688, bien mis en parallèle avec le barmehat ou pharmouthi de la 1404ᵉ année de l'avénement de Dikjanus au trône. M. Navoni, à qui nous devons de bonnes recherches sur le calendrier des Turcs, avoit sous les yeux un takwim où le 9 adar 2120, ou 9 mars (v. st.) 1809, correspondoit également bien au 13 barmehat 1525. (Mines de l'orient. v. IV).

Tous ces calendriers présentent les dates de l'année solaire syriaque et copte, accollées aux dates de l'année lunaire des Arabes. On conçoit aisément que les Musulmans ne pouvant se passer de l'année solaire, ont été obligés d'en faire des comparaisons continuelles avec leur année lunaire. C'est ce qui a dû arriver dans un pays comme l'Egypte, dont l'existence tient aux débordemens périodiques du Nil, et par conséquent à l'année solaire. Le premier volume des *notices et extraits des Manuscrits du Roi*, contient des extraits publiés par M. de Sacy, de l'histoire d'Egypte dans la premiere moitié du XVIIᵉ siecle, par Schemseddin Muhammed. On y trouve un calendrier rural, où la vicissitude de l'état naturel du pays, se succéde suivant l'ordre des mois coptes; par exemple, le lever de Sirius, qui doit toujours être de la plus grande importance pour les Egyptiens, est placé à la date même où les anciens Egyptiens l'avoient déja observé, c'est-à-dire, au 26 epiphi, ou 20 juillet (v. st.) Par là se confirme ce que Niebuhr dit dans la relation de ses voyages, « que les Egyptiens se reglent à présent encore sur le calendrier des Coptes, dans leurs observations sur les crues du Nil ». Il y a, dans la description de l'Egypte par Makrizi, un chapitre intitulé *Réduction de l'année solaire à l'année lunaire des Arabes*, dont M. de Sacy a eu la complaisance de m'envoyer une copie, et dont je me propose de faire usage dans une autre occasion. L'année solaire y est appelée *charadschije*, d'un mot arabe qui signifie *impôt foncier*, parce que le payement en étoit fixé à une saison déterminée de l'année. Et l'année lunaire y porte le nom de *helalije*, qui vient d'un mot relatif aux phases de la lune.

Mois syriaques, et Ere des Séleucides.

L'expédition d'Alexandre en Asie, y répandit, dans toute la partie antérieure, les noms et l'usage des mois macédoniens, qui auparavant étoient à peine connus des Grecs voisins de la Macédoine, et elle éleva ces mois au rang des plus célèbres dans la chronologie. Presque tous les peuples qui étoient soumis au grand empire des Perses, jusqu'à Babylone, et peut-être plus loin encore, les adoptèrent, et en firent usage ou exclusivement, ou concurremment avec

mois qui répondent à mars, dans les trois dernières années, avec ferwardin 609, puisqu'ils répondent à ferwardin 610. L'année chrétienne y est nommée *werihije*, du messie.

les leurs propres. Ces peuples ayant été originairement indépendans, on concevra sans peine que les formes et les époques de leurs années respectives ont dû être bien différentes, quoique la supputation en années lunaires liées au cours du soleil, leur fût commune avec les Macédoniens et les Grecs. De là, vient que nous trouvons tant de différences dans l'emploi des mois macédoniens en Asie, et particulièrement en Syrie, depuis Antioche jusqu'à Gaza. Le plus généralement usité cependant, étoit celui qui rangeoit les mois syriens dans l'ordre suivant :

Mois Syro-Macédoniens.

Noms Macédoniens.	Noms Syriens.
Ὑπερβερεταῖος.	Tischrin el-ewel.
Δῖος.	Tischrin el-acher.
Απελλαῖος.	Kanun el-ewel.
Αυδυναῖος.	Kanun el-acher.
Περίτιος.	Schebat.
Δύςρος.	Adar ou Adsar.
Ξανθικός.	Nisan.
Αρτεμίσιος.	Ajar.
Δαίσιος.	Hasiran.
Πάνεμος.	Tamus.
Λῷος.	Ab.
Γορπιαῖος.	Eilul.

On trouve aussi, pour *panemos*, sur d'anciens monumens particulièrement, *panamos*, et *panêmos*. Je présente ici les noms syriens, comme ils sont énoncés par les Arabes, et en particulier dans les *époques célèbres* d'Ulug-Begh. Alfergani dit le *second*, au lieu de *El-Acher*; et dans le même sens, *Et-Thani*. Si on veut les voir écrits en caractères syriaques, on peut les aller chercher dans la chronologie de Beveridge (1). Comme on sait, quelle que soit l'objection contraire d'Ussérius (2), que les mois macédoniens avoient originairement le caractère des mois lunaires, il en fut sans doute de même pour les mois syriens dès le commencement de notre ère, quoique nous ne sachions pas, au juste, quand ils furent convertis en mois lunaires; et depuis lors, leur rapport aux mois juliens a été précisément celui qui suit :

(1) *Institut. chronol. appen dix.* (2) *Maced. ch. as annal. v. et n. test.*

Hyperberetœus.	**Tischrin el-ewel.**	**Octobre.**
Dius.	**Tischrin el-acher.**	**Novembre.**
Apellœus.	**Kanun el-ewel.**	**Décembre.**
Audynœus.	**Kanun el-acher.**	**Janvier.**
Peritius.	**Schebat.**	**Février.**
Dystrus.	**Asar.**	**Mars.**
Xanthicus.	**Nisan.**	**Avril.**
Artemisius.	**Ajar.**	**Mai.**
Dœsius.	**Hasiran.**	**Juin.**
Panemus.	**Tamus.**	**Juillet.**
Loüs.	**Ab.**	**Août.**
Gorpiæus.	**Eilul.**	**Septembre.**

Ce rapport parfait est confirmé par les nombreuses dates chez les écrivains grecs, syriens et arabes. Pour en donner une couple d'exemples, je citerai d'abord l'hémérologe d'Audrichi, tiré d'un très ancien manuscrit de la Bibliothèque de Médicis (*instit. antiquar. mem. de l'ac. des inscript. t. XLVII.*)

Les mois alexandrins, grecs, tyriens, arabes, sidoniens, héliopolitains, lydiens, asiatiques, crétois, cypriens, éphésiens, bithyniens et cappadociens y sont non seulement nommés, mais encore, et c'est ce qui donne à ce catalogue une valeur inappréciable, accollés aux dates romaines respectives où ils commencent. Par le mot *grecs,* il ne faut pas entendre les grecs proprement dits, mais suivant l'usage qu'on trouve dans Epiphanius et autres écrivains des temps postérieurs, les Syro-Macédoniens. Cette manière d'exprimer ceux-ci se retrouve encore chez les Arabes. Car ils se servent ordinairement pour désigner les mois syriaques et l'ère des Séleucides, des mots *schuhur er-rum*, et *tarich er-rum*, *mois et ère des Grecs.* Mais ils nomment les anciens Grecs indépendans, *janans*, Ioniens; et les derniers, soumis aux Romains, *rum* Romains; dénomination qui désigne, outre les Grecs de l'empire de Byzance surtout, et particulièrement quand il sagit d'objets de chronologie, ceux de Syrie. Or, cet hémérologe place les premiers jours des mois grecs aux calendes des mois juliens correspondans.

De tous les Arabes, je ne citerai Qu'alfergani. Il distingue les *schuhur ersir janijan*, mois syriaques, des *schuhur er-rum*, mois grecs. Les premiers sont ceux de cet hémérologe, puisqu'il en donne la durée, de manière qu'on voit leur relation au mois d'octobre julien. Par exemple, en nommant schebat, il dit qu'en trois années consécutives il a 28 jours, mais toujours 29 en chaque quatrième. Il dit des mois grecs, par lesquels il entend les mois juliens, que le premier est janvier qui répond au *kanun el acher* des Syriens; qu'ensuite vient février qui s'accorde avec schebat, etc. Cette distinction des mois syriaques et des mois grecs, est au reste peu usitée chez les Arabes. Car ils entendent régulièrement par les mots *schuhur el-rum*, les mois syriaques.

L'année de l'intercalation étoit précisément la même chez les Syriens et les Romains, comme on le voit dans Alfergani par la correspondance absolue du schebat avec février. Il dit que l'année où schebat a 29 jours, est l'année intercalaire; et il ajoute encore que l'année contient trois fois consécutives 365 jours, et la quatrième fois 366.

On voit par là que les Syriens s'étoient approprié l'année julienne, si ce n'est qu'ils la commençoient avec le mois d'octobre. C'est pourquoi la réduction de leur dates en dates juliennes, consiste dans un simple changement de nom. Ainsi par exemple le 24 mai, vieux style, (car ce parallélisme n'est vrai que pour cette ancienne manière de compter), répond à leur 24 ajar. Voyons à présent, comment ils ont compté leurs années.

Avec le grand empire des Séleucides en Asie, s'établit aussi en Syrie, centre de cet empire, une ère qui pour cette raison fut nommée l'ère des Séleucides. Cet établissement se rapporte à l'année 312 avant notre ère, première de la CXVII olympiade, lors de la prise de possession de Babylone, de la Susiane et de la Médie, par Seleucus Nicator après sa victoire à Gaza. Noris (ann. et epoch. syr. maced.) a prouvé par les médailles de Tripoli, de Damas et de Palmyre où cette ère se montre fréquemment, qu'elle commence à l'automme de cette année. Abu'lhassan Kuschjar et Ulugbegh nous en font connoître plus exactement l'époque. En leur comparant Alfergani, on trouve l'intervalle des ères séleucide et persique, de 942 années juliennes et 259 jours, ou 344324 jours. L'un et l'autre la placent 340700 jours plus tôt que l'ère arabique, et 344324 jours avant l'ère persique. Comme la première répond au 15 juillet 622, et la seconde au 16 juin 632 après notre ère, on arrive par un calcul rétrograde de ces jours au 1 octobre 312 avant notre ère. Et toutes les dates d'années s'accordent ainsi dans les écrivains grecs, syriens et arabes.

On peut demander ce qui a donné occasion aux Syriens, de choisir précisément le 1 octobre pour l'époque de leur ère. Ils n'ont pas eu d'autre raison pour fixer le premier jour de leur année solaire au 1 octobre, que leur ancienne coutume de commencer l'année à l'équinoxe d'automne. Tant qu'ils datèrent par années lunaires, l'époque varia; et pour cette cause, toutes les fois qu'on rencontrera des dates prises des temps qui précédèrent celui où ils adoptèrent les années solaires, on calculera astronomiquement le commencement des mois lunaires dans l'année julienne. Ce cas heureusement est rare. Car pour ne rien dire de deux observations qu'on lit dans Ptolémée, Joseph est, je crois, le seul, qui employe les mois syriaques comme lunaires, avec des noms Macédoniens.

Pour réduire les années séleucides aux nôtres, si le nombre donné de l'année ne surpasse pas 312, on le retranchera de 313; mais s'il le surpasse, on en retranchera 312. Dans le premier cas, on obtient ainsi l'année avant J. C.; dans le second, l'année après, au 1 octobre de laquelle tombe le commencement de l'an des Séleucides, et à laquelle appartiennent encore hyperberetæus, dius et apellæus, ou les deux mois tischrin et le 1er kanun; les autres marchent avec ceux de l'année suivante de notre ere. Ainsi, la 2055[e] année séleucide a commencé le 1 octobre 1745 de notre ere chr. Si l'on compare cette année, d'une inscription que Niebuhr vit dans une église de Mosul, avec l'année 1744 de notre ere, on n'en conclura pas que l'ere des Séleucides n'a commencé qu'en l'année 311 avant Jés. Chr. L'érection de cette église, qui est le sujet de l'inscription, pouvoit être terminée dans les neuf premiers mois de 1744, et par là le parallèle des deux années devenoit juste.

Veut-on au contraire convertir une année de notrè ere, en celle qui lui répond dans l'ère des Séleucides? il faut ou la soustraire du nombre 313, ou lui ajouter le nombre 312, selon que l'année en question précéde ou suit la naissance de Jés. Chr. Dans l'un et l'autre cas, le résultat est l'année des Séleucides qui a commencé dans l'année proposée. C'est ainsi, que l'an 2128[e] des Séleucides a commencé le 1 octobre (v. st.) ou le 15 (n. st.) de l'année derniere.

J'emprunte ici, d'Ulug-Begh, une table qui aidera à trouver la férie à laquelle répond une date syriaque donnée. Les auteurs syriens et arabes sont dans l'usage de la donner; et en la comparant à des époques, on pourra souvent découvrir les fautes qui se seroient glissées dans ces dates.

NOTES pour les pages 8 *et* 9.

Page 8, ligne dern.

283 + 94 = 377;

26 janv. = 1 méchir.

19

45 } = 14 févr. = 20

— 31 }

94

378

283

$\frac{94}{4}$ | $\frac{23}{(2)}$

$\frac{378}{4}$ | $\frac{94}{(2)}$

Page 9, ligne 11.

89

372

1 phamenoth. = 25 févr.

27

28 = 24 mars.

+ 7 + 7

35 — 30 = 5 pharmouthi = 31 mars.

$\frac{373}{4}$ = 93

(1)

$\frac{89}{4}$ = 22

(1)

H.

Années.	Tischrin I.	Tischrin II.	Kanun I.	Kanun II.	Schebat.	Adsar.	Nisan.	Ajar.	Hasiran.	Tamus.	Ab.	Eilul.
1	2	5	7	3	6	6	2	4	7	2	5	1
2	3	6	1	4	7	7	3	5	1	3	6	2
3	4	7	2	5	1	2	5	7	3	5	1	4
4	6	2	4	7	3	3	6	1	4	6	2	5
5	7	3	5	1	4	4	7	2	5	7	3	6
6	1	4	6	2	5	5	1	3	6	1	4	7
7	2	5	7	3	6	7	3	5	1	3	6	2
8	4	7	2	5	1	1	4	6	2	4	7	3
9	5	1	3	5	2	2	5	7	3	5	1	4
10	6	2	4	7	3	3	6	1	4	6	2	5
11	7	3	5	1	4	5	1	3	6	1	4	7
12	2	5	7	3	6	6	2	4	7	2	5	1
13	3	6	1	4	7	7	3	5	1	3	6	2
14	4	7	2	5	1	1	4	6	2	4	7	3
15	5	1	3	6	2	3	6	1	4	6	2	5
16	7	3	5	1	4	4	7	2	5	7	3	6
17	1	4	6	2	5	5	1	3	6	1	4	7
18	2	5	7	3	6	6	2	4	7	2	5	1
19	3	6	1	4	7	1	4	6	2	4	7	3
20	5	1	3	6	2	2	5	7	3	5	1	4
21	6	2	4	7	3	3	6	1	4	6	2	5
22	7	3	5	1	4	4	7	2	5	7	3	6
23	1	4	6	2	5	6	2	4	7	2	5	1
24	3	6	1	4	7	7	3	5	1	3	6	2
25	4	7	2	5	1	1	4	6	2	4	7	3
26	5	1	3	6	2	2	5	7	3	5	1	4
27	6	2	4	7	3	4	7	2	5	7	3	6
28	1	4	6	2	5	5	1	3	6	1	4	7

Cette table est absolument disposée de même que la précédente pour l'ere de Dioclétien. Pour en faire usage, on a souvent à diviser le nombre d'années séleucides par 28, puis on entre avec le reste (au lieu duquel on prend 28, s'il ne reste rien) dans la colonne des années, et les nombres qui sont dans la même ligne horizontale, donnent les mois des années proposées. On trouve ainsi, que le 24 ajar actuel de la 2128e année, est un dimanche. Le jour d'époque de l'ere entière est un lundi, comme le remarquent très bien Alfergani et Ulug-Begh. De la relation des nombres d'années séleucides à ceux des nôtres, se déduit aisément la règle fondamentale de cette table. C'est que la 3e, la 7e, la 12e, enfin toute année séleucide qui divisée par 4, donne 3 pour reste, est une année intercalaire. Quant au commencement du jour civil, les Syriens sont parfaitement d'accord avec les Coptes.

Voyons à présent quel est l'usage que les orientaux ont fait de l'ère syriaque.

Il n'y a aucun doute que les actes fréquens passés dans l'empire des Séleucides n'aient été datés de l'ère qui y étoit connue. Il suffit, pour s'en convaincre, de jetter les yeux sur les livres des Maccabées; les événemens qui concernent les rois de Syrie, y sont datés en années de l'ère des Grecs qui n'est que celle des Séleucides même, comme le dit expressément le premier chapitre. Seulement, pour éviter certains anachronismes, il faut admettre que le premier livre compte du 1 nisan le commencement de l'année judaïque; et le second, de tisri avec lequel commence l'année civile, mais de manière que ces deux époques appartiennent à l'an 312 de notre ère, à la distance de six mois l'une de l'autre. (Pétau. D. T. L. x.)

Dans l'alternative continuelle de dépendance et de rébellion où les Juifs vécurent sous les Séleucides, et particulièrement sous les premiers, on ne doit pas être étonné de voir que les Juifs s'en soient approprié l'ère. Ils la nomment *Minjan Schtarot*, nombre ou ère des contrats, et ils s'en sont servi long-temps dans leurs affaires civiles. Ils la lièrent à leur ère actuelle et principale de la création, jusqu'à la suppression de celle-ci depuis le onzième siècle de l'ère chrétienne. Ces deux ères sont liées l'une à l'autre, de manière que la première année de l'ère des contrats, comme l'appellent nos chronologues, répond à la 3450e du monde, et que toutes deux commencent en automne de l'an 310 de Jes. Chr. Aujourdhui même encore l'année du *schtarot* supprimé est encore marquée, quoique d'une manière variable et peu déterminée, dans les calendriers juifs. Quand les Rabbins disent que le commencement de cette ère tombe dans l'année où Alexandre a visité Jérusalem, ils se trompent singulièrement fort, car si cela étoit, comme Josephe seul l'assure, ce n'eût été qu'immédiatement après la prise de Tyr, dans l'été de l'an 352 avant l'ère chrétienne, et par conséquent, 20 ans avant le commencement du *Schtarot*. (1)

Il ne faut pas confondre l'ère chaldaïque avec l'ère des Séleucides, dont l'époque est antérieure d'un an à celle de l'autre. Nous trouvons en effet dans l'Almageste trois conjonctions tant de mercure que de saturne avec des étoiles fixes, rapportées à des mois macédoniens, et aux 67e, 75e et 82e années des Chaldéens, (l. IX et XI). Les dates égyptiennes et les années de Nabonassar qui y sont jointes, montrent que la première année de cette ère doit avoir commencé avec l'automne de l'an 311 avant l'ère chrétienne. Il est vraisemblable que les Chaldéens datoient le règne de Séleucus, non du temps où il prit possession de Babylone, mais de la mort d'Alexandre II, que Cassandre fit massacrer dans cette année là (Diod. l. XIX). Je ne vois point que cette ère chal-

(1) Bendavid, calcul et histoire du calendrier judaïque.

déenne ait été citée ailleurs, mais bien que celle des Séleucides a été d'autant plus fréquemment nommée que l'autre l'a été moins.

J'ai déja observé, que les années de l'ère des Séleucides [illegible] marquées sur les monnoies de plusieurs villes de Syrie. Les Pères grecs de l'église, tels qu'Epiphanius, disent *de* ou *dans* une année des Grecs, ou des Grecs de Syrie, c'est-à-dire des Séleucides. Les extraits des écrits syriaques de la bibliothèque du Vatican, publiés par Assemani (1) dans sa bibliothèque orientale, montrent que les chrétiens de Syrie n'ont compté anciennement que par ces années grecques. L'inscription de Mosul, citée ci-dessus, montre qu'ils continuent encore de même.

Mais c'est surtout dans les auteurs arabes, que cette ère se rencontre fréquemment. Outre sa dénomination de *Tarich er rum*, que le persan Ulug-Begh rend par *Taruchi-Rumi*, on la trouve encore désignée par les noms de *Tarich-Iskender* et *Tarich Dsi'lkarnein*, c'est-à-dire ère d'Alexandre. Peu importe que ce dernier porte sur une fausse idée de chronologie, ou qu'il ait été employé par les Séleucides, en mémoire et à l'honneur du grand conquérant, comme Golius le croit. Plusieurs orientaux en ont été induits à dater l'ère des Séleucides, du commencement du règne ou de l'expédition d'Alexandre (2). La vérité, à cet égard, se trouve dans Abulfaradsch (dynast. VI), et dans Ulug-Begh (*ep. celebr.*) Le premier dit : « Douze ans après la mort d'Alexandre, Séleucus, surnommé Nicator, régna sur Babylone, sur l'Irak entière et sur le Chorasan, jusqu'aux Indes. Avec son règne commence l'ère dite d'Alexandre, suivant laquelle les Syriens et les Hébreux comptent leurs années ». Le second, « que l'ère des Séleucides commence douze ans après la mort d'Alexandre, fils de Philippe le grec ». L'expression *Tarich Dsi'lkarnein* signifie proprement l'ère du *bicornu*, nom qui est donné dans le Koran à Alexandre, soit parce que ce prince, pour se donner comme fils de Jupiter Ammon, se soit fait représenter avec des cornes, sur ses monnoies; soit, comme le dit Abulfaradsch, qu'on lui ait donné les deux cornes du soleil, de l'orient et de l'occident.

Le premier astronome arabe qui se soit servi de l'ère des Séleucides, est Albatani. Mais il n'en commence pas les années avec le *tichrin el-wel*, mais un mois plus tôt avec *eilul*. Car non seulement il nomme ce dernier avant les autres mois grecs, mais encore il fait aussi mention d'une observation de l'équinoxe d'automne du 19 eilul, qu'il doit avoir faite en l'an 882 de l'ère chrétienne, comme le prouve la comparaison qu'il en fait avec une obser-

(1) Assemani réduit les années grecques de notre ère, en soustrayant de 311. L'opération est bonne pour trouver l'année de notre ère dont la plus grande partie répond à une année de l'ère séleucide.

(2) Par exemple : Mesudi, dans l'extrait que Deguignes a publié dans le 1er. vol. des notices et extraits, et l'auteur des éphémérides données par Beck.

vation semblable de Ptolémée, tandis qu'il assure avoir fait la sienne dans l'année 1194 dsi'lkarnein, quoique celle-ci n'ait commencé, suivant la manière ordinaire de supputer les années, que le 1 octobre. Il écrivoit à Racc, ville de Syrie, où, sinon partout, au moins en plusieurs lieux, on mettoit le commencement de l'année au 1 gorpiœus ou eilul. Noris prouve par Evagrius (D. III.), que c'est ce qu'on faisoit entr'autres à Antioche dans le VIe siècle.

Nous savons aussi que les années de la création, ainsi que celles des indictions, comme on les comptoit dans l'empire de Constantinople, commençoient au 1 septembre. Par indiction, on entend un cycle de 15 années, qui a servi à la supputation des temps, depuis Constantin, mais on ne sait pas ce qui peut y avoir donné lieu. Aujourdhui encore, on en marque les années dans nos calendriers, sous le nom de nombres de l'indiction romaine. Mais en orient on les commence au 1 septembre; et en occident, au 1 janvier suivant. L'an 313 de notre ère est la première de la première indiction romaine. Si donc on retranche 312, de notre année chrétienne, et qu'on divise la différence par 15, le quotient sera le nombre des indictions passées, et le reste sera l'année de l'indiction courante. On procède de même, pour les indictions grecques, avec cette exception qu'il faut en placer le commencement à 4 mois avant celui des indictions romaines (1).

Abulfaradsch fait mention des deux manières de commencer l'année, comme usitées de son temps encore en Syrie (dans le XIIIe siècle) (2), et il dit que par l'une on commence l'année avec le mois *tichrin* des Syriens, et par l'autre avec le mois eilul (3) des Grecs.

(1) L'ère Constantinopolitaine ou Byzantine du monde, dont j'ai déjà parlé, est toujours en usage chez les Grecs, comme aussi ils continuent toujours de commencer leur année au 1 septembre (vieux style). Comme la première année de l'ère chrétienne est la 5509[e] des Grecs, on trouve leur année, en ajoutant 5508 au nombre qui exprime la nôtre; et la nôtre, en retranchant 5508 du nombre qui exprime la leur; en quoi on devra ne pas oublier que l'année grecque commence 4 mois avant la nôtre. Pour trouver l'indiction grecque, on n'aura qu'à diviser par 15 le nombre de l'année grecque, et prendre le reste pour l'année de cette indiction. Ainsi, l'an 7325 des Grecs a commencé le 1 septembre 1816, et divisé par 15, il donne le reste 5, qui est l'indiction pour 1817. Depuis Pierre-le-Grand, les Russes ont abandonné l'année et l'époque grecque pour celles des autres nations chrétiennes de l'Europe.

(2) On trouve aussi en Syrie une trace du commencement de l'année à la manière des Romains. Car Mesudi, à l'endroit déjà cité, dit que les Syriens, ceux particulièrement qui habitent Antioche et ses environs, célébraient les *coulandas*, calendes, le 1 *kanun* et *acher*, (le 1 janvier), par des feux de joie qu'ils allumoient pendant la nuit. Il vivoit dans le Xe. siècle.

(3) Dynast. hist. Il dit aussi dans sa chronique de Syrie, que le jour où il écrit, est le 10 eilul de l'an 1587 de l'ère des Séleucides, c'est-à-dire le 10 septembre 1276. Il transporte cette date à l'ère grecque de

J'ai remarqué plus haut, qu'Ebn-Junis, le seul arabe de qui, depuis Albatani, nous ayons des observations utiles, a entr'autres employé l'ère syriaque. C'étoit l'ancien usage des astronomes arabes, et de là vient qu'ils ont coutume d'en traiter dans leurs livres didactiques. Abulhassan Kuschjar, après avoir parlé en peu de mots, dans l'introduction de son ouvrage, comme je le ferai voir plus bas, de huit ères connues des arabes, distingue particulièrement les trois encore usitées de son temps, en enseignant au long la manière de les réduire les unes aux autres.

Les faiseurs d'almanachs orientaux ne manquoient même pas de comparer l'ère syriaque à l'ère arabique. Jérôme Welsch a fait graver un calendrier perpétuel disposé par mois syriaques, et y a joint un commentaire très savant qui explique tout, excepté ce calendrier même dont il ne donne pas même une version latine (1). Beck avoit sous les yeux un autre calendrier dressé absolument de même, et il en donne un mois en original (2), et traduit.

Les mois syriaques sont encore d'usage chez les Turcs de nos jours, qui ne peuvent pas se passer d'un calendrier dressé sur le cours du soleil, pour les cinq fêtes légales, les prières et les jeûnes, dont l'observation est liée à de certaines saisons de l'année. Ils nomment l'ère des Séleucides *tarichi Iskienderi rumi*, et voici comment ils prononcent les noms des mois : *teschrini-ewel*, *teschrini-sani*, *kianuni-ewel*, *kianuni-sani*, *schubat*, *adser*, *nissau*, *ajar*, *hasiran*, *timus*, *ab* et *eilul*. Pour adser, ajar et ab, ils disent ordinairement *mart*, *maïs* ou *maïsch*, et *agustus*, c'est-à-dire : mars, mai et août.

Ils ont deux sortes de calendriers, un annuel et un perpétuel. Ils donnent au premier le nom arabe de *takwim*, *arrangement tabulaire* ; et au second le nom persan de *rusname*, *livre des jours*. La disposition de chacun d'eux est essentiellement différente. Dans le takwim sont les premières phases avec lesquelles commencent les mois arabico-turcs, suivant les tables de Cassini, dont les astronomes turcs, qui (selon Navoni) savent très bien s'en servir, ont une traduction en leur langue. Dans le *rusname* au contraire, elles sont placées d'après une théorie cyclique.

M. Navoni (3) dont j'ai cité avec éloge les recherches sur l'ère turque,

la création, dont j'ai parlé, et il trouve le 10 septembre 6785, ce qui est juste. Il a soin d'y distinguer le commencement de l'année séleucide, de celui de l'année de la création.

(1) *Commentarius in Rusname*, *naurus sive tabulæ æquinoctiales novi persarum et Turrarum anni. aug. vind.* 1676. 4°. M. Silvestre de Sacy a fait des remarques très justes, sur l'ignorance de l'éditeur. Journ. des sav. déc. 1816.

(2) Ephemer. persar.

(3) Cette description, avec les applications des principes aux exemples, se trouve en français, à la fin du premier volume des Mines de l'Orient (Fundgruben), ouvrage qui s'imprime à Vienne en Autriche. Il pa-

décrit, d'une manière très-étendue et détaillée, un calendrier perpétuel commençant à l'an 1224 de l'hedschra (hégire). J'ai eu sous les yeux un *Rusname* pareil, de la collection de M. Diez, et maintenant de celle de la Bibliothèque royale de Berlin, si ce n'est qu'il est ordonné un peu différemment, et qu'il commence par un autre jour. Je vais en expliquer ici en peu de mots le contenu, en remerciant mon prédécesseur, de son travail, dont je profite pour le mien.

(1) Ce calendrier est très proprement écrit sur une bande de parchemin, roulée, de trois pieds de longueur, et de quatre pouces de largeur; il est partagé en 15 divisions ou tables.

La première consiste en deux rangs de six petits carrés chacun, qui contiennent les noms des mois arabico-turcs, avec le jour de la semaine auquel tombe le commencement de chaque mois, quand le commencement du premier répond au septième jour ou samedi. Voici cette table :

Muharrem.	Safar.	Rebiul Ewel.	Rebiül Acher.	Dschemasiül Ewel.	Dschemasiül Acher.
7.	2.	3.	5.	6.	1.
Redscheb.	Schaban.	Ramasan.	Schewal.	Silkade.	Silhidsche.
2.	4.	5.	7.	1.	3.

Pour éclaircir cette table et les deux suivantes, je remarque que le rusname turc n'est pas établi sur le cycle de 30 ans, des Arabes, mais sur celui de 8 ans, d'après lequel on suppose que les nouvelles lunes moyennes reviennent toujours aux mêmes jours de la semaine. Mais cette supposition n'est pas exacte. Car l'année lunaire moyenne astronomique de 354 jours 8 heures 48 minutes 36 secondes, multipliée par 8, produit 2835 jours 22 heures 28′ 48″, au lieu de 2835 jours pleins, qui divisés par le nombre 7 des jours de la semaine, ne laissent pas de reste. Ainsi le cycle de 8 ans est trop long d'une heure et demie environ, et donne après 128 ans les nouvelles lunes un jour trop tard (2). L'inventeur de ce cycle paroit être le turc Darendeli

roit d'après cette description, que les tables de Navoni, dressées pour réduire des dates turques en juliennes, et réciproquement, ne sont pas formées sur le même plan que celles du Rusname de M. Ideler. H.

(1) M. Ideler n'a pas cru devoir joindre une copie de ce calendrier, aux explications qu'il en donne. La grande ampleur de cette pièce, les frais que son impression eut entraînés, s'y opposoient également. Cependant, comme elle n'auroit pas été d'un petit intérêt pour les éclaircissemens de M. Ideler, j'y ai suppléé en partie par celle de M. Navoni même, extraite de la fin du 1er. volume des Mines de l'orient, mais disposée selon le plan indiqué par M. Ideler. H.

(2) Le cycle de 30 ans commençant avec celui de 8, recommence encore avec lui au bout de 120 ans. Mais ils sont aujourd'hui déjà écartés d'un jour l'un de l'autre. Car 15 cycles de 8 ans contiennent 42525

Mahomed Efendi qui vivoit il y a environ un siècle, le même qui a donné au rusname sa forme actuelle, (Navoni).

Il résulte des nombres de la première table, que la longueur des mois est la même dans le cycle de huit ans, que dans celui de 30, c'est-à-dire de 30 et de 29 jours alternativement.

Vient ensuite la seconde table enfermée entre deux lignes ; elle fait connoître le jour de la semaine avec lequel commence chacune des huit années du cycle. Elle est nommée *dschedweli gurre numa*, *table de l'indicateur* des nouvelles lunes. Elle ne consiste que dans les nombres suivans :

1. 5. 3. 7. 4. 2. 6. 4.

On voit par les intervalles, que la seconde, la cinquieme et la septieme année, sont des années intercalaires de 355 jours. Veut-on savoir maintenant avec quel jour de la semaine un mois commence dans une année quelconque du cycle de huit ans? on ajoutera au nombre qui dans la 2ᵉ table répond à cette année, le nombre qui dans la première appartient au mois, et on en retranchera 7, s'il le faut. On trouve ainsi pour le ramasan de la septième année, $6 + 5 - 7 = 4$ qui est mercredi. Mais pour faire voir comment les années du cycle correspondent avec l'ère mahométane de l'hedschra (hégire), l'an de cette ère dans lequel le rusname est écrit, est ordinairement mis au-dessus du nombre de la seconde table, lequel appartient à l'année correspondante du cycle. C'est ainsi que, dans la table de Diez, l'an 1199 est marqué au-dessus de 1, pour signifier que cet an est le premier du cycle, et commence un dimanche. D'où il suit que dans la division de chaque nombre d'année, par 8, aux restes . . . 1, 2, 3, 4, 5, 6, 7, 0,

appartiennent les années, 3, 4, 5, 6, 7, 8, 1, 2, du cycle.

La troisième table est composée de sept petits carrés qui contiennent les noms des jours de la semaine, savoir : *ahad*, dimanche, *esnein*, lundi, *salaze*, mardi, *erbua*, mercredi, *chamis*, jeudi, *dschuma*, vendredi, *sebt*, samedi. Les chiffres qui leur correspondent, de 1 à 7, sont les nombres des jours de la semaine, comptés par les Turcs, comme par nous, de dimanche. Pour éviter la soustraction de 7, dans l'addition des nombres de la première et de la seconde table, lorsque la somme surpasse 7, les nombres de 8 à 14 y sont écrits aussi, de manière que, par exemple dans le carré du dimanche, 1 est au-dessus, et 8 au-dessous.

Ces trois tables, au moyen de l'ingénieuse disposition que l'auteur du rusname leur a donnée, mettent le musulman en état de trouver par une simple

jours, et 4 cycles de 30 ans en contiennent seulement 42524. Ce dernier ne s'écarte d'un jour, de l'état du ciel, qu'en un siècle et demi. (V. mon Mémoire sur l'ère des Arabes, ci-dessus).

addition, ce qu'il a besoin de savoir concernant son année, comme par exemple, les jours de la semaine avec lesquels chaque mois commence, de sorte qu'il peut aisément se former un calendrier pour chaque année particulière de son ère. C'est dommage, que le rusname ne donne pas toujours d'une manière conforme au ciel, les jours de première phase avec lesquels les mois doivent commencer. Tous les 400 ans, les nombres de la seconde table doivent être diminués trois fois d'une unité.

Pour montrer le rapport actuel des *rusname*, tant au cycle de 30 ans, qu'aux résultats du calcul astronomique, je vais exposer les commencemens des mois de l'an 1224 de l'hedschra.

Mois.	Dans le Rusname.	Dans le Cycle de 30 ans.	Dans le Takwim (*Navoni.*)	Heures de la Conjonction vraie à Constantinople.
Muharrem.	Lundi.	Mercredi.	Jeudi.	Mardi 14 février 4 h. soir. 1809.
Safer.	Samedi.	Vendredi.	Vendredi.	Jeudi 16 mars 6 h. matin. 1809.
Rebiül-ewel.	Dimanche.	Samedi.	Dimanche.	Vendredi 14 avril 10 h. soir. 1809.
Rebiül-acher.	Mardi.	Lundi.	Mardi.	Dimanche 14 mai 2 h. soir. 1809.
Dschemasiül-ewel.	Mercredi.	Mardi.	Jeudi.	Mardi 13 juin 6 h. matin. 1809.
Dschemasiül-acher	Vendredi.	Jeudi.	Vendredi.	Mercredi 12 juillet 8 h. soir. 1809.
Redscheb.	Samedi.	Vendredi.	Dimanche.	Vendredi 11 août 9 h. matin. 1809.
Schaban.	Lundi.	Dimanche.	Mardi.	Samedi 9 septembre 10 h. soir. 1809.
Ramasan.	Mardi.	Lundi.	Mercredi.	Lundi 9 octobre 10 h. matin. 1809.
Schewal.	Jeudi.	Mercredi.	Dimanche.	Mardi 7 novembre 9 h. soir. 1809.
Silkade.	Vendredi.	Jeudi.	Vendredi.	Jeudi 7 décembre 7 h. matin. 1809.
Silhidsche.	Dimanche.	Samedi.	Dimanche.	Vendredi 5 janvier 5 h. soir. 1810.

Si l'on fait attention à la coutume des Turcs, comme de tous les autres mahométans, de commencer leurs jours civils au coucher du soleil, par exemple le jeudi au soir de notre mercredi, on verra que le 30e cycle donne les jours de la conjonction, et que le rusname se rapproche davantage de la première phase (apparition). Si l'on place l'époque de l'hégire au 16 juillet (v. l'ère des Arabes), le rusname s'accorde parfaitement avec le 30e cycle, et c'est peut être la raison qui fait que les chronologues européens se déclarent presque généralement pour ce jour d'époque radicale. Le takwim qui, comme nous l'avons déja remarqué, est fondé sur le calcul astronomique, donne plus exactement, là où il s'écarte du rusname, le jour de la première phase, dont la détermination est importante pour le lieu qu'occupe chaque fois la lune, ou son orbite, dans le ciel occidental.

Il se trouve cinq de ces écarts dans la seule année 1224; et à cette occasion, on demande suivant quel calendrier les Turcs datent proprement en pareils cas, si c'est d'après le rusname, ou d'après le takwim? Si cela, comme il paroit, leur étoit indifférent, il s'ensuivroit qu'ils seroient encore au plus bas degré de la civilisation. A cela se joint le troisieme moyen de déterminer par là le commencement du mois, je veux dire l'observation immédiate du ciel. Car ils sont obligés de commencer les jeûnes ordonnés par leur loi, au coucher du soleil, le jour où la nouvelle lune du ramasan commence à se montrer dans le crépuscule du soir, et de célébrer leur fête du bairam à la premiere phase du mois schewal suivant; ils ne font pour cela aucun calcul. Pour s'assurer d'abord du jour où l'on doit voir en cas de beau temps, la nouvelle lune de Ramasan, ils commencent leurs observations dès trois mois auparavant en dschemasiül-acher. Pour cela, on se rend dans les principales villes de l'empire Ottoman, à Constantinople, Andrinople et autres, dès le 27 de ce mois, pour y attendre et y observer de dessus les lieux les plus élevés, la nouvelle lune de redscheb. Aussitôt qu'on apperçoit le croissant, on va en rendre compte au mehkiem, ou tribunal du Kadsi, juge du lieu, qui est chargé de comparer les rapports des observateurs, et d'en adresser un protocole, nommé *ilam*, au *stambol-efendisi*, ou préfet de police de Constantinople. On procède de même pour la nouvelle lune de schaban. Et d'après ces données, dans le cas où le mauvais temps n'auroit pas empêché d'appercevoir la nouvelle lune, le stambol-efendisi fixe le premier jour du ramasan, sans avoir le moindre égard au calendrier des *munedschim-baschi* ou premiers astronomes. Ce premier jour est annoncé au peuple, dès son commencement, c'est-à-dire après le coucher du soleil, par des décharges d'artillerie, et par une illumination de tous les *minarets* (tours des mosquées). Les observations qui ont donné le commencement du Ramasan, servent aussi, même en cas de mauvais temps, à la détermination de la fête du bairam. De cette manière, il est bien possible qu'il y ait trois différens commencemens pour les mois, depuis redscheb jusqu'à schewal, un cyclique, un second calculé astronomiquement, et un troisième donné par l'observation. Et l'historien qui voudra transporter une date turque dans le style julien et grégorien actuel, se verra par conséquent dans l'embarras, s'il ne trouve pas en même temps que le jour de la semaine soit donné.

Telle est l'explication des tables du rusname qui se rapportent à l'année lunaire arabique-turque; les douze restantes concernent l'année solaire.

Dans la quatrieme, sont entre deux ligues horizontales, les 28 nombres suivants qu'ils faut lire ici de droite à gauche:

1198

6 5 4 3 1 7 6 5 3 2 1 7 5 4 3 2 7 6 5 4 2 1 7 6 4 3 2 1

La cinquième table contient dans douze petits carrés, à la suite les unes des autres, les noms des mois syriaques, de la manière suivante:

Schubat.	Kianuni sani.	Kianuni-ewel.	Tischrini-sani.	Tischrini-ewel.	Eilul.	Agustus.	Timus.	Hasiran.	Maisch.	Nissan.	Mart.
6	3	7	5	2	7	4	1	6	3	1	5

Le premier de tous ces mois est mars, parce que les Turcs commencent leur année solaire au 1 mars (v. st.), de sorte que le jour intercalé est, comme chez les Coptes, le dernier de l'année. Il suit de là, que les années qui commencent en 1784, 1785 et 1786, sont des années communes, et qu'au contraire l'année qui commence en 1787 est intercalaire, parce qu'elle comprend aussi le 29 février. Le nombre de l'année 1198 qui dans la quatrième table est à la fin, sur la droite, signifie que la premiere année solaire du rusname a commencé dans l'année 1198. Et le 1 muharrem 1198 répondant au 15 novembre (v. st.) de notre année 1783, la premiere année solaire du rusname est celle qui commence avec le 1 mars (v. st.) de notre année 1784.

Mais il ne s'agit ici que de l'année solaire civile des Turcs. Leur année solaire astronomique commence avec le jour auquel le soleil entre dans le bélier, et qu'ils nomment avec les Persans *neurusi sultani*. Ordinairement la date arabique, turque, syriaque et copte de ce jour est mise au haut des *takvîm*. Celui de l'année 1224, que M. Navoni avoit sous les yeux, marquoit que le *neurusi sultani* tomboit au 5 safar, et que cette date étoit la même que le 9 adsar de l'an 2120 de l'ère des Grecs (Séleucides), et le 13 barmehat 1525 des Coptes, c'est-à-dire, le $\frac{9}{21}$ mars 1809.

Quant aux nombres de la quatrième et de la cinquième table, on sait que les jours de la semaine, dans le calendrier julien, reviennent aux mêmes jours des mois, dans l'ordre originaire (où ils étoient au commencement de ce cycle). Or, les 28 nombres de la quatrième table sont disposés de manière que si une année commence avec le jour de la semaine qui est marqué par le dernier nombre à droite, les 27 années suivantes commencent avec les jours de la semaine qui sont marqués par les 27 nombres suivants. Le dernier nombre à droite est, dans le rusname, chaque fois, celui par lequel on trouve les jours de la semaine dans l'année solaire dont le commencement répond à l'année de l'hégire, marquée au-dessus ; ici, par conséquent, l'année comprise entre le 1 mars 1784 (v. st.) et 1785, est le nombre 1. En l'ajoutant à celui qui est au-dessous de chaque mois, et retranchant 7, si la somme est trop grande, on trouve le jour de la semaine avec lequel le mois commence. Ainsi, par exemple, en 1784, le mois de mars ancien commence un vendredi, le mois d'avril un lundi, mai un mercredi, et ainsi de suite. Les nombres qui sont sous les noms des mois demeurent les mêmes en chaque rusname. La seule différence est que chaque année commence avec celui des 28 nombres du cycle solaire, qui suit celui de l'année précédente. Ainsi, pour l'année 1785, c'est le second, pour l'année 1786, le troisième de ces nombres, qu'il faut prendre pour le premier de l'année.

De la sixième table, on tire, par la soustraction du nombre d'or, les jours de l'année solaire auxquels se rencontrent les nouvelles lunes moyennes. Car après les 19 ans du cycle lunaire, ces nouvelles lunes reviennent aux mêmes jours du calendrier julien desquels elles étoient parties en le commençant. Ainsi par exemple, si la première année, une nouvelle lune arrive le 1 janvier, elle arrive encore le 1 janvier de la 20e année. Les nombres particuliers de ce cycle sont appelés *nombres d'or*. La table est en 13 cases, dont la dernière à droite, intitulée *dschedweli sal*, table des années, donne les 19 nombres d'or; et les douze suivantes, intitulées des noms des mois, en commençant à mars, donnent les dates auxquelles les nouvelles lunes moyennes répondent chaque année.

La septième table partagée de même, devroit donner les heures des nouvelles lunes moyennes pour toutes les années et dans tous les mois du cycle lunaire de 19 ans. Mais comme la durée moyenne de 235 mois synodiques contient 1 ½ heure de moins que 19 années juliennes, les heures des nouvelles lunes moyennes anticipant d'un cycle de 19 ans au suivant, il serait absurde de vouloir faire de cette table un calendrier perpétuel, qui ne l'est pas même pour les heures, puisque le croissant avance tous les trois ans d'un jour. Les mois y paroissent placés arbitrairement ; mais je n'entrerai à ce sujet dans aucun détail astronomique. Les trois traits signifient le mot *rus*, jour ; et le petit trait seul marque le mot *scheb*, *nuit* (1).

On peut aisément, à l'aide de la quatrième, de la cinquième et de la sixième table, dresser pour chaque année solaire turque, un calendrier qui marquera le jour de la semaine, de son quantième dans le mois, et tout à la fois les nouvelles lunes. On n'a besoin que de connoître chaque fois l'année du cycle solaire et du cycle lunaire. C'est à quoi sert la huitième table.

Celle-ci a dix colonnes. La dernière à droite, intitulée *horufi hafta*, (*les sept lettres*), contient les mêmes 28 nombres consécutifs qui sont dans la quatrième table, dans l'ordre suivant : 1, 2, 3, 4, 6, 7, 1, 2, 4, et 0. Ces nombres sont en rouge, excepté chaque quatrième qui est en noir, parce qu'il appartient à une année intercalaire. La seconde colonne, intitulée *tarichi ewel*, première table d'année, contient la série des années, de 1198 à 1226. Au vingt-quatrième rang, les deux nombres d'années 1221 et 1222 se suivent l'un l'autre. L'un est en noir, l'autre en rouge, pour montrer que ces deux années de l'hégire commencent dans une année solaire, c'est à dire entre le 1 mars 1806 et le 1 mars 1807 (v. st.). La troisième colonne qui porte le titre *sal*, année, contient les nombres d'or. Ainsi, à côté de 1198, est le nombre 15, pour marquer que l'année solaire qui commence l'an 1198 de l'hégire, 1784 de notre ère, est la quinzième du cycle lunaire turc. (dans notre calendrier, l'an 1784 a 18 pour nombre d'or. Mais il est indifférent, de commencer le cycle lunaire par quelqu'année julienne que ce soit, pourvu que la place où on l'a mis relativement aux nouvelles lunes, soit conservée). La quatrieme colonne, *medchali adser*, *entrée de mars*, indique le mois arabique-turc où tombe le commencement de l'année solaire. Ainsi, auprès de 1198 est une lettre arabe qui montre que le 1 mars (v. st), de notre année 1784, tombe en rebiul acher. Les mois sont désignés par leurs abréviations propres.

Les cinquième, sixième et septième colonnes, ainsi que les huitième neuvième et dixième, renferment la suite des deuxième, troisième et quatrième, jusqu'à l'an 1283 de l'hégire, ou 1866 de notre ère jusqu'où va le rusname. La cinquième colonne est nommée *tarichi sani*, deuxième table d'années, et la huitième, *tarichi salis*, troisième table d'années.

Si l'on vouloit construire un calendrier pour une année turque quelconque d'après le rusname, on chercheroit dans une des trois colonnes intitulées *tarich*, l'an de l'hégire dans lequel l'année solaire commence. On auroit ainsi dans la même ligne horizontale, le nombre du cycle solaire, et en même

(1) J'ai omis cette 7e table, comme défectueuse, dans le calendrier turc représenté ci-après, à la fin de l'exposition de son plan et de sa forme. H.

temps par le moyen de la quatrième et de la cinquième table, les féries, ou jours de semaine, des quantièmes des mois, puis le nombre d'or, et par le moyen de la sixième table, les nouvelles lunes. Comme on sait aussi en quel mois arabique-turc commence l'année solaire, on pourra aisément déterminer le jour de ce commencement, et ceux où commencent les autres mois, au moyen du calcul qui à l'aide des deux premières tables du rusname, donnera les jours de la semaine auxquels répondent les commencemens respectifs des mois.

La neuvième table donne de cinq en cinq jours de l'année solaire, les cinq colonnes *tului fedschr*, le point du jour; *tului schems*, le lever du soleil; *wakti suhr*, l'instant de midi; *wakti asr*, le milieu du temps le lever du soleil et midi, c'est le moment de l'une des cinq prières légales; et *wakti ischa*, heure de la dernière prière, une heure et demie ou deux après le coucher du soleil, (les autres prières étant placées au lever du soleil, à son coucher et à midi.) Les heures sont comptées autrement que chez nous. Car les turcs, comme les italiens, commencent leur jour civil au coucher du soleil, avec cette différence seulement qu'ils ne comptent pas 24 heures continues, mais qu'au bout de 12 heures ils en comptent encore 12 autres, comme nous faisons, mais en ajoutant aux unes le mot *scheb*, nuit; et aux autres le mot *rus*, jour. Du reste, leurs heures sont égales entr'elles, comme les nôtres. Il n'y avoit par conséquent aucune nécessité de mettre dans cette table l'heure du coucher du soleil, puisqu'elle est toujours 12. Mais les instants de midi varient, et aussi comme on le conçoit bien, en général les heures du lever du soleil chez nous. Ces cinq colonnes de la neuvième table sont accompagnées à gauche et à droite d'une autre table intitulée *schuhuri rumije*, mois grecs. Les six premiers sont placés de haut en bas à droite, et les six derniers de bas en haut à gauche, de manière qu'il y a toujours deux jours, l'un vis-à-vis de l'autre, qui sont entr'eux, à égale distance d'un même solstice.

Les six dernières tables du rusname sont disposées dans un ordre également facile à comprendre. Elles sont partagées en treize colonnes, dont les deux extrêmes sous le titre répété de *schuhuri rumije*, donnent les jours de l'année solaire, à droite depuis le solstice d'hiver, 11 *Kianuni acher*, de haut en bas jusqu'au solstice d'été; à gauche depuis le solstice d'été, de bas en haut jusqu'au solstice d'hiver. Dans la colonne voisine, à droite et à gauche, sous le titre *dschedweli asitab*, table du soleil, sont les degrés de l'écliptique qui répondent à chaque jour, de sorte que chacune des six tables contient deux signes, l'un à droite et l'autre à gauche, et où se correspondent toujours deux jours également distants d'un même solstice. Des neuf autres tables qui sont entre celles-là, la première et la seconde, à droite, sous le titre *nehar*, jour, et *leil*, nuit, donnent la longueur des jours et des nuits en heures et en minutes. La troisième intitulée *suhr*, midi, détermine l'heure et la minute du milieu du jour. C'est ce qu'on trouve en ajoutant à la durée de la nuit, la moitié de la durée du jour, et en ôtant 12 de cette somme. La quatrième colonne *asri ewel*, *premier après-midi*, donne plus exactement en heures et minutes, ce que la colonne *wakti asr* de la neuvième table n'exprime qu'en heures et intervalles de cinq jours. La cinquième sous le titre *asri sani*, deuxième après midi, fixe un second temps de la prière, tel qu'on l'observe à la Mecque, et dont les Musulmans font encore usage, quand ils ont manqué à la prière de midi. Ils peuvent s'en acquitter entre les temps *asri ewel* et *asri suni*, en faisant celle d'*asri ewel*, au temps d'*asri sani*. L'intervalle de ces deux *asr* est, selon les saisons de l'année, de 36 jusqu'à 69 minutes. La sixième colonne intitulée *ischa* donne encore avec plus de justesse et d'étendue le contenu de la colonne *wachti-ischa* de la neuvième table. La septième, *imsak*, abstinence, donne le temps où l'on doit, dans le Ramasan, commencer à s'abstenir de boire et de manger dès le point du jour. Il est placé à 2 heures environ avant le lever du soleil. La huitième, *kible*, montre l'heure où le soleil, à Constantinople, est dans la direction de la Mecque, vers laquelle on doit se tourner en priant. La neuvième enfin, *zalace*, temps du matin, signifie l'instant du milieu entre le lever du soleil et midi, mais où l'on n'a aucune obligation particulière de la loi à remplir. (Les titres des sept dernières tables et leurs significations sont tirés du traité de M. Navoni.)

On voit encore au bord du rusname, une petite table intitulée *eijami nahissat*, jours malheureux, que l'on redoute dans l'entreprise de qu'elqu'affaire. Dans le mois muharrem, ce sont le trois et le sept, en safar le 2 et le 21, etc. Je passe sur ce qui est de plus au bord, vu que c'est en langue turque que je n'entends pas. Je présume, d'après une version assez obscure que M. de Diez a pris la peine d'en faire, que la plupart ne sont que des remarques astrologiques et météorogiqués, sans aucun intérêt.

Pour conclusion, je citerai ici un fragment traduit fidèlement d'un ouvrage arabe, dont l'original est peu connu, mais où les différentes ères connues des orientaux, et en partie usitées chez eux, sont réunies et comparées entr'elles. J'en ai déjà donné quelque connoissance dans une note sur l'ère des Arabes. Il se trouve aussi au commencement d'un ouvrage qui porte pour titre *Es-sidsch el-dschami*, tables universelles, dont la Bibliothèque royale de Berlin possède une copie marquée 101 parmi ses manuscrits; malheureusement il n'est pas complet, car il y manque toute une suite de chapitres du premier des cinq livres.

Eres et époques (chez les Orientaux).

PREMIER CHAPITRE. Des époques des ères anciennes, et de combien d'années elles sont éloignées les unes des autres, en les comparant deux à deux.

Les ères les plus célèbres et les plus distinguées chez les anciens, sont celles du déluge, de Bochtenasr, de Bilibus, de Dsi'lkarnein, d'Agustus, de Dikletjanus, de la Fuite, et d'Jezdegird.

L'ère du déluge, tarich et-tufan, a été employée par les auteurs des anciennes tables astronomiques, par exemple, des *Send Hend* et *Schad.* Elle commence par un vendredi avec le déluge au temps du Prophète Noé, paix soit sur lui ! à l'époque où le soleil levant étant en conjonction avec la lune par le mouvement moyen, les autres planètes répondoient aussi au même point. C'est à cette ère que se rapportent toutes les ères postérieures.

L'ère de Bochtenasr. Ce Bochtenasr est le premier et l'un des rois de Babylone. Son époque est un mercredi. Batalmius (Ptolémée) dans son Almageste, y r'attache les lieux moyens des planètes ; comme aussi il rapporte les lieux des étoiles fixes au commencement de l'année 886 de cette ère, au premier jour du règne d'Abtinus (Antonin). Les jours d'époque du déluge et de Bochtenasr sont éloignés l'un de l'autre, de 860171 jours, ou 2356 années persiques-égyptiennes de 365 jours, plus 232 jours pleins.

L'ère de Bilibus. Ce Bilibus est celui qui est connu sous le surnom du fondateur et qui a vécu avant la mort d'Alexandre le macédonien. C'est d'après cette ère, que Thaün (Théon) d'Alexandrie a disposé ses tables qui portent le nom de Kanun, son époque est un dimanche. entre elle et l'ère du déluge il s'est écoulé 1014834 jours qui font 2780 ans et 134 jours.

L'ère du Dsi'lkarnein. C'est le nom sous lequel le second Alexandre est connu. L'époque de son ère est un lundi, commencement de la septième année de son règne, année où il sortit de Macédoine pour ses grandes conquêtes. Entre ce lundi et l'époque du déluge, se sont écoulés 1019273 jours ou 2792 ans et 193 jours.

L'ère d'Agustus. C'est celle d'un des rois de Rome, sous le règne de qui naquit Jésus, fils de Marie, paix soit sur tous deux ! L'époque de cette ère est un jeudi, entre lequel et l'époque du déluge se sont passés 1122316 jours, ou 3074 ans et 306 jours.

L'ère du Dikletjanus, c'est-à-dire d'un des rois romains. Le jour d'époque est un mercredi, jusqu'auquel se sont écoulés, en partant du déluge, 1236639 jours, ou 3388 ans et 19 jours,

L'ère de la fuite, celle du prophète Mahomet, paix et miséricorde divine soient sur lui l·de la Mecque à Médine, où il fit son entrée le 8 rebi el eweh Mais cette ère commence avec l'année, c'est-à-dire au 1 moharrem qui fut un jeudi. Entre cette ere et celle du déluge on compte 1359973 jours ou 3725 ans et 348 jours.

L'ère d'Jezdegird, fils de Scheriar, petit-fils de Kesra, et dernier roi des Perses. Cette ère commence par un mardi, avec l'année de son avénement au trône; et entre elle et l'ere du déluge se sont écoulés 1363597 jours ou 3735 ans et 322 jours.

Remarques.

L'ere du déluge, qui est prise ici pour le terme duquel partent toutes les autres, est censée être de 860172 jours antérieure à celle de Nabonassar. Et cette derniere commençant au 26 février de l'an 747 avant Jés. Chr., l'époque de la premiere répond au 18 février 3102 avant Jés. Chr. L'entrée du soleil dans le bélier devoit pourtant se faire, en cette année, vers le milieu d'avril. On voit donc combien peu est certaine la date assignée à cette premiere ere. Je n'ai rien à dire des tables sendhend et schah. D'Herbelot ne parle pas des premieres dans l'article *zig*, où il cite les titres de plusieurs tables astronomiques. Celles-ci doivent être des plus anciennes, ce qui n'est pas vrai des zigs qu'il nomme schahi et alschahi Par *send hend*, les Arabes entendent les Hindous; par *send*, les plus voisins de l'Indus; et par *hend*, les plus éloignés vers le Gange; et ils regardent les Hindoux comme les auteurs de l'astronomie, et comme leurs premiers maîtres.

Les Arabes confondent presque toujours l'ancien roi Nabonassar de Babylone, duquel Ptolémée date et nomme l'ère qu'il emploie dans son Almageste, avec le roi Nebucadnezar, bien postérieur, qu'ils connoissent sous le nom de Bochtenasr. Notre auteur les distingue, quand il nomme Bochtenasr premier, celui dont l'ère tire son nom. Les Arabes connurent cette ère par l'Almageste; voilà pourquoi elle est appelée par Alfergani l'ère des Egyptiens dans le livre *El-medschisti.* Mais, autant que je peux savoir, ils ne l'ont pas employée dans leurs observations astronomiques. Ce qui est dit en cet endroit, des lieux des planètes et des fixes, à l'époque radicale de l'ère de Nabonassar, est juste. Il faut seulement y lire, suivant la table des rois, pour la première année du règne d'Antonin, 885 au lieu de 886. Dans le texte arabe, l'erreur d'un point a fait d'Antoninus, Abtoninus, puis enfin Abtinus.

L'ère de Philippe a pris ce nom de Philippe Aridée, frère d'Alexandre, et non de son père, comme quelques uns l'ont cru. Notre auteur paroît s'être garanti de cette faute. Le surnom de fondateur, κτιςής, est donné à Alexandre par Ptolémée et Théon, qui ont vécu tous deux à Alexandrie. Il a rapport non seulement à la fondation de l'empire des Grecs dans l'Orient, mais encore à la fondation de cette ville, où Alexandre étoit honoré comme héros et Dieu protecteur.

Ptolémée dit entr'autres choses, dans l'introduction de ses tables manuelles, encore inédites, qu'il a placé dans ces tables les époques des corps célestes au 1 thoth de la première année de Philippe qui a succédé à Alexandre le fondateur. (Voyez ce fragment dans Usserius (Annal.), à l'an 323 avant Jés. Chr.) Cette épithète, comme on voit, a été mal à propos transportée à Philippe, par les Orientaux. Ils ont eu sans doute sous les yeux, ce passage de Ptolémée mal interprêté. Ils ont mis Bilibus avant la mort d'Alexandre, parce que cette ère commence 12 ans plus tôt que l'ère des Séleucides nommée d'Alexandre. Elle devroit être nommée proprement l'ère de Philippe, puisqu'elle commence à la mort d'Alexandre. Alfergani la nomme *tarich-filius*, ère de Philippe; et ère des Egyptiens, dans les tables de Ptolémée, c'est-à-dire dans les tables manuelles citées ci-dessus. Théon a écrit un commentaire sur ces tables, ce qui fait qu'on les lui attribue, mais c'est à tort. Si l'on retranche l'intervalle donné pour l'ère de Nabonassar, de celui qui est marqué pour l'ère de Philippe, on obtient pour l'intervalle de ces deux eres, 423 ans et 267 jours, au lieu de 424 années égyptiennes pleines de l'une à l'autre. L'époque de la derniere est donc placée de 98 jours trop tôt, au 6 août 324 avant Jés. Chr., puisqu'elle n'est que du 12 novembre de cette année. (Voyez ci-dessus mes Recherches historiques sur les observations astronomiques des anciens.) Au reste, les Arabes ont fait aussi peu d'usage de l'ere de Philippe que de celle de Nabonassar.

L'ere Dsi'lkarnein est bien déterminée ici. Il n'y a qu'une erreur, qui est la fixation de son époque au commencement de la septieme année du règne d'Alexandre. On peut voir dans l'article *Escander* de d'Herbelot, que les Orientaux parlent de deux Alexandres sous le surnom commun de Dsi'lkarnein.

Aucun autre auteur, parmi les Orientaux, n'a, ce me semble, parlé de l'ere d'Auguste. Il n'est pas aisé de savoir par quelle voie elle est passée des Egyptiens à la connoissance des Arabes, plusieurs siecles après son extinction. Son époque au reste est ici très peu juste. Car si l'on retranche l'intervalle assigné pour l'ere de Nabonnassar, de celui qui est donné à l'ere d'Auguste, on trouvera 718 ans et 74 jours, au lieu des 718 années pleines, dont l'une est éloignée de l'autre. Ainsi, l'époque qui répond au 31 août de l'an 30 avant Jés. Chr. avance jusqu'au 13 novembre de cette année. (V. Rech. hist. s. l. obs. astr. d. anc.)

L'ere de Dioclétien est aussi mal assignée. Car les 576467 jours dont elle est marquée postérieure à celle de Nabonassar, donnent pour son époque le 12 novembre 284 de Jes. Chr. au lieu du 29 août.

Les eres de la fuite (hégire) et d'jezdegird sont justes.

BIBLIOTHEQUE ROYALE
I

Planche(s) en 3 prises de vue

1ère. TABLE.
MOIS DES TURCS.

Muharrem. 7	Safar. 2	Rebiul evvel. 3	Rebiul acher. 5	Dschemasiul evvel. 6	Dschemasiul acher. 1
Redscheb. 2	Schaban. 4	Ramasan. 5	Scheval. 7	Silkade. 1	Silhidsche. 3

2e.
SEMAINE.

Dschedwel gurre mena sensine.							
1	5	3	7	4	2	6	4

3e.
JOURS.

Ahad	Esnein	Sulase	Erbaa	Chamis	Dschoma	Sabt
1	2	3	4	5	6	7
Dimanche.	Lundi.	Mardi.	Mercredi.	Jeudi.	Vendredi.	Samedi.
8	9	10	11	12	13	14

4e.

6 5 4 3 1 7 6 5 3 2 1 7 5 4 3 2 7 6 5 4 2 1 7 6 4 3 2 1	1198

Mart.	Nisan.	Maich	Hasiran
5	1	3	6

ANNÉE LUNAIRE. ANNÉE SOLAIRE

Nota. Peut-être sera-t-on étonné de trouver à la fin de la chronologie de Ptolémée, un Calendrier turc. Cet étonnement cessera, si l'on se rappelle que l'astronomie de cet auteur, nommée *Almageste* par les Arabes, et qui a dominé sur l'Europe où elle conserve encore ce même nom, est toujours le seul livre qu'ils étudient en leur langue, pour cette science, dans tous les pays où la religion de l'islamisme s'est établie; et Ptolémée règne toujours depuis les bouches du Danube jusqu'à la mer Caspienne; et des rives de l'Euphrate et de l'Indus, au détroit de Gibraltar. H.

PLAN DU RUSNAME, CALENDRIER TURC, DE DARENDELI MEHEMED EFENDI.

5°.

MOIS SYRIAQUES.

Timuz	Agustos	Eilul	Tischrini-ewel	Tischrini-sani	Kianuni-ewel	Kianuni-sani	Schubat
1	4	7	2	5	7	3	6

CIVILE.

Voyez à la fin de la troisième partie de ce volume, les détails de ce calendrier; je ne donne ici que les titres de ses diverses parties, pour en faire connaître l'ensemble et les relations réciproques. R.

6°.

6 5 4 3 2 7 6 5 3 2 1 7 6 4 3 2 7 6 5 4 2 1 7 6 4 3 2 1

Schubat.	Kianuni-sani.	Kianuni-ewel.	Tischrini-sani.	Tischrini-ewel.	Eilul.	Agustos.	Timuz.	Hasiran.	Maisch.	Nisan.	Mart.
6	8	7	5	2	7	4	1	6	3	1	5

7°.

Dschedwu-l-sal.	Rus-chah.

8°.

Mudschelli-sdaer.	Solis.	Tarichi-sulis.	Medschri.	Solis.	Tarichi-sani.
etc.	4	1255	etc.	5	1227
		56		6	28
		57		7	29
		58		8	30
		59		9	31
		60		10	32
		61		11	33
		62		12	34
		63		13	35
		64		14	36
		65		15	37
		66		16	38
		67		17	39
		68		18	40
		69		19	41
		70		1	42
		71		2	43
		72		3	44
		73		4	45
		74		5	46
		75		6	47
		76		7	48
		77		8	49
		78		9	50
		79		10	51
		80		11	52
		81		12	53
1865 ère chrétienne =		1282 hégire.		13	1254

8°. 9°. 10°. 11°. 12°. 13°. 14°. 15°.

Tarichi-sami.	Mouschsi-Aiser.	Sal.	Tarichi-ewel.		Moruß-hafta.	Schohuri-Rumije.
	Rabid-acher.	Nombres d'or.				Mois grecs.
1227	etc.	15	1198 (1783)		1	Décembre.
28		16	1199		2	Novembre.
29		17	1200		3	Octobre.
30		18	1201		4	Septembre.
31		19	1202		6	Août.
32		1	1203		7	Juillet.
33		2	1204		1	
34		3	1205		2	
35		4	1206		4	
36		5	1207		5	
37		6	1208		6	
38		7	1209		7	
39		8	1210		2	
40		9	1211		3	
41		10	1212		4	
42		11	1213		5	
43		12	1214		7	
44		13	1215		1	
45		14	1216		2	
46		15	1217		3	
47		16	1218		5	
48		17	1219		6	
49		18	1220		7	
50		19 +	1221	1822	3	
51		1	1222		4	
52		2	1223		5	
53		3	1224		6	
1254		4	1225		7	

Toloi-fedschr.	Toloi-schems.	Wakti-zohr.	Wakti-asr.	Wakti-ischa.	Schohuri-Rumije.	Schohuri-rumije.	Dschedveli-aftab.	Salave.	Kible.	Imsak.	Ischa.	Asri-sani.	Asri-ewel.	Subr.	Leil.	Nehar.	Dschedweli-aftab.	Schohuri rumije.	Eijam Nuchsat.	Observations astrologiques et météorologiques.
Point du Jour.	Lever du Soleil.	Instant de Midi.	Instant entre le Lever et Midi.	Instant de la Prière.	Mois grecs.													Kianuni-sani.		
					Janvier, Février. Mars. Avril. Mai, Juin.	Jours de l'année solaire, comptés en remontant du solstice d'été.	Degrés de l'écliptique répondant aux jours respectifs de l'année solaire.			Abstinence.	Prière.			Midi.	Nuit.	Jour.	Degrés de l'écliptique qui répondent à chaque jour de l'année solaire respectivement.	Jours de l'année solaire comptés depuis le solstice d'hiver en haut jusqu'au solstice d'été en bas.	Jours malheureux.	
							♐ ♏ ♎ ♍ ♌										♑ ♒ ♓ ♈ ♉	Solstice d'hiver, 11 kianuni-ewel.		
						Solstice d'été.	♋										♊			

M. Ideler a très-bien expliqué, à la fin de son Mémoire sur les formes de l'année julienne chez les Orientaux, dans ce volume-ci, le contenu de ce rouzname, dont je ne présente ici que le plan.

Fautes typographiques dans le Géminus.

Pag. 19, l. 17. Περίως ; *lisez*, περιώως
Alibi. . . . Παραὶς, *lisez*, παρ' οἷς
Pag. 27, l. 22. Κύκλος, *lisez*, κυκλὸς
Pag. 39, l. 17. δύνοισι, *lisez*, δύνουσι
Pag. 43, l. 21. Εχχ, *lisez*, ἔχει
Pag. 48, l. 20. Exédent, *lisez*, excédent. etc.

Fautes typographiques dans les Recherches sur les Observations Astronomiques des Anciens.

Ère d'Auguste.

Pag. 53, L. 1. Le 2 septembre avant la naissance de J.-C., *lisez* : le 2 septembre de l'an 31 avant la naissance de J.-C.
Pag. 72, L. dern. *décaidecaëteride*, lisez : *eccaidécaëteride*
Pag. 98, L. 16. entre, les époques, *lisez* : entre les époques
Pag. 106, l. 8, 231, *lisez* : 331

Fautes à corriger dans les deux Volumes de ma Traduction française de l'Almageste de Ptolémée.

Premier Volume.

Pag. xxvi, 424, *lisez*, 324

Pag. xxxi, Φαρμουθί, 26 mars, *lisez* : 27 mars
25 avril, *lisez* : 26 avril, etc.

Pag. 11, l. 21. Δόξει, *lisez*, δόξοι.... ἐν αὐτῷ, *lisez* : ἐν αὐτῃ

Pag. 24, l. 25. Βεβηκότα.... *lisez*, βεβηκότας

Pag. 155, l. 9. Ἐπι τῶν μὴ καθάπαξ, *lisez*, ἐπι τῶν καθάπαξ

Pag. 362, l. 12. Ἔν τοῖς τῶν, *lisez*, ἐντὸς τῶν

Pag. 172, l. 17. Χρόνοις prouve que je n'ai pas imité l'édition de Bâle.

Deuxième Volume.

Pag. 10, vers la fin. Ὀτι γάρ, *lisez*, ὁ δὲ γάρ

Pag. 169, l. 10. Φαμενὼθ τριακοςῇ εἰς τὴν ἃ ἑσπέραν κατ' Αἰγυπτίους, *lisez*, κατ' Αἰγυπτίους τριακοςῇ εἰς τὴν λ̄ φαμενὼθ ἑσπέρας

Pag. 171, l. 6. φξδ̄, *lisez*, γδ

Pag. 197, l. 1. Δύο τρίτα, *lisez*, δύο πέμπτα.

Pag. 292, l. 4. ρκγ̄ δ', *lisez*, ρλγ̄ δ''.

Pag. 380, l. 13. Ζωδίακου ΑΒΕ, *lisez*, Ζωδίακου, ΑΒΕ

Premier Volume.

Pag. 24, L. 20. Par les poles des deux premiers cercles, *lisez :* par les deux poles, lequel en tournant, emporte avec lui d'orient en occident, tout le reste autour des poles appuyés sur le cercle appelé méridien

Pag. 153, L. 26. Dans la néoménie du premier des épagomènes, *lisez :* dans la néoménie ou premier des épagomènes

Pag. 155, L. 12. Si l'on se servait d'instrumens posés, *lisez :* si l'on se servait d'instrumens posés une *fois* pour toutes, et non redressés ensuite pour chaque observations, mais attachés depuis long-tems sur les pavés qui les portent, pour y garder la même position

Pag. 255. L. dern. D'une année égyptienne de 137 jours, *lisez :* d'une année égyptienne et de 137 jours.

Pag. 278, L. 3. Moins un tiers, *lisez :* moins un huitième, $\frac{1}{3} \times \frac{3}{8} = \frac{1}{8}$.

Ibid., L. 14 et 15. Mais le soleil étant alors au deuxième degré du sagittaire, *lisez :* dans la deuxième portion du sagittaire

Ibid., L. 7. Le premier jour du mois posidéon, *lisez :* au premier posidéon

Pag. , L. 2. Où la lune ne se trouve, *lisez :* où la lune se trouve

Deuxième Volume.

Pag. 10, L. 6 de la fin. En effet, quand Hipparque, *lisez :* en effet Hipparque

Pag. 64, L. 17. à la fin du 6 du mois pyanepsion, *lisez :* au 6 de la fin du mois pyanepsion

Pag. 115, L. 14 de la fin. Qu'elle est la véritable, *lisez :* quelle est la véritable

Pag. 169, L. 11. Le soir du 30 du mois égyptien phamenoth, *lisez :* le soir du 30 au 1 du mois égyptien phamenoth

Pag. 195, L. 25. De la moitié de la lune, *lisez :* de la moitié de la lune au milieu du mois

Pag. 196. Les $25\frac{2}{3}$, *lisez :* les $25\frac{1}{3}$

Pag. 236, L. dern. La 46e., *lisez :* la 476e. année

Pag. 292, L. 5. 123, *lisez :* 133

Pag. 161, L. 67. 564, *lisez :* 504

Pag. 292, L. 15. 8, *lisez :* 10

Pag. 309, titre. 30, *lisez :* 0

Pag. 376, L. 23. de 6^d, *lisez :* 5^d

www.ingramcontent.com/pod-product-compliance
Ingram Content Group UK Ltd.
Pitfield, Milton Keynes, MK11 3LW, UK
UKHW020115130726
13696UKWH00001B/45